校正源条件下广义最小二乘无源定位理论与方法

王　鼎　著

信息工程大学优秀青年基金资助(2016603201)

科　学　出　版　社
北　京

内 容 简 介

本书主要系统阐述校正源存在条件下无源定位中的广义最小二乘估计理论与方法。全书共11章，内容包括：绪论，数学预备知识，校正源条件下非线性加权、伪线性加权、两步伪线性加权、约束总体、结构总体最小二乘定位理论与方法，以及校正源条件下广义最小二乘定位方法之若干推广。

本书可作为高等院校通信与电子工程、信息与信号处理、控制科学与工程、应用数学等学科相关研究的专题阅读材料或研究生选修教材，也可供通信、雷达、电子、航空航天等领域的科学工作者和工程技术人员参考。

图书在版编目(CIP)数据

校正源条件下广义最小二乘无源定位理论与方法/王鼎著. —北京：科学出版社，2016.10

ISBN 978-7-03-050154-7

Ⅰ.①校… Ⅱ.①王… Ⅲ.①最小二乘法-理论研究 Ⅳ.①O241.5

中国版本图书馆CIP数据核字(2016)第237267号

责任编辑：张艳芬 高慧元 / 责任校对：郭瑞芝
责任印制：张 倩 / 封面设计：蓝 正

科学出版社出版
北京东黄城根北街16号
邮政编码：100717
http://www.sciencep.com
新科印刷有限公司印刷
科学出版社发行 各地新华书店经销
*
2016年10月第 一 版 开本：787×1092 1/16
2016年10月第一次印刷 印张：24 1/2
字数：563 000

定价：120.00元

(如有印装质量问题，我社负责调换)

前　言

众所周知，无源定位系统具有不主动辐射电磁信号、生存能力强、隐蔽性能好、侦察作用距离远等重要优势，因此近几十年来受到国内外相关学者和工程技术人员的广泛关注和研究。无源定位过程首先通过单个或多个观测站接收目标辐射源信号或目标散射第三方辐射源信号，并从信号的数据抽样中提取出可用于定位的空、时、频、能量域参数，然后再从这些参数中进一步获取目标的位置信息。依据关键技术的角度来划分，无源定位技术可以分成两个主要研究方向：①研究如何从无线电信号中提取出用于目标定位的空域、时域、频域或者能量域参量（也称为定位观测量）；②基于这些参量估计出目标的位置参数。本书主要针对第二个方向展开讨论和研究。

在定位几何因子确定的条件下，影响定位精度的因素主要包括定位观测量的观测误差和系统误差（本书主要指观测站位置和速度误差），其中定位观测量的观测误差可以通过累积信号时间（等效于提高信号信噪比）来降低，而系统误差的影响则可以利用校正源观测量来减弱，本书重点关注后者。需要指出的是，校正源观测量能够有效降低系统误差的根本原因在于，系统误差会包含在校正源观测量中，而校正源一般是人为事先放置的，因此其位置信息可以认为是先验已知或近似已知的，此时利用校正源观测量就可以有效降低系统误差，并最终提高目标定位精度。

事实上，校正源存在条件下的无源定位方法都可以归结到某一类最小二乘估计理论框架之下，因为该问题的本质属于最小二乘参数估计问题。作者曾在《无源定位中的广义最小二乘估计理论与方法》一书中总结归纳出无源定位中的八大类最小二乘估计理论与方法，但是其中并未专门针对校正源存在条件下进行深入讨论和分析，而本书则要将其中的各类最小二乘估计方法推广于校正源存在的定位场景中，并且给出每一类最小二乘定位方法背后所蕴藏的统一观测方程、定位优化模型、参数求解算法以及理论性能分析方法。

全书可划分为三大部分，第 1 部分为基础篇，第 2 部分为理论方法篇，第 3 部分为理论方法推广篇。

第 1 部分由第 1 章和第 2 章构成。第 1 章对无源定位技术进行简要概述，并对校正源存在条件下的无源定位技术研究现状进行总结，此外，还描述常用定位观测方程的代数模型。第 2 章介绍本书涉及的数学预备知识，其中包括矩阵理论、多维函数分析和线性最小二乘估计中的若干重要结论，可作为本书后续章节的理论基础。

第 2 部分由第 3～7 章构成，其中依次描述了校正源条件下的五类最小二乘定位理论与方法，分别包括：校正源条件下非线性加权最小二乘定位理论与方法（第 3 章）；校正源条件下伪线性加权最小二乘定位理论与方法（第 4 章）；校正源条件下两步伪线性加权最小二乘定位理论与方法（第 5 章）；校正源条件下约束总体最小二乘定位理论与方法（第 6

章)；校正源条件下结构总体最小二乘定位理论与方法(第 7 章)。

第 3 部分由第 8～11 章构成，其中将第 2 部分中的最小二乘定位理论与方法推广于四种特殊的定位场景中，这四种定位场景分别包括：多目标同时存在(第 8 章)；目标位置向量服从等式约束(第 9 章)；校正源位置向量存在测量误差(第 10 章)；多目标同时存在且校正源位置向量存在测量误差(第 11 章)。

本书得到了国家自然科学基金青年科学基金(项目编号：61201381)、中国博士后科学基金第 59 批面上项目(项目编号：2016M592989)、解放军信息工程大学优秀青年基金(项目编号：2016603201)的资助。此外，本书的出版还得到了各级领导和科学出版社的支持，在此一并表示感谢。

限于作者水平，书中难免存在不足之处，恳请广大读者批评指正。如果读者对书中的内容有疑问，可以通过电子信箱(wang_ding814@aliyun.com)与作者联系，望不吝赐教。

作　者
于解放军信息工程大学

符　号　表

符号	含义
$\boldsymbol{A}^{\mathrm{T}}$	矩阵 $\boldsymbol{A}$ 的转置
$\boldsymbol{A}^{-1}$	矩阵 $\boldsymbol{A}$ 的逆
$\boldsymbol{A}^{\dagger}$	矩阵 $\boldsymbol{A}$ 的 Moore-Penrose 逆
$\boldsymbol{A}^{1/2}$	矩阵 $\boldsymbol{A}$ 的平方根
$\mathrm{rank}[\boldsymbol{A}]$	矩阵 $\boldsymbol{A}$ 的秩
$\det[\boldsymbol{A}]$	矩阵 $\boldsymbol{A}$ 的行列式
$\mathrm{null}[\boldsymbol{A}]$	矩阵 $\boldsymbol{A}$ 的零空间
$\mathrm{range}[\boldsymbol{A}]$	矩阵 $\boldsymbol{A}$ 的列空间
$\mathrm{range}^{\perp}[\boldsymbol{A}]$	矩阵 $\boldsymbol{A}$ 的列补空间
$\mathrm{tr}[\boldsymbol{A}]$	矩阵 $\boldsymbol{A}$ 的迹
$\lambda[\boldsymbol{A}]$	矩阵 $\boldsymbol{A}$ 的特征值
$\lambda_{\max}[\boldsymbol{A}]$	矩阵 $\boldsymbol{A}$ 的特征值最大值
$\boldsymbol{\Pi}[\boldsymbol{A}]$	矩阵 $\boldsymbol{A}$ 的列空间的正交投影矩阵
$\boldsymbol{\Pi}^{\perp}[\boldsymbol{A}]$	矩阵 $\boldsymbol{A}$ 的列补空间的正交投影矩阵
$\boldsymbol{A}\otimes\boldsymbol{B}$	矩阵 $\boldsymbol{A}$ 和 $\boldsymbol{B}$ 的 Kronecker 积
$\boldsymbol{A}\odot\boldsymbol{B}$	矩阵 $\boldsymbol{A}$ 和 $\boldsymbol{B}$ 的点积
$\boldsymbol{a}\otimes\boldsymbol{b}$	向量 $\boldsymbol{a}$ 和 $\boldsymbol{b}$ 的 Kronecker 积
$\mathrm{vec}(\boldsymbol{A})$	矩阵 $\boldsymbol{A}$ 的向量化(字典排序)
$\mathrm{diag}[\cdot]$	由向量元素构成的对角矩阵
$\mathrm{blkdiag}[\cdot]$	由矩阵或向量作为对角元素构成的块状对角矩阵
$\boldsymbol{O}_{n\times m}$	$n\times m$ 全零矩阵
$\boldsymbol{1}_{n\times m}$	$n\times m$ 全 1 矩阵
$\boldsymbol{I}_{n}$	$n\times n$ 单位矩阵,其中第 k 个列向量表示为 $\boldsymbol{i}_{n}^{(k)}$
$\langle\boldsymbol{a}\rangle_{n}$	向量 $\boldsymbol{a}$ 的第 n 个元素
$\langle\boldsymbol{A}\rangle_{nm}$	矩阵 $\boldsymbol{A}$ 的第 n 行、第 m 列元素

目　　录

第1章 绪 论

1.1 无源定位技术概述

对目标进行定位(即位置估计)可以使用雷达、激光、声呐等有源设备,该类技术称为有源定位技术,它具有全天候、高精度等优点。但是,有源定位系统通常需要依靠发射大功率电磁信号来实现,这种做法很容易暴露自己的位置,容易被对方发现,从而受到对方电子干扰,使得定位性能受到很大限制,甚至影响系统自身的安全性。对目标的定位还可以利用目标(主动)辐射或(被动)散射的信号来实现。该类技术称为无源定位,它是指在观测站(或称传感器)不主动发射电磁信号的条件下,通过观测站测量目标辐射或散射的无线电信号参数来估计目标的位置信息。因此,无源定位系统具有不主动发射电磁信号、生存能力强、侦察作用距离远等优点,从而受到国内外学者的广泛关注。一般而言,无源定位系统根据观测站的数目可分为单站无源定位系统[1-3]和多站无源定位系统[4-6],这两类定位系统各具优势。具体来说,单站无源定位系统具有灵活性高、机动性好、系统简洁、无需信息同步和信息传输等优点;而多站无源定位系统则能够提供更多的观测量,有助于取得更高的定位精度。

无论单站无源定位系统还是多站无源定位系统,其根本任务都是利用位置信息已知(或近似已知)的观测站接收来自目标辐射源或散射源的电磁信号,并从该信号中提取出用于目标定位的观测量,从而实现对目标位置参数的估计或解算。就现有的无源定位系统而言,定位观测量主要包括空域、时域、频域、能量域四大类参量,其中空域观测量包括方位角、仰角、方位角变化率、仰角变化率等参量;时域观测量包括到达时间、时间差等参量;频域观测量包括到达频率、频率差等参量;能量域观测量包括接收信号强度、信号能量增益比等参量。利用上述定位观测量可以建立目标位置参数和观测站位置参数(有时也包括速度参数)之间的(非线性)代数方程,通过优化求解该观测方程就可以获得目标位置参数的有效估计。

依据关键技术的角度来划分,无源定位技术可分为两个主要研究方向:①研究如何从无线电信号中提取出用于目标定位的空域、时域、频域或者能量域参量(也称为定位观测量);②基于这些参量估计出目标的位置参数。本书主要针对第二个方向展开讨论和研究。

1.2 校正源存在条件下的无源定位技术研究现状

在定位几何因子确定的条件下,影响定位精度的因素主要包括定位观测量的观测误差和系统误差(本书主要指观测站位置和速度误差),其中定位观测量的观测误差可以通过累积信号时间(等效于提高信号信噪比)来降低,而系统误差的影响则可以利用校正源观测量来减弱,本书重点关注后者。需要说明的是,校正源观测量能够有效降低系统误差的根本原因在于系统误差会包含在校正源观测量中,而校正源一般是人为事先放置的,因此其位置信息可以认为是先验已知(或近似已知)的,此时利用校正源观测量就可以有效降低系统误差,并最终提高目标定位精度。

鉴于校正源观测量能够为定位性能带来较大增益,国内外相关学者针对校正源存在条件下的无源定位问题展开了许多理论与方法研究。例如,文献[7]和[8]在校正源存在条件下推导了目标位置估计方差的克拉美罗界,其中定量证明了校正源观测量能够显著提升目标定位精度;文献[9]定量分析了如何优化校正源位置参数以获取尽可能高的目标定位精度;文献[10]和[11]则在校正源位置误差条件下推导了目标位置估计方差的克拉美罗界,其中的结论表明,校正源位置误差会影响最终的目标定位精度,但相比没有校正源观测量的情形,通过合理利用校正源观测量仍然可以改善目标定位精度。除此以外,国内外相关学者还提出了一系列校正源存在条件下的无源定位方法。例如,文献[12]~[21]针对各类定位观测量,提出了校正源存在条件下的非线性最小二乘定位方法,这些方法均可以有效利用校正源观测量,从而降低系统误差的影响;文献[7]和[11]针对时间差观测量,提出了校正源存在条件下的伪线性最小二乘定位方法,其中的定位方法将时间差(非线性)观测方程转化成伪线性观测方程,从而能够避免迭代运算,并降低运算量;文献[22]提出了校正源位置误差条件下的非线性最小二乘定位方法,其中设计了对校正源位置误差具有鲁棒性的定位方法;文献[23]联合时间差和频率差观测量,提出了校正源位置误差条件下的多目标联合定位方法,该方法将多目标进行协同定位,能够比多目标独立定位获得更高的定位精度。

需要指出的是,上述校正源存在条件下的无源定位方法都可以归结到某一类最小二乘估计理论框架之下,因为该问题的本质也是属于最小二乘参数估计问题。作者曾在文献[6]中总结归纳出无源定位中的八大类最小二乘估计理论与方法,但是其中并未专门在校正源存在的条件下进行深入讨论和分析,而本书则要将文献[6]中的各种定位方法推广于校正源存在的定位场景中,并且同样要给出每一种最小二乘定位方法背后所蕴藏的统一观测方程、定位优化模型、参数求解算法及理论性能分析方法。

1.3 常用定位观测方程的代数模型

无源定位中的定位观测量主要包括空域、时域、频域、能量域四类参量。下面将给出几种最常用定位观测量的观测方程,这些观测量也将出现在本书各章的定位算例中。为了便于描述,这里将目标位置向量记为 $\boldsymbol{u}=[x_{\mathrm{t}} \quad y_{\mathrm{t}} \quad z_{\mathrm{t}}]^{\mathrm{T}}$,并且目标处于静止状态,而将第 m 个观测站的位置向量和速度向量分别记为 $\boldsymbol{w}_{\mathrm{p},m}=[x_{\mathrm{o},m} \quad y_{\mathrm{o},m} \quad z_{\mathrm{o},m}]^{\mathrm{T}}$ 和 $\boldsymbol{w}_{\mathrm{v},m}=[\dot{x}_{\mathrm{o},m} \quad \dot{y}_{\mathrm{o},m} \quad \dot{z}_{\mathrm{o},m}]^{\mathrm{T}}$(对于基于通信卫星的定位体制而言,它们分别表示卫星的位置向量和速度向量)。

1.3.1　空域观测量

空域中最常使用的观测量主要包括方位角、仰角及方位角变化率和仰角变化率，后两种参数是前两种参数关于时间的导数。

假设目标源信号到达第 m 个观测站的方位角和仰角分别为 θ_m 和 β_m，则根据空间几何关系可得

$$\begin{cases}\theta_m = \arctan \dfrac{y_\mathrm{t} - y_{\mathrm{o},m}}{x_\mathrm{t} - x_{\mathrm{o},m}} \\ \beta_m = \arctan \dfrac{z_\mathrm{t} - z_{\mathrm{o},m}}{\sqrt{(x_\mathrm{t} - x_{\mathrm{o},m})^2 + (y_\mathrm{t} - y_{\mathrm{o},m})^2}} \\ \quad\ = \arctan \dfrac{z_\mathrm{t} - z_{\mathrm{o},m}}{(x_\mathrm{t} - x_{\mathrm{o},m})\cos\theta_m + (y_\mathrm{t} - y_{\mathrm{o},m})\sin\theta_m}\end{cases} \tag{1.1}$$

再假设目标源信号到达第 m 个观测站的方位角变化率和仰角变化率分别为 $\dot{\theta}_m$ 和 $\dot{\beta}_m$，则根据式(1.1)可得

$$\begin{cases}\dot{\theta}_m = \dfrac{\partial\theta_m}{\partial t} = \dfrac{\dot{x}_{\mathrm{o},m}(y_\mathrm{t} - y_{\mathrm{o},m}) - \dot{y}_{\mathrm{o},m}(x_\mathrm{t} - x_{\mathrm{o},m})}{(x_\mathrm{t} - x_{\mathrm{o},m})^2 + (y_\mathrm{t} - y_{\mathrm{o},m})^2} \\ \dot{\beta}_m = \dfrac{\partial\beta_m}{\partial t} = \dfrac{\dot{x}_{\mathrm{o},m}(x_\mathrm{t} - x_{\mathrm{o},m})(z_\mathrm{t} - z_{\mathrm{o},m}) + \dot{y}_{\mathrm{o},m}(y_\mathrm{t} - y_{\mathrm{o},m})(z_\mathrm{t} - z_{\mathrm{o},m})}{((x_\mathrm{t} - x_{\mathrm{o},m})^2 + (y_\mathrm{t} - y_{\mathrm{o},m})^2 + (z_\mathrm{t} - z_{\mathrm{o},m})^2)\sqrt{(x_\mathrm{t} - x_{\mathrm{o},m})^2 + (y_\mathrm{t} - y_{\mathrm{o},m})^2}} \\ \qquad\quad - \dfrac{\dot{z}_{\mathrm{o},m}\sqrt{(x_\mathrm{t} - x_{\mathrm{o},m})^2 + (y_\mathrm{t} - y_{\mathrm{o},m})^2}}{(x_\mathrm{t} - x_{\mathrm{o},m})^2 + (y_\mathrm{t} - y_{\mathrm{o},m})^2 + (z_\mathrm{t} - z_{\mathrm{o},m})^2}\end{cases} \tag{1.2}$$

基于式(1.2)还可进一步推得

$$\begin{cases}\dot{\theta}_m = \dfrac{\dot{x}_{\mathrm{o},m}\sin\theta_m - \dot{y}_{\mathrm{o},m}\cos\theta_m}{(x_\mathrm{t} - x_{\mathrm{o},m})\cos\theta_m + (y_\mathrm{t} - y_{\mathrm{o},m})\sin\theta_m} \\ \dot{\beta}_m = \dfrac{\dot{x}_{\mathrm{o},m}\cos\theta_m\sin\beta_m + \dot{y}_{\mathrm{o},m}\sin\theta_m\sin\beta_m - \dot{z}_{\mathrm{o},m}\cos\beta_m}{(x_\mathrm{t} - x_{\mathrm{o},m})\cos\theta_m\cos\beta_m + (y_\mathrm{t} - y_{\mathrm{o},m})\sin\theta_m\cos\beta_m + (z_\mathrm{t} - z_{\mathrm{o},m})\sin\beta_m}\end{cases} \tag{1.3}$$

1.3.2　时域观测量

时域中最常使用的观测量主要包括到达时间和时间差。

假设目标源信号的发射时间为 t_0（可认为精确已知），到达第 m 个观测站的时间为 t_m，则根据空间几何关系可得

$$\tau_m = t_m - t_0 = \frac{1}{c}\,\|\boldsymbol{u} - \boldsymbol{w}_{\mathrm{p},m}\|_2 \tag{1.4}$$

式中，c 表示信号的传播速度，由于它是先验已知的常量，因此到达时间又可以转化为传播距离，不妨用 δ_m 来表示，则有

$$\delta_m = c\tau_m = \|\boldsymbol{u} - \boldsymbol{w}_{\mathrm{p},m}\|_2 \tag{1.5}$$

再假设目标源信号到达第 n 个观测站（辅站）与到达第 1 个观测站（主站）的时间差为 τ_n，则根据空间几何关系可得

$$\tau_n=\frac{1}{c}(\|\boldsymbol{u}-\boldsymbol{w}_{\mathrm{p},n}\|_2-\|\boldsymbol{u}-\boldsymbol{w}_{\mathrm{p},1}\|_2) \tag{1.6}$$

该时间差又可以转化为距离差，不妨用 δ_n 来表示，则有

$$\delta_n=c\tau_n=\|\boldsymbol{u}-\boldsymbol{w}_{\mathrm{p},n}\|_2-\|\boldsymbol{u}-\boldsymbol{w}_{\mathrm{p},1}\|_2 \tag{1.7}$$

另外，对于基于通信卫星的无源定位体制，时间差主要是指地面目标源信号经不同卫星转发至地面观测站的时间差。假设地面观测站的位置向量为 $\boldsymbol{\alpha}$，目标源信号经第 n 颗卫星（邻星）转发至地面观测站与经第 1 颗卫星（主星）转发至地面观测站的时间差为 τ_n，则根据几何关系可得

$$\tau_n=\frac{1}{c}(\|\boldsymbol{u}-\boldsymbol{w}_{\mathrm{p},n}\|_2+\|\boldsymbol{\alpha}-\boldsymbol{w}_{\mathrm{p},n}\|_2-\|\boldsymbol{u}-\boldsymbol{w}_{\mathrm{p},1}\|_2-\|\boldsymbol{\alpha}-\boldsymbol{w}_{\mathrm{p},1}\|_2) \tag{1.8}$$

试时间差又可以转化为距离差（即地面目标源信号经不同卫星转发至地面观测站的距离差），不妨用 δ_n 来表示，则有

$$\delta_n=c\tau_n=\|\boldsymbol{u}-\boldsymbol{w}_{\mathrm{p},n}\|_2+\|\boldsymbol{\alpha}-\boldsymbol{w}_{\mathrm{p},n}\|_2-\|\boldsymbol{u}-\boldsymbol{w}_{\mathrm{p},1}\|_2-\|\boldsymbol{\alpha}-\boldsymbol{w}_{\mathrm{p},1}\|_2 \tag{1.9}$$

1.3.3 频域观测量

频域中最常使用的观测量主要包括到达频率和频率差，它们都由多普勒效应所引起。

假设目标源信号到达第 m 个运动观测站的频率为 f_m，则有

$$f_m=f_0-\frac{f_0}{c}\frac{\partial\|\boldsymbol{u}-\boldsymbol{w}_{\mathrm{p},m}\|_2}{\partial t}=f_0-\frac{f_0}{c}\frac{(\boldsymbol{w}_{\mathrm{p},m}-\boldsymbol{u})^{\mathrm{T}}\boldsymbol{w}_{\mathrm{v},m}}{\|\boldsymbol{u}-\boldsymbol{w}_{\mathrm{p},m}\|_2} \tag{1.10}$$

式中，f_0 表示目标源信号的载波频率，它和 c 都是先验已知的常量，于是到达频率又可以转化为距离变化率，不妨用 $\dot{\delta}_m$ 来表示，则有

$$\dot{\delta}_m=\frac{(\boldsymbol{w}_{\mathrm{p},m}-\boldsymbol{u})^{\mathrm{T}}\boldsymbol{w}_{\mathrm{v},m}}{\|\boldsymbol{u}-\boldsymbol{w}_{\mathrm{p},m}\|_2} \tag{1.11}$$

再假设目标源信号到达第 n 个运动观测站（辅站）与到达第 1 个运动观测站（主站）的频率差为 f_n，则有

$$\begin{aligned}f_n&=\frac{f_0}{c}\frac{\partial\|\boldsymbol{u}-\boldsymbol{w}_{\mathrm{p},1}\|_2}{\partial t}-\frac{f_0}{c}\frac{\partial\|\boldsymbol{u}-\boldsymbol{w}_{\mathrm{p},n}\|_2}{\partial t}\\&=\frac{f_0}{c}\left(\frac{(\boldsymbol{w}_{\mathrm{p},1}-\boldsymbol{u})^{\mathrm{T}}\boldsymbol{w}_{\mathrm{v},1}}{\|\boldsymbol{u}-\boldsymbol{w}_{\mathrm{p},1}\|_2}-\frac{(\boldsymbol{w}_{\mathrm{p},n}-\boldsymbol{u})^{\mathrm{T}}\boldsymbol{w}_{\mathrm{v},n}}{\|\boldsymbol{u}-\boldsymbol{w}_{\mathrm{p},n}\|_2}\right)\end{aligned} \tag{1.12}$$

该频率差又可以转化为距离差变化率，不妨用 $\dot{\delta}_n$ 来表示，则有

$$\dot{\delta}_n=\frac{(\boldsymbol{w}_{\mathrm{p},n}-\boldsymbol{u})^{\mathrm{T}}\boldsymbol{w}_{\mathrm{v},n}}{\|\boldsymbol{u}-\boldsymbol{w}_{\mathrm{p},n}\|_2}-\frac{(\boldsymbol{w}_{\mathrm{p},1}-\boldsymbol{u})^{\mathrm{T}}\boldsymbol{w}_{\mathrm{v},1}}{\|\boldsymbol{u}-\boldsymbol{w}_{\mathrm{p},1}\|_2} \tag{1.13}$$

1.3.4 能量域观测量

能量域中最常使用的观测量主要是信号能量增益比。由声学和微波传播理论[24,25]可知，目标源信号到达不同观测站的能量损耗因子与信号到达不同观测站的距离 k 次方成正比，而且常数 k 的选择与周围环境密切相关。从代数处理的过程来看，k 的数值选择对定位方法并无本质影响，因此为了简化复杂度，类似于文献[24]和[25]中的处理方法，本书将 k 的数值设为 1，此时信号能量增益比就可以等效为目标与不同观测站的距离比。

假设目标源信号到达第 n 个观测站(辅站)与到达第 1 个观测站(主站)的能量增益比为 ρ_n,则有

$$\rho_n = \frac{\|\boldsymbol{u} - \boldsymbol{w}_{\mathrm{p},n}\|_2}{\|\boldsymbol{u} - \boldsymbol{w}_{\mathrm{p},1}\|_2} \tag{1.14}$$

最后需要指出的是,上述各类观测方程都是较为简化的代数模型,也就是说忽略了一些实际中可能存在的工程因素(如时间同步、大气损耗、本振频偏等)。然而,这些被忽略的工程因素并不会实质性地影响本书对各种最小二乘定位理论与方法的描述。因此,出于简化问题的考虑,本书各章的定位算例中均采用上述较为简化的观测模型进行数值实验。

1.4　本书的内容结构安排

本书可划分为三大部分:第 1 部分是基础篇,第 2 部分是理论方法篇,第 3 部分是理论方法推广篇。

第 1 部分由第 1 章和第 2 章构成。其结构示意图如图 1.1 所示。

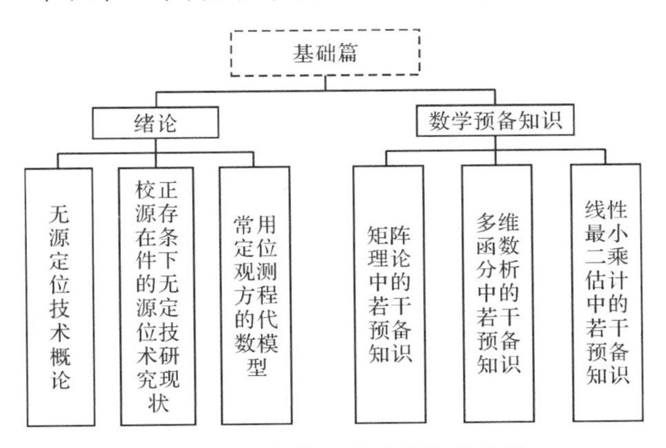

图 1.1　本书第 1 部分结构示意图

第 2 部分由第 3～7 章构成,其结构示意图如图 1.2 所示。

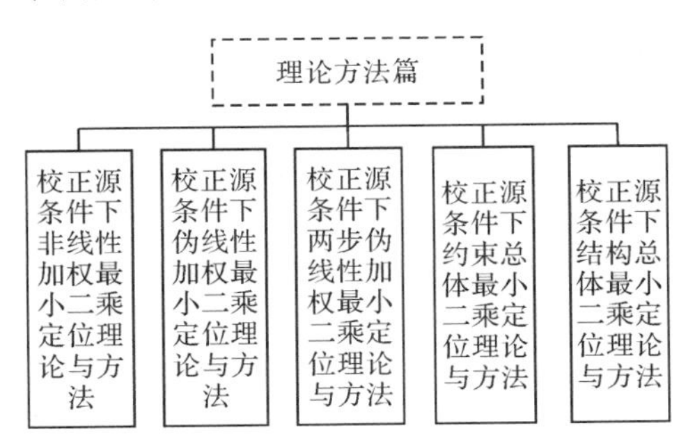

图 1.2　本书第 2 部分结构示意图

第 3 部分由第 8～11 章构成,其结构示意图如图 1.3 所示。

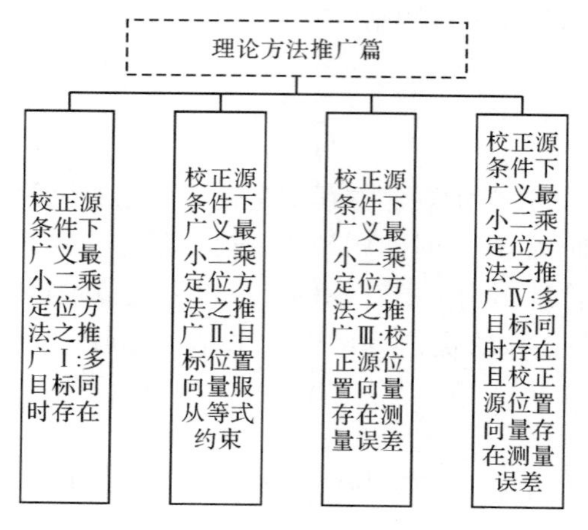

图 1.3 本书第 3 部分结构示意图

参 考 文 献

[1] 孙仲康,郭福成,冯道旺,等. 单站无源定位跟踪技术[M]. 北京:国防工业出版社,2008.

[2] 魏星. 单站无源定位系统关键技术研究[D]. 长沙:国防科学技术大学博士学位论文,2007.

[3] 孙仲康,周一宇,何黎星. 单多基地有源无源定位技术[M]. 北京:国防工业出版社,1996.

[4] 刘聪锋. 无源定位与跟踪[M]. 西安:西安电子科技大学出版社,2011.

[5] 田孝华,周义建. 无线电定位理论与技术[M]. 北京:国防工业出版社,2011.

[6] 王鼎,无源定位中的广义最小二乘估计理论与方法[M]. 北京:科学出版社,2015.

[7] Ho K C,Yang L. On the use of a calibration emitter for source localization in the presence of sensor position uncertainty[J]. IEEE Transactions on Signal Processing,2008,56(12):5758-5772.

[8] Zhou C,Huang G M,Gao J. Improvement of passive localization accuracy by use of calibration[C]// Proceedings of the 7th International Congress on Image and Signal Processing,2014:958-962.

[9] Ma Z H,Ho K C. A Study on the effects of sensor position error and the placement of calibration emittrt[J]. IEEE Transactions on Wireless Communications,2014,13(10):5440-5452.

[10] Yang L,Ho K C. On using multiple calibration emitters and their geometric effects for removing sensor position errors in TDOA localization[C]//Proceedings of the IEEE International Conference on Acoustics,Speech and Signal Processing,2010:14-19.

[11] Yang L,Ho K C. Alleviating sensor position error in source localization using calibration emitters at inaccurate locations[J]. IEEE Transactions on Signal Processing,2010,58(1):67-83.

[12] 瞿文中,叶尚福,孙正波. 卫星干扰源精确定位的位置校正算法[J]. 电波科学学报,2005,20(3):342-346.

[13] 瞿文中,叶尚福,孙正波. 卫星干扰源定位的位置迭代算法[J]. 电子与信息学报,2005,27(5):797-800.

[14] 高谦,郭福成,吴京,等. 一种三星时差定位系统的校正算法[J]. 航天电子对抗,2007,23(5):5-7.

[15] 严航,姚山峰. 基于参考站的低轨双星定位误差校正分析[J]. 电讯技术,2011,51(12):27-33.

[16] 郭连华,郭福成,李金洲. 一种多标校源的高轨伴星时差频差定位算法[J]. 宇航学报,2012,33(10):

1407-1412.
[17] 姚山峰，贺青，熊瑾煜. 基于参考站的多传感器时差定位误差校正分析[J]. 计算机科学，2012，39(11A)：79-82.
[18] 王鼎. 观测站位置状态扰动下 Taylor 级数迭代定位方法及性能分析[J]. 宇航学报，2013，34(12)：1634-1643.
[19] Zhang L，Wang D，Wu Y. Performance analysis of TDOA and FDOA location by differential calibration with calibration sources[J]. Journal of Communications，2014，9(6)：483-490.
[20] 王鼎. 卫星位置误差条件下基于约束 Taylor 级数迭代的地面目标定位理论性能分析[J]. 中国科学：信息科学，2014，44(2)：231-253.
[21] 张莉，王鼎，于宏毅. 多校正源联合的 TDOA/FDOA 无源定位算法[J]. 现代雷达，2015，37(1)：38-42.
[22] 张杰，蒋建中，郭军利. 校正源状态扰动下 Taylor 级数迭代定位方法[J]. 应用科学学报，2015，33(3)：274-289.
[23] Li J Z，Guo F C，Jiang W L，et al. Multiple disjoint sources localization with the use of calibration emitters[C]//Proceedings of the IEEE Radar Conference，2012：34-39.
[24] Ho K C，Sun M. Passive source localization using time differences of arrival and gain ratios of arrival[J]. IEEE Transactions on Signal Processing，2008，56(2)：464-477.
[25] 郝本建，李赞，任妘梅，等. 基于 TDOAs 与 GROAs 的多信号源被动定位[J]. 电子学报，2012，40(12)：2374-2381.

第2章　数学预备知识

本章将介绍全书涉及的若干预备知识，其中包括矩阵理论、多维函数分析和线性最小二乘估计中的若干重要结论。本章的内容可作为全书后续章节的理论基础。

2.1　矩阵理论中的若干预备知识

本节将介绍矩阵理论中的若干预备知识[1-5]，其中涉及矩阵求逆计算公式、(半)正定矩阵、Moore-Penrose 广义逆矩阵和正交投影矩阵及矩阵 Kronecker 积等相关内容。

2.1.1　矩阵求逆计算公式

本小节将介绍几个重要的矩阵求逆计算公式。

1. 矩阵和求逆公式

命题 2.1　设矩阵 $\boldsymbol{A}\in\mathbf{R}^{m\times m}$，$\boldsymbol{B}\in\mathbf{R}^{m\times n}$，$\boldsymbol{C}\in\mathbf{R}^{n\times n}$ 和 $\boldsymbol{D}\in\mathbf{R}^{n\times m}$，并且矩阵 $\boldsymbol{A}$，$\boldsymbol{C}$ 和 $\boldsymbol{C}^{-1}-\boldsymbol{D}\boldsymbol{A}^{-1}\boldsymbol{B}$ 均可逆，则下面的等式成立：

$$(\boldsymbol{A}-\boldsymbol{B}\boldsymbol{C}\boldsymbol{D})^{-1}=\boldsymbol{A}^{-1}+\boldsymbol{A}^{-1}\boldsymbol{B}(\boldsymbol{C}^{-1}-\boldsymbol{D}\boldsymbol{A}^{-1}\boldsymbol{B})^{-1}\boldsymbol{D}\boldsymbol{A}^{-1} \tag{2.1}$$

证明　由矩阵乘法运算法则可知

$$\begin{aligned}&(\boldsymbol{A}^{-1}+\boldsymbol{A}^{-1}\boldsymbol{B}(\boldsymbol{C}^{-1}-\boldsymbol{D}\boldsymbol{A}^{-1}\boldsymbol{B})^{-1}\boldsymbol{D}\boldsymbol{A}^{-1})(\boldsymbol{A}-\boldsymbol{B}\boldsymbol{C}\boldsymbol{D})\\&=\boldsymbol{I}_m-\boldsymbol{A}^{-1}\boldsymbol{B}\boldsymbol{C}\boldsymbol{D}+\boldsymbol{A}^{-1}\boldsymbol{B}(\boldsymbol{C}^{-1}-\boldsymbol{D}\boldsymbol{A}^{-1}\boldsymbol{B})^{-1}\boldsymbol{D}\\&\quad-\boldsymbol{A}^{-1}\boldsymbol{B}(\boldsymbol{C}^{-1}-\boldsymbol{D}\boldsymbol{A}^{-1}\boldsymbol{B})^{-1}\boldsymbol{D}\boldsymbol{A}^{-1}\boldsymbol{B}\boldsymbol{C}\boldsymbol{D}\end{aligned} \tag{2.2}$$

将矩阵 $(\boldsymbol{C}^{-1}-\boldsymbol{D}\boldsymbol{A}^{-1}\boldsymbol{B})^{-1}$ 表示为

$$(\boldsymbol{C}^{-1}-\boldsymbol{D}\boldsymbol{A}^{-1}\boldsymbol{B})^{-1}=((\boldsymbol{I}_n-\boldsymbol{D}\boldsymbol{A}^{-1}\boldsymbol{B}\boldsymbol{C})\boldsymbol{C}^{-1})^{-1}=\boldsymbol{C}(\boldsymbol{I}_n-\boldsymbol{D}\boldsymbol{A}^{-1}\boldsymbol{B}\boldsymbol{C})^{-1} \tag{2.3}$$

将式(2.3)代入式(2.2)可得

$$\begin{aligned}&(\boldsymbol{A}^{-1}+\boldsymbol{A}^{-1}\boldsymbol{B}(\boldsymbol{C}^{-1}-\boldsymbol{D}\boldsymbol{A}^{-1}\boldsymbol{B})^{-1}\boldsymbol{D}\boldsymbol{A}^{-1})(\boldsymbol{A}-\boldsymbol{B}\boldsymbol{C}\boldsymbol{D})\\&=\boldsymbol{I}_m-\boldsymbol{A}^{-1}\boldsymbol{B}\boldsymbol{C}\boldsymbol{D}+\boldsymbol{A}^{-1}\boldsymbol{B}\boldsymbol{C}(\boldsymbol{I}_n-\boldsymbol{D}\boldsymbol{A}^{-1}\boldsymbol{B}\boldsymbol{C})^{-1}\boldsymbol{D}-\boldsymbol{A}^{-1}\boldsymbol{B}\boldsymbol{C}(\boldsymbol{I}_n-\boldsymbol{D}\boldsymbol{A}^{-1}\boldsymbol{B}\boldsymbol{C})^{-1}\boldsymbol{D}\boldsymbol{A}^{-1}\boldsymbol{B}\boldsymbol{C}\boldsymbol{D}\\&=\boldsymbol{I}_m-\boldsymbol{A}^{-1}\boldsymbol{B}\boldsymbol{C}\boldsymbol{D}+\boldsymbol{A}^{-1}\boldsymbol{B}\boldsymbol{C}((\boldsymbol{I}_n-\boldsymbol{D}\boldsymbol{A}^{-1}\boldsymbol{B}\boldsymbol{C})^{-1}-(\boldsymbol{I}_n-\boldsymbol{D}\boldsymbol{A}^{-1}\boldsymbol{B}\boldsymbol{C})^{-1}\boldsymbol{D}\boldsymbol{A}^{-1}\boldsymbol{B}\boldsymbol{C})\boldsymbol{D}\\&=\boldsymbol{I}_m-\boldsymbol{A}^{-1}\boldsymbol{B}\boldsymbol{C}\boldsymbol{D}+\boldsymbol{A}^{-1}\boldsymbol{B}\boldsymbol{C}\boldsymbol{D}\\&=\boldsymbol{I}_m\end{aligned} \tag{2.4}$$

由式(2.4)可知等式(2.1)成立。证毕。

根据命题 2.1 可以直接得到如下推论。

推论 2.1　设矩阵 $\boldsymbol{A}\in\mathbf{R}^{m\times m}$，$\boldsymbol{B}\in\mathbf{R}^{m\times n}$，$\boldsymbol{C}\in\mathbf{R}^{n\times n}$ 和 $\boldsymbol{D}\in\mathbf{R}^{n\times m}$，并且矩阵 $\boldsymbol{A}$，$\boldsymbol{C}$ 和 $\boldsymbol{C}^{-1}+\boldsymbol{D}\boldsymbol{A}^{-1}\boldsymbol{B}$ 均可逆，则下面的等式成立：

$$(\boldsymbol{A}+\boldsymbol{B}\boldsymbol{C}\boldsymbol{D})^{-1}=\boldsymbol{A}^{-1}-\boldsymbol{A}^{-1}\boldsymbol{B}(\boldsymbol{C}^{-1}+\boldsymbol{D}\boldsymbol{A}^{-1}\boldsymbol{B})^{-1}\boldsymbol{D}\boldsymbol{A}^{-1} \tag{2.5}$$

2. 分块矩阵求逆公式

命题 2.2 设有如下分块可逆矩阵：

$$\boldsymbol{U}=\begin{bmatrix}\underbrace{\boldsymbol{A}}_{m\times m} & \underbrace{\boldsymbol{B}}_{m\times n}\\ \underbrace{\boldsymbol{C}}_{n\times m} & \underbrace{\boldsymbol{D}}_{n\times n}\end{bmatrix}\tag{2.6}$$

并且矩阵 $\boldsymbol{A},\boldsymbol{D},\boldsymbol{A}-\boldsymbol{B}\boldsymbol{D}^{-1}\boldsymbol{C}$ 和 $\boldsymbol{D}-\boldsymbol{C}\boldsymbol{A}^{-1}\boldsymbol{B}$ 均可逆，则下面的等式成立：

$$\boldsymbol{V}=\boldsymbol{U}^{-1}=\begin{bmatrix}\underbrace{(\boldsymbol{A}-\boldsymbol{B}\boldsymbol{D}^{-1}\boldsymbol{C})^{-1}}_{m\times m} & \underbrace{-(\boldsymbol{A}-\boldsymbol{B}\boldsymbol{D}^{-1}\boldsymbol{C})^{-1}\boldsymbol{B}\boldsymbol{D}^{-1}}_{m\times n}\\ \underbrace{-(\boldsymbol{D}-\boldsymbol{C}\boldsymbol{A}^{-1}\boldsymbol{B})^{-1}\boldsymbol{C}\boldsymbol{A}^{-1}}_{n\times m} & \underbrace{(\boldsymbol{D}-\boldsymbol{C}\boldsymbol{A}^{-1}\boldsymbol{B})^{-1}}_{n\times n}\end{bmatrix}\tag{2.7}$$

证明 首先将矩阵 $\boldsymbol{V}$ 表示成如下分块形式：

$$\boldsymbol{V}=\boldsymbol{U}^{-1}=\begin{bmatrix}\underbrace{\boldsymbol{X}}_{m\times m} & \underbrace{\boldsymbol{Y}}_{m\times n}\\ \underbrace{\boldsymbol{Z}}_{n\times m} & \underbrace{\boldsymbol{W}}_{n\times n}\end{bmatrix}\tag{2.8}$$

根据逆矩阵的基本定义可得

$$\boldsymbol{V}\boldsymbol{U}=\begin{bmatrix}\boldsymbol{X} & \boldsymbol{Y}\\ \boldsymbol{Z} & \boldsymbol{W}\end{bmatrix}\begin{bmatrix}\boldsymbol{A} & \boldsymbol{B}\\ \boldsymbol{C} & \boldsymbol{D}\end{bmatrix}=\begin{bmatrix}\boldsymbol{I}_m & \boldsymbol{O}_{m\times n}\\ \boldsymbol{O}_{n\times m} & \boldsymbol{I}_n\end{bmatrix}\tag{2.9}$$

基于式(2.9)可以直接得到如下四个等式：

$$\boldsymbol{X}\boldsymbol{A}+\boldsymbol{Y}\boldsymbol{C}=\boldsymbol{I}_m\tag{2.10a}$$

$$\boldsymbol{X}\boldsymbol{B}+\boldsymbol{Y}\boldsymbol{D}=\boldsymbol{O}_{m\times n}\tag{2.10b}$$

$$\boldsymbol{Z}\boldsymbol{A}+\boldsymbol{W}\boldsymbol{C}=\boldsymbol{O}_{n\times m}\tag{2.10c}$$

$$\boldsymbol{Z}\boldsymbol{B}+\boldsymbol{W}\boldsymbol{D}=\boldsymbol{I}_n\tag{2.10d}$$

利用式(2.10b)可知 $\boldsymbol{Y}=-\boldsymbol{X}\boldsymbol{B}\boldsymbol{D}^{-1}$，将其代入式(2.10a)可得

$$\boldsymbol{X}\boldsymbol{A}-\boldsymbol{X}\boldsymbol{B}\boldsymbol{D}^{-1}\boldsymbol{C}=\boldsymbol{I}_m\Rightarrow\boldsymbol{X}=(\boldsymbol{A}-\boldsymbol{B}\boldsymbol{D}^{-1}\boldsymbol{C})^{-1}\tag{2.11}$$

进一步可知

$$\boldsymbol{Y}=-(\boldsymbol{A}-\boldsymbol{B}\boldsymbol{D}^{-1}\boldsymbol{C})^{-1}\boldsymbol{B}\boldsymbol{D}^{-1}\tag{2.12}$$

再由式(2.10c)可知 $\boldsymbol{Z}=-\boldsymbol{W}\boldsymbol{C}\boldsymbol{A}^{-1}$，将其代入式(2.10d)可得

$$-\boldsymbol{W}\boldsymbol{C}\boldsymbol{A}^{-1}\boldsymbol{B}+\boldsymbol{W}\boldsymbol{D}=\boldsymbol{I}_n\Rightarrow\boldsymbol{W}=(\boldsymbol{D}-\boldsymbol{C}\boldsymbol{A}^{-1}\boldsymbol{B})^{-1}\tag{2.13}$$

进一步可知

$$\boldsymbol{Z}=-(\boldsymbol{D}-\boldsymbol{C}\boldsymbol{A}^{-1}\boldsymbol{B})^{-1}\boldsymbol{C}\boldsymbol{A}^{-1}\tag{2.14}$$

由式(2.11)～式(2.14)可知式(2.7)成立。证毕。

根据命题 2.2 可以直接得到如下两个推论。

推论 2.2 设有如下分块对称可逆矩阵：

$$\boldsymbol{U}=\begin{bmatrix}\underbrace{\boldsymbol{A}}_{m\times m} & \underbrace{\boldsymbol{B}}_{m\times n}\\ \underbrace{\boldsymbol{B}^{\mathrm{T}}}_{n\times m} & \underbrace{\boldsymbol{D}}_{n\times n}\end{bmatrix}\tag{2.15}$$

并且矩阵 $\boldsymbol{A}=\boldsymbol{A}^{\mathrm{T}}$，$\boldsymbol{D}=\boldsymbol{D}^{\mathrm{T}}$，$\boldsymbol{A}-\boldsymbol{B}\boldsymbol{D}^{-1}\boldsymbol{B}^{\mathrm{T}}$ 和 $\boldsymbol{D}-\boldsymbol{B}^{\mathrm{T}}\boldsymbol{A}^{-1}\boldsymbol{B}$ 均可逆，则下面的等式成立：

$$\boldsymbol{V}=\boldsymbol{U}^{-1}=\left[\begin{array}{c:c}\underbrace{(\boldsymbol{A}-\boldsymbol{B}\boldsymbol{D}^{-1}\boldsymbol{B}^{\mathrm{T}})^{-1}}_{m\times m} & \underbrace{-(\boldsymbol{A}-\boldsymbol{B}\boldsymbol{D}^{-1}\boldsymbol{B}^{\mathrm{T}})^{-1}\boldsymbol{B}\boldsymbol{D}^{-1}}_{m\times n} \\ \hdashline \underbrace{-\boldsymbol{D}^{-1}\boldsymbol{B}^{\mathrm{T}}(\boldsymbol{A}-\boldsymbol{B}\boldsymbol{D}^{-1}\boldsymbol{B}^{\mathrm{T}})^{-1}}_{n\times m} & \underbrace{(\boldsymbol{D}-\boldsymbol{B}^{\mathrm{T}}\boldsymbol{A}^{-1}\boldsymbol{B})^{-1}}_{n\times n}\end{array}\right] \tag{2.16}$$

推论 2.3　设有如下两个分块对称可逆矩阵：

$$\boldsymbol{U}_1=\begin{bmatrix}\underbrace{\boldsymbol{A}}_{m\times m} & \underbrace{\boldsymbol{B}}_{m\times n} & \underbrace{\boldsymbol{O}}_{m\times k} \\ \underbrace{\boldsymbol{B}^{\mathrm{T}}}_{n\times m} & \underbrace{\boldsymbol{D}}_{n\times n} & \underbrace{\boldsymbol{O}}_{n\times k} \\ \underbrace{\boldsymbol{O}}_{k\times m} & \underbrace{\boldsymbol{O}}_{k\times n} & \underbrace{\boldsymbol{F}}_{k\times k}\end{bmatrix},\quad \boldsymbol{U}_2=\begin{bmatrix}\underbrace{\boldsymbol{A}}_{m\times m} & \underbrace{\boldsymbol{O}}_{m\times k} & \underbrace{\boldsymbol{B}}_{m\times n} \\ \underbrace{\boldsymbol{O}}_{k\times m} & \underbrace{\boldsymbol{F}}_{k\times k} & \underbrace{\boldsymbol{O}}_{k\times n} \\ \underbrace{\boldsymbol{B}^{\mathrm{T}}}_{n\times m} & \underbrace{\boldsymbol{O}}_{n\times k} & \underbrace{\boldsymbol{D}}_{n\times n}\end{bmatrix} \tag{2.17}$$

并且矩阵 $\boldsymbol{A}=\boldsymbol{A}^{\mathrm{T}}$，$\boldsymbol{D}=\boldsymbol{D}^{\mathrm{T}}$，$\boldsymbol{F}=\boldsymbol{F}^{\mathrm{T}}$，$\boldsymbol{A}-\boldsymbol{B}\boldsymbol{D}^{-1}\boldsymbol{B}^{\mathrm{T}}$ 和 $\boldsymbol{D}-\boldsymbol{B}^{\mathrm{T}}\boldsymbol{A}^{-1}\boldsymbol{B}$ 均可逆，则下面的等式成立：

$$\begin{cases}\boldsymbol{V}_1=\boldsymbol{U}_1^{-1}=\left[\begin{array}{c:c:c}\underbrace{(\boldsymbol{A}-\boldsymbol{B}\boldsymbol{D}^{-1}\boldsymbol{B}^{\mathrm{T}})^{-1}}_{m\times m} & \underbrace{-(\boldsymbol{A}-\boldsymbol{B}\boldsymbol{D}^{-1}\boldsymbol{B}^{\mathrm{T}})^{-1}\boldsymbol{B}\boldsymbol{D}^{-1}}_{m\times n} & \underbrace{\boldsymbol{O}}_{m\times k} \\ \hdashline \underbrace{-\boldsymbol{D}^{-1}\boldsymbol{B}^{\mathrm{T}}(\boldsymbol{A}-\boldsymbol{B}\boldsymbol{D}^{-1}\boldsymbol{B}^{\mathrm{T}})^{-1}}_{n\times m} & \underbrace{(\boldsymbol{D}-\boldsymbol{B}^{\mathrm{T}}\boldsymbol{A}^{-1}\boldsymbol{B})^{-1}}_{n\times n} & \underbrace{\boldsymbol{O}}_{n\times k} \\ \hdashline \underbrace{\boldsymbol{O}}_{k\times m} & \underbrace{\boldsymbol{O}}_{k\times n} & \underbrace{\boldsymbol{F}^{-1}}_{k\times k}\end{array}\right] \\ \boldsymbol{V}_2=\boldsymbol{U}_2^{-1}=\left[\begin{array}{c:c:c}\underbrace{(\boldsymbol{A}-\boldsymbol{B}\boldsymbol{D}^{-1}\boldsymbol{B}^{\mathrm{T}})^{-1}}_{m\times m} & \underbrace{\boldsymbol{O}}_{m\times k} & \underbrace{-(\boldsymbol{A}-\boldsymbol{B}\boldsymbol{D}^{-1}\boldsymbol{B}^{\mathrm{T}})^{-1}\boldsymbol{B}\boldsymbol{D}^{-1}}_{m\times n} \\ \hdashline \underbrace{\boldsymbol{O}}_{k\times m} & \underbrace{\boldsymbol{F}^{-1}}_{k\times k} & \underbrace{\boldsymbol{O}}_{k\times n} \\ \hdashline \underbrace{-\boldsymbol{D}^{-1}\boldsymbol{B}^{\mathrm{T}}(\boldsymbol{A}-\boldsymbol{B}\boldsymbol{D}^{-1}\boldsymbol{B}^{\mathrm{T}})^{-1}}_{n\times m} & \underbrace{\boldsymbol{O}}_{n\times k} & \underbrace{(\boldsymbol{D}-\boldsymbol{B}^{\mathrm{T}}\boldsymbol{A}^{-1}\boldsymbol{B})^{-1}}_{n\times n}\end{array}\right]\end{cases} \tag{2.18}$$

2.1.2　(半)正定矩阵的若干性质

本小节将介绍(半)正定矩阵的定义和性质。

定义 2.1　设对称矩阵 $\boldsymbol{A}\in\mathbf{R}^{m\times m}$，若对于任意的非零向量 $\boldsymbol{x}\in\mathbf{R}^{m\times 1}$ 均满足 $\boldsymbol{x}^{\mathrm{T}}\boldsymbol{A}\boldsymbol{x}\geqslant 0$，则称 $\boldsymbol{A}$ 为半正定矩阵，记为 $\boldsymbol{A}\geqslant\boldsymbol{O}$；若对于任意的非零向量 $\boldsymbol{x}\in\mathbf{R}^{m\times 1}$ 均满足 $\boldsymbol{x}^{\mathrm{T}}\boldsymbol{A}\boldsymbol{x}>0$，则称 $\boldsymbol{A}$ 为正定矩阵，记为 $\boldsymbol{A}>\boldsymbol{O}$。

定义 2.2　设两个对称矩阵 $\boldsymbol{A},\boldsymbol{B}\in\mathbf{R}^{m\times m}$，若 $\boldsymbol{A}-\boldsymbol{B}$ 为半正定矩阵，则记为 $\boldsymbol{A}\geqslant\boldsymbol{B}$ 或者 $\boldsymbol{B}\leqslant\boldsymbol{A}$；若 $\boldsymbol{A}-\boldsymbol{B}$ 为正定矩阵，则记为 $\boldsymbol{A}>\boldsymbol{B}$ 或者 $\boldsymbol{B}<\boldsymbol{A}$。

半正定矩阵和正定矩阵的一个重要性质是其特征值和对角元素均为非负数(半正定矩阵)和正数(正定矩阵)。因此，若 $\boldsymbol{A}\geqslant\boldsymbol{B}$，则有 $\lambda[\boldsymbol{A}-\boldsymbol{B}]\geqslant 0$ 和 $\mathrm{tr}[\boldsymbol{A}]\geqslant\mathrm{tr}[\boldsymbol{B}]$；若 $\boldsymbol{A}>\boldsymbol{B}$，则有 $\lambda[\boldsymbol{A}-\boldsymbol{B}]>0$ 和 $\mathrm{tr}[\boldsymbol{A}]>\mathrm{tr}[\boldsymbol{B}]$。需要指出的是，正定矩阵一定是可逆矩阵(并且该逆矩阵也是正定的)，但半正定矩阵却不一定是可逆矩阵。除此以外，这两类矩阵还有一些

其他重要性质，具体可见如下一系列结论。

命题 2.3 设 $\boldsymbol{A}\in\mathbf{R}^{m\times m}$ 为半正定矩阵，$\boldsymbol{B}\in\mathbf{R}^{m\times n}$ 为任意矩阵，则 $\boldsymbol{B}^{\mathrm{T}}\boldsymbol{A}\boldsymbol{B}$ 是半正定矩阵。

证明 对于任意的非零向量 $\boldsymbol{x}\in\mathbf{R}^{n\times 1}$，若令 $\boldsymbol{y}=\boldsymbol{B}\boldsymbol{x}$，则利用 $\boldsymbol{A}$ 是半正定矩阵这一性质可知

$$\boldsymbol{y}^{\mathrm{T}}\boldsymbol{A}\boldsymbol{y}=\boldsymbol{x}^{\mathrm{T}}\boldsymbol{B}^{\mathrm{T}}\boldsymbol{A}\boldsymbol{B}\boldsymbol{x}\geqslant 0 \tag{2.19}$$

基于式(2.19)及向量 $\boldsymbol{x}$ 的任意性可知 $\boldsymbol{B}^{\mathrm{T}}\boldsymbol{A}\boldsymbol{B}$ 是半正定矩阵。证毕。

根据命题 2.3 可以直接得到如下两个推论。

推论 2.4 设 $\boldsymbol{B}\in\mathbf{R}^{m\times n}$ 为任意矩阵，则 $\boldsymbol{B}^{\mathrm{T}}\boldsymbol{B}$ 是半正定矩阵。

推论 2.5 假设对称矩阵 $\boldsymbol{A}_1,\boldsymbol{A}_2\in\mathbf{R}^{m\times m}$ 满足 $\boldsymbol{A}_1\geqslant\boldsymbol{A}_2$，并设 $\boldsymbol{B}\in\mathbf{R}^{m\times n}$ 为任意矩阵，则有 $\boldsymbol{B}^{\mathrm{T}}\boldsymbol{A}_1\boldsymbol{B}\geqslant\boldsymbol{B}^{\mathrm{T}}\boldsymbol{A}_2\boldsymbol{B}$。

命题 2.4 设 $\boldsymbol{A}\in\mathbf{R}^{m\times m}$ 是正定矩阵，$\boldsymbol{B}\in\mathbf{R}^{m\times n}(m\geqslant n)$ 是列满秩矩阵，则 $\boldsymbol{B}^{\mathrm{T}}\boldsymbol{A}\boldsymbol{B}$ 是正定矩阵。

证明 对于任意的非零向量 $\boldsymbol{x}\in\mathbf{R}^{n\times 1}$，根据矩阵 $\boldsymbol{B}$ 的列满秩性可知 $\boldsymbol{y}=\boldsymbol{B}\boldsymbol{x}$ 是非零向量，再利用 $\boldsymbol{A}$ 是正定矩阵这一性质可知

$$\boldsymbol{y}^{\mathrm{T}}\boldsymbol{A}\boldsymbol{y}=(\boldsymbol{B}\boldsymbol{x})^{\mathrm{T}}\boldsymbol{A}(\boldsymbol{B}\boldsymbol{x})=\boldsymbol{x}^{\mathrm{T}}\boldsymbol{B}^{\mathrm{T}}\boldsymbol{A}\boldsymbol{B}\boldsymbol{x}>0 \tag{2.20}$$

基于式(2.20)及向量 $\boldsymbol{x}$ 的任意性可知 $\boldsymbol{B}^{\mathrm{T}}\boldsymbol{A}\boldsymbol{B}$ 是正定矩阵。证毕。

根据命题 2.4 可以直接得到如下两个推论。

推论 2.6 设 $\boldsymbol{B}\in\mathbf{R}^{m\times n}(m\geqslant n)$ 是列满秩矩阵，则 $\boldsymbol{B}^{\mathrm{T}}\boldsymbol{B}$ 是正定矩阵。

推论 2.7 假设对称矩阵 $\boldsymbol{A}_1,\boldsymbol{A}_2\in\mathbf{R}^{m\times m}$ 满足 $\boldsymbol{A}_1>\boldsymbol{A}_2$，并设 $\boldsymbol{B}\in\mathbf{R}^{m\times n}(m\geqslant n)$ 为列满秩矩阵，则有 $\boldsymbol{B}^{\mathrm{T}}\boldsymbol{A}_1\boldsymbol{B}>\boldsymbol{B}^{\mathrm{T}}\boldsymbol{A}_2\boldsymbol{B}$。

为了得到关于正定矩阵的另一个重要性质，下面首先给出如下引理。

引理 2.1 若 $\boldsymbol{A}\in\mathbf{R}^{m\times m}$ 为正定矩阵，$\boldsymbol{B}\in\mathbf{R}^{m\times m}$ 为半正定矩阵，则 $\boldsymbol{A}\geqslant\boldsymbol{B}$(或 $\boldsymbol{A}>\boldsymbol{B}$)的充要条件是 $\lambda_{\max}[\boldsymbol{B}\boldsymbol{A}^{-1}]\leqslant 1$(或 $\lambda_{\max}[\boldsymbol{B}\boldsymbol{A}^{-1}]<1$)。

证明 根据命题 2.3 可知

$$\boldsymbol{A}\geqslant\boldsymbol{B}\Leftrightarrow\boldsymbol{A}-\boldsymbol{B}\geqslant\boldsymbol{O}\Rightarrow\boldsymbol{A}^{-1/2}(\boldsymbol{A}-\boldsymbol{B})\boldsymbol{A}^{-1/2}\geqslant\boldsymbol{O}\Leftrightarrow\boldsymbol{I}_m-\boldsymbol{A}^{-1/2}\boldsymbol{B}\boldsymbol{A}^{-1/2}\geqslant\boldsymbol{O} \tag{2.21}$$

式中，$\boldsymbol{A}^{-1/2}$ 是 $\boldsymbol{A}^{1/2}$ 的逆矩阵，而 $\boldsymbol{A}^{1/2}$ 是矩阵 $\boldsymbol{A}$ 的平方根(即满足 $\boldsymbol{A}^{1/2}\boldsymbol{A}^{1/2}=\boldsymbol{A}$ 且 $\boldsymbol{A}^{1/2}=(\boldsymbol{A}^{1/2})^{\mathrm{T}}$)。根据式(2.21)可知，矩阵 $\boldsymbol{I}_m-\boldsymbol{A}^{-1/2}\boldsymbol{B}\boldsymbol{A}^{-1/2}$ 的所有特征值均大于等于零，由此可知矩阵 $\boldsymbol{A}^{-1/2}\boldsymbol{B}\boldsymbol{A}^{-1/2}$ 的所有特征值均小于等于 1，即有 $\lambda_{\max}[\boldsymbol{A}^{-1/2}\boldsymbol{B}\boldsymbol{A}^{-1/2}]\leqslant 1$，再利用矩阵特征值的性质可知 $\lambda_{\max}[\boldsymbol{A}^{-1/2}\boldsymbol{B}\boldsymbol{A}^{-1/2}]=\lambda_{\max}[\boldsymbol{B}\boldsymbol{A}^{-1}]\leqslant 1$。另外，当 $\boldsymbol{A}>\boldsymbol{B}$ 时，根据命题 2.4 可知上面的不等号可以换成严格不等号。证毕。

命题 2.5 若 $\boldsymbol{A},\boldsymbol{B}\in\mathbf{R}^{m\times m}$ 均为正定矩阵，则 $\boldsymbol{A}\geqslant\boldsymbol{B}$(或 $\boldsymbol{A}>\boldsymbol{B}$)的充要条件是 $\boldsymbol{A}^{-1}\leqslant\boldsymbol{B}^{-1}$(或 $\boldsymbol{A}^{-1}<\boldsymbol{B}^{-1}$)。

证明 根据引理 2.1 可知

$$\boldsymbol{A}\geqslant\boldsymbol{B}\Leftrightarrow\lambda_{\max}[\boldsymbol{B}\boldsymbol{A}^{-1}]\leqslant 1\Leftrightarrow\lambda_{\max}[\boldsymbol{A}^{-1}\boldsymbol{B}]\leqslant 1\Leftrightarrow\boldsymbol{A}^{-1}\leqslant\boldsymbol{B}^{-1} \tag{2.22}$$

另外，当 $\boldsymbol{A}>\boldsymbol{B}$ 时，利用引理 2.1 可知式(2.22)中的不等号可以换成严格不等号。证毕。

2.1.3 Moore-Penrose 广义逆矩阵和正交投影矩阵

本小节将介绍 Moore-Penrose 广义逆矩阵和正交投影矩阵的若干重要结论，它们在

最小二乘估计中发挥着重要作用。

1. Moore-Penrose 广义逆矩阵

Moore-Penrose 广义逆是一种十分重要的广义逆，通过该矩阵可以构造矩阵列空间或其列补空间上的正交投影矩阵，其基本定义如下。

定义 2.3　设任意矩阵 $\boldsymbol{A}\in\mathbf{R}^{m\times n}$，若矩阵 $\boldsymbol{X}\in\mathbf{R}^{n\times m}$ 满足以下四个矩阵方程：

$$\boldsymbol{AXA}=\boldsymbol{A},\quad \boldsymbol{XAX}=\boldsymbol{X},\quad (\boldsymbol{AX})^{\mathrm{T}}=\boldsymbol{AX},\quad (\boldsymbol{XA})^{\mathrm{T}}=\boldsymbol{XA} \tag{2.23}$$

则称 $\boldsymbol{X}$ 是矩阵 $\boldsymbol{A}$ 的 Moore-Penrose 广义逆，并将其记为 $\boldsymbol{X}=\boldsymbol{A}^{\dagger}$。

根据定义 2.3 可知，若 $\boldsymbol{A}$ 是可逆方阵，则有 $\boldsymbol{A}^{\dagger}=\boldsymbol{A}^{-1}$。另外，满足式(2.23)的 Moore-Penrose 逆矩阵存在并且唯一，它可以通过矩阵 $\boldsymbol{A}$ 的奇异值分解获得[1-5]。此外，对于列满秩矩阵和行满秩矩阵而言，Moore-Penrose 逆矩阵还具有更加显式的表达式，结果可见如下命题。

命题 2.6　设矩阵 $\boldsymbol{A}\in\mathbf{R}^{m\times n}$，若 $\boldsymbol{A}$ 为列满秩矩阵，则有 $\boldsymbol{A}^{\dagger}=(\boldsymbol{A}^{\mathrm{T}}\boldsymbol{A})^{-1}\boldsymbol{A}^{\mathrm{T}}$；若 $\boldsymbol{A}$ 为行满秩矩阵，则有 $\boldsymbol{A}^{\dagger}=\boldsymbol{A}^{\mathrm{T}}(\boldsymbol{AA}^{\mathrm{T}})^{-1}$。

证明　若 $\boldsymbol{A}$ 为列满秩矩阵，则 $\boldsymbol{A}^{\mathrm{T}}\boldsymbol{A}$ 是可逆矩阵，现将 $\boldsymbol{X}=(\boldsymbol{A}^{\mathrm{T}}\boldsymbol{A})^{-1}\boldsymbol{A}^{\mathrm{T}}$ 代入式(2.23)中的四个等式，可得

$$\begin{cases}\boldsymbol{AXA}=\boldsymbol{A}(\boldsymbol{A}^{\mathrm{T}}\boldsymbol{A})^{-1}\boldsymbol{A}^{\mathrm{T}}\boldsymbol{A}=\boldsymbol{A}\\ \boldsymbol{XAX}=(\boldsymbol{A}^{\mathrm{T}}\boldsymbol{A})^{-1}\boldsymbol{A}^{\mathrm{T}}\boldsymbol{A}(\boldsymbol{A}^{\mathrm{T}}\boldsymbol{A})^{-1}\boldsymbol{A}^{\mathrm{T}}=(\boldsymbol{A}^{\mathrm{T}}\boldsymbol{A})^{-1}\boldsymbol{A}^{\mathrm{T}}=\boldsymbol{X}\\ (\boldsymbol{AX})^{\mathrm{T}}=(\boldsymbol{A}(\boldsymbol{A}^{\mathrm{T}}\boldsymbol{A})^{-1}\boldsymbol{A}^{\mathrm{T}})^{\mathrm{T}}=\boldsymbol{A}(\boldsymbol{A}^{\mathrm{T}}\boldsymbol{A})^{-1}\boldsymbol{A}^{\mathrm{T}}=\boldsymbol{AX}\\ (\boldsymbol{XA})^{\mathrm{T}}=((\boldsymbol{A}^{\mathrm{T}}\boldsymbol{A})^{-1}\boldsymbol{A}^{\mathrm{T}}\boldsymbol{A})^{\mathrm{T}}=\boldsymbol{I}_n^{\mathrm{T}}=\boldsymbol{I}_n=\boldsymbol{XA}\end{cases} \tag{2.24}$$

由式(2.24)可知，$\boldsymbol{X}=(\boldsymbol{A}^{\mathrm{T}}\boldsymbol{A})^{-1}\boldsymbol{A}^{\mathrm{T}}$ 满足 Moore-Penrose 广义逆的四个条件。

若 $\boldsymbol{A}$ 为行满秩矩阵，则 $\boldsymbol{AA}^{\mathrm{T}}$ 是可逆矩阵，现将 $\boldsymbol{X}=\boldsymbol{A}^{\mathrm{T}}(\boldsymbol{AA}^{\mathrm{T}})^{-1}$ 代入式(2.23)中的四个等式，可得

$$\begin{cases}\boldsymbol{AXA}=\boldsymbol{AA}^{\mathrm{T}}(\boldsymbol{AA}^{\mathrm{T}})^{-1}\boldsymbol{A}=\boldsymbol{A}\\ \boldsymbol{XAX}=\boldsymbol{A}^{\mathrm{T}}(\boldsymbol{AA}^{\mathrm{T}})^{-1}\boldsymbol{AA}^{\mathrm{T}}(\boldsymbol{AA}^{\mathrm{T}})^{-1}=\boldsymbol{A}^{\mathrm{T}}(\boldsymbol{AA}^{\mathrm{T}})^{-1}=\boldsymbol{X}\\ (\boldsymbol{AX})^{\mathrm{T}}=(\boldsymbol{AA}^{\mathrm{T}}(\boldsymbol{AA}^{\mathrm{T}})^{-1})^{\mathrm{T}}=\boldsymbol{I}_m^{\mathrm{T}}=\boldsymbol{I}_m=\boldsymbol{AX}\\ (\boldsymbol{XA})^{\mathrm{T}}=(\boldsymbol{A}^{\mathrm{T}}(\boldsymbol{AA}^{\mathrm{T}})^{-1}\boldsymbol{A})^{\mathrm{T}}=\boldsymbol{A}^{\mathrm{T}}(\boldsymbol{AA}^{\mathrm{T}})^{-1}\boldsymbol{A}=\boldsymbol{XA}\end{cases} \tag{2.25}$$

由式(2.25)可知，$\boldsymbol{X}=\boldsymbol{A}^{\mathrm{T}}(\boldsymbol{AA}^{\mathrm{T}})^{-1}$ 满足 Moore-Penrose 广义逆的四个条件。证毕。

下面的命题给出了 Moore-Penrose 逆矩阵的另一个性质。

命题 2.7　设矩阵 $\boldsymbol{A}\in\mathbf{R}^{m_1\times n_1}$ 和 $\boldsymbol{B}\in\mathbf{R}^{m_2\times n_2}$，则有

$$\begin{bmatrix}\boldsymbol{A} & \boldsymbol{O}_{m_1\times n_2}\\ \boldsymbol{O}_{m_2\times n_1} & \boldsymbol{B}\end{bmatrix}^{\dagger}=\begin{bmatrix}\boldsymbol{A}^{\dagger} & \boldsymbol{O}_{n_1\times m_2}\\ \boldsymbol{O}_{n_2\times m_1} & \boldsymbol{B}^{\dagger}\end{bmatrix} \tag{2.26}$$

命题 2.7 可以直接通过 Moore-Penrose 逆矩阵的定义来验证，这里不再阐述。

2. 正交投影矩阵

正交投影矩阵在矩阵理论中具有十分重要的作用，其基本定义如下。

定义 2.4　设 $\boldsymbol{S}$ 是 n 维欧氏空间 $\mathbf{R}^n$ 中的一个线性子空间，$\boldsymbol{S}^{\perp}$ 是其正交补空间，则对于任意向量 $\boldsymbol{x}\in\mathbf{R}^{n\times 1}$，若存在某个 $n\times n$ 阶矩阵 $\boldsymbol{P}$ 满足

$$\boldsymbol{x}=\boldsymbol{x}_1+\boldsymbol{x}_2=\boldsymbol{P}\boldsymbol{x}+(\boldsymbol{I}_n-\boldsymbol{P})\boldsymbol{x} \tag{2.27}$$

式中，$\boldsymbol{x}_1=\boldsymbol{P}\boldsymbol{x}\in\boldsymbol{S}$ 和 $\boldsymbol{x}_2=(\boldsymbol{I}_n-\boldsymbol{P})\boldsymbol{x}\in\boldsymbol{S}^{\perp}$，则称 $\boldsymbol{P}$ 是线性子空间 $\boldsymbol{S}$ 上的正交投影矩阵，$\boldsymbol{I}_n-\boldsymbol{P}$ 是 $\boldsymbol{S}$ 正交补空间 $\boldsymbol{S}^{\perp}$ 上的正交投影矩阵。若 $\boldsymbol{S}$ 表示矩阵 $\boldsymbol{A}$ 的列空间，则本书将矩阵 $\boldsymbol{P}$ 记为 $\boldsymbol{\Pi}[\boldsymbol{A}]$，而将矩阵 $\boldsymbol{I}_n-\boldsymbol{P}$ 记为 $\boldsymbol{\Pi}^{\perp}[\boldsymbol{A}]$。

根据正交投影矩阵的定义可以得到如下命题。

命题 2.8　设 $\boldsymbol{S}$ 是 $\boldsymbol{n}$ 维欧氏空间 $\mathbf{R}^n$ 中的一个线性子空间，则该子空间上的正交投影矩阵 $\boldsymbol{P}$ 是唯一的，并且它是对称幂等矩阵，即满足 $\boldsymbol{P}^{\mathrm{T}}=\boldsymbol{P}$ 和 $\boldsymbol{P}^2=\boldsymbol{P}$。

证明　对于任意向量 $\boldsymbol{x},\boldsymbol{y}\in\mathbf{R}^{n\times1}$，根据正交投影矩阵的定义可知

$$0=(\boldsymbol{P}\boldsymbol{x})^{\mathrm{T}}(\boldsymbol{I}_n-\boldsymbol{P})\boldsymbol{y}=\boldsymbol{x}^{\mathrm{T}}(\boldsymbol{P}^{\mathrm{T}}-\boldsymbol{P}^{\mathrm{T}}\boldsymbol{P})\boldsymbol{y} \tag{2.28}$$

由向量 $\boldsymbol{x}$ 和 $\boldsymbol{y}$ 的任意性可得

$$\boldsymbol{P}^{\mathrm{T}}-\boldsymbol{P}^{\mathrm{T}}\boldsymbol{P}=\boldsymbol{O}_{n\times n}\Leftrightarrow\boldsymbol{P}^{\mathrm{T}}=\boldsymbol{P}^{\mathrm{T}}\boldsymbol{P}\Rightarrow\boldsymbol{P}=\boldsymbol{P}^{\mathrm{T}}=\boldsymbol{P}^2 \tag{2.29}$$

基于式(2.29)可知 $\boldsymbol{P}$ 是对称幂等矩阵。

接着证明唯一性，假设存在子空间 $\boldsymbol{S}$ 上的另一个正交投影矩阵 $\boldsymbol{Q}$（也是对称幂等矩阵），则对于任意向量 $\boldsymbol{x}\in\mathbf{R}^{n\times1}$，满足

$$\begin{aligned}\|(\boldsymbol{P}-\boldsymbol{Q})\boldsymbol{x}\|_2^2&=\boldsymbol{x}^{\mathrm{T}}(\boldsymbol{P}-\boldsymbol{Q})(\boldsymbol{P}-\boldsymbol{Q})\boldsymbol{x}\\&=(\boldsymbol{P}\boldsymbol{x})^{\mathrm{T}}(\boldsymbol{I}_n-\boldsymbol{Q})\boldsymbol{x}+(\boldsymbol{Q}\boldsymbol{x})^{\mathrm{T}}(\boldsymbol{I}_n-\boldsymbol{P})\boldsymbol{x}=0\end{aligned} \tag{2.30}$$

再由向量 $\boldsymbol{x}$ 的任意性可知 $\boldsymbol{P}=\boldsymbol{Q}$，由此可知唯一性得证。证毕。

根据命题 2.8 可以得到如下推论。

推论 2.8　任意正交投影矩阵都是半正定矩阵。

证明　设 $\boldsymbol{P}$ 为某个正交投影矩阵，则根据命题 2.8 可将其表示为 $\boldsymbol{P}=\boldsymbol{P}\boldsymbol{P}=\boldsymbol{P}^{\mathrm{T}}\boldsymbol{P}$，再由推论 2.4 可知 $\boldsymbol{P}$ 是半正定矩阵。证毕。

正交投影矩阵可以利用 Moore-Penrose 逆矩阵来表示，结果可见如下命题。

命题 2.9　设任意矩阵 $\boldsymbol{A}\in\mathbf{R}^{m\times n}$，则其列空间和列补空间上的正交投影矩阵可分别表示为

$$\begin{cases}\boldsymbol{\Pi}[\boldsymbol{A}]=\boldsymbol{A}\boldsymbol{A}^{\dagger}\\\boldsymbol{\Pi}^{\perp}[\boldsymbol{A}]=\boldsymbol{I}_m-\boldsymbol{A}\boldsymbol{A}^{\dagger}\end{cases} \tag{2.31}$$

证明　任意向量 $\boldsymbol{x}\in\mathbf{R}^{m\times1}$ 都可以进行如下分解：

$$\boldsymbol{x}=\boldsymbol{x}_1+\boldsymbol{x}_2=\boldsymbol{A}\boldsymbol{A}^{\dagger}\boldsymbol{x}+(\boldsymbol{I}_m-\boldsymbol{A}\boldsymbol{A}^{\dagger})\boldsymbol{x} \tag{2.32}$$

式中，$\boldsymbol{x}_1=\boldsymbol{A}\boldsymbol{A}^{\dagger}\boldsymbol{x}$ 和 $\boldsymbol{x}_2=(\boldsymbol{I}_m-\boldsymbol{A}\boldsymbol{A}^{\dagger})\boldsymbol{x}$，下面证明 $\boldsymbol{x}_1\in\mathrm{range}[\boldsymbol{A}]$ 和 $\boldsymbol{x}_2\in\mathrm{range}^{\perp}[\boldsymbol{A}]$ 即可。首先有

$$\boldsymbol{x}_1=\boldsymbol{A}(\boldsymbol{A}^{\dagger}\boldsymbol{x})=\boldsymbol{A}\boldsymbol{y}\in\mathrm{range}[\boldsymbol{A}] \tag{2.33}$$

式中，$\boldsymbol{y}=\boldsymbol{A}^{\dagger}\boldsymbol{x}$。另外，利用 Moore-Penrose 逆矩阵的性质可得

$$\boldsymbol{x}_2^{\mathrm{T}}\boldsymbol{A}=\boldsymbol{x}^{\mathrm{T}}(\boldsymbol{I}_m-\boldsymbol{A}\boldsymbol{A}^{\dagger})^{\mathrm{T}}\boldsymbol{A}=\boldsymbol{x}^{\mathrm{T}}(\boldsymbol{A}-\boldsymbol{A}\boldsymbol{A}^{\dagger}\boldsymbol{A})=\boldsymbol{O}_{1\times n}\Rightarrow\boldsymbol{x}_2\in\mathrm{range}^{\perp}[\boldsymbol{A}] \tag{2.34}$$

证毕。

根据命题 2.9 可以得到如下两个推论。

推论 2.9　设 $\boldsymbol{A}\in\mathbf{R}^{m\times n}$ 是任意列满秩矩阵，则其列空间和列补空间上的正交投影矩阵可分别表示为

$$\boldsymbol{\Pi}[\boldsymbol{A}]=\boldsymbol{A}(\boldsymbol{A}^{\mathrm{T}}\boldsymbol{A})^{-1}\boldsymbol{A}^{\mathrm{T}} \tag{2.35a}$$

$$\boldsymbol{\Pi}^{\perp}[\boldsymbol{A}] = \boldsymbol{I}_m - \boldsymbol{A}(\boldsymbol{A}^{\mathrm{T}}\boldsymbol{A})^{-1}\boldsymbol{A}^{\mathrm{T}} \tag{2.35b}$$

推论 2.9 可以直接由命题 2.6 和命题 2.9 证得。

推论 2.10 若 $\boldsymbol{A}\in\mathbf{R}^{m\times n}$ 是列满秩矩阵，并且满足 $\boldsymbol{\Pi}[\boldsymbol{A}]=\boldsymbol{I}_m$ 和 $\boldsymbol{\Pi}^{\perp}[\boldsymbol{A}]=\boldsymbol{O}_{m\times m}$，则 $\boldsymbol{A}$ 必为满秩方阵。

证明 根据等式 $\boldsymbol{\Pi}[\boldsymbol{A}]=\boldsymbol{I}_m$ 和式(2.35a)可得

$$m = \mathrm{rank}[\boldsymbol{I}_m] = \mathrm{rank}[\boldsymbol{\Pi}[\boldsymbol{A}]] = \mathrm{rank}[\boldsymbol{A}(\boldsymbol{A}^{\mathrm{T}}\boldsymbol{A})^{-1}\boldsymbol{A}^{\mathrm{T}}] \leqslant \mathrm{rank}[\boldsymbol{A}] = n \tag{2.36}$$

又因为 $\boldsymbol{A}$ 是列满秩矩阵，所以有 $n\leqslant m$，而结合式(2.36)可知 $n=m$，由此证得 $\boldsymbol{A}$ 为满秩方阵。证毕。

命题 2.10 假设 $\boldsymbol{A}\in\mathbf{R}^{m\times m}$ 是正定矩阵，$\boldsymbol{B}\in\mathbf{R}^{m\times n}$ 是列满秩矩阵，$\boldsymbol{C}\in\mathbf{R}^{m\times k}$ 是任意矩阵，则有

$$\boldsymbol{C}^{\mathrm{T}}\boldsymbol{A}\boldsymbol{C} - \boldsymbol{C}^{\mathrm{T}}\boldsymbol{A}\boldsymbol{B}(\boldsymbol{B}^{\mathrm{T}}\boldsymbol{A}\boldsymbol{B})^{-1}\boldsymbol{B}^{\mathrm{T}}\boldsymbol{A}^{\mathrm{T}}\boldsymbol{C} = (\boldsymbol{A}^{1/2}\boldsymbol{C})^{\mathrm{T}}\boldsymbol{\Pi}^{\perp}[\boldsymbol{A}^{1/2}\boldsymbol{B}](\boldsymbol{A}^{1/2}\boldsymbol{C}) \geqslant \boldsymbol{O} \tag{2.37}$$

证明 由于 $\boldsymbol{A}$ 是正定矩阵，$\boldsymbol{B}$ 是列满秩矩阵，因此根据命题 2.4 可知 $\boldsymbol{B}^{\mathrm{T}}\boldsymbol{A}\boldsymbol{B}$ 是正定矩阵，更是可逆矩阵。若记 $\boldsymbol{A}^{1/2}$ 是矩阵 $\boldsymbol{A}$ 的平方根(即满足 $\boldsymbol{A}^{1/2}\boldsymbol{A}^{1/2}=\boldsymbol{A}$ 且 $\boldsymbol{A}^{1/2}=(\boldsymbol{A}^{1/2})^{\mathrm{T}}$)，则不难验证 $\boldsymbol{A}^{1/2}\boldsymbol{B}$ 是列满秩矩阵，于是根据推论 2.8、推论 2.9 和命题 2.3 可以推得

$$\begin{aligned}\boldsymbol{A} - \boldsymbol{A}\boldsymbol{B}(\boldsymbol{B}^{\mathrm{T}}\boldsymbol{A}\boldsymbol{B})^{-1}\boldsymbol{B}^{\mathrm{T}}\boldsymbol{A}^{\mathrm{T}} &= \boldsymbol{A}^{1/2}(\boldsymbol{I}_m - (\boldsymbol{A}^{1/2}\boldsymbol{B})((\boldsymbol{A}^{1/2}\boldsymbol{B})^{\mathrm{T}}(\boldsymbol{A}^{1/2}\boldsymbol{B}))^{-1}(\boldsymbol{A}^{1/2}\boldsymbol{B})^{\mathrm{T}})\boldsymbol{A}^{1/2} \\ &= \boldsymbol{A}^{1/2}\boldsymbol{\Pi}^{\perp}[\boldsymbol{A}^{1/2}\boldsymbol{B}]\boldsymbol{A}^{1/2} \geqslant \boldsymbol{O}\end{aligned} \tag{2.38}$$

由式(2.38)可以进一步推得

$$\boldsymbol{C}^{\mathrm{T}}\boldsymbol{A}\boldsymbol{C} - \boldsymbol{C}^{\mathrm{T}}\boldsymbol{A}\boldsymbol{B}(\boldsymbol{B}^{\mathrm{T}}\boldsymbol{A}\boldsymbol{B})^{-1}\boldsymbol{B}^{\mathrm{T}}\boldsymbol{A}^{\mathrm{T}}\boldsymbol{C} = (\boldsymbol{A}^{1/2}\boldsymbol{C})^{\mathrm{T}}\boldsymbol{\Pi}^{\perp}[\boldsymbol{A}^{1/2}\boldsymbol{B}](\boldsymbol{A}^{1/2}\boldsymbol{C}) \geqslant \boldsymbol{O} \tag{2.39}$$

证毕。

根据命题 2.10 可以得到如下推论。

推论 2.11 设 $\boldsymbol{A}\in\mathbf{R}^{m\times m}$ 是正定矩阵，$\boldsymbol{B}\in\mathbf{R}^{m\times n}$ 是列满秩矩阵，则有

$$\boldsymbol{A}^{-1} - \boldsymbol{B}(\boldsymbol{B}^{\mathrm{T}}\boldsymbol{A}\boldsymbol{B})^{-1}\boldsymbol{B}^{\mathrm{T}} = \boldsymbol{A}^{-1/2}\boldsymbol{\Pi}^{\perp}[\boldsymbol{A}^{1/2}\boldsymbol{B}]\boldsymbol{A}^{-1/2} \geqslant \boldsymbol{O} \tag{2.40}$$

证明 将命题 2.10 中的矩阵 $\boldsymbol{C}$ 取为 $\boldsymbol{C}=\boldsymbol{A}^{-1}$ 可得

$$\begin{aligned}&\boldsymbol{A}^{-\mathrm{T}}\boldsymbol{A}\boldsymbol{A}^{-1} - \boldsymbol{A}^{-\mathrm{T}}\boldsymbol{A}\boldsymbol{B}(\boldsymbol{B}^{\mathrm{T}}\boldsymbol{A}\boldsymbol{B})^{-1}\boldsymbol{B}^{\mathrm{T}}\boldsymbol{A}^{\mathrm{T}}\boldsymbol{A}^{-1} \\ &= \boldsymbol{A}^{-1} - \boldsymbol{B}(\boldsymbol{B}^{\mathrm{T}}\boldsymbol{A}\boldsymbol{B})^{-1}\boldsymbol{B}^{\mathrm{T}} \\ &= (\boldsymbol{A}^{1/2}\boldsymbol{A}^{-1})^{\mathrm{T}}\boldsymbol{\Pi}^{\perp}[\boldsymbol{A}^{1/2}\boldsymbol{B}](\boldsymbol{A}^{1/2}\boldsymbol{A}^{-1}) \\ &= \boldsymbol{A}^{-\mathrm{T}/2}\boldsymbol{\Pi}^{\perp}[\boldsymbol{A}^{1/2}\boldsymbol{B}]\boldsymbol{A}^{-1/2} \geqslant \boldsymbol{O}\end{aligned} \tag{2.41}$$

证毕。

命题 2.11 设 $\boldsymbol{A}\in\mathbf{R}^{m\times m}$ 为正定矩阵，$\boldsymbol{b}$ 是任意 m 维非零向量，并根据向量 $\boldsymbol{b}$ 构造列满秩矩阵 $\boldsymbol{\Phi}(\boldsymbol{b})\in\mathbf{R}^{m\times(m-1)}$ 满足 $\boldsymbol{b}^{\mathrm{T}}\boldsymbol{\Phi}(\boldsymbol{b})=\boldsymbol{O}_{1\times(m-1)}$，则下面的等式成立：

$$\boldsymbol{A} - \frac{\boldsymbol{A}\boldsymbol{b}\boldsymbol{b}^{\mathrm{T}}\boldsymbol{A}}{\boldsymbol{b}^{\mathrm{T}}\boldsymbol{A}\boldsymbol{b}} = \boldsymbol{\Phi}(\boldsymbol{b})(\boldsymbol{\Phi}^{\mathrm{T}}(\boldsymbol{b})\boldsymbol{A}^{-1}\boldsymbol{\Phi}(\boldsymbol{b}))^{-1}\boldsymbol{\Phi}^{\mathrm{T}}(\boldsymbol{b}) \tag{2.42}$$

证明 命题 2.11 等价于证明如下等式：

$$\boldsymbol{I}_m - \frac{\boldsymbol{A}^{1/2}\boldsymbol{b}\boldsymbol{b}^{\mathrm{T}}\boldsymbol{A}^{1/2}}{\boldsymbol{b}^{\mathrm{T}}\boldsymbol{A}\boldsymbol{b}} = \boldsymbol{A}^{-1/2}\boldsymbol{\Phi}(\boldsymbol{b})(\boldsymbol{\Phi}^{\mathrm{T}}(\boldsymbol{b})\boldsymbol{A}^{-1}\boldsymbol{\Phi}(\boldsymbol{b}))^{-1}\boldsymbol{\Phi}^{\mathrm{T}}(\boldsymbol{b})\boldsymbol{A}^{-1/2} \tag{2.43}$$

式(2.43)左边可以表示为

$$\boldsymbol{I}_m - \frac{\boldsymbol{A}^{1/2}\boldsymbol{b}\boldsymbol{b}^{\mathrm{T}}\boldsymbol{A}^{1/2}}{\boldsymbol{b}^{\mathrm{T}}\boldsymbol{A}\boldsymbol{b}} = \boldsymbol{I}_m - (\boldsymbol{A}^{1/2}\boldsymbol{b})((\boldsymbol{A}^{1/2}\boldsymbol{b})^{\mathrm{T}}(\boldsymbol{A}^{1/2}\boldsymbol{b}))^{-1}(\boldsymbol{A}^{1/2}\boldsymbol{b})^{\mathrm{T}} = \boldsymbol{\Pi}^{\perp}[\boldsymbol{A}^{1/2}\boldsymbol{b}] \tag{2.44}$$

式(2.43)右边可以表示为

$$\begin{aligned}&\boldsymbol{A}^{-1/2}\boldsymbol{\Phi}(\boldsymbol{b})(\boldsymbol{\Phi}^{\mathrm{T}}(\boldsymbol{b})\boldsymbol{A}^{-1}\boldsymbol{\Phi}(\boldsymbol{b}))^{-1}\boldsymbol{\Phi}^{\mathrm{T}}(\boldsymbol{b})\boldsymbol{A}^{-1/2}\\&=(\boldsymbol{A}^{-1/2}\boldsymbol{\Phi}(\boldsymbol{b}))((\boldsymbol{A}^{-1/2}\boldsymbol{\Phi}(\boldsymbol{b}))^{\mathrm{T}}(\boldsymbol{A}^{-1/2}\boldsymbol{\Phi}(\boldsymbol{b})))^{-1}(\boldsymbol{A}^{-1/2}\boldsymbol{\Phi}(\boldsymbol{b}))^{\mathrm{T}}\\&=\boldsymbol{\Pi}[\boldsymbol{A}^{-1/2}\boldsymbol{\Phi}(\boldsymbol{b})]\end{aligned}\tag{2.45}$$

此外，根据矩阵 $\boldsymbol{\Phi}(\boldsymbol{b})$ 的性质可以证得

$$\begin{cases}\mathrm{rank}[\boldsymbol{A}^{-1/2}\boldsymbol{\Phi}(\boldsymbol{b})]=\mathrm{rank}[\boldsymbol{\Phi}(\boldsymbol{b})]=m-1\\(\boldsymbol{A}^{1/2}\boldsymbol{b})^{\mathrm{T}}(\boldsymbol{A}^{-1/2}\boldsymbol{\Phi}(\boldsymbol{b}))=\boldsymbol{b}^{\mathrm{T}}\boldsymbol{\Phi}(\boldsymbol{b})=\boldsymbol{O}_{1\times(m-1)}\end{cases}\tag{2.46}$$

由式(2.46)可知

$$\mathrm{range}^{\perp}[\boldsymbol{A}^{-1/2}\boldsymbol{\Phi}(\boldsymbol{b})]=\mathrm{range}[\boldsymbol{A}^{1/2}\boldsymbol{b}]\tag{2.47}$$

基于式(2.47)可以进一步推得

$$\boldsymbol{\Pi}^{\perp}[\boldsymbol{A}^{1/2}\boldsymbol{b}]=\boldsymbol{\Pi}[\boldsymbol{A}^{-1/2}\boldsymbol{\Phi}(\boldsymbol{b})]\tag{2.48}$$

结合式(2.44)、式(2.45)和式(2.48)可知式(2.43)成立。证毕。

根据命题 2.11 可以得到如下推论。

推论 2.12　假设 $\boldsymbol{A}\in\mathbf{R}^{(n+m)\times(n+m)}$ 为正定矩阵，$\boldsymbol{b}$ 是任意 m 维非零向量，并根据向量 $\boldsymbol{b}$ 构造列满秩矩阵 $\boldsymbol{\Phi}(\boldsymbol{b})\in\mathbf{R}^{m\times(m-1)}$ 满足 $\boldsymbol{b}^{\mathrm{T}}\boldsymbol{\Phi}(\boldsymbol{b})=\boldsymbol{O}_{1\times(m-1)}$，若令 $\boldsymbol{c}=[\boldsymbol{b}^{\mathrm{T}}\quad\boldsymbol{O}_{1\times n}]^{\mathrm{T}}$，则如下等式成立：

$$\begin{aligned}\boldsymbol{A}-\frac{\boldsymbol{A}\boldsymbol{c}\boldsymbol{c}^{\mathrm{T}}\boldsymbol{A}}{\boldsymbol{c}^{\mathrm{T}}\boldsymbol{A}\boldsymbol{c}}=&\begin{bmatrix}\boldsymbol{\Phi}(\boldsymbol{b})&\boldsymbol{O}_{m\times n}\\\boldsymbol{O}_{n\times(m-1)}&\boldsymbol{I}_n\end{bmatrix}\left(\begin{bmatrix}\boldsymbol{\Phi}^{\mathrm{T}}(\boldsymbol{b})&\boldsymbol{O}_{(m-1)\times n}\\\boldsymbol{O}_{n\times m}&\boldsymbol{I}_n\end{bmatrix}\boldsymbol{A}^{-1}\begin{bmatrix}\boldsymbol{\Phi}(\boldsymbol{b})&\boldsymbol{O}_{m\times n}\\\boldsymbol{O}_{n\times(m-1)}&\boldsymbol{I}_n\end{bmatrix}\right)^{-1}\\&\cdot\begin{bmatrix}\boldsymbol{\Phi}^{\mathrm{T}}(\boldsymbol{b})&\boldsymbol{O}_{(m-1)\times n}\\\boldsymbol{O}_{n\times m}&\boldsymbol{I}_n\end{bmatrix}\end{aligned}\tag{2.49}$$

证明　推论 2.12 等价于证明如下等式：

$$\begin{aligned}\boldsymbol{I}_{n+m}-\frac{\boldsymbol{A}^{1/2}\boldsymbol{c}\boldsymbol{c}^{\mathrm{T}}\boldsymbol{A}^{1/2}}{\boldsymbol{c}^{\mathrm{T}}\boldsymbol{A}\boldsymbol{c}}=&\boldsymbol{A}^{-1/2}\begin{bmatrix}\boldsymbol{\Phi}(\boldsymbol{b})&\boldsymbol{O}_{m\times n}\\\boldsymbol{O}_{n\times(m-1)}&\boldsymbol{I}_n\end{bmatrix}\\&\cdot\left(\begin{bmatrix}\boldsymbol{\Phi}^{\mathrm{T}}(\boldsymbol{b})&\boldsymbol{O}_{(m-1)\times n}\\\boldsymbol{O}_{n\times m}&\boldsymbol{I}_n\end{bmatrix}\boldsymbol{A}^{-1}\begin{bmatrix}\boldsymbol{\Phi}(\boldsymbol{b})&\boldsymbol{O}_{m\times n}\\\boldsymbol{O}_{n\times(m-1)}&\boldsymbol{I}_n\end{bmatrix}\right)^{-1}\\&\cdot\begin{bmatrix}\boldsymbol{\Phi}^{\mathrm{T}}(\boldsymbol{b})&\boldsymbol{O}_{(m-1)\times n}\\\boldsymbol{O}_{n\times m}&\boldsymbol{I}_n\end{bmatrix}\boldsymbol{A}^{-1/2}\end{aligned}\tag{2.50}$$

式(2.50)左边可以表示为

$$\begin{aligned}\boldsymbol{I}_{n+m}-\frac{\boldsymbol{A}^{1/2}\boldsymbol{c}\boldsymbol{c}^{\mathrm{T}}\boldsymbol{A}^{1/2}}{\boldsymbol{c}^{\mathrm{T}}\boldsymbol{A}\boldsymbol{c}}&=\boldsymbol{I}_{n+m}-(\boldsymbol{A}^{1/2}\boldsymbol{c})((\boldsymbol{A}^{1/2}\boldsymbol{c})^{\mathrm{T}}(\boldsymbol{A}^{1/2}\boldsymbol{c}))^{-1}(\boldsymbol{A}^{1/2}\boldsymbol{c})^{\mathrm{T}}\\&=\boldsymbol{\Pi}^{\perp}[\boldsymbol{A}^{1/2}\boldsymbol{c}]\end{aligned}\tag{2.51}$$

式(2.50)右边可以表示为

$$\begin{aligned}&\boldsymbol{A}^{-1/2}\begin{bmatrix}\boldsymbol{\Phi}(\boldsymbol{b})&\boldsymbol{O}_{m\times n}\\\boldsymbol{O}_{n\times(m-1)}&\boldsymbol{I}_n\end{bmatrix}\left(\begin{bmatrix}\boldsymbol{\Phi}^{\mathrm{T}}(\boldsymbol{b})&\boldsymbol{O}_{(m-1)\times n}\\\boldsymbol{O}_{n\times m}&\boldsymbol{I}_n\end{bmatrix}\boldsymbol{A}^{-1}\begin{bmatrix}\boldsymbol{\Phi}(\boldsymbol{b})&\boldsymbol{O}_{m\times n}\\\boldsymbol{O}_{n\times(m-1)}&\boldsymbol{I}_n\end{bmatrix}\right)^{-1}\\&\cdot\begin{bmatrix}\boldsymbol{\Phi}^{\mathrm{T}}(\boldsymbol{b})&\boldsymbol{O}_{(m-1)\times n}\\\boldsymbol{O}_{n\times m}&\boldsymbol{I}_n\end{bmatrix}\boldsymbol{A}^{-1/2}\\=&\left(\boldsymbol{A}^{-1/2}\begin{bmatrix}\boldsymbol{\Phi}(\boldsymbol{b})&\boldsymbol{O}_{m\times n}\\\boldsymbol{O}_{n\times(m-1)}&\boldsymbol{I}_n\end{bmatrix}\right)\left(\left(\boldsymbol{A}^{-1/2}\begin{bmatrix}\boldsymbol{\Phi}(\boldsymbol{b})&\boldsymbol{O}_{m\times n}\\\boldsymbol{O}_{n\times(m-1)}&\boldsymbol{I}_n\end{bmatrix}\right)^{\mathrm{T}}\right.\end{aligned}$$

$$\cdot \left(\boldsymbol{A}^{-1/2}\begin{bmatrix}\boldsymbol{\Phi}(\boldsymbol{b}) & \boldsymbol{O}_{m\times n}\\ \boldsymbol{O}_{n\times(m-1)} & \boldsymbol{I}_n\end{bmatrix}\right)\right)^{-1}\left(\boldsymbol{A}^{-1/2}\begin{bmatrix}\boldsymbol{\Phi}(\boldsymbol{b}) & \boldsymbol{O}_{m\times n}\\ \boldsymbol{O}_{n\times(m-1)} & \boldsymbol{I}_n\end{bmatrix}\right)^{\mathrm{T}}$$

$$=\boldsymbol{\Pi}\left[\boldsymbol{A}^{-1/2}\begin{bmatrix}\boldsymbol{\Phi}(\boldsymbol{b}) & \boldsymbol{O}_{m\times n}\\ \boldsymbol{O}_{n\times(m-1)} & \boldsymbol{I}_n\end{bmatrix}\right] \tag{2.52}$$

此外，根据矩阵 $\boldsymbol{\Phi}(\boldsymbol{b})$ 的性质可以证得

$$\begin{cases}\mathrm{rank}\left[\boldsymbol{A}^{-1/2}\begin{bmatrix}\boldsymbol{\Phi}(\boldsymbol{b}) & \boldsymbol{O}_{m\times n}\\ \boldsymbol{O}_{n\times(m-1)} & \boldsymbol{I}_n\end{bmatrix}\right]=n+m-1\\ (\boldsymbol{A}^{1/2}\boldsymbol{c})^{\mathrm{T}}\left(\boldsymbol{A}^{-1/2}\begin{bmatrix}\boldsymbol{\Phi}(\boldsymbol{b}) & \boldsymbol{O}_{m\times n}\\ \boldsymbol{O}_{n\times(m-1)} & \boldsymbol{I}_n\end{bmatrix}\right)=[\boldsymbol{b}^{\mathrm{T}}\quad \boldsymbol{O}_{1\times n}]\begin{bmatrix}\boldsymbol{\Phi}(\boldsymbol{b}) & \boldsymbol{O}_{m\times n}\\ \boldsymbol{O}_{n\times(m-1)} & \boldsymbol{I}_n\end{bmatrix}\\ \qquad =[\boldsymbol{b}^{\mathrm{T}}\boldsymbol{\Phi}(\boldsymbol{b})\quad \boldsymbol{O}_{1\times n}]=\boldsymbol{O}_{1\times(n+m-1)}\end{cases} \tag{2.53}$$

由式(2.53)可知

$$\mathrm{range}^{\perp}\left[\boldsymbol{A}^{-1/2}\begin{bmatrix}\boldsymbol{\Phi}(\boldsymbol{b}) & \boldsymbol{O}_{m\times n}\\ \boldsymbol{O}_{n\times(m-1)} & \boldsymbol{I}_n\end{bmatrix}\right]=\mathrm{range}[\boldsymbol{A}^{1/2}\boldsymbol{c}] \tag{2.54}$$

基于式(2.54)可以进一步推得

$$\boldsymbol{\Pi}^{\perp}[\boldsymbol{A}^{1/2}\boldsymbol{c}]=\boldsymbol{\Pi}\left[\boldsymbol{A}^{-1/2}\begin{bmatrix}\boldsymbol{\Phi}(\boldsymbol{b}) & \boldsymbol{O}_{m\times n}\\ \boldsymbol{O}_{n\times(m-1)} & \boldsymbol{I}_n\end{bmatrix}\right] \tag{2.55}$$

结合式(2.51)、式(2.52)和式(2.55)可知式(2.50)成立。证毕。

2.1.4　矩阵 Kronecker 积

本小节将介绍矩阵 Kronecker 积的概念与性质。矩阵的 Kronecker 积也称为直积。设任意矩阵 $\boldsymbol{A}\in\mathbf{R}^{m_1\times n_1}$ 和 $\boldsymbol{B}\in\mathbf{R}^{m_2\times n_2}$，则其 Kronecker 积可表示为

$$\boldsymbol{A}\otimes\boldsymbol{B}=\begin{bmatrix}\langle\boldsymbol{A}\rangle_{11}\boldsymbol{B} & \langle\boldsymbol{A}\rangle_{12}\boldsymbol{B} & \cdots & \langle\boldsymbol{A}\rangle_{1n_1}\boldsymbol{B}\\ \langle\boldsymbol{A}\rangle_{21}\boldsymbol{B} & \langle\boldsymbol{A}\rangle_{22}\boldsymbol{B} & \cdots & \langle\boldsymbol{A}\rangle_{2n_1}\boldsymbol{B}\\ \vdots & \vdots & & \vdots\\ \langle\boldsymbol{A}\rangle_{m_11}\boldsymbol{B} & \langle\boldsymbol{A}\rangle_{m_12}\boldsymbol{B} & \cdots & \langle\boldsymbol{A}\rangle_{m_1n_1}\boldsymbol{B}\end{bmatrix}\in\mathbf{R}^{m_1m_2\times n_1n_2} \tag{2.56}$$

从式(2.56)中不难看出，Kronecker 积并不满足交换律，即 $\boldsymbol{A}\otimes\boldsymbol{B}\neq\boldsymbol{B}\otimes\boldsymbol{A}$。尽管如此，Kronecker 积还是具有很多性质，下面列举 Kronecker 积的一些基本性质。

(1) $(\boldsymbol{A}\otimes\boldsymbol{B})\otimes\boldsymbol{C}=\boldsymbol{A}\otimes(\boldsymbol{B}\otimes\boldsymbol{C})$。

(2) $(\boldsymbol{A}\otimes\boldsymbol{C})(\boldsymbol{B}\otimes\boldsymbol{D})=(\boldsymbol{A}\boldsymbol{B})\otimes(\boldsymbol{C}\boldsymbol{D})$。

(3) $(\boldsymbol{A}\otimes\boldsymbol{B})^{\mathrm{T}}=\boldsymbol{A}^{\mathrm{T}}\otimes\boldsymbol{B}^{\mathrm{T}}$。

(4) $(\boldsymbol{A}\otimes\boldsymbol{B})^{\dagger}=\boldsymbol{A}^{\dagger}\otimes\boldsymbol{B}^{\dagger}$。

(5) $\mathrm{tr}(\boldsymbol{A}\otimes\boldsymbol{B})=\mathrm{tr}(\boldsymbol{A})\mathrm{tr}(\boldsymbol{B})$。

(6) $\mathrm{rank}[\boldsymbol{A}\otimes\boldsymbol{B}]=\mathrm{rank}[\boldsymbol{A}]\mathrm{rank}[\boldsymbol{B}]$。

为了给出矩阵 Kronecker 积的另一个重要性质，下面引出矩阵向量化的概念。

定义 2.5　设任意矩阵 $\boldsymbol{A}=\langle a_{ij}\rangle_{m\times n}$，则其向量化函数定义为

$$\mathrm{vec}(\boldsymbol{A})=[a_{11}\quad a_{21}\quad\cdots\quad a_{m1}\ \vdots\ a_{12}\quad a_{22}\quad\cdots\quad a_{m2}\ \vdots\ \cdots\ \vdots\ a_{1n}\quad a_{2n}\quad\cdots\quad a_{mn}]^{\mathrm{T}}\in\mathbf{R}^{mn\times1} \tag{2.57}$$

根据定义 2.5 可知，矩阵向量化是将矩阵按照字典顺序排列成列向量。根据该定义可以得到如下等式：

$$\mathrm{vec}(\boldsymbol{a}\boldsymbol{b}^{\mathrm{T}}) = \boldsymbol{b} \otimes \boldsymbol{a} \tag{2.58a}$$

$$\mathrm{tr}(\boldsymbol{A}\boldsymbol{B}) = (\mathrm{vec}(\boldsymbol{A}^{\mathrm{T}}))^{\mathrm{T}}\mathrm{vec}(\boldsymbol{B}) \tag{2.58b}$$

下面给出一个关于矩阵 Kronecker 积的重要恒等式，具体可见如下命题。

命题 2.12　设任意矩阵 $\boldsymbol{A} \in \mathbf{R}^{m \times r}$，$\boldsymbol{B} \in \mathbf{R}^{r \times s}$ 和 $\boldsymbol{C} \in \mathbf{R}^{s \times n}$，则有 $\mathrm{vec}(\boldsymbol{A}\boldsymbol{B}\boldsymbol{C}) = (\boldsymbol{C}^{\mathrm{T}} \otimes \boldsymbol{A}) \cdot \mathrm{vec}(\boldsymbol{B})$。

证明　首先将矩阵 $\boldsymbol{B}$ 按列分块表示为 $\boldsymbol{B} = [\boldsymbol{b}_1 \quad \boldsymbol{b}_2 \quad \cdots \quad \boldsymbol{b}_s]$，基于此可以将其进一步表示为

$$\boldsymbol{B} = \sum_{k=1}^{s} \boldsymbol{b}_k \boldsymbol{i}_s^{(k)\mathrm{T}} \tag{2.59}$$

结合式(2.58a)和式(2.59)可以推得

$$\begin{aligned}
\mathrm{vec}(\boldsymbol{A}\boldsymbol{B}\boldsymbol{C}) &= \mathrm{vec}\Big(\sum_{k=1}^{s} \boldsymbol{A}\boldsymbol{b}_k \boldsymbol{i}_s^{(k)\mathrm{T}} \boldsymbol{C}\Big) = \sum_{k=1}^{s} \mathrm{vec}((\boldsymbol{A}\boldsymbol{b}_k)(\boldsymbol{C}^{\mathrm{T}}\boldsymbol{i}_s^{(k)})^{\mathrm{T}}) \\
&= \sum_{k=1}^{s} (\boldsymbol{C}^{\mathrm{T}}\boldsymbol{i}_s^{(k)}) \otimes (\boldsymbol{A}\boldsymbol{b}_k) = (\boldsymbol{C}^{\mathrm{T}} \otimes \boldsymbol{A})\Big(\sum_{k=1}^{s} \boldsymbol{i}_s^{(k)} \otimes \boldsymbol{b}_k\Big) \\
&= (\boldsymbol{C}^{\mathrm{T}} \otimes \boldsymbol{A})\mathrm{vec}\Big(\sum_{k=1}^{s} \boldsymbol{b}_k \boldsymbol{i}_s^{(k)\mathrm{T}}\Big) = (\boldsymbol{C}^{\mathrm{T}} \otimes \boldsymbol{A})\mathrm{vec}(\boldsymbol{B})
\end{aligned} \tag{2.60}$$

证毕。

2.2　多维函数分析中的若干预备知识

本节将介绍多维函数分析中的若干预备知识[6,7]，其中涉及多维标量函数的梯度向量和 Hessian 矩阵及多维向量函数的 Jacobi 矩阵。

2.2.1　多维标量函数的梯度向量和 Hessian 矩阵

定义 2.6　假设 $f(\boldsymbol{x})$ 是关于 n 维实向量 $\boldsymbol{x} = [x_1 \quad x_2 \quad \cdots \quad x_n]^{\mathrm{T}}$ 的连续且一阶和二阶可导标量函数，则其梯度向量和 Hessian 矩阵分别定义为

$$\boldsymbol{h}(\boldsymbol{x}) = \frac{\partial f(\boldsymbol{x})}{\partial \boldsymbol{x}} = \begin{bmatrix} \dfrac{\partial f(\boldsymbol{x})}{\partial x_1} \\ \dfrac{\partial f(\boldsymbol{x})}{\partial x_2} \\ \vdots \\ \dfrac{\partial f(\boldsymbol{x})}{\partial x_n} \end{bmatrix} \in \mathbf{R}^{n \times 1}$$

$$\boldsymbol{H}(\boldsymbol{x})=\frac{\partial^2 f(\boldsymbol{x})}{\partial \boldsymbol{x} \partial \boldsymbol{x}^{\mathrm{T}}}=\begin{bmatrix} \frac{\partial^2 f(\boldsymbol{x})}{\partial x_1 \partial x_1} & \frac{\partial^2 f(\boldsymbol{x})}{\partial x_1 \partial x_2} & \cdots & \frac{\partial^2 f(\boldsymbol{x})}{\partial x_1 \partial x_n} \\ \frac{\partial^2 f(\boldsymbol{x})}{\partial x_2 \partial x_1} & \frac{\partial^2 f(\boldsymbol{x})}{\partial x_2 \partial x_2} & \cdots & \frac{\partial^2 f(\boldsymbol{x})}{\partial x_2 \partial x_n} \\ \vdots & \vdots & & \vdots \\ \frac{\partial^2 f(\boldsymbol{x})}{\partial x_n \partial x_1} & \frac{\partial^2 f(\boldsymbol{x})}{\partial x_n \partial x_2} & \cdots & \frac{\partial^2 f(\boldsymbol{x})}{\partial x_n \partial x_n} \end{bmatrix} \in \mathbf{R}^{n \times n} \tag{2.61}$$

若定义如下四个多维标量函数：

$$\begin{cases} f_1(\boldsymbol{x})=\|\boldsymbol{x}-\boldsymbol{a}\|_2, \quad f_2(\boldsymbol{x})=\dfrac{\|\boldsymbol{x}-\boldsymbol{b}\|_2}{\|\boldsymbol{x}-\boldsymbol{a}\|_2} \\ f_3(\boldsymbol{x})=\dfrac{(\boldsymbol{x}-\boldsymbol{a})^{\mathrm{T}}\boldsymbol{b}}{\|\boldsymbol{x}-\boldsymbol{a}\|_2}, \quad f_4\left(\begin{bmatrix} \boldsymbol{x}_1 \\ \boldsymbol{x}_2 \end{bmatrix}\right)=\dfrac{(\boldsymbol{x}_1-\boldsymbol{a})^{\mathrm{T}}(\boldsymbol{x}_2-\boldsymbol{b})}{\|\boldsymbol{x}_1-\boldsymbol{a}\|_2} \end{cases} \tag{2.62}$$

则其梯度向量分别等于

$$\boldsymbol{h}_1(\boldsymbol{x})=\frac{\partial f_1(\boldsymbol{x})}{\partial \boldsymbol{x}}=\frac{\boldsymbol{x}-\boldsymbol{a}}{\|\boldsymbol{x}-\boldsymbol{a}\|_2} \tag{2.63}$$

$$\boldsymbol{h}_2(\boldsymbol{x})=\frac{\partial f_2(\boldsymbol{x})}{\partial \boldsymbol{x}}=\frac{(\boldsymbol{x}-\boldsymbol{b})\|\boldsymbol{x}-\boldsymbol{a}\|_2^2-(\boldsymbol{x}-\boldsymbol{a})\|\boldsymbol{x}-\boldsymbol{b}\|_2^2}{\|\boldsymbol{x}-\boldsymbol{a}\|_2^3\|\boldsymbol{x}-\boldsymbol{b}\|_2} \tag{2.64}$$

$$\boldsymbol{h}_3(\boldsymbol{x})=\left(I-\frac{(\boldsymbol{x}-\boldsymbol{a})(\boldsymbol{x}-\boldsymbol{a})^{\mathrm{T}}}{\|\boldsymbol{x}-\boldsymbol{a}\|_2^2}\right)\frac{\boldsymbol{b}}{\|\boldsymbol{x}-\boldsymbol{a}\|_2} \tag{2.65}$$

$$\boldsymbol{h}_4(\boldsymbol{x})=\frac{\partial f_4(\boldsymbol{x})}{\partial \boldsymbol{x}}=\begin{bmatrix} \frac{\partial f_4(\boldsymbol{x})}{\partial \boldsymbol{x}_1} \\ \frac{\partial f_4(\boldsymbol{x})}{\partial \boldsymbol{x}_2} \end{bmatrix}=\begin{bmatrix} \left(\boldsymbol{I}-\frac{(\boldsymbol{x}_1-\boldsymbol{a})(\boldsymbol{x}_1-\boldsymbol{a})^{\mathrm{T}}}{\|\boldsymbol{x}_1-\boldsymbol{a}\|_2^2}\right)\frac{(\boldsymbol{x}_2-\boldsymbol{b})}{\|\boldsymbol{x}_1-\boldsymbol{a}\|_2} \\ \hdashline \frac{\boldsymbol{x}_1-\boldsymbol{a}}{\|\boldsymbol{x}_1-\boldsymbol{a}\|_2} \end{bmatrix} \tag{2.66}$$

上述四个梯度向量的计算公式将会在本书各章的定位算例中使用。

2.2.2 多维向量函数的 Jacobi 矩阵

定义 2.7 假设由 m 个多维标量函数构成向量函数 $\boldsymbol{f}(\boldsymbol{x})=[f_1(\boldsymbol{x}) \quad f_2(\boldsymbol{x}) \quad \cdots \quad f_m(\boldsymbol{x})]^{\mathrm{T}}$，其中每个标量函数 $\{f_j(\boldsymbol{x})\}_{1\leqslant j\leqslant m}$ 都是关于 n 维实向量 $\boldsymbol{x}=[x_1 \quad x_2 \quad \cdots \quad x_n]^{\mathrm{T}}$ 的连续且一阶可导函数，则其 Jacobi 矩阵定义为

$$\boldsymbol{F}(\boldsymbol{x})=\frac{\partial \boldsymbol{f}(\boldsymbol{x})}{\partial \boldsymbol{x}^{\mathrm{T}}}=\begin{bmatrix} \frac{\partial f_1(\boldsymbol{x})}{\partial x_1} & \frac{\partial f_1(\boldsymbol{x})}{\partial x_2} & \cdots & \frac{\partial f_1(\boldsymbol{x})}{\partial x_n} \\ \frac{\partial f_2(\boldsymbol{x})}{\partial x_1} & \frac{\partial f_2(\boldsymbol{x})}{\partial x_2} & \cdots & \frac{\partial f_2(\boldsymbol{x})}{\partial x_n} \\ \vdots & \vdots & & \vdots \\ \frac{\partial f_m(\boldsymbol{x})}{\partial x_1} & \frac{\partial f_m(\boldsymbol{x})}{\partial x_2} & \cdots & \frac{\partial f_m(\boldsymbol{x})}{\partial x_n} \end{bmatrix} \in \mathbf{R}^{m \times n} \tag{2.67}$$

根据定义 2.7 可知，Jacobi 矩阵中的第 k 行向量就是向量函数 $\boldsymbol{f}(\boldsymbol{x})$ 中的第 k 个标量函数的梯度向量的转置。另外，根据定义 2.6 和定义 2.7 不难证明，式(2.61)中的 Hessian 矩阵就是梯度向量的 Jacobi 矩阵，即有

$$\boldsymbol{H}(\boldsymbol{x})=\frac{\partial \boldsymbol{h}(\boldsymbol{x})}{\partial \boldsymbol{x}^{\mathrm{T}}} \in \mathbf{R}^{n \times n} \tag{2.68}$$

下面的命题给出了关于复合向量函数 Jacobi 矩阵的形式。

命题 2.13 设两个连续且一阶可导的向量函数 $\boldsymbol{f}_1(\boldsymbol{y})$ 和 $\boldsymbol{f}_2(\boldsymbol{x})$，其中 $\boldsymbol{x}\in\mathbf{R}^{n\times 1}$，$\boldsymbol{y}=\boldsymbol{f}_2(\boldsymbol{x})\in\mathbf{R}^{m\times 1}$ 和 $\boldsymbol{f}_1(\boldsymbol{y})\in\mathbf{R}^{k\times 1}$，定义复合向量函数 $\boldsymbol{f}(\boldsymbol{x})=\boldsymbol{f}_1(\boldsymbol{y})=\boldsymbol{f}_1(\boldsymbol{f}_2(\boldsymbol{x}))$，则复合向量函数 $\boldsymbol{f}(\boldsymbol{x})$ 关于向量 $\boldsymbol{x}$ 的 Jacobi 矩阵可以表示为

$$\boldsymbol{F}(\boldsymbol{x})=\frac{\partial\boldsymbol{f}(\boldsymbol{x})}{\partial\boldsymbol{x}^{\mathrm{T}}}=\boldsymbol{F}_1(\boldsymbol{y})\boldsymbol{F}_2(\boldsymbol{x})\in\mathbf{R}^{k\times n} \tag{2.69}$$

式中，$\boldsymbol{F}_1(\boldsymbol{y})=\dfrac{\partial\boldsymbol{f}_1(\boldsymbol{y})}{\partial\boldsymbol{y}^{\mathrm{T}}}\in\mathbf{R}^{k\times m}$ 和 $\boldsymbol{F}_2(\boldsymbol{x})=\dfrac{\partial\boldsymbol{f}_2(\boldsymbol{x})}{\partial\boldsymbol{x}^{\mathrm{T}}}\in\mathbf{R}^{m\times n}$ 分别表示向量函数 $\boldsymbol{f}_1(\boldsymbol{y})$ 和 $\boldsymbol{f}_2(\boldsymbol{x})$ 的 Jacobi 矩阵。

证明 根据复合函数的链式求导法则可知

$$\begin{aligned}\frac{\partial\boldsymbol{f}(\boldsymbol{x})}{\partial\langle\boldsymbol{x}\rangle_j}&=\sum_{i=1}^{m}\frac{\partial\boldsymbol{f}_1(\boldsymbol{y})}{\partial\langle\boldsymbol{y}\rangle_i}\frac{\partial\langle\boldsymbol{y}\rangle_i}{\partial\langle\boldsymbol{x}\rangle_j}\\&=\sum_{i=1}^{m}\frac{\partial\boldsymbol{f}_1(\boldsymbol{y})}{\partial\langle\boldsymbol{y}\rangle_i}\frac{\partial\langle\boldsymbol{f}_2(\boldsymbol{x})\rangle_i}{\partial\langle\boldsymbol{x}\rangle_j}\\&=\boldsymbol{F}_1(\boldsymbol{y})\boldsymbol{F}_2(\boldsymbol{x})\boldsymbol{i}_n^{(j)},1\leqslant j\leqslant n\end{aligned} \tag{2.70}$$

根据式(2.70)可得

$$\begin{aligned}\boldsymbol{F}(\boldsymbol{x})&=\left[\frac{\partial\boldsymbol{f}(\boldsymbol{x})}{\partial\langle\boldsymbol{x}\rangle_1}\ \frac{\partial\boldsymbol{f}(\boldsymbol{x})}{\partial\langle\boldsymbol{x}\rangle_2}\cdots\ \frac{\partial\boldsymbol{f}(\boldsymbol{x})}{\partial\langle\boldsymbol{x}\rangle_n}\right]\\&=[\boldsymbol{F}_1(\boldsymbol{y})\boldsymbol{F}_2(\boldsymbol{x})\boldsymbol{i}_n^{(1)}\ \vdots\ \boldsymbol{F}_1(\boldsymbol{y})\boldsymbol{F}_2(\boldsymbol{x})\boldsymbol{i}_n^{(2)}\ \vdots\ \cdots\ \vdots\ \boldsymbol{F}_1(\boldsymbol{y})\boldsymbol{F}_2(\boldsymbol{x})\boldsymbol{i}_n^{(n)}]\\&=\boldsymbol{F}_1(\boldsymbol{y})\boldsymbol{F}_2(\boldsymbol{x})\end{aligned} \tag{2.71}$$

证毕。

根据命题 2.13 可以得到如下推论。

推论 2.13 设连续且一阶可导的矩阵函数 $\boldsymbol{G}(\boldsymbol{y})$ 和向量函数 $\boldsymbol{f}_1(\boldsymbol{x})$ 与 $\boldsymbol{f}_2(\boldsymbol{x})$，其中 $\boldsymbol{x}\in\mathbf{R}^{n\times 1}$，$\boldsymbol{y}=\boldsymbol{f}_1(\boldsymbol{x})\in\mathbf{R}^{m\times 1}$，$\boldsymbol{G}(\boldsymbol{y})\in\mathbf{R}^{k\times s}$ 和 $\boldsymbol{f}_2(\boldsymbol{x})\in\mathbf{R}^{s\times 1}$，定义复合向量函数 $\boldsymbol{f}(\boldsymbol{x})=\boldsymbol{G}(\boldsymbol{y})\boldsymbol{f}_2(\boldsymbol{x})=\boldsymbol{G}(\boldsymbol{f}_1(\boldsymbol{x}))\boldsymbol{f}_2(\boldsymbol{x})$，则向量函数 $\boldsymbol{f}(\boldsymbol{x})$ 关于向量 $\boldsymbol{x}$ 的 Jacobi 矩阵可以表示为

$$\begin{aligned}\boldsymbol{F}(\boldsymbol{x})=\frac{\partial\boldsymbol{f}(\boldsymbol{x})}{\partial\boldsymbol{x}^{\mathrm{T}}}&=[\dot{\boldsymbol{G}}_1(\boldsymbol{y})\boldsymbol{f}_2(\boldsymbol{x})\ \vdots\ \dot{\boldsymbol{G}}_2(\boldsymbol{y})\boldsymbol{f}_2(\boldsymbol{x})\ \vdots\ \cdots\ \vdots\ \dot{\boldsymbol{G}}_m(\boldsymbol{y})\boldsymbol{f}_2(\boldsymbol{x})]\\&\quad\cdot\boldsymbol{F}_1(\boldsymbol{x})+\boldsymbol{G}(\boldsymbol{y})\boldsymbol{F}_2(\boldsymbol{x})\in\mathbf{R}^{k\times n}\end{aligned} \tag{2.72}$$

式中，$\dot{\boldsymbol{G}}_j(\boldsymbol{y})=\dfrac{\partial\boldsymbol{G}(\boldsymbol{y})}{\partial\langle\boldsymbol{y}\rangle_j}\in\mathbf{R}^{k\times s}(1\leqslant j\leqslant m)$，$\boldsymbol{F}_1(\boldsymbol{x})=\dfrac{\partial\boldsymbol{f}_1(\boldsymbol{x})}{\partial\boldsymbol{x}^{\mathrm{T}}}\in\mathbf{R}^{m\times n}$ 和 $\boldsymbol{F}_2(\boldsymbol{x})=\dfrac{\partial\boldsymbol{f}_2(\boldsymbol{x})}{\partial\boldsymbol{x}^{\mathrm{T}}}\in\mathbf{R}^{s\times n}$ 分别表示向量函数 $\boldsymbol{f}_1(\boldsymbol{x})$ 和 $\boldsymbol{f}_2(\boldsymbol{x})$ 关于向量 $\boldsymbol{x}$ 的 Jacobi 矩阵。

证明 根据复合函数的链式求导法则可知

$$\begin{aligned}\frac{\partial\boldsymbol{f}(\boldsymbol{x})}{\partial\langle\boldsymbol{x}\rangle_j}&=\sum_{i=1}^{m}\frac{\partial\boldsymbol{G}(\boldsymbol{y})}{\partial\langle\boldsymbol{y}\rangle_i}\boldsymbol{f}_2(\boldsymbol{x})\frac{\partial\langle\boldsymbol{y}\rangle_i}{\partial\langle\boldsymbol{x}\rangle_j}+\boldsymbol{G}(\boldsymbol{y})\frac{\partial\boldsymbol{f}_2(\boldsymbol{x})}{\partial\langle\boldsymbol{x}\rangle_j}\\&=\sum_{i=1}^{m}\frac{\partial\boldsymbol{G}(\boldsymbol{y})}{\partial\langle\boldsymbol{y}\rangle_i}\boldsymbol{f}_2(\boldsymbol{x})\frac{\partial\langle\boldsymbol{f}_1(\boldsymbol{x})\rangle_i}{\partial\langle\boldsymbol{x}\rangle_j}+\boldsymbol{G}(\boldsymbol{y})\frac{\partial\boldsymbol{f}_2(\boldsymbol{x})}{\partial\langle\boldsymbol{x}\rangle_j}\\&=[\dot{\boldsymbol{G}}_1(\boldsymbol{y})\boldsymbol{f}_2(\boldsymbol{x})\ \vdots\ \dot{\boldsymbol{G}}_2(\boldsymbol{y})\boldsymbol{f}_2(\boldsymbol{x})\ \vdots\ \cdots\ \vdots\ \dot{\boldsymbol{G}}_m(\boldsymbol{y})\boldsymbol{f}_2(\boldsymbol{x})]\boldsymbol{F}_1(\boldsymbol{x})\boldsymbol{i}_n^{(j)}\\&\quad+\boldsymbol{G}(\boldsymbol{y})\boldsymbol{F}_2(\boldsymbol{x})\boldsymbol{i}_n^{(j)}\end{aligned} \tag{2.73}$$

根据式(2.73)可知式(2.72)成立。证毕。

下面再给出一个复合标量函数的梯度向量和 Hessian 矩阵的计算公式，该公式在本书中多次使用。

设连续且一阶和二阶可导的正定矩阵函数 $\boldsymbol{G}(\boldsymbol{x})$ 和向量函数 $\boldsymbol{f}(\boldsymbol{x})$，其中 $\boldsymbol{x}\in\mathbf{R}^{n\times 1}$，$\boldsymbol{f}(\boldsymbol{x})\in\mathbf{R}^{m\times 1}$ 和 $\boldsymbol{G}(\boldsymbol{x})\in\mathbf{R}^{m\times m}$，定义复合标量函数 $g(\boldsymbol{x})=\boldsymbol{f}^{\mathrm{T}}(\boldsymbol{x})\boldsymbol{G}^{-1}(\boldsymbol{x})\boldsymbol{f}(\boldsymbol{x})$，则标量函数 $g(\boldsymbol{x})$ 关于向量 $\boldsymbol{x}$ 的梯度向量和 Hessian 矩阵分别为

$$\boldsymbol{h}(\boldsymbol{x})=2\boldsymbol{F}^{\mathrm{T}}(\boldsymbol{x})\boldsymbol{G}^{-1}(\boldsymbol{x})\boldsymbol{f}(\boldsymbol{x})+\left(\frac{\partial\mathrm{vec}(\boldsymbol{G}^{-1}(\boldsymbol{x}))}{\partial\boldsymbol{x}^{\mathrm{T}}}\right)^{\mathrm{T}}(\boldsymbol{f}(\boldsymbol{x})\otimes\boldsymbol{f}(\boldsymbol{x}))\tag{2.74}$$

$$\begin{aligned}\boldsymbol{H}(\boldsymbol{x})=&2((\boldsymbol{f}^{\mathrm{T}}(\boldsymbol{x})\boldsymbol{G}^{-1}(\boldsymbol{x}))\otimes\boldsymbol{I}_n)\frac{\partial\mathrm{vec}(\boldsymbol{F}^{\mathrm{T}}(\boldsymbol{x}))}{\partial\boldsymbol{x}^{\mathrm{T}}}+2(\boldsymbol{f}^{\mathrm{T}}(\boldsymbol{x})\otimes\boldsymbol{F}^{\mathrm{T}}(\boldsymbol{x}))\frac{\partial\mathrm{vec}(\boldsymbol{G}^{-1}(\boldsymbol{x}))}{\partial\boldsymbol{x}^{\mathrm{T}}}\\&+2\boldsymbol{F}^{\mathrm{T}}(\boldsymbol{x})\boldsymbol{G}^{-1}(\boldsymbol{x})\boldsymbol{F}(\boldsymbol{x})+\left(\frac{\partial\mathrm{vec}(\boldsymbol{G}^{-1}(\boldsymbol{x}))}{\partial\boldsymbol{x}^{\mathrm{T}}}\right)^{\mathrm{T}}((\boldsymbol{I}_m\otimes\boldsymbol{f}(\boldsymbol{x}))\boldsymbol{F}(\boldsymbol{x})+\boldsymbol{f}(\boldsymbol{x})\otimes\boldsymbol{F}(\boldsymbol{x}))\\&+((\boldsymbol{f}^{\mathrm{T}}(\boldsymbol{x})\otimes\boldsymbol{f}^{\mathrm{T}}(\boldsymbol{x}))\otimes\boldsymbol{I}_n)\left(\frac{\partial}{\partial\boldsymbol{x}^{\mathrm{T}}}\mathrm{vec}\left(\left(\frac{\partial\mathrm{vec}(\boldsymbol{G}^{-1}(\boldsymbol{x}))}{\partial\boldsymbol{x}^{\mathrm{T}}}\right)^{\mathrm{T}}\right)\right)\end{aligned}\tag{2.75}$$

式中，$\boldsymbol{F}(\boldsymbol{x})=\dfrac{\partial\boldsymbol{f}(\boldsymbol{x})}{\partial\boldsymbol{x}^{\mathrm{T}}}\in\mathbf{R}^{m\times n}$ 表示向量函数 $\boldsymbol{f}(\boldsymbol{x})$ 关于向量 $\boldsymbol{x}$ 的 Jacobi 矩阵，而矩阵 $\dfrac{\partial\mathrm{vec}(\boldsymbol{G}^{-1}(\boldsymbol{x}))}{\partial\boldsymbol{x}^{\mathrm{T}}}$ 的表达式为

$$\begin{aligned}\frac{\partial\mathrm{vec}(\boldsymbol{G}^{-1}(\boldsymbol{x}))}{\partial\boldsymbol{x}^{\mathrm{T}}}&=-(\boldsymbol{G}^{-\mathrm{T}}(\boldsymbol{x})\otimes\boldsymbol{G}^{-1}(\boldsymbol{x}))\frac{\partial\mathrm{vec}(\boldsymbol{G}(\boldsymbol{x}))}{\partial\boldsymbol{x}^{\mathrm{T}}}\\&=-(\boldsymbol{G}^{-1}(\boldsymbol{x})\otimes\boldsymbol{G}^{-1}(\boldsymbol{x}))\frac{\partial\mathrm{vec}(\boldsymbol{G}(\boldsymbol{x}))}{\partial\boldsymbol{x}^{\mathrm{T}}}\end{aligned}\tag{2.76}$$

2.3 线性最小二乘估计中的若干预备知识

线性最小二乘估计理论是其他（广义）最小二乘估计的基础[8-11]，本节将介绍其中的若干基本结论。

考虑如下线性观测模型：

$$\boldsymbol{y}=\boldsymbol{A}\boldsymbol{x}+\boldsymbol{n}\tag{2.77}$$

式中，$\boldsymbol{y}\in\mathbf{R}^{m\times 1}$ 表示观测向量；$\boldsymbol{x}\in\mathbf{R}^{n\times 1}(n\leqslant m)$ 表示未知参量；$\boldsymbol{A}\in\mathbf{R}^{m\times n}(n\leqslant m)$ 表示观测矩阵；$\boldsymbol{n}\in\mathbf{R}^{m\times 1}$ 表示观测误差，这里假设它服从零均值高斯分布，并且其方差矩阵为 $\boldsymbol{Q}=E[\boldsymbol{n}\boldsymbol{n}^{\mathrm{T}}]$。

为了利用观测向量 $\boldsymbol{y}$ 估计未知参量 $\boldsymbol{x}$，可以建立如下加权线性最小二乘优化模型：

$$\min_{\boldsymbol{x}\in\mathbf{R}^{n\times 1}}f(\boldsymbol{x})=\min_{\boldsymbol{x}\in\mathbf{R}^{n\times 1}}(\boldsymbol{y}-\boldsymbol{A}\boldsymbol{x})^{\mathrm{T}}\boldsymbol{Q}^{-1}(\boldsymbol{y}-\boldsymbol{A}\boldsymbol{x})\tag{2.78}$$

式中，加权矩阵 $\boldsymbol{Q}^{-1}$ 的作用是抑制观测误差 $\boldsymbol{n}$ 的影响，并使得估计方差最小化。若令 $\bar{\boldsymbol{y}}=\boldsymbol{Q}^{-1/2}\boldsymbol{y}$ 和 $\bar{\boldsymbol{A}}=\boldsymbol{Q}^{-1/2}\boldsymbol{A}$，则可以将式(2.78)转化为如下优化模型：

$$\min_{\boldsymbol{x}\in\mathbf{R}^{n\times 1}}f(\boldsymbol{x})=\min_{\boldsymbol{x}\in\mathbf{R}^{n\times 1}}\|\bar{\boldsymbol{y}}-\bar{\boldsymbol{A}}\boldsymbol{x}\|_2^2\tag{2.79}$$

关于式(2.79)最优闭式解的表达式可见如下命题。

命题 2.14 优化模型式(2.79)的最优解集可以表示为

$$\boldsymbol{x}_{\mathrm{opt}}=\bar{\boldsymbol{A}}^{\dagger}\bar{\boldsymbol{y}}+\boldsymbol{\Pi}^{\perp}[\bar{\boldsymbol{A}}^{\mathrm{T}}]\boldsymbol{z}\tag{2.80}$$

式中，z 表示任意 n 维列向量。当 $\bar{A}$ 为列满秩矩阵时，式(2.79)存在唯一最优解，其表达式为

$$\bar{x}_{\text{opt}} = \bar{A}^{\dagger}\bar{y} = (\bar{A}^{\text{T}}\bar{A})^{-1}\bar{A}^{\text{T}}\bar{y} \tag{2.81}$$

证明　将向量 $\bar{y}$ 进行如下分解：

$$\bar{y} = \boldsymbol{\Pi}[\bar{A}]\bar{y} + \boldsymbol{\Pi}^{\perp}[\bar{A}]\bar{y} = \bar{A}\bar{A}^{\dagger}\bar{y} + (I_m - \bar{A}\bar{A}^{\dagger})\bar{y} \tag{2.82}$$

于是有

$$\begin{aligned} f(x) &= \|\bar{y} - \bar{A}x\|_2^2 = \|(\bar{A}\bar{A}^{\dagger}\bar{y} - \bar{A}x) + (I_m - \bar{A}\bar{A}^{\dagger})\bar{y}\|_2^2 \\ &= \|\bar{A}(\bar{A}^{\dagger}y - x)\|_2^2 + \|(I_m - \bar{A}\bar{A}^{\dagger})\bar{y}\|_2^2 + 2(\bar{A}^{\dagger}y - x)^{\text{T}}(\bar{A} - \bar{A}\bar{A}^{\dagger}\bar{A})^{\text{T}}\bar{y} \\ &= \|\bar{A}(\bar{A}^{\dagger}y - x)\|_2^2 + \|(I_m - \bar{A}\bar{A}^{\dagger})\bar{y}\|_2^2 \end{aligned} \tag{2.83}$$

由于式(2.83)中的第三个等号右边第二项与未知参量 x 无关，因此只需要考虑其中的第一项即可。显然，为了使 $f(x)$ 取最小值，需要向量 x 满足如下等式：

$$\bar{A}(\bar{A}^{\dagger}\bar{y} - x) = O_{m\times 1} \tag{2.84}$$

式(2.84)的解集可以表示为向量 $\bar{A}^{\dagger}\bar{y}$ 加上矩阵 $\bar{A}$ 的零空间 null$[\bar{A}]$中的任意向量(该向量可以表示为 $\boldsymbol{\Pi}^{\perp}[\bar{A}^{\text{T}}]z$)，于是式(2.80)得证。进一步，当 $\bar{A}$ 为列满秩矩阵时，null$[\bar{A}]$变为零空间，由此可知式(2.81)也成立。证毕。

根据命题 2.14 可知，当 A 为列满秩矩阵时($\bar{A}$ 亦为满秩矩阵)，式(2.79)存在唯一的最优闭式解为

$$\hat{x}_{\text{opt}} = (Q^{-1/2}A)^{\dagger}Q^{-1/2}y = (A^{\text{T}}Q^{-1}A)^{-1}A^{\text{T}}Q^{-1}y \tag{2.85}$$

另外，根据通过命题 2.14 还可以得到如下推论。

推论 2.14　优化模型式(2.79)的最优解集中具有最小 2-范数的解为

$$x_{2\text{-min}} = \bar{A}^{\dagger}\bar{y} \tag{2.86}$$

证明　根据式(2.80)可知其最优解的 2-范数的平方为

$$\begin{aligned} \|x_{\text{opt}}\|_2^2 &= \|\bar{A}^{\dagger}\bar{y}\|_2^2 + \|\boldsymbol{\Pi}^{\perp}[\bar{A}^{\text{T}}]z\|_2^2 + 2\bar{y}^{\text{T}}\bar{A}^{\dagger\text{T}}\boldsymbol{\Pi}^{\perp}[\bar{A}^{\text{T}}]z \\ &= \|\bar{A}^{\dagger}\bar{y}\|_2^2 + \|\boldsymbol{\Pi}^{\perp}[\bar{A}^{\text{T}}]z\|_2^2 \geqslant \|\bar{A}^{\dagger}\bar{y}\|_2^2 = \|x_{2\text{-min}}\|_2^2 \end{aligned} \tag{2.87}$$

式(2.87)中第二个等式利用了性质 $\bar{A}^{\dagger\text{T}}\boldsymbol{\Pi}^{\perp}[\bar{A}^{\text{T}}]=O$。根据式(2.87)可知，$x_{2\text{-min}}=\bar{A}^{\dagger}\bar{y}$ 是式(2.79)的最优解集中具有最小 2-范数的解。证毕。

参考文献

[1] 张贤达. 矩阵分析与应用[M]. 北京：清华大学出版社，2004.
[2] 程云鹏，张凯院，徐仲. 矩阵论[M]. 西安：西北工业大学出版社，2006.
[3] 胡茂林. 矩阵计算与应用[M]. 北京：科学出版社，2008.
[4] 周杰. 矩阵分析及应用[M]. 成都：四川大学出版社，2008.
[5] 张跃辉. 矩阵理论与应用[M]. 北京：科学出版社，2011.
[6] 袁亚湘，孙文瑜. 最优化理论与方法[M]. 北京：科学出版社，1997.
[7] 赖炎连，贺国平. 最优化方法[M]. 北京：清华大学出版社，2008.
[8] 魏木生. 广义最小二乘问题的理论和计算[M]. 北京：科学出版社，2006.

[9] 张贤达. 现代信号处理[M]. 北京:清华大学出版社,2002.
[10] Kay S M. 统计信号处理基础——估计与检测理论[M]. 罗鹏飞,张文明,刘忠,译. 北京:电子工业出版社,2006.
[11] 张贤达. 信号分析与处理[M]. 北京:清华大学出版社,2011.

第3章　校正源条件下非线性加权最小二乘定位理论与方法

众所周知，无源定位中的各种观测方程都是关于目标位置向量的非线性函数，因此，非线性加权最小二乘估计方法在无源定位问题中具有广阔的应用。为了求解非线性加权最小二乘定位优化模型，一类基于一阶 Taylor 级数展开的数值迭代算法应用最为广泛，该算法的本质是数值优化理论中的 Gauss-Newton 迭代法[1-3]。文献[4]首次将该类数值算法应用于无源定位问题中，在此工作的基础之上，国内外相关学者基于各种定位观测量，提出了大量非线性加权最小二乘定位方法。例如，文献[5]和文献[6]提出了基于角度信息的非线性加权最小二乘定位方法；文献[7]提出了基于到达时间信息的非线性加权最小二乘定位方法；文献[8]～[12]提出了基于时差信息的非线性加权最小二乘定位方法；文献[13]提出了基于频差信息的非线性加权最小二乘定位方法；文献[14]～[16]提出了联合时差和频差信息的非线性加权最小二乘定位方法；文献[17]提出了联合角度和频差信息的非线性加权最小二乘定位方法。

在定位几何因子确定的条件下，影响定位精度的因素主要包括观测量的观测误差和系统误差（本书主要指观测站位置和速度误差），而校正源（通常也称为参考源或标校源）的作用正是消除系统误差的影响[18-20]。需要指出的是，上述各种非线性加权最小二乘定位方法同样可以应用于校正源存在的场景中，文献[21]～[30]就是在校正源条件下提出了各种非线性加权最小二乘定位方法，但是这些方法大都是针对一些具体的定位观测量提出的，缺乏统一的模型和框架。为了建立统一的计算模型和理论框架，本章将基于统一的非线性观测模型（不限定具体的定位观测量）和观测误差及系统误差的统计假设，在校正源条件下建立非线性加权最小二乘（non-linear weighted least square，Nlwls）定位理论与方法。首先，推导和分析目标位置向量和系统参量联合估计方差的克拉美罗界；然后，设计出两类能够有效利用校正源观测量的非线性加权最小二乘定位方法，并定量推导这两类定位方法的参数估计性能，从数学上证明它们的目标位置估计方差都可以达到相应的克拉美罗界（在门限效应发生前）；最后，设计出一种无源定位算例，用以验证本章定位方法及其理论分析的有效性。

3.1　非线性观测模型及其参数估计方差的克拉美罗界

3.1.1　非线性观测模型

考虑无源定位中的数学模型，其中待定位目标的真实位置向量为 $\boldsymbol{u}$，假设通过某些观测方式可以获得关于目标位置向量的空域、时域、频域或者能量域观测量（如第1章描述的各类定位观测量），则不妨建立如下统一的（非线性）代数观测模型：

$$\boldsymbol{z} = \boldsymbol{z}_0 + \boldsymbol{n} = \boldsymbol{g}(\boldsymbol{u},\boldsymbol{w}) + \boldsymbol{n} \tag{3.1}$$

式中，

(1) $\boldsymbol{z}\in\mathbf{R}^{p\times 1}$表示实际中获得的关于目标源的观测向量；

(2) $\boldsymbol{u}\in\mathbf{R}^{q\times 1}(q\leqslant p)$表示待估计的目标位置向量($q\leqslant p$ 是为了保证问题的可解性)；

(3) $\boldsymbol{w}\in\mathbf{R}^{l\times 1}$表示观测方程中的系统参量，本书主要指观测站的位置和速度参数；

(4) $\boldsymbol{z}_0=\boldsymbol{g}(\boldsymbol{u},\boldsymbol{w})$表示没有误差条件下(即理想条件下)关于目标源的观测向量，其中 $\boldsymbol{g}(\cdot,\cdot)$泛指连续可导的非线性观测函数，同时它是关于目标位置向量 $\boldsymbol{u}$ 和系统参量 $\boldsymbol{w}$ 的函数，由于这里并不限制特定的定位观测量，因此用统一的函数形式来表征；

(5) $\boldsymbol{n}\in\mathbf{R}^{p\times 1}$表示观测误差，本书假设它服从零均值高斯分布，并且其方差矩阵 $\boldsymbol{Q}_1=E[\boldsymbol{n}\boldsymbol{n}^{\mathrm{T}}]$。

在很多情况下，系统参量 $\boldsymbol{w}$ 也通过测量获得，其中难免会受到测量误差的影响，本书称其为系统误差，并特指因观测站位置和速度扰动所产生的误差。若假设其测量向量为 $\boldsymbol{v}$，并且该测量值在目标定位之前已经事先获得，则有

$$\boldsymbol{v} = \boldsymbol{w} + \boldsymbol{m} \tag{3.2}$$

式中，$\boldsymbol{m}\in\mathbf{R}^{l\times 1}$表示系统参量的测量误差，本书假设其服从零均值高斯分布，其方差矩阵 $\boldsymbol{Q}_2=E[\boldsymbol{m}\boldsymbol{m}^{\mathrm{T}}]$，并且与误差向量 $\boldsymbol{n}$ 相互间统计独立。

在实际目标定位过程中，系统参量的测量误差对定位精度的影响较大，为了消除系统误差的影响，可以在目标源周边放置若干校正源，并且校正源的位置能够精确获得。假设校正源的个数为 d，其中第 k 个校正源的真实位置向量为 $\boldsymbol{s}_k(1\leqslant k\leqslant d)$。与针对目标源的处理方式类似，实际中同样可以获得关于校正源的空域、时域、频域或者能量域观测量(如第 1 章描述的各类定位观测量)，从而建立反映校正源位置向量和系统参量之间的代数观测方程。类似于式(3.1)，关于第 k 个校正源的统一(非线性)代数观测模型可以表示为

$$\boldsymbol{r}_k = \boldsymbol{r}_{k0} + \boldsymbol{e}_k = \boldsymbol{g}(\boldsymbol{s}_k,\boldsymbol{w}) + \boldsymbol{e}_k,\quad 1\leqslant k\leqslant d \tag{3.3}$$

式中，

(1) $\boldsymbol{r}_k\in\mathbf{R}^{p\times 1}$表示实际中获得的关于第 k 个校正源的观测向量；

(2) $\boldsymbol{s}_k\in\mathbf{R}^{q\times 1}(q\leqslant p)$表示第 k 个校正源的目标位置向量(这里假设其精确已知)；

(3) $\boldsymbol{r}_{k0}=\boldsymbol{g}(\boldsymbol{s}_k,\boldsymbol{w})$表示没有误差条件下(即理想条件下)的观测向量，其中 $\boldsymbol{g}(\cdot,\cdot)$泛指连续可导的非线性观测函数，同时它是关于校正源位置向量 $\boldsymbol{s}_k$ 和系统参量 $\boldsymbol{w}$ 的函数，由于这里并不限制特定的定位观测量，因此用统一的函数形式来表征；

(4) $\boldsymbol{e}_k\in\mathbf{R}^{p\times 1}$表示关于第 k 个校正源的观测误差。

为了便于后续定位方法的推导和理论分析，这里需要将关于每个校正源的向量合并成更高维度的向量，如式(3.4)所示：

$$\begin{cases}\boldsymbol{r} = [\boldsymbol{r}_1^{\mathrm{T}}\quad \boldsymbol{r}_2^{\mathrm{T}}\quad \cdots\quad \boldsymbol{r}_d^{\mathrm{T}}]^{\mathrm{T}} \in \mathbf{R}^{pd\times 1},\quad \boldsymbol{r}_0 = [\boldsymbol{r}_{10}^{\mathrm{T}}\quad \boldsymbol{r}_{20}^{\mathrm{T}}\quad \cdots\quad \boldsymbol{r}_{d0}^{\mathrm{T}}]^{\mathrm{T}} \in \mathbf{R}^{pd\times 1}\\ \boldsymbol{e} = [\boldsymbol{e}_1^{\mathrm{T}}\quad \boldsymbol{e}_2^{\mathrm{T}}\quad \cdots\quad \boldsymbol{e}_d^{\mathrm{T}}]^{\mathrm{T}} \in \mathbf{R}^{pd\times 1},\quad \boldsymbol{s} = [\boldsymbol{s}_1^{\mathrm{T}}\quad \boldsymbol{s}_2^{\mathrm{T}}\quad \cdots\quad \boldsymbol{s}_d^{\mathrm{T}}]^{\mathrm{T}} \in \mathbf{R}^{qd\times 1}\\ \bar{\boldsymbol{g}}(\boldsymbol{s},\boldsymbol{w}) = [\boldsymbol{g}^{\mathrm{T}}(\boldsymbol{s}_1,\boldsymbol{w})\quad \boldsymbol{g}^{\mathrm{T}}(\boldsymbol{s}_2,\boldsymbol{w})\quad \cdots\quad \boldsymbol{g}^{\mathrm{T}}(\boldsymbol{s}_d,\boldsymbol{w})]^{\mathrm{T}} \in \mathbf{R}^{pd\times 1}\end{cases} \tag{3.4}$$

结合式(3.3)和式(3.4)可以得到如下等式：

$$\boldsymbol{r} = \boldsymbol{r}_0 + \boldsymbol{e} = \bar{\boldsymbol{g}}(\boldsymbol{s},\boldsymbol{w}) + \boldsymbol{e} \tag{3.5}$$

式中，误差向量 $\boldsymbol{e}$ 服从零均值高斯分布，其方差矩阵 $\boldsymbol{Q}_3=E[\boldsymbol{e}\boldsymbol{e}^{\mathrm{T}}]$，并且与误差向量 $\boldsymbol{n}$ 和 $\boldsymbol{m}$ 相互间统计独立。

综合上述分析可知，在校正源存在条件下，用于目标定位的观测模型可以联立表示为

$$\begin{cases}\boldsymbol{z}=\boldsymbol{g}(\boldsymbol{u},\boldsymbol{w})+\boldsymbol{n}\\ \boldsymbol{v}=\boldsymbol{w}+\boldsymbol{m}\\ \boldsymbol{r}=\bar{\boldsymbol{g}}(\boldsymbol{s},\boldsymbol{w})+\boldsymbol{e}\end{cases} \tag{3.6}$$

下面将基于上述观测模型和统计假设推导未知参数估计方差的克拉美罗界。

3.1.2 参数估计方差的克拉美罗界

这里将推导参数估计方差的克拉美罗界，并且分成三种场景进行讨论。第一个场景是在仅基于目标源观测量的条件下推导目标位置向量 $\boldsymbol{u}$ 和系统参量 $\boldsymbol{w}$ 联合估计方差的克拉美罗界；第二个场景是联合目标源和校正源观测量推导目标位置向量 $\boldsymbol{u}$ 和系统参量 $\boldsymbol{w}$ 联合估计方差的克拉美罗界；第三个场景是在仅基于校正源观测量的条件下推导系统参量 $\boldsymbol{w}$ 估计方差的克拉美罗界。

通过比较第一个和第二个克拉美罗界，可以反映校正源观测量为提高目标位置向量和系统参量的估计精度所带来的性能增益。通过比较第二个和第三个克拉美罗界，可以反映目标源观测量为提高系统参量的估计精度所带来的性能增益。

1. 仅基于目标源观测量的克拉美罗界

这里将仅基于目标源观测量 $\boldsymbol{z}$ 和系统参量的先验测量值 $\boldsymbol{v}$ 推导未知参量 $\boldsymbol{u}$ 和 $\boldsymbol{w}$ 联合估计方差的克拉美罗界，结果可见如下命题。

命题 3.1 基于观测模型式(3.1)和式(3.2)，未知参量 $\boldsymbol{u}$ 和 $\boldsymbol{w}$ 联合估计方差的克拉美罗界矩阵可以表示为

$$\overline{\mathbf{CRB}}\left(\begin{bmatrix}\boldsymbol{u}\\ \boldsymbol{w}\end{bmatrix}\right)=\left[\begin{array}{c:c}\boldsymbol{G}_1^{\mathrm{T}}(\boldsymbol{u},\boldsymbol{w})\boldsymbol{Q}_1^{-1}\boldsymbol{G}_1(\boldsymbol{u},\boldsymbol{w}) & \boldsymbol{G}_1^{\mathrm{T}}(\boldsymbol{u},\boldsymbol{w})\boldsymbol{Q}_1^{-1}\boldsymbol{G}_2(\boldsymbol{u},\boldsymbol{w})\\ \hdashline \boldsymbol{G}_2^{\mathrm{T}}(\boldsymbol{u},\boldsymbol{w})\boldsymbol{Q}_1^{-1}\boldsymbol{G}_1(\boldsymbol{u},\boldsymbol{w}) & \boldsymbol{G}_2^{\mathrm{T}}(\boldsymbol{u},\boldsymbol{w})\boldsymbol{Q}_1^{-1}\boldsymbol{G}_2(\boldsymbol{u},\boldsymbol{w})+\boldsymbol{Q}_2^{-1}\end{array}\right]^{-1} \tag{3.7}$$

式中，$\boldsymbol{G}_1(\boldsymbol{u},\boldsymbol{w})=\dfrac{\partial\boldsymbol{g}(\boldsymbol{u},\boldsymbol{w})}{\partial\boldsymbol{u}^{\mathrm{T}}}\in\mathbf{R}^{p\times q}$ 表示函数 $\boldsymbol{g}(\boldsymbol{u},\boldsymbol{w})$ 关于向量 $\boldsymbol{u}$ 的 Jacobi 矩阵，它是列满秩矩阵；$\boldsymbol{G}_2(\boldsymbol{u},\boldsymbol{w})=\dfrac{\partial\boldsymbol{g}(\boldsymbol{u},\boldsymbol{w})}{\partial\boldsymbol{w}^{\mathrm{T}}}\in\mathbf{R}^{p\times l}$ 表示函数 $\boldsymbol{g}(\boldsymbol{u},\boldsymbol{w})$ 关于向量 $\boldsymbol{w}$ 的 Jacobi 矩阵。

证明 首先定义扩维的未知参量 $\boldsymbol{\eta}=[\boldsymbol{u}^{\mathrm{T}}\quad \boldsymbol{w}^{\mathrm{T}}]^{\mathrm{T}}\in\mathbf{R}^{(q+l)\times 1}$ 和扩维的观测向量 $\boldsymbol{\mu}=[\boldsymbol{z}^{\mathrm{T}}\quad \boldsymbol{v}^{\mathrm{T}}]^{\mathrm{T}}\in\mathbf{R}^{(p+l)\times 1}$。基于观测模型式(3.1)和式(3.2)及其误差的统计假设可知，对于特定的参数 $\boldsymbol{\eta}$，观测向量 $\boldsymbol{\mu}$ 的最大似然函数可以表示为

$$\begin{aligned}\bar{f}_{\mathrm{ml}}(\boldsymbol{\mu}\mid\boldsymbol{\eta})&=(2\pi)^{-(p+l)/2}\left(\det\begin{bmatrix}\boldsymbol{Q}_1 & \boldsymbol{O}_{p\times l}\\ \boldsymbol{O}_{l\times p} & \boldsymbol{Q}_2\end{bmatrix}\right)^{-1/2}\\ &\quad\cdot\exp\left\{-\frac{1}{2}\begin{bmatrix}\boldsymbol{z}-\boldsymbol{g}(\boldsymbol{u},\boldsymbol{w})\\ \boldsymbol{v}-\boldsymbol{w}\end{bmatrix}^{\mathrm{T}}\begin{bmatrix}\boldsymbol{Q}_1^{-1} & \boldsymbol{O}_{p\times l}\\ \boldsymbol{O}_{l\times p} & \boldsymbol{Q}_2^{-1}\end{bmatrix}\begin{bmatrix}\boldsymbol{z}-\boldsymbol{g}(\boldsymbol{u},\boldsymbol{w})\\ \boldsymbol{v}-\boldsymbol{w}\end{bmatrix}\right\}\\ &=(2\pi)^{-(p+l)/2}(\det[\boldsymbol{Q}_1]\det[\boldsymbol{Q}_2])^{-1/2}\end{aligned}$$

$$\cdot \exp\left\{-\frac{1}{2}(\boldsymbol{z}-\boldsymbol{g}(\boldsymbol{u},\boldsymbol{w}))^{\mathrm{T}}\boldsymbol{Q}_1^{-1}(\boldsymbol{z}-\boldsymbol{g}(\boldsymbol{u},\boldsymbol{w}))\right\}$$

$$\cdot \exp\left\{-\frac{1}{2}(\boldsymbol{v}-\boldsymbol{w})^{\mathrm{T}}\boldsymbol{Q}_2^{-1}(\boldsymbol{v}-\boldsymbol{w})\right\} \tag{3.8}$$

对式(3.8)两边取对数可得其对数似然函数为

$$\begin{aligned}\ln(\bar{f}_{\mathrm{ml}}(\boldsymbol{\mu}\mid\boldsymbol{\eta})) =& -\frac{p+l}{2}\ln(2\pi)-\frac{1}{2}\ln(\det[\boldsymbol{Q}_1])\\&-\frac{1}{2}\ln(\det[\boldsymbol{Q}_2])-\frac{1}{2}(\boldsymbol{z}-\boldsymbol{g}(\boldsymbol{u},\boldsymbol{w}))^{\mathrm{T}}\boldsymbol{Q}_1^{-1}(\boldsymbol{z}-\boldsymbol{g}(\boldsymbol{u},\boldsymbol{w}))\\&-\frac{1}{2}(\boldsymbol{v}-\boldsymbol{w})^{\mathrm{T}}\boldsymbol{Q}_2^{-1}(\boldsymbol{v}-\boldsymbol{w})\end{aligned} \tag{3.9}$$

由式(3.9)可知,对数似然函数 $\ln(\bar{f}_{\mathrm{ml}}(\boldsymbol{\mu}|\boldsymbol{\eta}))$ 关于向量 $\boldsymbol{\eta}$ 的梯度向量为

$$\begin{aligned}\frac{\partial\ln(\bar{f}_{\mathrm{ml}}(\boldsymbol{\mu}\mid\boldsymbol{\eta}))}{\partial\boldsymbol{\eta}} &= \begin{bmatrix}\dfrac{\partial\ln(\bar{f}_{\mathrm{ml}}(\boldsymbol{\mu}\mid\boldsymbol{\eta}))}{\partial\boldsymbol{u}}\\ \dfrac{\partial\ln(\bar{f}_{\mathrm{ml}}(\boldsymbol{\mu}\mid\boldsymbol{\eta}))}{\partial\boldsymbol{w}}\end{bmatrix}\\&=\begin{bmatrix}\boldsymbol{G}_1^{\mathrm{T}}(\boldsymbol{u},\boldsymbol{w})\boldsymbol{Q}_1^{-1}(\boldsymbol{z}-\boldsymbol{g}(\boldsymbol{u},\boldsymbol{w}))\\ \boldsymbol{G}_2^{\mathrm{T}}(\boldsymbol{u},\boldsymbol{w})\boldsymbol{Q}_1^{-1}(\boldsymbol{z}-\boldsymbol{g}(\boldsymbol{u},\boldsymbol{w}))+\boldsymbol{Q}_2^{-1}(\boldsymbol{v}-\boldsymbol{w})\end{bmatrix}\\&=\begin{bmatrix}\boldsymbol{G}_1^{\mathrm{T}}(\boldsymbol{u},\boldsymbol{w})\boldsymbol{Q}_1^{-1}\boldsymbol{n}\\ \boldsymbol{G}_2^{\mathrm{T}}(\boldsymbol{u},\boldsymbol{w})\boldsymbol{Q}_1^{-1}\boldsymbol{n}+\boldsymbol{Q}_2^{-1}\boldsymbol{m}\end{bmatrix}\end{aligned} \tag{3.10}$$

于是关于未知参量 $\boldsymbol{\eta}$ 的费希尔信息矩阵可以表示为[31]

$$\begin{aligned}\overline{\mathbf{FISH}}(\boldsymbol{\eta}) &= \overline{\mathbf{FISH}}\left(\begin{bmatrix}\boldsymbol{u}\\ \boldsymbol{w}\end{bmatrix}\right)=E\left[\frac{\partial\ln(\bar{f}_{\mathrm{ml}}(\boldsymbol{\mu}\mid\boldsymbol{\eta}))}{\partial\boldsymbol{\eta}}\left(\frac{\partial\ln(\bar{f}_{\mathrm{ml}}(\boldsymbol{\mu}\mid\boldsymbol{\eta}))}{\partial\boldsymbol{\eta}}\right)^{\mathrm{T}}\right]\\&=\left[\begin{array}{c:c}\boldsymbol{G}_1^{\mathrm{T}}(\boldsymbol{u},\boldsymbol{w})\boldsymbol{Q}_1^{-1}E[\boldsymbol{n}\boldsymbol{n}^{\mathrm{T}}]\boldsymbol{Q}_1^{-1}\boldsymbol{G}_1(\boldsymbol{u},\boldsymbol{w}) & \boldsymbol{G}_1^{\mathrm{T}}(\boldsymbol{u},\boldsymbol{w})\boldsymbol{Q}_1^{-1}E[\boldsymbol{n}\boldsymbol{n}^{\mathrm{T}}]\boldsymbol{Q}_1^{-1}\boldsymbol{G}_2(\boldsymbol{u},\boldsymbol{w})\\ \hdashline \boldsymbol{G}_2^{\mathrm{T}}(\boldsymbol{u},\boldsymbol{w})\boldsymbol{Q}_1^{-1}E[\boldsymbol{n}\boldsymbol{n}^{\mathrm{T}}]\boldsymbol{Q}_1^{-1}\boldsymbol{G}_1(\boldsymbol{u},\boldsymbol{w}) & \begin{array}{c}\boldsymbol{G}_2^{\mathrm{T}}(\boldsymbol{u},\boldsymbol{w})\boldsymbol{Q}_1^{-1}E[\boldsymbol{n}\boldsymbol{n}^{\mathrm{T}}]\boldsymbol{Q}_1^{-1}\boldsymbol{G}_2(\boldsymbol{u},\boldsymbol{w})\\+\boldsymbol{Q}_2^{-1}E[\boldsymbol{m}\boldsymbol{m}^{\mathrm{T}}]\boldsymbol{Q}_2^{-1}\end{array}\end{array}\right]\\&=\left[\begin{array}{c:c}\boldsymbol{G}_1^{\mathrm{T}}(\boldsymbol{u},\boldsymbol{w})\boldsymbol{Q}_1^{-1}\boldsymbol{G}_1(\boldsymbol{u},\boldsymbol{w}) & \boldsymbol{G}_1^{\mathrm{T}}(\boldsymbol{u},\boldsymbol{w})\boldsymbol{Q}_1^{-1}\boldsymbol{G}_2(\boldsymbol{u},\boldsymbol{w})\\ \hdashline \boldsymbol{G}_2^{\mathrm{T}}(\boldsymbol{u},\boldsymbol{w})\boldsymbol{Q}_1^{-1}\boldsymbol{G}_1(\boldsymbol{u},\boldsymbol{w}) & \boldsymbol{G}_2^{\mathrm{T}}(\boldsymbol{u},\boldsymbol{w})\boldsymbol{Q}_1^{-1}\boldsymbol{G}_2(\boldsymbol{u},\boldsymbol{w})+\boldsymbol{Q}_2^{-1}\end{array}\right]\end{aligned} \tag{3.11}$$

根据式(3.11)可知,未知参量 $\boldsymbol{\eta}$ 的估计方差的克拉美罗界矩阵等于

$$\begin{aligned}\overline{\mathbf{CRB}}(\boldsymbol{\eta}) &= (\overline{\mathbf{FISH}}(\boldsymbol{\eta}))^{-1}=\overline{\mathbf{CRB}}\left(\begin{bmatrix}\boldsymbol{u}\\ \boldsymbol{w}\end{bmatrix}\right)\\&=\left[\begin{array}{c:c}\boldsymbol{G}_1^{\mathrm{T}}(\boldsymbol{u},\boldsymbol{w})\boldsymbol{Q}_1^{-1}\boldsymbol{G}_1(\boldsymbol{u},\boldsymbol{w}) & \boldsymbol{G}_1^{\mathrm{T}}(\boldsymbol{u},\boldsymbol{w})\boldsymbol{Q}_1^{-1}\boldsymbol{G}_2(\boldsymbol{u},\boldsymbol{w})\\ \hdashline \boldsymbol{G}_2^{\mathrm{T}}(\boldsymbol{u},\boldsymbol{w})\boldsymbol{Q}_1^{-1}\boldsymbol{G}_1(\boldsymbol{u},\boldsymbol{w}) & \boldsymbol{G}_2^{\mathrm{T}}(\boldsymbol{u},\boldsymbol{w})\boldsymbol{Q}_1^{-1}\boldsymbol{G}_2(\boldsymbol{u},\boldsymbol{w})+\boldsymbol{Q}_2^{-1}\end{array}\right]^{-1}\end{aligned} \tag{3.12}$$

证毕。

需要指出的是,式(3.7)克拉美罗界矩阵符号中的"上横线"是为了与命题 3.2 中的克拉美罗界矩阵符号区分开。根据命题 3.1 可以得到如下三个推论。

推论 3.1　基于观测模型式(3.1)和式(3.2),未知参量 $\boldsymbol{u}$ 和 $\boldsymbol{w}$ 联合估计方差的克拉美罗界矩阵可以分别表示为

$$\overline{\mathbf{CRB}}(\boldsymbol{u})=\left(\begin{array}{c}\boldsymbol{G}_1^{\mathrm{T}}(\boldsymbol{u},\boldsymbol{w})\boldsymbol{Q}_1^{-1}\boldsymbol{G}_1(\boldsymbol{u},\boldsymbol{w})-\boldsymbol{G}_1^{\mathrm{T}}(\boldsymbol{u},\boldsymbol{w})\boldsymbol{Q}_1^{-1}\boldsymbol{G}_2(\boldsymbol{u},\boldsymbol{w})\\ \cdot(\boldsymbol{G}_2^{\mathrm{T}}(\boldsymbol{u},\boldsymbol{w})\boldsymbol{Q}_1^{-1}\boldsymbol{G}_2(\boldsymbol{u},\boldsymbol{w})+\boldsymbol{Q}_2^{-1})^{-1}\boldsymbol{G}_2^{\mathrm{T}}(\boldsymbol{u},\boldsymbol{w})\boldsymbol{Q}_1^{-1}\boldsymbol{G}_1(\boldsymbol{u},\boldsymbol{w})\end{array}\right)^{-1} \tag{3.13}$$

$$\overline{\mathbf{CRB}}(\boldsymbol{w}) = \begin{pmatrix} \boldsymbol{G}_2^{\mathrm{T}}(\boldsymbol{u},\boldsymbol{w})\boldsymbol{Q}_1^{-1}\boldsymbol{G}_2(\boldsymbol{u},\boldsymbol{w}) + \boldsymbol{Q}_2^{-1} - \boldsymbol{G}_2^{\mathrm{T}}(\boldsymbol{u},\boldsymbol{w})\boldsymbol{Q}_1^{-1}\boldsymbol{G}_1(\boldsymbol{u},\boldsymbol{w}) \\ \cdot (\boldsymbol{G}_1^{\mathrm{T}}(\boldsymbol{u},\boldsymbol{w})\boldsymbol{Q}_1^{-1}\boldsymbol{G}_1(\boldsymbol{u},\boldsymbol{w}))^{-1}\boldsymbol{G}_1^{\mathrm{T}}(\boldsymbol{u},\boldsymbol{w})\boldsymbol{Q}_1^{-1}\boldsymbol{G}_2(\boldsymbol{u},\boldsymbol{w}) \end{pmatrix}^{-1} \tag{3.14}$$

推论 3.1 可以直接由推论 2.2 证得，限于篇幅这里不再阐述。

推论 3.2 克拉美罗界矩阵$\overline{\mathbf{CRB}}(\boldsymbol{u})$的另一种代数表达式为

$$\overline{\mathbf{CRB}}(\boldsymbol{u}) = (\boldsymbol{G}_1^{\mathrm{T}}(\boldsymbol{u},\boldsymbol{w})(\boldsymbol{Q}_1 + \boldsymbol{G}_2(\boldsymbol{u},\boldsymbol{w})\boldsymbol{Q}_2\boldsymbol{G}_2^{\mathrm{T}}(\boldsymbol{u},\boldsymbol{w}))^{-1}\boldsymbol{G}_1(\boldsymbol{u},\boldsymbol{w}))^{-1} \tag{3.15}$$

证明 根据推论 2.1 可以得到如下等式：

$$\begin{aligned} &(\boldsymbol{Q}_1 + \boldsymbol{G}_2(\boldsymbol{u},\boldsymbol{w})\boldsymbol{Q}_2\boldsymbol{G}_2^{\mathrm{T}}(\boldsymbol{u},\boldsymbol{w}))^{-1} \\ &= \boldsymbol{Q}_1^{-1} - \boldsymbol{Q}_1^{-1}\boldsymbol{G}_2(\boldsymbol{u},\boldsymbol{w})(\boldsymbol{G}_2^{\mathrm{T}}(\boldsymbol{u},\boldsymbol{w})\boldsymbol{Q}_1^{-1}\boldsymbol{G}_2(\boldsymbol{u},\boldsymbol{w}) + \boldsymbol{Q}_2^{-1})^{-1}\boldsymbol{G}_2^{\mathrm{T}}(\boldsymbol{u},\boldsymbol{w})\boldsymbol{Q}_1^{-1} \end{aligned} \tag{3.16}$$

将式(3.16)代入式(3.13)可得

$$\begin{aligned} \overline{\mathbf{CRB}}(\boldsymbol{u}) &= (\boldsymbol{G}_1^{\mathrm{T}}(\boldsymbol{u},\boldsymbol{w})(\boldsymbol{Q}_1^{-1} - \boldsymbol{Q}_1^{-1}\boldsymbol{G}_2(\boldsymbol{u},\boldsymbol{w})(\boldsymbol{G}_2^{\mathrm{T}}(\boldsymbol{u},\boldsymbol{w})\boldsymbol{Q}_1^{-1}\boldsymbol{G}_2(\boldsymbol{u},\boldsymbol{w}) \\ &\quad + \boldsymbol{Q}_2^{-1})^{-1}\boldsymbol{G}_2^{\mathrm{T}}(\boldsymbol{u},\boldsymbol{w})\boldsymbol{Q}_1^{-1})\boldsymbol{G}_1(\boldsymbol{u},\boldsymbol{w}))^{-1} \\ &= (\boldsymbol{G}_1^{\mathrm{T}}(\boldsymbol{u},\boldsymbol{w})(\boldsymbol{Q}_1 + \boldsymbol{G}_2(\boldsymbol{u},\boldsymbol{w})\boldsymbol{Q}_2\boldsymbol{G}_2^{\mathrm{T}}(\boldsymbol{u},\boldsymbol{w}))^{-1}\boldsymbol{G}_1(\boldsymbol{u},\boldsymbol{w}))^{-1} \end{aligned} \tag{3.17}$$

证毕。

推论 3.2 表明，系统误差的影响可以等效为增加了目标源观测量 $\boldsymbol{z}$ 的观测误差，并且是将观测误差的方差矩阵由原先的 $\boldsymbol{Q}_1$ 增加至 $\boldsymbol{Q}_1 + \boldsymbol{G}_2(\boldsymbol{u},\boldsymbol{w})\boldsymbol{Q}_2\boldsymbol{G}_2^{\mathrm{T}}(\boldsymbol{u},\boldsymbol{w})$。

推论 3.3 若 $\boldsymbol{G}_1(\boldsymbol{u},\boldsymbol{w})$是列满秩矩阵，$\boldsymbol{G}_2(\boldsymbol{u},\boldsymbol{w})$是行满秩矩阵，则有$\overline{\mathbf{CRB}}(\boldsymbol{w}) \leqslant \boldsymbol{Q}_2$，进一步，当且仅当 $p=q$ 时，$\overline{\mathbf{CRB}}(\boldsymbol{w}) = \boldsymbol{Q}_2$。

证明 首先定义如下三个矩阵：

$$\begin{cases} \boldsymbol{X} = \boldsymbol{G}_1^{\mathrm{T}}(\boldsymbol{u},\boldsymbol{w})\boldsymbol{Q}_1^{-1}\boldsymbol{G}_1(\boldsymbol{u},\boldsymbol{w}) \in \mathbf{R}^{q\times q} \\ \boldsymbol{Y} = \boldsymbol{G}_1^{\mathrm{T}}(\boldsymbol{u},\boldsymbol{w})\boldsymbol{Q}_1^{-1}\boldsymbol{G}_2(\boldsymbol{u},\boldsymbol{w}) \in \mathbf{R}^{q\times l} \\ \boldsymbol{Z} = \boldsymbol{G}_2^{\mathrm{T}}(\boldsymbol{u},\boldsymbol{w})\boldsymbol{Q}_1^{-1}\boldsymbol{G}_2(\boldsymbol{u},\boldsymbol{w}) \in \mathbf{R}^{l\times l} \end{cases} \tag{3.18}$$

于是根据式(3.14)可知

$$(\overline{\mathbf{CRB}}(\boldsymbol{w}))^{-1} = \boldsymbol{Q}_2^{-1} + \boldsymbol{Z} - \boldsymbol{Y}^{\mathrm{T}}\boldsymbol{X}^{-1}\boldsymbol{Y} \tag{3.19}$$

另外，利用命题 2.3、推论 2.8 和推论 2.9 可以推得

$$\begin{aligned} \boldsymbol{Z} - \boldsymbol{Y}^{\mathrm{T}}\boldsymbol{X}^{-1}\boldsymbol{Y} &= \boldsymbol{G}_2^{\mathrm{T}}(\boldsymbol{u},\boldsymbol{w})\boldsymbol{Q}_1^{-1}\boldsymbol{G}_2(\boldsymbol{u},\boldsymbol{w}) - \boldsymbol{G}_2^{\mathrm{T}}(\boldsymbol{u},\boldsymbol{w})\boldsymbol{Q}_1^{-1}\boldsymbol{G}_1(\boldsymbol{u},\boldsymbol{w}) \\ &\quad \cdot (\boldsymbol{G}_1^{\mathrm{T}}(\boldsymbol{u},\boldsymbol{w})\boldsymbol{Q}_1\boldsymbol{G}_1(\boldsymbol{u},\boldsymbol{w}))^{-1}\boldsymbol{G}_1^{\mathrm{T}}(\boldsymbol{u},\boldsymbol{w})\boldsymbol{Q}_1^{-1}\boldsymbol{G}_2(\boldsymbol{u},\boldsymbol{w}) \\ &= \boldsymbol{G}_2^{\mathrm{T}}(\boldsymbol{u},\boldsymbol{w})\boldsymbol{Q}_1^{-1/2}\boldsymbol{\Pi}^{\perp}[\boldsymbol{Q}_1^{-\mathrm{T}/2}\boldsymbol{G}_1(\boldsymbol{u},\boldsymbol{w})]\boldsymbol{Q}_1^{-\mathrm{T}/2}\boldsymbol{G}_2(\boldsymbol{u},\boldsymbol{w}) \\ &\geqslant \boldsymbol{O} \end{aligned} \tag{3.20}$$

将式(3.20)代入式(3.19)，并利用命题 2.5 可知

$$(\overline{\mathbf{CRB}}(\boldsymbol{w}))^{-1} \geqslant \boldsymbol{Q}_2^{-1} \Leftrightarrow \overline{\mathbf{CRB}}(\boldsymbol{w}) \leqslant \boldsymbol{Q}_2 \tag{3.21}$$

另外，当 $p=q$ 时，$\boldsymbol{G}_1(\boldsymbol{u},\boldsymbol{w}) \in \mathbf{R}^{p\times q}$是可逆方阵，此时利用式(3.14)可以推得

$$\begin{aligned} \overline{\mathbf{CRB}}(\boldsymbol{w}) &= \begin{pmatrix} \boldsymbol{Q}_2^{-1} + \boldsymbol{G}_2^{\mathrm{T}}(\boldsymbol{u},\boldsymbol{w})\boldsymbol{Q}_1^{-1}\boldsymbol{G}_2(\boldsymbol{u},\boldsymbol{w}) - \boldsymbol{G}_2^{\mathrm{T}}(\boldsymbol{u},\boldsymbol{w})\boldsymbol{Q}_1^{-1}\boldsymbol{G}_1(\boldsymbol{u},\boldsymbol{w}) \\ \cdot \boldsymbol{G}_1^{-1}(\boldsymbol{u},\boldsymbol{w})\boldsymbol{Q}_1\boldsymbol{G}_1^{-\mathrm{T}}(\boldsymbol{u},\boldsymbol{w})\boldsymbol{G}_1^{\mathrm{T}}(\boldsymbol{u},\boldsymbol{w})\boldsymbol{Q}_1^{-1}\boldsymbol{G}_2(\boldsymbol{u},\boldsymbol{w}) \end{pmatrix}^{-1} \\ &= (\boldsymbol{Q}_2^{-1} + \boldsymbol{G}_2^{\mathrm{T}}(\boldsymbol{u},\boldsymbol{w})\boldsymbol{Q}_1^{-1}\boldsymbol{G}_2(\boldsymbol{u},\boldsymbol{w}) - \boldsymbol{G}_2^{\mathrm{T}}(\boldsymbol{u},\boldsymbol{w})\boldsymbol{Q}_1^{-1}\boldsymbol{G}_2(\boldsymbol{u},\boldsymbol{w}))^{-1} \\ &= \boldsymbol{Q}_2 \end{aligned} \tag{3.22}$$

此外，若$\overline{\mathbf{CRB}}(\boldsymbol{w}) = \boldsymbol{Q}_2$，则结合式(3.19)和式(3.20)可知

$$\boldsymbol{Z} - \boldsymbol{Y}^{\mathrm{T}}\boldsymbol{X}^{-1}\boldsymbol{Y} = \boldsymbol{G}_2^{\mathrm{T}}(\boldsymbol{u},\boldsymbol{w})\boldsymbol{Q}_1^{-1/2}\boldsymbol{\Pi}^{\perp}[\boldsymbol{Q}_1^{-\mathrm{T}/2}\boldsymbol{G}_1(\boldsymbol{u},\boldsymbol{w})]\boldsymbol{Q}_1^{-\mathrm{T}/2}\boldsymbol{G}_2(\boldsymbol{u},\boldsymbol{w}) = \boldsymbol{O}_{l\times l} \tag{3.23}$$

利用矩阵 $\boldsymbol{G}_2(\boldsymbol{u},\boldsymbol{w})$ 的行满秩性可以证得

$$\boldsymbol{\Pi}^{\perp}[\boldsymbol{Q}_1^{-\mathrm{T}/2}\boldsymbol{G}_1(\boldsymbol{u},\boldsymbol{w})]=\boldsymbol{O}_{p\times p} \tag{3.24}$$

由于 $\boldsymbol{Q}_1^{-\mathrm{T}/2}\boldsymbol{G}_1(\boldsymbol{u},\boldsymbol{w})\in\mathbf{R}^{p\times q}$ 是列满秩矩阵，根据推论 2.10 可知，$\boldsymbol{Q}_1^{-\mathrm{T}/2}\boldsymbol{G}_1(\boldsymbol{u},\boldsymbol{w})$ 是满秩方阵，于是有 $p=q$。证毕。

推论 3.3 表明，若关于目标源的观测方程维数 p 等于目标位置向量维数 q，则无法利用目标源观测量降低系统参量的估计方差（相对于其先验测量值而言），只有当关于目标源的观测方程维数 p 大于目标位置向量维数 q 时（即观测方程有冗余），才可能利用目标源观测量降低系统参量的估计方差（相对于其先验测量值而言）。

2. 联合目标源和校正源观测量的克拉美罗界

这里将联合目标源观测量 $\boldsymbol{z}$、校正源观测量 $\boldsymbol{r}$ 和系统参量的先验测量值 $\boldsymbol{v}$ 推导未知参量 $\boldsymbol{u}$ 和 $\boldsymbol{w}$ 联合估计方差的克拉美罗界，结果可见如下命题。

命题 3.2　基于观测模型式(3.6)，未知参量 $\boldsymbol{u}$ 和 $\boldsymbol{w}$ 联合估计方差的克拉美罗界矩阵可以表示为

$$\mathbf{CRB}\left(\begin{bmatrix}\boldsymbol{u}\\ \boldsymbol{w}\end{bmatrix}\right)=\left[\begin{array}{c:c}\boldsymbol{G}_1^{\mathrm{T}}(\boldsymbol{u},\boldsymbol{w})\boldsymbol{Q}_1^{-1}\boldsymbol{G}_1(\boldsymbol{u},\boldsymbol{w}) & \boldsymbol{G}_1^{\mathrm{T}}(\boldsymbol{u},\boldsymbol{w})\boldsymbol{Q}_1^{-1}\boldsymbol{G}_2(\boldsymbol{u},\boldsymbol{w})\\ \hdashline \boldsymbol{G}_2^{\mathrm{T}}(\boldsymbol{u},\boldsymbol{w})\boldsymbol{Q}_1^{-1}\boldsymbol{G}_1(\boldsymbol{u},\boldsymbol{w}) & \boldsymbol{G}_2^{\mathrm{T}}(\boldsymbol{u},\boldsymbol{w})\boldsymbol{Q}_1^{-1}\boldsymbol{G}_2(\boldsymbol{u},\boldsymbol{w})+\boldsymbol{Q}_2^{-1}+\bar{\boldsymbol{G}}^{\mathrm{T}}(\boldsymbol{s},\boldsymbol{w})\boldsymbol{Q}_3^{-1}\bar{\boldsymbol{G}}(\boldsymbol{s},\boldsymbol{w})\end{array}\right]^{-1} \tag{3.25}$$

式中，$\boldsymbol{G}_1(\boldsymbol{u},\boldsymbol{w})=\dfrac{\partial\boldsymbol{g}(\boldsymbol{u},\boldsymbol{w})}{\partial\boldsymbol{u}^{\mathrm{T}}}\in\mathbf{R}^{p\times q}$ 表示函数 $\boldsymbol{g}(\boldsymbol{u},\boldsymbol{w})$ 关于向量 $\boldsymbol{u}$ 的 Jacobi 矩阵，它是列满秩矩阵；$\boldsymbol{G}_2(\boldsymbol{u},\boldsymbol{w})=\dfrac{\partial\boldsymbol{g}(\boldsymbol{u},\boldsymbol{w})}{\partial\boldsymbol{w}^{\mathrm{T}}}\in\mathbf{R}^{p\times l}$ 表示函数 $\boldsymbol{g}(\boldsymbol{u},\boldsymbol{w})$ 关于向量 $\boldsymbol{w}$ 的 Jacobi 矩阵；$\bar{\boldsymbol{G}}(\boldsymbol{s},\boldsymbol{w})=\dfrac{\partial\bar{\boldsymbol{g}}(\boldsymbol{s},\boldsymbol{w})}{\partial\boldsymbol{w}^{\mathrm{T}}}\in\mathbf{R}^{pd\times l}$ 表示函数 $\bar{\boldsymbol{g}}(\boldsymbol{s},\boldsymbol{w})$ 关于向量 $\boldsymbol{w}$ 的 Jacobi 矩阵。

证明　首先定义扩维的未知参量 $\boldsymbol{\eta}=[\boldsymbol{u}^{\mathrm{T}}\quad\boldsymbol{w}^{\mathrm{T}}]^{\mathrm{T}}\in\mathbf{R}^{(q+l)\times 1}$ 和扩维的观测向量 $\boldsymbol{\mu}=[\boldsymbol{z}^{\mathrm{T}}\quad\boldsymbol{v}^{\mathrm{T}}\quad\boldsymbol{r}^{\mathrm{T}}]^{\mathrm{T}}\in\mathbf{R}^{(p(d+1)+l)\times 1}$。基于观测模型式(3.6)及其误差的统计假设可知，对于特定的参数 $\boldsymbol{\eta}$，观测向量 $\boldsymbol{\mu}$ 的最大似然函数可以表示为

$$\begin{aligned}f_{\mathrm{ml}}(\boldsymbol{\mu}\mid\boldsymbol{\eta})=&(2\pi)^{-(p(d+1)+l)/2}\left(\det\begin{bmatrix}\boldsymbol{Q}_1 & \boldsymbol{O}_{p\times l} & \boldsymbol{O}_{p\times pd}\\ \boldsymbol{O}_{l\times p} & \boldsymbol{Q}_2 & \boldsymbol{O}_{l\times pd}\\ \boldsymbol{O}_{pd\times p} & \boldsymbol{O}_{pd\times l} & \boldsymbol{Q}_3\end{bmatrix}\right)^{-1/2}\\ &\cdot\exp\left\{-\frac{1}{2}\begin{bmatrix}\boldsymbol{z}-\boldsymbol{g}(\boldsymbol{u},\boldsymbol{w})\\ \boldsymbol{v}-\boldsymbol{w}\\ \boldsymbol{r}-\bar{\boldsymbol{g}}(\boldsymbol{s},\boldsymbol{w})\end{bmatrix}^{\mathrm{T}}\begin{bmatrix}\boldsymbol{Q}_1^{-1} & \boldsymbol{O}_{p\times l} & \boldsymbol{O}_{p\times pd}\\ \boldsymbol{O}_{l\times p} & \boldsymbol{Q}_2^{-1} & \boldsymbol{O}_{l\times pd}\\ \boldsymbol{O}_{pd\times p} & \boldsymbol{O}_{pd\times l} & \boldsymbol{Q}_3^{-1}\end{bmatrix}\begin{bmatrix}\boldsymbol{z}-\boldsymbol{g}(\boldsymbol{u},\boldsymbol{w})\\ \boldsymbol{v}-\boldsymbol{w}\\ \boldsymbol{r}-\bar{\boldsymbol{g}}(\boldsymbol{s},\boldsymbol{w})\end{bmatrix}\right\}\\ =&(2\pi)^{-(p(d+1)+l)/2}(\det[\boldsymbol{Q}_1]\det[\boldsymbol{Q}_2]\det[\boldsymbol{Q}_3])^{-1/2}\\ &\cdot\exp\left\{-\frac{1}{2}(\boldsymbol{z}-\boldsymbol{g}(\boldsymbol{u},\boldsymbol{w}))^{\mathrm{T}}\boldsymbol{Q}_1^{-1}(\boldsymbol{z}-\boldsymbol{g}(\boldsymbol{u},\boldsymbol{w}))\right\}\\ &\cdot\exp\left\{-\frac{1}{2}(\boldsymbol{v}-\boldsymbol{w})^{\mathrm{T}}\boldsymbol{Q}_2^{-1}(\boldsymbol{v}-\boldsymbol{w})\right\}\\ &\cdot\exp\left\{-\frac{1}{2}(\boldsymbol{r}-\bar{\boldsymbol{g}}(\boldsymbol{s},\boldsymbol{w}))^{\mathrm{T}}\boldsymbol{Q}_3^{-1}(\boldsymbol{r}-\bar{\boldsymbol{g}}(\boldsymbol{s},\boldsymbol{w}))\right\}\end{aligned} \tag{3.26}$$

对式(3.26)两边取对数可得对数似然函数为

$$\begin{aligned}\ln(f_{\mathrm{ml}}(\boldsymbol{\mu}\mid\boldsymbol{\eta}))=&-\frac{p(d+1)+l}{2}\ln(2\pi)-\frac{1}{2}\ln(\det[\boldsymbol{Q}_1])\\&-\frac{1}{2}\ln(\det[\boldsymbol{Q}_2])-\frac{1}{2}\ln(\det[\boldsymbol{Q}_3])\\&-\frac{1}{2}(\boldsymbol{z}-\boldsymbol{g}(\boldsymbol{u},\boldsymbol{w}))^{\mathrm{T}}\boldsymbol{Q}_1^{-1}(\boldsymbol{z}-\boldsymbol{g}(\boldsymbol{u},\boldsymbol{w}))-\frac{1}{2}(\boldsymbol{v}-\boldsymbol{w})^{\mathrm{T}}\boldsymbol{Q}_2^{-1}(\boldsymbol{v}-\boldsymbol{w})\\&-\frac{1}{2}(\boldsymbol{r}-\bar{\boldsymbol{g}}(\boldsymbol{s},\boldsymbol{w}))^{\mathrm{T}}\boldsymbol{Q}_3^{-1}(\boldsymbol{r}-\bar{\boldsymbol{g}}(\boldsymbol{s},\boldsymbol{w}))\end{aligned}\tag{3.27}$$

根据式(3.27)可知,对数似然函数 $\ln(f_{\mathrm{ml}}(\boldsymbol{\mu}|\boldsymbol{\eta}))$ 关于向量 $\boldsymbol{\eta}$ 的梯度向量为

$$\begin{aligned}\frac{\partial\ln(f_{\mathrm{ml}}(\boldsymbol{\mu}\mid\boldsymbol{\eta}))}{\partial\boldsymbol{\eta}}&=\begin{bmatrix}\dfrac{\partial\ln(f_{\mathrm{ml}}(\boldsymbol{\mu}\mid\boldsymbol{\eta}))}{\partial\boldsymbol{u}}\\\dfrac{\partial\ln(f_{\mathrm{ml}}(\boldsymbol{\mu}\mid\boldsymbol{\eta}))}{\partial\boldsymbol{w}}\end{bmatrix}\\&=\begin{bmatrix}\boldsymbol{G}_1^{\mathrm{T}}(\boldsymbol{u},\boldsymbol{w})\boldsymbol{Q}_1^{-1}(\boldsymbol{z}-\boldsymbol{g}(\boldsymbol{u},\boldsymbol{w}))\\\boldsymbol{G}_2^{\mathrm{T}}(\boldsymbol{u},\boldsymbol{w})\boldsymbol{Q}_1^{-1}(\boldsymbol{z}-\boldsymbol{g}(\boldsymbol{u},\boldsymbol{w}))+\boldsymbol{Q}_2^{-1}(\boldsymbol{v}-\boldsymbol{w})+\bar{\boldsymbol{G}}^{\mathrm{T}}(\boldsymbol{s},\boldsymbol{w})\boldsymbol{Q}_3^{-1}(\boldsymbol{r}-\bar{\boldsymbol{g}}(\boldsymbol{s},\boldsymbol{w}))\end{bmatrix}\\&=\begin{bmatrix}\boldsymbol{G}_1^{\mathrm{T}}(\boldsymbol{u},\boldsymbol{w})\boldsymbol{Q}_1^{-1}\boldsymbol{n}\\\boldsymbol{G}_2^{\mathrm{T}}(\boldsymbol{u},\boldsymbol{w})\boldsymbol{Q}_1^{-1}\boldsymbol{n}+\boldsymbol{Q}_2^{-1}\boldsymbol{m}+\bar{\boldsymbol{G}}^{\mathrm{T}}(\boldsymbol{s},\boldsymbol{w})\boldsymbol{Q}_3^{-1}\boldsymbol{e}\end{bmatrix}\end{aligned}\tag{3.28}$$

于是关于未知参量 $\boldsymbol{\eta}$ 的费希尔信息矩阵可以表示为[31]

$$\begin{aligned}\mathbf{FISH}(\boldsymbol{\eta})=\mathbf{FISH}\left(\begin{bmatrix}\boldsymbol{u}\\\boldsymbol{w}\end{bmatrix}\right)&=E\left[\frac{\partial\ln(f_{\mathrm{ml}}(\boldsymbol{\mu}\mid\boldsymbol{\eta}))}{\partial\boldsymbol{\eta}}\left(\frac{\partial\ln(f_{\mathrm{ml}}(\boldsymbol{\mu}\mid\boldsymbol{\eta}))}{\partial\boldsymbol{\eta}}\right)^{\mathrm{T}}\right]\\&=\left[\begin{array}{c:c}\boldsymbol{G}_1^{\mathrm{T}}(\boldsymbol{u},\boldsymbol{w})\boldsymbol{Q}_1^{-1}E[\boldsymbol{n}\boldsymbol{n}^{\mathrm{T}}]\boldsymbol{Q}_1^{-1}\boldsymbol{G}_1(\boldsymbol{u},\boldsymbol{w}) & \boldsymbol{G}_1^{\mathrm{T}}(\boldsymbol{u},\boldsymbol{w})\boldsymbol{Q}_1^{-1}E[\boldsymbol{n}\boldsymbol{n}^{\mathrm{T}}]\boldsymbol{Q}_1^{-1}\boldsymbol{G}_2(\boldsymbol{u},\boldsymbol{w})\\\hdashline \boldsymbol{G}_2^{\mathrm{T}}(\boldsymbol{u},\boldsymbol{w})\boldsymbol{Q}_1^{-1}E[\boldsymbol{n}\boldsymbol{n}^{\mathrm{T}}]\boldsymbol{Q}_1^{-1}\boldsymbol{G}_1(\boldsymbol{u},\boldsymbol{w}) & \begin{array}{c}\boldsymbol{G}_2^{\mathrm{T}}(\boldsymbol{u},\boldsymbol{w})\boldsymbol{Q}_1^{-1}E[\boldsymbol{n}\boldsymbol{n}^{\mathrm{T}}]\boldsymbol{Q}_1^{-1}\boldsymbol{G}_2(\boldsymbol{u},\boldsymbol{w})\\+\boldsymbol{Q}_2^{-1}E[\boldsymbol{m}\boldsymbol{m}^{\mathrm{T}}]\boldsymbol{Q}_2^{-1}\\+\bar{\boldsymbol{G}}^{\mathrm{T}}(\boldsymbol{s},\boldsymbol{w})\boldsymbol{Q}_3^{-1}E[\boldsymbol{e}\boldsymbol{e}^{\mathrm{T}}]\boldsymbol{Q}_3^{-1}\bar{\boldsymbol{G}}(\boldsymbol{s},\boldsymbol{w})\end{array}\end{array}\right]\\&=\left[\begin{array}{c:c}\boldsymbol{G}_1^{\mathrm{T}}(\boldsymbol{u},\boldsymbol{w})\boldsymbol{Q}_1^{-1}\boldsymbol{G}_1(\boldsymbol{u},\boldsymbol{w}) & \boldsymbol{G}_1^{\mathrm{T}}(\boldsymbol{u},\boldsymbol{w})\boldsymbol{Q}_1^{-1}\boldsymbol{G}_2(\boldsymbol{u},\boldsymbol{w})\\\hdashline \boldsymbol{G}_2^{\mathrm{T}}(\boldsymbol{u},\boldsymbol{w})\boldsymbol{Q}_1^{-1}\boldsymbol{G}_1(\boldsymbol{u},\boldsymbol{w}) & \boldsymbol{G}_2^{\mathrm{T}}(\boldsymbol{u},\boldsymbol{w})\boldsymbol{Q}_1^{-1}\boldsymbol{G}_2(\boldsymbol{u},\boldsymbol{w})+\boldsymbol{Q}_2^{-1}+\bar{\boldsymbol{G}}^{\mathrm{T}}(\boldsymbol{s},\boldsymbol{w})\boldsymbol{Q}_3^{-1}\bar{\boldsymbol{G}}(\boldsymbol{s},\boldsymbol{w})\end{array}\right]\end{aligned}\tag{3.29}$$

根据式(3.29)可知,未知参量 $\boldsymbol{\eta}$ 的估计方差的克拉美罗界矩阵等于

$$\begin{aligned}\mathbf{CRB}(\boldsymbol{\eta})=(\mathbf{FISH}(\boldsymbol{\eta}))^{-1}=\mathbf{CRB}\left(\begin{bmatrix}\boldsymbol{u}\\\boldsymbol{w}\end{bmatrix}\right)\\=\left[\begin{array}{c:c}\boldsymbol{G}_1^{\mathrm{T}}(\boldsymbol{u},\boldsymbol{w})\boldsymbol{Q}_1^{-1}\boldsymbol{G}_1(\boldsymbol{u},\boldsymbol{w}) & \boldsymbol{G}_1^{\mathrm{T}}(\boldsymbol{u},\boldsymbol{w})\boldsymbol{Q}_1^{-1}\boldsymbol{G}_2(\boldsymbol{u},\boldsymbol{w})\\\hdashline \boldsymbol{G}_2^{\mathrm{T}}(\boldsymbol{u},\boldsymbol{w})\boldsymbol{Q}_1^{-1}\boldsymbol{G}_1(\boldsymbol{u},\boldsymbol{w}) & \boldsymbol{G}_2^{\mathrm{T}}(\boldsymbol{u},\boldsymbol{w})\boldsymbol{Q}_1^{-1}\boldsymbol{G}_2(\boldsymbol{u},\boldsymbol{w})+\boldsymbol{Q}_2^{-1}+\bar{\boldsymbol{G}}^{\mathrm{T}}(\boldsymbol{s},\boldsymbol{w})\boldsymbol{Q}_3^{-1}\bar{\boldsymbol{G}}(\boldsymbol{s},\boldsymbol{w})\end{array}\right]^{-1}\end{aligned}\tag{3.30}$$

证毕。

需要指出的是,不难验证矩阵 $\bar{\boldsymbol{G}}(\boldsymbol{s},\boldsymbol{w})$ 可以表示为

$$\bar{\boldsymbol{G}}(\boldsymbol{s},\boldsymbol{w})=\frac{\partial\bar{\boldsymbol{g}}(\boldsymbol{s},\boldsymbol{w})}{\partial\boldsymbol{w}^{\mathrm{T}}}=[\boldsymbol{G}_2^{\mathrm{T}}(\boldsymbol{s}_1,\boldsymbol{w})\quad\boldsymbol{G}_2^{\mathrm{T}}(\boldsymbol{s}_2,\boldsymbol{w})\quad\cdots\quad\boldsymbol{G}_2^{\mathrm{T}}(\boldsymbol{s}_d,\boldsymbol{w})]^{\mathrm{T}}\in\mathbf{R}^{pd\times l}\tag{3.31}$$

根据命题 3.2 可以得到如下四个推论。

推论 3.4 基于观测模型式(3.6),未知参量 $\boldsymbol{u}$ 和 $\boldsymbol{w}$ 联合估计方差的克拉美罗界矩阵可以分别表示为

$$\mathbf{CRB}(\boldsymbol{u})=\begin{bmatrix}\boldsymbol{G}_1^{\mathrm{T}}(\boldsymbol{u},\boldsymbol{w})\boldsymbol{Q}_1^{-1}\boldsymbol{G}_1(\boldsymbol{u},\boldsymbol{w})-\boldsymbol{G}_1^{\mathrm{T}}(\boldsymbol{u},\boldsymbol{w})\boldsymbol{Q}_1^{-1}\boldsymbol{G}_2(\boldsymbol{u},\boldsymbol{w})\\ \cdot(\boldsymbol{G}_2^{\mathrm{T}}(\boldsymbol{u},\boldsymbol{w})\boldsymbol{Q}_1^{-1}\boldsymbol{G}_2(\boldsymbol{u},\boldsymbol{w})+\boldsymbol{Q}_2^{-1}+\bar{\boldsymbol{G}}^{\mathrm{T}}(\boldsymbol{s},\boldsymbol{w})\boldsymbol{Q}_3^{-1}\bar{\boldsymbol{G}}(\boldsymbol{s},\boldsymbol{w}))^{-1}\boldsymbol{G}_2^{\mathrm{T}}(\boldsymbol{u},\boldsymbol{w})\boldsymbol{Q}_1^{-1}\boldsymbol{G}_1(\boldsymbol{u},\boldsymbol{w})\end{bmatrix}^{-1} \tag{3.32}$$

$$\mathbf{CRB}(\boldsymbol{w})=\begin{bmatrix}\boldsymbol{G}_2^{\mathrm{T}}(\boldsymbol{u},\boldsymbol{w})\boldsymbol{Q}_1^{-1}\boldsymbol{G}_2(\boldsymbol{u},\boldsymbol{w})+\boldsymbol{Q}_2^{-1}+\bar{\boldsymbol{G}}^{\mathrm{T}}(\boldsymbol{s},\boldsymbol{w})\boldsymbol{Q}_3^{-1}\bar{\boldsymbol{G}}(\boldsymbol{s},\boldsymbol{w})\\ -\boldsymbol{G}_2^{\mathrm{T}}(\boldsymbol{u},\boldsymbol{w})\boldsymbol{Q}_1^{-1}\boldsymbol{G}_1(\boldsymbol{u},\boldsymbol{w})(\boldsymbol{G}_1^{\mathrm{T}}(\boldsymbol{u},\boldsymbol{w})\boldsymbol{Q}_1^{-1}\boldsymbol{G}_1(\boldsymbol{u},\boldsymbol{w}))^{-1}\boldsymbol{G}_1^{\mathrm{T}}(\boldsymbol{u},\boldsymbol{w})\boldsymbol{Q}_1^{-1}\boldsymbol{G}_2(\boldsymbol{u},\boldsymbol{w})\end{bmatrix}^{-1} \tag{3.33}$$

推论 3.4 可以直接由推论 2.2 证得,限于篇幅这里不再阐述。

推论 3.5 克拉美罗界矩阵 $\mathbf{CRB}(\boldsymbol{u})$ 的另一种代数表达式为

$$\begin{aligned}\mathbf{CRB}(\boldsymbol{u})&=(\boldsymbol{G}_1^{\mathrm{T}}(\boldsymbol{u},\boldsymbol{w})(\boldsymbol{Q}_1+\boldsymbol{G}_2(\boldsymbol{u},\boldsymbol{w})(\boldsymbol{Q}_2^{-1}+\bar{\boldsymbol{G}}^{\mathrm{T}}(\boldsymbol{s},\boldsymbol{w})\boldsymbol{Q}_3^{-1}\bar{\boldsymbol{G}}(\boldsymbol{s},\boldsymbol{w}))^{-1}\\&\quad\cdot\boldsymbol{G}_2^{\mathrm{T}}(\boldsymbol{u},\boldsymbol{w}))^{-1}\boldsymbol{G}_1(\boldsymbol{u},\boldsymbol{w}))^{-1}\end{aligned} \tag{3.34}$$

证明 利用推论 2.1 可以得到如下等式:

$$\begin{aligned}&(\boldsymbol{Q}_1+\boldsymbol{G}_2(\boldsymbol{u},\boldsymbol{w})(\boldsymbol{Q}_2^{-1}+\bar{\boldsymbol{G}}^{\mathrm{T}}(\boldsymbol{s},\boldsymbol{w})\boldsymbol{Q}_3^{-1}\bar{\boldsymbol{G}}(\boldsymbol{s},\boldsymbol{w}))^{-1}\boldsymbol{G}_2^{\mathrm{T}}(\boldsymbol{u},\boldsymbol{w}))^{-1}\\&=\boldsymbol{Q}_1^{-1}-\boldsymbol{Q}_1^{-1}\boldsymbol{G}_2(\boldsymbol{u},\boldsymbol{w})(\boldsymbol{G}_2^{\mathrm{T}}(\boldsymbol{u},\boldsymbol{w})\boldsymbol{Q}_1^{-1}\boldsymbol{G}_2(\boldsymbol{u},\boldsymbol{w})+\boldsymbol{Q}_2^{-1}\\&\quad+\bar{\boldsymbol{G}}^{\mathrm{T}}(\boldsymbol{s},\boldsymbol{w})\boldsymbol{Q}_3^{-1}\bar{\boldsymbol{G}}(\boldsymbol{s},\boldsymbol{w}))^{-1}\boldsymbol{G}_2^{\mathrm{T}}(\boldsymbol{u},\boldsymbol{w})\boldsymbol{Q}_1^{-1}\end{aligned} \tag{3.35}$$

将式(3.35)代入式(3.32)可得

$$\begin{aligned}\mathbf{CRB}(\boldsymbol{u})&=\left(\boldsymbol{G}_1^{\mathrm{T}}(\boldsymbol{u},\boldsymbol{w})\left(\boldsymbol{Q}_1^{-1}-\boldsymbol{Q}_1^{-1}\boldsymbol{G}_2(\boldsymbol{u},\boldsymbol{w})\begin{pmatrix}\boldsymbol{G}_2^{\mathrm{T}}(\boldsymbol{u},\boldsymbol{w})\boldsymbol{Q}_1^{-1}\boldsymbol{G}_2(\boldsymbol{u},\boldsymbol{w})+\boldsymbol{Q}_2^{-1}\\+\bar{\boldsymbol{G}}^{\mathrm{T}}(\boldsymbol{s},\boldsymbol{w})\boldsymbol{Q}_3^{-1}\bar{\boldsymbol{G}}(\boldsymbol{s},\boldsymbol{w})\end{pmatrix}^{-1}\boldsymbol{G}_2^{\mathrm{T}}(\boldsymbol{u},\boldsymbol{w})\boldsymbol{Q}_1^{-1}\right)\boldsymbol{G}_1(\boldsymbol{u},\boldsymbol{w})\right)^{-1}\\&=(\boldsymbol{G}_1^{\mathrm{T}}(\boldsymbol{u},\boldsymbol{w})(\boldsymbol{Q}_1+\boldsymbol{G}_2(\boldsymbol{u},\boldsymbol{w})(\boldsymbol{Q}_2^{-1}+\bar{\boldsymbol{G}}^{\mathrm{T}}(\boldsymbol{s},\boldsymbol{w})\boldsymbol{Q}_3^{-1}\bar{\boldsymbol{G}}(\boldsymbol{s},\boldsymbol{w}))^{-1}\boldsymbol{G}_2^{\mathrm{T}}(\boldsymbol{u},\boldsymbol{w}))^{-1}\boldsymbol{G}_1(\boldsymbol{u},\boldsymbol{w}))^{-1}\end{aligned} \tag{3.36}$$

证毕。

比较式(3.15)和式(3.34)可知,校正源观测量所带来的好处可以认为是降低了系统参量的先验测量方差,并且是将先验测量误差的方差矩阵由原先的 $\boldsymbol{Q}_2$ 降低至 $(\boldsymbol{Q}_2^{-1}+\bar{\boldsymbol{G}}^{\mathrm{T}}(\boldsymbol{s},\boldsymbol{w})\boldsymbol{Q}_3^{-1}\bar{\boldsymbol{G}}(\boldsymbol{s},\boldsymbol{w}))^{-1}$。

推论 3.6 若 $\boldsymbol{G}_1(\boldsymbol{u},\boldsymbol{w})$ 是列满秩矩阵,则有 $\mathbf{CRB}(\boldsymbol{u})\leqslant\overline{\mathbf{CRB}}(\boldsymbol{u})$,进一步,若 $\boldsymbol{G}_2(\boldsymbol{u},\boldsymbol{w})$ 是行满秩矩阵,$\bar{\boldsymbol{G}}(\boldsymbol{s},\boldsymbol{w})$ 是列满秩矩阵,则有 $\mathbf{CRB}(\boldsymbol{u})<\overline{\mathbf{CRB}}(\boldsymbol{u})$。

证明 根据命题 2.3、命题 2.5 和推论 2.5 可以推得

$$\begin{aligned}&\boldsymbol{Q}_2^{-1}+\bar{\boldsymbol{G}}^{\mathrm{T}}(\boldsymbol{s},\boldsymbol{w})\boldsymbol{Q}_3^{-1}\bar{\boldsymbol{G}}(\boldsymbol{s},\boldsymbol{w})\geqslant\boldsymbol{Q}_2^{-1}\Leftrightarrow(\boldsymbol{Q}_2^{-1}+\bar{\boldsymbol{G}}^{\mathrm{T}}(\boldsymbol{s},\boldsymbol{w})\boldsymbol{Q}_3^{-1}\bar{\boldsymbol{G}}(\boldsymbol{s},\boldsymbol{w}))^{-1}\leqslant\boldsymbol{Q}_2\\&\Rightarrow\boldsymbol{Q}_1+\boldsymbol{G}_2(\boldsymbol{u},\boldsymbol{w})(\boldsymbol{Q}_2^{-1}+\bar{\boldsymbol{G}}^{\mathrm{T}}(\boldsymbol{s},\boldsymbol{w})\boldsymbol{Q}_3^{-1}\bar{\boldsymbol{G}}(\boldsymbol{s},\boldsymbol{w}))^{-1}\boldsymbol{G}_2^{\mathrm{T}}(\boldsymbol{u},\boldsymbol{w})\leqslant\boldsymbol{Q}_1+\boldsymbol{G}_2(\boldsymbol{u},\boldsymbol{w})\boldsymbol{Q}_2\boldsymbol{G}_2^{\mathrm{T}}(\boldsymbol{u},\boldsymbol{w})\\&\Leftrightarrow(\boldsymbol{Q}_1+\boldsymbol{G}_2(\boldsymbol{u},\boldsymbol{w})(\boldsymbol{Q}_2^{-1}+\bar{\boldsymbol{G}}^{\mathrm{T}}(\boldsymbol{s},\boldsymbol{w})\boldsymbol{Q}_3^{-1}\bar{\boldsymbol{G}}(\boldsymbol{s},\boldsymbol{w}))^{-1}\boldsymbol{G}_2^{\mathrm{T}}(\boldsymbol{u},\boldsymbol{w}))^{-1}\geqslant(\boldsymbol{Q}_1+\boldsymbol{G}_2(\boldsymbol{u},\boldsymbol{w})\boldsymbol{Q}_2\boldsymbol{G}_2^{\mathrm{T}}(\boldsymbol{u},\boldsymbol{w}))^{-1}\end{aligned} \tag{3.37}$$

基于式(3.15)、式(3.34)和式(3.37),并利用命题 2.5 和推论 2.5 可知

$$(\mathbf{CRB}(\boldsymbol{u}))^{-1}=\boldsymbol{G}_1^{\mathrm{T}}(\boldsymbol{u},\boldsymbol{w})(\boldsymbol{Q}_1+\boldsymbol{G}_2(\boldsymbol{u},\boldsymbol{w})(\boldsymbol{Q}_2^{-1}+\bar{\boldsymbol{G}}^{\mathrm{T}}(\boldsymbol{s},\boldsymbol{w})\boldsymbol{Q}_3^{-1}\bar{\boldsymbol{G}}(\boldsymbol{s},\boldsymbol{w}))^{-1}\boldsymbol{G}_2^{\mathrm{T}}(\boldsymbol{u},\boldsymbol{w}))^{-1}\boldsymbol{G}_1(\boldsymbol{u},\boldsymbol{w})$$

$$\geqslant (\overline{\mathbf{CRB}}(\boldsymbol{u}))^{-1} = \boldsymbol{G}_1^{\mathrm{T}}(\boldsymbol{u},\boldsymbol{w})(\boldsymbol{Q}_1 + \boldsymbol{G}_2(\boldsymbol{u},\boldsymbol{w})\boldsymbol{Q}_2\boldsymbol{G}_2^{\mathrm{T}}(\boldsymbol{u},\boldsymbol{w}))^{-1}\boldsymbol{G}_1(\boldsymbol{u},\boldsymbol{w})$$
$$\Leftrightarrow \mathbf{CRB}(\boldsymbol{u}) \leqslant \overline{\mathbf{CRB}}(\boldsymbol{u}) \tag{3.38}$$

另外，若 $\boldsymbol{G}_2(\boldsymbol{u},\boldsymbol{w})$ 是行满秩矩阵，$\bar{\boldsymbol{G}}(\boldsymbol{s},\boldsymbol{w})$ 是列满秩矩阵，则根据命题 2.4、命题 2.5 和推论 2.7 可以推得

$$\boldsymbol{Q}_2^{-1} + \bar{\boldsymbol{G}}^{\mathrm{T}}(\boldsymbol{s},\boldsymbol{w})\boldsymbol{Q}_3^{-1}\bar{\boldsymbol{G}}(\boldsymbol{s},\boldsymbol{w}) > \boldsymbol{Q}_2^{-1} \Leftrightarrow (\boldsymbol{Q}_2^{-1} + \bar{\boldsymbol{G}}^{\mathrm{T}}(\boldsymbol{s},\boldsymbol{w})\boldsymbol{Q}_3^{-1}\bar{\boldsymbol{G}}(\boldsymbol{s},\boldsymbol{w}))^{-1} < \boldsymbol{Q}_2$$
$$\Rightarrow \boldsymbol{Q}_1 + \boldsymbol{G}_2(\boldsymbol{u},\boldsymbol{w})(\boldsymbol{Q}_2^{-1} + \bar{\boldsymbol{G}}^{\mathrm{T}}(\boldsymbol{s},\boldsymbol{w})\boldsymbol{Q}_3^{-1}\bar{\boldsymbol{G}}(\boldsymbol{s},\boldsymbol{w}))^{-1}\boldsymbol{G}_2^{\mathrm{T}}(\boldsymbol{u},\boldsymbol{w}) < \boldsymbol{Q}_1 + \boldsymbol{G}_2(\boldsymbol{u},\boldsymbol{w})\boldsymbol{Q}_2\boldsymbol{G}_2^{\mathrm{T}}(\boldsymbol{u},\boldsymbol{w})$$
$$\Leftrightarrow (\boldsymbol{Q}_1 + \boldsymbol{G}_2(\boldsymbol{u},\boldsymbol{w})(\boldsymbol{Q}_2^{-1} + \bar{\boldsymbol{G}}^{\mathrm{T}}(\boldsymbol{s},\boldsymbol{w})\boldsymbol{Q}_3^{-1}\bar{\boldsymbol{G}}(\boldsymbol{s},\boldsymbol{w}))^{-1}\boldsymbol{G}_2^{\mathrm{T}}(\boldsymbol{u},\boldsymbol{w}))^{-1} > (\boldsymbol{Q}_1 + \boldsymbol{G}_2(\boldsymbol{u},\boldsymbol{w})\boldsymbol{Q}_2\boldsymbol{G}_2^{\mathrm{T}}(\boldsymbol{u},\boldsymbol{w}))^{-1} \tag{3.39}$$

基于式(3.15)、式(3.34)和式(3.39)以及矩阵 $\boldsymbol{G}_1(\boldsymbol{u},\boldsymbol{w})$ 的列满秩性，并利用命题 2.5 和推论 2.7 可知

$$(\mathbf{CRB}(\boldsymbol{u}))^{-1} = \boldsymbol{G}_1^{\mathrm{T}}(\boldsymbol{u},\boldsymbol{w})(\boldsymbol{Q}_1 + \boldsymbol{G}_2(\boldsymbol{u},\boldsymbol{w})(\boldsymbol{Q}_2^{-1} + \bar{\boldsymbol{G}}^{\mathrm{T}}(\boldsymbol{s},\boldsymbol{w})\boldsymbol{Q}_3^{-1}\bar{\boldsymbol{G}}(\boldsymbol{s},\boldsymbol{w}))^{-1}\boldsymbol{G}_2^{\mathrm{T}}(\boldsymbol{u},\boldsymbol{w}))^{-1}\boldsymbol{G}_1(\boldsymbol{u},\boldsymbol{w})$$
$$> (\overline{\mathbf{CRB}}(\boldsymbol{u}))^{-1} = \boldsymbol{G}_1^{\mathrm{T}}(\boldsymbol{u},\boldsymbol{w})(\boldsymbol{Q}_1 + \boldsymbol{G}_2(\boldsymbol{u},\boldsymbol{w})\boldsymbol{Q}_2\boldsymbol{G}_2^{\mathrm{T}}(\boldsymbol{u},\boldsymbol{w}))^{-1}\boldsymbol{G}_1(\boldsymbol{u},\boldsymbol{w})$$
$$\Leftrightarrow \mathbf{CRB}(\boldsymbol{u}) < \overline{\mathbf{CRB}}(\boldsymbol{u}) \tag{3.40}$$

证毕。

推论 3.6 表明，增加校正源观测量能够降低目标位置估计方差的理论下界。

推论 3.7　若 $\boldsymbol{G}_1(\boldsymbol{u},\boldsymbol{w})$ 是列满秩矩阵，则有 $\mathbf{CRB}(\boldsymbol{w}) \leqslant \overline{\mathbf{CRB}}(\boldsymbol{w})$，进一步，若 $\bar{\boldsymbol{G}}(\boldsymbol{s},\boldsymbol{w})$ 是列满秩矩阵，则有 $\mathbf{CRB}(\boldsymbol{w}) < \overline{\mathbf{CRB}}(\boldsymbol{w})$。

证明　首先分别定义如下四个矩阵：

$$\begin{cases} \boldsymbol{X} = \boldsymbol{G}_1^{\mathrm{T}}(\boldsymbol{u},\boldsymbol{w})\boldsymbol{Q}_1^{-1}\boldsymbol{G}_1(\boldsymbol{u},\boldsymbol{w}) \in \mathbf{R}^{q\times q} \\ \boldsymbol{Y} = \boldsymbol{G}_1^{\mathrm{T}}(\boldsymbol{u},\boldsymbol{w})\boldsymbol{Q}_1^{-1}\boldsymbol{G}_2(\boldsymbol{u},\boldsymbol{w}) \in \mathbf{R}^{q\times l} \\ \boldsymbol{Z} = \boldsymbol{G}_2^{\mathrm{T}}(\boldsymbol{u},\boldsymbol{w})\boldsymbol{Q}_1^{-1}\boldsymbol{G}_2(\boldsymbol{u},\boldsymbol{w}) \in \mathbf{R}^{l\times l} \\ \bar{\boldsymbol{Z}} = \boldsymbol{G}_2^{\mathrm{T}}(\boldsymbol{u},\boldsymbol{w})\boldsymbol{Q}_1^{-1}\boldsymbol{G}_2(\boldsymbol{u},\boldsymbol{w}) + \bar{\boldsymbol{G}}^{\mathrm{T}}(\boldsymbol{s},\boldsymbol{w})\boldsymbol{Q}_3^{-1}\bar{\boldsymbol{G}}(\boldsymbol{s},\boldsymbol{w}) \in \mathbf{R}^{l\times l} \end{cases} \tag{3.41}$$

于是根据式(3.14)和式(3.33)可知

$$\begin{cases} (\overline{\mathbf{CRB}}(\boldsymbol{w}))^{-1} = \boldsymbol{Q}_2^{-1} + \boldsymbol{Z} - \boldsymbol{Y}^{\mathrm{T}}\boldsymbol{X}^{-1}\boldsymbol{Y} \\ (\mathbf{CRB}(\boldsymbol{w}))^{-1} = \boldsymbol{Q}_2^{-1} + \bar{\boldsymbol{Z}} - \boldsymbol{Y}^{\mathrm{T}}\boldsymbol{X}^{-1}\boldsymbol{Y} \end{cases} \tag{3.42}$$

利用命题 2.3 和命题 2.5 可得

$$(\mathbf{CRB}(\boldsymbol{w}))^{-1} - (\overline{\mathbf{CRB}}(\boldsymbol{w}))^{-1} = \bar{\boldsymbol{Z}} - \boldsymbol{Z} = \bar{\boldsymbol{G}}^{\mathrm{T}}(\boldsymbol{s},\boldsymbol{w})\boldsymbol{Q}_3^{-1}\bar{\boldsymbol{G}}(\boldsymbol{s},\boldsymbol{w}) \geqslant \boldsymbol{O}$$
$$\Leftrightarrow (\mathbf{CRB}(\boldsymbol{w}))^{-1} \geqslant (\overline{\mathbf{CRB}}(\boldsymbol{w}))^{-1} \Leftrightarrow \mathbf{CRB}(\boldsymbol{w}) \leqslant \overline{\mathbf{CRB}}(\boldsymbol{w}) \tag{3.43}$$

另外，若 $\bar{\boldsymbol{G}}(\boldsymbol{s},\boldsymbol{w})$ 是列满秩矩阵，则根据命题 2.4 可知 $\bar{\boldsymbol{G}}^{\mathrm{T}}(\boldsymbol{s},\boldsymbol{w})\boldsymbol{Q}_3^{-1}\bar{\boldsymbol{G}}(\boldsymbol{s},\boldsymbol{w}) > \boldsymbol{O}$，再利用命题 2.5 可得

$$(\mathbf{CRB}(\boldsymbol{w}))^{-1} - (\overline{\mathbf{CRB}}(\boldsymbol{w}))^{-1} = \bar{\boldsymbol{Z}} - \boldsymbol{Z} = \bar{\boldsymbol{G}}^{\mathrm{T}}(\boldsymbol{s},\boldsymbol{w})\boldsymbol{Q}_3^{-1}\bar{\boldsymbol{G}}(\boldsymbol{s},\boldsymbol{w}) > \boldsymbol{O}$$
$$\Leftrightarrow (\mathbf{CRB}(\boldsymbol{w}))^{-1} > (\overline{\mathbf{CRB}}(\boldsymbol{w}))^{-1} \Leftrightarrow \mathbf{CRB}(\boldsymbol{w}) < \overline{\mathbf{CRB}}(\boldsymbol{w}) \tag{3.44}$$

证毕。

推论 3.7 表明，增加校正源观测量能够降低系统参量估计方差的理论下界。

3. 仅基于校正源观测量的克拉美罗界

这里将仅基于校正源观测量 $\boldsymbol{r}$ 和系统参量的先验测量值 $\boldsymbol{v}$ 推导系统参量 $\boldsymbol{w}$ 的估计方

差的克拉美罗界。需要强调的是，为了与命题 3.1 和命题 3.2 中的克拉美罗界矩阵$\overline{\mathbf{CRB}}(\boldsymbol{w})$和 $\mathbf{CRB}(\boldsymbol{w})$区分开，下面将所推导的克拉美罗界矩阵记为 $\mathbf{CRB}_{\mathrm{o}}(\boldsymbol{w})$，结果可见如下命题。

命题 3.3　基于观测模型式(3.2)和式(3.5)，未知参量 $\boldsymbol{w}$ 的估计方差的克拉美罗界矩阵可以表示为

$$\mathbf{CRB}_{\mathrm{o}}(\boldsymbol{w}) = (\boldsymbol{Q}_2^{-1} + \bar{\boldsymbol{G}}^{\mathrm{T}}(\boldsymbol{s},\boldsymbol{w})\boldsymbol{Q}_3^{-1}\bar{\boldsymbol{G}}(\boldsymbol{s},\boldsymbol{w}))^{-1} \tag{3.45}$$

证明　首先定义扩维的观测向量 $\boldsymbol{\mu}=[\boldsymbol{v}^{\mathrm{T}} \quad \boldsymbol{r}^{\mathrm{T}}]^{\mathrm{T}} \in \mathbf{R}^{(pd+l)\times 1}$。基于观测模型式(3.2)和式(3.5)及其误差的统计假设可知，对于特定的参数 $\boldsymbol{w}$，观测向量 $\boldsymbol{\mu}$ 的最大似然函数可以表示为

$$\begin{aligned} f_{\mathrm{ml,o}}(\boldsymbol{\mu} \mid \boldsymbol{w}) &= (2\pi)^{-(pd+l)/2}\left(\det\begin{bmatrix}\boldsymbol{Q}_2 & \boldsymbol{O}_{l\times pd}\\ \boldsymbol{O}_{pd\times l} & \boldsymbol{Q}_3\end{bmatrix}\right)^{-1/2} \\ &\quad \cdot \exp\left\{-\frac{1}{2}\begin{bmatrix}\boldsymbol{v}-\boldsymbol{w}\\ \boldsymbol{r}-\bar{\boldsymbol{g}}(\boldsymbol{s},\boldsymbol{w})\end{bmatrix}^{\mathrm{T}}\begin{bmatrix}\boldsymbol{Q}_2^{-1} & \boldsymbol{O}_{l\times pd}\\ \boldsymbol{O}_{pd\times l} & \boldsymbol{Q}_3^{-1}\end{bmatrix}\begin{bmatrix}\boldsymbol{v}-\boldsymbol{w}\\ \boldsymbol{r}-\bar{\boldsymbol{g}}(\boldsymbol{s},\boldsymbol{w})\end{bmatrix}\right\} \\ &= (2\pi)^{-(pd+l)/2}(\det[\boldsymbol{Q}_2]\det[\boldsymbol{Q}_3])^{-1/2}\exp\left\{-\frac{1}{2}(\boldsymbol{v}-\boldsymbol{w})^{\mathrm{T}}\boldsymbol{Q}_2^{-1}(\boldsymbol{v}-\boldsymbol{w})\right\} \\ &\quad \cdot \exp\left\{-\frac{1}{2}(\boldsymbol{r}-\bar{\boldsymbol{g}}(\boldsymbol{s},\boldsymbol{w}))^{\mathrm{T}}\boldsymbol{Q}_3^{-1}(\boldsymbol{r}-\bar{\boldsymbol{g}}(\boldsymbol{s},\boldsymbol{w}))\right\} \end{aligned} \tag{3.46}$$

对式(3.46)两边取对数可得对数似然函数为

$$\begin{aligned} \ln(f_{\mathrm{ml,o}}(\boldsymbol{\mu} \mid \boldsymbol{w})) &= -\frac{pd+l}{2}\ln(2\pi) - \frac{1}{2}\ln(\det[\boldsymbol{Q}_2]) - \frac{1}{2}\ln(\det[\boldsymbol{Q}_3]) \\ &\quad - \frac{1}{2}(\boldsymbol{v}-\boldsymbol{w})^{\mathrm{T}}\boldsymbol{Q}_2^{-1}(\boldsymbol{v}-\boldsymbol{w}) - \frac{1}{2}(\boldsymbol{r}-\bar{\boldsymbol{g}}(\boldsymbol{s},\boldsymbol{w}))^{\mathrm{T}}\boldsymbol{Q}_3^{-1}(\boldsymbol{r}-\bar{\boldsymbol{g}}(\boldsymbol{s},\boldsymbol{w})) \end{aligned} \tag{3.47}$$

根据式(3.47)可知，对数似然函数 $\ln(f_{\mathrm{ml,o}}(\boldsymbol{\mu}|\boldsymbol{w}))$关于向量 $\boldsymbol{w}$ 的梯度向量为

$$\begin{aligned} \frac{\partial \ln(f_{\mathrm{ml,o}}(\boldsymbol{\mu} \mid \boldsymbol{w}))}{\partial \boldsymbol{w}} &= \boldsymbol{Q}_2^{-1}(\boldsymbol{v}-\boldsymbol{w}) + \bar{\boldsymbol{G}}^{\mathrm{T}}(\boldsymbol{s},\boldsymbol{w})\boldsymbol{Q}_3^{-1}(\boldsymbol{r}-\bar{\boldsymbol{g}}(\boldsymbol{s},\boldsymbol{w})) \\ &= \boldsymbol{Q}_2^{-1}\boldsymbol{m} + \bar{\boldsymbol{G}}^{\mathrm{T}}(\boldsymbol{s},\boldsymbol{w})\boldsymbol{Q}_3^{-1}\boldsymbol{e} \end{aligned} \tag{3.48}$$

于是关于未知参量 $\boldsymbol{w}$ 的费希尔信息矩阵可以表示为[31]

$$\begin{aligned} \mathbf{FISH}_{\mathrm{o}}(\boldsymbol{w}) &= E\left[\frac{\partial \ln(f_{\mathrm{ml,o}}(\boldsymbol{\mu} \mid \boldsymbol{w}))}{\partial \boldsymbol{w}}\left(\frac{\partial \ln(f_{\mathrm{ml,o}}(\boldsymbol{\mu} \mid \boldsymbol{w}))}{\partial \boldsymbol{w}}\right)^{\mathrm{T}}\right] \\ &= \boldsymbol{Q}_2^{-1}E[\boldsymbol{m}\boldsymbol{m}^{\mathrm{T}}]\boldsymbol{Q}_2^{-1} + \bar{\boldsymbol{G}}^{\mathrm{T}}(\boldsymbol{s},\boldsymbol{w})\boldsymbol{Q}_3^{-1}E[\boldsymbol{e}\boldsymbol{e}^{\mathrm{T}}]\boldsymbol{Q}_3^{-1}\bar{\boldsymbol{G}}(\boldsymbol{s},\boldsymbol{w}) \\ &= \boldsymbol{Q}_2^{-1} + \bar{\boldsymbol{G}}^{\mathrm{T}}(\boldsymbol{s},\boldsymbol{w})\boldsymbol{Q}_3^{-1}\bar{\boldsymbol{G}}(\boldsymbol{s},\boldsymbol{w}) \end{aligned} \tag{3.49}$$

根据式(3.49)可知，未知参量 $\boldsymbol{w}$ 的估计方差的克拉美罗界矩阵等于

$$\mathbf{CRB}_{\mathrm{o}}(\boldsymbol{w}) = (\mathbf{FISH}_{\mathrm{o}}(\boldsymbol{w}))^{-1} = (\boldsymbol{Q}_2^{-1} + \bar{\boldsymbol{G}}^{\mathrm{T}}(\boldsymbol{s},\boldsymbol{w})\boldsymbol{Q}_3^{-1}\bar{\boldsymbol{G}}(\boldsymbol{s},\boldsymbol{w}))^{-1} \tag{3.50}$$

证毕。

根据命题 3.3 可以得到如下三个推论。

推论 3.8　若 $\boldsymbol{G}_1(\boldsymbol{u},\boldsymbol{w})$是列满秩矩阵，则有 $\mathbf{CRB}(\boldsymbol{w}) \leqslant \mathbf{CRB}_{\mathrm{o}}(\boldsymbol{w})$。

证明　根据式(3.33)和式(3.45)以及命题 2.3，推论 2.8 和推论 2.9 可以推得

$$\begin{aligned} (\mathbf{CRB}(\boldsymbol{w}))^{-1} &= \boldsymbol{Q}_2^{-1} + \bar{\boldsymbol{G}}^{\mathrm{T}}(\boldsymbol{s},\boldsymbol{w})\boldsymbol{Q}_3^{-1}\bar{\boldsymbol{G}}(\boldsymbol{s},\boldsymbol{w}) + \boldsymbol{G}_2^{\mathrm{T}}(\boldsymbol{u},\boldsymbol{w})\boldsymbol{Q}_1^{-1}\boldsymbol{G}_2(\boldsymbol{u},\boldsymbol{w}) \\ &\quad - \boldsymbol{G}_2^{\mathrm{T}}(\boldsymbol{u},\boldsymbol{w})\boldsymbol{Q}_1^{-1}\boldsymbol{G}_1(\boldsymbol{u},\boldsymbol{w})(\boldsymbol{G}_1^{\mathrm{T}}(\boldsymbol{u},\boldsymbol{w})\boldsymbol{Q}_1^{-1}\boldsymbol{G}_1(\boldsymbol{u},\boldsymbol{w}))^{-1}\boldsymbol{G}_1^{\mathrm{T}}(\boldsymbol{u},\boldsymbol{w})\boldsymbol{Q}_1^{-1}\boldsymbol{G}_2(\boldsymbol{u},\boldsymbol{w}) \end{aligned}$$

$$
\begin{aligned}
&= \boldsymbol{Q}_2^{-1} + \bar{\boldsymbol{G}}^{\mathrm{T}}(\boldsymbol{s},\boldsymbol{w})\boldsymbol{Q}_3^{-1}\bar{\boldsymbol{G}}(\boldsymbol{s},\boldsymbol{w}) + \boldsymbol{G}_2^{\mathrm{T}}(\boldsymbol{u},\boldsymbol{w})\boldsymbol{Q}_1^{-1/2}\boldsymbol{\Pi}^{\perp}\left[\boldsymbol{Q}_1^{-\mathrm{T}/2}\boldsymbol{G}_1(\boldsymbol{u},\boldsymbol{w})\right]\boldsymbol{Q}_1^{-\mathrm{T}/2}\boldsymbol{G}_2(\boldsymbol{u},\boldsymbol{w}) \\
&\geqslant \boldsymbol{Q}_2^{-1} + \bar{\boldsymbol{G}}^{\mathrm{T}}(\boldsymbol{s},\boldsymbol{w})\boldsymbol{Q}_3^{-1}\bar{\boldsymbol{G}}(\boldsymbol{s},\boldsymbol{w}) \\
&= (\mathbf{CRB}_{\mathrm{o}}(\boldsymbol{w}))^{-1}
\end{aligned} \tag{3.51}
$$

再利用命题2.5可知$\mathbf{CRB}(\boldsymbol{w}) \leqslant \mathbf{CRB}_{\mathrm{o}}(\boldsymbol{w})$。证毕。

推论3.9 若$\boldsymbol{G}_1(\boldsymbol{u},\boldsymbol{w})$是列满秩矩阵,$\boldsymbol{G}_2(\boldsymbol{u},\boldsymbol{w})$是行满秩矩阵,当且仅当$p=q$时,$\mathbf{CRB}(\boldsymbol{w})=\mathbf{CRB}_{\mathrm{o}}(\boldsymbol{w})$。

推论3.9的证明类似于推论3.3,限于篇幅这里不再阐述。推论3.8和推论3.9联合表明,若关于目标源的观测方程维数p等于目标位置向量维数q,则无法利用目标源观测量进一步降低系统参量估计方差的理论下界,只有当关于目标源的观测方程维数p大于目标位置向量维数q时(即观测方程有冗余),才可能利用目标源观测量进一步降低系统参量估计方差的理论下界。

推论3.10 $\mathbf{CRB}_{\mathrm{o}}(\boldsymbol{w}) \leqslant \boldsymbol{Q}_2$,若$\bar{\boldsymbol{G}}(\boldsymbol{s},\boldsymbol{w})$是列满秩矩阵,则有$\mathbf{CRB}_{\mathrm{o}}(\boldsymbol{w}) < \boldsymbol{Q}_2$。

证明 根据式(3.45)和命题2.3可知

$$
(\mathbf{CRB}_{\mathrm{o}}(\boldsymbol{w}))^{-1} = \boldsymbol{Q}_2^{-1} + \bar{\boldsymbol{G}}^{\mathrm{T}}(\boldsymbol{s},\boldsymbol{w})\boldsymbol{Q}_3^{-1}\bar{\boldsymbol{G}}(\boldsymbol{s},\boldsymbol{w}) \geqslant \boldsymbol{Q}_2^{-1} \tag{3.52}
$$

于是利用命题2.5可知$\mathbf{CRB}_{\mathrm{o}}(\boldsymbol{w}) \leqslant \boldsymbol{Q}_2$。若$\bar{\boldsymbol{G}}(\boldsymbol{s},\boldsymbol{w})$是列满秩矩阵,则根据命题2.4可知

$$
(\mathbf{CRB}_{\mathrm{o}}(\boldsymbol{w}))^{-1} = \boldsymbol{Q}_2^{-1} + \bar{\boldsymbol{G}}^{\mathrm{T}}(\boldsymbol{s},\boldsymbol{w})\boldsymbol{Q}_3^{-1}\bar{\boldsymbol{G}}(\boldsymbol{s},\boldsymbol{w}) > \boldsymbol{Q}_2^{-1} \tag{3.53}
$$

再次利用命题2.5可知$\mathbf{CRB}_{\mathrm{o}}(\boldsymbol{w}) < \boldsymbol{Q}_2$。证毕。

推论3.10表明,利用校正源观测量可以降低系统参量的估计方差(相对于其先验测量值而言)。

下面将在校正源条件下给出两类非线性加权最小二乘定位方法,并定量推导两类非线性加权最小二乘定位方法的参数估计性能,证明它们的目标位置估计方差都可以达到相应的克拉美罗界(在门限效应发生以前)。另外,为了便于区分,书中将第一类非线性加权最小二乘定位方法给出的估计值中增加上标"(a)",而将第二类非线性加权最小二乘定位方法给出的估计值中增加上标"(b)"。

3.2 第一类非线性加权最小二乘定位方法及其理论性能分析

第一类非线性加权最小二乘定位方法分为两个步骤:①利用校正源观测量$\boldsymbol{r}$和系统参量的先验测量值$\boldsymbol{v}$给出更加精确的系统参量估计值;②利用目标源观测量$\boldsymbol{z}$和第一步给出的系统参量解估计目标位置向量$\boldsymbol{u}$。

3.2.1 估计系统参量

这里将基于校正源观测量$\boldsymbol{r}$和系统参量的先验测量值$\boldsymbol{v}$估计系统参量$\boldsymbol{w}$,此时的非线性加权最小二乘优化模型为

$$
\min_{\boldsymbol{w} \in \mathbf{R}^{l \times 1}} \begin{bmatrix} \boldsymbol{r} - \bar{\boldsymbol{g}}(\boldsymbol{s},\boldsymbol{w}) \\ \boldsymbol{v} - \boldsymbol{w} \end{bmatrix}^{\mathrm{T}} \begin{bmatrix} \boldsymbol{Q}_3^{-1} & \boldsymbol{O}_{pd \times l} \\ \boldsymbol{O}_{l \times pd} & \boldsymbol{Q}_2^{-1} \end{bmatrix} \begin{bmatrix} \boldsymbol{r} - \bar{\boldsymbol{g}}(\boldsymbol{s},\boldsymbol{w}) \\ \boldsymbol{v} - \boldsymbol{w} \end{bmatrix} \tag{3.54}
$$

式中,$\boldsymbol{Q}_2^{-1}$的作用则是为了抑制测量误差$\boldsymbol{m}$的影响;$\boldsymbol{Q}_3^{-1}$的作用是为了抑制观测误差$\boldsymbol{e}$的

影响。由于$\bar{\boldsymbol{g}}(\cdot,\cdot)$通常是非线性函数，因此，求解式(3.54)不可避免地需要数值迭代，下面将给出基于一阶 Taylor 级数展开的迭代算法，其在数值优化理论中又称为 Gauss-Newton 迭代法[1-3]。该迭代算法的基本思想是利用最新的迭代值对非线性函数$\bar{\boldsymbol{g}}(\cdot,\cdot)$作线性近似，从而在每次迭代求解过程中能够将式(3.54)转化成一个二次优化问题，基于此就可以获得下一次迭代的更新公式，然后再重复此过程直至迭代收敛为止。

假设第k次 Taylor 级数迭代得到系统参量$\boldsymbol{w}$的结果为$\hat{\boldsymbol{w}}_{\text{nlwls},k}^{(\text{a})}$，现利用一阶 Taylor 级数展开可得

$$\begin{bmatrix}\boldsymbol{r}\\\boldsymbol{v}\end{bmatrix}=\begin{bmatrix}\bar{\boldsymbol{g}}(\boldsymbol{s},\boldsymbol{w})\\\boldsymbol{w}\end{bmatrix}+\begin{bmatrix}\boldsymbol{e}\\\boldsymbol{m}\end{bmatrix}\approx\begin{bmatrix}\bar{\boldsymbol{g}}(\boldsymbol{s},\hat{\boldsymbol{w}}_{\text{nlwls},k}^{(\text{a})})\\\hat{\boldsymbol{w}}_{\text{nlwls},k}^{(\text{a})}\end{bmatrix}+\begin{bmatrix}\bar{\boldsymbol{G}}(\boldsymbol{s},\hat{\boldsymbol{w}}_{\text{nlwls},k}^{(\text{a})})\\\boldsymbol{I}_l\end{bmatrix}(\boldsymbol{w}-\hat{\boldsymbol{w}}_{\text{nlwls},k}^{(\text{a})})+\begin{bmatrix}\boldsymbol{e}\\\boldsymbol{m}\end{bmatrix}\tag{3.55}$$

将式(3.55)代入式(3.54)可以得到如下求解第$k+1$次迭代结果的线性加权最小二乘优化模型：

$$\min_{\boldsymbol{w}\in\mathbf{R}^{l\times1}}\left\{\begin{array}{l}\left(\begin{bmatrix}\bar{\boldsymbol{G}}(\boldsymbol{s},\hat{\boldsymbol{w}}_{\text{nlwls},k}^{(\text{a})})\\\boldsymbol{I}_l\end{bmatrix}(\boldsymbol{w}-\hat{\boldsymbol{w}}_{\text{nlwls},k}^{(\text{a})})-\begin{bmatrix}\boldsymbol{r}-\bar{\boldsymbol{g}}(\boldsymbol{s},\hat{\boldsymbol{w}}_{\text{nlwls},k}^{(\text{a})})\\\boldsymbol{v}-\hat{\boldsymbol{w}}_{\text{nlwls},k}^{(\text{a})}\end{bmatrix}\right)^{\text{T}}\begin{bmatrix}\boldsymbol{Q}_3^{-1}&\boldsymbol{O}_{pd\times l}\\\boldsymbol{O}_{l\times pd}&\boldsymbol{Q}_2^{-1}\end{bmatrix}\\\cdot\left(\begin{bmatrix}\bar{\boldsymbol{G}}(\boldsymbol{s},\hat{\boldsymbol{w}}_{\text{nlwls},k}^{(\text{a})})\\\boldsymbol{I}_l\end{bmatrix}(\boldsymbol{w}-\hat{\boldsymbol{w}}_{\text{nlwls},k}^{(\text{a})})-\begin{bmatrix}\boldsymbol{r}-\bar{\boldsymbol{g}}(\boldsymbol{s},\hat{\boldsymbol{w}}_{\text{nlwls},k}^{(\text{a})})\\\boldsymbol{v}-\hat{\boldsymbol{w}}_{\text{nlwls},k}^{(\text{a})}\end{bmatrix}\right)\end{array}\right\}\tag{3.56}$$

显然，式(3.56)是关于系统参量$\boldsymbol{w}$的二次优化问题，因此其存在最优闭式解，根据式(2.85)可知该闭式解为

$$\begin{aligned}\hat{\boldsymbol{w}}_{\text{nlwls},k+1}^{(\text{a})}&=\hat{\boldsymbol{w}}_{\text{nlwls},k}^{(\text{a})}+\left([\bar{\boldsymbol{G}}^{\text{T}}(\boldsymbol{s},\hat{\boldsymbol{w}}_{\text{nlwls},k}^{(\text{a})})\ \vdots\ \boldsymbol{I}_l]\begin{bmatrix}\boldsymbol{Q}_3^{-1}&\boldsymbol{O}_{pd\times l}\\\boldsymbol{O}_{l\times pd}&\boldsymbol{Q}_2^{-1}\end{bmatrix}\begin{bmatrix}\bar{\boldsymbol{G}}(\boldsymbol{s},\hat{\boldsymbol{w}}_{\text{nlwls},k}^{(\text{a})})\\\boldsymbol{I}_l\end{bmatrix}\right)^{-1}\\&\quad\cdot[\bar{\boldsymbol{G}}^{\text{T}}(\boldsymbol{s},\hat{\boldsymbol{w}}_{\text{nlwls},k}^{(\text{a})})\ \vdots\ \boldsymbol{I}_l]\begin{bmatrix}\boldsymbol{Q}_3^{-1}&\boldsymbol{O}_{pd\times l}\\\boldsymbol{O}_{l\times pd}&\boldsymbol{Q}_2^{-1}\end{bmatrix}\begin{bmatrix}\boldsymbol{r}-\bar{\boldsymbol{g}}(\boldsymbol{s},\hat{\boldsymbol{w}}_{\text{nlwls},k}^{(\text{a})})\\\boldsymbol{v}-\hat{\boldsymbol{w}}_{\text{nlwls},k}^{(\text{a})}\end{bmatrix}\\&=\hat{\boldsymbol{w}}_{\text{nlwls},k}^{(\text{a})}+(\boldsymbol{Q}_2^{-1}+\bar{\boldsymbol{G}}^{\text{T}}(\boldsymbol{s},\hat{\boldsymbol{w}}_{\text{nlwls},k}^{(\text{a})})\boldsymbol{Q}_3^{-1}\bar{\boldsymbol{G}}(\boldsymbol{s},\hat{\boldsymbol{w}}_{\text{nlwls},k}^{(\text{a})}))^{-1}\\&\quad\cdot(\boldsymbol{Q}_2^{-1}(\boldsymbol{v}-\hat{\boldsymbol{w}}_{\text{nlwls},k}^{(\text{a})})+\bar{\boldsymbol{G}}^{\text{T}}(\boldsymbol{s},\hat{\boldsymbol{w}}_{\text{nlwls},k}^{(\text{a})})\boldsymbol{Q}_3^{-1}(\boldsymbol{r}-\bar{\boldsymbol{g}}(\boldsymbol{s},\hat{\boldsymbol{w}}_{\text{nlwls},k}^{(\text{a})}))))\end{aligned}\tag{3.57}$$

将式(3.57)的收敛值记为$\hat{\boldsymbol{w}}_{\text{nlwls}}^{(\text{a})}$(即$\hat{\boldsymbol{w}}_{\text{nlwls}}^{(\text{a})}=\lim\limits_{k\to+\infty}\hat{\boldsymbol{w}}_{\text{nlwls},k}^{(\text{a})}$)，该向量即为第一类非线性加权最小二乘定位方法给出的系统参量解。

3.2.2　系统参量估计值的理论性能

这里将推导系统参量解$\hat{\boldsymbol{w}}_{\text{nlwls}}^{(\text{a})}$的理论性能，重点推导其估计方差矩阵。首先对式(3.57)两边取极限可得

$$\lim_{k\to+\infty}\hat{\boldsymbol{w}}_{\text{nlwls},k+1}^{(\text{a})}=\lim_{k\to+\infty}\hat{\boldsymbol{w}}_{\text{nlwls},k}^{(\text{a})}+\lim_{k\to+\infty}(\boldsymbol{Q}_2^{-1}+\bar{\boldsymbol{G}}^{\text{T}}(\boldsymbol{s},\hat{\boldsymbol{w}}_{\text{nlwls},k}^{(\text{a})})\boldsymbol{Q}_3^{-1}\bar{\boldsymbol{G}}(\boldsymbol{s},\hat{\boldsymbol{w}}_{\text{nlwls},k}^{(\text{a})}))^{-1}$$
$$\cdot(\boldsymbol{Q}_2^{-1}(\boldsymbol{v}-\hat{\boldsymbol{w}}_{\text{nlwls},k}^{(\text{a})})+\bar{\boldsymbol{G}}^{\text{T}}(\boldsymbol{s},\hat{\boldsymbol{w}}_{\text{nlwls},k}^{(\text{a})})\boldsymbol{Q}_3^{-1}(\boldsymbol{r}-\bar{\boldsymbol{g}}(\boldsymbol{s},\hat{\boldsymbol{w}}_{\text{nlwls},k}^{(\text{a})})))$$
$$\Rightarrow(\boldsymbol{Q}_2^{-1}+\bar{\boldsymbol{G}}^{\text{T}}(\boldsymbol{s},\hat{\boldsymbol{w}}_{\text{nlwls}}^{(\text{a})})\boldsymbol{Q}_3^{-1}\bar{\boldsymbol{G}}(\boldsymbol{s},\hat{\boldsymbol{w}}_{\text{nlwls}}^{(\text{a})}))^{-1}\begin{pmatrix}\boldsymbol{Q}_2^{-1}(\boldsymbol{v}-\hat{\boldsymbol{w}}_{\text{nlwls}}^{(\text{a})})+\bar{\boldsymbol{G}}^{\text{T}}(\boldsymbol{s},\hat{\boldsymbol{w}}_{\text{nlwls}}^{(\text{a})})\\ \cdot\boldsymbol{Q}_3^{-1}(\boldsymbol{r}-\bar{\boldsymbol{g}}(\boldsymbol{s},\hat{\boldsymbol{w}}_{\text{nlwls}}^{(\text{a})}))\end{pmatrix}=\boldsymbol{O}_{l\times1}$$
$$\Rightarrow[\bar{\boldsymbol{G}}^{\text{T}}(\boldsymbol{s},\hat{\boldsymbol{w}}_{\text{nlwls}}^{(\text{a})})\boldsymbol{Q}_3^{-1}\ \vdots\ \boldsymbol{Q}_2^{-1}]\begin{bmatrix}\boldsymbol{r}-\bar{\boldsymbol{g}}(\boldsymbol{s},\hat{\boldsymbol{w}}_{\text{nlwls}}^{(\text{a})})\\ \boldsymbol{v}-\hat{\boldsymbol{w}}_{\text{nlwls}}^{(\text{a})}\end{bmatrix}=\boldsymbol{O}_{l\times1} \tag{3.58}$$

利用一阶误差分析方法可推得

$$\boldsymbol{O}_{l\times1}=[\bar{\boldsymbol{G}}^{\text{T}}(\boldsymbol{s},\hat{\boldsymbol{w}}_{\text{nlwls}}^{(\text{a})})\boldsymbol{Q}_3^{-1}\ \vdots\ \boldsymbol{Q}_2^{-1}]\begin{bmatrix}\boldsymbol{r}-\bar{\boldsymbol{g}}(\boldsymbol{s},\hat{\boldsymbol{w}}_{\text{nlwls}}^{(\text{a})})\\ \boldsymbol{v}-\hat{\boldsymbol{w}}_{\text{nlwls}}^{(\text{a})}\end{bmatrix}$$
$$\approx[\bar{\boldsymbol{G}}^{\text{T}}(\boldsymbol{s},\boldsymbol{w})\boldsymbol{Q}_3^{-1}\ \vdots\ \boldsymbol{Q}_2^{-1}]\begin{bmatrix}\bar{\boldsymbol{G}}(\boldsymbol{s},\boldsymbol{w})(\boldsymbol{w}-\hat{\boldsymbol{w}}_{\text{nlwls}}^{(\text{a})})+\boldsymbol{e}\\ \boldsymbol{w}-\hat{\boldsymbol{w}}_{\text{nlwls}}^{(\text{a})}+\boldsymbol{m}\end{bmatrix}$$
$$=(\boldsymbol{Q}_2^{-1}+\bar{\boldsymbol{G}}^{\text{T}}(\boldsymbol{s},\boldsymbol{w})\boldsymbol{Q}_3^{-1}\bar{\boldsymbol{G}}(\boldsymbol{s},\boldsymbol{w}))(\boldsymbol{w}-\hat{\boldsymbol{w}}_{\text{nlwls}}^{(\text{a})})+[\bar{\boldsymbol{G}}^{\text{T}}(\boldsymbol{s},\boldsymbol{w})\boldsymbol{Q}_3^{-1}\ \vdots\ \boldsymbol{Q}_2^{-1}]\begin{bmatrix}\boldsymbol{e}\\ \boldsymbol{m}\end{bmatrix} \tag{3.59}$$

式(3.59)忽略了误差的二阶及其以上各项，由该式可以进一步推得系统参量解$\hat{\boldsymbol{w}}_{\text{nlwls}}^{(\text{a})}$的估计误差为

$$\boldsymbol{\delta w}_{\text{nlwls}}^{(\text{a})}=\hat{\boldsymbol{w}}_{\text{nlwls}}^{(\text{a})}-\boldsymbol{w}\approx(\boldsymbol{Q}_2^{-1}+\bar{\boldsymbol{G}}^{\text{T}}(\boldsymbol{s},\boldsymbol{w})\boldsymbol{Q}_3^{-1}\bar{\boldsymbol{G}}(\boldsymbol{s},\boldsymbol{w}))^{-1}(\boldsymbol{Q}_2^{-1}\boldsymbol{m}+\bar{\boldsymbol{G}}^{\text{T}}(\boldsymbol{s},\boldsymbol{w})\boldsymbol{Q}_3^{-1}\boldsymbol{e}) \tag{3.60}$$

根据式(3.60)可知，误差向量$\boldsymbol{\delta w}_{\text{nlwls}}^{(\text{a})}$近似服从零均值高斯分布，并且其方差矩阵等于

$$\textbf{cov}(\hat{\boldsymbol{w}}_{\text{nlwls}}^{(\text{a})})=E[\boldsymbol{\delta w}_{\text{nlwls}}^{(\text{a})}\boldsymbol{\delta w}_{\text{nlwls}}^{(\text{a})\text{T}}]=(\boldsymbol{Q}_2^{-1}+\bar{\boldsymbol{G}}^{\text{T}}(\boldsymbol{s},\boldsymbol{w})\boldsymbol{Q}_3^{-1}\bar{\boldsymbol{G}}(\boldsymbol{s},\boldsymbol{w}))^{-1}=\textbf{CRB}_{\text{o}}(\boldsymbol{w}) \tag{3.61}$$

由式(3.61)可知，系统参量解$\hat{\boldsymbol{w}}_{\text{nlwls}}^{(\text{a})}$的估计方差矩阵等于式(3.45)给出的克拉美罗界矩阵。因此，系统参量解$\hat{\boldsymbol{w}}_{\text{nlwls}}^{(\text{a})}$在仅基于校正源观测量的条件下具有渐近最优的统计性能(在门限效应发生以前)。

3.2.3 估计目标位置向量

这里将基于系统参量解$\hat{\boldsymbol{w}}_{\text{nlwls}}^{(\text{a})}$和目标源观测量$\boldsymbol{z}$估计目标位置向量$\boldsymbol{u}$。首先可以建立如下非线性加权最小二乘优化模型：

$$\min_{\substack{\boldsymbol{u}\in\mathbf{R}^{q\times1}\\ \boldsymbol{w}\in\mathbf{R}^{l\times1}}}\begin{bmatrix}\boldsymbol{z}-\boldsymbol{g}(\boldsymbol{u},\boldsymbol{w})\\ \hat{\boldsymbol{w}}_{\text{nlwls}}^{(\text{a})}-\boldsymbol{w}\end{bmatrix}^{\text{T}}\begin{bmatrix}\boldsymbol{Q}_1^{-1} & \boldsymbol{O}_{p\times l}\\ \boldsymbol{O}_{l\times p} & \textbf{cov}^{-1}(\hat{\boldsymbol{w}}_{\text{nlwls}}^{(\text{a})})\end{bmatrix}\begin{bmatrix}\boldsymbol{z}-\boldsymbol{g}(\boldsymbol{u},\boldsymbol{w})\\ \hat{\boldsymbol{w}}_{\text{nlwls}}^{(\text{a})}-\boldsymbol{w}\end{bmatrix} \tag{3.62}$$

式中，$\boldsymbol{Q}_1^{-1}$的作用是抑制观测误差$\boldsymbol{n}$的影响；$\textbf{cov}^{-1}(\hat{\boldsymbol{w}}_{\text{nlwls}}^{(\text{a})})$的作用则是抑制(第一步)估计

误差 $\boldsymbol{\delta w}_{\text{nlwls}}^{(\text{a})}$ 的影响。由于 $\boldsymbol{g}(\cdot,\cdot)$ 通常是非线性函数，因此，求解式(3.62)不可避免地需要数值迭代，下面仍给出基于一阶 Taylor 级数展开的迭代算法。需要指出的是，尽管式(3.62)中的未知参量包含 $\boldsymbol{u}$ 和 $\boldsymbol{w}$，但由于系统参量 $\boldsymbol{w}$ 存在先验估计值 $\hat{\boldsymbol{w}}_{\text{nlwls}}^{(\text{a})}$，因此仅需要设计合理的加权矩阵以抑制其估计误差的影响即可，而无需再对其进行迭代求解。基于上述讨论，下面仅考虑对目标位置向量 $\boldsymbol{u}$ 进行迭代求解。

假设第 k 次 Taylor 级数迭代得到目标位置向量 $\boldsymbol{u}$ 的结果为 $\hat{\boldsymbol{u}}_{\text{nlwls},k}^{(\text{a})}$，现利用一阶 Taylor 级数展开可得

$$\begin{aligned}\boldsymbol{z}&=\boldsymbol{g}(\boldsymbol{u},\boldsymbol{w})+\boldsymbol{n}\approx\boldsymbol{g}(\hat{\boldsymbol{u}}_{\text{nlwls},k}^{(\text{a})},\hat{\boldsymbol{w}}_{\text{nlwls}}^{(\text{a})})+\boldsymbol{G}_1(\hat{\boldsymbol{u}}_{\text{nlwls},k}^{(\text{a})},\hat{\boldsymbol{w}}_{\text{nlwls}}^{(\text{a})})(\boldsymbol{u}-\hat{\boldsymbol{u}}_{\text{nlwls},k}^{(\text{a})})\\&\quad+\boldsymbol{G}_2(\hat{\boldsymbol{u}}_{\text{nlwls},k}^{(\text{a})},\hat{\boldsymbol{w}}_{\text{nlwls}}^{(\text{a})})(\boldsymbol{w}-\hat{\boldsymbol{w}}_{\text{nlwls}}^{(\text{a})})+\boldsymbol{n}\\&=\boldsymbol{g}(\hat{\boldsymbol{u}}_{\text{nlwls},k}^{(\text{a})},\hat{\boldsymbol{w}}_{\text{nlwls}}^{(\text{a})})+\boldsymbol{G}_1(\hat{\boldsymbol{u}}_{\text{nlwls},k}^{(\text{a})},\hat{\boldsymbol{w}}_{\text{nlwls}}^{(\text{a})})(\boldsymbol{u}-\hat{\boldsymbol{u}}_{\text{nlwls},k}^{(\text{a})})\\&\quad-\boldsymbol{G}_2(\hat{\boldsymbol{u}}_{\text{nlwls},k}^{(\text{a})},\hat{\boldsymbol{w}}_{\text{nlwls}}^{(\text{a})})\boldsymbol{\delta w}_{\text{nlwls}}^{(\text{a})}+\boldsymbol{n}\end{aligned}\tag{3.63}$$

式(3.63)中最后一个等式右边第三项是关于(第一步)估计误差 $\boldsymbol{\delta w}_{\text{nlwls}}^{(\text{a})}$ 的线性项，由于误差向量 $\boldsymbol{n}$ 和 $\boldsymbol{\delta w}_{\text{nlwls}}^{(\text{a})}$ 相互间统计独立，此时的加权矩阵应设为

$$\begin{aligned}&(\boldsymbol{Q}_1+\boldsymbol{G}_2(\hat{\boldsymbol{u}}_{\text{nlwls},k}^{(\text{a})},\hat{\boldsymbol{w}}_{\text{nlwls}}^{(\text{a})})\,\mathbf{cov}(\hat{\boldsymbol{w}}_{\text{nlwls}}^{(\text{a})})\big|_{\boldsymbol{w}=\hat{\boldsymbol{w}}_{\text{nlwls}}^{(\text{a})}}\boldsymbol{G}_2^{\text{T}}(\hat{\boldsymbol{u}}_{\text{nlwls},k}^{(\text{a})},\hat{\boldsymbol{w}}_{\text{nlwls}}^{(\text{a})}))^{-1}\\&=(\boldsymbol{Q}_1+\boldsymbol{G}_2(\hat{\boldsymbol{u}}_{\text{nlwls},k}^{(\text{a})},\hat{\boldsymbol{w}}_{\text{nlwls}}^{(\text{a})})(\boldsymbol{Q}_2^{-1}+\bar{\boldsymbol{G}}^{\text{T}}(\boldsymbol{s},\hat{\boldsymbol{w}}_{\text{nlwls}}^{(\text{a})})\boldsymbol{Q}_3^{-1}\bar{\boldsymbol{G}}(\boldsymbol{s},\hat{\boldsymbol{w}}_{\text{nlwls}}^{(\text{a})}))^{-1}\boldsymbol{G}_2^{\text{T}}(\hat{\boldsymbol{u}}_{\text{nlwls},k}^{(\text{a})},\hat{\boldsymbol{w}}_{\text{nlwls}}^{(\text{a})}))^{-1}\end{aligned}\tag{3.64}$$

于是求解第 $k+1$ 次迭代结果的线性加权最小二乘优化模型为

$$\min_{\boldsymbol{u}\in\mathbf{R}^{q\times1}}\left\{\begin{array}{c}(\boldsymbol{G}_1(\hat{\boldsymbol{u}}_{\text{nlwls},k}^{(\text{a})},\hat{\boldsymbol{w}}_{\text{nlwls}}^{(\text{a})})(\boldsymbol{u}-\hat{\boldsymbol{u}}_{\text{nlwls},k}^{(\text{a})})-(\boldsymbol{z}-\boldsymbol{g}(\hat{\boldsymbol{u}}_{\text{nlwls},k}^{(\text{a})},\hat{\boldsymbol{w}}_{\text{nlwls}}^{(\text{a})})))^{\text{T}}\\ \cdot(\boldsymbol{Q}_1+\boldsymbol{G}_2(\hat{\boldsymbol{u}}_{\text{nlwls},k}^{(\text{a})},\hat{\boldsymbol{w}}_{\text{nlwls}}^{(\text{a})})(\boldsymbol{Q}_2^{-1}+\bar{\boldsymbol{G}}^{\text{T}}(\boldsymbol{s},\hat{\boldsymbol{w}}_{\text{nlwls}}^{(\text{a})})\boldsymbol{Q}_3^{-1}\bar{\boldsymbol{G}}(\boldsymbol{s},\hat{\boldsymbol{w}}_{\text{nlwls}}^{(\text{a})}))^{-1}\boldsymbol{G}_2^{\text{T}}(\hat{\boldsymbol{u}}_{\text{nlwls},k}^{(\text{a})},\hat{\boldsymbol{w}}_{\text{nlwls}}^{(\text{a})}))^{-1}\\ \cdot(\boldsymbol{G}_1(\hat{\boldsymbol{u}}_{\text{nlwls},k}^{(\text{a})},\hat{\boldsymbol{w}}_{\text{nlwls}}^{(\text{a})})(\boldsymbol{u}-\hat{\boldsymbol{u}}_{\text{nlwls},k}^{(\text{a})})-(\boldsymbol{z}-\boldsymbol{g}(\hat{\boldsymbol{u}}_{\text{nlwls},k}^{(\text{a})},\hat{\boldsymbol{w}}_{\text{nlwls}}^{(\text{a})})))\end{array}\right\}\tag{3.65}$$

显然，式(3.65)是关于目标位置向量 $\boldsymbol{u}$ 的二次优化问题，因此其存在最优闭式解，根据式(2.85)可知该闭式解为

$$\begin{aligned}\hat{\boldsymbol{u}}_{\text{nlwls},k+1}^{(\text{a})}&=\hat{\boldsymbol{u}}_{\text{nlwls},k}^{(\text{a})}\\&\quad+\left[\begin{array}{c}\boldsymbol{G}_1^{\text{T}}(\hat{\boldsymbol{u}}_{\text{nlwls},k}^{(\text{a})},\hat{\boldsymbol{w}}_{\text{nlwls}}^{(\text{a})})\\ \cdot\left[\begin{array}{c}\boldsymbol{Q}_1+\boldsymbol{G}_2(\hat{\boldsymbol{u}}_{\text{nlwls},k}^{(\text{a})},\hat{\boldsymbol{w}}_{\text{nlwls}}^{(\text{a})})\\ \cdot(\boldsymbol{Q}_2^{-1}+\bar{\boldsymbol{G}}^{\text{T}}(\boldsymbol{s},\hat{\boldsymbol{w}}_{\text{nlwls}}^{(\text{a})})\boldsymbol{Q}_3^{-1}\bar{\boldsymbol{G}}(\boldsymbol{s},\hat{\boldsymbol{w}}_{\text{nlwls}}^{(\text{a})}))^{-1}\boldsymbol{G}_2^{\text{T}}(\hat{\boldsymbol{u}}_{\text{nlwls},k}^{(\text{a})},\hat{\boldsymbol{w}}_{\text{nlwls}}^{(\text{a})})\end{array}\right]^{-1}\\ \cdot\boldsymbol{G}_1(\hat{\boldsymbol{u}}_{\text{nlwls},k}^{(\text{a})},\hat{\boldsymbol{w}}_{\text{nlwls}}^{(\text{a})})\end{array}\right]^{-1}\\&\quad\cdot\boldsymbol{G}_1^{\text{T}}(\hat{\boldsymbol{u}}_{\text{nlwls},k}^{(\text{a})},\hat{\boldsymbol{w}}_{\text{nlwls}}^{(\text{a})})\left[\begin{array}{c}\boldsymbol{Q}_1+\boldsymbol{G}_2(\hat{\boldsymbol{u}}_{\text{nlwls},k}^{(\text{a})},\hat{\boldsymbol{w}}_{\text{nlwls}}^{(\text{a})})\\ \cdot(\boldsymbol{Q}_2^{-1}+\bar{\boldsymbol{G}}^{\text{T}}(\boldsymbol{s},\hat{\boldsymbol{w}}_{\text{nlwls}}^{(\text{a})})\boldsymbol{Q}_3^{-1}\bar{\boldsymbol{G}}(\boldsymbol{s},\hat{\boldsymbol{w}}_{\text{nlwls}}^{(\text{a})}))^{-1}\boldsymbol{G}_2^{\text{T}}(\hat{\boldsymbol{u}}_{\text{nlwls},k}^{(\text{a})},\hat{\boldsymbol{w}}_{\text{nlwls}}^{(\text{a})})\end{array}\right]^{-1}\\&\quad\cdot(\boldsymbol{z}-\boldsymbol{g}(\hat{\boldsymbol{u}}_{\text{nlwls},k}^{(\text{a})},\hat{\boldsymbol{w}}_{\text{nlwls}}^{(\text{a})}))\end{aligned}\tag{3.66}$$

将式(3.66)的收敛值记为$\hat{\boldsymbol{u}}_{\text{nlwls}}^{(\text{a})}$(即$\hat{\boldsymbol{u}}_{\text{nlwls}}^{(\text{a})}=\lim_{k\to+\infty}\hat{\boldsymbol{u}}_{\text{nlwls},k}^{(\text{a})}$),该向量即为第一类非线性加权最小二乘定位方法给出的目标位置解。

3.2.4 目标位置向量估计值的理论性能

这里将推导目标位置解$\hat{\boldsymbol{u}}_{\text{nlwls}}^{(\text{a})}$的理论性能,重点推导其估计方差矩阵。首先对式(3.66)两边取极限可得

$$
\begin{aligned}
&\lim_{k\to+\infty}\hat{\boldsymbol{u}}_{\text{nlwls},k+1}^{(\text{a})}=\lim_{k\to+\infty}\hat{\boldsymbol{u}}_{\text{nlwls},k}^{(\text{a})}\\
&\quad+\lim_{k\to+\infty}\left(\begin{matrix}\boldsymbol{G}_1^{\text{T}}(\hat{\boldsymbol{u}}_{\text{nlwls},k}^{(\text{a})},\hat{\boldsymbol{w}}_{\text{nlwls}}^{(\text{a})})\\ \cdot\left(\begin{matrix}\boldsymbol{Q}_1+\boldsymbol{G}_2(\hat{\boldsymbol{u}}_{\text{nlwls},k}^{(\text{a})},\hat{\boldsymbol{w}}_{\text{nlwls}}^{(\text{a})})\\ \cdot(\boldsymbol{Q}_2^{-1}+\bar{\boldsymbol{G}}^{\text{T}}(\boldsymbol{s},\hat{\boldsymbol{w}}_{\text{nlwls}}^{(\text{a})})\boldsymbol{Q}_3^{-1}\bar{\boldsymbol{G}}(\boldsymbol{s},\hat{\boldsymbol{w}}_{\text{nlwls}}^{(\text{a})}))^{-1}\boldsymbol{G}_2^{\text{T}}(\hat{\boldsymbol{u}}_{\text{nlwls},k}^{(\text{a})},\hat{\boldsymbol{w}}_{\text{nlwls}}^{(\text{a})})\end{matrix}\right)^{-1}\\ \cdot\boldsymbol{G}_1(\hat{\boldsymbol{u}}_{\text{nlwls},k}^{(\text{a})},\hat{\boldsymbol{w}}_{\text{nlwls}}^{(\text{a})})\end{matrix}\right)^{-1}\\
&\quad\cdot\boldsymbol{G}_1^{\text{T}}(\hat{\boldsymbol{u}}_{\text{nlwls},k}^{(\text{a})},\hat{\boldsymbol{w}}_{\text{nlwls}}^{(\text{a})})\left(\begin{matrix}\boldsymbol{Q}_1+\boldsymbol{G}_2(\hat{\boldsymbol{u}}_{\text{nlwls},k}^{(\text{a})},\hat{\boldsymbol{w}}_{\text{nlwls}}^{(\text{a})})\\ \cdot(\boldsymbol{Q}_2^{-1}+\bar{\boldsymbol{G}}^{\text{T}}(\boldsymbol{s},\hat{\boldsymbol{w}}_{\text{nlwls}}^{(\text{a})})\boldsymbol{Q}_3^{-1}\bar{\boldsymbol{G}}(\boldsymbol{s},\hat{\boldsymbol{w}}_{\text{nlwls}}^{(\text{a})}))^{-1}\boldsymbol{G}_2^{\text{T}}(\hat{\boldsymbol{u}}_{\text{nlwls},k}^{(\text{a})},\hat{\boldsymbol{w}}_{\text{nlwls}}^{(\text{a})})\end{matrix}\right)^{-1}\\
&\quad\cdot(\boldsymbol{z}-\boldsymbol{g}(\hat{\boldsymbol{u}}_{\text{nlwls},k}^{(\text{a})},\hat{\boldsymbol{w}}_{\text{nlwls}}^{(\text{a})}))\\
&\Rightarrow\left(\begin{matrix}\boldsymbol{G}_1^{\text{T}}(\hat{\boldsymbol{u}}_{\text{nlwls}}^{(\text{a})},\hat{\boldsymbol{w}}_{\text{nlwls}}^{(\text{a})})\left(\begin{matrix}\boldsymbol{Q}_1+\boldsymbol{G}_2(\hat{\boldsymbol{u}}_{\text{nlwls}}^{(\text{a})},\hat{\boldsymbol{w}}_{\text{nlwls}}^{(\text{a})})\\ \cdot(\boldsymbol{Q}_2^{-1}+\bar{\boldsymbol{G}}^{\text{T}}(\boldsymbol{s},\hat{\boldsymbol{w}}_{\text{nlwls}}^{(\text{a})})\boldsymbol{Q}_3^{-1}\bar{\boldsymbol{G}}(\boldsymbol{s},\hat{\boldsymbol{w}}_{\text{nlwls}}^{(\text{a})}))^{-1}\boldsymbol{G}_2^{\text{T}}(\hat{\boldsymbol{u}}_{\text{nlwls}}^{(\text{a})},\hat{\boldsymbol{w}}_{\text{nlwls}}^{(\text{a})})\end{matrix}\right)^{-1}\\ \cdot\boldsymbol{G}_1(\hat{\boldsymbol{u}}_{\text{nlwls}}^{(\text{a})},\hat{\boldsymbol{w}}_{\text{nlwls}}^{(\text{a})})\end{matrix}\right)^{-1}\\
&\quad\cdot\boldsymbol{G}_1^{\text{T}}(\hat{\boldsymbol{u}}_{\text{nlwls}}^{(\text{a})},\hat{\boldsymbol{w}}_{\text{nlwls}}^{(\text{a})})\left(\begin{matrix}\boldsymbol{Q}_1+\boldsymbol{G}_2(\hat{\boldsymbol{u}}_{\text{nlwls}}^{(\text{a})},\hat{\boldsymbol{w}}_{\text{nlwls}}^{(\text{a})})\\ \cdot(\boldsymbol{Q}_2^{-1}+\bar{\boldsymbol{G}}^{\text{T}}(\boldsymbol{s},\hat{\boldsymbol{w}}_{\text{nlwls}}^{(\text{a})})\boldsymbol{Q}_3^{-1}\bar{\boldsymbol{G}}(\boldsymbol{s},\hat{\boldsymbol{w}}_{\text{nlwls}}^{(\text{a})}))^{-1}\boldsymbol{G}_2^{\text{T}}(\hat{\boldsymbol{u}}_{\text{nlwls}}^{(\text{a})},\hat{\boldsymbol{w}}_{\text{nlwls}}^{(\text{a})})\end{matrix}\right)^{-1}\\
&\quad\cdot(\boldsymbol{z}-\boldsymbol{g}(\hat{\boldsymbol{u}}_{\text{nlwls}}^{(\text{a})},\hat{\boldsymbol{w}}_{\text{nlwls}}^{(\text{a})}))=\boldsymbol{O}_{q\times1}\\
&\Rightarrow\boldsymbol{G}_1^{\text{T}}(\hat{\boldsymbol{u}}_{\text{nlwls}}^{(\text{a})},\hat{\boldsymbol{w}}_{\text{nlwls}}^{(\text{a})})\left(\begin{matrix}\boldsymbol{Q}_1+\boldsymbol{G}_2(\hat{\boldsymbol{u}}_{\text{nlwls}}^{(\text{a})},\hat{\boldsymbol{w}}_{\text{nlwls}}^{(\text{a})})\\ \cdot(\boldsymbol{Q}_2^{-1}+\bar{\boldsymbol{G}}^{\text{T}}(\boldsymbol{s},\hat{\boldsymbol{w}}_{\text{nlwls}}^{(\text{a})})\boldsymbol{Q}_3^{-1}\bar{\boldsymbol{G}}(\boldsymbol{s},\hat{\boldsymbol{w}}_{\text{nlwls}}^{(\text{a})}))^{-1}\boldsymbol{G}_2^{\text{T}}(\hat{\boldsymbol{u}}_{\text{nlwls}}^{(\text{a})},\hat{\boldsymbol{w}}_{\text{nlwls}}^{(\text{a})})\end{matrix}\right)^{-1}\\
&\quad\cdot(\boldsymbol{z}-\boldsymbol{g}(\hat{\boldsymbol{u}}_{\text{nlwls}}^{(\text{a})},\hat{\boldsymbol{w}}_{\text{nlwls}}^{(\text{a})}))=\boldsymbol{O}_{q\times1}
\end{aligned}\tag{3.67}
$$

利用一阶误差分析方法可推得

$$
\begin{aligned}
\boldsymbol{O}_{q\times1}=\ &\boldsymbol{G}_1^{\text{T}}(\hat{\boldsymbol{u}}_{\text{nlwls}}^{(\text{a})},\hat{\boldsymbol{w}}_{\text{nlwls}}^{(\text{a})})\left(\begin{matrix}\boldsymbol{Q}_1+\boldsymbol{G}_2(\hat{\boldsymbol{u}}_{\text{nlwls}}^{(\text{a})},\hat{\boldsymbol{w}}_{\text{nlwls}}^{(\text{a})})\\ \cdot(\boldsymbol{Q}_2^{-1}+\bar{\boldsymbol{G}}^{\text{T}}(\boldsymbol{s},\hat{\boldsymbol{w}}_{\text{nlwls}}^{(\text{a})})\boldsymbol{Q}_3^{-1}\bar{\boldsymbol{G}}(\boldsymbol{s},\hat{\boldsymbol{w}}_{\text{nlwls}}^{(\text{a})}))^{-1}\boldsymbol{G}_2^{\text{T}}(\hat{\boldsymbol{u}}_{\text{nlwls}}^{(\text{a})},\hat{\boldsymbol{w}}_{\text{nlwls}}^{(\text{a})})\end{matrix}\right)^{-1}\\
&\cdot(\boldsymbol{z}-\boldsymbol{g}(\hat{\boldsymbol{u}}_{\text{nlwls}}^{(\text{a})},\hat{\boldsymbol{w}}_{\text{nlwls}}^{(\text{a})}))
\end{aligned}
$$

$$\approx \boldsymbol{G}_1^{\mathrm{T}}(\boldsymbol{u},\boldsymbol{w})\begin{bmatrix} \boldsymbol{Q}_1+\boldsymbol{G}_2(\boldsymbol{u},\boldsymbol{w}) \\ \cdot(\boldsymbol{Q}_2^{-1}+\bar{\boldsymbol{G}}^{\mathrm{T}}(\boldsymbol{s},\boldsymbol{w})\boldsymbol{Q}_3^{-1}\bar{\boldsymbol{G}}(\boldsymbol{s},\boldsymbol{w}))^{-1}\boldsymbol{G}_2^{\mathrm{T}}(\boldsymbol{u},\boldsymbol{w}) \end{bmatrix}^{-1}$$

$$\cdot(\boldsymbol{G}_1(\boldsymbol{u},\boldsymbol{w})(\boldsymbol{u}-\hat{\boldsymbol{u}}_{\mathrm{nlwls}}^{(\mathrm{a})})+\boldsymbol{G}_2(\boldsymbol{u},\boldsymbol{w})(\boldsymbol{w}-\hat{\boldsymbol{w}}_{\mathrm{nlwls}}^{(\mathrm{a})})+\boldsymbol{n})$$

$$=\boldsymbol{G}_1^{\mathrm{T}}(\boldsymbol{u},\boldsymbol{w})\begin{bmatrix} \boldsymbol{Q}_1+\boldsymbol{G}_2(\boldsymbol{u},\boldsymbol{w}) \\ \cdot(\boldsymbol{Q}_2^{-1}+\bar{\boldsymbol{G}}^{\mathrm{T}}(\boldsymbol{s},\boldsymbol{w})\boldsymbol{Q}_3^{-1}\bar{\boldsymbol{G}}(\boldsymbol{s},\boldsymbol{w}))^{-1}\boldsymbol{G}_2^{\mathrm{T}}(\boldsymbol{u},\boldsymbol{w}) \end{bmatrix}^{-1}$$

$$\cdot(\boldsymbol{G}_1(\boldsymbol{u},\boldsymbol{w})(\boldsymbol{u}-\hat{\boldsymbol{u}}_{\mathrm{nlwls}}^{(\mathrm{a})})-\boldsymbol{G}_2(\boldsymbol{u},\boldsymbol{w})\boldsymbol{\delta}\boldsymbol{w}_{\mathrm{nlwls}}^{(\mathrm{a})}+\boldsymbol{n}) \tag{3.68}$$

式(3.68)忽略了误差的二阶及其以上各项，由该式可以进一步推得目标位置解$\hat{\boldsymbol{u}}_{\mathrm{nlwls}}^{(\mathrm{a})}$的估计误差为

$$\begin{aligned}\boldsymbol{\delta}\boldsymbol{u}_{\mathrm{nlwls}}^{(\mathrm{a})}&=\hat{\boldsymbol{u}}_{\mathrm{nlwls}}^{(\mathrm{a})}-\boldsymbol{u}\\&\approx(\boldsymbol{G}_1^{\mathrm{T}}(\boldsymbol{u},\boldsymbol{w})(\boldsymbol{Q}_1+\boldsymbol{G}_2(\boldsymbol{u},\boldsymbol{w})(\boldsymbol{Q}_2^{-1}+\bar{\boldsymbol{G}}^{\mathrm{T}}(\boldsymbol{s},\boldsymbol{w})\boldsymbol{Q}_3^{-1}\bar{\boldsymbol{G}}(\boldsymbol{s},\boldsymbol{w}))^{-1}\boldsymbol{G}_2^{\mathrm{T}}(\boldsymbol{u},\boldsymbol{w}))^{-1}\boldsymbol{G}_1(\boldsymbol{u},\boldsymbol{w}))^{-1}\\&\quad\cdot\boldsymbol{G}_1^{\mathrm{T}}(\boldsymbol{u},\boldsymbol{w})(\boldsymbol{Q}_1+\boldsymbol{G}_2(\boldsymbol{u},\boldsymbol{w})(\boldsymbol{Q}_2^{-1}+\bar{\boldsymbol{G}}^{\mathrm{T}}(\boldsymbol{s},\boldsymbol{w})\boldsymbol{Q}_3^{-1}\bar{\boldsymbol{G}}(\boldsymbol{s},\boldsymbol{w}))^{-1}\\&\quad\cdot\boldsymbol{G}_2^{\mathrm{T}}(\boldsymbol{u},\boldsymbol{w}))^{-1}(\boldsymbol{n}-\boldsymbol{G}_2(\boldsymbol{u},\boldsymbol{w})\boldsymbol{\delta}\boldsymbol{w}_{\mathrm{nlwls}}^{(\mathrm{a})})\end{aligned} \tag{3.69}$$

根据式(3.69)可知，目标位置估计误差$\boldsymbol{\delta}\boldsymbol{u}_{\mathrm{nlwls}}^{(\mathrm{a})}$近似服从零均值高斯分布，并且其方差矩阵等于

$$\begin{aligned}\mathbf{cov}(\hat{\boldsymbol{u}}_{\mathrm{nlwls}}^{(\mathrm{a})})&=E[\boldsymbol{\delta}\boldsymbol{u}_{\mathrm{nlwls}}^{(\mathrm{a})}\boldsymbol{\delta}\boldsymbol{u}_{\mathrm{nlwls}}^{(\mathrm{a})\mathrm{T}}]\\&=(\boldsymbol{G}_1^{\mathrm{T}}(\boldsymbol{u},\boldsymbol{w})(\boldsymbol{Q}_1+\boldsymbol{G}_2(\boldsymbol{u},\boldsymbol{w})(\boldsymbol{Q}_2^{-1}+\bar{\boldsymbol{G}}^{\mathrm{T}}(\boldsymbol{s},\boldsymbol{w})\boldsymbol{Q}_3^{-1}\bar{\boldsymbol{G}}(\boldsymbol{s},\boldsymbol{w}))^{-1}\boldsymbol{G}_2^{\mathrm{T}}(\boldsymbol{u},\boldsymbol{w}))^{-1}\boldsymbol{G}_1(\boldsymbol{u},\boldsymbol{w}))^{-1}\\&=\mathbf{CRB}(\boldsymbol{u})\end{aligned} \tag{3.70}$$

由式(3.70)可知，目标位置解$\hat{\boldsymbol{u}}_{\mathrm{nlwls}}^{(\mathrm{a})}$的估计方差矩阵等于式(3.34)给出的克拉美罗界矩阵。因此，目标位置解$\hat{\boldsymbol{u}}_{\mathrm{nlwls}}^{(\mathrm{a})}$具有渐近最优的统计性能(在门限效应发生以前)。

3.3 第二类非线性加权最小二乘定位方法及其理论性能分析

与第一类非线性加权最小二乘定位方法不同的是，第二类非线性加权最小二乘定位方法是基于目标源观测量$\boldsymbol{z}$，校正源观测量$\boldsymbol{r}$和系统参量的先验测量值$\boldsymbol{v}$(直接)联合估计目标位置向量$\boldsymbol{u}$和系统参量$\boldsymbol{w}$，此时的非线性加权最小二乘优化模型为

$$\min_{\substack{\boldsymbol{u}\in\mathbf{R}^{q\times 1}\\ \boldsymbol{w}\in\mathbf{R}^{l\times 1}}}\begin{bmatrix}\boldsymbol{z}-\boldsymbol{g}(\boldsymbol{u},\boldsymbol{w})\\ \boldsymbol{v}-\boldsymbol{w}\\ \boldsymbol{r}-\bar{\boldsymbol{g}}(\boldsymbol{s},\boldsymbol{w})\end{bmatrix}^{\mathrm{T}}\begin{bmatrix}\boldsymbol{Q}_1^{-1} & \boldsymbol{O}_{p\times l} & \boldsymbol{O}_{p\times pd}\\ \boldsymbol{O}_{l\times p} & \boldsymbol{Q}_2^{-1} & \boldsymbol{O}_{l\times pd}\\ \boldsymbol{O}_{pd\times p} & \boldsymbol{O}_{pd\times l} & \boldsymbol{Q}_3^{-1}\end{bmatrix}\begin{bmatrix}\boldsymbol{z}-\boldsymbol{g}(\boldsymbol{u},\boldsymbol{w})\\ \boldsymbol{v}-\boldsymbol{w}\\ \boldsymbol{r}-\bar{\boldsymbol{g}}(\boldsymbol{s},\boldsymbol{w})\end{bmatrix} \tag{3.71}$$

式中，$\boldsymbol{Q}_1^{-1}$的作用是抑制观测误差$\boldsymbol{n}$的影响；$\boldsymbol{Q}_2^{-1}$的作用是抑制测量误差$\boldsymbol{m}$的影响；$\boldsymbol{Q}_3^{-1}$的作用则是抑制观测误差$\boldsymbol{e}$的影响。由于$\boldsymbol{g}(\cdot,\cdot)$和$\bar{\boldsymbol{g}}(\cdot,\cdot)$通常是非线性函数，因此，求解式(3.71)不可避免地需要数值迭代，下面仍给出基于一阶 Taylor 级数展开的迭代算法。

3.3.1 联合估计目标位置向量和系统参量

假设第k次 Taylor 级数迭代得到目标位置向量$\boldsymbol{u}$的结果为$\hat{\boldsymbol{u}}_{\mathrm{nlwls},k}^{(\mathrm{b})}$，系统参量$\boldsymbol{w}$的结

果为$\hat{\boldsymbol{w}}_{\text{nlwls},k}^{(\text{b})}$，现利用一阶 Taylor 级数展开可得

$$\begin{bmatrix}\boldsymbol{z}\\\boldsymbol{v}\\\boldsymbol{r}\end{bmatrix}=\begin{bmatrix}\boldsymbol{g}(\boldsymbol{u},\boldsymbol{w})\\\boldsymbol{w}\\\bar{\boldsymbol{g}}(\boldsymbol{s},\boldsymbol{w})\end{bmatrix}+\begin{bmatrix}\boldsymbol{n}\\\boldsymbol{m}\\\boldsymbol{e}\end{bmatrix}$$

$$\approx\begin{bmatrix}\boldsymbol{g}(\hat{\boldsymbol{u}}_{\text{nlwls},k}^{(\text{b})},\hat{\boldsymbol{w}}_{\text{nlwls},k}^{(\text{b})})\\\hat{\boldsymbol{w}}_{\text{nlwls},k}^{(\text{b})}\\\bar{\boldsymbol{g}}(\boldsymbol{s},\hat{\boldsymbol{w}}_{\text{nlwls},k}^{(\text{b})})\end{bmatrix}+\left[\begin{array}{c:c}\boldsymbol{G}_1(\hat{\boldsymbol{u}}_{\text{nlwls},k}^{(\text{b})},\hat{\boldsymbol{w}}_{\text{nlwls},k}^{(\text{b})}) & \boldsymbol{G}_2(\hat{\boldsymbol{u}}_{\text{nlwls},k}^{(\text{b})},\hat{\boldsymbol{w}}_{\text{nlwls},k}^{(\text{b})})\\\hdashline\boldsymbol{O}_{l\times q} & \boldsymbol{I}_l\\\hdashline\boldsymbol{O}_{pd\times q} & \bar{\boldsymbol{G}}(\boldsymbol{s},\hat{\boldsymbol{w}}_{\text{nlwls},k}^{(\text{b})})\end{array}\right]$$

$$\cdot\begin{bmatrix}\boldsymbol{u}-\hat{\boldsymbol{u}}_{\text{nlwls},k}^{(\text{b})}\\\boldsymbol{w}-\hat{\boldsymbol{w}}_{\text{nlwls},k}^{(\text{b})}\end{bmatrix}+\begin{bmatrix}\boldsymbol{n}\\\boldsymbol{m}\\\boldsymbol{e}\end{bmatrix}\tag{3.72}$$

将式(3.72)代入式(3.71)可以得到如下求解第 $k+1$ 次迭代结果的线性加权最小二乘优化模型：

$$\min_{\substack{\boldsymbol{u}\in\mathbf{R}^{q\times1}\\\boldsymbol{w}\in\mathbf{R}^{l\times1}}}\left\{\begin{array}{l}\left(\left[\begin{array}{c:c}\boldsymbol{G}_1(\hat{\boldsymbol{u}}_{\text{nlwls},k}^{(\text{b})},\hat{\boldsymbol{w}}_{\text{nlwls},k}^{(\text{b})}) & \boldsymbol{G}_2(\hat{\boldsymbol{u}}_{\text{nlwls},k}^{(\text{b})},\hat{\boldsymbol{w}}_{\text{nlwls},k}^{(\text{b})})\\\hdashline\boldsymbol{O}_{l\times q} & \boldsymbol{I}_l\\\hdashline\boldsymbol{O}_{pd\times q} & \bar{\boldsymbol{G}}(\boldsymbol{s},\hat{\boldsymbol{w}}_{\text{nlwls},k}^{(\text{b})})\end{array}\right]\right.\\\left.\cdot\begin{bmatrix}\boldsymbol{u}-\hat{\boldsymbol{u}}_{\text{nlwls},k}^{(\text{b})}\\\boldsymbol{w}-\hat{\boldsymbol{w}}_{\text{nlwls},k}^{(\text{b})}\end{bmatrix}-\begin{bmatrix}\boldsymbol{z}-\boldsymbol{g}(\hat{\boldsymbol{u}}_{\text{nlwls},k}^{(\text{b})},\hat{\boldsymbol{w}}_{\text{nlwls},k}^{(\text{b})})\\\boldsymbol{v}-\hat{\boldsymbol{w}}_{\text{nlwls},k}^{(\text{b})}\\\boldsymbol{r}-\bar{\boldsymbol{g}}(\boldsymbol{s},\hat{\boldsymbol{w}}_{\text{nlwls},k}^{(\text{b})})\end{bmatrix}\right)^{\mathrm{T}}\begin{bmatrix}\boldsymbol{Q}_1^{-1} & \boldsymbol{O}_{p\times l} & \boldsymbol{O}_{p\times pd}\\\boldsymbol{O}_{l\times p} & \boldsymbol{Q}_2^{-1} & \boldsymbol{O}_{l\times pd}\\\boldsymbol{O}_{pd\times p} & \boldsymbol{O}_{pd\times l} & \boldsymbol{Q}_3^{-1}\end{bmatrix}\\\cdot\left(\left[\begin{array}{c:c}\boldsymbol{G}_1(\hat{\boldsymbol{u}}_{\text{nlwls},k}^{(\text{b})},\hat{\boldsymbol{w}}_{\text{nlwls},k}^{(\text{b})}) & \boldsymbol{G}_2(\hat{\boldsymbol{u}}_{\text{nlwls},k}^{(\text{b})},\hat{\boldsymbol{w}}_{\text{nlwls},k}^{(\text{b})})\\\hdashline\boldsymbol{O}_{l\times q} & \boldsymbol{I}_l\\\hdashline\boldsymbol{O}_{pd\times q} & \bar{\boldsymbol{G}}(\boldsymbol{s},\hat{\boldsymbol{w}}_{\text{nlwls},k}^{(\text{b})})\end{array}\right]\right.\\\left.\cdot\begin{bmatrix}\boldsymbol{u}-\hat{\boldsymbol{u}}_{\text{nlwls},k}^{(\text{b})}\\\boldsymbol{w}-\hat{\boldsymbol{w}}_{\text{nlwls},k}^{(\text{b})}\end{bmatrix}-\begin{bmatrix}\boldsymbol{z}-\boldsymbol{g}(\hat{\boldsymbol{u}}_{\text{nlwls},k}^{(\text{b})},\hat{\boldsymbol{w}}_{\text{nlwls},k}^{(\text{b})})\\\boldsymbol{v}-\hat{\boldsymbol{w}}_{\text{nlwls},k}^{(\text{b})}\\\boldsymbol{r}-\bar{\boldsymbol{g}}(\boldsymbol{s},\hat{\boldsymbol{w}}_{\text{nlwls},k}^{(\text{b})})\end{bmatrix}\right)\end{array}\right\}\tag{3.73}$$

显然，式(3.73)是关于目标位置向量 $\boldsymbol{u}$ 和系统参量 $\boldsymbol{w}$ 的二次优化问题，因此其存在最优闭式解，根据式(2.85)可知该闭式解为

$$\begin{bmatrix}\hat{\boldsymbol{u}}_{\text{nlwls},k+1}^{(\text{b})}\\\hat{\boldsymbol{w}}_{\text{nlwls},k+1}^{(\text{b})}\end{bmatrix}=\begin{bmatrix}\hat{\boldsymbol{u}}_{\text{nlwls},k}^{(\text{b})}\\\hat{\boldsymbol{w}}_{\text{nlwls},k}^{(\text{b})}\end{bmatrix}$$

$$+\left[\begin{array}{c:c}\boldsymbol{G}_1^{\mathrm{T}}(\hat{\boldsymbol{u}}_{\text{nlwls},k}^{(\text{b})},\hat{\boldsymbol{w}}_{\text{nlwls},k}^{(\text{b})})\boldsymbol{Q}_1^{-1}\boldsymbol{G}_1(\hat{\boldsymbol{u}}_{\text{nlwls},k}^{(\text{b})},\hat{\boldsymbol{w}}_{\text{nlwls},k}^{(\text{b})}) & \boldsymbol{G}_1^{\mathrm{T}}(\hat{\boldsymbol{u}}_{\text{nlwls},k}^{(\text{b})},\hat{\boldsymbol{w}}_{\text{nlwls},k}^{(\text{b})})\boldsymbol{Q}_1^{-1}\boldsymbol{G}_2(\hat{\boldsymbol{u}}_{\text{nlwls},k}^{(\text{b})},\hat{\boldsymbol{w}}_{\text{nlwls},k}^{(\text{b})})\\\hdashline\boldsymbol{G}_2^{\mathrm{T}}(\hat{\boldsymbol{u}}_{\text{nlwls},k}^{(\text{b})},\hat{\boldsymbol{w}}_{\text{nlwls},k}^{(\text{b})})\boldsymbol{Q}_1^{-1}\boldsymbol{G}_1(\hat{\boldsymbol{u}}_{\text{nlwls},k}^{(\text{b})},\hat{\boldsymbol{w}}_{\text{nlwls},k}^{(\text{b})}) & \begin{array}{l}\boldsymbol{G}_2^{\mathrm{T}}(\hat{\boldsymbol{u}}_{\text{nlwls},k}^{(\text{b})},\hat{\boldsymbol{w}}_{\text{nlwls},k}^{(\text{b})})\boldsymbol{Q}_1^{-1}\boldsymbol{G}_2(\hat{\boldsymbol{u}}_{\text{nlwls},k}^{(\text{b})},\hat{\boldsymbol{w}}_{\text{nlwls},k}^{(\text{b})})\\+\boldsymbol{Q}_2^{-1}+\bar{\boldsymbol{G}}^{\mathrm{T}}(\boldsymbol{s},\hat{\boldsymbol{w}}_{\text{nlwls},k}^{(\text{b})})\boldsymbol{Q}_3^{-1}\bar{\boldsymbol{G}}(\boldsymbol{s},\hat{\boldsymbol{w}}_{\text{nlwls},k}^{(\text{b})})\end{array}\end{array}\right]^{-1}$$

$$\cdot\left[\begin{array}{c:c:c} \boldsymbol{G}_1^{\mathrm{T}}(\hat{\boldsymbol{u}}_{\mathrm{nlwls},k}^{(\mathrm{b})},\hat{\boldsymbol{w}}_{\mathrm{nlwls},k}^{(\mathrm{b})})\boldsymbol{Q}_1^{-1} & \boldsymbol{O}_{q\times l} & \boldsymbol{O}_{q\times pd} \\ \hdashline \boldsymbol{G}_2^{\mathrm{T}}(\hat{\boldsymbol{u}}_{\mathrm{nlwls},k}^{(\mathrm{b})},\hat{\boldsymbol{w}}_{\mathrm{nlwls},k}^{(\mathrm{b})})\boldsymbol{Q}_1^{-1} & \boldsymbol{Q}_2^{-1} & \overline{\boldsymbol{G}}^{\mathrm{T}}(\boldsymbol{s},\hat{\boldsymbol{w}}_{\mathrm{nlwls},k}^{(\mathrm{b})})\boldsymbol{Q}_3^{-1} \end{array}\right]\begin{bmatrix} \boldsymbol{z}-\boldsymbol{g}(\hat{\boldsymbol{u}}_{\mathrm{nlwls},k}^{(\mathrm{b})},\hat{\boldsymbol{w}}_{\mathrm{nlwls},k}^{(\mathrm{b})}) \\ \boldsymbol{v}-\hat{\boldsymbol{w}}_{\mathrm{nlwls},k}^{(\mathrm{b})} \\ \boldsymbol{r}-\overline{\boldsymbol{g}}(\boldsymbol{s},\hat{\boldsymbol{w}}_{\mathrm{nlwls},k}^{(\mathrm{b})}) \end{bmatrix}$$

$$=\begin{bmatrix} \hat{\boldsymbol{u}}_{\mathrm{nlwls},k}^{(\mathrm{b})} \\ \hat{\boldsymbol{w}}_{\mathrm{nlwls},k}^{(\mathrm{b})} \end{bmatrix}+\left[\begin{array}{c:c} \boldsymbol{G}_1^{\mathrm{T}}(\hat{\boldsymbol{u}}_{\mathrm{nlwls},k}^{(\mathrm{b})},\hat{\boldsymbol{w}}_{\mathrm{nlwls},k}^{(\mathrm{b})})\boldsymbol{Q}_1^{-1}\boldsymbol{G}_1(\hat{\boldsymbol{u}}_{\mathrm{nlwls},k}^{(\mathrm{b})},\hat{\boldsymbol{w}}_{\mathrm{nlwls},k}^{(\mathrm{b})}) & \boldsymbol{G}_1^{\mathrm{T}}(\hat{\boldsymbol{u}}_{\mathrm{nlwls},k}^{(\mathrm{b})},\hat{\boldsymbol{w}}_{\mathrm{nlwls},k}^{(\mathrm{b})})\boldsymbol{Q}_1^{-1}\boldsymbol{G}_2(\hat{\boldsymbol{u}}_{\mathrm{nlwls},k}^{(\mathrm{b})},\hat{\boldsymbol{w}}_{\mathrm{nlwls},k}^{(\mathrm{b})}) \\ \hdashline \boldsymbol{G}_2^{\mathrm{T}}(\hat{\boldsymbol{u}}_{\mathrm{nlwls},k}^{(\mathrm{b})},\hat{\boldsymbol{w}}_{\mathrm{nlwls},k}^{(\mathrm{b})})\boldsymbol{Q}_1^{-1}\boldsymbol{G}_1(\hat{\boldsymbol{u}}_{\mathrm{nlwls},k}^{(\mathrm{b})},\hat{\boldsymbol{w}}_{\mathrm{nlwls},k}^{(\mathrm{b})}) & \begin{array}{c}\boldsymbol{G}_2^{\mathrm{T}}(\hat{\boldsymbol{u}}_{\mathrm{nlwls},k}^{(\mathrm{b})},\hat{\boldsymbol{w}}_{\mathrm{nlwls},k}^{(\mathrm{b})})\boldsymbol{Q}_1^{-1}\boldsymbol{G}_2(\hat{\boldsymbol{u}}_{\mathrm{nlwls},k}^{(\mathrm{b})},\hat{\boldsymbol{w}}_{\mathrm{nlwls},k}^{(\mathrm{b})}) \\ +\boldsymbol{Q}_2^{-1}+\overline{\boldsymbol{G}}^{\mathrm{T}}(\boldsymbol{s},\hat{\boldsymbol{w}}_{\mathrm{nlwls},k}^{(\mathrm{b})})\boldsymbol{Q}_3^{-1}\overline{\boldsymbol{G}}(\boldsymbol{s},\hat{\boldsymbol{w}}_{\mathrm{nlwls},k}^{(\mathrm{b})})\end{array} \end{array}\right]^{-1}$$

$$\cdot\left[\begin{array}{c} \boldsymbol{G}_1^{\mathrm{T}}(\hat{\boldsymbol{u}}_{\mathrm{nlwls},k}^{(\mathrm{b})},\hat{\boldsymbol{w}}_{\mathrm{nlwls},k}^{(\mathrm{b})})\boldsymbol{Q}_1^{-1}(\boldsymbol{z}-\boldsymbol{g}(\hat{\boldsymbol{u}}_{\mathrm{nlwls},k}^{(\mathrm{b})},\hat{\boldsymbol{w}}_{\mathrm{nlwls},k}^{(\mathrm{b})})) \\ \hdashline \boldsymbol{G}_2^{\mathrm{T}}(\hat{\boldsymbol{u}}_{\mathrm{nlwls},k}^{(\mathrm{b})},\hat{\boldsymbol{w}}_{\mathrm{nlwls},k}^{(\mathrm{b})})\boldsymbol{Q}_1^{-1}(\boldsymbol{z}-\boldsymbol{g}(\hat{\boldsymbol{u}}_{\mathrm{nlwls},k}^{(\mathrm{b})},\hat{\boldsymbol{w}}_{\mathrm{nlwls},k}^{(\mathrm{b})}))+\boldsymbol{Q}_2^{-1}(\boldsymbol{v}-\hat{\boldsymbol{w}}_{\mathrm{nlwls},k}^{(\mathrm{b})}) \\ +\overline{\boldsymbol{G}}^{\mathrm{T}}(\boldsymbol{s},\hat{\boldsymbol{w}}_{\mathrm{nlwls},k}^{(\mathrm{b})})\boldsymbol{Q}_3^{-1}(\boldsymbol{r}-\overline{\boldsymbol{g}}(\boldsymbol{s},\hat{\boldsymbol{w}}_{\mathrm{nlwls},k}^{(\mathrm{b})})) \end{array}\right] \tag{3.74}$$

将式(3.74)的收敛值记为$\hat{\boldsymbol{u}}_{\mathrm{nlwls}}^{(\mathrm{b})}$和$\hat{\boldsymbol{w}}_{\mathrm{nlwls}}^{(\mathrm{b})}$(即$\hat{\boldsymbol{u}}_{\mathrm{nlwls}}^{(\mathrm{b})}=\lim\limits_{k\to+\infty}\hat{\boldsymbol{u}}_{\mathrm{nlwls},k}^{(\mathrm{b})}$和$\hat{\boldsymbol{w}}_{\mathrm{nlwls}}^{(\mathrm{b})}=\lim\limits_{k\to+\infty}\hat{\boldsymbol{w}}_{\mathrm{nlwls},k}^{(\mathrm{b})}$),它们即为第二类非线性加权最小二乘定位方法给出的目标位置解和系统参量解。

3.3.2 目标位置向量和系统参量联合估计值的理论性能

这里将推导目标位置解$\hat{\boldsymbol{u}}_{\mathrm{nlwls}}^{(\mathrm{b})}$和系统参量解$\hat{\boldsymbol{w}}_{\mathrm{nlwls}}^{(\mathrm{b})}$的理论性能,重点推导其联合估计方差矩阵。首先对式(3.74)两边取极限可得

$$\lim_{k\to+\infty}\begin{bmatrix} \hat{\boldsymbol{u}}_{\mathrm{nlwls},k+1}^{(\mathrm{b})} \\ \hat{\boldsymbol{w}}_{\mathrm{nlwls},k+1}^{(\mathrm{b})} \end{bmatrix}=\lim_{k\to+\infty}\begin{bmatrix} \hat{\boldsymbol{u}}_{\mathrm{nlwls},k}^{(\mathrm{b})} \\ \hat{\boldsymbol{w}}_{\mathrm{nlwls},k}^{(\mathrm{b})} \end{bmatrix}$$

$$+\lim_{k\to+\infty}\left[\begin{array}{c:c} \boldsymbol{G}_1^{\mathrm{T}}(\hat{\boldsymbol{u}}_{\mathrm{nlwls},k}^{(\mathrm{b})},\hat{\boldsymbol{w}}_{\mathrm{nlwls},k}^{(\mathrm{b})})\boldsymbol{Q}_1^{-1}\boldsymbol{G}_1(\hat{\boldsymbol{u}}_{\mathrm{nlwls},k}^{(\mathrm{b})},\hat{\boldsymbol{w}}_{\mathrm{nlwls},k}^{(\mathrm{b})}) & \boldsymbol{G}_1^{\mathrm{T}}(\hat{\boldsymbol{u}}_{\mathrm{nlwls},k}^{(\mathrm{b})},\hat{\boldsymbol{w}}_{\mathrm{nlwls},k}^{(\mathrm{b})})\boldsymbol{Q}_1^{-1}\boldsymbol{G}_2(\hat{\boldsymbol{u}}_{\mathrm{nlwls},k}^{(\mathrm{b})},\hat{\boldsymbol{w}}_{\mathrm{nlwls},k}^{(\mathrm{b})}) \\ \hdashline \boldsymbol{G}_2^{\mathrm{T}}(\hat{\boldsymbol{u}}_{\mathrm{nlwls},k}^{(\mathrm{b})},\hat{\boldsymbol{w}}_{\mathrm{nlwls},k}^{(\mathrm{b})})\boldsymbol{Q}_1^{-1}\boldsymbol{G}_1(\hat{\boldsymbol{u}}_{\mathrm{nlwls},k}^{(\mathrm{b})},\hat{\boldsymbol{w}}_{\mathrm{nlwls},k}^{(\mathrm{b})}) & \begin{array}{c}\boldsymbol{G}_2^{\mathrm{T}}(\hat{\boldsymbol{u}}_{\mathrm{nlwls},k}^{(\mathrm{b})},\hat{\boldsymbol{w}}_{\mathrm{nlwls},k}^{(\mathrm{b})})\boldsymbol{Q}_1^{-1}\boldsymbol{G}_2(\hat{\boldsymbol{u}}_{\mathrm{nlwls},k}^{(\mathrm{b})},\hat{\boldsymbol{w}}_{\mathrm{nlwls},k}^{(\mathrm{b})}) \\ +\boldsymbol{Q}_2^{-1}+\overline{\boldsymbol{G}}^{\mathrm{T}}(\boldsymbol{s},\hat{\boldsymbol{w}}_{\mathrm{nlwls},k}^{(\mathrm{b})})\boldsymbol{Q}_3^{-1}\overline{\boldsymbol{G}}(\boldsymbol{s},\hat{\boldsymbol{w}}_{\mathrm{nlwls},k}^{(\mathrm{b})})\end{array} \end{array}\right]^{-1}$$

$$\cdot\left[\begin{array}{c:c:c} \boldsymbol{G}_1^{\mathrm{T}}(\hat{\boldsymbol{u}}_{\mathrm{nlwls},k}^{(\mathrm{b})},\hat{\boldsymbol{w}}_{\mathrm{nlwls},k}^{(\mathrm{b})})\boldsymbol{Q}_1^{-1} & \boldsymbol{O}_{q\times l} & \boldsymbol{O}_{q\times pd} \\ \hdashline \boldsymbol{G}_2^{\mathrm{T}}(\hat{\boldsymbol{u}}_{\mathrm{nlwls},k}^{(\mathrm{b})},\hat{\boldsymbol{w}}_{\mathrm{nlwls},k}^{(\mathrm{b})})\boldsymbol{Q}_1^{-1} & \boldsymbol{Q}_2^{-1} & \overline{\boldsymbol{G}}^{\mathrm{T}}(\boldsymbol{s},\hat{\boldsymbol{w}}_{\mathrm{nlwls},k}^{(\mathrm{b})})\boldsymbol{Q}_3^{-1} \end{array}\right]\begin{bmatrix} \boldsymbol{z}-\boldsymbol{g}(\hat{\boldsymbol{u}}_{\mathrm{nlwls},k}^{(\mathrm{b})},\hat{\boldsymbol{w}}_{\mathrm{nlwls},k}^{(\mathrm{b})}) \\ \boldsymbol{v}-\hat{\boldsymbol{w}}_{\mathrm{nlwls},k}^{(\mathrm{b})} \\ \boldsymbol{r}-\overline{\boldsymbol{g}}(\boldsymbol{s},\hat{\boldsymbol{w}}_{\mathrm{nlwls},k}^{(\mathrm{b})}) \end{bmatrix}$$

$$\Rightarrow\left[\begin{array}{c:c} \boldsymbol{G}_1^{\mathrm{T}}(\hat{\boldsymbol{u}}_{\mathrm{nlwls}}^{(\mathrm{b})},\hat{\boldsymbol{w}}_{\mathrm{nlwls}}^{(\mathrm{b})})\boldsymbol{Q}_1^{-1}\boldsymbol{G}_1(\hat{\boldsymbol{u}}_{\mathrm{nlwls}}^{(\mathrm{b})},\hat{\boldsymbol{w}}_{\mathrm{nlwls}}^{(\mathrm{b})}) & \boldsymbol{G}_1^{\mathrm{T}}(\hat{\boldsymbol{u}}_{\mathrm{nlwls}}^{(\mathrm{b})},\hat{\boldsymbol{w}}_{\mathrm{nlwls}}^{(\mathrm{b})})\boldsymbol{Q}_1^{-1}\boldsymbol{G}_2(\hat{\boldsymbol{u}}_{\mathrm{nlwls}}^{(\mathrm{b})},\hat{\boldsymbol{w}}_{\mathrm{nlwls}}^{(\mathrm{b})}) \\ \hdashline \boldsymbol{G}_2^{\mathrm{T}}(\hat{\boldsymbol{u}}_{\mathrm{nlwls}}^{(\mathrm{b})},\hat{\boldsymbol{w}}_{\mathrm{nlwls}}^{(\mathrm{b})})\boldsymbol{Q}_1^{-1}\boldsymbol{G}_1(\hat{\boldsymbol{u}}_{\mathrm{nlwls}}^{(\mathrm{b})},\hat{\boldsymbol{w}}_{\mathrm{nlwls}}^{(\mathrm{b})}) & \begin{array}{c}\boldsymbol{G}_2^{\mathrm{T}}(\hat{\boldsymbol{u}}_{\mathrm{nlwls}}^{(\mathrm{b})},\hat{\boldsymbol{w}}_{\mathrm{nlwls}}^{(\mathrm{b})})\boldsymbol{Q}_1^{-1}\boldsymbol{G}_2(\hat{\boldsymbol{u}}_{\mathrm{nlwls}}^{(\mathrm{b})},\hat{\boldsymbol{w}}_{\mathrm{nlwls}}^{(\mathrm{b})}) \\ +\boldsymbol{Q}_2^{-1}+\overline{\boldsymbol{G}}^{\mathrm{T}}(\boldsymbol{s},\hat{\boldsymbol{w}}_{\mathrm{nlwls}}^{(\mathrm{b})})\boldsymbol{Q}_3^{-1}\overline{\boldsymbol{G}}(\boldsymbol{s},\hat{\boldsymbol{w}}_{\mathrm{nlwls}}^{(\mathrm{b})})\end{array} \end{array}\right]^{-1}$$

$$\cdot\left[\begin{array}{c:c:c} \boldsymbol{G}_1^{\mathrm{T}}(\hat{\boldsymbol{u}}_{\mathrm{nlwls}}^{(\mathrm{b})},\hat{\boldsymbol{w}}_{\mathrm{nlwls}}^{(\mathrm{b})})\boldsymbol{Q}_1^{-1} & \boldsymbol{O}_{q\times l} & \boldsymbol{O}_{q\times pd} \\ \hdashline \boldsymbol{G}_2^{\mathrm{T}}(\hat{\boldsymbol{u}}_{\mathrm{nlwls}}^{(\mathrm{b})},\hat{\boldsymbol{w}}_{\mathrm{nlwls}}^{(\mathrm{b})})\boldsymbol{Q}_1^{-1} & \boldsymbol{Q}_2^{-1} & \overline{\boldsymbol{G}}^{\mathrm{T}}(\boldsymbol{s},\hat{\boldsymbol{w}}_{\mathrm{nlwls}}^{(\mathrm{b})})\boldsymbol{Q}_3^{-1} \end{array}\right]\begin{bmatrix} \boldsymbol{z}-\boldsymbol{g}(\hat{\boldsymbol{u}}_{\mathrm{nlwls}}^{(\mathrm{b})},\hat{\boldsymbol{w}}_{\mathrm{nlwls}}^{(\mathrm{b})}) \\ \boldsymbol{v}-\hat{\boldsymbol{w}}_{\mathrm{nlwls}}^{(\mathrm{b})} \\ \boldsymbol{r}-\overline{\boldsymbol{g}}(\boldsymbol{s},\hat{\boldsymbol{w}}_{\mathrm{nlwls}}^{(\mathrm{b})}) \end{bmatrix}=\boldsymbol{O}_{(q+l)\times 1}$$

$$\Rightarrow\begin{bmatrix}\boldsymbol{G}_1^{\mathrm{T}}(\hat{\boldsymbol{u}}_{\mathrm{nlwls}}^{(\mathrm{b})},\hat{\boldsymbol{w}}_{\mathrm{nlwls}}^{(\mathrm{b})})\boldsymbol{Q}_1^{-1} & \boldsymbol{O}_{q\times l} & \boldsymbol{O}_{q\times pd}\\ \boldsymbol{G}_2^{\mathrm{T}}(\hat{\boldsymbol{u}}_{\mathrm{nlwls}}^{(\mathrm{b})},\hat{\boldsymbol{w}}_{\mathrm{nlwls}}^{(\mathrm{b})})\boldsymbol{Q}_1^{-1} & \boldsymbol{Q}_2^{-1} & \bar{\boldsymbol{G}}^{\mathrm{T}}(\boldsymbol{s},\hat{\boldsymbol{w}}_{\mathrm{nlwls}}^{(\mathrm{b})})\boldsymbol{Q}_3^{-1}\end{bmatrix}\begin{bmatrix}\boldsymbol{z}-\boldsymbol{g}(\hat{\boldsymbol{u}}_{\mathrm{nlwls}}^{(\mathrm{b})},\hat{\boldsymbol{w}}_{\mathrm{nlwls}}^{(\mathrm{b})})\\ \boldsymbol{v}-\hat{\boldsymbol{w}}_{\mathrm{nlwls}}^{(\mathrm{b})}\\ \boldsymbol{r}-\bar{\boldsymbol{g}}(\boldsymbol{s},\hat{\boldsymbol{w}}_{\mathrm{nlwls}}^{(\mathrm{b})})\end{bmatrix}=\boldsymbol{O}_{(q+l)\times 1} \tag{3.75}$$

利用一阶误差分析方法可以推得

$$\begin{aligned}\boldsymbol{O}_{(q+l)\times 1}&=\begin{bmatrix}\boldsymbol{G}_1^{\mathrm{T}}(\hat{\boldsymbol{u}}_{\mathrm{nlwls}}^{(\mathrm{b})},\hat{\boldsymbol{w}}_{\mathrm{nlwls}}^{(\mathrm{b})})\boldsymbol{Q}_1^{-1} & \boldsymbol{O}_{q\times l} & \boldsymbol{O}_{q\times pd}\\ \boldsymbol{G}_2^{\mathrm{T}}(\hat{\boldsymbol{u}}_{\mathrm{nlwls}}^{(\mathrm{b})},\hat{\boldsymbol{w}}_{\mathrm{nlwls}}^{(\mathrm{b})})\boldsymbol{Q}_1^{-1} & \boldsymbol{Q}_2^{-1} & \bar{\boldsymbol{G}}^{\mathrm{T}}(\boldsymbol{s},\hat{\boldsymbol{w}}_{\mathrm{nlwls}}^{(\mathrm{b})})\boldsymbol{Q}_3^{-1}\end{bmatrix}\cdot\begin{bmatrix}\boldsymbol{z}-\boldsymbol{g}(\hat{\boldsymbol{u}}_{\mathrm{nlwls}}^{(\mathrm{b})},\hat{\boldsymbol{w}}_{\mathrm{nlwls}}^{(\mathrm{b})})\\ \boldsymbol{v}-\hat{\boldsymbol{w}}_{\mathrm{nlwls}}^{(\mathrm{b})}\\ \boldsymbol{r}-\bar{\boldsymbol{g}}(\boldsymbol{s},\hat{\boldsymbol{w}}_{\mathrm{nlwls}}^{(\mathrm{b})})\end{bmatrix}\\
&\approx\begin{bmatrix}\boldsymbol{G}_1^{\mathrm{T}}(\boldsymbol{u},\boldsymbol{w})\boldsymbol{Q}_1^{-1} & \boldsymbol{O}_{q\times l} & \boldsymbol{O}_{q\times pd}\\ \boldsymbol{G}_2^{\mathrm{T}}(\boldsymbol{u},\boldsymbol{w})\boldsymbol{Q}_1^{-1} & \boldsymbol{Q}_2^{-1} & \bar{\boldsymbol{G}}^{\mathrm{T}}(\boldsymbol{s},\boldsymbol{w})\boldsymbol{Q}_3^{-1}\end{bmatrix}\\
&\quad\cdot\begin{bmatrix}\boldsymbol{G}_1(\boldsymbol{u},\boldsymbol{w})(\boldsymbol{u}-\hat{\boldsymbol{u}}_{\mathrm{nlwls}}^{(\mathrm{b})})+\boldsymbol{G}_2(\boldsymbol{u},\boldsymbol{w})(\boldsymbol{w}-\hat{\boldsymbol{w}}_{\mathrm{nlwls}}^{(\mathrm{b})})+\boldsymbol{n}\\ \boldsymbol{w}-\hat{\boldsymbol{w}}_{\mathrm{nlwls}}^{(\mathrm{b})}+\boldsymbol{m}\\ \bar{\boldsymbol{G}}(\boldsymbol{s},\boldsymbol{w})(\boldsymbol{w}-\hat{\boldsymbol{w}}_{\mathrm{nlwls}}^{(\mathrm{b})})+\boldsymbol{e}\end{bmatrix}\\
&=\begin{bmatrix}\boldsymbol{G}_1^{\mathrm{T}}(\boldsymbol{u},\boldsymbol{w})\boldsymbol{Q}_1^{-1}\boldsymbol{G}_1(\boldsymbol{u},\boldsymbol{w}) & \boldsymbol{G}_1^{\mathrm{T}}(\boldsymbol{u},\boldsymbol{w})\boldsymbol{Q}_1^{-1}\boldsymbol{G}_2(\boldsymbol{u},\boldsymbol{w})\\ \boldsymbol{G}_2^{\mathrm{T}}(\boldsymbol{u},\boldsymbol{w})\boldsymbol{Q}_1^{-1}\boldsymbol{G}_1(\boldsymbol{u},\boldsymbol{w}) & \boldsymbol{G}_2^{\mathrm{T}}(\boldsymbol{u},\boldsymbol{w})\boldsymbol{Q}_1^{-1}\boldsymbol{G}_2(\boldsymbol{u},\boldsymbol{w})+\boldsymbol{Q}_2^{-1}+\bar{\boldsymbol{G}}^{\mathrm{T}}(\boldsymbol{s},\boldsymbol{w})\boldsymbol{Q}_3^{-1}\bar{\boldsymbol{G}}(\boldsymbol{s},\boldsymbol{w})\end{bmatrix}\\
&\quad\cdot\begin{bmatrix}\boldsymbol{u}-\hat{\boldsymbol{u}}_{\mathrm{nlwls}}^{(\mathrm{b})}\\ \boldsymbol{w}-\hat{\boldsymbol{w}}_{\mathrm{nlwls}}^{(\mathrm{b})}\end{bmatrix}+\begin{bmatrix}\boldsymbol{G}_1^{\mathrm{T}}(\boldsymbol{u},\boldsymbol{w})\boldsymbol{Q}_1^{-1} & \boldsymbol{O}_{q\times l} & \boldsymbol{O}_{q\times pd}\\ \boldsymbol{G}_2^{\mathrm{T}}(\boldsymbol{u},\boldsymbol{w})\boldsymbol{Q}_1^{-1} & \boldsymbol{Q}_2^{-1} & \bar{\boldsymbol{G}}^{\mathrm{T}}(\boldsymbol{s},\boldsymbol{w})\boldsymbol{Q}_3^{-1}\end{bmatrix}\begin{bmatrix}\boldsymbol{n}\\ \boldsymbol{m}\\ \boldsymbol{e}\end{bmatrix}\end{aligned} \tag{3.76}$$

式(3.76)忽略了误差的二阶及其以上各项，由该式可以进一步推得目标位置解$\hat{\boldsymbol{u}}_{\mathrm{nlwls}}^{(\mathrm{b})}$和系统参量解$\hat{\boldsymbol{w}}_{\mathrm{nlwls}}^{(\mathrm{b})}$的联合估计误差为

$$\begin{aligned}\begin{bmatrix}\delta\boldsymbol{u}_{\mathrm{nlwls}}^{(\mathrm{b})}\\ \delta\boldsymbol{w}_{\mathrm{nlwls}}^{(\mathrm{b})}\end{bmatrix}&=\begin{bmatrix}\hat{\boldsymbol{u}}_{\mathrm{nlwls}}^{(\mathrm{b})}-\boldsymbol{u}\\ \hat{\boldsymbol{w}}_{\mathrm{nlwls}}^{(\mathrm{b})}-\boldsymbol{w}\end{bmatrix}\\
&\approx\begin{bmatrix}\boldsymbol{G}_1^{\mathrm{T}}(\boldsymbol{u},\boldsymbol{w})\boldsymbol{Q}_1^{-1}\boldsymbol{G}_1(\boldsymbol{u},\boldsymbol{w}) & \boldsymbol{G}_1^{\mathrm{T}}(\boldsymbol{u},\boldsymbol{w})\boldsymbol{Q}_1^{-1}\boldsymbol{G}_2(\boldsymbol{u},\boldsymbol{w})\\ \boldsymbol{G}_2^{\mathrm{T}}(\boldsymbol{u},\boldsymbol{w})\boldsymbol{Q}_1^{-1}\boldsymbol{G}_1(\boldsymbol{u},\boldsymbol{w}) & \boldsymbol{G}_2^{\mathrm{T}}(\boldsymbol{u},\boldsymbol{w})\boldsymbol{Q}_1^{-1}\boldsymbol{G}_2(\boldsymbol{u},\boldsymbol{w})+\boldsymbol{Q}_2^{-1}+\bar{\boldsymbol{G}}^{\mathrm{T}}(\boldsymbol{s},\boldsymbol{w})\boldsymbol{Q}_3^{-1}\bar{\boldsymbol{G}}(\boldsymbol{s},\boldsymbol{w})\end{bmatrix}^{-1}\\
&\quad\cdot\begin{bmatrix}\boldsymbol{G}_1^{\mathrm{T}}(\boldsymbol{u},\boldsymbol{w})\boldsymbol{Q}_1^{-1} & \boldsymbol{O}_{q\times l} & \boldsymbol{O}_{q\times pd}\\ \boldsymbol{G}_2^{\mathrm{T}}(\boldsymbol{u},\boldsymbol{w})\boldsymbol{Q}_1^{-1} & \boldsymbol{Q}_2^{-1} & \bar{\boldsymbol{G}}^{\mathrm{T}}(\boldsymbol{s},\boldsymbol{w})\boldsymbol{Q}_3^{-1}\end{bmatrix}\begin{bmatrix}\boldsymbol{n}\\ \boldsymbol{m}\\ \boldsymbol{e}\end{bmatrix}\end{aligned} \tag{3.77}$$

根据式(3.77)可知，误差向量$\delta\boldsymbol{u}_{\mathrm{nlwls}}^{(\mathrm{b})}$和$\delta\boldsymbol{w}_{\mathrm{nlwls}}^{(\mathrm{b})}$近似服从零均值联合高斯分布，并且其联合估计方差矩阵等于

$$\mathbf{cov}\left(\begin{bmatrix}\hat{\boldsymbol{u}}_{\mathrm{nlwls}}^{(\mathrm{b})}\\ \hat{\boldsymbol{w}}_{\mathrm{nlwls}}^{(\mathrm{b})}\end{bmatrix}\right)=E\left[\begin{bmatrix}\delta\boldsymbol{u}_{\mathrm{nlwls}}^{(\mathrm{b})}\\ \delta\boldsymbol{w}_{\mathrm{nlwls}}^{(\mathrm{b})}\end{bmatrix}\begin{bmatrix}\delta\boldsymbol{u}_{\mathrm{nlwls}}^{(\mathrm{b})}\\ \delta\boldsymbol{w}_{\mathrm{nlwls}}^{(\mathrm{b})}\end{bmatrix}^{\mathrm{T}}\right]$$

$$= \begin{bmatrix} \boldsymbol{G}_1^{\mathrm{T}}(\boldsymbol{u},\boldsymbol{w})\boldsymbol{Q}_1^{-1}\boldsymbol{G}_1(\boldsymbol{u},\boldsymbol{w}) & \boldsymbol{G}_1^{\mathrm{T}}(\boldsymbol{u},\boldsymbol{w})\boldsymbol{Q}_1^{-1}\boldsymbol{G}_2(\boldsymbol{u},\boldsymbol{w}) \\ \boldsymbol{G}_2^{\mathrm{T}}(\boldsymbol{u},\boldsymbol{w})\boldsymbol{Q}_1^{-1}\boldsymbol{G}_1(\boldsymbol{u},\boldsymbol{w}) & \boldsymbol{G}_2^{\mathrm{T}}(\boldsymbol{u},\boldsymbol{w})\boldsymbol{Q}_1^{-1}\boldsymbol{G}_2(\boldsymbol{u},\boldsymbol{w}) + \boldsymbol{Q}_2^{-1} + \bar{\boldsymbol{G}}^{\mathrm{T}}(\boldsymbol{s},\boldsymbol{w})\boldsymbol{Q}_3^{-1}\bar{\boldsymbol{G}}(\boldsymbol{s},\boldsymbol{w}) \end{bmatrix}^{-1}$$

$$= \mathbf{CRB}\left(\begin{bmatrix} \boldsymbol{u} \\ \boldsymbol{w} \end{bmatrix}\right) \tag{3.78}$$

由式(3.78)可知,目标位置解$\hat{\boldsymbol{u}}_{\mathrm{nlwls}}^{(\mathrm{b})}$和系统参量解$\hat{\boldsymbol{w}}_{\mathrm{nlwls}}^{(\mathrm{b})}$的联合估计方差矩阵等于式(3.25)给出的克拉美罗界矩阵。因此,目标位置解$\hat{\boldsymbol{u}}_{\mathrm{nlwls}}^{(\mathrm{b})}$和系统参量解$\hat{\boldsymbol{w}}_{\mathrm{nlwls}}^{(\mathrm{b})}$具有渐近最优的统计性能(在门限效应发生以前)。

3.4 定位算例与数值实验

本节将以联合辐射源信号 AOA/TDOA/GROA 参数的无源定位问题为算例进行数值实验。

3.4.1 定位算例的观测模型

假设某目标源的位置向量为$\boldsymbol{u}=[x_{\mathrm{t}} \quad y_{\mathrm{t}} \quad z_{\mathrm{t}}]^{\mathrm{T}}$,现有$M$个观测站可以接收到该目标源信号,并利用该信号的 AOA/TDOA/GROA 参数对目标进行定位。第 1 个观测站为主站,其余观测站均为辅站,并且第m个观测站的位置向量为$\boldsymbol{w}_m=[x_{\mathrm{o},m} \quad y_{\mathrm{o},m} \quad z_{\mathrm{o},m}]^{\mathrm{T}}$,于是系统参量可以表示为$\boldsymbol{w}=[\boldsymbol{w}_1^{\mathrm{T}} \quad \boldsymbol{w}_2^{\mathrm{T}} \quad \cdots \quad \boldsymbol{w}_M^{\mathrm{T}}]^{\mathrm{T}}$。

根据第 1 章的讨论可知,TDOA 参数和 GROA 参数可以分别等效为距离差和距离比,于是进行目标定位的全部观测方程可以表示为

$$\begin{cases} \theta_m = \arctan \dfrac{y_{\mathrm{t}} - y_{\mathrm{o},m}}{x_{\mathrm{t}} - x_{\mathrm{o},m}} \\ \beta_m = \arctan \dfrac{z_{\mathrm{t}} - z_{\mathrm{o},m}}{\| \bar{\boldsymbol{I}}_3(\boldsymbol{u} - \boldsymbol{w}_m) \|_2} \\ \quad = \arctan \dfrac{z_{\mathrm{t}} - z_{\mathrm{o},m}}{(x_{\mathrm{t}} - x_{\mathrm{o},m})\cos\theta_m + (y_{\mathrm{t}} - y_{\mathrm{o},m})\sin\theta_m}, & \begin{matrix} 1 \leqslant m \leqslant M \\ 2 \leqslant n \leqslant M \end{matrix} \\ \delta_n = \| \boldsymbol{u} - \boldsymbol{w}_n \|_2 - \| \boldsymbol{u} - \boldsymbol{w}_1 \|_2 \\ \rho_n = \dfrac{\| \boldsymbol{u} - \boldsymbol{w}_n \|_2}{\| \boldsymbol{u} - \boldsymbol{w}_1 \|_2} \end{cases} \tag{3.79}$$

式中,θ_m和β_m分别表示目标源信号到达第m个观测站的方位角和仰角;δ_n和ρ_n分别表示目标源信号到达第n个观测站与到达第 1 个观测站的距离差和距离比;$\bar{\boldsymbol{I}}_3=[\boldsymbol{I}_2 \quad \boldsymbol{O}_{2\times 1}]$。再分别定义如下观测向量:

$$\begin{cases} \boldsymbol{\theta} = [\theta_1 \quad \theta_2 \quad \cdots \quad \theta_M]^{\mathrm{T}}, \quad \boldsymbol{\beta} = [\beta_1 \quad \beta_2 \quad \cdots \quad \beta_M]^{\mathrm{T}} \\ \boldsymbol{\delta} = [\delta_2 \quad \delta_3 \quad \cdots \quad \delta_M]^{\mathrm{T}}, \quad \boldsymbol{\rho} = [\rho_2 \quad \rho_3 \quad \cdots \quad \rho_M]^{\mathrm{T}} \end{cases} \tag{3.80}$$

则用于目标定位的观测向量和观测方程可以表示为

$$\boldsymbol{z}_0 = [\boldsymbol{\theta}^{\mathrm{T}} \quad \boldsymbol{\beta}^{\mathrm{T}} \quad \boldsymbol{\delta}^{\mathrm{T}} \quad \boldsymbol{\rho}^{\mathrm{T}}]^{\mathrm{T}} = \boldsymbol{g}(\boldsymbol{u},\boldsymbol{w}) \tag{3.81}$$

为了更好地消除系统误差的影响,需要在目标源附近放置d个位置精确已知的校正

源,并且观测站同样能够获得关于校正源信号的AOA/TDOA/GROA参数。假设第k个校正源的位置向量为$\boldsymbol{s}_k=[x_{\mathrm{c},k}\quad y_{\mathrm{c},k}\quad z_{\mathrm{c},k}]^{\mathrm{T}}$,则关于该校正源的全部观测方程可以表示为

$$\begin{cases}\theta_{\mathrm{c},k,m}=\arctan\dfrac{y_{\mathrm{c},k}-y_{\mathrm{o},m}}{x_{\mathrm{c},k}-x_{\mathrm{o},m}} \\ \beta_{\mathrm{c},k,m}=\arctan\dfrac{z_{\mathrm{c},k}-z_{\mathrm{o},m}}{\|\bar{\boldsymbol{I}}_3(\boldsymbol{s}_k-\boldsymbol{w}_m)\|_2} \\ \qquad\;\; =\arctan\dfrac{z_{\mathrm{c},k}-z_{\mathrm{o},m}}{(x_{\mathrm{c},k}-x_{\mathrm{o},m})\cos\theta_{\mathrm{c},k,m}+(y_{\mathrm{c},k}-y_{\mathrm{o},m})\sin\theta_{\mathrm{c},k,m}} \\ \delta_{\mathrm{c},k,n}=\|\boldsymbol{s}_k-\boldsymbol{w}_n\|_2-\|\boldsymbol{s}_k-\boldsymbol{w}_1\|_2 \\ \rho_{\mathrm{c},k,n}=\dfrac{\|\boldsymbol{s}_k-\boldsymbol{w}_n\|_2}{\|\boldsymbol{s}_k-\boldsymbol{w}_1\|_2}\end{cases},\quad \begin{matrix}1\leqslant m\leqslant M\\ 2\leqslant n\leqslant M\\ 1\leqslant k\leqslant d\end{matrix} \tag{3.82}$$

式中,$\theta_{\mathrm{c},k,m}$和$\beta_{\mathrm{c},k,m}$分别表示第k个校正源信号到达第m个观测站的方位角和仰角;$\delta_{\mathrm{c},k,n}$和$\rho_{\mathrm{c},k,n}$分别表示第k个校正源信号到达第n个观测站与到达第1个观测站的距离差和距离比。再分别定义如下观测向量:

$$\begin{cases}\boldsymbol{\theta}_{\mathrm{c},k}=[\theta_{\mathrm{c},k,1}\quad\theta_{\mathrm{c},k,2}\quad\cdots\quad\theta_{\mathrm{c},k,M}]^{\mathrm{T}},\quad\boldsymbol{\beta}_{\mathrm{c},k}=[\beta_{\mathrm{c},k,1}\quad\beta_{\mathrm{c},k,2}\quad\cdots\quad\beta_{\mathrm{c},k,M}]^{\mathrm{T}}\\ \boldsymbol{\delta}_{\mathrm{c},k}=[\delta_{\mathrm{c},k,2}\quad\delta_{\mathrm{c},k,3}\quad\cdots\quad\delta_{\mathrm{c},k,M}]^{\mathrm{T}},\quad\boldsymbol{\rho}_{\mathrm{c},k}=[\rho_{\mathrm{c},k,2}\quad\rho_{\mathrm{c},k,3}\quad\cdots\quad\rho_{\mathrm{c},k,M}]^{\mathrm{T}}\end{cases} \tag{3.83}$$

则关于第k个校正源的观测向量和观测方程可以表示为

$$\boldsymbol{r}_{k0}=[\boldsymbol{\theta}_{\mathrm{c},k}^{\mathrm{T}}\quad\boldsymbol{\beta}_{\mathrm{c},k}^{\mathrm{T}}\quad\boldsymbol{\delta}_{\mathrm{c},k}^{\mathrm{T}}\quad\boldsymbol{\rho}_{\mathrm{c},k}^{\mathrm{T}}]^{\mathrm{T}}=\boldsymbol{g}(\boldsymbol{s}_k,\boldsymbol{w}) \tag{3.84}$$

而关于全部校正源的观测向量和观测方程可以表示为

$$\boldsymbol{r}_0=[\boldsymbol{r}_{10}^{\mathrm{T}}\quad\boldsymbol{r}_{20}^{\mathrm{T}}\quad\cdots\quad\boldsymbol{r}_{d0}^{\mathrm{T}}]^{\mathrm{T}}=[\boldsymbol{g}^{\mathrm{T}}(\boldsymbol{s}_1,\boldsymbol{w})\quad\boldsymbol{g}^{\mathrm{T}}(\boldsymbol{s}_2,\boldsymbol{w})\quad\cdots\quad\boldsymbol{g}^{\mathrm{T}}(\boldsymbol{s}_d,\boldsymbol{w})]^{\mathrm{T}}=\bar{\boldsymbol{g}}(\boldsymbol{s},\boldsymbol{w}) \tag{3.85}$$

式中,$\boldsymbol{s}=[\boldsymbol{s}_1^{\mathrm{T}}\quad\boldsymbol{s}_2^{\mathrm{T}}\quad\cdots\quad\boldsymbol{s}_d^{\mathrm{T}}]^{\mathrm{T}}$表示由全部校正源位置所构成的列向量。

根据前面的讨论可知,为了利用本章的方法进行目标定位,需要明确观测方程$\boldsymbol{g}(\boldsymbol{u},\boldsymbol{w})$关于向量$\boldsymbol{u}$和$\boldsymbol{w}$的Jacobi矩阵$\boldsymbol{G}_1(\boldsymbol{u},\boldsymbol{w})$和$\boldsymbol{G}_2(\boldsymbol{u},\boldsymbol{w})$的代数表达式,此外还需要明确观测方程$\bar{\boldsymbol{g}}(\boldsymbol{s},\boldsymbol{w})$关于向量$\boldsymbol{w}$的Jacobi矩阵$\bar{\boldsymbol{G}}(\boldsymbol{s},\boldsymbol{w})$的代数表达式。

首先,根据式(3.79)~式(3.81)可推得

$$\boldsymbol{G}_1(\boldsymbol{u},\boldsymbol{w})=[\boldsymbol{G}_{\theta1}^{\mathrm{T}}(\boldsymbol{u},\boldsymbol{w})\quad\boldsymbol{G}_{\beta1}^{\mathrm{T}}(\boldsymbol{u},\boldsymbol{w})\quad\boldsymbol{G}_{\delta1}^{\mathrm{T}}(\boldsymbol{u},\boldsymbol{w})\quad\boldsymbol{G}_{\rho1}^{\mathrm{T}}(\boldsymbol{u},\boldsymbol{w})]^{\mathrm{T}} \tag{3.86}$$

式中

$$\boldsymbol{G}_{\theta1}(\boldsymbol{u},\boldsymbol{w})=\frac{\partial\boldsymbol{\theta}}{\partial\boldsymbol{u}^{\mathrm{T}}}=\begin{bmatrix}-\dfrac{y_{\mathrm{t}}-y_{\mathrm{o},1}}{\|\bar{\boldsymbol{I}}_3(\boldsymbol{u}-\boldsymbol{w}_1)\|_2^2} & \dfrac{x_{\mathrm{t}}-x_{\mathrm{o},1}}{\|\bar{\boldsymbol{I}}_3(\boldsymbol{u}-\boldsymbol{w}_1)\|_2^2} & 0\\ -\dfrac{y_{\mathrm{t}}-y_{\mathrm{o},2}}{\|\bar{\boldsymbol{I}}_3(\boldsymbol{u}-\boldsymbol{w}_2)\|_2^2} & \dfrac{x_{\mathrm{t}}-x_{\mathrm{o},2}}{\|\bar{\boldsymbol{I}}_3(\boldsymbol{u}-\boldsymbol{w}_2)\|_2^2} & 0\\ \vdots & \vdots & \vdots\\ -\dfrac{y_{\mathrm{t}}-y_{\mathrm{o},M}}{\|\bar{\boldsymbol{I}}_3(\boldsymbol{u}-\boldsymbol{w}_M)\|_2^2} & \dfrac{x_{\mathrm{t}}-x_{\mathrm{o},M}}{\|\bar{\boldsymbol{I}}_3(\boldsymbol{u}-\boldsymbol{w}_M)\|_2^2} & 0\end{bmatrix} \tag{3.87}$$

$$\boldsymbol{G}_{\beta1}(\boldsymbol{u},\boldsymbol{w})=\frac{\partial\boldsymbol{\beta}}{\partial\boldsymbol{u}^{\mathrm{T}}}=\begin{bmatrix}-\frac{(x_{\mathrm{t}}-x_{\mathrm{o},1})(z_{\mathrm{t}}-z_{\mathrm{o},1})}{\|\bar{\boldsymbol{I}}_3(\boldsymbol{u}-\boldsymbol{w}_1)\|_2\|\boldsymbol{u}-\boldsymbol{w}_1\|_2^2} & -\frac{(y_{\mathrm{t}}-y_{\mathrm{o},1})(z_{\mathrm{t}}-z_{\mathrm{o},1})}{\|\bar{\boldsymbol{I}}_3(\boldsymbol{u}-\boldsymbol{w}_1)\|_2\|\boldsymbol{u}-\boldsymbol{w}_1\|_2^2} & \frac{\|\bar{\boldsymbol{I}}_3(\boldsymbol{u}-\boldsymbol{w}_1)\|_2}{\|\boldsymbol{u}-\boldsymbol{w}_1\|_2^2}\\ -\frac{(x_{\mathrm{t}}-x_{\mathrm{o},2})(z_{\mathrm{t}}-z_{\mathrm{o},2})}{\|\bar{\boldsymbol{I}}_3(\boldsymbol{u}-\boldsymbol{w}_2)\|_2\|\boldsymbol{u}-\boldsymbol{w}_2\|_2^2} & -\frac{(y_{\mathrm{t}}-y_{\mathrm{o},2})(z_{\mathrm{t}}-z_{\mathrm{o},2})}{\|\bar{\boldsymbol{I}}_3(\boldsymbol{u}-\boldsymbol{w}_2)\|_2\|\boldsymbol{u}-\boldsymbol{w}_2\|_2^2} & \frac{\|\bar{\boldsymbol{I}}_3(\boldsymbol{u}-\boldsymbol{w}_2)\|_2}{\|\boldsymbol{u}-\boldsymbol{w}_2\|_2^2}\\ \vdots & \vdots & \vdots\\ -\frac{(x_{\mathrm{t}}-x_{\mathrm{o},M})(z_{\mathrm{t}}-z_{\mathrm{o},M})}{\|\bar{\boldsymbol{I}}_3(\boldsymbol{u}-\boldsymbol{w}_M)\|_2\|\boldsymbol{u}-\boldsymbol{w}_M\|_2^2} & -\frac{(y_{\mathrm{t}}-y_{\mathrm{o},M})(z_{\mathrm{t}}-z_{\mathrm{o},M})}{\|\bar{\boldsymbol{I}}_3(\boldsymbol{u}-\boldsymbol{w}_M)\|_2\|\boldsymbol{u}-\boldsymbol{w}_M\|_2^2} & \frac{\|\bar{\boldsymbol{I}}_3(\boldsymbol{u}-\boldsymbol{w}_M)\|_2}{\|\boldsymbol{u}-\boldsymbol{w}_M\|_2^2}\end{bmatrix} \tag{3.88}$$

$$\boldsymbol{G}_{\delta1}(\boldsymbol{u},\boldsymbol{w})=\frac{\partial\boldsymbol{\delta}}{\partial\boldsymbol{u}^{\mathrm{T}}}=\begin{bmatrix}\frac{(\boldsymbol{u}-\boldsymbol{w}_2)^{\mathrm{T}}}{\|(\boldsymbol{u}-\boldsymbol{w}_2)\|_2}-\frac{(\boldsymbol{u}-\boldsymbol{w}_1)^{\mathrm{T}}}{\|(\boldsymbol{u}-\boldsymbol{w}_1)\|_2}\\ \frac{(\boldsymbol{u}-\boldsymbol{w}_3)^{\mathrm{T}}}{\|\boldsymbol{u}-\boldsymbol{w}_3\|_2}-\frac{(\boldsymbol{u}-\boldsymbol{w}_1)^{\mathrm{T}}}{\|(\boldsymbol{u}-\boldsymbol{w}_1)\|_2}\\ \vdots\\ \frac{(\boldsymbol{u}-\boldsymbol{w}_M)^{\mathrm{T}}}{\|\boldsymbol{u}-\boldsymbol{w}_M\|_2}-\frac{(\boldsymbol{u}-\boldsymbol{w}_1)^{\mathrm{T}}}{\|\boldsymbol{u}-\boldsymbol{w}_1\|_2}\end{bmatrix} \tag{3.89}$$

$$\boldsymbol{G}_{\rho1}(\boldsymbol{u},\boldsymbol{w})=\frac{\partial\boldsymbol{\rho}}{\partial\boldsymbol{u}^{\mathrm{T}}}=\begin{bmatrix}\frac{\|\boldsymbol{u}-\boldsymbol{w}_1\|_2^2(\boldsymbol{u}-\boldsymbol{w}_2)^{\mathrm{T}}-\|(\boldsymbol{u}-\boldsymbol{w}_2)\|_2^2(\boldsymbol{u}-\boldsymbol{w}_1)^{\mathrm{T}}}{\|\boldsymbol{u}-\boldsymbol{w}_1\|_2^3\|\boldsymbol{u}-\boldsymbol{w}_2\|_2}\\ \frac{\|\boldsymbol{u}-\boldsymbol{w}_1\|_2^2(\boldsymbol{u}-\boldsymbol{w}_3)^{\mathrm{T}}-\|\boldsymbol{u}-\boldsymbol{w}_3\|_2^2(\boldsymbol{u}-\boldsymbol{w}_1)^{\mathrm{T}}}{\|\boldsymbol{u}-\boldsymbol{w}_1\|_2^3\|\boldsymbol{u}-\boldsymbol{w}_3\|_2}\\ \vdots\\ \frac{\|\boldsymbol{u}-\boldsymbol{w}_1\|_2^2(\boldsymbol{u}-\boldsymbol{w}_M)^{\mathrm{T}}-\|\boldsymbol{u}-\boldsymbol{w}_M\|_2^2(\boldsymbol{u}-\boldsymbol{w}_1)^{\mathrm{T}}}{\|\boldsymbol{u}-\boldsymbol{w}_1\|_2^3\|\boldsymbol{u}-\boldsymbol{w}_M\|_2}\end{bmatrix} \tag{3.90}$$

然后,根据式(3.79)~式(3.81)还可进一步推得

$$\boldsymbol{G}_2(\boldsymbol{u},\boldsymbol{w})=[\boldsymbol{G}_{\theta2}^{\mathrm{T}}(\boldsymbol{u},\boldsymbol{w})\quad \boldsymbol{G}_{\beta2}^{\mathrm{T}}(\boldsymbol{u},\boldsymbol{w})\quad \boldsymbol{G}_{\delta2}^{\mathrm{T}}(\boldsymbol{u},\boldsymbol{w})\quad \boldsymbol{G}_{\rho2}^{\mathrm{T}}(\boldsymbol{u},\boldsymbol{w})]^{\mathrm{T}} \tag{3.91}$$

式中

$$\begin{cases}\boldsymbol{G}_{\theta2}(\boldsymbol{u},\boldsymbol{w})=\left[\frac{\partial\boldsymbol{\theta}}{\partial\boldsymbol{w}_1^{\mathrm{T}}}\quad\frac{\partial\boldsymbol{\theta}}{\partial\boldsymbol{w}_2^{\mathrm{T}}}\quad\cdots\quad\frac{\partial\boldsymbol{\theta}}{\partial\boldsymbol{w}_M^{\mathrm{T}}}\right],\quad \boldsymbol{G}_{\beta2}(\boldsymbol{u},\boldsymbol{w})=\left[\frac{\partial\boldsymbol{\beta}}{\partial\boldsymbol{w}_1^{\mathrm{T}}}\quad\frac{\partial\boldsymbol{\beta}}{\partial\boldsymbol{w}_2^{\mathrm{T}}}\quad\cdots\quad\frac{\partial\boldsymbol{\beta}}{\partial\boldsymbol{w}_M^{\mathrm{T}}}\right]\\ \boldsymbol{G}_{\delta2}(\boldsymbol{u},\boldsymbol{w})=\left[\frac{\partial\boldsymbol{\delta}}{\partial\boldsymbol{w}_1^{\mathrm{T}}}\quad\frac{\partial\boldsymbol{\delta}}{\partial\boldsymbol{w}_2^{\mathrm{T}}}\quad\cdots\quad\frac{\partial\boldsymbol{\delta}}{\partial\boldsymbol{w}_M^{\mathrm{T}}}\right],\quad \boldsymbol{G}_{\rho2}(\boldsymbol{u},\boldsymbol{w})=\left[\frac{\partial\boldsymbol{\rho}}{\partial\boldsymbol{w}_1^{\mathrm{T}}}\quad\frac{\partial\boldsymbol{\rho}}{\partial\boldsymbol{w}_2^{\mathrm{T}}}\quad\cdots\quad\frac{\partial\boldsymbol{\rho}}{\partial\boldsymbol{w}_M^{\mathrm{T}}}\right]\end{cases} \tag{3.92}$$

其中

$$\frac{\partial\boldsymbol{\theta}}{\partial\boldsymbol{w}_m^{\mathrm{T}}}=\boldsymbol{i}_M^{(m)}\left[\frac{y_{\mathrm{t}}-y_{\mathrm{o},m}}{\|\bar{\boldsymbol{I}}_3(\boldsymbol{u}-\boldsymbol{w}_m)\|_2^2}\;\vdots\;-\frac{x_{\mathrm{t}}-x_{\mathrm{o},m}}{\|\bar{\boldsymbol{I}}_3(\boldsymbol{u}-\boldsymbol{w}_m)\|_2^2}\;\vdots\;0\right],\quad 1\leqslant m\leqslant M \tag{3.93}$$

$$\frac{\partial\boldsymbol{\beta}}{\partial\boldsymbol{w}_m^{\mathrm{T}}}=\boldsymbol{i}_M^{(m)}\cdot\left[\frac{(x_{\mathrm{t}}-x_{\mathrm{o},m})(z_{\mathrm{t}}-z_{\mathrm{o},m})}{\|\bar{\boldsymbol{I}}_3(\boldsymbol{u}-\boldsymbol{w}_m)\|_2\|\boldsymbol{u}-\boldsymbol{w}_m\|_2^2}\;\vdots\;\frac{(y_{\mathrm{t}}-y_{\mathrm{o},m})(z_{\mathrm{t}}-z_{\mathrm{o},m})}{\|\bar{\boldsymbol{I}}_3(\boldsymbol{u}-\boldsymbol{w}_m)\|_2\|\boldsymbol{u}-\boldsymbol{w}_m\|_2^2}\;\vdots\;-\frac{\|\bar{\boldsymbol{I}}_3(\boldsymbol{u}-\boldsymbol{w}_m)\|_2}{\|\boldsymbol{u}-\boldsymbol{w}_m\|_2^2}\right],\quad 1\leqslant m\leqslant M \tag{3.94}$$

$$\frac{\partial\boldsymbol{\delta}}{\partial\boldsymbol{w}_1^{\mathrm{T}}}=\boldsymbol{1}_{(M-1)\times 1}\frac{(\boldsymbol{u}-\boldsymbol{w}_1)^{\mathrm{T}}}{\|(\boldsymbol{u}-\boldsymbol{w}_1)\|_2},\quad \frac{\partial\boldsymbol{\delta}}{\partial\boldsymbol{w}_n^{\mathrm{T}}}=\boldsymbol{i}_{M-1}^{(n-1)}\frac{(\boldsymbol{w}_n-\boldsymbol{u})^{\mathrm{T}}}{\|\boldsymbol{u}-\boldsymbol{w}_n\|_2},\quad 2\leqslant n\leqslant M \tag{3.95}$$

$$\frac{\partial\boldsymbol{\rho}}{\partial\boldsymbol{w}_1^{\mathrm{T}}}=\begin{bmatrix}\dfrac{\|(\boldsymbol{u}-\boldsymbol{w}_2)\|_2(\boldsymbol{u}-\boldsymbol{w}_1)^{\mathrm{T}}}{\|\boldsymbol{u}-\boldsymbol{w}_1\|_2^3}\\ \dfrac{\|\boldsymbol{u}-\boldsymbol{w}_3\|_2(\boldsymbol{u}-\boldsymbol{w}_1)^{\mathrm{T}}}{\|\boldsymbol{u}-\boldsymbol{w}_1\|_2^3}\\ \vdots\\ \dfrac{\|\boldsymbol{u}-\boldsymbol{w}_M\|_2(\boldsymbol{u}-\boldsymbol{w}_1)^{\mathrm{T}}}{\|\boldsymbol{u}-\boldsymbol{w}_1\|_2^3}\end{bmatrix}$$

$$\frac{\partial\boldsymbol{\rho}}{\partial\boldsymbol{w}_n^{\mathrm{T}}}=\boldsymbol{i}_{M-1}^{(n-1)}\frac{(\boldsymbol{w}_n-\boldsymbol{u})^{\mathrm{T}}}{\|\boldsymbol{u}-\boldsymbol{w}_1\|_2\|\boldsymbol{u}-\boldsymbol{w}_n\|_2},\quad 2\leqslant n\leqslant M \tag{3.96}$$

最后，根据式(3.82)～式(3.85)还可推得

$$\bar{\boldsymbol{G}}(\boldsymbol{s},\boldsymbol{w})=[\boldsymbol{G}_2^{\mathrm{T}}(\boldsymbol{s}_1,\boldsymbol{w})\quad \boldsymbol{G}_2^{\mathrm{T}}(\boldsymbol{s}_2,\boldsymbol{w})\quad\cdots\quad \boldsymbol{G}_2^{\mathrm{T}}(\boldsymbol{s}_d,\boldsymbol{w})]^{\mathrm{T}} \tag{3.97}$$

式中，$\boldsymbol{G}_2(\boldsymbol{s}_k,\boldsymbol{w})$是利用校正源位置向量 $\boldsymbol{s}_k$ 替换式(3.91)中的目标位置向量 $\boldsymbol{u}$ 所得。

下面将针对具体的参数给出相应的数值实验结果。

3.4.2 定位算例的数值实验

1. 数值实验 1

假设共有六个观测站可以接收到目标源信号并对目标进行定位，第一个观测站为主站，其余观测站均为辅站，相应的三维位置坐标的数值见表 3.1，其中的测量误差服从独立的零均值高斯分布。目标的三维位置坐标为(5600m，4400m，2800m)，目标源信号 AOA/TDOA/GROA 参数的观测误差服从零均值高斯分布。此外，在目标源附近放置两个位置精确已知的校正源，校正源的三维位置坐标分别为(6200m，4800m，3200m)和(5000m，4000m，2400m)，并且校正源信号 AOA/TDOA/GROA 参数的观测误差与目标源信号 AOA/TDOA/GROA 参数的观测误差服从相同的概率分布。下面的数值实验将给出本章的两类非线性加权最小二乘定位方法(图中用 Nlwls 表示)的参数估计均方根误差，并将其与各种克拉美罗界进行比较，其目的在于说明这两类定位方法的参数估计性能。

首先，将观测站位置测量误差标准差固定为 $\sigma_{位置}=10\mathrm{m}$，而将 AOA/TDOA/GROA 参数的观测误差标准差分别设置为 $\sigma_{角度}=0.0001\delta_1\,\mathrm{rad}$，$\sigma_{距离差}=\delta_1\,\mathrm{m}$ 和 $\sigma_{距离比}=0.01\delta_1$，这里将 δ_1 称为观测量扰动参数(其数值会从 1 到 20 发生变化)。图 3.1 给出了两类非线性加权最小二乘定位方法的目标位置估计均方根误差随着观测量扰动参数 δ_1 的变化曲线，图 3.2 给出了两类非线性加权最小二乘定位方法的观测站位置估计均方根误差随着观测量扰动参数 δ_1 的变化曲线，图中的观测站位置先验估计均方根误差是根据方差矩阵 $\boldsymbol{Q}_2$ 计算获得(即 $\sqrt{\mathrm{tr}(\boldsymbol{Q}_2)}$)。

然后，将 AOA/TDOA/GROA 参数的观测误差标准差分别固定为 $\sigma_{角度}=0.001\mathrm{rad}$，$\sigma_{距离差}=10\mathrm{m}$ 和 $\sigma_{距离比}=0.1$，而将观测站位置测量误差标准差设置为 $\sigma_{位置}=\delta_2\,\mathrm{m}$，这里将 δ_2

称为系统参量扰动参数(其数值会从 1 到 20 发生变化)。图 3.3 给出了两类非线性加权最小二乘定位方法的目标位置估计均方根误差随着系统参量扰动参数 δ_2 的变化曲线,图 3.4 给出了两类非线性加权最小二乘定位方法的观测站位置估计均方根误差随着系统参量扰动参数 δ_2 的变化曲线,图中的观测站位置先验估计均方根误差根据方差矩阵 $\boldsymbol{Q}_2$ 计算获得(即 $\sqrt{\mathrm{tr}(\boldsymbol{Q}_2)}$)。

表 3.1　观测站三维位置坐标数值列表

观测站序号	1	2	3	4	5	6
$x_{o,m}$/m	800	−1400	1600	−1500	1200	−1800
$y_{o,m}$/m	1600	−1200	−800	1800	−800	1500
$z_{o,m}$/m	400	250	−500	320	−450	−350

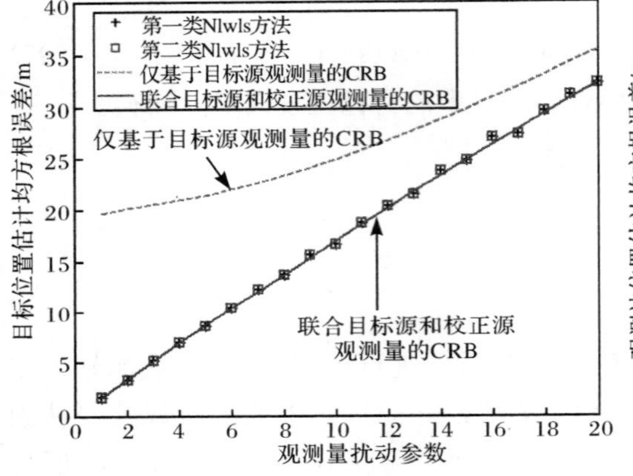

图 3.1　目标位置估计均方根误差随着观测量扰动参数 δ_1 的变化曲线

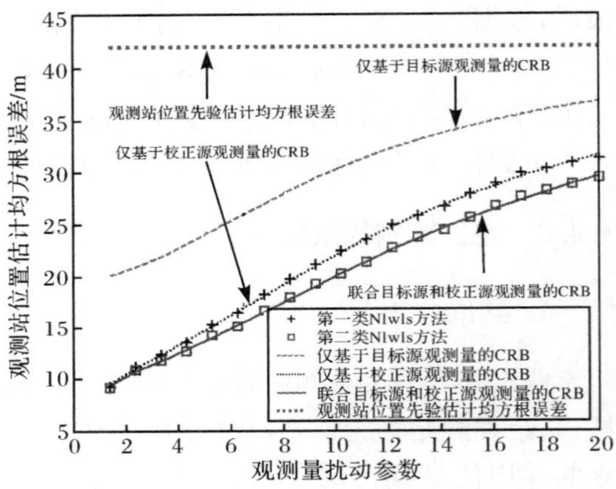

图 3.2　观测站位置估计均方根误差随着观测量扰动参数 δ_1 的变化曲线

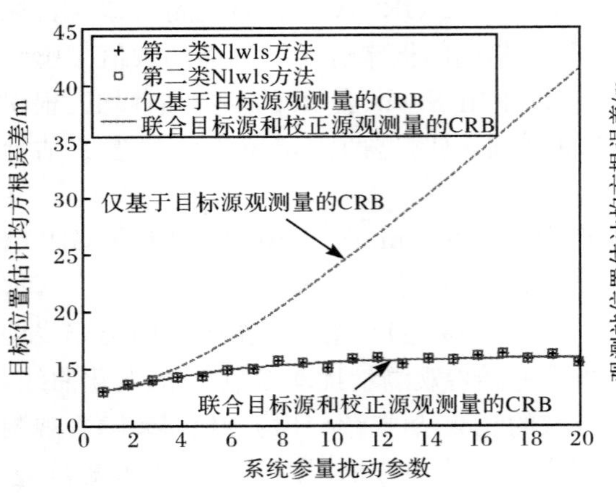

图 3.3　目标位置估计均方根误差随着系统参量扰动参数 δ_2 的变化曲线

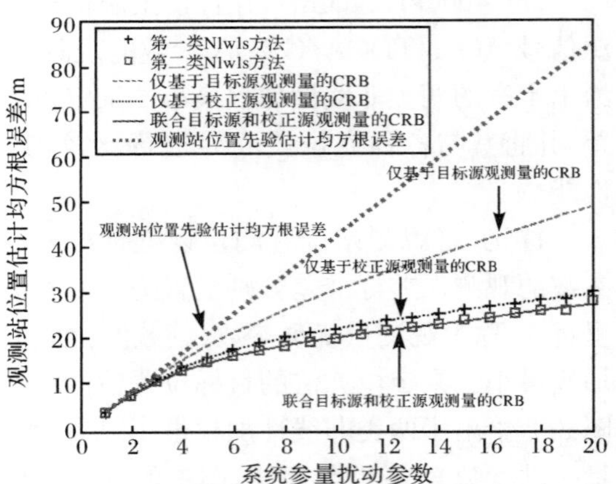

图 3.4　观测站位置估计均方根误差随着系统参量扰动参数 δ_2 的变化曲线

从图3.1～图3.4可以看出：

(1) 两类非线性加权最小二乘定位方法的目标位置估计均方根误差都可以达到“联合目标源和校正源观测量的克拉美罗界”(由式(3.34)给出)，并且优于“仅基于目标源观测量的克拉美罗界”(由式(3.15)给出)，这一方面说明了本章的两类非线性加权最小二乘定位方法的渐近最优性，同时还说明了校正源观测量为提高目标位置估计精度所带来的性能增益，并且该增益还随着系统参量扰动参数的增大而增加(图3.3)。

(2) 第一类非线性加权最小二乘定位方法的观测站位置估计均方根误差可以达到“仅基于校正源观测量的克拉美罗界”(由式(3.45)给出)，这是因为该方法仅在第一步给出观测站位置的估计值，而第一步中仅仅利用了校正源观测量；第二类非线性加权最小二乘定位方法的观测站位置估计均方根误差可以达到“联合目标源和校正源观测量的克拉美罗界”(由式(3.33)给出)，因此其估计精度要高于第一类非线性加权最小二乘定位方法。

(3) 相比于观测站位置先验测量方差(由方差矩阵 $\boldsymbol{Q}_2$ 计算获得)和“仅基于目标源观测量的克拉美罗界”(由式(3.14)给出)，两类非线性加权最小二乘定位方法给出的观测站位置估计值均具有更小的方差。

2. 数值实验2

数值实验条件基本不变，仅改变校正源的个数及其三维位置坐标，并且考虑以下三种情形：①设置三个校正源，每个校正源的三维位置坐标分别为(6200m，4800m，3200m)，(5800m，4600m，2600m)和(5000m，4000m，2400m)；②设置两个校正源，每个校正源的三维位置坐标分别为(6200m，4800m，3200m)和(5800m，4600m，2600m)；③仅设置一个校正源，该校正源的三维位置坐标为(6200m，4800m，3200m)。下面的实验将在上述三种情形下给出第二类非线性加权最小二乘定位方法的参数估计性能，其目的在于说明校正源个数对于参数估计精度的影响。

首先，将观测站位置测量误差标准差固定为 $\sigma_{位置}=20\text{m}$，而将AOA/TDOA/GROA参数的观测误差标准差分别设置为 $\sigma_{角度}=0.0001\delta_1\text{rad}$，$\sigma_{距离差}=0.1\delta_1\text{m}$ 和 $\sigma_{距离比}=0.001\delta_1$，这里将 δ_1 称为观测量扰动参数(其数值会从1到20发生变化)。图3.5给出了第二类非线性加权最小二乘定位方法的目标位置估计均方根误差随着观测量扰动参数 δ_1 的变化曲线，图3.6给出了第二类非线性加权最小二乘定位方法的观测站位置估计均方根误差随着观测量扰动参数 δ_1 的变化曲线。

然后，将AOA/TDOA/GROA参数的观测误差标准差分别固定为 $\sigma_{角度}=0.001\text{rad}$，$\sigma_{距离差}=1\text{m}$ 和 $\sigma_{距离比}=0.01$，而将观测站位置测量误差标准差设置为 $\sigma_{位置}=1.5\delta_2\text{m}$，这里将 δ_2 称为系统参量扰动参数(其数值会从1到20发生变化)。图3.7给出了第二类非线性加权最小二乘定位方法的目标位置估计均方根误差随着系统参量扰动参数 δ_2 的变化曲线，图3.8给出了第二类非线性加权最小二乘定位方法的观测站位置估计均方根误差随着系统参量扰动参数 δ_2 的变化曲线。

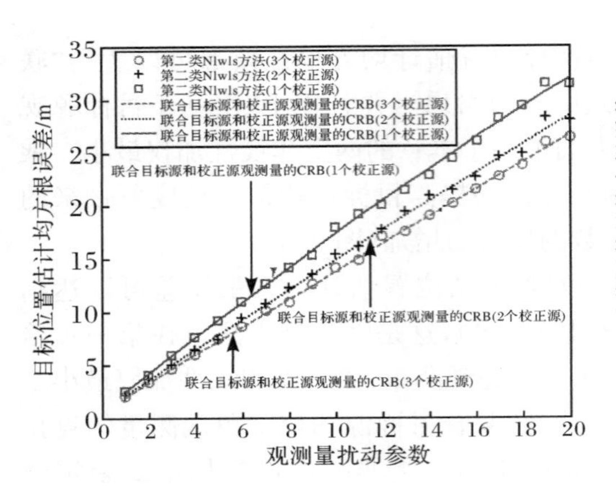

图 3.5　目标位置估计均方根误差随着观测量扰动参数 δ_1 的变化曲线

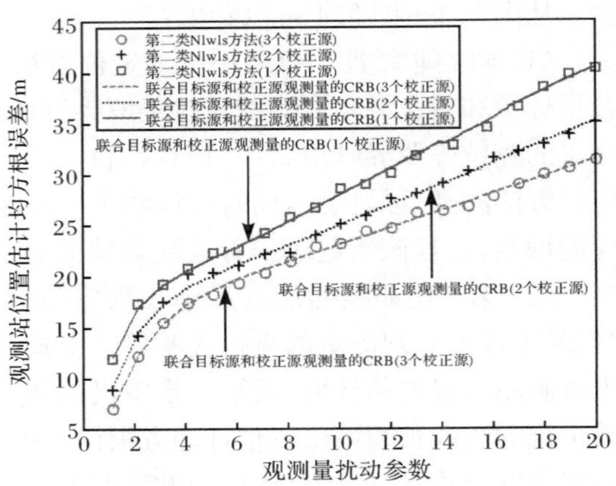

图 3.6　观测站位置估计均方根误差随着观测量扰动参数 δ_1 的变化曲线

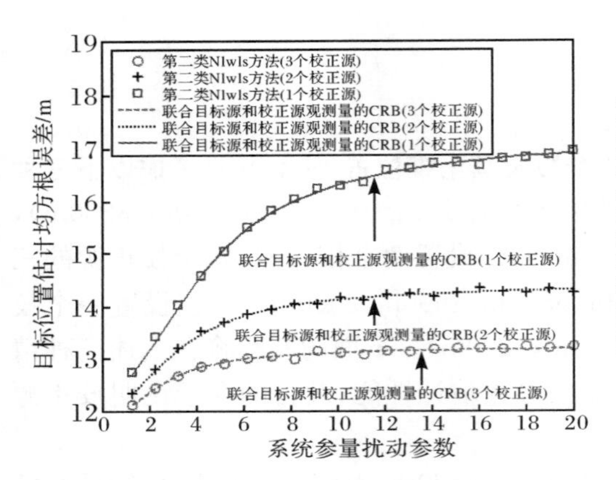

图 3.7　目标位置估计均方根误差随着系统参量扰动参数 δ_2 的变化曲线

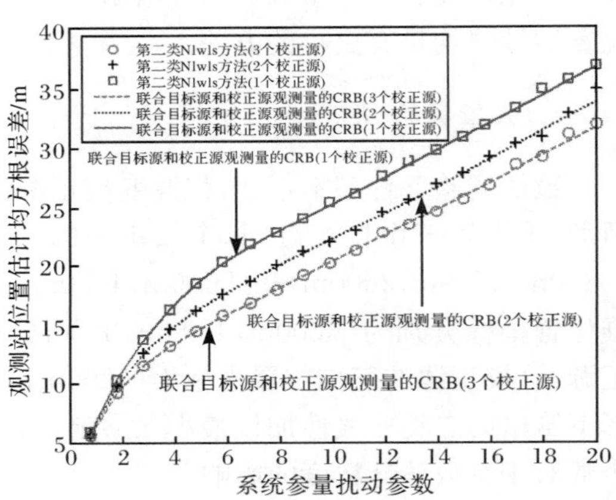

图 3.8　观测站位置估计均方根误差随着系统参量扰动参数 δ_2 的变化曲线

从图 3.5～图 3.8 中可以看出：

(1) 随着校正源个数的增加，无论目标位置还是观测站位置的估计精度都能够得到一定程度的提高。

(2) 第二类非线性加权最小二乘定位方法的目标位置和观测站位置估计均方根误差都可以达到“联合目标源和校正源观测量的克拉美罗界”(分别由式(3.33)和式(3.34)给出)，从而再次说明了其渐近最优性。

3. 数值实验 3

数值实验条件基本不变，校正源的个数及其三维位置坐标同图 3.1～图 3.4，下面将给出联合 AOA/TDOA 参数，联合 AOA/GROA 参数和联合 TDOA/GROA 参数的定位结果，并将它们与联合 AOA/TDOA/GROA 参数的定位结果进行比较，其目的在于验证“联合信号观测量信息越多，目标定位精度越高”这一基本事实。不失一般性，下面仅给出第一类非线性加权最小二乘定位方法的参数估计性能。

首先，将观测站位置测量误差标准差固定为 $\sigma_{位置}=10\text{m}$，而将 AOA/TDOA/GROA 参数的观测误差标准差分别设置为 $\sigma_{角度}=0.0003\delta_1\text{rad}$，$\sigma_{距离差}=0.5\delta_1\text{m}$ 和 $\sigma_{距离比}=0.0005\delta_1$，这里将 δ_1 称为观测量扰动参数（其数值会从 1 到 20 发生变化）。图 3.9 给出了第一类非线性加权最小二乘定位方法的目标位置估计均方根误差随着观测量扰动参数 δ_1 的变化曲线。

然后，将 AOA/TDOA/GROA 参数的观测误差标准差分别固定为 $\sigma_{角度}=0.003\text{rad}$，$\sigma_{距离差}=5\text{m}$ 和 $\sigma_{距离比}=0.005$，而将观测站位置测量误差标准差设置为 $\sigma_{位置}=\delta_2\text{m}$，这里将 δ_2 称为系统参量扰动参数（其数值会从 1 到 20 发生变化）。图 3.10 给出了第一类非线性加权最小二乘定位方法的目标位置估计均方根误差随着系统参量扰动参数 δ_2 的变化曲线。

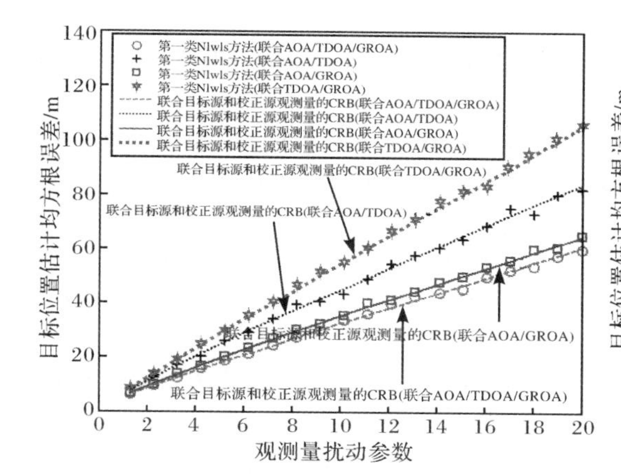

图 3.9　目标位置估计均方根误差随着观测量扰动参数 δ_1 的变化曲线

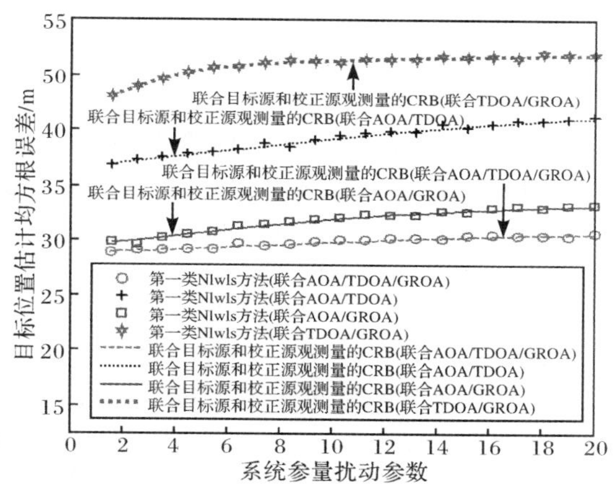

图 3.10　目标位置估计均方根误差随着系统参量扰动参数 δ_2 的变化曲线

从图 3.9 和图 3.10 可以看出：

(1) 联合 AOA/TDOA/GROA 参数的目标位置估计精度要高于联合 AOA/TDOA 参数，联合 AOA/GROA 参数和联合 TDOA/GROA 参数的目标位置估计精度，这是因为信号观测量越多，其所能够获得的关于目标位置的信息量就越多，从而可以提高定位精度。

(2) 第一类非线性加权最小二乘定位方法的目标位置估计均方根误差可以达到“联合目标源和校正源观测量的克拉美罗界”（由式(3.34)给出），从而再次说明了其渐近最优性。

参考文献

[1] 席少霖. 非线性最优化方法[M]. 北京：高等教育出版社，1992.

[2] 张光澄，王文娟，韩会磊，等. 非线性最优化计算方法[M]. 北京：高等教育出版社，2005.

[3] 赖炎连，贺国平. 最优化方法[M]. 北京：清华大学出版社，2008.

[4] Foy W H. Position-location solution by Taylor-series estimation[J]. IEEE Transactions on Aerospace and Electronic Systems，1976，12(2)：187-194.

[5] Lu X N，Ho K C. Taylor-series technique for source localization using AOAs in the presence of sensor location errors[C]//Proceedings of the Fourth IEEE Workshop on Sensor Array and Multichannel Processing，2006：190-194.

[6] 富森，孔祥维，李哲，等. 多基纯方位目标交叉定位中的非线性最小二乘方法[J]. 火力与指挥控制，2009，34(8)：80-83.

[7] 徐波，陈建云，李献斌，等. TOA 模式下消除观测站位置误差的移动台定位新方法[J]. 电子测量与仪器学报，2010，24(7)：626-631.

[8] 熊瑾煜，王巍，朱中梁. 基于泰勒级数展开的蜂窝 TDOA 定位算法[J]. 通信学报，2004，25(4)：144-150.

[9] Kovavisaruch L，Ho K C. Modified Taylor-series method for source and receiver localization using TDOA measurements with erroneous receiver positions[C]//Proceedings of the IEEE International Symposium on Circuits and Systems，2005：2295-2298.

[10] Zhang L，Wang D，Wu Y. An algorithm of restraining the receiver position errors for moving source localization using TDOA[C]//Proceedings of the IEEE International Conference on TENCON，2013：1-4.

[11] 李志刚，赵丰文，陈平奎. 存在随机站址误差时的最大似然时差定位算法[J]. 火力与指挥控制，2014，39(7)：31-34.

[12] 吴昊，宁勇. 考虑站址误差的牛顿迭代定位算法[J]. 航天电子对抗，2015，31(1)：34-36.

[13] 李金洲，郭福成. 传感器位置误差条件下仅用到达频率差的无源定位性能分析[J]. 航空学报，2011，32(8)：1497-1505.

[14] Lu X N，Ho K C. Taylor-series technique for moving source localization in the presence of sensor location errors[C]//Proceedings of the IEEE International Symposium on Circuits and Systems，2006：1075-1078.

[15] Wu H，Su W M，Gu H. A novel Taylor series method for source and receiver localization using TDOA and FDOA measurements with uncertain receiver positions[C]//Proceedings of the IEEE International Conference on Radar，2011：1037-1044.

[16] 张莉，王鼎，于宏毅. 基于多次观测的运动双站对运动目标时差/频差定位算法[J]. 信息工程大学学报，2013，14(6)：719-726.

[17] 贾兴江，周一宇，郭福成. 双/多机测角频差定位算法研究[J]. 信号处理，2011，27(1)：37-42.

[18] Pattison T，Chou S I. Sensitivity analysis of dual-satellite geolocation[J]. IEEE Transactions on Aerospace and Electronic Systems，2000，36(1)：56-71.

[19] Ho K C，Yang L. On the use of a calibration emitter for source localization in the presence of sensor position uncertainty[J]. IEEE Transactions on Signal Processing，2008，56(12)：5758-5772.

[20] Zhou C,Huang G M,Gao J. Improvement of passive localization accuracy by use of calibration[C]//Proceedings of the 7th International Congress on Image and Signal Processing,2014: 958-962.
[21] 瞿文中,叶尚福,孙正波. 卫星干扰源精确定位的位置校正算法[J]. 电波科学学报,2005,20(3):342-346.
[22] 瞿文中,叶尚福,孙正波. 卫星干扰源定位的位置迭代算法[J]. 电子与信息学报,2005,27(5):797-800.
[23] 高谦,郭福成,吴京,等. 一种三星时差定位系统的校正算法[J]. 航天电子对抗,2007,23(5):5-7.
[24] 严航,姚山峰. 基于参考站的低轨双星定位误差校正分析[J]. 电讯技术,2011,51(12):27-33.
[25] 郭连华,郭福成,李金洲. 一种多标校源的高轨伴星时差频差定位算法[J]. 宇航学报,2012,33(10):1407-1412.
[26] 姚山峰,贺青,熊瑾煜. 基于参考站的多传感器时差定位误差校正分析[J]. 计算机科学,2012,39(11A):79-82.
[27] 王鼎. 观测站位置状态扰动下 Taylor 级数迭代定位方法及性能分析[J]. 宇航学报,2013,34(12):1634-1643.
[28] Zhang L,Wang D,Wu Y. Performance analysis of TDOA and FDOA location by differential calibration with calibration sources[J]. Journal of Communications,2014,9(6): 483-490.
[29] 王鼎. 卫星位置误差条件下基于约束 Taylor 级数迭代的地面目标定位理论性能分析[J]. 中国科学:信息科学,2014,44(2):231-253.
[30] 张莉,王鼎,于宏毅. 多校正源联合的 TDOA/FDOA 无源定位算法[J]. 现代雷达,2015,37(1):38-42.
[31] Kay S M. 统计信号处理基础——估计与检测理论[M]. 罗鹏飞,张文明,刘忠,译. 北京:电子工业出版社,2006.

第 4 章　校正源条件下伪线性加权最小二乘定位理论与方法

第 3 章给出的非线性加权最小二乘定位方法具有很强的普适性,其对定位观测方程的代数特征没有额外限制。然而,该类方法需要通过迭代来实现,因此其计算量较大,而且还需要较好的迭代初值(离真实值较近),当迭代初值选择不合理时有可能会导致算法发散。为了避免无源定位中的迭代运算,国内外相关学者提出了一些可以给出其闭式解的定位方法,其基本思想是将非线性观测方程转化为与之具有相同维数的线性观测方程(通常称为伪线性观测方程),然后再利用线性加权最小二乘估计方法得到目标位置的闭式解。闭式类定位方法通常包含两种[1]:第一种适用于非线性观测方程可以直接转化为伪线性观测方程的情形,其中最为典型的定位观测量为角度参数[2-7];第二种则需要引入辅助变量(或称中间变量)方可将非线性观测方程转化为伪线性观测方程,其中最为典型的定位观测量为时差参数[8-12]。本章将重点研究第一种伪线性加权最小二乘定位方法,第 5 章将重点研究第二种伪线性加权最小二乘定位方法,由于该类方法需要建立两个伪线性观测方程,因此本书称其为两步伪线性加权最小二乘定位方法。

值得一提的是,虽然很多基于单一定位观测量的观测方程无法直接转化成伪线性观测方程,但是通过将多种类型的定位观测量进行联合处理就能够转化为伪线性观测方程了。例如,文献[13]～[15]提出了将频差和角度观测方程进行联合处理而转化成伪线性观测方程的定位方法;文献[16]提出了将时差和角度观测方程进行联合处理而转化成伪线性观测方程的定位方法。此外,文献[17]还建立了第一种伪线性加权最小二乘定位方法的计算模型和理论框架。然而,上述文献中的定位方法并未在校正源条件下进行讨论。为此,本章将在校正源条件下建立伪线性加权最小二乘(pseudo-linear weighted least square,Plwls)定位理论与方法。书中首先给出非线性观测方程的伪线性观测模型,然后设计出两类能够有效利用校正源观测量的伪线性加权最小二乘定位方法,两类方法都可以给出目标位置向量和系统参量的闭式解,随后还定量推导这两类定位方法的参数估计性能,并从数学上证明它们的目标位置估计方差都可以达到相应的克拉美罗界(在门限效应发生前)。最后,书中还设计出一种无源定位算例,用以验证本章定位方法及其理论分析的有效性。

4.1　非线性观测方程的伪线性观测模型

根据第 3 章的讨论可知,在没有观测误差和系统误差的条件下,观测向量 $\boldsymbol{z}_0$,目标真实位置向量 $\boldsymbol{u}$ 和系统参量 $\boldsymbol{w}$ 三者之间满足如下代数关系:

$$\boldsymbol{z}_0 = \boldsymbol{g}(\boldsymbol{u},\boldsymbol{w}) \tag{4.1}$$

鉴于观测方程 $\boldsymbol{g}(\boldsymbol{u},\boldsymbol{w})$ 通常是关于向量 $\boldsymbol{u}$ 和 $\boldsymbol{w}$ 的非线性函数,第 3 章给出了针对非线性观

测方程具有普适意义的数值迭代算法。然而，对于一些特殊的定位观测量，式(4.1)可以转化为与之具有相同维数，并且是关于向量 $\boldsymbol{u}$ 的线性观测方程，而该线性方程中的观测向量和系数矩阵都是关于向量 $\boldsymbol{z}_0$ 和 $\boldsymbol{w}$ 的连续可导函数，本书将该线性方程称为伪线性观测方程，而基于伪线性观测方程进行参数估计就可以避免迭代运算。

上面描述的伪线性观测方程的统一代数模型可以表示为

$$\boldsymbol{a}(\boldsymbol{z}_0,\boldsymbol{w})=\boldsymbol{B}(\boldsymbol{z}_0,\boldsymbol{w})\boldsymbol{u} \tag{4.2}$$

式中，

(1) $\boldsymbol{a}(\boldsymbol{z}_0,\boldsymbol{w})\in\mathbf{R}^{p\times 1}$表示关于目标源的伪线性观测向量，同时它是 $\boldsymbol{z}_0$ 和 $\boldsymbol{w}$ 的向量函数(连续可导)，其具体的代数形式随着定位观测量的不同而改变；

(2)$\boldsymbol{B}(\boldsymbol{z}_0,\boldsymbol{w})\in\mathbf{R}^{p\times q}$表示关于目标源的伪线性系数矩阵，同时它是 $\boldsymbol{z}_0$ 和 $\boldsymbol{w}$ 的矩阵函数(连续可导)，其具体的代数形式也随着定位观测量的不同而改变。

另外，在没有观测误差和系统误差的条件下，观测向量 $\boldsymbol{r}_{k0}$，校正源位置向量 $\boldsymbol{s}_k$ 和系统参量 $\boldsymbol{w}$ 三者之间满足如下代数关系：

$$\boldsymbol{r}_{k0}=\boldsymbol{g}(\boldsymbol{s}_k,\boldsymbol{w}),\quad 1\leqslant k\leqslant d \tag{4.3}$$

类似地，对于一些特殊的定位观测量，式(4.3)也可以转化为与之具有相同维数，并且是关于向量 $\boldsymbol{w}$ 的线性观测方程(同样称为伪线性观测方程)，而该线性方程中的观测向量和系数矩阵都是关于向量 $\boldsymbol{r}_{k0}$ 和 $\boldsymbol{s}_k$ 的连续可导函数。

上面描述的伪线性观测方程的统一代数模型可以表示为

$$\boldsymbol{c}(\boldsymbol{r}_{k0},\boldsymbol{s}_k)=\boldsymbol{D}(\boldsymbol{r}_{k0},\boldsymbol{s}_k)\boldsymbol{w},\quad 1\leqslant k\leqslant d \tag{4.4}$$

式中，

(1) $\boldsymbol{c}(\boldsymbol{r}_{k0},\boldsymbol{s}_k)\in\mathbf{R}^{p\times 1}$表示关于第 k 个校正源的伪线性观测向量，同时它是 $\boldsymbol{r}_{k0}$ 和 $\boldsymbol{s}_k$ 的向量函数(连续可导)，其具体的代数形式随着定位观测量的不同而改变；

(2) $\boldsymbol{D}(\boldsymbol{r}_{k0},\boldsymbol{s}_k)\in\mathbf{R}^{p\times l}$表示关于第 k 个校正源的伪线性系数矩阵，同时它是 $\boldsymbol{r}_{k0}$ 和 $\boldsymbol{s}_k$ 的矩阵函数(连续可导)，其具体的代数形式也随着定位观测量的不同而改变。

若将上述 d 个伪线性观测方程进行合并，则可以得到如下具有更高维数的伪线性观测方程：

$$\bar{\boldsymbol{c}}(\boldsymbol{r}_0,\boldsymbol{s})=\bar{\boldsymbol{D}}(\boldsymbol{r}_0,\boldsymbol{s})\boldsymbol{w} \tag{4.5}$$

式中

$$\begin{cases}\bar{\boldsymbol{c}}(\boldsymbol{r}_0,\boldsymbol{s})=[\boldsymbol{c}^{\mathrm{T}}(\boldsymbol{r}_{10},\boldsymbol{s}_1)\quad \boldsymbol{c}^{\mathrm{T}}(\boldsymbol{r}_{20},\boldsymbol{s}_2)\quad\cdots\quad \boldsymbol{c}^{\mathrm{T}}(\boldsymbol{r}_{d0},\boldsymbol{s}_d)]^{\mathrm{T}}\in\mathbf{R}^{pd\times 1}\\ \bar{\boldsymbol{D}}(\boldsymbol{r}_0,\boldsymbol{s})=[\boldsymbol{D}^{\mathrm{T}}(\boldsymbol{r}_{10},\boldsymbol{s}_1)\quad \boldsymbol{D}^{\mathrm{T}}(\boldsymbol{r}_{20},\boldsymbol{s}_2)\quad\cdots\quad \boldsymbol{D}^{\mathrm{T}}(\boldsymbol{r}_{d0},\boldsymbol{s}_d)]^{\mathrm{T}}\in\mathbf{R}^{pd\times l}\\ \boldsymbol{r}_0=[\boldsymbol{r}_{10}^{\mathrm{T}}\quad \boldsymbol{r}_{20}^{\mathrm{T}}\quad\cdots\quad \boldsymbol{r}_{d0}^{\mathrm{T}}]^{\mathrm{T}}\in\mathbf{R}^{pd\times 1},\quad \boldsymbol{s}=[\boldsymbol{s}_1^{\mathrm{T}}\quad \boldsymbol{s}_2^{\mathrm{T}}\quad\cdots\quad \boldsymbol{s}_d^{\mathrm{T}}]^{\mathrm{T}}\in\mathbf{R}^{qd\times 1}\end{cases} \tag{4.6}$$

下面将基于上面描述的伪线性观测方程给出两类伪线性加权最小二乘定位方法，并定量推导两类伪线性加权最小二乘定位方法的参数估计性能，证明它们的目标位置估计方差都可以达到相应的克拉美罗界(在门限效应发生以前)。另外，为了便于区分，书中将第一类伪线性加权最小二乘定位方法给出的估计值中增加上标“(a)”，而将第二类伪线性加权最小二乘定位方法给出的估计值中增加上标“(b)”。

4.2　第一类伪线性加权最小二乘定位方法及其理论性能分析

第一类伪线性加权最小二乘定位方法分为两个步骤：①利用校正源观测量 $\boldsymbol{r}$ 和系统参量的先验测量值 $\boldsymbol{v}$ 给出更加精确的系统参量估计值；②利用目标源观测量 $\boldsymbol{z}$ 和第一步给出的系统参量解估计目标位置向量 $\boldsymbol{u}$。

4.2.1　估计系统参量

这里将在伪线性观测方程(4.5)的基础上，基于校正源观测量 $\boldsymbol{r}$ 和系统参量的先验测量值 $\boldsymbol{v}$ 估计系统参量 $\boldsymbol{w}$。在实际计算中，函数 $\bar{\boldsymbol{c}}(\cdot,\cdot)$ 和 $\bar{\boldsymbol{D}}(\cdot,\cdot)$ 的闭式形式是可知的，但 $\boldsymbol{r}_0$ 却不可获知，只能用带误差的观测向量 $\boldsymbol{r}$ 来代替。显然，若用 $\boldsymbol{r}$ 直接代替 $\boldsymbol{r}_0$，式(4.5)已经无法成立，为此需要引入如下误差向量：

$$\boldsymbol{\varepsilon}_1=\bar{\boldsymbol{c}}(\boldsymbol{r},\boldsymbol{s})-\bar{\boldsymbol{D}}(\boldsymbol{r},\boldsymbol{s})\boldsymbol{w}\tag{4.7}$$

为了合理估计 $\boldsymbol{w}$，需要分析误差向量 $\boldsymbol{\varepsilon}_1$ 的二阶统计特性。由于向量 $\boldsymbol{\varepsilon}_1$ 是观测误差 $\boldsymbol{e}=\boldsymbol{r}-\boldsymbol{r}_0$ 的非线性函数，因此不妨利用一阶 Taylor 级数展开将 $\boldsymbol{\varepsilon}_1$ 近似表示成关于误差向量 $\boldsymbol{e}$ 的线性函数。根据推论 2.13 可得

$$\boldsymbol{\varepsilon}_1\approx(\bar{\boldsymbol{C}}(\boldsymbol{r}_0,\boldsymbol{s})-[\dot{\bar{\boldsymbol{D}}}_1(\boldsymbol{r}_0,\boldsymbol{s})\boldsymbol{w}\quad\dot{\bar{\boldsymbol{D}}}_2(\boldsymbol{r}_0,\boldsymbol{s})\boldsymbol{w}\quad\cdots\quad\dot{\bar{\boldsymbol{D}}}_{pd}(\boldsymbol{r}_0,\boldsymbol{s})\boldsymbol{w}])\boldsymbol{e}=\bar{\boldsymbol{H}}(\boldsymbol{r}_0,\boldsymbol{s},\boldsymbol{w})\boldsymbol{e}\tag{4.8}$$

式中

$$\begin{cases}\bar{\boldsymbol{H}}(\boldsymbol{r}_0,\boldsymbol{s},\boldsymbol{w})=\bar{\boldsymbol{C}}(\boldsymbol{r}_0,\boldsymbol{s})-[\dot{\bar{\boldsymbol{D}}}_1(\boldsymbol{r}_0,\boldsymbol{s})\boldsymbol{w}\quad\dot{\bar{\boldsymbol{D}}}_2(\boldsymbol{r}_0,\boldsymbol{s})\boldsymbol{w}\quad\cdots\quad\dot{\bar{\boldsymbol{D}}}_{pd}(\boldsymbol{r}_0,\boldsymbol{s})\boldsymbol{w}]\in\mathbf{R}^{pd\times pd}\\ \bar{\boldsymbol{C}}(\boldsymbol{r}_0,\boldsymbol{s})=\dfrac{\partial\bar{\boldsymbol{c}}(\boldsymbol{r}_0,\boldsymbol{s})}{\partial\boldsymbol{r}_0^{\mathrm{T}}}\in\mathbf{R}^{pd\times pd},\quad\dot{\bar{\boldsymbol{D}}}_j(\boldsymbol{r}_0,\boldsymbol{s})=\dfrac{\partial\bar{\boldsymbol{D}}(\boldsymbol{r}_0,\boldsymbol{s})}{\partial\langle\boldsymbol{r}_0\rangle_j}\in\mathbf{R}^{pd\times l},\quad 1\leqslant j\leqslant pd\end{cases}\tag{4.9}$$

根据式(4.8)可知，误差向量 $\boldsymbol{\varepsilon}_1$ 近似服从零均值高斯分布，并且其方差矩阵为

$$\begin{aligned}\boldsymbol{E}_1&=E[\boldsymbol{\varepsilon}_1\boldsymbol{\varepsilon}_1^{\mathrm{T}}]=\bar{\boldsymbol{H}}(\boldsymbol{r}_0,\boldsymbol{s},\boldsymbol{w})E[\boldsymbol{e}\boldsymbol{e}^{\mathrm{T}}]\,\bar{\boldsymbol{H}}^{\mathrm{T}}(\boldsymbol{r}_0,\boldsymbol{s},\boldsymbol{w})\\&=\bar{\boldsymbol{H}}(\boldsymbol{r}_0,\boldsymbol{s},\boldsymbol{w})\boldsymbol{Q}_3\,\bar{\boldsymbol{H}}^{\mathrm{T}}(\boldsymbol{r}_0,\boldsymbol{s},\boldsymbol{w})\end{aligned}\tag{4.10}$$

式中，$\boldsymbol{Q}_3=E[\boldsymbol{e}\boldsymbol{e}^{\mathrm{T}}]$ 表示观测误差 $\boldsymbol{e}$ 的方差矩阵(同第 3 章的定义)。

联合式(4.7)，式(4.10)以及观测模型式(3.2)可以建立如下伪线性加权最小二乘优化模型

$$\begin{aligned}&\min_{\boldsymbol{w}\in\mathbf{R}^{l\times1}}\begin{bmatrix}\bar{\boldsymbol{c}}(\boldsymbol{r},\boldsymbol{s})-\bar{\boldsymbol{D}}(\boldsymbol{r},\boldsymbol{s})\boldsymbol{w}\\ \boldsymbol{v}-\boldsymbol{w}\end{bmatrix}^{\mathrm{T}}\begin{bmatrix}\boldsymbol{E}_1&\boldsymbol{O}_{pd\times l}\\ \boldsymbol{O}_{l\times pd}&\boldsymbol{Q}_2\end{bmatrix}^{-1}\begin{bmatrix}\bar{\boldsymbol{c}}(\boldsymbol{r},\boldsymbol{s})-\bar{\boldsymbol{D}}(\boldsymbol{r},\boldsymbol{s})\boldsymbol{w}\\ \boldsymbol{v}-\boldsymbol{w}\end{bmatrix}\\ \Leftrightarrow&\min_{\boldsymbol{w}\in\mathbf{R}^{l\times1}}\left(\begin{bmatrix}\bar{\boldsymbol{c}}(\boldsymbol{r},\boldsymbol{s})\\ \boldsymbol{v}\end{bmatrix}-\begin{bmatrix}\bar{\boldsymbol{D}}(\boldsymbol{r},\boldsymbol{s})\\ \boldsymbol{I}_l\end{bmatrix}\boldsymbol{w}\right)^{\mathrm{T}}\begin{bmatrix}\boldsymbol{E}_1&\boldsymbol{O}_{pd\times l}\\ \boldsymbol{O}_{l\times pd}&\boldsymbol{Q}_2\end{bmatrix}^{-1}\left(\begin{bmatrix}\bar{\boldsymbol{c}}(\boldsymbol{r},\boldsymbol{s})\\ \boldsymbol{v}\end{bmatrix}-\begin{bmatrix}\bar{\boldsymbol{D}}(\boldsymbol{r},\boldsymbol{s})\\ \boldsymbol{I}_l\end{bmatrix}\boldsymbol{w}\right)\end{aligned}\tag{4.11}$$

式中，$\boldsymbol{Q}_2=E[\boldsymbol{m}\boldsymbol{m}^{\mathrm{T}}]$ 表示测量误差 $\boldsymbol{m}$ 的方差矩阵(同第 3 章的定义)。由于式(4.11)是关于向量 $\boldsymbol{w}$ 的二次优化问题，因此其存在最优闭式解，根据式(2.85)可知该闭式解为

$$\hat{\boldsymbol{w}}_{\text{plwls}}^{(\text{a})}=\left([\bar{\boldsymbol{D}}^{\text{T}}(\boldsymbol{r},\boldsymbol{s})\quad \boldsymbol{I}_l]\begin{bmatrix}\boldsymbol{E}_1 & \boldsymbol{O}_{pd\times l}\\ \boldsymbol{O}_{l\times pd} & \boldsymbol{Q}_2\end{bmatrix}^{-1}\begin{bmatrix}\bar{\boldsymbol{D}}(\boldsymbol{r},\boldsymbol{s})\\ \boldsymbol{I}_l\end{bmatrix}\right)^{-1}$$

$$[\bar{\boldsymbol{D}}^{\text{T}}(\boldsymbol{r},\boldsymbol{s})\quad \boldsymbol{I}_l]\begin{bmatrix}\boldsymbol{E}_1 & \boldsymbol{O}_{pd\times l}\\ \boldsymbol{O}_{l\times pd} & \boldsymbol{Q}_2\end{bmatrix}^{-1}\begin{bmatrix}\bar{\boldsymbol{c}}(\boldsymbol{r},\boldsymbol{s})\\ \boldsymbol{v}\end{bmatrix}$$

$$=(\boldsymbol{Q}_2^{-1}+\bar{\boldsymbol{D}}^{\text{T}}(\boldsymbol{r},\boldsymbol{s})\boldsymbol{E}_1^{-1}\bar{\boldsymbol{D}}(\boldsymbol{r},\boldsymbol{s}))^{-1}(\boldsymbol{Q}_2^{-1}\boldsymbol{v}+\bar{\boldsymbol{D}}^{\text{T}}(\boldsymbol{r},\boldsymbol{s})\boldsymbol{E}_1^{-1}\bar{\boldsymbol{c}}(\boldsymbol{r},\boldsymbol{s}))\tag{4.12}$$

需要指出的是，矩阵 $\boldsymbol{E}_1$ 表达式中的 $\boldsymbol{r}_0$ 和 $\boldsymbol{w}$ 均无法事先获知，其中 $\boldsymbol{r}_0$ 可用其观测向量 $\boldsymbol{r}$ 来代替，而 $\boldsymbol{w}$ 可用其非加权线性最小二乘估计 $\hat{\boldsymbol{w}}_{\text{ls}}^{(\text{a})}=\bar{\boldsymbol{D}}^{\dagger}(\boldsymbol{r},\boldsymbol{s})\bar{\boldsymbol{c}}(\boldsymbol{r},\boldsymbol{s})$ 或者其先验测量值 $\boldsymbol{v}$ 来代替，不妨将由 $\boldsymbol{r}$ 和 $\hat{\boldsymbol{w}}_{\text{ls}}^{(\text{a})}$（或者 $\boldsymbol{v}$）计算出的矩阵 $\boldsymbol{E}_1$ 记为 $\hat{\boldsymbol{E}}_1$，则有

$$\hat{\boldsymbol{w}}_{\text{plwls}}^{(\text{a})}=(\boldsymbol{Q}_2^{-1}+\bar{\boldsymbol{D}}^{\text{T}}(\boldsymbol{r},\boldsymbol{s})\hat{\boldsymbol{E}}_1^{-1}\bar{\boldsymbol{D}}(\boldsymbol{r},\boldsymbol{s}))^{-1}(\boldsymbol{Q}_2^{-1}\boldsymbol{v}+\bar{\boldsymbol{D}}^{\text{T}}(\boldsymbol{r},\boldsymbol{s})\hat{\boldsymbol{E}}_1^{-1}\bar{\boldsymbol{c}}(\boldsymbol{r},\boldsymbol{s}))\tag{4.13}$$

式(4.13)中的向量 $\hat{\boldsymbol{w}}_{\text{plwls}}^{(\text{a})}$ 即为第一类伪线性加权最小二乘定位方法给出的系统参量解。最后需要强调的是，在一阶误差分析的理论框架之下，利用矩阵 $\hat{\boldsymbol{E}}_1$ 代替 $\boldsymbol{E}_1$ 并不会影响最终的参数估计方差。

4.2.2 系统参量估计值的理论性能

这里将推导系统参量解 $\hat{\boldsymbol{w}}_{\text{plwls}}^{(\text{a})}$ 的理论性能，重点推导其估计方差矩阵。首先根据式(4.13)可推得

$$(\boldsymbol{Q}_2^{-1}+\bar{\boldsymbol{D}}^{\text{T}}(\boldsymbol{r},\boldsymbol{s})\hat{\boldsymbol{E}}_1^{-1}\bar{\boldsymbol{D}}(\boldsymbol{r},\boldsymbol{s}))\hat{\boldsymbol{w}}_{\text{plwls}}^{(\text{a})}=\boldsymbol{Q}_2^{-1}\boldsymbol{v}+\bar{\boldsymbol{D}}^{\text{T}}(\boldsymbol{r},\boldsymbol{s})\hat{\boldsymbol{E}}_1^{-1}\bar{\boldsymbol{c}}(\boldsymbol{r},\boldsymbol{s})$$

$$\Rightarrow\begin{pmatrix}\boldsymbol{Q}_2^{-1}+\bar{\boldsymbol{D}}^{\text{T}}(\boldsymbol{r}_0,\boldsymbol{s})\boldsymbol{E}_1^{-1}\bar{\boldsymbol{D}}(\boldsymbol{r}_0,\boldsymbol{s})+\boldsymbol{\delta}\bar{\boldsymbol{D}}^{\text{T}}(\boldsymbol{r}_0,\boldsymbol{s})\boldsymbol{E}_1^{-1}\bar{\boldsymbol{D}}(\boldsymbol{r}_0,\boldsymbol{s})\\ +\bar{\boldsymbol{D}}^{\text{T}}(\boldsymbol{r}_0,\boldsymbol{s})\boldsymbol{\delta}\boldsymbol{E}_1^{-1}\bar{\boldsymbol{D}}(\boldsymbol{r}_0,\boldsymbol{s})+\bar{\boldsymbol{D}}^{\text{T}}(\boldsymbol{r}_0,\boldsymbol{s})\boldsymbol{E}_1^{-1}\boldsymbol{\delta}\bar{\boldsymbol{D}}(\boldsymbol{r}_0,\boldsymbol{s})\end{pmatrix}(\boldsymbol{w}+\boldsymbol{\delta}\boldsymbol{w}_{\text{plwls}}^{(\text{a})})$$

$$\approx\begin{pmatrix}\boldsymbol{Q}_2^{-1}\boldsymbol{w}+\bar{\boldsymbol{D}}^{\text{T}}(\boldsymbol{r}_0,\boldsymbol{s})\boldsymbol{E}_1^{-1}\bar{\boldsymbol{c}}(\boldsymbol{r}_0,\boldsymbol{s})+\boldsymbol{Q}_2^{-1}\boldsymbol{m}+\boldsymbol{\delta}\bar{\boldsymbol{D}}^{\text{T}}(\boldsymbol{r}_0,\boldsymbol{s})\boldsymbol{E}_1^{-1}\bar{\boldsymbol{c}}(\boldsymbol{r}_0,\boldsymbol{s})\\ +\bar{\boldsymbol{D}}^{\text{T}}(\boldsymbol{r}_0,\boldsymbol{s})\boldsymbol{\delta}\boldsymbol{E}_1^{-1}\bar{\boldsymbol{c}}(\boldsymbol{r}_0,\boldsymbol{s})+\bar{\boldsymbol{D}}^{\text{T}}(\boldsymbol{r}_0,\boldsymbol{s})\boldsymbol{E}_1^{-1}\boldsymbol{\delta}\bar{\boldsymbol{c}}(\boldsymbol{r}_0,\boldsymbol{s})\end{pmatrix}$$

$$\Rightarrow\boldsymbol{\delta}\boldsymbol{w}_{\text{plwls}}^{(\text{a})}\approx(\boldsymbol{Q}_2^{-1}+\bar{\boldsymbol{D}}^{\text{T}}(\boldsymbol{r}_0,\boldsymbol{s})\boldsymbol{E}_1^{-1}\bar{\boldsymbol{D}}(\boldsymbol{r}_0,\boldsymbol{s}))^{-1}$$
$$\cdot(\boldsymbol{Q}_2^{-1}\boldsymbol{m}+\bar{\boldsymbol{D}}^{\text{T}}(\boldsymbol{r}_0,\boldsymbol{s})\boldsymbol{E}_1^{-1}(\boldsymbol{\delta}\bar{\boldsymbol{c}}(\boldsymbol{r}_0,\boldsymbol{s})-\boldsymbol{\delta}\bar{\boldsymbol{D}}(\boldsymbol{r}_0,\boldsymbol{s})\boldsymbol{w}))$$
$$=(\boldsymbol{Q}_2^{-1}+\bar{\boldsymbol{D}}^{\text{T}}(\boldsymbol{r}_0,\boldsymbol{s})\boldsymbol{E}_1^{-1}\bar{\boldsymbol{D}}(\boldsymbol{r}_0,\boldsymbol{s}))^{-1}(\boldsymbol{Q}_2^{-1}\boldsymbol{m}+\bar{\boldsymbol{D}}^{\text{T}}(\boldsymbol{r}_0,\boldsymbol{s})\boldsymbol{E}_1^{-1}\boldsymbol{\varepsilon}_1)\tag{4.14}$$

式中

$$\begin{cases}\boldsymbol{\delta}\boldsymbol{w}_{\text{plwls}}^{(\text{a})}=\hat{\boldsymbol{w}}_{\text{plwls}}^{(\text{a})}-\boldsymbol{w}, & \boldsymbol{\delta}\boldsymbol{E}_1^{-1}=\hat{\boldsymbol{E}}_1^{-1}-\boldsymbol{E}_1^{-1}\\ \boldsymbol{\delta}\bar{\boldsymbol{c}}(\boldsymbol{r}_0,\boldsymbol{s})=\bar{\boldsymbol{c}}(\boldsymbol{r},\boldsymbol{s})-\bar{\boldsymbol{c}}(\boldsymbol{r}_0,\boldsymbol{s}), & \boldsymbol{\delta}\bar{\boldsymbol{D}}(\boldsymbol{r}_0,\boldsymbol{s})=\bar{\boldsymbol{D}}(\boldsymbol{r},\boldsymbol{s})-\bar{\boldsymbol{D}}(\boldsymbol{r}_0,\boldsymbol{s})\end{cases}\tag{4.15}$$

显然，式(4.14)忽略了误差的二阶及其以上各项，根据该式可进一步推得

$$\mathbf{cov}(\hat{\boldsymbol{w}}_{\text{plwls}}^{(\text{a})})=E[\boldsymbol{\delta}\boldsymbol{w}_{\text{plwls}}^{(\text{a})}\boldsymbol{\delta}\boldsymbol{w}_{\text{plwls}}^{(\text{a})\text{T}}]=(\boldsymbol{Q}_2^{-1}+\bar{\boldsymbol{D}}^{\text{T}}(\boldsymbol{r}_0,\boldsymbol{s})\boldsymbol{E}_1^{-1}\bar{\boldsymbol{D}}(\boldsymbol{r}_0,\boldsymbol{s}))^{-1}$$
$$\cdot E[(\boldsymbol{Q}_2^{-1}\boldsymbol{m}+\bar{\boldsymbol{D}}^{\text{T}}(\boldsymbol{r}_0,\boldsymbol{s})\boldsymbol{E}_1^{-1}\boldsymbol{\varepsilon}_1)(\boldsymbol{Q}_2^{-1}\boldsymbol{m}+\bar{\boldsymbol{D}}^{\text{T}}(\boldsymbol{r}_0,\boldsymbol{s})\boldsymbol{E}_1^{-1}\boldsymbol{\varepsilon}_1)^{\text{T}}]$$
$$\cdot(\boldsymbol{Q}_2^{-1}+\bar{\boldsymbol{D}}^{\text{T}}(\boldsymbol{r}_0,\boldsymbol{s})\boldsymbol{E}_1^{-1}\bar{\boldsymbol{D}}(\boldsymbol{r}_0,\boldsymbol{s}))^{-1}$$

$$=(\boldsymbol{Q}_2^{-1}+\bar{\boldsymbol{D}}^{\mathrm{T}}(\boldsymbol{r}_0,\boldsymbol{s})\boldsymbol{E}_1^{-1}\bar{\boldsymbol{D}}(\boldsymbol{r}_0,\boldsymbol{s}))^{-1} \tag{4.16}$$

通过进一步的数学分析可以证明,系统参量解$\hat{\boldsymbol{w}}_{\mathrm{plwls}}^{(\mathrm{a})}$的估计方差矩阵等于式(3.45)给出的克拉美罗界矩阵,结果可见如下命题。

命题 4.1 $\mathbf{cov}(\hat{\boldsymbol{w}}_{\mathrm{plwls}}^{(\mathrm{a})})=\mathbf{CRB}_{\mathrm{o}}(\boldsymbol{w})=(\boldsymbol{Q}_2^{-1}+\bar{\boldsymbol{G}}^{\mathrm{T}}(\boldsymbol{s},\boldsymbol{w})\boldsymbol{Q}_3^{-1}\bar{\boldsymbol{G}}(\boldsymbol{s},\boldsymbol{w}))^{-1}$。

证明 将关于第 k 个校正源的非线性观测方程 $\boldsymbol{r}_{k0}=\boldsymbol{g}(\boldsymbol{s}_k,\boldsymbol{w})$ 代入伪线性观测方程(4.4)可得

$$\boldsymbol{c}(\boldsymbol{g}(\boldsymbol{s}_k,\boldsymbol{w}),\boldsymbol{s}_k)=\boldsymbol{D}(\boldsymbol{g}(\boldsymbol{s}_k,\boldsymbol{w}),\boldsymbol{s}_k)\boldsymbol{w},\quad 1\leqslant k\leqslant d \tag{4.17}$$

计算式(4.17)两边关于向量 $\boldsymbol{w}$ 的 Jacobi 矩阵,并根据推论 2.13 可知

$$\begin{aligned}\boldsymbol{C}(\boldsymbol{r}_{k0},\boldsymbol{s}_k)\boldsymbol{G}_2(\boldsymbol{s}_k,\boldsymbol{w})=&[\dot{\boldsymbol{D}}_1(\boldsymbol{r}_{k0},\boldsymbol{s}_k)\boldsymbol{w}\quad \dot{\boldsymbol{D}}_2(\boldsymbol{r}_{k0},\boldsymbol{s}_k)\boldsymbol{w}\quad\cdots\quad \dot{\boldsymbol{D}}_p(\boldsymbol{r}_{k0},\boldsymbol{s}_k)\boldsymbol{w}]\\ &\cdot\boldsymbol{G}_2(\boldsymbol{s}_k,\boldsymbol{w})+\boldsymbol{D}(\boldsymbol{r}_{k0},\boldsymbol{s}_k)\\ \Rightarrow&\boldsymbol{H}(\boldsymbol{r}_{k0},\boldsymbol{s}_k,\boldsymbol{w})\boldsymbol{G}_2(\boldsymbol{s}_k,\boldsymbol{w})=\boldsymbol{D}(\boldsymbol{r}_{k0},\boldsymbol{s}_k),\quad 1\leqslant k\leqslant d\end{aligned} \tag{4.18}$$

式中

$$\begin{cases}\boldsymbol{H}(\boldsymbol{r}_{k0},\boldsymbol{s}_k,\boldsymbol{w})=\boldsymbol{C}(\boldsymbol{r}_{k0},\boldsymbol{s}_k)-[\dot{\boldsymbol{D}}_1(\boldsymbol{r}_{k0},\boldsymbol{s}_k)\boldsymbol{w}\quad \dot{\boldsymbol{D}}_2(\boldsymbol{r}_{k0},\boldsymbol{s}_k)\boldsymbol{w}\quad\cdots\quad \dot{\boldsymbol{D}}_p(\boldsymbol{r}_{k0},\boldsymbol{s}_k)\boldsymbol{w}]\in\mathbf{R}^{p\times p},\quad 1\leqslant k\leqslant d\\ \boldsymbol{C}(\boldsymbol{r}_{k0},\boldsymbol{s}_k)=\dfrac{\partial\boldsymbol{c}(\boldsymbol{r}_{k0},\boldsymbol{s}_k)}{\partial\boldsymbol{r}_{k0}^{\mathrm{T}}}\in\mathbf{R}^{p\times p},\dot{\boldsymbol{D}}_j(\boldsymbol{r}_{k0},\boldsymbol{s}_k)=\dfrac{\partial\boldsymbol{D}(\boldsymbol{r}_{k0},\boldsymbol{s}_k)}{\partial\langle\boldsymbol{r}_{k0}\rangle_j}\in\mathbf{R}^{p\times l},\quad 1\leqslant j\leqslant p\end{cases} \tag{4.19}$$

将式(4.19)中的 d 个方程进行合并可推得

$$\begin{aligned}&\mathrm{blkdiag}[\boldsymbol{H}(\boldsymbol{r}_{10},\boldsymbol{s}_1,\boldsymbol{w})\quad \boldsymbol{H}(\boldsymbol{r}_{20},\boldsymbol{s}_2,\boldsymbol{w})\quad\cdots\quad \boldsymbol{H}(\boldsymbol{r}_{d0},\boldsymbol{s}_d,\boldsymbol{w})]\begin{bmatrix}\boldsymbol{G}_2(\boldsymbol{s}_1,\boldsymbol{w})\\ \boldsymbol{G}_2(\boldsymbol{s}_2,\boldsymbol{w})\\ \vdots\\ \boldsymbol{G}_2(\boldsymbol{s}_d,\boldsymbol{w})\end{bmatrix}=\begin{bmatrix}\boldsymbol{D}(\boldsymbol{r}_{10},\boldsymbol{s}_1)\\ \boldsymbol{D}(\boldsymbol{r}_{20},\boldsymbol{s}_2)\\ \vdots\\ \boldsymbol{D}(\boldsymbol{r}_{d0},\boldsymbol{s}_d)\end{bmatrix}\\ &\Rightarrow\bar{\boldsymbol{H}}(\boldsymbol{r}_0,\boldsymbol{s},\boldsymbol{w})\bar{\boldsymbol{G}}(\boldsymbol{s},\boldsymbol{w})=\bar{\boldsymbol{D}}(\boldsymbol{r}_0,\boldsymbol{s})\end{aligned} \tag{4.20}$$

式中,矩阵 $\bar{\boldsymbol{H}}(\boldsymbol{r}_0,\boldsymbol{s},\boldsymbol{w})$的表达式见式(4.9)中的第一式,附录 A 中将证明:

$$\bar{\boldsymbol{H}}(\boldsymbol{r}_0,\boldsymbol{s},\boldsymbol{w})=\mathrm{blkdiag}[\boldsymbol{H}(\boldsymbol{r}_{10},\boldsymbol{s}_1,\boldsymbol{w})\quad \boldsymbol{H}(\boldsymbol{r}_{20},\boldsymbol{s}_2,\boldsymbol{w})\quad\cdots\quad \boldsymbol{H}(\boldsymbol{r}_{d0},\boldsymbol{s}_d,\boldsymbol{w})] \tag{4.21}$$

将式(4.20)代入式(4.16)可知

$$\mathbf{cov}(\hat{\boldsymbol{w}}_{\mathrm{plwls}}^{(\mathrm{a})})=(\boldsymbol{Q}_2^{-1}+\bar{\boldsymbol{G}}^{\mathrm{T}}(\boldsymbol{s},\boldsymbol{w})\bar{\boldsymbol{H}}^{\mathrm{T}}(\boldsymbol{r}_0,\boldsymbol{s},\boldsymbol{w})\boldsymbol{E}_1^{-1}\bar{\boldsymbol{H}}(\boldsymbol{r}_0,\boldsymbol{s},\boldsymbol{w})\bar{\boldsymbol{G}}(\boldsymbol{s},\boldsymbol{w}))^{-1} \tag{4.22}$$

再将式(4.10)代入式(4.22)可进一步推得

$$\begin{aligned}\mathbf{cov}(\hat{\boldsymbol{w}}_{\mathrm{plwls}}^{(\mathrm{a})})=&(\boldsymbol{Q}_2^{-1}+\bar{\boldsymbol{G}}^{\mathrm{T}}(\boldsymbol{s},\boldsymbol{w})\bar{\boldsymbol{H}}^{\mathrm{T}}(\boldsymbol{r}_0,\boldsymbol{s},\boldsymbol{w})\bar{\boldsymbol{H}}^{-\mathrm{T}}(\boldsymbol{r}_0,\boldsymbol{s},\boldsymbol{w})\\ &\cdot\boldsymbol{Q}_3^{-1}\bar{\boldsymbol{H}}^{-1}(\boldsymbol{r}_0,\boldsymbol{s},\boldsymbol{w})\bar{\boldsymbol{H}}(\boldsymbol{r}_0,\boldsymbol{s},\boldsymbol{w})\bar{\boldsymbol{G}}(\boldsymbol{s},\boldsymbol{w}))^{-1}\\ =&(\boldsymbol{Q}_2^{-1}+\bar{\boldsymbol{G}}^{\mathrm{T}}(\boldsymbol{s},\boldsymbol{w})\boldsymbol{Q}_3^{-1}\bar{\boldsymbol{G}}(\boldsymbol{s},\boldsymbol{w}))^{-1}=\mathbf{CRB}_{\mathrm{o}}(\boldsymbol{w})\end{aligned} \tag{4.23}$$

证毕。

命题 4.1 表明,系统参量解$\hat{\boldsymbol{w}}_{\mathrm{plwls}}^{(\mathrm{a})}$在仅基于校正源观测量的条件下具有渐近最优的统计性能(在门限效应发生以前)。

4.2.3 估计目标位置向量

这里将在伪线性观测方程(4.2)的基础上,基于系统参量解$\hat{\boldsymbol{w}}_{\mathrm{plwls}}^{(\mathrm{a})}$和目标源观测量 $\boldsymbol{z}$ 估

计目标位置向量 $\boldsymbol{u}$。在实际计算中，函数 $\boldsymbol{a}(\cdot,\cdot)$ 和 $\boldsymbol{B}(\cdot,\cdot)$ 的闭式形式是可知的，但 $\boldsymbol{z}_0$ 和 $\boldsymbol{w}$ 却不可获知，只能用带误差的观测向量 $\boldsymbol{z}$ 和估计向量 $\hat{\boldsymbol{w}}_{\text{plwls}}^{(\text{a})}$ 来代替。显然，若用 $\boldsymbol{z}$ 和 $\hat{\boldsymbol{w}}_{\text{plwls}}^{(\text{a})}$ 直接代替 $\boldsymbol{z}_0$ 和 $\boldsymbol{w}$，式(4.2)已经无法成立，为此不妨引入如下误差向量：

$$\boldsymbol{\varepsilon}_2 = \boldsymbol{a}(\boldsymbol{z},\hat{\boldsymbol{w}}_{\text{plwls}}^{(\text{a})}) - \boldsymbol{B}(\boldsymbol{z},\hat{\boldsymbol{w}}_{\text{plwls}}^{(\text{a})})\boldsymbol{u} \tag{4.24}$$

为了合理估计 $\boldsymbol{u}$，需要分析误差向量 $\boldsymbol{\varepsilon}_2$ 的二阶统计特性。由于向量 $\boldsymbol{\varepsilon}_2$ 是观测误差 $\boldsymbol{n}=\boldsymbol{z}-\boldsymbol{z}_0$ 和估计误差 $\boldsymbol{\delta w}_{\text{plwls}}^{(\text{a})}$ 的非线性函数，因此不妨利用一阶 Taylor 级数展开将 $\boldsymbol{\varepsilon}_2$ 近似表示成关于误差向量 $\boldsymbol{n}$ 和 $\boldsymbol{\delta w}_{\text{plwls}}^{(\text{a})}$ 的线性函数。根据推论 2.13 可得

$$\begin{aligned}\boldsymbol{\varepsilon}_2 &\approx (\boldsymbol{A}_1(\boldsymbol{z}_0,\boldsymbol{w}) - [\dot{\boldsymbol{B}}_{11}(\boldsymbol{z}_0,\boldsymbol{w})\boldsymbol{u} \quad \dot{\boldsymbol{B}}_{12}(\boldsymbol{z}_0,\boldsymbol{w})\boldsymbol{u} \quad \cdots \quad \dot{\boldsymbol{B}}_{1p}(\boldsymbol{z}_0,\boldsymbol{w})\boldsymbol{u}])\boldsymbol{n} \\ &\quad + (\boldsymbol{A}_2(\boldsymbol{z}_0,\boldsymbol{w}) - [\dot{\boldsymbol{B}}_{21}(\boldsymbol{z}_0,\boldsymbol{w})\boldsymbol{u} \quad \dot{\boldsymbol{B}}_{22}(\boldsymbol{z}_0,\boldsymbol{w})\boldsymbol{u} \quad \cdots \quad \dot{\boldsymbol{B}}_{2l}(\boldsymbol{z}_0,\boldsymbol{w})\boldsymbol{u}])\boldsymbol{\delta w}_{\text{plwls}}^{(\text{a})} \\ &= \boldsymbol{T}_1(\boldsymbol{z}_0,\boldsymbol{w},\boldsymbol{u})\boldsymbol{n} + \boldsymbol{T}_2(\boldsymbol{z}_0,\boldsymbol{w},\boldsymbol{u})\boldsymbol{\delta w}_{\text{plwls}}^{(\text{a})} = \boldsymbol{T}(\boldsymbol{z}_0,\boldsymbol{w},\boldsymbol{u})\boldsymbol{\gamma}\end{aligned} \tag{4.25}$$

式中

$$\begin{cases}\boldsymbol{T}_1(\boldsymbol{z}_0,\boldsymbol{w},\boldsymbol{u}) = \boldsymbol{A}_1(\boldsymbol{z}_0,\boldsymbol{w}) - [\dot{\boldsymbol{B}}_{11}(\boldsymbol{z}_0,\boldsymbol{w})\boldsymbol{u} \quad \dot{\boldsymbol{B}}_{12}(\boldsymbol{z}_0,\boldsymbol{w})\boldsymbol{u} \quad \cdots \quad \dot{\boldsymbol{B}}_{1p}(\boldsymbol{z}_0,\boldsymbol{w})\boldsymbol{u}] \in \mathbf{R}^{p\times p} \\ \boldsymbol{T}_2(\boldsymbol{z}_0,\boldsymbol{w},\boldsymbol{u}) = \boldsymbol{A}_2(\boldsymbol{z}_0,\boldsymbol{w}) - [\dot{\boldsymbol{B}}_{21}(\boldsymbol{z}_0,\boldsymbol{w})\boldsymbol{u} \quad \dot{\boldsymbol{B}}_{22}(\boldsymbol{z}_0,\boldsymbol{w})\boldsymbol{u} \quad \cdots \quad \dot{\boldsymbol{B}}_{2l}(\boldsymbol{z}_0,\boldsymbol{w})\boldsymbol{u}] \in \mathbf{R}^{p\times l} \\ \boldsymbol{T}(\boldsymbol{z}_0,\boldsymbol{w},\boldsymbol{u}) = [\boldsymbol{T}_1(\boldsymbol{z}_0,\boldsymbol{w},\boldsymbol{u}) \quad \boldsymbol{T}_2(\boldsymbol{z}_0,\boldsymbol{w},\boldsymbol{u})] \in \mathbf{R}^{p\times(p+l)}, \quad \boldsymbol{\gamma} = [\boldsymbol{n}^{\text{T}} \quad \boldsymbol{\delta w}_{\text{plwls}}^{(\text{a})\text{T}}]^{\text{T}} \in \mathbf{R}^{(p+l)\times 1} \\ \boldsymbol{A}_1(\boldsymbol{z}_0,\boldsymbol{w}) = \dfrac{\partial \boldsymbol{a}(\boldsymbol{z}_0,\boldsymbol{w})}{\partial \boldsymbol{z}_0^{\text{T}}} \in \mathbf{R}^{p\times p}, \quad \boldsymbol{A}_2(\boldsymbol{z}_0,\boldsymbol{w}) = \dfrac{\partial \boldsymbol{a}(\boldsymbol{z}_0,\boldsymbol{w})}{\partial \boldsymbol{w}^{\text{T}}} \in \mathbf{R}^{p\times l} \\ \dot{\boldsymbol{B}}_{1j}(\boldsymbol{z}_0,\boldsymbol{w}) = \dfrac{\partial \boldsymbol{B}(\boldsymbol{z}_0,\boldsymbol{w})}{\partial \langle \boldsymbol{z}_0\rangle_j} \in \mathbf{R}^{p\times q}, \quad 1 \leqslant j \leqslant p \\ \dot{\boldsymbol{B}}_{2j}(\boldsymbol{z}_0,\boldsymbol{w}) = \dfrac{\partial \boldsymbol{B}(\boldsymbol{z}_0,\boldsymbol{w})}{\partial \langle \boldsymbol{w}\rangle_j} \in \mathbf{R}^{p\times q}, \quad 1 \leqslant j \leqslant l\end{cases} \tag{4.26}$$

根据式(4.25)可知，误差向量 $\boldsymbol{\varepsilon}_2$ 近似服从零均值高斯分布，并且其方差矩阵为

$$\begin{aligned}\boldsymbol{E}_2 &= E[\boldsymbol{\varepsilon}_2\boldsymbol{\varepsilon}_2^{\text{T}}] = \boldsymbol{T}(\boldsymbol{z}_0,\boldsymbol{w},\boldsymbol{u})E[\boldsymbol{\gamma}\boldsymbol{\gamma}^{\text{T}}]\boldsymbol{T}^{\text{T}}(\boldsymbol{z}_0,\boldsymbol{w},\boldsymbol{u}) \\ &= \boldsymbol{T}_1(\boldsymbol{z}_0,\boldsymbol{w},\boldsymbol{u})\boldsymbol{Q}_1\boldsymbol{T}_1^{\text{T}}(\boldsymbol{z}_0,\boldsymbol{w},\boldsymbol{u}) + \boldsymbol{T}_2(\boldsymbol{z}_0,\boldsymbol{w},\boldsymbol{u})\mathbf{cov}(\hat{\boldsymbol{w}}_{\text{plwls}}^{(\text{a})})\boldsymbol{T}_2^{\text{T}}(\boldsymbol{z}_0,\boldsymbol{w},\boldsymbol{u})\end{aligned} \tag{4.27}$$

式中，$\boldsymbol{Q}_1=E[\boldsymbol{n}\boldsymbol{n}^{\text{T}}]$ 表示观测误差 $\boldsymbol{n}$ 的方差矩阵(同第 3 章的定义)。

联合式(4.24)和式(4.27)可以建立如下伪线性加权最小二乘优化模型：

$$\min_{\boldsymbol{u}\in\mathbf{R}^{q\times 1}} (\boldsymbol{a}(\boldsymbol{z},\hat{\boldsymbol{w}}_{\text{plwls}}^{(\text{a})}) - \boldsymbol{B}(\boldsymbol{z},\hat{\boldsymbol{w}}_{\text{plwls}}^{(\text{a})})\boldsymbol{u})^{\text{T}}\boldsymbol{E}_2^{-1}(\boldsymbol{a}(\boldsymbol{z},\hat{\boldsymbol{w}}_{\text{plwls}}^{(\text{a})}) - \boldsymbol{B}(\boldsymbol{z},\hat{\boldsymbol{w}}_{\text{plwls}}^{(\text{a})})\boldsymbol{u}) \tag{4.28}$$

由于式(4.28)是关于向量 $\boldsymbol{u}$ 的二次优化问题，因此其存在最优闭式解，根据式(2.85)可知该闭式解为

$$\hat{\boldsymbol{u}}_{\text{plwls}}^{(\text{a})} = (\boldsymbol{B}^{\text{T}}(\boldsymbol{z},\hat{\boldsymbol{w}}_{\text{plwls}}^{(\text{a})})\boldsymbol{E}_2^{-1}\boldsymbol{B}(\boldsymbol{z},\hat{\boldsymbol{w}}_{\text{plwls}}^{(\text{a})}))^{-1}\boldsymbol{B}^{\text{T}}(\boldsymbol{z},\hat{\boldsymbol{w}}_{\text{plwls}}^{(\text{a})})\boldsymbol{E}_2^{-1}\boldsymbol{a}(\boldsymbol{z},\hat{\boldsymbol{w}}_{\text{plwls}}^{(\text{a})}) \tag{4.29}$$

需要指出的是，矩阵 $\boldsymbol{E}_2$ 表达式中的 $\boldsymbol{z}_0$，$\boldsymbol{w}$ 和 $\boldsymbol{u}$ 均无法事先获知，其中 $\boldsymbol{z}_0$ 可用其观测向量 $\boldsymbol{z}$ 来代替，$\boldsymbol{w}$ 可用其估计值 $\hat{\boldsymbol{w}}_{\text{plwls}}^{(\text{a})}$ 来代替，而 $\boldsymbol{u}$ 可用其非加权线性最小二乘估计 $\hat{\boldsymbol{u}}_{\text{ls}}^{(\text{a})}=\boldsymbol{B}^{\dagger}(\boldsymbol{z},\hat{\boldsymbol{w}}_{\text{plwls}}^{(\text{a})})\boldsymbol{a}(\boldsymbol{z},\hat{\boldsymbol{w}}_{\text{plwls}}^{(\text{a})})$ 来代替，不妨将由 $\boldsymbol{z}$，$\hat{\boldsymbol{w}}_{\text{plwls}}^{(\text{a})}$ 和 $\hat{\boldsymbol{u}}_{\text{ls}}^{(\text{a})}$ 计算出的矩阵 $\boldsymbol{E}_2$ 记为 $\hat{\boldsymbol{E}}_2$，则有

$$\hat{\boldsymbol{u}}_{\text{plwls}}^{(\text{a})} = (\boldsymbol{B}^{\text{T}}(\boldsymbol{z},\hat{\boldsymbol{w}}_{\text{plwls}}^{(\text{a})})\hat{\boldsymbol{E}}_2^{-1}\boldsymbol{B}(\boldsymbol{z},\hat{\boldsymbol{w}}_{\text{plwls}}^{(\text{a})}))^{-1}\boldsymbol{B}^{\text{T}}(\boldsymbol{z},\hat{\boldsymbol{w}}_{\text{plwls}}^{(\text{a})})\hat{\boldsymbol{E}}_2^{-1}\boldsymbol{a}(\boldsymbol{z},\hat{\boldsymbol{w}}_{\text{plwls}}^{(\text{a})}) \tag{4.30}$$

式(4.30)中的向量$\hat{\boldsymbol{u}}_{\text{plwls}}^{(\text{a})}$即为第一类伪线性加权最小二乘定位方法给出的目标位置解。最后需要强调的是,在一阶误差分析的理论框架之下,利用矩阵$\hat{\boldsymbol{E}}_2$代替$\boldsymbol{E}_2$并不会影响最终的参数估计方差。

4.2.4 目标位置向量估计值的理论性能

这里将推导目标位置解$\hat{\boldsymbol{u}}_{\text{plwls}}^{(\text{a})}$的理论性能,重点推导其估计方差矩阵。首先根据式(4.30)可推得

$$\begin{aligned}
&\boldsymbol{B}^{\text{T}}(\boldsymbol{z},\hat{\boldsymbol{w}}_{\text{plwls}}^{(\text{a})})\,\hat{\boldsymbol{E}}_2^{-1}\boldsymbol{B}(\boldsymbol{z},\hat{\boldsymbol{w}}_{\text{plwls}}^{(\text{a})})\,\hat{\boldsymbol{u}}_{\text{plwls}}^{(\text{a})}=\boldsymbol{B}^{\text{T}}(\boldsymbol{z},\hat{\boldsymbol{w}}_{\text{plwls}}^{(\text{a})})\,\hat{\boldsymbol{E}}_2^{-1}\boldsymbol{a}(\boldsymbol{z},\hat{\boldsymbol{w}}_{\text{plwls}}^{(\text{a})})\\
\Rightarrow&\begin{bmatrix}\boldsymbol{B}^{\text{T}}(\boldsymbol{z}_0,\boldsymbol{w})\boldsymbol{E}_2^{-1}\boldsymbol{B}(\boldsymbol{z}_0,\boldsymbol{w})+\boldsymbol{\delta B}^{\text{T}}(\boldsymbol{z}_0,\boldsymbol{w})\boldsymbol{E}_2^{-1}\boldsymbol{B}(\boldsymbol{z}_0,\boldsymbol{w})\\+\boldsymbol{B}^{\text{T}}(\boldsymbol{z}_0,\boldsymbol{w})\boldsymbol{\delta E}_2^{-1}\boldsymbol{B}(\boldsymbol{z}_0,\boldsymbol{w})+\boldsymbol{B}^{\text{T}}(\boldsymbol{z}_0,\boldsymbol{w})\boldsymbol{E}_2^{-1}\boldsymbol{\delta B}(\boldsymbol{z}_0,\boldsymbol{w})\end{bmatrix}(\boldsymbol{u}+\boldsymbol{\delta u}_{\text{plwls}}^{(\text{a})})\\
=&\begin{bmatrix}\boldsymbol{B}^{\text{T}}(\boldsymbol{z}_0,\boldsymbol{w})\boldsymbol{E}_2^{-1}\boldsymbol{a}(\boldsymbol{z}_0,\boldsymbol{w})+\boldsymbol{\delta B}^{\text{T}}(\boldsymbol{z}_0,\boldsymbol{w})\boldsymbol{E}_2^{-1}\boldsymbol{a}(\boldsymbol{z}_0,\boldsymbol{w})\\+\boldsymbol{B}^{\text{T}}(\boldsymbol{z}_0,\boldsymbol{w})\boldsymbol{\delta E}_2^{-1}\boldsymbol{a}(\boldsymbol{z}_0,\boldsymbol{w})+\boldsymbol{B}^{\text{T}}(\boldsymbol{z}_0,\boldsymbol{w})\boldsymbol{E}_2^{-1}\boldsymbol{\delta a}(\boldsymbol{z}_0,\boldsymbol{w})\end{bmatrix}\\
\Rightarrow&\boldsymbol{\delta u}_{\text{plwls}}^{(\text{a})}\approx(\boldsymbol{B}^{\text{T}}(\boldsymbol{z}_0,\boldsymbol{w})\boldsymbol{E}_2^{-1}\boldsymbol{B}(\boldsymbol{z}_0,\boldsymbol{w}))^{-1}\boldsymbol{B}^{\text{T}}(\boldsymbol{z}_0,\boldsymbol{w})\boldsymbol{E}_2^{-1}(\boldsymbol{\delta a}(\boldsymbol{z}_0,\boldsymbol{w})-\boldsymbol{\delta B}(\boldsymbol{z}_0,\boldsymbol{w})\boldsymbol{u})\\
&=(\boldsymbol{B}^{\text{T}}(\boldsymbol{z}_0,\boldsymbol{w})\boldsymbol{E}_2^{-1}\boldsymbol{B}(\boldsymbol{z}_0,\boldsymbol{w}))^{-1}\boldsymbol{B}^{\text{T}}(\boldsymbol{z}_0,\boldsymbol{w})\upsilon_2\boldsymbol{\varepsilon}_2
\end{aligned}\tag{4.31}$$

式中

$$\begin{cases}\boldsymbol{\delta u}_{\text{plwls}}^{(\text{a})}=\hat{\boldsymbol{u}}_{\text{plwls}}^{(\text{a})}-\boldsymbol{u},\quad \boldsymbol{\delta E}_2^{-1}=\hat{\boldsymbol{E}}_2^{-1}-\boldsymbol{E}_2^{-1}\\ \boldsymbol{\delta a}(\boldsymbol{z}_0,\boldsymbol{w})=\boldsymbol{a}(\boldsymbol{z},\hat{\boldsymbol{w}}_{\text{plwls}}^{(\text{a})})-\boldsymbol{a}(\boldsymbol{z}_0,\boldsymbol{w}),\quad \boldsymbol{\delta B}(\boldsymbol{z}_0,\boldsymbol{w})=\boldsymbol{B}(\boldsymbol{z},\hat{\boldsymbol{w}}_{\text{plwls}}^{(\text{a})})-\boldsymbol{B}(\boldsymbol{z}_0,\boldsymbol{w})\end{cases}\tag{4.32}$$

显然,式(4.31)忽略了误差的二阶及其以上各项,根据该式可进一步推得

$$\begin{aligned}\mathbf{cov}(\hat{\boldsymbol{u}}_{\text{plwls}}^{(\text{a})})&=E[\boldsymbol{\delta u}_{\text{plwls}}^{(\text{a})}\boldsymbol{\delta u}_{\text{plwls}}^{(\text{a})\text{T}}]=(\boldsymbol{B}^{\text{T}}(\boldsymbol{z}_0,\boldsymbol{w})\boldsymbol{E}_2^{-1}\boldsymbol{B}(\boldsymbol{z}_0,\boldsymbol{w}))^{-1}\boldsymbol{B}^{\text{T}}(\boldsymbol{z}_0,\boldsymbol{w})\boldsymbol{E}_2^{-1}\\
&\quad\cdot E[\boldsymbol{\varepsilon}_2\boldsymbol{\varepsilon}_2^{\text{T}}]\boldsymbol{E}_2^{-1}\boldsymbol{B}(\boldsymbol{z}_0,\boldsymbol{w})(\boldsymbol{B}^{\text{T}}(\boldsymbol{z}_0,\boldsymbol{w})\boldsymbol{E}_2^{-1}\boldsymbol{B}(\boldsymbol{z}_0,\boldsymbol{w}))^{-1}\\
&=(\boldsymbol{B}^{\text{T}}(\boldsymbol{z}_0,\boldsymbol{w})\boldsymbol{E}_2^{-1}\boldsymbol{B}(\boldsymbol{z}_0,\boldsymbol{w}))^{-1}\end{aligned}\tag{4.33}$$

将式(4.27)代入式(4.33)可得

$$\begin{aligned}\mathbf{cov}(\hat{\boldsymbol{u}}_{\text{plwls}}^{(\text{a})})&=(\boldsymbol{B}^{\text{T}}(\boldsymbol{z}_0,\boldsymbol{w})(\boldsymbol{T}_1(\boldsymbol{z}_0,\boldsymbol{w},\boldsymbol{u})\boldsymbol{Q}_1\boldsymbol{T}_1^{\text{T}}(\boldsymbol{z}_0,\boldsymbol{w},\boldsymbol{u})+\boldsymbol{T}_2(\boldsymbol{z}_0,\boldsymbol{w},\boldsymbol{u})\mathbf{cov}(\boldsymbol{w}_{\text{plwls}}^{(\text{a})})\\
&\quad\cdot\boldsymbol{T}_2^{\text{T}}(\boldsymbol{z}_0,\boldsymbol{w},\boldsymbol{u}))^{-1}\boldsymbol{B}(\boldsymbol{z}_0,\boldsymbol{w}))^{-1}\\
&=\begin{bmatrix}\boldsymbol{B}^{\text{T}}(\boldsymbol{z}_0,\boldsymbol{w})\boldsymbol{T}_1^{-\text{T}}(\boldsymbol{z}_0,\boldsymbol{w},\boldsymbol{u})\begin{bmatrix}\boldsymbol{Q}_1+\boldsymbol{T}_1^{-1}(\boldsymbol{z}_0,\boldsymbol{w},\boldsymbol{u})\boldsymbol{T}_2(\boldsymbol{z}_0,\boldsymbol{w},\boldsymbol{u})\\ \cdot\,\mathbf{cov}(\hat{\boldsymbol{w}}_{\text{plwls}}^{(\text{a})})\boldsymbol{T}_2^{\text{T}}(\boldsymbol{z}_0,\boldsymbol{w},\boldsymbol{u})\,\boldsymbol{T}_1^{-\text{T}}(\boldsymbol{z}_0,\boldsymbol{w},\boldsymbol{u})\end{bmatrix}^{-1}\\ \cdot\,\boldsymbol{T}_1^{-1}(\boldsymbol{z}_0,\boldsymbol{w},\boldsymbol{u})\boldsymbol{B}(\boldsymbol{z}_0,\boldsymbol{w})\end{bmatrix}^{-1}\end{aligned}\tag{4.34}$$

通过进一步的数学分析可以证明,目标位置解$\hat{\boldsymbol{u}}_{\text{plwls}}^{(\text{a})}$的估计方差矩阵等于式(3.34)给出的克拉美罗界矩阵,结果可见如下命题。

命题 4.2 $\mathbf{cov}(\hat{\boldsymbol{u}}_{\text{plwls}}^{(\text{a})})=\mathbf{CRB}(\boldsymbol{u})=(\boldsymbol{G}_1^{\text{T}}(\boldsymbol{u},\boldsymbol{w})(\boldsymbol{Q}_1+\boldsymbol{G}_2(\boldsymbol{u},\boldsymbol{w})(\boldsymbol{Q}_2^{-1}+\bar{\boldsymbol{G}}^{\text{T}}(\boldsymbol{s},\boldsymbol{w})\boldsymbol{Q}_3^{-1}\bar{\boldsymbol{G}}(\boldsymbol{s},\boldsymbol{w}))^{-1}\boldsymbol{G}_2^{\text{T}}(\boldsymbol{u},\boldsymbol{w}))^{-1}\boldsymbol{G}_1(\boldsymbol{u},\boldsymbol{w}))^{-1}$。

证明 将关于目标源的非线性观测方程$\boldsymbol{z}_0=\boldsymbol{g}(\boldsymbol{u},\boldsymbol{w})$代入伪线性观测方程(4.2)可得

$$\boldsymbol{a}(\boldsymbol{g}(\boldsymbol{u},\boldsymbol{w}),\boldsymbol{w})=\boldsymbol{B}(\boldsymbol{g}(\boldsymbol{u},\boldsymbol{w}),\boldsymbol{w})\boldsymbol{u} \tag{4.35}$$

首先计算式(4.35)两边关于向量 $\boldsymbol{u}$ 的 Jacobi 矩阵，并根据推论 2.13 可知

$$\begin{aligned}&\boldsymbol{A}_1(\boldsymbol{z}_0,\boldsymbol{w})\boldsymbol{G}_1(\boldsymbol{u},\boldsymbol{w})=[\dot{\boldsymbol{B}}_{11}(\boldsymbol{z}_0,\boldsymbol{w})\boldsymbol{u}\quad \dot{\boldsymbol{B}}_{12}(\boldsymbol{z}_0,\boldsymbol{w})\boldsymbol{u}\quad\cdots\quad \dot{\boldsymbol{B}}_{1p}(\boldsymbol{z}_0,\boldsymbol{w})\boldsymbol{u}]\boldsymbol{G}_1(\boldsymbol{u},\boldsymbol{w})+\boldsymbol{B}(\boldsymbol{z}_0,\boldsymbol{w})\\&\Rightarrow\boldsymbol{T}_1(\boldsymbol{z}_0,\boldsymbol{w},\boldsymbol{u})\boldsymbol{G}_1(\boldsymbol{u},\boldsymbol{w})=\boldsymbol{B}(\boldsymbol{z}_0,\boldsymbol{w})\Rightarrow\boldsymbol{G}_1(\boldsymbol{u},\boldsymbol{w})=\boldsymbol{T}_1^{-1}(\boldsymbol{z}_0,\boldsymbol{w},\boldsymbol{u})\boldsymbol{B}(\boldsymbol{z}_0,\boldsymbol{w})\end{aligned} \tag{4.36}$$

然后计算式(4.35)两边关于向量 $\boldsymbol{w}$ 的 Jacobi 矩阵，并根据推论 2.13 可知

$$\begin{aligned}&\boldsymbol{A}_1(\boldsymbol{z}_0,\boldsymbol{w})\boldsymbol{G}_2(\boldsymbol{u},\boldsymbol{w})+\boldsymbol{A}_2(\boldsymbol{z}_0,\boldsymbol{w})=[\dot{\boldsymbol{B}}_{11}(\boldsymbol{z}_0,\boldsymbol{w})\boldsymbol{u}\quad \dot{\boldsymbol{B}}_{12}(\boldsymbol{z}_0,\boldsymbol{w})\boldsymbol{u}\quad\cdots\quad \dot{\boldsymbol{B}}_{1p}(\boldsymbol{z}_0,\boldsymbol{w})\boldsymbol{u}]\\&\quad\cdot\boldsymbol{G}_2(\boldsymbol{u},\boldsymbol{w})+[\dot{\boldsymbol{B}}_{21}(\boldsymbol{z}_0,\boldsymbol{w})\boldsymbol{u}\quad \dot{\boldsymbol{B}}_{22}(\boldsymbol{z}_0,\boldsymbol{w})\boldsymbol{u}\quad\cdots\quad \dot{\boldsymbol{B}}_{2l}(\boldsymbol{z}_0,\boldsymbol{w})\boldsymbol{u}]\\&\Rightarrow\boldsymbol{T}_1(\boldsymbol{z}_0,\boldsymbol{w},\boldsymbol{u})\boldsymbol{G}_2(\boldsymbol{u},\boldsymbol{w})+\boldsymbol{T}_2(\boldsymbol{z}_0,\boldsymbol{w},\boldsymbol{u})=\boldsymbol{O}_{p\times l}\\&\Rightarrow\boldsymbol{G}_2(\boldsymbol{u},\boldsymbol{w})=-\boldsymbol{T}_1^{-1}(\boldsymbol{z}_0,\boldsymbol{w},\boldsymbol{u})\boldsymbol{T}_2(\boldsymbol{z}_0,\boldsymbol{w},\boldsymbol{u})\end{aligned} \tag{4.37}$$

将式(4.36)和式(4.37)代入式(4.34)可得

$$\mathbf{cov}(\hat{\boldsymbol{u}}_{\text{plwls}}^{(\text{a})})=(\boldsymbol{G}_1^{\text{T}}(\boldsymbol{u},\boldsymbol{w})(\boldsymbol{Q}_1+\boldsymbol{G}_2(\boldsymbol{u},\boldsymbol{w})\mathbf{cov}(\hat{\boldsymbol{w}}_{\text{plwls}}^{(\text{a})})\boldsymbol{G}_2^{\text{T}}(\boldsymbol{u},\boldsymbol{w}))^{-1}\boldsymbol{G}_1(\boldsymbol{u},\boldsymbol{w}))^{-1} \tag{4.38}$$

再将式(4.23)代入式(4.38)可得

$$\begin{aligned}\mathbf{cov}(\hat{\boldsymbol{u}}_{\text{plwls}}^{(\text{a})})&=(\boldsymbol{G}_1^{\text{T}}(\boldsymbol{u},\boldsymbol{w})(\boldsymbol{Q}_1+\boldsymbol{G}_2(\boldsymbol{u},\boldsymbol{w})(\boldsymbol{Q}_2^{-1}\\&\quad+\bar{\boldsymbol{G}}^{\text{T}}(\boldsymbol{s},\boldsymbol{w})\boldsymbol{Q}_3^{-1}\bar{\boldsymbol{G}}(\boldsymbol{s},\boldsymbol{w}))^{-1}\boldsymbol{G}_2^{\text{T}}(\boldsymbol{u},\boldsymbol{w}))^{-1}\boldsymbol{G}_1(\boldsymbol{u},\boldsymbol{w}))^{-1}\\&=\mathbf{CRB}(\boldsymbol{u})\end{aligned} \tag{4.39}$$

证毕。

命题 4.2 表明，目标位置解$\hat{\boldsymbol{u}}_{\text{plwls}}^{(\text{a})}$具有渐近最优的统计性能(在门限效应发生以前)。

4.3　第二类伪线性加权最小二乘定位方法及其理论性能分析

与第一类伪线性加权最小二乘定位方法不同的是，第二类伪线性加权最小二乘定位方法是基于目标源观测量 $\boldsymbol{z}$，校正源观测量 $\boldsymbol{r}$ 和系统参量的先验测量值 $\boldsymbol{v}$(直接)联合估计目标位置向量 $\boldsymbol{u}$ 和系统参量 $\boldsymbol{w}$。

4.3.1　联合估计目标位置向量和系统参量

在实际计算中，函数 $\boldsymbol{a}(\cdot,\cdot)$和 $\boldsymbol{B}(\cdot,\cdot)$及函数 $\bar{\boldsymbol{c}}(\cdot,\cdot)$和 $\bar{\boldsymbol{D}}(\cdot,\cdot)$的闭式形式是可知的，但 $\boldsymbol{z}_0$，$\boldsymbol{w}$ 和 $\boldsymbol{r}_0$ 却不可获知，只能用带误差的观测向量 $\boldsymbol{z}$，$\boldsymbol{v}$ 和 $\boldsymbol{r}$ 来代替。显然，若用 $\boldsymbol{z}$，$\boldsymbol{v}$ 和 $\boldsymbol{r}$ 直接代替 $\boldsymbol{z}_0$，$\boldsymbol{w}$ 和 $\boldsymbol{r}_0$，式(4.2)和式(4.5)已经无法成立，为此不妨引入如下误差向量：

$$\boldsymbol{\varepsilon}_3=\begin{bmatrix}\boldsymbol{a}(\boldsymbol{z},\boldsymbol{v})\\\boldsymbol{v}\\\bar{\boldsymbol{c}}(\boldsymbol{r},\boldsymbol{s})\end{bmatrix}-\begin{bmatrix}\boldsymbol{B}(\boldsymbol{z},\boldsymbol{v}) & \boldsymbol{O}_{p\times l}\\\boldsymbol{O}_{l\times q} & \boldsymbol{I}_l\\\boldsymbol{O}_{pd\times q} & \bar{\boldsymbol{D}}(\boldsymbol{r},\boldsymbol{s})\end{bmatrix}\begin{bmatrix}\boldsymbol{u}\\\boldsymbol{w}\end{bmatrix} \tag{4.40}$$

为了合理地联合估计 $\boldsymbol{u}$ 和 $\boldsymbol{w}$，需要分析误差向量 $\boldsymbol{\varepsilon}_3$ 的二阶统计特性。由于向量 $\boldsymbol{\varepsilon}_3$ 是观测误差 $\boldsymbol{n}$ 和 $\boldsymbol{e}$ 以及测量误差 $\boldsymbol{m}$ 的非线性函数，因此不妨利用一阶 Taylor 级数展开将 $\boldsymbol{\varepsilon}_3$ 近似表示成关于误差向量 $\boldsymbol{n}$，$\boldsymbol{m}$ 和 $\boldsymbol{e}$ 的线性函数。利用式(4.8)和式(4.25)可得

$$\boldsymbol{\varepsilon}_3 \approx \begin{bmatrix} \boldsymbol{T}_1(\boldsymbol{z}_0,\boldsymbol{w},\boldsymbol{u}) & \boldsymbol{T}_2(\boldsymbol{z}_0,\boldsymbol{w},\boldsymbol{u}) & \boldsymbol{O}_{p\times pd} \\ \boldsymbol{O}_{l\times p} & \boldsymbol{I}_l & \boldsymbol{O}_{l\times pd} \\ \boldsymbol{O}_{pd\times p} & \boldsymbol{O}_{pd\times l} & \bar{\boldsymbol{H}}(\boldsymbol{r}_0,\boldsymbol{s},\boldsymbol{w}) \end{bmatrix} \begin{bmatrix} \boldsymbol{n} \\ \boldsymbol{m} \\ \boldsymbol{e} \end{bmatrix} = \boldsymbol{F}(\boldsymbol{z}_0,\boldsymbol{w},\boldsymbol{u},\boldsymbol{r}_0,\boldsymbol{s}) \begin{bmatrix} \boldsymbol{n} \\ \boldsymbol{m} \\ \boldsymbol{e} \end{bmatrix} \tag{4.41}$$

式中

$$\boldsymbol{F}(\boldsymbol{z}_0,\boldsymbol{w},\boldsymbol{u},\boldsymbol{r}_0,\boldsymbol{s}) = \begin{bmatrix} \boldsymbol{T}_1(\boldsymbol{z}_0,\boldsymbol{w},\boldsymbol{u}) & \boldsymbol{T}_2(\boldsymbol{z}_0,\boldsymbol{w},\boldsymbol{u}) & \boldsymbol{O}_{p\times pd} \\ \boldsymbol{O}_{l\times p} & \boldsymbol{I}_l & \boldsymbol{O}_{l\times pd} \\ \boldsymbol{O}_{pd\times p} & \boldsymbol{O}_{pd\times l} & \bar{\boldsymbol{H}}(\boldsymbol{r}_0,\boldsymbol{s},\boldsymbol{w}) \end{bmatrix} \in \mathbf{R}^{(p(d+1)+l)\times(p(d+1)+l)} \tag{4.42}$$

根据式(4.41)可知，误差向量 $\boldsymbol{\varepsilon}_3$ 近似服从零均值高斯分布，并且其方差矩阵为

$$\begin{aligned} \boldsymbol{E}_3 &= E[\boldsymbol{\varepsilon}_3\boldsymbol{\varepsilon}_3^{\mathrm{T}}] = \boldsymbol{F}(\boldsymbol{z}_0,\boldsymbol{w},\boldsymbol{u},\boldsymbol{r}_0,\boldsymbol{s})\mathrm{blkdiag}[\boldsymbol{Q}_1 \quad \boldsymbol{Q}_2 \quad \boldsymbol{Q}_3]\boldsymbol{F}^{\mathrm{T}}(\boldsymbol{z}_0,\boldsymbol{w},\boldsymbol{u},\boldsymbol{r}_0,\boldsymbol{s}) \\ &= \begin{bmatrix} \boldsymbol{T}_1(\boldsymbol{z}_0,\boldsymbol{w},\boldsymbol{u})\boldsymbol{Q}_1\boldsymbol{T}_1^{\mathrm{T}}(\boldsymbol{z}_0,\boldsymbol{w},\boldsymbol{u}) + \boldsymbol{T}_2(\boldsymbol{z}_0,\boldsymbol{w},\boldsymbol{u})\boldsymbol{Q}_2\boldsymbol{T}_2^{\mathrm{T}}(\boldsymbol{z}_0,\boldsymbol{w},\boldsymbol{u}) & \boldsymbol{T}_2(\boldsymbol{z}_0,\boldsymbol{w},\boldsymbol{u})\boldsymbol{Q}_2 & \boldsymbol{O}_{p\times pd} \\ \boldsymbol{Q}_2\boldsymbol{T}_2^{\mathrm{T}}(\boldsymbol{z}_0,\boldsymbol{w},\boldsymbol{u}) & \boldsymbol{Q}_2 & \boldsymbol{O}_{l\times pd} \\ \boldsymbol{O}_{pd\times p} & \boldsymbol{O}_{pd\times l} & \bar{\boldsymbol{H}}(\boldsymbol{r}_0,\boldsymbol{s},\boldsymbol{w})\boldsymbol{Q}_3\bar{\boldsymbol{H}}^{\mathrm{T}}(\boldsymbol{r}_0,\boldsymbol{s},\boldsymbol{w}) \end{bmatrix} \end{aligned} \tag{4.43}$$

联合式(4.40)和式(4.43)可以建立如下伪线性加权最小二乘优化模型：

$$\min_{\substack{\boldsymbol{u}\in\mathbf{R}^{q\times 1} \\ \boldsymbol{w}\in\mathbf{R}^{l\times 1}}} \left(\begin{bmatrix} \boldsymbol{a}(\boldsymbol{z},\boldsymbol{v}) \\ \boldsymbol{v} \\ \bar{\boldsymbol{c}}(\boldsymbol{r},\boldsymbol{s}) \end{bmatrix} - \begin{bmatrix} \boldsymbol{B}(\boldsymbol{z},\boldsymbol{v}) & \boldsymbol{O}_{p\times l} \\ \boldsymbol{O}_{l\times q} & \boldsymbol{I}_l \\ \boldsymbol{O}_{pd\times q} & \bar{\boldsymbol{D}}(\boldsymbol{r},\boldsymbol{s}) \end{bmatrix} \begin{bmatrix} \boldsymbol{u} \\ \boldsymbol{w} \end{bmatrix} \right)^{\mathrm{T}} \boldsymbol{E}_3^{-1} \left(\begin{bmatrix} \boldsymbol{a}(\boldsymbol{z},\boldsymbol{v}) \\ \boldsymbol{v} \\ \bar{\boldsymbol{c}}(\boldsymbol{r},\boldsymbol{s}) \end{bmatrix} - \begin{bmatrix} \boldsymbol{B}(\boldsymbol{z},\boldsymbol{v}) & \boldsymbol{O}_{p\times l} \\ \boldsymbol{O}_{l\times q} & \boldsymbol{I}_l \\ \boldsymbol{O}_{pd\times q} & \bar{\boldsymbol{D}}(\boldsymbol{r},\boldsymbol{s}) \end{bmatrix} \begin{bmatrix} \boldsymbol{u} \\ \boldsymbol{w} \end{bmatrix} \right) \tag{4.44}$$

由于式(4.44)是关于向量 $\boldsymbol{u}$ 和 $\boldsymbol{w}$ 的二次优化问题，因此其存在最优闭式解，根据式(2.85)可知该闭式解为

$$\begin{aligned} \begin{bmatrix} \hat{\boldsymbol{u}}_{\mathrm{plwls}}^{(\mathrm{b})} \\ \hat{\boldsymbol{w}}_{\mathrm{plwls}}^{(\mathrm{b})} \end{bmatrix} &= \left(\begin{bmatrix} \boldsymbol{B}^{\mathrm{T}}(\boldsymbol{z},\boldsymbol{v}) & \boldsymbol{O}_{q\times l} & \boldsymbol{O}_{q\times pd} \\ \boldsymbol{O}_{l\times p} & \boldsymbol{I}_l & \bar{\boldsymbol{D}}^{\mathrm{T}}(\boldsymbol{r},\boldsymbol{s}) \end{bmatrix} \boldsymbol{E}_3^{-1} \begin{bmatrix} \boldsymbol{B}(\boldsymbol{z},\boldsymbol{v}) & \boldsymbol{O}_{p\times l} \\ \boldsymbol{O}_{l\times q} & \boldsymbol{I}_l \\ \boldsymbol{O}_{pd\times q} & \bar{\boldsymbol{D}}(\boldsymbol{r},\boldsymbol{s}) \end{bmatrix} \right)^{-1} \\ &\quad \cdot \begin{bmatrix} \boldsymbol{B}^{\mathrm{T}}(\boldsymbol{z},\boldsymbol{v}) & \boldsymbol{O}_{q\times l} & \boldsymbol{O}_{q\times pd} \\ \boldsymbol{O}_{l\times p} & \boldsymbol{I}_l & \bar{\boldsymbol{D}}^{\mathrm{T}}(\boldsymbol{r},\boldsymbol{s}) \end{bmatrix} \boldsymbol{E}_3^{-1} \begin{bmatrix} \boldsymbol{a}(\boldsymbol{z},\boldsymbol{v}) \\ \boldsymbol{v} \\ \bar{\boldsymbol{c}}(\boldsymbol{r},\boldsymbol{s}) \end{bmatrix} \end{aligned} \tag{4.45}$$

需要指出的是，矩阵 $\boldsymbol{E}_3$ 表达式中的 $\boldsymbol{z}_0$，$\boldsymbol{r}_0$，$\boldsymbol{u}$ 和 $\boldsymbol{w}$ 均无法事先获知，其中 $\boldsymbol{z}_0$ 和 $\boldsymbol{r}_0$ 可用其观测向量 $\boldsymbol{z}$ 和 $\boldsymbol{r}$ 来代替，$\boldsymbol{u}$ 可用其非加权线性最小二乘估计 $\hat{\boldsymbol{u}}_{\mathrm{ls}}^{(\mathrm{b})} = \boldsymbol{B}^{\dagger}(\boldsymbol{z},\boldsymbol{v})\boldsymbol{a}(\boldsymbol{z},\boldsymbol{v})$ 来代替，而 $\boldsymbol{w}$ 可用其非加权线性最小二乘估计 $\hat{\boldsymbol{w}}_{\mathrm{ls}}^{(\mathrm{b})} = \bar{\boldsymbol{D}}^{\dagger}(\boldsymbol{r},\boldsymbol{s})\bar{\boldsymbol{c}}(\boldsymbol{r},\boldsymbol{s})$ 或者其先验测量值 $\boldsymbol{v}$ 来代替，不妨将由 $\boldsymbol{z}$，$\boldsymbol{r}$，$\hat{\boldsymbol{u}}_{\mathrm{ls}}^{(\mathrm{b})}$ 和 $\hat{\boldsymbol{w}}_{\mathrm{ls}}^{(\mathrm{b})}$（或者 $\boldsymbol{v}$）计算出的矩阵 $\boldsymbol{E}_3$ 记为 $\hat{\boldsymbol{E}}_3$，则有

$$\begin{aligned} \begin{bmatrix} \hat{\boldsymbol{u}}_{\mathrm{plwls}}^{(\mathrm{b})} \\ \hat{\boldsymbol{w}}_{\mathrm{plwls}}^{(\mathrm{b})} \end{bmatrix} &= \left(\begin{bmatrix} \boldsymbol{B}^{\mathrm{T}}(\boldsymbol{z},\boldsymbol{v}) & \boldsymbol{O}_{q\times l} & \boldsymbol{O}_{q\times pd} \\ \boldsymbol{O}_{l\times p} & \boldsymbol{I}_l & \bar{\boldsymbol{D}}^{\mathrm{T}}(\boldsymbol{r},\boldsymbol{s}) \end{bmatrix} \hat{\boldsymbol{E}}_3^{-1} \begin{bmatrix} \boldsymbol{B}(\boldsymbol{z},\boldsymbol{v}) & \boldsymbol{O}_{p\times l} \\ \boldsymbol{O}_{l\times q} & \boldsymbol{I}_l \\ \boldsymbol{O}_{pd\times q} & \bar{\boldsymbol{D}}(\boldsymbol{r},\boldsymbol{s}) \end{bmatrix} \right)^{-1} \\ &\quad \cdot \begin{bmatrix} \boldsymbol{B}^{\mathrm{T}}(\boldsymbol{z},\boldsymbol{v}) & \boldsymbol{O}_{q\times l} & \boldsymbol{O}_{q\times pd} \\ \boldsymbol{O}_{l\times p} & \boldsymbol{I}_l & \bar{\boldsymbol{D}}^{\mathrm{T}}(\boldsymbol{r},\boldsymbol{s}) \end{bmatrix} \hat{\boldsymbol{E}}_3^{-1} \begin{bmatrix} \boldsymbol{a}(\boldsymbol{z},\boldsymbol{v}) \\ \boldsymbol{v} \\ \bar{\boldsymbol{c}}(\boldsymbol{r},\boldsymbol{s}) \end{bmatrix} \end{aligned} \tag{4.46}$$

式(4.46)中的向量$\hat{\boldsymbol{u}}_{\text{plwls}}^{(\text{b})}$和$\hat{\boldsymbol{w}}_{\text{plwls}}^{(\text{b})}$即为第二类伪线性加权最小二乘定位方法给出的目标位置解和系统参量解。最后需要强调的是，在一阶误差分析的理论框架之下，利用矩阵$\hat{\boldsymbol{E}}_3$代替$\boldsymbol{E}_3$并不会影响最终的参数估计方差。

4.3.2　目标位置向量和系统参量联合估计值的理论性能

这里将推导目标位置解$\hat{\boldsymbol{u}}_{\text{plwls}}^{(\text{b})}$和系统参量解$\hat{\boldsymbol{w}}_{\text{plwls}}^{(\text{b})}$的理论性能，重点推导其联合估计方差矩阵。首先根据式(4.46)可推得

$$
\begin{bmatrix} \boldsymbol{B}^{\text{T}}(\boldsymbol{z},\boldsymbol{v}) & \boldsymbol{O}_{q\times l} & \boldsymbol{O}_{q\times pd} \\ \boldsymbol{O}_{l\times p} & \boldsymbol{I}_l & \bar{\boldsymbol{D}}^{\text{T}}(\boldsymbol{r},\boldsymbol{s}) \end{bmatrix} \hat{\boldsymbol{E}}_3^{-1} \begin{bmatrix} \boldsymbol{B}(\boldsymbol{z},\boldsymbol{v}) & \boldsymbol{O}_{p\times l} \\ \boldsymbol{O}_{l\times q} & \boldsymbol{I}_l \\ \boldsymbol{O}_{pd\times q} & \bar{\boldsymbol{D}}(\boldsymbol{r},\boldsymbol{s}) \end{bmatrix} \begin{bmatrix} \hat{\boldsymbol{u}}_{\text{plwls}}^{(\text{b})} \\ \hat{\boldsymbol{w}}_{\text{plwls}}^{(\text{b})} \end{bmatrix}
$$

$$
= \begin{bmatrix} \boldsymbol{B}^{\text{T}}(\boldsymbol{z},\boldsymbol{v}) & \boldsymbol{O}_{q\times l} & \boldsymbol{O}_{q\times pd} \\ \boldsymbol{O}_{l\times p} & \boldsymbol{I}_l & \bar{\boldsymbol{D}}^{\text{T}}(\boldsymbol{r},\boldsymbol{s}) \end{bmatrix} \hat{\boldsymbol{E}}_3^{-1} \begin{bmatrix} \boldsymbol{a}(\boldsymbol{z},\boldsymbol{v}) \\ \boldsymbol{v} \\ \bar{\boldsymbol{c}}(\boldsymbol{r},\boldsymbol{s}) \end{bmatrix}
$$

$$
\Rightarrow \left(\begin{aligned} & \begin{bmatrix} \boldsymbol{B}^{\text{T}}(\boldsymbol{z}_0,\boldsymbol{w}) & \boldsymbol{O}_{q\times l} & \boldsymbol{O}_{q\times pd} \\ \boldsymbol{O}_{l\times p} & \boldsymbol{I}_l & \bar{\boldsymbol{D}}^{\text{T}}(\boldsymbol{r}_0,\boldsymbol{s}) \end{bmatrix} \boldsymbol{E}_3^{-1} \begin{bmatrix} \boldsymbol{B}(\boldsymbol{z}_0,\boldsymbol{w}) & \boldsymbol{O}_{p\times l} \\ \boldsymbol{O}_{l\times q} & \boldsymbol{I}_l \\ \boldsymbol{O}_{pd\times q} & \bar{\boldsymbol{D}}(\boldsymbol{r}_0,\boldsymbol{s}) \end{bmatrix} \\ & + \begin{bmatrix} \boldsymbol{\delta B}^{\text{T}}(\boldsymbol{z}_0,\boldsymbol{w}) & \boldsymbol{O}_{q\times l} & \boldsymbol{O}_{q\times pd} \\ \boldsymbol{O}_{l\times p} & \boldsymbol{O}_{l\times l} & \boldsymbol{\delta}\bar{\boldsymbol{D}}^{\text{T}}(\boldsymbol{r}_0,\boldsymbol{s}) \end{bmatrix} \boldsymbol{E}_3^{-1} \begin{bmatrix} \boldsymbol{B}(\boldsymbol{z}_0,\boldsymbol{w}) & \boldsymbol{O}_{p\times l} \\ \boldsymbol{O}_{l\times q} & \boldsymbol{I}_l \\ \boldsymbol{O}_{pd\times q} & \bar{\boldsymbol{D}}(\boldsymbol{r}_0,\boldsymbol{s}) \end{bmatrix} \\ & + \begin{bmatrix} \boldsymbol{B}^{\text{T}}(\boldsymbol{z}_0,\boldsymbol{w}) & \boldsymbol{O}_{q\times l} & \boldsymbol{O}_{q\times pd} \\ \boldsymbol{O}_{l\times p} & \boldsymbol{I}_l & \bar{\boldsymbol{D}}^{\text{T}}(\boldsymbol{r}_0,\boldsymbol{s}) \end{bmatrix} \boldsymbol{\delta E}_3^{-1} \begin{bmatrix} \boldsymbol{B}(\boldsymbol{z}_0,\boldsymbol{w}) & \boldsymbol{O}_{p\times l} \\ \boldsymbol{O}_{l\times q} & \boldsymbol{I}_l \\ \boldsymbol{O}_{pd\times q} & \bar{\boldsymbol{D}}(\boldsymbol{r}_0,\boldsymbol{s}) \end{bmatrix} \\ & + \begin{bmatrix} \boldsymbol{B}^{\text{T}}(\boldsymbol{z}_0,\boldsymbol{w}) & \boldsymbol{O}_{q\times l} & \boldsymbol{O}_{q\times pd} \\ \boldsymbol{O}_{l\times p} & \boldsymbol{I}_l & \bar{\boldsymbol{D}}^{\text{T}}(\boldsymbol{r}_0,\boldsymbol{s}) \end{bmatrix} \boldsymbol{E}_3^{-1} \begin{bmatrix} \boldsymbol{\delta B}(\boldsymbol{z}_0,\boldsymbol{w}) & \boldsymbol{O}_{p\times l} \\ \boldsymbol{O}_{l\times q} & \boldsymbol{O}_{l\times l} \\ \boldsymbol{O}_{pd\times q} & \boldsymbol{\delta}\bar{\boldsymbol{D}}(\boldsymbol{r}_0,\boldsymbol{s}) \end{bmatrix} \end{aligned} \right)
$$

$$
\cdot \left(\begin{bmatrix} \boldsymbol{u} \\ \boldsymbol{w} \end{bmatrix} + \begin{bmatrix} \boldsymbol{\delta u}_{\text{plwls}}^{(\text{b})} \\ \boldsymbol{\delta w}_{\text{plwls}}^{(\text{b})} \end{bmatrix} \right) = \begin{bmatrix} \boldsymbol{B}^{\text{T}}(\boldsymbol{z}_0,\boldsymbol{w}) & \boldsymbol{O}_{q\times l} & \boldsymbol{O}_{q\times pd} \\ \boldsymbol{O}_{l\times p} & \boldsymbol{I}_l & \bar{\boldsymbol{D}}^{\text{T}}(\boldsymbol{r}_0,\boldsymbol{s}) \end{bmatrix} \boldsymbol{E}_3^{-1} \begin{bmatrix} \boldsymbol{a}(\boldsymbol{z}_0,\boldsymbol{w}) \\ \boldsymbol{w} \\ \bar{\boldsymbol{c}}(\boldsymbol{r}_0,\boldsymbol{s}) \end{bmatrix}
$$

$$
+ \begin{bmatrix} \boldsymbol{\delta B}^{\text{T}}(\boldsymbol{z}_0,\boldsymbol{w}) & \boldsymbol{O}_{q\times l} & \boldsymbol{O}_{q\times pd} \\ \boldsymbol{O}_{l\times p} & \boldsymbol{O}_{l\times l} & \boldsymbol{\delta}\bar{\boldsymbol{D}}^{\text{T}}(\boldsymbol{r}_0,\boldsymbol{s}) \end{bmatrix} \boldsymbol{E}_3^{-1} \begin{bmatrix} \boldsymbol{a}(\boldsymbol{z}_0,\boldsymbol{w}) \\ \boldsymbol{w} \\ \bar{\boldsymbol{c}}(\boldsymbol{r}_0,\boldsymbol{s}) \end{bmatrix} + \begin{bmatrix} \boldsymbol{B}^{\text{T}}(\boldsymbol{z}_0,\boldsymbol{w}) & \boldsymbol{O}_{q\times l} & \boldsymbol{O}_{q\times pd} \\ \boldsymbol{O}_{l\times p} & \boldsymbol{I}_l & \bar{\boldsymbol{D}}^{\text{T}}(\boldsymbol{r}_0,\boldsymbol{s}) \end{bmatrix}
$$

$$
\cdot \boldsymbol{\delta E}_3^{-1} \begin{bmatrix} \boldsymbol{a}(\boldsymbol{z}_0,\boldsymbol{w}) \\ \boldsymbol{w} \\ \bar{\boldsymbol{c}}(\boldsymbol{r}_0,\boldsymbol{s}) \end{bmatrix} + \begin{bmatrix} \boldsymbol{B}^{\text{T}}(\boldsymbol{z}_0,\boldsymbol{w}) & \boldsymbol{O}_{q\times l} & \boldsymbol{O}_{q\times pd} \\ \boldsymbol{O}_{l\times p} & \boldsymbol{I}_l & \bar{\boldsymbol{D}}^{\text{T}}(\boldsymbol{r}_0,\boldsymbol{s}) \end{bmatrix} \boldsymbol{E}_3^{-1} \begin{bmatrix} \boldsymbol{\delta a}(\boldsymbol{z}_0,\boldsymbol{w}) \\ \boldsymbol{m} \\ \boldsymbol{\delta}\bar{\boldsymbol{c}}(\boldsymbol{r}_0,\boldsymbol{s}) \end{bmatrix}
$$

$$
\Rightarrow \begin{bmatrix} \boldsymbol{\delta u}_{\text{plwls}}^{(\text{b})} \\ \boldsymbol{\delta w}_{\text{plwls}}^{(\text{b})} \end{bmatrix} \approx \left(\begin{bmatrix} \boldsymbol{B}^{\text{T}}(\boldsymbol{z}_0,\boldsymbol{w}) & \boldsymbol{O}_{q\times l} & \boldsymbol{O}_{q\times pd} \\ \boldsymbol{O}_{l\times p} & \boldsymbol{I}_l & \bar{\boldsymbol{D}}^{\text{T}}(\boldsymbol{r}_0,\boldsymbol{s}) \end{bmatrix} \boldsymbol{E}_3^{-1} \begin{bmatrix} \boldsymbol{B}(\boldsymbol{z}_0,\boldsymbol{w}) & \boldsymbol{O}_{p\times l} \\ \boldsymbol{O}_{l\times q} & \boldsymbol{I}_l \\ \boldsymbol{O}_{pd\times q} & \bar{\boldsymbol{D}}(\boldsymbol{r}_0,\boldsymbol{s}) \end{bmatrix} \right)^{-1}
$$

$$\cdot\begin{bmatrix}\boldsymbol{B}^{\mathrm{T}}(\boldsymbol{z}_0,\boldsymbol{w}) & \boldsymbol{O}_{q\times l} & \boldsymbol{O}_{q\times pd}\\ \boldsymbol{O}_{l\times p} & \boldsymbol{I}_l & \bar{\boldsymbol{D}}^{\mathrm{T}}(\boldsymbol{r}_0,\boldsymbol{s})\end{bmatrix}\boldsymbol{E}_3^{-1}\begin{bmatrix}\boldsymbol{\delta a}(\boldsymbol{z}_0,\boldsymbol{w})-\boldsymbol{\delta B}(\boldsymbol{z}_0,\boldsymbol{w})\boldsymbol{u}\\ \boldsymbol{m}\\ \boldsymbol{\delta}\bar{\boldsymbol{c}}(\boldsymbol{r}_0,\boldsymbol{s})-\boldsymbol{\delta}\bar{\boldsymbol{D}}(\boldsymbol{r}_0,\boldsymbol{s})\boldsymbol{w}\end{bmatrix}$$

$$=\left(\begin{bmatrix}\boldsymbol{B}^{\mathrm{T}}(\boldsymbol{z}_0,\boldsymbol{w}) & \boldsymbol{O}_{q\times l} & \boldsymbol{O}_{q\times pd}\\ \boldsymbol{O}_{l\times p} & \boldsymbol{I}_l & \bar{\boldsymbol{D}}^{\mathrm{T}}(\boldsymbol{r}_0,\boldsymbol{s})\end{bmatrix}\boldsymbol{E}_3^{-1}\begin{bmatrix}\boldsymbol{B}(\boldsymbol{z}_0,\boldsymbol{w}) & \boldsymbol{O}_{p\times l}\\ \boldsymbol{O}_{l\times q} & \boldsymbol{I}_l\\ \boldsymbol{O}_{pd\times q} & \bar{\boldsymbol{D}}(\boldsymbol{r}_0,\boldsymbol{s})\end{bmatrix}\right)^{-1}$$

$$\cdot\begin{bmatrix}\boldsymbol{B}^{\mathrm{T}}(\boldsymbol{z}_0,\boldsymbol{w}) & \boldsymbol{O}_{q\times l} & \boldsymbol{O}_{q\times pd}\\ \boldsymbol{O}_{l\times p} & \boldsymbol{I}_l & \bar{\boldsymbol{D}}^{\mathrm{T}}(\boldsymbol{r}_0,\boldsymbol{s})\end{bmatrix}\boldsymbol{E}_3^{-1}\boldsymbol{\varepsilon}_3 \tag{4.47}$$

式中

$$\begin{cases}\begin{bmatrix}\boldsymbol{\delta u}_{\mathrm{plwls}}^{(\mathrm{b})}\\ \boldsymbol{\delta w}_{\mathrm{plwls}}^{(\mathrm{b})}\end{bmatrix}=\begin{bmatrix}\hat{\boldsymbol{u}}_{\mathrm{plwls}}^{(\mathrm{b})}\\ \hat{\boldsymbol{w}}_{\mathrm{plwls}}^{(\mathrm{b})}\end{bmatrix}-\begin{bmatrix}\boldsymbol{u}\\ \boldsymbol{w}\end{bmatrix}, \quad \boldsymbol{\delta E}_3^{-1}=\hat{\boldsymbol{E}}_3^{-1}-\boldsymbol{E}_3^{-1}\\ \boldsymbol{\delta a}(\boldsymbol{z}_0,\boldsymbol{w})=\boldsymbol{a}(\boldsymbol{z},\boldsymbol{v})-\boldsymbol{a}(\boldsymbol{z}_0,\boldsymbol{w}), \quad \boldsymbol{\delta B}(\boldsymbol{z}_0,\boldsymbol{w})=\boldsymbol{B}(\boldsymbol{z},\boldsymbol{v})-\boldsymbol{B}(\boldsymbol{z}_0,\boldsymbol{w})\\ \boldsymbol{\delta}\bar{\boldsymbol{c}}(\boldsymbol{r}_0,\boldsymbol{s})=\bar{\boldsymbol{c}}(\boldsymbol{r},\boldsymbol{s})-\bar{\boldsymbol{c}}(\boldsymbol{r}_0,\boldsymbol{s}), \quad \boldsymbol{\delta}\bar{\boldsymbol{D}}(\boldsymbol{r}_0,\boldsymbol{s})=\bar{\boldsymbol{D}}(\boldsymbol{r},\boldsymbol{s})-\bar{\boldsymbol{D}}(\boldsymbol{r}_0,\boldsymbol{s})\end{cases} \tag{4.48}$$

显然,式(4.47)忽略了误差的二阶及其以上各项,根据该式可进一步推得

$$\mathbf{cov}\left(\begin{bmatrix}\hat{\boldsymbol{u}}_{\mathrm{plwls}}^{(\mathrm{b})}\\ \hat{\boldsymbol{w}}_{\mathrm{plwls}}^{(\mathrm{b})}\end{bmatrix}\right)=E\left[\begin{bmatrix}\boldsymbol{\delta u}_{\mathrm{plwls}}^{(\mathrm{b})}\\ \boldsymbol{\delta w}_{\mathrm{plwls}}^{(\mathrm{b})}\end{bmatrix}\begin{bmatrix}\boldsymbol{\delta u}_{\mathrm{plwls}}^{(\mathrm{b})}\\ \boldsymbol{\delta w}_{\mathrm{plwls}}^{(\mathrm{b})}\end{bmatrix}^{\mathrm{T}}\right]$$

$$=\left(\begin{bmatrix}\boldsymbol{B}^{\mathrm{T}}(\boldsymbol{z}_0,\boldsymbol{w}) & \boldsymbol{O}_{q\times l} & \boldsymbol{O}_{q\times pd}\\ \boldsymbol{O}_{l\times p} & \boldsymbol{I}_l & \bar{\boldsymbol{D}}^{\mathrm{T}}(\boldsymbol{r}_0,\boldsymbol{s})\end{bmatrix}\boldsymbol{E}_3^{-1}\begin{bmatrix}\boldsymbol{B}(\boldsymbol{z}_0,\boldsymbol{w}) & \boldsymbol{O}_{p\times l}\\ \boldsymbol{O}_{l\times q} & \boldsymbol{I}_l\\ \boldsymbol{O}_{pd\times q} & \bar{\boldsymbol{D}}(\boldsymbol{r}_0,\boldsymbol{s})\end{bmatrix}\right)^{-1}$$

$$\cdot\begin{bmatrix}\boldsymbol{B}^{\mathrm{T}}(\boldsymbol{z}_0,\boldsymbol{w}) & \boldsymbol{O}_{q\times l} & \boldsymbol{O}_{q\times pd}\\ \boldsymbol{O}_{l\times p} & \boldsymbol{I}_l & \bar{\boldsymbol{D}}^{\mathrm{T}}(\boldsymbol{r}_0,\boldsymbol{s})\end{bmatrix}\boldsymbol{E}_3^{-1}E[\boldsymbol{\varepsilon}_3\boldsymbol{\varepsilon}_3^{\mathrm{T}}]\boldsymbol{E}_3^{-1}\begin{bmatrix}\boldsymbol{B}(\boldsymbol{z}_0,\boldsymbol{w}) & \boldsymbol{O}_{p\times l}\\ \boldsymbol{O}_{l\times q} & \boldsymbol{I}_l\\ \boldsymbol{O}_{pd\times q} & \bar{\boldsymbol{D}}(\boldsymbol{r}_0,\boldsymbol{s})\end{bmatrix}$$

$$\cdot\left(\begin{bmatrix}\boldsymbol{B}^{\mathrm{T}}(\boldsymbol{z}_0,\boldsymbol{w}) & \boldsymbol{O}_{q\times l} & \boldsymbol{O}_{q\times pd}\\ \boldsymbol{O}_{l\times p} & \boldsymbol{I}_l & \bar{\boldsymbol{D}}^{\mathrm{T}}(\boldsymbol{r}_0,\boldsymbol{s})\end{bmatrix}\boldsymbol{E}_3^{-1}\begin{bmatrix}\boldsymbol{B}(\boldsymbol{z}_0,\boldsymbol{w}) & \boldsymbol{O}_{p\times l}\\ \boldsymbol{O}_{l\times q} & \boldsymbol{I}_l\\ \boldsymbol{O}_{pd\times q} & \bar{\boldsymbol{D}}(\boldsymbol{r}_0,\boldsymbol{s})\end{bmatrix}\right)^{-1}$$

$$=\left(\begin{bmatrix}\boldsymbol{B}^{\mathrm{T}}(\boldsymbol{z}_0,\boldsymbol{w}) & \boldsymbol{O}_{q\times l} & \boldsymbol{O}_{q\times pd}\\ \boldsymbol{O}_{l\times p} & \boldsymbol{I}_l & \bar{\boldsymbol{D}}^{\mathrm{T}}(\boldsymbol{r}_0,\boldsymbol{s})\end{bmatrix}\boldsymbol{E}_3^{-1}\begin{bmatrix}\boldsymbol{B}(\boldsymbol{z}_0,\boldsymbol{w}) & \boldsymbol{O}_{p\times l}\\ \boldsymbol{O}_{l\times q} & \boldsymbol{I}_l\\ \boldsymbol{O}_{pd\times q} & \bar{\boldsymbol{D}}(\boldsymbol{r}_0,\boldsymbol{s})\end{bmatrix}\right)^{-1} \tag{4.49}$$

通过进一步的数学分析可以证明,目标位置解$\hat{\boldsymbol{u}}_{\mathrm{plwls}}^{(\mathrm{b})}$和系统参量解$\hat{\boldsymbol{w}}_{\mathrm{plwls}}^{(\mathrm{b})}$的联合估计方差矩阵等于式(3.25)给出的克拉美罗界矩阵,结果可见如下命题。

命题 4.3 $\mathbf{cov}\left(\begin{bmatrix}\hat{\boldsymbol{u}}_{\mathrm{plwls}}^{(\mathrm{b})}\\ \hat{\boldsymbol{w}}_{\mathrm{plwls}}^{(\mathrm{b})}\end{bmatrix}\right)=\mathbf{CRB}\left(\begin{bmatrix}\boldsymbol{u}\\ \boldsymbol{w}\end{bmatrix}\right)=$

$$\begin{bmatrix}\boldsymbol{G}_1^{\mathrm{T}}(\boldsymbol{u},\boldsymbol{w})\boldsymbol{Q}_1^{-1}\boldsymbol{G}_1(\boldsymbol{u},\boldsymbol{w}) & \boldsymbol{G}_1^{\mathrm{T}}(\boldsymbol{u},\boldsymbol{w})\boldsymbol{Q}_1^{-1}\boldsymbol{G}_2(\boldsymbol{u},\boldsymbol{w})\\ \boldsymbol{G}_2^{\mathrm{T}}(\boldsymbol{u},\boldsymbol{w})\boldsymbol{Q}_1^{-1}\boldsymbol{G}_1(\boldsymbol{u},\boldsymbol{w}) & \boldsymbol{G}_2^{\mathrm{T}}(\boldsymbol{u},\boldsymbol{w})\boldsymbol{Q}_1^{-1}\boldsymbol{G}_2(\boldsymbol{u},\boldsymbol{w})+\boldsymbol{Q}_2^{-1}+\bar{\boldsymbol{G}}^{\mathrm{T}}(\boldsymbol{s},\boldsymbol{w})\boldsymbol{Q}_3^{-1}\bar{\boldsymbol{G}}(\boldsymbol{s},\boldsymbol{w})\end{bmatrix}^{-1}。$$

证明 首先利用式(4.43)和推论 2.3 可得

$$
E_3^{-1}=\left[\begin{array}{c:c:c}
(T_1(z_0,w,u)Q_1T_1^{\mathrm{T}}(z_0,w,u))^{-1} & -(T_1(z_0,w,u)Q_1T_1^{\mathrm{T}}(z_0,w,u))^{-1}T_2(z_0,w,u) & O_{p\times pd} \\ \hdashline
-T_2^{\mathrm{T}}(z_0,w,u)\begin{pmatrix} T_1(z_0,w,u)Q_1 \\ \cdot T_1^{\mathrm{T}}(z_0,w,u)\end{pmatrix}^{-1} & \left(\begin{array}{c} Q_2-Q_2T_2^{\mathrm{T}}(z_0,w,u)\begin{pmatrix} T_1(z_0,w,u)Q_1T_1^{\mathrm{T}}(z_0,w,u) \\ +T_2(z_0,w,u)Q_2T_2^{\mathrm{T}}(z_0,w,u)\end{pmatrix}^{-1} \\ \cdot T_2(z_0,w,u)Q_2 \end{array}\right)^{-1} & O_{l\times pd} \\ \hdashline
O_{pd\times p} & O_{pd\times l} & \begin{pmatrix}\bar{H}(r_0,s,w)Q_3 \\ \cdot \bar{H}^{\mathrm{T}}(r_0,s,w)\end{pmatrix}^{-1}
\end{array}\right]
\tag{4.50}
$$

将式(4.50)代入式(4.49)可进一步推得

$$
\begin{aligned}
&\mathrm{cov}\left(\begin{bmatrix}\hat{u}_{\mathrm{plwls}}^{(\mathrm{b})} \\ \hat{w}_{\mathrm{plwls}}^{(\mathrm{b})}\end{bmatrix}\right) \\
&=\left(\left[\begin{array}{c:c:c}
B^{\mathrm{T}}(z_0,w)\begin{pmatrix} T_1(z_0,w,u)Q_1 \\ \cdot T_1^{\mathrm{T}}(z_0,w,u)\end{pmatrix}^{-1} & -B^{\mathrm{T}}(z_0,w)\begin{pmatrix} T_1(z_0,w,u)Q_1 \\ \cdot T_1^{\mathrm{T}}(z_0,w,u)\end{pmatrix}^{-1}T_2(z_0,w,u) & O_{q\times pd} \\ \hdashline
-T_2^{\mathrm{T}}(z_0,w,u)\begin{pmatrix} T_1(z_0,w,u)Q_1 \\ \cdot T_1^{\mathrm{T}}(z_0,w,u)\end{pmatrix}^{-1} & \left(\begin{array}{c} Q_2-Q_2T_2^{\mathrm{T}}(z_0,w,u) \\ \cdot\begin{pmatrix} T_1(z_0,w,u)Q_1T_1^{\mathrm{T}}(z_0,w,u) \\ +T_2(z_0,w,u)Q_2T_2^{\mathrm{T}}(z_0,w,u)\end{pmatrix}^{-1} \\ \cdot T_2(z_0,w,u)Q_2 \end{array}\right)^{-1} & \bar{D}^{\mathrm{T}}(r_0,s)\begin{pmatrix}\bar{H}(r_0,s,w)Q_3 \\ \cdot \bar{H}^{\mathrm{T}}(r_0,s,w)\end{pmatrix}^{-1}
\end{array}\right]\right. \\
&\qquad\left.\cdot\begin{bmatrix} B(z_0,w) & O_{p\times l} \\ O_{l\times q} & I_l \\ O_{pd\times q} & \bar{D}(r_0,s)\end{bmatrix}\right)^{-1} \\
&=\left[\begin{array}{c:c}
B^{\mathrm{T}}(z_0,w)(T_1(z_0,w,u)Q_1T_1^{\mathrm{T}}(z_0,w,u))^{-1}B(z_0,w) & -B^{\mathrm{T}}(z_0,w)(T_1(z_0,w,u)Q_1T_1^{\mathrm{T}}(z_0,w,u))^{-1}T_2(z_0,w,u) \\ \hdashline
-T_2^{\mathrm{T}}(z_0,w,u)(T_1(z_0,w,u)Q_1T_1^{\mathrm{T}}(z_0,w,u))^{-1}B(z_0,w) & \begin{array}{c}\left(\begin{array}{c} Q_2-Q_2T_2^{\mathrm{T}}(z_0,w,u)\begin{pmatrix} T_1(z_0,w,u)Q_1T_1^{\mathrm{T}}(z_0,w,u) \\ +T_2(z_0,w,u)Q_2T_2^{\mathrm{T}}(z_0,w,u)\end{pmatrix}^{-1} \\ \cdot T_2(z_0,w,u)Q_2\end{array}\right)^{-1} \\ +\bar{D}^{\mathrm{T}}(r_0,s)(\bar{H}(r_0,s,w)Q_3\bar{H}^{\mathrm{T}}(r_0,s,w))^{-1}\bar{D}(r_0,s)\end{array}
\end{array}\right]^{-1}
\end{aligned}
\tag{4.51}
$$

将式(4.20)、式(4.36)和式(4.37)代入式(4.51)可证得

$$
\mathrm{cov}\left(\begin{bmatrix}\hat{u}_{\mathrm{plwls}}^{(\mathrm{b})} \\ \hat{w}_{\mathrm{plwls}}^{(\mathrm{b})}\end{bmatrix}\right)=\left[\begin{array}{c:c}
G_1^{\mathrm{T}}(u,w)Q_1^{-1}G_1(u,w) & G_1^{\mathrm{T}}(u,w)Q_1^{-1}G_2(u,w) \\ \hdashline
G_2^{\mathrm{T}}(u,w)Q_1^{-1}G_1(u,w) & \begin{array}{c}\left(Q_2-Q_2G_2^{\mathrm{T}}(u,w)\begin{pmatrix} Q_1+G_2(u,w) \\ \cdot Q_2G_2^{\mathrm{T}}(u,w)\end{pmatrix}^{-1}G_2(u,w)Q_2\right)^{-1} \\ +\bar{G}^{\mathrm{T}}(s,w)Q_3^{-1}\bar{G}(s,w)\end{array}
\end{array}\right]^{-1}
\tag{4.52}
$$

再利用推论 2.1 可知

$$
\begin{aligned}
(G_2^{\mathrm{T}}(u,w)Q_1^{-1}G_2(u,w)+Q_2^{-1})^{-1}&=Q_2-Q_2G_2^{\mathrm{T}}(u,w) \\
&\quad\cdot(Q_1+G_2(u,w)Q_2G_2^{\mathrm{T}}(u,w))^{-1}G_2(u,w)Q_2 \\
&\Leftrightarrow(Q_2-Q_2G_2^{\mathrm{T}}(u,w)(Q_1+G_2(u,w)Q_2G_2^{\mathrm{T}}(u,w))^{-1} \\
&\quad\cdot G_2(u,w)Q_2)^{-1} \\
&=G_2^{\mathrm{T}}(u,w)Q_1^{-1}G_2(u,w)+Q_2^{-1}
\end{aligned}
\tag{4.53}
$$

将式(4.53)代入式(4.52)可知

$$
\begin{aligned}
\mathrm{cov}\left(\begin{bmatrix}\hat{u}_{\mathrm{plwls}}^{(\mathrm{b})} \\ \hat{w}_{\mathrm{plwls}}^{(\mathrm{b})}\end{bmatrix}\right)&=\left[\begin{array}{c:c}
G_1^{\mathrm{T}}(u,w)Q_1^{-1}G_1(u,w) & G_1^{\mathrm{T}}(u,w)Q_1^{-1}G_2(u,w) \\ \hdashline
G_2^{\mathrm{T}}(u,w)Q_1^{-1}G_1(u,w) & \begin{array}{c} G_2^{\mathrm{T}}(u,w)Q_1^{-1}G_2(u,w)+Q_2^{-1} \\ +\bar{G}^{\mathrm{T}}(s,w)Q_3^{-1}\bar{G}(s,w)\end{array}
\end{array}\right]^{-1} \\
&=\mathbf{CRB}\left(\begin{bmatrix} u \\ w\end{bmatrix}\right)
\end{aligned}
\tag{4.54}
$$

证毕。

命题 4.3 表明，目标位置解$\hat{\boldsymbol{u}}_{\text{plwls}}^{(\text{b})}$和系统参量解$\hat{\boldsymbol{w}}_{\text{plwls}}^{(\text{b})}$具有渐近最优的统计性能（在门限效应发生以前）。

4.4 定位算例与数值实验

本节将以联合辐射源信号 AOA/AOA-ROC 参数的无源定位问题为算例进行数值实验。

4.4.1 定位算例的观测模型

假设某目标源的位置向量为$\boldsymbol{u}=[x_{\text{t}} \quad y_{\text{t}} \quad z_{\text{t}}]^{\text{T}}$，现有 M 个运动观测站可以接收到该目标源信号，并利用该信号的 AOA/AOA-ROC 参数对目标进行定位。第 m 个观测站的位置和速度向量分别为$\boldsymbol{w}_{\text{p},m}=[x_{\text{o},m} \quad y_{\text{o},m} \quad z_{\text{o},m}]^{\text{T}}$ 和 $\boldsymbol{w}_{\text{v},m}=[\dot{x}_{\text{o},m} \quad \dot{y}_{\text{o},m} \quad \dot{z}_{\text{o},m}]^{\text{T}}$，若令$\boldsymbol{w}_m=[\boldsymbol{w}_{\text{p},m}^{\text{T}} \quad \boldsymbol{w}_{\text{v},m}^{\text{T}}]^{\text{T}}$，则系统参量可以表示为 $\boldsymbol{w}=[\boldsymbol{w}_1^{\text{T}} \quad \boldsymbol{w}_2^{\text{T}} \quad \cdots \quad \boldsymbol{w}_M^{\text{T}}]^{\text{T}}$。

根据第 1 章的讨论可知，AOA 和 AOA-ROC 的观测方程可以分别表示为

$$\begin{cases} \theta_m = \arctan \dfrac{y_{\text{t}}-y_{\text{o},m}}{x_{\text{t}}-x_{\text{o},m}} \\ \beta_m = \arctan \dfrac{z_{\text{t}}-z_{\text{o},m}}{\|\bar{\boldsymbol{I}}_3(\boldsymbol{u}-\boldsymbol{w}_{\text{p},m})\|_2} \\ \quad\ = \arctan \dfrac{z_{\text{t}}-z_{\text{o},m}}{(x_{\text{t}}-x_{\text{o},m})\cos\theta_m+(y_{\text{t}}-y_{\text{o},m})\sin\theta_m} \\ \dot{\theta}_m = \dfrac{\dot{x}_{\text{o},m}\sin\theta_m-\dot{y}_{\text{o},m}\cos\theta_m}{(x_{\text{t}}-x_{\text{o},m})\cos\theta_m+(y_{\text{t}}-y_{\text{o},m})\sin\theta_m} \\ \dot{\beta}_m = \dfrac{\dot{x}_{\text{o},m}\cos\theta_m\sin\beta_m+\dot{y}_{\text{o},m}\sin\theta_m\sin\beta_m-\dot{z}_{\text{o},m}\cos\beta_m}{(x_{\text{t}}-x_{\text{o},m})\cos\theta_m\cos\beta_m+(y_{\text{t}}-y_{\text{o},m})\sin\theta_m\cos\beta_m+(z_{\text{t}}-z_{\text{o},m})\sin\beta_m} \end{cases}, \quad 1\leqslant m\leqslant M \tag{4.55}$$

式中，θ_m 和 β_m 分别表示目标源信号到达第 m 个观测站的方位角和仰角；$\dot{\theta}_m$ 和 $\dot{\beta}_m$ 分别表示目标源信号到达第 m 个观测站的方位角变化率和仰角变化率，$\bar{\boldsymbol{I}}_3=[\boldsymbol{I}_2 \quad \boldsymbol{O}_{2\times 1}]$。再分别定义如下观测向量：

$$\begin{cases} \boldsymbol{\theta}=[\theta_1 \quad \theta_2 \quad \cdots \quad \theta_M]^{\text{T}}, \quad \boldsymbol{\beta}=[\beta_1 \quad \beta_2 \quad \cdots \quad \beta_M]^{\text{T}} \\ \dot{\boldsymbol{\theta}}=[\dot{\theta}_1 \quad \dot{\theta}_2 \quad \cdots \quad \dot{\theta}_M]^{\text{T}}, \quad \dot{\boldsymbol{\beta}}=[\dot{\beta}_1 \quad \dot{\beta}_2 \quad \cdots \quad \dot{\beta}_M]^{\text{T}} \end{cases} \tag{4.56}$$

则用于目标定位的观测向量和观测方程可以表示为

$$\boldsymbol{z}_0=[\boldsymbol{\theta}^{\text{T}} \quad \boldsymbol{\beta}^{\text{T}} \quad \dot{\boldsymbol{\theta}}^{\text{T}} \quad \dot{\boldsymbol{\beta}}^{\text{T}}]^{\text{T}}=\boldsymbol{g}(\boldsymbol{u},\boldsymbol{w}) \tag{4.57}$$

为了更好地消除系统误差的影响，需要在目标源附近放置 d 个位置精确已知的校正源，并且观测站同样能够获得关于校正源信号的 AOA/AOA-ROC 参数。假设第 k 个校正源的位置向量为$\boldsymbol{s}_k=[x_{\text{c},k} \quad y_{\text{c},k} \quad z_{\text{c},k}]^{\text{T}}$，则关于该校正源的全部观测方程可表示为

$$\begin{cases}\theta_{\mathrm{c},k,m}=\arctan\dfrac{y_{\mathrm{c},k}-y_{\mathrm{o},m}}{x_{\mathrm{c},k}-x_{\mathrm{o},m}}\\ \beta_{\mathrm{c},k,m}=\arctan\dfrac{z_{\mathrm{c},k}-z_{\mathrm{o},m}}{\|\boldsymbol{I}_3(\boldsymbol{s}_k-\boldsymbol{w}_{\mathrm{p},m})\|_2}\\ \qquad=\arctan\dfrac{z_{\mathrm{c},k}-z_{\mathrm{o},m}}{(x_{\mathrm{c},k}-x_{\mathrm{o},m})\cos\theta_{\mathrm{c},k,m}+(y_{\mathrm{c},k}-y_{\mathrm{o},m})\sin\theta_{\mathrm{c},k,m}} \\ \dot{\theta}_{\mathrm{c},k,m}=\dfrac{\dot{x}_{\mathrm{o},m}\sin\theta_{\mathrm{c},k,m}-\dot{y}_{\mathrm{o},m}\cos\theta_{\mathrm{c},k,m}}{(x_{\mathrm{c},k}-x_{\mathrm{o},m})\cos\theta_{\mathrm{c},k,m}+(y_{\mathrm{c},k}-y_{\mathrm{o},m})\sin\theta_{\mathrm{c},k,m}}\\ \dot{\beta}_{\mathrm{c},k,m}=\dfrac{\dot{x}_{\mathrm{o},m}\cos\theta_{\mathrm{c},k,m}\sin\beta_{\mathrm{c},k,m}+\dot{y}_{\mathrm{o},m}\sin\theta_{\mathrm{c},k,m}\sin\beta_{\mathrm{c},k,m}-\dot{z}_{\mathrm{o},m}\cos\beta_{\mathrm{c},k,m}}{(x_{\mathrm{c},k}-x_{\mathrm{o},m})\cos\theta_{\mathrm{c},k,m}\cos\beta_{\mathrm{c},k,m}+(y_{\mathrm{c},k}-y_{\mathrm{o},m})\sin\theta_{\mathrm{c},k,m}\cos\beta_{\mathrm{c},k,m}+(z_{\mathrm{c},k}-z_{\mathrm{o},m})\sin\beta_{\mathrm{c},k,m}}\end{cases},\quad \begin{matrix}1\leqslant m\leqslant M\\ 1\leqslant k\leqslant d\end{matrix}$$

(4.58)

式中，$\theta_{\mathrm{c},k,m}$和$\beta_{\mathrm{c},k,m}$分别表示第k个校正源信号到达第m个观测站的方位角和仰角；$\dot{\theta}_{\mathrm{c},k,m}$和$\dot{\beta}_{\mathrm{c},k,m}$分别表示第$k$个校正源信号到达第$m$个观测站的方位角变化率和仰角变化率。再分别定义如下观测向量：

$$\begin{cases}\boldsymbol{\theta}_{\mathrm{c},k}=[\theta_{\mathrm{c},k,1}\quad \theta_{\mathrm{c},k,2}\quad \cdots\quad \theta_{\mathrm{c},k,M}]^{\mathrm{T}},\quad \boldsymbol{\beta}_{\mathrm{c},k}=[\beta_{\mathrm{c},k,1}\quad \beta_{\mathrm{c},k,2}\quad \cdots\quad \beta_{\mathrm{c},k,M}]^{\mathrm{T}}\\ \dot{\boldsymbol{\theta}}_{\mathrm{c},k}=[\dot{\theta}_{\mathrm{c},k,1}\quad \dot{\theta}_{\mathrm{c},k,2}\quad \cdots\quad \dot{\theta}_{\mathrm{c},k,M}]^{\mathrm{T}},\quad \dot{\boldsymbol{\beta}}_{\mathrm{c},k}=[\dot{\beta}_{\mathrm{c},k,1}\quad \dot{\beta}_{\mathrm{c},k,2}\quad \cdots\quad \dot{\beta}_{\mathrm{c},k,M}]^{\mathrm{T}}\end{cases}\tag{4.59}$$

则关于第k个校正源的观测向量和观测方程可以表示为

$$\boldsymbol{r}_{k0}=[\boldsymbol{\theta}_{\mathrm{c},k}^{\mathrm{T}}\quad \boldsymbol{\beta}_{\mathrm{c},k}^{\mathrm{T}}\quad \dot{\boldsymbol{\theta}}_{\mathrm{c},k}^{\mathrm{T}}\quad \dot{\boldsymbol{\beta}}_{\mathrm{c},k}^{\mathrm{T}}]^{\mathrm{T}}=\boldsymbol{g}(\boldsymbol{s}_k,\boldsymbol{w})\tag{4.60}$$

而关于全部校正源的观测向量和观测方程可以表示为

$$\boldsymbol{r}_0=[\boldsymbol{r}_{10}^{\mathrm{T}}\quad \boldsymbol{r}_{20}^{\mathrm{T}}\quad \cdots\quad \boldsymbol{r}_{d0}^{\mathrm{T}}]^{\mathrm{T}}=[\boldsymbol{g}^{\mathrm{T}}(\boldsymbol{s}_1,\boldsymbol{w})\quad \boldsymbol{g}^{\mathrm{T}}(\boldsymbol{s}_2,\boldsymbol{w})\quad \cdots\quad \boldsymbol{g}^{\mathrm{T}}(\boldsymbol{s}_d,\boldsymbol{w})]^{\mathrm{T}}=\bar{\boldsymbol{g}}(\boldsymbol{s},\boldsymbol{w})\tag{4.61}$$

式中，$\boldsymbol{s}=[\boldsymbol{s}_1^{\mathrm{T}}\quad \boldsymbol{s}_2^{\mathrm{T}}\quad \cdots\quad \boldsymbol{s}_d^{\mathrm{T}}]^{\mathrm{T}}$表示由全部校正源位置所构成的列向量。

根据前面的讨论可知，为了利用本章的方法进行目标定位，需要将式(4.55)中的每个非线性观测方程转化为伪线性观测方程。首先，式(4.55)中第一个观测方程的伪线性化过程如下：

$$\begin{aligned}&\theta_m=\arctan\frac{y_{\mathrm{t}}-y_{\mathrm{o},m}}{x_{\mathrm{t}}-x_{\mathrm{o},m}}\Rightarrow\frac{\sin\theta_m}{\cos\theta_m}=\frac{y_{\mathrm{t}}-y_{\mathrm{o},m}}{x_{\mathrm{t}}-x_{\mathrm{o},m}}\\ &\quad\Rightarrow\sin\theta_m x_{\mathrm{t}}-\cos\theta_m y_{\mathrm{t}}=x_{\mathrm{o},m}\sin\theta_m-y_{\mathrm{o},m}\cos\theta_m\\ &\quad\Rightarrow\boldsymbol{b}_{1m}^{\mathrm{T}}(\boldsymbol{z}_0,\boldsymbol{w})\boldsymbol{u}=a_{1m}(\boldsymbol{z}_0,\boldsymbol{w}),\quad 1\leqslant m\leqslant M\end{aligned}\tag{4.62}$$

式中

$$\begin{cases}\boldsymbol{b}_{1m}(\boldsymbol{z}_0,\boldsymbol{w})=[\sin\theta_m\ \vdots\ -\cos\theta_m\ \vdots\ 0]^{\mathrm{T}}\\ a_{1m}(\boldsymbol{z}_0,\boldsymbol{w})=x_{\mathrm{o},m}\sin\theta_m-y_{\mathrm{o},m}\cos\theta_m\end{cases}\tag{4.63}$$

然后，式(4.55)中第二个观测方程的伪线性化过程如下：

$$\begin{aligned}&\beta_m=\arctan\frac{z_{\mathrm{t}}-z_{\mathrm{o},m}}{(x_{\mathrm{t}}-x_{\mathrm{o},m})\cos\theta_m+(y_{\mathrm{t}}-y_{\mathrm{o},m})\sin\theta_m}\\ &\quad\Rightarrow\frac{\sin\beta_m}{\cos\beta_m}=\frac{z_{\mathrm{t}}-z_{\mathrm{o},m}}{(x_{\mathrm{t}}-x_{\mathrm{o},m})\cos\theta_m+(y_{\mathrm{t}}-y_{\mathrm{o},m})\sin\theta_m}\\ &\quad\Rightarrow\cos\theta_m\sin\beta_m x_{\mathrm{t}}+\sin\theta_m\sin\beta_m y_{\mathrm{t}}-\cos\beta_m z_{\mathrm{t}}\\ &\quad=x_{\mathrm{o},m}\cos\theta_m\sin\beta_m+y_{\mathrm{o},m}\sin\theta_m\sin\beta_m-z_{\mathrm{o},m}\cos\beta_m\\ &\quad\Rightarrow\boldsymbol{b}_{2m}^{\mathrm{T}}(\boldsymbol{z}_0,\boldsymbol{w})\boldsymbol{u}=a_{2m}(\boldsymbol{z}_0,\boldsymbol{w}),\quad 1\leqslant m\leqslant M\end{aligned}\tag{4.64}$$

式中

$$\begin{cases} \boldsymbol{b}_{2m}(\boldsymbol{z}_0,\boldsymbol{w}) = [\cos\theta_m\sin\beta_m \; \vdots \; \sin\theta_m\sin\beta_m \; \vdots \; -\cos\beta_m]^{\mathrm{T}} \\ a_{2m}(\boldsymbol{z}_0,\boldsymbol{w}) = x_{\mathrm{o},m}\cos\theta_m\sin\beta_m + y_{\mathrm{o},m}\sin\theta_m\sin\beta_m - z_{\mathrm{o},m}\cos\beta_m \end{cases} \tag{4.65}$$

接着，式(4.55)中第三个观测方程的伪线性化过程如下：

$$\begin{aligned} &\dot{\theta}_m = \frac{\dot{x}_{\mathrm{o},m}\sin\theta_m - \dot{y}_{\mathrm{o},m}\cos\theta_m}{(x_{\mathrm{t}} - x_{\mathrm{o},m})\cos\theta_m + (y_{\mathrm{t}} - y_{\mathrm{o},m})\sin\theta_m} \\ &\Rightarrow \dot{\theta}_m\cos\theta_m x_{\mathrm{t}} + \dot{\theta}_m\sin\theta_m y_{\mathrm{t}} \\ &= x_{\mathrm{o},m}\dot{\theta}_m\cos\theta_m + y_{\mathrm{o},m}\dot{\theta}_m\sin\theta_m + \dot{x}_{\mathrm{o},m}\sin\theta_m - \dot{y}_{\mathrm{o},m}\cos\theta_m \\ &\Rightarrow \boldsymbol{b}_{3m}^{\mathrm{T}}(\boldsymbol{z}_0,\boldsymbol{w})\boldsymbol{u} = a_{3m}(\boldsymbol{z}_0,\boldsymbol{w}), \quad 1 \leqslant m \leqslant M \end{aligned} \tag{4.66}$$

式中

$$\begin{cases} \boldsymbol{b}_{3m}(\boldsymbol{z}_0,\boldsymbol{w}) = [\dot{\theta}_m\cos\theta_m \; \vdots \; \dot{\theta}_m\sin\theta_m \; \vdots \; 0]^{\mathrm{T}} \\ a_{3m}(\boldsymbol{z}_0,\boldsymbol{w}) = x_{\mathrm{o},m}\dot{\theta}_m\cos\theta_m + y_{\mathrm{o},m}\dot{\theta}_m\sin\theta_m + \dot{x}_{\mathrm{o},m}\sin\theta_m - \dot{y}_{\mathrm{o},m}\cos\theta_m \end{cases} \tag{4.67}$$

最后，式(4.55)中第四个观测方程的伪线性化过程如下：

$$\begin{aligned} &\dot{\beta}_m = \frac{\dot{x}_{\mathrm{o},m}\cos\theta_m\sin\beta_m + \dot{y}_{\mathrm{o},m}\sin\theta_m\sin\beta_m - \dot{z}_{\mathrm{o},m}\cos\beta_m}{(x_{\mathrm{t}} - x_{\mathrm{o},m})\cos\theta_m\cos\beta_m + (y_{\mathrm{t}} - y_{\mathrm{o},m})\sin\theta_m\cos\beta_m + (z_{\mathrm{t}} - z_{\mathrm{o},m})\sin\beta_m} \\ &\Rightarrow \dot{\beta}_m\cos\theta_m\cos\beta_m x_{\mathrm{t}} + \dot{\beta}_m\sin\theta_m\cos\beta_m y_{\mathrm{t}} + \dot{\beta}_m\sin\beta_m z_{\mathrm{t}} \\ &= x_{\mathrm{o},m}\dot{\beta}_m\cos\theta_m\cos\beta_m + y_{\mathrm{o},m}\dot{\beta}_m\sin\theta_m\cos\beta_m + z_{\mathrm{o},m}\dot{\beta}_m\sin\beta_m \\ &\quad + \dot{x}_{\mathrm{o},m}\cos\theta_m\sin\beta_m + \dot{y}_{\mathrm{o},m}\sin\theta_m\sin\beta_m - \dot{z}_{\mathrm{o},m}\cos\beta_m \\ &\Rightarrow \boldsymbol{b}_{4m}^{\mathrm{T}}(\boldsymbol{z}_0,\boldsymbol{w})\boldsymbol{u} = a_{4m}(\boldsymbol{z}_0,\boldsymbol{w}), \quad 1 \leqslant m \leqslant M \end{aligned} \tag{4.68}$$

式中

$$\begin{cases} \boldsymbol{b}_{4m}(\boldsymbol{z}_0,\boldsymbol{w}) = [\dot{\beta}_m\cos\theta_m\cos\beta_m \; \vdots \; \dot{\beta}_m\sin\theta_m\cos\beta_m \; \vdots \; \dot{\beta}_m\sin\beta_m]^{\mathrm{T}} \\ a_{4m}(\boldsymbol{z}_0,\boldsymbol{w}) = x_{\mathrm{o},m}\dot{\beta}_m\cos\theta_m\cos\beta_m + y_{\mathrm{o},m}\dot{\beta}_m\sin\theta_m\cos\beta_m + z_{\mathrm{o},m}\dot{\beta}_m\sin\beta_m \\ \qquad\qquad + \dot{x}_{\mathrm{o},m}\cos\theta_m\sin\beta_m + \dot{y}_{\mathrm{o},m}\sin\theta_m\sin\beta_m - \dot{z}_{\mathrm{o},m}\cos\beta_m \end{cases} \tag{4.69}$$

结合式(4.62)～式(4.69)可以建立如下伪线性观测方程：

$$\boldsymbol{a}(\boldsymbol{z}_0,\boldsymbol{w}) = \boldsymbol{B}(\boldsymbol{z}_0,\boldsymbol{w})\boldsymbol{u} \tag{4.70}$$

式中

$$\begin{cases} \boldsymbol{a}(\boldsymbol{z}_0,\boldsymbol{w}) = [\boldsymbol{a}_1^{\mathrm{T}}(\boldsymbol{z}_0,\boldsymbol{w}) \quad \boldsymbol{a}_2^{\mathrm{T}}(\boldsymbol{z}_0,\boldsymbol{w}) \quad \boldsymbol{a}_3^{\mathrm{T}}(\boldsymbol{z}_0,\boldsymbol{w}) \quad \boldsymbol{a}_4^{\mathrm{T}}(\boldsymbol{z}_0,\boldsymbol{w})]^{\mathrm{T}} \\ \boldsymbol{B}(\boldsymbol{z}_0,\boldsymbol{w}) = [\boldsymbol{B}_1^{\mathrm{T}}(\boldsymbol{z}_0,\boldsymbol{w}) \quad \boldsymbol{B}_2^{\mathrm{T}}(\boldsymbol{z}_0,\boldsymbol{w}) \quad \boldsymbol{B}_3^{\mathrm{T}}(\boldsymbol{z}_0,\boldsymbol{w}) \quad \boldsymbol{B}_4^{\mathrm{T}}(\boldsymbol{z}_0,\boldsymbol{w})]^{\mathrm{T}} \end{cases} \tag{4.71}$$

其中

$$\boldsymbol{B}_j(\boldsymbol{z}_0,\boldsymbol{w}) = \begin{bmatrix} \boldsymbol{b}_{j1}^{\mathrm{T}}(\boldsymbol{z}_0,\boldsymbol{w}) \\ \boldsymbol{b}_{j2}^{\mathrm{T}}(\boldsymbol{z}_0,\boldsymbol{w}) \\ \vdots \\ \boldsymbol{b}_{jM}^{\mathrm{T}}(\boldsymbol{z}_0,\boldsymbol{w}) \end{bmatrix}, \quad \boldsymbol{a}_j(\boldsymbol{z}_0,\boldsymbol{w}) = \begin{bmatrix} a_{j1}(\boldsymbol{z}_0,\boldsymbol{w}) \\ a_{j2}(\boldsymbol{z}_0,\boldsymbol{w}) \\ \vdots \\ a_{jM}(\boldsymbol{z}_0,\boldsymbol{w}) \end{bmatrix}, \quad 1 \leqslant j \leqslant 4 \tag{4.72}$$

此外，这里还需要将式(4.58)中的每个非线性观测方程转化为伪线性观测方程。首先，式(4.58)中第一个观测方程的伪线性化过程如下：

$$\begin{aligned} &\theta_{\mathrm{c},k,m} = \arctan\frac{y_{\mathrm{c},k} - y_{\mathrm{o},m}}{x_{\mathrm{c},k} - x_{\mathrm{o},m}} \Rightarrow \frac{\sin\theta_{\mathrm{c},k,m}}{\cos\theta_{\mathrm{c},k,m}} = \frac{y_{\mathrm{c},k} - y_{\mathrm{o},m}}{x_{\mathrm{c},k} - x_{\mathrm{o},m}} \\ &\Rightarrow \sin\theta_{\mathrm{c},k,m}x_{\mathrm{o},m} - \cos\theta_{\mathrm{c},k,m}y_{\mathrm{o},m} = x_{\mathrm{c},k}\sin\theta_{\mathrm{c},k,m} - y_{\mathrm{c},k}\cos\theta_{\mathrm{c},k,m} \\ &\Rightarrow \boldsymbol{d}_{1m}^{\mathrm{T}}(\boldsymbol{r}_{k0},\boldsymbol{s}_k)\boldsymbol{w}_m = c_{1m}(\boldsymbol{r}_{k0},\boldsymbol{s}_k), \quad 1 \leqslant m \leqslant M; 1 \leqslant k \leqslant d \end{aligned} \tag{4.73}$$

式中

$$\begin{cases}\boldsymbol{d}_{1m}(\boldsymbol{r}_{k0},\boldsymbol{s}_k)=[\sin\theta_{c,k,m}\ \vdots\ -\cos\theta_{c,k,m}\ \vdots\ \boldsymbol{O}_{1\times 4}]^{\mathrm{T}}\\ c_{1m}(\boldsymbol{r}_{k0},\boldsymbol{s}_k)=x_{c,k}\sin\theta_{c,k,m}-y_{c,k}\cos\theta_{c,k,m}\end{cases}\tag{4.74}$$

然后，式(4.58)中第二个观测方程的伪线性化过程如下：

$$\begin{aligned}&\beta_{c,k,m}=\arctan\frac{z_{c,k}-z_{o,m}}{(x_{c,k}-x_{o,m})\cos\theta_{c,k,m}+(y_{c,k}-y_{o,m})\sin\theta_{c,k,m}}\\ &\Rightarrow\frac{\sin\beta_{c,k,m}}{\cos\beta_{c,k,m}}=\frac{z_{c,k}-z_{o,m}}{(x_{c,k}-x_{o,m})\cos\theta_{c,k,m}+(y_{c,k}-y_{o,m})\sin\theta_{c,k,m}}\\ &\Rightarrow\cos\theta_{c,k,m}\sin\beta_{c,k,m}x_{o,m}+\sin\theta_{c,k,m}\sin\beta_{c,k,m}y_{o,m}-\cos\beta_{c,k,m}z_{o,m}\\ &=x_{c,k}\cos\theta_{c,k,m}\sin\beta_{c,k,m}+y_{c,k}\sin\theta_{c,k,m}\sin\beta_{c,k,m}-z_{c,k}\cos\beta_{c,k,m}\\ &\Rightarrow\boldsymbol{d}_{2m}^{\mathrm{T}}(\boldsymbol{r}_{k0},\boldsymbol{s}_k)\boldsymbol{w}_m=c_{2m}(\boldsymbol{r}_{k0},\boldsymbol{s}_k),\quad 1\leqslant m\leqslant M;1\leqslant k\leqslant d\end{aligned}\tag{4.75}$$

式中

$$\begin{cases}\boldsymbol{d}_{2m}(\boldsymbol{r}_{k0},\boldsymbol{s}_k)=[\cos\theta_{c,k,m}\sin\beta_{c,k,m}\ \vdots\ \sin\theta_{c,k,m}\sin\theta_{c,k,m}\ \vdots\ -\cos\beta_{c,k,m}\ \vdots\ \boldsymbol{O}_{1\times 3}]^{\mathrm{T}}\\ c_{2m}(\boldsymbol{r}_{k0},\boldsymbol{s}_k)=x_{c,k}\cos\theta_{c,k,m}\sin\beta_{c,k,m}+y_{c,k}\sin\theta_{c,k,m}\sin\beta_{c,k,m}-z_{c,k}\cos\beta_{c,k,m}\end{cases}\tag{4.76}$$

接着，式(4.58)中第三个观测方程的伪线性化过程如下：

$$\begin{aligned}&\dot{\theta}_{c,k,m}=\frac{\dot{x}_{o,m}\sin\theta_{c,k,m}-\dot{y}_{o,m}\cos\theta_{c,k,m}}{(x_{c,k}-x_{o,m})\cos\theta_{c,k,m}+(y_{c,k}-y_{o,m})\sin\theta_{c,k,m}}\\ &\Rightarrow\dot{\theta}_{c,k,m}\cos\theta_{c,k,m}x_{o,m}+\dot{\theta}_{c,k,m}\sin\theta_{c,k,m}y_{o,m}+\sin\theta_{c,k,m}\dot{x}_{o,m}-\cos\theta_{c,k,m}\dot{y}_{o,m}\\ &=x_{c,k}\dot{\theta}_{c,k,m}\cos\theta_{c,k,m}+y_{c,k}\dot{\theta}_{c,k,m}\sin\theta_{c,k,m}\\ &\Rightarrow\boldsymbol{d}_{3m}^{\mathrm{T}}(\boldsymbol{r}_{k0},\boldsymbol{s}_k)\boldsymbol{w}_m=c_{3m}(\boldsymbol{r}_{k0},\boldsymbol{s}_k),\quad 1\leqslant m\leqslant M;1\leqslant k\leqslant d\end{aligned}\tag{4.77}$$

式中

$$\begin{cases}\boldsymbol{d}_{3m}(\boldsymbol{r}_{k0},\boldsymbol{s}_k)=[\dot{\theta}_{c,k,m}\cos\theta_{c,k,m}\ \vdots\ \dot{\theta}_{c,k,m}\sin\theta_{c,k,m}\ \vdots\ 0\ \vdots\ \sin\theta_{c,k,m}\ \vdots\ -\cos\theta_{c,k,m}\ \vdots\ 0]^{\mathrm{T}}\\ c_{3m}(\boldsymbol{r}_{k0},\boldsymbol{s}_k)=x_{c,k}\dot{\theta}_{c,k,m}\cos\theta_{c,k,m}+y_{c,k}\dot{\theta}_{c,k,m}\sin\theta_{c,k,m}\end{cases}\tag{4.78}$$

最后，式(4.58)中第四个观测方程的伪线性化过程如下：

$$\begin{aligned}&\dot{\beta}_{c,k,m}=\frac{\dot{x}_{o,m}\cos\theta_{c,k,m}\sin\beta_{c,k,m}+\dot{y}_{o,m}\sin\theta_{c,k,m}\sin\beta_{c,k,m}-\dot{z}_{o,m}\cos\beta_{c,k,m}}{(x_{c,k}-x_{o,m})\cos\theta_{c,k,m}\cos\beta_{c,k,m}+(y_{c,k}-y_{o,m})\sin\theta_{c,k,m}\cos\beta_{c,k,m}+(z_{c,k}-z_{o,m})\sin\beta_{c,k,m}}\\ &\Rightarrow\dot{\beta}_{c,k,m}\cos\theta_{c,k,m}\cos\beta_{c,k,m}x_{o,m}+\dot{\beta}_{c,k,m}\sin\theta_{c,k,m}\cos\beta_{c,k,m}y_{o,m}+\dot{\beta}_{c,k,m}\sin\beta_{c,k,m}z_{o,m}\\ &\quad+\cos\theta_{c,k,m}\sin\beta_{c,k,m}\dot{x}_{o,m}+\sin\theta_{c,k,m}\sin\beta_{c,k,m}\dot{y}_{o,m}-\cos\beta_{c,k,m}\dot{z}_{o,m}\\ &=x_{c,k}\dot{\beta}_{c,k,m}\cos\theta_{c,k,m}\cos\beta_{c,k,m}+y_{c,k}\dot{\beta}_{c,k,m}\sin\theta_{c,k,m}\cos\beta_{c,k,m}+z_{c,k}\dot{\beta}_{c,k,m}\sin\beta_{c,k,m}\\ &\Rightarrow\boldsymbol{d}_{4m}^{\mathrm{T}}(\boldsymbol{r}_{k0},\boldsymbol{s}_k)\boldsymbol{w}_m=c_{4m}(\boldsymbol{r}_{k0},\boldsymbol{s}_k),\quad 1\leqslant m\leqslant M;1\leqslant k\leqslant d\end{aligned}\tag{4.79}$$

式中

$$\begin{cases}\boldsymbol{d}_{4m}(\boldsymbol{r}_{k0},\boldsymbol{s}_k)=[\dot{\beta}_{c,k,m}\cos\theta_{c,k,m}\cos\beta_{c,k,m}\ \vdots\ \dot{\beta}_{c,k,m}\sin\theta_{c,k,m}\cos\beta_{c,k,m}\ \vdots\ \dot{\beta}_{c,k,m}\sin\beta_{c,k,m}\\ \qquad\vdots\ \cos\theta_{c,k,m}\sin\beta_{c,k,m}\ \vdots\ \sin\theta_{c,k,m}\sin\beta_{c,k,m}\ \vdots\ -\cos\beta_{c,k,m}]^{\mathrm{T}}\\ c_{4m}(\boldsymbol{r}_{k0},\boldsymbol{s}_k)=x_{c,k}\dot{\beta}_{c,k,m}\cos\theta_{c,k,m}\cos\beta_{c,k,m}+y_{c,k}\dot{\beta}_{c,k,m}\sin\theta_{c,k,m}\cos\beta_{c,k,m}\\ \qquad+z_{c,k}\dot{\beta}_{c,k,m}\sin\beta_{c,k,m}\end{cases}\tag{4.80}$$

结合式(4.73)～式(4.80)可建立如下伪线性观测方程：

$$\boldsymbol{c}(\boldsymbol{r}_{k0},\boldsymbol{s}_k)=\boldsymbol{D}(\boldsymbol{r}_{k0},\boldsymbol{s}_k)\boldsymbol{w},\quad 1\leqslant k\leqslant d \tag{4.81}$$

式中

$$\begin{cases}\boldsymbol{c}(\boldsymbol{r}_{k0},\boldsymbol{s}_k)=[\boldsymbol{c}_1^{\mathrm{T}}(\boldsymbol{r}_{k0},\boldsymbol{s}_k)\quad \boldsymbol{c}_2^{\mathrm{T}}(\boldsymbol{r}_{k0},\boldsymbol{s}_k)\quad \boldsymbol{c}_3^{\mathrm{T}}(\boldsymbol{r}_{k0},\boldsymbol{s}_k)\quad \boldsymbol{c}_4^{\mathrm{T}}(\boldsymbol{r}_{k0},\boldsymbol{s}_k)]^{\mathrm{T}}\\ \boldsymbol{D}(\boldsymbol{r}_{k0},\boldsymbol{s}_k)=[\boldsymbol{D}_1^{\mathrm{T}}(\boldsymbol{r}_{k0},\boldsymbol{s}_k)\quad \boldsymbol{D}_2^{\mathrm{T}}(\boldsymbol{r}_{k0},\boldsymbol{s}_k)\quad \boldsymbol{D}_3^{\mathrm{T}}(\boldsymbol{r}_{k0},\boldsymbol{s}_k)\quad \boldsymbol{D}_4^{\mathrm{T}}(\boldsymbol{r}_{k0},\boldsymbol{s}_k)]^{\mathrm{T}}\end{cases} \tag{4.82}$$

其中

$$\begin{cases}\boldsymbol{D}_j(\boldsymbol{r}_{k0},\boldsymbol{s}_k)=\mathrm{blkdiag}[\boldsymbol{d}_{j1}^{\mathrm{T}}(\boldsymbol{r}_{k0},\boldsymbol{s}_k)\quad \boldsymbol{d}_{j2}^{\mathrm{T}}(\boldsymbol{r}_{k0},\boldsymbol{s}_k)\quad \cdots\quad \boldsymbol{d}_{jM}^{\mathrm{T}}(\boldsymbol{r}_{k0},\boldsymbol{s}_k)]\\ \boldsymbol{c}_j(\boldsymbol{r}_{k0},\boldsymbol{s}_k)=[c_{j1}(\boldsymbol{r}_{k0},\boldsymbol{s}_k)\quad c_{j2}(\boldsymbol{r}_{k0},\boldsymbol{s}_k)\quad \cdots\quad c_{jM}(\boldsymbol{r}_{k0},\boldsymbol{s}_k)]^{\mathrm{T}}\end{cases},\quad 1\leqslant j\leqslant 4 \tag{4.83}$$

若将上述 d 个伪线性观测方程进行合并,则可建立如下具有更高维数的伪线性观测方程:

$$\bar{\boldsymbol{c}}(\boldsymbol{r}_0,\boldsymbol{s})=\bar{\boldsymbol{D}}(\boldsymbol{r}_0,\boldsymbol{s})\boldsymbol{w} \tag{4.84}$$

式中

$$\begin{cases}\bar{\boldsymbol{c}}(\boldsymbol{r}_0,\boldsymbol{s})=[\boldsymbol{c}^{\mathrm{T}}(\boldsymbol{r}_{10},\boldsymbol{s}_1)\quad \boldsymbol{c}^{\mathrm{T}}(\boldsymbol{r}_{20},\boldsymbol{s}_2)\quad \cdots\quad \boldsymbol{c}^{\mathrm{T}}(\boldsymbol{r}_{d0},\boldsymbol{s}_d)]^{\mathrm{T}}\\ \bar{\boldsymbol{D}}(\boldsymbol{r}_0,\boldsymbol{s})=[\boldsymbol{D}^{\mathrm{T}}(\boldsymbol{r}_{10},\boldsymbol{s}_1)\quad \boldsymbol{D}^{\mathrm{T}}(\boldsymbol{r}_{20},\boldsymbol{s}_2)\quad \cdots\quad \boldsymbol{D}^{\mathrm{T}}(\boldsymbol{r}_{d0},\boldsymbol{s}_d)]^{\mathrm{T}}\\ \boldsymbol{r}_0=[\boldsymbol{r}_{10}^{\mathrm{T}}\quad \boldsymbol{r}_{20}^{\mathrm{T}}\quad \cdots\quad \boldsymbol{r}_{d0}^{\mathrm{T}}]^{\mathrm{T}},\quad \boldsymbol{s}=[\boldsymbol{s}_1^{\mathrm{T}}\quad \boldsymbol{s}_2^{\mathrm{T}}\quad \cdots\quad \boldsymbol{s}_d^{\mathrm{T}}]^{\mathrm{T}}\end{cases} \tag{4.85}$$

另外,为了利用本章的方法进行目标定位,还需要推导矩阵 $\boldsymbol{T}_1(\boldsymbol{z}_0,\boldsymbol{w},\boldsymbol{u})$,$\boldsymbol{T}_2(\boldsymbol{z}_0,\boldsymbol{w},\boldsymbol{u})$ 和 $\boldsymbol{H}(\boldsymbol{r}_{k0},\boldsymbol{s}_k,\boldsymbol{w})$的表达式。根据前面的讨论可推得

$$\begin{cases}\boldsymbol{T}_1(\boldsymbol{z}_0,\boldsymbol{w},\boldsymbol{u})=\boldsymbol{A}_1(\boldsymbol{z}_0,\boldsymbol{w})-[\dot{\boldsymbol{B}}_{\theta_1}(\boldsymbol{z}_0,\boldsymbol{w})\boldsymbol{u}\quad\cdots\quad\dot{\boldsymbol{B}}_{\theta_M}(\boldsymbol{z}_0,\boldsymbol{w})\boldsymbol{u}\ \vdots\ \dot{\boldsymbol{B}}_{\beta_1}(\boldsymbol{z}_0,\boldsymbol{w})\boldsymbol{u}\quad\cdots\quad\dot{\boldsymbol{B}}_{\beta_M}(\boldsymbol{z}_0,\boldsymbol{w})\boldsymbol{u}\ \vdots\\ \qquad\vdots\ \dot{\boldsymbol{B}}_{\dot{\theta}_1}(\boldsymbol{z}_0,\boldsymbol{w})\boldsymbol{u}\quad\cdots\quad\dot{\boldsymbol{B}}_{\dot{\theta}_M}(\boldsymbol{z}_0,\boldsymbol{w})\boldsymbol{u}\ \vdots\ \dot{\boldsymbol{B}}_{\dot{\beta}_1}(\boldsymbol{z}_0,\boldsymbol{w})\boldsymbol{u}\quad\cdots\quad\dot{\boldsymbol{B}}_{\dot{\beta}_M}(\boldsymbol{z}_0,\boldsymbol{w})\boldsymbol{u}]\\ \boldsymbol{T}_2(\boldsymbol{z}_0,\boldsymbol{w},\boldsymbol{u})=\boldsymbol{A}_2(\boldsymbol{z}_0,\boldsymbol{w})-[\dot{\boldsymbol{B}}_{x_{\mathrm{o},1}}(\boldsymbol{z}_0,\boldsymbol{w})\boldsymbol{u}\quad\dot{\boldsymbol{B}}_{y_{\mathrm{o},1}}(\boldsymbol{z}_0,\boldsymbol{w})\boldsymbol{u}\quad\dot{\boldsymbol{B}}_{z_{\mathrm{o},1}}(\boldsymbol{z}_0,\boldsymbol{w})\boldsymbol{u}\quad\dot{\boldsymbol{B}}_{\dot{x}_{\mathrm{o},1}}(\boldsymbol{z}_0,\boldsymbol{w})\boldsymbol{u}\\ \qquad\dot{\boldsymbol{B}}_{\dot{y}_{\mathrm{o},1}}(\boldsymbol{z}_0,\boldsymbol{w})\boldsymbol{u}\quad\dot{\boldsymbol{B}}_{\dot{z}_{\mathrm{o},1}}(\boldsymbol{z}_0,\boldsymbol{w})\boldsymbol{u}\ \vdots\ \cdots\ \vdots\ \dot{\boldsymbol{B}}_{x_{\mathrm{o},M}}(\boldsymbol{z}_0,\boldsymbol{w})\boldsymbol{u}\quad\dot{\boldsymbol{B}}_{y_{\mathrm{o},M}}(\boldsymbol{z}_0,\boldsymbol{w})\boldsymbol{u}\\ \qquad\dot{\boldsymbol{B}}_{z_{\mathrm{o},M}}(\boldsymbol{z}_0,\boldsymbol{w})\boldsymbol{u}\quad\dot{\boldsymbol{B}}_{\dot{x}_{\mathrm{o},M}}(\boldsymbol{z}_0,\boldsymbol{w})\boldsymbol{u}\quad\dot{\boldsymbol{B}}_{\dot{y}_{\mathrm{o},M}}(\boldsymbol{z}_0,\boldsymbol{w})\boldsymbol{u}\quad\dot{\boldsymbol{B}}_{\dot{z}_{\mathrm{o},M}}(\boldsymbol{z}_0,\boldsymbol{w})\boldsymbol{u}]\\ \boldsymbol{H}(\boldsymbol{r}_{k0},\boldsymbol{s}_k,\boldsymbol{w})=\boldsymbol{C}(\boldsymbol{r}_{k0},\boldsymbol{s}_k)-[\dot{\boldsymbol{D}}_{\theta_{\mathrm{c},k,1}}(\boldsymbol{r}_{k0},\boldsymbol{s}_k)\boldsymbol{w}\quad\cdots\quad\dot{\boldsymbol{D}}_{\theta_{\mathrm{c},k,M}}(\boldsymbol{r}_{k0},\boldsymbol{s}_k)\boldsymbol{w}\ \vdots\ \dot{\boldsymbol{D}}_{\beta_{\mathrm{c},k,1}}(\boldsymbol{r}_{k0},\boldsymbol{s}_k)\boldsymbol{w}\quad\cdots\\ \qquad\dot{\boldsymbol{D}}_{\beta_{\mathrm{c},k,M}}(\boldsymbol{r}_{k0},\boldsymbol{s}_k)\boldsymbol{w}\ \vdots\ \dot{\boldsymbol{D}}_{\dot{\theta}_{\mathrm{c},k,1}}(\boldsymbol{r}_{k0},\boldsymbol{s}_k)\boldsymbol{w}\quad\cdots\quad\dot{\boldsymbol{D}}_{\dot{\theta}_{\mathrm{c},k,M}}(\boldsymbol{r}_{k0},\boldsymbol{s}_k)\boldsymbol{w}\ \vdots\\ \qquad\vdots\ \dot{\boldsymbol{D}}_{\dot{\beta}_{\mathrm{c},k,1}}(\boldsymbol{r}_{k0},\boldsymbol{s}_k)\boldsymbol{w}\quad\cdots\quad\dot{\boldsymbol{D}}_{\dot{\beta}_{\mathrm{c},k,M}}(\boldsymbol{r}_{k0},\boldsymbol{s}_k)\boldsymbol{w}]\end{cases} \tag{4.86}$$

式中

$$\begin{cases}\boldsymbol{A}_1(\boldsymbol{z}_0,\boldsymbol{w})=\dfrac{\partial\boldsymbol{a}(\boldsymbol{z}_0,\boldsymbol{w})}{\partial\boldsymbol{z}_0^{\mathrm{T}}}=\left[\left(\dfrac{\partial\boldsymbol{a}_1(\boldsymbol{z}_0,\boldsymbol{w})}{\partial\boldsymbol{z}_0^{\mathrm{T}}}\right)^{\mathrm{T}}\left(\dfrac{\partial\boldsymbol{a}_2(\boldsymbol{z}_0,\boldsymbol{w})}{\partial\boldsymbol{z}_0^{\mathrm{T}}}\right)^{\mathrm{T}}\left(\dfrac{\partial\boldsymbol{a}_3(\boldsymbol{z}_0,\boldsymbol{w})}{\partial\boldsymbol{z}_0^{\mathrm{T}}}\right)^{\mathrm{T}}\left(\dfrac{\partial\boldsymbol{a}_4(\boldsymbol{z}_0,\boldsymbol{w})}{\partial\boldsymbol{z}_0^{\mathrm{T}}}\right)^{\mathrm{T}}\right]^{\mathrm{T}}\\ \boldsymbol{A}_2(\boldsymbol{z}_0,\boldsymbol{w})=\dfrac{\partial\boldsymbol{a}(\boldsymbol{z}_0,\boldsymbol{w})}{\partial\boldsymbol{w}^{\mathrm{T}}}=\left[\left(\dfrac{\partial\boldsymbol{a}_1(\boldsymbol{z}_0,\boldsymbol{w})}{\partial\boldsymbol{w}^{\mathrm{T}}}\right)^{\mathrm{T}}\left(\dfrac{\partial\boldsymbol{a}_2(\boldsymbol{z}_0,\boldsymbol{w})}{\partial\boldsymbol{w}^{\mathrm{T}}}\right)^{\mathrm{T}}\left(\dfrac{\partial\boldsymbol{a}_3(\boldsymbol{z}_0,\boldsymbol{w})}{\partial\boldsymbol{w}^{\mathrm{T}}}\right)^{\mathrm{T}}\left(\dfrac{\partial\boldsymbol{a}_4(\boldsymbol{z}_0,\boldsymbol{w})}{\partial\boldsymbol{w}^{\mathrm{T}}}\right)^{\mathrm{T}}\right]^{\mathrm{T}}\end{cases} \tag{4.87}$$

$$\begin{cases}\dot{\boldsymbol{B}}_{\theta_m}(\boldsymbol{z}_0,\boldsymbol{w})=\dfrac{\partial\boldsymbol{B}(\boldsymbol{z}_0,\boldsymbol{w})}{\partial\theta_m}=\left[\left(\dfrac{\partial\boldsymbol{B}_1(\boldsymbol{z}_0,\boldsymbol{w})}{\partial\theta_m}\right)^{\mathrm{T}}\ \left(\dfrac{\partial\boldsymbol{B}_2(\boldsymbol{z}_0,\boldsymbol{w})}{\partial\theta_m}\right)^{\mathrm{T}}\ \left(\dfrac{\partial\boldsymbol{B}_3(\boldsymbol{z}_0,\boldsymbol{w})}{\partial\theta_m}\right)^{\mathrm{T}}\ \left(\dfrac{\partial\boldsymbol{B}_4(\boldsymbol{z}_0,\boldsymbol{w})}{\partial\theta_m}\right)^{\mathrm{T}}\right]^{\mathrm{T}}\\ \dot{\boldsymbol{B}}_{\beta_m}(\boldsymbol{z}_0,\boldsymbol{w})=\dfrac{\partial\boldsymbol{B}(\boldsymbol{z}_0,\boldsymbol{w})}{\partial\beta_m}=\left[\left(\dfrac{\partial\boldsymbol{B}_1(\boldsymbol{z}_0,\boldsymbol{w})}{\partial\beta_m}\right)^{\mathrm{T}}\ \left(\dfrac{\partial\boldsymbol{B}_2(\boldsymbol{z}_0,\boldsymbol{w})}{\partial\beta_m}\right)^{\mathrm{T}}\ \left(\dfrac{\partial\boldsymbol{B}_3(\boldsymbol{z}_0,\boldsymbol{w})}{\partial\beta_m}\right)^{\mathrm{T}}\ \left(\dfrac{\partial\boldsymbol{B}_4(\boldsymbol{z}_0,\boldsymbol{w})}{\partial\beta_m}\right)^{\mathrm{T}}\right]^{\mathrm{T}}\\ \dot{\boldsymbol{B}}_{\dot{\theta}_m}(\boldsymbol{z}_0,\boldsymbol{w})=\dfrac{\partial\boldsymbol{B}(\boldsymbol{z}_0,\boldsymbol{w})}{\partial\dot{\theta}_m}=\left[\left(\dfrac{\partial\boldsymbol{B}_1(\boldsymbol{z}_0,\boldsymbol{w})}{\partial\dot{\theta}_m}\right)^{\mathrm{T}}\ \left(\dfrac{\partial\boldsymbol{B}_2(\boldsymbol{z}_0,\boldsymbol{w})}{\partial\dot{\theta}_m}\right)^{\mathrm{T}}\ \left(\dfrac{\partial\boldsymbol{B}_3(\boldsymbol{z}_0,\boldsymbol{w})}{\partial\dot{\theta}_m}\right)^{\mathrm{T}}\ \left(\dfrac{\partial\boldsymbol{B}_4(\boldsymbol{z}_0,\boldsymbol{w})}{\partial\dot{\theta}_m}\right)^{\mathrm{T}}\right]^{\mathrm{T}}\\ \dot{\boldsymbol{B}}_{\dot{\beta}_m}(\boldsymbol{z}_0,\boldsymbol{w})=\dfrac{\partial\boldsymbol{B}(\boldsymbol{z}_0,\boldsymbol{w})}{\partial\dot{\beta}_m}=\left[\left(\dfrac{\partial\boldsymbol{B}_1(\boldsymbol{z}_0,\boldsymbol{w})}{\partial\dot{\beta}_m}\right)^{\mathrm{T}}\ \left(\dfrac{\partial\boldsymbol{B}_2(\boldsymbol{z}_0,\boldsymbol{w})}{\partial\dot{\beta}_m}\right)^{\mathrm{T}}\ \left(\dfrac{\partial\boldsymbol{B}_3(\boldsymbol{z}_0,\boldsymbol{w})}{\partial\dot{\beta}_m}\right)^{\mathrm{T}}\ \left(\dfrac{\partial\boldsymbol{B}_4(\boldsymbol{z}_0,\boldsymbol{w})}{\partial\dot{\beta}_m}\right)^{\mathrm{T}}\right]^{\mathrm{T}}\end{cases}\tag{4.88}$$

$$\begin{cases}\dot{\boldsymbol{B}}_{x_{\mathrm{o},m}}(\boldsymbol{z}_0,\boldsymbol{w})=\dfrac{\partial\boldsymbol{B}(\boldsymbol{z}_0,\boldsymbol{w})}{\partial x_{\mathrm{o},m}}=\left[\left(\dfrac{\partial\boldsymbol{B}_1(\boldsymbol{z}_0,\boldsymbol{w})}{\partial x_{\mathrm{o},m}}\right)^{\mathrm{T}}\ \left(\dfrac{\partial\boldsymbol{B}_2(\boldsymbol{z}_0,\boldsymbol{w})}{\partial x_{\mathrm{o},m}}\right)^{\mathrm{T}}\ \left(\dfrac{\partial\boldsymbol{B}_3(\boldsymbol{z}_0,\boldsymbol{w})}{\partial x_{\mathrm{o},m}}\right)^{\mathrm{T}}\ \left(\dfrac{\partial\boldsymbol{B}_4(\boldsymbol{z}_0,\boldsymbol{w})}{\partial x_{\mathrm{o},m}}\right)^{\mathrm{T}}\right]^{\mathrm{T}}\\ \dot{\boldsymbol{B}}_{y_{\mathrm{o},m}}(\boldsymbol{z}_0,\boldsymbol{w})=\dfrac{\partial\boldsymbol{B}(\boldsymbol{z}_0,\boldsymbol{w})}{\partial y_{\mathrm{o},m}}=\left[\left(\dfrac{\partial\boldsymbol{B}_1(\boldsymbol{z}_0,\boldsymbol{w})}{\partial y_{\mathrm{o},m}}\right)^{\mathrm{T}}\ \left(\dfrac{\partial\boldsymbol{B}_2(\boldsymbol{z}_0,\boldsymbol{w})}{\partial y_{\mathrm{o},m}}\right)^{\mathrm{T}}\ \left(\dfrac{\partial\boldsymbol{B}_3(\boldsymbol{z}_0,\boldsymbol{w})}{\partial y_{\mathrm{o},m}}\right)^{\mathrm{T}}\ \left(\dfrac{\partial\boldsymbol{B}_4(\boldsymbol{z}_0,\boldsymbol{w})}{\partial y_{\mathrm{o},m}}\right)^{\mathrm{T}}\right]^{\mathrm{T}}\\ \dot{\boldsymbol{B}}_{z_{\mathrm{o},m}}(\boldsymbol{z}_0,\boldsymbol{w})=\dfrac{\partial\boldsymbol{B}(\boldsymbol{z}_0,\boldsymbol{w})}{\partial z_{\mathrm{o},m}}=\left[\left(\dfrac{\partial\boldsymbol{B}_1(\boldsymbol{z}_0,\boldsymbol{w})}{\partial z_{\mathrm{o},m}}\right)^{\mathrm{T}}\ \left(\dfrac{\partial\boldsymbol{B}_2(\boldsymbol{z}_0,\boldsymbol{w})}{\partial z_{\mathrm{o},m}}\right)^{\mathrm{T}}\ \left(\dfrac{\partial\boldsymbol{B}_3(\boldsymbol{z}_0,\boldsymbol{w})}{\partial z_{\mathrm{o},m}}\right)^{\mathrm{T}}\ \left(\dfrac{\partial\boldsymbol{B}_4(\boldsymbol{z}_0,\boldsymbol{w})}{\partial z_{\mathrm{o},m}}\right)^{\mathrm{T}}\right]^{\mathrm{T}}\\ \dot{\boldsymbol{B}}_{\dot{x}_{\mathrm{o},m}}(\boldsymbol{z}_0,\boldsymbol{w})=\dfrac{\partial\boldsymbol{B}(\boldsymbol{z}_0,\boldsymbol{w})}{\partial\dot{x}_{\mathrm{o},m}}=\left[\left(\dfrac{\partial\boldsymbol{B}_1(\boldsymbol{z}_0,\boldsymbol{w})}{\partial\dot{x}_{\mathrm{o},m}}\right)^{\mathrm{T}}\ \left(\dfrac{\partial\boldsymbol{B}_2(\boldsymbol{z}_0,\boldsymbol{w})}{\partial\dot{x}_{\mathrm{o},m}}\right)^{\mathrm{T}}\ \left(\dfrac{\partial\boldsymbol{B}_3(\boldsymbol{z}_0,\boldsymbol{w})}{\partial\dot{x}_{\mathrm{o},m}}\right)^{\mathrm{T}}\ \left(\dfrac{\partial\boldsymbol{B}_4(\boldsymbol{z}_0,\boldsymbol{w})}{\partial\dot{x}_{\mathrm{o},m}}\right)^{\mathrm{T}}\right]^{\mathrm{T}}\\ \dot{\boldsymbol{B}}_{\dot{y}_{\mathrm{o},m}}(\boldsymbol{z}_0,\boldsymbol{w})=\dfrac{\partial\boldsymbol{B}(\boldsymbol{z}_0,\boldsymbol{w})}{\partial\dot{y}_{\mathrm{o},m}}=\left[\left(\dfrac{\partial\boldsymbol{B}_1(\boldsymbol{z}_0,\boldsymbol{w})}{\partial\dot{y}_{\mathrm{o},m}}\right)^{\mathrm{T}}\ \left(\dfrac{\partial\boldsymbol{B}_2(\boldsymbol{z}_0,\boldsymbol{w})}{\partial\dot{y}_{\mathrm{o},m}}\right)^{\mathrm{T}}\ \left(\dfrac{\partial\boldsymbol{B}_3(\boldsymbol{z}_0,\boldsymbol{w})}{\partial\dot{y}_{\mathrm{o},m}}\right)^{\mathrm{T}}\ \left(\dfrac{\partial\boldsymbol{B}_4(\boldsymbol{z}_0,\boldsymbol{w})}{\partial\dot{y}_{\mathrm{o},m}}\right)^{\mathrm{T}}\right]^{\mathrm{T}}\\ \dot{\boldsymbol{B}}_{\dot{z}_{\mathrm{o},m}}(\boldsymbol{z}_0,\boldsymbol{w})=\dfrac{\partial\boldsymbol{B}(\boldsymbol{z}_0,\boldsymbol{w})}{\partial\dot{z}_{\mathrm{o},m}}=\left[\left(\dfrac{\partial\boldsymbol{B}_1(\boldsymbol{z}_0,\boldsymbol{w})}{\partial\dot{z}_{\mathrm{o},m}}\right)^{\mathrm{T}}\ \left(\dfrac{\partial\boldsymbol{B}_2(\boldsymbol{z}_0,\boldsymbol{w})}{\partial\dot{z}_{\mathrm{o},m}}\right)^{\mathrm{T}}\ \left(\dfrac{\partial\boldsymbol{B}_3(\boldsymbol{z}_0,\boldsymbol{w})}{\partial\dot{z}_{\mathrm{o},m}}\right)^{\mathrm{T}}\ \left(\dfrac{\partial\boldsymbol{B}_4(\boldsymbol{z}_0,\boldsymbol{w})}{\partial\dot{z}_{\mathrm{o},m}}\right)^{\mathrm{T}}\right]^{\mathrm{T}}\end{cases}\tag{4.89}$$

$$\boldsymbol{C}(\boldsymbol{r}_{k0},\boldsymbol{s}_k)=\left[\left(\frac{\partial\boldsymbol{c}_1(\boldsymbol{r}_{k0},\boldsymbol{s}_k)}{\partial\boldsymbol{r}_{k0}^{\mathrm{T}}}\right)^{\mathrm{T}}\quad\left(\frac{\partial\boldsymbol{c}_2(\boldsymbol{r}_{k0},\boldsymbol{s}_k)}{\partial\boldsymbol{r}_{k0}^{\mathrm{T}}}\right)^{\mathrm{T}}\quad\left(\frac{\partial\boldsymbol{c}_3(\boldsymbol{r}_{k0},\boldsymbol{s}_k)}{\partial\boldsymbol{r}_{k0}^{\mathrm{T}}}\right)^{\mathrm{T}}\quad\left(\frac{\partial\boldsymbol{c}_4(\boldsymbol{r}_{k0},\boldsymbol{s}_k)}{\partial\boldsymbol{r}_{k0}^{\mathrm{T}}}\right)^{\mathrm{T}}\right]^{\mathrm{T}}\tag{4.90}$$

$$\left\{\begin{aligned}
\dot{\boldsymbol{D}}_{\theta_{\mathrm{c},k,m}}(\boldsymbol{r}_{k0},\boldsymbol{s}_k) &= \frac{\partial \boldsymbol{D}(\boldsymbol{r}_{k0},\boldsymbol{s}_k)}{\partial \theta_{\mathrm{c},k,m}} \\
&= \left[\left(\frac{\partial \boldsymbol{D}_1(\boldsymbol{r}_{k0},\boldsymbol{s}_k)}{\partial \theta_{\mathrm{c},k,m}}\right)^{\mathrm{T}} \quad \left(\frac{\partial \boldsymbol{D}_2(\boldsymbol{r}_{k0},\boldsymbol{s}_k)}{\partial \theta_{\mathrm{c},k,m}}\right)^{\mathrm{T}} \quad \left(\frac{\partial \boldsymbol{D}_3(\boldsymbol{r}_{k0},\boldsymbol{s}_k)}{\partial \theta_{\mathrm{c},k,m}}\right)^{\mathrm{T}} \quad \left(\frac{\partial \boldsymbol{D}_4(\boldsymbol{r}_{k0},\boldsymbol{s}_k)}{\partial \theta_{\mathrm{c},k,m}}\right)^{\mathrm{T}}\right]^{\mathrm{T}} \\
\dot{\boldsymbol{D}}_{\beta_{\mathrm{c},k,m}}(\boldsymbol{r}_{k0},\boldsymbol{s}_k) &= \frac{\partial \boldsymbol{D}(\boldsymbol{r}_{k0},\boldsymbol{s}_k)}{\partial \beta_{\mathrm{c},k,m}} \\
&= \left[\left(\frac{\partial \boldsymbol{D}_1(\boldsymbol{r}_{k0},\boldsymbol{s}_k)}{\partial \beta_{\mathrm{c},k,m}}\right)^{\mathrm{T}} \quad \left(\frac{\partial \boldsymbol{D}_2(\boldsymbol{r}_{k0},\boldsymbol{s}_k)}{\partial \beta_{\mathrm{c},k,m}}\right)^{\mathrm{T}} \quad \left(\frac{\partial \boldsymbol{D}_3(\boldsymbol{r}_{k0},\boldsymbol{s}_k)}{\partial \beta_{\mathrm{c},k,m}}\right)^{\mathrm{T}} \quad \left(\frac{\partial \boldsymbol{D}_4(\boldsymbol{r}_{k0},\boldsymbol{s}_k)}{\partial \beta_{\mathrm{c},k,m}}\right)^{\mathrm{T}}\right]^{\mathrm{T}} \\
\dot{\boldsymbol{D}}_{\dot{\theta}_{\mathrm{c},k,m}}(\boldsymbol{r}_{k0},\boldsymbol{s}_k) &= \frac{\partial \boldsymbol{D}(\boldsymbol{r}_{k0},\boldsymbol{s}_k)}{\partial \dot{\theta}_{\mathrm{c},k,m}} \\
&= \left[\left(\frac{\partial \boldsymbol{D}_1(\boldsymbol{r}_{k0},\boldsymbol{s}_k)}{\partial \dot{\theta}_{\mathrm{c},k,m}}\right)^{\mathrm{T}} \quad \left(\frac{\partial \boldsymbol{D}_2(\boldsymbol{r}_{k0},\boldsymbol{s}_k)}{\partial \dot{\theta}_{\mathrm{c},k,m}}\right)^{\mathrm{T}} \quad \left(\frac{\partial \boldsymbol{D}_3(\boldsymbol{r}_{k0},\boldsymbol{s}_k)}{\partial \dot{\theta}_{\mathrm{c},k,m}}\right)^{\mathrm{T}} \quad \left(\frac{\partial \boldsymbol{D}_4(\boldsymbol{r}_{k0},\boldsymbol{s}_k)}{\partial \dot{\theta}_{\mathrm{c},k,m}}\right)^{\mathrm{T}}\right]^{\mathrm{T}} \\
\dot{\boldsymbol{D}}_{\dot{\beta}_{\mathrm{c},k,m}}(\boldsymbol{r}_{k0},\boldsymbol{s}_k) &= \frac{\partial \boldsymbol{D}(\boldsymbol{r}_{k0},\boldsymbol{s}_k)}{\partial \dot{\beta}_{\mathrm{c},k,m}} \\
&= \left[\left(\frac{\partial \boldsymbol{D}_1(\boldsymbol{r}_{k0},\boldsymbol{s}_k)}{\partial \dot{\beta}_{\mathrm{c},k,m}}\right)^{\mathrm{T}} \quad \left(\frac{\partial \boldsymbol{D}_2(\boldsymbol{r}_{k0},\boldsymbol{s}_k)}{\partial \dot{\beta}_{\mathrm{c},k,m}}\right)^{\mathrm{T}} \quad \left(\frac{\partial \boldsymbol{D}_3(\boldsymbol{r}_{k0},\boldsymbol{s}_k)}{\partial \dot{\beta}_{\mathrm{c},k,m}}\right)^{\mathrm{T}} \quad \left(\frac{\partial \boldsymbol{D}_4(\boldsymbol{r}_{k0},\boldsymbol{s}_k)}{\partial \dot{\beta}_{\mathrm{c},k,m}}\right)^{\mathrm{T}}\right]^{\mathrm{T}}
\end{aligned}\right. \tag{4.91}$$

式(4.87)～式(4.91)中各个子矩阵的表达式可见附录 B。

下面将针对具体的参数给出相应的数值实验结果。

4.4.2 定位算例的数值实验

1. 数值实验 1

假设共有六个运动观测站可以接收到目标源信号并对目标进行定位，相应的三维位置坐标和瞬时速度的数值见表 4.1，其中的测量误差服从独立的零均值高斯分布。目标的三维位置坐标为(4800m，5300m，3200m)，目标源信号 AOA/AOA-ROC 参数的观测误差服从零均值高斯分布。此外，在目标源附近放置两个位置精确已知的校正源，校正源的三维位置坐标分别为(4200m，4400m，2800m)和(5000m，5600m，3400m)，并且校正源信号 AOA/AOA-ROC 参数的观测误差与目标源信号 AOA/AOA-ROC 参数的观测误差服从相同的概率分布。下面的数值实验将给出本章的两类伪线性加权最小二乘定位方法(图中用 Plwls 表示)的参数估计均方根误差，并将其与各种克拉美罗界进行比较，其目的在于说明这两类定位方法的参数估计性能。

表 4.1　观测站三维位置坐标和瞬时速度的数值列表

观测站序号	1	2	3	4	5	6
$x_{\mathrm{o},m}$/m	1600	−1500	1800	1500	2000	−800
$y_{\mathrm{o},m}$/m	1800	−1600	−1600	−800	−2400	1000
$z_{\mathrm{o},m}$/m	680	750	−450	−280	−220	−840
$\dot{x}_{\mathrm{o},m}$/(m/s)	30	−30	10	30	−20	20
$\dot{y}_{\mathrm{o},m}$/(m/s)	−20	10	−20	20	10	−10
$\dot{z}_{\mathrm{o},m}$/(m/s)	10	10	10	30	20	10

首先，将观测站位置和速度测量误差标准差分别固定为 $\sigma_{位置}=10\text{m}$ 和 $\sigma_{速度}=0.1\text{m/s}$，而将 AOA/AOA-ROC 参数的观测误差标准差分别设置为 $\sigma_{角度}=0.0001\delta_1\text{rad}$和 $\sigma_{角度变化率}=0.000001\delta_1\text{rad/s}$，这里将 δ_1 称为观测量扰动参数(其数值会从 1 到 20 发生变化)。图 4.1 给出了两类伪线性加权最小二乘定位方法的目标位置估计均方根误差随着观测量扰动参数 δ_1 的变化曲线，图 4.2 和图 4.3 分别给出了两类伪线性加权最小二乘定位方法的观测站位置和速度估计均方根误差随着观测量扰动参数 δ_1 的变化曲线，图中的观测站位置和速度先验估计均方根误差根据方差矩阵 $\boldsymbol{Q}_2$ 计算获得。

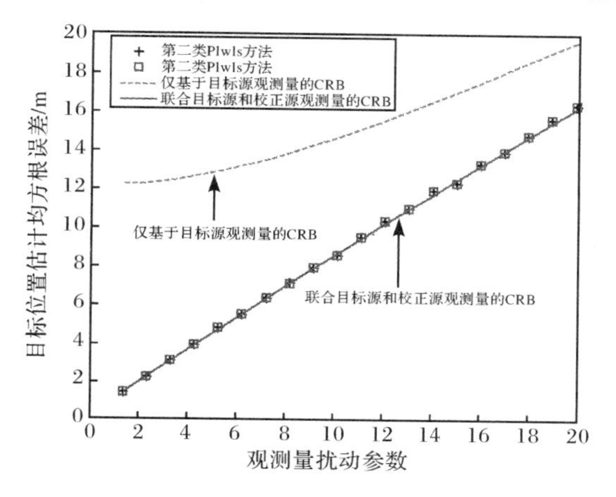

图 4.1　目标位置估计均方根误差随着观测量扰动参数 δ_1 的变化曲线

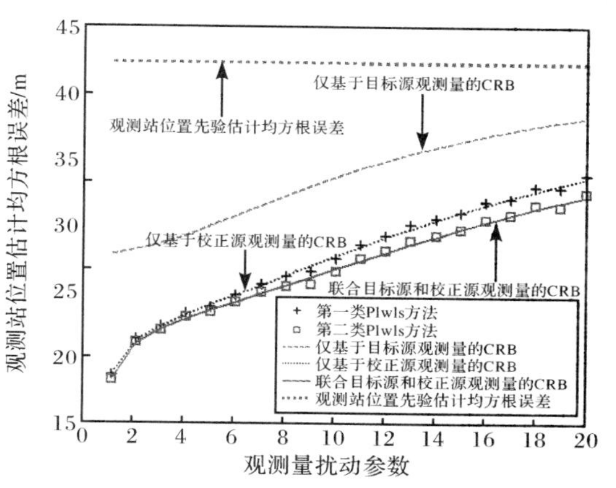

图 4.2　观测站位置估计均方根误差随着观测量扰动参数 δ_1 的变化曲线

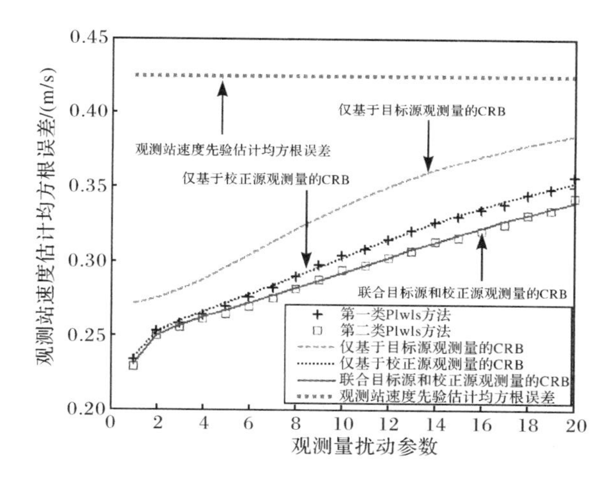

图 4.3　观测站速度估计均方根误差随着观测量扰动参数 δ_1 的变化曲线

然后，将 AOA/AOA-ROC 参数的观测误差标准差分别固定为 $\sigma_{角度}=0.001\text{rad}$ 和 $\sigma_{角度变化率}=0.00001\text{rad/s}$，而将观测站位置和速度测量误差标准差分别设置为 $\sigma_{位置}=0.5\delta_2\text{m}$和 $\sigma_{速度}=0.005\delta_2\text{m/s}$，这里将 δ_2 称为系统参量扰动参数(其数值会从 1 到 20 发生

变化）。图 4.4 给出了两类伪线性加权最小二乘定位方法的目标位置估计均方根误差随着系统参量扰动参数 δ_2 的变化曲线，图 4.5 和图 4.6 分别给出了两类伪线性加权最小二乘定位方法的观测站位置和速度估计均方根误差随着系统参量扰动参数 δ_2 的变化曲线，图中的观测站位置和速度先验估计均方根误差根据方差矩阵 $\boldsymbol{Q}_2$ 计算获得。

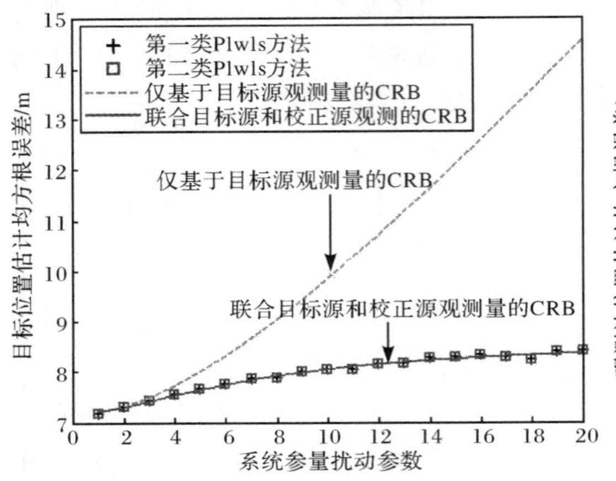

图 4.4　目标位置估计均方根误差随着系统参量扰动参数 δ_2 的变化曲线

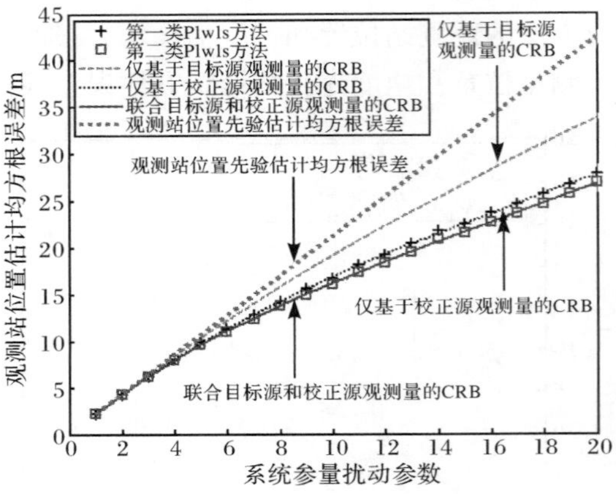

图 4.5　观测站位置估计均方根误差随着系统参量扰动参数 δ_2 的变化曲线

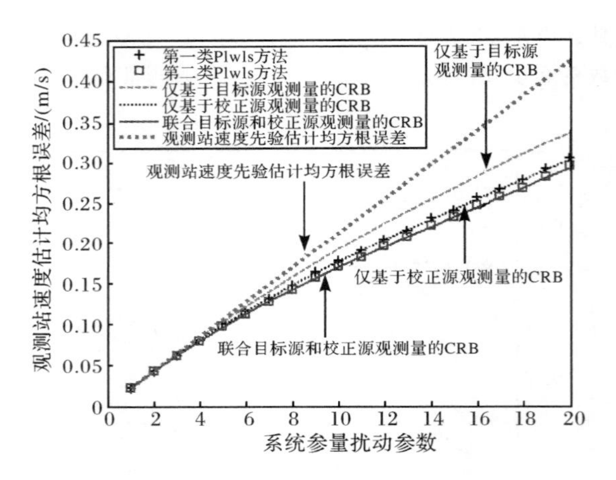

图 4.6　观测站速度估计均方根误差随着系统参量扰动参数 δ_2 的变化曲线

从图 4.1～图 4.6 可以看出：

（1）两类伪线性加权最小二乘定位方法的目标位置估计均方根误差都可以达到“联合目标源和校正源观测量的克拉美罗界”（由式（3.34）给出），并且优于“仅基于目标源观测量的克拉美罗界”（由式（3.15）给出），这一方面说明了本章的两类伪线性加权最小二乘定位方法的渐近最优性，同时还说明了校正源观测量为提高目标位置估计精度所带来的性能增益，并且该增益还随着系统参量扰动参数的增大而增加（图 4.4）。

(2) 第一类伪线性加权最小二乘定位方法的观测站位置和速度估计均方根误差可以达到“仅基于校正源观测量的克拉美罗界”(由式(3.45)给出),这是因为该方法仅在第一步给出观测站位置和速度的估计值,而第一步中仅仅利用了校正源观测量;第二类伪线性加权最小二乘定位方法的观测站位置和速度估计均方根误差可以达到“联合目标源和校正源观测量的克拉美罗界”(由式(3.33)给出),因此其估计精度要高于第一类伪线性加权最小二乘定位方法。

(3) 相比于观测站位置和速度先验测量方差(由方差矩阵 $\boldsymbol{Q}_2$ 计算获得)和“仅基于目标源观测量的克拉美罗界”(由式(3.14)给出),两类伪线性加权最小二乘定位方法给出的观测站位置和速度估计值均具有更小的方差。

2. 数值实验 2

数值实验条件基本不变,仅改变校正源的个数及其三维位置坐标,并且考虑以下三种情形:①设置三个校正源,每个校正源的三维位置坐标分别为(4200m,4400m,2800m),(4600m,5000m,3200m)和(5000m,5600m,3400m);②设置两个校正源,每个校正源的三维位置坐标分别为(4200m,4400m,2800m)和(4600m,5000m,3200m);③仅设置一个校正源,该校正源的三维位置坐标为(4200m,4400m,2800m)。下面的实验将在上述三种情形下给出第二类伪线性加权最小二乘定位方法的参数估计性能,其目的在于说明校正源个数对于参数估计精度的影响。

首先,将观测站位置和速度测量误差标准差分别固定为 $\sigma_{位置}=20\text{m}$ 和 $\sigma_{速度}=0.2\text{m/s}$,而将 AOA/AOA-ROC 参数的观测误差标准差分别设置为 $\sigma_{角度}=0.0001\delta_1$ rad和 $\sigma_{角度变化率}=0.000001\delta_1$ rad/s,这里将 δ_1 称为观测量扰动参数(其数值会从 1 到 20 发生变化)。图 4.7 给出了第二类伪线性加权最小二乘定位方法的目标位置估计均方根误差随着观测量扰动参数 δ_1 的变化曲线,图 4.8 和图 4.9 分别给出了第二类伪线性加权最小二乘定位方法的观测站位置和速度估计均方根误差随着观测量扰动参数 δ_1 的变化曲线。

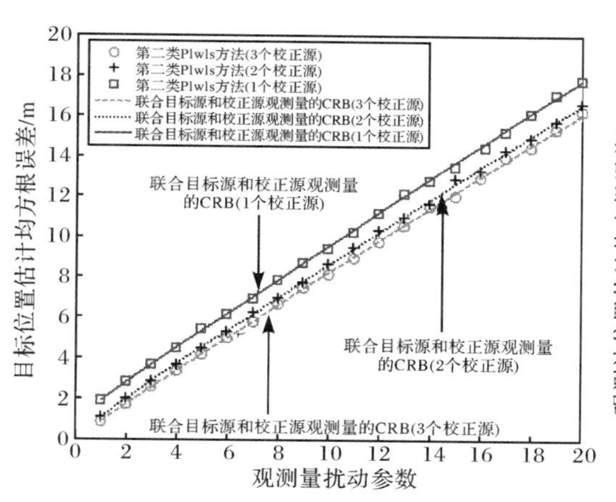

图 4.7　目标位置估计均方根误差随着观测量扰动参数 δ_1 的变化曲线

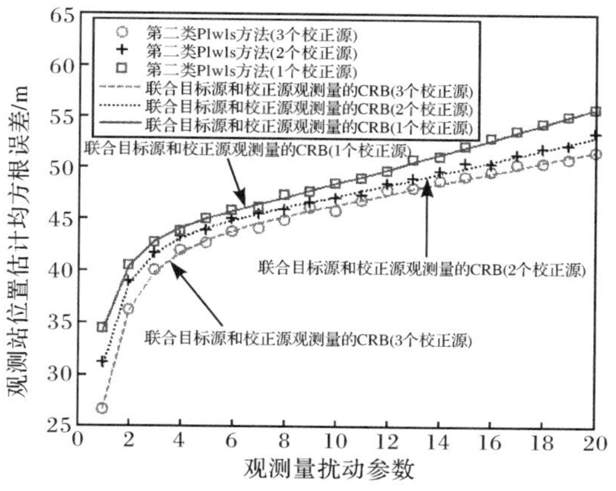

图 4.8　观测站位置估计均方根误差随着观测量扰动参数 δ_1 的变化曲线

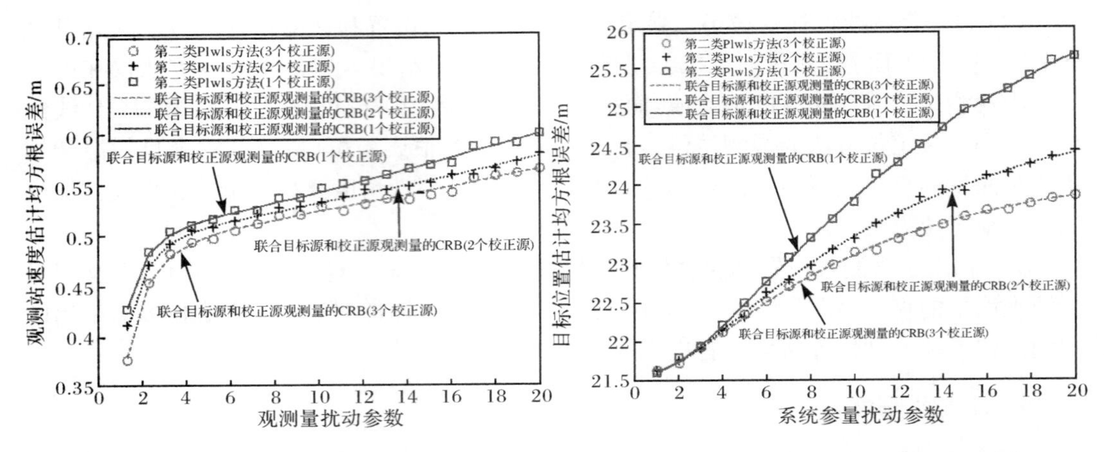

图 4.9　观测站速度估计均方根误差随着观测量扰动参数 δ_1 的变化曲线

图 4.10　目标位置估计均方根误差随着系统参量扰动参数 δ_2 的变化曲线

然后，将 AOA/AOA-ROC 参数的观测误差标准差分别固定为 $\sigma_{角度}=0.003\text{rad}$ 和 $\sigma_{角度变化率}=0.00003\text{rad/s}$，而将观测站位置和速度测量误差标准差分别设置为 $\sigma_{位置}=\delta_2\text{m}$ 和 $\sigma_{速度}=0.01\delta_2\text{m/s}$，这里将 δ_2 称为系统参量扰动参数(其数值会从 1 到 20 发生变化)。图 4.10 给出了第二类伪线性加权最小二乘定位方法的目标位置估计均方根误差随着系统参量扰动参数 δ_2 的变化曲线，图 4.11 和图 4.12 分别给出了第二类伪线性加权最小二乘定位方法的观测站位置和速度估计均方根误差随着系统参量扰动参数 δ_2 的变化曲线。

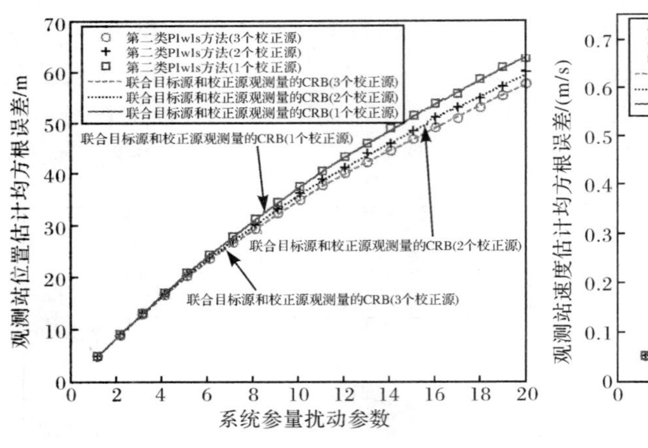

图 4.11　观测站位置估计均方根误差随着系统参量扰动参数 δ_2 的变化曲线

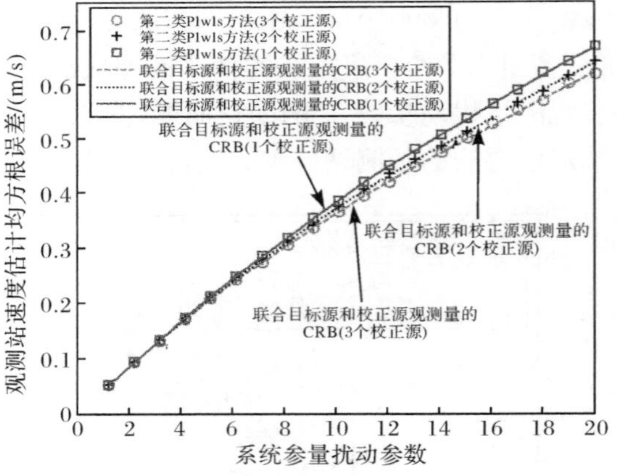

图 4.12　观测站速度估计均方根误差随着系统参量扰动参数 δ_2 的变化曲线

从图 4.7～图 4.12 可以看出：

(1) 随着校正源个数的增加，无论目标位置还是观测站位置和速度的估计精度都能够得到一定程度的提高。

(2) 第二类伪线性加权最小二乘定位方法的目标位置以及观测站位置和速度估计均方根误差都可以达到“联合目标源和校正源观测量的克拉美罗界”(分别由式(3.33)和

式(3.34)给出),从而再次说明了其渐近最优性。

3. 数值实验3

数值实验条件基本不变,校正源的个数及其三维位置坐标同图4.1～图4.6,下面将给出仅基于AOA参数的定位结果,并将其与联合AOA/AOA-ROC参数的定位结果进行比较,其目的在于验证"联合信号观测量信息越多,目标定位精度越高"这一基本事实。不失一般性,下面仅给出第一类伪线性加权最小二乘定位方法的参数估计性能。

首先,将观测站位置和速度测量误差标准差分别固定为 $\sigma_{位置}=10\mathrm{m}$ 和 $\sigma_{速度}=0.1\mathrm{m/s}$,而将AOA/AOA-ROC参数的观测误差标准差分别设置为 $\sigma_{角度}=0.0001\delta_1\,\mathrm{rad}$ 和 $\sigma_{角度变化率}=0.000001\delta_1\,\mathrm{rad/s}$,这里将 δ_1 称为观测量扰动参数(其数值会从1到20发生变化)。图4.13给出了第一类伪线性加权最小二乘定位方法的目标位置估计均方根误差随着观测量扰动参数 δ_1 的变化曲线。

然后,将AOA/AOA-ROC参数的观测误差标准差分别固定为 $\sigma_{角度}=0.001\mathrm{rad}$ 和 $\sigma_{角度变化率}=0.00001\mathrm{rad/s}$,而将观测站位置和速度测量误差标准差分别设置为 $\sigma_{位置}=0.5\delta_2\,\mathrm{m}$ 和 $\sigma_{速度}=0.005\delta_2\,\mathrm{m/s}$,这里将 δ_2 称为系统参量扰动参数(其数值会从1到20发生变化)。图4.14给出了第一类伪线性加权最小二乘定位方法的目标位置估计均方根误差随着系统参量扰动参数 δ_2 的变化曲线。

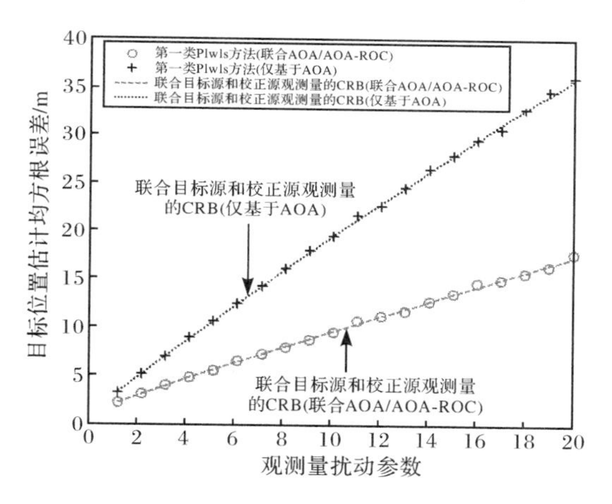

图4.13　目标位置估计均方根误差随着观测量扰动参数 δ_1 的变化曲线

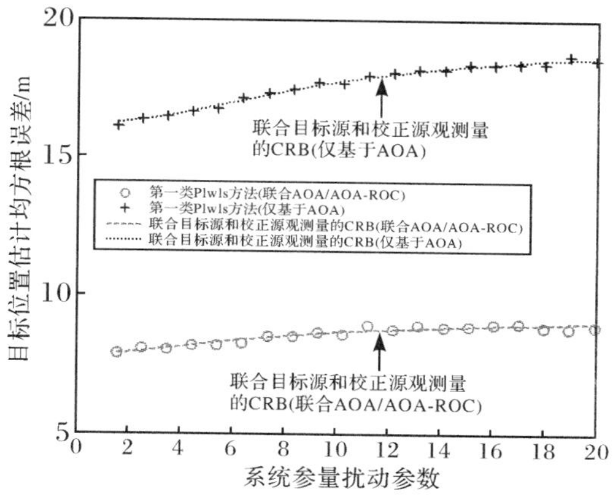

图4.14　目标位置估计均方根误差随着系统参量扰动参数 δ_2 的变化曲线

从图4.13和图4.14可以看出:

(1) 联合AOA/AOA-ROC参数的目标位置估计精度要高于仅基于AOA参数的目标位置估计精度,这是因为信号观测量越多,其所能够获得的关于目标位置的信息量就越多,从而可以提高定位精度。

(2) 第一类伪线性加权最小二乘定位方法的目标位置估计均方根误差可以达到"联合目标源和校正源观测量的克拉美罗界"(由式(3.34)给出),从而再次说明了其渐近最优性。

参考文献

[1] 王鼎,张瑞杰,吴瑛. 无源定位观测方程的两类伪线性化方法及渐近最优闭式解[J]. 电子学报,2015,43(4):722-729.

[2] Lindgren A G,Gong K F. Position and velocity estimation via bearing observations[J]. IEEE Transactions on Aerospace and Electronic Systems,1978,14(7):564-577.

[3] Gavish M,Weiss A J. Performance analysis of bearings-only target location algorithm[J]. IEEE Transactions on Aerospace and Electronic Systems,1992,28(1):22-26.

[4] Nardone S C,Graham M L. A closed-form solution to bearings-only target motion analysis[J]. IEEE Journal of Oceanic Engineering,1997,22(1):168-178.

[5] 王鼎,李长胜. 一种双站交叉定位无偏估计滤波算法[J]. 现代防御技术,2009,37(1):108-113.

[6] 刘忠,周丰,石章松,等. 纯方位目标运动分析[M]. 北京:国防工业出版社,2009.

[7] 徐征,曲长文,王昌海,等. 一种基于最小化广义 Rayleigh 商的无源定位算法研究[J]. 电子学报,2012,40(12):2446-2450.

[8] Chan Y T,Ho K C. A simple and efficient estimator by hyperbolic location[J]. IEEE Transactions on Signal Processing,1994,42(4):1905-1915.

[9] Ho K C,Parikh K H. Source localization using TDOA with erroneous receiver positions[C]// Proceedings of the IEEE International Symposium on Circuits and Systems,2004:453-456.

[10] Ho K C,Yang L. On the use of a calibration emitter for source localization in the presence of sensor position uncertainty[J]. IEEE Transactions on Signal Processing,2008,56(12):5758-5772.

[11] Yang L,Ho K C. An approximately efficient TDOA localization algorithm in closed-form for locating multiple disjoint sources with erroneous sensor positions[J]. IEEE Transactions on Signal Processing,2009,57(12):4598-4615.

[12] Yang L,Ho K C. Alleviating sensor position error in source localization using calibration emitters at inaccurate locations[J]. IEEE Transactions on Signal Processing,2010,58(1):67-83.

[13] Rosenqvist P A. Passive Doppler-bearing tracking using pseudo-linear estimator[J]. IEEE Journal of Oceanic Engineering,1995,20(4):114-117.

[14] Ho K C,Chan Y T. An asymptotically unbiased estimator for bearings-only and Doppler-bearing target motion analysis[J]. IEEE Transactions on Signal Processing,2006,54(3):809-822.

[15] Yang L,Sun M,Ho K C. Doppler-bearing tracking in the presence of observer location error[J]. IEEE Transactions on Signal Processing,2008,56(8):4082-4087.

[16] 王鼎,林四川,李长胜. 双站基于角度和时差的近似无偏定位[J]. 雷达科学与技术,2008,6(5):371-377.

[17] 王鼎,李长胜,张瑞杰. 基于无源定位观测方程的一类伪线性加权最小二乘定位闭式解及其理论性能分析[J]. 中国科学:信息科学,2015,45(9):1197-1217.

第5章　校正源条件下两步伪线性加权最小二乘定位理论与方法

第4章给出的伪线性加权最小二乘定位方法适用于非线性观测方程可以直接转化成伪线性观测方程的情形。然而，对于很多定位观测量(如时差观测方程)，还可以通过引入辅助变量的方式转化成伪线性观测方程，这使得伪线性化定位方法的思想具有更广阔的应用空间。但值得注意的是，辅助变量的引入会导致参数空间的维度增加，此时直接求解所建立的伪线性观测方程难以给出统计意义上渐近最优的目标位置解。为了解决该问题，需要在求解完成(第一步)伪线性观测方程的基础上，结合辅助变量的代数特征继续建立第二步伪线性观测方程，然后再利用第一步的计算结果及其统计特性获得第二步闭式解，并最终得到统计意义上渐近最优的估计结果。

由于上述求解过程需要建立两个伪线性观测方程，因此本书称其为两步伪线性加权最小二乘定位方法，其最早是由国外学者针对时差定位问题所提出的[1]，随后国内外相关学者又将其推广应用于解决其他无源定位问题中。例如，文献[2]～[4]在观测站位置误差条件下提出了基于时差信息的两步伪线性加权最小二乘定位方法；文献[5]和文献[6]提出了基于到达时间信息的两步伪线性加权最小二乘定位方法；文献[7]提出了基于接收信号强度信息的两步伪线性加权最小二乘定位方法；文献[8]和文献[9]提出了联合时差和信号能量增益比信息的两步伪线性加权最小二乘定位方法；文献[10]～[13]提出了联合时差和频差信息的两步伪线性加权最小二乘定位方法；文献[14]提出了联合时差和角度信息的两步伪线性加权最小二乘定位方法。此外，文献[15]还建立了两步伪线性加权最小二乘定位方法的计算模型和理论框架，但其中并未考虑系统误差的影响。然而，上述文献中的定位方法并未在校正源条件下进行讨论，而文献[16]和文献[17]虽然在校正源条件下提出了基于时差信息的两步伪线性加权最小二乘定位方法，但其中是针对具体的定位观测量所提出的，缺乏统一的模型和框架。为此，本章将在校正源条件下建立两步伪线性加权最小二乘(two-step pseudo-linear weighted least square，Tplwls)定位理论与方法。书中首先给出非线性观测方程的(两步)伪线性观测模型；然后设计出两类能够有效利用校正源观测量的两步伪线性加权最小二乘定位方法，两类方法都可以给出目标位置向量和系统参量的闭式解；随后还定量推导这两类定位方法的参数估计性能，并从数学上证明它们的目标位置估计方差都可以达到相应的克拉美罗界(在门限效应发生前)；最后，还设计出一种无源定位算例，用以验证本章定位方法及其理论分析的有效性。

5.1　非线性观测方程的伪线性观测模型

根据第4章的讨论可知，对于一些定位观测量，可以将其非线性观测方程直接转化成与之等价的伪线性观测方程，从而能够获得定位闭式解。除此之外，对于很多定位观测量

(如时差观测方程),还可以通过新增辅助变量的方式转化为另一种形式的伪线性观测方程。

对于式(4.1)给出的关于目标源的非线性观测方程,其伪线性观测方程为

$$\boldsymbol{a}_{\mathrm{f}}(\boldsymbol{z}_0,\boldsymbol{w})=\boldsymbol{B}_{\mathrm{f}}(\boldsymbol{z}_0,\boldsymbol{w})\boldsymbol{\rho}_{\mathrm{f}}(\boldsymbol{u})=\boldsymbol{B}_{\mathrm{f}}(\boldsymbol{z}_0,\boldsymbol{w})\boldsymbol{t}_{\mathrm{f}} \tag{5.1}$$

式中,

(1) $\boldsymbol{a}_{\mathrm{f}}(\boldsymbol{z}_0,\boldsymbol{w})\in\mathbf{R}^{p\times1}$表示关于目标源的(第一步)伪线性观测向量,同时它是 $\boldsymbol{z}_0$ 和 $\boldsymbol{w}$ 的向量函数(连续可导),其具体的代数形式随着定位观测量的不同而改变;

(2) $\boldsymbol{B}_{\mathrm{f}}(\boldsymbol{z}_0,\boldsymbol{w})\in\mathbf{R}^{p\times\bar{q}}$ $(p\geqslant\bar{q}>q)$表示关于目标源的(第一步)伪线性系数矩阵,同时它是 $\boldsymbol{z}_0$ 和 $\boldsymbol{w}$ 的矩阵函数(连续可导),其具体的代数形式也随着定位观测量的不同而改变;

(3) $\boldsymbol{t}_{\mathrm{f}}=\boldsymbol{\rho}_{\mathrm{f}}(\boldsymbol{u})\in\mathbf{R}^{\bar{q}\times1}$ $(\bar{q}>q)$是关于向量 $\boldsymbol{u}$ 的向量函数,函数 $\boldsymbol{\rho}_{\mathrm{f}}(\cdot)$的维数大于向量 $\boldsymbol{u}$ 的维数(由于新增了辅助变量),这意味着当获得 $\boldsymbol{t}_{\mathrm{f}}$ 的估计值以后,仍然难以在统计意义上直接获得向量 $\boldsymbol{u}$ 的最优闭式解。

尽管如此,式(5.1)给出的伪线性化观测方程仍然很有意义,因为在很多情况下还可以将非线性方程 $\boldsymbol{t}_{\mathrm{f}}=\boldsymbol{\rho}_{\mathrm{f}}(\boldsymbol{u})$进一步转化为与之等价的伪线性方程,其数学模型可以表示为

$$\boldsymbol{a}_{\mathrm{s}}(\boldsymbol{t}_{\mathrm{f}})=\boldsymbol{B}_{\mathrm{s}}(\boldsymbol{t}_{\mathrm{f}})\boldsymbol{\rho}_{\mathrm{s}}(\boldsymbol{u})=\boldsymbol{B}_{\mathrm{s}}(\boldsymbol{t}_{\mathrm{f}})\boldsymbol{t}_{\mathrm{s}} \tag{5.2}$$

式中,

(1) $\boldsymbol{a}_{\mathrm{s}}(\boldsymbol{t}_{\mathrm{f}})\in\mathbf{R}^{\bar{q}\times1}$表示关于目标源的(第二步)伪线性观测向量,它是关于 $\boldsymbol{t}_{\mathrm{f}}$ 的向量函数(连续可导),其具体的代数形式随着定位观测量的不同而改变;

(2) $\boldsymbol{B}_{\mathrm{s}}(\boldsymbol{t}_{\mathrm{f}})\in\mathbf{R}^{\bar{q}\times q}$表示关于目标源的(第二步)伪线性系数矩阵,它是关于 $\boldsymbol{t}_{\mathrm{f}}$ 的矩阵函数(连续可导),其具体的代数形式也随着定位观测量的不同而改变;

(3) $\boldsymbol{t}_{\mathrm{s}}=\boldsymbol{\rho}_{\mathrm{s}}(\boldsymbol{u})\in\mathbf{R}^{q\times1}$是关于向量 $\boldsymbol{u}$ 的向量函数,函数 $\boldsymbol{\rho}_{\mathrm{s}}(\cdot)$的维数等于向量 $\boldsymbol{u}$ 的维数,并且 $\boldsymbol{\rho}_{\mathrm{s}}(\cdot)$的反函数 $\boldsymbol{\rho}_{\mathrm{s}}^{-1}(\cdot)$的闭式形式很容易获得。

另外,对于式(4.3)给出的关于校正源的非线性观测方程,它也需要通过新增辅助变量的方式转化为另一种形式的伪线性观测方程,其数学模型可以表示为

$$\boldsymbol{c}_{\mathrm{f}}(\boldsymbol{r}_{k0},\boldsymbol{s}_k)=\boldsymbol{D}_{\mathrm{f}}(\boldsymbol{r}_{k0},\boldsymbol{s}_k)\boldsymbol{\varphi}_{\mathrm{f}}(\boldsymbol{w})=\boldsymbol{D}_{\mathrm{f}}(\boldsymbol{r}_{k0},\boldsymbol{s}_k)\boldsymbol{x}_{\mathrm{f}},\quad 1\leqslant k\leqslant d \tag{5.3}$$

式中,

(1) $\boldsymbol{c}_{\mathrm{f}}(\boldsymbol{r}_{k0},\boldsymbol{s}_k)\in\mathbf{R}^{p\times1}$表示关于第 k 个校正源的(第一步)伪线性观测向量,同时它是 $\boldsymbol{r}_{k0}$和 $\boldsymbol{s}_k$ 的向量函数(连续可导),其具体的代数形式随着定位观测量的不同而改变;

(2) $\boldsymbol{D}_{\mathrm{f}}(\boldsymbol{r}_{k0},\boldsymbol{s}_k)\in\mathbf{R}^{p\times\bar{l}}$ $(\bar{l}>l)$表示关于第 k 个校正源的(第一步)伪线性系数矩阵,同时它是 $\boldsymbol{r}_{k0}$和 $\boldsymbol{s}_k$ 的矩阵函数(连续可导),其具体的代数形式也随着定位观测量的不同而改变;

(3) $\boldsymbol{x}_{\mathrm{f}}=\boldsymbol{\varphi}_{\mathrm{f}}(\boldsymbol{w})\in\mathbf{R}^{\bar{l}\times1}$ $(\bar{l}>l)$是关于向量 $\boldsymbol{w}$ 的向量函数。

若将上述 d 个伪线性观测方程进行合并,则可得到如下具有更高维数的伪线性观测方程:

$$\bar{\boldsymbol{c}}_{\mathrm{f}}(\boldsymbol{r}_0,\boldsymbol{s})=\bar{\boldsymbol{D}}_{\mathrm{f}}(\boldsymbol{r}_0,\boldsymbol{s})\boldsymbol{\varphi}_{\mathrm{f}}(\boldsymbol{w})=\bar{\boldsymbol{D}}_{\mathrm{f}}(\boldsymbol{r}_0,\boldsymbol{s})\boldsymbol{x}_{\mathrm{f}} \tag{5.4}$$

式中

$$\begin{cases}\bar{\boldsymbol{c}}_{\mathrm{f}}(\boldsymbol{r}_0,\boldsymbol{s})=[\boldsymbol{c}_{\mathrm{f}}^{\mathrm{T}}(\boldsymbol{r}_{10},\boldsymbol{s}_1)\quad \boldsymbol{c}_{\mathrm{f}}^{\mathrm{T}}(\boldsymbol{r}_{20},\boldsymbol{s}_2)\quad \cdots\quad \boldsymbol{c}_{\mathrm{f}}^{\mathrm{T}}(\boldsymbol{r}_{d0},\boldsymbol{s}_d)]^{\mathrm{T}}\in\mathbf{R}^{pd\times 1}\\ \bar{\boldsymbol{D}}_{\mathrm{f}}(\boldsymbol{r}_0,\boldsymbol{s})=[\boldsymbol{D}_{\mathrm{f}}^{\mathrm{T}}(\boldsymbol{r}_{10},\boldsymbol{s}_1)\quad \boldsymbol{D}_{\mathrm{f}}^{\mathrm{T}}(\boldsymbol{r}_{20},\boldsymbol{s}_2)\quad \cdots\quad \boldsymbol{D}_{\mathrm{f}}^{\mathrm{T}}(\boldsymbol{r}_{d0},\boldsymbol{s}_d)]^{\mathrm{T}}\in\mathbf{R}^{pd\times \bar{l}}\\ \boldsymbol{r}_0=[\boldsymbol{r}_{10}^{\mathrm{T}}\quad \boldsymbol{r}_{20}^{\mathrm{T}}\quad \cdots\quad \boldsymbol{r}_{d0}^{\mathrm{T}}]^{\mathrm{T}}\in\mathbf{R}^{pd\times 1},\quad \boldsymbol{s}=[\boldsymbol{s}_1^{\mathrm{T}}\quad \boldsymbol{s}_2^{\mathrm{T}}\quad \cdots\quad \boldsymbol{s}_d^{\mathrm{T}}]^{\mathrm{T}}\in\mathbf{R}^{qd\times 1}\end{cases}\tag{5.5}$$

需要指出的是,式(5.3)和式(5.4)中函数 $\boldsymbol{\varphi}_{\mathrm{f}}(\cdot)$ 的维数大于向量 $\boldsymbol{w}$ 的维数(由于新增了辅助变量),这意味着当获得 $\boldsymbol{x}_{\mathrm{f}}$ 的估计值以后,仍然难以在统计意义上直接获得向量 $\boldsymbol{w}$ 的最优闭式解。尽管如此,式(5.3)和式(5.4)给出的伪线性化观测方程仍然很有意义,因为在很多情况下还可以将非线性方程 $\boldsymbol{x}_{\mathrm{f}}=\boldsymbol{\varphi}_{\mathrm{f}}(\boldsymbol{w})$ 进一步转化为与之等价的伪线性方程,其数学模型可表示为

$$\boldsymbol{c}_{\mathrm{s}}(\boldsymbol{x}_{\mathrm{f}})=\boldsymbol{D}_{\mathrm{s}}(\boldsymbol{x}_{\mathrm{f}})\boldsymbol{\varphi}_{\mathrm{s}}(\boldsymbol{w})=\boldsymbol{D}_{\mathrm{s}}(\boldsymbol{x}_{\mathrm{f}})\boldsymbol{x}_{\mathrm{s}}\tag{5.6}$$

式中,

(1) $\boldsymbol{c}_{\mathrm{s}}(\boldsymbol{x}_{\mathrm{f}})\in\mathbf{R}^{\bar{l}\times 1}$ 表示关于校正源的(第二步)伪线性观测向量,它是关于 $\boldsymbol{x}_{\mathrm{f}}$ 的向量函数(连续可导),其具体的代数形式随着定位观测量的不同而改变;

(2) $\boldsymbol{D}_{\mathrm{s}}(\boldsymbol{x}_{\mathrm{f}})\in\mathbf{R}^{\bar{l}\times l}$ 表示关于校正源的(第二步)伪线性系数矩阵,它是关于 $\boldsymbol{x}_{\mathrm{f}}$ 的矩阵函数(连续可导),其具体的代数形式也随着定位观测量的不同而改变;

(3) $\boldsymbol{x}_{\mathrm{s}}=\boldsymbol{\varphi}_{\mathrm{s}}(\boldsymbol{w})\in\mathbf{R}^{l\times 1}$ 是关于向量 $\boldsymbol{w}$ 的向量函数,函数 $\boldsymbol{\varphi}_{\mathrm{s}}(\cdot)$ 的维数等于向量 $\boldsymbol{w}$ 的维数,并且 $\boldsymbol{\varphi}_{\mathrm{s}}(\cdot)$ 的反函数 $\boldsymbol{\varphi}_{\mathrm{s}}^{-1}(\cdot)$ 的闭式形式很容易获得。

下面将基于上面描述的两步伪线性观测方程给出两类两步伪线性加权最小二乘定位方法,并定量推导两类两步伪线性加权最小二乘定位方法的参数估计性能,证明它们的目标位置估计方差都可以达到相应的克拉美罗界(在门限效应发生以前)。另外,为了便于区分,书中将第一类两步伪线性加权最小二乘定位方法给出的估计值中增加上标"(a)",而将第二类两步伪线性加权最小二乘定位方法给出的估计值中增加上标"(b)"。需要指出的是,之所以称为两步伪线性加权最小二乘定位方法,原因在于其在求解每种参数(包括目标位置向量和系统参量)时都依次建立了两个伪线性观测方程。

5.2　第一类两步伪线性加权最小二乘定位方法及其理论性能分析

第一类两步伪线性加权最小二乘定位方法分为两个步骤:①利用校正源观测量 $\boldsymbol{r}$ 和系统参量的先验测量值 $\boldsymbol{v}$ 给出更加精确的系统参量估计值;②利用目标源观测量 $\boldsymbol{z}$ 和第一步给出的系统参量解估计目标位置向量 $\boldsymbol{u}$。

5.2.1　估计系统参量

这里将在伪线性观测方程式(5.4)和式(5.6)的基础上,基于校正源观测量 $\boldsymbol{r}$ 和系统参量的先验测量值 $\boldsymbol{v}$ 估计系统参量 $\boldsymbol{w}$。

首先基于伪线性观测方程式(5.4)估计向量 $\boldsymbol{x}_{\mathrm{f}}$。在实际计算中,函数 $\bar{\boldsymbol{c}}_{\mathrm{f}}(\cdot,\cdot)$ 和 $\bar{\boldsymbol{D}}_{\mathrm{f}}(\cdot,\cdot)$ 的闭式形式是可知的,但 $\boldsymbol{r}_0$ 却不可获知,只能用带误差的观测向量 $\boldsymbol{r}$ 来代替。显

然，若用 $\boldsymbol{r}$ 直接代替 $\boldsymbol{r}_0$，式(5.4)已经无法成立，为此需要引入如下误差向量：

$$\boldsymbol{\varepsilon}_{\mathrm{f}}=\bar{\boldsymbol{c}}_{\mathrm{f}}(\boldsymbol{r},\boldsymbol{s})-\bar{\boldsymbol{D}}_{\mathrm{f}}(\boldsymbol{r},\boldsymbol{s})\boldsymbol{x}_{\mathrm{f}} \tag{5.7}$$

为了合理估计 $\boldsymbol{x}_{\mathrm{f}}$，需要分析误差向量 $\boldsymbol{\varepsilon}_{\mathrm{f}}$ 的二阶统计特性。由于向量 $\boldsymbol{\varepsilon}_{\mathrm{f}}$ 是观测误差 $\boldsymbol{e}=\boldsymbol{r}-\boldsymbol{r}_0$ 的非线性函数，因此不妨利用一阶 Taylor 级数展开将 $\boldsymbol{\varepsilon}_{\mathrm{f}}$ 近似表示成关于误差向量 $\boldsymbol{e}$ 的线性函数。根据推论 2.13 可得

$$\boldsymbol{\varepsilon}_{\mathrm{f}}\approx(\bar{\boldsymbol{C}}_{\mathrm{f}}(\boldsymbol{r}_0,\boldsymbol{s})-[\dot{\bar{\boldsymbol{D}}}_{\mathrm{f},1}(\boldsymbol{r}_0,\boldsymbol{s})\boldsymbol{x}_{\mathrm{f}}\quad \dot{\bar{\boldsymbol{D}}}_{\mathrm{f},2}(\boldsymbol{r}_0,\boldsymbol{s})\boldsymbol{x}_{\mathrm{f}}\quad\cdots\quad \dot{\bar{\boldsymbol{D}}}_{\mathrm{f},pd}(\boldsymbol{r}_0,\boldsymbol{s})\boldsymbol{x}_{\mathrm{f}}])\boldsymbol{e}=\bar{\boldsymbol{H}}_{\mathrm{f}}(\boldsymbol{r}_0,\boldsymbol{s},\boldsymbol{x}_{\mathrm{f}})\boldsymbol{e} \tag{5.8}$$

式中

$$\begin{cases}\bar{\boldsymbol{H}}_{\mathrm{f}}(\boldsymbol{r}_0,\boldsymbol{s},\boldsymbol{x}_{\mathrm{f}})=\bar{\boldsymbol{C}}_{\mathrm{f}}(\boldsymbol{r}_0,\boldsymbol{s})-[\dot{\bar{\boldsymbol{D}}}_{\mathrm{f},1}(\boldsymbol{r}_0,\boldsymbol{s})\boldsymbol{x}_{\mathrm{f}}\quad \dot{\bar{\boldsymbol{D}}}_{\mathrm{f},2}(\boldsymbol{r}_0,\boldsymbol{s})\boldsymbol{x}_{\mathrm{f}}\quad\cdots\quad \dot{\bar{\boldsymbol{D}}}_{\mathrm{f},pd}(\boldsymbol{r}_0,\boldsymbol{s})\boldsymbol{x}_{\mathrm{f}}]\in\mathbf{R}^{pd\times pd}\\ \bar{\boldsymbol{C}}_{\mathrm{f}}(\boldsymbol{r}_0,\boldsymbol{s})=\dfrac{\partial\bar{\boldsymbol{c}}_{\mathrm{f}}(\boldsymbol{r}_0,\boldsymbol{s})}{\partial\boldsymbol{r}_0^{\mathrm{T}}}\in\mathbf{R}^{pd\times pd},\quad \dot{\bar{\boldsymbol{D}}}_{\mathrm{f},j}(\boldsymbol{r}_0,\boldsymbol{s})=\dfrac{\partial\bar{\boldsymbol{D}}_{\mathrm{f}}(\boldsymbol{r}_0,\boldsymbol{s})}{\partial\langle\boldsymbol{r}_0\rangle_j}\in\mathbf{R}^{pd\times\bar{l}},\quad 1\leqslant j\leqslant pd\end{cases} \tag{5.9}$$

根据式(5.8)可知，误差向量 $\boldsymbol{\varepsilon}_{\mathrm{f}}$ 近似服从零均值高斯分布，并且其方差矩阵为

$$\boldsymbol{E}_{\mathrm{f}}=E[\boldsymbol{\varepsilon}_{\mathrm{f}}\boldsymbol{\varepsilon}_{\mathrm{f}}^{\mathrm{T}}]=\bar{\boldsymbol{H}}_{\mathrm{f}}(\boldsymbol{r}_0,\boldsymbol{s},\boldsymbol{x}_{\mathrm{f}})E[\boldsymbol{e}\boldsymbol{e}^{\mathrm{T}}]\bar{\boldsymbol{H}}_{\mathrm{f}}^{\mathrm{T}}(\boldsymbol{r}_0,\boldsymbol{s},\boldsymbol{x}_{\mathrm{f}})=\bar{\boldsymbol{H}}_{\mathrm{f}}(\boldsymbol{r}_0,\boldsymbol{s},\boldsymbol{x}_{\mathrm{f}})\boldsymbol{Q}_3\bar{\boldsymbol{H}}_{\mathrm{f}}^{\mathrm{T}}(\boldsymbol{r}_0,\boldsymbol{s},\boldsymbol{x}_{\mathrm{f}}) \tag{5.10}$$

式中，$\boldsymbol{Q}_3=E[\boldsymbol{e}\boldsymbol{e}^{\mathrm{T}}]$表示观测误差 $\boldsymbol{e}$ 的方差矩阵(同第 3 章的定义)。

联合式(5.7)和式(5.10)可以建立如下(第一步)伪线性加权最小二乘优化模型：

$$\min_{\boldsymbol{x}_{\mathrm{f}}\in\mathbf{R}^{\bar{l}\times 1}}\ (\bar{\boldsymbol{c}}_{\mathrm{f}}(\boldsymbol{r},\boldsymbol{s})-\bar{\boldsymbol{D}}_{\mathrm{f}}(\boldsymbol{r},\boldsymbol{s})\boldsymbol{x}_{\mathrm{f}})^{\mathrm{T}}\boldsymbol{E}_{\mathrm{f}}^{-1}(\bar{\boldsymbol{c}}_{\mathrm{f}}(\boldsymbol{r},\boldsymbol{s})-\bar{\boldsymbol{D}}_{\mathrm{f}}(\boldsymbol{r},\boldsymbol{s})\boldsymbol{x}_{\mathrm{f}}) \tag{5.11}$$

由于式(5.11)是关于向量$\boldsymbol{x}_{\mathrm{f}}$ 的二次优化问题，因此其存在最优闭式解，根据式(2.85)可知该闭式解为

$$\hat{\boldsymbol{x}}_{\mathrm{f,tplwls}}^{(\mathrm{a})}=(\bar{\boldsymbol{D}}_{\mathrm{f}}^{\mathrm{T}}(\boldsymbol{r},\boldsymbol{s})\boldsymbol{E}_{\mathrm{f}}^{-1}\bar{\boldsymbol{D}}_{\mathrm{f}}(\boldsymbol{r},\boldsymbol{s}))^{-1}\bar{\boldsymbol{D}}_{\mathrm{f}}^{\mathrm{T}}(\boldsymbol{r},\boldsymbol{s})\boldsymbol{E}_{\mathrm{f}}^{-1}\bar{\boldsymbol{c}}_{\mathrm{f}}(\boldsymbol{r},\boldsymbol{s}) \tag{5.12}$$

需要指出的是，矩阵 $\boldsymbol{E}_{\mathrm{f}}$ 表达式中的 $\boldsymbol{r}_0$ 和 $\boldsymbol{x}_{\mathrm{f}}$ 均无法事先获知，其中 $\boldsymbol{r}_0$ 可用其观测向量 $\boldsymbol{r}$ 来代替，而 $\boldsymbol{x}_{\mathrm{f}}$ 可用其非加权线性最小二乘估计 $\hat{\boldsymbol{x}}_{\mathrm{f,ls}}^{(\mathrm{a})}=\bar{\boldsymbol{D}}_{\mathrm{f}}^{\dagger}(\boldsymbol{r},\boldsymbol{s})\bar{\boldsymbol{c}}_{\mathrm{f}}(\boldsymbol{r},\boldsymbol{s})$来代替，不妨将由 $\boldsymbol{r}$ 和 $\hat{\boldsymbol{x}}_{\mathrm{f,ls}}^{(\mathrm{a})}$计算出的矩阵 $\boldsymbol{E}_{\mathrm{f}}$ 记为 $\hat{\boldsymbol{E}}_{\mathrm{f}}$，则有

$$\hat{\boldsymbol{x}}_{\mathrm{f,tplwls}}^{(\mathrm{a})}=(\bar{\boldsymbol{D}}_{\mathrm{f}}^{\mathrm{T}}(\boldsymbol{r},\boldsymbol{s})\hat{\boldsymbol{E}}_{\mathrm{f}}^{-1}\bar{\boldsymbol{D}}_{\mathrm{f}}(\boldsymbol{r},\boldsymbol{s}))^{-1}\bar{\boldsymbol{D}}_{\mathrm{f}}^{\mathrm{T}}(\boldsymbol{r},\boldsymbol{s})\hat{\boldsymbol{E}}_{\mathrm{f}}^{-1}\bar{\boldsymbol{c}}_{\mathrm{f}}(\boldsymbol{r},\boldsymbol{s}) \tag{5.13}$$

类似于 4.2.2 节中的理论分析，估计值 $\hat{\boldsymbol{x}}_{\mathrm{f,tplwls}}^{(\mathrm{a})}$的方差矩阵为

$$\mathbf{cov}(\hat{\boldsymbol{x}}_{\mathrm{f,tplwls}}^{(\mathrm{a})})=(\bar{\boldsymbol{D}}_{\mathrm{f}}^{\mathrm{T}}(\boldsymbol{r}_0,\boldsymbol{s})\boldsymbol{E}_{\mathrm{f}}^{-1}\bar{\boldsymbol{D}}_{\mathrm{f}}(\boldsymbol{r}_0,\boldsymbol{s}))^{-1} \tag{5.14}$$

然后基于伪线性观测方程式(5.6)估计向量 $\boldsymbol{x}_{\mathrm{s}}$。在实际计算中，函数 $\boldsymbol{c}_{\mathrm{s}}(\cdot)$和 $\boldsymbol{D}_{\mathrm{s}}(\cdot)$的闭式形式是可知的，但 $\boldsymbol{x}_{\mathrm{f}}$ 却不可获知，只能用其估计值 $\hat{\boldsymbol{x}}_{\mathrm{f,tplwls}}^{(\mathrm{a})}$来代替。显然，若用 $\hat{\boldsymbol{x}}_{\mathrm{f,tplwls}}^{(\mathrm{a})}$直接代替 $\boldsymbol{x}_{\mathrm{f}}$，式(5.6)已经无法成立，为此需要引入如下误差向量：

$$\boldsymbol{\varepsilon}_{\mathrm{s}}=\boldsymbol{c}_{\mathrm{s}}(\hat{\boldsymbol{x}}_{\mathrm{f,tplwls}}^{(\mathrm{a})})-\boldsymbol{D}_{\mathrm{s}}(\hat{\boldsymbol{x}}_{\mathrm{f,tplwls}}^{(\mathrm{a})})\boldsymbol{x}_{\mathrm{s}} \tag{5.15}$$

为了合理估计 $\boldsymbol{x}_{\mathrm{s}}$，需要分析误差向量 $\boldsymbol{\varepsilon}_{\mathrm{s}}$ 的二阶统计特性。由于向量 $\boldsymbol{\varepsilon}_{\mathrm{s}}$ 是估计误差 $\boldsymbol{\delta x}_{\mathrm{f,tplwls}}^{(\mathrm{a})}=\hat{\boldsymbol{x}}_{\mathrm{f,tplwls}}^{(\mathrm{a})}-\boldsymbol{x}_{\mathrm{f}}$ 的非线性函数，因此不妨利用一阶 Taylor 级数展开将 $\boldsymbol{\varepsilon}_{\mathrm{s}}$ 近似表示成

关于误差向量 $\boldsymbol{\delta x}_{\mathrm{f,tplwls}}^{(\mathrm{a})}$ 的线性函数。根据推论 2.13 可得

$$\begin{aligned}\boldsymbol{\varepsilon}_{\mathrm{s}} &\approx (\boldsymbol{C}_{\mathrm{s}}(\boldsymbol{x}_{\mathrm{f}}) - [\dot{\boldsymbol{D}}_{\mathrm{s},1}(\boldsymbol{x}_{\mathrm{f}})\boldsymbol{x}_{\mathrm{s}} \quad \dot{\boldsymbol{D}}_{\mathrm{s},2}(\boldsymbol{x}_{\mathrm{f}})\boldsymbol{x}_{\mathrm{s}} \quad \cdots \quad \dot{\boldsymbol{D}}_{\mathrm{s},\bar{l}}(\boldsymbol{x}_{\mathrm{f}})\boldsymbol{x}_{\mathrm{s}}])\boldsymbol{\delta x}_{\mathrm{f,tplwls}}^{(\mathrm{a})} \\ &= \boldsymbol{H}_{\mathrm{s}}(\boldsymbol{x}_{\mathrm{f}}, \boldsymbol{x}_{\mathrm{s}})\boldsymbol{\delta x}_{\mathrm{f,tplwls}}^{(\mathrm{a})}\end{aligned} \tag{5.16}$$

式中

$$\begin{cases}\boldsymbol{H}_{\mathrm{s}}(\boldsymbol{x}_{\mathrm{f}}, \boldsymbol{x}_{\mathrm{s}}) = \boldsymbol{C}_{\mathrm{s}}(\boldsymbol{x}_{\mathrm{f}}) - [\dot{\boldsymbol{D}}_{\mathrm{s},1}(\boldsymbol{x}_{\mathrm{f}})\boldsymbol{x}_{\mathrm{s}} \quad \dot{\boldsymbol{D}}_{\mathrm{s},2}(\boldsymbol{x}_{\mathrm{f}})\boldsymbol{x}_{\mathrm{s}} \quad \cdots \quad \dot{\boldsymbol{D}}_{\mathrm{s},\bar{l}}(\boldsymbol{x}_{\mathrm{f}})\boldsymbol{x}_{\mathrm{s}}] \in \mathbf{R}^{\bar{l}\times\bar{l}} \\ \boldsymbol{C}_{\mathrm{s}}(\boldsymbol{x}_{\mathrm{f}}) = \dfrac{\partial \boldsymbol{c}_{\mathrm{s}}(\boldsymbol{x}_{\mathrm{f}})}{\partial \boldsymbol{x}_{\mathrm{f}}^{\mathrm{T}}} \in \mathbf{R}^{\bar{l}\times\bar{l}}, \quad \dot{\boldsymbol{D}}_{\mathrm{s},j}(\boldsymbol{x}_{\mathrm{f}}) = \dfrac{\partial \boldsymbol{D}_{\mathrm{s}}(\boldsymbol{x}_{\mathrm{f}})}{\partial \langle \boldsymbol{x}_{\mathrm{f}} \rangle_j} \in \mathbf{R}^{\bar{l}\times l}, \quad 1 \leqslant j \leqslant \bar{l}\end{cases} \tag{5.17}$$

根据式(5.16)可知，误差向量 $\boldsymbol{\varepsilon}_{\mathrm{s}}$ 近似服从零均值高斯分布，并且其方差矩阵为

$$\begin{aligned}\boldsymbol{E}_{\mathrm{s}} &= E[\boldsymbol{\varepsilon}_{\mathrm{s}}\boldsymbol{\varepsilon}_{\mathrm{s}}^{\mathrm{T}}] = \boldsymbol{H}_{\mathrm{s}}(\boldsymbol{x}_{\mathrm{f}}, \boldsymbol{x}_{\mathrm{s}})E[\boldsymbol{\delta x}_{\mathrm{f,tplwls}}^{(\mathrm{a})}\boldsymbol{\delta x}_{\mathrm{f,tplwls}}^{(\mathrm{a})\mathrm{T}}]\boldsymbol{H}_{\mathrm{s}}^{\mathrm{T}}(\boldsymbol{x}_{\mathrm{f}}, \boldsymbol{x}_{\mathrm{s}}) \\ &= \boldsymbol{H}_{\mathrm{s}}(\boldsymbol{x}_{\mathrm{f}}, \boldsymbol{x}_{\mathrm{s}})\mathbf{cov}(\hat{\boldsymbol{x}}_{\mathrm{f,tplwls}}^{(\mathrm{a})})\boldsymbol{H}_{\mathrm{s}}^{\mathrm{T}}(\boldsymbol{x}_{\mathrm{f}}, \boldsymbol{x}_{\mathrm{s}})\end{aligned} \tag{5.18}$$

联合式(5.15)和式(5.18)可以建立如下(第二步)伪线性加权最小二乘优化模型：

$$\min_{\boldsymbol{x}_{\mathrm{s}} \in \mathbf{R}^{l\times 1}} (\boldsymbol{c}_{\mathrm{s}}(\hat{\boldsymbol{x}}_{\mathrm{f,tplwls}}^{(\mathrm{a})}) - \boldsymbol{D}_{\mathrm{s}}(\hat{\boldsymbol{x}}_{\mathrm{f,tplwls}}^{(\mathrm{a})})\boldsymbol{x}_{\mathrm{s}})^{\mathrm{T}}\boldsymbol{E}_{\mathrm{s}}^{-1}(\boldsymbol{c}_{\mathrm{s}}(\hat{\boldsymbol{x}}_{\mathrm{f,tplwls}}^{(\mathrm{a})}) - \boldsymbol{D}_{\mathrm{s}}(\hat{\boldsymbol{x}}_{\mathrm{f,tplwls}}^{(\mathrm{a})})\boldsymbol{x}_{\mathrm{s}}) \tag{5.19}$$

由于式(5.19)是关于向量 $\boldsymbol{x}_{\mathrm{s}}$ 的二次优化问题，因此其存在最优闭式解，根据式(2.85)可知该闭式解为

$$\hat{\boldsymbol{x}}_{\mathrm{s,tplwls}}^{(\mathrm{a})} = (\boldsymbol{D}_{\mathrm{s}}^{\mathrm{T}}(\hat{\boldsymbol{x}}_{\mathrm{f,tplwls}}^{(\mathrm{a})})\boldsymbol{E}_{\mathrm{s}}^{-1}\boldsymbol{D}_{\mathrm{s}}(\hat{\boldsymbol{x}}_{\mathrm{f,tplwls}}^{(\mathrm{a})}))^{-1}\boldsymbol{D}_{\mathrm{s}}^{\mathrm{T}}(\hat{\boldsymbol{x}}_{\mathrm{f,tplwls}}^{(\mathrm{a})})\boldsymbol{E}_{\mathrm{s}}^{-1}\boldsymbol{c}_{\mathrm{s}}(\hat{\boldsymbol{x}}_{\mathrm{f,tplwls}}^{(\mathrm{a})}) \tag{5.20}$$

需要指出的是，矩阵 $\boldsymbol{E}_{\mathrm{s}}$ 表达式中的 $\boldsymbol{x}_{\mathrm{f}}$ 和 $\boldsymbol{x}_{\mathrm{s}}$ 均无法事先获知，其中 $\boldsymbol{x}_{\mathrm{f}}$ 可用其估计值 $\hat{\boldsymbol{x}}_{\mathrm{f,tplwls}}^{(\mathrm{a})}$ 来代替，而 $\boldsymbol{x}_{\mathrm{s}}$ 可用其非加权线性最小二乘估计 $\hat{\boldsymbol{x}}_{\mathrm{s,ls}}^{(\mathrm{a})} = \boldsymbol{D}_{\mathrm{s}}^{\dagger}(\hat{\boldsymbol{x}}_{\mathrm{f,tplwls}}^{(\mathrm{a})})\boldsymbol{c}_{\mathrm{s}}(\hat{\boldsymbol{x}}_{\mathrm{f,tplwls}}^{(\mathrm{a})})$ 来代替，不妨将由 $\hat{\boldsymbol{x}}_{\mathrm{f,tplwls}}^{(\mathrm{a})}$ 和 $\hat{\boldsymbol{x}}_{\mathrm{s,ls}}^{(\mathrm{a})}$ 计算出的矩阵 $\boldsymbol{E}_{\mathrm{s}}$ 记为 $\hat{\boldsymbol{E}}_{\mathrm{s}}$，则有

$$\hat{\boldsymbol{x}}_{\mathrm{s,tplwls}}^{(\mathrm{a})} = (\boldsymbol{D}_{\mathrm{s}}^{\mathrm{T}}(\hat{\boldsymbol{x}}_{\mathrm{f,tplwls}}^{(\mathrm{a})})\hat{\boldsymbol{E}}_{\mathrm{s}}^{-1}\boldsymbol{D}_{\mathrm{s}}(\hat{\boldsymbol{x}}_{\mathrm{f,tplwls}}^{(\mathrm{a})}))^{-1}\boldsymbol{D}_{\mathrm{s}}^{\mathrm{T}}(\hat{\boldsymbol{x}}_{\mathrm{f,tplwls}}^{(\mathrm{a})})\hat{\boldsymbol{E}}_{\mathrm{s}}^{-1}\boldsymbol{c}_{\mathrm{s}}(\hat{\boldsymbol{x}}_{\mathrm{f,tplwls}}^{(\mathrm{a})}) \tag{5.21}$$

类似于 4.2.2 节中的理论分析，估计值 $\hat{\boldsymbol{x}}_{\mathrm{s,tplwls}}^{(\mathrm{a})}$ 的方差矩阵为

$$\mathbf{cov}(\hat{\boldsymbol{x}}_{\mathrm{s,tplwls}}^{(\mathrm{a})}) = (\boldsymbol{D}_{\mathrm{s}}^{\mathrm{T}}(\boldsymbol{x}_{\mathrm{f}})\boldsymbol{E}_{\mathrm{s}}^{-1}\boldsymbol{D}_{\mathrm{s}}(\boldsymbol{x}_{\mathrm{f}}))^{-1} \tag{5.22}$$

由于假设 $\boldsymbol{\varphi}_{\mathrm{s}}(\cdot)$ 的反函数 $\boldsymbol{\varphi}_{\mathrm{s}}^{-1}(\cdot)$ 易于获得，因此利用估计值 $\hat{\boldsymbol{x}}_{\mathrm{s,tplwls}}^{(\mathrm{a})}$ 就可以直接给出向量 $\boldsymbol{w}$ 的估计值：

$$\hat{\boldsymbol{w}}_{\mathrm{s,tplwls}}^{(\mathrm{a})} = \boldsymbol{\varphi}_{\mathrm{s}}^{-1}(\hat{\boldsymbol{x}}_{\mathrm{s,tplwls}}^{(\mathrm{a})}) \tag{5.23}$$

相应的方差矩阵为

$$\begin{aligned}\boldsymbol{E}_{w} &= \mathbf{cov}(\hat{\boldsymbol{w}}_{\mathrm{s,tplwls}}^{(\mathrm{a})}) = \boldsymbol{\Psi}_{\mathrm{s}}^{-1}(\boldsymbol{w})\mathbf{cov}(\hat{\boldsymbol{x}}_{\mathrm{s,tplwls}}^{(\mathrm{a})})\boldsymbol{\Psi}_{\mathrm{s}}^{-\mathrm{T}}(\boldsymbol{w}) \\ &= (\boldsymbol{\Psi}_{\mathrm{s}}^{\mathrm{T}}(\boldsymbol{w})\boldsymbol{D}_{\mathrm{s}}^{\mathrm{T}}(\boldsymbol{x}_{\mathrm{f}})\boldsymbol{E}_{\mathrm{s}}^{-1}\boldsymbol{D}_{\mathrm{s}}(\boldsymbol{x}_{\mathrm{f}})\boldsymbol{\Psi}_{\mathrm{s}}(\boldsymbol{w}))^{-1}\end{aligned} \tag{5.24}$$

式中，$\boldsymbol{\Psi}_{\mathrm{s}}(\boldsymbol{w}) = \dfrac{\partial \boldsymbol{\varphi}_{\mathrm{s}}(\boldsymbol{w})}{\partial \boldsymbol{w}^{\mathrm{T}}} \in \mathbf{R}^{l\times l}$ 表示函数 $\boldsymbol{\varphi}_{\mathrm{s}}(\boldsymbol{w})$ 关于向量 $\boldsymbol{w}$ 的 Jacobi 矩阵(通常可假设其为可逆矩阵)。

值得注意的是，式(5.23)给出的系统参量估计值尚未利用其先验测量值，为了给出具有更小方差的系统参量解，还应该再联合估计值 $\hat{\boldsymbol{w}}_{\mathrm{s,tplwls}}^{(\mathrm{a})}$ 和先验测量值 $\boldsymbol{v}$ 对系统参量 $\boldsymbol{w}$ 进行估计。基于式(5.23)、式(5.24)和式(3.2)可以建立如下线性加权最小二乘优化模型：

$$\min_{\boldsymbol{w} \in \mathbf{R}^{l\times 1}} \begin{bmatrix}\hat{\boldsymbol{w}}_{\mathrm{s,tplwls}}^{(\mathrm{a})} - \boldsymbol{w} \\ \boldsymbol{v} - \boldsymbol{w}\end{bmatrix}^{\mathrm{T}} \begin{bmatrix}\boldsymbol{E}_{w} & \boldsymbol{O}_{l\times l} \\ \boldsymbol{O}_{l\times l} & \boldsymbol{Q}_2\end{bmatrix}^{-1} \begin{bmatrix}\hat{\boldsymbol{w}}_{\mathrm{s,tplwls}}^{(\mathrm{a})} - \boldsymbol{w} \\ \boldsymbol{v} - \boldsymbol{w}\end{bmatrix}$$

$$\Leftrightarrow \min_{\boldsymbol{w}\in \mathbf{R}^{\bar{l}\times 1}} \left(\begin{bmatrix} \hat{\boldsymbol{w}}_{\mathrm{s,tplwls}}^{(\mathrm{a})} \\ \boldsymbol{v} \end{bmatrix} - \begin{bmatrix} \boldsymbol{I}_l \\ \boldsymbol{I}_l \end{bmatrix} \boldsymbol{w} \right)^{\mathrm{T}} \begin{bmatrix} \boldsymbol{E}_w & \boldsymbol{O}_{\bar{l}\times l} \\ \boldsymbol{O}_{\bar{l}\times l} & \boldsymbol{Q}_2 \end{bmatrix}^{-1} \left(\begin{bmatrix} \hat{\boldsymbol{w}}_{\mathrm{s,tplwls}}^{(\mathrm{a})} \\ \boldsymbol{v} \end{bmatrix} - \begin{bmatrix} \boldsymbol{I}_l \\ \boldsymbol{I}_l \end{bmatrix} \boldsymbol{w} \right) \tag{5.25}$$

式中,$\boldsymbol{Q}_2=E[\boldsymbol{m}\boldsymbol{m}^{\mathrm{T}}]$表示测量误差 $\boldsymbol{m}$ 的方差矩阵(同第 3 章的定义)。由于式(5.25)是关于向量 $\boldsymbol{w}$ 的二次优化问题,因此其存在最优闭式解,根据式(2.85)可知该闭式解为

$$\begin{aligned}\hat{\boldsymbol{w}}_{\mathrm{tplwls}}^{(\mathrm{a})} &= \left([\boldsymbol{I}_l \quad \boldsymbol{I}_l] \begin{bmatrix} \boldsymbol{E}_w & \boldsymbol{O}_{\bar{l}\times l} \\ \boldsymbol{O}_{\bar{l}\times l} & \boldsymbol{Q}_2 \end{bmatrix}^{-1} \begin{bmatrix} \boldsymbol{I}_l \\ \boldsymbol{I}_l \end{bmatrix} \right)^{-1} [\boldsymbol{I}_l \quad \boldsymbol{I}_l] \begin{bmatrix} \boldsymbol{E}_w & \boldsymbol{O}_{\bar{l}\times l} \\ \boldsymbol{O}_{\bar{l}\times l} & \boldsymbol{Q}_2 \end{bmatrix}^{-1} \begin{bmatrix} \hat{\boldsymbol{w}}_{\mathrm{s,tplwls}}^{(\mathrm{a})} \\ \boldsymbol{v} \end{bmatrix} \\ &= (\boldsymbol{Q}_2^{-1} + \boldsymbol{E}_w^{-1})^{-1} (\boldsymbol{Q}_2^{-1}\boldsymbol{v} + \boldsymbol{E}_w^{-1}\hat{\boldsymbol{w}}_{\mathrm{s,tplwls}}^{(\mathrm{a})}) \end{aligned} \tag{5.26}$$

需要指出的是,矩阵 $\boldsymbol{E}_w$ 表达式中的 $\boldsymbol{x}_{\mathrm{f}}$ 和 $\boldsymbol{w}$ 均无法事先获知,其中 $\boldsymbol{x}_{\mathrm{f}}$ 可用其估计值 $\hat{\boldsymbol{x}}_{\mathrm{f,tplwls}}^{(\mathrm{a})}$ 来代替,而 $\boldsymbol{w}$ 也可用其估计值 $\hat{\boldsymbol{w}}_{\mathrm{s,tplwls}}^{(\mathrm{a})}$ 来代替,不妨将由 $\hat{\boldsymbol{x}}_{\mathrm{f,tplwls}}^{(\mathrm{a})}$ 和 $\hat{\boldsymbol{w}}_{\mathrm{s,tplwls}}^{(\mathrm{a})}$ 计算出的矩阵 $\boldsymbol{E}_w$ 记为 $\hat{\boldsymbol{E}}_w$,则有

$$\hat{\boldsymbol{w}}_{\mathrm{tplwls}}^{(\mathrm{a})} = (\boldsymbol{Q}_2^{-1} + \hat{\boldsymbol{E}}_w^{-1})^{-1} (\boldsymbol{Q}_2^{-1}\boldsymbol{v} + \hat{\boldsymbol{E}}_w^{-1}\hat{\boldsymbol{w}}_{\mathrm{s,tplwls}}^{(\mathrm{a})}) \tag{5.27}$$

式(5.27)中的向量 $\hat{\boldsymbol{w}}_{\mathrm{tplwls}}^{(\mathrm{a})}$ 即为第一类两步伪线性加权最小二乘定位方法给出的系统参量解。

需要指出的是,与式(5.11)和式(5.19)所建立的优化模型不同的是,式(5.25)中的优化模型并不是针对伪线性观测方程所建立的,而是为了利用系统参量的先验测量值。

5.2.2　系统参量估计值的理论性能

这里将推导系统参量解 $\hat{\boldsymbol{w}}_{\mathrm{tplwls}}^{(\mathrm{a})}$ 的理论性能,重点推导其估计方差矩阵。类似于 4.2.2 节中的理论分析,估计值 $\hat{\boldsymbol{w}}_{\mathrm{tplwls}}^{(\mathrm{a})}$ 的方差矩阵为

$$\mathbf{cov}(\hat{\boldsymbol{w}}_{\mathrm{tplwls}}^{(\mathrm{a})}) = (\boldsymbol{Q}_2^{-1} + \boldsymbol{E}_w^{-1})^{-1} \tag{5.28}$$

通过进一步的数学分析还可以证明,系统参量解 $\hat{\boldsymbol{w}}_{\mathrm{tplwls}}^{(\mathrm{a})}$ 的估计方差矩阵等于式(3.45)给出的克拉美罗界矩阵,下面的三个命题将逐步证明该结论。

命题 5.1　$\boldsymbol{E}_w = \mathbf{cov}(\hat{\boldsymbol{w}}_{\mathrm{s,tplwls}}^{(\mathrm{a})}) = (\boldsymbol{\Psi}_{\mathrm{f}}^{\mathrm{T}}(\boldsymbol{w})\mathbf{cov}^{-1}(\hat{\boldsymbol{x}}_{\mathrm{f,tplwls}}^{(\mathrm{a})})\boldsymbol{\Psi}_{\mathrm{f}}(\boldsymbol{w}))^{-1}$,其中 $\boldsymbol{\Psi}_{\mathrm{f}}(\boldsymbol{w}) = \dfrac{\partial \boldsymbol{\varphi}_{\mathrm{f}}(\boldsymbol{w})}{\partial \boldsymbol{w}^{\mathrm{T}}} \in \mathbf{R}^{\bar{l}\times l}$ 表示函数 $\boldsymbol{\varphi}_{\mathrm{f}}(\boldsymbol{w})$ 关于向量 $\boldsymbol{w}$ 的 Jacobi 矩阵。

证明　首先将式(5.18)代入式(5.24)可得

$$\begin{aligned}\boldsymbol{E}_w &= \mathbf{cov}(\hat{\boldsymbol{w}}_{\mathrm{s,tplwls}}^{(\mathrm{a})}) = (\boldsymbol{\Psi}_{\mathrm{s}}^{\mathrm{T}}(\boldsymbol{w})\boldsymbol{D}_{\mathrm{s}}^{\mathrm{T}}(\boldsymbol{x}_{\mathrm{f}})\boldsymbol{H}_{\mathrm{s}}^{-\mathrm{T}}(\boldsymbol{x}_{\mathrm{f}},\boldsymbol{x}_{\mathrm{s}})\mathbf{cov}^{-1}(\hat{\boldsymbol{x}}_{\mathrm{f,tplwls}}^{(\mathrm{a})}) \\ &\quad \cdot \boldsymbol{H}_{\mathrm{s}}^{-1}(\boldsymbol{x}_{\mathrm{f}},\boldsymbol{x}_{\mathrm{s}})\boldsymbol{D}_{\mathrm{s}}(\boldsymbol{x}_{\mathrm{f}})\boldsymbol{\Psi}_{\mathrm{s}}(\boldsymbol{w}))^{-1}\end{aligned} \tag{5.29}$$

然后将等式 $\boldsymbol{x}_{\mathrm{f}} = \boldsymbol{\varphi}_{\mathrm{f}}(\boldsymbol{w})$ 代入伪线性观测方程式(5.6)可得

$$\boldsymbol{c}_{\mathrm{s}}(\boldsymbol{\varphi}_{\mathrm{f}}(\boldsymbol{w})) = \boldsymbol{D}_{\mathrm{s}}(\boldsymbol{\varphi}_{\mathrm{f}}(\boldsymbol{w}))\boldsymbol{\varphi}_{\mathrm{s}}(\boldsymbol{w}) = \boldsymbol{D}_{\mathrm{s}}(\boldsymbol{\varphi}_{\mathrm{f}}(\boldsymbol{w}))\boldsymbol{x}_{\mathrm{s}} \tag{5.30}$$

计算式(5.30)两边关于向量 $\boldsymbol{w}$ 的 Jacobi 矩阵,并根据推论 2.13 可知

$$\begin{aligned}&\boldsymbol{C}_{\mathrm{s}}(\boldsymbol{x}_{\mathrm{f}})\boldsymbol{\Psi}_{\mathrm{f}}(\boldsymbol{w}) = [\dot{\boldsymbol{D}}_{\mathrm{s},1}(\boldsymbol{x}_{\mathrm{f}})\boldsymbol{x}_{\mathrm{s}} \quad \dot{\boldsymbol{D}}_{\mathrm{s},2}(\boldsymbol{x}_{\mathrm{f}})\boldsymbol{x}_{\mathrm{s}} \quad \cdots \quad \dot{\boldsymbol{D}}_{\mathrm{s},\bar{l}}(\boldsymbol{x}_{\mathrm{f}})\boldsymbol{x}_{\mathrm{s}}]\boldsymbol{\Psi}_{\mathrm{f}}(\boldsymbol{w}) + \boldsymbol{D}_{\mathrm{s}}(\boldsymbol{x}_{\mathrm{f}})\boldsymbol{\Psi}_{\mathrm{s}}(\boldsymbol{w}) \\ &\Rightarrow \boldsymbol{H}_{\mathrm{s}}(\boldsymbol{x}_{\mathrm{f}},\boldsymbol{x}_{\mathrm{s}})\boldsymbol{\Psi}_{\mathrm{f}}(\boldsymbol{w}) = \boldsymbol{D}_{\mathrm{s}}(\boldsymbol{x}_{\mathrm{f}})\boldsymbol{\Psi}_{\mathrm{s}}(\boldsymbol{w}) \Rightarrow \boldsymbol{\Psi}_{\mathrm{f}}(\boldsymbol{w}) = \boldsymbol{H}_{\mathrm{s}}^{-1}(\boldsymbol{x}_{\mathrm{f}},\boldsymbol{x}_{\mathrm{s}})\boldsymbol{D}_{\mathrm{s}}(\boldsymbol{x}_{\mathrm{f}})\boldsymbol{\Psi}_{\mathrm{s}}(\boldsymbol{w})\end{aligned} \tag{5.31}$$

将式(5.31)代入式(5.29)可知结论成立。证毕。

在命题5.1的基础上可以进一步得到如下命题。

命题 5.2　$\boldsymbol{E}_w=\mathbf{cov}(\hat{\boldsymbol{w}}_{\mathrm{s,tplwls}}^{(\mathrm{a})})=(\bar{\boldsymbol{G}}^{\mathrm{T}}(\boldsymbol{s},\boldsymbol{w})\boldsymbol{Q}_3^{-1}\bar{\boldsymbol{G}}(\boldsymbol{s},\boldsymbol{w}))^{-1}$。

证明　利用式(5.10)和式(5.14)以及命题5.1的结论可得

$$\begin{aligned}\boldsymbol{E}_w=\mathbf{cov}(\hat{\boldsymbol{w}}_{\mathrm{s,tplwls}}^{(\mathrm{a})})&=(\boldsymbol{\Psi}_{\mathrm{f}}^{\mathrm{T}}(\boldsymbol{w})\bar{\boldsymbol{D}}_{\mathrm{f}}^{\mathrm{T}}(\boldsymbol{r}_0,\boldsymbol{s})\boldsymbol{E}_{\mathrm{f}}^{-1}\bar{\boldsymbol{D}}_{\mathrm{f}}(\boldsymbol{r}_0,\boldsymbol{s})\boldsymbol{\Psi}_{\mathrm{f}}(\boldsymbol{w}))^{-1}\\&=(\boldsymbol{\Psi}_{\mathrm{f}}^{\mathrm{T}}(\boldsymbol{w})\bar{\boldsymbol{D}}_{\mathrm{f}}^{\mathrm{T}}(\boldsymbol{r}_0,\boldsymbol{s})\bar{\boldsymbol{H}}_{\mathrm{f}}^{-\mathrm{T}}(\boldsymbol{r}_0,\boldsymbol{s},\boldsymbol{x}_{\mathrm{f}})\boldsymbol{Q}_3^{-1}\bar{\boldsymbol{H}}_{\mathrm{f}}^{-1}(\boldsymbol{r}_0,\boldsymbol{s},\boldsymbol{x}_{\mathrm{f}})\bar{\boldsymbol{D}}_{\mathrm{f}}(\boldsymbol{r}_0,\boldsymbol{s})\boldsymbol{\Psi}_{\mathrm{f}}(\boldsymbol{w}))^{-1}\end{aligned}\tag{5.32}$$

将关于第k个校正源的非线性观测方程$\boldsymbol{r}_{k0}=\boldsymbol{g}(\boldsymbol{s}_k,\boldsymbol{w})$代入伪线性观测方程式(5.3)可得

$$\boldsymbol{c}_{\mathrm{f}}(\boldsymbol{g}(\boldsymbol{s}_k,\boldsymbol{w}),\boldsymbol{s}_k)=\boldsymbol{D}_{\mathrm{f}}(\boldsymbol{g}(\boldsymbol{s}_k,\boldsymbol{w}),\boldsymbol{s}_k)\boldsymbol{\varphi}_{\mathrm{f}}(\boldsymbol{w})=\boldsymbol{D}_{\mathrm{f}}(\boldsymbol{g}(\boldsymbol{s}_k,\boldsymbol{w}),\boldsymbol{s}_k)\boldsymbol{x}_{\mathrm{f}},\quad 1\leqslant k\leqslant d\tag{5.33}$$

计算式(5.33)两边关于向量$\boldsymbol{w}$的Jacobi矩阵,并根据推论2.13可知

$$\begin{aligned}\boldsymbol{C}_{\mathrm{f}}(\boldsymbol{r}_{k0},\boldsymbol{s}_k)\boldsymbol{G}_2(\boldsymbol{s}_k,\boldsymbol{w})=&[\dot{\boldsymbol{D}}_{\mathrm{f},1}(\boldsymbol{r}_{k0},\boldsymbol{s}_k)\boldsymbol{x}_{\mathrm{f}}\quad\dot{\boldsymbol{D}}_{\mathrm{f},2}(\boldsymbol{r}_{k0},\boldsymbol{s}_k)\boldsymbol{x}_{\mathrm{f}}\quad\cdots\quad\dot{\boldsymbol{D}}_{\mathrm{f},p}(\boldsymbol{r}_{k0},\boldsymbol{s}_k)\boldsymbol{x}_{\mathrm{f}}]\boldsymbol{G}_2(\boldsymbol{s}_k,\boldsymbol{w})\\&+\boldsymbol{D}_{\mathrm{f}}(\boldsymbol{r}_{k0},\boldsymbol{s}_k)\boldsymbol{\Psi}_{\mathrm{f}}(\boldsymbol{w})\\&\Rightarrow\boldsymbol{H}_{\mathrm{f}}(\boldsymbol{r}_{k0},\boldsymbol{s}_k,\boldsymbol{x}_{\mathrm{f}})\boldsymbol{G}_2(\boldsymbol{s}_k,\boldsymbol{w})=\boldsymbol{D}_{\mathrm{f}}(\boldsymbol{r}_{k0},\boldsymbol{s}_k)\boldsymbol{\Psi}_{\mathrm{f}}(\boldsymbol{w}),\quad 1\leqslant k\leqslant d\end{aligned}\tag{5.34}$$

式中

$$\begin{cases}\boldsymbol{H}_{\mathrm{f}}(\boldsymbol{r}_{k0},\boldsymbol{s}_k,\boldsymbol{x}_{\mathrm{f}})=\boldsymbol{C}_{\mathrm{f}}(\boldsymbol{r}_{k0},\boldsymbol{s}_k)\\\qquad-[\dot{\boldsymbol{D}}_{\mathrm{f},1}(\boldsymbol{r}_{k0},\boldsymbol{s}_k)\boldsymbol{x}_{\mathrm{f}}\quad\dot{\boldsymbol{D}}_{\mathrm{f},2}(\boldsymbol{r}_{k0},\boldsymbol{s}_k)\boldsymbol{x}_{\mathrm{f}}\quad\cdots\quad\dot{\boldsymbol{D}}_{\mathrm{f},p}(\boldsymbol{r}_{k0},\boldsymbol{s}_k)\boldsymbol{x}_{\mathrm{f}}]\in\mathbf{R}^{p\times p},\quad 1\leqslant k\leqslant d\\\boldsymbol{C}_{\mathrm{f}}(\boldsymbol{r}_{k0},\boldsymbol{s}_k)=\dfrac{\partial\boldsymbol{c}_{\mathrm{f}}(\boldsymbol{r}_{k0},\boldsymbol{s}_k)}{\partial\boldsymbol{r}_{k0}^{\mathrm{T}}}\in\mathbf{R}^{p\times p},\quad\dot{\boldsymbol{D}}_{\mathrm{f},j}(\boldsymbol{r}_{k0},\boldsymbol{s}_k)=\dfrac{\partial\boldsymbol{D}_{\mathrm{f}}(\boldsymbol{r}_{k0},\boldsymbol{s}_k)}{\partial\langle\boldsymbol{r}_{k0}\rangle_j}\in\mathbf{R}^{p\times\bar{l}},\quad 1\leqslant j\leqslant p\end{cases}\tag{5.35}$$

将式(5.35)中的d个方程进行合并可推得

$$\begin{aligned}&\mathrm{blkdiag}[\boldsymbol{H}_{\mathrm{f}}(\boldsymbol{r}_{10},\boldsymbol{s}_1,\boldsymbol{x}_{\mathrm{f}})\quad\boldsymbol{H}_{\mathrm{f}}(\boldsymbol{r}_{20},\boldsymbol{s}_2,\boldsymbol{x}_{\mathrm{f}})\quad\cdots\quad\boldsymbol{H}_{\mathrm{f}}(\boldsymbol{r}_{d0},\boldsymbol{s}_d,\boldsymbol{x}_{\mathrm{f}})]\begin{bmatrix}\boldsymbol{G}_2(\boldsymbol{s}_1,\boldsymbol{w})\\\boldsymbol{G}_2(\boldsymbol{s}_2,\boldsymbol{w})\\\vdots\\\boldsymbol{G}_2(\boldsymbol{s}_d,\boldsymbol{w})\end{bmatrix}\\&=\begin{bmatrix}\boldsymbol{D}_{\mathrm{f}}(\boldsymbol{r}_{10},\boldsymbol{s}_1)\\\boldsymbol{D}_{\mathrm{f}}(\boldsymbol{r}_{20},\boldsymbol{s}_2)\\\vdots\\\boldsymbol{D}_{\mathrm{f}}(\boldsymbol{r}_{d0},\boldsymbol{s}_d)\end{bmatrix}\boldsymbol{\Psi}_{\mathrm{f}}(\boldsymbol{w})\\&\Rightarrow\bar{\boldsymbol{H}}_{\mathrm{f}}(\boldsymbol{r}_0,\boldsymbol{s},\boldsymbol{x}_{\mathrm{f}})\bar{\boldsymbol{G}}(\boldsymbol{s},\boldsymbol{w})=\bar{\boldsymbol{D}}_{\mathrm{f}}(\boldsymbol{r}_0,\boldsymbol{s})\boldsymbol{\Psi}_{\mathrm{f}}(\boldsymbol{w})\\&\Rightarrow\bar{\boldsymbol{G}}(\boldsymbol{s},\boldsymbol{w})=\bar{\boldsymbol{H}}_{\mathrm{f}}^{-1}(\boldsymbol{r}_0,\boldsymbol{s},\boldsymbol{x}_{\mathrm{f}})\bar{\boldsymbol{D}}_{\mathrm{f}}(\boldsymbol{r}_0,\boldsymbol{s})\boldsymbol{\Psi}_{\mathrm{f}}(\boldsymbol{w})\end{aligned}\tag{5.36}$$

式中,矩阵$\bar{\boldsymbol{H}}_{\mathrm{f}}(\boldsymbol{r}_0,\boldsymbol{s},\boldsymbol{x}_{\mathrm{f}})$的表达式见式(5.9)中的第一式,类似于附录A中的证明,可知

$$\bar{\boldsymbol{H}}_{\mathrm{f}}(\boldsymbol{r}_0,\boldsymbol{s},\boldsymbol{x}_{\mathrm{f}})=\mathrm{blkdiag}[\boldsymbol{H}_{\mathrm{f}}(\boldsymbol{r}_{10},\boldsymbol{s}_1,\boldsymbol{x}_{\mathrm{f}})\quad\boldsymbol{H}_{\mathrm{f}}(\boldsymbol{r}_{20},\boldsymbol{s}_2,\boldsymbol{x}_{\mathrm{f}})\quad\cdots\quad\boldsymbol{H}_{\mathrm{f}}(\boldsymbol{r}_{d0},\boldsymbol{s}_d,\boldsymbol{x}_{\mathrm{f}})]\tag{5.37}$$

将式(5.36)代入式(5.32)可知结论成立。证毕。

结合式(5.28)和命题5.2的结论可以直接得到如下命题。

命题 5.3 $\mathbf{cov}(\hat{\boldsymbol{w}}_{\mathrm{tplwls}}^{(\mathrm{a})})=\mathbf{CRB}_{\mathrm{o}}(\boldsymbol{w})=(\boldsymbol{Q}_2^{-1}+\bar{\boldsymbol{G}}^{\mathrm{T}}(\boldsymbol{s},\boldsymbol{w})\boldsymbol{Q}_3^{-1}\bar{\boldsymbol{G}}(\boldsymbol{s},\boldsymbol{w}))^{-1}$。

命题 5.3 表明，系统参量解 $\hat{\boldsymbol{w}}_{\mathrm{tplwls}}^{(\mathrm{a})}$ 在仅基于校正源观测量的条件下具有渐近最优的统计性能（在门限效应发生以前）。

5.2.3 估计目标位置向量

这里将在伪线性观测方程式(5.1)和式(5.2)的基础上，基于系统参量解 $\hat{\boldsymbol{w}}_{\mathrm{tplwls}}^{(\mathrm{a})}$ 和目标源观测量 $\boldsymbol{z}$ 估计目标位置向量 $\boldsymbol{u}$。

首先基于伪线性观测方程式(5.1)估计向量 $\boldsymbol{t}_{\mathrm{f}}$。在实际计算中，函数 $\boldsymbol{a}_{\mathrm{f}}(\cdot,\cdot)$ 和 $\boldsymbol{B}_{\mathrm{f}}(\cdot,\cdot)$ 的闭式形式是可知的，但 $\boldsymbol{z}_0$ 和 $\boldsymbol{w}$ 却不可获知，只能用带误差的观测向量 $\boldsymbol{z}$ 和 $\hat{\boldsymbol{w}}_{\mathrm{tplwls}}^{(\mathrm{a})}$ 来代替。显然，若用 $\boldsymbol{z}$ 和 $\hat{\boldsymbol{w}}_{\mathrm{tplwls}}^{(\mathrm{a})}$ 直接代替 $\boldsymbol{z}_0$ 和 $\boldsymbol{w}$，式(5.1)已经无法成立，为此需要引入如下误差向量：

$$\boldsymbol{\xi}_{\mathrm{f}}=\boldsymbol{a}_{\mathrm{f}}(\boldsymbol{z},\hat{\boldsymbol{w}}_{\mathrm{tplwls}}^{(\mathrm{a})})-\boldsymbol{B}_{\mathrm{f}}(\boldsymbol{z},\hat{\boldsymbol{w}}_{\mathrm{tplwls}}^{(\mathrm{a})})\boldsymbol{t}_{\mathrm{f}} \tag{5.38}$$

为了合理估计 $\boldsymbol{t}_{\mathrm{f}}$，需要分析误差向量 $\boldsymbol{\xi}_{\mathrm{f}}$ 的二阶统计特性。由于向量 $\boldsymbol{\xi}_{\mathrm{f}}$ 是观测误差 $\boldsymbol{n}=\boldsymbol{z}-\boldsymbol{z}_0$ 和估计误差 $\boldsymbol{\delta w}_{\mathrm{tplwls}}^{(\mathrm{a})}=\hat{\boldsymbol{w}}_{\mathrm{tplwls}}^{(\mathrm{a})}-\boldsymbol{w}$ 的非线性函数，因此不妨利用一阶 Taylor 级数展开将 $\boldsymbol{\xi}_{\mathrm{f}}$ 近似表示成关于误差向量 $\boldsymbol{n}$ 和 $\boldsymbol{\delta w}_{\mathrm{tplwls}}^{(\mathrm{a})}$ 的线性函数。根据推论 2.13 可得

$$\begin{aligned}\boldsymbol{\xi}_{\mathrm{f}}&\approx(\boldsymbol{A}_{\mathrm{f},1}(\boldsymbol{z}_0,\boldsymbol{w})-[\dot{\boldsymbol{B}}_{\mathrm{f},11}(\boldsymbol{z}_0,\boldsymbol{w})\boldsymbol{t}_{\mathrm{f}}\quad \dot{\boldsymbol{B}}_{\mathrm{f},12}(\boldsymbol{z}_0,\boldsymbol{w})\boldsymbol{t}_{\mathrm{f}}\quad\cdots\quad \dot{\boldsymbol{B}}_{\mathrm{f},1p}(\boldsymbol{z}_0,\boldsymbol{w})\boldsymbol{t}_{\mathrm{f}}])\boldsymbol{n}\\&\quad+(\boldsymbol{A}_{\mathrm{f},2}(\boldsymbol{z}_0,\boldsymbol{w})-[\dot{\boldsymbol{B}}_{\mathrm{f},21}(\boldsymbol{z}_0,\boldsymbol{w})\boldsymbol{t}_{\mathrm{f}}\quad \dot{\boldsymbol{B}}_{\mathrm{f},22}(\boldsymbol{z}_0,\boldsymbol{w})\boldsymbol{t}_{\mathrm{f}}\quad\cdots\quad \dot{\boldsymbol{B}}_{\mathrm{f},2l}(\boldsymbol{z}_0,\boldsymbol{w})\boldsymbol{t}_{\mathrm{f}}])\boldsymbol{\delta w}_{\mathrm{tplwls}}^{(\mathrm{a})}\\&\approx\boldsymbol{T}_{\mathrm{f},1}(\boldsymbol{z}_0,\boldsymbol{w},\boldsymbol{t}_{\mathrm{f}})\boldsymbol{n}+\boldsymbol{T}_{\mathrm{f},2}(\boldsymbol{z}_0,\boldsymbol{w},\boldsymbol{t}_{\mathrm{f}})\boldsymbol{\delta w}_{\mathrm{tplwls}}^{(\mathrm{a})}=\boldsymbol{T}_{\mathrm{f}}(\boldsymbol{z}_0,\boldsymbol{w},\boldsymbol{t}_{\mathrm{f}})\boldsymbol{\gamma}^{(\mathrm{a})}\end{aligned} \tag{5.39}$$

式中

$$\begin{cases}\boldsymbol{T}_{\mathrm{f},1}(\boldsymbol{z}_0,\boldsymbol{w},\boldsymbol{t}_{\mathrm{f}})=\boldsymbol{A}_{\mathrm{f},1}(\boldsymbol{z}_0,\boldsymbol{w})-[\dot{\boldsymbol{B}}_{\mathrm{f},11}(\boldsymbol{z}_0,\boldsymbol{w})\boldsymbol{t}_{\mathrm{f}}\quad \dot{\boldsymbol{B}}_{\mathrm{f},12}(\boldsymbol{z}_0,\boldsymbol{w})\boldsymbol{t}_{\mathrm{f}}\quad\cdots\quad \dot{\boldsymbol{B}}_{\mathrm{f},1p}(\boldsymbol{z}_0,\boldsymbol{w})\boldsymbol{t}_{\mathrm{f}}]\in\mathbf{R}^{p\times p}\\ \boldsymbol{T}_{\mathrm{f},2}(\boldsymbol{z}_0,\boldsymbol{w},\boldsymbol{t}_{\mathrm{f}})=\boldsymbol{A}_{\mathrm{f},2}(\boldsymbol{z}_0,\boldsymbol{w})-[\dot{\boldsymbol{B}}_{\mathrm{f},21}(\boldsymbol{z}_0,\boldsymbol{w})\boldsymbol{t}_{\mathrm{f}}\quad \dot{\boldsymbol{B}}_{\mathrm{f},22}(\boldsymbol{z}_0,\boldsymbol{w})\boldsymbol{t}_{\mathrm{f}}\quad\cdots\quad \dot{\boldsymbol{B}}_{\mathrm{f},2l}(\boldsymbol{z}_0,\boldsymbol{w})\boldsymbol{t}_{\mathrm{f}}]\in\mathbf{R}^{p\times l}\\ \boldsymbol{T}_{\mathrm{f}}(\boldsymbol{z}_0,\boldsymbol{w},\boldsymbol{t}_{\mathrm{f}})=[\boldsymbol{T}_{\mathrm{f},1}(\boldsymbol{z}_0,\boldsymbol{w},\boldsymbol{t}_{\mathrm{f}})\quad \boldsymbol{T}_{\mathrm{f},2}(\boldsymbol{z}_0,\boldsymbol{w},\boldsymbol{t}_{\mathrm{f}})]\in\mathbf{R}^{p\times(p+l)},\quad \boldsymbol{\gamma}^{(\mathrm{a})}=[\boldsymbol{n}^{\mathrm{T}}\quad \boldsymbol{\delta w}_{\mathrm{tplwls}}^{(\mathrm{a})\mathrm{T}}]^{\mathrm{T}}\in\mathbf{R}^{(p+l)\times 1}\\ \boldsymbol{A}_{\mathrm{f},1}(\boldsymbol{z}_0,\boldsymbol{w})=\dfrac{\partial\boldsymbol{a}_{\mathrm{f}}(\boldsymbol{z}_0,\boldsymbol{w})}{\partial\boldsymbol{z}_0^{\mathrm{T}}}\in\mathbf{R}^{p\times p},\quad \boldsymbol{A}_{\mathrm{f},2}(\boldsymbol{z}_0,\boldsymbol{w})=\dfrac{\partial\boldsymbol{a}_{\mathrm{f}}(\boldsymbol{z}_0,\boldsymbol{w})}{\partial\boldsymbol{w}^{\mathrm{T}}}\in\mathbf{R}^{p\times l}\\ \dot{\boldsymbol{B}}_{\mathrm{f},1j}(\boldsymbol{z}_0,\boldsymbol{w})=\dfrac{\partial\boldsymbol{B}_{\mathrm{f}}(\boldsymbol{z}_0,\boldsymbol{w})}{\partial\langle\boldsymbol{z}_0\rangle_j}\in\mathbf{R}^{p\times\bar{q}},\quad 1\leqslant j\leqslant p\\ \dot{\boldsymbol{B}}_{\mathrm{f},2j}(\boldsymbol{z}_0,\boldsymbol{w})=\dfrac{\partial\boldsymbol{B}_{\mathrm{f}}(\boldsymbol{z}_0,\boldsymbol{w})}{\partial\langle\boldsymbol{w}\rangle_j}\in\mathbf{R}^{p\times\bar{q}},\quad 1\leqslant j\leqslant l\end{cases} \tag{5.40}$$

根据式(5.39)可知，误差向量 $\boldsymbol{\xi}_{\mathrm{f}}$ 近似服从零均值高斯分布，并且其方差矩阵为

$$\begin{aligned}\boldsymbol{\Xi}_{\mathrm{f}}&=E[\boldsymbol{\xi}_{\mathrm{f}}\boldsymbol{\xi}_{\mathrm{f}}^{\mathrm{T}}]=\boldsymbol{T}_{\mathrm{f}}(\boldsymbol{z}_0,\boldsymbol{w},\boldsymbol{t}_{\mathrm{f}})E[\boldsymbol{\gamma}^{(\mathrm{a})}\boldsymbol{\gamma}^{(\mathrm{a})\mathrm{T}}]\boldsymbol{T}_{\mathrm{f}}^{\mathrm{T}}(\boldsymbol{z}_0,\boldsymbol{w},\boldsymbol{t}_{\mathrm{f}})\\&=\boldsymbol{T}_{\mathrm{f},1}(\boldsymbol{z}_0,\boldsymbol{w},\boldsymbol{t}_{\mathrm{f}})\boldsymbol{Q}_1\boldsymbol{T}_{\mathrm{f},1}^{\mathrm{T}}(\boldsymbol{z}_0,\boldsymbol{w},\boldsymbol{t}_{\mathrm{f}})+\boldsymbol{T}_{\mathrm{f},2}(\boldsymbol{z}_0,\boldsymbol{w},\boldsymbol{t}_{\mathrm{f}})\mathbf{cov}(\hat{\boldsymbol{w}}_{\mathrm{tplwls}}^{(\mathrm{a})})\boldsymbol{T}_{\mathrm{f},2}^{\mathrm{T}}(\boldsymbol{z}_0,\boldsymbol{w},\boldsymbol{t}_{\mathrm{f}})\end{aligned} \tag{5.41}$$

式中，$\boldsymbol{Q}_1=E[\boldsymbol{n}\boldsymbol{n}^{\mathrm{T}}]$ 表示观测误差 $\boldsymbol{n}$ 的方差矩阵（同第 3 章的定义）。

联合式(5.38)和式(5.41)可以建立如下（第一步）伪线性加权最小二乘优化模型：

$$\min_{t_f \in \mathbf{R}^{\bar{q}\times 1}} (\boldsymbol{a}_f(\boldsymbol{z},\hat{\boldsymbol{w}}_{\text{tplwls}}^{(a)})-\boldsymbol{B}_f(\boldsymbol{z},\hat{\boldsymbol{w}}_{\text{tplwls}}^{(a)})\boldsymbol{t}_f)^{\mathrm{T}}\boldsymbol{\Xi}_f^{-1}(\boldsymbol{a}_f(\boldsymbol{z},\hat{\boldsymbol{w}}_{\text{tplwls}}^{(a)})-\boldsymbol{B}_f(\boldsymbol{z},\hat{\boldsymbol{w}}_{\text{tplwls}}^{(a)})\boldsymbol{t}_f) \quad (5.42)$$

由于式(5.42)是关于向量 $\boldsymbol{t}_f$ 的二次优化问题,因此其存在最优闭式解,根据式(2.85)可知该闭式解为

$$\hat{\boldsymbol{t}}_{f,\text{tplwls}}^{(a)}=(\boldsymbol{B}_f^{\mathrm{T}}(\boldsymbol{z},\hat{\boldsymbol{w}}_{\text{tplwls}}^{(a)})\boldsymbol{\Xi}_f^{-1}\boldsymbol{B}_f(\boldsymbol{z},\hat{\boldsymbol{w}}_{\text{tplwls}}^{(a)}))^{-1}\boldsymbol{B}_f^{\mathrm{T}}(\boldsymbol{z},\hat{\boldsymbol{w}}_{\text{tplwls}}^{(a)})\boldsymbol{\Xi}_f^{-1}\boldsymbol{a}_f(\boldsymbol{z},\hat{\boldsymbol{w}}_{\text{tplwls}}^{(a)}) \quad (5.43)$$

需要指出的是,矩阵 $\boldsymbol{\Xi}_f$ 表达式中的 $\boldsymbol{z}_0$,$\boldsymbol{w}$ 和 $\boldsymbol{t}_f$ 均无法事先获知,其中 $\boldsymbol{z}_0$ 可用其观测向量 $\boldsymbol{z}$ 来代替,$\boldsymbol{w}$ 可用其估计值 $\hat{\boldsymbol{w}}_{\text{tplwls}}^{(a)}$ 来代替,而 $\boldsymbol{t}_f$ 可用其非加权线性最小二乘估计 $\hat{\boldsymbol{t}}_{f,\text{ls}}^{(a)}=\boldsymbol{B}_f^{\dagger}(\boldsymbol{z},\hat{\boldsymbol{w}}_{\text{tplwls}}^{(a)})\boldsymbol{a}_f(\boldsymbol{z},\hat{\boldsymbol{w}}_{\text{tplwls}}^{(a)})$ 来代替,不妨将由 $\boldsymbol{z}$,$\hat{\boldsymbol{w}}_{\text{tplwls}}^{(a)}$ 和 $\hat{\boldsymbol{t}}_{f,\text{ls}}^{(a)}$ 计算出的矩阵 $\boldsymbol{\Xi}_f$ 记为 $\hat{\boldsymbol{\Xi}}_f$,则有

$$\hat{\boldsymbol{t}}_{f,\text{tplwls}}^{(a)}=(\boldsymbol{B}_f^{\mathrm{T}}(\boldsymbol{z},\hat{\boldsymbol{w}}_{\text{tplwls}}^{(a)})\hat{\boldsymbol{\Xi}}_f^{-1}\boldsymbol{B}_f(\boldsymbol{z},\hat{\boldsymbol{w}}_{\text{tplwls}}^{(a)}))^{-1}\boldsymbol{B}_f^{\mathrm{T}}(\boldsymbol{z},\hat{\boldsymbol{w}}_{\text{tplwls}}^{(a)})\hat{\boldsymbol{\Xi}}_f^{-1}\boldsymbol{a}_f(\boldsymbol{z},\hat{\boldsymbol{w}}_{\text{tplwls}}^{(a)}) \quad (5.44)$$

类似于4.2.4节中的理论分析,估计值 $\hat{\boldsymbol{t}}_{f,\text{tplwls}}^{(a)}$ 的方差矩阵为

$$\mathbf{cov}(\hat{\boldsymbol{t}}_{f,\text{tplwls}}^{(a)})=(\boldsymbol{B}_f^{\mathrm{T}}(\boldsymbol{z}_0,\boldsymbol{w})\boldsymbol{\Xi}_f^{-1}\boldsymbol{B}_f(\boldsymbol{z}_0,\boldsymbol{w}))^{-1} \quad (5.45)$$

然后基于伪线性观测方程式(5.2)估计向量 $\boldsymbol{t}_s$。在实际计算中,函数 $\boldsymbol{a}_s(\cdot)$ 和 $\boldsymbol{B}_s(\cdot)$ 的闭式形式是可知的,但 $\boldsymbol{t}_f$ 却不可获知,只能用其估计值 $\hat{\boldsymbol{t}}_{f,\text{tplwls}}^{(a)}$ 来代替。显然,若用 $\hat{\boldsymbol{t}}_{f,\text{tplwls}}^{(a)}$ 直接代替 $\boldsymbol{t}_f$,式(5.2)已经无法成立,为此需要引入误差向量:

$$\boldsymbol{\xi}_s=\boldsymbol{a}_s(\hat{\boldsymbol{t}}_{f,\text{tplwls}}^{(a)})-\boldsymbol{B}_s(\hat{\boldsymbol{t}}_{f,\text{tplwls}}^{(a)})\boldsymbol{t}_s \quad (5.46)$$

为了合理估计 $\boldsymbol{t}_s$,需要分析误差向量 $\boldsymbol{\xi}_s$ 的二阶统计特性。由于向量 $\boldsymbol{\xi}_s$ 是估计误差 $\boldsymbol{\delta t}_{f,\text{tplwls}}^{(a)}=\hat{\boldsymbol{t}}_{f,\text{tplwls}}^{(a)}-\boldsymbol{t}_f$ 的非线性函数,因此不妨利用一阶 Taylor 级数展开将 $\boldsymbol{\xi}_s$ 近似表示成关于误差向量 $\boldsymbol{\delta t}_{f,\text{tplwls}}^{(a)}$ 的线性函数。根据推论2.13可得

$$\begin{aligned}\boldsymbol{\xi}_s&\approx(\boldsymbol{A}_s(\boldsymbol{t}_f)-[\dot{\boldsymbol{B}}_{s,1}(\boldsymbol{t}_f)\boldsymbol{t}_s\quad\dot{\boldsymbol{B}}_{s,2}(\boldsymbol{t}_f)\boldsymbol{t}_s\quad\cdots\quad\dot{\boldsymbol{B}}_{s,\bar{q}}(\boldsymbol{t}_f)\boldsymbol{t}_s])\boldsymbol{\delta t}_{f,\text{tplwls}}^{(a)}\\&=\boldsymbol{T}_s(\boldsymbol{t}_f,\boldsymbol{t}_s)\boldsymbol{\delta t}_{f,\text{tplwls}}^{(a)}\end{aligned} \quad (5.47)$$

式中

$$\begin{cases}\boldsymbol{T}_s(\boldsymbol{t}_f,\boldsymbol{t}_s)=\boldsymbol{A}_s(\boldsymbol{t}_f)-[\dot{\boldsymbol{B}}_{s,1}(\boldsymbol{t}_f)\boldsymbol{t}_s\quad\dot{\boldsymbol{B}}_{s,2}(\boldsymbol{t}_f)\boldsymbol{t}_s\quad\cdots\quad\dot{\boldsymbol{B}}_{s,\bar{q}}(\boldsymbol{t}_f)\boldsymbol{t}_s]\in\mathbf{R}^{\bar{q}\times\bar{q}}\\ \boldsymbol{A}_s(\boldsymbol{t}_f)=\dfrac{\partial\boldsymbol{a}_s(\boldsymbol{t}_f)}{\partial\boldsymbol{t}_f^{\mathrm{T}}}\in\mathbf{R}^{\bar{q}\times\bar{q}},\quad\dot{\boldsymbol{B}}_{s,j}(\boldsymbol{t}_f)=\dfrac{\partial\boldsymbol{B}_s(\boldsymbol{t}_f)}{\partial\langle\boldsymbol{t}_f\rangle_j}\in\mathbf{R}^{\bar{q}\times q},\quad 1\leqslant j\leqslant\bar{q}\end{cases} \quad (5.48)$$

根据式(5.47)可知,误差向量 $\boldsymbol{\xi}_s$ 近似服从零均值高斯分布,并且其方差矩阵为

$$\begin{aligned}\boldsymbol{\Xi}_s&=E[\boldsymbol{\xi}_s\boldsymbol{\xi}_s^{\mathrm{T}}]=\boldsymbol{T}_s(\boldsymbol{t}_f,\boldsymbol{t}_s)E[\boldsymbol{\delta t}_{f,\text{tplwls}}^{(a)}\boldsymbol{\delta t}_{f,\text{tplwls}}^{(a)\mathrm{T}}]\boldsymbol{T}_s^{\mathrm{T}}(\boldsymbol{t}_f,\boldsymbol{t}_s)\\&=\boldsymbol{T}_s(\boldsymbol{t}_f,\boldsymbol{t}_s)\mathbf{cov}(\hat{\boldsymbol{t}}_{f,\text{tplwls}}^{(a)})\boldsymbol{T}_s^{\mathrm{T}}(\boldsymbol{t}_f,\boldsymbol{t}_s)\end{aligned} \quad (5.49)$$

联合式(5.46)和式(5.49)可建立如下(第二步)伪线性加权最小二乘优化模型:

$$\min_{t_s\in\mathbf{R}^{q\times 1}}(\boldsymbol{a}_s(\hat{\boldsymbol{t}}_{f,\text{tplwls}}^{(a)})-\boldsymbol{B}_s(\hat{\boldsymbol{t}}_{f,\text{tplwls}}^{(a)})\boldsymbol{t}_s)^{\mathrm{T}}\boldsymbol{\Xi}_s^{-1}(\boldsymbol{a}_s(\hat{\boldsymbol{t}}_{f,\text{tplwls}}^{(a)})-\boldsymbol{B}_s(\hat{\boldsymbol{t}}_{f,\text{tplwls}}^{(a)})\boldsymbol{t}_s) \quad (5.50)$$

由于式(5.50)是关于向量 $\boldsymbol{t}_s$ 的二次优化问题,因此其存在最优闭式解,根据式(2.85)可知该闭式解为

$$\hat{\boldsymbol{t}}_{s,\text{tplwls}}^{(a)}=(\boldsymbol{B}_s^{\mathrm{T}}(\hat{\boldsymbol{t}}_{f,\text{tplwls}}^{(a)})\boldsymbol{\Xi}_s^{-1}\boldsymbol{B}_s(\hat{\boldsymbol{t}}_{f,\text{tplwls}}^{(a)}))^{-1}\boldsymbol{B}_s^{\mathrm{T}}(\hat{\boldsymbol{t}}_{f,\text{tplwls}}^{(a)})\boldsymbol{\Xi}_s^{-1}\boldsymbol{a}_s(\hat{\boldsymbol{t}}_{f,\text{tplwls}}^{(a)}) \quad (5.51)$$

需要指出的是,矩阵 $\boldsymbol{\Xi}_s$ 表达式中的 $\boldsymbol{t}_f$ 和 $\boldsymbol{t}_s$ 均无法事先获知,其中 $\boldsymbol{t}_f$ 可用其估计值 $\hat{\boldsymbol{t}}_{f,\text{tplwls}}^{(a)}$ 来代替,而 $\boldsymbol{t}_s$ 可用其非加权线性最小二乘估计 $\hat{\boldsymbol{t}}_{s,\text{ls}}^{(a)}=\boldsymbol{B}_s^{\dagger}(\hat{\boldsymbol{t}}_{f,\text{tplwls}}^{(a)})\boldsymbol{a}_s(\hat{\boldsymbol{t}}_{f,\text{tplwls}}^{(a)})$ 来代替,不妨将

由 $\hat{\boldsymbol{t}}_{\mathrm{f,tplwls}}^{(\mathrm{a})}$ 和 $\hat{\boldsymbol{t}}_{\mathrm{s,ls}}^{(\mathrm{a})}$ 计算出的矩阵 $\boldsymbol{\Xi}_{\mathrm{s}}$ 记为 $\hat{\boldsymbol{\Xi}}_{\mathrm{s}}$，则有

$$\hat{\boldsymbol{t}}_{\mathrm{s,tplwls}}^{(\mathrm{a})} = (\boldsymbol{B}_{\mathrm{s}}^{\mathrm{T}}(\hat{\boldsymbol{t}}_{\mathrm{f,tplwls}}^{(\mathrm{a})})\hat{\boldsymbol{\Xi}}_{\mathrm{s}}^{-1}\boldsymbol{B}_{\mathrm{s}}(\hat{\boldsymbol{t}}_{\mathrm{f,tplwls}}^{(\mathrm{a})}))^{-1}\boldsymbol{B}_{\mathrm{s}}^{\mathrm{T}}(\hat{\boldsymbol{t}}_{\mathrm{f,tplwls}}^{(\mathrm{a})})\hat{\boldsymbol{\Xi}}_{\mathrm{s}}^{-1}\boldsymbol{a}_{\mathrm{s}}(\hat{\boldsymbol{t}}_{\mathrm{f,tplwls}}^{(\mathrm{a})}) \tag{5.52}$$

类似于 4.2.4 节中的理论分析，估计值 $\hat{\boldsymbol{t}}_{\mathrm{s,tplwls}}^{(\mathrm{a})}$ 的方差矩阵为

$$\mathbf{cov}(\hat{\boldsymbol{t}}_{\mathrm{s,tplwls}}^{(\mathrm{a})}) = (\boldsymbol{B}_{\mathrm{s}}^{\mathrm{T}}(\boldsymbol{t}_{\mathrm{f}})\boldsymbol{\Xi}_{\mathrm{s}}^{-1}\boldsymbol{B}_{\mathrm{s}}(\boldsymbol{t}_{\mathrm{f}}))^{-1} \tag{5.53}$$

由于假设 $\boldsymbol{\rho}_{\mathrm{s}}(\cdot)$ 的反函数 $\boldsymbol{\rho}_{\mathrm{s}}^{-1}(\cdot)$ 易于获得，因此利用估计值 $\hat{\boldsymbol{t}}_{\mathrm{s,tplwls}}^{(\mathrm{a})}$ 就可以直接给出向量 $\boldsymbol{u}$ 的估计值：

$$\hat{\boldsymbol{u}}_{\mathrm{tplwls}}^{(\mathrm{a})} = \boldsymbol{\rho}_{\mathrm{s}}^{-1}(\hat{\boldsymbol{t}}_{\mathrm{s,tplwls}}^{(\mathrm{a})}) \tag{5.54}$$

式(5.54)中的向量 $\hat{\boldsymbol{u}}_{\mathrm{tplwls}}^{(\mathrm{a})}$ 即为第一类两步伪线性加权最小二乘定位方法给出的目标位置解。

5.2.4　目标位置向量估计值的理论性能

这里将推导目标位置解 $\boldsymbol{u}_{\mathrm{tplwls}}^{(\mathrm{a})}$ 的理论性能，重点推导其估计方差矩阵。首先根据式(5.53)和式(5.54)可知，估计值 $\hat{\boldsymbol{u}}_{\mathrm{tplwls}}^{(\mathrm{a})}$ 的方差矩阵为

$$\mathbf{cov}(\hat{\boldsymbol{u}}_{\mathrm{tplwls}}^{(\mathrm{a})}) = \boldsymbol{P}_{\mathrm{s}}^{-1}(\boldsymbol{u})\mathbf{cov}(\hat{\boldsymbol{t}}_{\mathrm{s,tplwls}}^{(\mathrm{a})})\boldsymbol{P}_{\mathrm{s}}^{-\mathrm{T}}(\boldsymbol{u}) = (\boldsymbol{P}_{\mathrm{s}}^{\mathrm{T}}(\boldsymbol{u})\boldsymbol{B}_{\mathrm{s}}^{\mathrm{T}}(\boldsymbol{t}_{\mathrm{f}})\boldsymbol{\Xi}_{\mathrm{s}}^{-1}\boldsymbol{B}_{\mathrm{s}}(\boldsymbol{t}_{\mathrm{f}})\boldsymbol{P}_{\mathrm{s}}(\boldsymbol{u}))^{-1} \tag{5.55}$$

式中，$\boldsymbol{P}_{\mathrm{s}}(\boldsymbol{u})=\dfrac{\partial\boldsymbol{\rho}_{\mathrm{s}}(\boldsymbol{u})}{\partial\boldsymbol{u}^{\mathrm{T}}}\in\mathbf{R}^{q\times q}$ 表示函数 $\boldsymbol{\rho}_{\mathrm{s}}(\boldsymbol{u})$ 关于向量 $\boldsymbol{u}$ 的 Jacobi 矩阵(通常可假设为可逆矩阵)。

通过进一步的数学分析可以证明，目标位置解 $\hat{\boldsymbol{u}}_{\mathrm{tplwls}}^{(\mathrm{a})}$ 的估计方差矩阵等于式(3.34)给出的克拉美罗界矩阵，下面的两个命题将逐步证明该结论。

命题 5.4　$\mathbf{cov}(\hat{\boldsymbol{u}}_{\mathrm{tplwls}}^{(\mathrm{a})})=(\boldsymbol{P}_{\mathrm{f}}^{\mathrm{T}}(\boldsymbol{u})\mathbf{cov}^{-1}(\hat{\boldsymbol{t}}_{\mathrm{f,tplwls}}^{(\mathrm{a})})\boldsymbol{P}_{\mathrm{f}}(\boldsymbol{u}))^{-1}$，其中 $\boldsymbol{P}_{\mathrm{f}}(\boldsymbol{u})=\dfrac{\partial\boldsymbol{\rho}_{\mathrm{f}}(\boldsymbol{u})}{\partial\boldsymbol{u}^{\mathrm{T}}}\in\mathbf{R}^{\bar{q}\times q}$ 表示函数 $\boldsymbol{\rho}_{\mathrm{f}}(\boldsymbol{u})$ 关于向量 $\boldsymbol{u}$ 的 Jacobi 矩阵。

证明　首先将式(5.49)代入式(5.55)可得

$$\mathbf{cov}(\hat{\boldsymbol{u}}_{\mathrm{tplwls}}^{(\mathrm{a})}) = (\boldsymbol{P}_{\mathrm{s}}^{\mathrm{T}}(\boldsymbol{u})\boldsymbol{B}_{\mathrm{s}}^{\mathrm{T}}(\boldsymbol{t}_{\mathrm{f}})\boldsymbol{T}_{\mathrm{s}}^{-\mathrm{T}}(\boldsymbol{t}_{\mathrm{f}},\boldsymbol{t}_{\mathrm{s}})\mathbf{cov}^{-1}(\hat{\boldsymbol{t}}_{\mathrm{f,tplwls}}^{(\mathrm{a})})\boldsymbol{T}_{\mathrm{s}}^{-1}(\boldsymbol{t}_{\mathrm{f}},\boldsymbol{t}_{\mathrm{s}})\boldsymbol{B}_{\mathrm{s}}(\boldsymbol{t}_{\mathrm{f}})\boldsymbol{P}_{\mathrm{s}}(\boldsymbol{u}))^{-1} \tag{5.56}$$

然后将等式 $\boldsymbol{t}_{\mathrm{f}}=\boldsymbol{\rho}_{\mathrm{f}}(\boldsymbol{u})$ 代入伪线性观测方程式(5.2)可知

$$\boldsymbol{a}_{\mathrm{s}}(\boldsymbol{\rho}_{\mathrm{f}}(\boldsymbol{u}))=\boldsymbol{B}_{\mathrm{s}}(\boldsymbol{\rho}_{\mathrm{f}}(\boldsymbol{u}))\boldsymbol{\rho}_{\mathrm{s}}(\boldsymbol{u})=\boldsymbol{B}_{\mathrm{s}}(\boldsymbol{\rho}_{\mathrm{f}}(\boldsymbol{u}))\boldsymbol{t}_{\mathrm{s}} \tag{5.57}$$

计算式(5.57)两边关于向量 $\boldsymbol{u}$ 的 Jacobi 矩阵，并根据推论 2.13 可得

$$\begin{aligned}&\boldsymbol{A}_{\mathrm{s}}(\boldsymbol{t}_{\mathrm{f}})\boldsymbol{P}_{\mathrm{f}}(\boldsymbol{u}) = [\dot{\boldsymbol{B}}_{\mathrm{s},1}(\boldsymbol{t}_{\mathrm{f}})\boldsymbol{t}_{\mathrm{s}}\quad \dot{\boldsymbol{B}}_{\mathrm{s},2}(\boldsymbol{t}_{\mathrm{f}})\boldsymbol{t}_{\mathrm{s}}\quad \cdots\quad \dot{\boldsymbol{B}}_{\mathrm{s},\bar{q}}(\boldsymbol{t}_{\mathrm{f}})\boldsymbol{t}_{\mathrm{s}}]\boldsymbol{P}_{\mathrm{f}}(\boldsymbol{u})+\boldsymbol{B}_{\mathrm{s}}(\boldsymbol{t}_{\mathrm{f}})\boldsymbol{P}_{\mathrm{s}}(\boldsymbol{u})\\&\Rightarrow\boldsymbol{T}_{\mathrm{s}}(\boldsymbol{t}_{\mathrm{f}},\boldsymbol{t}_{\mathrm{s}})\boldsymbol{P}_{\mathrm{f}}(\boldsymbol{u}) = \boldsymbol{B}_{\mathrm{s}}(\boldsymbol{t}_{\mathrm{f}})\boldsymbol{P}_{\mathrm{s}}(\boldsymbol{u})\Rightarrow\boldsymbol{P}_{\mathrm{f}}(\boldsymbol{u}) = \boldsymbol{T}_{\mathrm{s}}^{-1}(\boldsymbol{t}_{\mathrm{f}},\boldsymbol{t}_{\mathrm{s}})\boldsymbol{B}_{\mathrm{s}}(\boldsymbol{t}_{\mathrm{f}})\boldsymbol{P}_{\mathrm{s}}(\boldsymbol{u})\end{aligned} \tag{5.58}$$

将式(5.58)代入式(5.56)可知结论成立。证毕。

在命题 5.4 的基础上可以进一步得到如下命题。

命题 5.5　$\mathbf{cov}(\hat{\boldsymbol{u}}_{\mathrm{tplwls}}^{(\mathrm{a})})=\mathbf{CRB}(\boldsymbol{u})=(\boldsymbol{G}_1^{\mathrm{T}}(\boldsymbol{u},\boldsymbol{w})(\boldsymbol{Q}_1+\boldsymbol{G}_2(\boldsymbol{u},\boldsymbol{w})(\boldsymbol{Q}_2^{-1}+\bar{\boldsymbol{G}}^{\mathrm{T}}(\boldsymbol{s},\boldsymbol{w})\boldsymbol{Q}_3^{-1}\bar{\boldsymbol{G}}(\boldsymbol{s},\boldsymbol{w}))^{-1}\boldsymbol{G}_2^{\mathrm{T}}(\boldsymbol{u},\boldsymbol{w}))^{-1}\boldsymbol{G}_1(\boldsymbol{u},\boldsymbol{w}))^{-1}$。

证明　利用式(5.41)和式(5.45)以及命题 5.4 的结论可得

$$
\begin{aligned}
\mathbf{cov}(\hat{\boldsymbol{u}}_{\mathrm{tplwls}}^{(\mathrm{a})}) &= (\boldsymbol{P}_{\mathrm{f}}^{\mathrm{T}}(\boldsymbol{u})\boldsymbol{B}_{\mathrm{f}}^{\mathrm{T}}(\boldsymbol{z}_0,\boldsymbol{w})\boldsymbol{\Xi}_{\mathrm{f}}^{-1}\boldsymbol{B}_{\mathrm{f}}(\boldsymbol{z}_0,\boldsymbol{w})\boldsymbol{P}_{\mathrm{f}}(\boldsymbol{u}))^{-1} \\
&= \left(\boldsymbol{P}_{\mathrm{f}}^{\mathrm{T}}(\boldsymbol{u})\boldsymbol{B}_{\mathrm{f}}^{\mathrm{T}}(\boldsymbol{z}_0,\boldsymbol{w})\begin{pmatrix}\boldsymbol{T}_{\mathrm{f},1}(\boldsymbol{z}_0,\boldsymbol{w},\boldsymbol{t}_{\mathrm{f}})\boldsymbol{Q}_1\boldsymbol{T}_{\mathrm{f},1}^{\mathrm{T}}(\boldsymbol{z}_0,\boldsymbol{w},\boldsymbol{t}_{\mathrm{f}}) \\ +\boldsymbol{T}_{\mathrm{f},2}(\boldsymbol{z}_0,\boldsymbol{w},\boldsymbol{t}_{\mathrm{f}})\mathbf{cov}(\hat{\boldsymbol{w}}_{\mathrm{tplwls}}^{(\mathrm{a})})\boldsymbol{T}_{\mathrm{f},2}^{\mathrm{T}}(\boldsymbol{z}_0,\boldsymbol{w},\boldsymbol{t}_{\mathrm{f}})\end{pmatrix}^{-1}\boldsymbol{B}_{\mathrm{f}}(\boldsymbol{z}_0,\boldsymbol{w})\boldsymbol{P}_{\mathrm{f}}(\boldsymbol{u})\right)^{-1} \\
&= \begin{pmatrix}\boldsymbol{P}_{\mathrm{f}}^{\mathrm{T}}(\boldsymbol{u})\boldsymbol{B}_{\mathrm{f}}^{\mathrm{T}}(\boldsymbol{z}_0,\boldsymbol{w})\boldsymbol{T}_{\mathrm{f},1}^{-\mathrm{T}}(\boldsymbol{z}_0,\boldsymbol{w},\boldsymbol{t}_{\mathrm{f}})\begin{pmatrix}\boldsymbol{Q}_1+\boldsymbol{T}_{\mathrm{f},1}^{-1}(\boldsymbol{z}_0,\boldsymbol{w},\boldsymbol{t}_{\mathrm{f}})\boldsymbol{T}_{\mathrm{f},2}(\boldsymbol{z}_0,\boldsymbol{w},\boldsymbol{t}_{\mathrm{f}}) \\ \cdot\,\mathbf{cov}(\hat{\boldsymbol{w}}_{\mathrm{tplwls}}^{(\mathrm{a})})\boldsymbol{T}_{\mathrm{f},2}^{\mathrm{T}}(\boldsymbol{z}_0,\boldsymbol{w},\boldsymbol{t}_{\mathrm{f}})\boldsymbol{T}_{\mathrm{f},1}^{-\mathrm{T}}(\boldsymbol{z}_0,\boldsymbol{w},\boldsymbol{t}_{\mathrm{f}})\end{pmatrix}^{-1} \\ \cdot\,\boldsymbol{T}_{\mathrm{f},1}^{-1}(\boldsymbol{z}_0,\boldsymbol{w},\boldsymbol{t}_{\mathrm{f}})\boldsymbol{B}_{\mathrm{f}}(\boldsymbol{z}_0,\boldsymbol{w})\boldsymbol{P}_{\mathrm{f}}(\boldsymbol{u})\end{pmatrix}^{-1}
\end{aligned}
\tag{5.59}
$$

将关于目标源的非线性观测方程 $\boldsymbol{z}_0=\boldsymbol{g}(\boldsymbol{u},\boldsymbol{w})$ 代入伪线性观测方程式(5.1)可得

$$
\boldsymbol{a}_{\mathrm{f}}(\boldsymbol{g}(\boldsymbol{u},\boldsymbol{w}),\boldsymbol{w})=\boldsymbol{B}_{\mathrm{f}}(\boldsymbol{g}(\boldsymbol{u},\boldsymbol{w}),\boldsymbol{w})\boldsymbol{\rho}_{\mathrm{f}}(\boldsymbol{u})=\boldsymbol{B}_{\mathrm{f}}(\boldsymbol{g}(\boldsymbol{u},\boldsymbol{w}),\boldsymbol{w})\boldsymbol{t}_{\mathrm{f}} \tag{5.60}
$$

首先计算式(5.60)两边关于向量 $\boldsymbol{u}$ 的 Jacobi 矩阵,并根据推论 2.13 可知

$$
\begin{aligned}
\boldsymbol{A}_{\mathrm{f},1}(\boldsymbol{z}_0,\boldsymbol{w})\boldsymbol{G}_1(\boldsymbol{u},\boldsymbol{w}) &= [\dot{\boldsymbol{B}}_{\mathrm{f},11}(\boldsymbol{z}_0,\boldsymbol{w})\boldsymbol{t}_{\mathrm{f}}\quad \dot{\boldsymbol{B}}_{\mathrm{f},12}(\boldsymbol{z}_0,\boldsymbol{w})\boldsymbol{t}_{\mathrm{f}}\quad\cdots\quad\dot{\boldsymbol{B}}_{\mathrm{f},1p}(\boldsymbol{z}_0,\boldsymbol{w})\boldsymbol{t}_{\mathrm{f}}]\boldsymbol{G}_1(\boldsymbol{u},\boldsymbol{w}) \\
&\quad +\boldsymbol{B}_{\mathrm{f}}(\boldsymbol{z}_0,\boldsymbol{w})\boldsymbol{P}_{\mathrm{f}}(\boldsymbol{u}) \\
&\Rightarrow \boldsymbol{T}_{\mathrm{f},1}(\boldsymbol{z}_0,\boldsymbol{w},\boldsymbol{t}_{\mathrm{f}})\boldsymbol{G}_1(\boldsymbol{u},\boldsymbol{w})=\boldsymbol{B}_{\mathrm{f}}(\boldsymbol{z}_0,\boldsymbol{w})\boldsymbol{P}_{\mathrm{f}}(\boldsymbol{u}) \\
&\Rightarrow \boldsymbol{G}_1(\boldsymbol{u},\boldsymbol{w})=\boldsymbol{T}_{\mathrm{f},1}^{-1}(\boldsymbol{z}_0,\boldsymbol{w},\boldsymbol{t}_{\mathrm{f}})\boldsymbol{B}_{\mathrm{f}}(\boldsymbol{z}_0,\boldsymbol{w})\boldsymbol{P}_{\mathrm{f}}(\boldsymbol{u})
\end{aligned}
\tag{5.61}
$$

然后计算式(5.60)两边关于向量 $\boldsymbol{w}$ 的 Jacobi 矩阵,并根据推论 2.13 可知

$$
\begin{aligned}
\boldsymbol{A}_{\mathrm{f},1}(\boldsymbol{z}_0,\boldsymbol{w})\boldsymbol{G}_2(\boldsymbol{u},\boldsymbol{w})+\boldsymbol{A}_{\mathrm{f},2}(\boldsymbol{z}_0,\boldsymbol{w}) &= [\dot{\boldsymbol{B}}_{\mathrm{f},11}(\boldsymbol{z}_0,\boldsymbol{w})\boldsymbol{t}_{\mathrm{f}}\quad\dot{\boldsymbol{B}}_{\mathrm{f},12}(\boldsymbol{z}_0,\boldsymbol{w})\boldsymbol{t}_{\mathrm{f}}\quad\cdots\quad\dot{\boldsymbol{B}}_{\mathrm{f},1p}(\boldsymbol{z}_0,\boldsymbol{w})\boldsymbol{t}_{\mathrm{f}}] \\
&\quad\cdot\,\boldsymbol{G}_2(\boldsymbol{u},\boldsymbol{w}) \\
&\quad +[\dot{\boldsymbol{B}}_{\mathrm{f},21}(\boldsymbol{z}_0,\boldsymbol{w})\boldsymbol{t}_{\mathrm{f}}\quad\dot{\boldsymbol{B}}_{\mathrm{f},22}(\boldsymbol{z}_0,\boldsymbol{w})\boldsymbol{t}_{\mathrm{f}}\quad\cdots\quad\dot{\boldsymbol{B}}_{\mathrm{f},2l}(\boldsymbol{z}_0,\boldsymbol{w})\boldsymbol{t}_{\mathrm{f}}] \\
&\Rightarrow \boldsymbol{T}_{\mathrm{f},1}(\boldsymbol{z}_0,\boldsymbol{w},\boldsymbol{t}_{\mathrm{f}})\boldsymbol{G}_2(\boldsymbol{u},\boldsymbol{w})+\boldsymbol{T}_{\mathrm{f},2}(\boldsymbol{z}_0,\boldsymbol{w},\boldsymbol{t}_{\mathrm{f}})=\boldsymbol{O}_{p\times l} \\
&\Rightarrow \boldsymbol{G}_2(\boldsymbol{u},\boldsymbol{w})=-\boldsymbol{T}_{\mathrm{f},1}^{-1}(\boldsymbol{z}_0,\boldsymbol{w},\boldsymbol{t}_{\mathrm{f}})\boldsymbol{T}_{\mathrm{f},2}(\boldsymbol{z}_0,\boldsymbol{w},\boldsymbol{t}_{\mathrm{f}})
\end{aligned}
\tag{5.62}
$$

将式(5.61)和式(5.62)代入式(5.59)可得

$$
\mathbf{cov}(\hat{\boldsymbol{u}}_{\mathrm{tplwls}}^{(\mathrm{a})})=(\boldsymbol{G}_1^{\mathrm{T}}(\boldsymbol{u},\boldsymbol{w})(\boldsymbol{Q}_1+\boldsymbol{G}_2(\boldsymbol{u},\boldsymbol{w})\mathbf{cov}(\hat{\boldsymbol{w}}_{\mathrm{tplwls}}^{(\mathrm{a})})\boldsymbol{G}_2^{\mathrm{T}}(\boldsymbol{u},\boldsymbol{w}))^{-1}\boldsymbol{G}_1(\boldsymbol{u},\boldsymbol{w}))^{-1} \tag{5.63}
$$

基于式(5.63)和命题 5.3 的结论可得

$$
\begin{aligned}
\mathbf{cov}(\hat{\boldsymbol{u}}_{\mathrm{tplwls}}^{(\mathrm{a})}) &= (\boldsymbol{G}_1^{\mathrm{T}}(\boldsymbol{u},\boldsymbol{w})(\boldsymbol{Q}_1+\boldsymbol{G}_2(\boldsymbol{u},\boldsymbol{w})(\boldsymbol{Q}_2^{-1} \\
&\quad +\bar{\boldsymbol{G}}^{\mathrm{T}}(\boldsymbol{s},\boldsymbol{w})\boldsymbol{Q}_3^{-1}\bar{\boldsymbol{G}}(\boldsymbol{s},\boldsymbol{w}))^{-1}\boldsymbol{G}_2^{\mathrm{T}}(\boldsymbol{u},\boldsymbol{w}))^{-1}\boldsymbol{G}_1(\boldsymbol{u},\boldsymbol{w}))^{-1} \\
&= \mathbf{CRB}(\boldsymbol{u})
\end{aligned}
\tag{5.64}
$$

证毕。

命题 5.5 表明,目标位置解 $\hat{\boldsymbol{u}}_{\mathrm{tplwls}}^{(\mathrm{a})}$ 具有渐近最优的统计性能(在门限效应发生以前)。

5.3 第二类两步伪线性最小二乘定位方法及其理论性能分析

与第一类两步伪线性加权最小二乘定位方法不同的是，第二类两步伪线性加权最小二乘定位方法是对目标位置向量 $\boldsymbol{u}$ 和系统参量 $\boldsymbol{w}$ 进行联合估计。但与第4章建立的（单步）伪线性观测方程不同的是，本章建立的（两步）伪线性观测方程显然更为复杂，甚至难以直接基于目标源观测量 $\boldsymbol{z}$，校正源观测量 $\boldsymbol{r}$ 和系统参量的先验测量值 $\boldsymbol{v}$（直接）联合估计 $\boldsymbol{u}$ 和 $\boldsymbol{w}$。因此，下面还是首先利用利用校正源观测量 $\boldsymbol{r}$ 和系统参量的先验测量值 $\boldsymbol{v}$ 估计系统参量 $\boldsymbol{w}$，然后再基于目标源观测量 $\boldsymbol{z}$ 和第一步给出的系统参量解联合估计 $\boldsymbol{u}$ 和 $\boldsymbol{w}$。

5.3.1 估计系统参量

这里将利用校正源观测量 $\boldsymbol{r}$ 和系统参量的先验测量值 $\boldsymbol{v}$ 估计系统参量 $\boldsymbol{w}$，其所采用的方法与5.2.1节完全一致。不妨将其估计值记为 $\hat{\boldsymbol{w}}_0$，则有

$$\begin{cases}\hat{\boldsymbol{w}}_0=\hat{\boldsymbol{w}}_{\text{tplwls}}^{(\text{a})}\\ \mathbf{cov}(\hat{\boldsymbol{w}}_0)=\mathbf{cov}(\hat{\boldsymbol{w}}_{\text{tplwls}}^{(\text{a})})=\mathbf{CRB}_{\text{o}}(\boldsymbol{w})=(\boldsymbol{Q}_2^{-1}+\bar{\boldsymbol{G}}^{\text{T}}(\boldsymbol{s},\boldsymbol{w})\boldsymbol{Q}_3^{-1}\bar{\boldsymbol{G}}(\boldsymbol{s},\boldsymbol{w}))^{-1}\end{cases} \tag{5.65}$$

5.3.2 联合估计目标位置向量和系统参量

这里将在伪线性观测方程式(5.1)和式(5.2)的基础上，基于系统参量估计值 $\hat{\boldsymbol{w}}_0$ 和目标源观测量 $\boldsymbol{z}$ 联合估计目标位置向量 $\boldsymbol{u}$ 和系统参量 $\boldsymbol{w}$。

首先基于伪线性观测方程式(5.1)联合估计向量 $\boldsymbol{t}_{\text{f}}$ 和 $\boldsymbol{w}$。在实际计算中，函数 $\boldsymbol{a}_{\text{f}}(\cdot,\cdot)$ 和 $\boldsymbol{B}_{\text{f}}(\cdot,\cdot)$ 的闭式形式是可知的，但 $\boldsymbol{z}_0$ 和 $\boldsymbol{w}$ 却不可获知，只能用带误差的观测向量 $\boldsymbol{z}$ 和 $\hat{\boldsymbol{w}}_0$ 来代替。显然，若用 $\boldsymbol{z}$ 和 $\hat{\boldsymbol{w}}_0$ 直接代替 $\boldsymbol{z}_0$ 和 $\boldsymbol{w}$，式(5.1)已经无法成立，为此需要引入如下误差向量：

$$\boldsymbol{\sigma}_{\text{f}}=\begin{bmatrix}\boldsymbol{a}_{\text{f}}(\boldsymbol{z},\hat{\boldsymbol{w}}_0)\\ \hat{\boldsymbol{w}}_0\end{bmatrix}-\begin{bmatrix}\boldsymbol{B}_{\text{f}}(\boldsymbol{z},\hat{\boldsymbol{w}}_0) & \boldsymbol{O}_{p\times l}\\ \boldsymbol{O}_{l\times\bar{q}} & \boldsymbol{I}_l\end{bmatrix}\begin{bmatrix}\boldsymbol{t}_{\text{f}}\\ \boldsymbol{w}\end{bmatrix} \tag{5.66}$$

为了合理地联合估计 $\boldsymbol{t}_{\text{f}}$ 和 $\boldsymbol{w}$，需要分析误差向量 $\boldsymbol{\sigma}_{\text{f}}$ 的二阶统计特性。利用式(5.39)可得

$$\boldsymbol{\sigma}_{\text{f}}\approx\begin{bmatrix}\boldsymbol{T}_{\text{f},1}(\boldsymbol{z}_0,\boldsymbol{w},\boldsymbol{t}_{\text{f}}) & \boldsymbol{T}_{\text{f},2}(\boldsymbol{z}_0,\boldsymbol{w},\boldsymbol{t}_{\text{f}})\\ \boldsymbol{O}_{l\times p} & \boldsymbol{I}_l\end{bmatrix}\begin{bmatrix}\boldsymbol{n}\\ \boldsymbol{\delta w}_0\end{bmatrix}=\bar{\boldsymbol{T}}_{\text{f}}(\boldsymbol{z}_0,\boldsymbol{w},\boldsymbol{t}_{\text{f}})\boldsymbol{\gamma}^{(\text{b})} \tag{5.67}$$

式中

$$\bar{\boldsymbol{T}}_{\text{f}}(\boldsymbol{z}_0,\boldsymbol{w},\boldsymbol{t}_{\text{f}})=\begin{bmatrix}\boldsymbol{T}_{\text{f},1}(\boldsymbol{z}_0,\boldsymbol{w},\boldsymbol{t}_{\text{f}}) & \boldsymbol{T}_{\text{f},2}(\boldsymbol{z}_0,\boldsymbol{w},\boldsymbol{t}_{\text{f}})\\ \boldsymbol{O}_{l\times p} & \boldsymbol{I}_l\end{bmatrix}\in\mathbf{R}^{(p+l)\times(p+l)}$$

$$\boldsymbol{\gamma}^{(\text{b})}=\begin{bmatrix}\boldsymbol{n}\\ \boldsymbol{\delta w}_0\end{bmatrix}\in\mathbf{R}^{(p+l)\times 1} \tag{5.68}$$

根据式(5.68)可知，误差向量 $\boldsymbol{\sigma}_{\text{f}}$ 近似服从零均值高斯分布，并且其方差矩阵为

$$\boldsymbol{\Omega}_{\text{f}}=E[\boldsymbol{\sigma}_{\text{f}}\boldsymbol{\sigma}_{\text{f}}^{\text{T}}]=\bar{\boldsymbol{T}}_{\text{f}}(\boldsymbol{z}_0,\boldsymbol{w},\boldsymbol{t}_{\text{f}})E[\boldsymbol{\gamma}^{(\text{b})}\boldsymbol{\gamma}^{(\text{b})\text{T}}]\bar{\boldsymbol{T}}_{\text{f}}^{\text{T}}(\boldsymbol{z}_0,\boldsymbol{w},\boldsymbol{t}_{\text{f}})$$

$$=\left[\begin{array}{c:c}\begin{array}{c}\boldsymbol{T}_{\mathrm{f},1}(\boldsymbol{z}_0,\boldsymbol{w},\boldsymbol{t}_{\mathrm{f}})\boldsymbol{Q}_1\boldsymbol{T}_{\mathrm{f},1}^{\mathrm{T}}(\boldsymbol{z}_0,\boldsymbol{w},\boldsymbol{t}_{\mathrm{f}})\\+\boldsymbol{T}_{\mathrm{f},2}(\boldsymbol{z}_0,\boldsymbol{w},\boldsymbol{t}_{\mathrm{f}})\mathbf{cov}(\hat{\boldsymbol{w}}_0)\boldsymbol{T}_{\mathrm{f},2}^{\mathrm{T}}(\boldsymbol{z}_0,\boldsymbol{w},\boldsymbol{t}_{\mathrm{f}})\end{array} & \boldsymbol{T}_{\mathrm{f},2}(\boldsymbol{z}_0,\boldsymbol{w},\boldsymbol{t}_{\mathrm{f}})\mathbf{cov}(\hat{\boldsymbol{w}}_0)\\\hdashline \mathbf{cov}(\hat{\boldsymbol{w}}_0)\boldsymbol{T}_{\mathrm{f},2}^{\mathrm{T}}(\boldsymbol{z}_0,\boldsymbol{w},\boldsymbol{t}_{\mathrm{f}}) & \mathbf{cov}(\hat{\boldsymbol{w}}_0)\end{array}\right] \tag{5.69}$$

联合式(5.66)和式(5.69)可建立如下(第一步)伪线性加权最小二乘优化模型：

$$\min_{\substack{\boldsymbol{t}_{\mathrm{f}}\in\mathbf{R}^{\bar{q}\times 1}\\ \boldsymbol{w}\in\mathbf{R}^{l\times 1}}}\left(\begin{bmatrix}\boldsymbol{a}_{\mathrm{f}}(\boldsymbol{z},\hat{\boldsymbol{w}}_0)\\ \hat{\boldsymbol{w}}_0\end{bmatrix}-\begin{bmatrix}\boldsymbol{B}_{\mathrm{f}}(\boldsymbol{z},\hat{\boldsymbol{w}}_0) & \boldsymbol{O}_{p\times l}\\ \boldsymbol{O}_{l\times\bar{q}} & \boldsymbol{I}_l\end{bmatrix}\begin{bmatrix}\boldsymbol{t}_{\mathrm{f}}\\ \boldsymbol{w}\end{bmatrix}\right)^{\mathrm{T}}\boldsymbol{\Omega}_{\mathrm{f}}^{-1}\left(\begin{bmatrix}\boldsymbol{a}_{\mathrm{f}}(\boldsymbol{z},\hat{\boldsymbol{w}}_0)\\ \hat{\boldsymbol{w}}_0\end{bmatrix}-\begin{bmatrix}\boldsymbol{B}_{\mathrm{f}}(\boldsymbol{z},\hat{\boldsymbol{w}}_0) & \boldsymbol{O}_{p\times l}\\ \boldsymbol{O}_{l\times\bar{q}} & \boldsymbol{I}_l\end{bmatrix}\begin{bmatrix}\boldsymbol{t}_{\mathrm{f}}\\ \boldsymbol{w}\end{bmatrix}\right) \tag{5.70}$$

由于式(5.70)是关于向量 $\boldsymbol{t}_{\mathrm{f}}$ 和 $\boldsymbol{w}$ 的二次优化问题，因此其存在最优闭式解，根据式(2.85)可知该闭式解为

$$\begin{bmatrix}\hat{\boldsymbol{t}}_{\mathrm{f,tplwls}}^{(\mathrm{b})}\\ \hat{\boldsymbol{w}}_{\mathrm{f,tplwls}}^{(\mathrm{b})}\end{bmatrix}=\left(\begin{bmatrix}\boldsymbol{B}_{\mathrm{f}}^{\mathrm{T}}(\boldsymbol{z},\hat{\boldsymbol{w}}_0) & \boldsymbol{O}_{\bar{q}\times l}\\ \boldsymbol{O}_{l\times p} & \boldsymbol{I}_l\end{bmatrix}\boldsymbol{\Omega}_{\mathrm{f}}^{-1}\begin{bmatrix}\boldsymbol{B}_{\mathrm{f}}(\boldsymbol{z},\hat{\boldsymbol{w}}_0) & \boldsymbol{O}_{p\times l}\\ \boldsymbol{O}_{l\times\bar{q}} & \boldsymbol{I}_l\end{bmatrix}\right)^{-1}\cdot\begin{bmatrix}\boldsymbol{B}_{\mathrm{f}}^{\mathrm{T}}(\boldsymbol{z},\hat{\boldsymbol{w}}_0) & \boldsymbol{O}_{\bar{q}\times l}\\ \boldsymbol{O}_{l\times p} & \boldsymbol{I}_l\end{bmatrix}\boldsymbol{\Omega}_{\mathrm{f}}^{-1}\begin{bmatrix}\boldsymbol{a}_{\mathrm{f}}(\boldsymbol{z},\hat{\boldsymbol{w}}_0)\\ \hat{\boldsymbol{w}}_0\end{bmatrix} \tag{5.71}$$

需要指出的是，矩阵 $\boldsymbol{\Omega}_{\mathrm{f}}$ 表达式中的 $\boldsymbol{z}_0$，$\boldsymbol{w}$ 和 $\boldsymbol{t}_{\mathrm{f}}$ 均无法事先获知，其中 $\boldsymbol{z}_0$ 可用其观测向量 $\boldsymbol{z}$ 来代替，$\boldsymbol{w}$ 可用其估计值 $\hat{\boldsymbol{w}}_0$ 来代替，而 $\boldsymbol{t}_{\mathrm{f}}$ 可用其非加权线性最小二乘估计 $\hat{\boldsymbol{t}}_{\mathrm{f,ls}}^{(\mathrm{b})}=\boldsymbol{B}_{\mathrm{f}}^{\dagger}(\boldsymbol{z},\hat{\boldsymbol{w}}_0)\boldsymbol{a}_{\mathrm{f}}(\boldsymbol{z},\hat{\boldsymbol{w}}_0)$来代替，不妨将由 $\boldsymbol{z}$，$\hat{\boldsymbol{w}}_0$ 和 $\hat{\boldsymbol{t}}_{\mathrm{f,ls}}^{(\mathrm{b})}$计算出的矩阵 $\boldsymbol{\Omega}_{\mathrm{f}}$ 记为 $\hat{\boldsymbol{\Omega}}_{\mathrm{f}}$，则有

$$\begin{bmatrix}\hat{\boldsymbol{t}}_{\mathrm{f,tplwls}}^{(\mathrm{b})}\\ \hat{\boldsymbol{w}}_{\mathrm{f,tplwls}}^{(\mathrm{b})}\end{bmatrix}=\left(\begin{bmatrix}\boldsymbol{B}_{\mathrm{f}}^{\mathrm{T}}(\boldsymbol{z},\hat{\boldsymbol{w}}_0) & \boldsymbol{O}_{\bar{q}\times l}\\ \boldsymbol{O}_{l\times p} & \boldsymbol{I}_l\end{bmatrix}\hat{\boldsymbol{\Omega}}_{\mathrm{f}}^{-1}\begin{bmatrix}\boldsymbol{B}_{\mathrm{f}}(\boldsymbol{z},\hat{\boldsymbol{w}}_0) & \boldsymbol{O}_{p\times l}\\ \boldsymbol{O}_{l\times\bar{q}} & \boldsymbol{I}_l\end{bmatrix}\right)^{-1}\cdot\begin{bmatrix}\boldsymbol{B}_{\mathrm{f}}^{\mathrm{T}}(\boldsymbol{z},\hat{\boldsymbol{w}}_0) & \boldsymbol{O}_{\bar{q}\times l}\\ \boldsymbol{O}_{l\times p} & \boldsymbol{I}_l\end{bmatrix}\hat{\boldsymbol{\Omega}}_{\mathrm{f}}^{-1}\begin{bmatrix}\boldsymbol{a}_{\mathrm{f}}(\boldsymbol{z},\hat{\boldsymbol{w}}_0)\\ \hat{\boldsymbol{w}}_0\end{bmatrix} \tag{5.72}$$

类似于4.3.2节中的理论分析，估计值 $\hat{\boldsymbol{t}}_{\mathrm{f,tplwls}}^{(\mathrm{b})}$和 $\hat{\boldsymbol{w}}_{\mathrm{f,tplwls}}^{(\mathrm{b})}$的联合方差矩阵为

$$\mathbf{cov}\left(\begin{bmatrix}\hat{\boldsymbol{t}}_{\mathrm{f,tplwls}}^{(\mathrm{b})}\\ \hat{\boldsymbol{w}}_{\mathrm{f,tplwls}}^{(\mathrm{b})}\end{bmatrix}\right)=\left(\begin{bmatrix}\boldsymbol{B}_{\mathrm{f}}^{\mathrm{T}}(\boldsymbol{z}_0,\boldsymbol{w}) & \boldsymbol{O}_{\bar{q}\times l}\\ \boldsymbol{O}_{l\times p} & \boldsymbol{I}_l\end{bmatrix}\boldsymbol{\Omega}_{\mathrm{f}}^{-1}\begin{bmatrix}\boldsymbol{B}_{\mathrm{f}}(\boldsymbol{z}_0,\boldsymbol{w}) & \boldsymbol{O}_{p\times l}\\ \boldsymbol{O}_{l\times\bar{q}} & \boldsymbol{I}_l\end{bmatrix}\right)^{-1} \tag{5.73}$$

然后基于伪线性观测方程式(5.2)联合估计向量 $\boldsymbol{t}_{\mathrm{s}}$ 和 $\boldsymbol{w}$。在实际计算中，函数 $\boldsymbol{a}_{\mathrm{s}}(\cdot)$ 和 $\boldsymbol{B}_{\mathrm{s}}(\cdot)$的闭式形式是可知的，但 $\boldsymbol{t}_{\mathrm{f}}$ 却不可获知，只能用其估计值 $\hat{\boldsymbol{t}}_{\mathrm{f,tplwls}}^{(\mathrm{b})}$来代替。显然，若用 $\hat{\boldsymbol{t}}_{\mathrm{f,tplwls}}^{(\mathrm{b})}$直接代替 $\boldsymbol{t}_{\mathrm{f}}$，式(5.2)已经无法成立，为此需要引入误差向量：

$$\boldsymbol{\sigma}_{\mathrm{s}}=\begin{bmatrix}\boldsymbol{a}_{\mathrm{s}}(\hat{\boldsymbol{t}}_{\mathrm{f,tplwls}}^{(\mathrm{b})})\\ \hat{\boldsymbol{w}}_{\mathrm{f,tplwls}}^{(\mathrm{b})}\end{bmatrix}-\begin{bmatrix}\boldsymbol{B}_{\mathrm{s}}(\hat{\boldsymbol{t}}_{\mathrm{f,tplwls}}^{(\mathrm{b})}) & \boldsymbol{O}_{q\times l}\\ \boldsymbol{O}_{l\times q} & \boldsymbol{I}_l\end{bmatrix}\begin{bmatrix}\boldsymbol{t}_{\mathrm{s}}\\ \boldsymbol{w}\end{bmatrix} \tag{5.74}$$

为了合理地联合估计 $\boldsymbol{t}_{\mathrm{s}}$ 和 $\boldsymbol{w}$，需要分析误差向量 $\boldsymbol{\sigma}_{\mathrm{s}}$ 的二阶统计特性。利用式(5.47)可得

$$\boldsymbol{\sigma}_{\mathrm{s}} \approx \begin{bmatrix} \boldsymbol{T}_{\mathrm{s}}(\boldsymbol{t}_{\mathrm{f}}, \boldsymbol{t}_{\mathrm{s}}) \boldsymbol{\delta t}_{\mathrm{f,tplwls}}^{(\mathrm{b})} \\ \boldsymbol{\delta w}_{\mathrm{f,tplwls}}^{(\mathrm{b})} \end{bmatrix} \tag{5.75}$$

根据式(5.75)可知，误差向量 $\boldsymbol{\sigma}_{\mathrm{s}}$ 近似服从零均值高斯分布，并且其方差矩阵为

$$\boldsymbol{\Omega}_{\mathrm{s}} = E[\boldsymbol{\sigma}_{\mathrm{s}} \boldsymbol{\sigma}_{\mathrm{s}}^{\mathrm{T}}] = \begin{bmatrix} \boldsymbol{T}_{\mathrm{s}}(\boldsymbol{t}_{\mathrm{f}}, \boldsymbol{t}_{\mathrm{s}}) & \boldsymbol{O}_{\bar{q}\times l} \\ \boldsymbol{O}_{l\times \bar{q}} & \boldsymbol{I}_{l} \end{bmatrix} \mathbf{cov}\left(\begin{bmatrix} \hat{\boldsymbol{t}}_{\mathrm{f,tplwls}}^{(\mathrm{b})} \\ \hat{\boldsymbol{w}}_{\mathrm{f,tplwls}}^{(\mathrm{b})} \end{bmatrix} \right) \begin{bmatrix} \boldsymbol{T}_{\mathrm{s}}^{\mathrm{T}}(\boldsymbol{t}_{\mathrm{f}}, \boldsymbol{t}_{\mathrm{s}}) & \boldsymbol{O}_{\bar{q}\times l} \\ \boldsymbol{O}_{l\times \bar{q}} & \boldsymbol{I}_{l} \end{bmatrix} \tag{5.76}$$

联合式(5.74)和式(5.76)可建立如下(第二步)伪线性加权最小二乘优化模型：

$$\min_{\substack{\boldsymbol{t}_{\mathrm{s}} \in \mathbf{R}^{q\times 1} \\ \boldsymbol{w} \in \mathbf{R}^{l\times 1}}} \left(\begin{bmatrix} \boldsymbol{a}_{\mathrm{s}}(\hat{\boldsymbol{t}}_{\mathrm{f,tplwls}}^{(\mathrm{b})}) \\ \hat{\boldsymbol{w}}_{\mathrm{f,tplwls}}^{(\mathrm{b})} \end{bmatrix} - \begin{bmatrix} \boldsymbol{B}_{\mathrm{s}}(\hat{\boldsymbol{t}}_{\mathrm{f,tplwls}}^{(\mathrm{b})}) & \boldsymbol{O}_{\bar{q}\times l} \\ \boldsymbol{O}_{l\times q} & \boldsymbol{I}_{l} \end{bmatrix} \begin{bmatrix} \boldsymbol{t}_{\mathrm{s}} \\ \boldsymbol{w} \end{bmatrix} \right)^{\mathrm{T}} \boldsymbol{\Omega}_{\mathrm{s}}^{-1}$$

$$\cdot \left(\begin{bmatrix} \boldsymbol{a}_{\mathrm{s}}(\hat{\boldsymbol{t}}_{\mathrm{f,tplwls}}^{(\mathrm{b})}) \\ \hat{\boldsymbol{w}}_{\mathrm{f,tplwls}}^{(\mathrm{b})} \end{bmatrix} - \begin{bmatrix} \boldsymbol{B}_{\mathrm{s}}(\hat{\boldsymbol{t}}_{\mathrm{f,tplwls}}^{(\mathrm{b})}) & \boldsymbol{O}_{\bar{q}\times l} \\ \boldsymbol{O}_{l\times q} & \boldsymbol{I}_{l} \end{bmatrix} \begin{bmatrix} \boldsymbol{t}_{\mathrm{s}} \\ \boldsymbol{w} \end{bmatrix} \right) \tag{5.77}$$

由于式(5.77)是关于向量 $\boldsymbol{t}_{\mathrm{s}}$ 和 $\boldsymbol{w}$ 的二次优化问题，因此其存在最优闭式解，根据式(2.85)可知该闭式解为

$$\begin{bmatrix} \hat{\boldsymbol{t}}_{\mathrm{s,tplwls}}^{(\mathrm{b})} \\ \hat{\boldsymbol{w}}_{\mathrm{s,tplwls}}^{(\mathrm{b})} \end{bmatrix} = \left(\begin{bmatrix} \boldsymbol{B}_{\mathrm{s}}^{\mathrm{T}}(\hat{\boldsymbol{t}}_{\mathrm{f,tplwls}}^{(\mathrm{b})}) & \boldsymbol{O}_{q\times l} \\ \boldsymbol{O}_{l\times \bar{q}} & \boldsymbol{I}_{l} \end{bmatrix} \boldsymbol{\Omega}_{\mathrm{s}}^{-1} \begin{bmatrix} \boldsymbol{B}_{\mathrm{s}}(\hat{\boldsymbol{t}}_{\mathrm{f,tplwls}}^{(\mathrm{b})}) & \boldsymbol{O}_{\bar{q}\times l} \\ \boldsymbol{O}_{l\times q} & \boldsymbol{I}_{l} \end{bmatrix} \right)^{-1}$$

$$\cdot \begin{bmatrix} \boldsymbol{B}_{\mathrm{s}}^{\mathrm{T}}(\hat{\boldsymbol{t}}_{\mathrm{f,tplwls}}^{(\mathrm{b})}) & \boldsymbol{O}_{q\times l} \\ \boldsymbol{O}_{l\times \bar{q}} & \boldsymbol{I}_{l} \end{bmatrix} \boldsymbol{\Omega}_{\mathrm{s}}^{-1} \begin{bmatrix} \boldsymbol{a}_{\mathrm{s}}(\hat{\boldsymbol{t}}_{\mathrm{f,tplwls}}^{(\mathrm{b})}) \\ \hat{\boldsymbol{w}}_{\mathrm{f,tplwls}}^{(\mathrm{b})} \end{bmatrix} \tag{5.78}$$

需要指出的是，矩阵 $\boldsymbol{\Omega}_{\mathrm{s}}$ 表达式中的 $\boldsymbol{t}_{\mathrm{f}}$ 和 $\boldsymbol{t}_{\mathrm{s}}$ 均无法事先获知，其中 $\boldsymbol{t}_{\mathrm{f}}$ 可用其估计值 $\hat{\boldsymbol{t}}_{\mathrm{f,tplwls}}^{(\mathrm{b})}$ 来代替，而 $\boldsymbol{t}_{\mathrm{s}}$ 可用其非加权线性最小二乘估计 $\hat{\boldsymbol{t}}_{\mathrm{s,ls}}^{(\mathrm{b})} = \boldsymbol{B}_{\mathrm{s}}^{\dagger}(\hat{\boldsymbol{t}}_{\mathrm{f,tplwls}}^{(\mathrm{b})}) \boldsymbol{a}_{\mathrm{s}}(\hat{\boldsymbol{t}}_{\mathrm{f,tplwls}}^{(\mathrm{b})})$ 来代替，不妨将由 $\boldsymbol{t}_{\mathrm{f}}$ 和 $\boldsymbol{t}_{\mathrm{s}}$ 计算出的矩阵 $\boldsymbol{\Omega}_{\mathrm{s}}$ 记为 $\hat{\boldsymbol{\Omega}}_{\mathrm{s}}$，则有

$$\begin{bmatrix} \hat{\boldsymbol{t}}_{\mathrm{s,tplwls}}^{(\mathrm{b})} \\ \hat{\boldsymbol{w}}_{\mathrm{s,tplwls}}^{(\mathrm{b})} \end{bmatrix} = \left(\begin{bmatrix} \boldsymbol{B}_{\mathrm{s}}^{\mathrm{T}}(\hat{\boldsymbol{t}}_{\mathrm{f,tplwls}}^{(\mathrm{b})}) & \boldsymbol{O}_{q\times l} \\ \boldsymbol{O}_{l\times \bar{q}} & \boldsymbol{I}_{l} \end{bmatrix} \hat{\boldsymbol{\Omega}}_{\mathrm{s}}^{-1} \begin{bmatrix} \boldsymbol{B}_{\mathrm{s}}(\hat{\boldsymbol{t}}_{\mathrm{f,tplwls}}^{(\mathrm{b})}) & \boldsymbol{O}_{\bar{q}\times l} \\ \boldsymbol{O}_{l\times q} & \boldsymbol{I}_{l} \end{bmatrix} \right)^{-1}$$

$$\cdot \begin{bmatrix} \boldsymbol{B}_{\mathrm{s}}^{\mathrm{T}}(\hat{\boldsymbol{t}}_{\mathrm{f,tplwls}}^{(\mathrm{b})}) & \boldsymbol{O}_{q\times l} \\ \boldsymbol{O}_{l\times \bar{q}} & \boldsymbol{I}_{l} \end{bmatrix} \hat{\boldsymbol{\Omega}}_{\mathrm{s}}^{-1} \begin{bmatrix} \boldsymbol{a}_{\mathrm{s}}(\hat{\boldsymbol{t}}_{\mathrm{f,tplwls}}^{(\mathrm{b})}) \\ \hat{\boldsymbol{w}}_{\mathrm{f,tplwls}}^{(\mathrm{b})} \end{bmatrix} \tag{5.79}$$

类似于 4.3.2 节中的理论分析，估计值 $\hat{\boldsymbol{t}}_{\mathrm{s,tplwls}}^{(\mathrm{b})}$ 和 $\hat{\boldsymbol{w}}_{\mathrm{s,tplwls}}^{(\mathrm{b})}$ 的联合方差矩阵为

$$\mathbf{cov}\left(\begin{bmatrix} \hat{\boldsymbol{t}}_{\mathrm{s,tplwls}}^{(\mathrm{b})} \\ \hat{\boldsymbol{w}}_{\mathrm{s,tplwls}}^{(\mathrm{b})} \end{bmatrix} \right) = \left(\begin{bmatrix} \boldsymbol{B}_{\mathrm{s}}^{\mathrm{T}}(\boldsymbol{t}_{\mathrm{f}}) & \boldsymbol{O}_{q\times l} \\ \boldsymbol{O}_{l\times \bar{q}} & \boldsymbol{I}_{l} \end{bmatrix} \boldsymbol{\Omega}_{\mathrm{s}}^{-1} \begin{bmatrix} \boldsymbol{B}_{\mathrm{s}}(\boldsymbol{t}_{\mathrm{f}}) & \boldsymbol{O}_{\bar{q}\times l} \\ \boldsymbol{O}_{l\times q} & \boldsymbol{I}_{l} \end{bmatrix} \right)^{-1} \tag{5.80}$$

由于假设 $\boldsymbol{\rho}_{\mathrm{s}}(\cdot)$ 的反函数 $\boldsymbol{\rho}_{\mathrm{s}}^{-1}(\cdot)$ 易于获得，于是利用估计值 $\hat{\boldsymbol{t}}_{\mathrm{s,tplwls}}^{(\mathrm{b})}$ 和 $\hat{\boldsymbol{w}}_{\mathrm{s,tplwls}}^{(\mathrm{b})}$ 就可以直接给出向量 $\boldsymbol{u}$ 和 $\boldsymbol{w}$ 的联合估计值：

$$\begin{bmatrix} \hat{\boldsymbol{u}}_{\mathrm{tplwls}}^{(\mathrm{b})} \\ \hat{\boldsymbol{w}}_{\mathrm{tplwls}}^{(\mathrm{b})} \end{bmatrix} = \begin{bmatrix} \boldsymbol{\rho}_{\mathrm{s}}^{-1}(\hat{\boldsymbol{t}}_{\mathrm{s,tplwls}}^{(\mathrm{b})}) \\ \hat{\boldsymbol{w}}_{\mathrm{s,tplwls}}^{(\mathrm{b})} \end{bmatrix} \tag{5.81}$$

式(5.81)中的向量 $\hat{\boldsymbol{u}}_{\text{tplwls}}^{(\text{b})}$ 和 $\hat{\boldsymbol{w}}_{\text{tplwls}}^{(\text{b})}$ 即为第二类两步伪线性加权最小二乘定位方法给出的目标位置解和系统参量解。

5.3.3 目标位置向量和系统参量联合估计值的理论性能

这里将推导目标位置解 $\hat{\boldsymbol{u}}_{\text{tplwls}}^{(\text{b})}$ 和系统参量解 $\hat{\boldsymbol{w}}_{\text{tplwls}}^{(\text{b})}$ 的理论性能，重点推导其联合估计方差矩阵。首先根据式(5.80)和式(5.81)可知，估计值 $\hat{\boldsymbol{u}}_{\text{tplwls}}^{(\text{b})}$ 和 $\hat{\boldsymbol{w}}_{\text{tplwls}}^{(\text{b})}$ 的联合方差矩阵为

$$\begin{aligned}\mathbf{cov}\left(\begin{bmatrix}\hat{\boldsymbol{u}}_{\text{tplwls}}^{(\text{b})}\\ \hat{\boldsymbol{w}}_{\text{tplwls}}^{(\text{b})}\end{bmatrix}\right)&=\begin{bmatrix}\boldsymbol{P}_{\text{s}}^{-1}(\boldsymbol{u}) & \boldsymbol{O}_{q\times l}\\ \boldsymbol{O}_{l\times q} & \boldsymbol{I}_l\end{bmatrix}\mathbf{cov}\left(\begin{bmatrix}\hat{\boldsymbol{t}}_{\text{s,tplwls}}^{(\text{b})}\\ \hat{\boldsymbol{w}}_{\text{s,tplwls}}^{(\text{b})}\end{bmatrix}\right)\begin{bmatrix}\boldsymbol{P}_{\text{s}}^{-\text{T}}(\boldsymbol{u}) & \boldsymbol{O}_{q\times l}\\ \boldsymbol{O}_{l\times q} & \boldsymbol{I}_l\end{bmatrix}\\ &=\left(\begin{bmatrix}\boldsymbol{P}_{\text{s}}^{\text{T}}(\boldsymbol{u})\boldsymbol{B}_{\text{s}}^{\text{T}}(\boldsymbol{t}_{\text{f}}) & \boldsymbol{O}_{q\times l}\\ \boldsymbol{O}_{l\times\bar{q}} & \boldsymbol{I}_l\end{bmatrix}\boldsymbol{\Omega}_{\text{s}}^{-1}\begin{bmatrix}\boldsymbol{B}_{\text{s}}(\boldsymbol{t}_{\text{f}})\boldsymbol{P}_{\text{s}}(\boldsymbol{u}) & \boldsymbol{O}_{\bar{q}\times l}\\ \boldsymbol{O}_{l\times q} & \boldsymbol{I}_l\end{bmatrix}\right)^{-1}\end{aligned}\tag{5.82}$$

通过进一步的数学分析可以证明，目标位置解 $\hat{\boldsymbol{u}}_{\text{tplwls}}^{(\text{b})}$ 和系统参量解 $\hat{\boldsymbol{w}}_{\text{tplwls}}^{(\text{b})}$ 的联合估计方差矩阵等于式(3.25)给出的克拉美罗界矩阵，结果可见如下命题。

命题 5.6 $\mathbf{cov}\left(\begin{bmatrix}\hat{\boldsymbol{u}}_{\text{tplwls}}^{(\text{b})}\\ \hat{\boldsymbol{w}}_{\text{tplwls}}^{(\text{b})}\end{bmatrix}\right)=\mathbf{CRB}\left(\begin{bmatrix}\boldsymbol{u}\\ \boldsymbol{w}\end{bmatrix}\right)=$

$$\begin{bmatrix}\boldsymbol{G}_1^{\text{T}}(\boldsymbol{u},\boldsymbol{w})\boldsymbol{Q}_1^{-1}\boldsymbol{G}_1(\boldsymbol{u},\boldsymbol{w}) & \boldsymbol{G}_1^{\text{T}}(\boldsymbol{u},\boldsymbol{w})\boldsymbol{Q}_1^{-1}\boldsymbol{G}_2(\boldsymbol{u},\boldsymbol{w})\\ \boldsymbol{G}_2^{\text{T}}(\boldsymbol{u},\boldsymbol{w})\boldsymbol{Q}_1^{-1}\boldsymbol{G}_1(\boldsymbol{u},\boldsymbol{w}) & \boldsymbol{G}_2^{\text{T}}(\boldsymbol{u},\boldsymbol{w})\boldsymbol{Q}_1^{-1}\boldsymbol{G}_2(\boldsymbol{u},\boldsymbol{w})+\boldsymbol{Q}_2^{-1}+\bar{\boldsymbol{G}}^{\text{T}}(\boldsymbol{s},\boldsymbol{w})\boldsymbol{Q}_3^{-1}\bar{\boldsymbol{G}}(\boldsymbol{s},\boldsymbol{w})\end{bmatrix}^{-1}。$$

证明 首先将式(5.76)代入式(5.82)可得

$$\begin{aligned}\mathbf{cov}\left(\begin{bmatrix}\hat{\boldsymbol{u}}_{\text{tplwls}}^{(\text{b})}\\ \hat{\boldsymbol{w}}_{\text{tplwls}}^{(\text{b})}\end{bmatrix}\right)=&\left(\begin{bmatrix}\boldsymbol{P}_{\text{s}}^{\text{T}}(\boldsymbol{u})\boldsymbol{B}_{\text{s}}^{\text{T}}(\boldsymbol{t}_{\text{f}})\boldsymbol{T}_{\text{s}}^{-\text{T}}(\boldsymbol{t}_{\text{f}},\boldsymbol{t}_{\text{s}}) & \boldsymbol{O}_{q\times l}\\ \boldsymbol{O}_{l\times\bar{q}} & \boldsymbol{I}_l\end{bmatrix}\mathbf{cov}^{-1}\left(\begin{bmatrix}\hat{\boldsymbol{t}}_{\text{f,tplwls}}^{(\text{b})}\\ \hat{\boldsymbol{w}}_{\text{f,tplwls}}^{(\text{b})}\end{bmatrix}\right)\right.\\ &\left.\cdot\begin{bmatrix}\boldsymbol{T}_{\text{s}}^{-1}(\boldsymbol{t}_{\text{f}},\boldsymbol{t}_{\text{s}})\boldsymbol{B}_{\text{s}}(\boldsymbol{t}_{\text{f}})\boldsymbol{P}_{\text{s}}(\boldsymbol{u}) & \boldsymbol{O}_{\bar{q}\times l}\\ \boldsymbol{O}_{l\times q} & \boldsymbol{I}_l\end{bmatrix}\right)^{-1}\end{aligned}\tag{5.83}$$

然后将式(5.73)代入式(5.83)可进一步推得

$$\begin{aligned}\mathbf{cov}\left(\begin{bmatrix}\hat{\boldsymbol{u}}_{\text{tplwls}}^{(\text{b})}\\ \hat{\boldsymbol{w}}_{\text{tplwls}}^{(\text{b})}\end{bmatrix}\right)=&\left(\begin{bmatrix}\boldsymbol{P}_{\text{s}}^{\text{T}}(\boldsymbol{u})\boldsymbol{B}_{\text{s}}^{\text{T}}(\boldsymbol{t}_{\text{f}})\boldsymbol{T}_{\text{s}}^{-\text{T}}(\boldsymbol{t}_{\text{f}},\boldsymbol{t}_{\text{s}})\boldsymbol{B}_{\text{f}}^{\text{T}}(\boldsymbol{z}_0,\boldsymbol{w}) & \boldsymbol{O}_{q\times l}\\ \boldsymbol{O}_{l\times\bar{q}} & \boldsymbol{I}_l\end{bmatrix}\boldsymbol{\Omega}_{\text{f}}^{-1}\right.\\ &\left.\cdot\begin{bmatrix}\boldsymbol{B}_{\text{f}}(\boldsymbol{z}_0,\boldsymbol{w})\boldsymbol{T}_{\text{s}}^{-1}(\boldsymbol{t}_{\text{f}},\boldsymbol{t}_{\text{s}})\boldsymbol{B}_{\text{s}}(\boldsymbol{t}_{\text{f}})\boldsymbol{P}_{\text{s}}(\boldsymbol{u}) & \boldsymbol{O}_{\bar{q}\times l}\\ \boldsymbol{O}_{l\times q} & \boldsymbol{I}_l\end{bmatrix}\right)^{-1}\end{aligned}\tag{5.84}$$

结合式(5.58)和式(5.61)可知

$$\boldsymbol{T}_{\text{f},1}(\boldsymbol{z}_0,\boldsymbol{w},\boldsymbol{t}_{\text{f}})\boldsymbol{G}_1(\boldsymbol{u},\boldsymbol{w})=\boldsymbol{B}_{\text{f}}(\boldsymbol{z}_0,\boldsymbol{w})\boldsymbol{T}_{\text{s}}^{-1}(\boldsymbol{t}_{\text{f}},\boldsymbol{t}_{\text{s}})\boldsymbol{B}_{\text{s}}(\boldsymbol{t}_{\text{f}})\boldsymbol{P}_{\text{s}}(\boldsymbol{u})\tag{5.85}$$

将式(5.85)代入式(5.84)可得

$$\begin{aligned}\mathbf{cov}\left(\begin{bmatrix}\hat{\boldsymbol{u}}_{\text{tplwls}}^{(\text{b})}\\ \hat{\boldsymbol{w}}_{\text{tplwls}}^{(\text{b})}\end{bmatrix}\right)=&\left(\begin{bmatrix}\boldsymbol{G}_1^{\text{T}}(\boldsymbol{u},\boldsymbol{w})\boldsymbol{T}_{\text{f},1}^{\text{T}}(\boldsymbol{z}_0,\boldsymbol{w},\boldsymbol{t}_{\text{f}}) & \boldsymbol{O}_{q\times l}\\ \boldsymbol{O}_{l\times p} & \boldsymbol{I}_l\end{bmatrix}\boldsymbol{\Omega}_{\text{f}}^{-1}\right.\\ &\left.\cdot\begin{bmatrix}\boldsymbol{T}_{\text{f},1}(\boldsymbol{z}_0,\boldsymbol{w},\boldsymbol{t}_{\text{f}})\boldsymbol{G}_1(\boldsymbol{u},\boldsymbol{w}) & \boldsymbol{O}_{p\times l}\\ \boldsymbol{O}_{l\times q} & \boldsymbol{I}_l\end{bmatrix}\right)^{-1}\end{aligned}\tag{5.86}$$

再利用式(5.62)和式(5.69)可进一步推得

$$\mathbf{cov}\left(\begin{bmatrix}\hat{\boldsymbol{u}}_{\text{tplwls}}^{(\text{b})}\\ \hat{\boldsymbol{w}}_{\text{tplwls}}^{(\text{b})}\end{bmatrix}\right)$$

$$=\left(\begin{matrix}\begin{bmatrix}\boldsymbol{G}_1^{\text{T}}(\boldsymbol{u},\boldsymbol{w}) & \boldsymbol{O}_{q\times l}\\ \boldsymbol{O}_{l\times p} & \boldsymbol{I}_l\end{bmatrix}\\ \cdot\left[\begin{array}{c:c}\begin{matrix}\boldsymbol{Q}_1+\boldsymbol{T}_{\text{f},1}^{-1}(\boldsymbol{z}_0,\boldsymbol{w},\boldsymbol{t}_{\text{f}})\boldsymbol{T}_{\text{f},2}(\boldsymbol{z}_0,\boldsymbol{w},\boldsymbol{t}_{\text{f}})\\ \cdot\,\mathbf{cov}(\hat{\boldsymbol{w}}_0)\boldsymbol{T}_{\text{f},2}^{\text{T}}(\boldsymbol{z}_0,\boldsymbol{w},\boldsymbol{t}_{\text{f}})\boldsymbol{T}_{\text{f},1}^{-\text{T}}(\boldsymbol{z}_0,\boldsymbol{w},\boldsymbol{t}_{\text{f}})\end{matrix} & \boldsymbol{T}_{\text{f},1}^{-1}(\boldsymbol{z}_0,\boldsymbol{w},\boldsymbol{t}_{\text{f}})\boldsymbol{T}_{\text{f},2}(\boldsymbol{z}_0,\boldsymbol{w},\boldsymbol{t}_{\text{f}})\mathbf{cov}(\hat{\boldsymbol{w}}_0)\\ \hdashline \mathbf{cov}(\hat{\boldsymbol{w}}_0)\boldsymbol{T}_{\text{f},2}^{\text{T}}(\boldsymbol{z}_0,\boldsymbol{w},\boldsymbol{t}_{\text{f}})\boldsymbol{T}_{\text{f},1}^{-\text{T}}(\boldsymbol{z}_0,\boldsymbol{w},\boldsymbol{t}_{\text{f}}) & \mathbf{cov}(\hat{\boldsymbol{w}}_0)\end{array}\right]^{-1}\\ \cdot\begin{bmatrix}\boldsymbol{G}_1(\boldsymbol{u},\boldsymbol{w}) & \boldsymbol{O}_{p\times l}\\ \boldsymbol{O}_{l\times q} & \boldsymbol{I}_l\end{bmatrix}\end{matrix}\right)^{-1}$$

$$=\left(\begin{bmatrix}\boldsymbol{G}_1^{\text{T}}(\boldsymbol{u},\boldsymbol{w}) & \boldsymbol{O}_{q\times l}\\ \boldsymbol{O}_{l\times p} & \boldsymbol{I}_l\end{bmatrix}\left[\begin{array}{c:c}\boldsymbol{Q}_1+\boldsymbol{G}_2(\boldsymbol{u},\boldsymbol{w})\mathbf{cov}(\hat{\boldsymbol{w}}_0)\boldsymbol{G}_2^{\text{T}}(\boldsymbol{u},\boldsymbol{w}) & -\boldsymbol{G}_2(\boldsymbol{u},\boldsymbol{w})\mathbf{cov}(\hat{\boldsymbol{w}}_0)\\ \hdashline -\mathbf{cov}(\hat{\boldsymbol{w}}_0)\boldsymbol{G}_2^{\text{T}}(\boldsymbol{u},\boldsymbol{w}) & \mathbf{cov}(\hat{\boldsymbol{w}}_0)\end{array}\right]^{-1}\right.$$

$$\left.\cdot\begin{bmatrix}\boldsymbol{G}_1(\boldsymbol{u},\boldsymbol{w}) & \boldsymbol{O}_{p\times l}\\ \boldsymbol{O}_{l\times q} & \boldsymbol{I}_l\end{bmatrix}\right)^{-1} \tag{5.87}$$

根据推论 2.1 和推论 2.2 可知

$$\left[\begin{array}{c:c}\boldsymbol{Q}_1+\boldsymbol{G}_2(\boldsymbol{u},\boldsymbol{w})\mathbf{cov}(\hat{\boldsymbol{w}}_0)\boldsymbol{G}_2^{\text{T}}(\boldsymbol{u},\boldsymbol{w}) & -\boldsymbol{G}_2(\boldsymbol{u},\boldsymbol{w})\mathbf{cov}(\hat{\boldsymbol{w}}_0)\\ \hdashline -\mathbf{cov}(\hat{\boldsymbol{w}}_0)\boldsymbol{G}_2^{\text{T}}(\boldsymbol{u},\boldsymbol{w}) & \mathbf{cov}(\hat{\boldsymbol{w}}_0)\end{array}\right]^{-1}$$

$$=\left[\begin{array}{c:c}\boldsymbol{Q}_1^{-1} & \boldsymbol{Q}_1^{-1}\boldsymbol{G}_2(\boldsymbol{u},\boldsymbol{w})\\ \hdashline \boldsymbol{G}_2^{\text{T}}(\boldsymbol{u},\boldsymbol{w})\boldsymbol{Q}_1^{-1} & \left(\begin{matrix}\mathbf{cov}(\hat{\boldsymbol{w}}_0)-\mathbf{cov}(\hat{\boldsymbol{w}}_0)\boldsymbol{G}_2^{\text{T}}(\boldsymbol{u},\boldsymbol{w})\\ \cdot\,(\boldsymbol{Q}_1+\boldsymbol{G}_2(\boldsymbol{u},\boldsymbol{w})\mathbf{cov}(\hat{\boldsymbol{w}}_0)\boldsymbol{G}_2^{-1}(\boldsymbol{u},\boldsymbol{w}))^{-1}\boldsymbol{G}_2(\boldsymbol{u},\boldsymbol{w})\mathbf{cov}(\hat{\boldsymbol{w}}_0)\end{matrix}\right)^{-1}\end{array}\right]$$

$$=\left[\begin{array}{c:c}\boldsymbol{Q}_1^{-1} & \boldsymbol{Q}_1^{-1}\boldsymbol{G}_2(\boldsymbol{u},\boldsymbol{w})\\ \hdashline \boldsymbol{G}_2^{\text{T}}(\boldsymbol{u},\boldsymbol{w})\boldsymbol{Q}_1^{-1} & \mathbf{cov}^{-1}(\hat{\boldsymbol{w}}_0)+\boldsymbol{G}_2^{\text{T}}(\boldsymbol{u},\boldsymbol{w})\boldsymbol{Q}_1^{-1}\boldsymbol{G}_2(\boldsymbol{u},\boldsymbol{w})^{-1}\end{array}\right] \tag{5.88}$$

将式(5.65)中的第二式和式(5.88)代入式(5.87)可得

$$\mathbf{cov}\left(\begin{bmatrix}\hat{\boldsymbol{u}}_{\text{tplwls}}^{(\text{b})}\\ \hat{\boldsymbol{w}}_{\text{tplwls}}^{(\text{b})}\end{bmatrix}\right)=\left[\begin{array}{c:c}\boldsymbol{G}_1^{\text{T}}(\boldsymbol{u},\boldsymbol{w})\boldsymbol{Q}_1^{-1}\boldsymbol{G}_1(\boldsymbol{u},\boldsymbol{w}) & \boldsymbol{G}_1^{\text{T}}(\boldsymbol{u},\boldsymbol{w})\boldsymbol{Q}_1^{-1}\boldsymbol{G}_2(\boldsymbol{u},\boldsymbol{w})\\ \hdashline \boldsymbol{G}_2^{\text{T}}(\boldsymbol{u},\boldsymbol{w})\boldsymbol{Q}_1^{-1}\boldsymbol{G}_1(\boldsymbol{u},\boldsymbol{w}) & \mathbf{cov}^{-1}(\hat{\boldsymbol{w}}_0)+\boldsymbol{G}_2^{\text{T}}(\boldsymbol{u},\boldsymbol{w})\boldsymbol{Q}_1^{-1}\boldsymbol{G}_2(\boldsymbol{u},\boldsymbol{w})^{-1}\end{array}\right]$$

$$=\left[\begin{array}{c:c}\boldsymbol{G}_1^{\text{T}}(\boldsymbol{u},\boldsymbol{w})\boldsymbol{Q}_1^{-1}\boldsymbol{G}_1(\boldsymbol{u},\boldsymbol{w}) & \boldsymbol{G}_1^{\text{T}}(\boldsymbol{u},\boldsymbol{w})\boldsymbol{Q}_1^{-1}\boldsymbol{G}_2(\boldsymbol{u},\boldsymbol{w})\\ \hdashline \boldsymbol{G}_2^{\text{T}}(\boldsymbol{u},\boldsymbol{w})\boldsymbol{Q}_1^{-1}\boldsymbol{G}_1(\boldsymbol{u},\boldsymbol{w}) & \begin{matrix}\boldsymbol{G}_2^{\text{T}}(\boldsymbol{u},\boldsymbol{w})\boldsymbol{Q}_1^{-1}\boldsymbol{G}_2(\boldsymbol{u},\boldsymbol{w})+\boldsymbol{Q}_2^{-1}\\ +\bar{\boldsymbol{G}}^{\text{T}}(\boldsymbol{s},\boldsymbol{w})\boldsymbol{Q}_3^{-1}\bar{\boldsymbol{G}}(\boldsymbol{s},\boldsymbol{w})\end{matrix}\end{array}\right]^{-1}=\mathbf{CRB}\left(\begin{bmatrix}\boldsymbol{u}\\ \boldsymbol{w}\end{bmatrix}\right) \tag{5.89}$$

证毕。

命题 5.6 表明,目标位置解 $\hat{\boldsymbol{u}}_{\text{tplwls}}^{(\text{b})}$ 和系统参量解 $\hat{\boldsymbol{w}}_{\text{tplwls}}^{(\text{b})}$ 具有渐近最优的统计性能(在门限效应发生以前)。

5.4 定位算例与数值实验

本节将以联合辐射源信号 TOA/AOA 参数的无源定位问题为算例进行数值实验。

5.4.1 定位算例的观测模型

假设某目标源的位置向量为$\boldsymbol{u}=[x_{\mathrm{t}}\quad y_{\mathrm{t}}\quad z_{\mathrm{t}}]^{\mathrm{T}}$,现有$M$个观测站可以接收到该目标源信号,并利用该信号的 TOA/AOA 参数对目标进行定位。第m个观测站的位置向量为$\boldsymbol{w}_m=[x_{\mathrm{o},m}\quad y_{\mathrm{o},m}\quad z_{\mathrm{o},m}]^{\mathrm{T}}$,则系统参量可以表示为$\boldsymbol{w}=[\boldsymbol{w}_1^{\mathrm{T}}\quad \boldsymbol{w}_2^{\mathrm{T}}\quad \cdots\quad \boldsymbol{w}_M^{\mathrm{T}}]^{\mathrm{T}}$。

根据第1章的讨论可知,TOA 参数可以等效为传播距离,于是进行目标定位的全部观测方程可表示为

$$\begin{cases}\delta_m=\|\boldsymbol{u}-\boldsymbol{w}_m\|_2\\ \theta_m=\arctan\dfrac{y_{\mathrm{t}}-y_{\mathrm{o},m}}{x_{\mathrm{t}}-x_{\mathrm{o},m}}\\ \beta_m=\arctan\dfrac{z_{\mathrm{t}}-z_{\mathrm{o},m}}{\|\bar{\boldsymbol{I}}_3(\boldsymbol{u}-\boldsymbol{w}_m)\|_2}=\arctan\dfrac{z_{\mathrm{t}}-z_{\mathrm{o},m}}{(x_{\mathrm{t}}-x_{\mathrm{o},m})\cos\theta_m+(y_{\mathrm{t}}-y_{\mathrm{o},m})\sin\theta_m}\end{cases},\quad 1\leqslant m\leqslant M \tag{5.90}$$

式中,δ_m表示目标源信号到达第m个观测站的传播距离;θ_m和β_m分别表示目标源信号到达第m个观测站的方位角和仰角;$\bar{\boldsymbol{I}}_3=[\boldsymbol{I}_2\quad \boldsymbol{O}_{2\times1}]$。再分别定义如下观测向量:

$$\boldsymbol{\delta}=[\delta_1\quad \delta_2\quad \cdots\quad \delta_M]^{\mathrm{T}},\quad \boldsymbol{\theta}=[\theta_1\quad \theta_2\quad \cdots\quad \theta_M]^{\mathrm{T}},\quad \boldsymbol{\beta}=[\beta_1\quad \beta_2\quad \cdots\quad \beta_M]^{\mathrm{T}} \tag{5.91}$$

则用于目标定位的观测向量和观测方程可以表示为

$$\boldsymbol{z}_0=[\boldsymbol{\delta}^{\mathrm{T}}\quad \boldsymbol{\theta}^{\mathrm{T}}\quad \boldsymbol{\beta}^{\mathrm{T}}]^{\mathrm{T}}=\boldsymbol{g}(\boldsymbol{u},\boldsymbol{w}) \tag{5.92}$$

为了更好地消除系统误差的影响,需要在目标源附近放置d个位置精确已知的校正源,并且观测站同样能够获得关于校正源信号的 TOA/AOA 参数。假设第k个校正源的位置向量为$\boldsymbol{s}_k=[x_{\mathrm{c},k}\quad y_{\mathrm{c},k}\quad z_{\mathrm{c},k}]^{\mathrm{T}}$,则关于该校正源的全部观测方程可表示为

$$\begin{cases}\delta_{\mathrm{c},k,m}=\|\boldsymbol{s}_k-\boldsymbol{w}_m\|_2\\ \theta_{\mathrm{c},k,m}=\arctan\dfrac{y_{\mathrm{c},k}-y_{\mathrm{o},m}}{x_{\mathrm{c},k}-x_{\mathrm{o},m}}\\ \beta_{\mathrm{c},k,m}=\arctan\dfrac{z_{\mathrm{c},k}-z_{\mathrm{o},m}}{\|\bar{\boldsymbol{I}}_3(\boldsymbol{s}_k-\boldsymbol{w}_m)\|_2}\\ \qquad\quad=\arctan\dfrac{z_{\mathrm{c},k}-z_{\mathrm{o},m}}{(x_{\mathrm{c},k}-x_{\mathrm{o},m})\cos\theta_{\mathrm{c},k,m}+(y_{\mathrm{c},k}-y_{\mathrm{o},m})\sin\theta_{\mathrm{c},k,m}}\end{cases},\quad \begin{matrix}1\leqslant m\leqslant M\\ 1\leqslant k\leqslant d\end{matrix} \tag{5.93}$$

式中,$\delta_{\mathrm{c},k,m}$表示第k个校正源信号到达第m个观测站的传播距离;$\theta_{\mathrm{c},k,m}$和$\beta_{\mathrm{c},k,m}$分别表示第k个校正源信号到达第m个观测站的方位角和仰角。再分别定义如下观测向量:

$$\boldsymbol{\delta}_{\mathrm{c},k}=[\delta_{\mathrm{c},k,1}\quad \delta_{\mathrm{c},k,2}\quad \cdots\quad \delta_{\mathrm{c},k,M}]^{\mathrm{T}},\quad \boldsymbol{\theta}_{\mathrm{c},k}=[\theta_{\mathrm{c},k,1}\quad \theta_{\mathrm{c},k,2}\quad \cdots\quad \theta_{\mathrm{c},k,M}]^{\mathrm{T}}$$

$$\boldsymbol{\beta}_{\mathrm{c},k}=[\beta_{\mathrm{c},k,1}\quad \beta_{\mathrm{c},k,2}\quad \cdots\quad \beta_{\mathrm{c},k,M}]^{\mathrm{T}} \tag{5.94}$$

则关于第 k 个校正源的观测向量和观测方程可表示为

$$\boldsymbol{r}_{k0}=[\boldsymbol{\delta}_{\mathrm{c},k}^{\mathrm{T}}\quad \boldsymbol{\theta}_{\mathrm{c},k}^{\mathrm{T}}\quad \boldsymbol{\beta}_{\mathrm{c},k}^{\mathrm{T}}]^{\mathrm{T}}=\boldsymbol{g}(\boldsymbol{s}_k,\boldsymbol{w}) \tag{5.95}$$

而关于全部校正源的观测向量和观测方程可表示为

$$\boldsymbol{r}_0=[\boldsymbol{r}_{10}^{\mathrm{T}}\quad \boldsymbol{r}_{20}^{\mathrm{T}}\quad \cdots\quad \boldsymbol{r}_{d0}^{\mathrm{T}}]^{\mathrm{T}}=[\boldsymbol{g}^{\mathrm{T}}(\boldsymbol{s}_1,\boldsymbol{w})\quad \boldsymbol{g}^{\mathrm{T}}(\boldsymbol{s}_2,\boldsymbol{w})\quad \cdots\quad \boldsymbol{g}^{\mathrm{T}}(\boldsymbol{s}_d,\boldsymbol{w})]^{\mathrm{T}}=\bar{\boldsymbol{g}}(\boldsymbol{s},\boldsymbol{w}) \tag{5.96}$$

式中，$\boldsymbol{s}=[\boldsymbol{s}_1^{\mathrm{T}}\quad \boldsymbol{s}_2^{\mathrm{T}}\quad \cdots\quad \boldsymbol{s}_d^{\mathrm{T}}]^{\mathrm{T}}$ 表示由全部校正源位置所构成的列向量。

根据前面的讨论可知，为了利用本章的方法进行目标定位，需要将式(5.90)中的每个非线性观测方程转化为伪线性观测方程。首先，式(5.90)中第一个观测方程的伪线性化过程如下：

$$\begin{aligned}
&\delta_m=\|\boldsymbol{u}-\boldsymbol{w}_m\|_2\Rightarrow\delta_m^2=\|\boldsymbol{u}\|_2^2+\|\boldsymbol{w}_m\|_2^2-2\boldsymbol{w}_m^{\mathrm{T}}\boldsymbol{u}\\
&\Rightarrow[-2\boldsymbol{w}_m^{\mathrm{T}}\ \vdots\ 1]\begin{bmatrix}\boldsymbol{u}\\ \|\boldsymbol{u}\|_2^2\end{bmatrix}=\delta_m^2-\|\boldsymbol{w}_m\|_2^2\\
&\Rightarrow\boldsymbol{b}_{\mathrm{f},1m}^{\mathrm{T}}(\boldsymbol{z}_0,\boldsymbol{w})\boldsymbol{\rho}_{\mathrm{f}}(\boldsymbol{u})=a_{\mathrm{f},1m}(\boldsymbol{z}_0,\boldsymbol{w}),\quad 1\leqslant m\leqslant M
\end{aligned} \tag{5.97}$$

式中

$$\begin{cases}\boldsymbol{b}_{\mathrm{f},1m}(\boldsymbol{z}_0,\boldsymbol{w})=[-2\boldsymbol{w}_m^{\mathrm{T}}\ \vdots\ 1]^{\mathrm{T}}\\ a_{\mathrm{f},1m}(\boldsymbol{z}_0,\boldsymbol{w})=\delta_m^2-\|\boldsymbol{w}_m\|_2^2\\ \boldsymbol{\rho}_{\mathrm{f}}(\boldsymbol{u})=[\boldsymbol{u}^{\mathrm{T}}\ \vdots\ \|\boldsymbol{u}\|_2^2]^{\mathrm{T}}\end{cases} \tag{5.98}$$

然后，式(5.90)中第二个观测方程的伪线性化过程如下：

$$\begin{aligned}
&\theta_m=\arctan\frac{y_{\mathrm{t}}-y_{\mathrm{o},m}}{x_{\mathrm{t}}-x_{\mathrm{o},m}}\Rightarrow\frac{\sin\theta_m}{\cos\theta_m}=\frac{y_{\mathrm{t}}-y_{\mathrm{o},m}}{x_{\mathrm{t}}-x_{\mathrm{o},m}}\\
&\Rightarrow[\sin\theta_m\ \vdots\ -\cos\theta_m\ \vdots\ 0\ \vdots\ 0]\boldsymbol{\rho}_{\mathrm{f}}(\boldsymbol{u})=x_{\mathrm{o},m}\sin\theta_m-y_{\mathrm{o},m}\cos\theta_m\\
&\Rightarrow\boldsymbol{b}_{\mathrm{f},2m}^{\mathrm{T}}(\boldsymbol{z}_0,\boldsymbol{w})\boldsymbol{\rho}_{\mathrm{f}}(\boldsymbol{u})=a_{\mathrm{f},2m}(\boldsymbol{z}_0,\boldsymbol{w}),\quad 1\leqslant m\leqslant M
\end{aligned} \tag{5.99}$$

式中

$$\begin{cases}\boldsymbol{b}_{\mathrm{f},2m}(\boldsymbol{z}_0,\boldsymbol{w})=[\sin\theta_m\ \vdots\ -\cos\theta_m\ \vdots\ 0\ \vdots\ 0]^{\mathrm{T}}\\ a_{\mathrm{f},2m}(\boldsymbol{z}_0,\boldsymbol{w})=x_{\mathrm{o},m}\sin\theta_m-y_{\mathrm{o},m}\cos\theta_m\end{cases} \tag{5.100}$$

最后，式(5.90)中第三个观测方程的伪线性化过程如下：

$$\begin{aligned}
&\beta_m=\arctan\frac{z_{\mathrm{t}}-z_{\mathrm{o},m}}{(x_{\mathrm{t}}-x_{\mathrm{o},m})\cos\theta_m+(y_{\mathrm{t}}-y_{\mathrm{o},m})\sin\theta_m}\\
&\Rightarrow\frac{\sin\beta_m}{\cos\beta_m}=\frac{z_{\mathrm{t}}-z_{\mathrm{o},m}}{(x_{\mathrm{t}}-x_{\mathrm{o},m})\cos\theta_m+(y_{\mathrm{t}}-y_{\mathrm{o},m})\sin\theta_m}\\
&\Rightarrow[\cos\theta_m\sin\beta_m\ \vdots\ \sin\theta_m\sin\beta_m\ \vdots\ -\cos\beta_m\ \vdots\ 0]\boldsymbol{\rho}_{\mathrm{f}}(\boldsymbol{u})\\
&=x_{\mathrm{o},m}\cos\theta_m\sin\beta_m+y_{\mathrm{o},m}\sin\theta_m\sin\beta_m+y_{\mathrm{o},m}\cos\beta_m\\
&\Rightarrow\boldsymbol{b}_{\mathrm{f},3m}^{\mathrm{T}}(\boldsymbol{z}_0,\boldsymbol{w})\boldsymbol{\rho}_{\mathrm{f}}(\boldsymbol{u})=a_{\mathrm{f},3m}(\boldsymbol{z}_0,\boldsymbol{w}),\quad 1\leqslant m\leqslant M
\end{aligned} \tag{5.101}$$

式中

$$\begin{cases}\boldsymbol{b}_{\mathrm{f},3m}(\boldsymbol{z}_0,\boldsymbol{w})=[\cos\theta_m\sin\beta_m\ \vdots\ \sin\theta_m\sin\beta_m\ \vdots\ -\cos\beta_m\ \vdots\ 0]^{\mathrm{T}}\\ a_{\mathrm{f},3m}(\boldsymbol{z}_0,\boldsymbol{w})=x_{\mathrm{o},m}\cos\theta_m\sin\beta_m+y_{\mathrm{o},m}\sin\theta_m\sin\beta_m-z_{\mathrm{o},m}\cos\beta_m\end{cases} \tag{5.102}$$

结合式(5.97)～式(5.102)可以建立如下(第一步)伪线性观测方程：

$$\boldsymbol{a}_{\mathrm{f}}(\boldsymbol{z}_0,\boldsymbol{w})=\boldsymbol{B}_{\mathrm{f}}(\boldsymbol{z}_0,\boldsymbol{w})\boldsymbol{\rho}_{\mathrm{f}}(\boldsymbol{u})=\boldsymbol{B}_{\mathrm{f}}(\boldsymbol{z}_0,\boldsymbol{w})\boldsymbol{t}_{\mathrm{f}} \tag{5.103}$$

式中

$$\begin{cases} \boldsymbol{t}_{\mathrm{f}}=\boldsymbol{\rho}_{\mathrm{f}}(\boldsymbol{u})=[\boldsymbol{u}^{\mathrm{T}} \vdots \ \|\boldsymbol{u}\|_2^2]^{\mathrm{T}} \\ \boldsymbol{a}_{\mathrm{f}}(\boldsymbol{z}_0,\boldsymbol{w})=[\boldsymbol{a}_{\mathrm{f},1}^{\mathrm{T}}(\boldsymbol{z}_0,\boldsymbol{w}) \quad \boldsymbol{a}_{\mathrm{f},2}^{\mathrm{T}}(\boldsymbol{z}_0,\boldsymbol{w}) \quad \boldsymbol{a}_{\mathrm{f},3}^{\mathrm{T}}(\boldsymbol{z}_0,\boldsymbol{w})]^{\mathrm{T}} \\ \boldsymbol{B}_{\mathrm{f}}(\boldsymbol{z}_0,\boldsymbol{w})=[\boldsymbol{B}_{\mathrm{f},1}^{\mathrm{T}}(\boldsymbol{z}_0,\boldsymbol{w}) \quad \boldsymbol{B}_{\mathrm{f},2}^{\mathrm{T}}(\boldsymbol{z}_0,\boldsymbol{w}) \quad \boldsymbol{B}_{\mathrm{f},3}^{\mathrm{T}}(\boldsymbol{z}_0,\boldsymbol{w})]^{\mathrm{T}} \end{cases} \tag{5.104}$$

其中

$$\boldsymbol{B}_{\mathrm{f},j}(\boldsymbol{z}_0,\boldsymbol{w})=\begin{bmatrix} \boldsymbol{b}_{\mathrm{f},j1}^{\mathrm{T}}(\boldsymbol{z}_0,\boldsymbol{w}) \\ \boldsymbol{b}_{\mathrm{f},j2}^{\mathrm{T}}(\boldsymbol{z}_0,\boldsymbol{w}) \\ \vdots \\ \boldsymbol{b}_{\mathrm{f},jM}^{\mathrm{T}}(\boldsymbol{z}_0,\boldsymbol{w}) \end{bmatrix}, \quad \boldsymbol{a}_{\mathrm{f},j}(\boldsymbol{z}_0,\boldsymbol{w})=\begin{bmatrix} a_{\mathrm{f},j1}(\boldsymbol{z}_0,\boldsymbol{w}) \\ a_{\mathrm{f},j2}(\boldsymbol{z}_0,\boldsymbol{w}) \\ \vdots \\ a_{\mathrm{f},jM}(\boldsymbol{z}_0,\boldsymbol{w}) \end{bmatrix}, \quad 1\leqslant j\leqslant 3 \tag{5.105}$$

另外，根据向量 $\boldsymbol{t}_{\mathrm{f}}=\boldsymbol{\rho}_{\mathrm{f}}(\boldsymbol{u})$ 中元素间的闭式关系可以建立如下（第二步）伪线性观测方程：

$$\boldsymbol{a}_{\mathrm{s}}(\boldsymbol{t}_{\mathrm{f}})=\boldsymbol{B}_{\mathrm{s}}(\boldsymbol{t}_{\mathrm{f}})\boldsymbol{\rho}_{\mathrm{s}}(\boldsymbol{u})=\boldsymbol{B}_{\mathrm{s}}(\boldsymbol{t}_{\mathrm{f}})\boldsymbol{t}_{\mathrm{s}} \tag{5.106}$$

式中

$$\boldsymbol{a}_{\mathrm{s}}(\boldsymbol{t}_{\mathrm{f}})=\begin{bmatrix} \boldsymbol{t}_{\mathrm{f}}(1:3)\odot\boldsymbol{t}_{\mathrm{f}}(1:3) \\ \langle\boldsymbol{t}_{\mathrm{f}}\rangle_4 \end{bmatrix}, \quad \boldsymbol{B}_{\mathrm{s}}(\boldsymbol{t}_{\mathrm{f}})=\begin{bmatrix} \boldsymbol{I}_3 \\ \boldsymbol{1}_{1\times 3} \end{bmatrix}, \quad \boldsymbol{t}_{\mathrm{s}}=\boldsymbol{\rho}_{\mathrm{s}}(\boldsymbol{u})=\boldsymbol{u}\odot\boldsymbol{u} \tag{5.107}$$

此外，这里还需要将式(5.93)中的每个非线性观测方程转化为伪线性观测方程。首先，式(5.93)中第一个观测方程的伪线性化过程如下：

$$\begin{aligned} \delta_{\mathrm{c},k,m} &= \|\boldsymbol{s}_k-\boldsymbol{w}_m\|_2 \Rightarrow \delta_{\mathrm{c},k,m}^2 = \|\boldsymbol{s}_k\|_2^2+\|\boldsymbol{w}_m\|_2^2-2\boldsymbol{s}_k^{\mathrm{T}}\boldsymbol{w}_m \\ &\Rightarrow[-2\boldsymbol{s}_k^{\mathrm{T}} \vdots \ 1]\begin{bmatrix} \boldsymbol{w}_m \\ \|\boldsymbol{w}_m\|_2^2 \end{bmatrix}=\delta_{\mathrm{c},k,m}^2-\|\boldsymbol{s}_k\|_2^2 \\ &\Rightarrow \boldsymbol{d}_{\mathrm{f},1m}^{\mathrm{T}}(\boldsymbol{r}_{k0},\boldsymbol{s}_k)\boldsymbol{\varphi}_{\mathrm{f},0}(\boldsymbol{w}_m)=c_{\mathrm{f},1m}(\boldsymbol{r}_{k0},\boldsymbol{s}_k), \quad 1\leqslant m\leqslant M;1\leqslant k\leqslant d \end{aligned} \tag{5.108}$$

式中

$$\begin{cases} \boldsymbol{d}_{\mathrm{f},1m}(\boldsymbol{r}_{k0},\boldsymbol{s}_k)=[-2\boldsymbol{s}_k^{\mathrm{T}} \vdots \ 1]^{\mathrm{T}} \\ c_{\mathrm{f},1m}(\boldsymbol{r}_{k0},\boldsymbol{s}_k)=\delta_{\mathrm{c},k,m}^2-\|\boldsymbol{s}_k\|_2^2 \\ \boldsymbol{\varphi}_{\mathrm{f},0}(\boldsymbol{w}_m)=[\boldsymbol{w}_m^{\mathrm{T}} \vdots \ \|\boldsymbol{w}_m\|_2^2]^{\mathrm{T}} \end{cases} \tag{5.109}$$

然后，式(5.93)中第二个观测方程的伪线性化过程如下：

$$\begin{aligned} \theta_{\mathrm{c},k,m} &= \arctan\frac{y_{\mathrm{c},k}-y_{\mathrm{o},m}}{x_{\mathrm{c},k}-x_{\mathrm{o},m}} \Rightarrow \frac{\sin\theta_{\mathrm{c},k,m}}{\cos\theta_{\mathrm{c},k,m}}=\frac{y_{\mathrm{c},k}-y_{\mathrm{o},m}}{x_{\mathrm{c},k}-x_{\mathrm{o},m}} \\ &\Rightarrow[\sin\theta_{\mathrm{c},k,m} \vdots -\cos\theta_{\mathrm{c},k,m} \vdots \ 0 \vdots \ 0]\boldsymbol{\varphi}_{\mathrm{f},0}(\boldsymbol{w}_m)=x_{\mathrm{c},k}\sin\theta_{\mathrm{c},k,m}-y_{\mathrm{c},k}\cos\theta_{\mathrm{c},k,m} \\ &\Rightarrow \boldsymbol{d}_{\mathrm{f},2m}^{\mathrm{T}}(\boldsymbol{r}_{k0},\boldsymbol{s}_k)\boldsymbol{\varphi}_{\mathrm{f},0}(\boldsymbol{w}_m)=c_{\mathrm{f},2m}(\boldsymbol{r}_{k0},\boldsymbol{s}_k), \quad 1\leqslant m\leqslant M;1\leqslant k\leqslant d \end{aligned} \tag{5.110}$$

式中

$$\begin{cases} \boldsymbol{d}_{\mathrm{f},2m}(\boldsymbol{r}_{k0},\boldsymbol{s}_k)=[\sin\theta_m \vdots -\cos\theta_{\mathrm{c},km} \vdots \ 0 \vdots \ 0]^{\mathrm{T}} \\ c_{\mathrm{f},2m}(\boldsymbol{r}_{k0},\boldsymbol{s}_k)=x_{\mathrm{c},k}\sin\theta_{\mathrm{c},k,m}-y_{\mathrm{c},k}\cos\theta_{\mathrm{c},k,m} \end{cases} \tag{5.111}$$

最后，式(5.93)中第三个观测方程的伪线性化过程如下：

$$\beta_{\mathrm{c},k,m}=\arctan\frac{z_{\mathrm{c},k}-z_{\mathrm{o},m}}{(x_{\mathrm{c},k}-x_{\mathrm{o},m})\cos\theta_{\mathrm{c},k,m}+(y_{\mathrm{c},k}-y_{\mathrm{o},m})\sin\theta_{\mathrm{c},k,m}}$$

$$\Rightarrow \frac{\sin\beta_{\mathrm{c},k,m}}{\cos\beta_{\mathrm{c},k,m}} = \frac{z_{\mathrm{c},k} - z_{\mathrm{o},m}}{(x_{\mathrm{c},k} - x_{\mathrm{o},m})\cos\theta_{\mathrm{c},k,m} + (y_{\mathrm{c},k} - y_{\mathrm{o},m})\sin\theta_{\mathrm{c},k,m}}$$

$$\Rightarrow [\cos\theta_{\mathrm{c},k,m}\sin\beta_{\mathrm{c},k,m} \;\vdots\; \sin\theta_{\mathrm{c},k,m}\sin\beta_{\mathrm{c},k,m} \;\vdots\; -\cos\beta_{\mathrm{c},k,m} \;\vdots\; 0]\boldsymbol{\varphi}_{\mathrm{f},0}(\boldsymbol{w}_m)$$

$$= x_{\mathrm{c},k}\cos\theta_{\mathrm{c},k,m}\sin\beta_{\mathrm{c},k,m} + y_{\mathrm{c},k}\sin\theta_{\mathrm{c},k,m}\sin\beta_{\mathrm{c},k,m} - z_{\mathrm{c},k}\cos\beta_{\mathrm{c},k,m}$$

$$\Rightarrow \boldsymbol{d}_{\mathrm{f},3m}^{\mathrm{T}}(\boldsymbol{r}_{k0},\boldsymbol{s}_k)\boldsymbol{\varphi}_{\mathrm{f},0}(\boldsymbol{w}_m) = c_{\mathrm{f},3m}(\boldsymbol{r}_{k0},\boldsymbol{s}_k), \quad 1 \leqslant m \leqslant M; 1 \leqslant k \leqslant d \tag{5.112}$$

式中

$$\begin{cases} \boldsymbol{d}_{\mathrm{f},3m}(\boldsymbol{r}_{k0},\boldsymbol{s}_k) = [\cos\theta_{\mathrm{c},k,m}\sin\beta_{\mathrm{c},k,m} \;\vdots\; \sin\theta_{\mathrm{c},k,m}\sin\beta_{\mathrm{c},k,m} \;\vdots\; -\cos\beta_{\mathrm{c},k,m} \;\vdots\; 0]^{\mathrm{T}} \\ c_{\mathrm{f},3m}(\boldsymbol{r}_{k0},\boldsymbol{s}_k) = x_{\mathrm{c},k}\cos\theta_{\mathrm{c},k,m}\sin\beta_{\mathrm{c},k,m} + y_{\mathrm{c},k}\sin\theta_{\mathrm{c},k,m}\sin\beta_{\mathrm{c},k,m} - z_{\mathrm{c},k}\cos\beta_{\mathrm{c},k,m} \end{cases} \tag{5.113}$$

结合式(5.108)～式(5.113)可以建立如下伪线性观测方程：

$$\boldsymbol{c}_{\mathrm{f}}(\boldsymbol{r}_{k0},\boldsymbol{s}_k) = \boldsymbol{D}_{\mathrm{f}}(\boldsymbol{r}_{k0},\boldsymbol{s}_k)\boldsymbol{\varphi}_{\mathrm{f}}(\boldsymbol{w}) = \boldsymbol{D}_{\mathrm{f}}(\boldsymbol{r}_{k0},\boldsymbol{s}_k)\boldsymbol{x}_{\mathrm{f}}, \quad 1 \leqslant k \leqslant d \tag{5.114}$$

式中

$$\begin{cases} \boldsymbol{x}_{\mathrm{f}} = \boldsymbol{\varphi}_{\mathrm{f}}(\boldsymbol{w}) = [\boldsymbol{\varphi}_{\mathrm{f},0}^{\mathrm{T}}(\boldsymbol{w}_1) \quad \boldsymbol{\varphi}_{\mathrm{f},0}^{\mathrm{T}}(\boldsymbol{w}_2) \quad \cdots \quad \boldsymbol{\varphi}_{\mathrm{f},0}^{\mathrm{T}}(\boldsymbol{w}_M)]^{\mathrm{T}} \\ \boldsymbol{c}_{\mathrm{f}}(\boldsymbol{r}_{k0},\boldsymbol{s}_k) = [\boldsymbol{c}_{\mathrm{f},1}^{\mathrm{T}}(\boldsymbol{r}_{k0},\boldsymbol{s}_k) \quad \boldsymbol{c}_{\mathrm{f},2}^{\mathrm{T}}(\boldsymbol{r}_{k0},\boldsymbol{s}_k) \quad \boldsymbol{c}_{\mathrm{f},3}^{\mathrm{T}}(\boldsymbol{r}_{k0},\boldsymbol{s}_k)]^{\mathrm{T}} \\ \boldsymbol{D}_{\mathrm{f}}(\boldsymbol{r}_{k0},\boldsymbol{s}_k) = [\boldsymbol{D}_{\mathrm{f},1}^{\mathrm{T}}(\boldsymbol{r}_{k0},\boldsymbol{s}_k) \quad \boldsymbol{D}_{\mathrm{f},2}^{\mathrm{T}}(\boldsymbol{r}_{k0},\boldsymbol{s}_k) \quad \boldsymbol{D}_{\mathrm{f},3}^{\mathrm{T}}(\boldsymbol{r}_{k0},\boldsymbol{s}_k)]^{\mathrm{T}} \end{cases} \tag{5.115}$$

其中

$$\begin{cases} \boldsymbol{D}_{\mathrm{f},j}(\boldsymbol{r}_{k0},\boldsymbol{s}_k) = \mathrm{blkdiag}[\boldsymbol{d}_{\mathrm{f},j1}^{\mathrm{T}}(\boldsymbol{r}_{k0},\boldsymbol{s}_k) \quad \boldsymbol{d}_{\mathrm{f},j2}^{\mathrm{T}}(\boldsymbol{r}_{k0},\boldsymbol{s}_k) \quad \cdots \quad \boldsymbol{d}_{\mathrm{f},jM}^{\mathrm{T}}(\boldsymbol{r}_{k0},\boldsymbol{s}_k)] \\ \boldsymbol{c}_{\mathrm{f},j}(\boldsymbol{r}_{k0},\boldsymbol{s}_k) = [c_{\mathrm{f},j1}(\boldsymbol{r}_{k0},\boldsymbol{s}_k) \quad c_{\mathrm{f},j2}(\boldsymbol{r}_{k0},\boldsymbol{s}_k) \quad \cdots \quad c_{\mathrm{f},jM}(\boldsymbol{r}_{k0},\boldsymbol{s}_k)]^{\mathrm{T}} \end{cases}, \quad 1 \leqslant j \leqslant 3 \tag{5.116}$$

若将上述 d 个伪线性观测方程进行合并，则可以建立如下具有更高维数的（第一步）伪线性观测方程：

$$\bar{\boldsymbol{c}}_{\mathrm{f}}(\boldsymbol{r}_0,\boldsymbol{s}) = \bar{\boldsymbol{D}}_{\mathrm{f}}(\boldsymbol{r}_0,\boldsymbol{s})\boldsymbol{\varphi}_{\mathrm{f}}(\boldsymbol{w}) = \bar{\boldsymbol{D}}_{\mathrm{f}}(\boldsymbol{r}_0,s)\boldsymbol{x}_{\mathrm{f}} \tag{5.117}$$

式中

$$\begin{cases} \bar{\boldsymbol{c}}_{\mathrm{f}}(\boldsymbol{r}_0,\boldsymbol{s}) = [\boldsymbol{c}_{\mathrm{f}}^{\mathrm{T}}(\boldsymbol{r}_{10},\boldsymbol{s}_1) \quad \boldsymbol{c}_{\mathrm{f}}^{\mathrm{T}}(\boldsymbol{r}_{20},\boldsymbol{s}_2) \quad \cdots \quad \boldsymbol{c}_{\mathrm{f}}^{\mathrm{T}}(\boldsymbol{r}_{d0},\boldsymbol{s}_d)]^{\mathrm{T}} \\ \bar{\boldsymbol{D}}_{\mathrm{f}}(\boldsymbol{r}_0,\boldsymbol{s}) = [\boldsymbol{D}_{\mathrm{f}}^{\mathrm{T}}(\boldsymbol{r}_{10},\boldsymbol{s}_1) \quad \boldsymbol{D}_{\mathrm{f}}^{\mathrm{T}}(\boldsymbol{r}_{20},\boldsymbol{s}_2) \quad \cdots \quad \boldsymbol{D}_{\mathrm{f}}^{\mathrm{T}}(\boldsymbol{r}_{d0},\boldsymbol{s}_d)]^{\mathrm{T}} \\ \boldsymbol{r}_0 = [\boldsymbol{r}_{10}^{\mathrm{T}} \quad \boldsymbol{r}_{20}^{\mathrm{T}} \quad \cdots \quad \boldsymbol{r}_{d0}^{\mathrm{T}}]^{\mathrm{T}}, \quad \boldsymbol{s} = [\boldsymbol{s}_{10}^{\mathrm{T}} \quad \boldsymbol{s}_{20}^{\mathrm{T}} \quad \cdots \quad \boldsymbol{s}_{d0}^{\mathrm{T}}]^{\mathrm{T}} \end{cases} \tag{5.118}$$

另外，根据向量 $\boldsymbol{x}_{\mathrm{f}} = \boldsymbol{\varphi}_{\mathrm{f}}(\boldsymbol{w})$ 中元素间的闭式关系可以建立如下（第二步）伪线性观测方程：

$$\boldsymbol{c}_{\mathrm{s}}(\boldsymbol{x}_{\mathrm{f}}) = \boldsymbol{D}_{\mathrm{s}}(\boldsymbol{x}_{\mathrm{f}})\boldsymbol{\varphi}_{\mathrm{s}}(\boldsymbol{w}) = \boldsymbol{D}_{\mathrm{s}}(\boldsymbol{x}_{\mathrm{f}})\boldsymbol{x}_{\mathrm{s}} \tag{5.119}$$

式中

$$\begin{cases} \boldsymbol{c}_{\mathrm{s}}(\boldsymbol{x}_{\mathrm{f}}) = [\boldsymbol{c}_{\mathrm{s},1}^{\mathrm{T}}(\boldsymbol{x}_{\mathrm{f}}) \quad \boldsymbol{c}_{\mathrm{s},2}^{\mathrm{T}}(\boldsymbol{x}_{\mathrm{f}}) \quad \cdots \quad \boldsymbol{c}_{\mathrm{s},M}^{\mathrm{T}}(\boldsymbol{x}_{\mathrm{f}})]^{\mathrm{T}} \\ \boldsymbol{D}_{\mathrm{s}}(\boldsymbol{x}_{\mathrm{f}}) = \boldsymbol{I}_M \otimes \begin{bmatrix} \boldsymbol{I}_3 \\ \boldsymbol{1}_{1\times 3} \end{bmatrix} \\ \boldsymbol{x}_{\mathrm{s}} = \boldsymbol{\varphi}_{\mathrm{s}}(\boldsymbol{w}) = [\boldsymbol{\varphi}_{\mathrm{s},0}^{\mathrm{T}}(\boldsymbol{w}_1) \quad \boldsymbol{\varphi}_{\mathrm{s},0}^{\mathrm{T}}(\boldsymbol{w}_2) \quad \cdots \quad \boldsymbol{\varphi}_{\mathrm{s},0}^{\mathrm{T}}(\boldsymbol{w}_M)]^{\mathrm{T}} \end{cases} \tag{5.120}$$

其中

$$\begin{cases} \boldsymbol{c}_{\mathrm{s},m}(\boldsymbol{x}_{\mathrm{f}}) = \begin{bmatrix} \boldsymbol{x}_{\mathrm{f}}(4m-3:4m-1) \odot \boldsymbol{x}_{\mathrm{f}}(4m-3:4m-1) \\ \langle \boldsymbol{x}_{\mathrm{f}} \rangle_{4m} \end{bmatrix} \\ \boldsymbol{\varphi}_{\mathrm{s},0}(\boldsymbol{w}_m) = \boldsymbol{w}_m \odot \boldsymbol{w}_m \end{cases}, \quad 1 \leqslant m \leqslant M \tag{5.121}$$

另外，为了利用本章的方法进行目标定位，还需要推导矩阵 $\boldsymbol{T}_{\mathrm{f},1}(\boldsymbol{z}_0,\boldsymbol{w},\boldsymbol{t}_{\mathrm{f}})$，$\boldsymbol{T}_{\mathrm{f},2}(\boldsymbol{z}_0,\boldsymbol{w},\boldsymbol{t}_{\mathrm{f}})$，$\boldsymbol{H}_{\mathrm{f}}(\boldsymbol{r}_{k0},\boldsymbol{s}_k,\boldsymbol{x}_{\mathrm{f}})$，$\boldsymbol{T}_{\mathrm{s}}(\boldsymbol{t}_{\mathrm{f}},\boldsymbol{t}_{\mathrm{s}})$ 和 $\boldsymbol{H}_{\mathrm{s}}(\boldsymbol{x}_{\mathrm{f}},\boldsymbol{x}_{\mathrm{s}})$ 的表达式。根据前面的讨论可推得

$$\begin{cases}\boldsymbol{T}_{\mathrm{f},1}(\boldsymbol{z}_0,\boldsymbol{w},\boldsymbol{t}_{\mathrm{f}})=\boldsymbol{A}_{\mathrm{f},1}(\boldsymbol{z}_0,\boldsymbol{w})-[\dot{\boldsymbol{B}}_{\mathrm{f},\delta_1}(\boldsymbol{z}_0,\boldsymbol{w})\boldsymbol{t}_{\mathrm{f}}\ \ \cdots\ \ \dot{\boldsymbol{B}}_{\mathrm{f},\delta_M}(\boldsymbol{z}_0,\boldsymbol{w})\boldsymbol{t}_{\mathrm{f}}\ \vdots \\ \qquad \vdots\ \dot{\boldsymbol{B}}_{\mathrm{f},\theta_1}(\boldsymbol{z}_0,\boldsymbol{w})\boldsymbol{t}_{\mathrm{f}}\ \ \cdots\ \ \dot{\boldsymbol{B}}_{\mathrm{f},\theta_M}(\boldsymbol{z}_0,\boldsymbol{w})\boldsymbol{t}_{\mathrm{f}}\ \vdots\ \dot{\boldsymbol{B}}_{\mathrm{f},\beta_1}(\boldsymbol{z}_0,\boldsymbol{w})\boldsymbol{t}_{\mathrm{f}}\ \ \cdots\ \ \dot{\boldsymbol{B}}_{\mathrm{f},\beta_M}(\boldsymbol{z}_0,\boldsymbol{w})\boldsymbol{t}_{\mathrm{f}}] \\ \boldsymbol{T}_{\mathrm{f},2}(\boldsymbol{z}_0,\boldsymbol{w},\boldsymbol{t}_{\mathrm{f}})=\boldsymbol{A}_{\mathrm{f},2}(\boldsymbol{z}_0,\boldsymbol{w})-[\dot{\boldsymbol{B}}_{\mathrm{f},x_{\mathrm{o},1}}(\boldsymbol{z}_0,\boldsymbol{w})\boldsymbol{t}_{\mathrm{f}}\ \ \dot{\boldsymbol{B}}_{\mathrm{f},y_{\mathrm{o},1}}(\boldsymbol{z}_0,\boldsymbol{w})\boldsymbol{t}_{\mathrm{f}}\ \ \dot{\boldsymbol{B}}_{\mathrm{f},z_{\mathrm{o},1}}(\boldsymbol{z}_0,\boldsymbol{w})\boldsymbol{t}_{\mathrm{f}}\ \vdots \\ \qquad \cdots\ \vdots\ \dot{\boldsymbol{B}}_{\mathrm{f},x_{\mathrm{o},M}}(\boldsymbol{z}_0,\boldsymbol{w})\boldsymbol{t}_{\mathrm{f}}\ \ \dot{\boldsymbol{B}}_{\mathrm{f},y_{\mathrm{o},M}}(\boldsymbol{z}_0,\boldsymbol{w})\boldsymbol{t}_{\mathrm{f}}\ \ \dot{\boldsymbol{B}}_{\mathrm{f},z_{\mathrm{o},M}}(\boldsymbol{z}_0,\boldsymbol{w})\boldsymbol{t}_{\mathrm{f}}] \\ \boldsymbol{H}_{\mathrm{f}}(\boldsymbol{r}_{k0},\boldsymbol{s}_k,\boldsymbol{x}_{\mathrm{f}})=\boldsymbol{C}_{\mathrm{f}}(\boldsymbol{r}_{k0},\boldsymbol{s}_k)-[\dot{\boldsymbol{D}}_{\mathrm{f},\delta_{\mathrm{c},k,1}}(\boldsymbol{r}_{k0},\boldsymbol{s}_k)\boldsymbol{x}_{\mathrm{f}}\ \ \cdots\ \ \dot{\boldsymbol{D}}_{\mathrm{f},\delta_{\mathrm{c},k,M}}(\boldsymbol{r}_{k0},\boldsymbol{s}_k)\boldsymbol{x}_{\mathrm{f}}\ \vdots \\ \qquad \vdots\ \dot{\boldsymbol{D}}_{\mathrm{f},\theta_{\mathrm{c},k,1}}(\boldsymbol{r}_{k0},\boldsymbol{s}_k)\boldsymbol{x}_{\mathrm{f}}\ \ \cdots\ \ \dot{\boldsymbol{D}}_{\mathrm{f},\theta_{\mathrm{c},k,M}}(\boldsymbol{r}_{k0},\boldsymbol{s}_k)\boldsymbol{x}_{\mathrm{f}}\ \vdots \\ \qquad \vdots\ \dot{\boldsymbol{D}}_{\mathrm{f},\beta_{\mathrm{c},k,1}}(\boldsymbol{r}_{k0},\boldsymbol{s}_k)\boldsymbol{x}_{\mathrm{f}}\ \ \cdots\ \ \dot{\boldsymbol{D}}_{\mathrm{f},\beta_{\mathrm{c},k,M}}(\boldsymbol{r}_{k0},\boldsymbol{s}_k)\boldsymbol{x}_{\mathrm{f}}] \\ \boldsymbol{T}_{\mathrm{s}}(\boldsymbol{t}_{\mathrm{f}},\boldsymbol{t}_{\mathrm{s}})=\boldsymbol{A}_{\mathrm{s}}(\boldsymbol{t}_{\mathrm{f}})-[\dot{\boldsymbol{B}}_{\mathrm{s},1}(\boldsymbol{t}_{\mathrm{f}})\boldsymbol{t}_{\mathrm{s}}\ \ \dot{\boldsymbol{B}}_{\mathrm{s},2}(\boldsymbol{t}_{\mathrm{f}})\boldsymbol{t}_{\mathrm{s}}\ \ \dot{\boldsymbol{B}}_{\mathrm{s},3}(\boldsymbol{t}_{\mathrm{f}})\boldsymbol{t}_{\mathrm{s}}\ \ \dot{\boldsymbol{B}}_{\mathrm{s},4}(\boldsymbol{t}_{\mathrm{f}})\boldsymbol{t}_{\mathrm{s}}] \\ \boldsymbol{H}_{\mathrm{s}}(\boldsymbol{x}_{\mathrm{f}},\boldsymbol{x}_{\mathrm{s}})=\boldsymbol{C}_{\mathrm{s}}(\boldsymbol{x}_{\mathrm{f}})-[\dot{\boldsymbol{D}}_{\mathrm{s},1}(\boldsymbol{x}_{\mathrm{f}})\boldsymbol{x}_{\mathrm{s}}\ \ \dot{\boldsymbol{D}}_{\mathrm{s},2}(\boldsymbol{x}_{\mathrm{f}})\boldsymbol{x}_{\mathrm{s}}\ \ \cdots\ \ \dot{\boldsymbol{D}}_{\mathrm{s},4M}(\boldsymbol{x}_{\mathrm{f}})\boldsymbol{x}_{\mathrm{s}}]\end{cases} \tag{5.122}$$

式中

$$\begin{cases}\boldsymbol{A}_{\mathrm{f},1}(\boldsymbol{z}_0,\boldsymbol{w})=\dfrac{\partial\boldsymbol{a}_{\mathrm{f}}(\boldsymbol{z}_0,\boldsymbol{w})}{\partial\boldsymbol{z}_0^{\mathrm{T}}}=\left[\left(\dfrac{\partial\boldsymbol{a}_{\mathrm{f},1}(\boldsymbol{z}_0,\boldsymbol{w})}{\partial\boldsymbol{z}_0^{\mathrm{T}}}\right)^{\mathrm{T}}\ \ \left(\dfrac{\partial\boldsymbol{a}_{\mathrm{f},2}(\boldsymbol{z}_0,\boldsymbol{w})}{\partial\boldsymbol{z}_0^{\mathrm{T}}}\right)^{\mathrm{T}}\ \ \left(\dfrac{\partial\boldsymbol{a}_{\mathrm{f},3}(\boldsymbol{z}_0,\boldsymbol{w})}{\partial\boldsymbol{z}_0^{\mathrm{T}}}\right)^{\mathrm{T}}\right]^{\mathrm{T}} \\ \boldsymbol{A}_{\mathrm{f},2}(\boldsymbol{z}_0,\boldsymbol{w})=\dfrac{\partial\boldsymbol{a}_{\mathrm{f}}(\boldsymbol{z}_0,\boldsymbol{w})}{\partial\boldsymbol{w}^{\mathrm{T}}}=\left[\left(\dfrac{\partial\boldsymbol{a}_{\mathrm{f},1}(\boldsymbol{z}_0,\boldsymbol{w})}{\partial\boldsymbol{w}^{\mathrm{T}}}\right)^{\mathrm{T}}\ \ \left(\dfrac{\partial\boldsymbol{a}_{\mathrm{f},2}(\boldsymbol{z}_0,\boldsymbol{w})}{\partial\boldsymbol{w}^{\mathrm{T}}}\right)^{\mathrm{T}}\ \ \left(\dfrac{\partial\boldsymbol{a}_{\mathrm{f},3}(\boldsymbol{z}_0,\boldsymbol{w})}{\partial\boldsymbol{w}^{\mathrm{T}}}\right)^{\mathrm{T}}\right]^{\mathrm{T}}\end{cases} \tag{5.123}$$

$$\begin{cases}\dot{\boldsymbol{B}}_{\mathrm{f},\delta_m}(\boldsymbol{z}_0,\boldsymbol{w})=\dfrac{\partial\boldsymbol{B}_{\mathrm{f}}(\boldsymbol{z}_0,\boldsymbol{w})}{\partial\delta_m}=\left[\left(\dfrac{\partial\boldsymbol{B}_{\mathrm{f},1}(\boldsymbol{z}_0,\boldsymbol{w})}{\partial\delta_m}\right)^{\mathrm{T}}\ \ \left(\dfrac{\partial\boldsymbol{B}_{\mathrm{f},2}(\boldsymbol{z}_0,\boldsymbol{w})}{\partial\delta_m}\right)^{\mathrm{T}}\ \ \left(\dfrac{\partial\boldsymbol{B}_{\mathrm{f},3}(\boldsymbol{z}_0,\boldsymbol{w})}{\partial\delta_m}\right)^{\mathrm{T}}\right]^{\mathrm{T}} \\ \dot{\boldsymbol{B}}_{\mathrm{f},\theta_m}(\boldsymbol{z}_0,\boldsymbol{w})=\dfrac{\partial\boldsymbol{B}_{\mathrm{f}}(\boldsymbol{z}_0,\boldsymbol{w})}{\partial\theta_m}=\left[\left(\dfrac{\partial\boldsymbol{B}_{\mathrm{f},1}(\boldsymbol{z}_0,\boldsymbol{w})}{\partial\theta_m}\right)^{\mathrm{T}}\ \ \left(\dfrac{\partial\boldsymbol{B}_{\mathrm{f},2}(\boldsymbol{z}_0,\boldsymbol{w})}{\partial\theta_m}\right)^{\mathrm{T}}\ \ \left(\dfrac{\partial\boldsymbol{B}_{\mathrm{f},3}(\boldsymbol{z}_0,\boldsymbol{w})}{\partial\theta_m}\right)^{\mathrm{T}}\right]^{\mathrm{T}} \\ \dot{\boldsymbol{B}}_{\mathrm{f},\beta_m}(\boldsymbol{z}_0,\boldsymbol{w})=\dfrac{\partial\boldsymbol{B}_{\mathrm{f}}(\boldsymbol{z}_0,\boldsymbol{w})}{\partial\beta_m}=\left[\left(\dfrac{\partial\boldsymbol{B}_{\mathrm{f},1}(\boldsymbol{z}_0,\boldsymbol{w})}{\partial\beta_m}\right)^{\mathrm{T}}\ \ \left(\dfrac{\partial\boldsymbol{B}_{\mathrm{f},2}(\boldsymbol{z}_0,\boldsymbol{w})}{\partial\beta_m}\right)^{\mathrm{T}}\ \ \left(\dfrac{\partial\boldsymbol{B}_{\mathrm{f},3}(\boldsymbol{z}_0,\boldsymbol{w})}{\partial\beta_m}\right)^{\mathrm{T}}\right]^{\mathrm{T}}\end{cases} \tag{5.124}$$

$$\begin{cases}\dot{\boldsymbol{B}}_{\mathrm{f},x_{\mathrm{o},m}}(\boldsymbol{z}_0,\boldsymbol{w})=\dfrac{\partial\boldsymbol{B}_{\mathrm{f}}(\boldsymbol{z}_0,\boldsymbol{w})}{\partial x_{\mathrm{o},m}}=\left[\left(\dfrac{\partial\boldsymbol{B}_{\mathrm{f},1}(\boldsymbol{z}_0,\boldsymbol{w})}{\partial x_{\mathrm{o},m}}\right)^{\mathrm{T}}\ \ \left(\dfrac{\partial\boldsymbol{B}_{\mathrm{f},2}(\boldsymbol{z}_0,\boldsymbol{w})}{\partial x_{\mathrm{o},m}}\right)^{\mathrm{T}}\ \ \left(\dfrac{\partial\boldsymbol{B}_{\mathrm{f},3}(\boldsymbol{z}_0,\boldsymbol{w})}{\partial x_{\mathrm{o},m}}\right)^{\mathrm{T}}\right]^{\mathrm{T}} \\ \dot{\boldsymbol{B}}_{\mathrm{f},y_{\mathrm{o},m}}(\boldsymbol{z}_0,\boldsymbol{w})=\dfrac{\partial\boldsymbol{B}_{\mathrm{f}}(\boldsymbol{z}_0,\boldsymbol{w})}{\partial y_{\mathrm{o},m}}=\left[\left(\dfrac{\partial\boldsymbol{B}_{\mathrm{f},1}(\boldsymbol{z}_0,\boldsymbol{w})}{\partial y_{\mathrm{o},m}}\right)^{\mathrm{T}}\ \ \left(\dfrac{\partial\boldsymbol{B}_{\mathrm{f},2}(\boldsymbol{z}_0,\boldsymbol{w})}{\partial y_{\mathrm{o},m}}\right)^{\mathrm{T}}\ \ \left(\dfrac{\partial\boldsymbol{B}_{\mathrm{f},3}(\boldsymbol{z}_0,\boldsymbol{w})}{\partial y_{\mathrm{o},m}}\right)^{\mathrm{T}}\right]^{\mathrm{T}} \\ \dot{\boldsymbol{B}}_{\mathrm{f},z_{\mathrm{o},m}}(\boldsymbol{z}_0,\boldsymbol{w})=\dfrac{\partial\boldsymbol{B}_{\mathrm{f}}(\boldsymbol{z}_0,\boldsymbol{w})}{\partial z_{\mathrm{o},m}}=\left[\left(\dfrac{\partial\boldsymbol{B}_{\mathrm{f},1}(\boldsymbol{z}_0,\boldsymbol{w})}{\partial z_{\mathrm{o},m}}\right)^{\mathrm{T}}\ \ \left(\dfrac{\partial\boldsymbol{B}_{\mathrm{f},2}(\boldsymbol{z}_0,\boldsymbol{w})}{\partial z_{\mathrm{o},m}}\right)^{\mathrm{T}}\ \ \left(\dfrac{\partial\boldsymbol{B}_{\mathrm{f},3}(\boldsymbol{z}_0,\boldsymbol{w})}{\partial z_{\mathrm{o},m}}\right)^{\mathrm{T}}\right]^{\mathrm{T}}\end{cases} \tag{5.125}$$

$$\boldsymbol{C}_{\mathrm{f}}(\boldsymbol{r}_{k0},\boldsymbol{s}_k)=\left[\left(\frac{\partial \boldsymbol{c}_{\mathrm{f},1}(\boldsymbol{r}_{k0},\boldsymbol{s}_k)}{\partial \boldsymbol{r}_{k0}^{\mathrm{T}}}\right)^{\mathrm{T}}\quad\left(\frac{\partial \boldsymbol{c}_{\mathrm{f},2}(\boldsymbol{r}_{k0},\boldsymbol{s}_k)}{\partial \boldsymbol{r}_{k0}^{\mathrm{T}}}\right)^{\mathrm{T}}\quad\left(\frac{\partial \boldsymbol{c}_{\mathrm{f},3}(\boldsymbol{r}_{k0},\boldsymbol{s}_k)}{\partial \boldsymbol{r}_{k0}^{\mathrm{T}}}\right)^{\mathrm{T}}\right]^{\mathrm{T}} \tag{5.126}$$

$$\begin{cases}\dot{\boldsymbol{D}}_{\mathrm{f},\delta_{\mathrm{c},k,m}}(\boldsymbol{r}_{k0},\boldsymbol{s}_k)=\dfrac{\partial \boldsymbol{D}_{\mathrm{f}}(\boldsymbol{r}_{k0},\boldsymbol{s}_k)}{\partial \delta_{\mathrm{c},k,m}}=\left[\left(\dfrac{\partial \boldsymbol{D}_{\mathrm{f},1}(\boldsymbol{r}_{k0},\boldsymbol{s}_k)}{\partial \delta_{\mathrm{c},k,m}}\right)^{\mathrm{T}}\quad\left(\dfrac{\partial \boldsymbol{D}_{\mathrm{f},2}(\boldsymbol{r}_{k0},\boldsymbol{s}_k)}{\partial \delta_{\mathrm{c},k,m}}\right)^{\mathrm{T}}\quad\left(\dfrac{\partial \boldsymbol{D}_{\mathrm{f},3}(\boldsymbol{r}_{k0},\boldsymbol{s}_k)}{\partial \delta_{\mathrm{c},k,m}}\right)^{\mathrm{T}}\right]^{\mathrm{T}}\\ \dot{\boldsymbol{D}}_{\mathrm{f},\theta_{\mathrm{c},k,m}}(\boldsymbol{r}_{k0},\boldsymbol{s}_k)=\dfrac{\partial \boldsymbol{D}_{\mathrm{f}}(\boldsymbol{r}_{k0},\boldsymbol{s}_k)}{\partial \theta_{\mathrm{c},k,m}}=\left[\left(\dfrac{\partial \boldsymbol{D}_{\mathrm{f},1}(\boldsymbol{r}_{k0},\boldsymbol{s}_k)}{\partial \theta_{\mathrm{c},k,m}}\right)^{\mathrm{T}}\quad\left(\dfrac{\partial \boldsymbol{D}_{\mathrm{f},2}(\boldsymbol{r}_{k0},\boldsymbol{s}_k)}{\partial \theta_{\mathrm{c},k,m}}\right)^{\mathrm{T}}\quad\left(\dfrac{\partial \boldsymbol{D}_{\mathrm{f},3}(\boldsymbol{r}_{k0},\boldsymbol{s}_k)}{\partial \theta_{\mathrm{c},k,m}}\right)^{\mathrm{T}}\right]^{\mathrm{T}}\\ \dot{\boldsymbol{D}}_{\mathrm{f},\beta_{\mathrm{c},k,m}}(\boldsymbol{r}_{k0},\boldsymbol{s}_k)=\dfrac{\partial \boldsymbol{D}_{\mathrm{f}}(\boldsymbol{r}_{k0},\boldsymbol{s}_k)}{\partial \beta_{\mathrm{c},k,m}}=\left[\left(\dfrac{\partial \boldsymbol{D}_{\mathrm{f},1}(\boldsymbol{r}_{k0},\boldsymbol{s}_k)}{\partial \beta_{\mathrm{c},k,m}}\right)^{\mathrm{T}}\quad\left(\dfrac{\partial \boldsymbol{D}_{\mathrm{f},2}(\boldsymbol{r}_{k0},\boldsymbol{s}_k)}{\partial \beta_{\mathrm{c},k,m}}\right)^{\mathrm{T}}\quad\left(\dfrac{\partial \boldsymbol{D}_{\mathrm{f},3}(\boldsymbol{r}_{k0},\boldsymbol{s}_k)}{\partial \beta_{\mathrm{c},k,m}}\right)^{\mathrm{T}}\right]^{\mathrm{T}}\end{cases} \tag{5.127}$$

$$\begin{cases}\boldsymbol{A}_{\mathrm{s}}(\boldsymbol{t}_{\mathrm{f}})=\dfrac{\partial \boldsymbol{a}_{\mathrm{s}}(\boldsymbol{t}_{\mathrm{f}})}{\partial \boldsymbol{t}_{\mathrm{f}}^{\mathrm{T}}},\quad \dot{\boldsymbol{B}}_{\mathrm{s},j}(\boldsymbol{t}_{\mathrm{f}})=\dfrac{\partial \boldsymbol{B}_{\mathrm{s}}(\boldsymbol{t}_{\mathrm{f}})}{\partial \langle \boldsymbol{t}_{\mathrm{f}}\rangle_j}\\ \boldsymbol{C}_{\mathrm{s}}(\boldsymbol{x}_{\mathrm{f}})=\dfrac{\partial \boldsymbol{c}_{\mathrm{s}}(\boldsymbol{x}_{\mathrm{f}})}{\partial \boldsymbol{x}_{\mathrm{f}}^{\mathrm{T}}},\quad \dot{\boldsymbol{D}}_{\mathrm{s},j}(\boldsymbol{x}_{\mathrm{f}})=\dfrac{\partial \boldsymbol{D}_{\mathrm{s}}(\boldsymbol{x}_{\mathrm{f}})}{\partial \langle \boldsymbol{x}_{\mathrm{f}}\rangle_j}\end{cases} \tag{5.128}$$

式(5.123)～式(5.128)中各个子矩阵的表达式可见附录C。

下面将针对具体的参数给出相应的数值实验结果。

5.4.2 定位算例的数值实验

1. 数值实验1

假设共有五个观测站可以接收到目标源信号并对目标进行定位，相应的三维位置坐标的数值见表5.1，其中的测量误差服从独立的零均值高斯分布。目标的三维位置坐标为(6500m,7500m,2800m)，目标源信号TOA/AOA参数的观测误差服从零均值高斯分布。此外，在目标源附近放置三个位置精确已知的校正源，校正源的三维位置坐标分别为(5000m,6000m,2000m)，(6000m,7000m,2500m)和(7500m,8500m,3500m)，并且校正源信号TOA/AOA参数的观测误差与目标源信号TOA/AOA参数的观测误差服从相同的概率分布。下面的数值实验将给出本章的两类两步伪线性加权最小二乘定位方法(图中用Tplwls表示)的参数估计均方根误差，并将其与各种克拉美罗界进行比较，其目的在于说明这两类定位方法的参数估计性能。

表5.1 观测站三维位置坐标数值列表

观测站序号	1	2	3	4	5
$x_{\mathrm{o},m}$/m	2800	−1800	1500	−2000	1400
$y_{\mathrm{o},m}$/m	2000	−1900	−2100	2400	−2500
$z_{\mathrm{o},m}$/m	1680	1350	−950	−1220	1350

首先，将观测站位置测量误差标准差固定为$\sigma_{位置}=8\mathrm{m}$，而将TOA/AOA参数的观测误差标准差分别设置为$\sigma_{传播距离}=\delta_1\mathrm{m}$和$\sigma_{角度}=0.0001\delta_1\mathrm{rad}$，这里将$\delta_1$称为观测量扰动参数(其数值会从1到20发生变化)。图5.1给出了两类两步伪线性加权最小二乘定位方法的目标位置估计均方根误差随着观测量扰动参数δ_1的变化曲线，图5.2给出了两类两步伪线性加权最小二乘定位方法的观测站位置估计均方根误差随着观测量扰动参数δ_1

的变化曲线，图中的观测站位置先验估计均方根误差根据方差矩阵 $\boldsymbol{Q}_2$ 计算获得(即 $\sqrt{\mathrm{tr}(\boldsymbol{Q}_2)}$)。

然后，将 TOA/AOA 参数的观测误差标准差分别固定为 $\sigma_{传播距离}=12\mathrm{m}$ 和 $\sigma_{角度}=0.0012\mathrm{rad}$，而将观测站位置测量误差标准差设置为 $\sigma_{位置}=0.6\delta_2\mathrm{m}$，这里将 δ_2 称为系统参量扰动参数(其数值会从 1 到 20 发生变化)。图 5.3 给出了两类两步伪线性加权最小二乘定位方法的目标位置估计均方根误差随着系统参量扰动参数 δ_2 的变化曲线，图 5.4 给出了两类两步伪线性加权最小二乘定位方法的观测站位置估计均方根误差随着系统参量扰动参数 δ_2 的变化曲线，图中的观测站位置先验估计均方根误差根据方差矩阵 $\boldsymbol{Q}_2$ 计算获得(即 $\sqrt{\mathrm{tr}(\boldsymbol{Q}_2)}$)。

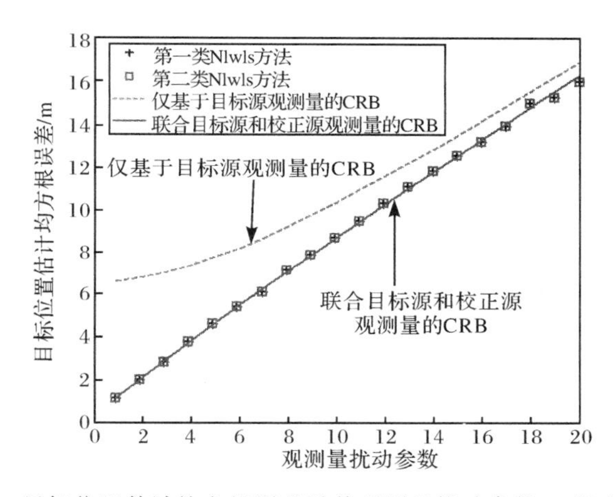

图 5.1　目标位置估计均方根误差随着观测量扰动参数 δ_1 的变化曲线

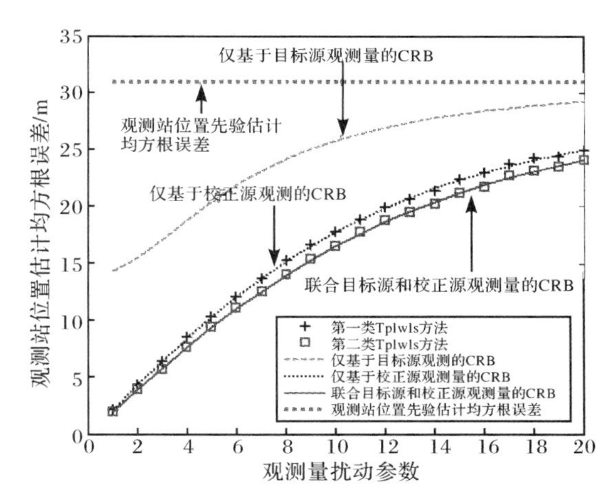

图 5.2　观测站位置估计均方根误差随着观测量扰动参数 δ_1 的变化曲线

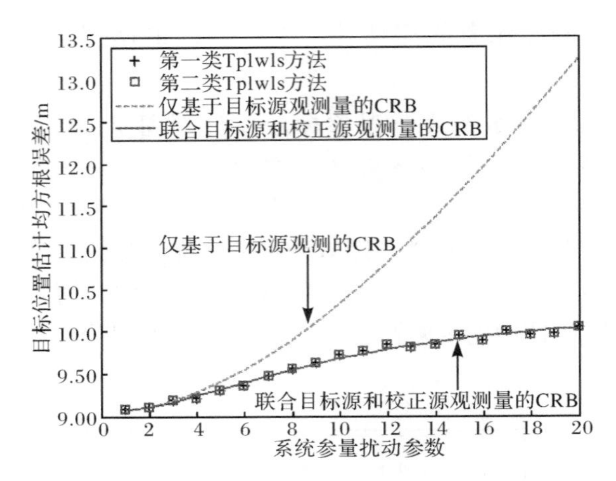

图 5.3 目标位置估计均方根误差随着系统参量扰动参数 δ_2 的变化曲线

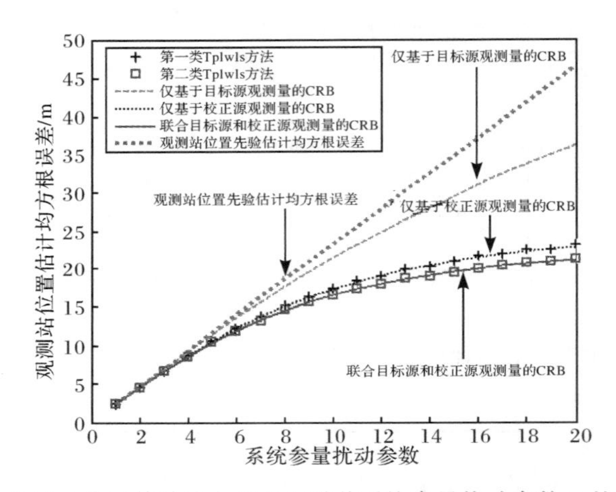

图 5.4 观测站位置估计均方根误差随着系统参量扰动参数 δ_2 的变化曲线

从图 5.1～图 5.4 可以看出：

(1) 两类两步伪线性加权最小二乘定位方法的目标位置估计均方根误差都可以达到“联合目标源和校正源观测量的克拉美罗界”(由式(3.34)给出)，并且优于“仅基于目标源观测量的克拉美罗界”(由式(3.15)给出)，这一方面说明了本章的两类两步伪线性加权最小二乘定位方法的渐近最优性，同时说明了校正源观测量为提高目标位置估计精度所带来的性能增益，并且该增益还随着系统参量扰动参数的增大而增加(图 5.3)。

(2) 第一类两步伪线性加权最小二乘定位方法的观测站位置估计均方根误差可以达到“仅基于校正源观测量的克拉美罗界”(由式(3.45)给出)，这是因为该方法仅在第一步给出观测站位置的估计值，而第一步中仅仅利用了校正源观测量；第二类两步伪线性加权最小二乘定位方法的观测站位置估计均方根误差可以达到“联合目标源和校正源观测量的克拉美罗界”(由式(3.33)给出)，因此其估计精度要高于第一类两步伪线性加权最小二乘定位方法。

(3) 相比于观测站位置先验测量方差(由方差矩阵 $\boldsymbol{Q}_2$ 计算获得)和“仅基于目标源观测量的克拉美罗界”(由式(3.14)给出),两类两步伪线性加权最小二乘定位方法给出的观测站位置估计值均具有更小的方差。

2. 数值实验 2

数值实验条件基本不变,仅改变校正源的个数及其三维位置坐标,并且考虑以下两种情形:①设置五个校正源,每个校正源的三维位置坐标分别为(3000m,4000m,1500m),(5000m,6000m,2000m),(6000m,7000m,2500m),(7500m,8500m,3500m)和(9000m,10000m,5000m);②设置三个校正源,每个校正源的三维位置坐标分别为(5000m,6000m,2000m),(6000m,7000m,2500m)和(7500m,8500m,3500m)。下面的实验将在上述两种情形下给出第二类两步伪线性加权最小二乘定位方法的参数估计性能,其目的在于说明校正源个数对于参数估计精度的影响。

首先,将观测站位置测量误差标准差固定为 $\sigma_{\text{位置}}=50\text{m}$,而将 TOA/AOA 参数的观测误差标准差分别设置为 $\sigma_{\text{传播距离}}=0.5\delta_1\text{m}$ 和 $\sigma_{\text{角度}}=0.00005\delta_1\text{rad}$,这里将 δ_1 称为观测量扰动参数(其数值会从 1 到 20 发生变化)。图 5.5 给出了第二类两步伪线性加权最小二乘定位方法的目标位置估计均方根误差随着观测量扰动参数 δ_1 的变化曲线,图 5.6 给出了第二类两步伪线性加权最小二乘定位方法的观测站位置估计均方根误差随着观测量扰动参数 δ_1 的变化曲线。

然后,将 TOA/AOA 参数的观测误差标准差分别固定为 $\sigma_{\text{传播距离}}=10\text{m}$ 和 $\sigma_{\text{角度}}=0.001\text{rad}$,而将观测站位置测量误差标准差设置为 $\sigma_{\text{位置}}=2\delta_2\text{m}$,这里将 δ_2 称为系统参量扰动参数(其数值会从 1 到 20 发生变化)。图 5.7 给出了第二类两步伪线性加权最小二乘定位方法的目标位置估计均方根误差随着系统参量扰动参数 δ_2 的变化曲线,图 5.8 给出了第二类两步伪线性加权最小二乘定位方法的观测站位置估计均方根误差随着系统参量扰动参数 δ_2 的变化曲线。

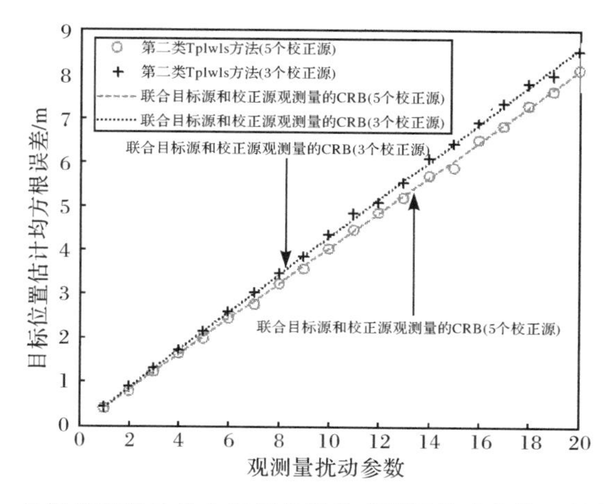

图 5.5　目标位置估计均方根误差随着观测量扰动参数 δ_1 的变化曲线

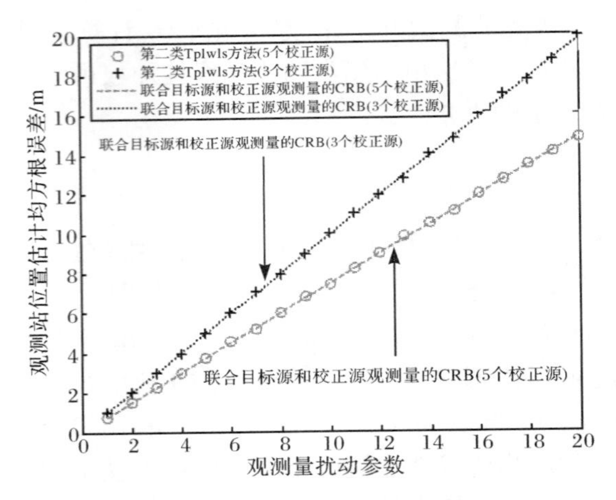

图 5.6　观测站位置估计均方根误差随着观测量扰动参数 δ_1 的变化曲线

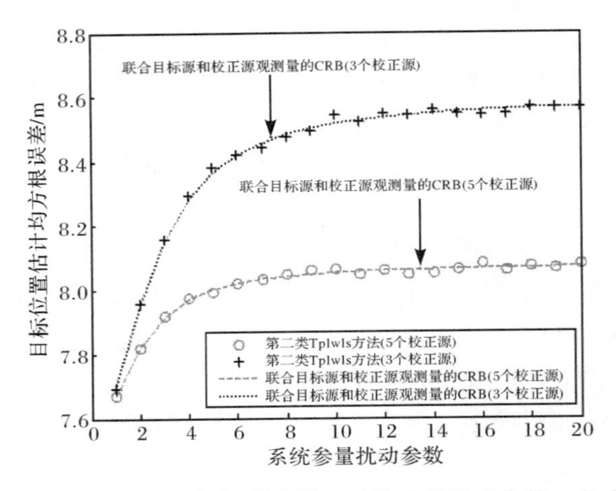

图 5.7　目标位置估计均方根误差随着系统参量扰动参数 δ_2 的变化曲线

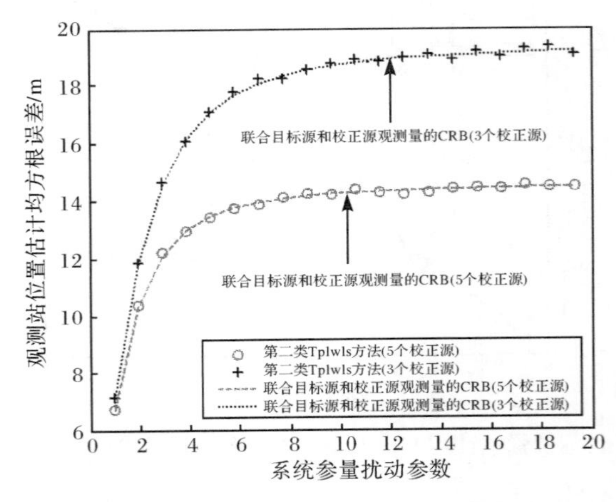

图 5.8　观测站位置估计均方根误差随着系统参量扰动参数 δ_2 的变化曲线

从图 5.5～图 5.8 可以看出：

(1) 随着校正源个数的增加，无论目标位置还是观测站位置的估计精度都能够得到一定程度的提高。

(2) 第二类两步伪线性加权最小二乘定位方法的目标位置和观测站位置估计均方根误差都可以达到"联合目标源和校正源观测量的克拉美罗界"（分别由式(3.33)和式(3.34)给出），从而再次说明了其渐近最优性。

3. 数值实验 3

数值实验条件基本不变，仅改变校正源的个数及其三维位置坐标，这里设置六个校正源，每个校正源的三维位置坐标分别为（3400m，3600m，2000m），（3300m，4700m，3200m），（3000m，5900m，3600m），（6200m，2800m，1500m），（7400m，5300m，2500m）和（7400m，9700m，3200m）。此外，下面将给出仅基于 TOA 参数的定位结果，并将其与联合 TOA/AOA 参数的定位结果进行比较，其目的在于验证"联合信号观测量信息越多，目标定位精度越高"这一基本事实。不失一般性，下面仅给出第一类两步伪线性加权最小二乘定位方法的参数估计性能。

首先，将观测站位置测量误差标准差固定为 $\sigma_{\text{位置}}=8\text{m}$，而将 TOA/AOA 参数的观测误差标准差分别设置为 $\sigma_{\text{传播距离}}=0.5\delta_1\text{m}$ 和 $\sigma_{\text{角度}}=0.0001\delta_1\text{rad}$，这里将 δ_1 称为观测量扰动参数（其数值会从 1 到 20 发生变化）。图 5.9 给出了第一类两步伪线性加权最小二乘定位方法的目标位置估计均方根误差随着观测量扰动参数 δ_1 的变化曲线。

然后，将 TOA/AOA 参数的观测误差标准差分别固定为 $\sigma_{\text{传播距离}}=5\text{m}$ 和 $\sigma_{\text{角度}}=0.001\text{rad}$，而将观测站位置测量误差标准差设置为 $\sigma_{\text{位置}}=2\delta_2\text{m}$，这里将 δ_2 称为系统参量扰动参数（其数值会从 1 到 20 发生变化）。图 5.10 给出了第一类两步伪线性加权最小二乘定位方法的目标位置估计均方根误差随着系统参量扰动参数 δ_2 的变化曲线。

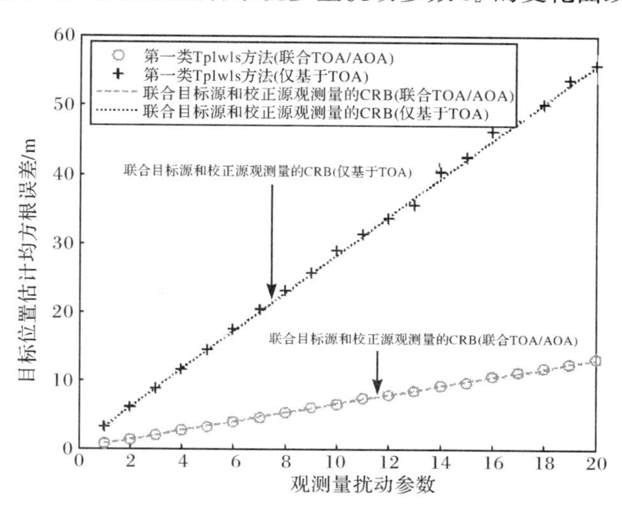

图 5.9　目标位置估计均方根误差随着观测量扰动参数 δ_1 的变化曲线

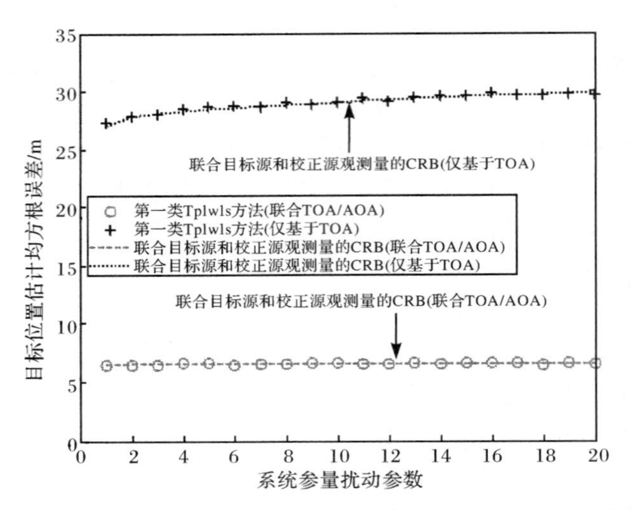

图 5.10　目标位置估计均方根误差随着系统参量扰动参数 δ_2 的变化曲线

从图 5.9 和图 5.10 可以看出：

(1) 联合 TOA/AOA 参数的目标位置估计精度要高于仅基于 TOA 参数的目标位置估计精度，这是因为信号观测量越多，其所能够获得的关于目标位置的信息量就越多，从而可以提高定位精度。

(2) 第一类两步伪线性加权最小二乘定位方法的目标位置估计均方根误差可以达到“联合目标源和校正源观测量的克拉美罗界”(由式(3.34)给出)，从而再次说明了其渐近最优性。

参考文献

[1] Chan Y T, Ho K C. A simple and efficient estimator by hyperbolic location[J]. IEEE Transactions on Signal Processing, 1994, 42(4): 1905-1915.

[2] Ho K C, Parikh K H. Source localization using TDOA with erroneous receiver positions[C]// Proceedings of the IEEE International Symposium on Circuits and Systems, 2004, 3: 453-456.

[3] Yang L, Ho K C. An approximately efficient TDOA localization algorithm in closed-form for locating multiple disjoint sources with erroneous sensor positions[J]. IEEE Transactions on Signal Processing, 2009, 57(12): 4598-4615.

[4] Sun M, Yang L, Ho K C. Efficient joint source and sensor localization in closed-form[J]. IEEE Signal Processing Letters, 2012, 19(7): 399-402.

[5] 杨天池，金梁，程娟. 一种基于 TOA 定位的 Chan 改进算法[J]. 电子学报，2009，37(4)：819-822.

[6] Ma Z H, Ho K C. TOA localization in the presence of random sensor position errors[C]// Proceedings of the IEEE International Conference on Acoustics, Speech and Signal Processing, 2011: 2468-2471.

[7] Ho K C, Sun M. An accurate algebraic closed-form solution for energy-based source localization[J]. IEEE Transactions on Audio, Speech and Language Processing, 2007, 15(8): 2542-2550.

[8] Ho K C, Sun M. Passive source localization using time differences of arrival and gain ratios of arrival [J]. IEEE Transactions on Signal Processing, 2008, 56(2): 464-477.

[9] 郝本建,李赞,任妘梅,等. 基于 TDOAs 与 GROAs 的多信号源被动定位[J]. 电子学报, 2012, 40(12): 2374-2381.

[10] Ho K C, Xu W. An accurate algebraic solution for moving source location using TDOA and FDOA measurements[J]. IEEE Transactions on Signal Processing, 2004, 52(9): 2453-2463.

[11] Ho K C, Lu X, Kovavisaruch L. Source localization using TDOA and FDOA measurements in the presence of receiver location errors: analysis and solution[J]. IEEE Transactions on Signal Processing, 2007, 55(2): 684-696.

[12] Sun M, Ho K C. An asymptotically efficient estimator for TDOA and FDOA positioning of multiple disjoint sources in the presence of sensor location uncertainties[J]. IEEE Transactions on Signal Processing, 2011, 59(7): 3434-3440.

[13] 郝本建,朱建峰,李赞,等. 基于 TDOAs 与 FDOAs 的多信号源及感知节点联合定位算法[J]. 电子学报, 2015, 43(10): 1888-1897.

[14] 邓平,李莉,范平志. 一种 TDOA/AOA 混合定位算法及其性能分析[J]. 电波科学学报, 2002, 17(6): 633-636.

[15] 王鼎,张瑞杰,吴瑛. 无源定位观测方程的两类伪线性化方法及渐近最优闭式解[J]. 电子学报, 2015, 43(4): 722-729.

[16] Ho K C, Yang L. On the use of a calibration emitter for source localization in the presence of sensor position uncertainty[J]. IEEE Transactions on Signal Processing, 2008, 56(12): 5758-5772.

[17] Yang L, Ho K C. Alleviating sensor position error in source localization using calibration emitters at inaccurate locations[J]. IEEE Transactions on Signal Processing, 2010, 58(1): 67-83.

第6章 校正源条件下约束总体最小二乘定位理论与方法

第4章和第5章在校正源条件下给出了两种伪线性加权最小二乘定位方法，相比于第3章的非线性加权最小二乘定位方法，它们的主要优势在于能够给出目标位置向量和系统参量的闭式解，计算更为简便，不存在迭代发散等问题。然而，一种定位方法在某个方面具有优势的同时往往会在另一个方面存在某些缺点。通过大量计算机数值实验不难发现，闭式类定位方法通常会比迭代类方法（当收敛至全局最优解时）具有更低的误差阈值或门限值，也就是说，随着观测误差的增加，前者的性能曲线往往会率先出现“陡增”现象（即第1章指出的门限效应）。另外，闭式类定位方法对于定位观测方程的代数特征有一定限制，其普适性不如第3章的定位方法。更具体地说，第4章的定位方法要求观测方程能够直接转化成伪线性观测方程，而第5章的定位方法是通过新增辅助变量的方式获得伪线性观测方程，因此其对定位观测方程的限制要弱于第4章的定位方法，但是其对辅助变量的代数特征也有所限制，否则将无法得到第二步伪线性观测方程。为了克服伪线性化定位方法的上述问题，本章将在校正源条件下给出一种约束总体最小二乘定位方法，该方法是在伪线性观测方程的基础上采用数值迭代的方式实现目标定位。虽然约束总体最小二乘定位方法也需要迭代运算，但与第3章的定位方法不同的是，该方法是在伪线性观测方程的基础上进行迭代求解，因此更容易确定好的迭代初值，从而更容易保证迭代算法的全局收敛性。

约束总体最小二乘估计方法[1]是在总体最小二乘估计方法[2]的基础上发展起来的一种参数估计方法。最初，总体最小二乘估计方法的提出是为了抑制线性观测方程中系数矩阵的扰动误差，随后国内外相关学者将该方法应用于无源定位问题中。例如，文献[3]提出了基于角度信息的总体最小二乘定位方法；文献[4]提出了基于时差信息的总体最小二乘定位方法；文献[5]提出了基于到达时间信息的总体最小二乘定位方法；文献[6]提出了联合时差和频差信息的总体最小二乘定位方法。理论分析表明，当线性方程系数矩阵的扰动误差是独立同分布的高斯随机变量时，总体最小二乘估计方法的统计性能具有渐近最优性。然而，这一假设条件通常难以满足，因为系数矩阵中的扰动误差一般是结构化和模型化的（尤其在无源定位问题中），此时就需要对扰动误差进行更加精确的数学分析，从而得到约束总体最小二乘估计方法。近些年来，约束总体最小二乘估计方法也被广泛应用于无源定位问题中。例如，文献[7]～[10]提出了基于角度信息的约束总体最小二乘定位方法；文献[11]～[13]提出了基于时差信息的约束总体最小二乘定位方法；文献[14]提出了基于到达时间信息的约束总体最小二乘定位方法；文献[15]提出了联合角度与时间和信息的约束总体最小二乘定位方法；文献[16]～[18]提出了联合时差和频差信息的约束总体最小二乘定位方法；文献[19]提出了联合外辐射源观测量的约束总体最小二乘定位方法，其中还建立了系统误差条件下约束总体最小二乘定位方法的计算模型和理论框架。然而，上述文献中的定位方法并未在校正源条件下进行讨论。为此，本章将在校正源条件下建立约束总体最小二乘(constrained total least square，Ctls)定位理论与方法。书中首先给出非线性观测方程的伪线性观测模型；然后设计出两类能够有效利用校正源观测量的约束总体最小二乘定位方法，并定量推导这两类定位方法的参数估计性能，从数学上证明它们的目标位置估计方差都可以达到相应的克拉美罗界(在门限效应发生前)；最后，还设计出一种无源定位算例，用以验证本章定位方法及其理论分析的有效性。

6.1　非线性观测方程的伪线性观测模型

第 4 章和第 5 章分别讨论了两种伪线性观测模型，并且能够给出统计意义上渐近最优的闭式解(在门限效应发生以前)。然而，将非线性观测方程转化为伪线性观测方程之后，并不是所有的情况都能够得到目标位置向量和系统参量的闭式解(因为对辅助变量的代数特征有要求)，即便可以获得闭式解，闭式解方法产生门限效应的误差阈值一般要小于迭代类方法产生门限效应的误差阈值。因此，本章将基于第 4 章和第 5 章所建立的伪线性观测方程，给出一类需要迭代运算的数值方法，即约束总体最小二乘定位方法。

首先将第 4 章和第 5 章所建立的关于目标源的伪线性观测方程统一表示为

$$\boldsymbol{a}(\boldsymbol{z}_0,\boldsymbol{w})=\boldsymbol{B}(\boldsymbol{z}_0,\boldsymbol{w})\boldsymbol{\rho}(\boldsymbol{u})=\boldsymbol{B}(\boldsymbol{z}_0,\boldsymbol{w})\boldsymbol{t} \tag{6.1}$$

式中，

(1) $\boldsymbol{a}(\boldsymbol{z}_0,\boldsymbol{w})\in\mathbf{R}^{p\times 1}$表示关于目标源的伪线性观测向量，同时它是 $\boldsymbol{z}_0$ 和 $\boldsymbol{w}$ 的向量函数(连续可导)，其具体的代数形式随着定位观测量的不同而改变；

(2) $\boldsymbol{B}(\boldsymbol{z}_0,\boldsymbol{w})\in\mathbf{R}^{p\times\bar{q}}$ $(p\geqslant\bar{q}\geqslant q)$表示关于目标源的伪线性系数矩阵，同时它是 $\boldsymbol{z}_0$ 和 $\boldsymbol{w}$ 的矩阵函数(连续可导)，其具体的代数形式也随着定位观测量的不同而改变，需要指出的是，第 4 章的观测模型要求 $\bar{q}=q$，第 5 章的观测模型要求 $\bar{q}>q$，而本章则要求 $\bar{q}\geqslant q$，它同时包含了上述两种情况；

(3) $\boldsymbol{t}=\boldsymbol{\rho}(\boldsymbol{u})\in\mathbf{R}^{\bar{q}\times 1}$ $(\bar{q}\geqslant q)$是关于向量 $\boldsymbol{u}$ 的向量函数，需要指出的是，第 4 章的观测模型要求 $\boldsymbol{\rho}(\boldsymbol{u})=\boldsymbol{u}$，第 5 章的观测模型要求函数 $\boldsymbol{\rho}(\cdot)$的维数大于向量 $\boldsymbol{u}$ 的维数(由于新增了辅助变量)，而本章则同时包含了上述两种情况。

然后将第 4 章和第 5 章所建立的关于第 k 个校正源的伪线性观测方程统一表示为

$$\boldsymbol{c}(\boldsymbol{r}_{k0},\boldsymbol{s}_k)=\boldsymbol{D}(\boldsymbol{r}_{k0},\boldsymbol{s}_k)\boldsymbol{\varphi}(\boldsymbol{w})=\boldsymbol{D}(\boldsymbol{r}_{k0},\boldsymbol{s}_k)\boldsymbol{x},\quad 1\leqslant k\leqslant d \tag{6.2}$$

式中，

(1) $\boldsymbol{c}(\boldsymbol{r}_{k0},\boldsymbol{s}_k)\in\boldsymbol{R}^{p\times 1}$表示关于第 k 个校正源的伪线性观测向量，同时它是 $\boldsymbol{r}_{k0}$和 $\boldsymbol{s}_k$ 的向量函数(连续可导)，其具体的代数形式随着定位观测量的不同而改变；

(2) $\boldsymbol{D}(\boldsymbol{r}_{k0},\boldsymbol{s}_k)\in\mathbf{R}^{p\times\bar{l}}$ $(\bar{l}\geqslant l)$表示关于第 k 个校正源的伪线性系数矩阵，同时它是 $\boldsymbol{r}_{k0}$ 和$\boldsymbol{s}_k$ 的矩阵函数(连续可导)，其具体的代数形式也随着定位观测量的不同而改变，需要指出的是，第 4 章的观测模型要求 $\bar{l}=l$，第 5 章的观测模型要求 $\bar{l}>l$，而本章则要求 $\bar{l}\geqslant l$，它同时包含了上述两种情况；

(3) $\boldsymbol{x}=\boldsymbol{\varphi}(\boldsymbol{w})\in\mathbf{R}^{\bar{l}\times 1}$ $(\bar{l}\geqslant l)$是关于向量 $\boldsymbol{w}$ 的向量函数，需要指出的是，第 4 章的观测

模型要求 $\boldsymbol{\varphi}(\boldsymbol{w})=\boldsymbol{w}$，第 5 章的观测模型要求函数 $\boldsymbol{\varphi}(\cdot)$ 的维数大于向量 $\boldsymbol{w}$ 的维数(由于新增了辅助变量)，而本章则同时包含了上述两种情况。

若将上述 d 个伪线性观测方程进行合并，则可得到如下具有更高维数的伪线性观测方程：

$$\bar{\boldsymbol{c}}(\boldsymbol{r}_0,\boldsymbol{s})=\bar{\boldsymbol{D}}(\boldsymbol{r}_0,\boldsymbol{s})\boldsymbol{\varphi}(\boldsymbol{w})=\bar{\boldsymbol{D}}(\boldsymbol{r}_0,\boldsymbol{s})\boldsymbol{x} \tag{6.3}$$

式中

$$\begin{cases}\bar{\boldsymbol{c}}(\boldsymbol{r}_0,\boldsymbol{s})=[\boldsymbol{c}^{\mathrm{T}}(\boldsymbol{r}_{10},\boldsymbol{s}_1)\quad \boldsymbol{c}^{\mathrm{T}}(\boldsymbol{r}_{20},\boldsymbol{s}_2)\quad \cdots\quad \boldsymbol{c}^{\mathrm{T}}(\boldsymbol{r}_{d0},\boldsymbol{s}_d)]^{\mathrm{T}}\in\mathbf{R}^{pd\times 1}\\ \bar{\boldsymbol{D}}(\boldsymbol{r}_0,\boldsymbol{s})=[\boldsymbol{D}^{\mathrm{T}}(\boldsymbol{r}_{10},\boldsymbol{s}_1)\quad \boldsymbol{D}^{\mathrm{T}}(\boldsymbol{r}_{20},\boldsymbol{s}_2)\quad \cdots\quad \boldsymbol{D}^{\mathrm{T}}(\boldsymbol{r}_{d0},\boldsymbol{s}_d)]^{\mathrm{T}}\in\mathbf{R}^{pd\times \bar{l}}\\ \boldsymbol{r}_0=[\boldsymbol{r}_{10}^{\mathrm{T}}\quad \boldsymbol{r}_{20}^{\mathrm{T}}\quad \cdots\quad \boldsymbol{r}_{d0}^{\mathrm{T}}]^{\mathrm{T}}\in\mathbf{R}^{pd\times 1},\quad \boldsymbol{s}=[\boldsymbol{s}_1^{\mathrm{T}}\quad \boldsymbol{s}_2^{\mathrm{T}}\quad \cdots\quad \boldsymbol{s}_d^{\mathrm{T}}]^{\mathrm{T}}\in\mathbf{R}^{qd\times 1}\end{cases} \tag{6.4}$$

下面将基于上面描述的伪线性观测方程给出两类约束总体最小二乘定位方法，并定量推导两类约束总体最小二乘定位方法的参数估计性能，证明它们的目标位置估计方差都可以达到相应的克拉美罗界(在门限效应发生以前)。另外，为了便于区分，书中将第一类约束总体最小二乘定位方法给出的估计值中增加上标“(a)”，而将第二类约束总体最小二乘定位方法给出的估计值中增加上标“(b)”。

6.2　第一类约束总体最小二乘定位方法及其理论性能分析

第一类约束总体最小二乘定位方法分为两个步骤：①利用校正源观测量 $\boldsymbol{r}$ 和系统参量的先验测量值 $\boldsymbol{v}$ 给出更加精确的系统参量估计值；②利用目标源观测量 $\boldsymbol{z}$ 和第一步给出的系统参量解估计目标位置向量 $\boldsymbol{u}$。

6.2.1　估计系统参量

1. 定位优化模型

这里将在伪线性观测方程式(6.3)的基础上，基于校正源观测量 $\boldsymbol{r}$ 和系统参量的先验测量值 $\boldsymbol{v}$ 估计系统参量 $\boldsymbol{w}$。在实际计算中，函数 $\bar{\boldsymbol{c}}(\cdot,\cdot)$ 和 $\bar{\boldsymbol{D}}(\cdot,\cdot)$ 的闭式形式是可知的，但 $\boldsymbol{r}_0$ 却不可获知，只能用带误差的观测向量 $\boldsymbol{r}$ 来代替。显然，若用 $\boldsymbol{r}$ 直接代替 $\boldsymbol{r}_0$，式(6.3)已经无法成立。为了建立约束总体最小二乘优化模型，需要将向量函数 $\bar{\boldsymbol{c}}(\boldsymbol{r}_0,\boldsymbol{s})$ 和矩阵函数 $\bar{\boldsymbol{D}}(\boldsymbol{r}_0,\boldsymbol{s})$ 分别在点 $\boldsymbol{r}$ 处进行一阶 Taylor 级数展开可得：

$$\begin{cases}\bar{\boldsymbol{c}}(\boldsymbol{r}_0,\boldsymbol{s})\approx\bar{\boldsymbol{c}}(\boldsymbol{r},\boldsymbol{s})+\bar{\boldsymbol{C}}(\boldsymbol{r},\boldsymbol{s})(\boldsymbol{r}_0-\boldsymbol{r})\\ \qquad\qquad =\bar{\boldsymbol{c}}(\boldsymbol{r},\boldsymbol{s})-\bar{\boldsymbol{C}}(\boldsymbol{r},\boldsymbol{s})\boldsymbol{e}\\ \bar{\boldsymbol{D}}(\boldsymbol{r}_0,\boldsymbol{s})\approx\bar{\boldsymbol{D}}(\boldsymbol{r},\boldsymbol{s})+\dot{\bar{\boldsymbol{D}}}_1(\boldsymbol{r},\boldsymbol{s})\langle\boldsymbol{r}_0-\boldsymbol{r}\rangle_1\\ \qquad\qquad +\dot{\bar{\boldsymbol{D}}}_2(\boldsymbol{r},\boldsymbol{s})\langle\boldsymbol{r}_0-\boldsymbol{r}\rangle_2+\cdots+\dot{\bar{\boldsymbol{D}}}_{pd}(\boldsymbol{r},\boldsymbol{s})\langle\boldsymbol{r}_0-\boldsymbol{r}\rangle_{pd}\\ \qquad\qquad =\bar{\boldsymbol{D}}(\boldsymbol{r},\boldsymbol{s})-\sum_{j=1}^{pd}\langle\boldsymbol{e}\rangle_j\dot{\bar{\boldsymbol{D}}}_j(\boldsymbol{r},\boldsymbol{s})\end{cases} \tag{6.5}$$

式中

$$\bar{\boldsymbol{C}}(\boldsymbol{r},\boldsymbol{s})=\frac{\partial\bar{\boldsymbol{c}}(\boldsymbol{r},\boldsymbol{s})}{\partial\boldsymbol{r}^{\mathrm{T}}}\in\mathbf{R}^{pd\times pd},\quad \dot{\bar{\boldsymbol{D}}}_j(\boldsymbol{r},\boldsymbol{s})=\frac{\partial\bar{\boldsymbol{D}}(\boldsymbol{r},\boldsymbol{s})}{\partial\langle\boldsymbol{r}\rangle_j}\in\mathbf{R}^{pd\times\bar{l}},\quad 1\leqslant j\leqslant pd \tag{6.6}$$

将式(6.5)代入式(6.3)可以得到如下(近似)等式：

$$\begin{aligned}&\bar{\boldsymbol{c}}(\boldsymbol{r},\boldsymbol{s})-\bar{\boldsymbol{C}}(\boldsymbol{r},\boldsymbol{s})\boldsymbol{e}\approx\Big(\bar{\boldsymbol{D}}(\boldsymbol{r},\boldsymbol{s})-\sum_{j=1}^{pd}\langle\boldsymbol{e}\rangle_j\dot{\bar{\boldsymbol{D}}}_j(\boldsymbol{r},\boldsymbol{s})\Big)\boldsymbol{\varphi}(\boldsymbol{w})\\&\Rightarrow\bar{\boldsymbol{c}}(\boldsymbol{r},\boldsymbol{s})-\bar{\boldsymbol{D}}(\boldsymbol{r},\boldsymbol{s})\boldsymbol{\varphi}(\boldsymbol{w})\approx\bar{\boldsymbol{H}}(\boldsymbol{r},\boldsymbol{s},\boldsymbol{\varphi}(\boldsymbol{w}))\boldsymbol{e}\end{aligned}\tag{6.7}$$

式中

$$\bar{\boldsymbol{H}}(\boldsymbol{r},\boldsymbol{s},\boldsymbol{\varphi}(\boldsymbol{w}))=\bar{\boldsymbol{C}}(\boldsymbol{r},\boldsymbol{s})-[\dot{\bar{\boldsymbol{D}}}_1(\boldsymbol{r},\boldsymbol{s})\boldsymbol{\varphi}(\boldsymbol{w})\quad\dot{\bar{\boldsymbol{D}}}_2(\boldsymbol{r},\boldsymbol{s})\boldsymbol{\varphi}(\boldsymbol{w})\quad\cdots\quad\dot{\bar{\boldsymbol{D}}}_{pd}(\boldsymbol{r},\boldsymbol{s})\boldsymbol{\varphi}(\boldsymbol{w})]\in\mathbf{R}^{pd\times pd}\tag{6.8}$$

基于式(6.7)和式(3.2)可以建立如下约束总体最小二乘优化模型：

$$\begin{cases}\min\limits_{\substack{\boldsymbol{w}\in\mathbf{R}^{l\times1}\\\boldsymbol{e}\in\mathbf{R}^{pd\times1}\\\boldsymbol{m}\in\mathbf{R}^{l\times1}}}\begin{bmatrix}\boldsymbol{e}\\\boldsymbol{m}\end{bmatrix}^{\mathrm{T}}\begin{bmatrix}\boldsymbol{Q}_3^{-1}&\boldsymbol{O}_{pd\times l}\\\boldsymbol{O}_{l\times pd}&\boldsymbol{Q}_2^{-1}\end{bmatrix}\begin{bmatrix}\boldsymbol{e}\\\boldsymbol{m}\end{bmatrix}\\\text{s. t. }\begin{bmatrix}\bar{\boldsymbol{c}}(\boldsymbol{r},\boldsymbol{s})\\\boldsymbol{v}\end{bmatrix}-\begin{bmatrix}\bar{\boldsymbol{D}}(\boldsymbol{r},\boldsymbol{s})&\boldsymbol{O}_{pd\times l}\\\boldsymbol{O}_{l\times\bar{l}}&\boldsymbol{I}_l\end{bmatrix}\begin{bmatrix}\boldsymbol{\varphi}(\boldsymbol{w})\\\boldsymbol{w}\end{bmatrix}=\begin{bmatrix}\bar{\boldsymbol{H}}(\boldsymbol{r},\boldsymbol{s},\boldsymbol{\varphi}(\boldsymbol{w}))&\boldsymbol{O}_{pd\times l}\\\boldsymbol{O}_{l\times pd}&\boldsymbol{I}_l\end{bmatrix}\begin{bmatrix}\boldsymbol{e}\\\boldsymbol{m}\end{bmatrix}\end{cases}\tag{6.9}$$

式中，$\boldsymbol{Q}_2=E[\boldsymbol{m}\boldsymbol{m}^{\mathrm{T}}]$和$\boldsymbol{Q}_3=E[\boldsymbol{e}\boldsymbol{e}^{\mathrm{T}}]$分别表示测量误差 $\boldsymbol{m}$ 和观测误差 $\boldsymbol{e}$ 的方差矩阵(同第 3 章的定义)。显然，式(6.9)是含有等式约束的优化问题，通过进一步的数学分析可以将其转化成无约束优化问题，结果可见如下命题。

命题 6.1　若 $\bar{\boldsymbol{H}}(\boldsymbol{r},\boldsymbol{s},\boldsymbol{\varphi}(\boldsymbol{w}))$是行满秩矩阵，则约束优化问题(6.9)可以转化成如下无约束优化问题：

$$\min_{\boldsymbol{w}\in\mathbf{R}^{l\times1}}\left\{\begin{array}{l}\left(\begin{bmatrix}\bar{\boldsymbol{D}}(\boldsymbol{r},\boldsymbol{s})&\boldsymbol{O}_{pd\times l}\\\boldsymbol{O}_{l\times\bar{l}}&\boldsymbol{I}_l\end{bmatrix}\begin{bmatrix}\boldsymbol{\varphi}(\boldsymbol{w})\\\boldsymbol{w}\end{bmatrix}-\begin{bmatrix}\bar{\boldsymbol{c}}(\boldsymbol{r},\boldsymbol{s})\\\boldsymbol{v}\end{bmatrix}\right)^{\mathrm{T}}\\\cdot\begin{bmatrix}(\bar{\boldsymbol{H}}(\boldsymbol{r},\boldsymbol{s},\boldsymbol{\varphi}(\boldsymbol{w}))\boldsymbol{Q}_3\bar{\boldsymbol{H}}^{\mathrm{T}}(\boldsymbol{r},\boldsymbol{s},\boldsymbol{\varphi}(\boldsymbol{w})))^{-1}&\boldsymbol{O}_{pd\times l}\\\boldsymbol{O}_{l\times pd}&\boldsymbol{Q}_2^{-1}\end{bmatrix}\\\cdot\left(\begin{bmatrix}\bar{\boldsymbol{D}}(\boldsymbol{r},\boldsymbol{s})&\boldsymbol{O}_{pd\times l}\\\boldsymbol{O}_{l\times\bar{l}}&\boldsymbol{I}_l\end{bmatrix}\begin{bmatrix}\boldsymbol{\varphi}(\boldsymbol{w})\\\boldsymbol{w}\end{bmatrix}-\begin{bmatrix}\bar{\boldsymbol{c}}(\boldsymbol{r},\boldsymbol{s})\\\boldsymbol{v}\end{bmatrix}\right)\end{array}\right\}\tag{6.10}$$

证明　若令 $\bar{\boldsymbol{e}}=\boldsymbol{Q}_3^{-1/2}\boldsymbol{e}$ 和 $\bar{\boldsymbol{m}}=\boldsymbol{Q}_2^{-1/2}\boldsymbol{m}$(即 $\boldsymbol{e}=\boldsymbol{Q}_3^{1/2}\bar{\boldsymbol{e}}$ 和 $\boldsymbol{m}=\boldsymbol{Q}_2^{1/2}\bar{\boldsymbol{m}}$)，则式(6.9)可改写为

$$\begin{cases}\min\limits_{\substack{\boldsymbol{w}\in\mathbf{R}^{l\times1}\\\bar{\boldsymbol{e}}\in\mathbf{R}^{pd\times1}\\\bar{\boldsymbol{m}}\in\mathbf{R}^{l\times1}}}\left\|\begin{bmatrix}\bar{\boldsymbol{e}}\\\bar{\boldsymbol{m}}\end{bmatrix}\right\|_2^2\\\text{s. t. }\begin{bmatrix}\bar{\boldsymbol{c}}(\boldsymbol{r},\boldsymbol{s})\\\boldsymbol{v}\end{bmatrix}-\begin{bmatrix}\bar{\boldsymbol{D}}(\boldsymbol{r},\boldsymbol{s})&\boldsymbol{O}_{pd\times l}\\\boldsymbol{O}_{l\times\bar{l}}&\boldsymbol{I}_l\end{bmatrix}\begin{bmatrix}\boldsymbol{\varphi}(\boldsymbol{w})\\\boldsymbol{w}\end{bmatrix}=\begin{bmatrix}\bar{\boldsymbol{H}}(\boldsymbol{r},\boldsymbol{s},\boldsymbol{\varphi}(\boldsymbol{w}))\boldsymbol{Q}_3^{1/2}&\boldsymbol{O}_{pd\times l}\\\boldsymbol{O}_{l\times pd}&\boldsymbol{Q}_2^{1/2}\end{bmatrix}\begin{bmatrix}\bar{\boldsymbol{e}}\\\bar{\boldsymbol{m}}\end{bmatrix}\end{cases}\tag{6.11}$$

根据推论 2.14 可知，在满足式(6.11)中等式约束的条件下，向量$\begin{bmatrix}\bar{\boldsymbol{e}}\\\bar{\boldsymbol{m}}\end{bmatrix}$的最小 2-范数解可

表示为

$$\begin{bmatrix} \bar{\boldsymbol{e}}_{\text{opt}} \\ \bar{\boldsymbol{m}}_{\text{opt}} \end{bmatrix} = -\begin{bmatrix} \bar{\boldsymbol{H}}(\boldsymbol{r},\boldsymbol{s},\boldsymbol{\varphi}(\boldsymbol{w}))\boldsymbol{Q}_3^{1/2} & \boldsymbol{O}_{pd\times l} \\ \boldsymbol{O}_{l\times pd} & \boldsymbol{Q}_2^{1/2} \end{bmatrix}^{\dagger} \left(\begin{bmatrix} \bar{\boldsymbol{D}}(\boldsymbol{r},\boldsymbol{s}) & \boldsymbol{O}_{pd\times l} \\ \boldsymbol{O}_{l\times \bar{l}} & \boldsymbol{I}_l \end{bmatrix} \begin{bmatrix} \boldsymbol{\varphi}(\boldsymbol{w}) \\ \boldsymbol{w} \end{bmatrix} - \begin{bmatrix} \bar{\boldsymbol{c}}(\boldsymbol{r},\boldsymbol{s}) \\ \boldsymbol{v} \end{bmatrix} \right) \tag{6.12}$$

根据矩阵 $\bar{\boldsymbol{H}}(\boldsymbol{r},\boldsymbol{s},\boldsymbol{\varphi}(\boldsymbol{w}))$ 的行满秩性可知，矩阵 $\bar{\boldsymbol{H}}(\boldsymbol{r},\boldsymbol{s},\boldsymbol{\varphi}(\boldsymbol{w}))\boldsymbol{Q}_3^{1/2}$ 也具有行满秩性，再利用命题 2.6 和命题 2.7 可得

$$\begin{aligned} \begin{bmatrix} \bar{\boldsymbol{e}}_{\text{opt}} \\ \bar{\boldsymbol{m}}_{\text{opt}} \end{bmatrix} = & -\begin{bmatrix} \boldsymbol{Q}_3^{1/2}\,\bar{\boldsymbol{H}}^{\text{T}}(\boldsymbol{r},\boldsymbol{s},\boldsymbol{\varphi}(\boldsymbol{w}))(\bar{\boldsymbol{H}}(\boldsymbol{r},\boldsymbol{s},\boldsymbol{\varphi}(\boldsymbol{w}))\boldsymbol{Q}_3\,\bar{\boldsymbol{H}}^{\text{T}}(\boldsymbol{r},\boldsymbol{s},\boldsymbol{\varphi}(\boldsymbol{w})))^{-1} & \boldsymbol{O}_{pd\times l} \\ \boldsymbol{O}_{l\times pd} & \boldsymbol{Q}_2^{-1/2} \end{bmatrix} \\ & \cdot \left(\begin{bmatrix} \bar{\boldsymbol{D}}(\boldsymbol{r},\boldsymbol{s}) & \boldsymbol{O}_{pd\times l} \\ \boldsymbol{O}_{l\times \bar{l}} & \boldsymbol{I}_l \end{bmatrix} \begin{bmatrix} \boldsymbol{\varphi}(\boldsymbol{w}) \\ \boldsymbol{w} \end{bmatrix} - \begin{bmatrix} \bar{\boldsymbol{c}}(\boldsymbol{r},\boldsymbol{s}) \\ \boldsymbol{v} \end{bmatrix} \right) \end{aligned} \tag{6.13}$$

将式(6.13)代入式(6.11)即可得到式(6.10)给出的无约束优化问题。证毕。

2. 数值迭代算法

这里将给出式(6.10)的求解算法。显然，式(6.10)的闭式解难以获得，只能通过数值迭代的方式进行优化计算。为了获得较快的迭代收敛速度，可以利用经典的 Newton 迭代法[20]进行数值计算。

首先将式(6.10)中的目标函数记为

$$\begin{aligned} J_1(\boldsymbol{w}) = & \left(\begin{bmatrix} \bar{\boldsymbol{D}}(\boldsymbol{r},\boldsymbol{s}) & \boldsymbol{O}_{pd\times l} \\ \boldsymbol{O}_{l\times \bar{l}} & \boldsymbol{I}_l \end{bmatrix} \begin{bmatrix} \boldsymbol{\varphi}(\boldsymbol{w}) \\ \boldsymbol{w} \end{bmatrix} - \begin{bmatrix} \bar{\boldsymbol{c}}(\boldsymbol{r},\boldsymbol{s}) \\ \boldsymbol{v} \end{bmatrix} \right)^{\text{T}} \\ & \cdot \begin{bmatrix} (\bar{\boldsymbol{H}}(\boldsymbol{r},\boldsymbol{s},\boldsymbol{\varphi}(\boldsymbol{w}))\boldsymbol{Q}_3\,\bar{\boldsymbol{H}}^{\text{T}}(\boldsymbol{r},\boldsymbol{s},\boldsymbol{\varphi}(\boldsymbol{w})))^{-1} & \boldsymbol{O}_{pd\times l} \\ \boldsymbol{O}_{l\times pd} & \boldsymbol{Q}_2^{-1} \end{bmatrix} \\ & \cdot \left(\begin{bmatrix} \bar{\boldsymbol{D}}(\boldsymbol{r},\boldsymbol{s}) & \boldsymbol{O}_{pd\times l} \\ \boldsymbol{O}_{l\times \bar{l}} & \boldsymbol{I}_l \end{bmatrix} \begin{bmatrix} \boldsymbol{\varphi}(\boldsymbol{w}) \\ \boldsymbol{w} \end{bmatrix} - \begin{bmatrix} \bar{\boldsymbol{c}}(\boldsymbol{r},\boldsymbol{s}) \\ \boldsymbol{v} \end{bmatrix} \right) \\ = & \boldsymbol{\mu}_1^{\text{T}}(\boldsymbol{w})\,\boldsymbol{\Sigma}_1^{-1}(\boldsymbol{w})\,\boldsymbol{\mu}_1(\boldsymbol{w}) \end{aligned} \tag{6.14}$$

式中

$$\begin{cases} \boldsymbol{\mu}_1(\boldsymbol{w}) = \begin{bmatrix} \bar{\boldsymbol{D}}(\boldsymbol{r},\boldsymbol{s}) & \boldsymbol{O}_{pd\times l} \\ \boldsymbol{O}_{l\times \bar{l}} & \boldsymbol{I}_l \end{bmatrix} \begin{bmatrix} \boldsymbol{\varphi}(\boldsymbol{w}) \\ \boldsymbol{w} \end{bmatrix} - \begin{bmatrix} \bar{\boldsymbol{c}}(\boldsymbol{r},\boldsymbol{s}) \\ \boldsymbol{v} \end{bmatrix} \in \mathbf{R}^{(pd+l)\times 1} \\ \boldsymbol{\Sigma}_1(\boldsymbol{w}) = \begin{bmatrix} \bar{\boldsymbol{H}}(\boldsymbol{r},\boldsymbol{s},\boldsymbol{\varphi}(\boldsymbol{w}))\boldsymbol{Q}_3\,\bar{\boldsymbol{H}}^{\text{T}}(\boldsymbol{r},\boldsymbol{s},\boldsymbol{\varphi}(\boldsymbol{w})) & \boldsymbol{O}_{pd\times l} \\ \boldsymbol{O}_{l\times pd} & \boldsymbol{Q}_2 \end{bmatrix} \in \mathbf{R}^{(pd+l)\times(pd+l)} \end{cases} \tag{6.15}$$

为了给出 Newton 迭代公式，需要推导函数 $J_1(\boldsymbol{w})$ 关于向量 $\boldsymbol{w}$ 的梯度向量和 Hessian 矩阵。根据式(6.14)和式(2.74)可推得其梯度向量为

$$\boldsymbol{\beta}_1(\boldsymbol{w}) = \frac{\partial J_1(\boldsymbol{w})}{\partial \boldsymbol{w}} = \boldsymbol{\beta}_{1,1}(\boldsymbol{w}) + \boldsymbol{\beta}_{1,2}(\boldsymbol{w}) \tag{6.16}$$

式中

$$\begin{cases} \boldsymbol{\beta}_{1,1}(\boldsymbol{w})=2\left(\dfrac{\partial\boldsymbol{\mu}_1(\boldsymbol{w})}{\partial\boldsymbol{w}^{\mathrm{T}}}\right)^{\mathrm{T}}\boldsymbol{\Sigma}_1^{-1}(\boldsymbol{w})\boldsymbol{\mu}_1(\boldsymbol{w}) \\ \boldsymbol{\beta}_{1,2}(\boldsymbol{w})=\left(\dfrac{\partial\mathrm{vec}(\boldsymbol{\Sigma}_1^{-1}(\boldsymbol{w}))}{\partial\boldsymbol{w}^{\mathrm{T}}}\right)^{\mathrm{T}}(\boldsymbol{\mu}_1(\boldsymbol{w})\otimes\boldsymbol{\mu}_1(\boldsymbol{w})) \end{cases} \tag{6.17}$$

基于式(6.14)和式(2.75)可推得其 Hessian 矩阵为

$$\boldsymbol{\Phi}_1(\boldsymbol{w})=\frac{\partial^2 J_1(\boldsymbol{w})}{\partial\boldsymbol{w}\partial\boldsymbol{w}^{\mathrm{T}}}=\boldsymbol{\Phi}_{1,1}(\boldsymbol{w})+\boldsymbol{\Phi}_{1,2}(\boldsymbol{w})=\frac{\partial\boldsymbol{\beta}_{1,1}(\boldsymbol{w})}{\partial\boldsymbol{w}^{\mathrm{T}}}+\frac{\partial\boldsymbol{\beta}_{1,2}(\boldsymbol{w})}{\partial\boldsymbol{w}^{\mathrm{T}}} \tag{6.18}$$

式中

$$\begin{aligned}\boldsymbol{\Phi}_{1,1}(\boldsymbol{w}) &=\frac{\partial\boldsymbol{\beta}_{1,1}(\boldsymbol{w})}{\partial\boldsymbol{w}^{\mathrm{T}}} = 2((\boldsymbol{\mu}_1^{\mathrm{T}}(\boldsymbol{w})\boldsymbol{\Sigma}_1^{-1}(\boldsymbol{w}))\otimes\boldsymbol{I}_l)\left(\frac{\partial}{\partial\boldsymbol{w}^{\mathrm{T}}}\mathrm{vec}\left(\left(\frac{\partial\boldsymbol{\mu}_1(\boldsymbol{w})}{\partial\boldsymbol{w}^{\mathrm{T}}}\right)^{\mathrm{T}}\right)\right) \\ &\quad +2\left(\boldsymbol{\mu}_1(\boldsymbol{w})\otimes\frac{\partial\boldsymbol{\mu}_1(\boldsymbol{w})}{\partial\boldsymbol{w}^{\mathrm{T}}}\right)^{\mathrm{T}}\frac{\partial\mathrm{vec}(\boldsymbol{\Sigma}_1^{-1}(\boldsymbol{w}))}{\partial\boldsymbol{w}^{\mathrm{T}}}+2\left(\frac{\partial\boldsymbol{\mu}_1(\boldsymbol{w})}{\partial\boldsymbol{w}^{\mathrm{T}}}\right)^{\mathrm{T}}\boldsymbol{\Sigma}_1^{-1}(\boldsymbol{w})\frac{\partial\boldsymbol{\mu}_1(\boldsymbol{w})}{\partial\boldsymbol{w}^{\mathrm{T}}}\end{aligned} \tag{6.19}$$

$$\boldsymbol{\Phi}_{1,2}(\boldsymbol{w}) =\frac{\partial\boldsymbol{\beta}_{1,2}(\boldsymbol{w})}{\partial\boldsymbol{w}^{\mathrm{T}}}\approx\left(\frac{\partial\mathrm{vec}(\boldsymbol{\Sigma}_1^{-1}(\boldsymbol{w}))}{\partial\boldsymbol{w}^{\mathrm{T}}}\right)^{\mathrm{T}}\left((\boldsymbol{I}_{pd+l}\otimes\boldsymbol{\mu}_1(\boldsymbol{w}))\frac{\partial\boldsymbol{\mu}_1(\boldsymbol{w})}{\partial\boldsymbol{w}^{\mathrm{T}}}+\boldsymbol{\mu}_1(\boldsymbol{w})\otimes\frac{\partial\boldsymbol{\mu}_1(\boldsymbol{w})}{\partial\boldsymbol{w}^{\mathrm{T}}}\right) \tag{6.20}$$

需要指出的是，式(6.20)中省略的项为

$$\boldsymbol{\Phi}_{1,0}=((\boldsymbol{\mu}_1(\boldsymbol{w})\otimes\boldsymbol{\mu}_1(\boldsymbol{w}))^{\mathrm{T}}\otimes\boldsymbol{I}_l)\left(\frac{\partial}{\partial\boldsymbol{w}^{\mathrm{T}}}\mathrm{vec}\left(\left(\frac{\partial\mathrm{vec}(\boldsymbol{\Sigma}_1^{-1}(\boldsymbol{w}))}{\partial\boldsymbol{w}^{\mathrm{T}}}\right)^{\mathrm{T}}\right)\right) \tag{6.21}$$

省略该项的原因在于：①计算过于复杂；②当迭代收敛时，$\boldsymbol{\mu}_1(\boldsymbol{w})$是关于测量误差 $\boldsymbol{m}$ 和观测误差 $\boldsymbol{e}$ 的一阶项，此时省略项 $\boldsymbol{\Phi}_{1,0}$ 是关于误差的二阶项，而该项在 Hessian 矩阵中可以忽略而不会影响解的收敛性和统计性能。

根据上述分析可以得到相应的 Newton 迭代公式。假设第 k 次迭代得到系统参量 $\boldsymbol{w}$ 的结果为$\hat{\boldsymbol{w}}_{\mathrm{ctls},k}^{(\mathrm{a})}$，则第 $k+1$ 次迭代更新公式为

$$\hat{\boldsymbol{w}}_{\mathrm{ctls},k+1}^{(\mathrm{a})}=\hat{\boldsymbol{w}}_{\mathrm{ctls},k}^{(\mathrm{a})}-\mu^k\boldsymbol{\Phi}_1^{-1}(\hat{\boldsymbol{w}}_{\mathrm{ctls},k}^{(\mathrm{a})})\boldsymbol{\beta}_1(\hat{\boldsymbol{w}}_{\mathrm{ctls},k}^{(\mathrm{a})}) \tag{6.22}$$

式中，$\mu(0<\mu<1)$表示步长因子。针对迭代公式(6.22)，下面有三点注释。

(1) 上述迭代初值可以通过非加权形式的闭式最小二乘估计方法获得。

(2) 迭代收敛条件可以设为$\|\boldsymbol{\beta}_1(\hat{\boldsymbol{w}}_{\mathrm{ctls},k}^{(\mathrm{a})})\|_2\leqslant\varepsilon$，即梯度向量的 2-范数足够小。

(3) 梯度向量和 Hessian 矩阵中涉及三个较为复杂的矩阵运算单元，分别包括：

$$\boldsymbol{X}_1=\frac{\partial\boldsymbol{\mu}_1(\boldsymbol{w})}{\partial\boldsymbol{w}^{\mathrm{T}}},\quad \boldsymbol{X}_2=\frac{\partial}{\partial\boldsymbol{w}^{\mathrm{T}}}\mathrm{vec}\left(\left(\frac{\partial\boldsymbol{\mu}_1(\boldsymbol{w})}{\partial\boldsymbol{w}^{\mathrm{T}}}\right)^{\mathrm{T}}\right),\quad \boldsymbol{X}_3=\frac{\partial\mathrm{vec}(\boldsymbol{\Sigma}_1^{-1}(\boldsymbol{w}))}{\partial\boldsymbol{w}^{\mathrm{T}}} \tag{6.23}$$

下面分别推导式(6.23)中三个矩阵的闭式表达式。

首先根据式(6.15)中的第一式可推得

$$\begin{aligned}\boldsymbol{X}_1 &= \frac{\partial\boldsymbol{\mu}_1(\boldsymbol{w})}{\partial\boldsymbol{w}^{\mathrm{T}}} = \begin{bmatrix}\bar{\boldsymbol{D}}(\boldsymbol{r},\boldsymbol{s}) & \boldsymbol{O}_{pd\times l} \\ \boldsymbol{O}_{l\times\bar{l}} & \boldsymbol{I}_l\end{bmatrix}\begin{bmatrix}\dfrac{\partial\boldsymbol{\varphi}(\boldsymbol{w})}{\partial\boldsymbol{w}^{\mathrm{T}}} \\ \boldsymbol{I}_l\end{bmatrix} \\ &= \begin{bmatrix}\bar{\boldsymbol{D}}(\boldsymbol{r},\boldsymbol{s}) & \boldsymbol{O}_{pd\times l} \\ \boldsymbol{O}_{l\times\bar{l}} & \boldsymbol{I}_l\end{bmatrix}\begin{bmatrix}\boldsymbol{\Psi}(\boldsymbol{w}) \\ \boldsymbol{I}_l\end{bmatrix}=\begin{bmatrix}\bar{\boldsymbol{D}}(\boldsymbol{r},\boldsymbol{s})\boldsymbol{\Psi}(\boldsymbol{w}) \\ \boldsymbol{I}_l\end{bmatrix}\in\mathbf{R}^{(pd+l)\times l}\end{aligned} \tag{6.24}$$

式中，$\boldsymbol{\Psi}(\boldsymbol{w})=\dfrac{\partial\boldsymbol{\varphi}(\boldsymbol{w})}{\partial\boldsymbol{w}^{\mathrm{T}}}\in\mathbf{R}^{\bar{l}\times l}$表示函数 $\boldsymbol{\varphi}(\boldsymbol{w})$ 关于向量 $\boldsymbol{w}$ 的 Jacobi 矩阵。基于式(6.24)可

进一步推得

$$\boldsymbol{X}_2=\frac{\partial}{\partial \boldsymbol{w}^{\mathrm{T}}}\mathrm{vec}\left(\left(\frac{\partial \boldsymbol{\mu}_1(\boldsymbol{w})}{\partial \boldsymbol{w}^{\mathrm{T}}}\right)^{\mathrm{T}}\right)=\frac{\partial}{\partial \boldsymbol{w}^{\mathrm{T}}}\mathrm{vec}([\boldsymbol{\Psi}^{\mathrm{T}}(\boldsymbol{w})\ \bar{\boldsymbol{D}}^{\mathrm{T}}(\boldsymbol{r},\boldsymbol{s})\ \vdots\ \boldsymbol{I}_l])$$
$$=\begin{bmatrix}(\bar{\boldsymbol{D}}(\boldsymbol{r},\boldsymbol{s})\otimes \boldsymbol{I}_l)\dfrac{\partial \mathrm{vec}(\boldsymbol{\Psi}^{\mathrm{T}}(\boldsymbol{w}))}{\partial \boldsymbol{w}^{\mathrm{T}}}\\ \cdots\cdots\cdots\cdots \\ \boldsymbol{O}_{l^2\times l}\end{bmatrix}\in \mathbf{R}^{(pd+l)l\times l} \tag{6.25}$$

为了推导式(6.23)中矩阵 $\boldsymbol{X}_3$ 的表达式,需要首先把$\boldsymbol{\Sigma}_1(\boldsymbol{w})$的逆矩阵表示为

$$\boldsymbol{\Sigma}_1^{-1}(\boldsymbol{w})=\begin{bmatrix}(\bar{\boldsymbol{H}}(\boldsymbol{r},\boldsymbol{s},\boldsymbol{\varphi}(\boldsymbol{w}))\boldsymbol{Q}_3\ \bar{\boldsymbol{H}}^{\mathrm{T}}(\boldsymbol{r},\boldsymbol{s},\boldsymbol{\varphi}(\boldsymbol{w})))^{-1} & \boldsymbol{O}_{pd\times l}\\ \boldsymbol{O}_{l\times pd} & \boldsymbol{Q}_2^{-1}\end{bmatrix}$$
$$=\begin{bmatrix}\boldsymbol{I}_{pd}\\ \boldsymbol{O}_{l\times pd}\end{bmatrix}\boldsymbol{\Sigma}_{1,0}^{-1}(\boldsymbol{w})[\boldsymbol{I}_{pd}\quad \boldsymbol{O}_{pd\times l}]+\mathrm{blkdiag}[\boldsymbol{O}_{pd\times pd}\quad \boldsymbol{Q}_2^{-1}] \tag{6.26}$$

式中

$$\boldsymbol{\Sigma}_{1,0}(\boldsymbol{w})=\bar{\boldsymbol{H}}(\boldsymbol{r},\boldsymbol{s},\boldsymbol{\varphi}(\boldsymbol{w}))\boldsymbol{Q}_3\ \bar{\boldsymbol{H}}^{\mathrm{T}}(\boldsymbol{r},\boldsymbol{s},\boldsymbol{\varphi}(\boldsymbol{w}))\in \mathbf{R}^{pd\times pd} \tag{6.27}$$

根据式(6.8)和式(6.26)可推得

$$X_3=\frac{\partial \mathrm{vec}(\boldsymbol{\Sigma}_1^{-1}(\boldsymbol{w}))}{\partial \boldsymbol{w}^{\mathrm{T}}}$$
$$=\frac{\partial \mathrm{vec}\left(\begin{bmatrix}\boldsymbol{I}_{pd}\\ \boldsymbol{O}_{l\times pd}\end{bmatrix}\boldsymbol{\Sigma}_{1,0}^{-1}(\boldsymbol{w})[\boldsymbol{I}_{pd}\quad \boldsymbol{O}_{pd\times l}]\right)}{\partial \boldsymbol{w}^{\mathrm{T}}}=\left(\begin{bmatrix}\boldsymbol{I}_{pd}\\ \boldsymbol{O}_{l\times pd}\end{bmatrix}\otimes\begin{bmatrix}\boldsymbol{I}_{pd}\\ \boldsymbol{O}_{l\times pd}\end{bmatrix}\right)\frac{\partial \mathrm{vec}(\boldsymbol{\Sigma}_{1,0}^{-1}(\boldsymbol{w}))}{\partial \boldsymbol{w}^{\mathrm{T}}}$$
$$=-\left(\begin{bmatrix}\boldsymbol{I}_{pd}\\ \boldsymbol{O}_{l\times pd}\end{bmatrix}\otimes\begin{bmatrix}\boldsymbol{I}_{pd}\\ \boldsymbol{O}_{l\times pd}\end{bmatrix}\right)((\boldsymbol{\Sigma}_{1,0}^{-1}(\boldsymbol{w})\bar{\boldsymbol{H}}(\boldsymbol{r},\boldsymbol{s},\boldsymbol{\varphi}(\boldsymbol{w}))\boldsymbol{Q}_3)\otimes \boldsymbol{\Sigma}_{1,0}^{-1}(\boldsymbol{w}))$$
$$\cdot\frac{\partial \mathrm{vec}(\bar{\boldsymbol{H}}(\boldsymbol{r},\boldsymbol{s},\boldsymbol{\varphi}(\boldsymbol{w})))}{\partial \boldsymbol{w}^{\mathrm{T}}}$$
$$-\left(\begin{bmatrix}\boldsymbol{I}_{pd}\\ \boldsymbol{O}_{l\times pd}\end{bmatrix}\otimes\begin{bmatrix}\boldsymbol{I}_{pd}\\ \boldsymbol{O}_{l\times pd}\end{bmatrix}\right)(\boldsymbol{\Sigma}_{1,0}^{-1}(\boldsymbol{w})\otimes(\boldsymbol{\Sigma}_{1,0}^{-1}(\boldsymbol{w})\bar{\boldsymbol{H}}(\boldsymbol{r},\boldsymbol{s},\boldsymbol{\varphi}(\boldsymbol{w}))\boldsymbol{Q}_3))$$
$$\cdot\frac{\partial \mathrm{vec}(\bar{\boldsymbol{H}}^{\mathrm{T}}(\boldsymbol{r},\boldsymbol{s},\boldsymbol{\varphi}(\boldsymbol{w})))}{\partial \boldsymbol{w}^{\mathrm{T}}}$$
$$=\left(\begin{bmatrix}\boldsymbol{I}_{pd}\\ \boldsymbol{O}_{l\times pd}\end{bmatrix}\otimes\begin{bmatrix}\boldsymbol{I}_{pd}\\ \boldsymbol{O}_{l\times pd}\end{bmatrix}\right)((\boldsymbol{\Sigma}_{1,0}^{-1}(\boldsymbol{w})\bar{\boldsymbol{H}}(\boldsymbol{r},\boldsymbol{s},\boldsymbol{\varphi}(\boldsymbol{w}))\boldsymbol{Q}_3)\otimes \boldsymbol{\Sigma}_{1,0}^{-1}(\boldsymbol{w}))\ \dot{\bar{\boldsymbol{D}}}(\boldsymbol{r},\boldsymbol{s})\boldsymbol{\Psi}(\boldsymbol{w})$$
$$+\left(\begin{bmatrix}\boldsymbol{I}_{pd}\\ \boldsymbol{O}_{l\times pd}\end{bmatrix}\otimes\begin{bmatrix}\boldsymbol{I}_{pd}\\ \boldsymbol{O}_{l\times pd}\end{bmatrix}\right)(\boldsymbol{\Sigma}_{1,0}^{-1}(\boldsymbol{w})\otimes(\boldsymbol{\Sigma}_{1,0}^{-1}(\boldsymbol{w})\bar{\boldsymbol{H}}(\boldsymbol{r},\boldsymbol{s},\boldsymbol{\varphi}(\boldsymbol{w}))\boldsymbol{Q}_3))$$
$$\cdot\boldsymbol{\Pi}_{pd\times pd}\ \dot{\bar{\boldsymbol{D}}}(\boldsymbol{r},\boldsymbol{s})\boldsymbol{\Psi}(\boldsymbol{w})\in \mathbf{R}^{(pd+l)^2\times l} \tag{6.28}$$

式中,$\boldsymbol{\Pi}_{pd\times pd}$是满足下式的置换矩阵:

$$\frac{\partial \mathrm{vec}(\bar{\boldsymbol{H}}^{\mathrm{T}}(\boldsymbol{r},\boldsymbol{s},\boldsymbol{\varphi}(\boldsymbol{w})))}{\partial \boldsymbol{w}^{\mathrm{T}}}=\boldsymbol{\Pi}_{pd\times pd}\frac{\partial \mathrm{vec}(\bar{\boldsymbol{H}}(\boldsymbol{r},\boldsymbol{s},\boldsymbol{\varphi}(\boldsymbol{w})))}{\partial \boldsymbol{w}^{\mathrm{T}}} \tag{6.29}$$

而矩阵$\dot{\bar{\boldsymbol{D}}}(\boldsymbol{r},\boldsymbol{s})$的表达式为

$$\dot{\bar{\boldsymbol{D}}}(\boldsymbol{r},\boldsymbol{s})=[\dot{\bar{\boldsymbol{D}}}_1^{\mathrm{T}}(\boldsymbol{r},\boldsymbol{s})\quad \dot{\bar{\boldsymbol{D}}}_2^{\mathrm{T}}(\boldsymbol{r},\boldsymbol{s})\quad \cdots\quad \dot{\bar{\boldsymbol{D}}}_{pd}^{\mathrm{T}}(\boldsymbol{r},\boldsymbol{s})]^{\mathrm{T}}\in \mathbf{R}^{(pd)^2\times 7} \tag{6.30}$$

将式(6.22)的收敛值记为$\hat{\boldsymbol{w}}_{\mathrm{ctls}}^{(\mathrm{a})}$(即$\hat{\boldsymbol{w}}_{\mathrm{ctls}}^{(\mathrm{a})}=\lim\limits_{k\to+\infty}\hat{\boldsymbol{w}}_{\mathrm{ctls},k}^{(\mathrm{a})}$),该向量即为第一类约束总体最小二乘定位方法给出的系统参量解。

6.2.2　系统参量估计值的理论性能

这里将推导系统参量解$\hat{\boldsymbol{w}}_{\mathrm{ctls}}^{(\mathrm{a})}$的理论性能,重点推导其估计方差矩阵。首先根据 Newton 迭代算法的收敛性条件可知

$$\lim_{k\to+\infty}\boldsymbol{\beta}_1(\hat{\boldsymbol{w}}_{\mathrm{ctls},k}^{(\mathrm{a})})=\boldsymbol{\beta}_1(\hat{\boldsymbol{w}}_{\mathrm{ctls}}^{(\mathrm{a})})=\left.\frac{\partial J_1(\boldsymbol{w})}{\partial\boldsymbol{w}}\right|_{\boldsymbol{w}=\hat{\boldsymbol{w}}_{\mathrm{ctls}}^{(\mathrm{a})}}=\boldsymbol{O}_{l\times1} \tag{6.31}$$

将式(6.16)和式(6.17)代入式(6.31)可得

$$\begin{aligned}\boldsymbol{O}_{l\times1}=\boldsymbol{\beta}_1(\hat{\boldsymbol{w}}_{\mathrm{ctls}}^{(\mathrm{a})})=&2\left(\left.\frac{\partial\boldsymbol{\mu}_1(\boldsymbol{w})}{\partial\boldsymbol{w}^{\mathrm{T}}}\right|_{\boldsymbol{w}=\hat{\boldsymbol{w}}_{\mathrm{ctls}}^{(\mathrm{a})}}\right)^{\mathrm{T}}\boldsymbol{\Sigma}_1^{-1}(\hat{\boldsymbol{w}}_{\mathrm{ctls}}^{(\mathrm{a})})\boldsymbol{\mu}_1(\hat{\boldsymbol{w}}_{\mathrm{ctls}}^{(\mathrm{a})})\\&+\left(\left.\frac{\partial\mathrm{vec}(\boldsymbol{\Sigma}_1^{-1}(\boldsymbol{w}))}{\partial\boldsymbol{w}^{\mathrm{T}}}\right|_{\boldsymbol{w}=\hat{\boldsymbol{w}}_{\mathrm{ctls}}^{(\mathrm{a})}}\right)^{\mathrm{T}}(\boldsymbol{\mu}_1(\hat{\boldsymbol{w}}_{\mathrm{ctls}}^{(\mathrm{a})})\otimes\boldsymbol{\mu}_1(\hat{\boldsymbol{w}}_{\mathrm{ctls}}^{(\mathrm{a})}))\end{aligned} \tag{6.32}$$

对向量$\boldsymbol{\mu}_1(\hat{\boldsymbol{w}}_{\mathrm{ctls}}^{(\mathrm{a})})$在点$\boldsymbol{r}_0$ 和 $\boldsymbol{w}$ 处进行一阶 Taylor 级数展开可得

$$\begin{aligned}\boldsymbol{\mu}_1(\hat{\boldsymbol{w}}_{\mathrm{ctls}}^{(\mathrm{a})})&\approx\begin{bmatrix}\bar{\boldsymbol{D}}(\boldsymbol{r}_0,\boldsymbol{s})\boldsymbol{\varphi}(\boldsymbol{w})-\bar{\boldsymbol{c}}(\boldsymbol{r}_0,\boldsymbol{s})+\bar{\boldsymbol{D}}(\boldsymbol{r}_0,\boldsymbol{s})\boldsymbol{\Psi}(\boldsymbol{w})\boldsymbol{\delta w}_{\mathrm{ctls}}^{(\mathrm{a})}-\bar{\boldsymbol{H}}(\boldsymbol{r}_0,\boldsymbol{s},\boldsymbol{\varphi}(\boldsymbol{w}))\boldsymbol{e}\\\boldsymbol{\delta w}_{\mathrm{ctls}}^{(\mathrm{a})}-\boldsymbol{m}\end{bmatrix}\\&=\begin{bmatrix}\bar{\boldsymbol{D}}(\boldsymbol{r}_0,\boldsymbol{s})\boldsymbol{\Psi}(\boldsymbol{w})\boldsymbol{\delta w}_{\mathrm{ctls}}^{(\mathrm{a})}-\bar{\boldsymbol{H}}(\boldsymbol{r}_0,\boldsymbol{s},\boldsymbol{\varphi}(\boldsymbol{w}))\boldsymbol{e}\\\boldsymbol{\delta w}_{\mathrm{ctls}}^{(\mathrm{a})}-\boldsymbol{m}\end{bmatrix}\end{aligned} \tag{6.33}$$

式中,$\boldsymbol{\delta w}_{\mathrm{ctls}}^{(\mathrm{a})}\approx\hat{\boldsymbol{w}}_{\mathrm{ctls}}^{(\mathrm{a})}-\boldsymbol{w}$ 表示系统参量解的估计误差。将式(6.33)代入式(6.32),并利用式(6.24)可得

$$\boldsymbol{O}_{l\times1}\approx\begin{bmatrix}\bar{\boldsymbol{D}}(\boldsymbol{r}_0,\boldsymbol{s})\boldsymbol{\Psi}(\boldsymbol{w})\\\boldsymbol{I}_l\end{bmatrix}^{\mathrm{T}}\boldsymbol{\Sigma}_1^{-1}(\boldsymbol{w})\big|_{\boldsymbol{r}=\boldsymbol{r}_0}\begin{bmatrix}\bar{\boldsymbol{D}}(\boldsymbol{r}_0,\boldsymbol{s})\boldsymbol{\Psi}(\boldsymbol{w})\boldsymbol{\delta w}_{\mathrm{ctls}}^{(\mathrm{a})}-\bar{\boldsymbol{H}}(\boldsymbol{r}_0,\boldsymbol{s},\boldsymbol{\varphi}(\boldsymbol{w}))\boldsymbol{e}\\\boldsymbol{\delta w}_{\mathrm{ctls}}^{(\mathrm{a})}-\boldsymbol{m}\end{bmatrix} \tag{6.34}$$

由式(6.34)可知

$$\begin{aligned}\boldsymbol{\delta w}_{\mathrm{ctls}}^{(\mathrm{a})}\approx&\left(\begin{bmatrix}\bar{\boldsymbol{D}}(\boldsymbol{r}_0,\boldsymbol{s})\boldsymbol{\Psi}(\boldsymbol{w})\\\boldsymbol{I}_l\end{bmatrix}^{\mathrm{T}}\boldsymbol{\Sigma}_1^{-1}(\boldsymbol{w})\big|_{\boldsymbol{r}=\boldsymbol{r}_0}\begin{bmatrix}\bar{\boldsymbol{D}}(\boldsymbol{r}_0,\boldsymbol{s})\boldsymbol{\Psi}(\boldsymbol{w})\\\boldsymbol{I}_l\end{bmatrix}\right)^{-1}\\&\cdot\begin{bmatrix}\bar{\boldsymbol{D}}(\boldsymbol{r}_0,\boldsymbol{s})\boldsymbol{\Psi}(\boldsymbol{w})\\\boldsymbol{I}_l\end{bmatrix}^{\mathrm{T}}\boldsymbol{\Sigma}_1^{-1}(\boldsymbol{w})\big|_{\boldsymbol{r}=\boldsymbol{r}_0}\begin{bmatrix}\bar{\boldsymbol{H}}(\boldsymbol{r}_0,\boldsymbol{s},\boldsymbol{\varphi}(\boldsymbol{w}))\boldsymbol{e}\\\boldsymbol{m}\end{bmatrix}\end{aligned} \tag{6.35}$$

显然,式(6.35)忽略了误差的二阶及其以上各项,根据该式可进一步推得

$$\begin{aligned}\mathbf{cov}(\hat{\boldsymbol{w}}_{\mathrm{ctls}}^{(\mathrm{a})})=&E[\boldsymbol{\delta w}_{\mathrm{ctls}}^{(\mathrm{a})}\boldsymbol{\delta w}_{\mathrm{ctls}}^{(\mathrm{a})\mathrm{T}}]=\left(\begin{bmatrix}\bar{\boldsymbol{D}}(\boldsymbol{r}_0,\boldsymbol{s})\boldsymbol{\Psi}(\boldsymbol{w})\\\boldsymbol{I}_l\end{bmatrix}^{\mathrm{T}}\boldsymbol{\Sigma}_1^{-1}(\boldsymbol{w})\big|_{\boldsymbol{r}=\boldsymbol{r}_0}\begin{bmatrix}\bar{\boldsymbol{D}}(\boldsymbol{r}_0,\boldsymbol{s})\boldsymbol{\Psi}(\boldsymbol{w})\\\boldsymbol{I}_l\end{bmatrix}\right)^{-1}\\=&(\boldsymbol{Q}_2^{-1}+\boldsymbol{\Psi}^{\mathrm{T}}(\boldsymbol{w})\bar{\boldsymbol{D}}^{\mathrm{T}}(\boldsymbol{r}_0,\boldsymbol{s})(\bar{\boldsymbol{H}}(\boldsymbol{r}_0,\boldsymbol{s},\boldsymbol{\varphi}(\boldsymbol{w}))\boldsymbol{Q}_3\bar{\boldsymbol{H}}^{\mathrm{T}}(\boldsymbol{r}_0,\boldsymbol{s},\boldsymbol{\varphi}(\boldsymbol{w})))^{-1}\bar{\boldsymbol{D}}(\boldsymbol{r}_0,\boldsymbol{s})\\&\cdot\boldsymbol{\Psi}(\boldsymbol{w}))^{-1}\end{aligned} \tag{6.36}$$

通过进一步的数学分析可以证明,系统参量解$\hat{\boldsymbol{w}}_{\mathrm{ctls}}^{(\mathrm{a})}$的估计方差矩阵等于式(3.45)给出的克拉美罗界矩阵,结果可见如下命题。

命题 6.2　$\mathrm{cov}(\hat{\boldsymbol{w}}_{\mathrm{ctls}}^{(\mathrm{a})})=\mathbf{CRB}_{\mathrm{o}}(\boldsymbol{w})=(\boldsymbol{Q}_2^{-1}+\bar{\boldsymbol{G}}^{\mathrm{T}}(\boldsymbol{s},\boldsymbol{w})\boldsymbol{Q}_3^{-1}\bar{\boldsymbol{G}}(\boldsymbol{s},\boldsymbol{w}))^{-1}$。

证明　将关于第 k 个校正源的非线性观测方程 $\boldsymbol{r}_{k0}=\boldsymbol{g}(\boldsymbol{s}_k,\boldsymbol{w})$ 代入伪线性观测方程式(6.2)可得

$$\boldsymbol{c}(\boldsymbol{g}(\boldsymbol{s}_k,\boldsymbol{w}),\boldsymbol{s}_k)=\boldsymbol{D}(\boldsymbol{g}(\boldsymbol{s}_k,\boldsymbol{w}),\boldsymbol{s}_k)\boldsymbol{\varphi}(\boldsymbol{w}),\quad 1\leqslant k\leqslant d \tag{6.37}$$

计算式(6.37)两边关于向量 $\boldsymbol{w}$ 的 Jacobi 矩阵,并根据推论 2.13 可知

$$\begin{aligned}\boldsymbol{C}(\boldsymbol{r}_{k0},\boldsymbol{s}_k)\boldsymbol{G}_2(\boldsymbol{s}_k,\boldsymbol{w})=&\left[\dot{\boldsymbol{D}}_1(\boldsymbol{r}_{k0},\boldsymbol{s}_k)\boldsymbol{\varphi}(\boldsymbol{w})\quad \dot{\boldsymbol{D}}_2(\boldsymbol{r}_{k0},\boldsymbol{s}_k)\boldsymbol{\varphi}(\boldsymbol{w})\quad \cdots\quad \dot{\boldsymbol{D}}_p(\boldsymbol{r}_{k0},\boldsymbol{s}_k)\boldsymbol{\varphi}(\boldsymbol{w})\right]\\ &\cdot\boldsymbol{G}_2(\boldsymbol{s}_k,\boldsymbol{w})+\boldsymbol{D}(\boldsymbol{r}_{k0},\boldsymbol{s}_k)\boldsymbol{\Psi}(\boldsymbol{w})\\ &\Rightarrow\boldsymbol{H}(\boldsymbol{r}_{k0},\boldsymbol{s}_k,\boldsymbol{\varphi}(\boldsymbol{w}))\boldsymbol{G}_2(\boldsymbol{s}_k,\boldsymbol{w})=\boldsymbol{D}(\boldsymbol{r}_{k0},\boldsymbol{s}_k)\boldsymbol{\Psi}(\boldsymbol{w}),\quad 1\leqslant k\leqslant d\end{aligned} \tag{6.38}$$

式中

$$\begin{cases}\boldsymbol{H}(\boldsymbol{r}_{k0},\boldsymbol{s}_k,\boldsymbol{\varphi}(\boldsymbol{w}))=\boldsymbol{C}(\boldsymbol{r}_{k0},\boldsymbol{s}_k)-[\dot{\boldsymbol{D}}_1(\boldsymbol{r}_{k0},\boldsymbol{s}_k)\boldsymbol{\varphi}(\boldsymbol{w})\quad \dot{\boldsymbol{D}}_2(\boldsymbol{r}_{k0},\boldsymbol{s}_k)\boldsymbol{\varphi}(\boldsymbol{w})\\ \qquad\cdots\quad \dot{\boldsymbol{D}}_p(\boldsymbol{r}_{k0},\boldsymbol{s}_k)\boldsymbol{\varphi}(\boldsymbol{w})]\in\mathbf{R}^{p\times p},\quad 1\leqslant k\leqslant d\\ \boldsymbol{C}(\boldsymbol{r}_{k0},\boldsymbol{s}_k)=\dfrac{\partial\boldsymbol{c}(\boldsymbol{r}_{k0},\boldsymbol{s}_k)}{\partial\boldsymbol{r}_{k0}^{\mathrm{T}}}\in\mathbf{R}^{p\times p},\quad \dot{\boldsymbol{D}}_j(\boldsymbol{r}_{k0},\boldsymbol{s}_k)=\dfrac{\partial\boldsymbol{D}(\boldsymbol{r}_{k0},\boldsymbol{s}_k)}{\partial\langle\boldsymbol{r}_{k0}\rangle_j}\in\mathbf{R}^{p\times\bar{l}},\quad 1\leqslant j\leqslant p\end{cases} \tag{6.39}$$

将式(6.38)中的 d 个方程进行合并可推得

$$\begin{aligned}&\mathrm{blkdiag}[\boldsymbol{H}(\boldsymbol{r}_{10},\boldsymbol{s}_1,\boldsymbol{\varphi}(\boldsymbol{w}))\quad \boldsymbol{H}(\boldsymbol{r}_{20},\boldsymbol{s}_2,\boldsymbol{\varphi}(\boldsymbol{w}))\quad\cdots\quad \boldsymbol{H}(\boldsymbol{r}_{d0},\boldsymbol{s}_d,\boldsymbol{\varphi}(\boldsymbol{w}))]\begin{bmatrix}\boldsymbol{G}_2(\boldsymbol{s}_1,\boldsymbol{w})\\ \boldsymbol{G}_2(\boldsymbol{s}_2,\boldsymbol{w})\\ \vdots\\ \boldsymbol{G}_2(\boldsymbol{s}_d,\boldsymbol{w})\end{bmatrix}\\ &=\begin{bmatrix}\boldsymbol{D}(\boldsymbol{r}_{10},\boldsymbol{s}_1)\\ \boldsymbol{D}(\boldsymbol{r}_{20},\boldsymbol{s}_2)\\ \vdots\\ \boldsymbol{D}(\boldsymbol{r}_{d0},\boldsymbol{s}_d)\end{bmatrix}\boldsymbol{\Psi}(\boldsymbol{w})\\ &\Rightarrow\bar{\boldsymbol{H}}(\boldsymbol{r}_0,\boldsymbol{s},\boldsymbol{\varphi}(\boldsymbol{w}))\bar{\boldsymbol{G}}(\boldsymbol{s},\boldsymbol{w})=\bar{\boldsymbol{D}}(\boldsymbol{r}_0,\boldsymbol{s})\boldsymbol{\Psi}(\boldsymbol{w})\end{aligned} \tag{6.40}$$

式中,矩阵 $\bar{\boldsymbol{H}}(\boldsymbol{r}_0,\boldsymbol{s},\boldsymbol{\varphi}(\boldsymbol{w}))$ 的表达式见式(6.8),类似于附录 A 中的证明,可知

$$\bar{\boldsymbol{H}}(\boldsymbol{r}_0,\boldsymbol{s},\boldsymbol{\varphi}(\boldsymbol{w}))=\mathrm{blkdiag}[\boldsymbol{H}(\boldsymbol{r}_{10},\boldsymbol{s}_1,\boldsymbol{\varphi}(\boldsymbol{w}))\boldsymbol{H}(\boldsymbol{r}_{20},\boldsymbol{s}_2,\boldsymbol{\varphi}(\boldsymbol{w}))\quad\cdots\quad \boldsymbol{H}(\boldsymbol{r}_{d0},\boldsymbol{s}_d,\boldsymbol{\varphi}(\boldsymbol{w}))] \tag{6.41}$$

将式(6.40)代入式(6.36)可知

$$\begin{aligned}\mathrm{cov}(\hat{\boldsymbol{w}}_{\mathrm{ctls}}^{(\mathrm{a})})=&(\boldsymbol{Q}_2^{-1}+\bar{\boldsymbol{G}}^{\mathrm{T}}(\boldsymbol{s},\boldsymbol{w})\bar{\boldsymbol{H}}^{\mathrm{T}}(\boldsymbol{r}_0,\boldsymbol{s},\boldsymbol{\varphi}(\boldsymbol{w}))\bar{\boldsymbol{H}}^{-\mathrm{T}}(\boldsymbol{r}_0,\boldsymbol{s},\boldsymbol{\varphi}(\boldsymbol{w}))\boldsymbol{Q}_3^{-1}\bar{\boldsymbol{H}}^{-1}(\boldsymbol{r}_0,\boldsymbol{s},\boldsymbol{\varphi}(\boldsymbol{w}))\\ &\cdot\bar{\boldsymbol{H}}(\boldsymbol{r}_0,\boldsymbol{s},\boldsymbol{\varphi}(\boldsymbol{w}))\bar{\boldsymbol{G}}(\boldsymbol{s},\boldsymbol{w}))^{-1}\\ =&(\boldsymbol{Q}_2^{-1}+\bar{\boldsymbol{G}}^{\mathrm{T}}(\boldsymbol{s},\boldsymbol{w})\boldsymbol{Q}_3^{-1}\bar{\boldsymbol{G}}(\boldsymbol{s},\boldsymbol{w}))^{-1}=\mathbf{CRB}_{\mathrm{o}}(\boldsymbol{w})\end{aligned} \tag{6.42}$$

证毕。

命题 6.2 表明,系统参量解 $\hat{\boldsymbol{w}}_{\mathrm{ctls}}^{(\mathrm{a})}$ 在仅基于校正源观测量的条件下具有渐近最优的统计性能(在门限效应发生以前)。

6.2.3　估计目标位置向量

1. 定位优化模型

这里将在伪线性观测方程式(6.1)的基础上，基于系统参量解$\hat{\boldsymbol{w}}_{\text{ctls}}^{(\text{a})}$和目标源观测量$\boldsymbol{z}$估计目标位置向量$\boldsymbol{u}$。在实际计算中，函数$\boldsymbol{a}(\cdot,\cdot)$和$\boldsymbol{B}(\cdot,\cdot)$的闭式形式是可知的，但$\boldsymbol{z}_0$和$\boldsymbol{w}$却不可获知，只能用带误差的观测向量$\boldsymbol{z}$和估计向量$\hat{\boldsymbol{w}}_{\text{ctls}}^{(\text{a})}$来代替。显然，若用$\boldsymbol{z}$和$\hat{\boldsymbol{w}}_{\text{ctls}}^{(\text{a})}$直接代替$\boldsymbol{z}_0$和$\boldsymbol{w}$，式(6.1)已经无法成立。为了建立约束总体最小二乘优化模型，需要将向量函数$\boldsymbol{a}(\boldsymbol{z}_0,\boldsymbol{w})$和矩阵函数$\boldsymbol{B}(\boldsymbol{z}_0,\boldsymbol{w})$分别在点$\boldsymbol{z}$和$\hat{\boldsymbol{w}}_{\text{ctls}}^{(\text{a})}$处进行一阶 Taylor 级数展开可得

$$\begin{cases}\boldsymbol{a}(\boldsymbol{z}_0,\boldsymbol{w})\approx\boldsymbol{a}(\boldsymbol{z},\hat{\boldsymbol{w}}_{\text{ctls}}^{(\text{a})})+\boldsymbol{A}_1(\boldsymbol{z},\hat{\boldsymbol{w}}_{\text{ctls}}^{(\text{a})})(\boldsymbol{z}_0-\boldsymbol{z})+\boldsymbol{A}_2(\boldsymbol{z},\hat{\boldsymbol{w}}_{\text{ctls}}^{(\text{a})})(\boldsymbol{w}-\hat{\boldsymbol{w}}_{\text{ctls}}^{(\text{a})})\\ \qquad=\boldsymbol{a}(\boldsymbol{z},\hat{\boldsymbol{w}}_{\text{ctls}}^{(\text{a})})-\boldsymbol{A}_1(\boldsymbol{z},\hat{\boldsymbol{w}}_{\text{ctls}}^{(\text{a})})\boldsymbol{n}-\boldsymbol{A}_2(\boldsymbol{z},\hat{\boldsymbol{w}}_{\text{ctls}}^{(\text{a})})\boldsymbol{\delta w}_{\text{ctls}}^{(\text{a})}\\ \boldsymbol{B}(\boldsymbol{z}_0,\boldsymbol{w})\approx\boldsymbol{B}(\boldsymbol{z},\hat{\boldsymbol{w}}_{\text{ctls}}^{(\text{a})})+\dot{\boldsymbol{B}}_{11}(\boldsymbol{z},\hat{\boldsymbol{w}}_{\text{ctls}}^{(\text{a})})\langle\boldsymbol{z}_0-\boldsymbol{z}\rangle_1\\ \qquad+\dot{\boldsymbol{B}}_{12}(\boldsymbol{z},\hat{\boldsymbol{w}}_{\text{ctls}}^{(\text{a})})\langle\boldsymbol{z}_0-\boldsymbol{z}\rangle_2+\cdots+\dot{\boldsymbol{B}}_{1p}(\boldsymbol{z},\hat{\boldsymbol{w}}_{\text{ctls}}^{(\text{a})})\langle\boldsymbol{z}_0-\boldsymbol{z}\rangle_p\\ \qquad+\dot{\boldsymbol{B}}_{21}(\boldsymbol{z},\hat{\boldsymbol{w}}_{\text{ctls}}^{(\text{a})})\langle\boldsymbol{w}-\hat{\boldsymbol{w}}_{\text{ctls}}^{(\text{a})}\rangle_1+\dot{\boldsymbol{B}}_{22}(\boldsymbol{z},\hat{\boldsymbol{w}}_{\text{ctls}}^{(\text{a})})\langle\boldsymbol{w}-\hat{\boldsymbol{w}}_{\text{ctls}}^{(\text{a})}\rangle_2+\cdots\\ \qquad+\dot{\boldsymbol{B}}_{2l}(\boldsymbol{z},\hat{\boldsymbol{w}}_{\text{ctls}}^{(\text{a})})\langle\boldsymbol{w}-\hat{\boldsymbol{w}}_{\text{ctls}}^{(\text{a})}\rangle_l\\ \qquad=\boldsymbol{B}(\boldsymbol{z},\hat{\boldsymbol{w}}_{\text{ctls}}^{(\text{a})})-\sum_{j=1}^{p}\langle\boldsymbol{n}\rangle_j\dot{\boldsymbol{B}}_{1j}(\boldsymbol{z},\hat{\boldsymbol{w}}_{\text{ctls}}^{(\text{a})})-\sum_{j=1}^{l}\langle\boldsymbol{\delta w}_{\text{ctls}}^{(\text{a})}\rangle_j\dot{\boldsymbol{B}}_{2j}(\boldsymbol{z},\hat{\boldsymbol{w}}_{\text{ctls}}^{(\text{a})})\end{cases}\tag{6.43}$$

式中

$$\begin{cases}\boldsymbol{A}_1(\boldsymbol{z},\hat{\boldsymbol{w}}_{\text{ctls}}^{(\text{a})})=\dfrac{\partial\boldsymbol{a}(\boldsymbol{z},\hat{\boldsymbol{w}}_{\text{ctls}}^{(\text{a})})}{\partial\boldsymbol{z}^{\text{T}}}\in\mathbf{R}^{p\times p},\quad\boldsymbol{A}_2(\boldsymbol{z},\hat{\boldsymbol{w}}_{\text{ctls}}^{(\text{a})})=\dfrac{\partial\boldsymbol{a}(\boldsymbol{z},\hat{\boldsymbol{w}}_{\text{ctls}}^{(\text{a})})}{\partial\hat{\boldsymbol{w}}_{\text{ctls}}^{(\text{a})\text{T}}}\in\mathbf{R}^{p\times l}\\ \dot{\boldsymbol{B}}_{1j}(\boldsymbol{z},\hat{\boldsymbol{w}}_{\text{ctls}}^{(\text{a})})=\dfrac{\partial\boldsymbol{B}(\boldsymbol{z},\hat{\boldsymbol{w}}_{\text{ctls}}^{(\text{a})})}{\partial\langle\boldsymbol{z}\rangle_j}\in\mathbf{R}^{p\times\bar{q}},\quad 1\leqslant j\leqslant p\\ \dot{\boldsymbol{B}}_{2j}(\boldsymbol{z},\hat{\boldsymbol{w}}_{\text{ctls}}^{(\text{a})})=\dfrac{\partial\boldsymbol{B}(\boldsymbol{z},\hat{\boldsymbol{w}}_{\text{ctls}}^{(\text{a})})}{\partial\langle\hat{\boldsymbol{w}}_{\text{ctls}}^{(\text{a})}\rangle_j}\in\mathbf{R}^{p\times\bar{q}},\quad 1\leqslant j\leqslant l\end{cases}\tag{6.44}$$

将式(6.43)代入式(6.1)可得如下(近似)等式：

$$\begin{aligned}&\boldsymbol{a}(\boldsymbol{z},\hat{\boldsymbol{w}}_{\text{ctls}}^{(\text{a})})-\boldsymbol{A}_1(\boldsymbol{z},\hat{\boldsymbol{w}}_{\text{ctls}}^{(\text{a})})\boldsymbol{n}-\boldsymbol{A}_2(\boldsymbol{z},\hat{\boldsymbol{w}}_{\text{ctls}}^{(\text{a})})\boldsymbol{\delta w}_{\text{ctls}}^{(\text{a})}\\ &=\Big(\boldsymbol{B}(\boldsymbol{z},\hat{\boldsymbol{w}}_{\text{ctls}}^{(\text{a})})-\sum_{j=1}^{p}\langle\boldsymbol{n}\rangle_j\dot{\boldsymbol{B}}_{1j}(\boldsymbol{z},\hat{\boldsymbol{w}}_{\text{ctls}}^{(\text{a})})-\sum_{j=1}^{l}\langle\boldsymbol{\delta w}_{\text{ctls}}^{(\text{a})}\rangle_j\dot{\boldsymbol{B}}_{2j}(\boldsymbol{z},\hat{\boldsymbol{w}}_{\text{ctls}}^{(\text{a})})\Big)\boldsymbol{\rho}(\boldsymbol{u})\\ &\Rightarrow\boldsymbol{a}(\boldsymbol{z},\hat{\boldsymbol{w}}_{\text{ctls}}^{(\text{a})})-\boldsymbol{B}(\boldsymbol{z},\hat{\boldsymbol{w}}_{\text{ctls}}^{(\text{a})})\boldsymbol{\rho}(\boldsymbol{u})\approx\boldsymbol{T}_1(\boldsymbol{z},\hat{\boldsymbol{w}}_{\text{ctls}}^{(\text{a})},\boldsymbol{\rho}(\boldsymbol{u}))\boldsymbol{n}+\boldsymbol{T}_2(\boldsymbol{z},\hat{\boldsymbol{w}}_{\text{ctls}}^{(\text{a})},\boldsymbol{\rho}(\boldsymbol{u})\boldsymbol{\delta w}_{\text{ctls}}^{(\text{a})}\\ &=\boldsymbol{T}(\boldsymbol{z},\hat{\boldsymbol{w}}_{\text{ctls}}^{(\text{a})},\boldsymbol{\rho}(\boldsymbol{u}))\boldsymbol{\gamma}\end{aligned}\tag{6.45}$$

式中

$$\begin{cases}\boldsymbol{T}_1(\boldsymbol{z},\hat{\boldsymbol{w}}_{\text{ctls}}^{(\text{a})},\boldsymbol{\rho}(\boldsymbol{u}))=\boldsymbol{A}_1(\boldsymbol{z},\hat{\boldsymbol{w}}_{\text{ctls}}^{(\text{a})})-[\dot{\boldsymbol{B}}_{11}(\boldsymbol{z},\hat{\boldsymbol{w}}_{\text{ctls}}^{(\text{a})})\boldsymbol{\rho}(\boldsymbol{u})\quad \dot{\boldsymbol{B}}_{12}(\boldsymbol{z},\hat{\boldsymbol{w}}_{\text{ctls}}^{(\text{a})})\boldsymbol{\rho}(\boldsymbol{u}) \\ \qquad\qquad \cdots\quad \dot{\boldsymbol{B}}_{1p}(\boldsymbol{z},\hat{\boldsymbol{w}}_{\text{ctls}}^{(\text{a})})\boldsymbol{\rho}(\boldsymbol{u})]\in\mathbf{R}^{p\times p} \\ \boldsymbol{T}_2(\boldsymbol{z},\hat{\boldsymbol{w}}_{\text{ctls}}^{(\text{a})},\boldsymbol{\rho}(\boldsymbol{u}))=\boldsymbol{A}_2(\boldsymbol{z},\hat{\boldsymbol{w}}_{\text{ctls}}^{(\text{a})})-[\dot{\boldsymbol{B}}_{21}(\boldsymbol{z},\hat{\boldsymbol{w}}_{\text{ctls}}^{(\text{a})})\boldsymbol{\rho}(\boldsymbol{u})\quad \dot{\boldsymbol{B}}_{22}(\boldsymbol{z},\hat{\boldsymbol{w}}_{\text{ctls}}^{(\text{a})})\boldsymbol{\rho}(\boldsymbol{u}) \\ \qquad\qquad \cdots\quad \dot{\boldsymbol{B}}_{2l}(\boldsymbol{z},\hat{\boldsymbol{w}}_{\text{ctls}}^{(\text{a})})\boldsymbol{\rho}(\boldsymbol{u})]\in\mathbf{R}^{p\times l} \\ \boldsymbol{T}(\boldsymbol{z},\hat{\boldsymbol{w}}_{\text{ctls}}^{(\text{a})},\boldsymbol{\rho}(\boldsymbol{u}))=[\boldsymbol{T}_1(\boldsymbol{z},\hat{\boldsymbol{w}}_{\text{ctls}}^{(\text{a})},\boldsymbol{\rho}(\boldsymbol{u}))\quad \boldsymbol{T}_2(\boldsymbol{z},\hat{\boldsymbol{w}}_{\text{ctls}}^{(\text{a})},\boldsymbol{\rho}(\boldsymbol{u}))]\in\mathbf{R}^{p\times(p+l)} \\ \boldsymbol{\gamma}=[\boldsymbol{n}^{\text{T}}\quad \boldsymbol{\delta w}_{\text{ctls}}^{(\text{a})\text{T}}]^{\text{T}}\in\mathbf{R}^{(p+l)\times 1}\end{cases} \tag{6.46}$$

结合式(6.45)和命题6.2可以建立如下约束总体最小二乘优化模型：

$$\begin{cases}\min\limits_{\substack{\boldsymbol{\gamma}\in\mathbf{R}^{(p+l)\times 1}\\ \boldsymbol{u}\in\mathbf{R}^{q\times 1}}}\ \boldsymbol{\gamma}^{\text{T}}\mathbf{cov}^{-1}(\boldsymbol{\gamma})\boldsymbol{\gamma} \\ \text{s. t. } \boldsymbol{a}(\boldsymbol{z},\hat{\boldsymbol{w}}_{\text{ctls}}^{(\text{a})})-\boldsymbol{B}(\boldsymbol{z},\hat{\boldsymbol{w}}_{\text{ctls}}^{(\text{a})})\boldsymbol{\rho}(\boldsymbol{u})=\boldsymbol{T}(\boldsymbol{z},\hat{\boldsymbol{w}}_{\text{ctls}}^{(\text{a})},\boldsymbol{\rho}(\boldsymbol{u}))\boldsymbol{\gamma}\end{cases} \tag{6.47}$$

式中

$$\mathbf{cov}(\gamma)=\begin{bmatrix}\boldsymbol{Q}_1 & \boldsymbol{O}_{p\times l}\\ \boldsymbol{O}_{l\times p} & \mathbf{cov}(\hat{\boldsymbol{w}}_{\text{ctls}}^{(\text{a})})\end{bmatrix}=\begin{bmatrix}\boldsymbol{Q}_1 & \boldsymbol{O}_{p\times l}\\ \boldsymbol{O}_{l\times p} & (\boldsymbol{Q}_2^{-1}+\bar{\boldsymbol{G}}^{\text{T}}(\boldsymbol{s},\boldsymbol{w})\boldsymbol{Q}_3^{-1}\bar{\boldsymbol{G}}(\boldsymbol{s},\boldsymbol{w}))^{-1}\end{bmatrix} \tag{6.48}$$

其中，$\boldsymbol{Q}_1=E[\boldsymbol{n}\boldsymbol{n}^{\text{T}}]$表示观测误差$\boldsymbol{n}$的方差矩阵(同第3章的定义)。显然，式(6.47)是含有等式约束的优化问题，通过进一步数学分析可以将其转化为无约束优化问题，结果可见如下命题。

命题6.3　若$\boldsymbol{T}(\boldsymbol{z},\hat{\boldsymbol{w}}_{\text{ctls}}^{(\text{a})},\boldsymbol{\rho}(\boldsymbol{u}))$是行满秩矩阵，则约束优化问题(6.47)可以转化为如下无约束优化问题：

$$\min_{\boldsymbol{u}\in\mathbf{R}^{q\times 1}}\left\{\begin{matrix}(\boldsymbol{B}(\boldsymbol{z},\hat{\boldsymbol{w}}_{\text{ctls}}^{(\text{a})})\boldsymbol{\rho}(\boldsymbol{u})-\boldsymbol{a}(\boldsymbol{z},\hat{\boldsymbol{w}}_{\text{ctls}}^{(\text{a})}))^{\text{T}}(\boldsymbol{T}(\boldsymbol{z},\hat{\boldsymbol{w}}_{\text{ctls}}^{(\text{a})},\boldsymbol{\rho}(\boldsymbol{u}))\mathbf{cov}(\boldsymbol{\gamma})\\ \cdot\,\boldsymbol{T}^{\text{T}}(\boldsymbol{z},\hat{\boldsymbol{w}}_{\text{ctls}}^{(\text{a})},\boldsymbol{\rho}(\boldsymbol{u})))^{-1}(\boldsymbol{B}(\boldsymbol{z},\hat{\boldsymbol{w}}_{\text{ctls}}^{(\text{a})})\boldsymbol{\rho}(\boldsymbol{u})-\boldsymbol{a}(\boldsymbol{z},\hat{\boldsymbol{w}}_{\text{ctls}}^{(\text{a})}))\end{matrix}\right\} \tag{6.49}$$

证明　若令$\bar{\boldsymbol{\gamma}}=\mathbf{cov}^{-1/2}(\boldsymbol{\gamma})\boldsymbol{\gamma}$(即$\boldsymbol{\gamma}=\mathbf{cov}^{1/2}(\boldsymbol{\gamma})\bar{\boldsymbol{\gamma}}$)，则式(6.47)可以改写为

$$\begin{cases}\min\limits_{\substack{\bar{\boldsymbol{\gamma}}\in\mathbf{R}^{(p+l)\times 1}\\ \boldsymbol{u}\in\mathbf{R}^{q\times 1}}}\ \|\bar{\boldsymbol{\gamma}}\|_2^2 \\ \text{s. t. } \boldsymbol{a}(\boldsymbol{z},\hat{\boldsymbol{w}}_{\text{ctls}}^{(\text{a})})-\boldsymbol{B}(\boldsymbol{z},\hat{\boldsymbol{w}}_{\text{ctls}}^{(\text{a})})\boldsymbol{\rho}(\boldsymbol{u})=\boldsymbol{T}(\boldsymbol{z},\hat{\boldsymbol{w}}_{\text{ctls}}^{(\text{a})},\boldsymbol{\rho}(\boldsymbol{u}))\mathbf{cov}^{1/2}(\boldsymbol{\gamma})\bar{\boldsymbol{\gamma}}\end{cases} \tag{6.50}$$

根据推论2.14可知，在满足式(6.50)中的等式约束条件下，向量$\bar{\boldsymbol{\gamma}}$的最小2-范数解可表示为

$$\bar{\boldsymbol{\gamma}}_{\text{opt}}=-(\boldsymbol{T}(\boldsymbol{z},\hat{\boldsymbol{w}}_{\text{ctls}}^{(\text{a})},\boldsymbol{\rho}(\boldsymbol{u}))\mathbf{cov}^{1/2}(\boldsymbol{\gamma}))^{\dagger}(\boldsymbol{B}(\boldsymbol{z},\hat{\boldsymbol{w}}_{\text{ctls}}^{(\text{a})})\boldsymbol{\rho}(\boldsymbol{u})-\boldsymbol{a}(\boldsymbol{z},\hat{\boldsymbol{w}}_{\text{ctls}}^{(\text{a})})) \tag{6.51}$$

根据矩阵$\boldsymbol{T}(\boldsymbol{z},\hat{\boldsymbol{w}}_{\text{ctls}}^{(\text{a})},\boldsymbol{\rho}(\boldsymbol{u}))$的行满秩性可知，矩阵$\boldsymbol{T}(\boldsymbol{z},\hat{\boldsymbol{w}}_{\text{ctls}}^{(\text{a})},\boldsymbol{\rho}(\boldsymbol{u}))\mathbf{cov}^{1/2}(\boldsymbol{\gamma})$也具有行满秩性，再利用命题2.6可得

$$\begin{aligned}\bar{\boldsymbol{\gamma}}_{\text{opt}}=&-\mathbf{cov}^{1/2}(\boldsymbol{\gamma})\boldsymbol{T}^{\text{T}}(\boldsymbol{z},\hat{\boldsymbol{w}}_{\text{ctls}}^{(\text{a})},\boldsymbol{\rho}(\boldsymbol{u}))(\boldsymbol{T}(\boldsymbol{z},\hat{\boldsymbol{w}}_{\text{ctls}}^{(\text{a})},\boldsymbol{\rho}(\boldsymbol{u}))\mathbf{cov}(\boldsymbol{\gamma})\boldsymbol{T}^{\text{T}}(\boldsymbol{z},\hat{\boldsymbol{w}}_{\text{ctls}}^{(\text{a})},\boldsymbol{\rho}(\boldsymbol{u})))^{-1}\\ &\cdot(\boldsymbol{B}(\boldsymbol{z},\hat{\boldsymbol{w}}_{\text{ctls}}^{(\text{a})})\boldsymbol{\rho}(\boldsymbol{u})-\boldsymbol{a}(\boldsymbol{z},\hat{\boldsymbol{w}}_{\text{ctls}}^{(\text{a})}))\end{aligned} \tag{6.52}$$

将式(6.52)代入式(6.50)即可得到式(6.49)给出的无约束优化问题。证毕。

2. 数值迭代算法

这里将给出式(6.49)的求解算法。显然，式(6.49)的闭式解难以获得，只能通过数值

迭代的方式进行优化计算。为了获得较快的迭代收敛速度，可以利用经典的 Newton 迭代法[20]进行数值计算。

首先将式(6.49)中的目标函数记为

$$\begin{aligned} J_2(\boldsymbol{u}) &= (\boldsymbol{B}(\boldsymbol{z},\hat{\boldsymbol{w}}_{\text{ctls}}^{(\text{a})})\boldsymbol{\rho}(\boldsymbol{u}) - \boldsymbol{a}(\boldsymbol{z},\hat{\boldsymbol{w}}_{\text{ctls}}^{(\text{a})}))^{\text{T}}(\boldsymbol{T}(\boldsymbol{z},\hat{\boldsymbol{w}}_{\text{ctls}}^{(\text{a})},\boldsymbol{\rho}(\boldsymbol{u}))\mathbf{cov}(\boldsymbol{\gamma})\boldsymbol{T}^{\text{T}}(\boldsymbol{z},\hat{\boldsymbol{w}}_{\text{ctls}}^{(\text{a})},\boldsymbol{\rho}(\boldsymbol{u})))^{-1} \\ &\quad \cdot (\boldsymbol{B}(\boldsymbol{z},\hat{\boldsymbol{w}}_{\text{ctls}}^{(\text{a})})\boldsymbol{\rho}(\boldsymbol{u}) - \boldsymbol{a}(\boldsymbol{z},\hat{\boldsymbol{w}}_{\text{ctls}}^{(\text{a})})) \\ &= \boldsymbol{\mu}_2^{\text{T}}(\boldsymbol{u})\boldsymbol{\Sigma}_2^{-1}(\boldsymbol{u})\boldsymbol{\mu}_2(\boldsymbol{u}) \end{aligned} \tag{6.53}$$

式中

$$\begin{cases} \boldsymbol{\mu}_2(\boldsymbol{u}) = \boldsymbol{B}(\boldsymbol{z},\hat{\boldsymbol{w}}_{\text{ctls}}^{(\text{a})})\boldsymbol{\rho}(\boldsymbol{u}) - \boldsymbol{a}(\boldsymbol{z},\hat{\boldsymbol{w}}_{\text{ctls}}^{(\text{a})}) \in \mathbf{R}^{p\times 1} \\ \boldsymbol{\Sigma}_2(\boldsymbol{u}) = \boldsymbol{T}(\boldsymbol{z},\hat{\boldsymbol{w}}_{\text{ctls}}^{(\text{a})},\boldsymbol{\rho}(\boldsymbol{u}))\mathbf{cov}(\boldsymbol{\gamma})\boldsymbol{T}^{\text{T}}(\boldsymbol{z},\hat{\boldsymbol{w}}_{\text{ctls}}^{(\text{a})},\boldsymbol{\rho}(\boldsymbol{u})) \in \mathbf{R}^{p\times p} \end{cases} \tag{6.54}$$

为了给出 Newton 迭代公式，需要推导函数 $J_2(\boldsymbol{u})$ 关于向量 $\boldsymbol{u}$ 的梯度向量和 Hessian 矩阵。根据式(6.53)和式(2.74)可推得其梯度向量为

$$\boldsymbol{\beta}_2(\boldsymbol{u}) = \frac{\partial J_2(\boldsymbol{u})}{\partial \boldsymbol{u}} = \boldsymbol{\beta}_{2,1}(\boldsymbol{u}) + \boldsymbol{\beta}_{2,2}(\boldsymbol{u}) \tag{6.55}$$

式中

$$\begin{cases} \boldsymbol{\beta}_{2,1}(\boldsymbol{u}) = 2\left(\dfrac{\partial \boldsymbol{\mu}_2(\boldsymbol{u})}{\partial \boldsymbol{u}^{\text{T}}}\right)^{\text{T}} \boldsymbol{\Sigma}_2^{-1}(\boldsymbol{u})\boldsymbol{\mu}_2(\boldsymbol{u}) \\ \boldsymbol{\beta}_{2,2}(\boldsymbol{u}) = \left(\dfrac{\partial \text{vec}(\boldsymbol{\Sigma}_2^{-1}(\boldsymbol{u}))}{\partial \boldsymbol{u}^{\text{T}}}\right)^{\text{T}}(\boldsymbol{\mu}_2(\boldsymbol{u})\otimes\boldsymbol{\mu}_2(\boldsymbol{u})) \end{cases} \tag{6.56}$$

根据式(6.53)和式(2.75)可推得其 Hessian 矩阵为

$$\boldsymbol{\Phi}_2(\boldsymbol{u}) = \frac{\partial^2 J_2(\boldsymbol{u})}{\partial \boldsymbol{u}\partial \boldsymbol{u}^{\text{T}}} = \boldsymbol{\Phi}_{2,1}(\boldsymbol{u}) + \boldsymbol{\Phi}_{2,2}(\boldsymbol{u}) = \frac{\partial \boldsymbol{\beta}_{2,1}(\boldsymbol{u})}{\partial \boldsymbol{u}^{\text{T}}} + \frac{\partial \boldsymbol{\beta}_{2,2}(\boldsymbol{u})}{\partial \boldsymbol{u}^{\text{T}}} \tag{6.57}$$

式中

$$\begin{aligned} \boldsymbol{\Phi}_{2,1}(\boldsymbol{u}) &= \frac{\partial \boldsymbol{\beta}_{2,1}(\boldsymbol{u})}{\partial \boldsymbol{u}^{\text{T}}} = 2((\boldsymbol{\mu}_2^{\text{T}}(\boldsymbol{u})\boldsymbol{\Sigma}_2^{-1}(\boldsymbol{u}))\otimes\boldsymbol{I}_q)\left(\frac{\partial}{\partial \boldsymbol{u}^{\text{T}}}\text{vec}\left(\left(\frac{\partial \boldsymbol{\mu}_2(\boldsymbol{u})}{\partial \boldsymbol{u}^{\text{T}}}\right)^{\text{T}}\right)\right) \\ &\quad + 2\left(\boldsymbol{\mu}_2(\boldsymbol{u})\otimes\frac{\partial \boldsymbol{\mu}_2(\boldsymbol{u})}{\partial \boldsymbol{u}^{\text{T}}}\right)^{\text{T}}\frac{\partial \text{vec}(\boldsymbol{\Sigma}_2^{-1}(\boldsymbol{u}))}{\partial \boldsymbol{u}^{\text{T}}} + 2\left(\frac{\partial \boldsymbol{\mu}_2(\boldsymbol{u})}{\partial \boldsymbol{u}^{\text{T}}}\right)^{\text{T}}\boldsymbol{\Sigma}_2^{-1}(\boldsymbol{u})\frac{\partial \boldsymbol{\mu}_2(\boldsymbol{u})}{\partial \boldsymbol{u}^{\text{T}}} \end{aligned} \tag{6.58}$$

$$\boldsymbol{\Phi}_{2,2}(\boldsymbol{u}) = \frac{\partial \boldsymbol{\beta}_{2,2}(\boldsymbol{u})}{\partial \boldsymbol{u}^{\text{T}}} \approx \left(\frac{\partial \text{vec}(\boldsymbol{\Sigma}_2^{-1}(\boldsymbol{u}))}{\partial \boldsymbol{u}^{\text{T}}}\right)^{\text{T}}\left((\boldsymbol{I}_p\otimes\boldsymbol{\mu}_2(\boldsymbol{u}))\frac{\partial \boldsymbol{\mu}_2(\boldsymbol{u})}{\partial \boldsymbol{u}^{\text{T}}} + \boldsymbol{\mu}_2(\boldsymbol{u})\otimes\frac{\partial \boldsymbol{\mu}_2(\boldsymbol{u})}{\partial \boldsymbol{u}^{\text{T}}}\right) \tag{6.59}$$

需要指出的是，式(6.59)中省略的项为

$$\boldsymbol{\Phi}_{2,0} = ((\boldsymbol{\mu}_2(\boldsymbol{u})\otimes\boldsymbol{\mu}_2(\boldsymbol{u}))^{\text{T}}\otimes\boldsymbol{I}_q)\left(\frac{\partial}{\partial \boldsymbol{u}^{\text{T}}}\text{vec}\left(\left(\frac{\partial \text{vec}(\boldsymbol{\Sigma}_2^{-1}(\boldsymbol{u}))}{\partial \boldsymbol{u}^{\text{T}}}\right)^{\text{T}}\right)\right) \tag{6.60}$$

省略该项的原因在于：①计算过于复杂；②当迭代收敛时，$\boldsymbol{\mu}_2(\boldsymbol{u})$是关于观测误差 $\boldsymbol{n}$ 和估计误差 $\boldsymbol{\delta w}_{\text{ctls}}^{(\text{a})}$的一阶项，此时省略项 $\boldsymbol{\Phi}_{2,0}$是误差的二阶项，而该项在 Hessian 矩阵中可以忽略而不会影响解的收敛性和统计性能。

根据上述分析可以得到相应的 Newton 迭代公式。假设第 k 次迭代得到目标位置向量 $\boldsymbol{u}$ 的结果为$\hat{\boldsymbol{u}}_{\text{ctls},k}^{(\text{a})}$，则第 $k+1$ 次迭代更新公式为

$$\hat{\boldsymbol{u}}_{\text{ctls},k+1}^{(\text{a})} = \hat{\boldsymbol{u}}_{\text{ctls},k}^{(\text{a})} - \mu^k\boldsymbol{\Phi}_2^{-1}(\hat{\boldsymbol{u}}_{\text{ctls},k}^{(\text{a})})\boldsymbol{\beta}_2(\hat{\boldsymbol{u}}_{\text{ctls},k}^{(\text{a})}) \tag{6.61}$$

式中，$\mu(0<\mu<1)$表示步长因子。针对迭代公式(6.61)，下面有三点注释。

(1) 上述迭代初值可以通过非加权形式的闭式最小二乘估计方法获得。

(2) 迭代收敛条件可以设为$\|\boldsymbol{\beta}_2(\hat{\boldsymbol{u}}_{\mathrm{ctls},k}^{(\mathrm{a})})\|_2\leqslant\varepsilon$，即梯度向量的 2-范数足够小。

(3) 梯度向量和 Hessian 矩阵中涉及三个较为复杂的矩阵运算单元，分别包括：

$$\boldsymbol{Y}_1=\frac{\partial\boldsymbol{\mu}_2(\boldsymbol{u})}{\partial\boldsymbol{u}^{\mathrm{T}}},\quad \boldsymbol{Y}_2=\frac{\partial}{\partial\boldsymbol{u}^{\mathrm{T}}}\mathrm{vec}\left(\left(\frac{\partial\boldsymbol{\mu}_2(\boldsymbol{u})}{\partial\boldsymbol{u}^{\mathrm{T}}}\right)^{\mathrm{T}}\right),\quad \boldsymbol{Y}_3=\frac{\partial\mathrm{vec}(\boldsymbol{\Sigma}_2^{-1}(\boldsymbol{u}))}{\partial\boldsymbol{u}^{\mathrm{T}}} \tag{6.62}$$

下面分别推导式(6.62)中三个矩阵的闭式表达式。

首先根据式(6.54)中的第一式可推得

$$\boldsymbol{Y}_1=\frac{\partial\boldsymbol{\mu}_2(\boldsymbol{u})}{\partial\boldsymbol{u}^{\mathrm{T}}}=\boldsymbol{B}(\boldsymbol{z},\hat{\boldsymbol{w}}_{\mathrm{ctls}}^{(\mathrm{a})})\frac{\partial\boldsymbol{\rho}(\boldsymbol{u})}{\partial\boldsymbol{u}^{\mathrm{T}}}=\boldsymbol{B}(\boldsymbol{z},\hat{\boldsymbol{w}}_{\mathrm{ctls}}^{(\mathrm{a})})\boldsymbol{P}(\boldsymbol{u})\in\mathbf{R}^{p\times q} \tag{6.63}$$

式中，$\boldsymbol{P}(\boldsymbol{u})=\dfrac{\partial\boldsymbol{\rho}(\boldsymbol{u})}{\partial\boldsymbol{u}^{\mathrm{T}}}\in\mathbf{R}^{\bar{q}\times q}$表示函数$\boldsymbol{\rho}(\boldsymbol{u})$关于向量$\boldsymbol{u}$的 Jacobi 矩阵。基于式(6.63)可进一步推得

$$\begin{aligned}\boldsymbol{Y}_2&=\frac{\partial}{\partial\boldsymbol{u}^{\mathrm{T}}}\mathrm{vec}\left(\left(\frac{\partial\boldsymbol{\mu}_2(\boldsymbol{u})}{\partial\boldsymbol{u}^{\mathrm{T}}}\right)^{\mathrm{T}}\right)=\frac{\partial}{\partial\boldsymbol{u}^{\mathrm{T}}}\mathrm{vec}(\boldsymbol{P}^{\mathrm{T}}(\boldsymbol{u})\boldsymbol{B}^{\mathrm{T}}(\boldsymbol{z},\hat{\boldsymbol{w}}_{\mathrm{ctls}}^{(\mathrm{a})}))\\&=(\boldsymbol{B}(\boldsymbol{z},\hat{\boldsymbol{w}}_{\mathrm{ctls}}^{(\mathrm{a})})\otimes\boldsymbol{I}_q)\frac{\mathrm{vec}(\boldsymbol{P}^{\mathrm{T}}(\boldsymbol{u}))}{\partial\boldsymbol{u}^{\mathrm{T}}}\in\mathbf{R}^{pq\times q}\end{aligned} \tag{6.64}$$

最后根据式(6.54)中的第二式和式(6.46)可推得

$$\begin{aligned}\boldsymbol{Y}_3=&\frac{\partial\mathrm{vec}(\boldsymbol{\Sigma}_2^{-1}(\boldsymbol{u}))}{\partial\boldsymbol{u}^{\mathrm{T}}}=-((\boldsymbol{\Sigma}_2^{-1}(\boldsymbol{u})\boldsymbol{T}(\boldsymbol{z},\hat{\boldsymbol{w}}_{\mathrm{ctls}}^{(\mathrm{a})},\boldsymbol{\rho}(\boldsymbol{u}))\mathbf{cov}(\boldsymbol{\gamma}))\otimes\boldsymbol{\Sigma}_2^{-1}(\boldsymbol{u}))\\&\cdot\frac{\partial\mathrm{vec}(\boldsymbol{T}(\boldsymbol{z},\hat{\boldsymbol{w}}_{\mathrm{ctls}}^{(\mathrm{a})},\boldsymbol{\rho}(\boldsymbol{u})))}{\partial\boldsymbol{u}^{\mathrm{T}}}-(\boldsymbol{\Sigma}_2^{-1}(\boldsymbol{u})\otimes(\boldsymbol{\Sigma}_2^{-1}(\boldsymbol{u})\boldsymbol{T}(\boldsymbol{z},\hat{\boldsymbol{w}}_{\mathrm{ctls}}^{(\mathrm{a})},\boldsymbol{\rho}(\boldsymbol{u}))\mathbf{cov}(\boldsymbol{\gamma})))\\&\cdot\frac{\partial\mathrm{vec}(\boldsymbol{T}^{\mathrm{T}}(\boldsymbol{z},\hat{\boldsymbol{w}}_{\mathrm{ctls}}^{(\mathrm{a})},\boldsymbol{\rho}(\boldsymbol{u})))}{\partial\boldsymbol{u}^{\mathrm{T}}}\\=&((\boldsymbol{\Sigma}_2^{-1}(\boldsymbol{u})\boldsymbol{T}(\boldsymbol{z},\hat{\boldsymbol{w}}_{\mathrm{ctls}}^{(\mathrm{a})},\boldsymbol{\rho}(\boldsymbol{u}))\mathbf{cov}(\boldsymbol{\gamma}))\otimes\boldsymbol{\Sigma}_2^{-1}(\boldsymbol{u}))\dot{\boldsymbol{B}}(\boldsymbol{z},\hat{\boldsymbol{w}}_{\mathrm{ctls}}^{(\mathrm{a})})\boldsymbol{P}(\boldsymbol{u})\\&+(\boldsymbol{\Sigma}_2^{-1}(\boldsymbol{u})\otimes(\boldsymbol{\Sigma}_2^{-1}(\boldsymbol{u})\boldsymbol{T}(\boldsymbol{z},\hat{\boldsymbol{w}}_{\mathrm{ctls}}^{(\mathrm{a})},\boldsymbol{\rho}(\boldsymbol{u}))\mathbf{cov}(\boldsymbol{\gamma})))\boldsymbol{\Pi}_{(p+e)\times p}\dot{\boldsymbol{B}}(\boldsymbol{z},\hat{\boldsymbol{w}}_{\mathrm{ctls}}^{(\mathrm{a})})\boldsymbol{P}(\boldsymbol{u})\in\mathbf{R}^{p^2\times q}\end{aligned} \tag{6.65}$$

式中，$\boldsymbol{\Pi}_{(p+e)\times p}$是满足下式的置换矩阵：

$$\frac{\partial\mathrm{vec}(\boldsymbol{T}^{\mathrm{T}}(\boldsymbol{z},\hat{\boldsymbol{w}}_{\mathrm{ctls}}^{(\mathrm{a})},\boldsymbol{\rho}(\boldsymbol{u})))}{\partial\boldsymbol{u}^{\mathrm{T}}}=\boldsymbol{\Pi}_{(p+e)\times p}\frac{\partial\mathrm{vec}(\boldsymbol{T}(\boldsymbol{z},\hat{\boldsymbol{w}}_{\mathrm{ctls}}^{(\mathrm{a})},\boldsymbol{\rho}(\boldsymbol{u})))}{\partial\boldsymbol{u}^{\mathrm{T}}} \tag{6.66}$$

而矩阵$\dot{\boldsymbol{B}}(\boldsymbol{z},\hat{\boldsymbol{w}}_{\mathrm{ctls}}^{(\mathrm{a})})$的表达式为

$$\boldsymbol{B}(\boldsymbol{z},\hat{\boldsymbol{w}}_{\mathrm{ctls}}^{(\mathrm{a})})=\left[\dot{\boldsymbol{B}}_{11}^{\mathrm{T}}(\boldsymbol{z},\hat{\boldsymbol{w}}_{\mathrm{ctls}}^{(\mathrm{a})})\quad\dot{\boldsymbol{B}}_{12}^{\mathrm{T}}(\boldsymbol{z},\hat{\boldsymbol{w}}_{\mathrm{ctls}}^{(\mathrm{a})})\quad\cdots\quad\dot{\boldsymbol{B}}_{1p}^{\mathrm{T}}(\boldsymbol{z},\hat{\boldsymbol{w}}_{\mathrm{ctls}}^{(\mathrm{a})})\;\vdots\;\dot{\boldsymbol{B}}_{21}^{\mathrm{T}}(\boldsymbol{z},\hat{\boldsymbol{w}}_{\mathrm{ctls}}^{(\mathrm{a})})\quad\dot{\boldsymbol{B}}_{22}^{\mathrm{T}}(\boldsymbol{z},\hat{\boldsymbol{w}}_{\mathrm{ctls}}^{(\mathrm{a})})\quad\cdots\quad\dot{\boldsymbol{B}}_{2l}^{\mathrm{T}}(\boldsymbol{z},\hat{\boldsymbol{w}}_{\mathrm{ctls}}^{(\mathrm{a})})\right]^{\mathrm{T}}\in\mathbf{R}^{p(p+l)\times\bar{q}} \tag{6.67}$$

将式(6.61)的收敛值记为$\hat{\boldsymbol{u}}_{\mathrm{ctls}}^{(\mathrm{a})}$(即$\hat{\boldsymbol{u}}_{\mathrm{ctls}}^{(\mathrm{a})}=\lim\limits_{k\to+\infty}\hat{\boldsymbol{u}}_{\mathrm{ctls},k}^{(\mathrm{a})}$)，该向量即为第一类约束总体最小二乘定位方法给出的目标位置解。

6.2.4　目标位置向量估计值的理论性能

这里将推导目标位置解$\hat{\boldsymbol{u}}_{\mathrm{ctls}}^{(\mathrm{a})}$的理论性能，重点推导其估计方差矩阵。首先根据 Newton迭代算法的收敛性条件可知

$$\lim_{k\to+\infty}\boldsymbol{\beta}_2(\hat{\boldsymbol{u}}_{\mathrm{ctls},k}^{(\mathrm{a})})=\boldsymbol{\beta}_2(\hat{\boldsymbol{u}}_{\mathrm{ctls}}^{(\mathrm{a})})=\left.\frac{\partial J_2(\boldsymbol{u})}{\partial \boldsymbol{u}}\right|_{\boldsymbol{u}=\hat{\boldsymbol{u}}_{\mathrm{ctls}}^{(\mathrm{a})}}=\boldsymbol{O}_{q\times 1} \tag{6.68}$$

将式(6.55)和式(6.56)代入式(6.68)可得

$$\boldsymbol{O}_{q\times 1}=\boldsymbol{\beta}_2(\hat{\boldsymbol{u}}_{\mathrm{ctls}}^{(\mathrm{a})})=2\left(\left.\frac{\partial \boldsymbol{\mu}_2(\boldsymbol{u})}{\partial \boldsymbol{u}^{\mathrm{T}}}\right|_{\boldsymbol{u}=\hat{\boldsymbol{u}}_{\mathrm{ctls}}^{(\mathrm{a})}}\right)^{\mathrm{T}}\boldsymbol{\Sigma}_2^{-1}(\hat{\boldsymbol{u}}_{\mathrm{ctls}}^{(\mathrm{a})})\boldsymbol{\mu}_2(\hat{\boldsymbol{u}}_{\mathrm{ctls}}^{(\mathrm{a})})+\left(\left.\frac{\partial \mathrm{vec}(\boldsymbol{\Sigma}_2^{-1}(\boldsymbol{u}))}{\partial \boldsymbol{u}^{\mathrm{T}}}\right|_{\boldsymbol{u}=\hat{\boldsymbol{u}}_{\mathrm{ctls}}^{(\mathrm{a})}}\right)^{\mathrm{T}}$$
$$(\boldsymbol{\mu}_2(\hat{\boldsymbol{u}}_{\mathrm{ctls}}^{(\mathrm{a})})\otimes\boldsymbol{\mu}_2(\hat{\boldsymbol{u}}_{\mathrm{ctls}}^{(\mathrm{a})})) \tag{6.69}$$

对向量 $\boldsymbol{\mu}_2(\hat{\boldsymbol{u}}_{\mathrm{ctls}}^{(\mathrm{a})})$ 在点 $\boldsymbol{z}_0$，$\boldsymbol{w}$ 和 $\boldsymbol{u}$ 处进行一阶 Taylor 级数展开可知

$$\begin{aligned}\boldsymbol{\mu}_2(\hat{\boldsymbol{u}}_{\mathrm{ctls}}^{(\mathrm{a})})&\approx \boldsymbol{B}(\boldsymbol{z}_0,\boldsymbol{w})\boldsymbol{\rho}(\boldsymbol{u})-\boldsymbol{a}(\boldsymbol{z}_0,\boldsymbol{w})+\boldsymbol{B}(\boldsymbol{z}_0,\boldsymbol{w})\boldsymbol{P}(\boldsymbol{u})\boldsymbol{\delta u}_{\mathrm{ctls}}^{(\mathrm{a})}-\boldsymbol{T}_1(\boldsymbol{z}_0,\boldsymbol{w},\boldsymbol{\rho}(\boldsymbol{u}))\boldsymbol{n}\\&\quad-\boldsymbol{T}_2(\boldsymbol{z}_0,\boldsymbol{w},\boldsymbol{\rho}(\boldsymbol{u}))\boldsymbol{\delta w}_{\mathrm{ctls}}^{(\mathrm{a})}\\&=\boldsymbol{B}(\boldsymbol{z}_0,\boldsymbol{w})\boldsymbol{P}(\boldsymbol{u})\boldsymbol{\delta u}_{\mathrm{ctls}}^{(\mathrm{a})}-\boldsymbol{T}(\boldsymbol{z}_0,\boldsymbol{w},\boldsymbol{\rho}(\boldsymbol{u}))\boldsymbol{\gamma}\end{aligned} \tag{6.70}$$

式中，$\boldsymbol{\delta u}_{\mathrm{ctls}}^{(\mathrm{a})}\approx\hat{\boldsymbol{u}}_{\mathrm{ctls}}^{(\mathrm{a})}-\boldsymbol{u}$ 表示目标位置解的估计误差。将式(6.70)代入式(6.69)，并利用式(6.63)可得

$$\boldsymbol{O}_{q\times 1}\approx\boldsymbol{P}^{\mathrm{T}}(\boldsymbol{u})\boldsymbol{B}^{\mathrm{T}}(\boldsymbol{z}_0,\boldsymbol{w})\left(\boldsymbol{\Sigma}_2^{-1}(\boldsymbol{u})\,\Big|_{\substack{\hat{\boldsymbol{w}}_{\mathrm{ctls}}^{(\mathrm{a})}=\boldsymbol{w}\\ \boldsymbol{z}=\boldsymbol{z}_0}}\right)(\boldsymbol{B}(\boldsymbol{z}_0,\boldsymbol{w})\boldsymbol{P}(\boldsymbol{u})\boldsymbol{\delta u}_{\mathrm{ctls}}^{(\mathrm{a})}-\boldsymbol{T}(\boldsymbol{z}_0,\boldsymbol{w},\boldsymbol{\rho}(\boldsymbol{u}))\boldsymbol{\gamma}) \tag{6.71}$$

由式(6.71)可知

$$\begin{aligned}\boldsymbol{\delta u}_{\mathrm{ctls}}^{(\mathrm{a})}&\approx\left(\boldsymbol{P}^{\mathrm{T}}(\boldsymbol{u})\boldsymbol{B}^{\mathrm{T}}(\boldsymbol{z}_0,\boldsymbol{w})\left(\boldsymbol{\Sigma}_2^{-1}(\boldsymbol{u})\,\Big|_{\substack{\hat{\boldsymbol{w}}_{\mathrm{ctls}}^{(\mathrm{a})}=\boldsymbol{w}\\ \boldsymbol{z}=\boldsymbol{z}_0}}\right)\boldsymbol{B}(\boldsymbol{z}_0,\boldsymbol{w})\boldsymbol{P}(\boldsymbol{u})\right)^{-1}\boldsymbol{P}^{\mathrm{T}}(\boldsymbol{u})\boldsymbol{B}^{\mathrm{T}}(\boldsymbol{z}_0,\boldsymbol{w})\\&\quad\cdot\left(\boldsymbol{\Sigma}_2^{-1}(\boldsymbol{u})\,\Big|_{\substack{\hat{\boldsymbol{w}}_{\mathrm{ctls}}^{(\mathrm{a})}=\boldsymbol{w}\\ \boldsymbol{z}=\boldsymbol{z}_0}}\right)\boldsymbol{T}(\boldsymbol{z}_0,\boldsymbol{w},\boldsymbol{\rho}(\boldsymbol{u}))\boldsymbol{\gamma}\end{aligned} \tag{6.72}$$

显然，式(6.72)忽略了误差的二阶及其以上各项，根据该式可进一步推得

$$\mathbf{cov}(\hat{\boldsymbol{u}}_{\mathrm{ctls}}^{(\mathrm{a})})=E[\boldsymbol{\delta u}_{\mathrm{ctls}}^{(\mathrm{a})}\boldsymbol{\delta u}_{\mathrm{ctls}}^{(\mathrm{a})\mathrm{T}}]=\left(\boldsymbol{P}^{\mathrm{T}}(\boldsymbol{u})\boldsymbol{B}^{\mathrm{T}}(\boldsymbol{z}_0,\boldsymbol{w})\left(\boldsymbol{\Sigma}_2^{-1}(\boldsymbol{u})\,\Big|_{\substack{\hat{\boldsymbol{w}}_{\mathrm{ctls}}^{(\mathrm{a})}=\boldsymbol{w}\\ \boldsymbol{z}=\boldsymbol{z}_0}}\right)\boldsymbol{B}(\boldsymbol{z}_0,\boldsymbol{w})\boldsymbol{P}(\boldsymbol{u})\right)^{-1} \tag{6.73}$$

通过进一步的数学分析可以证明，目标位置解 $\hat{\boldsymbol{u}}_{\mathrm{ctls}}^{(\mathrm{a})}$ 的估计方差矩阵等于式(3.34)给出的克拉美罗界矩阵，结果可见如下命题。

命题 6.4　$\mathbf{cov}(\hat{\boldsymbol{u}}_{\mathrm{ctls}}^{(\mathrm{a})})=\mathbf{CRB}(\boldsymbol{u})=(\boldsymbol{G}_1^{\mathrm{T}}(\boldsymbol{u},\boldsymbol{w})(\boldsymbol{Q}_1+\boldsymbol{G}_2(\boldsymbol{u},\boldsymbol{w})(\boldsymbol{Q}_2^{-1}+\bar{\boldsymbol{G}}^{\mathrm{T}}(\boldsymbol{s},\boldsymbol{w})\boldsymbol{Q}_3^{-1}\bar{\boldsymbol{G}}(\boldsymbol{s},\boldsymbol{w}))^{-1}\boldsymbol{G}_2^{\mathrm{T}}(\boldsymbol{u},\boldsymbol{w}))^{-1}\boldsymbol{G}_1(\boldsymbol{u},\boldsymbol{w}))^{-1}$。

证明　将关于目标源的非线性观测方程 $\boldsymbol{z}_0=\boldsymbol{g}(\boldsymbol{u},\boldsymbol{w})$ 代入伪线性观测方程式(6.1)可得

$$\boldsymbol{a}(\boldsymbol{g}(\boldsymbol{u},\boldsymbol{w}),\boldsymbol{w})=\boldsymbol{B}(\boldsymbol{g}(\boldsymbol{u},\boldsymbol{w}),\boldsymbol{w})\boldsymbol{\rho}(\boldsymbol{u}) \tag{6.74}$$

首先计算式(6.74)两边关于向量 $\boldsymbol{u}$ 的 Jacobi 矩阵，并根据推论 2.13 可知

$$\begin{aligned}&\boldsymbol{A}_1(\boldsymbol{z}_0,\boldsymbol{w})\boldsymbol{G}_1(\boldsymbol{u},\boldsymbol{w})\\&=[\dot{\boldsymbol{B}}_{11}(\boldsymbol{z}_0,\boldsymbol{w})\boldsymbol{\rho}(\boldsymbol{u})\quad\dot{\boldsymbol{B}}_{12}(\boldsymbol{z}_0,\boldsymbol{w})\boldsymbol{\rho}(\boldsymbol{u})\quad\cdots\quad\dot{\boldsymbol{B}}_{1p}(\boldsymbol{z}_0,\boldsymbol{w})\boldsymbol{\rho}(\boldsymbol{u})]\boldsymbol{G}_1(\boldsymbol{u},\boldsymbol{w})+\boldsymbol{B}(\boldsymbol{z}_0,\boldsymbol{w})\boldsymbol{P}(\boldsymbol{u})\\&\Rightarrow\boldsymbol{T}_1(\boldsymbol{z}_0,\boldsymbol{w},\boldsymbol{\rho}(\boldsymbol{u}))\boldsymbol{G}_1(\boldsymbol{u},\boldsymbol{w})=\boldsymbol{B}(\boldsymbol{z}_0,\boldsymbol{w})\boldsymbol{P}(\boldsymbol{u})\Rightarrow\boldsymbol{G}_1(\boldsymbol{u},\boldsymbol{w})\\&=\boldsymbol{T}_1^{-1}(\boldsymbol{z}_0,\boldsymbol{w},\boldsymbol{\rho}(\boldsymbol{u}))\boldsymbol{B}(\boldsymbol{z}_0,\boldsymbol{w})\boldsymbol{P}(\boldsymbol{u})\end{aligned} \tag{6.75}$$

然后计算式(6.74)两边关于向量 $\boldsymbol{w}$ 的 Jacobi 矩阵，并根据推论 2.13 可知

$$\begin{aligned}
&\boldsymbol{A}_1(\boldsymbol{z}_0,\boldsymbol{w})\boldsymbol{G}_2(\boldsymbol{u},\boldsymbol{w})+\boldsymbol{A}_2(\boldsymbol{z}_0,\boldsymbol{w})\\
&=[\dot{\boldsymbol{B}}_{11}(\boldsymbol{z}_0,\boldsymbol{w})\boldsymbol{\rho}(\boldsymbol{u})\quad \dot{\boldsymbol{B}}_{12}(\boldsymbol{z}_0,\boldsymbol{w})\boldsymbol{\rho}(\boldsymbol{u})\quad \cdots\quad \dot{\boldsymbol{B}}_{1p}(\boldsymbol{z}_0,\boldsymbol{w})\boldsymbol{\rho}(\boldsymbol{u})]\boldsymbol{G}_2(\boldsymbol{u},\boldsymbol{w})\\
&\quad+[\dot{\boldsymbol{B}}_{21}(\boldsymbol{z}_0,\boldsymbol{w})\boldsymbol{\rho}(\boldsymbol{u})\quad \dot{\boldsymbol{B}}_{22}(\boldsymbol{z}_0,\boldsymbol{w})\boldsymbol{\rho}(\boldsymbol{u})\quad \cdots\quad \dot{\boldsymbol{B}}_{2l}(\boldsymbol{z}_0,\boldsymbol{w})\boldsymbol{\rho}(\boldsymbol{u})]\\
&\Rightarrow \boldsymbol{T}_1(\boldsymbol{z}_0,\boldsymbol{w},\boldsymbol{\rho}(\boldsymbol{u}))\boldsymbol{G}_2(\boldsymbol{u},\boldsymbol{w})+\boldsymbol{T}_2(\boldsymbol{z}_0,\boldsymbol{w},\boldsymbol{\rho}(\boldsymbol{u}))=\boldsymbol{O}_{p\times l}\\
&\Rightarrow \boldsymbol{G}_2(\boldsymbol{u},\boldsymbol{w})=-\boldsymbol{T}_1^{-1}(\boldsymbol{z}_0,\boldsymbol{w},\boldsymbol{\rho}(\boldsymbol{u}))\boldsymbol{T}_2(\boldsymbol{z}_0,\boldsymbol{w},\boldsymbol{\rho}(\boldsymbol{u}))
\end{aligned}\tag{6.76}$$

将式(6.46)中的第三式,式(6.48)和式(6.54)中的第二式代入式(6.73)可得

$$\begin{aligned}
\mathbf{cov}(\hat{\boldsymbol{u}}_{\text{ctls}}^{(\text{a})})&=(\boldsymbol{P}^{\mathrm{T}}(\boldsymbol{u})\boldsymbol{B}^{\mathrm{T}}(\boldsymbol{z}_0,\boldsymbol{w})(\boldsymbol{T}(\boldsymbol{z}_0,\boldsymbol{w},\boldsymbol{\rho}(\boldsymbol{u}))\mathbf{cov}(\boldsymbol{\gamma})\\
&\quad\cdot\boldsymbol{T}^{\mathrm{T}}(\boldsymbol{z}_0,\boldsymbol{w},\boldsymbol{\rho}(\boldsymbol{u})))^{-1}\boldsymbol{B}(\boldsymbol{z}_0,\boldsymbol{w})\boldsymbol{P}(\boldsymbol{u}))^{-1}\\
&=\left(\boldsymbol{P}^{\mathrm{T}}(\boldsymbol{u})\boldsymbol{B}^{\mathrm{T}}(\boldsymbol{z}_0,\boldsymbol{w})\begin{pmatrix}\boldsymbol{T}_1(\boldsymbol{z}_0,\boldsymbol{w},\boldsymbol{\rho}(\boldsymbol{u}))\boldsymbol{Q}_1\boldsymbol{T}_1^{\mathrm{T}}(\boldsymbol{z}_0,\boldsymbol{w},\boldsymbol{\rho}(\boldsymbol{u}))\\+\boldsymbol{T}_2(\boldsymbol{z}_0,\boldsymbol{w},\boldsymbol{\rho}(\boldsymbol{u}))\mathbf{cov}(\hat{\boldsymbol{w}}_{\text{ctls}}^{(\text{a})})\\\cdot\boldsymbol{T}_2^{\mathrm{T}}(\boldsymbol{z}_0,\boldsymbol{w},\boldsymbol{\rho}(\boldsymbol{u}))\end{pmatrix}^{-1}\boldsymbol{B}(\boldsymbol{z}_0,\boldsymbol{w})\boldsymbol{P}(\boldsymbol{u})\right)^{-1}\\
&=\begin{pmatrix}\boldsymbol{P}^{\mathrm{T}}(\boldsymbol{u})\boldsymbol{B}^{\mathrm{T}}(\boldsymbol{z}_0,\boldsymbol{w})\boldsymbol{T}_1^{-\mathrm{T}}(\boldsymbol{z}_0,\boldsymbol{w},\boldsymbol{\rho}(\boldsymbol{u}))\\\begin{pmatrix}\boldsymbol{Q}_1+\boldsymbol{T}_1^{-1}(\boldsymbol{z}_0,\boldsymbol{w},\boldsymbol{\rho}(\boldsymbol{u}))\boldsymbol{T}_2(\boldsymbol{z}_0,\boldsymbol{w},\boldsymbol{\rho}(\boldsymbol{u}))\\\cdot\mathbf{cov}(\hat{\boldsymbol{w}}_{\text{ctls}}^{(\text{a})})\boldsymbol{T}_2^{\mathrm{T}}(\boldsymbol{z}_0,\boldsymbol{w},\boldsymbol{\rho}(\boldsymbol{u}))\boldsymbol{T}_1^{-\mathrm{T}}(\boldsymbol{z}_0,\boldsymbol{w},\boldsymbol{\rho}(\boldsymbol{u}))\end{pmatrix}^{-1}\\\cdot\boldsymbol{T}_1^{-1}(\boldsymbol{z}_0,\boldsymbol{w},\boldsymbol{\rho}(\boldsymbol{u}))\boldsymbol{B}(\boldsymbol{z}_0,\boldsymbol{w})\boldsymbol{P}(\boldsymbol{u})\end{pmatrix}^{-1}
\end{aligned}\tag{6.77}$$

再将式(6.75)和式(6.76)代入式(6.77)可知

$$\mathbf{cov}(\hat{\boldsymbol{u}}_{\text{ctls}}^{(\text{a})})=(\boldsymbol{G}_1^{\mathrm{T}}(\boldsymbol{u},\boldsymbol{w})(\boldsymbol{Q}_1+\boldsymbol{G}_2(\boldsymbol{u},\boldsymbol{w})\mathbf{cov}(\hat{\boldsymbol{w}}_{\text{ctls}}^{(\text{a})})\boldsymbol{G}_2^{\mathrm{T}}(\boldsymbol{u},\boldsymbol{w}))^{-1}\boldsymbol{G}_1(\boldsymbol{u},\boldsymbol{w}))^{-1}\tag{6.78}$$

最后将式(6.42)代入式(6.78)可得

$$\begin{aligned}
\mathbf{cov}(\hat{\boldsymbol{u}}_{\text{ctls}}^{(\text{a})})&=(\boldsymbol{G}_1^{\mathrm{T}}(\boldsymbol{u},\boldsymbol{w})(\boldsymbol{Q}_1+\boldsymbol{G}_2(\boldsymbol{u},\boldsymbol{w})(\boldsymbol{Q}_2^{-1}+\bar{\boldsymbol{G}}^{\mathrm{T}}(\boldsymbol{s},\boldsymbol{w})\boldsymbol{Q}_3^{-1}\bar{\boldsymbol{G}}(\boldsymbol{s},\boldsymbol{w}))^{-1}\boldsymbol{G}_2^{\mathrm{T}}(\boldsymbol{u},\boldsymbol{w}))^{-1}\boldsymbol{G}_1(\boldsymbol{u},\boldsymbol{w}))^{-1}\\
&=\mathbf{CRB}(\boldsymbol{u})
\end{aligned}\tag{6.79}$$

证毕。

命题 6.4 表明,目标位置解$\hat{\boldsymbol{u}}_{\text{ctls}}^{(\text{a})}$具有渐近最优的统计性能(在门限效应发生以前)。

6.3 第二类约束总体最小二乘定位方法及其理论性能分析

与第一类约束总体最小二乘定位方法不同的是,第二类约束总体最小二乘定位方法是基于目标源观测量 $\boldsymbol{z}$,校正源观测量 $\boldsymbol{r}$ 和系统参量的先验测量值 $\boldsymbol{v}$(直接)联合估计目标位置向量 $\boldsymbol{u}$ 和系统参量 $\boldsymbol{w}$。

6.3.1 联合估计目标位置向量和系统参量

1. 定位优化模型

在实际计算中,函数 $\boldsymbol{a}(\cdot,\cdot)$和 $\boldsymbol{B}(\cdot,\cdot)$以及函数 $\bar{\boldsymbol{c}}(\cdot,\cdot)$和 $\bar{\boldsymbol{D}}(\cdot,\cdot)$的闭式形式是可知的,但 $\boldsymbol{z}_0$,$\boldsymbol{w}$ 和 $\boldsymbol{r}_0$ 却不可获知,只能用带误差的观测向量 $\boldsymbol{z}$,$\boldsymbol{v}$ 和 $\boldsymbol{r}$ 来代替。显然,若用 $\boldsymbol{z}$,$\boldsymbol{v}$ 和 $\boldsymbol{r}$ 直接代替 $\boldsymbol{z}_0$,$\boldsymbol{w}$ 和 $\boldsymbol{r}_0$,式(6.1)和式(6.3)已经无法成立。为了建立约束总体最小二乘优化模型,需要将向量函数 $\boldsymbol{a}(\boldsymbol{z}_0,\boldsymbol{w})$和矩阵函数 $\boldsymbol{B}(\boldsymbol{z}_0,\boldsymbol{w})$以及向量函数 $\bar{\boldsymbol{c}}(\boldsymbol{r}_0,\boldsymbol{s})$

和矩阵函数 $\bar{\boldsymbol{D}}(\boldsymbol{r}_0,\boldsymbol{s})$ 在点 $\boldsymbol{z},\boldsymbol{v}$ 和 $\boldsymbol{r}$ 处进行一阶 Taylor 级数展开可得

$$\begin{cases} \boldsymbol{a}(\boldsymbol{z}_0,\boldsymbol{w}) \approx \boldsymbol{a}(\boldsymbol{z},\boldsymbol{v}) + \boldsymbol{A}_1(\boldsymbol{z},\boldsymbol{v})(\boldsymbol{z}_0-\boldsymbol{z}) + \boldsymbol{A}_2(\boldsymbol{z},\boldsymbol{v})(\boldsymbol{w}-\boldsymbol{v}) \\ \qquad\qquad = \boldsymbol{a}(\boldsymbol{z},\boldsymbol{v}) - \boldsymbol{A}_1(\boldsymbol{z},\boldsymbol{v})\boldsymbol{n} - \boldsymbol{A}_2(\boldsymbol{z},\boldsymbol{v})\boldsymbol{m} \\ \boldsymbol{B}(\boldsymbol{z}_0,\boldsymbol{w}) \approx \boldsymbol{B}(\boldsymbol{z},\boldsymbol{v}) + \dot{\boldsymbol{B}}_{11}(\boldsymbol{z},\boldsymbol{v})\langle \boldsymbol{z}_0-\boldsymbol{z}\rangle_1 + \dot{\boldsymbol{B}}_{12}(\boldsymbol{z},\boldsymbol{v}) \\ \qquad\qquad \cdot \langle \boldsymbol{z}_0-\boldsymbol{z}\rangle_2 + \cdots + \dot{\boldsymbol{B}}_{1p}(\boldsymbol{z},\boldsymbol{v})\langle \boldsymbol{z}_0-\boldsymbol{z}\rangle_p \\ \qquad\qquad + \dot{\boldsymbol{B}}_{21}(\boldsymbol{z},\boldsymbol{v})\langle \boldsymbol{w}-\boldsymbol{v}\rangle_1 + \dot{\boldsymbol{B}}_{22}(\boldsymbol{z},\boldsymbol{v})\langle \boldsymbol{w}-\boldsymbol{v}\rangle_2 + \cdots + \dot{\boldsymbol{B}}_{2l}(\boldsymbol{z},\boldsymbol{v})\langle \boldsymbol{w}-\boldsymbol{v}\rangle_l \\ \qquad\qquad = \boldsymbol{B}(\boldsymbol{z},\boldsymbol{v}) - \sum_{j=1}^{p}\langle \boldsymbol{n}\rangle_j \dot{\boldsymbol{B}}_{1j}(\boldsymbol{z},\boldsymbol{v}) - \sum_{j=1}^{l}\langle \boldsymbol{m}\rangle_j \dot{\boldsymbol{B}}_{2j}(\boldsymbol{z},\boldsymbol{v}) \end{cases} \tag{6.80}$$

$$\begin{cases} \bar{\boldsymbol{c}}(\boldsymbol{r}_0,\boldsymbol{s}) \approx \bar{\boldsymbol{c}}(\boldsymbol{r},\boldsymbol{s}) + \bar{\boldsymbol{C}}(\boldsymbol{r},\boldsymbol{s})(\boldsymbol{r}_0-\boldsymbol{r}) \\ \qquad\qquad = \bar{\boldsymbol{c}}(\boldsymbol{r},\boldsymbol{s}) - \bar{\boldsymbol{C}}(\boldsymbol{r},\boldsymbol{s})\boldsymbol{e} \\ \bar{\boldsymbol{D}}(\boldsymbol{r}_0,\boldsymbol{s}) \approx \bar{\boldsymbol{D}}(\boldsymbol{r},\boldsymbol{s}) + \dot{\bar{\boldsymbol{D}}}_1(\boldsymbol{r},\boldsymbol{s})\langle \boldsymbol{r}_0-\boldsymbol{r}\rangle_1 + \dot{\bar{\boldsymbol{D}}}_2(\boldsymbol{r},\boldsymbol{s}) \\ \qquad\qquad \cdot \langle \boldsymbol{r}_0-\boldsymbol{r}\rangle_2 + \cdots + \dot{\bar{\boldsymbol{D}}}_{pd}(\boldsymbol{r},\boldsymbol{s})\langle \boldsymbol{r}_0-\boldsymbol{r}\rangle_{pd} \\ \qquad\qquad = \bar{\boldsymbol{D}}(\boldsymbol{r},\boldsymbol{s}) - \sum_{j=1}^{pd}\langle \boldsymbol{e}\rangle_j \dot{\bar{\boldsymbol{D}}}_j(\boldsymbol{r},\boldsymbol{s}) \end{cases} \tag{6.81}$$

将式(6.80)和式(6.81)分别代入式(6.1)和式(6.3)可得如下(近似)等式：

$$\begin{cases} \boldsymbol{a}(\boldsymbol{z},\boldsymbol{v}) - \boldsymbol{A}_1(\boldsymbol{z},\boldsymbol{v})\boldsymbol{n} - \boldsymbol{A}_2(\boldsymbol{z},\boldsymbol{v})\boldsymbol{m} = \boldsymbol{B}(\boldsymbol{z},\boldsymbol{v})\boldsymbol{\rho}(\boldsymbol{u}) - \sum_{j=1}^{p}\langle \boldsymbol{n}\rangle_j \\ \cdot \dot{\boldsymbol{B}}_{1j}(\boldsymbol{z},\boldsymbol{v})\boldsymbol{\rho}(\boldsymbol{u}) - \sum_{j=1}^{l}\langle \boldsymbol{m}\rangle_j \dot{\boldsymbol{B}}_{2j}(\boldsymbol{z},\boldsymbol{v})\boldsymbol{\rho}(\boldsymbol{u}) \\ \Rightarrow \boldsymbol{a}(\boldsymbol{z},\boldsymbol{v}) - \boldsymbol{B}(\boldsymbol{z},\boldsymbol{v})\boldsymbol{\rho}(\boldsymbol{u}) \approx \boldsymbol{T}_1(\boldsymbol{z},\boldsymbol{v},\boldsymbol{\rho}(\boldsymbol{u}))\boldsymbol{n} + \boldsymbol{T}_2(\boldsymbol{z},\boldsymbol{v},\boldsymbol{\rho}(\boldsymbol{u}))\boldsymbol{m} \\ \bar{\boldsymbol{c}}(\boldsymbol{r},\boldsymbol{s}) - \bar{\boldsymbol{C}}(\boldsymbol{r},\boldsymbol{s})\boldsymbol{e} \approx \left(\bar{\boldsymbol{D}}(\boldsymbol{r},\boldsymbol{s}) - \sum_{j=1}^{pd}\langle \boldsymbol{e}\rangle_j \dot{\bar{\boldsymbol{D}}}_j(\boldsymbol{r},\boldsymbol{s})\right)\boldsymbol{\varphi}(\boldsymbol{w}) \\ \Rightarrow \bar{\boldsymbol{c}}(\boldsymbol{r},\boldsymbol{s}) - \bar{\boldsymbol{D}}(\boldsymbol{r},\boldsymbol{s})\boldsymbol{\varphi}(\boldsymbol{w}) \approx \bar{\boldsymbol{H}}(\boldsymbol{r},\boldsymbol{s},\boldsymbol{\varphi}(\boldsymbol{w}))\boldsymbol{e} \end{cases} \tag{6.82}$$

基于式(6.82)和式(3.2)可以建立如下约束总体最小二乘优化模型：

$$
\begin{cases}
\min\limits_{\substack{\boldsymbol{u}\in\mathbf{R}^{q\times 1}\\ \boldsymbol{w}\in\mathbf{R}^{l\times 1}\\ \boldsymbol{n}\in\mathbf{R}^{p\times 1}\\ \boldsymbol{m}\in\mathbf{R}^{l\times 1}\\ \boldsymbol{e}\in\mathbf{R}^{pd\times 1}}} \begin{bmatrix}\boldsymbol{n}\\ \boldsymbol{m}\\ \boldsymbol{e}\end{bmatrix}^{\mathrm{T}} \begin{bmatrix}\boldsymbol{Q}_1^{-1} & \boldsymbol{Q}_{p\times l} & \boldsymbol{Q}_{p\times pd}\\ \boldsymbol{Q}_{l\times p} & \boldsymbol{Q}_2^{-1} & \boldsymbol{Q}_{l\times pd}\\ \boldsymbol{Q}_{pd\times p} & \boldsymbol{Q}_{pd\times l} & \boldsymbol{Q}_3^{-1}\end{bmatrix} \begin{bmatrix}\boldsymbol{n}\\ \boldsymbol{m}\\ \boldsymbol{e}\end{bmatrix}\\
\text{s.t.} \begin{bmatrix}\boldsymbol{a}(\boldsymbol{z},\boldsymbol{v})\\ \boldsymbol{v}\\ \bar{\boldsymbol{c}}(\boldsymbol{r},\boldsymbol{s})\end{bmatrix} - \begin{bmatrix}\boldsymbol{B}(\boldsymbol{z},\boldsymbol{v}) & \boldsymbol{Q}_{p\times l} & \boldsymbol{Q}_{p\times \bar{l}}\\ \boldsymbol{Q}_{l\times \bar{q}} & \boldsymbol{I}_l & \boldsymbol{Q}_{l\times \bar{l}}\\ \boldsymbol{Q}_{pd\times \bar{q}} & \boldsymbol{Q}_{pd\times l} & \bar{\boldsymbol{D}}(\boldsymbol{r},\boldsymbol{s})\end{bmatrix} \begin{bmatrix}\boldsymbol{\rho}(\boldsymbol{u})\\ \boldsymbol{w}\\ \boldsymbol{\varphi}(\boldsymbol{w})\end{bmatrix}\\
= \left[\begin{array}{c:c:c}\boldsymbol{T}_1(\boldsymbol{z},\boldsymbol{v},\boldsymbol{\rho}(\boldsymbol{u})) & \boldsymbol{T}_2(\boldsymbol{z},\boldsymbol{v},\boldsymbol{\rho}(\boldsymbol{u})) & \boldsymbol{Q}_{p\times pd}\\ \hdashline \boldsymbol{Q}_{l\times p} & \boldsymbol{I}_l & \boldsymbol{Q}_{l\times pd}\\ \hdashline \boldsymbol{Q}_{pd\times p} & \boldsymbol{Q}_{pd\times l} & \bar{\boldsymbol{H}}(\boldsymbol{r},\boldsymbol{s},\boldsymbol{\varphi}(\boldsymbol{w}))\end{array}\right] \begin{bmatrix}\boldsymbol{n}\\ \boldsymbol{m}\\ \boldsymbol{e}\end{bmatrix}\\
= \boldsymbol{F}(\boldsymbol{z},\boldsymbol{v},\boldsymbol{r},\boldsymbol{s},\boldsymbol{\rho}(\boldsymbol{u}),\boldsymbol{\varphi}(\boldsymbol{w})) \begin{bmatrix}\boldsymbol{n}\\ \boldsymbol{m}\\ \boldsymbol{e}\end{bmatrix}
\end{cases} \tag{6.83}
$$

式中

$$
\boldsymbol{F}(\boldsymbol{z},\boldsymbol{v},\boldsymbol{r},\boldsymbol{s},\boldsymbol{\rho}(\boldsymbol{u}),\boldsymbol{\varphi}(\boldsymbol{w})) = \left[\begin{array}{c:c:c}\boldsymbol{T}_1(\boldsymbol{z},\boldsymbol{v},\boldsymbol{\rho}(\boldsymbol{u})) & \boldsymbol{T}_2(\boldsymbol{z},\boldsymbol{v},\boldsymbol{\rho}(\boldsymbol{u})) & \boldsymbol{O}_{p\times pd}\\ \hdashline \boldsymbol{O}_{l\times p} & \boldsymbol{I}_l & \boldsymbol{O}_{l\times pd}\\ \hdashline \boldsymbol{O}_{pd\times p} & \boldsymbol{O}_{pd\times l} & \bar{\boldsymbol{H}}(\boldsymbol{r},\boldsymbol{s},\boldsymbol{\varphi}(\boldsymbol{w}))\end{array}\right] \in \mathbf{R}^{(p(d+1)+l)\times(p(d+1)+l)} \tag{6.84}
$$

显然，式(6.83)是含有等式约束的优化问题，通过进一步数学分析可以将其转化为无约束优化问题，结果可见如下命题。

命题 6.5　若 $\boldsymbol{F}(\boldsymbol{z},\boldsymbol{v},\boldsymbol{r},\boldsymbol{s},\boldsymbol{\rho}(\boldsymbol{u}),\boldsymbol{\varphi}(\boldsymbol{w}))$ 是行满秩矩阵，则约束优化问题(6.83)可以转化为如下无约束优化问题：

$$
\min_{\substack{\boldsymbol{u}\in\mathbf{R}^{q\times 1}\\ \boldsymbol{w}\in\mathbf{R}^{l\times 1}}} \left\{\begin{array}{l}
\left(\begin{bmatrix}\boldsymbol{B}(\boldsymbol{z},\boldsymbol{v}) & \boldsymbol{O}_{p\times l} & \boldsymbol{O}_{p\times \bar{l}}\\ \boldsymbol{O}_{l\times \bar{q}} & \boldsymbol{I}_l & \boldsymbol{O}_{l\times \bar{l}}\\ \boldsymbol{O}_{pd\times \bar{q}} & \boldsymbol{O}_{pd\times l} & \bar{\boldsymbol{D}}(\boldsymbol{r},\boldsymbol{s})\end{bmatrix} \begin{bmatrix}\boldsymbol{\rho}(\boldsymbol{u})\\ \boldsymbol{w}\\ \boldsymbol{\varphi}(\boldsymbol{w})\end{bmatrix} - \begin{bmatrix}\boldsymbol{a}(\boldsymbol{z},\boldsymbol{v})\\ \boldsymbol{v}\\ \bar{\boldsymbol{c}}(\boldsymbol{r},\boldsymbol{s})\end{bmatrix}\right)^{\mathrm{T}}\\
\cdot\,(\boldsymbol{F}(\boldsymbol{z},\boldsymbol{v},\boldsymbol{r},\boldsymbol{s},\boldsymbol{\rho}(\boldsymbol{u}),\boldsymbol{\varphi}(\boldsymbol{w}))\bar{\boldsymbol{Q}}\boldsymbol{F}^{\mathrm{T}}(\boldsymbol{z},\boldsymbol{v},\boldsymbol{r},\boldsymbol{s},\boldsymbol{\rho}(\boldsymbol{u}),\boldsymbol{\varphi}(\boldsymbol{w})))^{-1}\\
\cdot\left(\begin{bmatrix}\boldsymbol{B}(\boldsymbol{z},\boldsymbol{v}) & \boldsymbol{O}_{p\times l} & \boldsymbol{O}_{p\times \bar{l}}\\ \boldsymbol{O}_{l\times \bar{q}} & \boldsymbol{I}_l & \boldsymbol{O}_{l\times \bar{l}}\\ \boldsymbol{O}_{pd\times \bar{q}} & \boldsymbol{O}_{pd\times l} & \bar{\boldsymbol{D}}(\boldsymbol{r},\boldsymbol{s})\end{bmatrix} \begin{bmatrix}\boldsymbol{\rho}(\boldsymbol{u})\\ \boldsymbol{w}\\ \boldsymbol{\varphi}(\boldsymbol{w})\end{bmatrix} - \begin{bmatrix}\boldsymbol{a}(\boldsymbol{z},\boldsymbol{v})\\ \boldsymbol{v}\\ \bar{\boldsymbol{c}}(\boldsymbol{r},\boldsymbol{s})\end{bmatrix}\right)
\end{array}\right\} \tag{6.85}
$$

式中，$\bar{\boldsymbol{Q}}=\mathrm{blkdiag}[\boldsymbol{Q}_1\quad \boldsymbol{Q}_2\quad \boldsymbol{Q}_3]$。

命题 6.5 的证明类似于命题 6.1 和命题 6.3，限于篇幅这里不再阐述。

2. 数值迭代算法

这里将给出式(6.85)的求解算法。显然，式(6.85)的闭式解难以获得，只能通过数值迭代的方式进行优化计算。为了获得较快的迭代收敛速度，可以利用经典的 Newton 迭代法[20]进行数值计算。

首先将式(6.85)中的目标函数记为

$$J_3(\boldsymbol{u},\boldsymbol{w})=\left(\begin{bmatrix}\boldsymbol{B}(\boldsymbol{z},\boldsymbol{v}) & \boldsymbol{O}_{p\times l} & \boldsymbol{O}_{p\times\bar{l}} \\ \boldsymbol{O}_{l\times\bar{q}} & \boldsymbol{I}_l & \boldsymbol{O}_{l\times\bar{l}} \\ \boldsymbol{O}_{pd\times\bar{q}} & \boldsymbol{O}_{pd\times l} & \bar{\boldsymbol{D}}(\boldsymbol{r},\boldsymbol{s})\end{bmatrix}\begin{bmatrix}\boldsymbol{\rho}(\boldsymbol{u}) \\ \boldsymbol{w} \\ \boldsymbol{\varphi}(\boldsymbol{w})\end{bmatrix}-\begin{bmatrix}\boldsymbol{a}(\boldsymbol{z},\boldsymbol{v}) \\ \boldsymbol{v} \\ \bar{\boldsymbol{c}}(\boldsymbol{r},\boldsymbol{s})\end{bmatrix}\right)^{\mathrm{T}}$$
$$\cdot(\boldsymbol{F}(\boldsymbol{z},\boldsymbol{v},\boldsymbol{r},\boldsymbol{s},\boldsymbol{\rho}(\boldsymbol{u}),\boldsymbol{\varphi}(\boldsymbol{w}))\bar{\boldsymbol{Q}}\boldsymbol{F}^{\mathrm{T}}(\boldsymbol{z},\boldsymbol{v},\boldsymbol{r},\boldsymbol{s},\boldsymbol{\rho}(\boldsymbol{u}),\boldsymbol{\varphi}(\boldsymbol{w})))^{-1}$$
$$\cdot\left(\begin{bmatrix}\boldsymbol{B}(\boldsymbol{z},\boldsymbol{v}) & \boldsymbol{O}_{p\times l} & \boldsymbol{O}_{p\times\bar{l}} \\ \boldsymbol{O}_{l\times\bar{q}} & \boldsymbol{I}_l & \boldsymbol{O}_{l\times\bar{l}} \\ \boldsymbol{O}_{pd\times\bar{q}} & \boldsymbol{O}_{pd\times l} & \bar{\boldsymbol{D}}(\boldsymbol{r},\boldsymbol{s})\end{bmatrix}\begin{bmatrix}\boldsymbol{\rho}(\boldsymbol{u}) \\ \boldsymbol{w} \\ \boldsymbol{\varphi}(\boldsymbol{w})\end{bmatrix}-\begin{bmatrix}\boldsymbol{a}(\boldsymbol{z},\boldsymbol{v}) \\ \boldsymbol{v} \\ \bar{\boldsymbol{c}}(\boldsymbol{r},\boldsymbol{s})\end{bmatrix}\right)$$
$$=\boldsymbol{\mu}_3^{\mathrm{T}}(\boldsymbol{u},\boldsymbol{w})\boldsymbol{\Sigma}_3^{-1}(\boldsymbol{u},\boldsymbol{w})\boldsymbol{\mu}_3(\boldsymbol{u},\boldsymbol{w}) \tag{6.86}$$

式中

$$\begin{cases}\boldsymbol{\mu}_3(\boldsymbol{u},\boldsymbol{w})=\begin{bmatrix}\boldsymbol{B}(\boldsymbol{z},\boldsymbol{v}) & \boldsymbol{O}_{p\times l} & \boldsymbol{O}_{p\times\bar{l}} \\ \boldsymbol{O}_{l\times\bar{q}} & \boldsymbol{I}_l & \boldsymbol{O}_{l\times\bar{l}} \\ \boldsymbol{O}_{pd\times\bar{q}} & \boldsymbol{O}_{pd\times l} & \bar{\boldsymbol{D}}(\boldsymbol{r},\boldsymbol{s})\end{bmatrix}\begin{bmatrix}\boldsymbol{\rho}(\boldsymbol{u}) \\ \boldsymbol{w} \\ \boldsymbol{\varphi}(\boldsymbol{w})\end{bmatrix}-\begin{bmatrix}\boldsymbol{a}(\boldsymbol{z},\boldsymbol{v}) \\ \boldsymbol{v} \\ \bar{\boldsymbol{c}}(\boldsymbol{r},\boldsymbol{s})\end{bmatrix}\in\mathbf{R}^{(p(d+1)+l)\times 1} \\ \boldsymbol{\Sigma}_3(\boldsymbol{u},\boldsymbol{w})=\boldsymbol{F}(\boldsymbol{z},\boldsymbol{v},\boldsymbol{r},\boldsymbol{s},\boldsymbol{\rho}(\boldsymbol{u}),\boldsymbol{\varphi}(\boldsymbol{w}))\bar{\boldsymbol{Q}}\boldsymbol{F}^{\mathrm{T}}(\boldsymbol{z},\boldsymbol{v},\boldsymbol{r},\boldsymbol{s},\boldsymbol{\rho}(\boldsymbol{u}),\boldsymbol{\varphi}(\boldsymbol{w}))\in\mathbf{R}^{(p(d+1)+l)\times(p(d+1)+l)}\end{cases} \tag{6.87}$$

为了给出 Newton 迭代公式，需要推导函数 $J_3(\boldsymbol{u},\boldsymbol{w})$关于向量 $\boldsymbol{u}$ 和 $\boldsymbol{w}$ 的梯度向量和 Hessian 矩阵。根据式(6.86)和式(2.74)可推得其梯度向量为

$$\boldsymbol{\beta}_3(\boldsymbol{u},\boldsymbol{w})=\begin{bmatrix}\dfrac{\partial J_3(\boldsymbol{u},\boldsymbol{w})}{\partial\boldsymbol{u}} \\ \dfrac{\partial J_3(\boldsymbol{u},\boldsymbol{w})}{\partial\boldsymbol{w}}\end{bmatrix}=\boldsymbol{\beta}_{3,1}(\boldsymbol{u},\boldsymbol{w})+\boldsymbol{\beta}_{3,2}(\boldsymbol{u},\boldsymbol{w}) \tag{6.88}$$

式中

$$\boldsymbol{\beta}_{3,1}(\boldsymbol{u},\boldsymbol{w})=\begin{bmatrix}2\left(\dfrac{\partial\boldsymbol{\mu}_3(\boldsymbol{u},\boldsymbol{w})}{\partial\boldsymbol{u}^{\mathrm{T}}}\right)^{\mathrm{T}}\boldsymbol{\Sigma}_3^{-1}(\boldsymbol{u},\boldsymbol{w})\boldsymbol{\mu}_3(\boldsymbol{u},\boldsymbol{w}) \\ 2\left(\dfrac{\partial\boldsymbol{\mu}_3(\boldsymbol{u},\boldsymbol{w})}{\partial\boldsymbol{w}^{\mathrm{T}}}\right)^{\mathrm{T}}\boldsymbol{\Sigma}_3^{-1}(\boldsymbol{u},\boldsymbol{w})\boldsymbol{\mu}_3(\boldsymbol{u},\boldsymbol{w})\end{bmatrix} \tag{6.89}$$

$$\boldsymbol{\beta}_{3,2}(\boldsymbol{u},\boldsymbol{w})=\begin{bmatrix}\left(\dfrac{\partial\mathrm{vec}(\boldsymbol{\Sigma}_3^{-1}(\boldsymbol{u},\boldsymbol{w}))}{\partial\boldsymbol{u}^{\mathrm{T}}}\right)^{\mathrm{T}}(\boldsymbol{\mu}_3(\boldsymbol{u},\boldsymbol{w})\otimes\boldsymbol{\mu}_3(\boldsymbol{u},\boldsymbol{w})) \\ \left(\dfrac{\partial\mathrm{vec}(\boldsymbol{\Sigma}_3^{-1}(\boldsymbol{u},\boldsymbol{w}))}{\partial\boldsymbol{w}^{\mathrm{T}}}\right)^{\mathrm{T}}(\boldsymbol{\mu}_3(\boldsymbol{u},\boldsymbol{w})\otimes\boldsymbol{\mu}_3(\boldsymbol{u},\boldsymbol{w}))\end{bmatrix} \tag{6.90}$$

根据式(6.86)和式(2.75)可推得其 Hessian 矩阵为

$$\boldsymbol{\Phi}_3(\boldsymbol{u},\boldsymbol{w})=\begin{bmatrix}\dfrac{\partial^2 J_3(\boldsymbol{u},\boldsymbol{w})}{\partial\boldsymbol{u}\partial\boldsymbol{u}^{\mathrm{T}}} & \dfrac{\partial^2 J_3(\boldsymbol{u},\boldsymbol{w})}{\partial\boldsymbol{u}\partial\boldsymbol{w}^{\mathrm{T}}} \\ \dfrac{\partial^2 J_3(\boldsymbol{u},\boldsymbol{w})}{\partial\boldsymbol{w}\partial\boldsymbol{u}^{\mathrm{T}}} & \dfrac{\partial^2 J_3(\boldsymbol{u},\boldsymbol{w})}{\partial\boldsymbol{w}\partial\boldsymbol{w}^{\mathrm{T}}}\end{bmatrix}=\boldsymbol{\Phi}_{3,1}(\boldsymbol{u},\boldsymbol{w})+\boldsymbol{\Phi}_{3,2}(\boldsymbol{u},\boldsymbol{w})$$
$$=\left[\dfrac{\partial\boldsymbol{\beta}_{3,1}(\boldsymbol{u},\boldsymbol{w})}{\partial\boldsymbol{u}^{\mathrm{T}}}\ \vdots\ \dfrac{\partial\boldsymbol{\beta}_{3,1}(\boldsymbol{u},\boldsymbol{w})}{\partial\boldsymbol{w}^{\mathrm{T}}}\right]+\left[\dfrac{\partial\boldsymbol{\beta}_{3,2}(\boldsymbol{u},\boldsymbol{w})}{\partial\boldsymbol{u}^{\mathrm{T}}}\quad\dfrac{\partial\boldsymbol{\beta}_{3,2}(\boldsymbol{u},\boldsymbol{w})}{\partial\boldsymbol{w}^{\mathrm{T}}}\right] \tag{6.91}$$

式中

$$\begin{cases}\boldsymbol{\Phi}_{3,1}(\boldsymbol{u},\boldsymbol{w})=[\boldsymbol{\Phi}_{3,11}(\boldsymbol{u},\boldsymbol{w})\ \vdots\ \boldsymbol{\Phi}_{3,12}(\boldsymbol{u},\boldsymbol{w})]=\left[\dfrac{\partial\boldsymbol{\beta}_{3,1}(\boldsymbol{u},\boldsymbol{w})}{\partial\boldsymbol{u}^{\mathrm{T}}}\ \vdots\ \dfrac{\partial\boldsymbol{\beta}_{3,1}(\boldsymbol{u},\boldsymbol{w})}{\partial\boldsymbol{w}^{\mathrm{T}}}\right] \\ \boldsymbol{\Phi}_{3,2}(\boldsymbol{u},\boldsymbol{w})=[\boldsymbol{\Phi}_{3,21}(\boldsymbol{u},\boldsymbol{w})\ \vdots\ \boldsymbol{\Phi}_{3,22}(\boldsymbol{u},\boldsymbol{w})]=\left[\dfrac{\partial\boldsymbol{\beta}_{3,2}(\boldsymbol{u},\boldsymbol{w})}{\partial\boldsymbol{u}^{\mathrm{T}}}\ \vdots\ \dfrac{\partial\boldsymbol{\beta}_{3,2}(\boldsymbol{u},\boldsymbol{w})}{\partial\boldsymbol{w}^{\mathrm{T}}}\right]\end{cases} \tag{6.92}$$

其中

$$\boldsymbol{\Phi}_{3,11}(\boldsymbol{u},\boldsymbol{w})=\frac{\partial\boldsymbol{\beta}_{3,1}(\boldsymbol{u},\boldsymbol{w})}{\partial\boldsymbol{u}^{\mathrm{T}}}=\begin{bmatrix}2((\boldsymbol{\mu}_3^{\mathrm{T}}(\boldsymbol{u},\boldsymbol{w})\boldsymbol{\Sigma}_3^{-1}(\boldsymbol{u},\boldsymbol{w}))\otimes\boldsymbol{I}_q)\left(\frac{\partial}{\partial\boldsymbol{u}^{\mathrm{T}}}\mathrm{vec}\left(\left(\frac{\partial\boldsymbol{\mu}_3(\boldsymbol{u},\boldsymbol{w})}{\partial\boldsymbol{u}^{\mathrm{T}}}\right)^{\mathrm{T}}\right)\right)\\ +2\left(\boldsymbol{\mu}_3(\boldsymbol{u},\boldsymbol{w})\otimes\frac{\partial\boldsymbol{\mu}_3(\boldsymbol{u},\boldsymbol{w})}{\partial\boldsymbol{u}^{\mathrm{T}}}\right)^{\mathrm{T}}\frac{\partial\mathrm{vec}(\boldsymbol{\Sigma}_3^{-1}(\boldsymbol{u},\boldsymbol{w}))}{\partial\boldsymbol{u}^{\mathrm{T}}}\\ +2\left(\frac{\partial\boldsymbol{\mu}_3(\boldsymbol{u},\boldsymbol{w})}{\partial\boldsymbol{u}^{\mathrm{T}}}\right)^{\mathrm{T}}\boldsymbol{\Sigma}_3^{-1}(\boldsymbol{u},\boldsymbol{w})\frac{\partial\boldsymbol{\mu}_3(\boldsymbol{u},\boldsymbol{w})}{\partial\boldsymbol{u}^{\mathrm{T}}}\\ \hdashline 2((\boldsymbol{\mu}_3^{\mathrm{T}}(\boldsymbol{u},\boldsymbol{w})\boldsymbol{\Sigma}_3^{-1}(\boldsymbol{u},\boldsymbol{w}))\otimes\boldsymbol{I}_l)\left(\frac{\partial}{\partial\boldsymbol{u}^{\mathrm{T}}}\mathrm{vec}\left(\left(\frac{\partial\boldsymbol{\mu}_3(\boldsymbol{u},\boldsymbol{w})}{\partial\boldsymbol{w}^{\mathrm{T}}}\right)^{\mathrm{T}}\right)\right)\\ +2\left(\boldsymbol{\mu}_3(\boldsymbol{u},\boldsymbol{w})\otimes\frac{\partial\boldsymbol{\mu}_3(\boldsymbol{u},\boldsymbol{w})}{\partial\boldsymbol{w}^{\mathrm{T}}}\right)^{\mathrm{T}}\frac{\partial\mathrm{vec}(\boldsymbol{\Sigma}_3^{-1}(\boldsymbol{u},\boldsymbol{w}))}{\partial\boldsymbol{u}^{\mathrm{T}}}\\ +2\left(\frac{\partial\boldsymbol{\mu}_3(\boldsymbol{u},\boldsymbol{w})}{\partial\boldsymbol{w}^{\mathrm{T}}}\right)^{\mathrm{T}}\boldsymbol{\Sigma}_3^{-1}(\boldsymbol{u},\boldsymbol{w})\frac{\partial\boldsymbol{\mu}_3(\boldsymbol{u},\boldsymbol{w})}{\partial\boldsymbol{u}^{\mathrm{T}}}\end{bmatrix}\tag{6.93}$$

$$\boldsymbol{\Phi}_{3,12}(\boldsymbol{u},\boldsymbol{w})=\frac{\partial\boldsymbol{\beta}_{3,1}(\boldsymbol{u},\boldsymbol{w})}{\partial\boldsymbol{w}^{\mathrm{T}}}=\begin{bmatrix}2((\boldsymbol{\mu}_3^{\mathrm{T}}(\boldsymbol{u},\boldsymbol{w})\boldsymbol{\Sigma}_3^{-1}(\boldsymbol{u},\boldsymbol{w}))\otimes\boldsymbol{I}_q)\left(\frac{\partial}{\partial\boldsymbol{w}^{\mathrm{T}}}\mathrm{vec}\left(\left(\frac{\partial\boldsymbol{\mu}_3(\boldsymbol{u},\boldsymbol{w})}{\partial\boldsymbol{u}^{\mathrm{T}}}\right)^{\mathrm{T}}\right)\right)\\ +2\left(\boldsymbol{\mu}_3(\boldsymbol{u},\boldsymbol{w})\otimes\frac{\partial\boldsymbol{\mu}_3(\boldsymbol{u},\boldsymbol{w})}{\partial\boldsymbol{u}^{\mathrm{T}}}\right)^{\mathrm{T}}\frac{\partial\mathrm{vec}(\boldsymbol{\Sigma}_3^{-1}(\boldsymbol{u},\boldsymbol{w}))}{\partial\boldsymbol{w}^{\mathrm{T}}}\\ +2\left(\frac{\partial\boldsymbol{\mu}_3(\boldsymbol{u},\boldsymbol{w})}{\partial\boldsymbol{u}^{\mathrm{T}}}\right)^{\mathrm{T}}\boldsymbol{\Sigma}_3^{-1}(\boldsymbol{u},\boldsymbol{w})\frac{\partial\boldsymbol{\mu}_3(\boldsymbol{u},\boldsymbol{w})}{\partial\boldsymbol{w}^{\mathrm{T}}}\\ \hdashline 2((\boldsymbol{\mu}_3^{\mathrm{T}}(\boldsymbol{u},\boldsymbol{w})\boldsymbol{\Sigma}_3^{-1}(\boldsymbol{u},\boldsymbol{w}))\otimes\boldsymbol{I}_l)\left(\frac{\partial}{\partial\boldsymbol{w}^{\mathrm{T}}}\mathrm{vec}\left(\left(\frac{\partial\boldsymbol{\mu}_3(\boldsymbol{u},\boldsymbol{w})}{\partial\boldsymbol{w}^{\mathrm{T}}}\right)^{\mathrm{T}}\right)\right)\\ +2\left(\boldsymbol{\mu}_3(\boldsymbol{u},\boldsymbol{w})\otimes\frac{\partial\boldsymbol{\mu}_3(\boldsymbol{u},\boldsymbol{w})}{\partial\boldsymbol{w}^{\mathrm{T}}}\right)^{\mathrm{T}}\frac{\partial\mathrm{vec}(\boldsymbol{\Sigma}_3^{-1}(\boldsymbol{u},\boldsymbol{w}))}{\partial\boldsymbol{w}^{\mathrm{T}}}\\ +2\left(\frac{\partial\boldsymbol{\mu}_3(\boldsymbol{u},\boldsymbol{w})}{\partial\boldsymbol{w}^{\mathrm{T}}}\right)^{\mathrm{T}}\boldsymbol{\Sigma}_3^{-1}(\boldsymbol{u},\boldsymbol{w})\frac{\partial\boldsymbol{\mu}_3(\boldsymbol{u},\boldsymbol{w})}{\partial\boldsymbol{w}^{\mathrm{T}}}\end{bmatrix}\tag{6.94}$$

$$\boldsymbol{\Phi}_{3,21}(\boldsymbol{u},\boldsymbol{w})=\frac{\partial\boldsymbol{\beta}_{3,2}(\boldsymbol{u},\boldsymbol{w})}{\partial\boldsymbol{u}^{\mathrm{T}}}\approx\begin{bmatrix}\left(\frac{\partial\mathrm{vec}(\boldsymbol{\Sigma}_3^{-1}(\boldsymbol{u},\boldsymbol{w}))}{\partial\boldsymbol{u}^{\mathrm{T}}}\right)^{\mathrm{T}}\begin{bmatrix}(\boldsymbol{I}_{p(d+1)+l}\otimes\boldsymbol{\mu}_3(\boldsymbol{u},\boldsymbol{w}))\frac{\partial\boldsymbol{\mu}_3(\boldsymbol{u},\boldsymbol{w})}{\partial\boldsymbol{u}^{\mathrm{T}}}\\ +\boldsymbol{\mu}_3(\boldsymbol{u},\boldsymbol{w})\otimes\frac{\partial\boldsymbol{\mu}_3(\boldsymbol{u},\boldsymbol{w})}{\partial\boldsymbol{u}^{\mathrm{T}}}\end{bmatrix}\\ \hdashline \left(\frac{\partial\mathrm{vec}(\boldsymbol{\Sigma}_3^{-1}(\boldsymbol{u},\boldsymbol{w}))}{\partial\boldsymbol{w}^{\mathrm{T}}}\right)^{\mathrm{T}}\begin{bmatrix}(\boldsymbol{I}_{p(d+1)+l}\otimes\boldsymbol{\mu}_3(\boldsymbol{u},\boldsymbol{w}))\frac{\partial\boldsymbol{\mu}_3(\boldsymbol{u},\boldsymbol{w})}{\partial\boldsymbol{u}^{\mathrm{T}}}\\ +\boldsymbol{\mu}_3(\boldsymbol{u},\boldsymbol{w})\otimes\frac{\partial\boldsymbol{\mu}_3(\boldsymbol{u},\boldsymbol{w})}{\partial\boldsymbol{u}^{\mathrm{T}}}\end{bmatrix}\end{bmatrix}\tag{6.95}$$

$$\boldsymbol{\Phi}_{3,22}(\boldsymbol{u},\boldsymbol{w})=\frac{\partial \boldsymbol{\beta}_{3,2}(\boldsymbol{u},\boldsymbol{w})}{\partial \boldsymbol{w}^{\mathrm{T}}}\approx\left[\begin{array}{c}\left(\dfrac{\partial \mathrm{vec}(\boldsymbol{\Sigma}_3^{-1}(\boldsymbol{u},\boldsymbol{w}))}{\partial \boldsymbol{u}^{\mathrm{T}}}\right)^{\mathrm{T}}\left[\begin{array}{c}(\boldsymbol{I}_{p(d+1)+l}\otimes\boldsymbol{\mu}_3(\boldsymbol{u},\boldsymbol{w}))\dfrac{\partial \boldsymbol{\mu}_3(\boldsymbol{u},\boldsymbol{w})}{\partial \boldsymbol{w}^{\mathrm{T}}}\\+\boldsymbol{\mu}_3(\boldsymbol{u},\boldsymbol{w})\otimes\dfrac{\partial \boldsymbol{\mu}_3(\boldsymbol{u},\boldsymbol{w})}{\partial \boldsymbol{w}^{\mathrm{T}}}\end{array}\right]\\ \hdashline \left(\dfrac{\partial \mathrm{vec}(\boldsymbol{\Sigma}_3^{-1}(\boldsymbol{u},\boldsymbol{w}))}{\partial \boldsymbol{w}^{\mathrm{T}}}\right)^{\mathrm{T}}\left[\begin{array}{c}(\boldsymbol{I}_{p(d+1)+l}\otimes\boldsymbol{\mu}_3(\boldsymbol{u},\boldsymbol{w}))\dfrac{\partial \boldsymbol{\mu}_3(\boldsymbol{u},\boldsymbol{w})}{\partial \boldsymbol{w}^{\mathrm{T}}}\\+\boldsymbol{\mu}_3(\boldsymbol{u},\boldsymbol{w})\otimes\dfrac{\partial \boldsymbol{\mu}_3(\boldsymbol{u},\boldsymbol{w})}{\partial \boldsymbol{w}^{\mathrm{T}}}\end{array}\right]\end{array}\right] \tag{6.96}$$

与式(6.20)和式(6.59)类似的是，式(6.95)和式(6.96)中也省略了关于误差的二阶项，而该项在 Hessian 矩阵中可以忽略而不会影响解的收敛性和统计性能。

根据上述分析可以得到相应的 Newton 迭代公式。假设第 k 次迭代得到目标位置向量 $\boldsymbol{u}$ 的结果为 $\hat{\boldsymbol{u}}_{\mathrm{ctls},k}^{(\mathrm{b})}$，系统参量 $\boldsymbol{w}$ 的结果为 $\hat{\boldsymbol{w}}_{\mathrm{ctls},k}^{(\mathrm{b})}$，则第 $k+1$ 次迭代更新公式为

$$\begin{bmatrix}\hat{\boldsymbol{u}}_{\mathrm{ctls},k+1}^{(\mathrm{b})}\\ \hat{\boldsymbol{w}}_{\mathrm{ctls},k+1}^{(\mathrm{b})}\end{bmatrix}=\begin{bmatrix}\hat{\boldsymbol{u}}_{\mathrm{ctls},k}^{(\mathrm{b})}\\ \hat{\boldsymbol{w}}_{\mathrm{ctls},k}^{(\mathrm{b})}\end{bmatrix}-\mu^k\boldsymbol{\Phi}_3^{-1}(\hat{\boldsymbol{u}}_{\mathrm{ctls},k}^{(\mathrm{b})},\hat{\boldsymbol{w}}_{\mathrm{ctls},k}^{(\mathrm{b})})\boldsymbol{\beta}_3(\hat{\boldsymbol{u}}_{\mathrm{ctls},k}^{(\mathrm{b})},\hat{\boldsymbol{w}}_{\mathrm{ctls},k}^{(\mathrm{b})}) \tag{6.97}$$

式中，$\mu(0<\mu<1)$表示步长因子。针对迭代公式(6.97)，下面有三点注释。

(1) 上述迭代初值可以通过非加权形式的闭式最小二乘估计方法获得。

(2) 迭代收敛条件可以设为 $\|\boldsymbol{\beta}_3(\hat{\boldsymbol{u}}_{\mathrm{ctls},k}^{(\mathrm{b})},\hat{\boldsymbol{w}}_{\mathrm{ctls},k}^{(\mathrm{b})})\|_2\leqslant\varepsilon$，即梯度向量的 2-范数足够小。

(3) 梯度向量和 Hessian 矩阵中涉及八个较为复杂的矩阵运算单元，分别包括：

$$\begin{cases}\boldsymbol{Z}_1=\dfrac{\partial \boldsymbol{\mu}_3(\boldsymbol{u},\boldsymbol{w})}{\partial \boldsymbol{u}^{\mathrm{T}}},\quad \boldsymbol{Z}_2=\dfrac{\partial \boldsymbol{\mu}_3(\boldsymbol{u},\boldsymbol{w})}{\partial \boldsymbol{w}^{\mathrm{T}}}\\ \boldsymbol{Z}_3=\dfrac{\partial}{\partial \boldsymbol{u}^{\mathrm{T}}}\mathrm{vec}\left(\left(\dfrac{\partial \boldsymbol{\mu}_3(\boldsymbol{u},\boldsymbol{w})}{\partial \boldsymbol{u}^{\mathrm{T}}}\right)^{\mathrm{T}}\right),\quad \boldsymbol{Z}_4=\dfrac{\partial}{\partial \boldsymbol{w}^{\mathrm{T}}}\mathrm{vec}\left(\left(\dfrac{\partial \boldsymbol{\mu}_3(\boldsymbol{u},\boldsymbol{w})}{\partial \boldsymbol{u}^{\mathrm{T}}}\right)^{\mathrm{T}}\right)\\ \boldsymbol{Z}_5=\dfrac{\partial}{\partial \boldsymbol{u}^{\mathrm{T}}}\mathrm{vec}\left(\left(\dfrac{\partial \boldsymbol{\mu}_3(\boldsymbol{u},\boldsymbol{w})}{\partial \boldsymbol{w}^{\mathrm{T}}}\right)^{\mathrm{T}}\right),\quad \boldsymbol{Z}_6=\dfrac{\partial}{\partial \boldsymbol{w}^{\mathrm{T}}}\mathrm{vec}\left(\left(\dfrac{\partial \boldsymbol{\mu}_3(\boldsymbol{u},\boldsymbol{w})}{\partial \boldsymbol{w}^{\mathrm{T}}}\right)^{\mathrm{T}}\right)\\ \boldsymbol{Z}_7=\dfrac{\partial \mathrm{vec}(\boldsymbol{\Sigma}_3^{-1}(\boldsymbol{u},\boldsymbol{w}))}{\partial \boldsymbol{u}^{\mathrm{T}}},\quad \boldsymbol{Z}_8=\dfrac{\partial \mathrm{vec}(\boldsymbol{\Sigma}_3^{-1}(\boldsymbol{u},\boldsymbol{w}))}{\partial \boldsymbol{w}^{\mathrm{T}}}\end{cases} \tag{6.98}$$

下面分别推导式(6.98)中八个矩阵的闭式表达式。

首先根据式(6.87)中的第一式可推得

$$\boldsymbol{Z}_1=\frac{\partial \boldsymbol{\mu}_3(\boldsymbol{u},\boldsymbol{w})}{\partial \boldsymbol{u}^{\mathrm{T}}}=\begin{bmatrix}\boldsymbol{B}(\boldsymbol{z},\boldsymbol{v}) & \boldsymbol{O}_{p\times l} & \boldsymbol{O}_{p\times\bar{l}}\\ \boldsymbol{O}_{l\times\bar{q}} & \boldsymbol{I}_l & \boldsymbol{O}_{l\times\bar{l}}\\ \boldsymbol{O}_{pd\times\bar{q}} & \boldsymbol{O}_{pd\times l} & \bar{\boldsymbol{D}}(\boldsymbol{r},\boldsymbol{s})\end{bmatrix}\begin{bmatrix}\boldsymbol{P}(\boldsymbol{u})\\ \boldsymbol{O}_{l\times q}\\ \boldsymbol{O}_{\bar{l}\times q}\end{bmatrix}=\begin{bmatrix}\boldsymbol{B}(\boldsymbol{z},\boldsymbol{v})\boldsymbol{P}(\boldsymbol{u})\\ \boldsymbol{O}_{l\times q}\\ \boldsymbol{O}_{pd\times q}\end{bmatrix}\in\mathbf{R}^{(p(d+1)+l)\times q} \tag{6.99}$$

$$\boldsymbol{Z}_2=\frac{\partial \boldsymbol{\mu}_3(\boldsymbol{u},\boldsymbol{w})}{\partial \boldsymbol{w}^{\mathrm{T}}}=\begin{bmatrix}\boldsymbol{B}(\boldsymbol{z},\boldsymbol{v}) & \boldsymbol{O}_{p\times l} & \boldsymbol{O}_{p\times\bar{l}}\\ \boldsymbol{O}_{l\times\bar{q}} & \boldsymbol{I}_l & \boldsymbol{O}_{l\times\bar{l}}\\ \boldsymbol{O}_{pd\times\bar{q}} & \boldsymbol{O}_{pd\times l} & \bar{\boldsymbol{D}}(\boldsymbol{r},\boldsymbol{s})\end{bmatrix}\begin{bmatrix}\boldsymbol{O}_{\bar{q}\times l}\\ \boldsymbol{I}_l\\ \boldsymbol{\Psi}(\boldsymbol{w})\end{bmatrix}=\begin{bmatrix}\boldsymbol{O}_{p\times l}\\ \boldsymbol{I}_l\\ \bar{\boldsymbol{D}}(\boldsymbol{r},\boldsymbol{s})\boldsymbol{\Psi}(\boldsymbol{w})\end{bmatrix}\in\mathbf{R}^{(p(d+1)+l)\times l} \tag{6.100}$$

基于式(6.99)可进一步推得

$$\begin{cases} \boldsymbol{Z}_3 = \dfrac{\partial}{\partial \boldsymbol{u}^{\mathrm{T}}}\mathrm{vec}\left(\left(\dfrac{\partial \boldsymbol{\mu}_3(\boldsymbol{u},\boldsymbol{w})}{\partial \boldsymbol{u}^{\mathrm{T}}}\right)^{\mathrm{T}}\right) = \dfrac{\partial}{\partial \boldsymbol{u}^{\mathrm{T}}}\mathrm{vec}([\boldsymbol{P}^{\mathrm{T}}(\boldsymbol{u})\boldsymbol{B}^{\mathrm{T}}(\boldsymbol{z},\boldsymbol{v}) \vdots \boldsymbol{O}_{q\times l} \vdots \boldsymbol{O}_{q\times pd}]) \\ \quad = \begin{bmatrix} (\boldsymbol{B}(\boldsymbol{z},\boldsymbol{v}) \otimes \boldsymbol{I}_q) \dfrac{\partial \mathrm{vec}(\boldsymbol{P}^{\mathrm{T}}(\boldsymbol{u}))}{\partial \boldsymbol{u}^{\mathrm{T}}} \\ \cdots\cdots \\ \boldsymbol{O}_{(pd+l)q\times q} \end{bmatrix} \\ \boldsymbol{Z}_4 = \dfrac{\partial}{\partial \boldsymbol{w}^{\mathrm{T}}}\mathrm{vec}\left(\left(\dfrac{\partial \boldsymbol{\mu}_3(\boldsymbol{u},\boldsymbol{w})}{\partial \boldsymbol{u}^{\mathrm{T}}}\right)^{\mathrm{T}}\right) = \boldsymbol{O}_{(p(d+1)+l)q\times l} \end{cases} \tag{6.101}$$

基于式(6.100)可进一步推得

$$\begin{cases} \boldsymbol{Z}_5 = \dfrac{\partial}{\partial \boldsymbol{u}^{\mathrm{T}}}\mathrm{vec}\left(\left(\dfrac{\partial \boldsymbol{\mu}_3(\boldsymbol{u},\boldsymbol{w})}{\partial \boldsymbol{w}^{\mathrm{T}}}\right)^{\mathrm{T}}\right) = \boldsymbol{O}_{(p(d+1)+l)l\times q} \\ \boldsymbol{Z}_6 = \dfrac{\partial}{\partial \boldsymbol{w}^{\mathrm{T}}}\mathrm{vec}\left(\left(\dfrac{\partial \boldsymbol{\mu}_3(\boldsymbol{u},\boldsymbol{w})}{\partial \boldsymbol{w}^{\mathrm{T}}}\right)^{\mathrm{T}}\right) = \dfrac{\partial}{\partial \boldsymbol{w}^{\mathrm{T}}}\mathrm{vec}([\boldsymbol{O}_{l\times p} \vdots \boldsymbol{I}_l \vdots \boldsymbol{\Psi}^{\mathrm{T}}(\boldsymbol{w})\bar{\boldsymbol{D}}^{\mathrm{T}}(\boldsymbol{r},\boldsymbol{s})]) \\ \quad = \begin{bmatrix} \boldsymbol{O}_{(p+l)l\times l} \\ \cdots\cdots \\ (\bar{\boldsymbol{D}}(\boldsymbol{r},\boldsymbol{s}) \otimes \boldsymbol{I}_l) \dfrac{\partial \mathrm{vec}(\boldsymbol{\Psi}^{\mathrm{T}}(\boldsymbol{w}))}{\partial \boldsymbol{w}^{\mathrm{T}}} \end{bmatrix} \end{cases} \tag{6.102}$$

最后根据式(6.87)中的第二式可推得

$$\begin{aligned} \boldsymbol{Z}_7 &= \frac{\partial \mathrm{vec}(\boldsymbol{\Sigma}_3^{-1}(\boldsymbol{u},\boldsymbol{w}))}{\partial \boldsymbol{u}^{\mathrm{T}}} \\ &= -((\boldsymbol{\Sigma}_3^{-1}(\boldsymbol{u},\boldsymbol{w})\boldsymbol{F}(\boldsymbol{z},\boldsymbol{v},\boldsymbol{r},\boldsymbol{s},\boldsymbol{\rho}(\boldsymbol{u}),\boldsymbol{\varphi}(\boldsymbol{w}))\bar{\boldsymbol{Q}}) \otimes \boldsymbol{\Sigma}_3^{-1}(\boldsymbol{u},\boldsymbol{w})) \\ &\quad \cdot \frac{\partial \mathrm{vec}(\boldsymbol{F}(\boldsymbol{z},\boldsymbol{v},\boldsymbol{r},\boldsymbol{s},\boldsymbol{\rho}(\boldsymbol{u}),\boldsymbol{\varphi}(\boldsymbol{w})))}{\partial \boldsymbol{u}^{\mathrm{T}}} \\ &\quad - (\boldsymbol{\Sigma}_3^{-1}(\boldsymbol{u},\boldsymbol{w}) \otimes (\boldsymbol{\Sigma}_3^{-1}(\boldsymbol{u},\boldsymbol{w})\boldsymbol{F}(\boldsymbol{z},\boldsymbol{v},\boldsymbol{r},\boldsymbol{s},\boldsymbol{\rho}(\boldsymbol{u}),\boldsymbol{\varphi}(\boldsymbol{w}))\bar{\boldsymbol{Q}})) \\ &\quad \cdot \frac{\partial \mathrm{vec}(\boldsymbol{F}^{\mathrm{T}}(\boldsymbol{z},\boldsymbol{v},\boldsymbol{r},\boldsymbol{s},\boldsymbol{\rho}(\boldsymbol{u}),\boldsymbol{\varphi}(\boldsymbol{w})))}{\partial \boldsymbol{u}^{\mathrm{T}}} \\ &= -((\boldsymbol{\Sigma}_3^{-1}(\boldsymbol{u},\boldsymbol{w})\boldsymbol{F}(\boldsymbol{z},\boldsymbol{v},\boldsymbol{r},\boldsymbol{s},\boldsymbol{\rho}(\boldsymbol{u}),\boldsymbol{\varphi}(\boldsymbol{w}))\bar{\boldsymbol{Q}}) \otimes \boldsymbol{\Sigma}_3^{-1}(\boldsymbol{u},\boldsymbol{w})) \\ &\quad \cdot \frac{\partial \mathrm{vec}(\boldsymbol{F}(\boldsymbol{z},\boldsymbol{v},\boldsymbol{r},\boldsymbol{s},\boldsymbol{\rho}(\boldsymbol{u}),\boldsymbol{\varphi}(\boldsymbol{w})))}{\partial \boldsymbol{u}^{\mathrm{T}}} \\ &\quad - (\boldsymbol{\Sigma}_3^{-1}(\boldsymbol{u},\boldsymbol{w}) \otimes (\boldsymbol{\Sigma}_3^{-1}(\boldsymbol{u},\boldsymbol{w})\boldsymbol{F}(\boldsymbol{z},\boldsymbol{v},\boldsymbol{r},\boldsymbol{s},\boldsymbol{\rho}(\boldsymbol{u}),\boldsymbol{\varphi}(\boldsymbol{w}))\bar{\boldsymbol{Q}}))\boldsymbol{\Pi}_{(p(d+1)+l)\times(p(d+1)+l)} \\ &\quad \cdot \frac{\partial \mathrm{vec}(\boldsymbol{F}(\boldsymbol{z},\boldsymbol{v},\boldsymbol{r},\boldsymbol{s},\boldsymbol{\rho}(\boldsymbol{u}),\boldsymbol{\varphi}(\boldsymbol{w})))}{\partial \boldsymbol{u}^{\mathrm{T}}} \in \mathbf{R}^{(p(d+1)+l)^2\times q} \end{aligned} \tag{6.103}$$

$$\begin{aligned} \boldsymbol{Z}_8 &= \frac{\partial \mathrm{vec}(\boldsymbol{\Sigma}_3^{-1}(\boldsymbol{u},\boldsymbol{w}))}{\partial \boldsymbol{w}^{\mathrm{T}}} \\ &= -((\boldsymbol{\Sigma}_3^{-1}(\boldsymbol{u},\boldsymbol{w})\boldsymbol{F}(\boldsymbol{z},\boldsymbol{v},\boldsymbol{r},\boldsymbol{s},\boldsymbol{\rho}(\boldsymbol{u}),\boldsymbol{\varphi}(\boldsymbol{w}))\bar{\boldsymbol{Q}}) \otimes \boldsymbol{\Sigma}_3^{-1}(\boldsymbol{u},\boldsymbol{w})) \\ &\quad \cdot \frac{\partial \mathrm{vec}(\boldsymbol{F}(\boldsymbol{z},\boldsymbol{v},\boldsymbol{r},\boldsymbol{s},\boldsymbol{\rho}(\boldsymbol{u}),\boldsymbol{\varphi}(\boldsymbol{w})))}{\partial \boldsymbol{w}^{\mathrm{T}}} \\ &\quad - (\boldsymbol{\Sigma}_3^{-1}(\boldsymbol{u},\boldsymbol{w}) \otimes (\boldsymbol{\Sigma}_3^{-1}(\boldsymbol{u},\boldsymbol{w})\boldsymbol{F}(\boldsymbol{z},\boldsymbol{v},\boldsymbol{r},\boldsymbol{s},\boldsymbol{\rho}(\boldsymbol{u}),\boldsymbol{\varphi}(\boldsymbol{w}))\bar{\boldsymbol{Q}})) \\ &\quad \cdot \frac{\partial \mathrm{vec}(\boldsymbol{F}^{\mathrm{T}}(\boldsymbol{z},\boldsymbol{v},\boldsymbol{r},\boldsymbol{s},\boldsymbol{\rho}(\boldsymbol{u}),\boldsymbol{\varphi}(\boldsymbol{w})))}{\partial \boldsymbol{w}^{\mathrm{T}}} \\ &= -((\boldsymbol{\Sigma}_3^{-1}(\boldsymbol{u},\boldsymbol{w})\boldsymbol{F}(\boldsymbol{z},\boldsymbol{v},\boldsymbol{r},\boldsymbol{s},\boldsymbol{\rho}(\boldsymbol{u}),\boldsymbol{\varphi}(\boldsymbol{w}))\bar{\boldsymbol{Q}}) \otimes \boldsymbol{\Sigma}_3^{-1}(\boldsymbol{u},\boldsymbol{w})) \end{aligned}$$

$$\cdot \frac{\partial \mathrm{vec}(\boldsymbol{F}(\boldsymbol{z},\boldsymbol{v},\boldsymbol{r},\boldsymbol{s},\boldsymbol{\rho}(\boldsymbol{u}),\boldsymbol{\varphi}(\boldsymbol{w})))}{\partial \boldsymbol{w}^{\mathrm{T}}}$$

$$-(\boldsymbol{\Sigma}_3^{-1}(\boldsymbol{u},\boldsymbol{w})\otimes(\boldsymbol{\Sigma}_3^{-1}(\boldsymbol{u},\boldsymbol{w})\boldsymbol{F}(\boldsymbol{z},\boldsymbol{v},\boldsymbol{r},\boldsymbol{s},\boldsymbol{\rho}(\boldsymbol{u}),\boldsymbol{\varphi}(\boldsymbol{w}))\bar{\boldsymbol{Q}}))\boldsymbol{\Pi}_{(p(d+1)+l)\times(p(d+1)+l)}$$

$$\cdot \frac{\partial \mathrm{vec}(\boldsymbol{F}(\boldsymbol{z},\boldsymbol{v},\boldsymbol{r},\boldsymbol{s},\boldsymbol{\rho}(\boldsymbol{u}),\boldsymbol{\varphi}(\boldsymbol{w})))}{\partial \boldsymbol{w}^{\mathrm{T}}}\in\mathbf{R}^{(p(d+1)+l)^2\times l} \tag{6.104}$$

式中，$\boldsymbol{\Pi}_{(p(d+1)+l)\times(p(d+1)+l)}$是满足下式的置换矩阵：

$$\frac{\partial \mathrm{vec}(\boldsymbol{F}^{\mathrm{T}}(\boldsymbol{z},\boldsymbol{v},\boldsymbol{r},\boldsymbol{s},\boldsymbol{\rho}(\boldsymbol{u}),\boldsymbol{\varphi}(\boldsymbol{w})))}{\partial \boldsymbol{u}^{\mathrm{T}}}=\boldsymbol{\Pi}_{(p(d+1)+l)\times(p(d+1)+l)}\frac{\partial \mathrm{vec}(\boldsymbol{F}(\boldsymbol{z},\boldsymbol{v},\boldsymbol{r},\boldsymbol{s},\boldsymbol{\rho}(\boldsymbol{u}),\boldsymbol{\varphi}(\boldsymbol{w})))}{\partial \boldsymbol{u}^{\mathrm{T}}} \tag{6.105}$$

$$\frac{\partial \mathrm{vec}(\boldsymbol{F}^{\mathrm{T}}(\boldsymbol{z},\boldsymbol{v},\boldsymbol{r},\boldsymbol{s},\boldsymbol{\rho}(\boldsymbol{u}),\boldsymbol{\varphi}(\boldsymbol{w})))}{\partial \boldsymbol{w}^{\mathrm{T}}}=\boldsymbol{\Pi}_{(p(d+1)+l)\times(p(d+1)+l)}\frac{\partial \mathrm{vec}(\boldsymbol{F}(\boldsymbol{z},\boldsymbol{v},\boldsymbol{r},\boldsymbol{s},\boldsymbol{\rho}(\boldsymbol{u}),\boldsymbol{\varphi}(\boldsymbol{w})))}{\partial \boldsymbol{w}^{\mathrm{T}}} \tag{6.106}$$

需要指出的是，矩阵$\frac{\partial \mathrm{vec}(\boldsymbol{F}(\boldsymbol{z},\boldsymbol{v},\boldsymbol{r},\boldsymbol{s},\boldsymbol{\rho}(\boldsymbol{u}),\boldsymbol{\varphi}(\boldsymbol{w})))}{\partial \boldsymbol{u}^{\mathrm{T}}}$和$\frac{\partial \mathrm{vec}(\boldsymbol{F}(\boldsymbol{z},\boldsymbol{v},\boldsymbol{r},\boldsymbol{s},\boldsymbol{\rho}(\boldsymbol{u}),\boldsymbol{\varphi}(\boldsymbol{w})))}{\partial \boldsymbol{w}^{\mathrm{T}}}$的表达式见附录 D。

将式(6.97)的收敛值记为$\hat{\boldsymbol{u}}_{\mathrm{ctls}}^{(\mathrm{b})}$和$\hat{\boldsymbol{w}}_{\mathrm{ctls}}^{(\mathrm{b})}$（即$\hat{\boldsymbol{u}}_{\mathrm{ctls}}^{(\mathrm{b})}=\lim\limits_{k\to+\infty}\hat{\boldsymbol{u}}_{\mathrm{ctls},k}^{(\mathrm{b})}$和$\hat{\boldsymbol{w}}_{\mathrm{ctls}}^{(\mathrm{b})}=\lim\limits_{k\to+\infty}\hat{\boldsymbol{w}}_{\mathrm{ctls},k}^{(\mathrm{b})}$），它们即为第二类约束总体最小二乘定位方法给出的目标位置解和系统参量解。

6.3.2　目标位置向量和系统参量联合估计值的理论性能

这里将推导目标位置解$\hat{\boldsymbol{u}}_{\mathrm{ctls}}^{(\mathrm{b})}$和系统参量解$\hat{\boldsymbol{w}}_{\mathrm{ctls}}^{(\mathrm{b})}$的理论性能，重点推导其联合估计方差矩阵。首先根据 Newton 迭代算法的收敛性条件可知

$$\lim_{k\to+\infty}\boldsymbol{\beta}_3(\hat{\boldsymbol{u}}_{\mathrm{ctls},k}^{(\mathrm{b})},\hat{\boldsymbol{w}}_{\mathrm{ctls},k}^{(\mathrm{b})})=\boldsymbol{\beta}_3(\hat{\boldsymbol{u}}_{\mathrm{ctls}}^{(\mathrm{b})},\hat{\boldsymbol{w}}_{\mathrm{ctls}}^{(\mathrm{b})})=\begin{bmatrix}\left.\frac{\partial J_3(\boldsymbol{u},\boldsymbol{w})}{\partial \boldsymbol{u}}\right|_{\substack{\boldsymbol{u}=\hat{\boldsymbol{u}}_{\mathrm{ctls}}^{(\mathrm{b})}\\ \boldsymbol{w}=\hat{\boldsymbol{w}}_{\mathrm{ctls}}^{(\mathrm{b})}}}\\ \hdashline \left.\frac{\partial J_3(\boldsymbol{u},\boldsymbol{w})}{\partial \boldsymbol{w}}\right|_{\substack{\boldsymbol{u}=\hat{\boldsymbol{u}}_{\mathrm{ctls}}^{(\mathrm{b})}\\ \boldsymbol{w}=\hat{\boldsymbol{w}}_{\mathrm{ctls}}^{(\mathrm{b})}}}\end{bmatrix}=\boldsymbol{O}_{(q+l)\times 1} \tag{6.107}$$

将式(6.88)～式(6.90)代入式(6.107)可得

$$\boldsymbol{O}_{(q+l)\times 1}=\boldsymbol{\beta}_3(\hat{\boldsymbol{u}}_{\mathrm{ctls}}^{(\mathrm{b})},\hat{\boldsymbol{w}}_{\mathrm{ctls}}^{(\mathrm{b})})$$

$$=\begin{bmatrix}2\left(\left.\frac{\partial \boldsymbol{\mu}_3(\boldsymbol{u},\hat{\boldsymbol{w}}_{\mathrm{ctls}}^{(\mathrm{b})})}{\partial \boldsymbol{u}^{\mathrm{T}}}\right|_{\boldsymbol{u}=\hat{\boldsymbol{u}}_{\mathrm{ctls}}^{(\mathrm{b})}}\right)^{\mathrm{T}}\boldsymbol{\Sigma}_3^{-1}(\hat{\boldsymbol{u}}_{\mathrm{ctls}}^{(\mathrm{b})},\hat{\boldsymbol{w}}_{\mathrm{ctls}}^{(\mathrm{b})})\boldsymbol{\mu}_3(\hat{\boldsymbol{u}}_{\mathrm{ctls}}^{(\mathrm{b})},\hat{\boldsymbol{w}}_{\mathrm{ctls}}^{(\mathrm{b})})\\ +\left(\left.\frac{\partial \mathrm{vec}(\boldsymbol{\Sigma}_3^{-1}(\boldsymbol{u},\hat{\boldsymbol{w}}_{\mathrm{ctls}}^{(\mathrm{b})}))}{\partial \boldsymbol{u}^{\mathrm{T}}}\right|_{\boldsymbol{u}=\hat{\boldsymbol{u}}_{\mathrm{ctls}}^{(\mathrm{b})}}\right)^{\mathrm{T}}(\boldsymbol{\mu}_3(\hat{\boldsymbol{u}}_{\mathrm{ctls}}^{(\mathrm{b})},\hat{\boldsymbol{w}}_{\mathrm{ctls}}^{(\mathrm{b})})\otimes\boldsymbol{\mu}_3(\hat{\boldsymbol{u}}_{\mathrm{ctls}}^{(\mathrm{b})},\hat{\boldsymbol{w}}_{\mathrm{ctls}}^{(\mathrm{b})}))\\ \hdashline 2\left(\left.\frac{\partial \boldsymbol{\mu}_3(\hat{\boldsymbol{u}}_{\mathrm{ctls}}^{(\mathrm{b})},\boldsymbol{w})}{\partial \boldsymbol{w}^{\mathrm{T}}}\right|_{\boldsymbol{w}=\hat{\boldsymbol{w}}_{\mathrm{ctls}}^{(\mathrm{b})}}\right)^{\mathrm{T}}\boldsymbol{\Sigma}_3^{-1}(\hat{\boldsymbol{u}}_{\mathrm{ctls}}^{(\mathrm{b})},\hat{\boldsymbol{w}}_{\mathrm{ctls}}^{(\mathrm{b})})\boldsymbol{\mu}_3(\hat{\boldsymbol{u}}_{\mathrm{ctls}}^{(\mathrm{b})},\hat{\boldsymbol{w}}_{\mathrm{ctls}}^{(\mathrm{b})})\\ +\left(\left.\frac{\partial \mathrm{vec}(\boldsymbol{\Sigma}_3^{-1}(\hat{\boldsymbol{u}}_{\mathrm{ctls}}^{(\mathrm{b})},\boldsymbol{w}))}{\partial \boldsymbol{w}^{\mathrm{T}}}\right|_{\boldsymbol{w}=\hat{\boldsymbol{w}}_{\mathrm{ctls}}^{(\mathrm{b})}}\right)^{\mathrm{T}}(\boldsymbol{\mu}_3(\hat{\boldsymbol{u}}_{\mathrm{ctls}}^{(\mathrm{b})},\hat{\boldsymbol{w}}_{\mathrm{ctls}}^{(\mathrm{b})})\otimes\boldsymbol{\mu}_3(\hat{\boldsymbol{u}}_{\mathrm{ctls}}^{(\mathrm{b})},\hat{\boldsymbol{w}}_{\mathrm{ctls}}^{(\mathrm{b})}))\end{bmatrix} \tag{6.108}$$

对向量$\boldsymbol{\mu}_3(\hat{\boldsymbol{u}}_{\mathrm{ctls}}^{(\mathrm{b})},\hat{\boldsymbol{w}}_{\mathrm{ctls}}^{(\mathrm{b})})$在点$\boldsymbol{z}_0$，$\boldsymbol{r}_0$，$\boldsymbol{w}$和$\boldsymbol{u}$处进行一阶 Taylor 级数展开可得

$$\boldsymbol{\mu}_3(\hat{\boldsymbol{u}}_{\text{ctls}}^{(\text{b})},\hat{\boldsymbol{w}}_{\text{ctls}}^{(\text{b})})\approx\left[\begin{array}{c}\boldsymbol{B}(\boldsymbol{z}_0,\boldsymbol{w})\boldsymbol{\rho}(\boldsymbol{u})-\boldsymbol{a}(\boldsymbol{z}_0,\boldsymbol{w})+\boldsymbol{B}(\boldsymbol{z}_0,\boldsymbol{w})\boldsymbol{P}(\boldsymbol{u})\\ \cdot\,\boldsymbol{\delta u}_{\text{ctls}}^{(\text{b})}-\boldsymbol{T}_1(\boldsymbol{z}_0,\boldsymbol{w},\boldsymbol{\rho}(\boldsymbol{u}))\boldsymbol{n}-\boldsymbol{T}_2(\boldsymbol{z}_0,\boldsymbol{w},\boldsymbol{\rho}(\boldsymbol{u}))\boldsymbol{m}\\ \hdashline \boldsymbol{\delta w}_{\text{ctls}}^{(\text{b})}-\boldsymbol{m}\\ \hdashline \bar{\boldsymbol{D}}(\boldsymbol{r}_0,\boldsymbol{s})\boldsymbol{\varphi}(\boldsymbol{w})-\bar{\boldsymbol{c}}(\boldsymbol{r}_0,\boldsymbol{s})+\bar{\boldsymbol{D}}(\boldsymbol{r}_0,\boldsymbol{s})\boldsymbol{\Psi}(\boldsymbol{w})\boldsymbol{\delta w}_{\text{ctls}}^{(\text{b})}-\bar{\boldsymbol{H}}(\boldsymbol{r}_0,\boldsymbol{s},\boldsymbol{\varphi}(\boldsymbol{w}))\boldsymbol{e}\end{array}\right]$$

$$=\begin{bmatrix}\boldsymbol{B}(\boldsymbol{z}_0,\boldsymbol{w})\boldsymbol{P}(\boldsymbol{u})\boldsymbol{\delta u}_{\text{ctls}}^{(\text{b})}-\boldsymbol{T}_1(\boldsymbol{z}_0,\boldsymbol{w},\boldsymbol{\rho}(\boldsymbol{u}))\boldsymbol{n}-\boldsymbol{T}_2(\boldsymbol{z}_0,\boldsymbol{w},\boldsymbol{\rho}(\boldsymbol{u}))\boldsymbol{m}\\ \boldsymbol{\delta w}_{\text{ctls}}^{(\text{b})}-\boldsymbol{m}\\ \bar{\boldsymbol{D}}(\boldsymbol{r}_0,\boldsymbol{s})\boldsymbol{\Psi}(\boldsymbol{w})\boldsymbol{\delta w}_{\text{ctls}}^{(\text{b})}-\bar{\boldsymbol{H}}(\boldsymbol{r}_0,\boldsymbol{s},\boldsymbol{\varphi}(\boldsymbol{w}))\boldsymbol{e}\end{bmatrix}$$

$$=\begin{bmatrix}\boldsymbol{B}(\boldsymbol{z}_0,\boldsymbol{w})\boldsymbol{P}(\boldsymbol{u}) & \boldsymbol{O}_{p\times l}\\ \boldsymbol{O}_{l\times q} & \boldsymbol{I}_l\\ \boldsymbol{O}_{pd\times q} & \bar{\boldsymbol{D}}(\boldsymbol{r}_0,\boldsymbol{s})\boldsymbol{\Psi}(\boldsymbol{w})\end{bmatrix}\begin{bmatrix}\boldsymbol{\delta u}_{\text{ctls}}^{(\text{b})}\\ \boldsymbol{\delta w}_{\text{ctls}}^{(\text{b})}\end{bmatrix}$$

$$-\left[\begin{array}{c:c:c}\boldsymbol{T}_1(\boldsymbol{z}_0,\boldsymbol{w},\boldsymbol{\rho}(\boldsymbol{u})) & \boldsymbol{T}_2(\boldsymbol{z}_0,\boldsymbol{w},\boldsymbol{\rho}(\boldsymbol{u})) & \boldsymbol{O}_{p\times pd}\\ \hdashline \boldsymbol{O}_{l\times p} & \boldsymbol{I}_l & \boldsymbol{O}_{l\times pd}\\ \hdashline \boldsymbol{O}_{pd\times p} & \boldsymbol{O}_{pd\times l} & \bar{\boldsymbol{H}}(\boldsymbol{r}_0,\boldsymbol{s},\boldsymbol{\varphi}(\boldsymbol{w}))\end{array}\right]\begin{bmatrix}\boldsymbol{n}\\ \boldsymbol{m}\\ \boldsymbol{e}\end{bmatrix}$$

$$=\begin{bmatrix}\boldsymbol{B}(\boldsymbol{z}_0,\boldsymbol{w})\boldsymbol{P}(\boldsymbol{u}) & \boldsymbol{O}_{p\times l}\\ \boldsymbol{O}_{l\times q} & \boldsymbol{I}_l\\ \boldsymbol{O}_{pd\times q} & \bar{\boldsymbol{D}}(\boldsymbol{r}_0,\boldsymbol{s})\boldsymbol{\Psi}(\boldsymbol{w})\end{bmatrix}\begin{bmatrix}\boldsymbol{\delta u}_{\text{ctls}}^{(\text{b})}\\ \boldsymbol{\delta w}_{\text{ctls}}^{(\text{b})}\end{bmatrix}$$

$$-\boldsymbol{F}(\boldsymbol{z}_0,\boldsymbol{w},\boldsymbol{r}_0,\boldsymbol{s},\boldsymbol{\rho}(\boldsymbol{u}),\boldsymbol{\varphi}(\boldsymbol{w}))\begin{bmatrix}\boldsymbol{n}\\ \boldsymbol{m}\\ \boldsymbol{e}\end{bmatrix}\tag{6.109}$$

式中，$\boldsymbol{\delta u}_{\text{ctls}}^{(\text{b})}\approx\hat{\boldsymbol{u}}_{\text{ctls}}^{(\text{b})}-\boldsymbol{u}$ 和 $\boldsymbol{\delta w}_{\text{ctls}}^{(\text{b})}\approx\hat{\boldsymbol{w}}_{\text{ctls}}^{(\text{b})}-\boldsymbol{w}$ 分别表示目标位置解和系统参量解的估计误差。将式(6.109)代入式(6.108)，并结合式(6.99)和式(6.100)可知

$$\boldsymbol{O}_{(q+l)\times 1}\approx\begin{bmatrix}\boldsymbol{B}(\boldsymbol{z}_0,\boldsymbol{w})\boldsymbol{P}(\boldsymbol{u}) & \boldsymbol{O}_{p\times l}\\ \boldsymbol{O}_{l\times q} & \boldsymbol{I}_l\\ \boldsymbol{O}_{pd\times q} & \bar{\boldsymbol{D}}(\boldsymbol{r}_0,\boldsymbol{s})\boldsymbol{\Psi}(\boldsymbol{w})\end{bmatrix}^{\mathrm{T}}\left(\boldsymbol{\Sigma}_3^{-1}(\boldsymbol{u},\boldsymbol{w})\Big|_{\substack{\boldsymbol{z}=\boldsymbol{z}_0\\ \boldsymbol{v}=\boldsymbol{w}\\ \boldsymbol{r}=\boldsymbol{r}_0}}\right)$$

$$\cdot\begin{bmatrix}\boldsymbol{B}(\boldsymbol{z}_0,\boldsymbol{w})\boldsymbol{P}(\boldsymbol{u}) & \boldsymbol{O}_{p\times l}\\ \boldsymbol{O}_{l\times q} & \boldsymbol{I}_l\\ \boldsymbol{O}_{pd\times q} & \bar{\boldsymbol{D}}(\boldsymbol{r}_0,\boldsymbol{s})\boldsymbol{\Psi}(\boldsymbol{w})\end{bmatrix}\begin{bmatrix}\boldsymbol{\delta u}_{\text{ctls}}^{(\text{b})}\\ \boldsymbol{\delta w}_{\text{ctls}}^{(\text{b})}\end{bmatrix}$$

$$-\begin{bmatrix}\boldsymbol{B}(\boldsymbol{z}_0,\boldsymbol{w})\boldsymbol{P}(\boldsymbol{u}) & \boldsymbol{O}_{p\times l}\\ \boldsymbol{O}_{l\times q} & \boldsymbol{I}_l\\ \boldsymbol{O}_{pd\times q} & \bar{\boldsymbol{D}}(\boldsymbol{r}_0,\boldsymbol{s})\boldsymbol{\Psi}(\boldsymbol{w})\end{bmatrix}^{\mathrm{T}}\left(\boldsymbol{\Sigma}_3^{-1}(\boldsymbol{u},\boldsymbol{w})\Big|_{\substack{\boldsymbol{z}=\boldsymbol{z}_0\\ \boldsymbol{v}=\boldsymbol{w}\\ \boldsymbol{r}=\boldsymbol{r}_0}}\right)$$

$$\cdot\,\boldsymbol{F}(\boldsymbol{z}_0,\boldsymbol{w},\boldsymbol{r}_0,\boldsymbol{s},\boldsymbol{\rho}(\boldsymbol{u}),\boldsymbol{\varphi}(\boldsymbol{w}))\begin{bmatrix}\boldsymbol{n}\\ \boldsymbol{m}\\ \boldsymbol{e}\end{bmatrix}\tag{6.110}$$

由式(6.110)可进一步推得

$$\begin{bmatrix}\delta\boldsymbol{u}_{\text{ctls}}^{(\text{b})}\\ \delta\boldsymbol{w}_{\text{ctls}}^{(\text{b})}\end{bmatrix}\approx\left(\begin{bmatrix}\boldsymbol{B}(\boldsymbol{z}_0,\boldsymbol{w})\boldsymbol{P}(\boldsymbol{u}) & \boldsymbol{O}_{p\times l}\\ \boldsymbol{O}_{l\times q} & \boldsymbol{I}_l\\ \boldsymbol{O}_{pd\times q} & \bar{\boldsymbol{D}}(\boldsymbol{r}_0,\boldsymbol{s})\boldsymbol{\Psi}(\boldsymbol{w})\end{bmatrix}^{\mathrm{T}}\left(\boldsymbol{\Sigma}_3^{-1}(\boldsymbol{u},\boldsymbol{w})\Big|_{\substack{\boldsymbol{z}=\boldsymbol{z}_0\\ \boldsymbol{v}=\boldsymbol{w}\\ \boldsymbol{r}=\boldsymbol{r}_0}}\right)\cdot\begin{bmatrix}\boldsymbol{B}(\boldsymbol{z}_0,\boldsymbol{w})\boldsymbol{P}(\boldsymbol{u}) & \boldsymbol{O}_{p\times l}\\ \boldsymbol{O}_{l\times q} & \boldsymbol{I}_l\\ \boldsymbol{O}_{pd\times q} & \bar{\boldsymbol{D}}(\boldsymbol{r}_0,\boldsymbol{s})\boldsymbol{\Psi}(\boldsymbol{w})\end{bmatrix}\right)^{-1}$$
$$\cdot\begin{bmatrix}\boldsymbol{B}(\boldsymbol{z}_0,\boldsymbol{w})\boldsymbol{P}(\boldsymbol{u}) & \boldsymbol{O}_{p\times l}\\ \boldsymbol{O}_{l\times q} & \boldsymbol{I}_l\\ \boldsymbol{O}_{pd\times q} & \bar{\boldsymbol{D}}(\boldsymbol{r}_0,\boldsymbol{s})\boldsymbol{\Psi}(\boldsymbol{w})\end{bmatrix}^{\mathrm{T}}\left(\boldsymbol{\Sigma}_3^{-1}(\boldsymbol{u},\boldsymbol{w})\Big|_{\substack{\boldsymbol{z}=\boldsymbol{z}_0\\ \boldsymbol{v}=\boldsymbol{w}\\ \boldsymbol{r}=\boldsymbol{r}_0}}\right)$$
$$\cdot\boldsymbol{F}(\boldsymbol{z}_0,\boldsymbol{w},\boldsymbol{r}_0,\boldsymbol{s},\boldsymbol{\rho}(\boldsymbol{u}),\boldsymbol{\varphi}(\boldsymbol{w}))\begin{bmatrix}\boldsymbol{n}\\ \boldsymbol{m}\\ \boldsymbol{e}\end{bmatrix}\tag{6.111}$$

显然,式(6.111)中省略了关于全部误差的高阶项,根据该式可进一步推得

$$\mathbf{cov}\left(\begin{bmatrix}\hat{\boldsymbol{u}}_{\text{ctls}}^{(\text{b})}\\ \hat{\boldsymbol{w}}_{\text{ctls}}^{(\text{b})}\end{bmatrix}\right)=E\left(\begin{bmatrix}\delta\boldsymbol{u}_{\text{ctls}}^{(\text{b})}\\ \delta\boldsymbol{w}_{\text{ctls}}^{(\text{b})}\end{bmatrix}\begin{bmatrix}\delta\boldsymbol{u}_{\text{ctls}}^{(\text{b})}\\ \delta\boldsymbol{w}_{\text{ctls}}^{(\text{b})}\end{bmatrix}^{\mathrm{T}}\right)$$
$$=\left(\begin{bmatrix}\boldsymbol{B}(\boldsymbol{z}_0,\boldsymbol{w})\boldsymbol{P}(\boldsymbol{u}) & \boldsymbol{O}_{p\times l}\\ \boldsymbol{O}_{l\times q} & \boldsymbol{I}_l\\ \boldsymbol{O}_{pd\times q} & \bar{\boldsymbol{D}}(\boldsymbol{r}_0,\boldsymbol{s})\boldsymbol{\Psi}(\boldsymbol{w})\end{bmatrix}^{\mathrm{T}}\left(\boldsymbol{\Sigma}_3^{-1}(\boldsymbol{u},\boldsymbol{w})\Big|_{\substack{\boldsymbol{z}=\boldsymbol{z}_0\\ \boldsymbol{v}=\boldsymbol{w}\\ \boldsymbol{r}=\boldsymbol{r}_0}}\right)\cdot\begin{bmatrix}\boldsymbol{B}(\boldsymbol{z}_0,\boldsymbol{w})\boldsymbol{P}(\boldsymbol{u}) & \boldsymbol{O}_{p\times l}\\ \boldsymbol{O}_{l\times q} & \boldsymbol{I}_l\\ \boldsymbol{O}_{pd\times q} & \bar{\boldsymbol{D}}(\boldsymbol{r}_0,\boldsymbol{s})\boldsymbol{\Psi}(\boldsymbol{w})\end{bmatrix}\right)^{-1}\tag{6.112}$$

通过进一步的数学分析可以证明,目标位置解$\hat{\boldsymbol{u}}_{\text{ctls}}^{(\text{b})}$和系统参量解$\hat{\boldsymbol{w}}_{\text{ctls}}^{(\text{b})}$的联合估计方差矩阵等于式(3.25)给出的克拉美罗界矩阵,结果可见如下命题。

命题 6.6　$\mathbf{cov}\left(\begin{bmatrix}\hat{\boldsymbol{u}}_{\text{ctls}}^{(\text{b})}\\ \hat{\boldsymbol{w}}_{\text{ctls}}^{(\text{b})}\end{bmatrix}\right)=\mathbf{CRB}\left(\begin{bmatrix}\boldsymbol{u}\\ \boldsymbol{w}\end{bmatrix}\right)=$

$$\begin{bmatrix}\boldsymbol{G}_1^{\mathrm{T}}(\boldsymbol{u},\boldsymbol{w})\boldsymbol{Q}_1^{-1}\boldsymbol{G}_1(\boldsymbol{u},\boldsymbol{w}) & \boldsymbol{G}_1^{\mathrm{T}}(\boldsymbol{u},\boldsymbol{w})\boldsymbol{Q}_1^{-1}\boldsymbol{G}_2(\boldsymbol{u},\boldsymbol{w})\\ \boldsymbol{G}_2^{\mathrm{T}}(\boldsymbol{u},\boldsymbol{w})\boldsymbol{Q}_1^{-1}\boldsymbol{G}_1(\boldsymbol{u},\boldsymbol{w}) & \boldsymbol{G}_2^{\mathrm{T}}(\boldsymbol{u},\boldsymbol{w})\boldsymbol{Q}_1^{-1}\boldsymbol{G}_2(\boldsymbol{u},\boldsymbol{w})+\boldsymbol{Q}_2^{-1}+\bar{\boldsymbol{G}}^{\mathrm{T}}(\boldsymbol{s},\boldsymbol{w})\boldsymbol{Q}_3^{-1}\bar{\boldsymbol{G}}(\boldsymbol{s},\boldsymbol{w})\end{bmatrix}^{-1}。$$

证明　首先利用式(6.84)和式(6.87)中的第二式可知

$$\boldsymbol{\Sigma}_3(\boldsymbol{u},\boldsymbol{w})\Big|_{\substack{\boldsymbol{z}=\boldsymbol{z}_0\\ \boldsymbol{v}=\boldsymbol{w}\\ \boldsymbol{r}=\boldsymbol{r}_0}}=\begin{bmatrix}\begin{matrix}\boldsymbol{T}_1(\boldsymbol{z}_0,\boldsymbol{w},\boldsymbol{\rho}(\boldsymbol{u}))\boldsymbol{Q}_1\boldsymbol{T}_1^{\mathrm{T}}(\boldsymbol{z}_0,\boldsymbol{w},\boldsymbol{\rho}(\boldsymbol{u}))\\ +\boldsymbol{T}_2(\boldsymbol{z}_0,\boldsymbol{w},\boldsymbol{\rho}(\boldsymbol{u}))\boldsymbol{Q}_2\boldsymbol{T}_2^{\mathrm{T}}(\boldsymbol{z}_0,\boldsymbol{w},\boldsymbol{\rho}(\boldsymbol{u}))\end{matrix} & \boldsymbol{T}_2(\boldsymbol{z}_0,\boldsymbol{w},\boldsymbol{\rho}(\boldsymbol{u}))\boldsymbol{Q}_2 & \boldsymbol{O}_{p\times pd}\\ \boldsymbol{Q}_2\boldsymbol{T}_2^{\mathrm{T}}(\boldsymbol{z}_0,\boldsymbol{w},\boldsymbol{\rho}(\boldsymbol{u})) & \boldsymbol{Q}_2 & \boldsymbol{O}_{l\times pd}\\ \boldsymbol{O}_{pd\times p} & \boldsymbol{O}_{pd\times l} & \bar{\boldsymbol{H}}(\boldsymbol{r}_0,\boldsymbol{s},\boldsymbol{\varphi}(\boldsymbol{w}))\boldsymbol{Q}_3\bar{\boldsymbol{H}}^{\mathrm{T}}(\boldsymbol{r}_0,\boldsymbol{s},\boldsymbol{\varphi}(\boldsymbol{w}))\end{bmatrix}\tag{6.113}$$

利用推论 2.3 可进一步推得

$$\boldsymbol{\Sigma}_3^{-1}(\boldsymbol{u},\boldsymbol{w})\Big|_{\substack{z=z_0\\ v=w\\ r=r_0}}$$

$$=\left[\begin{array}{c:c:c}\begin{pmatrix}\boldsymbol{T}_1(z_0,\boldsymbol{w},\boldsymbol{\rho}(\boldsymbol{u}))\boldsymbol{Q}_1\\ \cdot\boldsymbol{T}_1^{\mathrm{T}}(z_0,\boldsymbol{w},\boldsymbol{\rho}(\boldsymbol{u}))\end{pmatrix}^{-1} & -\begin{pmatrix}\boldsymbol{T}_1(z_0,\boldsymbol{w},\boldsymbol{\rho}(\boldsymbol{u}))\boldsymbol{Q}_1\\ \cdot\boldsymbol{T}_1^{\mathrm{T}}(z_0,\boldsymbol{w},\boldsymbol{\rho}(\boldsymbol{u}))\end{pmatrix}^{-1}\boldsymbol{T}_2(z_0,\boldsymbol{w},\boldsymbol{\rho}(\boldsymbol{u})) & \boldsymbol{O}_{p\times pd}\\ \hdashline -\boldsymbol{T}_2^{\mathrm{T}}(z_0,\boldsymbol{w},\boldsymbol{\rho}(\boldsymbol{u}))\begin{pmatrix}\boldsymbol{T}_1(z_0,\boldsymbol{w},\boldsymbol{\rho}(\boldsymbol{u}))\boldsymbol{Q}_1\\ \cdot\boldsymbol{T}_1^{\mathrm{T}}(z_0,\boldsymbol{w},\boldsymbol{\rho}(\boldsymbol{u}))\end{pmatrix}^{-1} & \left(\begin{array}{c}\boldsymbol{Q}_2-\boldsymbol{Q}_2\boldsymbol{T}_2^{\mathrm{T}}(z_0,\boldsymbol{w},\boldsymbol{\rho}(\boldsymbol{u}))\\ \cdot\begin{bmatrix}\boldsymbol{T}_1(z_0,\boldsymbol{w},\boldsymbol{\rho}(\boldsymbol{u}))\boldsymbol{Q}_1\boldsymbol{T}_1^{\mathrm{T}}(z_0,\boldsymbol{w},\boldsymbol{\rho}(\boldsymbol{u}))\\ +\boldsymbol{T}_2(z_0,\boldsymbol{w},\boldsymbol{\rho}(\boldsymbol{u}))\boldsymbol{Q}_2\boldsymbol{T}_2^{\mathrm{T}}(z_0,\boldsymbol{w},\boldsymbol{\rho}(\boldsymbol{u}))\end{bmatrix}^{-1}\\ \cdot\boldsymbol{T}_2(z_0,\boldsymbol{w},\boldsymbol{\rho}(\boldsymbol{u}))\boldsymbol{Q}_2\end{array}\right)^{-1} & \boldsymbol{O}_{l\times pd}\\ \hdashline \boldsymbol{O}_{pd\times p} & \boldsymbol{O}_{pd\times l} & \begin{pmatrix}\bar{\boldsymbol{H}}(\boldsymbol{r}_0,\boldsymbol{s},\boldsymbol{\varphi}(\boldsymbol{w}))\boldsymbol{Q}_3\\ \cdot\bar{\boldsymbol{H}}^{\mathrm{T}}(\boldsymbol{r}_0,\boldsymbol{s},\boldsymbol{\varphi}(\boldsymbol{w}))\end{pmatrix}^{-1}\end{array}\right]$$

(6.114)

将式(6.114)代入式(6.112)可得

$$\mathbf{cov}\left(\begin{bmatrix}\hat{\boldsymbol{u}}_{\mathrm{ctls}}^{(\mathrm{b})}\\ \hat{\boldsymbol{w}}_{\mathrm{ctls}}^{(\mathrm{b})}\end{bmatrix}\right)$$

$$=\left(\left[\begin{array}{c:c}\boldsymbol{P}^{\mathrm{T}}(\boldsymbol{u})\boldsymbol{B}^{\mathrm{T}}(z_0,\boldsymbol{w})\begin{pmatrix}\boldsymbol{T}_1(z_0,\boldsymbol{w},\boldsymbol{\rho}(\boldsymbol{u}))\boldsymbol{Q}_1\\ \cdot\boldsymbol{T}_1^{\mathrm{T}}(z_0,\boldsymbol{w},\boldsymbol{\rho}(\boldsymbol{u}))\end{pmatrix}^{-1}\boldsymbol{B}(z_0,\boldsymbol{w})\boldsymbol{P}(\boldsymbol{u}) & -\boldsymbol{P}^{\mathrm{T}}(\boldsymbol{u})\boldsymbol{B}^{\mathrm{T}}(z_0,\boldsymbol{w})\begin{pmatrix}\boldsymbol{T}_1(z_0,\boldsymbol{w},\boldsymbol{\rho}(\boldsymbol{u}))\boldsymbol{Q}_1\\ \cdot\boldsymbol{T}_1^{\mathrm{T}}(z_0,\boldsymbol{w},\boldsymbol{\rho}(\boldsymbol{u}))\end{pmatrix}^{-1}\boldsymbol{T}_2(z_0,\boldsymbol{w},\boldsymbol{\rho}(\boldsymbol{u}))\\ \hdashline -\boldsymbol{T}_2^{\mathrm{T}}(z_0,\boldsymbol{w},\boldsymbol{\rho}(\boldsymbol{u}))\begin{pmatrix}\boldsymbol{T}_1(z_0,\boldsymbol{w},\boldsymbol{\rho}(\boldsymbol{u}))\boldsymbol{Q}_1\\ \cdot\boldsymbol{T}_1^{\mathrm{T}}(z_0,\boldsymbol{w},\boldsymbol{\rho}(\boldsymbol{u}))\end{pmatrix}^{-1}\boldsymbol{B}(z_0,\boldsymbol{w})\boldsymbol{P}(\boldsymbol{u}) & \begin{array}{c}\left(\begin{array}{c}\boldsymbol{Q}_2-\boldsymbol{Q}_2\boldsymbol{T}_2^{\mathrm{T}}(z_0,\boldsymbol{w},\boldsymbol{\rho}(\boldsymbol{u}))\\ \cdot\begin{pmatrix}\boldsymbol{T}_1(z_0,\boldsymbol{w},\boldsymbol{\rho}(\boldsymbol{u}))\boldsymbol{Q}_1\boldsymbol{T}_1^{\mathrm{T}}(z_0,\boldsymbol{w},\boldsymbol{\rho}(\boldsymbol{u}))\\ +\boldsymbol{T}_2(z_0,\boldsymbol{w},\boldsymbol{\rho}(\boldsymbol{u}))\boldsymbol{Q}_2\boldsymbol{T}_2^{\mathrm{T}}(z_0,\boldsymbol{w},\boldsymbol{\rho}(\boldsymbol{u}))\end{pmatrix}^{-1}\\ \cdot\boldsymbol{T}_2(z_0,\boldsymbol{w},\boldsymbol{\rho}(\boldsymbol{u}))\boldsymbol{Q}_2\end{array}\right)^{-1}\\ +\boldsymbol{\Psi}^{\mathrm{T}}(\boldsymbol{w})\bar{\boldsymbol{D}}^{\mathrm{T}}(\boldsymbol{r}_0,\boldsymbol{s})\begin{pmatrix}\bar{\boldsymbol{H}}(\boldsymbol{r}_0,\boldsymbol{s},\boldsymbol{\varphi}(\boldsymbol{w}))\boldsymbol{Q}_3\\ \cdot\bar{\boldsymbol{H}}^{\mathrm{T}}(\boldsymbol{r}_0,\boldsymbol{s},\boldsymbol{\varphi}(\boldsymbol{w}))\end{pmatrix}^{-1}\bar{\boldsymbol{D}}(\boldsymbol{r}_0,\boldsymbol{s})\boldsymbol{\Psi}(\boldsymbol{w})\end{array}\end{array}\right]\right)^{-1}$$

(6.115)

将式(6.40)、式(6.75)和式(6.76)代入式(6.115)可推得

$$\mathbf{cov}\left(\begin{bmatrix}\hat{\boldsymbol{u}}_{\mathrm{ctls}}^{(\mathrm{b})}\\ \hat{\boldsymbol{w}}_{\mathrm{ctls}}^{(\mathrm{b})}\end{bmatrix}\right)$$

$$=\left[\begin{array}{c:c}\boldsymbol{G}_1^{\mathrm{T}}(\boldsymbol{u},\boldsymbol{w})\boldsymbol{Q}_1^{-1}\boldsymbol{G}_1(\boldsymbol{u},\boldsymbol{w}) & \boldsymbol{G}_1^{\mathrm{T}}(\boldsymbol{u},\boldsymbol{w})\boldsymbol{Q}_1^{-1}\boldsymbol{G}_2(\boldsymbol{u},\boldsymbol{w})\\ \hdashline \boldsymbol{G}_2^{\mathrm{T}}(\boldsymbol{u},\boldsymbol{w})\boldsymbol{Q}_1^{-1}\boldsymbol{G}_1(\boldsymbol{u},\boldsymbol{w}) & \begin{array}{c}\left(\boldsymbol{Q}_2-\boldsymbol{Q}_2\boldsymbol{G}_2^{\mathrm{T}}(\boldsymbol{u},\boldsymbol{w})\begin{bmatrix}\boldsymbol{Q}_1+\boldsymbol{G}_2(\boldsymbol{u},\boldsymbol{w})\\ \cdot\boldsymbol{Q}_2\boldsymbol{G}_2^{\mathrm{T}}(\boldsymbol{u},\boldsymbol{w})\end{bmatrix}^{-1}\boldsymbol{G}_2(\boldsymbol{u},\boldsymbol{w})\boldsymbol{Q}_2\right)^{-1}\\ +\bar{\boldsymbol{G}}^{\mathrm{T}}(\boldsymbol{s},\boldsymbol{w})\boldsymbol{Q}_3^{-1}\bar{\boldsymbol{G}}(\boldsymbol{s},\boldsymbol{w})\end{array}\end{array}\right]^{-1}$$

(6.116)

利用推论 2.1 可知

$$\begin{aligned}&(\boldsymbol{G}_2^{\mathrm{T}}(\boldsymbol{u},\boldsymbol{w})\boldsymbol{Q}_1^{-1}\boldsymbol{G}_2(\boldsymbol{u},\boldsymbol{w})+\boldsymbol{Q}_1^{-1})^{-1}\\ &=\boldsymbol{Q}_2-\boldsymbol{Q}_2\boldsymbol{G}_2^{\mathrm{T}}(\boldsymbol{u},\boldsymbol{w})(\boldsymbol{Q}_1+\boldsymbol{G}_2(\boldsymbol{u},\boldsymbol{w})\boldsymbol{Q}_2\boldsymbol{G}_2^{\mathrm{T}}(\boldsymbol{u},\boldsymbol{w}))^{-1}\boldsymbol{G}_2(\boldsymbol{u},\boldsymbol{w})\boldsymbol{Q}_2\\ &\Leftrightarrow(\boldsymbol{Q}_2-\boldsymbol{Q}_2\boldsymbol{G}_2^{\mathrm{T}}(\boldsymbol{u},\boldsymbol{w})(\boldsymbol{Q}_1+\boldsymbol{G}_2(\boldsymbol{u},\boldsymbol{w})\boldsymbol{Q}_2\boldsymbol{G}_2^{\mathrm{T}}(\boldsymbol{u},\boldsymbol{w}))^{-1}\boldsymbol{G}_2(\boldsymbol{u},\boldsymbol{w})\boldsymbol{Q}_2)^{-1}\\ &=\boldsymbol{G}_2^{\mathrm{T}}(\boldsymbol{u},\boldsymbol{w})\boldsymbol{Q}_1^{-1}\boldsymbol{G}_2(\boldsymbol{u},\boldsymbol{w})+\boldsymbol{Q}_2^{-1}\end{aligned}$$

(6.117)

将式(6.117)代入式(6.116)可得

$$\mathbf{cov}\left(\begin{bmatrix}\hat{\boldsymbol{u}}_{\text{ctls}}^{(\text{b})}\\ \hat{\boldsymbol{w}}_{\text{ctls}}^{(\text{b})}\end{bmatrix}\right)=\left[\begin{array}{c:c}\boldsymbol{G}_1^{\text{T}}(\boldsymbol{u},\boldsymbol{w})\boldsymbol{Q}_1^{-1}\boldsymbol{G}_1(\boldsymbol{u},\boldsymbol{w}) & \boldsymbol{G}_1^{\text{T}}(\boldsymbol{u},\boldsymbol{w})\boldsymbol{Q}_1^{-1}\boldsymbol{G}_2(\boldsymbol{u},\boldsymbol{w})\\ \hdashline \boldsymbol{G}_2^{\text{T}}(\boldsymbol{u},\boldsymbol{w})\boldsymbol{Q}_1^{-1}\boldsymbol{G}_1(\boldsymbol{u},\boldsymbol{w}) & \begin{array}{c}\boldsymbol{G}_2^{\text{T}}(\boldsymbol{u},\boldsymbol{w})\boldsymbol{Q}_1^{-1}\boldsymbol{G}_2(\boldsymbol{u},\boldsymbol{w})+\boldsymbol{Q}_2^{-1}\\ +\bar{\boldsymbol{G}}^{\text{T}}(\boldsymbol{s},\boldsymbol{w})\boldsymbol{Q}_3^{-1}\bar{\boldsymbol{G}}(\boldsymbol{s},\boldsymbol{w})\end{array}\end{array}\right]^{-1}=\mathbf{CRB}\left(\begin{bmatrix}\boldsymbol{u}\\ \boldsymbol{w}\end{bmatrix}\right) \tag{6.118}$$

证毕。

命题6.6表明，目标位置解$\hat{\boldsymbol{u}}_{\text{ctls}}^{(\text{b})}$和系统参量解$\hat{\boldsymbol{w}}_{\text{ctls}}^{(\text{b})}$具有渐近最优的统计性能(在门限效应发生以前)。

6.4　定位算例与数值实验

本节将以联合辐射源信号TOA/FOA参数的无源定位问题为算例进行数值实验。

6.4.1　定位算例的观测模型

假设某目标源的位置向量为$\boldsymbol{u}=[x_{\text{t}}\quad y_{\text{t}}\quad z_{\text{t}}]^{\text{T}}$，现有$M$个运动观测站可以接收到该目标源信号，并利用该信号的TOA/FOA参数对目标进行定位。第m个观测站的位置和速度向量分别为$\boldsymbol{w}_{\text{p},m}=[x_{\text{o},m}\quad y_{\text{o},m}\quad z_{\text{o},m}]^{\text{T}}$和$\boldsymbol{w}_{\text{v},m}=[\dot{x}_{\text{o},m}\quad \dot{y}_{\text{o},m}\quad \dot{z}_{\text{o},m}]^{\text{T}}$，若令$\boldsymbol{w}_m=[\boldsymbol{w}_{\text{p},m}^{\text{T}}\quad \boldsymbol{w}_{\text{v},m}^{\text{T}}]^{\text{T}}$，则系统参量可以表示为$\boldsymbol{w}=[\boldsymbol{w}_1^{\text{T}}\quad \boldsymbol{w}_2^{\text{T}}\quad \cdots\quad \boldsymbol{w}_M^{\text{T}}]^{\text{T}}$。

根据第1章的讨论可知，TOA参数和FOA参数可以分别等效为传播距离和距离变化率，于是进行目标定位的全部观测方程可表示为

$$\begin{cases}\delta_m=\|\boldsymbol{u}-\boldsymbol{w}_{\text{p},m}\|_2\\ \dot{\delta}_m=\dfrac{(\boldsymbol{w}_{\text{p},m}-\boldsymbol{u})^{\text{T}}\boldsymbol{w}_{\text{v},m}}{\|\boldsymbol{u}-\boldsymbol{w}_{\text{p},m}\|_2},\end{cases}\quad 1\leqslant m\leqslant M \tag{6.119}$$

式中，δ_m和$\dot{\delta}_m$分别表示目标源信号到达第m个观测站的传播距离和距离变化率。再分别定义如下观测向量：

$$\boldsymbol{\delta}=[\delta_1\quad \delta_2\quad \cdots\quad \delta_M]^{\text{T}},\quad \dot{\boldsymbol{\delta}}=[\dot{\delta}_1\quad \dot{\delta}_2\quad \cdots\quad \dot{\delta}_M]^{\text{T}} \tag{6.120}$$

则用于目标定位的观测向量和观测方程可表示为

$$\boldsymbol{z}_0=[\boldsymbol{\delta}^{\text{T}}\quad \dot{\boldsymbol{\delta}}^{\text{T}}]^{\text{T}}=\boldsymbol{g}(\boldsymbol{u},\boldsymbol{w}) \tag{6.121}$$

为了更好地消除系统误差的影响，需要在目标源附近放置d个位置精确已知的校正源，并且观测站同样能够获得关于校正源信号的TOA/FOA参数。假设第k个校正源的位置向量为$\boldsymbol{s}_k=[x_{\text{c},k}\quad y_{\text{c},k}\quad z_{\text{c},k}]^{\text{T}}$，则关于该校正源的全部观测方程可表示为

$$\begin{cases}\boldsymbol{\delta}_{\text{c},k,m}=\|\boldsymbol{s}_k-\boldsymbol{w}_{\text{p},m}\|_2\\ \dot{\boldsymbol{\delta}}_{\text{c},k,m}=\dfrac{(\boldsymbol{w}_{\text{p},m}-\boldsymbol{s}_k)^{\text{T}}\boldsymbol{w}_{\text{v},m}}{\|\boldsymbol{s}_k-\boldsymbol{w}_{\text{p},m}\|_2},\end{cases}\quad \begin{array}{l}1\leqslant m\leqslant M\\ 1\leqslant k\leqslant d\end{array} \tag{6.122}$$

式中，$\delta_{\text{c},k,m}$和$\dot{\delta}_{\text{c},k,m}$分别表示第$k$个校正源信号到达第$m$个观测站的传播距离和距离变化率。再分别定义如下观测向量：

$$\boldsymbol{\delta}_{\text{c},k}=[\delta_{\text{c},k,1}\quad \delta_{\text{c},k,2}\quad \cdots\quad \delta_{\text{c},k,M}]^{\text{T}},\quad \dot{\boldsymbol{\delta}}_{\text{c},k}=[\dot{\delta}_{\text{c},k,1}\quad \dot{\delta}_{\text{c},k,2}\quad \cdots\quad \dot{\delta}_{\text{c},k,M}]^{\text{T}} \tag{6.123}$$

则关于第 k 个校正源的观测向量和观测方程可表示为

$$\boldsymbol{r}_{k0}=[\boldsymbol{\delta}_{\mathrm{c},k}^{\mathrm{T}}\quad \dot{\boldsymbol{\delta}}_{\mathrm{c},k}^{\mathrm{T}}]^{\mathrm{T}}=\boldsymbol{g}(\boldsymbol{s}_k,\boldsymbol{w}) \tag{6.124}$$

而关于全部校正源的观测向量和观测方程可表示为

$$\boldsymbol{r}_0=[\boldsymbol{r}_{10}^{\mathrm{T}}\quad \boldsymbol{r}_{20}^{\mathrm{T}}\quad \cdots\quad \boldsymbol{r}_{d0}^{\mathrm{T}}]^{\mathrm{T}}=[\boldsymbol{g}^{\mathrm{T}}(\boldsymbol{s}_1,\boldsymbol{w})\quad \boldsymbol{g}^{\mathrm{T}}(\boldsymbol{s}_2,\boldsymbol{w})\quad \cdots\quad \boldsymbol{g}^{\mathrm{T}}(\boldsymbol{s}_d,\boldsymbol{w})]^{\mathrm{T}}=\bar{\boldsymbol{g}}(\boldsymbol{s},\boldsymbol{w}) \tag{6.125}$$

式中，$\boldsymbol{s}=[\boldsymbol{s}_1^{\mathrm{T}}\quad \boldsymbol{s}_2^{\mathrm{T}}\quad \cdots\quad \boldsymbol{s}_d^{\mathrm{T}}]^{\mathrm{T}}$ 表示由全部校正源位置所构成的列向量。

根据前面的讨论可知，为了利用本章的方法进行目标定位，需要将式(6.119)中的每个非线性观测方程转化为伪线性观测方程。首先，式(6.119)中第一个观测方程的伪线性化过程如下：

$$\begin{aligned}&\delta_m=\|\boldsymbol{u}-\boldsymbol{w}_{\mathrm{p},m}\|_2\Rightarrow\delta_m^2=\|\boldsymbol{u}\|_2^2+\|\boldsymbol{w}_{\mathrm{p},m}\|_2^2-2\boldsymbol{w}_{\mathrm{p},m}^{\mathrm{T}}\boldsymbol{u}\\&\Rightarrow[-2\boldsymbol{w}_{\mathrm{p},m}^{\mathrm{T}}\ \vdots\ 1]\begin{bmatrix}\boldsymbol{u}\\ \|\boldsymbol{u}\|_2^2\end{bmatrix}=\delta_m^2-\|\boldsymbol{w}_{\mathrm{p},m}\|_2^2\\&\Rightarrow\boldsymbol{b}_{1m}^{\mathrm{T}}(\boldsymbol{z}_0,\boldsymbol{w})\boldsymbol{\rho}(\boldsymbol{u})=a_{1m}(\boldsymbol{z}_0,\boldsymbol{w}),\quad 1\leqslant m\leqslant M\end{aligned} \tag{6.126}$$

式中

$$\begin{cases}\boldsymbol{b}_{1m}(\boldsymbol{z}_0,\boldsymbol{w})=[-2\boldsymbol{w}_{\mathrm{p},m}^{\mathrm{T}}\ \vdots\ 1]^{\mathrm{T}}\\ a_{1m}(\boldsymbol{z}_0,\boldsymbol{w})=\delta_m^2-\|\boldsymbol{w}_{\mathrm{p},m}\|_2^2\\ \boldsymbol{\rho}(\boldsymbol{u})=[\boldsymbol{u}^{\mathrm{T}}\ \vdots\ \|\boldsymbol{u}\|_2^2]^{\mathrm{T}}\end{cases} \tag{6.127}$$

然后，式(6.119)中第二个观测方程的伪线性化过程如下：

$$\begin{aligned}&\delta_m^2=\|\boldsymbol{u}\|_2^2+\|\boldsymbol{w}_{\mathrm{p},m}\|_2^2-2\boldsymbol{w}_{\mathrm{p},m}^{\mathrm{T}}\boldsymbol{u}\Rightarrow2\delta_m\dot{\delta}_m=2\boldsymbol{w}_{\mathrm{p},m}^{\mathrm{T}}\boldsymbol{w}_{\mathrm{v},m}-2\boldsymbol{w}_{\mathrm{v},m}^{\mathrm{T}}\boldsymbol{u}\\&\Rightarrow[\boldsymbol{w}_{\mathrm{v},m}^{\mathrm{T}}\quad 0]\begin{bmatrix}\boldsymbol{u}\\ \|\boldsymbol{u}\|_2^2\end{bmatrix}=\boldsymbol{w}_{\mathrm{p},m}^{\mathrm{T}}\boldsymbol{w}_{\mathrm{v},m}-\delta_m\dot{\delta}_m\\&\Rightarrow\boldsymbol{b}_{2m}^{\mathrm{T}}(\boldsymbol{z}_0,\boldsymbol{w})\boldsymbol{\rho}(\boldsymbol{u})=a_{2m}(\boldsymbol{z}_0,\boldsymbol{w}),\quad 1\leqslant m\leqslant M\end{aligned} \tag{6.128}$$

式中

$$\begin{cases}\boldsymbol{b}_{2m}(\boldsymbol{z}_0,\boldsymbol{w})=[\boldsymbol{w}_{\mathrm{v},m}^{\mathrm{T}}\ \vdots\ 0]^{\mathrm{T}}\\ a_{2m}(\boldsymbol{z}_0,\boldsymbol{w})=\boldsymbol{w}_{\mathrm{p},m}^{\mathrm{T}}\boldsymbol{w}_{\mathrm{v},m}-\delta_m\dot{\delta}_m\end{cases} \tag{6.129}$$

结合式(6.126)～式(6.129)可建立如下伪线性观测方程：

$$\boldsymbol{a}(\boldsymbol{z}_0,\boldsymbol{w})=\boldsymbol{B}(\boldsymbol{z}_0,\boldsymbol{w})\boldsymbol{\rho}(\boldsymbol{u})=\boldsymbol{B}(\boldsymbol{z}_0,\boldsymbol{w})\boldsymbol{t} \tag{6.130}$$

式中

$$\begin{cases}\boldsymbol{t}=\boldsymbol{\rho}(\boldsymbol{u})=[\boldsymbol{u}^{\mathrm{T}}\ \vdots\ \|\boldsymbol{u}\|_2^2]^{\mathrm{T}}\\ \boldsymbol{a}(\boldsymbol{z}_0,\boldsymbol{w})=[\boldsymbol{a}_1^{\mathrm{T}}(\boldsymbol{z}_0,\boldsymbol{w}),\quad \boldsymbol{a}_2^{\mathrm{T}}(\boldsymbol{z}_0,\boldsymbol{w})]^{\mathrm{T}}\\ \boldsymbol{B}(\boldsymbol{z}_0,\boldsymbol{w})=[\boldsymbol{B}_1^{\mathrm{T}}(\boldsymbol{z}_0,\boldsymbol{w}),\quad \boldsymbol{B}_2^{\mathrm{T}}(\boldsymbol{z}_0,\boldsymbol{w})]^{\mathrm{T}}\end{cases} \tag{6.131}$$

其中

$$\boldsymbol{B}_j(\boldsymbol{z}_0,\boldsymbol{w})=\begin{bmatrix}\boldsymbol{b}_{j1}^{\mathrm{T}}(\boldsymbol{z}_0,\boldsymbol{w})\\ \boldsymbol{b}_{j2}^{\mathrm{T}}(\boldsymbol{z}_0,\boldsymbol{w})\\ \vdots\\ \boldsymbol{b}_{jM}^{\mathrm{T}}(\boldsymbol{z}_0,\boldsymbol{w})\end{bmatrix},\quad \boldsymbol{a}_j(\boldsymbol{z}_0,\boldsymbol{w})=\begin{bmatrix}a_{j1}(\boldsymbol{z}_0,\boldsymbol{w})\\ a_{j2}(\boldsymbol{z}_0,\boldsymbol{w})\\ \vdots\\ a_{jM}(\boldsymbol{z}_0,\boldsymbol{w})\end{bmatrix},\quad 1\leqslant j\leqslant 2 \tag{6.132}$$

此外，这里还需要将式(6.122)中的每个非线性观测方程转化为伪线性观测方程。首

先,式(6.122)中第一个观测方程的伪线性化过程如下:

$$\delta_{\mathrm{c},k,m} = \|\boldsymbol{s}_k - \boldsymbol{w}_{\mathrm{p},m}\|_2 \Rightarrow \delta_{\mathrm{c},k,m}^2 = \|\boldsymbol{s}_k\|_2^2 + \|\boldsymbol{w}_{\mathrm{p},m}\|_2^2 - 2\boldsymbol{s}_k^{\mathrm{T}}\boldsymbol{w}_{\mathrm{p},m}$$

$$\Rightarrow [-2\boldsymbol{s}_k^{\mathrm{T}} \ \vdots\ 1 \ \vdots\ \boldsymbol{O}_{1\times 3} \ \vdots\ 0]\begin{bmatrix} \boldsymbol{w}_{\mathrm{p},m} \\ \|\boldsymbol{w}_{\mathrm{p},m}\|_2^2 \\ \boldsymbol{w}_{\mathrm{v},m} \\ \boldsymbol{w}_{\mathrm{p},m}^{\mathrm{T}}\boldsymbol{w}_{\mathrm{v},m} \end{bmatrix} = \delta_{\mathrm{c},k,m}^2 - \|\boldsymbol{s}_k\|_2^2$$

$$\Rightarrow \boldsymbol{d}_{1m}^{\mathrm{T}}(\boldsymbol{r}_{k0},\boldsymbol{s}_k)\boldsymbol{\varphi}_0(\boldsymbol{w}_m) = c_{1m}(\boldsymbol{r}_{k0},\boldsymbol{s}_k), \quad 1 \leqslant m \leqslant M; 1 \leqslant k \leqslant d \tag{6.133}$$

式中

$$\begin{cases} \boldsymbol{d}_{1m}(\boldsymbol{r}_{k0},\boldsymbol{s}_k) = [-2\boldsymbol{s}_k^{\mathrm{T}} \ \vdots\ 1 \ \vdots\ \boldsymbol{O}_{1\times 3} \ \vdots\ 0]^{\mathrm{T}} \\ c_{1m}(\boldsymbol{r}_{k0},\boldsymbol{s}_k) = \delta_{\mathrm{c},k,m}^2 - \|\boldsymbol{s}_k\|_2^2 \\ \boldsymbol{\varphi}_0(\boldsymbol{w}_m) = [\boldsymbol{w}_{\mathrm{p},m}^{\mathrm{T}} \ \vdots\ \|\boldsymbol{w}_{\mathrm{p},m}\|_2^2 \ \vdots\ \boldsymbol{w}_{\mathrm{v},m}^{\mathrm{T}} \ \vdots\ \boldsymbol{w}_{\mathrm{p},m}^{\mathrm{T}}\boldsymbol{w}_{\mathrm{v},m}]^{\mathrm{T}} \end{cases} \tag{6.134}$$

然后,式(6.122)中第二个观测方程的伪线性化过程如下:

$$\delta_{\mathrm{c},k,m}^2 = \|\boldsymbol{s}_k\|_2^2 + \|\boldsymbol{w}_{\mathrm{p},m}\|_2^2 - 2\boldsymbol{s}_k^{\mathrm{T}}\boldsymbol{w}_{\mathrm{p},m} \Rightarrow 2\delta_{\mathrm{c},k,m}\dot{\delta}_{\mathrm{c},k,m} = 2\boldsymbol{w}_{\mathrm{p},m}^{\mathrm{T}}\boldsymbol{w}_{\mathrm{v},m} - 2\boldsymbol{s}_k^{\mathrm{T}}\boldsymbol{w}_{\mathrm{v},m}$$

$$\Rightarrow [\boldsymbol{O}_{1\times 3} \ \vdots\ 0 \ \vdots\ -\boldsymbol{s}_k^{\mathrm{T}} \ \vdots\ 1]\begin{bmatrix} \boldsymbol{w}_{\mathrm{p},m} \\ \|\boldsymbol{w}_{\mathrm{p},m}\|_2^2 \\ \boldsymbol{w}_{\mathrm{v},m} \\ \boldsymbol{w}_{\mathrm{p},m}^{\mathrm{T}}\boldsymbol{w}_{\mathrm{v},m} \end{bmatrix} = \delta_{\mathrm{c},k,m}\dot{\delta}_{\mathrm{c},k,m}$$

$$\Rightarrow \boldsymbol{d}_{2m}^{\mathrm{T}}(\boldsymbol{r}_{k0},\boldsymbol{s}_k)\boldsymbol{\varphi}_0(\boldsymbol{w}_m) = c_{2m}(\boldsymbol{r}_{k0},\boldsymbol{s}_k), \quad 1 \leqslant m \leqslant M; 1 \leqslant k \leqslant d \tag{6.135}$$

式中

$$\begin{cases} \boldsymbol{d}_{2m}(\boldsymbol{r}_{k0},\boldsymbol{s}_k) = [\boldsymbol{O}_{1\times 3} \ \vdots\ 0 \ \vdots\ -\boldsymbol{s}_k^{\mathrm{T}} \ \vdots\ 1]^{\mathrm{T}} \\ c_{2m}(\boldsymbol{r}_{k0},\boldsymbol{s}_k) = \delta_{\mathrm{c},k,m}\dot{\delta}_{\mathrm{c},k,m} \end{cases} \tag{6.136}$$

结合式(6.133)～式(6.136)可建立如下伪线性观测方程:

$$\boldsymbol{c}(\boldsymbol{r}_{k0},\boldsymbol{s}_k) = \boldsymbol{D}(\boldsymbol{r}_{k0},\boldsymbol{s}_k)\boldsymbol{\varphi}(\boldsymbol{w}) = \boldsymbol{D}(\boldsymbol{r}_{k0},\boldsymbol{s}_k)\boldsymbol{x}, \quad 1 \leqslant k \leqslant d \tag{6.137}$$

式中

$$\begin{cases} \boldsymbol{x} = \boldsymbol{\varphi}(\boldsymbol{w}) = [\boldsymbol{\varphi}_0^{\mathrm{T}}(\boldsymbol{w}_1) \quad \boldsymbol{\varphi}_0^{\mathrm{T}}(\boldsymbol{w}_2) \quad \cdots \quad \boldsymbol{\varphi}_0^{\mathrm{T}}(\boldsymbol{w}_M)]^{\mathrm{T}} \\ \boldsymbol{c}(\boldsymbol{r}_{k0},\boldsymbol{s}_k) = [\boldsymbol{c}_1^{\mathrm{T}}(\boldsymbol{r}_{k0},\boldsymbol{s}_k) \quad \boldsymbol{c}_2^{\mathrm{T}}(\boldsymbol{r}_{k0},\boldsymbol{s}_k)]^{\mathrm{T}} \\ \boldsymbol{D}(\boldsymbol{r}_{k0},\boldsymbol{s}_k) = [\boldsymbol{D}_1^{\mathrm{T}}(\boldsymbol{r}_{k0},\boldsymbol{s}_k) \quad \boldsymbol{D}_2^{\mathrm{T}}(\boldsymbol{r}_{k0},\boldsymbol{s}_k)]^{\mathrm{T}} \end{cases} \tag{6.138}$$

其中

$$\begin{cases} \boldsymbol{D}_j(\boldsymbol{r}_{k0},\boldsymbol{s}_k) = \mathrm{blkdiag}[\boldsymbol{d}_{j1}^{\mathrm{T}}(\boldsymbol{r}_{k0},\boldsymbol{s}_k) \quad \boldsymbol{d}_{j2}^{\mathrm{T}}(\boldsymbol{r}_{k0},\boldsymbol{s}_k) \quad \cdots \quad \boldsymbol{d}_{jM}^{\mathrm{T}}(\boldsymbol{r}_{k0},\boldsymbol{s}_k)] \\ \boldsymbol{c}_j(\boldsymbol{r}_{k0},\boldsymbol{s}_k) = [c_{j1}(\boldsymbol{r}_{k0},\boldsymbol{s}_k) \quad c_{j2}(\boldsymbol{r}_{k0},\boldsymbol{s}_k) \quad \cdots \quad c_{jM}(\boldsymbol{r}_{k0},\boldsymbol{s}_k)]^{\mathrm{T}} \end{cases}, \quad 1 \leqslant j \leqslant 2 \tag{6.139}$$

若将上述 d 个伪线性观测方程进行合并,则可以建立如下具有更高维数的伪线性观测方程:

$$\bar{\boldsymbol{c}}(\boldsymbol{r}_0,\boldsymbol{s}) = \bar{\boldsymbol{D}}(\boldsymbol{r}_0,\boldsymbol{s})\boldsymbol{\varphi}(\boldsymbol{w}) = \bar{\boldsymbol{D}}(\boldsymbol{r}_0,\boldsymbol{s})\boldsymbol{x} \tag{6.140}$$

式中

$$\begin{cases}\bar{\boldsymbol{c}}(\boldsymbol{r}_0,\boldsymbol{s})=[\boldsymbol{c}^{\mathrm{T}}(\boldsymbol{r}_{10},\boldsymbol{s}_1)\quad \boldsymbol{c}^{\mathrm{T}}(\boldsymbol{r}_{20},\boldsymbol{s}_2)\quad \cdots\quad \boldsymbol{c}^{\mathrm{T}}(\boldsymbol{r}_{d0},\boldsymbol{s}_d)]^{\mathrm{T}}\\ \bar{\boldsymbol{D}}(\boldsymbol{r}_0,\boldsymbol{s})=[\boldsymbol{D}^{\mathrm{T}}(\boldsymbol{r}_{10},\boldsymbol{s}_1)\quad \boldsymbol{D}^{\mathrm{T}}(\boldsymbol{r}_{20},\boldsymbol{s}_2)\quad \cdots\quad \boldsymbol{D}^{\mathrm{T}}(\boldsymbol{r}_{d0},\boldsymbol{s}_d)]^{\mathrm{T}}\\ \boldsymbol{r}_0=[\boldsymbol{r}_{10}^{\mathrm{T}}\quad \boldsymbol{r}_{20}^{\mathrm{T}}\quad \cdots\quad \boldsymbol{r}_{d0}^{\mathrm{T}}]^{\mathrm{T}},\quad \boldsymbol{s}=[\boldsymbol{s}_1^{\mathrm{T}}\quad \boldsymbol{s}_2^{\mathrm{T}}\quad \cdots\quad \boldsymbol{s}_d^{\mathrm{T}}]^{\mathrm{T}}\end{cases} \tag{6.141}$$

另外，为了利用本章的方法进行目标定位，还需要推导矩阵 $\boldsymbol{P}(\boldsymbol{u})$，$\dfrac{\partial \mathrm{vec}(\boldsymbol{P}^{\mathrm{T}}(\boldsymbol{u}))}{\partial \boldsymbol{u}^{\mathrm{T}}}$，$\boldsymbol{\Psi}(\boldsymbol{w})$，$\dfrac{\partial \mathrm{vec}(\boldsymbol{\Psi}^{\mathrm{T}}(\boldsymbol{w}))}{\partial \boldsymbol{w}^{\mathrm{T}}}$，$\boldsymbol{T}_1(\boldsymbol{z}_0,\boldsymbol{w},\boldsymbol{\rho}(\boldsymbol{u}))$，$\boldsymbol{T}_2(\boldsymbol{z}_0,\boldsymbol{w},\boldsymbol{\rho}(\boldsymbol{u}))$和 $\boldsymbol{H}(\boldsymbol{r}_{k0},\boldsymbol{s}_k,\boldsymbol{\varphi}(\boldsymbol{w}))$的表达式。

首先根据式(6.127)中的第三式可得

$$\boldsymbol{P}(\boldsymbol{u})=\frac{\partial \boldsymbol{\rho}(\boldsymbol{u})}{\partial \boldsymbol{u}^{\mathrm{T}}}=\begin{bmatrix}\boldsymbol{I}_3\\ \hdashline 2\boldsymbol{u}^{\mathrm{T}}\end{bmatrix} \tag{6.142}$$

基于式(6.142)可进一步推得

$$\frac{\partial \mathrm{vec}(\boldsymbol{P}^{\mathrm{T}}(\boldsymbol{u}))}{\partial \boldsymbol{u}^{\mathrm{T}}}=\frac{\partial \mathrm{vec}([\boldsymbol{I}_3\ \vdots\ 2\boldsymbol{u}])}{\partial \boldsymbol{u}^{\mathrm{T}}}=\begin{bmatrix}\boldsymbol{O}_{9\times 3}\\ 2\boldsymbol{I}_3\end{bmatrix} \tag{6.143}$$

然后基于式(6.134)中的第三式和式(6.138)中的第一式可得

$$\boldsymbol{\Psi}(\boldsymbol{w})=\frac{\partial \boldsymbol{\varphi}(\boldsymbol{w})}{\partial \boldsymbol{w}^{\mathrm{T}}}=\mathrm{blkdiag}\left[\frac{\partial \boldsymbol{\varphi}_0(\boldsymbol{w}_1)}{\partial \boldsymbol{w}_1^{\mathrm{T}}}\quad \frac{\partial \boldsymbol{\varphi}_0(\boldsymbol{w}_2)}{\partial \boldsymbol{w}_2^{\mathrm{T}}}\quad \cdots\quad \frac{\partial \boldsymbol{\varphi}_0(\boldsymbol{w}_M)}{\partial \boldsymbol{w}_M^{\mathrm{T}}}\right] \tag{6.144}$$

式中

$$\frac{\partial \boldsymbol{\varphi}_0(\boldsymbol{w}_m)}{\partial \boldsymbol{w}_m^{\mathrm{T}}}=\begin{bmatrix}\boldsymbol{I}_3 & \boldsymbol{O}_{3\times 3}\\ 2\boldsymbol{w}_{\mathrm{p},m}^{\mathrm{T}} & \boldsymbol{O}_{1\times 3}\\ \boldsymbol{O}_{3\times 3} & \boldsymbol{I}_3\\ \boldsymbol{w}_{\mathrm{v},m}^{\mathrm{T}} & \boldsymbol{w}_{\mathrm{p},m}^{\mathrm{T}}\end{bmatrix},\quad 1\leqslant m\leqslant M \tag{6.145}$$

附录 E 中将推导矩阵$\dfrac{\partial \mathrm{vec}(\boldsymbol{\Psi}^{\mathrm{T}}(\boldsymbol{w}))}{\partial \boldsymbol{w}^{\mathrm{T}}}$的表达式。

最后根据前面的讨论可以推得

$$\begin{cases}\boldsymbol{T}_1(\boldsymbol{z}_0,\boldsymbol{w},\boldsymbol{\rho}(\boldsymbol{u}))=\boldsymbol{A}_1(\boldsymbol{z}_0,\boldsymbol{w})-[\dot{\boldsymbol{B}}_{\delta_1}(\boldsymbol{z}_0,\boldsymbol{w})\boldsymbol{\rho}(\boldsymbol{u})\quad \cdots\quad \dot{\boldsymbol{B}}_{\delta_M}(\boldsymbol{z}_0,\boldsymbol{w})\boldsymbol{\rho}(\boldsymbol{u})\ \vdots\ \dot{\boldsymbol{B}}_{\delta_1}(\boldsymbol{z}_0,\boldsymbol{w})\boldsymbol{\rho}(\boldsymbol{u})\quad \cdots\quad \dot{\boldsymbol{B}}_{\delta_M}(\boldsymbol{z}_0,\boldsymbol{w})\boldsymbol{\rho}(\boldsymbol{u})]\\ \boldsymbol{T}_2(\boldsymbol{z}_0,\boldsymbol{w},\boldsymbol{\rho}(\boldsymbol{u}))\\ =\boldsymbol{A}_2(\boldsymbol{z}_0,\boldsymbol{w})-[\dot{\boldsymbol{B}}_{x_{\mathrm{o},1}}(\boldsymbol{z}_0,\boldsymbol{w})\boldsymbol{\rho}(\boldsymbol{u})\dot{\boldsymbol{B}}_{y_{\mathrm{o},1}}(\boldsymbol{z}_0,\boldsymbol{w})\boldsymbol{\rho}(\boldsymbol{u})\dot{\boldsymbol{B}}_{z_{\mathrm{o},1}}(\boldsymbol{z}_0,\boldsymbol{w})\boldsymbol{\rho}(\boldsymbol{u})\dot{\boldsymbol{B}}_{\dot{x}_{\mathrm{o},1}}(\boldsymbol{z}_0,\boldsymbol{w})\boldsymbol{\rho}(\boldsymbol{u})\dot{\boldsymbol{B}}_{\dot{y}_{\mathrm{o},1}}(\boldsymbol{z}_0,\boldsymbol{w})\boldsymbol{\rho}(\boldsymbol{u})\dot{\boldsymbol{B}}_{\dot{z}_{\mathrm{o},1}}(\boldsymbol{z}_0,\boldsymbol{w})\boldsymbol{\rho}(\boldsymbol{u})\ \vdots\\ \cdots\ \vdots\ \dot{\boldsymbol{B}}_{x_{\mathrm{o},M}}(\boldsymbol{z}_0,\boldsymbol{w})\boldsymbol{\rho}(\boldsymbol{u})\dot{\boldsymbol{B}}_{y_{\mathrm{o},M}}(\boldsymbol{z}_0,\boldsymbol{w})\boldsymbol{\rho}(\boldsymbol{u})\dot{\boldsymbol{B}}_{z_{\mathrm{o},M}}(\boldsymbol{z}_0,\boldsymbol{w})\boldsymbol{\rho}(\boldsymbol{u})\dot{\boldsymbol{B}}_{\dot{x}_{\mathrm{o},M}}(\boldsymbol{z}_0,\boldsymbol{w})\boldsymbol{\rho}(\boldsymbol{u})\dot{\boldsymbol{B}}_{\dot{y}_{\mathrm{o},M}}(\boldsymbol{z}_0,\boldsymbol{w})\boldsymbol{\rho}(\boldsymbol{u})\dot{\boldsymbol{B}}_{\dot{z}_{\mathrm{o},M}}(\boldsymbol{z}_0,\boldsymbol{w})\boldsymbol{\rho}(\boldsymbol{u})]\\ \boldsymbol{H}(\boldsymbol{r}_{k0},\boldsymbol{s}_k,\boldsymbol{\varphi}(\boldsymbol{w}))\\ =\boldsymbol{C}(\boldsymbol{r}_{k0},\boldsymbol{s}_k)-[\dot{\boldsymbol{D}}_{\delta_{\mathrm{c},k,1}}(\boldsymbol{r}_{k0},\boldsymbol{s}_k)\boldsymbol{\varphi}(\boldsymbol{w})\quad \cdots\quad \dot{\boldsymbol{D}}_{\delta_{\mathrm{c},k,M}}(\boldsymbol{r}_{k0},\boldsymbol{s}_k)\boldsymbol{\varphi}(\boldsymbol{w})\ \vdots\ \dot{\boldsymbol{D}}_{\delta_{\mathrm{c},k,1}}(\boldsymbol{r}_{k0},\boldsymbol{s}_k)\boldsymbol{\varphi}(\boldsymbol{w})\cdots\quad \dot{\boldsymbol{D}}_{\delta_{\mathrm{c},k,M}}(\boldsymbol{r}_{k0},\boldsymbol{s}_k)\boldsymbol{\varphi}(\boldsymbol{w})]\end{cases} \tag{6.146}$$

式中

$$\begin{cases}\boldsymbol{A}_1(\boldsymbol{z}_0,\boldsymbol{w})=\dfrac{\partial \boldsymbol{a}(\boldsymbol{z}_0,\boldsymbol{w})}{\partial \boldsymbol{z}_0^{\mathrm{T}}}=\left[\left(\dfrac{\partial \boldsymbol{a}_1(\boldsymbol{z}_0,\boldsymbol{w})}{\partial \boldsymbol{z}_0^{\mathrm{T}}}\right)^{\mathrm{T}}\quad \left(\dfrac{\partial \boldsymbol{a}_2(\boldsymbol{z}_0,\boldsymbol{w})}{\partial \boldsymbol{z}_0^{\mathrm{T}}}\right)^{\mathrm{T}}\right]^{\mathrm{T}}\\ \boldsymbol{A}_2(\boldsymbol{z}_0,\boldsymbol{w})=\dfrac{\partial \boldsymbol{a}(\boldsymbol{z}_0,\boldsymbol{w})}{\partial \boldsymbol{w}^{\mathrm{T}}}=\left[\left(\dfrac{\partial \boldsymbol{a}_1(\boldsymbol{z}_0,\boldsymbol{w})}{\partial \boldsymbol{w}^{\mathrm{T}}}\right)^{\mathrm{T}}\quad \left(\dfrac{\partial \boldsymbol{a}_2(\boldsymbol{z}_0,\boldsymbol{w})}{\partial \boldsymbol{w}^{\mathrm{T}}}\right)^{\mathrm{T}}\right]^{\mathrm{T}}\end{cases} \tag{6.147}$$

$$\begin{cases}\dot{\boldsymbol{B}}_{\delta_m}(\boldsymbol{z}_0,\boldsymbol{w})=\dfrac{\partial\boldsymbol{B}(\boldsymbol{z}_0,\boldsymbol{w})}{\partial\delta_m}=\left[\left(\dfrac{\partial\boldsymbol{B}_1(\boldsymbol{z}_0,\boldsymbol{w})}{\partial\delta_m}\right)^{\mathrm{T}}\ \left(\dfrac{\partial\boldsymbol{B}_2(\boldsymbol{z}_0,\boldsymbol{w})}{\partial\delta_m}\right)^{\mathrm{T}}\right]^{\mathrm{T}}\\ \dot{\boldsymbol{B}}_{\dot{\delta}_m}(\boldsymbol{z}_0,\boldsymbol{w})=\dfrac{\partial\boldsymbol{B}(\boldsymbol{z}_0,\boldsymbol{w})}{\partial\dot{\delta}_m}=\left[\left(\dfrac{\partial\boldsymbol{B}_1(\boldsymbol{z}_0,\boldsymbol{w})}{\partial\dot{\delta}_m}\right)^{\mathrm{T}}\ \left(\dfrac{\partial\boldsymbol{B}_2(\boldsymbol{z}_0,\boldsymbol{w})}{\partial\dot{\delta}_m}\right)^{\mathrm{T}}\right]^{\mathrm{T}}\end{cases}\tag{6.148}$$

$$\begin{cases}\dot{\boldsymbol{B}}_{x_{\mathrm{o},m}}(\boldsymbol{z}_0,\boldsymbol{w})=\dfrac{\partial\boldsymbol{B}(\boldsymbol{z}_0,\boldsymbol{w})}{\partial x_{\mathrm{o},m}}=\left[\left(\dfrac{\partial\boldsymbol{B}_1(\boldsymbol{z}_0,\boldsymbol{w})}{\partial x_{\mathrm{o},m}}\right)^{\mathrm{T}}\ \left(\dfrac{\partial\boldsymbol{B}_2(\boldsymbol{z}_0,\boldsymbol{w})}{\partial x_{\mathrm{o},m}}\right)^{\mathrm{T}}\right]^{\mathrm{T}}\\ \dot{\boldsymbol{B}}_{y_{\mathrm{o},m}}(\boldsymbol{z}_0,\boldsymbol{w})=\dfrac{\partial\boldsymbol{B}(\boldsymbol{z}_0,\boldsymbol{w})}{\partial y_{\mathrm{o},m}}=\left[\left(\dfrac{\partial\boldsymbol{B}_1(\boldsymbol{z}_0,\boldsymbol{w})}{\partial y_{\mathrm{o},m}}\right)^{\mathrm{T}}\ \left(\dfrac{\partial\boldsymbol{B}_2(\boldsymbol{z}_0,\boldsymbol{w})}{\partial y_{\mathrm{o},m}}\right)^{\mathrm{T}}\right]^{\mathrm{T}}\\ \dot{\boldsymbol{B}}_{z_{\mathrm{o},m}}(\boldsymbol{z}_0,\boldsymbol{w})=\dfrac{\partial\boldsymbol{B}(\boldsymbol{z}_0,\boldsymbol{w})}{\partial z_{\mathrm{o},m}}=\left[\left(\dfrac{\partial\boldsymbol{B}_1(\boldsymbol{z}_0,\boldsymbol{w})}{\partial z_{\mathrm{o},m}}\right)^{\mathrm{T}}\ \left(\dfrac{\partial\boldsymbol{B}_2(\boldsymbol{z}_0,\boldsymbol{w})}{\partial z_{\mathrm{o},m}}\right)^{\mathrm{T}}\right]^{\mathrm{T}}\\ \dot{\boldsymbol{B}}_{\dot{x}_{\mathrm{o},m}}(\boldsymbol{z}_0,\boldsymbol{w})=\dfrac{\partial\boldsymbol{B}(\boldsymbol{z}_0,\boldsymbol{w})}{\partial\dot{x}_{\mathrm{o},m}}=\left[\left(\dfrac{\partial\boldsymbol{B}_1(\boldsymbol{z}_0,\boldsymbol{w})}{\partial\dot{x}_{\mathrm{o},m}}\right)^{\mathrm{T}}\ \left(\dfrac{\partial\boldsymbol{B}_2(\boldsymbol{z}_0,\boldsymbol{w})}{\partial\dot{x}_{\mathrm{o},m}}\right)^{\mathrm{T}}\right]^{\mathrm{T}}\\ \dot{\boldsymbol{B}}_{\dot{y}_{\mathrm{o},m}}(\boldsymbol{z}_0,\boldsymbol{w})=\dfrac{\partial\boldsymbol{B}(\boldsymbol{z}_0,\boldsymbol{w})}{\partial\dot{y}_{\mathrm{o},m}}=\left[\left(\dfrac{\partial\boldsymbol{B}_1(\boldsymbol{z}_0,\boldsymbol{w})}{\partial\dot{y}_{\mathrm{o},m}}\right)^{\mathrm{T}}\ \left(\dfrac{\partial\boldsymbol{B}_2(\boldsymbol{z}_0,\boldsymbol{w})}{\partial\dot{y}_{\mathrm{o},m}}\right)^{\mathrm{T}}\right]^{\mathrm{T}}\\ \dot{\boldsymbol{B}}_{\dot{z}_{\mathrm{o},m}}(\boldsymbol{z}_0,\boldsymbol{w})=\dfrac{\partial\boldsymbol{B}(\boldsymbol{z}_0,\boldsymbol{w})}{\partial\dot{z}_{\mathrm{o},m}}=\left[\left(\dfrac{\partial\boldsymbol{B}_1(\boldsymbol{z}_0,\boldsymbol{w})}{\partial\dot{z}_{\mathrm{o},m}}\right)^{\mathrm{T}}\ \left(\dfrac{\partial\boldsymbol{B}_2(\boldsymbol{z}_0,\boldsymbol{w})}{\partial\dot{z}_{\mathrm{o},m}}\right)^{\mathrm{T}}\right]^{\mathrm{T}}\end{cases}\tag{6.149}$$

$$\boldsymbol{C}(\boldsymbol{r}_{k0},\boldsymbol{s}_k)=\left[\left(\frac{\partial\boldsymbol{c}_1(\boldsymbol{r}_{k0},\boldsymbol{s}_k)}{\partial\boldsymbol{r}_{k0}^{\mathrm{T}}}\right)^{\mathrm{T}}\ \left(\frac{\partial\boldsymbol{c}_2(\boldsymbol{r}_{k0},\boldsymbol{s}_k)}{\partial\boldsymbol{r}_{k0}^{\mathrm{T}}}\right)^{\mathrm{T}}\right]^{\mathrm{T}}\tag{6.150}$$

$$\begin{cases}\dot{\boldsymbol{D}}_{\delta_{\mathrm{c},k,m}}(\boldsymbol{r}_{k0},\boldsymbol{s}_k)=\dfrac{\partial\boldsymbol{D}(\boldsymbol{r}_{k0},\boldsymbol{s}_k)}{\partial\delta_{\mathrm{c},k,m}}=\left[\left(\dfrac{\partial\boldsymbol{D}_1(\boldsymbol{r}_{k0},\boldsymbol{s}_k)}{\partial\delta_{\mathrm{c},k,m}}\right)^{\mathrm{T}}\ \left(\dfrac{\partial\boldsymbol{D}_2(\boldsymbol{r}_{k0},\boldsymbol{s}_k)}{\partial\delta_{\mathrm{c},k,m}}\right)^{\mathrm{T}}\right]^{\mathrm{T}}\\ \dot{\boldsymbol{D}}_{\dot{\delta}_{\mathrm{c},k,m}}(\boldsymbol{r}_{k0},\boldsymbol{s}_k)=\dfrac{\partial\boldsymbol{D}(\boldsymbol{r}_{k0},\boldsymbol{s}_k)}{\partial\dot{\delta}_{\mathrm{c},k,m}}=\left[\left(\dfrac{\partial\boldsymbol{D}_1(\boldsymbol{r}_{k0},\boldsymbol{s}_k)}{\partial\dot{\delta}_{\mathrm{c},k,m}}\right)^{\mathrm{T}}\ \left(\dfrac{\partial\boldsymbol{D}_2(\boldsymbol{r}_{k0},\boldsymbol{s}_k)}{\partial\dot{\delta}_{\mathrm{c},k,m}}\right)^{\mathrm{T}}\right]^{\mathrm{T}}\end{cases}\tag{6.151}$$

式(6.147)～式(6.151)中各个子矩阵的表达式可见附录 F。

下面将针对具体的参数给出相应的数值实验结果。

6.4.2 定位算例的数值实验

1. 数值实验 1

假设共有四个运动观测站可以接收到目标源信号并对目标进行定位，相应的三维位置坐标和瞬时速度的数值见表 6.1，其中的测量误差服从独立的零均值高斯分布。目标的三维位置坐标为(6500m，7000m，2500m)，目标源信号 TOA/FOA 参数的观测误差服从零均值高斯分布。此外，在目标源附近放置两个位置精确已知的校正源，校正源的三维位置坐标分别为(6000m，6000m，2000m)和(7000m，8000m，3000m)，并且校正源信号 TOA/FOA 参数的观测误差与目标源信号 TOA/FOA 参数的观测误差服从相同的概率分布。下面的数值实验将给出本章的两类约束总体最小二乘定位方法(图中用 Ctls 表示)的参数估计均方根误差，并将其与各种克拉美罗界进行比较，其目的在于说明这两类定位方法的参数估计性能。

首先，将观测站位置和速度测量误差标准差分别固定为 $\sigma_{\text{位置}}=5\text{m}$ 和 $\sigma_{\text{速度}}=0.1\text{m/s}$，将 TOA/FOA 参数的观测误差标准差分别设置为 $\sigma_{\text{传播距离}}=\delta_1\,\text{m}$ 和 $\sigma_{\text{距离变化率}}=0.01\delta_1\,\text{m/s}$，

这里将 δ_1 称为观测量扰动参数(其数值会从 1 到 20 发生变化)。图 6.1 给出了两类约束总体最小二乘定位方法的目标位置估计均方根误差随着观测量扰动参数 δ_1 的变化曲线，图 6.2 和图 6.3 分别给出了两类约束总体最小二乘定位方法的观测站位置和速度估计均方根误差随着观测量扰动参数 δ_1 的变化曲线,图中的观测站位置和速度先验估计均方根误差根据方差矩阵 $\boldsymbol{Q}_2$ 计算获得。

然后,将 TOA/FOA 参数的观测误差标准差分别固定为 $\sigma_{传播距离}=20\text{m}$ 和 $\sigma_{距离变化率}=0.2\text{m/s}$,而将观测站位置和速度测量误差标准差分别设置为 $\sigma_{位置}=\delta_2\text{m}$ 和 $\sigma_{速度}=0.01\times\delta_2\text{m/s}$,这里将 δ_2 称为系统参量扰动参数(其数值会从 1 到 20 发生变化)。图 6.4给出了两类约束总体最小二乘定位方法的目标位置估计均方根误差随着系统参量扰动参数 δ_2 的变化曲线,图 6.5 和图 6.6 分别给出了两类约束总体最小二乘定位方法的观测站位置和速度估计均方根误差随着系统参量扰动参数 δ_2 的变化曲线,图中的观测站位置和速度先验估计均方根误差根据方差矩阵 $\boldsymbol{Q}_2$ 计算获得。

表 6.1　观测站三维位置坐标和瞬时速度的数值列表

观测站序号	1	2	3	4
$x_{o,m}$/m	2800	−2200	1600	−2500
$y_{o,m}$/m	1700	−2500	−2400	2200
$z_{o,m}$/m	2780	1750	−1150	−1620
$\dot{x}_{o,m}$/(m/s)	−20	30	−20	20
$\dot{y}_{o,m}$/(m/s)	−30	−20	20	20
$\dot{z}_{o,m}$/(m/s)	10	10	−30	30

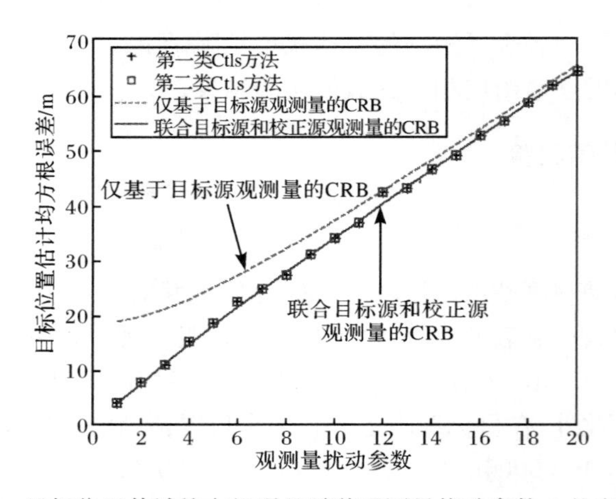

图 6.1　目标位置估计均方根误差随着观测量扰动参数 δ_1 的变化曲线

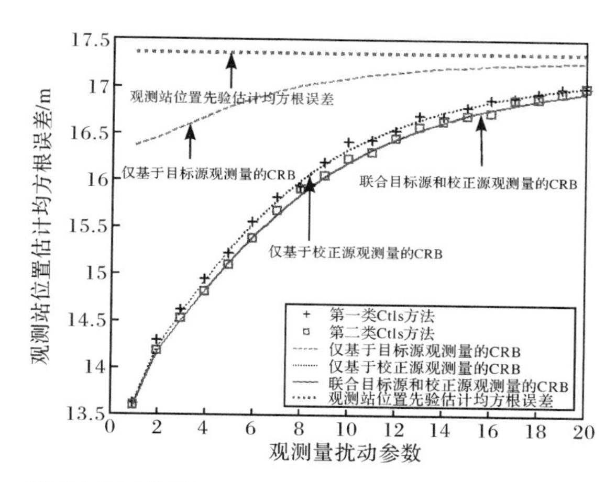

图 6.2 观测站位置估计均方根误差随着观测量扰动参数 δ_1 的变化曲线

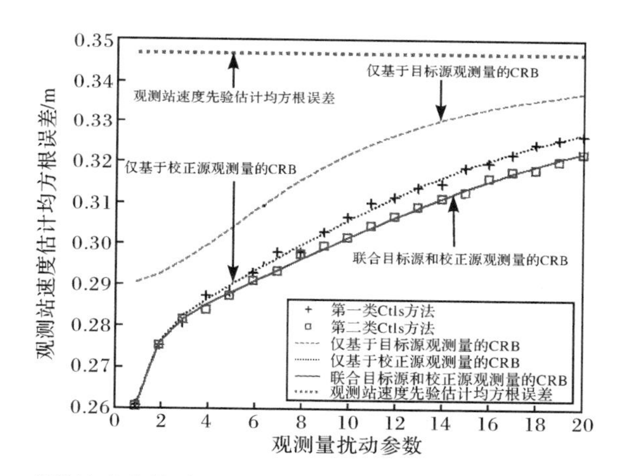

图 6.3 观测站速度估计均方根误差随着观测量扰动参数 δ_1 的变化曲线

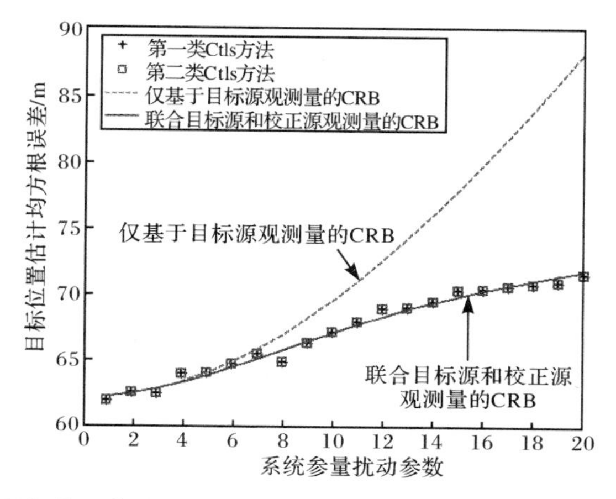

图 6.4 目标位置估计均方根误差随着系统参量扰动参数 δ_2 的变化曲线

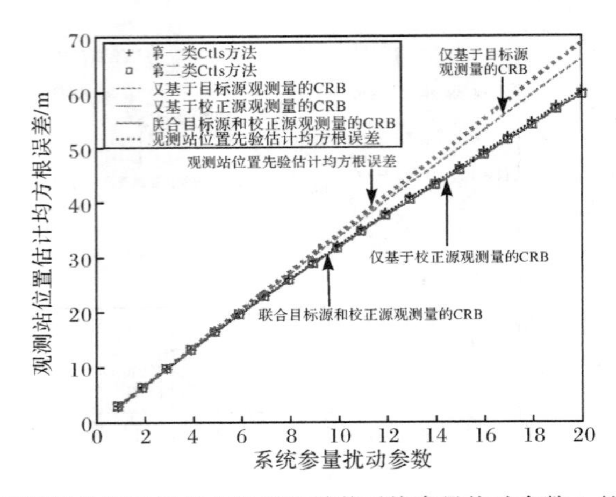

图 6.5　观测站位置估计均方根误差随着系统参量扰动参数 δ_2 的变化曲线

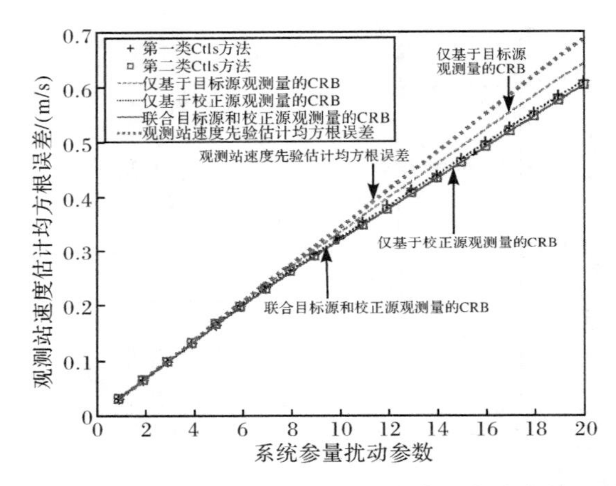

图 6.6　观测站速度估计均方根误差随着系统参量扰动参数 δ_2 的变化曲线

从图 6.1～图 6.6 可以看出：

(1) 两类约束总体最小二乘定位方法的目标位置估计均方根误差都可以达到“联合目标源和校正源观测量的克拉美罗界”(由式(3.34)给出)，并且优于“仅基于目标源观测量的克拉美罗界”(由式(3.15)给出)，这一方面说明了本章的两类约束总体最小二乘定位方法的渐近最优性，同时说明了校正源观测量为提高目标位置估计精度所带来的性能增益，并且该增益还随着系统参量扰动参数的增大而增加(图 6.4)。

(2) 第一类约束总体最小二乘定位方法的观测站位置和速度估计均方根误差可以达到“仅基于校正源观测量的克拉美罗界”(由式(3.45)给出)，这是因为该方法仅在第一步给出观测站位置和速度的估计值，而第一步中仅仅利用了校正源观测量；第二类约束总体最小二乘定位方法的观测站位置和速度估计均方根误差可以达到“联合目标源和校正源观测量的克拉美罗界”(由式(3.33)给出)，因此其估计精度要高于第一类约束总体最小二乘定位方法。

(3) 相比于观测站位置和速度先验测量方差(由方差矩阵 $\boldsymbol{Q}_2$ 计算获得)和“仅基于目

标源观测量的克拉美罗界”(由式(3.14)给出)，两类约束总体最小二乘定位方法给出的观测站位置和速度估计值均具有更小的方差。

2. 数值实验2

数值实验条件基本不变，仅改变校正源的个数及其三维位置坐标，并且考虑以下三种情形：①设置三个校正源，每个校正源的三维位置坐标分别为(5500m，5500m，1500m)，(7500m，8500m，3500m)和(7000m，7500m，3000m)；②设置两个校正源，每个校正源的三维位置坐标分别为(5500m，5500m，1500m)和(7500m，8500m，3500m)；③仅设置一个校正源，该校正源的三维位置坐标为(5500m，5500m，1500m)。下面的实验将在上述三种情形下给出第二类约束总体最小二乘定位方法的参数估计性能，其目的在于说明校正源个数对于参数估计精度的影响。

首先，将观测站位置和速度测量误差标准差分别固定为 $\sigma_{位置}=10\text{m}$ 和 $\sigma_{速度}=0.2\text{m/s}$，而将TOA/FOA参数的观测误差标准差分别设置为 $\sigma_{传播距离}=0.5\delta_1\text{m}$ 和 $\sigma_{距离变化率}=0.01\delta_1\text{m/s}$，这里将 δ_1 称为观测量扰动参数(其数值会从1到20发生变化)。图6.7给出了第二类约束总体最小二乘定位方法的目标位置估计均方根误差随着观测量扰动参数 δ_1 的变化曲线，图6.8和图6.9分别给出了第二类约束总体最小二乘定位方法的观测站位置和速度估计均方根误差随着观测量扰动参数 δ_1 的变化曲线。

然后，将TOA/FOA参数的观测误差标准差分别固定为 $\sigma_{传播距离}=5\text{m}$ 和 $\sigma_{距离变化率}=0.01\text{m/s}$，而将观测站位置和速度测量误差标准差分别设置为 $\sigma_{位置}=0.5\delta_2\text{m}$ 和 $\sigma_{速度}=0.01\times\delta_2\text{m/s}$，这里将 δ_2 称为系统参量扰动参数(其数值会从1到20发生变化)。图6.10给出了第二类约束总体最小二乘定位方法的目标位置估计均方根误差随着系统参量扰动参数 δ_2 的变化曲线，图6.11和图6.12分别给出了第二类约束总体最小二乘定位方法的观测站位置和速度估计均方根误差随着系统参量扰动参数 δ_2 的变化曲线。

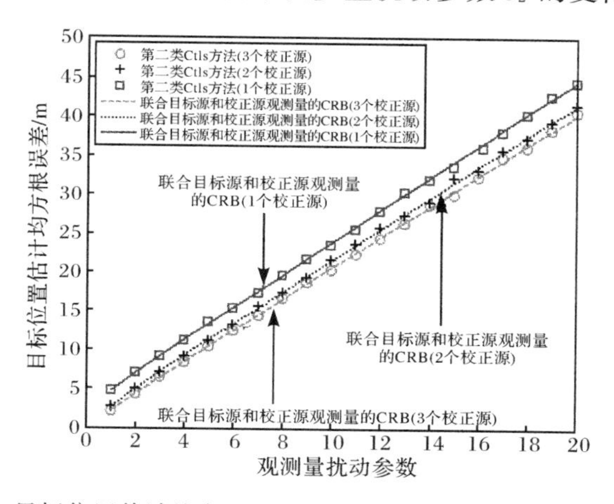

图6.7　目标位置估计均方根误差随着观测量扰动参数 δ_1 的变化曲线

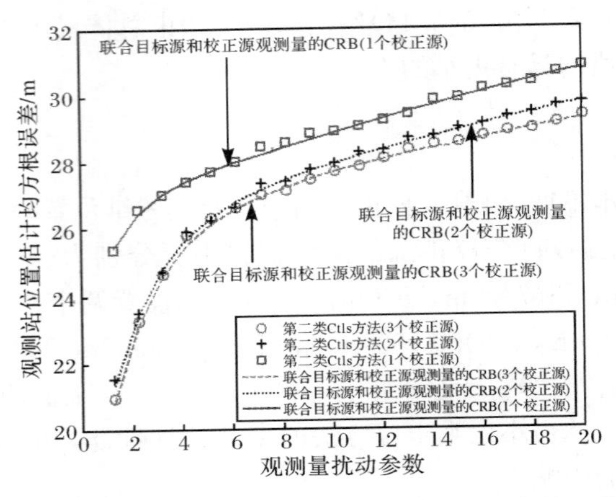

图 6.8　观测站位置估计均方根误差随着观测量扰动参数 δ_1 的变化曲线

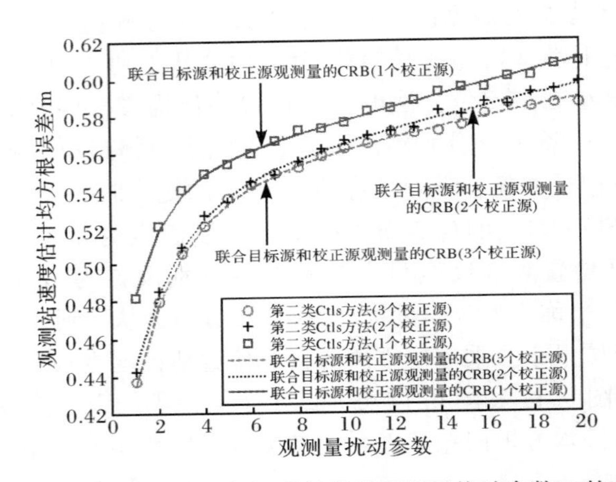

图 6.9　观测站速度估计均方根误差随着观测量扰动参数 δ_1 的变化曲线

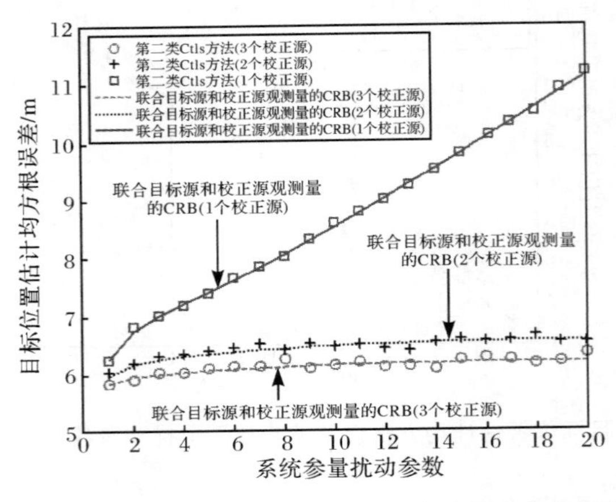

图 6.10　目标位置估计均方根误差随着系统参量扰动参数 δ_2 的变化曲线

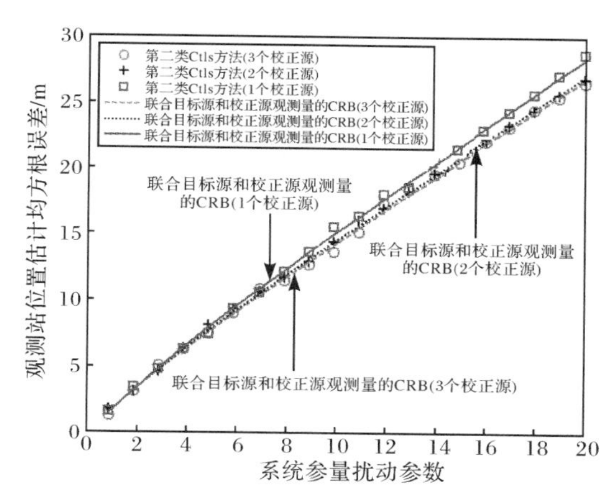

图 6.11　观测站位置估计均方根误差随着系统参量扰动参数 δ_2 的变化曲线

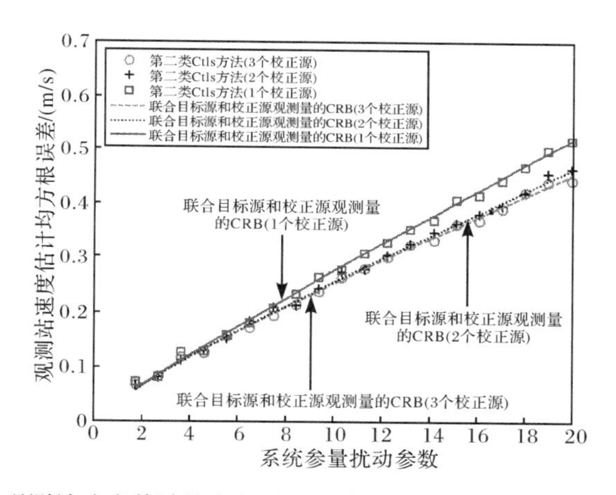

图 6.12　观测站速度估计均方根误差随着系统参量扰动参数 δ_2 的变化曲线

从图 6.7～图 6.12 可以看出：

(1) 随着校正源个数的增加，无论目标位置还是观测站位置和速度的估计精度都能得到一定程度的提高。

(2) 第二类约束总体最小二乘定位方法的目标位置以及观测站位置和速度估计均方根误差都可以达到“联合目标源和校正源观测量的克拉美罗界”(分别由式(3.33)和式(3.34)给出)，从而再次说明了其渐近最优性。

参 考 文 献

[1] Abatzoglou T J, Mendel J M, Harada G A. The constrained total least squares technique and its applications to harmonic superresolution[J]. IEEE Transactions on Signal Processing, 1991, 39(5): 1070-1087.

[2] Markovsky I, Huffel S V. Overview of total least-squares methods[J]. Signal Processing, 2007,

87(10):2283-2302.

[3] Dogancay K. Bearings-only target localization using total least squares. Signal Processing, 2005, 85(9):1695-1710.

[4] Huang Z, Liu J. Total least squares and equilibration algorithm for range difference location[J]. Electronics Letters, 2004, 40(5):121-122.

[5] 徐波,陈建云,钟小鹏. TOA模式下TLS辅助泰勒级数展开的蜂窝定位新算法[J]. 系统工程与电子技术,2011,33(6):1397-1402.

[6] Sun X, Li J, Huang P, et al. Total least-squares solution of active target localization using TDOA and FDOA measurements in WSN[C]//Proceedings of the IEEE 22nd International Conference on Advanced Information Networking and Applications, 2008:995-999.

[7] Wang D, Zhang L, Wu Y. Constrained total least squares algorithm for passive location based on bearing-only information[J]. Science China Ser-F: Information Science, 2007, 50(4):576-586.

[8] 曲毅,廖桂生,李军,等. MIMO雷达约束总体最小二乘改进算法[J]. 系统工程与电子技术,2009,31(2):319-322.

[9] 吴昊,陈树新,侯志强,等. 一种鲁棒的约束总体最小二乘无源定位算法[J]. 上海交通大学学报,2013,47(7):1114-1118.

[10] 朱颖童,许锦,赵国庆,等. 基于正则约束总体最小二乘无源测角定位[J]. 北京邮电大学学报,2015,38(6):55-59.

[11] Yang K, An J P, Bu X Y, et al. Constrained total least-squares location algorithm using time-difference-of-arrival measurements[J]. IEEE Transactions on Vehicular Technology, 2010, 59(3):1558-1562.

[12] 陈少昌,贺慧英,禹华钢. 传感器位置误差条件下的约束总体最小二乘时差定位算法[J]. 航空学报,2013,34(5):1165-1173.

[13] 朱颖童,董春曦,刘松杨,等. 存在观测站位置误差的转发式时差无源定位[J]. 航空学报,2016,37(2):706-716.

[14] 杨天池,宇超群,王天鹏,等. 散射体位置扰动条件下约束总体最小二乘单站定位方法[J]. 中国科学:信息科学,2011,41(3):377-384.

[15] 王燊燊,冯金富,王方年,等. 基于约束最小二乘的近空间雷达网定位算法[J]. 电子与信息学报,2011,33(7):1655-1660.

[16] 曲付勇,孟祥伟. 基于约束总体最小二乘方法的到达时差到达频差无源定位算法[J]. 电子与信息学报,2014,36(5):1075-1081.

[17] Yu H G, Huang G M, Gao J, et al. An efficient constrained weighted least squares algorithm for moving source location using TDOA and FDOA measurements[J]. IEEE Transactions on Wireless Communications, 2012, 11(1):44-47.

[18] Yu H, Huang G, Gao J. Constrained total least-squares localization algorithm using time difference of arrival and frequency difference of arrival measurements with sensor location uncertainties[J]. IET Radar, Sonar and Navigation, 2012, 6(9):891-899.

[19] 王鼎,魏帅. 基于外辐射源的约束总体最小二乘定位算法及其理论性能分析[J]. 中国科学:信息科学,2015,45(11):1466-1489.

[20] 赖炎连,贺国平. 最优化方法[M]. 北京:清华大学出版社,2008.

第 7 章 校正源条件下结构总体最小二乘定位理论与方法

为了抑制线性观测方程中的系数矩阵扰动误差的影响，除了第 6 章的约束总体最小二乘估计方法以外，文献[1]和文献[2]还给出了另一种参数求解方法——结构总体最小二乘估计方法。该方法也需要对线性观测方程的系数矩阵的扰动项进行数学分析，并从矩阵秩亏损的角度设计出一种新的优化模型和数值迭代算法。与约束总体最小二乘估计方法的实现方式不同的是，结构总体最小二乘估计方法是通过 Riemannian 奇异值分解[1,2]来实现的，具有更强的数值稳健性。

需要指出的是，根据文献[3]中的数学分析可知，在相同条件下，结构总体最小二乘估计方法与约束总体最小二乘估计方法具有渐近一致的统计性能。因此，将结构总体最小二乘估计方法应用于无源定位问题中也能够取得较好的定位结果。文献[4]和文献[5]虽然提出了基于角度信息的结构总体最小二乘定位方法，但其中缺乏统一的模型和框架，并且未在校正源条件下进行讨论。为此，本章将在校正源条件下建立结构总体最小二乘(structured total least square，stls)定位理论与方法。书中首先给出非线性观测方程的伪线性观测模型；然后设计出两类能够有效利用校正源观测量的结构总体最小二乘定位方法，并定量推导这两类定位方法的参数估计性能，从数学上证明它们的目标位置估计方差都可以达到相应的克拉美罗界(在门限效应发生前)；最后，还设计出一种无源定位算例，用以验证本章定位方法及其理论分析的有效性。

7.1 非线性观测方程的伪线性观测模型

本章讨论的伪线性观测方程与第 4 章一致，都不需要通过引入辅助变量的方式获得。

首先，关于目标源的非线性观测方程 $\boldsymbol{z}_0=\boldsymbol{g}(\boldsymbol{u},\boldsymbol{w})$ 可以转化为如下伪线性观测方程：

$$\boldsymbol{a}(\boldsymbol{z}_0,\boldsymbol{w})=\boldsymbol{B}(\boldsymbol{z}_0,\boldsymbol{w})\boldsymbol{u} \tag{7.1}$$

式中，

(1) $\boldsymbol{a}(\boldsymbol{z}_0,\boldsymbol{w})\in\mathbf{R}^{p\times 1}$ 表示关于目标源的伪线性观测向量，同时它是 $\boldsymbol{z}_0$ 和 $\boldsymbol{w}$ 的向量函数(连续可导)，其具体的代数形式随着定位观测量的不同而改变；

(2) $\boldsymbol{B}(\boldsymbol{z}_0,\boldsymbol{w})\in\mathbf{R}^{p\times q}$ 表示关于目标源的伪线性系数矩阵，同时它是 $\boldsymbol{z}_0$ 和 $\boldsymbol{w}$ 的矩阵函数(连续可导)，其具体的代数形式也随着定位观测量的不同而改变。

然后，关于第 k 个校正源的非线性观测方程 $\boldsymbol{r}_{k0}=\boldsymbol{g}(\boldsymbol{s}_k,\boldsymbol{w})$ 可以转化为如下伪线性观测方程：

$$\boldsymbol{c}(\boldsymbol{r}_{k0},\boldsymbol{s}_k)=\boldsymbol{D}(\boldsymbol{r}_{k0},\boldsymbol{s}_k)\boldsymbol{w},\quad 1\leqslant k\leqslant d \tag{7.2}$$

式中，

(1) $\boldsymbol{c}(\boldsymbol{r}_{k0},\boldsymbol{s}_k)\in\mathbf{R}^{p\times 1}$表示关于第 k 个校正源的伪线性观测向量，同时它是 $\boldsymbol{r}_{k0}$ 和 $\boldsymbol{s}_k$ 的向量函数(连续可导)，其具体的代数形式随着定位观测量的不同而改变；

(2) $\boldsymbol{D}(\boldsymbol{r}_{k0},\boldsymbol{s}_k)\in\mathbf{R}^{p\times l}$表示关于第 k 个校正源的伪线性系数矩阵，同时它是 $\boldsymbol{r}_{k0}$ 和 $\boldsymbol{s}_k$ 的矩阵函数(连续可导)，其具体的代数形式也随着定位观测量的不同而改变。

若将上述 d 个伪线性观测方程进行合并，则可得到如下具有更高维数的伪线性观测方程：

$$\bar{\boldsymbol{c}}(\boldsymbol{r}_0,\boldsymbol{s})=\bar{\boldsymbol{D}}(\boldsymbol{r}_0,\boldsymbol{s})\boldsymbol{w} \tag{7.3}$$

式中

$$\begin{cases}\bar{\boldsymbol{c}}(\boldsymbol{r}_0,\boldsymbol{s})=[\boldsymbol{c}^{\mathrm{T}}(\boldsymbol{r}_{10},\boldsymbol{s}_1)\quad \boldsymbol{c}^{\mathrm{T}}(\boldsymbol{r}_{20},\boldsymbol{s}_2)\quad\cdots\quad \boldsymbol{c}^{\mathrm{T}}(\boldsymbol{r}_{d0},\boldsymbol{s}_d)]^{\mathrm{T}}\in\mathbf{R}^{pd\times 1}\\ \bar{\boldsymbol{D}}(\boldsymbol{r}_0,\boldsymbol{s})=[\boldsymbol{D}^{\mathrm{T}}(\boldsymbol{r}_{10},\boldsymbol{s}_1)\quad \boldsymbol{D}^{\mathrm{T}}(\boldsymbol{r}_{20},\boldsymbol{s}_2)\quad\cdots\quad \boldsymbol{D}^{\mathrm{T}}(\boldsymbol{r}_{d0},\boldsymbol{s}_d)]^{\mathrm{T}}\in\mathbf{R}^{pd\times l}\\ \boldsymbol{r}_0=[\boldsymbol{r}_{10}^{\mathrm{T}}\quad \boldsymbol{r}_{20}^{\mathrm{T}}\quad\cdots\quad \boldsymbol{r}_{d0}^{\mathrm{T}}]^{\mathrm{T}}\in\mathbf{R}^{pd\times 1},\quad \boldsymbol{s}=[\boldsymbol{s}_1^{\mathrm{T}}\quad \boldsymbol{s}_2^{\mathrm{T}}\quad\cdots\quad \boldsymbol{s}_d^{\mathrm{T}}]^{\mathrm{T}}\in\mathbf{R}^{qd\times 1}\end{cases} \tag{7.4}$$

下面将基于上面描述的伪线性观测方程给出两类结构总体最小二乘定位方法，并定量推导两类结构总体最小二乘定位方法的参数估计性能，证明它们的目标位置估计方差都可以达到相应的克拉美罗界(在门限效应发生以前)。另外，为了便于区分，书中将第一类结构总体最小二乘定位方法给出的估计值中增加上标“(a)”，而将第二类结构总体最小二乘定位方法给出的估计值中增加上标“(b)”。

7.2　第一类结构总体最小二乘定位方法及其理论性能分析

第一类结构总体最小二乘定位方法分为两个步骤：①利用校正源观测量 $\boldsymbol{r}$ 和系统参量的先验测量值 $\boldsymbol{v}$ 给出更加精确的系统参量估计值；②利用目标源观测量 $\boldsymbol{z}$ 和第一步给出的系统参量解估计目标位置向量 $\boldsymbol{u}$。

7.2.1　估计系统参量

1. 定位优化模型

这里将在伪线性观测方程式(7.3)的基础上，基于校正源观测量 $\boldsymbol{r}$ 和系统参量的先验测量值 $\boldsymbol{v}$ 估计系统参量 $\boldsymbol{w}$。在实际计算中，函数 $\bar{\boldsymbol{c}}(\cdot,\cdot)$ 和 $\bar{\boldsymbol{D}}(\cdot,\cdot)$ 的闭式形式是可知的，但 $\boldsymbol{r}_0$ 却不可获知，只能用带误差的观测向量 $\boldsymbol{r}$ 来代替。显然，若用 $\boldsymbol{r}$ 直接代替 $\boldsymbol{r}_0$，式(7.3)已经无法成立。为了建立结构总体最小二乘优化模型，需要将向量函数 $\bar{\boldsymbol{c}}(\boldsymbol{r}_0,\boldsymbol{s})$ 和矩阵函数 $\bar{\boldsymbol{D}}(\boldsymbol{r}_0,\boldsymbol{s})$ 分别在点 $\boldsymbol{r}$ 处进行一阶 Taylor 级数展开可得

$$\begin{cases}\bar{\boldsymbol{c}}(\boldsymbol{r}_0,\boldsymbol{s})\approx\bar{\boldsymbol{c}}(\boldsymbol{r},\boldsymbol{s})+\bar{\boldsymbol{C}}(\boldsymbol{r},\boldsymbol{s})(\boldsymbol{r}_0-\boldsymbol{r})\\ \qquad\qquad=\bar{\boldsymbol{c}}(\boldsymbol{r},\boldsymbol{s})-\bar{\boldsymbol{C}}(\boldsymbol{r},\boldsymbol{s})\boldsymbol{e}\\ \bar{\boldsymbol{D}}(\boldsymbol{r}_0,\boldsymbol{s})\approx\bar{\boldsymbol{D}}(\boldsymbol{r},\boldsymbol{s})+\dot{\bar{\boldsymbol{D}}}_1(\boldsymbol{r},\boldsymbol{s})\langle\boldsymbol{r}_0-\boldsymbol{r}\rangle_1+\dot{\bar{\boldsymbol{D}}}_2(\boldsymbol{r},\boldsymbol{s})\langle\boldsymbol{r}_0-\boldsymbol{r}\rangle_2+\cdots\\ \qquad\qquad+\dot{\bar{\boldsymbol{D}}}_{pd}(\boldsymbol{r},\boldsymbol{s})\langle\boldsymbol{r}_0-\boldsymbol{r}\rangle_{pd}\\ \qquad\qquad=\bar{\boldsymbol{D}}(\boldsymbol{r},\boldsymbol{s})-\sum\limits_{j=1}^{pd}\langle\boldsymbol{e}\rangle_j\dot{\bar{\boldsymbol{D}}}_j(\boldsymbol{r},\boldsymbol{s})\end{cases} \tag{7.5}$$

式中

$$\bar{\boldsymbol{C}}(\boldsymbol{r},\boldsymbol{s})=\frac{\partial\bar{\boldsymbol{c}}(\boldsymbol{r},\boldsymbol{s})}{\partial\boldsymbol{r}^{\mathrm{T}}}\in\mathbf{R}^{pd\times pd},\quad \dot{\bar{\boldsymbol{D}}}_j(\boldsymbol{r},\boldsymbol{s})=\frac{\partial\bar{\boldsymbol{D}}(\boldsymbol{r},\boldsymbol{s})}{\partial\langle\boldsymbol{r}\rangle_j}\in\mathbf{R}^{pd\times l},\quad 1\leqslant j\leqslant pd \tag{7.6}$$

将式(7.5)代入式(7.3)可得如下(近似)等式：

$$\left([-\bar{\boldsymbol{c}}(\boldsymbol{r},\boldsymbol{s}) \;\vdots\; \bar{\boldsymbol{D}}(\boldsymbol{r},\boldsymbol{s})]+\sum_{j=1}^{pd}\langle\boldsymbol{e}\rangle_j[\bar{\boldsymbol{C}}(\boldsymbol{r},\boldsymbol{s})\boldsymbol{i}_{pd}^{(j)} \;\vdots\; -\dot{\bar{\boldsymbol{D}}}_j(\boldsymbol{r},\boldsymbol{s})]\right)\begin{bmatrix}1\\ \boldsymbol{w}\end{bmatrix}\approx\boldsymbol{O}_{pd\times 1} \tag{7.7}$$

另外，式(3.2)可表示成如下形式：

$$\left([-\boldsymbol{v} \;\vdots\; \boldsymbol{I}_l]+\sum_{j=1}^{l}\langle\boldsymbol{m}\rangle_j[\boldsymbol{i}_l^{(j)} \;\vdots\; \boldsymbol{O}_{l\times l}]\right)\begin{bmatrix}1\\ \boldsymbol{w}\end{bmatrix}=\boldsymbol{O}_{l\times 1} \tag{7.8}$$

若记 $\boldsymbol{x}=[1\quad \boldsymbol{w}^{\mathrm{T}}]^{\mathrm{T}}\in\mathbf{R}^{(l+1)\times 1}$，则基于式(7.7)和式(7.8)可建立如下结构总体最小二乘优化模型：

$$\begin{cases}\min\limits_{\substack{\boldsymbol{x}\in\mathbf{R}^{(l+1)\times 1}\\ \boldsymbol{e}\in\mathbf{R}^{pd\times 1}\\ \boldsymbol{m}\in\mathbf{R}^{l\times 1}}} \begin{bmatrix}\boldsymbol{e}\\ \boldsymbol{m}\end{bmatrix}^{\mathrm{T}}\begin{bmatrix}\boldsymbol{Q}_3^{-1} & \boldsymbol{O}_{pd\times l}\\ \boldsymbol{O}_{l\times pd} & \boldsymbol{Q}_2^{-1}\end{bmatrix}\begin{bmatrix}\boldsymbol{e}\\ \boldsymbol{m}\end{bmatrix}\\ \text{s.t.}\ \left(\begin{array}{l}[-\bar{\boldsymbol{c}}(\boldsymbol{r},\boldsymbol{s}) \;\vdots\; \bar{\boldsymbol{D}}(\boldsymbol{r},\boldsymbol{s})]+\sum\limits_{j=1}^{pd}\langle\boldsymbol{e}\rangle_j\\ \cdot[\bar{\boldsymbol{C}}(\boldsymbol{r},\boldsymbol{s})\boldsymbol{i}_{pd}^{(j)} \;\vdots\; -\dot{\bar{\boldsymbol{D}}}_j(\boldsymbol{r},\boldsymbol{s})]\end{array}\right)\boldsymbol{x}=\boldsymbol{O}_{pd\times 1}\\ \left([-\boldsymbol{v} \;\vdots\; \boldsymbol{I}_l]+\sum\limits_{j=1}^{l}\langle\boldsymbol{m}\rangle_j[\boldsymbol{i}_l^{(j)} \;\vdots\; \boldsymbol{O}_{l\times l}]\right)\boldsymbol{x}=\boldsymbol{O}_{l\times 1}\\ \boldsymbol{i}_{l+1}^{(1)\mathrm{T}}\boldsymbol{x}=1\end{cases} \tag{7.9}$$

式中，$\boldsymbol{Q}_2=E[\boldsymbol{m}\boldsymbol{m}^{\mathrm{T}}]$ 和 $\boldsymbol{Q}_3=E[\boldsymbol{e}\boldsymbol{e}^{\mathrm{T}}]$ 分别表示测量误差 $\boldsymbol{m}$ 和观测误差 $\boldsymbol{e}$ 的方差矩阵(同第 3 章的定义)。再令

$$\begin{cases}\boldsymbol{\xi}_1=[\boldsymbol{e}^{\mathrm{T}}\quad \boldsymbol{m}^{\mathrm{T}}]^{\mathrm{T}}\\ \boldsymbol{\Gamma}_1=\mathrm{blkdiag}[\boldsymbol{Q}_3\quad \boldsymbol{Q}_2]\end{cases} \tag{7.10}$$

则式(7.9)可改写为

$$\begin{cases}\min\limits_{\substack{\boldsymbol{x}\in\mathbf{R}^{(l+1)\times 1}\\ \boldsymbol{\xi}_1\in\mathbf{R}^{(pd+l)\times 1}}} \boldsymbol{\xi}_1^{\mathrm{T}}\boldsymbol{\Gamma}_1^{-1}\boldsymbol{\xi}_1\\ \text{s.t.}\ \left(\begin{array}{l}\begin{bmatrix}-\bar{\boldsymbol{c}}(\boldsymbol{r},\boldsymbol{s}) & \bar{\boldsymbol{D}}(\boldsymbol{r},\boldsymbol{s})\\ -\boldsymbol{v} & \boldsymbol{I}_l\end{bmatrix}\\ +\sum\limits_{j=1}^{pd}\langle\boldsymbol{\xi}_1\rangle_j\begin{bmatrix}\bar{\boldsymbol{C}}(\boldsymbol{r},\boldsymbol{s})\boldsymbol{i}_{pd}^{(j)} & -\dot{\bar{\boldsymbol{D}}}_j(\boldsymbol{r},\boldsymbol{s})\\ \boldsymbol{O}_{l\times 1} & \boldsymbol{O}_{l\times l}\end{bmatrix}\\ +\sum\limits_{j=1}^{l}\langle\boldsymbol{\xi}_1\rangle_{pd+j}\begin{bmatrix}\boldsymbol{O}_{pd\times 1} & \boldsymbol{O}_{pd\times l}\\ \boldsymbol{i}_l^{(j)} & \boldsymbol{O}_{l\times l}\end{bmatrix}\end{array}\right)\boldsymbol{x}=\boldsymbol{O}_{(pd+l)\times 1}\\ \boldsymbol{i}_{l+1}^{(1)\mathrm{T}}\boldsymbol{x}=1\end{cases} \tag{7.11}$$

若令

$$\begin{cases} \boldsymbol{X}_0=\left[\begin{array}{c:c} -\bar{\boldsymbol{c}}(\boldsymbol{r},\boldsymbol{s}) & \bar{\boldsymbol{D}}(\boldsymbol{r},\boldsymbol{s}) \\ \hdashline -\boldsymbol{v} & \boldsymbol{I}_l \end{array}\right]\in\mathbf{R}^{(pd+l)\times(l+1)} \\ \boldsymbol{X}_j=\left[\begin{array}{c:c} \bar{\boldsymbol{C}}(\boldsymbol{r},\boldsymbol{s})\boldsymbol{i}_{pd}^{(j)} & -\dot{\bar{\boldsymbol{D}}}_j(\boldsymbol{r},\boldsymbol{s}) \\ \hdashline \boldsymbol{O}_{l\times 1} & \boldsymbol{O}_{l\times l} \end{array}\right]\in\mathbf{R}^{(pd+l)\times(l+1)},\quad 1\leqslant j\leqslant pd \\ \boldsymbol{X}_{pd+j}=\left[\begin{array}{c:c} \boldsymbol{O}_{pd\times 1} & \boldsymbol{O}_{pd\times l} \\ \hdashline \boldsymbol{i}_l^{(j)} & \boldsymbol{O}_{l\times l} \end{array}\right]\in\mathbf{R}^{(pd+l)\times(l+1)},\quad 1\leqslant j\leqslant l \end{cases} \tag{7.12}$$

则可将式(7.11)表示为

$$\begin{cases} \min\limits_{\substack{\boldsymbol{x}\in\mathbf{R}^{(l+1)\times 1} \\ \boldsymbol{\xi}_1\in\mathbf{R}^{(pd+l)\times 1}}} \boldsymbol{\xi}_1^{\mathrm{T}}\boldsymbol{\Gamma}_1^{-1}\boldsymbol{\xi}_1 \\ \text{s. t. } \left(\boldsymbol{X}_0+\sum\limits_{j=1}^{pd+l}\langle\boldsymbol{\xi}_1\rangle_j\boldsymbol{X}_j\right)\boldsymbol{x}=\boldsymbol{O}_{(pd+l)\times 1} \\ \boldsymbol{i}_{l+1}^{(1)\mathrm{T}}\boldsymbol{x}=1 \end{cases} \tag{7.13}$$

为了得到标准形式的结构总体最小二乘优化模型[1,2]，需要令$\bar{\boldsymbol{\xi}}_1=\boldsymbol{\Gamma}_1^{-1/2}\boldsymbol{\xi}_1$，于是有

$$\langle\boldsymbol{\xi}_1\rangle_j=\langle\boldsymbol{\Gamma}_1^{1/2}\bar{\boldsymbol{\xi}}_1\rangle_j=\sum_{i=1}^{pd+l}\langle\boldsymbol{\Gamma}_1^{1/2}\rangle_{ji}\langle\bar{\boldsymbol{\xi}}_1\rangle_i,\quad 1\leqslant j\leqslant pd+l \tag{7.14}$$

将式(7.14)代入式(7.13)可得

$$\begin{cases} \min\limits_{\substack{\boldsymbol{x}\in\mathbf{R}^{(l+1)\times 1} \\ \bar{\boldsymbol{\xi}}_1\in\mathbf{R}^{(pd+l)\times 1}}} \|\bar{\boldsymbol{\xi}}_1\|_2^2 \\ \text{s. t. } \left(\boldsymbol{X}_0+\sum\limits_{j=1}^{pd+l}\langle\bar{\boldsymbol{\xi}}_1\rangle_j\sum\limits_{i=1}^{pd+l}\langle\boldsymbol{\Gamma}_1^{1/2}\rangle_{ij}\boldsymbol{X}_i\right)\boldsymbol{x}=\boldsymbol{O}_{(pd+l)\times 1} \\ \boldsymbol{i}_{l+1}^{(1)\mathrm{T}}\boldsymbol{x}=1 \end{cases} \tag{7.15}$$

再令

$$\bar{\boldsymbol{X}}_j=\sum_{i=1}^{pd+l}\langle\boldsymbol{\Gamma}_1^{1/2}\rangle_{ij}\boldsymbol{X}_i \tag{7.16}$$

并将式(7.16)代入式(7.15)可得

$$\begin{cases} \min\limits_{\substack{\boldsymbol{x}\in\mathbf{R}^{(l+1)\times 1} \\ \bar{\boldsymbol{\xi}}_1\in\mathbf{R}^{(pd+l)\times 1}}} \|\bar{\boldsymbol{\xi}}_1\|_2^2 \\ \text{s. t. } \left(\boldsymbol{X}_0+\sum\limits_{j=1}^{pd+l}\langle\bar{\boldsymbol{\xi}}_1\rangle_j\bar{\boldsymbol{X}}_j\right)\boldsymbol{x}=\boldsymbol{O}_{(pd+l)\times 1} \\ \boldsymbol{i}_{l+1}^{(1)\mathrm{T}}\boldsymbol{x}=1 \end{cases} \tag{7.17}$$

为了得到标准形式的结构总体最小二乘优化模型[1,2]，还需要将式(7.17)中的线性约束$\boldsymbol{i}_{l+1}^{(1)\mathrm{T}}\boldsymbol{x}=1$转化为二次型约束$\|\boldsymbol{x}\|_2=1$，从而得到如下优化模型：

$$\begin{cases}\min\limits_{\substack{x\in\mathbf{R}^{(l+1)\times 1}\\ \bar{\xi}_1\in\mathbf{R}^{(pd+l)\times 1}}} \quad \|\bar{\boldsymbol{\xi}}_1\|_2^2 \\ \text{s. t. } (\boldsymbol{X}_0+\sum\limits_{j=1}^{pd+l}\langle\bar{\boldsymbol{\xi}}_1\rangle_j\bar{\boldsymbol{X}}_j)\boldsymbol{x}=\boldsymbol{O}_{(pd+l)\times 1} \\ \qquad \|\boldsymbol{x}\|_2=1\end{cases} \tag{7.18}$$

下面的命题表明式(7.17)的最优解可以由式(7.18)的最优解线性表示。

命题 7.1　假设式(7.17)的最优解为$\bar{\boldsymbol{\xi}}_{1,\text{opt}}^{(a)}$和$\boldsymbol{x}_{\text{opt}}^{(a)}$，式(7.18)的最优解为$\bar{\boldsymbol{\xi}}_{1,\text{opt}}^{(b)}$和$\boldsymbol{x}_{\text{opt}}^{(b)}$，则有如下关系式：

$$\bar{\boldsymbol{\xi}}_{1,\text{opt}}^{(a)}=\bar{\boldsymbol{\xi}}_{1,\text{opt}}^{(b)}, \quad \boldsymbol{x}_{\text{opt}}^{(a)}=\frac{\boldsymbol{x}_{\text{opt}}^{(b)}}{\langle\boldsymbol{x}_{\text{opt}}^{(b)}\rangle_1} \tag{7.19}$$

证明　首先不难验证由式(7.19)给出的解是式(7.17)的可行解，下面仅需要证明这个解是式(7.17)的全局最优解。采用反证法进行证明，假设式(7.19)给出的解不是式(7.17)的全局最优解，则一定存在式(7.17)的某个可行解$\bar{\boldsymbol{\xi}}_{1,\text{opt}}^{(c)}$和$\boldsymbol{x}_{\text{opt}}^{(c)}$满足

$$\begin{cases}(\boldsymbol{X}_0+\sum\limits_{j=1}^{pd+l}\langle\bar{\boldsymbol{\xi}}_{1,\text{opt}}^{(c)}\rangle_j\bar{\boldsymbol{X}}_j)\boldsymbol{x}_{\text{opt}}^{(c)}=\boldsymbol{O}_{(pd+l)\times 1} \\ \boldsymbol{i}_{l+1}^{(1)\text{T}}\boldsymbol{x}_{\text{opt}}^{(c)}=1 \\ \|\bar{\boldsymbol{\xi}}_{1,\text{opt}}^{(c)}\|_2<\|\bar{\boldsymbol{\xi}}_{1,\text{opt}}^{(a)}\|_2=\|\bar{\boldsymbol{\xi}}_{1,\text{opt}}^{(b)}\|_2\end{cases} \tag{7.20}$$

若令$\bar{\boldsymbol{\xi}}_{1,\text{opt}}^{(d)}=\bar{\boldsymbol{\xi}}_{1,\text{opt}}^{(c)}$和$\boldsymbol{x}_{\text{opt}}^{(d)}=\boldsymbol{x}_{\text{opt}}^{(c)}/\|\boldsymbol{x}_{\text{opt}}^{(c)}\|_2$，则$\bar{\boldsymbol{\xi}}_{1,\text{opt}}^{(d)}$和$\boldsymbol{x}_{\text{opt}}^{(d)}$一定是式(7.18)的可行解，但是$\|\bar{\boldsymbol{\xi}}_{1,\text{opt}}^{(d)}\|_2=\|\bar{\boldsymbol{\xi}}_{1,\text{opt}}^{(c)}\|_2<\|\bar{\boldsymbol{\xi}}_{1,\text{opt}}^{(b)}\|_2$，这与$\bar{\boldsymbol{\xi}}_{1,\text{opt}}^{(b)}$和$\boldsymbol{x}_{\text{opt}}^{(b)}$是式(7.18)的全局最优解矛盾，由此可知上述假设不成立，因此式(7.19)给出的解就是式(7.17)的全局最优解。证毕。

根据命题 7.1 可知，对式(7.17)的求解可以直接转化为对式(7.18)的求解，而式(7.18)是标准形式的结构总体最小二乘优化模型[1,2]，其存在标准的数值迭代算法。

2. 数值迭代算法

下面给出求解式(7.18)的数值迭代算法，该算法的主要步骤可由如下命题获得。

命题 7.2　式(7.18)可以通过下面三个步骤进行优化求解。

步骤 1：求解使得$|\tau|$最小化的三元组$(\boldsymbol{\alpha},\tau,\boldsymbol{\beta})$，其中$\boldsymbol{\alpha}\in\mathbf{R}^{(pd+l)\times 1}$，$\boldsymbol{\beta}\in\mathbf{R}^{(l+1)\times 1}$和$\tau\in\mathbf{R}$满足

$$\begin{cases}\boldsymbol{X}_0\boldsymbol{\beta}=\tau\boldsymbol{S}_1^{(1)}(\boldsymbol{\beta})\boldsymbol{\alpha}, \quad \boldsymbol{\alpha}^{\text{T}}\boldsymbol{S}_1^{(1)}(\boldsymbol{\beta})\boldsymbol{\alpha}=1 \\ \boldsymbol{X}_0^{\text{T}}\boldsymbol{\alpha}=\tau\boldsymbol{S}_1^{(2)}(\boldsymbol{\alpha})\boldsymbol{\beta}, \quad \boldsymbol{\beta}^{\text{T}}\boldsymbol{S}_1^{(2)}(\boldsymbol{\alpha})\boldsymbol{\beta}=1\end{cases} \tag{7.21}$$

式中，$\boldsymbol{S}_1^{(1)}(\boldsymbol{\beta})$和$\boldsymbol{S}_1^{(2)}(\boldsymbol{\alpha})$分别是关于向量$\boldsymbol{\beta}$和$\boldsymbol{\alpha}$的二次函数，相应的表达式为

$$\begin{cases}\boldsymbol{S}_1^{(1)}(\boldsymbol{\beta})=\sum\limits_{j=1}^{pd+l}\bar{\boldsymbol{X}}_j\boldsymbol{\beta}\boldsymbol{\beta}^{\text{T}}\bar{\boldsymbol{X}}_j^{\text{T}}\in\mathbf{R}^{(pd+l)\times(pd+l)} \\ \boldsymbol{S}_1^{(2)}(\boldsymbol{\alpha})=\sum\limits_{j=1}^{pd+l}\bar{\boldsymbol{X}}_j^{\text{T}}\boldsymbol{\alpha}\boldsymbol{\alpha}^{\text{T}}\bar{\boldsymbol{X}}_j\in\mathbf{R}^{(l+1)\times(l+1)}\end{cases} \tag{7.22}$$

步骤 2：利用公式$\boldsymbol{x}=\boldsymbol{\beta}/\|\boldsymbol{\beta}\|_2$计算向量$\boldsymbol{x}$。

步骤 3：利用公式$\langle\bar{\boldsymbol{\xi}}_1\rangle_j=-\tau\boldsymbol{\alpha}^{\text{T}}\bar{\boldsymbol{X}}_j\boldsymbol{\beta}\quad(1\leqslant j\leqslant pd+l)$计算向量$\bar{\boldsymbol{\xi}}_1$。

证明　由于式(7.18)是含有等式约束的优化问题,因此它可以采用拉格朗日乘子法进行优化求解[6],相应的拉格朗日函数可以构造为

$$J_1(\bar{\boldsymbol{\xi}}_1,\boldsymbol{x},\boldsymbol{\eta},\lambda)=\bar{\boldsymbol{\xi}}_1^{\mathrm{T}}\bar{\boldsymbol{\xi}}_1+2\boldsymbol{\eta}^{\mathrm{T}}\Big(\boldsymbol{X}_0+\sum_{j=1}^{pd+l}\langle\bar{\boldsymbol{\xi}}_1\rangle_j\bar{\boldsymbol{X}}_j\Big)\boldsymbol{x}+\lambda(1-\boldsymbol{x}^{\mathrm{T}}\boldsymbol{x}) \tag{7.23}$$

式中,$\boldsymbol{\eta}$ 和 λ 分别表示拉格朗日乘子向量和标量。分别对式(7.23)中的各个变量求偏导,并令其等于零可得

$$\begin{cases}\langle\bar{\boldsymbol{\xi}}_1\rangle_j=-\boldsymbol{\eta}^{\mathrm{T}}\bar{\boldsymbol{X}}_j\boldsymbol{x}, \quad 1\leqslant j\leqslant pd+l & (7.24\mathrm{a})\\ \Big(\boldsymbol{X}_0+\sum\limits_{j=1}^{pd+l}\langle\bar{\boldsymbol{\xi}}_1\rangle_j\bar{\boldsymbol{X}}_j\Big)\boldsymbol{x}=\boldsymbol{O}_{(pd+l)\times 1} & (7.24\mathrm{b})\\ \Big(\boldsymbol{X}_0^{\mathrm{T}}+\sum\limits_{j=1}^{pd+l}\langle\bar{\boldsymbol{\xi}}_1\rangle_j\bar{\boldsymbol{X}}_j^{\mathrm{T}}\Big)\boldsymbol{\eta}=\lambda\boldsymbol{x} & (7.24\mathrm{c})\\ \boldsymbol{x}^{\mathrm{T}}\boldsymbol{x}=1 & (7.24\mathrm{d})\end{cases}$$

首先根据式(7.24b)和式(7.24c)可以得到 $\lambda=0$,然后将式(7.24a)分别代入式(7.24b)和式(7.24c)可知

$$\begin{cases}\boldsymbol{X}_0\boldsymbol{x}=\left[\sum\limits_{j=1}^{pd+l}(\boldsymbol{\eta}^{\mathrm{T}}\bar{\boldsymbol{X}}_j\boldsymbol{x})\bar{\boldsymbol{X}}_j\right]\boldsymbol{x}=\left[\sum\limits_{j=1}^{pd+l}\bar{\boldsymbol{X}}_j\boldsymbol{x}\boldsymbol{x}^{\mathrm{T}}\bar{\boldsymbol{X}}_j^{\mathrm{T}}\right]\boldsymbol{\eta}=\boldsymbol{S}_1^{(1)}(\boldsymbol{x})\boldsymbol{\eta}\\ \boldsymbol{X}_0^{\mathrm{T}}\boldsymbol{\eta}=\left[\sum\limits_{j=1}^{pd+l}(\boldsymbol{\eta}^{\mathrm{T}}\bar{\boldsymbol{X}}_j\boldsymbol{x})\bar{\boldsymbol{X}}_j^{\mathrm{T}}\right]\boldsymbol{\eta}=\left[\sum\limits_{j=1}^{pd+l}\bar{\boldsymbol{X}}_j^{\mathrm{T}}\boldsymbol{\eta}\boldsymbol{\eta}^{\mathrm{T}}\bar{\boldsymbol{X}}_j\right]\boldsymbol{x}=\boldsymbol{S}_1^{(2)}(\boldsymbol{\eta})\boldsymbol{x}\end{cases} \tag{7.25}$$

若令 $\boldsymbol{\mu}=\boldsymbol{\eta}/\|\boldsymbol{\eta}\|_2$ 和 $\rho=\|\boldsymbol{\eta}\|_2$,则有 $\boldsymbol{S}_1^{(2)}(\boldsymbol{\eta})=\rho^2\boldsymbol{S}_1^{(2)}(\boldsymbol{\mu})$,于是基于式(7.25)可进一步推得

$$\begin{cases}\boldsymbol{X}_0\boldsymbol{x}=\rho\boldsymbol{S}_1^{(1)}(\boldsymbol{x})\boldsymbol{\mu}, \quad \boldsymbol{\mu}^{\mathrm{T}}\boldsymbol{\mu}=1\\ \boldsymbol{X}_0^{\mathrm{T}}\boldsymbol{\mu}=\rho\boldsymbol{S}_1^{(2)}(\boldsymbol{\mu})\boldsymbol{x}, \quad \boldsymbol{x}^{\mathrm{T}}\boldsymbol{x}=1\end{cases} \tag{7.26}$$

下面证明方程组(7.26)的求解过程与方程组(7.21)的求解过程能够相互转换,即满足式(7.26)的三元组$(\boldsymbol{\mu},\rho,\boldsymbol{x})$和满足式(7.21)的三元组$(\boldsymbol{\alpha},\tau,\boldsymbol{\beta})$可以相互转化。首先假设三元组$(\boldsymbol{\alpha},\tau,\boldsymbol{\beta})$满足式(7.21),则有

$$\begin{cases}\boldsymbol{X}_0\dfrac{\boldsymbol{\beta}}{\|\boldsymbol{\beta}\|_2}=(\tau\|\boldsymbol{\alpha}\|_2\|\boldsymbol{\beta}\|_2)\dfrac{\boldsymbol{S}_1^{(1)}(\boldsymbol{\beta})}{\|\boldsymbol{\beta}\|_2^2}\dfrac{\boldsymbol{\alpha}}{\|\boldsymbol{\alpha}\|_2}\\ \boldsymbol{X}_0^{\mathrm{T}}\dfrac{\boldsymbol{\alpha}}{\|\boldsymbol{\alpha}\|_2}=(\tau\|\boldsymbol{\alpha}\|_2\|\boldsymbol{\beta}\|_2)\dfrac{\boldsymbol{S}_1^{(2)}(\boldsymbol{\alpha})}{\|\boldsymbol{\alpha}\|_2^2}\dfrac{\boldsymbol{\beta}}{\|\boldsymbol{\beta}\|_2}\end{cases} \tag{7.27}$$

若令 $\boldsymbol{x}=\boldsymbol{\beta}/\|\boldsymbol{\beta}\|_2$,$\boldsymbol{\mu}=\boldsymbol{\alpha}/\|\boldsymbol{\alpha}\|_2$ 和 $\rho=\tau\|\boldsymbol{\alpha}\|_2\|\boldsymbol{\beta}\|_2$,则由此获得的三元组$(\boldsymbol{\mu},\rho,\boldsymbol{x})$满足式(7.26)。另外,假设三元组$(\boldsymbol{\mu},\rho,\boldsymbol{x})$满足式(7.26),并令 $\boldsymbol{\alpha}=\boldsymbol{\mu}/c_1$ 和 $\boldsymbol{\beta}=\boldsymbol{x}/c_2$,则根据式(7.26)可知

$$\begin{cases}c_2\boldsymbol{X}_0\boldsymbol{\beta}=\rho c_1c_2^2\boldsymbol{S}_1^{(1)}(\boldsymbol{\beta})\boldsymbol{\alpha}\Rightarrow\boldsymbol{X}_0\boldsymbol{\beta}=\rho c_1c_2\boldsymbol{S}_1^{(1)}(\boldsymbol{\beta})\boldsymbol{\alpha}\\ c_1\boldsymbol{X}_0^{\mathrm{T}}\boldsymbol{\alpha}=\rho c_1^2c_2\boldsymbol{S}_1^{(2)}(\boldsymbol{\alpha})\boldsymbol{\beta}\Rightarrow\boldsymbol{X}_0^{\mathrm{T}}\boldsymbol{\alpha}=\rho c_1c_2\boldsymbol{S}_1^{(2)}(\boldsymbol{\alpha})\boldsymbol{\beta}\end{cases} \tag{7.28}$$

根据矩阵函数 $\boldsymbol{S}_1^{(1)}(\cdot)$ 和 $\boldsymbol{S}_1^{(2)}(\cdot)$ 的定义可以证明 $\boldsymbol{\mu}^{\mathrm{T}}\boldsymbol{S}_1^{(1)}(\boldsymbol{x})\boldsymbol{\mu}=\boldsymbol{x}^{\mathrm{T}}\boldsymbol{S}_1^{(2)}(\boldsymbol{\mu})\boldsymbol{x}$ 和 $\boldsymbol{\alpha}^{\mathrm{T}}\boldsymbol{S}_1^{(1)}(\boldsymbol{\beta})\boldsymbol{\alpha}=\boldsymbol{\beta}^{\mathrm{T}}\boldsymbol{S}_1^{(2)}(\boldsymbol{\alpha})\boldsymbol{\beta}$,若令 $\boldsymbol{\mu}^{\mathrm{T}}\boldsymbol{S}_1^{(1)}(\boldsymbol{x})\boldsymbol{\mu}=\boldsymbol{x}^{\mathrm{T}}\boldsymbol{S}_1^{(2)}(\boldsymbol{\mu})\boldsymbol{x}=c^2$,则有 $\boldsymbol{\alpha}^{\mathrm{T}}\boldsymbol{S}_1^{(1)}(\boldsymbol{\beta})\boldsymbol{\alpha}=\boldsymbol{\beta}^{\mathrm{T}}\boldsymbol{S}_1^{(2)}(\boldsymbol{\alpha})\boldsymbol{\beta}=c^2/(c_1^2c_2^2)$,因此若取 c_1 和 c_2 满足 $c_1^2c_2^2=c^2$,并令 $\tau=\rho c_1c_2$,则由此获得的三元组$(\boldsymbol{\alpha},\tau,\boldsymbol{\beta})$满足式(7.21)。基于上述分析可知,式(7.21)的解与式(7.26)的解可以相互转化,因此对式(7.26)的求解可以转换为对式(7.21)的求解。

假设三元组$(\boldsymbol{\mu},\rho,\boldsymbol{x})$是满足式(7.26)的一组解，并由其推得满足式(7.21)的一组解记为$(\boldsymbol{\alpha},\tau,\boldsymbol{\beta})$，此时根据式(7.24a)可知式(7.18)的目标函数为

$$\|\bar{\boldsymbol{\xi}}_1\|_2^2=\sum_{j=1}^{pd+l}(\boldsymbol{\eta}^{\mathrm{T}}\bar{\boldsymbol{X}}_j\boldsymbol{x})^2=\rho^2\sum_{j=1}^{pd+l}(\boldsymbol{\mu}^{\mathrm{T}}\bar{\boldsymbol{X}}_j\boldsymbol{x})^2=\rho^2\boldsymbol{\mu}^{\mathrm{T}}\boldsymbol{S}_1^{(1)}(\boldsymbol{x})\boldsymbol{\mu} \tag{7.29}$$

利用三元组$(\boldsymbol{\mu},\rho,\boldsymbol{x})$与三元组$(\boldsymbol{\alpha},\tau,\boldsymbol{\beta})$之间的转换关系可进一步推得

$$\|\bar{\boldsymbol{\xi}}_1\|_2^2=(\rho c_1c_2)^2\boldsymbol{\alpha}^{\mathrm{T}}\boldsymbol{S}_1^{(1)}(\boldsymbol{\beta})\boldsymbol{\alpha}=(\rho c_1c_2)^2=\tau^2 \tag{7.30}$$

式中，c_1 和 c_2 满足 $c_1^2c_2^2=\boldsymbol{\mu}^{\mathrm{T}}\boldsymbol{S}_1^{(1)}(\boldsymbol{x})\boldsymbol{\mu}=\boldsymbol{x}^{\mathrm{T}}\boldsymbol{S}_1^{(2)}(\boldsymbol{\mu})\boldsymbol{x}$。根据式(7.30)可知，式(7.18)中目标函数的最小化等价于$|\tau|$的最小化，因此最终求得的三元组$(\boldsymbol{\alpha},\tau,\boldsymbol{\beta})$使得$|\tau|$最小化，而其对应于向量$\bar{\boldsymbol{\xi}}_1$ 中各元素的计算公式为

$$\langle\bar{\boldsymbol{\xi}}_1\rangle_j=-\boldsymbol{\eta}^{\mathrm{T}}\bar{\boldsymbol{X}}_j\boldsymbol{x}=-\rho\boldsymbol{\mu}^{\mathrm{T}}\bar{\boldsymbol{X}}_j\boldsymbol{x}=-(\rho c_1c_2)\boldsymbol{\alpha}^{\mathrm{T}}\bar{\boldsymbol{X}}_j\boldsymbol{\beta}=-\tau\boldsymbol{\alpha}^{\mathrm{T}}\bar{\boldsymbol{X}}_j\boldsymbol{\beta},\quad 1\leqslant j\leqslant pd+l \tag{7.31}$$

证毕。

虽然命题7.2为式(7.18)的求解奠定了基本思路，但还不是可执行的数值算法。不难看出，命题7.2中最关键的环节是步骤1，其求解过程可以称为Riemannian奇异值分解[1,2]，它可以利用逆迭代算法进行求解。该数值算法的基本思想是在每步迭代中，先利用当前最新的迭代值$\boldsymbol{\alpha}$和$\boldsymbol{\beta}$计算矩阵$\boldsymbol{S}_1^{(2)}(\boldsymbol{\alpha})$和$\boldsymbol{S}_1^{(1)}(\boldsymbol{\beta})$，并把它们作为常量矩阵代入式(7.21)确定$\boldsymbol{\alpha}$和$\boldsymbol{\beta}$的迭代更新值，从而进入下一轮迭代，重复此过程直至迭代收敛为止。

具体来说，$\boldsymbol{\alpha}$和$\boldsymbol{\beta}$的迭代更新值可以通过矩阵$\boldsymbol{X}_0$的$\boldsymbol{QR}$分解获得，其$\boldsymbol{QR}$分解可表示为

$$\boldsymbol{X}_0=\Big[\underbrace{\boldsymbol{P}_1}_{(pd+l)\times(l+1)}\ \vdots\ \underbrace{\boldsymbol{P}_2}_{(pd+l)\times(pd-1)}\Big]\begin{bmatrix}\underbrace{\boldsymbol{R}}_{(l+1)\times(l+1)}\\ \cdots\\ \underbrace{\boldsymbol{O}}_{(pd-1)\times(l+1)}\end{bmatrix}=\boldsymbol{P}_1\boldsymbol{R} \tag{7.32}$$

式中，$\boldsymbol{P}=[\boldsymbol{P}_1\quad\boldsymbol{P}_2]$为正交矩阵（即满足$\boldsymbol{P}^{\mathrm{T}}\boldsymbol{P}=\boldsymbol{I}_{pd+l}$）；$\boldsymbol{R}$为上三角矩阵。若将向量$\boldsymbol{\alpha}$分解为

$$\boldsymbol{\alpha}=\boldsymbol{P}_1\boldsymbol{\alpha}_1+\boldsymbol{P}_2\boldsymbol{\alpha}_2 \tag{7.33}$$

式中，$\boldsymbol{\alpha}_1\in\mathbf{R}^{(l+1)\times1}$和$\boldsymbol{\alpha}_2\in\mathbf{R}^{(pd-1)\times1}$，则由式(7.21)可以推得如下线性方程组：

$$\begin{bmatrix}\boldsymbol{R}^{\mathrm{T}} & \boldsymbol{O}_{(l+1)\times(pd-1)} & \boldsymbol{O}_{(l+1)\times(l+1)}\\ \boldsymbol{P}_2^{\mathrm{T}}\boldsymbol{S}_1^{(1)}(\boldsymbol{\beta})\boldsymbol{P}_1 & \boldsymbol{P}_2^{\mathrm{T}}\boldsymbol{S}_1^{(1)}(\boldsymbol{\beta})\boldsymbol{P}_2 & \boldsymbol{O}_{(pd-1)\times(l+1)}\\ \tau\boldsymbol{P}_1^{\mathrm{T}}\boldsymbol{S}_1^{(1)}(\boldsymbol{\beta})\boldsymbol{P}_1 & \tau\boldsymbol{P}_1^{\mathrm{T}}\boldsymbol{S}_1^{(1)}(\boldsymbol{\beta})\boldsymbol{P}_2 & -\boldsymbol{R}\end{bmatrix}\begin{bmatrix}\boldsymbol{\alpha}_1\\ \boldsymbol{\alpha}_2\\ \boldsymbol{\beta}\end{bmatrix}=\begin{bmatrix}\tau\boldsymbol{S}_1^{(2)}(\boldsymbol{\alpha})\boldsymbol{\beta}\\ \boldsymbol{O}_{(pd-1)\times1}\\ \boldsymbol{O}_{(l+1)\times1}\end{bmatrix} \tag{7.34}$$

需要指出的是，在迭代求解过程中式(7.34)中矩阵$\boldsymbol{S}_1^{(1)}(\boldsymbol{\beta})$和$\boldsymbol{S}_1^{(2)}(\boldsymbol{\alpha})$均认为是已知量，并且是将上一轮$\boldsymbol{\alpha}$和$\boldsymbol{\beta}$的迭代值代入进行计算。于是不难发现，线性方程组式(7.34)中包含的未知量个数为$pd+2l+1$，方程个数也是$pd+2l+1$，因此可以得到其唯一解。另外，由于左边的系数矩阵具有分块下三角结构，因此其中未知量的解可以通过递推的形式给出，相应的计算公式为

$$\begin{cases}\boldsymbol{\alpha}_1=\tau\boldsymbol{R}^{-\mathrm{T}}\boldsymbol{S}_1^{(2)}(\boldsymbol{\alpha})\boldsymbol{\beta}\\ \boldsymbol{\alpha}_2=-(\boldsymbol{P}_2^{\mathrm{T}}\boldsymbol{S}_1^{(1)}(\boldsymbol{\beta})\boldsymbol{P}_2)^{-1}\boldsymbol{P}_2^{\mathrm{T}}\boldsymbol{S}_1^{(1)}(\boldsymbol{\beta})\boldsymbol{P}_1\boldsymbol{\alpha}_1\\ \boldsymbol{\alpha}=\boldsymbol{P}_1\boldsymbol{\alpha}_1+\boldsymbol{P}_2\boldsymbol{\alpha}_2\\ \boldsymbol{\beta}=\tau\boldsymbol{R}^{-1}\boldsymbol{P}_1^{\mathrm{T}}\boldsymbol{S}_1^{(1)}(\boldsymbol{\beta})\boldsymbol{\alpha}\end{cases} \tag{7.35}$$

基于上述讨论，下面可以归纳总结出求解式(7.18)的逆迭代算法的具体步骤。

步骤1：初始化，选择 $\boldsymbol{\alpha}_0$，$\boldsymbol{\beta}_0$ 和 τ_0，利用式(7.22)构造矩阵 $\boldsymbol{S}_1^{(1)}(\boldsymbol{\beta}_0)$ 和 $\boldsymbol{S}_1^{(2)}(\boldsymbol{\alpha}_0)$，并进行归一化处理，使得

$$\boldsymbol{\alpha}_0^{\mathrm{T}}\boldsymbol{S}_1^{(1)}(\boldsymbol{\beta}_0)\boldsymbol{\alpha}_0=\boldsymbol{\beta}_0^{\mathrm{T}}\boldsymbol{S}_1^{(2)}(\boldsymbol{\alpha}_0)\boldsymbol{\beta}_0=1 \tag{7.36}$$

步骤2：根据式(7.32)对矩阵 $\boldsymbol{X}_0$ 进行 $\boldsymbol{QR}$ 分解，并得到矩阵 $\boldsymbol{P}_1$，$\boldsymbol{P}_2$ 和 $\boldsymbol{R}$。

步骤3：令 $k:=1$，并依次计算：

(1) $\boldsymbol{\alpha}_{1k}:=\tau_{k-1}\boldsymbol{R}^{-\mathrm{T}}\boldsymbol{S}_1^{(2)}(\boldsymbol{\alpha}_{k-1})\boldsymbol{\beta}_{k-1}$；

(2) $\boldsymbol{\alpha}_{2k}:=-(\boldsymbol{P}_2^{\mathrm{T}}\boldsymbol{S}_1^{(1)}(\boldsymbol{\beta}_{k-1})\boldsymbol{P}_2)^{-1}\boldsymbol{P}_2^{\mathrm{T}}\boldsymbol{S}_1^{(1)}(\boldsymbol{\beta}_{k-1})\boldsymbol{P}_1\boldsymbol{\alpha}_{1k}$；

(3) $\boldsymbol{\alpha}_k:=\boldsymbol{P}_1\boldsymbol{\alpha}_{1k}+\boldsymbol{P}_2\boldsymbol{\alpha}_{2k}$，并利用式(7.22)构造矩阵 $\boldsymbol{S}_1^{(2)}(\boldsymbol{\alpha}_k)$；

(4) $\boldsymbol{\beta}_k:=\boldsymbol{R}^{-1}\boldsymbol{P}_1^{\mathrm{T}}\boldsymbol{S}_1^{(1)}(\boldsymbol{\beta}_{k-1})\boldsymbol{\alpha}_k$；

(5) $\boldsymbol{\beta}_k:=\boldsymbol{\beta}_k/\|\boldsymbol{\beta}_k\|_2$，并利用式(7.22)构造矩阵 $\boldsymbol{S}_1^{(1)}(\boldsymbol{\beta}_k)$；

(6) $c_k:=(\boldsymbol{\alpha}_k^{\mathrm{T}}\boldsymbol{S}_1^{(1)}(\boldsymbol{\beta}_k)\boldsymbol{\alpha}_k)^{1/4}$；

(7) $\boldsymbol{\alpha}_k:=\boldsymbol{\alpha}_k/c_k$ 和 $\boldsymbol{\beta}_k:=\boldsymbol{\beta}_k/c_k$；

(8) $\boldsymbol{S}_1^{(1)}(\boldsymbol{\beta}_k):=\boldsymbol{S}_1^{(1)}(\boldsymbol{\beta}_k)/c_k^2$ 和 $\boldsymbol{S}_1^{(2)}(\boldsymbol{\alpha}_k):=\boldsymbol{S}_1^{(2)}(\boldsymbol{\alpha}_k)/c_k^2$；

(9) $\tau_k:=\boldsymbol{\alpha}_k^{\mathrm{T}}\boldsymbol{X}_0\boldsymbol{\beta}_k$；

(10) $\langle\bar{\boldsymbol{\xi}}_1\rangle_j:=-\tau_k\boldsymbol{\alpha}_k^{\mathrm{T}}\bar{\boldsymbol{X}}_j\boldsymbol{\beta}_k(1\leqslant j\leqslant pd+l)$；

(11) $\boldsymbol{M}_k:=\boldsymbol{X}_0+\sum\limits_{j=1}^{pd+l}\langle\bar{\boldsymbol{\xi}}_1\rangle_j\bar{\boldsymbol{X}}_j$。

步骤4：计算矩阵 $\boldsymbol{M}_k$ 的最大奇异值 $\sigma_{k,\max}$ 和最小奇异值 $\sigma_{k,\min}$，若 $\sigma_{k,\min}/\sigma_{k,\max}\geqslant\varepsilon$，则令 $k:=k+1$，并且转至步骤3，否则停止迭代。

针对上述逆迭代算法，下面有六点注释。

(1) 步骤1中初值 $\boldsymbol{\alpha}_0$，$\boldsymbol{\beta}_0$ 和 τ_0 的选择可以通过计算矩阵 $\boldsymbol{X}_0$ 的奇异值分解获得，其中 τ_0 可以取其最小奇异值，$\boldsymbol{\alpha}_0$ 和 $\boldsymbol{\beta}_0$ 可以分别取其最小奇异值对应的左和右奇异向量。

(2) 为了对 $\boldsymbol{\alpha}_0$ 和 $\boldsymbol{\beta}_0$ 按照式(7.36)进行归一化处理，可以令 $\boldsymbol{\alpha}_0:=\boldsymbol{\alpha}_0/c_1$ 和 $\boldsymbol{\beta}_0:=\boldsymbol{\beta}_0/c_2$，于是有

$$\begin{cases}\boldsymbol{\alpha}_0^{\mathrm{T}}\boldsymbol{S}_1^{(1)}(\boldsymbol{\beta}_0)\boldsymbol{\alpha}_0:=(\boldsymbol{\alpha}_0^{\mathrm{T}}/c_1)(\boldsymbol{S}_1^{(1)}(\boldsymbol{\beta}_0)/c_2^2)(\boldsymbol{\alpha}_0/c_1)=\boldsymbol{\alpha}_0^{\mathrm{T}}\boldsymbol{S}_1^{(1)}(\boldsymbol{\beta}_0)\boldsymbol{\alpha}_0/(c_1^2c_2^2)=1\\ \boldsymbol{\beta}_0^{\mathrm{T}}\boldsymbol{S}_1^{(2)}(\boldsymbol{\alpha}_0)\boldsymbol{\beta}_0:=(\boldsymbol{\beta}_0^{\mathrm{T}}/c_2)(\boldsymbol{S}_1^{(2)}(\boldsymbol{\alpha}_0)/c_1^2)(\boldsymbol{\beta}_0/c_2)=\boldsymbol{\beta}_0^{\mathrm{T}}\boldsymbol{S}_1^{(2)}(\boldsymbol{\alpha}_0)\boldsymbol{\beta}_0/(c_1^2c_2^2)=1\end{cases} \tag{7.37}$$

因此令 $c_1=c_2=(\boldsymbol{\alpha}_0^{\mathrm{T}}\boldsymbol{S}_1^{(1)}(\boldsymbol{\beta}_0)\boldsymbol{\alpha}_0)^{1/4}=(\boldsymbol{\beta}_0^{\mathrm{T}}\boldsymbol{S}_1^{(2)}(\boldsymbol{\alpha}_0)\boldsymbol{\beta}_0)^{1/4}$ 即可。

(3) 步骤3中的第(1)～(4)步是求解线性方程组(7.34)。

(4) 步骤3中的第(5)步对向量 $\boldsymbol{\beta}_k$ 进行归一化处理是为了使算法变得更加稳健。

(5) 步骤3中的第(9)步是根据式(7.21)所获得。

(6) 步骤3中的第(10)步是根据式(7.31)所获得。

若将上述逆迭代算法中向量 $\boldsymbol{\beta}_k$ 的收敛值记为 $\hat{\boldsymbol{\beta}}_{\mathrm{stls}}^{(\mathrm{a})}$（即有 $\hat{\boldsymbol{\beta}}_{\mathrm{stls}}^{(\mathrm{a})}=\lim\limits_{k\to+\infty}\boldsymbol{\beta}_k$），则根据命题7.1可知，式(7.17)中向量 $\boldsymbol{x}$ 的最优解为

$$\hat{\boldsymbol{x}}_{\mathrm{stls}}^{(\mathrm{a})}=\hat{\boldsymbol{\beta}}_{\mathrm{stls}}^{(\mathrm{a})}/\langle\hat{\boldsymbol{\beta}}_{\mathrm{stls}}^{(\mathrm{a})}\rangle_1 \tag{7.38}$$

于是系统参量解为 $\hat{\boldsymbol{w}}_{\mathrm{stls}}^{(\mathrm{a})}=[\boldsymbol{O}_{l\times 1}\quad \boldsymbol{I}_l]\boldsymbol{x}_{\mathrm{stls}}^{(\mathrm{a})}$，该向量即为第一类结构总体最小二乘定位方法给出的目标位置解。

7.2.2 系统参量估计值的理论性能

这里将推导系统参量解$\hat{w}_{\text{stls}}^{(a)}$的理论性能，重点推导其估计方差矩阵。首先可以得到如下命题。

命题 7.3　式(7.17)的最优解$\hat{w}_{\text{stls}}^{(a)}$是如下优化问题的最优解：

$$\begin{cases} \min\limits_{x\in\mathbf{R}^{(l+1)\times 1}} \boldsymbol{x}^{\mathrm{T}}\boldsymbol{X}_0^{\mathrm{T}}(\boldsymbol{S}_1^{(1)}(\boldsymbol{x}))^{-1}\boldsymbol{X}_0\boldsymbol{x} \\ \text{s.t.}\ \ \boldsymbol{i}_{l+1}^{(1)\mathrm{T}}\boldsymbol{x}=1 \end{cases} \tag{7.39}$$

证明　由于式(7.17)是含有等式约束的优化问题，因此它可以采用拉格朗日乘子法进行优化求解[6]，相应的拉格朗日函数可以构造为

$$\bar{J}_1(\bar{\boldsymbol{\xi}}_1,\boldsymbol{x},\boldsymbol{\eta},\lambda)=\bar{\boldsymbol{\xi}}_1^{\mathrm{T}}\bar{\boldsymbol{\xi}}_1+2\boldsymbol{\eta}^{\mathrm{T}}\left(\boldsymbol{X}_0+\sum_{j=1}^{pd+l}\langle\bar{\boldsymbol{\xi}}_1\rangle_j\bar{\boldsymbol{X}}_j\right)\boldsymbol{x}+\lambda(1-\boldsymbol{i}_{l+1}^{(1)\mathrm{T}}\boldsymbol{x}) \tag{7.40}$$

式中，$\boldsymbol{\eta}$和λ分别表示拉格朗日乘子向量和标量。分别对式(7.40)中的各个变量求偏导，并令其等于零可以推得

$$\begin{cases} \langle\bar{\boldsymbol{\xi}}_1\rangle_j=-\boldsymbol{\eta}^{\mathrm{T}}\bar{\boldsymbol{X}}_j\boldsymbol{x},\quad 1\leqslant j\leqslant pd+l & (7.41\text{a}) \\ \left(\boldsymbol{X}_0+\sum\limits_{j=1}^{pd+l}\langle\bar{\boldsymbol{\xi}}_1\rangle_j\bar{\boldsymbol{X}}_j\right)\boldsymbol{x}=\boldsymbol{O}_{(pd+l)\times 1} & (7.41\text{b}) \\ \left(\boldsymbol{X}_0^{\mathrm{T}}+\sum\limits_{j=1}^{pd+l}\langle\bar{\boldsymbol{\xi}}_1\rangle_j\bar{\boldsymbol{X}}_j^{\mathrm{T}}\right)\boldsymbol{\eta}=\lambda\boldsymbol{i}_{l+1}^{(1)}/2 & (7.41\text{c}) \\ \boldsymbol{i}_{l+1}^{(1)\mathrm{T}}\boldsymbol{x}=1 & (7.41\text{d}) \end{cases}$$

首先根据式(7.41b)和式(7.41c)可以得到$\lambda=0$，再将式(7.41a)分别代入式(7.41b)和式(7.41c)可得

$$\boldsymbol{X}_0\boldsymbol{x}=\left(\sum_{j=1}^{pd+l}(\boldsymbol{\eta}^{\mathrm{T}}\bar{\boldsymbol{X}}_j\boldsymbol{x})\bar{\boldsymbol{X}}_j\right)\boldsymbol{x}=\left(\sum_{j=1}^{pd+l}\bar{\boldsymbol{X}}_j\boldsymbol{x}\boldsymbol{x}^{\mathrm{T}}\bar{\boldsymbol{X}}_j^{\mathrm{T}}\right)\boldsymbol{\eta}=\boldsymbol{S}_1^{(1)}(\boldsymbol{x})\boldsymbol{\eta} \tag{7.42a}$$

$$\boldsymbol{X}_0^{\mathrm{T}}\boldsymbol{\eta}=\left(\sum_{j=1}^{pd+l}(\boldsymbol{\eta}^{\mathrm{T}}\bar{\boldsymbol{X}}_j\boldsymbol{x})\bar{\boldsymbol{X}}_j^{\mathrm{T}}\right)\boldsymbol{\eta}=\left(\sum_{j=1}^{pd+l}\bar{\boldsymbol{X}}_j^{\mathrm{T}}\boldsymbol{\eta}\boldsymbol{\eta}^{\mathrm{T}}\bar{\boldsymbol{X}}_j\right)\boldsymbol{x}=\boldsymbol{S}_1^{(2)}(\boldsymbol{\eta})\boldsymbol{x} \tag{7.42b}$$

基于式(7.41a)可知，式(7.17)中的目标函数可以表示为

$$\|\bar{\boldsymbol{\xi}}_1\|_2^2=\bar{\boldsymbol{\xi}}_1^{\mathrm{T}}\bar{\boldsymbol{\xi}}_1=\boldsymbol{\eta}^{\mathrm{T}}\left(\sum_{j=1}^{pd+l}\bar{\boldsymbol{X}}_j\boldsymbol{x}\boldsymbol{x}^{\mathrm{T}}\bar{\boldsymbol{X}}_j^{\mathrm{T}}\right)\boldsymbol{\eta}=\boldsymbol{\eta}^{\mathrm{T}}\boldsymbol{S}_1^{(1)}(\boldsymbol{x})\boldsymbol{\eta} \tag{7.43}$$

再利用式(7.42a)可得

$$\boldsymbol{\eta}=(\boldsymbol{S}_1^{(1)}(\boldsymbol{x}))^{-1}\boldsymbol{X}_0\boldsymbol{x} \tag{7.44}$$

将式(7.44)代入式(7.43)可将目标函数进一步表示为

$$\|\bar{\boldsymbol{\xi}}_1\|_2^2=\boldsymbol{\eta}^{\mathrm{T}}\boldsymbol{S}_1^{(1)}(\boldsymbol{x})\boldsymbol{\eta}=\boldsymbol{x}^{\mathrm{T}}\boldsymbol{X}_0^{\mathrm{T}}(\boldsymbol{S}_1^{(1)}(\boldsymbol{x}))^{-1}\boldsymbol{X}_0\boldsymbol{x} \tag{7.45}$$

根据式(7.45)可知结论成立。证毕。

根据命题7.3还可以进一步得到如下推论。

推论 7.1　系统参量解$\hat{w}_{\text{stls}}^{(a)}$是如下优化问题的最优解：

$$\min_{w\in\mathbf{R}^{l\times 1}}\left(\begin{bmatrix}\bar{\boldsymbol{D}}(\boldsymbol{r},\boldsymbol{s})\\ \boldsymbol{I}_l\end{bmatrix}\boldsymbol{w}-\begin{bmatrix}\bar{\boldsymbol{c}}(\boldsymbol{r},\boldsymbol{s})\\ \boldsymbol{v}\end{bmatrix}\right)^{\mathrm{T}}\begin{bmatrix}(\bar{\boldsymbol{H}}(\boldsymbol{r},\boldsymbol{s},\boldsymbol{w})\boldsymbol{Q}_3\bar{\boldsymbol{H}}^{\mathrm{T}}(\boldsymbol{r},\boldsymbol{s},\boldsymbol{w}))^{-1} & \boldsymbol{O}_{pd\times l}\\ \boldsymbol{O}_{l\times pd} & \boldsymbol{Q}_2^{-1}\end{bmatrix}$$

$$\cdot\left(\begin{bmatrix}\bar{\boldsymbol{D}}(\boldsymbol{r},\boldsymbol{s})\\ \boldsymbol{I}_l\end{bmatrix}\boldsymbol{w}-\begin{bmatrix}\bar{\boldsymbol{c}}(\boldsymbol{r},\boldsymbol{s})\\ \boldsymbol{v}\end{bmatrix}\right) \tag{7.46}$$

式中

$$\bar{\boldsymbol{H}}(\boldsymbol{r},\boldsymbol{s},\boldsymbol{w})=\bar{\boldsymbol{C}}(\boldsymbol{r},\boldsymbol{s})-[\dot{\bar{\boldsymbol{D}}}_1(\boldsymbol{r},\boldsymbol{s})\boldsymbol{w}\quad \dot{\bar{\boldsymbol{D}}}_2(\boldsymbol{r},\boldsymbol{s})\boldsymbol{w}\quad \cdots\quad \dot{\bar{\boldsymbol{D}}}_{pd}(\boldsymbol{r},\boldsymbol{s})\boldsymbol{w}]\in\mathbf{R}^{pd\times pd} \tag{7.47}$$

证明　由于 $\boldsymbol{x}=[1\quad \boldsymbol{w}^{\mathrm{T}}]^{\mathrm{T}}$，因此根据式(7.12)中的第一式可得

$$\boldsymbol{X}_0\boldsymbol{x}=\left[\begin{array}{c:c}-\bar{\boldsymbol{c}}(\boldsymbol{r},\boldsymbol{s}) & \bar{\boldsymbol{D}}(\boldsymbol{r},\boldsymbol{s})\\ \hdashline -\boldsymbol{v} & \boldsymbol{I}_l\end{array}\right]\begin{bmatrix}1\\ \boldsymbol{w}\end{bmatrix}=\begin{bmatrix}\bar{\boldsymbol{D}}(\boldsymbol{r},\boldsymbol{s})\\ \boldsymbol{I}_l\end{bmatrix}\boldsymbol{w}-\begin{bmatrix}\bar{\boldsymbol{c}}(\boldsymbol{r},\boldsymbol{s})\\ \boldsymbol{v}\end{bmatrix} \tag{7.48}$$

另外，结合式(7.12)中的第二式和第三式以及式(7.16)可得

$$\begin{aligned}\bar{\boldsymbol{X}}_j\boldsymbol{x}&=\sum_{i=1}^{pd+l}\langle\boldsymbol{\Gamma}_1^{1/2}\rangle_{ij}\boldsymbol{X}_i\boldsymbol{x}=\sum_{i=1}^{pd}\langle\boldsymbol{\Gamma}_1^{1/2}\rangle_{ij}\left[\begin{array}{c:c}\bar{\boldsymbol{C}}(\boldsymbol{r},\boldsymbol{s})\boldsymbol{i}_{pd}^{(i)} & -\dot{\bar{\boldsymbol{D}}}_i(\boldsymbol{r},\boldsymbol{s})\\ \hdashline \boldsymbol{O}_{l\times1} & \boldsymbol{O}_{l\times l}\end{array}\right]\begin{bmatrix}1\\ \boldsymbol{w}\end{bmatrix}\\&\quad+\sum_{i=1}^{l}\langle\boldsymbol{\Gamma}_1^{1/2}\rangle_{pd+i,j}\left[\begin{array}{c:c}\boldsymbol{O}_{pd\times1} & \boldsymbol{O}_{pd\times l}\\ \hdashline \boldsymbol{i}_l^{(i)} & \boldsymbol{O}_{l\times l}\end{array}\right]\begin{bmatrix}1\\ \boldsymbol{w}\end{bmatrix}\\&=\sum_{i=1}^{pd}\langle\boldsymbol{\Gamma}_1^{1/2}\rangle_{ij}\begin{bmatrix}\bar{\boldsymbol{C}}(\boldsymbol{r},\boldsymbol{s})\boldsymbol{i}_{pd}^{(i)}-\dot{\bar{\boldsymbol{D}}}_i(\boldsymbol{r},\boldsymbol{s})\boldsymbol{w}\\ \boldsymbol{O}_{l\times1}\end{bmatrix}+\sum_{i=1}^{l}\langle\boldsymbol{\Gamma}_1^{1/2}\rangle_{pd+i,j}\begin{bmatrix}\boldsymbol{O}_{pd\times1}\\ \boldsymbol{i}_l^{(i)}\end{bmatrix}\end{aligned} \tag{7.49}$$

利用式(7.10)中的第二式，式(7.47)和式(7.49)可进一步推得

$$\begin{cases}\bar{\boldsymbol{X}}_j\boldsymbol{x}=\sum\limits_{i=1}^{pd}\langle\boldsymbol{Q}_3^{1/2}\rangle_{ij}\begin{bmatrix}\bar{\boldsymbol{C}}(\boldsymbol{r},\boldsymbol{s})\boldsymbol{i}_{pd}^{(i)}-\dot{\bar{\boldsymbol{D}}}_i(\boldsymbol{r},\boldsymbol{s})\boldsymbol{w}\\ \boldsymbol{O}_{l\times1}\end{bmatrix}=\sum\limits_{i=1}^{pd}\langle\boldsymbol{Q}_3^{1/2}\rangle_{ij}\begin{bmatrix}\bar{\boldsymbol{H}}(\boldsymbol{r},\boldsymbol{s},\boldsymbol{w})\boldsymbol{i}_{pd}^{(i)}\\ \boldsymbol{O}_{l\times1}\end{bmatrix}\\ \quad=\begin{bmatrix}\bar{\boldsymbol{H}}(\boldsymbol{r},\boldsymbol{s},\boldsymbol{w})\boldsymbol{Q}_3^{1/2}\boldsymbol{i}_{pd}^{(j)}\\ \boldsymbol{O}_{l\times1}\end{bmatrix},\quad 1\leqslant j\leqslant pd\\ \bar{\boldsymbol{X}}_{pd+j}\boldsymbol{x}=\sum\limits_{i=1}^{l}\langle\boldsymbol{Q}_2^{1/2}\rangle_{ij}\begin{bmatrix}\boldsymbol{O}_{pd\times1}\\ \boldsymbol{i}_l^{(i)}\end{bmatrix}=\begin{bmatrix}\boldsymbol{O}_{pd\times1}\\ \boldsymbol{Q}_2^{1/2}\boldsymbol{i}_l^{(j)}\end{bmatrix},\quad 1\leqslant j\leqslant l\end{cases} \tag{7.50}$$

基于式(7.50)可知

$$\boldsymbol{S}_1^{(1)}(\boldsymbol{x})=\sum_{j=1}^{pd+l}\bar{\boldsymbol{X}}_j\boldsymbol{x}\boldsymbol{x}^{\mathrm{T}}\bar{\boldsymbol{X}}_j^{\mathrm{T}}=\begin{bmatrix}\bar{\boldsymbol{H}}(\boldsymbol{r},\boldsymbol{s},\boldsymbol{w})\boldsymbol{Q}_3\bar{\boldsymbol{H}}^{\mathrm{T}}(\boldsymbol{r},\boldsymbol{s},\boldsymbol{w}) & \boldsymbol{O}_{pd\times l}\\ \boldsymbol{O}_{l\times pd} & \boldsymbol{Q}_2\end{bmatrix} \tag{7.51}$$

联合式(7.48)和式(7.51)可推得

$$\begin{aligned}\boldsymbol{x}^{\mathrm{T}}\boldsymbol{X}_0^{\mathrm{T}}(\boldsymbol{S}_1^{(1)}(\boldsymbol{x}))^{-1}\boldsymbol{X}_0\boldsymbol{x}&=\left(\begin{bmatrix}\bar{\boldsymbol{D}}(\boldsymbol{r},\boldsymbol{s})\\ \boldsymbol{I}_l\end{bmatrix}\boldsymbol{w}-\begin{bmatrix}\bar{\boldsymbol{c}}(\boldsymbol{r},\boldsymbol{s})\\ \boldsymbol{v}\end{bmatrix}\right)^{\mathrm{T}}\\&\quad\cdot\begin{bmatrix}(\bar{\boldsymbol{H}}(\boldsymbol{r},\boldsymbol{s},\boldsymbol{w})\boldsymbol{Q}_3\bar{\boldsymbol{H}}^{\mathrm{T}}(\boldsymbol{r},\boldsymbol{s},\boldsymbol{w}))^{-1} & \boldsymbol{O}_{pd\times l}\\ \boldsymbol{O}_{l\times pd} & \boldsymbol{Q}_2^{-1}\end{bmatrix}\\&\quad\cdot\left(\begin{bmatrix}\bar{\boldsymbol{D}}(\boldsymbol{r},\boldsymbol{s})\\ \boldsymbol{I}_l\end{bmatrix}\boldsymbol{w}-\begin{bmatrix}\bar{\boldsymbol{c}}(\boldsymbol{r},\boldsymbol{s})\\ \boldsymbol{v}\end{bmatrix}\right)\end{aligned} \tag{7.52}$$

根据式(7.52)可知结论成立。证毕。

根据推论7.1可知，系统参量解$\hat{\boldsymbol{w}}_{\text{stls}}^{(\text{a})}$的二阶统计特性可以基于式(7.46)推得。类似于6.2.2节中的性能分析，系统参量解$\hat{\boldsymbol{w}}_{\text{stls}}^{(\text{a})}$的估计方差矩阵等于

$$\begin{aligned}\mathbf{cov}(\hat{\boldsymbol{w}}_{\text{stls}}^{(\text{a})})&=\left(\begin{bmatrix}\bar{\boldsymbol{D}}(\boldsymbol{r}_0,\boldsymbol{s})\\ \boldsymbol{I}_l\end{bmatrix}^{\text{T}}\begin{bmatrix}(\bar{\boldsymbol{H}}(\boldsymbol{r}_0,\boldsymbol{s},\boldsymbol{w})\boldsymbol{Q}_3\bar{\boldsymbol{H}}^{\text{T}}(\boldsymbol{r}_0,\boldsymbol{s},\boldsymbol{w}))^{-1} & \boldsymbol{O}_{pd\times l}\\ \boldsymbol{O}_{l\times pd} & \boldsymbol{Q}_2^{-1}\end{bmatrix}\begin{bmatrix}\bar{\boldsymbol{D}}(\boldsymbol{r}_0,\boldsymbol{s})\\ \boldsymbol{I}_l\end{bmatrix}\right)^{-1}\\&=(\boldsymbol{Q}_2^{-1}+\bar{\boldsymbol{D}}^{\text{T}}(\boldsymbol{r}_0,\boldsymbol{s})(\bar{\boldsymbol{H}}(\boldsymbol{r}_0,\boldsymbol{s},\boldsymbol{w})\boldsymbol{Q}_3\bar{\boldsymbol{H}}^{\text{T}}(\boldsymbol{r}_0,\boldsymbol{s},\boldsymbol{w}))^{-1}\bar{\boldsymbol{D}}(\boldsymbol{r}_0,\boldsymbol{s}))^{-1}\end{aligned}\tag{7.53}$$

通过进一步的数学分析可以证明，系统参量解$\hat{\boldsymbol{w}}_{\text{stls}}^{(\text{a})}$的估计方差矩阵等于式(3.45)给出的克拉美罗界矩阵，结果可见如下命题。

命题7.4　$\mathbf{cov}(\hat{\boldsymbol{w}}_{\text{stls}}^{(\text{a})})=\mathbf{CRB}_{\text{o}}(\boldsymbol{w})=(\boldsymbol{Q}_2^{-1}+\bar{\boldsymbol{G}}^{\text{T}}(\boldsymbol{s},\boldsymbol{w})\boldsymbol{Q}_3^{-1}\bar{\boldsymbol{G}}(\boldsymbol{s},\boldsymbol{w}))^{-1}$。

命题7.4的证明类似于命题4.1，限于篇幅这里不再阐述。命题7.4表明，系统参量解$\hat{\boldsymbol{w}}_{\text{stls}}^{(\text{a})}$在仅基于校正源观测量的条件下具有渐近最优的统计性能(在门限效应发生以前)。

7.2.3　估计目标位置向量

1. 定位优化模型

这里将在伪线性观测方程(7.1)的基础上，基于系统参量解$\hat{\boldsymbol{w}}_{\text{stls}}^{(\text{a})}$和目标源观测量$\boldsymbol{z}$估计目标位置向量$\boldsymbol{u}$。在实际计算中，函数$\boldsymbol{a}(\cdot,\cdot)$和$\boldsymbol{B}(\cdot,\cdot)$的闭式形式是可知的，但$\boldsymbol{z}_0$和$\boldsymbol{w}$却不可获知，只能用带误差的观测向量$\boldsymbol{z}$和估计向量$\hat{\boldsymbol{w}}_{\text{stls}}^{(\text{a})}$来代替。显然，若用$\boldsymbol{z}$和$\hat{\boldsymbol{w}}_{\text{stls}}^{(\text{a})}$直接代替$\boldsymbol{z}_0$和$\boldsymbol{w}$，式(7.1)已经无法成立。为了建立结构总体最小二乘优化模型，需要将向量函数$\boldsymbol{a}(\boldsymbol{z}_0,\boldsymbol{w})$和矩阵函数$\boldsymbol{B}(\boldsymbol{z}_0,\boldsymbol{w})$分别在点$\boldsymbol{z}$和$\hat{\boldsymbol{w}}_{\text{stls}}^{(\text{a})}$处进行一阶Taylor级数展开可得

$$\begin{cases}\boldsymbol{a}(\boldsymbol{z}_0,\boldsymbol{w})\approx\boldsymbol{a}(\boldsymbol{z},\hat{\boldsymbol{w}}_{\text{stls}}^{(\text{a})})+\boldsymbol{A}_1(\boldsymbol{z},\hat{\boldsymbol{w}}_{\text{stls}}^{(\text{a})})(\boldsymbol{z}_0-\boldsymbol{z})+\boldsymbol{A}_2(\boldsymbol{z},\hat{\boldsymbol{w}}_{\text{stls}}^{(\text{a})})(\boldsymbol{w}-\hat{\boldsymbol{w}}_{\text{stls}}^{(\text{a})})\\ \qquad=\boldsymbol{a}(\boldsymbol{z},\hat{\boldsymbol{w}}_{\text{stls}}^{(\text{a})})-\boldsymbol{A}_1(\boldsymbol{z},\hat{\boldsymbol{w}}_{\text{stls}}^{(\text{a})})\boldsymbol{n}-\boldsymbol{A}_2(\boldsymbol{z},\hat{\boldsymbol{w}}_{\text{stls}}^{(\text{a})})\boldsymbol{\delta w}_{\text{stls}}^{(\text{a})}\\ \boldsymbol{B}(\boldsymbol{z}_0,\boldsymbol{w})\approx\boldsymbol{B}(\boldsymbol{z},\hat{\boldsymbol{w}}_{\text{stls}}^{(\text{a})})+\dot{\boldsymbol{B}}_{11}(\boldsymbol{z},\hat{\boldsymbol{w}}_{\text{stls}}^{(\text{a})})\langle\boldsymbol{z}_0-\boldsymbol{z}\rangle_1+\dot{\boldsymbol{B}}_{12}(\boldsymbol{z},\hat{\boldsymbol{w}}_{\text{stls}}^{(\text{a})})\langle\boldsymbol{z}_0-\boldsymbol{z}\rangle_2\\ \qquad+\cdots+\dot{\boldsymbol{B}}_{1p}(\boldsymbol{z},\hat{\boldsymbol{w}}_{\text{stls}}^{(\text{a})})\langle\boldsymbol{z}_0-\boldsymbol{z}\rangle_p\\ \qquad+\dot{\boldsymbol{B}}_{21}(\boldsymbol{z},\hat{\boldsymbol{w}}_{\text{stls}}^{(\text{a})})\langle\boldsymbol{w}-\hat{\boldsymbol{w}}_{\text{stls}}^{(\text{a})}\rangle_1+\dot{\boldsymbol{B}}_{22}(\boldsymbol{z},\hat{\boldsymbol{w}}_{\text{stls}}^{(\text{a})})\langle\boldsymbol{w}-\hat{\boldsymbol{w}}_{\text{stls}}^{(\text{a})}\rangle_2\\ \qquad+\cdots+\dot{\boldsymbol{B}}_{2l}(\boldsymbol{z},\hat{\boldsymbol{w}}_{\text{stls}}^{(\text{a})})\langle\boldsymbol{w}-\hat{\boldsymbol{w}}_{\text{stls}}^{(\text{a})}\rangle_l\\ \qquad=\boldsymbol{B}(\boldsymbol{z},\hat{\boldsymbol{w}}_{\text{stls}}^{(\text{a})})-\sum_{j=1}^{p}\langle\boldsymbol{n}\rangle_j\dot{\boldsymbol{B}}_{1j}(\boldsymbol{z},\hat{\boldsymbol{w}}_{\text{stls}}^{(\text{a})})-\sum_{j=1}^{l}\langle\boldsymbol{\delta w}_{\text{stls}}^{(\text{a})}\rangle_j\dot{\boldsymbol{B}}_{2j}(\boldsymbol{z},\hat{\boldsymbol{w}}_{\text{stls}}^{(\text{a})})\end{cases}\tag{7.54}$$

式中

$$\begin{cases}\boldsymbol{A}_1(\boldsymbol{z},\hat{\boldsymbol{w}}_{\text{stls}}^{(\text{a})})=\dfrac{\partial\boldsymbol{a}(\boldsymbol{z},\hat{\boldsymbol{w}}_{\text{stls}}^{(\text{a})})}{\partial\boldsymbol{z}^{\text{T}}}\in\mathbf{R}^{p\times p}, \quad \boldsymbol{A}_2(\boldsymbol{z},\hat{\boldsymbol{w}}_{\text{stls}}^{(\text{a})})=\dfrac{\partial\boldsymbol{a}(\boldsymbol{z},\hat{\boldsymbol{w}}_{\text{stls}}^{(\text{a})})}{\partial\hat{\boldsymbol{w}}_{\text{stls}}^{(\text{a})\text{T}}}\in\mathbf{R}^{p\times l} \\ \dot{\boldsymbol{B}}_{1j}(\boldsymbol{z},\hat{\boldsymbol{w}}_{\text{stls}}^{(\text{a})})=\dfrac{\partial\boldsymbol{B}(\boldsymbol{z},\hat{\boldsymbol{w}}_{\text{stls}}^{(\text{a})})}{\partial\langle\boldsymbol{z}\rangle_j}\in\mathbf{R}^{p\times q}, \quad 1\leqslant j\leqslant p \\ \dot{\boldsymbol{B}}_{2j}(\boldsymbol{z},\hat{\boldsymbol{w}}_{\text{stls}}^{(\text{a})})=\dfrac{\partial\boldsymbol{B}(\boldsymbol{z},\hat{\boldsymbol{w}}_{\text{stls}}^{(\text{a})})}{\partial\langle\hat{\boldsymbol{w}}_{\text{ctls}}^{(\text{a})}\rangle_j}\in\mathbf{R}^{p\times q}, \quad 1\leqslant j\leqslant l\end{cases} \tag{7.55}$$

将式(7.54)代入式(7.1)可得如下(近似)等式:

$$\left(\left[-\boldsymbol{a}(\boldsymbol{z},\hat{\boldsymbol{w}}_{\text{stls}}^{(\text{a})}) \;\vdots\; \boldsymbol{B}(\boldsymbol{z},\hat{\boldsymbol{w}}_{\text{stls}}^{(\text{a})})\right]+\left(\begin{array}{l}\sum\limits_{j=1}^{p}\langle\boldsymbol{n}\rangle_j\left[\boldsymbol{A}_1(\boldsymbol{z},\hat{\boldsymbol{w}}_{\text{stls}}^{(\text{a})})\boldsymbol{i}_p^{(j)} \;\vdots\; -\dot{\boldsymbol{B}}_{1j}(\boldsymbol{z},\hat{\boldsymbol{w}}_{\text{stls}}^{(\text{a})})\right] \\ +\sum\limits_{j=1}^{l}\langle\boldsymbol{\delta w}_{\text{stls}}^{(\text{a})}\rangle_j\left[\boldsymbol{A}_2(\boldsymbol{z},\hat{\boldsymbol{w}}_{\text{stls}}^{(\text{a})})\boldsymbol{i}_l^{(j)} \;\vdots\; -\dot{\boldsymbol{B}}_{2j}(\boldsymbol{z},\hat{\boldsymbol{w}}_{\text{stls}}^{(\text{a})})\right]\end{array}\right)\right) \cdot \begin{bmatrix}1 \\ \boldsymbol{u}\end{bmatrix}\approx\boldsymbol{O}_{p\times 1} \tag{7.56}$$

若记 $\boldsymbol{t}=[1 \quad \boldsymbol{u}^{\text{T}}]^{\text{T}}$,则基于式(7.56)可建立如下结构总体最小二乘优化模型:

$$\begin{cases}\min\limits_{\substack{\boldsymbol{t}\in\mathbf{R}^{(q+1)\times 1} \\ \boldsymbol{n}\in\mathbf{R}^{p\times 1} \\ \boldsymbol{\delta w}_{\text{stls}}^{(\text{a})}\in\mathbf{R}^{l\times 1}}} \begin{bmatrix}\boldsymbol{n} \\ \boldsymbol{\delta w}_{\text{stls}}^{(\text{a})}\end{bmatrix}^{\text{T}}\begin{bmatrix}\boldsymbol{Q}_1^{-1} & \boldsymbol{O}_{p\times l} \\ \boldsymbol{O}_{l\times p} & \textbf{cov}^{-1}(\hat{\boldsymbol{w}}_{\text{stls}}^{(\text{a})})\end{bmatrix}\begin{bmatrix}\boldsymbol{n} \\ \boldsymbol{\delta w}_{\text{stls}}^{(\text{a})}\end{bmatrix} \\ \text{s. t.} \left(\left[-\boldsymbol{a}(\boldsymbol{z},\hat{\boldsymbol{w}}_{\text{stls}}^{(\text{a})}) \;\vdots\; \boldsymbol{B}(\boldsymbol{z},\hat{\boldsymbol{w}}_{\text{stls}}^{(\text{a})})\right]+\left(\begin{array}{l}\sum\limits_{j=1}^{p}\langle\boldsymbol{n}\rangle_j\left[\boldsymbol{A}_1(\boldsymbol{z},\hat{\boldsymbol{w}}_{\text{stls}}^{(\text{a})})\boldsymbol{i}_p^{(j)} \;\vdots\; -\dot{\boldsymbol{B}}_{1j}(\boldsymbol{z},\hat{\boldsymbol{w}}_{\text{stls}}^{(\text{a})})\right] \\ +\sum\limits_{j=1}^{l}\langle\boldsymbol{\delta w}_{\text{stls}}^{(\text{a})}\rangle_j\left[\boldsymbol{A}_2(\boldsymbol{z},\hat{\boldsymbol{w}}_{\text{stls}}^{(\text{a})})\boldsymbol{i}_l^{(j)} \;\vdots\; -\dot{\boldsymbol{B}}_{2j}(\boldsymbol{z},\hat{\boldsymbol{w}}_{\text{stls}}^{(\text{a})})\right]\end{array}\right)\right)\boldsymbol{t} \\ \quad =\boldsymbol{O}_{p\times 1} \\ \quad \boldsymbol{i}_{q+1}^{(1)\text{T}}\boldsymbol{t}=1\end{cases} \tag{7.57}$$

式中,$\boldsymbol{Q}_1=E[\boldsymbol{n}\boldsymbol{n}^{\text{T}}]$表示观测误差 $\boldsymbol{n}$ 的方差矩阵(同第 3 章的定义)。再令

$$\begin{cases}\boldsymbol{\xi}_2=[\boldsymbol{n}^{\text{T}} \quad \boldsymbol{\delta w}_{\text{stls}}^{(\text{a})}]^{\text{T}} \\ \boldsymbol{\Gamma}_2=\text{blkdiag}[\boldsymbol{Q}_1 \quad \textbf{cov}(\hat{\boldsymbol{w}}_{\text{stls}}^{(\text{a})})]\end{cases} \tag{7.58}$$

则式(7.57)可改写为

$$\begin{cases}\min\limits_{\substack{t\in\mathbf{R}^{(q+1)\times 1}\\ \boldsymbol{\xi}_2\in\mathbf{R}^{(p+l)\times 1}}}\ \boldsymbol{\xi}_2^{\mathrm{T}}\boldsymbol{\Gamma}_2^{-1}\boldsymbol{\xi}_2\\ \text{s. t.}\left([-\boldsymbol{a}(\boldsymbol{z},\hat{\boldsymbol{w}}_{\mathrm{stls}}^{(\mathrm{a})})\ \vdots\ \boldsymbol{B}(\boldsymbol{z},\hat{\boldsymbol{w}}_{\mathrm{stls}}^{(\mathrm{a})})]+\begin{pmatrix}\sum\limits_{j=1}^{p}\langle\boldsymbol{\xi}_2\rangle_j[\boldsymbol{A}_1(\boldsymbol{z},\hat{\boldsymbol{w}}_{\mathrm{stls}}^{(\mathrm{a})})\boldsymbol{i}_p^{(j)}\ \vdots\ -\dot{\boldsymbol{B}}_{1j}(\boldsymbol{z},\hat{\boldsymbol{w}}_{\mathrm{stls}}^{(\mathrm{a})})]\\ +\sum\limits_{j=1}^{l}\langle\boldsymbol{\xi}_2\rangle_{p+j}[\boldsymbol{A}_2(\boldsymbol{z},\hat{\boldsymbol{w}}_{\mathrm{stls}}^{(\mathrm{a})})\boldsymbol{i}_l^{(j)}\ \vdots\ -\dot{\boldsymbol{B}}_{2j}(\boldsymbol{z},\hat{\boldsymbol{w}}_{\mathrm{stls}}^{(\mathrm{a})})]\end{pmatrix}\right)\boldsymbol{t}\\ =\boldsymbol{O}_{p\times 1}\\ \boldsymbol{i}_{q+1}^{(1)\mathrm{T}}\boldsymbol{t}=1\end{cases}\tag{7.59}$$

若令

$$\begin{cases}\boldsymbol{Y}_0=[-\boldsymbol{a}(\boldsymbol{z},\hat{\boldsymbol{w}}_{\mathrm{stls}}^{(\mathrm{a})})\ \vdots\ \boldsymbol{B}(\boldsymbol{z},\hat{\boldsymbol{w}}_{\mathrm{stls}}^{(\mathrm{a})})]\in\mathbf{R}^{p\times(q+1)}\\ \boldsymbol{Y}_j=[\boldsymbol{A}_1(\boldsymbol{z},\hat{\boldsymbol{w}}_{\mathrm{stls}}^{(\mathrm{a})})\boldsymbol{i}_p^{(j)}\ \vdots\ -\dot{\boldsymbol{B}}_{1j}(\boldsymbol{z},\hat{\boldsymbol{w}}_{\mathrm{stls}}^{(\mathrm{a})})]\in\boldsymbol{R}^{p\times(q+1)},\quad 1\leqslant j\leqslant p\\ \boldsymbol{Y}_{p+j}=[\boldsymbol{A}_2(\boldsymbol{z},\hat{\boldsymbol{w}}_{\mathrm{stls}}^{(\mathrm{a})})\boldsymbol{i}_l^{(j)}\ \vdots\ -\dot{\boldsymbol{B}}_{2j}(\boldsymbol{z},\hat{\boldsymbol{w}}_{\mathrm{stls}}^{(\mathrm{a})})]\in\mathbf{R}^{p\times(q+1)},\quad 1\leqslant j\leqslant l\end{cases}\tag{7.60}$$

则可将式(7.59)表示为

$$\begin{cases}\min\limits_{\substack{t\in\mathbf{R}^{(q+1)\times 1}\\ \boldsymbol{\xi}_2\in\mathbf{R}^{(p+l)\times 1}}}\ \boldsymbol{\xi}_2^{\mathrm{T}}\boldsymbol{\Gamma}_2^{-1}\boldsymbol{\xi}_2\\ \text{s. t.}\ (\boldsymbol{Y}_0+\sum\limits_{j=1}^{p+l}\langle\boldsymbol{\xi}_2\rangle_j\boldsymbol{Y}_j)\boldsymbol{t}=\boldsymbol{O}_{p\times 1}\\ \boldsymbol{i}_{q+1}^{(1)\mathrm{T}}\boldsymbol{t}=1\end{cases}\tag{7.61}$$

为了得到标准形式的结构总体最小二乘优化模型[1,2]，需要令$\bar{\boldsymbol{\xi}}_2=\boldsymbol{\Gamma}_2^{-1/2}\boldsymbol{\xi}_2$，于是有

$$\langle\boldsymbol{\xi}_2\rangle_j=\langle\boldsymbol{\Gamma}_2^{1/2}\bar{\boldsymbol{\xi}}_2\rangle_j=\sum_{i=1}^{p+l}\langle\boldsymbol{\Gamma}_2^{1/2}\rangle_{ji}\langle\bar{\boldsymbol{\xi}}_2\rangle_i,\quad 1\leqslant j\leqslant p+l\tag{7.62}$$

将式(7.62)代入式(7.61)可得

$$\begin{cases}\min\limits_{\substack{t\in\mathbf{R}^{(q+1)\times 1}\\ \bar{\boldsymbol{\xi}}_2\in\mathbf{R}^{(p+l)\times 1}}}\ \|\bar{\boldsymbol{\xi}}_2\|_2^2\\ \text{s. t.}\ (\boldsymbol{Y}_0+\sum\limits_{j=1}^{p+l}\langle\bar{\boldsymbol{\xi}}_2\rangle_j\sum\limits_{i=1}^{p+l}\langle\boldsymbol{\Gamma}_2^{1/2}\rangle_{ij}\boldsymbol{Y}_i)\boldsymbol{t}=\boldsymbol{O}_{p\times 1}\\ \boldsymbol{i}_{q+1}^{(1)\mathrm{T}}\boldsymbol{t}=1\end{cases}\tag{7.63}$$

再令

$$\bar{\boldsymbol{Y}}_j=\sum_{i=1}^{p+l}\langle\boldsymbol{\Gamma}_2^{1/2}\rangle_{ij}\boldsymbol{Y}_i\tag{7.64}$$

并将式(7.64)代入式(7.63)可得

$$\begin{cases} \min\limits_{\substack{t\in\mathbf{R}^{(q+1)\times 1}\\ \bar{\boldsymbol{\xi}}_2\in\mathbf{R}^{(p+l)\times 1}}} \|\bar{\boldsymbol{\xi}}_2\|_2^2 \\ \text{s. t. } (\boldsymbol{Y}_0+\sum\limits_{j=1}^{p+l}\langle\bar{\boldsymbol{\xi}}_2\rangle_j\bar{\boldsymbol{Y}}_j)\boldsymbol{t}=\boldsymbol{O}_{p\times 1} \\ \boldsymbol{i}_{q+1}^{(1)\mathrm{T}}\boldsymbol{t}=1 \end{cases} \tag{7.65}$$

为了得到标准形式的结构总体最小二乘优化模型[1,2]，这里还需要将式(7.65)中的线性约束 $\boldsymbol{i}_{q+1}^{(1)\mathrm{T}}\boldsymbol{t}=1$ 转化为二次型约束 $\|\boldsymbol{t}\|_2=1$，从而得到如下优化模型：

$$\begin{cases} \min\limits_{\substack{t\in\mathbf{R}^{(q+1)\times 1}\\ \bar{\boldsymbol{\xi}}_2\in\mathbf{R}^{(p+l)\times 1}}} \|\bar{\boldsymbol{\xi}}_2\|_2^2 \\ \text{s. t. } (\boldsymbol{Y}_0+\sum\limits_{j=1}^{p+l}\langle\bar{\boldsymbol{\xi}}_2\rangle_j\bar{\boldsymbol{Y}}_j)\boldsymbol{t}=\boldsymbol{O}_{p\times 1} \\ \|\boldsymbol{t}\|_2=1 \end{cases} \tag{7.66}$$

类似于命题7.1的分析，对式(7.65)的求解可以直接转化为对式(7.66)的求解，而式(7.66)是标准形式的结构总体最小二乘优化模型[1,2]，其存在标准的数值迭代算法。

2. 数值迭代算法

类似于7.2.1节的讨论，为了求解式(7.66)需要寻找使得 $|\tau|$ 最小化的三元组($\boldsymbol{\alpha},\tau,\boldsymbol{\beta}$)，其中 $\boldsymbol{\alpha}\in\mathbf{R}^{p\times 1}$，$\boldsymbol{\beta}\in\mathbf{R}^{(q+1)\times 1}$ 和 $\tau\in\mathbf{R}$ 满足

$$\begin{cases} \boldsymbol{Y}_0\boldsymbol{\beta}=\tau\boldsymbol{S}_2^{(1)}(\boldsymbol{\beta})\boldsymbol{\alpha}, & \boldsymbol{\alpha}^{\mathrm{T}}\boldsymbol{S}_2^{(1)}(\boldsymbol{\beta})\boldsymbol{\alpha}=1 \\ \boldsymbol{Y}_0^{\mathrm{T}}\boldsymbol{\alpha}=\tau\boldsymbol{S}_2^{(2)}(\boldsymbol{\alpha})\boldsymbol{\beta}, & \boldsymbol{\beta}^{\mathrm{T}}\boldsymbol{S}_2^{(2)}(\boldsymbol{\alpha})\boldsymbol{\beta}=1 \end{cases} \tag{7.67}$$

式中，$\boldsymbol{S}_2^{(1)}(\boldsymbol{\beta})$ 和 $\boldsymbol{S}_2^{(2)}(\boldsymbol{\alpha})$ 分别是关于向量 $\boldsymbol{\beta}$ 和 $\boldsymbol{\alpha}$ 的二次函数，相应的表达式为

$$\begin{cases} \boldsymbol{S}_2^{(1)}(\boldsymbol{\beta})=\sum\limits_{j=1}^{p+l}\bar{\boldsymbol{Y}}_j\boldsymbol{\beta}\boldsymbol{\beta}^{\mathrm{T}}\bar{\boldsymbol{Y}}_j^{\mathrm{T}}\in\mathbf{R}^{p\times p} \\ \boldsymbol{S}_2^{(2)}(\boldsymbol{\alpha})=\sum\limits_{j=1}^{p+l}\bar{\boldsymbol{Y}}_j^{\mathrm{T}}\boldsymbol{\alpha}\boldsymbol{\alpha}^{\mathrm{T}}\bar{\boldsymbol{Y}}_j\in\mathbf{R}^{(q+1)\times(q+1)} \end{cases} \tag{7.68}$$

显然，7.2.1节给出的逆迭代算法可以直接应用于此，其基本思想是在每步迭代中，先利用当前最新的迭代值 $\boldsymbol{\alpha}$ 和 $\boldsymbol{\beta}$ 计算矩阵 $\boldsymbol{S}_2^{(2)}(\boldsymbol{\alpha})$ 和 $\boldsymbol{S}_2^{(1)}(\boldsymbol{\beta})$，并把它们作为常量矩阵代入式(7.67)确定 $\boldsymbol{\alpha}$ 和 $\boldsymbol{\beta}$ 的迭代更新值，从而进入下一轮迭代，重复此过程直至迭代收敛为止。与之类似的是，$\boldsymbol{\alpha}$ 和 $\boldsymbol{\beta}$ 的迭代更新值可以通过矩阵 $\boldsymbol{Y}_0$ 的 $\boldsymbol{QR}$ 分解获得，其 $\boldsymbol{QR}$ 分解可以表示为

$$\boldsymbol{Y}_0=[\underbrace{\boldsymbol{P}_1}_{p\times(q+1)}\ \vdots\ \underbrace{\boldsymbol{P}_2}_{p\times(p-q-1)}]\begin{bmatrix}\underbrace{\boldsymbol{R}}_{(q+1)\times(q+1)} \\ \cdots\cdots \\ \underbrace{\boldsymbol{O}}_{(p-q-1)\times(q+1)}\end{bmatrix}=\boldsymbol{P}_1\boldsymbol{R} \tag{7.69}$$

式中，$\boldsymbol{P}=[\boldsymbol{P}_1\quad\boldsymbol{P}_2]$ 为正交矩阵(即满足 $\boldsymbol{P}^{\mathrm{T}}\boldsymbol{P}=\boldsymbol{I}_p$)；$\boldsymbol{R}$ 为上三角矩阵。不妨将向量 $\boldsymbol{\alpha}$ 分解为

$$\boldsymbol{\alpha}=\boldsymbol{P}_1\boldsymbol{\alpha}_1+\boldsymbol{P}_2\boldsymbol{\alpha}_2 \tag{7.70}$$

式中，$\boldsymbol{\alpha}_1\in\mathbf{R}^{(q+1)\times 1}$和$\boldsymbol{\alpha}_2\in\mathbf{R}^{(p-q-1)\times 1}$，则由式(7.67)可推得如下线性方程组：

$$\begin{bmatrix} \boldsymbol{R}^{\mathrm{T}} & \boldsymbol{O}_{(q+1)\times(p-q-1)} & \boldsymbol{O}_{(q+1)\times(q+1)} \\ \boldsymbol{P}_2^{\mathrm{T}}\boldsymbol{S}_2^{(1)}(\boldsymbol{\beta})\boldsymbol{P}_1 & \boldsymbol{P}_2^{\mathrm{T}}\boldsymbol{S}_2^{(1)}(\boldsymbol{\beta})\boldsymbol{P}_2 & \boldsymbol{O}_{(p-q-1)\times(q+1)} \\ \tau\boldsymbol{P}_1^{\mathrm{T}}\boldsymbol{S}_2^{(1)}(\boldsymbol{\beta})\boldsymbol{P}_1 & \tau\boldsymbol{P}_1^{\mathrm{T}}\boldsymbol{S}_2^{(1)}(\boldsymbol{\beta})\boldsymbol{P}_2 & -\boldsymbol{R} \end{bmatrix}\begin{bmatrix}\boldsymbol{\alpha}_1\\ \boldsymbol{\alpha}_2\\ \boldsymbol{\beta}\end{bmatrix}=\begin{bmatrix}\tau\boldsymbol{S}_2^{(2)}(\boldsymbol{\alpha})\boldsymbol{\beta}\\ \boldsymbol{O}_{(p-q-1)\times 1}\\ \boldsymbol{O}_{(q+1)\times 1}\end{bmatrix} \tag{7.71}$$

需要指出的是，在迭代求解过程中式(7.71)中矩阵$\boldsymbol{S}_2^{(1)}(\boldsymbol{\beta})$和$\boldsymbol{S}_2^{(2)}(\boldsymbol{\alpha})$均认为是已知量，并且是将上一轮$\boldsymbol{\alpha}$和$\boldsymbol{\beta}$的迭代值代入进行计算。于是不难发现，线性方程组式(7.71)中包含的未知量个数为$p+q+1$，方程个数也是$p+q+1$，因此可以得到其唯一解。另外，由于左边的系数矩阵具有分块下三角结构，因此其中未知量的解可以通过递推的形式给出，相应的计算公式为

$$\begin{cases}\boldsymbol{\alpha}_1=\tau\boldsymbol{R}^{-\mathrm{T}}\boldsymbol{S}_2^{(2)}(\boldsymbol{\alpha})\boldsymbol{\beta}\\ \boldsymbol{\alpha}_2=-(\boldsymbol{P}_2^{\mathrm{T}}\boldsymbol{S}_2^{(1)}(\boldsymbol{\beta})\boldsymbol{P}_2)^{-1}\boldsymbol{P}_2^{\mathrm{T}}\boldsymbol{S}_2^{(1)}(\boldsymbol{\beta})\boldsymbol{P}_1\boldsymbol{\alpha}_1\\ \boldsymbol{\alpha}=\boldsymbol{P}_1\boldsymbol{\alpha}_1+\boldsymbol{P}_2\boldsymbol{\alpha}_2\\ \boldsymbol{\beta}=\tau\boldsymbol{R}^{-1}\boldsymbol{P}_1^{\mathrm{T}}\boldsymbol{S}_2^{(1)}(\boldsymbol{\beta})\boldsymbol{\alpha}\end{cases} \tag{7.72}$$

结合上述讨论和7.2.1节给出的算法，下面可以归纳总结出求解式(7.66)的逆迭代算法的具体步骤。

步骤1：初始化，选择$\boldsymbol{\alpha}_0$，$\boldsymbol{\beta}_0$和τ_0，利用式(7.68)构造矩阵$\boldsymbol{S}_2^{(1)}(\boldsymbol{\beta}_0)$和$\boldsymbol{S}_2^{(2)}(\boldsymbol{\alpha}_0)$，并进行归一化处理，使得

$$\boldsymbol{\alpha}_0^{\mathrm{T}}\boldsymbol{S}_2^{(1)}(\boldsymbol{\beta}_0)\boldsymbol{\alpha}_0=\boldsymbol{\beta}_0^{\mathrm{T}}\boldsymbol{S}_2^{(2)}(\boldsymbol{\alpha}_0)\boldsymbol{\beta}_0=1 \tag{7.73}$$

步骤2：根据式(7.69)对矩阵$\boldsymbol{Y}_0$进行$\boldsymbol{QR}$分解，并得到矩阵$\boldsymbol{P}_1$，$\boldsymbol{P}_2$和$\boldsymbol{R}$。

步骤3：令$k:=1$，并依次计算：

(1) $\boldsymbol{\alpha}_{1k}:=\tau_{k-1}\boldsymbol{R}^{-\mathrm{T}}\boldsymbol{S}_2^{(2)}(\boldsymbol{\alpha}_{k-1})\boldsymbol{\beta}_{k-1}$；

(2) $\boldsymbol{\alpha}_{2k}:=-(\boldsymbol{P}_2^{\mathrm{T}}\boldsymbol{S}_2^{(1)}(\boldsymbol{\beta}_{k-1})\boldsymbol{P}_2)^{-1}\boldsymbol{P}_2^{\mathrm{T}}\boldsymbol{S}_2^{(1)}(\boldsymbol{\beta}_{k-1})\boldsymbol{P}_1\boldsymbol{\alpha}_{1k}$；

(3) $\boldsymbol{\alpha}_k:=\boldsymbol{P}_1\boldsymbol{\alpha}_{1k}+\boldsymbol{P}_2\boldsymbol{\alpha}_{2k}$，并利用式(7.68)构造矩阵$\boldsymbol{S}_2^{(2)}(\boldsymbol{\alpha}_k)$；

(4) $\boldsymbol{\beta}_k:=\boldsymbol{R}^{-1}\boldsymbol{P}_1^{\mathrm{T}}\boldsymbol{S}_2^{(1)}(\boldsymbol{\beta}_{k-1})\boldsymbol{\alpha}_k$；

(5) $\boldsymbol{\beta}_k:=\boldsymbol{\beta}_k/\|\boldsymbol{\beta}_k\|_2$，并利用式(7.68)构造矩阵$\boldsymbol{S}_2^{(1)}(\boldsymbol{\beta}_k)$；

(6) $c_k:=(\boldsymbol{\alpha}_k^{\mathrm{T}}\boldsymbol{S}_2^{(1)}(\boldsymbol{\beta}_k)\boldsymbol{\alpha}_k)^{1/4}$；

(7) $\boldsymbol{\alpha}_k:=\boldsymbol{\alpha}_k/c_k$和$\boldsymbol{\beta}_k:=\boldsymbol{\beta}_k/c_k$；

(8) $\boldsymbol{S}_2^{(1)}(\boldsymbol{\beta}_k):=\boldsymbol{S}_2^{(1)}(\boldsymbol{\beta}_k)/c_k^2$和$\boldsymbol{S}_2^{(2)}(\boldsymbol{\alpha}_k):=\boldsymbol{S}_2^{(2)}(\boldsymbol{\alpha}_k)/c_k^2$；

(9) $\tau_k:=\boldsymbol{\alpha}_k^{\mathrm{T}}\boldsymbol{Y}_0\boldsymbol{\beta}_k$；

(10) $\langle\bar{\boldsymbol{\xi}}_2\rangle_j:=-\tau_k\boldsymbol{\alpha}_k^{\mathrm{T}}\bar{\boldsymbol{Y}}_j\boldsymbol{\beta}_k,\quad 1\leqslant j\leqslant p+l$；

(11) $\boldsymbol{M}_k:=\boldsymbol{Y}_0+\sum\limits_{j=1}^{p+l}\langle\bar{\boldsymbol{\xi}}_2\rangle_j\bar{\boldsymbol{Y}}_j$。

步骤4：计算矩阵$\boldsymbol{M}_k$的最大奇异值$\sigma_{k,\max}$和最小奇异值$\sigma_{k,\min}$，若$\sigma_{k,\min}/\sigma_{k,\max}\geqslant\varepsilon$，则令$k:=k+1$，并且转至步骤3，否则停止迭代。

需要指出的是，7.2.1节的六点注释同样可以推广于此，限于篇幅这里不再阐述。若将上述逆迭代算法中向量$\boldsymbol{\beta}_k$的收敛值记为$\hat{\boldsymbol{\beta}}_{\mathrm{stls}}^{(\mathrm{a})}$(即有$\hat{\boldsymbol{\beta}}_{\mathrm{stls}}^{(\mathrm{a})}=\lim\limits_{k\to+\infty}\boldsymbol{\beta}_k$)，则根据命题7.1可知，式(7.65)中向量$\boldsymbol{t}$的最优解为

$$\hat{\boldsymbol{t}}_{\mathrm{stls}}^{(\mathrm{a})}=\hat{\boldsymbol{\beta}}_{\mathrm{stls}}^{(\mathrm{a})}/\langle\hat{\boldsymbol{\beta}}_{\mathrm{stls}}^{(\mathrm{a})}\rangle_1 \tag{7.74}$$

于是目标位置解为$\hat{\boldsymbol{u}}_{\mathrm{stls}}^{(\mathrm{a})}=[\boldsymbol{O}_{q\times 1}\quad \boldsymbol{I}_q]\hat{\boldsymbol{t}}_{\mathrm{stls}}^{(\mathrm{a})}$，该向量即为第一类结构总体最小二乘定位方法给出的目标位置解。

7.2.4 目标位置向量估计值的理论性能

这里将推导目标位置解$\hat{\boldsymbol{u}}_{\mathrm{stls}}^{(\mathrm{a})}$的理论性能，重点推导其估计方差矩阵。首先可以得到如下命题。

命题 7.5 式(7.65)的最优解$\boldsymbol{t}_{\mathrm{stls}}^{(\mathrm{a})}$是如下优化问题的最优解：

$$\begin{cases}\min\limits_{\boldsymbol{t}\in\mathbf{R}^{(q+1)\times 1}} \boldsymbol{t}^{\mathrm{T}}\boldsymbol{Y}_0^{\mathrm{T}}(\boldsymbol{S}_2^{(1)}(\boldsymbol{t}))^{-1}\boldsymbol{Y}_0\boldsymbol{t} \\ \text{s. t.}\quad \boldsymbol{i}_{q+1}^{(1)\mathrm{T}}\boldsymbol{t}=1\end{cases} \tag{7.75}$$

证明 由于式(7.65)是含有等式约束的优化问题，因此它可以采用拉格朗日乘子法进行优化求解[6]，相应的拉格朗日函数可构造为

$$\bar{J}_2(\bar{\boldsymbol{\xi}}_2,\boldsymbol{t},\boldsymbol{\eta},\lambda)=\bar{\boldsymbol{\xi}}_2^{\mathrm{T}}\bar{\boldsymbol{\xi}}_2+2\boldsymbol{\eta}^{\mathrm{T}}\Big(\boldsymbol{Y}_0+\sum_{j=1}^{p+l}\langle\bar{\boldsymbol{\xi}}_2\rangle_j\bar{\boldsymbol{Y}}_j\Big)\boldsymbol{t}+\lambda(1-\boldsymbol{i}_{q+1}^{(1)\mathrm{T}}\boldsymbol{t}) \tag{7.76}$$

式中，$\boldsymbol{\eta}$ 和 λ 分别表示拉格朗日乘子向量和标量。分别对式(7.76)中的各个变量求偏导，并令其等于零可以推得

$$\begin{cases}\langle\bar{\boldsymbol{\xi}}_2\rangle_j=-\boldsymbol{\eta}^{\mathrm{T}}\bar{\boldsymbol{Y}}_j\boldsymbol{t},\quad 1\leqslant j\leqslant p+l & (7.77\mathrm{a})\\ \Big(\boldsymbol{Y}_0+\sum\limits_{j=1}^{p+l}\langle\bar{\boldsymbol{\xi}}_2\rangle_j\bar{\boldsymbol{Y}}_j\Big)\boldsymbol{t}=\boldsymbol{O}_{p\times 1} & (7.77\mathrm{b})\\ \Big(\boldsymbol{Y}_0^{\mathrm{T}}+\sum\limits_{j=1}^{p+l}\langle\bar{\boldsymbol{\xi}}_2\rangle_j\bar{\boldsymbol{Y}}_j^{\mathrm{T}}\Big)\boldsymbol{\eta}=\lambda\boldsymbol{i}_{q+1}^{(1)}/2 & (7.77\mathrm{c})\\ \boldsymbol{i}_{q+1}^{(1)\mathrm{T}}\boldsymbol{t}=1 & (7.77\mathrm{d})\end{cases}$$

首先根据式(7.77b)和(7.77c)可以得到 $\lambda=0$，再将式(7.77a)分别代入式(7.77b)和式(7.77c)可得

$$\begin{cases}\boldsymbol{Y}_0\boldsymbol{t}=\Big(\sum\limits_{j=1}^{p+l}(\boldsymbol{\eta}^{\mathrm{T}}\bar{\boldsymbol{Y}}_j\boldsymbol{t})\bar{\boldsymbol{Y}}_j\Big)\boldsymbol{t}=\Big(\sum\limits_{j=1}^{p+l}\bar{\boldsymbol{Y}}_j\boldsymbol{t}\boldsymbol{t}^{\mathrm{T}}\bar{\boldsymbol{Y}}_j^{\mathrm{T}}\Big)\boldsymbol{\eta}=\boldsymbol{S}_2^{(1)}(\boldsymbol{t})\boldsymbol{\eta} & (7.78\mathrm{a})\\ \boldsymbol{Y}_0^{\mathrm{T}}\boldsymbol{\eta}=\Big(\sum\limits_{j=1}^{p+l}(\boldsymbol{\eta}^{\mathrm{T}}\bar{\boldsymbol{Y}}_j\boldsymbol{t})\bar{\boldsymbol{Y}}_j^{\mathrm{T}}\Big)\boldsymbol{\eta}=\Big(\sum\limits_{j=1}^{p+l}\bar{\boldsymbol{Y}}_j^{\mathrm{T}}\boldsymbol{\eta}\boldsymbol{\eta}^{\mathrm{T}}\bar{\boldsymbol{Y}}_j\Big)\boldsymbol{t}=\boldsymbol{S}_2^{(2)}(\boldsymbol{\eta})\boldsymbol{t} & (7.78\mathrm{b})\end{cases}$$

基于式(7.77a)可知，式(7.65)中的目标函数可表示为

$$\|\bar{\boldsymbol{\xi}}_2\|_2^2=\bar{\boldsymbol{\xi}}_2^{\mathrm{T}}\bar{\boldsymbol{\xi}}_2=\boldsymbol{\eta}^{\mathrm{T}}\Big(\sum_{j=1}^{p+l}\bar{\boldsymbol{Y}}_j\boldsymbol{t}\boldsymbol{t}^{\mathrm{T}}\bar{\boldsymbol{Y}}_j^{\mathrm{T}}\Big)\boldsymbol{\eta}=\boldsymbol{\eta}^{\mathrm{T}}\boldsymbol{S}_2^{(1)}(\boldsymbol{t})\boldsymbol{\eta} \tag{7.79}$$

再利用式(7.78a)可得

$$\boldsymbol{\eta}=(\boldsymbol{S}_2^{(1)}(\boldsymbol{t}))^{-1}\boldsymbol{Y}_0\boldsymbol{t} \tag{7.80}$$

将式(7.80)代入式(7.79)可以将目标函数进一步表示为

$$\|\bar{\boldsymbol{\xi}}_2\|_2^2=\boldsymbol{\eta}^{\mathrm{T}}\boldsymbol{S}_2^{(1)}(\boldsymbol{t})\boldsymbol{\eta}=\boldsymbol{t}^{\mathrm{T}}\boldsymbol{Y}_0^{\mathrm{T}}(\boldsymbol{S}_2^{(1)}(\boldsymbol{t}))^{-1}\boldsymbol{Y}_0\boldsymbol{t} \tag{7.81}$$

根据式(7.81)可知结论成立。证毕。

根据命题 7.5 还可以进一步得到如下推论。

推论 7.2 目标位置解$\hat{\boldsymbol{u}}_{\text{stls}}^{(\text{a})}$是如下优化问题的最优解：

$$\begin{aligned}&\min_{\boldsymbol{u}\in\mathbf{R}^{q\times 1}}(\boldsymbol{B}(\boldsymbol{z},\hat{\boldsymbol{w}}_{\text{stls}}^{(\text{a})})\boldsymbol{u}-\boldsymbol{a}(\boldsymbol{z},\hat{\boldsymbol{w}}_{\text{stls}}^{(\text{a})}))^{\text{T}}(\boldsymbol{T}(\boldsymbol{z},\hat{\boldsymbol{w}}_{\text{stls}}^{(\text{a})},\boldsymbol{u})\boldsymbol{\Gamma}_2\boldsymbol{T}^{\text{T}}(\boldsymbol{z},\hat{\boldsymbol{w}}_{\text{stls}}^{(\text{a})},\boldsymbol{u}))^{-1}(\boldsymbol{B}(\boldsymbol{z},\hat{\boldsymbol{w}}_{\text{stls}}^{(\text{a})})\boldsymbol{u}-\boldsymbol{a}(\boldsymbol{z},\hat{\boldsymbol{w}}_{\text{stls}}^{(\text{a})}))\\&=\min_{\boldsymbol{u}\in\mathbf{R}^{q\times 1}}(\boldsymbol{B}(\boldsymbol{z},\hat{\boldsymbol{w}}_{\text{stls}}^{(\text{a})})\boldsymbol{u}-\boldsymbol{a}(\boldsymbol{z},\hat{\boldsymbol{w}}_{\text{stls}}^{(\text{a})}))^{\text{T}}\begin{pmatrix}\boldsymbol{T}_1(\boldsymbol{z},\hat{\boldsymbol{w}}_{\text{stls}}^{(\text{a})},\boldsymbol{u})\boldsymbol{Q}_1\boldsymbol{T}_1^{\text{T}}(\boldsymbol{z},\hat{\boldsymbol{w}}_{\text{stls}}^{(\text{a})},\boldsymbol{u})\\+\boldsymbol{T}_2(\boldsymbol{z},\hat{\boldsymbol{w}}_{\text{stls}}^{(\text{a})},\boldsymbol{u})\mathbf{cov}(\hat{\boldsymbol{w}}_{\text{stls}}^{(\text{a})})\boldsymbol{T}_2^{\text{T}}(\boldsymbol{z},\hat{\boldsymbol{w}}_{\text{stls}}^{(\text{a})},\boldsymbol{u})\end{pmatrix}^{-1}\\&\quad\cdot(\boldsymbol{B}(\boldsymbol{z},\hat{\boldsymbol{w}}_{\text{stls}}^{(\text{a})})\boldsymbol{u}-\boldsymbol{a}(\boldsymbol{z},\hat{\boldsymbol{w}}_{\text{stls}}^{(\text{a})}))\end{aligned}\tag{7.82}$$

式中

$$\begin{cases}\boldsymbol{T}(\boldsymbol{z},\hat{\boldsymbol{w}}_{\text{stls}}^{(\text{a})},\boldsymbol{u})=[\boldsymbol{T}_1(\boldsymbol{z},\hat{\boldsymbol{w}}_{\text{stls}}^{(\text{a})},\boldsymbol{u})\quad\boldsymbol{T}_2(\boldsymbol{z},\hat{\boldsymbol{w}}_{\text{stls}}^{(\text{a})},\boldsymbol{u})]\in\mathbf{R}^{p\times(p+l)}\\\boldsymbol{T}_1(\boldsymbol{z},\hat{\boldsymbol{w}}_{\text{stls}}^{(\text{a})},\boldsymbol{u})=\boldsymbol{A}_1(\boldsymbol{z},\hat{\boldsymbol{w}}_{\text{stls}}^{(\text{a})})-[\dot{\boldsymbol{B}}_{11}(\boldsymbol{z},\hat{\boldsymbol{w}}_{\text{stls}}^{(\text{a})})\boldsymbol{u}\quad\dot{\boldsymbol{B}}_{12}(\boldsymbol{z},\hat{\boldsymbol{w}}_{\text{stls}}^{(\text{a})})\boldsymbol{u}\quad\cdots\quad\dot{\boldsymbol{B}}_{1p}(\boldsymbol{z},\hat{\boldsymbol{w}}_{\text{stls}}^{(\text{a})})\boldsymbol{u}]\in\mathbf{R}^{p\times p}\\\boldsymbol{T}_2(\boldsymbol{z},\hat{\boldsymbol{w}}_{\text{stls}}^{(\text{a})},\boldsymbol{u})=\boldsymbol{A}_2(\boldsymbol{z},\hat{\boldsymbol{w}}_{\text{stls}}^{(\text{a})})-[\dot{\boldsymbol{B}}_{21}(\boldsymbol{z},\hat{\boldsymbol{w}}_{\text{stls}}^{(\text{a})})\boldsymbol{u}\quad\dot{\boldsymbol{B}}_{22}(\boldsymbol{z},\hat{\boldsymbol{w}}_{\text{stls}}^{(\text{a})})\boldsymbol{u}\quad\cdots\quad\dot{\boldsymbol{B}}_{2l}(\boldsymbol{z},\hat{\boldsymbol{w}}_{\text{stls}}^{(\text{a})})\boldsymbol{u}]\in\mathbf{R}^{p\times l}\end{cases}\tag{7.83}$$

证明 由于$\boldsymbol{t}=[1\quad\boldsymbol{u}^{\text{T}}]^{\text{T}}$，因此根据式(7.60)中的第一式可得

$$\boldsymbol{Y}_0\boldsymbol{t}=[-\boldsymbol{a}(\boldsymbol{z},\hat{\boldsymbol{w}}_{\text{stls}}^{(\text{a})})\ \vdots\ \boldsymbol{B}(\boldsymbol{z},\hat{\boldsymbol{w}}_{\text{stls}}^{(\text{a})})]\begin{bmatrix}1\\\boldsymbol{u}\end{bmatrix}=\boldsymbol{B}(\boldsymbol{z},\hat{\boldsymbol{w}}_{\text{stls}}^{(\text{a})})\boldsymbol{u}-\boldsymbol{a}(\boldsymbol{z},\hat{\boldsymbol{w}}_{\text{stls}}^{(\text{a})})\tag{7.84}$$

另外，结合式(7.60)中的第二式和第三式及式(7.64)可得

$$\begin{aligned}\bar{\boldsymbol{Y}}_j\boldsymbol{t}&=\sum_{i=1}^{p+l}\langle\boldsymbol{\Gamma}_2^{1/2}\rangle_{ij}\boldsymbol{Y}_i\boldsymbol{t}=\sum_{i=1}^{p}\langle\boldsymbol{\Gamma}_2^{1/2}\rangle_{ij}[\boldsymbol{A}_1(\boldsymbol{z},\hat{\boldsymbol{w}}_{\text{stls}}^{(\text{a})})\boldsymbol{i}_p^{(i)}\ \vdots\ -\dot{\boldsymbol{B}}_{1i}(\boldsymbol{z},\hat{\boldsymbol{w}}_{\text{stls}}^{(\text{a})})]\boldsymbol{t}\\&\quad+\sum_{i=1}^{l}\langle\boldsymbol{\Gamma}_2^{1/2}\rangle_{p+i,j}[\boldsymbol{A}_2(\boldsymbol{z},\hat{\boldsymbol{w}}_{\text{stls}}^{(\text{a})})\boldsymbol{i}_l^{(i)}\ \vdots\ -\dot{\boldsymbol{B}}_{2i}(\boldsymbol{z},\hat{\boldsymbol{w}}_{\text{stls}}^{(\text{a})})]\boldsymbol{t}\\&=\sum_{i=1}^{p}\langle\boldsymbol{\Gamma}_2^{1/2}\rangle_{ij}(\boldsymbol{A}_1(\boldsymbol{z},\hat{\boldsymbol{w}}_{\text{stls}}^{(\text{a})})\boldsymbol{i}_p^{(i)}-\dot{\boldsymbol{B}}_{1i}(\boldsymbol{z},\hat{\boldsymbol{w}}_{\text{stls}}^{(\text{a})})\boldsymbol{u})+\sum_{i=1}^{l}\langle\boldsymbol{\Gamma}_2^{1/2}\rangle_{p+i,j}(\boldsymbol{A}_2(\boldsymbol{z},\hat{\boldsymbol{w}}_{\text{stls}}^{(\text{a})})\boldsymbol{i}_l^{(i)}\\&\quad-\dot{\boldsymbol{B}}_{2i}(\boldsymbol{z},\hat{\boldsymbol{w}}_{\text{stls}}^{(\text{a})})\boldsymbol{u})\end{aligned}\tag{7.85}$$

利用式(7.58)中的第二式，式(7.83)和式(7.85)可进一步推得

$$\begin{cases}\bar{\boldsymbol{Y}}_j\boldsymbol{t}=\displaystyle\sum_{i=1}^{p}\langle\boldsymbol{Q}_1^{1/2}\rangle_{ij}(\boldsymbol{A}_1(\boldsymbol{z},\hat{\boldsymbol{w}}_{\text{stls}}^{(\text{a})})\boldsymbol{i}_p^{(i)}-\dot{\boldsymbol{B}}_{1i}(\boldsymbol{z},\hat{\boldsymbol{w}}_{\text{stls}}^{(\text{a})})\boldsymbol{u})=\sum_{i=1}^{p}\langle\boldsymbol{Q}_1^{1/2}\rangle_{ij}\boldsymbol{T}_1(\boldsymbol{z},\hat{\boldsymbol{w}}_{\text{stls}}^{(\text{a})},\boldsymbol{u})\boldsymbol{i}_p^{(i)}\\\quad=\boldsymbol{T}_1(\boldsymbol{z},\hat{\boldsymbol{w}}_{\text{stls}}^{(\text{a})},\boldsymbol{u})\boldsymbol{Q}_1^{1/2}\boldsymbol{i}_p^{(j)},\quad 1\leqslant j\leqslant p\\\bar{\boldsymbol{Y}}_{p+j}\boldsymbol{t}=\displaystyle\sum_{i=1}^{l}\langle\mathbf{cov}^{1/2}(\hat{\boldsymbol{w}}_{\text{stls}}^{(\text{a})})\rangle_{ij}(\boldsymbol{A}_2(\boldsymbol{z},\hat{\boldsymbol{w}}_{\text{stls}}^{(\text{a})})\boldsymbol{i}_l^{(i)}-\dot{\boldsymbol{B}}_{2i}(\boldsymbol{z},\hat{\boldsymbol{w}}_{\text{stls}}^{(\text{a})})\boldsymbol{u})\\\quad=\displaystyle\sum_{i=1}^{l}\langle\mathbf{cov}^{1/2}(\hat{\boldsymbol{w}}_{\text{stls}}^{(\text{a})})\rangle_{ij}\boldsymbol{T}_2(\boldsymbol{z},\hat{\boldsymbol{w}}_{\text{stls}}^{(\text{a})},\boldsymbol{u})\boldsymbol{i}_l^{(i)}\\\quad=\boldsymbol{T}_2(\boldsymbol{z},\hat{\boldsymbol{w}}_{\text{stls}}^{(\text{a})},\boldsymbol{u})\mathbf{cov}^{1/2}(\hat{\boldsymbol{w}}_{\text{stls}}^{(\text{a})})\boldsymbol{i}_l^{(j)},\quad 1\leqslant j\leqslant l\end{cases}\tag{7.86}$$

基于式(7.86)可知

$$\begin{aligned} \boldsymbol{S}_2^{(1)}(\boldsymbol{t}) = \sum_{j=1}^{p+l} \bar{\boldsymbol{Y}}_j \boldsymbol{t}\boldsymbol{t}^{\mathrm{T}} \bar{\boldsymbol{Y}}_j^{\mathrm{T}} &= \boldsymbol{T}_1(\boldsymbol{z},\hat{\boldsymbol{w}}_{\mathrm{stls}}^{(\mathrm{a})},\boldsymbol{u})\boldsymbol{Q}_1\boldsymbol{T}_1^{\mathrm{T}}(\boldsymbol{z},\hat{\boldsymbol{w}}_{\mathrm{stls}}^{(\mathrm{a})},\boldsymbol{u}) + \boldsymbol{T}_2(\boldsymbol{z},\hat{\boldsymbol{w}}_{\mathrm{stls}}^{(\mathrm{a})},\boldsymbol{u})\mathbf{cov}(\hat{\boldsymbol{w}}_{\mathrm{stls}}^{(\mathrm{a})}) \\ &\quad \cdot \boldsymbol{T}_2^{\mathrm{T}}(\boldsymbol{z},\hat{\boldsymbol{w}}_{\mathrm{stls}}^{(\mathrm{a})},\boldsymbol{u}) \\ &= \boldsymbol{T}(\boldsymbol{z},\hat{\boldsymbol{w}}_{\mathrm{stls}}^{(\mathrm{a})},\boldsymbol{u})\boldsymbol{\Gamma}_2\boldsymbol{T}^{\mathrm{T}}(\boldsymbol{z},\hat{\boldsymbol{w}}_{\mathrm{stls}}^{(\mathrm{a})},\boldsymbol{u}) \end{aligned} \tag{7.87}$$

联合式(7.84)和式(7.87)可推得

$$\begin{aligned} \boldsymbol{t}^{\mathrm{T}}\boldsymbol{Y}_0^{\mathrm{T}}(\boldsymbol{S}_2^{(1)}(\boldsymbol{t}))^{-1}\boldsymbol{Y}_0\boldsymbol{t} &= (\boldsymbol{B}(\boldsymbol{z},\hat{\boldsymbol{w}}_{\mathrm{stls}}^{(\mathrm{a})})\boldsymbol{u} - \boldsymbol{a}(\boldsymbol{z},\hat{\boldsymbol{w}}_{\mathrm{stls}}^{(\mathrm{a})}))^{\mathrm{T}}(\boldsymbol{T}(\boldsymbol{z},\hat{\boldsymbol{w}}_{\mathrm{stls}}^{(\mathrm{a})},\boldsymbol{u})\boldsymbol{\Gamma}_2\boldsymbol{T}^{\mathrm{T}}(\boldsymbol{z},\hat{\boldsymbol{w}}_{\mathrm{stls}}^{(\mathrm{a})},\boldsymbol{u}))^{-1} \\ &\quad \cdot (\boldsymbol{B}(\boldsymbol{z},\hat{\boldsymbol{w}}_{\mathrm{stls}}^{(\mathrm{a})})\boldsymbol{u} - \boldsymbol{a}(\boldsymbol{z},\hat{\boldsymbol{w}}_{\mathrm{stls}}^{(\mathrm{a})})) \end{aligned} \tag{7.88}$$

根据式(7.88)可知结论成立。证毕。

根据推论7.2可知，目标位置解$\hat{\boldsymbol{u}}_{\mathrm{stls}}^{(\mathrm{a})}$的二阶统计特性可以基于式(7.82)推得。类似于6.2.4节中的性能分析，目标位置解$\hat{\boldsymbol{u}}_{\mathrm{stls}}^{(\mathrm{a})}$的估计方差矩阵为

$$\mathbf{cov}(\hat{\boldsymbol{u}}_{\mathrm{stls}}^{(\mathrm{a})}) = (\boldsymbol{B}^{\mathrm{T}}(\boldsymbol{z}_0,\boldsymbol{w})(\boldsymbol{T}(\boldsymbol{z}_0,\boldsymbol{w},\boldsymbol{u})\boldsymbol{\Gamma}_2\boldsymbol{T}^{\mathrm{T}}(\boldsymbol{z}_0,\boldsymbol{w},\boldsymbol{u}))^{-1}\boldsymbol{B}(\boldsymbol{z}_0,\boldsymbol{w}))^{-1} \tag{7.89}$$

通过进一步的数学分析可以证明，目标位置解$\hat{\boldsymbol{u}}_{\mathrm{stls}}^{(\mathrm{a})}$的估计方差矩阵等于式(3.34)给出的克拉美罗界矩阵，结果可见如下命题。

命题 7.6　$\mathbf{cov}(\hat{\boldsymbol{u}}_{\mathrm{stls}}^{(\mathrm{a})}) = \mathbf{CRB}(\boldsymbol{u}) = (\boldsymbol{G}_1^{\mathrm{T}}(\boldsymbol{u},\boldsymbol{w})(\boldsymbol{Q}_1 + \boldsymbol{G}_2(\boldsymbol{u},\boldsymbol{w})(\boldsymbol{Q}_2^{-1} + \bar{\boldsymbol{G}}^{\mathrm{T}}(\boldsymbol{s},\boldsymbol{w})\boldsymbol{Q}_3^{-1} \cdot \bar{\boldsymbol{G}}(\boldsymbol{s},\boldsymbol{w}))^{-1}\boldsymbol{G}_2^{\mathrm{T}}(\boldsymbol{u},\boldsymbol{w}))^{-1}\boldsymbol{G}_1(\boldsymbol{u},\boldsymbol{w}))^{-1}$。

命题7.6的证明类似于命题4.2，限于篇幅这里不再阐述。命题7.6表明，目标位置解$\hat{\boldsymbol{u}}_{\mathrm{stls}}^{(\mathrm{a})}$具有渐近最优的统计性能(在门限效应发生以前)。

7.3　第二类结构总体最小二乘定位方法及其理论性能分析

与第一类结构总体最小二乘定位方法不同的是，第二类结构总体最小二乘定位方法是基于目标源观测量$\boldsymbol{z}$，校正源观测量$\boldsymbol{r}$和系统参量的先验测量值$\boldsymbol{v}$(直接)联合估计目标位置向量$\boldsymbol{u}$和系统参量$\boldsymbol{w}$。

7.3.1　联合估计目标位置向量和系统参量

1. 定位优化模型

在实际计算中，函数$\boldsymbol{a}(\cdot,\cdot)$和$\boldsymbol{B}(\cdot,\cdot)$以及函数$\bar{\boldsymbol{c}}(\cdot,\cdot)$和$\bar{\boldsymbol{D}}(\cdot,\cdot)$的闭式形式是可知的，但$\boldsymbol{z}_0$，$\boldsymbol{w}$和$\boldsymbol{r}_0$却不可获知，只能用带误差的观测向量$\boldsymbol{z}$，$\boldsymbol{v}$和$\boldsymbol{r}$来代替。显然，若用$\boldsymbol{z}$，$\boldsymbol{v}$和$\boldsymbol{r}$直接代替$\boldsymbol{z}_0$，$\boldsymbol{w}$和$\boldsymbol{r}_0$，式(7.1)和式(7.3)已经无法成立。为了建立结构总体最小二乘优化模型，需要将向量函数$\boldsymbol{a}(\boldsymbol{z}_0,\boldsymbol{w})$和矩阵函数$\boldsymbol{B}(\boldsymbol{z}_0,\boldsymbol{w})$以及向量函数$\bar{\boldsymbol{c}}(\boldsymbol{r}_0,\boldsymbol{s})$和矩阵函数$\bar{\boldsymbol{D}}(\boldsymbol{r}_0,\boldsymbol{s})$在点$\boldsymbol{z}$，$\boldsymbol{v}$和$\boldsymbol{r}$处进行一阶Taylor级数展开可得

$$\begin{cases} \boldsymbol{a}(\boldsymbol{z}_0,\boldsymbol{w}) \approx \boldsymbol{a}(\boldsymbol{z},\boldsymbol{v}) + \boldsymbol{A}_1(\boldsymbol{z},\boldsymbol{v})(\boldsymbol{z}_0-\boldsymbol{z}) + \boldsymbol{A}_2(\boldsymbol{z},\boldsymbol{v})(\boldsymbol{w}-\boldsymbol{v}) \\ \qquad\qquad = \boldsymbol{a}(\boldsymbol{z},\boldsymbol{v}) - \boldsymbol{A}_1(\boldsymbol{z},\boldsymbol{v})\boldsymbol{n} - \boldsymbol{A}_2(\boldsymbol{z},\boldsymbol{v})\boldsymbol{m} \\ \boldsymbol{B}(\boldsymbol{z}_0,\boldsymbol{w}) \approx \boldsymbol{B}(\boldsymbol{z},\boldsymbol{v}) + \dot{\boldsymbol{B}}_{11}(\boldsymbol{z},\boldsymbol{v})\langle \boldsymbol{z}_0-\boldsymbol{z}\rangle_1 + \dot{\boldsymbol{B}}_{12}(\boldsymbol{z},\boldsymbol{v})\langle \boldsymbol{z}_0-\boldsymbol{z}\rangle_2 \\ \qquad\qquad + \cdots + \dot{\boldsymbol{B}}_{1p}(\boldsymbol{z},\boldsymbol{v})\langle \boldsymbol{z}_0-\boldsymbol{z}\rangle_p \\ \qquad\qquad + \dot{\boldsymbol{B}}_{21}(\boldsymbol{z},\boldsymbol{v})\langle \boldsymbol{w}-\boldsymbol{v}\rangle_1 + \dot{\boldsymbol{B}}_{22}(\boldsymbol{z},\boldsymbol{v})\langle \boldsymbol{w}-\boldsymbol{v}\rangle_2 + \cdots + \dot{\boldsymbol{B}}_{2l}(\boldsymbol{z},\boldsymbol{v})\langle \boldsymbol{w}-\boldsymbol{v}\rangle_l \\ \qquad\qquad = \boldsymbol{B}(\boldsymbol{z},\boldsymbol{v}) - \sum_{j=1}^{p}\langle \boldsymbol{n}\rangle_j \dot{\boldsymbol{B}}_{1j}(\boldsymbol{z},\boldsymbol{v}) - \sum_{j=1}^{l}\langle \boldsymbol{m}\rangle_j \dot{\boldsymbol{B}}_{2j}(\boldsymbol{z},\boldsymbol{v}) \end{cases} \tag{7.90}$$

$$\begin{cases} \bar{\boldsymbol{c}}(\boldsymbol{r}_0,\boldsymbol{s}) \approx \bar{\boldsymbol{c}}(\boldsymbol{r},\boldsymbol{s}) + \bar{\boldsymbol{C}}(\boldsymbol{r},\boldsymbol{s})(\boldsymbol{r}_0-\boldsymbol{r}) \\ \qquad\qquad = \bar{\boldsymbol{c}}(\boldsymbol{r},\boldsymbol{s}) - \bar{\boldsymbol{C}}(\boldsymbol{r},\boldsymbol{s})\boldsymbol{e} \\ \bar{\boldsymbol{D}}(\boldsymbol{r}_0,\boldsymbol{s}) \approx \bar{\boldsymbol{D}}(\boldsymbol{r},\boldsymbol{s}) + \dot{\bar{\boldsymbol{D}}}_1(\boldsymbol{r},\boldsymbol{s})\langle \boldsymbol{r}_0-\boldsymbol{r}\rangle_1 + \dot{\bar{\boldsymbol{D}}}_2(\boldsymbol{r},\boldsymbol{s})\langle \boldsymbol{r}_0-\boldsymbol{r}\rangle_2 \\ \qquad\qquad + \cdots + \dot{\bar{\boldsymbol{D}}}_{pd}(\boldsymbol{r},\boldsymbol{s})\langle \boldsymbol{r}_0-\boldsymbol{r}\rangle_{pd} \\ \qquad\qquad = \bar{\boldsymbol{D}}(\boldsymbol{r},\boldsymbol{s}) - \sum_{j=1}^{pd}\langle \boldsymbol{e}\rangle_j \dot{\bar{\boldsymbol{D}}}_j(\boldsymbol{r},\boldsymbol{s}) \end{cases} \tag{7.91}$$

将式(7.90)和式(7.91)分别代入式(7.1)和式(7.3)可得如下(近似)等式：

$$\left([-\boldsymbol{a}(\boldsymbol{z},\boldsymbol{v}) \;\vdots\; \boldsymbol{B}(\boldsymbol{z},\boldsymbol{v})] + \left(\begin{array}{l} \sum_{j=1}^{p}\langle \boldsymbol{n}\rangle_j [\boldsymbol{A}_1(\boldsymbol{z},\boldsymbol{v})\boldsymbol{i}_p^{(j)} \;\vdots\; -\dot{\boldsymbol{B}}_{1j}(\boldsymbol{z},\boldsymbol{v})] \\ + \sum_{j=1}^{l}\langle \boldsymbol{m}\rangle_j [\boldsymbol{A}_2(\boldsymbol{z},\boldsymbol{v})\boldsymbol{i}_l^{(j)} \;\vdots\; -\dot{\boldsymbol{B}}_{2j}(\boldsymbol{z},\boldsymbol{v})] \end{array} \right) \right) \begin{bmatrix} 1 \\ \boldsymbol{u} \end{bmatrix} \approx \boldsymbol{O}_{p\times 1} \tag{7.92}$$

$$\left([-\bar{\boldsymbol{c}}(\boldsymbol{r},\boldsymbol{s}) \;\vdots\; \bar{\boldsymbol{D}}(\boldsymbol{r},\boldsymbol{s})] + \sum_{j=1}^{pd}\langle \boldsymbol{e}\rangle_j [\bar{\boldsymbol{C}}(\boldsymbol{r},\boldsymbol{s})\boldsymbol{i}_{pd}^{(j)} \;\vdots\; -\dot{\bar{\boldsymbol{D}}}_j(\boldsymbol{r},\boldsymbol{s})] \right) \begin{bmatrix} 1 \\ \boldsymbol{w} \end{bmatrix} \approx \boldsymbol{O}_{pd\times 1} \tag{7.93}$$

另外，式(3.2)可表示成如下形式：

$$\left([-\boldsymbol{v} \;\vdots\; \boldsymbol{I}_l] + \sum_{j=1}^{l}\langle \boldsymbol{m}\rangle_j [\boldsymbol{i}_l^{(j)} \;\vdots\; \boldsymbol{O}_{l\times l}] \right) \begin{bmatrix} 1 \\ \boldsymbol{w} \end{bmatrix} = \boldsymbol{O}_{l\times 1} \tag{7.94}$$

若记 $\boldsymbol{y}=[1 \quad \boldsymbol{u}^{\mathrm{T}} \quad \boldsymbol{w}^{\mathrm{T}}]^{\mathrm{T}}$，则基于式(7.92)～式(7.94)可以建立如下结构总体最小二乘优化模型：

$$\begin{cases}\min\limits_{\substack{y\in\mathbf{R}^{(q+l+1)\times 1}\\ n\in\mathbf{R}^{p\times 1}\\ m\in\mathbf{R}^{l\times 1}\\ e\in\mathbf{R}^{pd\times 1}}} \begin{bmatrix}\boldsymbol{n}\\ \boldsymbol{m}\\ \boldsymbol{e}\end{bmatrix}^{\mathrm{T}}\begin{bmatrix}\boldsymbol{Q}_1^{-1} & \boldsymbol{O}_{p\times l} & \boldsymbol{O}_{p\times pd}\\ \boldsymbol{O}_{l\times p} & \boldsymbol{Q}_2^{-1} & \boldsymbol{O}_{l\times pd}\\ \boldsymbol{O}_{pd\times p} & \boldsymbol{O}_{pd\times l} & \boldsymbol{Q}_3^{-1}\end{bmatrix}\begin{bmatrix}\boldsymbol{n}\\ \boldsymbol{m}\\ \boldsymbol{e}\end{bmatrix}\\ \text{s. t.}\left(\begin{array}{l}[-\boldsymbol{a}(\boldsymbol{z},\boldsymbol{v})\ \vdots\ \boldsymbol{B}(\boldsymbol{z},\boldsymbol{v})\ \vdots\ \boldsymbol{O}_{p\times l}]\\ +\left(\begin{array}{l}\sum\limits_{j=1}^{p}\langle\boldsymbol{n}\rangle_j[\boldsymbol{A}_1(\boldsymbol{z},\boldsymbol{v})\boldsymbol{i}_p^{(j)}\ \vdots\ -\dot{\boldsymbol{B}}_{1j}(\boldsymbol{z},\boldsymbol{v})\ \vdots\ \boldsymbol{O}_{p\times l}]\\ +\sum\limits_{j=1}^{l}\langle\boldsymbol{m}\rangle_j[\boldsymbol{A}_2(\boldsymbol{z},\boldsymbol{v})\boldsymbol{i}_l^{(j)}\ \vdots\ -\dot{\boldsymbol{B}}_{2j}(\boldsymbol{z},\boldsymbol{v})\ \vdots\ \boldsymbol{O}_{p\times l}]\end{array}\right)\end{array}\right)\boldsymbol{y}=\boldsymbol{O}_{p\times 1}\\ \left([-\boldsymbol{v}\ \vdots\ \boldsymbol{O}_{l\times q}\ \vdots\ \boldsymbol{I}_l]+\sum\limits_{j=1}^{l}\langle\boldsymbol{m}\rangle_j[\boldsymbol{i}_l^{(j)}\ \vdots\ \boldsymbol{O}_{l\times q}\ \vdots\ \boldsymbol{O}_{l\times l}]\right)\boldsymbol{y}=\boldsymbol{O}_{l\times 1}\\ \left([-\bar{\boldsymbol{c}}(\boldsymbol{r},\boldsymbol{s})\ \vdots\ \boldsymbol{O}_{pd\times q}\ \vdots\ \bar{\boldsymbol{D}}(\boldsymbol{r},\boldsymbol{s})]+\sum\limits_{j=1}^{pd}\langle\boldsymbol{e}\rangle_j[\bar{\boldsymbol{C}}(\boldsymbol{r},\boldsymbol{s})\boldsymbol{i}_{pd}^{(j)}\ \vdots\ \boldsymbol{O}_{pd\times q}\ \vdots\ -\dot{\bar{\boldsymbol{D}}}_j(\boldsymbol{r},\boldsymbol{s})]\right)\boldsymbol{y}=\boldsymbol{O}_{pd\times 1}\\ \boldsymbol{i}_{q+l+1}^{(1)\mathrm{T}}\boldsymbol{y}=1\end{cases}\tag{7.95}$$

再令

$$\begin{cases}\boldsymbol{\xi}_3=[\boldsymbol{n}^{\mathrm{T}}\quad \boldsymbol{m}^{\mathrm{T}}\quad \boldsymbol{e}^{\mathrm{T}}]^{\mathrm{T}}\\ \boldsymbol{\Gamma}_3=\mathrm{blkdiag}[\boldsymbol{Q}_1\quad \boldsymbol{Q}_2\quad \boldsymbol{Q}_3]\end{cases}\tag{7.96}$$

则式(7.95)可改写为

$$\begin{cases}\min\limits_{\substack{y\in\mathbf{R}^{(q+l+1)\times 1}\\ \xi_3\in\mathbf{R}^{(p(d+1)+l)\times 1}}}\ \boldsymbol{\xi}_3^{\mathrm{T}}\boldsymbol{\Gamma}_3^{-1}\boldsymbol{\xi}_3\\ \text{s. t.}\left(\begin{bmatrix}-\boldsymbol{a}(\boldsymbol{z},\boldsymbol{v}) & \boldsymbol{B}(\boldsymbol{z},\boldsymbol{v}) & \boldsymbol{O}_{p\times l}\\ -\boldsymbol{v} & \boldsymbol{O}_{l\times q} & \boldsymbol{I}_l\\ -\bar{\boldsymbol{c}}(\boldsymbol{r},\boldsymbol{s}) & \boldsymbol{O}_{pd\times q} & \bar{\boldsymbol{D}}(\boldsymbol{r},\boldsymbol{s})\end{bmatrix}+\left(\begin{array}{l}\sum\limits_{j=1}^{p}\langle\boldsymbol{\xi}_3\rangle_j\begin{bmatrix}\boldsymbol{A}_1(\boldsymbol{z},\boldsymbol{v})\boldsymbol{i}_p^{(j)} & -\dot{\boldsymbol{B}}_{1j}(\boldsymbol{z},\boldsymbol{v}) & \boldsymbol{O}_{p\times l}\\ \boldsymbol{O}_{l\times 1} & \boldsymbol{O}_{l\times q} & \boldsymbol{O}_{l\times l}\\ \boldsymbol{O}_{pd\times 1} & \boldsymbol{O}_{pd\times q} & \boldsymbol{O}_{pd\times l}\end{bmatrix}\\ +\sum\limits_{j=1}^{l}\langle\boldsymbol{\xi}_3\rangle_{p+j}\begin{bmatrix}\boldsymbol{A}_2(\boldsymbol{z},\boldsymbol{v})\boldsymbol{i}_l^{(j)} & -\dot{\boldsymbol{B}}_{2j}(\boldsymbol{z},\boldsymbol{v}) & \boldsymbol{O}_{p\times l}\\ \boldsymbol{i}_l^{(j)} & \boldsymbol{O}_{l\times q} & \boldsymbol{O}_{l\times l}\\ \boldsymbol{O}_{pd\times 1} & \boldsymbol{O}_{pd\times q} & \boldsymbol{O}_{pd\times l}\end{bmatrix}\\ +\sum\limits_{j=1}^{pd}\langle\boldsymbol{\xi}_3\rangle_{p+l+j}\begin{bmatrix}\boldsymbol{O}_{p\times 1} & \boldsymbol{O}_{p\times q} & \boldsymbol{O}_{p\times l}\\ \boldsymbol{O}_{l\times 1} & \boldsymbol{O}_{l\times q} & \boldsymbol{O}_{l\times l}\\ \bar{\boldsymbol{C}}(\boldsymbol{r},\boldsymbol{s})\boldsymbol{i}_{pd}^{(j)} & \boldsymbol{O}_{pd\times q} & -\dot{\bar{\boldsymbol{D}}}_j(\boldsymbol{r},\boldsymbol{s})\end{bmatrix}\end{array}\right)\right)\boldsymbol{y}=\boldsymbol{O}_{(p(d+1)+l)\times 1}\\ \boldsymbol{i}_{q+l+1}^{(1)\mathrm{T}}\boldsymbol{y}=1\end{cases}\tag{7.97}$$

若令

$$\begin{cases}\boldsymbol{Z}_0=\left[\begin{array}{c:c:c}-\boldsymbol{a}(\boldsymbol{z},\boldsymbol{v}) & \boldsymbol{B}(\boldsymbol{z},\boldsymbol{v}) & \boldsymbol{O}_{p\times l}\\ \hdashline -\boldsymbol{v} & \boldsymbol{O}_{l\times q} & \boldsymbol{I}_l\\ \hdashline -\bar{\boldsymbol{c}}(\boldsymbol{r},\boldsymbol{s}) & \boldsymbol{O}_{pd\times q} & \bar{\boldsymbol{D}}(\boldsymbol{r},\boldsymbol{s})\end{array}\right]\in\mathbf{R}^{(p(d+1)+l)\times(q+l+1)}\\ \boldsymbol{Z}_j=\left[\begin{array}{c:c:c}\boldsymbol{A}_1(\boldsymbol{z},\boldsymbol{v})\boldsymbol{i}_p^{(j)} & -\dot{\boldsymbol{B}}_{1j}(\boldsymbol{z},\boldsymbol{v}) & \boldsymbol{O}_{p\times l}\\ \hdashline \boldsymbol{O}_{l\times 1} & \boldsymbol{O}_{l\times q} & \boldsymbol{O}_{l\times l}\\ \hdashline \boldsymbol{O}_{pd\times 1} & \boldsymbol{O}_{pd\times q} & \boldsymbol{O}_{pd\times l}\end{array}\right]\in\mathbf{R}^{(p(d+1)+l)\times(q+l+1)},\quad 1\leqslant j\leqslant p\\ \boldsymbol{Z}_{p+j}=\left[\begin{array}{c:c:c}\boldsymbol{A}_2(\boldsymbol{z},\boldsymbol{v})\boldsymbol{i}_l^{(j)} & -\dot{\boldsymbol{B}}_{2j}(\boldsymbol{z},\boldsymbol{v}) & \boldsymbol{O}_{p\times l}\\ \hdashline \boldsymbol{i}_l^{(j)} & \boldsymbol{O}_{l\times q} & \boldsymbol{O}_{l\times l}\\ \hdashline \boldsymbol{O}_{pd\times 1} & \boldsymbol{O}_{pd\times q} & \boldsymbol{O}_{pd\times l}\end{array}\right]\in\mathbf{R}^{(p(d+1)+l)\times(q+l+1)},\quad 1\leqslant j\leqslant l\\ \boldsymbol{Z}_{p+l+j}=\left[\begin{array}{c:c:c}\boldsymbol{O}_{p\times 1} & \boldsymbol{O}_{p\times q} & \boldsymbol{O}_{p\times l}\\ \hdashline \boldsymbol{O}_{l\times 1} & \boldsymbol{O}_{l\times q} & \boldsymbol{O}_{l\times l}\\ \hdashline \bar{\boldsymbol{C}}(\boldsymbol{r},\boldsymbol{s})\boldsymbol{i}_{pd}^{(j)} & \boldsymbol{O}_{pd\times q} & -\dot{\bar{\boldsymbol{D}}}_j(\boldsymbol{r},\boldsymbol{s})\end{array}\right]\in\mathbf{R}^{(p(d+1)+l)\times(q+l+1)},\quad 1\leqslant j\leqslant pd\end{cases}\tag{7.98}$$

则可将式(7.97)表示为

$$\begin{cases}\min\limits_{\substack{\boldsymbol{y}\in\mathbf{R}^{(q+l+1)\times 1}\\ \boldsymbol{\xi}_3\in\mathbf{R}^{(p(d+1)+l)\times 1}}}\ \boldsymbol{\xi}_3^{\mathrm{T}}\boldsymbol{\Gamma}_3^{-1}\boldsymbol{\xi}_3\\ \text{s. t. }\left(\boldsymbol{Z}_0+\sum\limits_{j=1}^{p(d+1)+l}\langle\boldsymbol{\xi}_3\rangle_j\boldsymbol{Z}_j\right)\boldsymbol{y}=\boldsymbol{O}_{(p(d+1)+l)\times 1}\\ \qquad\boldsymbol{i}_{q+l+1}^{(1)\mathrm{T}}\boldsymbol{y}=1\end{cases}\tag{7.99}$$

为了得到标准形式的结构总体最小二乘优化模型[1,2]，需要令$\bar{\boldsymbol{\xi}}_3=\boldsymbol{\Gamma}_3^{-1/2}\boldsymbol{\xi}_3$，于是有

$$\langle\boldsymbol{\xi}_3\rangle_j=\langle\boldsymbol{\Gamma}_3^{1/2}\bar{\boldsymbol{\xi}}_3\rangle_j=\sum_{i=1}^{p(d+1)+l}\langle\boldsymbol{\Gamma}_3^{1/2}\rangle_{ji}\langle\bar{\boldsymbol{\xi}}_3\rangle_i,\quad 1\leqslant j\leqslant p(d+1)+l\tag{7.100}$$

将式(7.100)代入式(7.99)可得

$$\begin{cases}\min\limits_{\substack{\boldsymbol{y}\in\mathbf{R}^{(q+l+1)\times 1}\\ \bar{\boldsymbol{\xi}}_3\in\mathbf{R}^{(p(d+1)+l)\times 1}}}\ \|\bar{\boldsymbol{\xi}}_3\|_2^2\\ \text{s. t. }\left(\boldsymbol{Z}_0+\sum\limits_{j=1}^{p(d+1)+l}\langle\bar{\boldsymbol{\xi}}_3\rangle_j\sum\limits_{i=1}^{p(d+1)+l}\langle\boldsymbol{\Gamma}_3^{1/2}\rangle_{ij}\boldsymbol{Z}_i\right)\boldsymbol{y}=\boldsymbol{O}_{(p(d+1)+l)\times 1}\\ \qquad\boldsymbol{i}_{q+l+1}^{(1)\mathrm{T}}\boldsymbol{y}=1\end{cases}\tag{7.101}$$

再令

$$\bar{\boldsymbol{Z}}_j=\sum_{i=1}^{p(d+1)+l}\langle\boldsymbol{\Gamma}_3^{1/2}\rangle_{ij}\boldsymbol{Z}_i\tag{7.102}$$

并将式(7.102)代入式(7.101)可得

$$\begin{cases} \min\limits_{\substack{\boldsymbol{y}\in\mathbf{R}^{(q+l+1)\times 1}\\ \bar{\boldsymbol{\xi}}_3\in\mathbf{R}^{(p(d+1)+l)\times 1}}} \|\bar{\boldsymbol{\xi}}_3\|_2^2 \\ \text{s. t. } \left(\boldsymbol{Z}_0+\sum\limits_{j=1}^{p(d+1)+l}\langle\bar{\boldsymbol{\xi}}_3\rangle_j\bar{\boldsymbol{Z}}_j\right)\boldsymbol{y}=\boldsymbol{O}_{(p(d+1)+l)\times 1} \\ \boldsymbol{i}_{q+l+1}^{(1)\mathrm{T}}\boldsymbol{y}=1 \end{cases} \tag{7.103}$$

为了得到标准形式的结构总体最小二乘优化模型[1,2]，这里还需要将式(7.103)中的线性约束 $\boldsymbol{i}_{q+l+1}^{(1)\mathrm{T}}\boldsymbol{y}=1$ 转化为二次型约束 $\|\boldsymbol{y}\|_2=1$，从而得到如下优化模型：

$$\begin{cases} \min\limits_{\substack{\boldsymbol{y}\in\mathbf{R}^{(q+l+1)\times 1}\\ \bar{\boldsymbol{\xi}}_3\in\mathbf{R}^{(p(d+1)+l)\times 1}}} \|\bar{\boldsymbol{\xi}}_3\|_2^2 \\ \text{s. t. } \left(\boldsymbol{Z}_0+\sum\limits_{j=1}^{p(d+1)+l}\langle\bar{\boldsymbol{\xi}}_3\rangle_j\bar{\boldsymbol{Z}}_j\right)\boldsymbol{y}=\boldsymbol{O}_{(p(d+1)+l)\times 1} \\ \|\boldsymbol{y}\|_2=1 \end{cases} \tag{7.104}$$

类似于命题 7.1 的分析，对式(7.103) 的求解可以直接转化为对式(7.104) 的求解，而式(7.104) 是标准形式的结构总体最小二乘优化模型[1,2]，其存在标准的数值迭代算法。

2. 数值迭代算法

类似于7.2.1节的讨论，为了求解式(7.104)需要寻找使得 $|\tau|$ 最小化的三元组 $(\boldsymbol{\alpha},\tau,\boldsymbol{\beta})$，其中 $\boldsymbol{\alpha}\in\mathbf{R}^{(p(d+1)+l)\times 1}$，$\boldsymbol{\beta}\in\mathbf{R}^{(q+l+1)\times 1}$ 和 $\tau\in\mathbf{R}$ 满足

$$\begin{cases} \boldsymbol{Z}_0\boldsymbol{\beta}=\tau\boldsymbol{S}_3^{(1)}(\boldsymbol{\beta})\boldsymbol{\alpha}, & \boldsymbol{\alpha}^{\mathrm{T}}\boldsymbol{S}_3^{(1)}(\boldsymbol{\beta})\boldsymbol{\alpha}=1 \\ \boldsymbol{Z}_0^{\mathrm{T}}\boldsymbol{\alpha}=\tau\boldsymbol{S}_3^{(2)}(\boldsymbol{\alpha})\boldsymbol{\beta}, & \boldsymbol{\beta}^{\mathrm{T}}\boldsymbol{S}_3^{(2)}(\boldsymbol{\alpha})\boldsymbol{\beta}=1 \end{cases} \tag{7.105}$$

式中，$\boldsymbol{S}_3^{(1)}(\boldsymbol{\beta})$ 和 $\boldsymbol{S}_3^{(2)}(\boldsymbol{\alpha})$ 分别是关于向量 $\boldsymbol{\beta}$ 和 $\boldsymbol{\alpha}$ 的二次函数，相应的表达式为

$$\begin{cases} \boldsymbol{S}_3^{(1)}(\boldsymbol{\beta})=\sum\limits_{j=1}^{p(d+1)+l}\bar{\boldsymbol{Z}}_j\boldsymbol{\beta}\boldsymbol{\beta}^{\mathrm{T}}\bar{\boldsymbol{Z}}_j^{\mathrm{T}}\in\mathbf{R}^{(p(d+1)+l)\times(p(d+1)+l)} \\ \boldsymbol{S}_3^{(2)}(\boldsymbol{\alpha})=\sum\limits_{j=1}^{p(d+1)+l}\bar{\boldsymbol{Z}}_j^{\mathrm{T}}\boldsymbol{\alpha}\boldsymbol{\alpha}^{\mathrm{T}}\bar{\boldsymbol{Z}}_j\in\mathbf{R}^{(q+l+1)\times(q+l+1)} \end{cases} \tag{7.106}$$

显然，7.2.1 节给出的逆迭代算法可以直接应用于此，其基本思想是在每步迭代中，先利用当前最新的迭代值 $\boldsymbol{\alpha}$ 和 $\boldsymbol{\beta}$ 计算矩阵 $\boldsymbol{S}_3^{(2)}(\boldsymbol{\alpha})$ 和 $\boldsymbol{S}_3^{(1)}(\boldsymbol{\beta})$，并把它们作为常量矩阵代入式(7.105) 确定 $\boldsymbol{\alpha}$ 和 $\boldsymbol{\beta}$ 的迭代更新值，从而进入下一轮迭代，重复此过程直至迭代收敛为止。与之类似的是，$\boldsymbol{\alpha}$ 和 $\boldsymbol{\beta}$ 的迭代更新值可以通过矩阵 $\boldsymbol{Z}_0$ 的 QR 分解获得，其 QR 分解可表示为

$$\boldsymbol{Z}_0=\Big[\underbrace{\boldsymbol{P}_1}_{(p(d+1)+l)\times(q+l+1)}\quad\underbrace{\boldsymbol{P}_2}_{(p(d+1)+l)\times(p(d+1)-q-1)}\Big]\begin{bmatrix}\underbrace{\boldsymbol{R}}_{(q+l+1)\times(q+l+1)} \\ \hdashline \underbrace{\boldsymbol{O}}_{(p(d+1)-q-1)\times(q+l+1)}\end{bmatrix}=\boldsymbol{P}_1\boldsymbol{R} \tag{7.107}$$

式中，$\boldsymbol{P}=[\boldsymbol{P}_1\quad\boldsymbol{P}_2]$ 为正交矩阵(即满足 $\boldsymbol{P}^{\mathrm{T}}\boldsymbol{P}=\boldsymbol{I}_{p(d+1)+l}$)；$\boldsymbol{R}$ 为上三角矩阵。不妨将向量 $\boldsymbol{\alpha}$

分解为

$$\boldsymbol{\alpha}=\boldsymbol{P}_1\boldsymbol{\alpha}_1+\boldsymbol{P}_2\boldsymbol{\alpha}_2 \tag{7.108}$$

式中，$\boldsymbol{\alpha}_1\in\mathbf{R}^{(q+l+1)\times 1}$ 和 $\boldsymbol{\alpha}_2\in\mathbf{R}^{(p(d+1)-q-1)\times 1}$，则由式(7.105)可推得如下线性方程组：

$$\begin{bmatrix} \boldsymbol{R}^{\mathrm{T}} & \boldsymbol{O}_{(q+l+1)\times(p(d+1)-q-1)} & \boldsymbol{O}_{(q+l+1)\times(q+l+1)} \\ \boldsymbol{P}_2^{\mathrm{T}}\boldsymbol{S}_3^{(1)}(\boldsymbol{\beta})\boldsymbol{P}_1 & \boldsymbol{P}_2^{\mathrm{T}}\boldsymbol{S}_3^{(1)}(\boldsymbol{\beta})\boldsymbol{P}_2 & \boldsymbol{O}_{(p(d+1)-q-1)\times(q+l+1)} \\ \tau\boldsymbol{P}_1^{\mathrm{T}}\boldsymbol{S}_3^{(1)}(\boldsymbol{\beta})\boldsymbol{P}_1 & \tau\boldsymbol{P}_1^{\mathrm{T}}\boldsymbol{S}_3^{(1)}(\boldsymbol{\beta})\boldsymbol{P}_2 & -\boldsymbol{R} \end{bmatrix}\begin{bmatrix} \boldsymbol{\alpha}_1 \\ \boldsymbol{\alpha}_2 \\ \boldsymbol{\beta} \end{bmatrix}=\begin{bmatrix} \tau\boldsymbol{S}_3^{(2)}(\boldsymbol{\alpha})\boldsymbol{\beta} \\ \boldsymbol{O}_{(p(d+1)-q-1)\times 1} \\ \boldsymbol{O}_{(q+l+1)\times 1} \end{bmatrix} \tag{7.109}$$

需要指出的是，在迭代求解过程中式(7.109)中矩阵 $\boldsymbol{S}_3^{(1)}(\boldsymbol{\beta})$ 和 $\boldsymbol{S}_3^{(2)}(\boldsymbol{\alpha})$ 均认为是已知量，并且是将上一轮 $\boldsymbol{\alpha}$ 和 $\boldsymbol{\beta}$ 的迭代值代入进行计算。于是不难发现，线性方程组(7.109)中包含的未知量个数为 $p(d+1)+q+2l+1$，方程个数也是 $p(d+1)+q+2l+1$，因此可以得到其唯一解。另外，由于左边的系数矩阵具有分块下三角结构，因此其中未知量的解可以通过递推的形式给出，相应的计算公式为

$$\begin{cases} \boldsymbol{\alpha}_1=\tau\boldsymbol{R}^{-\mathrm{T}}\boldsymbol{S}_3^{(2)}(\boldsymbol{\alpha})\boldsymbol{\beta} \\ \boldsymbol{\alpha}_2=-(\boldsymbol{P}_2^{\mathrm{T}}\boldsymbol{S}_3^{(1)}(\boldsymbol{\beta})\boldsymbol{P}_2)^{-1}\boldsymbol{P}_2^{\mathrm{T}}\boldsymbol{S}_3^{(1)}(\boldsymbol{\beta})\boldsymbol{P}_1\boldsymbol{\alpha}_1 \\ \boldsymbol{\alpha}=\boldsymbol{P}_1\boldsymbol{\alpha}_1+\boldsymbol{P}_2\boldsymbol{\alpha}_2 \\ \boldsymbol{\beta}=\tau\boldsymbol{R}^{-1}\boldsymbol{P}_1^{\mathrm{T}}\boldsymbol{S}_3^{(1)}(\boldsymbol{\beta})\boldsymbol{\alpha} \end{cases} \tag{7.110}$$

结合上述讨论和7.2.1节给出的算法，下面可以归纳总结出求解式(7.104)的逆迭代算法的具体步骤。

步骤1：初始化，选择 $\boldsymbol{\alpha}$，$\boldsymbol{\beta}_0$ 和 τ_0，利用式(7.106)构造矩阵 $\boldsymbol{S}_3^{(1)}(\boldsymbol{\beta}_0)$ 和 $\boldsymbol{S}_3^{(2)}(\boldsymbol{\alpha}_0)$，并进行归一化处理，使得

$$\boldsymbol{\alpha}_0^{\mathrm{T}}\boldsymbol{S}_3^{(1)}(\boldsymbol{\beta}_0)\boldsymbol{\alpha}_0=\boldsymbol{\beta}_0^{\mathrm{T}}\boldsymbol{S}_3^{(2)}(\boldsymbol{\alpha}_0)\boldsymbol{\beta}_0=1 \tag{7.111}$$

步骤2：根据式(7.107)对矩阵 $\boldsymbol{Z}_0$ 进行 $\boldsymbol{QR}$ 分解，并得到矩阵 $\boldsymbol{P}_1$，$\boldsymbol{P}_2$ 和 $\boldsymbol{R}$。

步骤3：令 $k:=1$，并依次计算：

(1) $\boldsymbol{\alpha}_{1k}:=\tau_{k-1}\boldsymbol{R}^{-\mathrm{T}}\boldsymbol{S}_3^{(2)}(\boldsymbol{\alpha}_{k-1})\boldsymbol{\beta}_{k-1}$；

(2) $\boldsymbol{\alpha}_{2k}:=-(\boldsymbol{P}_2^{\mathrm{T}}\boldsymbol{S}_3^{(1)}(\boldsymbol{\beta}_{k-1})\boldsymbol{P}_2)^{-1}\boldsymbol{P}_2^{\mathrm{T}}\boldsymbol{S}_3^{(1)}(\boldsymbol{\beta}_{k-1})\boldsymbol{P}_1\boldsymbol{\alpha}_{1k}$；

(3) $\boldsymbol{\alpha}_k:=\boldsymbol{P}_1\boldsymbol{\alpha}_{1k}+\boldsymbol{P}_2\boldsymbol{\alpha}_{2k}$，并利用式(7.106)构造矩阵 $\boldsymbol{S}_3^{(2)}(\boldsymbol{\alpha}_k)$；

(4) $\boldsymbol{\beta}_k:=\boldsymbol{R}^{-1}\boldsymbol{P}_1^{\mathrm{T}}\boldsymbol{S}_3^{(1)}(\boldsymbol{\beta}_{k-1})\boldsymbol{\alpha}_k$；

(5) $\boldsymbol{\beta}_k:=\boldsymbol{\beta}_k/\|\boldsymbol{\beta}_k\|_2$，并利用式(7.106)构造矩阵 $\boldsymbol{S}_3^{(1)}(\boldsymbol{\beta}_k)$；

(6) $c_k:=(\boldsymbol{\alpha}_k^{\mathrm{T}}\boldsymbol{S}_3^{(1)}(\boldsymbol{\beta}_k)\boldsymbol{\alpha}_k)^{1/4}$；

(7) $\boldsymbol{\alpha}_k:=\boldsymbol{\alpha}_k/c_k$ 和 $\boldsymbol{\beta}_k:=\boldsymbol{\beta}_k/c_k$；

(8) $\boldsymbol{S}_3^{(1)}(\boldsymbol{\beta}_k):=\boldsymbol{S}_3^{(1)}(\boldsymbol{\beta}_k)/c_k^2$ 和 $\boldsymbol{S}_3^{(2)}(\boldsymbol{\alpha}_k):=\boldsymbol{S}_3^{(2)}(\boldsymbol{\alpha}_k)/c_k^2$；

(9) $\tau_k:=\boldsymbol{\alpha}_k^{\mathrm{T}}\boldsymbol{Z}_0\boldsymbol{\beta}_k$；

(10) $\langle\bar{\boldsymbol{\xi}}_3\rangle_j:=-\tau_k\boldsymbol{\alpha}_k^{\mathrm{T}}\bar{\boldsymbol{Z}}_j\boldsymbol{\beta}_k,\quad 1\leqslant j\leqslant p(d+1)+l$；

(11) $\boldsymbol{M}_k:=\boldsymbol{Z}_0+\sum\limits_{j=1}^{p(d+1)+l}\langle\bar{\boldsymbol{\xi}}_3\rangle_j\bar{\boldsymbol{Z}}_j$。

步骤4：计算矩阵 $\boldsymbol{M}_k$ 的最大奇异值 $\sigma_{k,\max}$ 和最小奇异值 $\sigma_{k,\min}$，若 $\sigma_{k,\min}/\sigma_{k,\max}\geqslant\varepsilon$，则令 $k:=k+1$，并且转至步骤3，否则停止迭代。

需要指出的是，7.2.1 节的六点注释同样适用于此，限于篇幅这里不再阐述。若将上述逆迭代算法中向量 $\boldsymbol{\beta}_k$ 的收敛值记为$\hat{\boldsymbol{\beta}}_{\text{stls}}^{(\text{b})}$（即有$\hat{\boldsymbol{\beta}}_{\text{stls}}^{(\text{b})}=\lim\limits_{k\to+\infty}\boldsymbol{\beta}_k$），则根据命题 7.1 可知，式(7.103)中向量 $\boldsymbol{y}$ 的最优解为

$$\hat{\boldsymbol{y}}_{\text{stls}}^{(\text{b})}=\hat{\boldsymbol{\beta}}_{\text{stls}}^{(\text{b})}/\langle\hat{\boldsymbol{\beta}}_{\text{stls}}^{(\text{b})}\rangle_1 \tag{7.112}$$

于是目标位置解和系统参量解分别为$\hat{\boldsymbol{u}}_{\text{stls}}^{(\text{b})}=[\boldsymbol{O}_{q\times 1}\quad \boldsymbol{I}_q\quad \boldsymbol{O}_{q\times l}]\hat{\boldsymbol{y}}_{\text{stls}}^{(\text{b})}$和$\hat{\boldsymbol{w}}_{\text{stls}}^{(\text{b})}=[\boldsymbol{O}_{l\times(q+1)}\ \boldsymbol{I}_l]\hat{\boldsymbol{y}}_{\text{stls}}^{(\text{b})}$，它们即为第二类结构总体最小二乘定位方法给出的目标位置解和系统参量解。

7.3.2 目标位置向量和系统参量联合估计值的理论性能

这里将推导目标位置解$\hat{\boldsymbol{u}}_{\text{stls}}^{(\text{b})}$和系统参量解$\hat{\boldsymbol{w}}_{\text{stls}}^{(\text{b})}$的理论性能，重点推导其联合估计方差矩阵。首先可以得到如下命题。

命题 7.7 式(7.103)的最优解$\hat{\boldsymbol{y}}_{\text{stls}}^{(\text{b})}$是如下优化问题的最优解：

$$\begin{cases}\min\limits_{\boldsymbol{y}\in\mathbf{R}^{(q+l+1)\times 1}} \boldsymbol{y}^{\text{T}}\boldsymbol{Z}_0^{\text{T}}(\boldsymbol{S}_3^{(1)}(\boldsymbol{y}))^{-1}\boldsymbol{Z}_0\boldsymbol{y}\\ \text{s. t. } \boldsymbol{i}_{q+l+1}^{(1)\text{T}}\boldsymbol{y}=1\end{cases} \tag{7.113}$$

证明 由于式(7.103)是含有等式约束的优化问题，因此它可以采用拉格朗日乘子法进行优化求解[6]，相应的拉格朗日函数可构造为

$$\bar{J}_3(\bar{\boldsymbol{\xi}}_3,\boldsymbol{y},\boldsymbol{\eta},\lambda)=\bar{\boldsymbol{\xi}}_3^{\text{T}}\bar{\boldsymbol{\xi}}_3+2\boldsymbol{\eta}^{\text{T}}\Big(\boldsymbol{Z}_0+\sum_{j=1}^{p(d+1)+l}\langle\bar{\boldsymbol{\xi}}_3\rangle_j\bar{\boldsymbol{Z}}_j\Big)\boldsymbol{y}+\lambda(1-\boldsymbol{i}_{q+l+1}^{(1)\text{T}}\boldsymbol{y}) \tag{7.114}$$

式中，$\boldsymbol{\eta}$ 和 λ 分别表示拉格朗日乘子向量和标量。分别对式(7.114)中的各个变量求偏导，并令其等于零可推得

$$\begin{cases}\langle\bar{\boldsymbol{\xi}}_3\rangle_j=-\boldsymbol{\eta}^{\text{T}}\bar{\boldsymbol{Z}}_j\boldsymbol{y},\quad 1\leqslant j\leqslant p(d+1)+l & (7.115\text{a})\\ \Big(\boldsymbol{Z}_0+\sum\limits_{j=1}^{p(d+1)+l}\langle\bar{\boldsymbol{\xi}}_3\rangle_j\bar{\boldsymbol{Z}}_j\Big)\boldsymbol{y}=\boldsymbol{O}_{(p(d+1)+l)\times 1} & (7.115\text{b})\\ \Big(\boldsymbol{Z}_0^{\text{T}}+\sum\limits_{j=1}^{p(d+1)+l}\langle\bar{\boldsymbol{\xi}}_3\rangle_j\bar{\boldsymbol{Z}}_j^{\text{T}}\Big)\boldsymbol{\eta}=\lambda\boldsymbol{i}_{q+l+1}^{(1)}/2 & (7.115\text{c})\\ \boldsymbol{i}_{q+l+1}^{(1)\text{T}}\boldsymbol{y}=1 & (7.115\text{d})\end{cases}$$

首先根据式(7.115b)和式(7.115c)可得到 $\lambda=0$，再将式(7.115a)分别代入式(7.115b)和式(7.115c)可得

$$\begin{cases}\boldsymbol{Z}_0\boldsymbol{y}=\Big(\sum\limits_{j=1}^{p(d+1)+l}(\boldsymbol{\eta}^{\text{T}}\bar{\boldsymbol{Z}}_j\boldsymbol{y})\bar{\boldsymbol{Z}}_j\Big)\boldsymbol{y}=\Big(\sum\limits_{j=1}^{p(d+1)+l}\bar{\boldsymbol{Z}}_j\boldsymbol{y}\boldsymbol{y}^{\text{T}}\bar{\boldsymbol{Z}}_j^{\text{T}}\Big)\boldsymbol{\eta}=\boldsymbol{S}_3^{(1)}(\boldsymbol{y})\boldsymbol{\eta} & (7.116\text{a})\\ \boldsymbol{Z}_0^{\text{T}}\boldsymbol{\eta}=\Big(\sum\limits_{j=1}^{p(d+1)+l}(\boldsymbol{\eta}^{\text{T}}\bar{\boldsymbol{Z}}_j\boldsymbol{y})\bar{\boldsymbol{Z}}_j^{\text{T}}\Big)\boldsymbol{\eta}=\Big(\sum\limits_{j=1}^{p(d+1)+l}\bar{\boldsymbol{Z}}_j^{\text{T}}\boldsymbol{\eta}\boldsymbol{\eta}^{\text{T}}\bar{\boldsymbol{Z}}_j\Big)\boldsymbol{y}=\boldsymbol{S}_3^{(2)}(\boldsymbol{\eta})\boldsymbol{y} & (7.116\text{b})\end{cases}$$

基于式(7.115a)可知，式(7.103)中的目标函数可表示为

$$\|\bar{\boldsymbol{\xi}}_3\|_2^2=\bar{\boldsymbol{\xi}}_3^{\text{T}}\bar{\boldsymbol{\xi}}_3=\boldsymbol{\eta}^{\text{T}}\Big(\sum_{j=1}^{p(d+1)+l}\bar{\boldsymbol{Z}}_j\boldsymbol{y}\boldsymbol{y}^{\text{T}}\bar{\boldsymbol{Z}}_j^{\text{T}}\Big)\boldsymbol{\eta}=\boldsymbol{\eta}^{\text{T}}\boldsymbol{S}_3^{(1)}(\boldsymbol{y})\boldsymbol{\eta} \tag{7.117}$$

再利用式(7.116a)可得

$$\boldsymbol{\eta}=(\boldsymbol{S}_3^{(1)}(\boldsymbol{y}))^{-1}\boldsymbol{Z}_0\boldsymbol{y} \tag{7.118}$$

将式(7.118)代入式(7.117)可将目标函数进一步表示为

$$\|\bar{\boldsymbol{\xi}}_3\|_2^2=\boldsymbol{\eta}^{\mathrm{T}}\boldsymbol{S}_3^{(1)}(\boldsymbol{y})\boldsymbol{\eta}=\boldsymbol{y}^{\mathrm{T}}\boldsymbol{Z}_0^{\mathrm{T}}(\boldsymbol{S}_3^{(1)}(\boldsymbol{y}))^{-1}\boldsymbol{Z}_0\boldsymbol{y} \tag{7.119}$$

根据式(7.119)可知结论成立。证毕。

根据命题 7.7 还可以进一步得到如下推论。

推论 7.3　目标位置解$\hat{\boldsymbol{u}}_{\mathrm{stls}}^{(\mathrm{b})}$和系统参量解$\hat{\boldsymbol{w}}_{\mathrm{stls}}^{(\mathrm{b})}$是如下优化问题的最优解：

$$\min_{\substack{\boldsymbol{u}\in\mathbf{R}^{q\times 1}\\ \boldsymbol{w}\in\mathbf{R}^{l\times 1}}}\left(\begin{bmatrix}\boldsymbol{B}(\boldsymbol{z},\boldsymbol{v}) & \boldsymbol{O}_{p\times l}\\ \boldsymbol{O}_{l\times q} & \boldsymbol{I}_l\\ \boldsymbol{O}_{pd\times q} & \bar{\boldsymbol{D}}(\boldsymbol{r},\boldsymbol{s})\end{bmatrix}\begin{bmatrix}\boldsymbol{u}\\ \boldsymbol{w}\end{bmatrix}-\begin{bmatrix}\boldsymbol{a}(\boldsymbol{z},\boldsymbol{v})\\ \boldsymbol{v}\\ \bar{\boldsymbol{c}}(\boldsymbol{r},\boldsymbol{s})\end{bmatrix}\right)^{\mathrm{T}}$$
$$\cdot\boldsymbol{\Sigma}^{-1}\left(\begin{bmatrix}\boldsymbol{B}(\boldsymbol{z},\boldsymbol{v}) & \boldsymbol{O}_{p\times l}\\ \boldsymbol{O}_{l\times q} & \boldsymbol{I}_l\\ \boldsymbol{O}_{pd\times q} & \bar{\boldsymbol{D}}(\boldsymbol{r},\boldsymbol{s})\end{bmatrix}\begin{bmatrix}\boldsymbol{u}\\ \boldsymbol{w}\end{bmatrix}-\begin{bmatrix}\boldsymbol{a}(\boldsymbol{z},\boldsymbol{v})\\ \boldsymbol{v}\\ \bar{\boldsymbol{c}}(\boldsymbol{r},\boldsymbol{s})\end{bmatrix}\right) \tag{7.120}$$

式中

$$\boldsymbol{\Sigma}=\begin{bmatrix}\boldsymbol{T}_1(\boldsymbol{z},\boldsymbol{v},\boldsymbol{u})\boldsymbol{Q}_1\boldsymbol{T}_1^{\mathrm{T}}(\boldsymbol{z},\boldsymbol{v},\boldsymbol{u})+\boldsymbol{T}_2(\boldsymbol{z},\boldsymbol{v},\boldsymbol{u})\boldsymbol{Q}_2\boldsymbol{T}_2^{\mathrm{T}}(\boldsymbol{z},\boldsymbol{v},\boldsymbol{u}) & \boldsymbol{T}_2(\boldsymbol{z},\boldsymbol{v},\boldsymbol{u})\boldsymbol{Q}_2 & \boldsymbol{O}_{p\times pd}\\ \boldsymbol{Q}_2\boldsymbol{T}_2^{\mathrm{T}}(\boldsymbol{z},\boldsymbol{v},\boldsymbol{u}) & \boldsymbol{Q}_2 & \boldsymbol{O}_{l\times pd}\\ \boldsymbol{O}_{pd\times p} & \boldsymbol{O}_{pd\times l} & \bar{\boldsymbol{H}}(\boldsymbol{r},\boldsymbol{s},\boldsymbol{w})\boldsymbol{Q}_3\bar{\boldsymbol{H}}^{\mathrm{T}}(\boldsymbol{r},\boldsymbol{s},\boldsymbol{w})\end{bmatrix} \tag{7.121}$$

证明　由于 $\boldsymbol{y}=[1\quad \boldsymbol{u}^{\mathrm{T}}\quad \boldsymbol{w}^{\mathrm{T}}]^{\mathrm{T}}$，于是根据式(7.98)中的第一式可得

$$\boldsymbol{Z}_0\boldsymbol{y}=\begin{bmatrix}-\boldsymbol{a}(\boldsymbol{z},\boldsymbol{v}) & \boldsymbol{B}(\boldsymbol{z},\boldsymbol{v}) & \boldsymbol{O}_{p\times l}\\ -\boldsymbol{v} & \boldsymbol{O}_{l\times q} & \boldsymbol{I}_l\\ -\bar{\boldsymbol{c}}(\boldsymbol{r},\boldsymbol{s}) & \boldsymbol{O}_{pd\times q} & \bar{\boldsymbol{D}}(\boldsymbol{r},\boldsymbol{s})\end{bmatrix}\begin{bmatrix}1\\ \boldsymbol{u}\\ \boldsymbol{w}\end{bmatrix}=\begin{bmatrix}\boldsymbol{B}(\boldsymbol{z},\boldsymbol{v}) & \boldsymbol{O}_{p\times l}\\ \boldsymbol{O}_{l\times q} & \boldsymbol{I}_l\\ \boldsymbol{O}_{pd\times q} & \bar{\boldsymbol{D}}(\boldsymbol{r},\boldsymbol{s})\end{bmatrix}\begin{bmatrix}\boldsymbol{u}\\ \boldsymbol{w}\end{bmatrix}-\begin{bmatrix}\boldsymbol{a}(\boldsymbol{z},\boldsymbol{v})\\ \boldsymbol{v}\\ \bar{\boldsymbol{c}}(\boldsymbol{r},\boldsymbol{s})\end{bmatrix} \tag{7.122}$$

另外，结合式(7.98)中的第二式至第四式以及式(7.102)可得

$$\begin{aligned}\boldsymbol{Z}_j\boldsymbol{y}=&\sum_{i=1}^{p(d+1)+l}\langle\boldsymbol{\Gamma}_3^{1/2}\rangle_{ij}\boldsymbol{Z}_i\boldsymbol{y}=\sum_{i=1}^{p}\langle\boldsymbol{\Gamma}_3^{1/2}\rangle_{ij}\begin{bmatrix}\boldsymbol{A}_1(\boldsymbol{z},\boldsymbol{v})\boldsymbol{i}_p^{(i)} & -\dot{\boldsymbol{B}}_{1i}(\boldsymbol{z},\boldsymbol{v}) & \boldsymbol{O}_{p\times l}\\ \boldsymbol{O}_{l\times 1} & \boldsymbol{O}_{l\times q} & \boldsymbol{O}_{l\times l}\\ \boldsymbol{O}_{pd\times 1} & \boldsymbol{O}_{pd\times q} & \boldsymbol{O}_{pd\times l}\end{bmatrix}\boldsymbol{y}\\&+\sum_{i=1}^{l}\langle\boldsymbol{\Gamma}_3^{1/2}\rangle_{p+i,j}\begin{bmatrix}\boldsymbol{A}_2(\boldsymbol{z},\boldsymbol{v})\boldsymbol{i}_l^{(i)} & -\dot{\boldsymbol{B}}_{2i}(\boldsymbol{z},\boldsymbol{v}) & \boldsymbol{O}_{p\times l}\\ \boldsymbol{i}_l^{(i)} & \boldsymbol{O}_{l\times q} & \boldsymbol{O}_{l\times l}\\ \boldsymbol{O}_{pd\times 1} & \boldsymbol{O}_{pd\times q} & \boldsymbol{O}_{pd\times l}\end{bmatrix}\boldsymbol{y}+\sum_{i=1}^{pd}\langle\boldsymbol{\Gamma}_3^{1/2}\rangle_{p+l+i,j}\\&\cdot\begin{bmatrix}\boldsymbol{O}_{p\times 1} & \boldsymbol{O}_{p\times q} & \boldsymbol{O}_{p\times l}\\ \boldsymbol{O}_{l\times 1} & \boldsymbol{O}_{l\times q} & \boldsymbol{O}_{l\times l}\\ \bar{\boldsymbol{C}}(\boldsymbol{r},\boldsymbol{s})\boldsymbol{i}_{pd}^{(i)} & \boldsymbol{O}_{pd\times q} & -\dot{\boldsymbol{D}}_i(\boldsymbol{r},\boldsymbol{s})\end{bmatrix}\boldsymbol{y}\\=&\sum_{i=1}^{p}\langle\boldsymbol{\Gamma}_3^{1/2}\rangle_{ij}\begin{bmatrix}\boldsymbol{A}_1(\boldsymbol{z},\boldsymbol{v})\boldsymbol{i}_p^{(i)}-\dot{\boldsymbol{B}}_{1i}(\boldsymbol{z},\boldsymbol{v})\boldsymbol{u}\\ \boldsymbol{O}_{l\times 1}\\ \boldsymbol{O}_{pd\times 1}\end{bmatrix}+\sum_{i=1}^{l}\langle\boldsymbol{\Gamma}_3^{1/2}\rangle_{p+i,j}\begin{bmatrix}\boldsymbol{A}_2(\boldsymbol{z},\boldsymbol{v})\boldsymbol{i}_l^{(i)}-\dot{\boldsymbol{B}}_{2i}(\boldsymbol{z},\boldsymbol{v})\boldsymbol{u}\\ \boldsymbol{i}_l^{(i)}\\ \boldsymbol{O}_{pd\times 1}\end{bmatrix}\\&+\sum_{i=1}^{pd}\langle\boldsymbol{\Gamma}_3^{1/2}\rangle_{p+l+i,j}\begin{bmatrix}\boldsymbol{O}_{p\times 1}\\ \boldsymbol{O}_{l\times 1}\\ \bar{\boldsymbol{C}}(\boldsymbol{r},\boldsymbol{s})\boldsymbol{i}_{pd}^{(i)}-\dot{\boldsymbol{D}}_i(\boldsymbol{r},\boldsymbol{s})\boldsymbol{w}\end{bmatrix}\end{aligned} \tag{7.123}$$

利用式(7.96)中的第二式，式(7.47)、式(7.83)和式(7.123)可进一步推得

$$\left\{\begin{aligned}\bar{\boldsymbol{Z}}_j\boldsymbol{y}&=\sum_{i=1}^{p}\langle\boldsymbol{Q}_1^{1/2}\rangle_{ij}\begin{bmatrix}\boldsymbol{A}_1(\boldsymbol{z},\boldsymbol{v})\boldsymbol{i}_p^{(i)}-\dot{\boldsymbol{B}}_{1i}(\boldsymbol{z},\boldsymbol{v})\boldsymbol{u}\\ \boldsymbol{O}_{l\times 1}\\ \boldsymbol{O}_{pd\times 1}\end{bmatrix}=\sum_{i=1}^{p}\langle\boldsymbol{Q}_1^{1/2}\rangle_{ij}\begin{bmatrix}\boldsymbol{T}_1(\boldsymbol{z},\boldsymbol{v},\boldsymbol{u})\boldsymbol{i}_p^{(i)}\\ \boldsymbol{O}_{l\times 1}\\ \boldsymbol{O}_{pd\times 1}\end{bmatrix}\\&=\begin{bmatrix}\boldsymbol{T}_1(\boldsymbol{z},\boldsymbol{v},\boldsymbol{u})\boldsymbol{Q}_1^{1/2}\boldsymbol{i}_p^{(j)}\\ \boldsymbol{O}_{l\times 1}\\ \boldsymbol{O}_{pd\times 1}\end{bmatrix},\quad 1\leqslant j\leqslant p\\ \bar{\boldsymbol{Z}}_{p+j}\boldsymbol{y}&=\sum_{i=1}^{l}\langle\boldsymbol{Q}_2^{1/2}\rangle_{ij}\begin{bmatrix}\boldsymbol{A}_2(\boldsymbol{z},\boldsymbol{v})\boldsymbol{i}_l^{(i)}-\dot{\boldsymbol{B}}_{2i}(\boldsymbol{z},\boldsymbol{v})\boldsymbol{u}\\ \boldsymbol{i}_l^{(i)}\\ \boldsymbol{O}_{pd\times 1}\end{bmatrix}=\sum_{i=1}^{l}\langle\boldsymbol{Q}_2^{1/2}\rangle_{ij}\begin{bmatrix}\boldsymbol{T}_2(\boldsymbol{z},\boldsymbol{v},\boldsymbol{u})\boldsymbol{i}_l^{(i)}\\ \boldsymbol{i}_l^{(i)}\\ \boldsymbol{O}_{pd\times 1}\end{bmatrix}\\&=\begin{bmatrix}\boldsymbol{T}_2(\boldsymbol{z},\boldsymbol{v},\boldsymbol{u})\boldsymbol{Q}_2^{1/2}\boldsymbol{i}_l^{(j)}\\ \boldsymbol{Q}_2^{1/2}\boldsymbol{i}_l^{(j)}\\ \boldsymbol{O}_{pd\times 1}\end{bmatrix},\quad 1\leqslant j\leqslant l\\ \bar{\boldsymbol{Z}}_{p+l+j}\boldsymbol{y}&=\sum_{i=1}^{pd}\langle\boldsymbol{Q}_3^{1/2}\rangle_{ij}\begin{bmatrix}\boldsymbol{O}_{p\times 1}\\ \boldsymbol{O}_{l\times 1}\\ \bar{\boldsymbol{C}}(\boldsymbol{r},\boldsymbol{s})\boldsymbol{i}_{pd}^{(i)}-\dot{\bar{\boldsymbol{D}}}_i(\boldsymbol{r},\boldsymbol{s})\boldsymbol{w}\end{bmatrix}=\sum_{i=1}^{pd}\langle\boldsymbol{Q}_3^{1/2}\rangle_{ij}\begin{bmatrix}\boldsymbol{O}_{p\times 1}\\ \boldsymbol{O}_{l\times 1}\\ \bar{\boldsymbol{H}}(\boldsymbol{r},\boldsymbol{s},\boldsymbol{w})\boldsymbol{i}_{pd}^{(i)}\end{bmatrix}\\&=\begin{bmatrix}\boldsymbol{O}_{p\times 1}\\ \boldsymbol{O}_{l\times 1}\\ \bar{\boldsymbol{H}}(\boldsymbol{r},\boldsymbol{s},\boldsymbol{w})\boldsymbol{Q}_3^{1/2}\boldsymbol{i}_{pd}^{(j)}\end{bmatrix},\quad 1\leqslant j\leqslant pd\end{aligned}\right.\tag{7.124}$$

基于式(7.124)可知

$$\begin{aligned}\boldsymbol{S}_3^{(1)}(\boldsymbol{y})&=\sum_{j=1}^{p(d+1)+l}\bar{\boldsymbol{Z}}_j\boldsymbol{y}\boldsymbol{y}^{\mathrm{T}}\bar{\boldsymbol{Z}}_j^{\mathrm{T}}=\boldsymbol{\Sigma}\\&=\left[\begin{array}{c:c:c}\boldsymbol{T}_1(\boldsymbol{z},\boldsymbol{v},\boldsymbol{u})\boldsymbol{Q}_1\boldsymbol{T}_1^{\mathrm{T}}(\boldsymbol{z},\boldsymbol{v},\boldsymbol{u})+\boldsymbol{T}_2(\boldsymbol{z},\boldsymbol{v},\boldsymbol{u})\boldsymbol{Q}_2\boldsymbol{T}_2^{\mathrm{T}}(\boldsymbol{z},\boldsymbol{v},\boldsymbol{u}) & \boldsymbol{T}_2(\boldsymbol{z},\boldsymbol{v},\boldsymbol{u})\boldsymbol{Q}_2 & \boldsymbol{O}_{p\times pd}\\ \hdashline \boldsymbol{Q}_2\boldsymbol{T}_2^{\mathrm{T}}(\boldsymbol{z},\boldsymbol{v},\boldsymbol{u}) & \boldsymbol{Q}_2 & \boldsymbol{O}_{l\times pd}\\ \hdashline \boldsymbol{O}_{pd\times p} & \boldsymbol{O}_{pd\times l} & \bar{\boldsymbol{H}}(\boldsymbol{r},\boldsymbol{s},\boldsymbol{w})\boldsymbol{Q}_3\bar{\boldsymbol{H}}^{\mathrm{T}}(\boldsymbol{r},\boldsymbol{s},\boldsymbol{w})\end{array}\right]\end{aligned}\tag{7.125}$$

联合式(7.122)和式(7.125)可推得

$$\begin{aligned}\boldsymbol{y}^{\mathrm{T}}\boldsymbol{Z}_0^{\mathrm{T}}(\boldsymbol{S}_3^{(1)}(\boldsymbol{y}))^{-1}\boldsymbol{Z}_0\boldsymbol{y}=&\left(\begin{bmatrix}\boldsymbol{B}(\boldsymbol{z},\boldsymbol{v}) & \boldsymbol{O}_{p\times l}\\ \boldsymbol{O}_{l\times q} & \boldsymbol{I}_l\\ \boldsymbol{O}_{pd\times q} & \bar{\boldsymbol{D}}(\boldsymbol{r},\boldsymbol{s})\end{bmatrix}\begin{bmatrix}\boldsymbol{u}\\ \boldsymbol{w}\end{bmatrix}-\begin{bmatrix}\boldsymbol{a}(\boldsymbol{z},\boldsymbol{v})\\ \boldsymbol{v}\\ \bar{\boldsymbol{c}}(\boldsymbol{r},\boldsymbol{s})\end{bmatrix}\right)^{\mathrm{T}}\boldsymbol{\Sigma}^{-1}\\&\cdot\left(\begin{bmatrix}\boldsymbol{B}(\boldsymbol{z},\boldsymbol{v}) & \boldsymbol{O}_{p\times l}\\ \boldsymbol{O}_{l\times q} & \boldsymbol{I}_l\\ \boldsymbol{O}_{pd\times q} & \bar{\boldsymbol{D}}(\boldsymbol{r},\boldsymbol{s})\end{bmatrix}\begin{bmatrix}\boldsymbol{u}\\ \boldsymbol{w}\end{bmatrix}-\begin{bmatrix}\boldsymbol{a}(\boldsymbol{z},\boldsymbol{v})\\ \boldsymbol{v}\\ \bar{\boldsymbol{c}}(\boldsymbol{r},\boldsymbol{s})\end{bmatrix}\right)\end{aligned}\tag{7.126}$$

根据式(7.126)可知结论成立。证毕。

根据推论 7.3 可知，目标位置解$\hat{\boldsymbol{u}}_{\mathrm{stls}}^{(\mathrm{b})}$和系统参量解$\hat{\boldsymbol{w}}_{\mathrm{stls}}^{(\mathrm{b})}$的二阶统计特性可以基于式(7.120)推得。类似于 6.3.2 节中的性能分析，目标位置解$\hat{\boldsymbol{u}}_{\mathrm{stls}}^{(\mathrm{b})}$和系统参量解$\hat{\boldsymbol{w}}_{\mathrm{stls}}^{(\mathrm{b})}$的联合估计方差矩阵为

$$\mathbf{cov}\left(\begin{bmatrix}\hat{\boldsymbol{u}}_{\mathrm{stls}}^{(\mathrm{b})}\\ \hat{\boldsymbol{w}}_{\mathrm{stls}}^{(\mathrm{b})}\end{bmatrix}\right)=\left(\begin{bmatrix}\boldsymbol{B}^{\mathrm{T}}(\boldsymbol{z}_0,\boldsymbol{w}) & \boldsymbol{O}_{q\times l} & \boldsymbol{O}_{q\times pd}\\ \boldsymbol{O}_{l\times p} & \boldsymbol{I}_l & \bar{\boldsymbol{D}}^{\mathrm{T}}(\boldsymbol{r}_0,\boldsymbol{s})\end{bmatrix}\left(\boldsymbol{\Sigma}^{-1}\Big|_{\substack{z=z_0\\ v=w\\ r=r_0}}\right)\begin{bmatrix}\boldsymbol{B}(\boldsymbol{z}_0,\boldsymbol{w}) & \boldsymbol{O}_{p\times l}\\ \boldsymbol{O}_{l\times q} & \boldsymbol{I}_l\\ \boldsymbol{O}_{pd\times q} & \bar{\boldsymbol{D}}(\boldsymbol{r}_0,\boldsymbol{s})\end{bmatrix}\right)^{-1} \tag{7.127}$$

通过进一步的数学分析可以证明，目标位置解$\hat{\boldsymbol{u}}_{\mathrm{stls}}^{(\mathrm{b})}$和系统参量解$\hat{\boldsymbol{w}}_{\mathrm{stls}}^{(\mathrm{b})}$的联合估计方差矩阵等于式(3.25)给出的克拉美罗界矩阵，结果可见如下命题。

命题 7.8 $\mathbf{cov}\left(\begin{bmatrix}\hat{\boldsymbol{u}}_{\mathrm{stls}}^{(\mathrm{b})}\\ \hat{\boldsymbol{w}}_{\mathrm{stls}}^{(\mathrm{b})}\end{bmatrix}\right)=\mathbf{CRB}\left(\begin{bmatrix}\boldsymbol{u}\\ \boldsymbol{w}\end{bmatrix}\right)$

$$=\begin{bmatrix}\boldsymbol{G}_1^{\mathrm{T}}(\boldsymbol{u},\boldsymbol{w})\boldsymbol{Q}_1^{-1}\boldsymbol{G}_1(\boldsymbol{u},\boldsymbol{w}) & \boldsymbol{G}_1^{\mathrm{T}}(\boldsymbol{u},\boldsymbol{w})\boldsymbol{Q}_1^{-1}\boldsymbol{G}_2(\boldsymbol{u},\boldsymbol{w})\\ \boldsymbol{G}_2^{\mathrm{T}}(\boldsymbol{u},\boldsymbol{w})\boldsymbol{Q}_1^{-1}\boldsymbol{G}_1(\boldsymbol{u},\boldsymbol{w}) & \boldsymbol{G}_2^{\mathrm{T}}(\boldsymbol{u},\boldsymbol{w})\boldsymbol{Q}_1^{-1}\boldsymbol{G}_2(\boldsymbol{u},\boldsymbol{w})+\boldsymbol{Q}_2^{-1}+\bar{\boldsymbol{G}}^{\mathrm{T}}(\boldsymbol{s},\boldsymbol{w})\boldsymbol{Q}_3^{-1}\bar{\boldsymbol{G}}(\boldsymbol{s},\boldsymbol{w})\end{bmatrix}^{-1}。$$

命题 7.8 的证明类似于命题 4.3，限于篇幅这里不再阐述。命题 7.8 表明，目标位置解$\hat{\boldsymbol{u}}_{\mathrm{stls}}^{(\mathrm{b})}$和系统参量解$\hat{\boldsymbol{w}}_{\mathrm{stls}}^{(\mathrm{b})}$具有渐近最优的统计性能(在门限效应发生以前)。

7.4　定位算例与数值实验

本节将以联合辐射源信号 AOA/GROA 参数的无源定位问题为算例进行数值实验。

7.4.1　定位算例的观测模型

假设某目标源的位置向量为$\boldsymbol{u}=[x_{\mathrm{t}}\quad y_{\mathrm{t}}\quad z_{\mathrm{t}}]^{\mathrm{T}}$，现有$M$个观测站可以接收到该目标源信号，并利用该信号的 AOA/GROA 参数对目标进行定位。第 1 个观测站为主站，其余观测站均为辅站，并且第m个观测站的位置向量为$\boldsymbol{w}_m=[x_{\mathrm{o},m}\quad y_{\mathrm{o},m}\quad z_{\mathrm{o},m}]^{\mathrm{T}}$，于是系统参量可以表示为$\boldsymbol{w}=[\boldsymbol{w}_1^{\mathrm{T}}\quad \boldsymbol{w}_2^{\mathrm{T}}\quad \cdots\quad \boldsymbol{w}_M^{\mathrm{T}}]^{\mathrm{T}}$。

根据第 1 章的讨论可知，GROA 参数可以分别等效为距离比，于是进行目标定位的全部观测方程可以表示为

$$\begin{cases}\theta_m=\arctan\dfrac{y_{\mathrm{t}}-y_{\mathrm{o},m}}{x_{\mathrm{t}}-x_{\mathrm{o},m}}\\ \beta_m=\arctan\dfrac{z_{\mathrm{t}}-z_{\mathrm{o},m}}{\|\bar{\boldsymbol{I}}_3(\boldsymbol{u}-\boldsymbol{w}_m)\|_2}=\arctan\dfrac{z_{\mathrm{t}}-z_{\mathrm{o},m}}{(x_{\mathrm{t}}-x_{\mathrm{o},m})\cos\theta_m+(y_{\mathrm{t}}-y_{\mathrm{o},m})\sin\theta_m},\quad \begin{matrix}1\leqslant m\leqslant M\\ 2\leqslant n\leqslant M\end{matrix}\\ \rho_n=\dfrac{\|\boldsymbol{u}-\boldsymbol{w}_n\|_2}{\|\boldsymbol{u}-\boldsymbol{w}_1\|_2}\end{cases} \tag{7.128}$$

式中，θ_m和β_m分别表示目标源信号到达第m个观测站的方位角和仰角；ρ_n表示目标源信号到达第n个观测站与到达第 1 个观测站的距离比；$\bar{\boldsymbol{I}}_3=[\boldsymbol{I}_2\quad \boldsymbol{O}_{2\times 1}]$。再分别定义如下观测向量：

$$\boldsymbol{\theta}=[\theta_1\quad \theta_2\quad \cdots\quad \theta_M]^{\mathrm{T}},\quad \boldsymbol{\beta}=[\beta_1\quad \beta_2\quad \cdots\quad \beta_M]^{\mathrm{T}},\quad \boldsymbol{\rho}=[\rho_2\quad \rho_3\quad \cdots\quad \rho_M]^{\mathrm{T}} \tag{7.129}$$

则用于目标定位的观测向量和观测方程可表示为

$$\boldsymbol{z}_0=[\boldsymbol{\theta}^{\mathrm{T}}\quad \boldsymbol{\beta}^{\mathrm{T}}\quad \boldsymbol{\rho}^{\mathrm{T}}]^{\mathrm{T}}=\boldsymbol{g}(\boldsymbol{u},\boldsymbol{w}) \tag{7.130}$$

为了更好地消除系统误差的影响，需要在目标源附近放置d个位置精确已知的校正

源，并且观测站同样能够获得关于校正源信号的 AOA/GROA 参数。假设第 k 个校正源的位置向量为 $\boldsymbol{s}_k=[x_{\mathrm{c},k}\quad y_{\mathrm{c},k}\quad z_{\mathrm{c},k}]^{\mathrm{T}}$，则关于该校正源的全部观测方程可表示为

$$\begin{cases}\theta_{\mathrm{c},k,m}=\arctan\dfrac{y_{\mathrm{c},k}-y_{\mathrm{o},m}}{x_{\mathrm{c},k}-x_{\mathrm{o},m}} \\ \beta_{\mathrm{c},k,m}=\arctan\dfrac{z_{\mathrm{c},k}-z_{\mathrm{o},m}}{\|\bar{\boldsymbol{I}}_3(\boldsymbol{s}_k-\boldsymbol{w}_m)\|_2}=\arctan\dfrac{z_{\mathrm{c},k}-z_{\mathrm{o},m}}{(x_{\mathrm{c},k}-x_{\mathrm{o},m})\cos\theta_{\mathrm{c},k,m}+(y_{\mathrm{c},k}-y_{\mathrm{o},m})\sin\theta_{\mathrm{c},k,m}}, \\ \rho_{\mathrm{c},k,n}=\dfrac{\|\boldsymbol{s}_k-\boldsymbol{w}_n\|_2}{\|\boldsymbol{s}_k-\boldsymbol{w}_1\|_2}\end{cases}\quad \begin{matrix}1\leqslant m\leqslant M\\2\leqslant n\leqslant M\\1\leqslant k\leqslant d\end{matrix}\tag{7.131}$$

式中，$\theta_{\mathrm{c},k,m}$ 和 $\beta_{\mathrm{c},k,m}$ 分别表示第 k 个校正源信号到达第 m 个观测站的方位角和仰角；$\rho_{\mathrm{c},k,n}$ 表示第 k 个校正源信号到达第 n 个观测站与到达第 1 个观测站的距离比。再分别定义如下观测向量：

$$\boldsymbol{\theta}_{\mathrm{c},k}=[\theta_{\mathrm{c},k,1}\quad \theta_{\mathrm{c},k,2}\quad \cdots\quad \theta_{\mathrm{c},k,M}]^{\mathrm{T}},\quad \boldsymbol{\beta}_{\mathrm{c},k}=[\beta_{\mathrm{c},k,1}\quad \beta_{\mathrm{c},k,2}\quad \cdots\quad \beta_{\mathrm{c},k,M}]^{\mathrm{T}},$$
$$\boldsymbol{\rho}_{\mathrm{c},k}=[\rho_{\mathrm{c},k,2}\quad \rho_{\mathrm{c},k,3}\quad \cdots\quad \rho_{\mathrm{c},k,M}]^{\mathrm{T}}\tag{7.132}$$

则关于第 k 个校正源的观测向量和观测方程可表示为

$$\boldsymbol{r}_{k0}=[\boldsymbol{\theta}_{\mathrm{c},k}^{\mathrm{T}}\quad \boldsymbol{\beta}_{\mathrm{c},k}^{\mathrm{T}}\quad \boldsymbol{\rho}_{\mathrm{c},k}^{\mathrm{T}}]^{\mathrm{T}}=\boldsymbol{g}(\boldsymbol{s}_k,\boldsymbol{w})\tag{7.133}$$

而关于全部校正源的观测向量和观测方程可表示为

$$\boldsymbol{r}_0=[\boldsymbol{r}_{10}^{\mathrm{T}}\quad \boldsymbol{r}_{20}^{\mathrm{T}}\quad \cdots\quad \boldsymbol{r}_{d0}^{\mathrm{T}}]^{\mathrm{T}}=[\boldsymbol{g}^{\mathrm{T}}(\boldsymbol{s}_1,\boldsymbol{w})\quad \boldsymbol{g}^{\mathrm{T}}(\boldsymbol{s}_2,\boldsymbol{w})\quad \cdots\quad \boldsymbol{g}^{\mathrm{T}}(\boldsymbol{s}_d,\boldsymbol{w})]^{\mathrm{T}}=\bar{\boldsymbol{g}}(\boldsymbol{s},\boldsymbol{w})\tag{7.134}$$

式中，$\boldsymbol{s}=[\boldsymbol{s}_1^{\mathrm{T}}\quad \boldsymbol{s}_2^{\mathrm{T}}\quad \cdots\quad \boldsymbol{s}_d^{\mathrm{T}}]^{\mathrm{T}}$ 表示由全部校正源位置所构成的列向量。

根据前面的讨论可知，为了利用本章的方法进行目标定位，需要将式(7.128)中的每个非线性观测方程转化为伪线性观测方程。首先，式(7.128)中第一个观测方程的伪线性化过程如下：

$$\begin{aligned}&\theta_m=\arctan\frac{y_{\mathrm{t}}-y_{\mathrm{o},m}}{x_{\mathrm{t}}-x_{\mathrm{o},m}}\Rightarrow\frac{\sin\theta_m}{\cos\theta_m}=\frac{y_{\mathrm{t}}-y_{\mathrm{o},m}}{x_{\mathrm{t}}-x_{\mathrm{o},m}}\\&\Rightarrow\sin\theta_m x_{\mathrm{t}}-\cos\theta_m y_{\mathrm{t}}=x_{\mathrm{o},m}\sin\theta_m-y_{\mathrm{o},m}\cos\theta_m\\&\Rightarrow\boldsymbol{b}_{1m}^{\mathrm{T}}(\boldsymbol{z}_0,\boldsymbol{w})\boldsymbol{u}=a_{1m}(\boldsymbol{z}_0,\boldsymbol{w}),\quad 1\leqslant m\leqslant M\end{aligned}\tag{7.135}$$

式中

$$\begin{cases}\boldsymbol{b}_{1m}(\boldsymbol{z}_0,\boldsymbol{w})=[\sin\theta_m\ \vdots\ -\cos\theta_m\ \vdots\ 0]^{\mathrm{T}}\\ a_{1m}(\boldsymbol{z}_0,\boldsymbol{w})=x_{\mathrm{o},m}\sin\theta_m-y_{\mathrm{o},m}\cos\theta_m\end{cases}\tag{7.136}$$

然后，式(7.128)中第二个观测方程的伪线性化过程如下：

$$\begin{aligned}&\beta_m=\arctan\frac{z_{\mathrm{t}}-z_{\mathrm{o},m}}{(x_{\mathrm{t}}-x_{\mathrm{o},m})\cos\theta_m+(y_{\mathrm{t}}-y_{\mathrm{o},m})\sin\theta_m}\\&\Rightarrow\frac{\sin\beta_m}{\cos\beta_m}=\frac{z_{\mathrm{t}}-z_{\mathrm{o},m}}{(x_{\mathrm{t}}-x_{\mathrm{o},m})\cos\theta_m+(y_{\mathrm{t}}-y_{\mathrm{o},m})\sin\theta_m}\\&\Rightarrow\cos\theta_m\sin\beta_m x_{\mathrm{t}}+\sin\theta_m\sin\beta_m y_{\mathrm{t}}-\cos\beta_m z_{\mathrm{t}}\\&=x_{\mathrm{o},m}\cos\theta_m\sin\beta_m+y_{\mathrm{o},m}\sin\theta_m\sin\beta_m-z_{\mathrm{o},m}\cos\beta_m\\&\Rightarrow\boldsymbol{b}_{2m}^{\mathrm{T}}(\boldsymbol{z}_0,\boldsymbol{w})\boldsymbol{u}=a_{2m}(\boldsymbol{z}_0,\boldsymbol{w}),\quad 1\leqslant m\leqslant M\end{aligned}\tag{7.137}$$

式中

$$\begin{cases}\boldsymbol{b}_{2m}(\boldsymbol{z}_0,\boldsymbol{w})=[\cos\theta_m\sin\beta_m\ \vdots\ \sin\theta_m\sin\beta_m\ \vdots\ -\cos\beta_m]^{\mathrm{T}}\\ a_{2m}(\boldsymbol{z}_0,\boldsymbol{w})=x_{\mathrm{o},m}\cos\theta_m\sin\beta_m+y_{\mathrm{o},m}\sin\theta_m\sin\beta_m-z_{\mathrm{o},m}\cos\beta_m\end{cases}\tag{7.138}$$

最后,式(7.128)中第三个观测方程的伪线性化过程如下:

$$\begin{aligned}
\rho_n=\frac{\|\boldsymbol{u}-\boldsymbol{w}_n\|_2}{\|\boldsymbol{u}-\boldsymbol{w}_1\|_2}&\Rightarrow\|\boldsymbol{u}-\boldsymbol{w}_n\|_2=\rho_n\|\boldsymbol{u}-\boldsymbol{w}_1\|_2\\
&\Rightarrow(x_{\mathrm{t}}-x_{\mathrm{o},n})\cos\theta_n\cos\beta_n+(y_{\mathrm{t}}-y_{\mathrm{o},n})\sin\theta_n\cos\beta_n+(z_{\mathrm{t}}-z_{\mathrm{o},n})\sin\beta_n\\
&=\rho_n(x_{\mathrm{t}}-x_{\mathrm{o},1})\cos\theta_1\cos\beta_1+\rho_n(y_{\mathrm{t}}-y_{\mathrm{o},1})\sin\theta_1\cos\beta_1+\rho_n(z_{\mathrm{t}}-z_{\mathrm{o},1})\sin\beta_1\\
&\Rightarrow(\cos\theta_n\cos\beta_n-\rho_n\cos\theta_1\cos\beta_1)x_{\mathrm{t}}+(\sin\theta_n\cos\beta_n-\rho_n\sin\theta_1\cos\beta_1)y_{\mathrm{t}}\\
&\quad+(\sin\beta_n-\rho_n\sin\beta_1)z_{\mathrm{t}}\\
&=x_{\mathrm{o},n}\cos\theta_n\cos\beta_n+y_{\mathrm{o},n}\sin\theta_n\cos\beta_n+z_{\mathrm{o},n}\sin\beta_n-\rho_n x_{\mathrm{o},1}\cos\theta_1\cos\beta_1\\
&\quad-\rho_n y_{\mathrm{o},1}\sin\theta_1\cos\beta_1-\rho_n z_{\mathrm{o},1}\sin\beta_1\\
&\Rightarrow\boldsymbol{b}_{3n}^{\mathrm{T}}(\boldsymbol{z}_0,\boldsymbol{w})\boldsymbol{u}=a_{3n}(\boldsymbol{z}_0,\boldsymbol{w}),\quad 2\leqslant n\leqslant M
\end{aligned}\tag{7.139}$$

式中

$$\begin{cases}\boldsymbol{b}_{3n}(\boldsymbol{z}_0,\boldsymbol{w})=[\cos\theta_n\cos\beta_n-\rho_n\cos\theta_1\cos\beta_1\ \vdots\ \sin\theta_n\cos\beta_n-\rho_n\sin\theta_1\cos\beta_1\ \vdots\ \sin\beta_n-\rho_n\sin\beta_1]^{\mathrm{T}}\\ a_{3n}(\boldsymbol{z}_0,\boldsymbol{w})=x_{\mathrm{o},n}\cos\theta_n\cos\beta_n+y_{\mathrm{o},n}\sin\theta_n\cos\beta_n+z_{\mathrm{o},n}\sin\beta_n-\rho_n x_{\mathrm{o},1}\cos\theta_1\cos\beta_1\\ \qquad\qquad-\rho_n y_{\mathrm{o},1}\sin\theta_1\cos\beta_1-\rho_n z_{\mathrm{o},1}\sin\beta_1\end{cases}\tag{7.140}$$

结合式(7.135)~式(7.140)可建立如下伪线性观测方程:

$$\boldsymbol{a}(\boldsymbol{z}_0,\boldsymbol{w})=\boldsymbol{B}(\boldsymbol{z}_0,\boldsymbol{w})\boldsymbol{u}\tag{7.141}$$

式中

$$\begin{cases}\boldsymbol{a}(\boldsymbol{z}_0,\boldsymbol{w})=[\boldsymbol{a}_1^{\mathrm{T}}(\boldsymbol{z}_0,\boldsymbol{w})\quad\boldsymbol{a}_2^{\mathrm{T}}(\boldsymbol{z}_0,\boldsymbol{w})\quad\boldsymbol{a}_3^{\mathrm{T}}(\boldsymbol{z}_0,\boldsymbol{w})]^{\mathrm{T}}\\ \boldsymbol{B}(\boldsymbol{z}_0,\boldsymbol{w})=[\boldsymbol{B}_1^{\mathrm{T}}(\boldsymbol{z}_0,\boldsymbol{w})\quad\boldsymbol{B}_2^{\mathrm{T}}(\boldsymbol{z}_0,\boldsymbol{w})\quad\boldsymbol{B}_3^{\mathrm{T}}(\boldsymbol{z}_0,\boldsymbol{w})]^{\mathrm{T}}\end{cases}\tag{7.142}$$

其中

$$\begin{cases}\boldsymbol{B}_j(\boldsymbol{z}_0,\boldsymbol{w})=\begin{bmatrix}\boldsymbol{b}_{j1}^{\mathrm{T}}(\boldsymbol{z}_0,\boldsymbol{w})\\ \boldsymbol{b}_{j2}^{\mathrm{T}}(\boldsymbol{z}_0,\boldsymbol{w})\\ \vdots\\ \boldsymbol{b}_{jM}^{\mathrm{T}}(\boldsymbol{z}_0,\boldsymbol{w})\end{bmatrix},\quad\boldsymbol{a}_j(\boldsymbol{z}_0,\boldsymbol{w})=\begin{bmatrix}a_{j1}(\boldsymbol{z}_0,\boldsymbol{w})\\ a_{j2}(\boldsymbol{z}_0,\boldsymbol{w})\\ \vdots\\ a_{jM}(\boldsymbol{z}_0,\boldsymbol{w})\end{bmatrix},\quad 1\leqslant j\leqslant 2\\ \boldsymbol{B}_3(\boldsymbol{z}_0,\boldsymbol{w})=\begin{bmatrix}\boldsymbol{b}_{32}^{\mathrm{T}}(\boldsymbol{z}_0,\boldsymbol{w})\\ \boldsymbol{b}_{33}^{\mathrm{T}}(\boldsymbol{z}_0,\boldsymbol{w})\\ \vdots\\ \boldsymbol{b}_{3M}^{\mathrm{T}}(\boldsymbol{z}_0,\boldsymbol{w})\end{bmatrix},\quad\boldsymbol{a}_3(\boldsymbol{z}_0,\boldsymbol{w})=\begin{bmatrix}a_{32}(\boldsymbol{z}_0,\boldsymbol{w})\\ a_{33}(\boldsymbol{z}_0,\boldsymbol{w})\\ \vdots\\ a_{3M}(\boldsymbol{z}_0,\boldsymbol{w})\end{bmatrix}\end{cases}\tag{7.143}$$

此外,这里还需要将式(7.131)中的每个非线性观测方程转化为伪线性观测方程。首先,式(7.131)中第一个观测方程的伪线性化过程如下:

$$\begin{aligned}
\theta_{\mathrm{c},k,m}=\arctan\frac{y_{\mathrm{c},k}-y_{\mathrm{o},m}}{x_{\mathrm{c},k}-x_{\mathrm{o},m}}&\Rightarrow\frac{\sin\theta_{\mathrm{c},k,m}}{\cos\theta_{\mathrm{c},k,m}}=\frac{y_{\mathrm{c},k}-y_{\mathrm{o},m}}{x_{\mathrm{c},k}-x_{\mathrm{o},m}}\\
&\Rightarrow\sin\theta_{\mathrm{c},k,m}x_{\mathrm{o},m}-\cos\theta_{\mathrm{c},k,m}y_{\mathrm{o},m}=x_{\mathrm{c},k}\sin\theta_{\mathrm{c},k,m}-y_{\mathrm{c},k}\cos\theta_{\mathrm{c},k,m}\\
&\Rightarrow\boldsymbol{d}_{1m}^{\mathrm{T}}(\boldsymbol{r}_{k0},\boldsymbol{s}_k)\boldsymbol{w}_m=c_{1m}(\boldsymbol{r}_{k0},\boldsymbol{s}_k),\quad 1\leqslant m\leqslant M;1\leqslant k\leqslant d
\end{aligned}\tag{7.144}$$

式中

$$\begin{cases}\boldsymbol{d}_{1m}(\boldsymbol{r}_{k0},\boldsymbol{s}_k)=[\sin\theta_{\mathrm{c},k,m}\ \vdots\ -\cos\theta_{\mathrm{c},k,m}\ \vdots\ 0]^{\mathrm{T}}\\ c_{1m}(\boldsymbol{r}_{k0},\boldsymbol{s}_k)=x_{\mathrm{c},k}\sin\theta_{\mathrm{c},k,m}-y_{\mathrm{c},k}\cos\theta_{\mathrm{c},k,m}\end{cases}\tag{7.145}$$

然后,式(7.131)中第二个观测方程的伪线性化过程如下:

$$\beta_{\mathrm{c},k,m}=\arctan\frac{z_{\mathrm{c},k}-z_{\mathrm{o},m}}{(x_{\mathrm{c},k}-x_{\mathrm{o},m})\cos\theta_{\mathrm{c},k,m}+(y_{\mathrm{c},k}-y_{\mathrm{o},m})\sin\theta_{\mathrm{c},k,m}}$$
$$\Rightarrow\frac{\sin\beta_{\mathrm{c},k,m}}{\cos\beta_{\mathrm{c},k,m}}=\frac{z_{\mathrm{c},k}-z_{\mathrm{o},m}}{(x_{\mathrm{c},k}-x_{\mathrm{o},m})\cos\theta_{\mathrm{c},k,m}+(y_{\mathrm{c},k}-y_{\mathrm{o},m})\sin\theta_{\mathrm{c},k,m}}$$
$$\Rightarrow\cos\theta_{\mathrm{c},k,m}\sin\beta_{\mathrm{c},k,m}x_{\mathrm{o},m}+\sin\theta_{\mathrm{c},k,m}\sin\beta_{\mathrm{c},k,m}y_{\mathrm{o},m}-\cos\beta_{\mathrm{c},k,m}z_{\mathrm{o},m}$$
$$=x_{\mathrm{c},k}\cos\theta_{\mathrm{c},k,m}\sin\beta_{\mathrm{c},k,m}+y_{\mathrm{c},k}\sin\theta_{\mathrm{c},k,m}\sin\beta_{\mathrm{c},k,m}-z_{\mathrm{c},k}\cos\beta_{\mathrm{c},k,m}$$
$$\Rightarrow\boldsymbol{d}_{2m}^{\mathrm{T}}(\boldsymbol{r}_{k0},\boldsymbol{s}_k)\boldsymbol{w}_m=c_{2m}(\boldsymbol{r}_{k0},\boldsymbol{s}_k),\quad 1\leqslant m\leqslant M;1\leqslant k\leqslant d \tag{7.146}$$

式中

$$\begin{cases}\boldsymbol{d}_{2m}(\boldsymbol{r}_{k0},\boldsymbol{s}_k)=[\cos\theta_{\mathrm{c},k,m}\sin\beta_{\mathrm{c},k,m}\ \vdots\ \sin\theta_{\mathrm{c},k,m}\sin\beta_{\mathrm{c},k,m}\ \vdots\ -\cos\beta_{\mathrm{c},k,m}]^{\mathrm{T}}\\ c_{2m}(\boldsymbol{r}_{k0},\boldsymbol{s}_k)=x_{\mathrm{c},k}\cos\theta_{\mathrm{c},k,m}\sin\beta_{\mathrm{c},k,m}+y_{\mathrm{c},k}\sin\theta_{\mathrm{c},k,m}\sin\beta_{\mathrm{c},k,m}-z_{\mathrm{c},k}\cos\beta_{\mathrm{c},k,m}\end{cases} \tag{7.147}$$

最后，式(7.131)中第三个观测方程的伪线性化过程如下：

$$\rho_{\mathrm{c},k,n}=\frac{\|\boldsymbol{s}_k-\boldsymbol{w}_n\|_2}{\|\boldsymbol{s}_k-\boldsymbol{w}_1\|_2}\Rightarrow\|\boldsymbol{s}_k-\boldsymbol{w}_n\|_2=\rho_{\mathrm{c},k,n}\|\boldsymbol{s}_k-\boldsymbol{w}_1\|_2$$
$$\Rightarrow(x_{\mathrm{c},k}-x_{\mathrm{o},n})\cos\theta_{\mathrm{c},k,n}\cos\beta_{\mathrm{c},k,n}+(y_{\mathrm{c},k}-y_{\mathrm{o},n})\sin\theta_{\mathrm{c},k,n}\cos\beta_{\mathrm{c},k,n}$$
$$+(z_{\mathrm{c},k}-z_{\mathrm{o},n})\sin\beta_{\mathrm{c},k,n}$$
$$=\rho_{\mathrm{c},k,n}(x_{\mathrm{c},k}-x_{\mathrm{o},1})\cos\theta_{\mathrm{c},k,1}\cos\beta_{\mathrm{c},k,1}+\rho_{\mathrm{c},k,n}(y_{\mathrm{c},k}-y_{\mathrm{o},1})\sin\theta_{\mathrm{c},k,1}\cos\beta_{\mathrm{c},k,1}$$
$$+\rho_{\mathrm{c},k,n}(z_{\mathrm{c},k}-z_{\mathrm{o},1})\sin\beta_{\mathrm{c},k,1}$$
$$\Rightarrow\cos\theta_{\mathrm{c},k,n}\cos\beta_{\mathrm{c},k,n}x_{\mathrm{o},n}+\sin\theta_{\mathrm{c},k,n}\cos\beta_{\mathrm{c},k,n}y_{\mathrm{o},n}+\sin\beta_{\mathrm{c},k,n}z_{\mathrm{o},n}$$
$$-\rho_{\mathrm{c},k,n}\cos\theta_{\mathrm{c},k,1}\cos\beta_{\mathrm{c},k,1}x_{\mathrm{o},1}-\rho_{\mathrm{c},k,n}\sin\theta_{\mathrm{c},k,1}\cos\beta_{\mathrm{c},k,1}y_{\mathrm{o},1}-\rho_{\mathrm{c},k,n}\sin\beta_{\mathrm{c},k,1}z_{\mathrm{o},1}$$
$$=x_{\mathrm{c},k}(\cos\theta_{\mathrm{c},k,n}\cos\beta_{\mathrm{c},k,n}-\rho_{\mathrm{c},k,n}\cos\theta_{\mathrm{c},k,1}\cos\beta_{\mathrm{c},k,1})+y_{\mathrm{c},k}(\sin\theta_{\mathrm{c},k,n}\cos\beta_{\mathrm{c},k,n}$$
$$-\rho_{\mathrm{c},k,n}\sin\theta_{\mathrm{c},k,1}\cos\beta_{\mathrm{c},k,1})+z_{\mathrm{c},k}(\sin\beta_{\mathrm{c},k,n}-\rho_{\mathrm{c},k,n}\sin\beta_{\mathrm{c},k,1})$$
$$\Rightarrow\boldsymbol{d}_{3n}^{\mathrm{T}}(\boldsymbol{r}_{k0},\boldsymbol{s}_k)\boldsymbol{w}_n-\rho_{\mathrm{c},k,n}\boldsymbol{d}_{31}^{\mathrm{T}}(\boldsymbol{r}_{k0},\boldsymbol{s}_k)\boldsymbol{w}_1=c_{3n}(\boldsymbol{r}_{k0},\boldsymbol{s}_k),\quad 2\leqslant n\leqslant M;1\leqslant k\leqslant d \tag{7.148}$$

式中

$$\begin{cases}\boldsymbol{d}_{3n}(\boldsymbol{r}_{k0},\boldsymbol{s}_k)=[\cos\theta_{\mathrm{c},k,n}\cos\beta_{\mathrm{c},k,n}\ \vdots\ \sin\theta_{\mathrm{c},k,n}\cos\beta_{\mathrm{c},k,n}\ \vdots\ \sin\beta_{\mathrm{c},k,n}]^{\mathrm{T}}\\ \boldsymbol{d}_{31}(\boldsymbol{r}_{k0},\boldsymbol{s}_k)=[\cos\theta_{\mathrm{c},k,l}\cos\beta_{\mathrm{c},k,l}\ \vdots\ \sin\theta_{\mathrm{c},k,l}\cos\beta_{\mathrm{c},k,l}\ \vdots\ \sin\beta_{\mathrm{c},k,l}]^{\mathrm{T}}\\ c_{3n}(\boldsymbol{r}_{k0},\boldsymbol{s}_k)=x_{\mathrm{c},k}(\cos\theta_{\mathrm{c},k,n}\cos\beta_{\mathrm{c},k,n}-\rho_{\mathrm{c},k,n}\cos\theta_{\mathrm{c},k,1}\cos\beta_{\mathrm{c},k,1})\\ \qquad\qquad+y_{\mathrm{c},k}(\sin\theta_{\mathrm{c},k,n}\cos\beta_{\mathrm{c},k,n}-\rho_{\mathrm{c},k,n}\sin\theta_{\mathrm{c},k,1}\cos\beta_{\mathrm{c},k,1})\\ \qquad\qquad+z_{\mathrm{c},k}(\sin\beta_{\mathrm{c},k,n}-\rho_{\mathrm{c},k,n}\sin\beta_{\mathrm{c},k,1})\end{cases} \tag{7.149}$$

结合式(7.144)～式(7.149)可建立如下伪线性观测方程：

$$\boldsymbol{c}(\boldsymbol{r}_{k0},\boldsymbol{s}_k)=\boldsymbol{D}(\boldsymbol{r}_{k0},\boldsymbol{s}_k)\boldsymbol{w},\quad 1\leqslant k\leqslant d \tag{7.150}$$

式中

$$\begin{cases}\boldsymbol{c}(\boldsymbol{r}_{k0},\boldsymbol{s}_k)=[\boldsymbol{c}_1^{\mathrm{T}}(\boldsymbol{r}_{k0},\boldsymbol{s}_k)\quad \boldsymbol{c}_2^{\mathrm{T}}(\boldsymbol{r}_{k0},\boldsymbol{s}_k)\quad \boldsymbol{c}_3^{\mathrm{T}}(\boldsymbol{r}_{k0},\boldsymbol{s}_k)]^{\mathrm{T}}\\ \boldsymbol{D}(\boldsymbol{r}_{k0},\boldsymbol{s}_k)=[\boldsymbol{D}_1^{\mathrm{T}}(\boldsymbol{r}_{k0},\boldsymbol{s}_k)\quad \boldsymbol{D}_2^{\mathrm{T}}(\boldsymbol{r}_{k0},\boldsymbol{s}_k)\quad \boldsymbol{D}_3^{\mathrm{T}}(\boldsymbol{r}_{k0},\boldsymbol{s}_k)]^{\mathrm{T}}\end{cases} \tag{7.151}$$

其中

$$\begin{cases}\boldsymbol{D}_j(\boldsymbol{r}_{k0},\boldsymbol{s}_k)=\text{blkdiag}[\boldsymbol{d}_{j1}^{\text{T}}(\boldsymbol{r}_{k0},\boldsymbol{s}_k)\quad \boldsymbol{d}_{j2}^{\text{T}}(\boldsymbol{r}_{k0},\boldsymbol{s}_k)\quad \cdots\quad \boldsymbol{d}_{jM}^{\text{T}}(\boldsymbol{r}_{k0},\boldsymbol{s}_k)],\quad 1\leqslant j\leqslant 2\\ \boldsymbol{D}_3(\boldsymbol{r}_{k0},\boldsymbol{s}_k)=[-\boldsymbol{\rho}_{\text{c},k}\boldsymbol{d}_{31}^{\text{T}}(\boldsymbol{r}_{k0},\boldsymbol{s}_k)\ \vdots\ \text{blkdiag}[\boldsymbol{d}_{32}^{\text{T}}(\boldsymbol{r}_{k0},\boldsymbol{s}_k)\quad \boldsymbol{d}_{33}^{\text{T}}(\boldsymbol{r}_{k0},\boldsymbol{s}_k)\quad \cdots\quad \boldsymbol{d}_{3M}^{\text{T}}(\boldsymbol{r}_{k0},\boldsymbol{s}_k)]]\end{cases}\tag{7.152}$$

$$\begin{cases}\boldsymbol{c}_j(\boldsymbol{r}_{k0},\boldsymbol{s}_k)=[c_{j1}(\boldsymbol{r}_{k0},\boldsymbol{s}_k)\quad c_{j2}(\boldsymbol{r}_{k0},\boldsymbol{s}_k)\quad \cdots\quad c_{jM}(\boldsymbol{r}_{k0},\boldsymbol{s}_k)]^{\text{T}},\quad 1\leqslant j\leqslant 2\\ \boldsymbol{c}_3(\boldsymbol{r}_{k0},\boldsymbol{s}_k)=[c_{32}(\boldsymbol{r}_{k0},\boldsymbol{s}_k)\quad c_{33}(\boldsymbol{r}_{k0},\boldsymbol{s}_k)\quad \cdots\quad c_{3M}(\boldsymbol{r}_{k0},\boldsymbol{s}_k)]^{\text{T}}\end{cases}\tag{7.153}$$

若将上述 d 个伪线性观测方程进行合并，则可以建立如下具有更高维数的伪线性观测方程：

$$\bar{\boldsymbol{c}}(\boldsymbol{r}_0,\boldsymbol{s})=\bar{\boldsymbol{D}}(\boldsymbol{r}_0,\boldsymbol{s})\boldsymbol{w}\tag{7.154}$$

式中

$$\begin{cases}\bar{\boldsymbol{c}}(\boldsymbol{r}_0,\boldsymbol{s})=[\boldsymbol{c}^{\text{T}}(\boldsymbol{r}_{10},\boldsymbol{s}_1)\quad \boldsymbol{c}^{\text{T}}(\boldsymbol{r}_{20},\boldsymbol{s}_2)\quad \cdots\quad \boldsymbol{c}^{\text{T}}(\boldsymbol{r}_{d0},\boldsymbol{s}_d)]^{\text{T}}\\ \bar{\boldsymbol{D}}(\boldsymbol{r}_0,\boldsymbol{s})=[\boldsymbol{D}^{\text{T}}(\boldsymbol{r}_{10},\boldsymbol{s}_1)\quad \boldsymbol{D}^{\text{T}}(\boldsymbol{r}_{20},\boldsymbol{s}_2)\quad \cdots\quad \boldsymbol{D}^{\text{T}}(\boldsymbol{r}_{d0},\boldsymbol{s}_d)]^{\text{T}}\\ \boldsymbol{r}_0=[\boldsymbol{r}_{10}^{\text{T}}\quad \boldsymbol{r}_{20}^{\text{T}}\quad \cdots\quad \boldsymbol{r}_{d0}^{\text{T}}]^{\text{T}},\quad \boldsymbol{s}=[\boldsymbol{s}_1^{\text{T}}\quad \boldsymbol{s}_2^{\text{T}}\quad \cdots\quad \boldsymbol{s}_d^{\text{T}}]^{\text{T}}\end{cases}\tag{7.155}$$

另外，为了利用本章的方法进行目标定位，还需要推导矩阵 $\{\boldsymbol{X}_j\}_{0\leqslant j\leqslant(3M-1)d+3M}$，$\{\boldsymbol{Y}_j\}_{0\leqslant j\leqslant 6M-1}$ 和 $\{\boldsymbol{Z}_j\}_{0\leqslant j\leqslant(3M-1)(d+1)+3M}$ 的表达式。根据前面的讨论可分别推得

$$\boldsymbol{X}_0=\begin{bmatrix}-\bar{\boldsymbol{c}}(\boldsymbol{r}_0,\boldsymbol{s}) & \bar{\boldsymbol{D}}(\boldsymbol{r}_0,\boldsymbol{s})\\ -\boldsymbol{w} & \boldsymbol{I}_{3M}\end{bmatrix}\tag{7.156}$$

$$\begin{cases}\boldsymbol{X}_{(3M-1)(k-1)+m}=\begin{bmatrix}\bar{\boldsymbol{C}}(\boldsymbol{r}_0,\boldsymbol{s})\boldsymbol{i}_{(3M-1)d}^{((3M-1)(k-1)+m)} & -\dot{\bar{\boldsymbol{D}}}_{\theta_{\text{c},k,m}}(\boldsymbol{r}_0,\boldsymbol{s})\\ \boldsymbol{O}_{3M\times 1} & \boldsymbol{O}_{3M\times 3M}\end{bmatrix},\quad 1\leqslant m\leqslant M\\ \boldsymbol{X}_{(3M-1)(k-1)+M+m}=\begin{bmatrix}\bar{\boldsymbol{C}}(\boldsymbol{r}_0,\boldsymbol{s})\boldsymbol{i}_{(3M-1)d}^{((3M-1)(k-1)+M+m)} & -\dot{\bar{\boldsymbol{D}}}_{\beta_{\text{c},k,m}}(\boldsymbol{r}_0,\boldsymbol{s})\\ \boldsymbol{O}_{3M\times 1} & \boldsymbol{O}_{3M\times 3M}\end{bmatrix},\quad 1\leqslant m\leqslant M;1\leqslant k\leqslant d\\ \boldsymbol{X}_{(3M-1)(k-1)+2M+n-1}=\begin{bmatrix}\bar{\boldsymbol{C}}(\boldsymbol{r}_0,\boldsymbol{s})\boldsymbol{i}_{(3M-1)d}^{((3M-1)(k-1)+2M+n-1)} & -\dot{\bar{\boldsymbol{D}}}_{\rho_{\text{c},k,n}}(\boldsymbol{r}_0,\boldsymbol{s})\\ \boldsymbol{O}_{3M\times 1} & \boldsymbol{O}_{3M\times 3M}\end{bmatrix},\quad 2\leqslant n\leqslant M\end{cases}\tag{7.157}$$

$$\boldsymbol{X}_{(3M-1)d+j}=\begin{bmatrix}\boldsymbol{O}_{(3M-1)d\times 1} & \boldsymbol{O}_{(3M-1)d\times 3M}\\ \boldsymbol{i}_{3M}^{(j)} & \boldsymbol{O}_{3M\times 3M}\end{bmatrix},\quad 1\leqslant j\leqslant 3M\tag{7.158}$$

$$\boldsymbol{Y}_0=[-\boldsymbol{a}(\boldsymbol{z}_0,\boldsymbol{w})\ \vdots\ \boldsymbol{B}(\boldsymbol{z}_0,\boldsymbol{w})]\tag{7.159}$$

$$\begin{cases}\boldsymbol{Y}_m=[\boldsymbol{A}_1(\boldsymbol{z}_0,\boldsymbol{w})\boldsymbol{i}_{3M-1}^{(m)}\ \vdots\ -\dot{\boldsymbol{B}}_{\theta_m}(\boldsymbol{z}_0,\boldsymbol{w})],\quad 1\leqslant m\leqslant M\\ \boldsymbol{Y}_{M+m}=[\boldsymbol{A}_1(\boldsymbol{z}_0,\boldsymbol{w})\boldsymbol{i}_{3M-1}^{(M+m)}\ \vdots\ -\dot{\boldsymbol{B}}_{\beta_m}(\boldsymbol{z}_0,\boldsymbol{w})],\quad 1\leqslant m\leqslant M\\ \boldsymbol{Y}_{2M+n-1}=[\boldsymbol{A}_1(\boldsymbol{z}_0,\boldsymbol{w})\boldsymbol{i}_{3M-1}^{(2M+n-1)}\ \vdots\ -\dot{\boldsymbol{B}}_{\rho_n}(\boldsymbol{z}_0,\boldsymbol{w})],\quad 2\leqslant n\leqslant M\end{cases}\tag{7.160}$$

$$\begin{cases}\boldsymbol{Y}_{3M-1+3(m-1)+1}=[\boldsymbol{A}_2(\boldsymbol{z}_0,\boldsymbol{w})\boldsymbol{i}_{3M}^{(3(m-1)+1)}\ \vdots\ -\dot{\boldsymbol{B}}_{x_{\text{o},m}}(\boldsymbol{z}_0,\boldsymbol{w})]\\ \boldsymbol{Y}_{3M-1+3(m-1)+2}=[\boldsymbol{A}_2(\boldsymbol{z}_0,\boldsymbol{w})\boldsymbol{i}_{3M}^{(3(m-1)+2)}\ \vdots\ -\dot{\boldsymbol{B}}_{y_{\text{o},m}}(\boldsymbol{z}_0,\boldsymbol{w})],\quad 1\leqslant m\leqslant M\\ \boldsymbol{Y}_{3M-1+3(m-1)+3}=[\boldsymbol{A}_2(\boldsymbol{z}_0,\boldsymbol{w})\boldsymbol{i}_{3M}^{(3(m-1)+3)}\ \vdots\ -\dot{\boldsymbol{B}}_{z_{\text{o},m}}(\boldsymbol{z}_0,\boldsymbol{w})]\end{cases}\tag{7.161}$$

$$\boldsymbol{Z}_0=\begin{bmatrix}-\boldsymbol{a}(\boldsymbol{z}_0,\boldsymbol{w}) & \boldsymbol{B}(\boldsymbol{z}_0,\boldsymbol{w}) & \boldsymbol{O}_{(3M-1)\times 3M}\\ -\boldsymbol{w} & \boldsymbol{O}_{3M\times 3} & \boldsymbol{I}_{3M}\\ -\bar{\boldsymbol{c}}(\boldsymbol{r}_0,\boldsymbol{s}) & \boldsymbol{O}_{(3M-1)d\times 3} & \bar{\boldsymbol{D}}(\boldsymbol{r}_0,\boldsymbol{s})\end{bmatrix}\tag{7.162}$$

$$\begin{cases} \boldsymbol{Z}_m = \begin{bmatrix} \mathbf{A}_1(\boldsymbol{z}_0,\boldsymbol{w})\boldsymbol{i}_{3M-1}^{(m)} & -\dot{\boldsymbol{B}}_{\theta_m}(\boldsymbol{z}_0,\boldsymbol{w}) & \boldsymbol{O}_{(3M-1)\times 3M} \\ \boldsymbol{O}_{3M\times 1} & \boldsymbol{O}_{3M\times 3} & \boldsymbol{O}_{3M\times 3M} \\ \boldsymbol{O}_{(3M-1)d\times 1} & \boldsymbol{O}_{(3M-1)d\times 3} & \boldsymbol{O}_{(3M-1)d\times 3M} \end{bmatrix}, & 1\leqslant m\leqslant M \\ \boldsymbol{Z}_{M+m} = \begin{bmatrix} \mathbf{A}_1(\boldsymbol{z}_0,\boldsymbol{w})\boldsymbol{i}_{3M-1}^{(M+m)} & -\dot{\boldsymbol{B}}_{\beta_m}(\boldsymbol{z}_0,\boldsymbol{w}) & \boldsymbol{O}_{(3M-1)\times 3M} \\ \boldsymbol{O}_{3M\times 1} & \boldsymbol{O}_{3M\times 3} & \boldsymbol{O}_{3M\times 3M} \\ \boldsymbol{O}_{(3M-1)d\times 1} & \boldsymbol{O}_{(3M-1)d\times 3} & \boldsymbol{O}_{(3M-1)d\times 3M} \end{bmatrix}, & 1\leqslant m\leqslant M \\ \boldsymbol{Z}_{2M+n-1} = \begin{bmatrix} \mathbf{A}_1(\boldsymbol{z}_0,\boldsymbol{w})\boldsymbol{i}_{3M-1}^{(2M+n-1)} & -\dot{\boldsymbol{B}}_{\rho_n}(\boldsymbol{z}_0,\boldsymbol{w}) & \boldsymbol{O}_{(3M-1)\times 3M} \\ \boldsymbol{O}_{3M\times 1} & \boldsymbol{O}_{3M\times 3} & \boldsymbol{O}_{3M\times 3M} \\ \boldsymbol{O}_{(3M-1)d\times 1} & \boldsymbol{O}_{(3M-1)d\times 3} & \boldsymbol{O}_{(3M-1)d\times 3M} \end{bmatrix}, & 2\leqslant n\leqslant M \end{cases} \tag{7.163}$$

$$\begin{cases} \boldsymbol{Z}_{3M-1+3(m-1)+1} = \begin{bmatrix} \mathbf{A}_2(\boldsymbol{z}_0,\boldsymbol{w})\boldsymbol{i}_{3M}^{(3(m-1)+1)} & -\dot{\boldsymbol{B}}_{x_{o,m}}(\boldsymbol{z}_0,\boldsymbol{w}) & \boldsymbol{O}_{(3M-1)\times 3M} \\ \boldsymbol{i}_{3M}^{(3(m-1)+1)} & \boldsymbol{O}_{3M\times 3} & \boldsymbol{O}_{3M\times 3M} \\ \boldsymbol{O}_{(3M-1)d\times 1} & \boldsymbol{O}_{(3M-1)d\times 3} & \boldsymbol{O}_{(3M-1)d\times 3M} \end{bmatrix} \\ \boldsymbol{Z}_{3M-1+3(m-1)+2} = \begin{bmatrix} \mathbf{A}_2(\boldsymbol{z}_0,\boldsymbol{w})\boldsymbol{i}_{3M}^{(3(m-1)+2)} & -\dot{\boldsymbol{B}}_{y_{o,m}}(\boldsymbol{z}_0,\boldsymbol{w}) & \boldsymbol{O}_{(3M-1)\times 3M} \\ \boldsymbol{i}_{3M}^{(3(m-1)+2)} & \boldsymbol{O}_{3M\times 3} & \boldsymbol{O}_{3M\times 3M} \\ \boldsymbol{O}_{(3M-1)d\times 1} & \boldsymbol{O}_{(3M-1)d\times 3} & \boldsymbol{O}_{(3M-1)d\times 3M} \end{bmatrix}, \quad 1\leqslant m\leqslant M \\ \boldsymbol{Z}_{3M-1+3(m-1)+3} = \begin{bmatrix} \mathbf{A}_2(\boldsymbol{z}_0,\boldsymbol{w})\boldsymbol{i}_{3M}^{(3(m-1)+3)} & -\dot{\boldsymbol{B}}_{z_{o,m}}(\boldsymbol{z}_0,\boldsymbol{w}) & \boldsymbol{O}_{(3M-1)\times 3M} \\ \boldsymbol{i}_{3M}^{(3(m-1)+3)} & \boldsymbol{O}_{3M\times 3} & \boldsymbol{O}_{3M\times 3M} \\ \boldsymbol{O}_{(3M-1)d\times 1} & \boldsymbol{O}_{(3M-1)d\times 3} & \boldsymbol{O}_{(3M-1)d\times 3M} \end{bmatrix} \end{cases} \tag{7.164}$$

$$\begin{cases} \boldsymbol{Z}_{3M-1+3M+(3M-1)(k-1)+m} = \begin{bmatrix} \boldsymbol{O}_{(3M-1)\times 1} & \boldsymbol{O}_{(3M-1)\times 3} & \boldsymbol{O}_{(3M-1)\times 3M} \\ \boldsymbol{O}_{3M\times 1} & \boldsymbol{O}_{3M\times 3} & \boldsymbol{O}_{3M\times 3M} \\ \bar{\boldsymbol{C}}(\boldsymbol{r}_0,\boldsymbol{s})\boldsymbol{i}_{(3M-1)d}^{((3M-1)(k-1)+m)} & \boldsymbol{O}_{(3M-1)d\times 3} & -\dot{\bar{\boldsymbol{D}}}_{\theta_{c,k,m}}(\boldsymbol{r}_0,\boldsymbol{s}) \end{bmatrix}, & 1\leqslant m\leqslant M \\ \boldsymbol{Z}_{3M-1+3M+(3M-1)(k-1)+M+m} = \begin{bmatrix} \boldsymbol{O}_{(3M-1)\times 1} & \boldsymbol{O}_{(3M-1)\times 3} & \boldsymbol{O}_{(3M-1)\times 3M} \\ \boldsymbol{O}_{3M\times 1} & \boldsymbol{O}_{3M\times 3} & \boldsymbol{O}_{3M\times 3M} \\ \bar{\boldsymbol{C}}(\boldsymbol{r}_0,\boldsymbol{s})\boldsymbol{i}_{(3M-1)d}^{((3M-1)(k-1)+M+m)} & \boldsymbol{O}_{(3M-1)d\times 3} & -\dot{\bar{\boldsymbol{D}}}_{\beta_{c,k,m}}(\boldsymbol{r}_0,\boldsymbol{s}) \end{bmatrix}, & 1\leqslant m\leqslant M;1\leqslant k\leqslant d \\ \boldsymbol{Z}_{3M-1+3M+(3M-1)(k-1)+2M+n-1} = \begin{bmatrix} \boldsymbol{O}_{(3M-1)\times 1} & \boldsymbol{O}_{(3M-1)\times 3} & \boldsymbol{O}_{(3M-1)\times 3M} \\ \boldsymbol{O}_{3M\times 1} & \boldsymbol{O}_{3M\times 3} & \boldsymbol{O}_{3M\times 3M} \\ \bar{\boldsymbol{C}}(\boldsymbol{r}_0,\boldsymbol{s})\boldsymbol{i}_{(3M-1)d}^{((3M-1)(k-1)+2M+n-1)} & \boldsymbol{O}_{(3M-1)d\times 3} & -\dot{\bar{\boldsymbol{D}}}_{\rho_{c,k,n}}(\boldsymbol{r}_0,\boldsymbol{s}) \end{bmatrix}, & 2\leqslant n\leqslant M \end{cases} \tag{7.165}$$

式中

$$\begin{cases} \mathbf{A}_1(\boldsymbol{z}_0,\boldsymbol{w}) = \dfrac{\partial \boldsymbol{a}(\boldsymbol{z}_0,\boldsymbol{w})}{\partial \boldsymbol{z}_0^{\mathrm{T}}} = \left[\left(\dfrac{\partial \boldsymbol{a}_1(\boldsymbol{z}_0,\boldsymbol{w})}{\partial \boldsymbol{z}_0^{\mathrm{T}}}\right)^{\mathrm{T}} \left(\dfrac{\partial \boldsymbol{a}_2(\boldsymbol{z}_0,\boldsymbol{w})}{\partial \boldsymbol{z}_0^{\mathrm{T}}}\right)^{\mathrm{T}} \left(\dfrac{\partial \boldsymbol{a}_3(\boldsymbol{z}_0,\boldsymbol{w})}{\partial \boldsymbol{z}_0^{\mathrm{T}}}\right)^{\mathrm{T}} \right]^{\mathrm{T}} \\ \mathbf{A}_2(\boldsymbol{z}_0,\boldsymbol{w}) = \dfrac{\partial \boldsymbol{a}(\boldsymbol{z}_0,\boldsymbol{w})}{\partial \boldsymbol{w}^{\mathrm{T}}} = \left[\left(\dfrac{\partial \boldsymbol{a}_1(\boldsymbol{z}_0,\boldsymbol{w})}{\partial \boldsymbol{w}^{\mathrm{T}}}\right)^{\mathrm{T}} \left(\dfrac{\partial \boldsymbol{a}_2(\boldsymbol{z}_0,\boldsymbol{w})}{\partial \boldsymbol{w}^{\mathrm{T}}}\right)^{\mathrm{T}} \left(\dfrac{\partial \boldsymbol{a}_3(\boldsymbol{z}_0,\boldsymbol{w})}{\partial \boldsymbol{w}^{\mathrm{T}}}\right)^{\mathrm{T}} \right]^{\mathrm{T}} \end{cases} \tag{7.166}$$

$$\begin{cases}\dot{\boldsymbol{B}}_{\theta_m}(\boldsymbol{z}_0,\boldsymbol{w})=\dfrac{\partial\boldsymbol{B}(\boldsymbol{z}_0,\boldsymbol{w})}{\partial\theta_m}=\left[\left(\dfrac{\partial\boldsymbol{B}_1(\boldsymbol{z}_0,\boldsymbol{w})}{\partial\theta_m}\right)^{\mathrm{T}}\ \left(\dfrac{\partial\boldsymbol{B}_2(\boldsymbol{z}_0,\boldsymbol{w})}{\partial\theta_m}\right)^{\mathrm{T}}\ \left(\dfrac{\partial\boldsymbol{B}_3(\boldsymbol{z}_0,\boldsymbol{w})}{\partial\theta_m}\right)^{\mathrm{T}}\right]^{\mathrm{T}}\\ \dot{\boldsymbol{B}}_{\beta_m}(\boldsymbol{z}_0,\boldsymbol{w})=\dfrac{\partial\boldsymbol{B}(\boldsymbol{z}_0,\boldsymbol{w})}{\partial\beta_m}=\left[\left(\dfrac{\partial\boldsymbol{B}_1(\boldsymbol{z}_0,\boldsymbol{w})}{\partial\beta_m}\right)^{\mathrm{T}}\ \left(\dfrac{\partial\boldsymbol{B}_2(\boldsymbol{z}_0,\boldsymbol{w})}{\partial\beta_m}\right)^{\mathrm{T}}\ \left(\dfrac{\partial\boldsymbol{B}_3(\boldsymbol{z}_0,\boldsymbol{w})}{\partial\beta_m}\right)^{\mathrm{T}}\right]^{\mathrm{T}}\\ \dot{\boldsymbol{B}}_{\rho_n}(\boldsymbol{z}_0,\boldsymbol{w})=\dfrac{\partial\boldsymbol{B}(\boldsymbol{z}_0,\boldsymbol{w})}{\partial\rho_n}=\left[\left(\dfrac{\partial\boldsymbol{B}_1(\boldsymbol{z}_0,\boldsymbol{w})}{\partial\rho_n}\right)^{\mathrm{T}}\ \left(\dfrac{\partial\boldsymbol{B}_2(\boldsymbol{z}_0,\boldsymbol{w})}{\partial\rho_n}\right)^{\mathrm{T}}\ \left(\dfrac{\partial\boldsymbol{B}_3(\boldsymbol{z}_0,\boldsymbol{w})}{\partial\rho_n}\right)^{\mathrm{T}}\right]^{\mathrm{T}}\end{cases}\tag{7.167}$$

$$\begin{cases}\dot{\boldsymbol{B}}_{x_{\mathrm{o},m}}(\boldsymbol{z}_0,\boldsymbol{w})=\dfrac{\partial\boldsymbol{B}(\boldsymbol{z}_0,\boldsymbol{w})}{\partial x_{\mathrm{o},m}}=\left[\left(\dfrac{\partial\boldsymbol{B}_1(\boldsymbol{z}_0,\boldsymbol{w})}{\partial x_{\mathrm{o},m}}\right)^{\mathrm{T}}\ \left(\dfrac{\partial\boldsymbol{B}_2(\boldsymbol{z}_0,\boldsymbol{w})}{\partial x_{\mathrm{o},m}}\right)^{\mathrm{T}}\ \left(\dfrac{\partial\boldsymbol{B}_3(\boldsymbol{z}_0,\boldsymbol{w})}{\partial x_{\mathrm{o},m}}\right)^{\mathrm{T}}\right]^{\mathrm{T}}\\ \dot{\boldsymbol{B}}_{y_{\mathrm{o},m}}(\boldsymbol{z}_0,\boldsymbol{w})=\dfrac{\partial\boldsymbol{B}(\boldsymbol{z}_0,\boldsymbol{w})}{\partial y_{\mathrm{o},m}}=\left[\left(\dfrac{\partial\boldsymbol{B}_1(\boldsymbol{z}_0,\boldsymbol{w})}{\partial y_{\mathrm{o},m}}\right)^{\mathrm{T}}\ \left(\dfrac{\partial\boldsymbol{B}_2(\boldsymbol{z}_0,\boldsymbol{w})}{\partial y_{\mathrm{o},m}}\right)^{\mathrm{T}}\ \left(\dfrac{\partial\boldsymbol{B}_3(\boldsymbol{z}_0,\boldsymbol{w})}{\partial y_{\mathrm{o},m}}\right)^{\mathrm{T}}\right]^{\mathrm{T}}\\ \dot{\boldsymbol{B}}_{z_{\mathrm{o},m}}(\boldsymbol{z}_0,\boldsymbol{w})=\dfrac{\partial\boldsymbol{B}(\boldsymbol{z}_0,\boldsymbol{w})}{\partial z_{\mathrm{o},m}}=\left[\left(\dfrac{\partial\boldsymbol{B}_1(\boldsymbol{z}_0,\boldsymbol{w})}{\partial z_{\mathrm{o},m}}\right)^{\mathrm{T}}\ \left(\dfrac{\partial\boldsymbol{B}_2(\boldsymbol{z}_0,\boldsymbol{w})}{\partial z_{\mathrm{o},m}}\right)^{\mathrm{T}}\ \left(\dfrac{\partial\boldsymbol{B}_3(\boldsymbol{z}_0,\boldsymbol{w})}{\partial z_{\mathrm{o},m}}\right)^{\mathrm{T}}\right]^{\mathrm{T}}\end{cases}\tag{7.168}$$

$$\begin{cases}\bar{\boldsymbol{C}}(\boldsymbol{r}_0,\boldsymbol{s})=\dfrac{\partial\bar{\boldsymbol{c}}(\boldsymbol{r}_0,\boldsymbol{s})}{\partial\boldsymbol{r}_0^{\mathrm{T}}}=\mathrm{blkdiag}\left[\dfrac{\partial\boldsymbol{c}(\boldsymbol{r}_{10},\boldsymbol{s}_1)}{\partial\boldsymbol{r}_{10}^{\mathrm{T}}}\ \ \dfrac{\partial\boldsymbol{c}(\boldsymbol{r}_{20},\boldsymbol{s}_2)}{\partial\boldsymbol{r}_{20}^{\mathrm{T}}}\ \ \cdots\ \ \dfrac{\partial\boldsymbol{c}(\boldsymbol{r}_{d0},\boldsymbol{s}_d)}{\partial\boldsymbol{r}_{d0}^{\mathrm{T}}}\right]\\ \dfrac{\partial\boldsymbol{c}(\boldsymbol{r}_{k0},\boldsymbol{s}_k)}{\partial\boldsymbol{r}_{k0}^{\mathrm{T}}}=\left[\left(\dfrac{\partial\boldsymbol{c}_1(\boldsymbol{r}_{k0},\boldsymbol{s}_k)}{\partial\boldsymbol{r}_{k0}^{\mathrm{T}}}\right)^{\mathrm{T}}\ \left(\dfrac{\partial\boldsymbol{c}_2(\boldsymbol{r}_{k0},\boldsymbol{s}_k)}{\partial\boldsymbol{r}_{k0}^{\mathrm{T}}}\right)^{\mathrm{T}}\ \left(\dfrac{\partial\boldsymbol{c}_3(\boldsymbol{r}_{k0},\boldsymbol{s}_k)}{\partial\boldsymbol{r}_{k0}^{\mathrm{T}}}\right)^{\mathrm{T}}\right]^{\mathrm{T}}\end{cases}\tag{7.169}$$

$$\begin{cases}\dot{\bar{\boldsymbol{D}}}_{\theta_{\mathrm{c},k,m}}(\boldsymbol{r}_0,\boldsymbol{s})=\boldsymbol{i}_d^{(k)}\otimes\dot{\boldsymbol{D}}_{\theta_{\mathrm{c},k,m}}(\boldsymbol{r}_{k0},\boldsymbol{s}_k)=\boldsymbol{i}_d^{(k)}\otimes\dfrac{\partial\boldsymbol{D}(\boldsymbol{r}_{k0},\boldsymbol{s}_k)}{\partial\theta_{\mathrm{c},k,m}}=\boldsymbol{i}_d^{(k)}\\ \qquad\otimes\left[\left(\dfrac{\partial\boldsymbol{D}_1(\boldsymbol{r}_{k0},\boldsymbol{s}_k)}{\partial\theta_{\mathrm{c},k,m}}\right)^{\mathrm{T}}\ \left(\dfrac{\partial\boldsymbol{D}_2(\boldsymbol{r}_{k0},\boldsymbol{s}_k)}{\partial\theta_{\mathrm{c},k,m}}\right)^{\mathrm{T}}\ \left(\dfrac{\partial\boldsymbol{D}_3(\boldsymbol{r}_{k0},\boldsymbol{s}_k)}{\partial\theta_{\mathrm{c},k,m}}\right)^{\mathrm{T}}\right]^{\mathrm{T}}\\ \dot{\bar{\boldsymbol{D}}}_{\beta_{\mathrm{c},k,m}}(\boldsymbol{r}_0,\boldsymbol{s})=\boldsymbol{i}_d^{(k)}\otimes\dot{\boldsymbol{D}}_{\beta_{\mathrm{c},k,m}}(\boldsymbol{r}_{k0},\boldsymbol{s}_k)=\boldsymbol{i}_d^{(k)}\otimes\dfrac{\partial\boldsymbol{D}(\boldsymbol{r}_{k0},\boldsymbol{s}_k)}{\partial\beta_{\mathrm{c},k,m}}=\boldsymbol{i}_d^{(k)}\\ \qquad\otimes\left[\left(\dfrac{\partial\boldsymbol{D}_1(\boldsymbol{r}_{k0},\boldsymbol{s}_k)}{\partial\beta_{\mathrm{c},k,m}}\right)^{\mathrm{T}}\ \left(\dfrac{\partial\boldsymbol{D}_2(\boldsymbol{r}_{k0},\boldsymbol{s}_k)}{\partial\beta_{\mathrm{c},k,m}}\right)^{\mathrm{T}}\ \left(\dfrac{\partial\boldsymbol{D}_3(\boldsymbol{r}_{k0},\boldsymbol{s}_k)}{\partial\beta_{\mathrm{c},k,m}}\right)^{\mathrm{T}}\right]^{\mathrm{T}}\\ \dot{\bar{\boldsymbol{D}}}_{\rho_{\mathrm{c},k,n}}(\boldsymbol{r}_0,\boldsymbol{s})=\boldsymbol{i}_d^{(k)}\otimes\dot{\boldsymbol{D}}_{\rho_{\mathrm{c},k,n}}(\boldsymbol{r}_{k0},\boldsymbol{s}_k)=\boldsymbol{i}_d^{(k)}\otimes\dfrac{\partial\boldsymbol{D}(\boldsymbol{r}_{k0},\boldsymbol{s}_k)}{\partial\rho_{\mathrm{c},k,n}}=\boldsymbol{i}_d^{(k)}\\ \qquad\otimes\left[\left(\dfrac{\partial\boldsymbol{D}_1(\boldsymbol{r}_{k0},\boldsymbol{s}_k)}{\partial\rho_{\mathrm{c},k,n}}\right)^{\mathrm{T}}\ \left(\dfrac{\partial\boldsymbol{D}_2(\boldsymbol{r}_{k0},\boldsymbol{s}_k)}{\partial\rho_{\mathrm{c},k,n}}\right)^{\mathrm{T}}\ \left(\dfrac{\partial\boldsymbol{D}_3(\boldsymbol{r}_{k0},\boldsymbol{s}_k)}{\partial\rho_{\mathrm{c},k,n}}\right)^{\mathrm{T}}\right]^{\mathrm{T}}\end{cases}\tag{7.170}$$

式(7.166)～式(7.170)中各个子矩阵的表达式可见附录 G。需要指出的是，矩阵 $\{\boldsymbol{X}_j\}_{0\leqslant j\leqslant(3M-1)d+3M}$，$\{\boldsymbol{Y}_j\}_{0\leqslant j\leqslant 6M-1}$ 和 $\{\boldsymbol{Z}_j\}_{0\leqslant j\leqslant(3M-1)(d+1)+3M}$ 中的元素也可以从矩阵 $\boldsymbol{T}_1(\boldsymbol{z}_0,\boldsymbol{w},\boldsymbol{u})$，$\boldsymbol{T}_2(\boldsymbol{z}_0,\boldsymbol{w},\boldsymbol{u})$ 和 $\bar{\boldsymbol{H}}(\boldsymbol{r}_0,\boldsymbol{s},\boldsymbol{w})$ 中获得，限于篇幅这里不再阐述。

下面将针对具体的参数给出相应的数值实验结果。

7.4.2 定位算例的数值实验

1. 数值实验 1

假设共有五个观测站可以接收到目标源信号并对目标进行定位，第一个观测站为主站，其余观测站均为辅站，相应的三维位置坐标的数值见表 7.1，其中的测量误差服从独立的零均值高斯分布。目标的三维位置坐标为(6600m，6400m，3800m)，目标源信号

AOA/GROA 参数的观测误差服从零均值高斯分布。此外，在目标源附近放置两个位置精确已知的校正源，校正源的三维位置坐标分别为(7600m，7800m，4200m)和(6000m，6000m，3500m)，并且校正源信号 AOA/GROA 参数的观测误差与目标源信号 AOA/GROA 参数的观测误差服从相同的概率分布。下面的数值实验将给出本章的两类结构总体最小二乘定位方法(图中用 Stls 表示)的参数估计均方根误差，并将其与各种克拉美罗界进行比较，其目的在于说明这两类定位方法的参数估计性能。

首先，将观测站位置测量误差标准差固定为 $\sigma_{位置}=8\mathrm{m}$，而将 AOA/GROA 参数的观测误差标准差分别设置为 $\sigma_{角度}=0.0001\delta_1\,\mathrm{rad}$ 和 $\sigma_{距离比}=0.001\delta_1$，这里将 δ_1 称为观测量扰动参数(其数值会从 1 到 20 发生变化)。图 7.1 给出了两类结构总体最小二乘定位方法的目标位置估计均方根误差随着观测量扰动参数 δ_1 的变化曲线，图 7.2 给出了两类结构总体最小二乘定位方法的观测站位置估计均方根误差随着观测量扰动参数 δ_1 的变化曲线，图中的观测站位置先验估计均方根误差根据方差矩阵 $\boldsymbol{Q}_2$ 计算获得(即 $\sqrt{\mathrm{tr}(\boldsymbol{Q}_2)}$)。

然后，将 AOA/GROA 参数的观测误差标准差分别固定为 $\sigma_{角度}=0.001\mathrm{rad}$ 和 $\sigma_{距离比}=0.01$，而将观测站位置测量误差标准差设置为 $\sigma_{位置}=0.5\delta_2\mathrm{m}$，这里将 δ_2 称为系统参量扰动参数(其数值会从 1 到 20 发生变化)。图 7.3 给出了两类结构总体最小二乘定位方法的目标位置估计均方根误差随着系统参量扰动参数 δ_2 的变化曲线，图 7.4 给出了两类结构总体最小二乘定位方法的观测站位置估计均方根误差随着系统参量扰动参数 δ_2 的变化曲线，图中的观测站位置先验估计均方根误差根据方差矩阵 $\boldsymbol{Q}_2$ 计算获得(即 $\sqrt{\mathrm{tr}(\boldsymbol{Q}_2)}$)。

表 7.1　观测站三维位置坐标数值列表

观测站序号	1	2	3	4	5
$x_{o,m}$/m	2800	−3400	1600	−2500	2400
$y_{o,m}$/m	2600	−2200	−1800	2800	−2800
$z_{o,m}$/m	1400	1250	−1500	1350	−1450

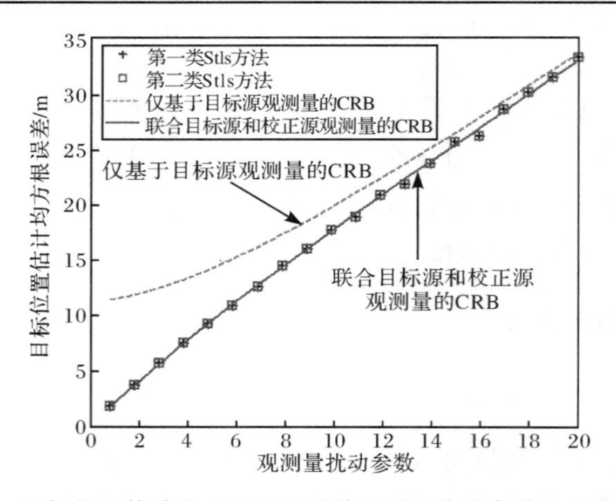

图 7.1　目标位置估计均方根误差随着观测量扰动参数 δ_1 的变化曲线

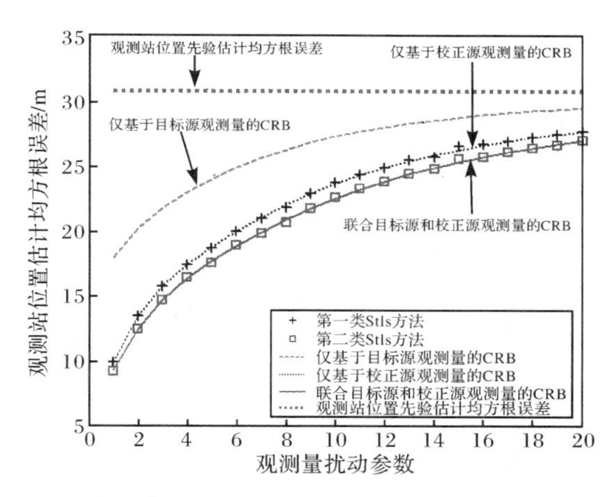

图 7.2　观测站位置估计均方根误差随着观测量扰动参数 δ_1 的变化曲线

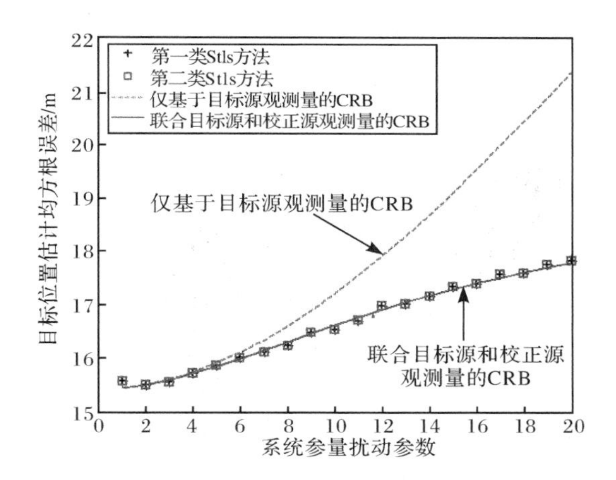

图 7.3　目标位置估计均方根误差随着系统参量扰动参数 δ_2 的变化曲线

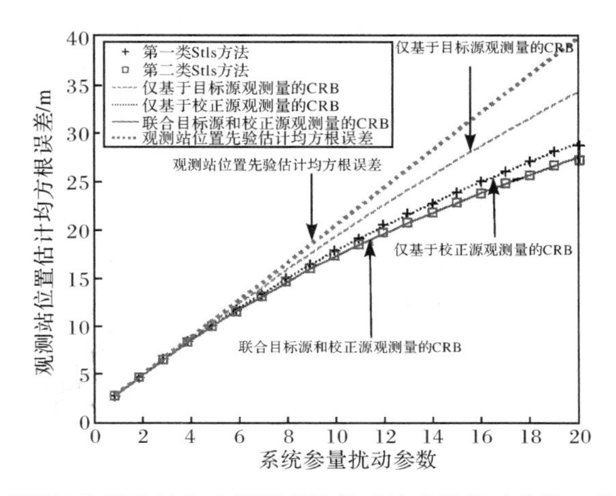

图 7.4　观测站位置估计均方根误差随着系统参量扰动参数 δ_2 的变化曲线

从图 7.1～图 7.4 可以看出：

(1) 两类结构总体最小二乘定位方法的目标位置估计均方根误差都可以达到“联合目标源和校正源观测量的克拉美罗界”(由式(3.34)给出)，并且优于“仅基于目标源观测量的克拉美罗界”(由式(3.15)给出)，这一方面说明了本章的两类结构总体最小二乘定位方法的渐近最优性，同时说明了校正源观测量为提高目标位置估计精度所带来的性能增益，并且该增益还随着系统参量扰动参数的增大而增加(图 7.3)。

(2) 第一类结构总体最小二乘定位方法的观测站位置估计均方根误差可以达到“仅基于校正源观测量的克拉美罗界”(由式(3.45)给出)，这是因为该方法仅在第一步给出观测站位置的估计值，而第一步中仅仅利用了校正源观测量；第二类结构总体最小二乘定位方法的观测站位置估计均方根误差可以达到“联合目标源和校正源观测量的克拉美罗界”(由式(3.33)给出)，因此其估计精度要高于第一类结构总体最小二乘定位方法。

(3) 相比于观测站位置先验测量方差(由方差矩阵 $\boldsymbol{Q}_2$ 计算获得)和“仅基于目标源观测量的克拉美罗界”(由式(3.14)给出)，两类结构总体最小二乘定位方法给出的观测站位置估计值均具有更小的方差。

2. 数值实验 2

数值实验条件基本不变，仅改变校正源的个数及其三维位置坐标，并且考虑以下三种情形：①设置三个校正源，每个校正源的三维位置坐标分别为(8600m，8800m，5200m)，(6000m，6000m，3000m)和(5000m，5000m，2500m)；②设置两个校正源，每个校正源的三维位置坐标分别为(6000m，6000m，3000m)和(5000m，5000m，2500m)；③仅设置一个校正源，该校正源的三维位置坐标为(5000m，5000m，2500m)。下面的实验将在上述三种情形下给出第二类结构总体最小二乘定位方法的参数估计性能，其目的在于说明校正源个数对于参数估计精度的影响。

首先，将观测站位置测量误差标准差固定为 $\sigma_{位置}=30\text{m}$，而将 AOA/GROA 参数的观测误差标准差分别设置为 $\sigma_{角度}=0.0001\delta_1\,\text{rad}$ 和 $\sigma_{距离比}=0.0001\delta_1$，这里将 δ_1 称为观测量扰动参数(其数值会从 1 到 20 发生变化)。图 7.5 给出了第二类结构总体最小二乘定位方法的目标位置估计均方根误差随着观测量扰动参数 δ_1 的变化曲线，图 7.6 给出了第二类结构总体最小二乘定位方法的观测站位置估计均方根误差随着观测量扰动参数 δ_1 的变化曲线。

然后，将 AOA/GROA 参数的观测误差标准差分别固定为 $\sigma_{角度}=0.001\text{rad}$ 和 $\sigma_{距离比}=0.001$，而将观测站位置测量误差标准差设置为 $\sigma_{位置}=\delta_2\text{m}$，这里将 δ_2 称为系统参量扰动参数(其数值会从 1 到 20 发生变化)。图 7.7 给出了第二类结构总体最小二乘定位方法的目标位置估计均方根误差随着系统参量扰动参数 δ_2 的变化曲线，图 7.8 给出了第二类结构总体最小二乘定位方法的观测站位置估计均方根误差随着系统参量扰动参数 δ_2 的变化曲线。

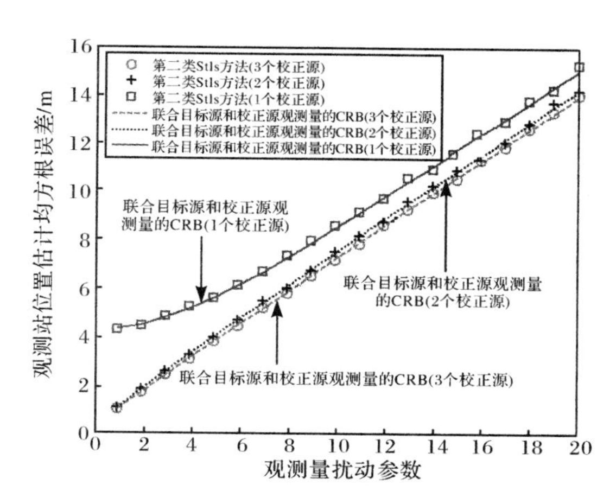

图 7.5　目标位置估计均方根误差随着观测量扰动参数 δ_1 的变化曲线

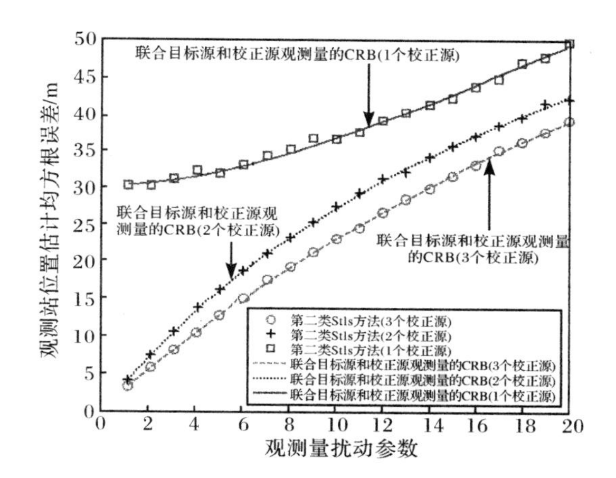

图 7.6　观测站位置估计均方根误差随着观测量扰动参数 δ_1 的变化曲线

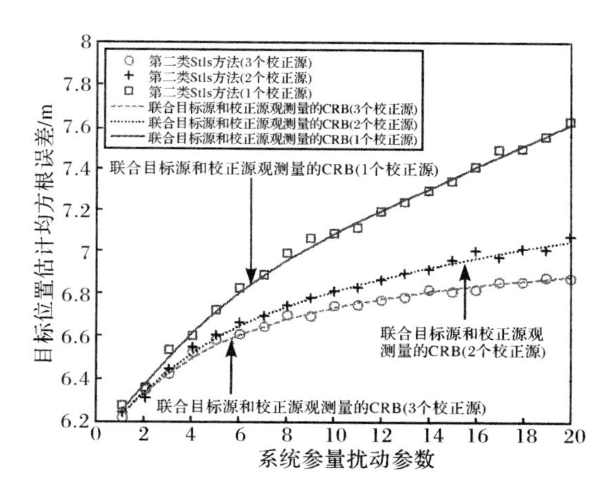

图 7.7　目标位置估计均方根误差随着系统参量扰动参数 δ_2 的变化曲线

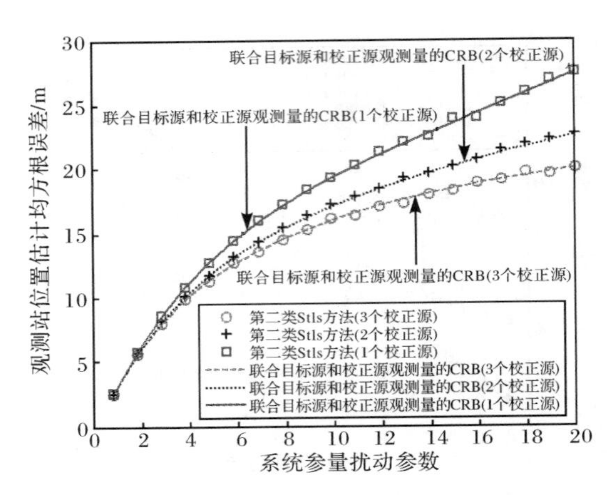

图 7.8　观测站位置估计均方根误差随着系统参量扰动参数 δ_2 的变化曲线

从图 7.5～图 7.8 可以看出：

(1) 随着校正源个数的增加，无论目标位置还是观测站位置的估计精度都能够得到一定程度的提高。

(2) 第二类结构总体最小二乘定位方法的目标位置和观测站位置估计均方根误差都可以达到“联合目标源和校正源观测量的克拉美罗界”(分别由式(3.33)和式(3.34)给出)，从而再次说明了其渐近最优性。

参考文献

[1] 张贤达. 矩阵分析与应用[M]. 北京：清华大学出版社，2004.

[2] de M B. Total least squares for affine structured matrices and the noisy realization problem[J]. IEEE Transactions on Signal Processing，1994，42(11)：3104-3113.

[3] Lemmerling P，de M B，van H S. On the equivalence of constrained total least squares and structured total least squares[J]. IEEE Transactions on Signal Processing，1996，44(11)：2908-2911.

[4] Wang D，Zhang L，Wu Y. The structured total least squares algorithm for passive location based on angle information[J]. Sci China Ser F-Inf Sci，2009，52(6)：1043-1054.

[5] 雷雨. 基于结构总体最小二乘的多传感器定位算法[J]. 系统仿真学报，2013，25(4)：668-673.

[6] 赖炎连，贺国平. 最优化方法[M]. 北京：清华大学出版社，2008.

第8章　校正源条件下广义最小二乘定位方法之推广Ⅰ:多目标同时存在

在一些无源定位场景中,有可能同时存在多个待定位目标。当系统参量精确已知时,若各个目标的观测量相互间统计独立,则可以将多个目标进行独立定位,而无需联合多目标源观测量进行协同定位。然而,在系统参量存在测量误差的条件下,将多目标源观测量联合在一起进行协同定位能够比多个目标独立定位获得更高的估计精度(即产生了协同增益),这是因为不同目标源观测方程中包含着共同的系统误差,从而使得目标源观测量之间存在统计关联性。针对多目标联合定位问题,国内外相关学者提出了一些行之有效的定位方法。例如,文献[1]提出了基于时差信息的多目标联合定位方法;文献[2]～[5]提出了联合时差和频差信息的多目标联合定位方法;文献[6]～[8]提出了联合时差和到达信号能量增益比信息的多目标联合定位方法。然而,上述文献中的定位方法并未在校正源条件下进行讨论,文献[9]虽然在校正源条件下提出了多目标联合定位方法,但其中的方法仅针对具体的定位观测量所提出的,缺乏统一的模型和框架。

需要指出的是,本书前面几章所介绍的各类(广义)最小二乘定位方法都可以推广应用于多目标同时存在的场景中,但限于篇幅,本章仅以第4章的伪线性加权最小二乘(pseudo-linear weighted least square,Plwls)定位方法为例进行讨论。本章首先推导了多目标联合定位条件下(多)目标位置向量和系统参量联合估计方差的克拉美罗界,并将其与多目标独立定位时的克拉美罗界进行定量比较,从数学上证明将多目标联合定位能够降低参数估计方差的克拉美罗界;然后设计出两类能够有效利用校正源观测量的伪线性加权最小二乘(多)目标联合定位方法,两类方法都可以给出(多)目标位置向量和系统参量的闭式解;随后还定量推导这两类定位方法的参数估计性能,并从数学上证明它们的(多)目标位置估计方差都可以达到相应的克拉美罗界(在门限效应发生前);最后还设计出一种无源定位算例,用以验证本章定位方法及其理论分析的有效性。

8.1　多目标同时存在时的非线性观测模型及其参数估计方差的克拉美罗界

8.1.1　非线性观测模型

考虑无源定位中的数学模型,现有 h 个目标需要定位,其中第 k 个待定位目标的真实位置向量为 $\boldsymbol{u}_k$,假设通过某些观测方式可以获得关于目标位置向量的空域、时域、频域或者能量域观测量(如第1章描述的各类定位观测量),则不妨建立如下统一的(非线性)代数观测模型:

$$\boldsymbol{z}_k=\boldsymbol{z}_{k0}+\boldsymbol{n}_k=\boldsymbol{g}(\boldsymbol{u}_k,\boldsymbol{w})+\boldsymbol{n}_k,\quad 1\leqslant k\leqslant h \tag{8.1}$$

式中，

(1) $\boldsymbol{z}_k\in\mathbf{R}^{p\times 1}$表示实际中获得的关于第$k$个目标源的观测向量；

(2) $\boldsymbol{u}_k\in\mathbf{R}^{q\times 1}$($q\leqslant p$)表示待估计的第$k$个目标的位置向量($q\leqslant p$是为了保证问题的可解性)；

(3) $\boldsymbol{w}\in\mathbf{R}^{l\times 1}$表示观测方程中的系统参量，本书主要指观测站的位置和速度参数；

(4) $\boldsymbol{z}_{k0}=\boldsymbol{g}(\boldsymbol{u}_k,\boldsymbol{w})$表示没有误差条件下(即理想条件下)关于第$k$个目标源的观测向量，其中$\boldsymbol{g}(\cdot,\cdot)$泛指连续可导的非线性观测函数，它同时是关于目标位置向量$\boldsymbol{u}_k$和系统参量$\boldsymbol{w}$的函数，由于这里并不限制特定的定位观测量，因此用统一的函数形式来表征；

(5) $\boldsymbol{n}_k\in\mathbf{R}^{p\times 1}$表示关于第$k$个目标源的观测误差，本书假设它服从零均值高斯分布，并且其方差矩阵等于$\boldsymbol{Q}_{1k}=E[\boldsymbol{n}_k\boldsymbol{n}_k^{\mathrm{T}}]$。

为了便于后续定位方法的推导和理论分析，这里需要将关于每个目标源的向量合并成更高维度的向量，如下式所示：

$$\begin{cases}\tilde{\boldsymbol{z}}=[\boldsymbol{z}_1^{\mathrm{T}}\quad \boldsymbol{z}_2^{\mathrm{T}}\quad \cdots\quad \boldsymbol{z}_h^{\mathrm{T}}]^{\mathrm{T}}\in\mathbf{R}^{ph\times 1},\quad \tilde{\boldsymbol{z}}_0=[\boldsymbol{z}_{10}^{\mathrm{T}}\quad \boldsymbol{z}_{20}^{\mathrm{T}}\quad \cdots\quad \boldsymbol{z}_{h0}^{\mathrm{T}}]^{\mathrm{T}}\in\mathbf{R}^{ph\times 1}\\ \tilde{\boldsymbol{n}}=[\boldsymbol{n}_1^{\mathrm{T}}\quad \boldsymbol{n}_2^{\mathrm{T}}\quad \cdots\quad \boldsymbol{n}_h^{\mathrm{T}}]^{\mathrm{T}}\in\mathbf{R}^{ph\times 1},\quad \tilde{\boldsymbol{u}}=[\boldsymbol{u}_1^{\mathrm{T}}\quad \boldsymbol{u}_2^{\mathrm{T}}\quad \cdots\quad \boldsymbol{u}_h^{\mathrm{T}}]^{\mathrm{T}}\in\mathbf{R}^{qh\times 1}\\ \tilde{\boldsymbol{g}}(\tilde{\boldsymbol{u}},\boldsymbol{w})=[\boldsymbol{g}^{\mathrm{T}}(\boldsymbol{u}_1,\boldsymbol{w})\quad \boldsymbol{g}^{\mathrm{T}}(\boldsymbol{u}_2,\boldsymbol{w})\quad \cdots\quad \boldsymbol{g}^{\mathrm{T}}(\boldsymbol{u}_h,\boldsymbol{w})]^{\mathrm{T}}\in\mathbf{R}^{ph\times 1}\end{cases} \tag{8.2}$$

结合式(8.1)和式(8.2)可得如下等式：

$$\tilde{\boldsymbol{z}}=\tilde{\boldsymbol{z}}_0+\tilde{\boldsymbol{n}}=\tilde{\boldsymbol{g}}(\tilde{\boldsymbol{u}},\boldsymbol{w})+\tilde{\boldsymbol{n}} \tag{8.3}$$

式中，误差向量$\tilde{\boldsymbol{n}}$服从零均值高斯分布，并且其方差矩阵等于$\tilde{\boldsymbol{Q}}_1=E[\tilde{\boldsymbol{n}}\tilde{\boldsymbol{n}}^{\mathrm{T}}]$，若假设$h$个误差向量$\{\boldsymbol{n}_k\}_{1\leqslant k\leqslant h}$相互间统计独立，则有$\tilde{\boldsymbol{Q}}_1=\mathrm{blkdiag}[\boldsymbol{Q}_{11}\quad \boldsymbol{Q}_{12}\quad \cdots\quad \boldsymbol{Q}_{1h}]$。

在很多情况下，系统参量$\boldsymbol{w}$也通过测量获得，其中难免会受到测量误差的影响，本书称其为系统误差，并特指因观测站位置和速度扰动所产生的误差。若假设其测量向量为$\boldsymbol{v}$，并且该测量值在目标定位之前已经事先获得，则有

$$\boldsymbol{v}=\boldsymbol{w}+\boldsymbol{m} \tag{8.4}$$

式中，$\boldsymbol{m}\in\mathbf{R}^{l\times 1}$表示系统参量的测量误差，本书假设它服从零均值高斯分布，其方差矩阵等于$\boldsymbol{Q}_2=E[\boldsymbol{m}\boldsymbol{m}^{\mathrm{T}}]$，并且与误差向量$\tilde{\boldsymbol{n}}$相互间统计独立。

在实际目标定位过程中，系统参量的测量误差对于定位精度的影响是较大的，为了消除系统误差的影响，可以在目标源周边放置若干校正源，并且校正源的位置能够精确获得。假设校正源的个数为d，其中第k个校正源的真实位置向量为$\boldsymbol{s}_k$($1\leqslant k\leqslant d$)。与针对目标源的处理方式类似，实际中同样可以获得关于校正源的空域、时域、频域或者能量域观测量(如第1章描述的各类定位观测量)，从而建立反映校正源位置向量和系统参量之间的代数观测方程。类似于式(8.1)，关于第k个校正源的统一(非线性)代数观测模型可表示为

$$\boldsymbol{r}_k=\boldsymbol{r}_{k0}+\boldsymbol{e}_k=\boldsymbol{g}(\boldsymbol{s}_k,\boldsymbol{w})+\boldsymbol{e}_k,\quad 1\leqslant k\leqslant d \tag{8.5}$$

式中，

(1) $\boldsymbol{r}_k\in\mathbf{R}^{p\times 1}$表示实际中获得的关于第$k$个校正源的观测向量；

(2) $\boldsymbol{s}_k\in\mathbf{R}^{q\times 1}$($q\leqslant p$)表示第$k$个校正源的目标位置向量(这里假设其精确已知)；

(3) $\boldsymbol{r}_{k0}=\boldsymbol{g}(\boldsymbol{s}_k,\boldsymbol{w})$表示没有误差条件下（即理想条件下）的观测向量，其中 $\boldsymbol{g}(\cdot,\cdot)$泛指连续可导的非线性观测函数，同时它是关于校正源位置向量 $\boldsymbol{s}_k$ 和系统参量 $\boldsymbol{w}$ 的函数，由于这里并不限制特定的定位观测量，因此用统一的函数形式来表征；

(4) $\boldsymbol{e}_k\in\mathbf{R}^{p\times 1}$表示关于第 k 个校正源的观测误差。

为了便于后续定位方法的推导和理论分析，这里需要将关于每个校正源的向量合并成更高维度的向量，如下式所示：

$$\begin{cases}\boldsymbol{r}=[\boldsymbol{r}_1^{\mathrm{T}}\quad \boldsymbol{r}_2^{\mathrm{T}}\quad \cdots\quad \boldsymbol{r}_d^{\mathrm{T}}]^{\mathrm{T}}\in\mathbf{R}^{pd\times 1},\quad \boldsymbol{r}_0=[\boldsymbol{r}_{10}^{\mathrm{T}}\quad \boldsymbol{r}_{20}^{\mathrm{T}}\quad \cdots\quad \boldsymbol{r}_{d0}^{\mathrm{T}}]^{\mathrm{T}}\in\mathbf{R}^{pd\times 1}\\ \boldsymbol{e}=[\boldsymbol{e}_1^{\mathrm{T}}\quad \boldsymbol{e}_2^{\mathrm{T}}\quad \cdots\quad \boldsymbol{e}_d^{\mathrm{T}}]^{\mathrm{T}}\in\mathbf{R}^{pd\times 1},\quad \boldsymbol{s}=[\boldsymbol{s}_1^{\mathrm{T}}\quad \boldsymbol{s}_2^{\mathrm{T}}\quad \cdots\quad \boldsymbol{s}_d^{\mathrm{T}}]^{\mathrm{T}}\in\mathbf{R}^{qd\times 1}\\ \bar{\boldsymbol{g}}(\boldsymbol{s},\boldsymbol{w})=[\boldsymbol{g}^{\mathrm{T}}(\boldsymbol{s}_1,\boldsymbol{w})\quad \boldsymbol{g}^{\mathrm{T}}(\boldsymbol{s}_2,\boldsymbol{w})\quad \cdots\quad \boldsymbol{g}^{\mathrm{T}}(\boldsymbol{s}_d,\boldsymbol{w})]^{\mathrm{T}}\in\mathbf{R}^{pd\times 1}\end{cases}\tag{8.6}$$

结合式(8.5)和式(8.6)可得如下等式：

$$\boldsymbol{r}=\boldsymbol{r}_0+\boldsymbol{e}=\bar{\boldsymbol{g}}(\boldsymbol{s},\boldsymbol{w})+\boldsymbol{e}\tag{8.7}$$

式中，误差向量 $\boldsymbol{e}$ 服从零均值高斯分布，其方差矩阵等于 $\boldsymbol{Q}_3=E[\boldsymbol{e}\boldsymbol{e}^{\mathrm{T}}]$，并且与误差向量 $\tilde{\boldsymbol{n}}$ 和 $\boldsymbol{m}$ 相互间统计独立。

综合上述分析可知，在校正源存在条件下，当多目标同时存在时，用于目标定位的观测模型可联立表示为

$$\begin{cases}\tilde{\boldsymbol{z}}=\bar{\boldsymbol{g}}(\tilde{\boldsymbol{u}},\boldsymbol{w})+\tilde{\boldsymbol{n}}\\ \boldsymbol{v}=\boldsymbol{w}+\boldsymbol{m}\\ \boldsymbol{r}=\bar{\boldsymbol{g}}(\boldsymbol{s},\boldsymbol{w})+\boldsymbol{e}\end{cases}\tag{8.8}$$

下面将基于上述观测模型和统计假设推导未知参数估计方差的克拉美罗界。

8.1.2　参数估计方差的克拉美罗界

这里将推导参数估计方差的克拉美罗界，并且分成两种场景进行讨论：①在仅基于目标源观测量的条件下推导(多)目标位置向量 $\tilde{\boldsymbol{u}}$ 和系统参量 $\boldsymbol{w}$ 联合估计方差的克拉美罗界；②联合目标源和校正源观测量推导(多)目标位置向量 $\tilde{\boldsymbol{u}}$ 和系统参量 $\boldsymbol{w}$ 联合估计方差的克拉美罗界。

另外，为了说明将多目标联合定位能够带来性能增益，下面分别给出多目标独立定位和多目标联合定位的参数估计方差的克拉美罗界，并将两者进行定量比较。为了便于区分，多目标独立定位的克拉美罗界符号中增加上标“(i)”，而多目标联合定位的克拉美罗界符号中增加上标“(j)”。

1. 仅基于目标源观测量的克拉美罗界

当多目标独立定位时，根据命题 3.1 可以直接得到如下命题。

命题 8.1　若多目标独立定位，基于观测模型式(8.1)和式(8.4)，未知参量 $\boldsymbol{u}_k$ 和 $\boldsymbol{w}$ 联合估计方差的克拉美罗界矩阵可表示为

$$\overline{\mathbf{CRB}}^{(\mathrm{i})}\left(\begin{bmatrix}\boldsymbol{u}_k\\ \boldsymbol{w}\end{bmatrix}\right)=\left[\begin{array}{c:c}\boldsymbol{G}_1^{\mathrm{T}}(\boldsymbol{u}_k,\boldsymbol{w})\boldsymbol{Q}_{1k}^{-1}\boldsymbol{G}_1(\boldsymbol{u}_k,\boldsymbol{w}) & \boldsymbol{G}_1^{\mathrm{T}}(\boldsymbol{u}_k,\boldsymbol{w})\boldsymbol{Q}_{1k}^{-1}\boldsymbol{G}_2(\boldsymbol{u}_k,\boldsymbol{w})\\ \hdashline \boldsymbol{G}_2^{\mathrm{T}}(\boldsymbol{u}_k,\boldsymbol{w})\boldsymbol{Q}_{1k}^{-1}\boldsymbol{G}_1(\boldsymbol{u}_k,\boldsymbol{w}) & \boldsymbol{G}_2^{\mathrm{T}}(\boldsymbol{u}_k,\boldsymbol{w})\boldsymbol{Q}_{1k}^{-1}\boldsymbol{G}_2(\boldsymbol{u}_k,\boldsymbol{w})+\boldsymbol{Q}_2^{-1}\end{array}\right]^{-1},\quad 1\leqslant k\leqslant h\tag{8.9}$$

式中，$\boldsymbol{G}_1(\boldsymbol{u}_k,\boldsymbol{w})=\dfrac{\partial \boldsymbol{g}(\boldsymbol{u}_k,\boldsymbol{w})}{\partial \boldsymbol{u}_k^{\mathrm{T}}}\in \mathbf{R}^{p\times q}$表示函数$\boldsymbol{g}(\boldsymbol{u}_k,\boldsymbol{w})$关于向量$\boldsymbol{u}_k$的Jacobi矩阵，它是列满秩矩阵；$\boldsymbol{G}_2(\boldsymbol{u}_k,\boldsymbol{w})=\dfrac{\partial \boldsymbol{g}(\boldsymbol{u}_k,\boldsymbol{w})}{\partial \boldsymbol{w}^{\mathrm{T}}}\in \mathbf{R}^{p\times l}$表示函数$\boldsymbol{g}(\boldsymbol{u}_k,\boldsymbol{w})$关于向量$\boldsymbol{w}$的Jacobi矩阵。

需要指出的是，式(8.9)中克拉美罗界矩阵符号中的“上横线”是为了与命题8.4中的克拉美罗界矩阵符号区分开。利用推论2.2可以将未知参量$\boldsymbol{u}_k$估计方差的克拉美罗界矩阵表示为

$$\overline{\mathbf{CRB}}^{(\mathrm{i})}(\boldsymbol{u}_k)=\begin{bmatrix}\boldsymbol{G}_1^{\mathrm{T}}(\boldsymbol{u}_k,\boldsymbol{w})\boldsymbol{Q}_{1k}^{-1}\boldsymbol{G}_1(\boldsymbol{u}_k,\boldsymbol{w})-\boldsymbol{G}_1^{\mathrm{T}}(\boldsymbol{u}_k,\boldsymbol{w})\boldsymbol{Q}_{1k}^{-1}\boldsymbol{G}_2(\boldsymbol{u}_k,\boldsymbol{w})\\ \cdot(\boldsymbol{G}_2^{\mathrm{T}}(\boldsymbol{u}_k,\boldsymbol{w})\boldsymbol{Q}_{1k}^{-1}\boldsymbol{G}_2(\boldsymbol{u}_k,\boldsymbol{w})+\boldsymbol{Q}_2^{-1})^{-1}\boldsymbol{G}_2^{\mathrm{T}}(\boldsymbol{u}_k,\boldsymbol{w})\boldsymbol{Q}_{1k}^{-1}\boldsymbol{G}_1(\boldsymbol{u}_k,\boldsymbol{w})\end{bmatrix}^{-1},\quad 1\leqslant k\leqslant h \tag{8.10}$$

另外，根据推论2.1还可以将未知参量$\boldsymbol{u}_k$估计方差的克拉美罗界矩阵进一步表示为

$$\overline{\mathbf{CRB}}^{(\mathrm{i})}(\boldsymbol{u}_k)=(\boldsymbol{G}_1^{\mathrm{T}}(\boldsymbol{u}_k,\boldsymbol{w})(\boldsymbol{Q}_{1k}+\boldsymbol{G}_2(\boldsymbol{u}_k,\boldsymbol{w})\boldsymbol{Q}_2\boldsymbol{G}_2^{\mathrm{T}}(\boldsymbol{u}_k,\boldsymbol{w}))^{-1}\boldsymbol{G}_1(\boldsymbol{u}_k,\boldsymbol{w}))^{-1},\quad 1\leqslant k\leqslant h \tag{8.11}$$

当多目标联合定位时，同样利用命题3.1可以直接得到如下命题。

命题 8.2　若多目标联合定位，基于观测模型式(8.3)和式(8.4)，未知参量$\tilde{\boldsymbol{u}}$和$\boldsymbol{w}$联合估计方差的克拉美罗界矩阵可表示为

$$\overline{\mathbf{CRB}}^{(\mathrm{j})}\left(\begin{bmatrix}\tilde{\boldsymbol{u}}\\ \boldsymbol{w}\end{bmatrix}\right)=\left[\begin{array}{c:c}\tilde{\boldsymbol{G}}_1^{\mathrm{T}}(\tilde{\boldsymbol{u}},\boldsymbol{w})\tilde{\boldsymbol{Q}}_1^{-1}\tilde{\boldsymbol{G}}_1(\tilde{\boldsymbol{u}},\boldsymbol{w}) & \tilde{\boldsymbol{G}}_1^{\mathrm{T}}(\tilde{\boldsymbol{u}},\boldsymbol{w})\tilde{\boldsymbol{Q}}_1^{-1}\tilde{\boldsymbol{G}}_2(\tilde{\boldsymbol{u}},\boldsymbol{w})\\ \hdashline \tilde{\boldsymbol{G}}_2^{\mathrm{T}}(\tilde{\boldsymbol{u}},\boldsymbol{w})\tilde{\boldsymbol{Q}}_1^{-1}\tilde{\boldsymbol{G}}_1(\tilde{\boldsymbol{u}},\boldsymbol{w}) & \tilde{\boldsymbol{G}}_2^{\mathrm{T}}(\tilde{\boldsymbol{u}},\boldsymbol{w})\tilde{\boldsymbol{Q}}_1^{-1}\tilde{\boldsymbol{G}}_2(\tilde{\boldsymbol{u}},\boldsymbol{w})+\boldsymbol{Q}_2^{-1}\end{array}\right]^{-1} \tag{8.12}$$

式中，$\tilde{\boldsymbol{G}}_1(\tilde{\boldsymbol{u}},\boldsymbol{w})=\dfrac{\partial \tilde{\boldsymbol{g}}(\tilde{\boldsymbol{u}},\boldsymbol{w})}{\partial \tilde{\boldsymbol{u}}^{\mathrm{T}}}\in \mathbf{R}^{ph\times qh}$表示函数$\tilde{\boldsymbol{g}}(\tilde{\boldsymbol{u}},\boldsymbol{w})$关于向量$\tilde{\boldsymbol{u}}$的Jacobi矩阵，它是列满秩矩阵；$\tilde{\boldsymbol{G}}_2(\tilde{\boldsymbol{u}},\boldsymbol{w})=\dfrac{\partial \tilde{\boldsymbol{g}}(\tilde{\boldsymbol{u}},\boldsymbol{w})}{\partial \boldsymbol{w}^{\mathrm{T}}}\in \mathbf{R}^{ph\times l}$表示函数$\tilde{\boldsymbol{g}}(\tilde{\boldsymbol{u}},\boldsymbol{w})$关于向量$\boldsymbol{w}$的Jacobi矩阵，它们的表达式分别为

$$\begin{cases}\tilde{\boldsymbol{G}}_1(\tilde{\boldsymbol{u}},\boldsymbol{w})=\dfrac{\partial \tilde{\boldsymbol{g}}(\tilde{\boldsymbol{u}},\boldsymbol{w})}{\partial \tilde{\boldsymbol{u}}^{\mathrm{T}}}=\mathrm{blkdiag}[\boldsymbol{G}_1(\boldsymbol{u}_1,\boldsymbol{w})\quad \boldsymbol{G}_1(\boldsymbol{u}_2,\boldsymbol{w})\quad \cdots\quad \boldsymbol{G}_1(\boldsymbol{u}_h,\boldsymbol{w})]\in \mathbf{R}^{ph\times qh}\\ \tilde{\boldsymbol{G}}_2(\tilde{\boldsymbol{u}},\boldsymbol{w})=\dfrac{\partial \tilde{\boldsymbol{g}}(\tilde{\boldsymbol{u}},\boldsymbol{w})}{\partial \boldsymbol{w}^{\mathrm{T}}}=[\boldsymbol{G}_2^{\mathrm{T}}(\boldsymbol{u}_1,\boldsymbol{w})\quad \boldsymbol{G}_2^{\mathrm{T}}(\boldsymbol{u}_2,\boldsymbol{w})\quad \cdots\quad \boldsymbol{G}_2^{\mathrm{T}}(\boldsymbol{u}_h,\boldsymbol{w})]^{\mathrm{T}}\in \mathbf{R}^{ph\times l}\end{cases} \tag{8.13}$$

需要指出的是，式(8.12)中克拉美罗界矩阵符号中的“上横线”是为了与命题8.5中的克拉美罗界矩阵符号区分开。利用推论2.2可以将未知参量$\tilde{\boldsymbol{u}}$估计方差的克拉美罗界矩阵表示为

$$\overline{\mathbf{CRB}}^{(\mathrm{j})}(\tilde{\boldsymbol{u}})=\begin{bmatrix}\tilde{\boldsymbol{G}}_1^{\mathrm{T}}(\tilde{\boldsymbol{u}},\boldsymbol{w})\tilde{\boldsymbol{Q}}_1^{-1}\tilde{\boldsymbol{G}}_1(\tilde{\boldsymbol{u}},\boldsymbol{w})-\tilde{\boldsymbol{G}}_1^{\mathrm{T}}(\tilde{\boldsymbol{u}},\boldsymbol{w})\tilde{\boldsymbol{Q}}_1^{-1}\tilde{\boldsymbol{G}}_2(\tilde{\boldsymbol{u}},\boldsymbol{w})\\ \cdot(\tilde{\boldsymbol{G}}_2^{\mathrm{T}}(\tilde{\boldsymbol{u}},\boldsymbol{w})\tilde{\boldsymbol{Q}}_1^{-1}\tilde{\boldsymbol{G}}_2(\tilde{\boldsymbol{u}},\boldsymbol{w})+\boldsymbol{Q}_2^{-1})^{-1}\tilde{\boldsymbol{G}}_2^{\mathrm{T}}(\tilde{\boldsymbol{u}},\boldsymbol{w})\tilde{\boldsymbol{Q}}_1^{-1}\tilde{\boldsymbol{G}}_1(\tilde{\boldsymbol{u}},\boldsymbol{w})\end{bmatrix}^{-1} \tag{8.14}$$

另外，根据推论2.1还可以将未知参量$\tilde{\boldsymbol{u}}$估计方差的克拉美罗界矩阵进一步表示为

$$\overline{\mathbf{CRB}}^{(\mathrm{j})}(\tilde{\boldsymbol{u}})=(\tilde{\boldsymbol{G}}_1^{\mathrm{T}}(\tilde{\boldsymbol{u}},\boldsymbol{w})(\tilde{\boldsymbol{Q}}_1+\tilde{\boldsymbol{G}}_2(\tilde{\boldsymbol{u}},\boldsymbol{w})\boldsymbol{Q}_2\tilde{\boldsymbol{G}}_2^{\mathrm{T}}(\tilde{\boldsymbol{u}},\boldsymbol{w}))^{-1}\tilde{\boldsymbol{G}}_1(\tilde{\boldsymbol{u}},\boldsymbol{w}))^{-1}$$

$$=\left[\begin{array}{l}\text{blkdiag}[\boldsymbol{G}_1^{\mathrm{T}}(\boldsymbol{u}_1,\boldsymbol{w})\quad \boldsymbol{G}_1^{\mathrm{T}}(\boldsymbol{u}_2,\boldsymbol{w})\quad\cdots\quad \boldsymbol{G}_1^{\mathrm{T}}(\boldsymbol{u}_h,\boldsymbol{w})]\\ \cdot\begin{bmatrix}\boldsymbol{Q}_{11}+\boldsymbol{G}_2(\boldsymbol{u}_1,\boldsymbol{w})\boldsymbol{Q}_2\boldsymbol{G}_2^{\mathrm{T}}(\boldsymbol{u}_1,\boldsymbol{w}) & \boldsymbol{G}_2(\boldsymbol{u}_1,\boldsymbol{w})\boldsymbol{Q}_2\boldsymbol{G}_2^{\mathrm{T}}(\boldsymbol{u}_2,\boldsymbol{w}) & \cdots & \boldsymbol{G}_2(\boldsymbol{u}_1,\boldsymbol{w})\boldsymbol{Q}_2\boldsymbol{G}_2^{\mathrm{T}}(\boldsymbol{u}_h,\boldsymbol{w})\\ \boldsymbol{G}_2(\boldsymbol{u}_2,\boldsymbol{w})\boldsymbol{Q}_2\boldsymbol{G}_2^{\mathrm{T}}(\boldsymbol{u}_1,\boldsymbol{w}) & \boldsymbol{Q}_{12}+\boldsymbol{G}_2(\boldsymbol{u}_2,\boldsymbol{w})\boldsymbol{Q}_2\boldsymbol{G}_2^{\mathrm{T}}(\boldsymbol{u}_2,\boldsymbol{w}) & \cdots & \boldsymbol{G}_2(\boldsymbol{u}_2,\boldsymbol{w})\boldsymbol{Q}_2\boldsymbol{G}_2^{\mathrm{T}}(\boldsymbol{u}_h,\boldsymbol{w})\\ \vdots & \vdots & & \vdots\\ \boldsymbol{G}_2(\boldsymbol{u}_h,\boldsymbol{w})\boldsymbol{Q}_2\boldsymbol{G}_2^{\mathrm{T}}(\boldsymbol{u}_1,\boldsymbol{w}) & \boldsymbol{G}_2(\boldsymbol{u}_h,\boldsymbol{w})\boldsymbol{Q}_2\boldsymbol{G}_2^{\mathrm{T}}(\boldsymbol{u}_2,\boldsymbol{w}) & \cdots & \boldsymbol{Q}_{1h}+\boldsymbol{G}_2(\boldsymbol{u}_h,\boldsymbol{w})\boldsymbol{Q}_2\boldsymbol{G}_2^{\mathrm{T}}(\boldsymbol{u}_h,\boldsymbol{w})\end{bmatrix}^{-1}\\ \cdot\,\text{blkdiag}[\boldsymbol{G}_1(\boldsymbol{u}_1,\boldsymbol{w})\quad \boldsymbol{G}_1(\boldsymbol{u}_2,\boldsymbol{w})\quad\cdots\quad \boldsymbol{G}_1(\boldsymbol{u}_h,\boldsymbol{w})]\end{array}\right]^{-1} \tag{8.15}$$

下面的命题将比较多目标独立定位和多目标联合定位这两种情况下，目标位置估计方差的克拉美罗界。

命题 8.3　当 $\boldsymbol{Q}_2\to\infty$ 时(即对系统参量 $\boldsymbol{w}$ 没有先验知识时)，有如下关系式：

$$\text{tr}[\overline{\mathbf{CRB}}^{(\mathrm{j})}(\tilde{\boldsymbol{u}})]\leqslant\sum_{k=1}^{h}\text{tr}[\overline{\mathbf{CRB}}^{(\mathrm{i})}(\boldsymbol{u}_k)] \tag{8.16}$$

而当 $\boldsymbol{Q}_2\to\boldsymbol{O}$ 时(即当系统参量 $\boldsymbol{w}$ 精确已知时)，则有如下关系式：

$$\text{tr}[\overline{\mathbf{CRB}}^{(\mathrm{j})}(\tilde{\boldsymbol{u}})]=\sum_{k=1}^{h}\text{tr}[\overline{\mathbf{CRB}}^{(\mathrm{i})}(\boldsymbol{u}_k)] \tag{8.17}$$

证明　首先定义如下六个矩阵：

$$\begin{cases}\boldsymbol{X}_k=\boldsymbol{G}_1^{\mathrm{T}}(\boldsymbol{u}_k,\boldsymbol{w})\boldsymbol{Q}_{1k}^{-1}\boldsymbol{G}_1(\boldsymbol{u}_k,\boldsymbol{w})\in\mathbf{R}^{q\times q}, & \tilde{\boldsymbol{X}}=\tilde{\boldsymbol{G}}_1^{\mathrm{T}}(\tilde{\boldsymbol{u}},\boldsymbol{w})\tilde{\boldsymbol{Q}}_1^{-1}\tilde{\boldsymbol{G}}_1(\tilde{\boldsymbol{u}},\boldsymbol{w})\in\mathbf{R}^{qh\times qh}\\ \boldsymbol{Y}_k=\boldsymbol{G}_1^{\mathrm{T}}(\boldsymbol{u}_k,\boldsymbol{w})\boldsymbol{Q}_{1k}^{-1}\boldsymbol{G}_2(\boldsymbol{u}_k,\boldsymbol{w})\in\mathbf{R}^{q\times l}, & \tilde{\boldsymbol{Y}}=\tilde{\boldsymbol{G}}_1^{\mathrm{T}}(\tilde{\boldsymbol{u}},\boldsymbol{w})\tilde{\boldsymbol{Q}}_1^{-1}\tilde{\boldsymbol{G}}_2(\tilde{\boldsymbol{u}},\boldsymbol{w})\in\mathbf{R}^{qh\times l}\\ \boldsymbol{Z}_k=\boldsymbol{G}_2^{\mathrm{T}}(\boldsymbol{u}_k,\boldsymbol{w})\boldsymbol{Q}_{1k}^{-1}\boldsymbol{G}_2(\boldsymbol{u}_k,\boldsymbol{w})\in\mathbf{R}^{l\times l}, & \tilde{\boldsymbol{Z}}=\tilde{\boldsymbol{G}}_2^{\mathrm{T}}(\tilde{\boldsymbol{u}},\boldsymbol{w})\tilde{\boldsymbol{Q}}_1^{-1}\tilde{\boldsymbol{G}}_2(\tilde{\boldsymbol{u}},\boldsymbol{w})\in\mathbf{R}^{l\times l}\end{cases} \tag{8.18}$$

则有如下关系式：

$$\begin{cases}\tilde{\boldsymbol{X}}=\text{blkdiag}[\boldsymbol{X}_1\quad\boldsymbol{X}_2\quad\cdots\quad\boldsymbol{X}_h],\quad \tilde{\boldsymbol{Y}}=\text{blkdiag}[\boldsymbol{Y}_1\quad\boldsymbol{Y}_2\quad\cdots\quad\boldsymbol{Y}_h](\boldsymbol{1}_{h\times1}\otimes\boldsymbol{I}_l)\\ \tilde{\boldsymbol{Z}}=(\boldsymbol{1}_{1\times h}\otimes\boldsymbol{I}_l)\text{blkdiag}[\boldsymbol{Z}_1\quad\boldsymbol{Z}_2\quad\cdots\quad\boldsymbol{Z}_h](\boldsymbol{1}_{h\times1}\otimes\boldsymbol{I}_l)=\sum_{k=1}^{h}\boldsymbol{Z}_k\end{cases} \tag{8.19}$$

下面先证明式(8.16)，根据半正定矩阵的基本性质可知，仅需要证明

$$\lim_{\boldsymbol{Q}_2\to\infty}\overline{\mathbf{CRB}}^{(\mathrm{j})}(\tilde{\boldsymbol{u}})\leqslant\lim_{\boldsymbol{Q}_2\to\infty}\text{blkdiag}[\overline{\mathbf{CRB}}^{(\mathrm{i})}(\boldsymbol{u}_1)\quad\overline{\mathbf{CRB}}^{(\mathrm{i})}(\boldsymbol{u}_2)\quad\cdots\quad\overline{\mathbf{CRB}}^{(\mathrm{i})}(\boldsymbol{u}_h)] \tag{8.20}$$

当 $\boldsymbol{Q}_2\to\infty$ 时，根据式(8.10)和式(8.14)可知

$$\begin{cases}\lim\limits_{\boldsymbol{Q}_2\to\infty}\overline{\mathbf{CRB}}^{(\mathrm{i})}(\boldsymbol{u}_k)=\lim\limits_{\boldsymbol{Q}_2\to\infty}(\boldsymbol{X}_k-\boldsymbol{Y}_k(\boldsymbol{Z}_k+\boldsymbol{Q}_2^{-1})^{-1}\boldsymbol{Y}_k^{\mathrm{T}})^{-1}=(\boldsymbol{X}_k-\boldsymbol{Y}_k\boldsymbol{Z}_k^{-1}\boldsymbol{Y}_k^{\mathrm{T}})^{-1}, & 1\leqslant k\leqslant h\\ \lim\limits_{\boldsymbol{Q}_2\to\infty}\overline{\mathbf{CRB}}^{(\mathrm{j})}(\tilde{\boldsymbol{u}})=\lim\limits_{\boldsymbol{Q}_2\to\infty}(\tilde{\boldsymbol{X}}-\tilde{\boldsymbol{Y}}(\tilde{\boldsymbol{Z}}+\boldsymbol{Q}_2^{-1})^{-1}\tilde{\boldsymbol{Y}}^{\mathrm{T}})^{-1}=(\tilde{\boldsymbol{X}}-\tilde{\boldsymbol{Y}}\tilde{\boldsymbol{Z}}^{-1}\tilde{\boldsymbol{Y}}^{\mathrm{T}})^{-1}\end{cases} \tag{8.21}$$

将式(8.19)代入式(8.21)可得

$$\lim_{\boldsymbol{Q}_2\to\infty}\overline{\mathbf{CRB}}^{(\mathrm{j})}(\tilde{\boldsymbol{u}})$$

$$
=\left(\begin{bmatrix}\boldsymbol{X}_1 & & & \\ & \boldsymbol{X}_2 & & \\ & & \ddots & \\ & & & \boldsymbol{X}_h\end{bmatrix}-\begin{bmatrix}\boldsymbol{Y}_1 & & & \\ & \boldsymbol{Y}_2 & & \\ & & \ddots & \\ & & & \boldsymbol{Y}_h\end{bmatrix}\begin{bmatrix}\boldsymbol{I}_l\\ \boldsymbol{I}_l\\ \vdots\\ \boldsymbol{I}_l\end{bmatrix}\right.
$$

$$
\left.\cdot\left(\begin{bmatrix}\boldsymbol{I}_l\\ \boldsymbol{I}_l\\ \vdots\\ \boldsymbol{I}_l\end{bmatrix}^{\mathrm{T}}\begin{bmatrix}\boldsymbol{Z}_1 & & & \\ & \boldsymbol{Z}_2 & & \\ & & \ddots & \\ & & & \boldsymbol{Z}_h\end{bmatrix}\begin{bmatrix}\boldsymbol{I}_l\\ \boldsymbol{I}_l\\ \vdots\\ \boldsymbol{I}_l\end{bmatrix}\right)^{-1}\begin{bmatrix}\boldsymbol{I}_l\\ \boldsymbol{I}_l\\ \vdots\\ \boldsymbol{I}_l\end{bmatrix}^{\mathrm{T}}\begin{bmatrix}\boldsymbol{Y}_1^{\mathrm{T}} & & & \\ & \boldsymbol{Y}_2^{\mathrm{T}} & & \\ & & \ddots & \\ & & & \boldsymbol{Y}_h^{\mathrm{T}}\end{bmatrix}\right)^{-1} \tag{8.22}
$$

$$
\lim_{\boldsymbol{Q}_2\to\infty}\mathrm{blkdiag}[\overline{\mathbf{CRB}}^{(\mathrm{i})}(\boldsymbol{u}_1)\quad \overline{\mathbf{CRB}}^{(\mathrm{i})}(\boldsymbol{u}_2)\quad \cdots\quad \overline{\mathbf{CRB}}^{(\mathrm{i})}(\boldsymbol{u}_h)]
$$

$$
=\left(\begin{bmatrix}\boldsymbol{X}_1 & & & \\ & \boldsymbol{X}_2 & & \\ & & \ddots & \\ & & & \boldsymbol{X}_h\end{bmatrix}-\begin{bmatrix}\boldsymbol{Y}_1 & & & \\ & \boldsymbol{Y}_2 & & \\ & & \ddots & \\ & & & \boldsymbol{Y}_h\end{bmatrix}\begin{bmatrix}\boldsymbol{Z}_1 & & & \\ & \boldsymbol{Z}_2 & & \\ & & \ddots & \\ & & & \boldsymbol{Z}_h\end{bmatrix}^{-1}\right.
$$

$$
\left.\cdot\begin{bmatrix}\boldsymbol{Y}_1^{\mathrm{T}} & & & \\ & \boldsymbol{Y}_2^{\mathrm{T}} & & \\ & & \ddots & \\ & & & \boldsymbol{Y}_h^{\mathrm{T}}\end{bmatrix}\right)^{-1} \tag{8.23}
$$

比较式(8.22)和式(8.23)可知,仅需要证明

$$
\begin{bmatrix}\boldsymbol{Z}_1 & & & \\ & \boldsymbol{Z}_2 & & \\ & & \ddots & \\ & & & \boldsymbol{Z}_h\end{bmatrix}^{-1}-\begin{bmatrix}\boldsymbol{I}_l\\ \boldsymbol{I}_l\\ \vdots\\ \boldsymbol{I}_l\end{bmatrix}\left(\begin{bmatrix}\boldsymbol{I}_l\\ \boldsymbol{I}_l\\ \vdots\\ \boldsymbol{I}_l\end{bmatrix}^{\mathrm{T}}\begin{bmatrix}\boldsymbol{Z}_1 & & & \\ & \boldsymbol{Z}_2 & & \\ & & \ddots & \\ & & & \boldsymbol{Z}_h\end{bmatrix}\begin{bmatrix}\boldsymbol{I}_l\\ \boldsymbol{I}_l\\ \vdots\\ \boldsymbol{I}_l\end{bmatrix}\right)^{-1}\begin{bmatrix}\boldsymbol{I}_l\\ \boldsymbol{I}_l\\ \vdots\\ \boldsymbol{I}_l\end{bmatrix}^{\mathrm{T}}\geqslant\boldsymbol{O} \tag{8.24}
$$

式(8.24)可以直接由推论2.11证得,于是式(8.20)成立,进一步可知式(8.16)也成立。

接着证明式(8.17),根据半正定矩阵的基本性质可知,仅需要证明

$$
\lim_{\boldsymbol{Q}_2\to\boldsymbol{O}}\overline{\mathbf{CRB}}^{(\mathrm{j})}(\widetilde{\boldsymbol{u}})=\lim_{\boldsymbol{Q}_2\to\boldsymbol{O}}\mathrm{blkdiag}[\overline{\mathbf{CRB}}^{(\mathrm{i})}(\boldsymbol{u}_1)\quad \overline{\mathbf{CRB}}^{(\mathrm{i})}(\boldsymbol{u}_2)\quad \cdots\quad \overline{\mathbf{CRB}}^{(\mathrm{i})}(\boldsymbol{u}_h)] \tag{8.25}
$$

当 $\boldsymbol{Q}_2\to\boldsymbol{O}$ 时,根据式(8.10)和式(8.14)可知

$$
\begin{cases}\lim\limits_{\boldsymbol{Q}_2\to\boldsymbol{O}}\overline{\mathbf{CRB}}^{(\mathrm{i})}(\boldsymbol{u}_k)=\lim\limits_{\boldsymbol{Q}_2\to\boldsymbol{O}}(\boldsymbol{X}_k-\boldsymbol{Y}_k(\boldsymbol{Z}_k+\boldsymbol{Q}_2^{-1})^{-1}\boldsymbol{Y}_k^{\mathrm{T}})^{-1}=\boldsymbol{X}_k^{-1}, & 1\leqslant k\leqslant h\\ \lim\limits_{\boldsymbol{Q}_2\to\boldsymbol{O}}\overline{\mathbf{CRB}}^{(\mathrm{j})}(\widetilde{\boldsymbol{u}})=\lim\limits_{\boldsymbol{Q}_2\to\boldsymbol{O}}(\widetilde{\boldsymbol{X}}-\widetilde{\boldsymbol{Y}}(\widetilde{\boldsymbol{Z}}+\boldsymbol{Q}_2^{-1})^{-1}\widetilde{\boldsymbol{Y}}^{\mathrm{T}})^{-1}=\widetilde{\boldsymbol{X}}^{-1}\end{cases} \tag{8.26}
$$

结合式(8.19)中的第一式和式(8.26)可知式(8.25)成立,进一步可知式(8.17)也成立。证毕。

命题8.3表明,当系统参量精确已知时,将多目标联合定位无法带来整体定位性能的提升,但是当系统参量存在测量误差时,将多目标联合定位就有可能带来整体定位性能的提升,即产生了协同增益。

2. 联合目标源和校正源观测量的克拉美罗界

当多目标独立定位时，根据命题3.2可以直接得到如下命题。

命题8.4　若多目标独立定位，基于观测模型式(8.1)、式(8.4)和式(8.7)，未知参量$\boldsymbol{u}_k$和$\boldsymbol{w}$联合估计方差的克拉美罗界矩阵可表示为

$$\mathbf{CRB}^{(\mathrm{i})}\left(\begin{bmatrix}\boldsymbol{u}_k\\ \boldsymbol{w}\end{bmatrix}\right)=\left[\begin{array}{c:c}\boldsymbol{G}_1^{\mathrm{T}}(\boldsymbol{u}_k,\boldsymbol{w})\boldsymbol{Q}_{1k}^{-1}\boldsymbol{G}_1(\boldsymbol{u}_k,\boldsymbol{w}) & \boldsymbol{G}_1^{\mathrm{T}}(\boldsymbol{u}_k,\boldsymbol{w})\boldsymbol{Q}_{1k}^{-1}\boldsymbol{G}_2(\boldsymbol{u}_k,\boldsymbol{w})\\ \hdashline \boldsymbol{G}_2^{\mathrm{T}}(\boldsymbol{u}_k,\boldsymbol{w})\boldsymbol{Q}_{1k}^{-1}\boldsymbol{G}_1(\boldsymbol{u}_k,\boldsymbol{w}) & \boldsymbol{G}_2^{\mathrm{T}}(\boldsymbol{u}_k,\boldsymbol{w})\boldsymbol{Q}_{1k}^{-1}\boldsymbol{G}_2(\boldsymbol{u}_k,\boldsymbol{w})+\boldsymbol{Q}_2^{-1}+\bar{\boldsymbol{G}}^{\mathrm{T}}(\boldsymbol{s},\boldsymbol{w})\boldsymbol{Q}_3^{-1}\bar{\boldsymbol{G}}(\boldsymbol{s},\boldsymbol{w})\end{array}\right]^{-1},\quad 1\leqslant k\leqslant h \tag{8.27}$$

式中，$\boldsymbol{G}_1(\boldsymbol{u}_k,\boldsymbol{w})=\dfrac{\partial\boldsymbol{g}(\boldsymbol{u}_k,\boldsymbol{w})}{\partial\boldsymbol{u}_k^{\mathrm{T}}}\in\mathbf{R}^{p\times q}$表示函数$\boldsymbol{g}(\boldsymbol{u}_k,\boldsymbol{w})$关于向量$\boldsymbol{u}_k$的Jacobi矩阵，它是列满秩矩阵；$\boldsymbol{G}_2(\boldsymbol{u}_k,\boldsymbol{w})=\dfrac{\partial\boldsymbol{g}(\boldsymbol{u}_k,\boldsymbol{w})}{\partial\boldsymbol{w}^{\mathrm{T}}}\in\mathbf{R}^{p\times l}$表示函数$\boldsymbol{g}(\boldsymbol{u}_k,\boldsymbol{w})$关于向量$\boldsymbol{w}$的Jacobi矩阵；$\bar{\boldsymbol{G}}(\boldsymbol{s},\boldsymbol{w})=\dfrac{\partial\bar{\boldsymbol{g}}(\boldsymbol{s},\boldsymbol{w})}{\partial\boldsymbol{w}^{\mathrm{T}}}\in\mathbf{R}^{pd\times l}$表示函数$\bar{\boldsymbol{g}}(\boldsymbol{s},\boldsymbol{w})$关于向量$\boldsymbol{w}$的Jacobi矩阵。

利用推论2.2可以将未知参量$\boldsymbol{u}_k$估计方差的克拉美罗界矩阵表示为

$$\mathbf{CRB}^{(\mathrm{i})}(\boldsymbol{u}_k)=\left(\begin{array}{c}\boldsymbol{G}_1^{\mathrm{T}}(\boldsymbol{u}_k,\boldsymbol{w})\boldsymbol{Q}_{1k}^{-1}\boldsymbol{G}_1(\boldsymbol{u}_k,\boldsymbol{w})-\boldsymbol{G}_1^{\mathrm{T}}(\boldsymbol{u}_k,\boldsymbol{w})\boldsymbol{Q}_{1k}^{-1}\boldsymbol{G}_2(\boldsymbol{u}_k,\boldsymbol{w})\\ \cdot(\boldsymbol{G}_2^{\mathrm{T}}(\boldsymbol{u}_k,\boldsymbol{w})\boldsymbol{Q}_{1k}^{-1}\boldsymbol{G}_2(\boldsymbol{u}_k,\boldsymbol{w})+\boldsymbol{Q}_2^{-1}+\bar{\boldsymbol{G}}^{\mathrm{T}}(\boldsymbol{s},\boldsymbol{w})\boldsymbol{Q}_3^{-1}\bar{\boldsymbol{G}}(\boldsymbol{s},\boldsymbol{w}))^{-1}\boldsymbol{G}_2^{\mathrm{T}}(\boldsymbol{u}_k,\boldsymbol{w})\boldsymbol{Q}_{1k}^{-1}\boldsymbol{G}_1(\boldsymbol{u}_k,\boldsymbol{w})\end{array}\right)^{-1},\quad 1\leqslant k\leqslant h \tag{8.28}$$

另外，根据推论2.1还可以将未知参量$\boldsymbol{u}_k$的估计方差克拉美罗界进一步表示为

$$\mathbf{CRB}^{(\mathrm{i})}(\boldsymbol{u}_k)=(\boldsymbol{G}_1^{\mathrm{T}}(\boldsymbol{u}_k,\boldsymbol{w})(\boldsymbol{Q}_{1k}+\boldsymbol{G}_2(\boldsymbol{u}_k,\boldsymbol{w})(\boldsymbol{Q}_2^{-1}+\bar{\boldsymbol{G}}^{\mathrm{T}}(\boldsymbol{s},\boldsymbol{w})\boldsymbol{Q}_3^{-1}\bar{\boldsymbol{G}}(\boldsymbol{s},\boldsymbol{w}))^{-1}\boldsymbol{G}_2^{\mathrm{T}}(\boldsymbol{u}_k,\boldsymbol{w}))^{-1}\cdot\boldsymbol{G}_1(\boldsymbol{u}_k,\boldsymbol{w}))^{-1},\quad 1\leqslant k\leqslant h \tag{8.29}$$

当多目标联合定位时，同样利用命题3.2可以直接得到如下命题。

命题8.5　若多目标独立定位，则基于观测模型式(8.8)，未知参量$\tilde{\boldsymbol{u}}$和$\boldsymbol{w}$联合估计方差的克拉美罗界矩阵可表示为

$$\mathbf{CRB}^{(\mathrm{j})}\left(\begin{bmatrix}\tilde{\boldsymbol{u}}\\ \boldsymbol{w}\end{bmatrix}\right)=\left[\begin{array}{c:c}\tilde{\boldsymbol{G}}_1^{\mathrm{T}}(\tilde{\boldsymbol{u}},\boldsymbol{w})\tilde{\boldsymbol{Q}}_1^{-1}\tilde{\boldsymbol{G}}_1(\tilde{\boldsymbol{u}},\boldsymbol{w}) & \tilde{\boldsymbol{G}}_1^{\mathrm{T}}(\tilde{\boldsymbol{u}},\boldsymbol{w})\tilde{\boldsymbol{Q}}_1^{-1}\tilde{\boldsymbol{G}}_2(\tilde{\boldsymbol{u}},\boldsymbol{w})\\ \hdashline \tilde{\boldsymbol{G}}_2^{\mathrm{T}}(\tilde{\boldsymbol{u}},\boldsymbol{w})\tilde{\boldsymbol{Q}}_1^{-1}\tilde{\boldsymbol{G}}_1(\tilde{\boldsymbol{u}},\boldsymbol{w}) & \tilde{\boldsymbol{G}}_2^{\mathrm{T}}(\tilde{\boldsymbol{u}},\boldsymbol{w})\tilde{\boldsymbol{Q}}_1^{-1}\tilde{\boldsymbol{G}}_2(\tilde{\boldsymbol{u}},\boldsymbol{w})+\boldsymbol{Q}_2^{-1}+\bar{\boldsymbol{G}}^{\mathrm{T}}(\boldsymbol{s},\boldsymbol{w})\boldsymbol{Q}_3^{-1}\bar{\boldsymbol{G}}(\boldsymbol{s},\boldsymbol{w})\end{array}\right]^{-1} \tag{8.30}$$

利用推论2.2可以将未知参量$\tilde{\boldsymbol{u}}$的估计方差克拉美罗界表示为

$$\mathbf{CRB}^{(\mathrm{j})}(\tilde{\boldsymbol{u}})=\left(\begin{array}{c}\tilde{\boldsymbol{G}}_1^{\mathrm{T}}(\tilde{\boldsymbol{u}},\boldsymbol{w})\tilde{\boldsymbol{Q}}_1^{-1}\tilde{\boldsymbol{G}}_1(\tilde{\boldsymbol{u}},\boldsymbol{w})-\tilde{\boldsymbol{G}}_1^{\mathrm{T}}(\tilde{\boldsymbol{u}},\boldsymbol{w})\tilde{\boldsymbol{Q}}_1^{-1}\tilde{\boldsymbol{G}}_2(\tilde{\boldsymbol{u}},\boldsymbol{w})\\ \cdot(\tilde{\boldsymbol{G}}_2^{\mathrm{T}}(\tilde{\boldsymbol{u}},\boldsymbol{w})\tilde{\boldsymbol{Q}}_1^{-1}\tilde{\boldsymbol{G}}_2(\tilde{\boldsymbol{u}},\boldsymbol{w})+\boldsymbol{Q}_2^{-1}\\ +\bar{\boldsymbol{G}}^{\mathrm{T}}(\boldsymbol{s},\boldsymbol{w})\tilde{\boldsymbol{Q}}_3^{-1}\bar{\boldsymbol{G}}(\boldsymbol{s},\boldsymbol{w}))^{-1}\tilde{\boldsymbol{G}}_2^{\mathrm{T}}(\tilde{\boldsymbol{u}},\boldsymbol{w})\tilde{\boldsymbol{Q}}_1^{-1}\tilde{\boldsymbol{G}}_1(\tilde{\boldsymbol{u}},\boldsymbol{w})\end{array}\right)^{-1} \tag{8.31}$$

另外，根据推论 2.1 还可以将未知参量 $\boldsymbol{u}_k$ 估计方差的克拉美罗界矩阵进一步表示为

$$\mathbf{CRB}^{(\mathrm{j})}(\tilde{\boldsymbol{u}})=(\tilde{\boldsymbol{G}}_1^{\mathrm{T}}(\tilde{\boldsymbol{u}},\boldsymbol{w})(\tilde{\boldsymbol{Q}}_1+\tilde{\boldsymbol{G}}_2(\tilde{\boldsymbol{u}},\boldsymbol{w})(\boldsymbol{Q}_2^{-1}+\bar{\boldsymbol{G}}^{\mathrm{T}}(\boldsymbol{s},\boldsymbol{w})\boldsymbol{Q}_3^{-1}\bar{\boldsymbol{G}}(\boldsymbol{s},\boldsymbol{w}))^{-1} \cdot\tilde{\boldsymbol{G}}_2^{\mathrm{T}}(\tilde{\boldsymbol{u}},\boldsymbol{w}))^{-1}\tilde{\boldsymbol{G}}_1(\tilde{\boldsymbol{u}},\boldsymbol{w}))^{-1} \tag{8.32}$$

下面的命题将比较多目标独立定位和多目标联合定位这两种情况下，目标位置估计方差的克拉美罗界。

命题 8.6　当 $\boldsymbol{Q}_2\to\infty$ 且 $\boldsymbol{Q}_3\to\infty$ 时（即对系统参量 $\boldsymbol{w}$ 没有先验知识时），有如下关系式：

$$\mathrm{tr}[\mathbf{CRB}^{(\mathrm{j})}(\tilde{\boldsymbol{u}})]\leqslant\sum_{k=1}^{h}\mathrm{tr}[\mathbf{CRB}^{(\mathrm{i})}(\boldsymbol{u}_k)] \tag{8.33}$$

而当 $\boldsymbol{Q}_2\to\boldsymbol{O}$ 或者 $\boldsymbol{Q}_3\to\boldsymbol{O}$ 且 $\bar{\boldsymbol{G}}(\boldsymbol{s},\boldsymbol{w})$ 是列满秩矩阵时（即当系统参量 $\boldsymbol{w}$ 精确已知时），则有如下关系式：

$$\mathrm{tr}[\mathbf{CRB}^{(\mathrm{j})}(\tilde{\boldsymbol{u}})]=\sum_{k=1}^{h}\mathrm{tr}[\mathbf{CRB}^{(\mathrm{i})}(\boldsymbol{u}_k)] \tag{8.34}$$

证明　首先定义如下六个矩阵：

$$\begin{cases}\boldsymbol{X}_k=\boldsymbol{G}_1^{\mathrm{T}}(\boldsymbol{u}_k,\boldsymbol{w})\boldsymbol{Q}_{1k}^{-1}\boldsymbol{G}_1(\boldsymbol{u}_k,\boldsymbol{w})\in\mathbf{R}^{q\times q}, & \tilde{\boldsymbol{X}}=\tilde{\boldsymbol{G}}_1^{\mathrm{T}}(\tilde{\boldsymbol{u}},\boldsymbol{w})\tilde{\boldsymbol{Q}}_1^{-1}\tilde{\boldsymbol{G}}_1(\tilde{\boldsymbol{u}},\boldsymbol{w})\in\mathbf{R}^{qh\times qh}\\ \boldsymbol{Y}_k=\boldsymbol{G}_1^{\mathrm{T}}(\boldsymbol{u}_k,\boldsymbol{w})\boldsymbol{Q}_{1k}^{-1}\boldsymbol{G}_2(\boldsymbol{u}_k,\boldsymbol{w})\in\mathbf{R}^{q\times l}, & \tilde{\boldsymbol{Y}}=\tilde{\boldsymbol{G}}_1^{\mathrm{T}}(\tilde{\boldsymbol{u}},\boldsymbol{w})\tilde{\boldsymbol{Q}}_1^{-1}\tilde{\boldsymbol{G}}_2(\tilde{\boldsymbol{u}},\boldsymbol{w})\in\mathbf{R}^{qh\times l}\\ \boldsymbol{Z}_k=\boldsymbol{G}_2^{\mathrm{T}}(\boldsymbol{u}_k,\boldsymbol{w})\boldsymbol{Q}_{1k}^{-1}\boldsymbol{G}_2(\boldsymbol{u}_k,\boldsymbol{w})\in\mathbf{R}^{l\times l}, & \tilde{\boldsymbol{Z}}=\tilde{\boldsymbol{G}}_2^{\mathrm{T}}(\tilde{\boldsymbol{u}},\boldsymbol{w})\tilde{\boldsymbol{Q}}_1^{-1}\tilde{\boldsymbol{G}}_2(\tilde{\boldsymbol{u}},\boldsymbol{w})\in\mathbf{R}^{l\times l}\end{cases} \tag{8.35}$$

则有如下关系式：

$$\begin{cases}\tilde{\boldsymbol{X}}=\mathrm{blkdiag}[\boldsymbol{X}_1\quad\boldsymbol{X}_2\quad\cdots\quad\boldsymbol{X}_h], \quad \tilde{\boldsymbol{Y}}=\mathrm{blkdiag}[\boldsymbol{Y}_1\quad\boldsymbol{Y}_2\quad\cdots\quad\boldsymbol{Y}_h](\boldsymbol{1}_{h\times1}\otimes\boldsymbol{I}_l)\\ \tilde{\boldsymbol{Z}}=(\boldsymbol{1}_{1\times h}\otimes\boldsymbol{I}_l)\mathrm{blkdiag}[\boldsymbol{Z}_1\quad\boldsymbol{Z}_2\quad\cdots\quad\boldsymbol{Z}_h](\boldsymbol{1}_{h\times1}\otimes\boldsymbol{I}_l)=\sum_{k=1}^{h}\boldsymbol{Z}_k\end{cases} \tag{8.36}$$

下面先证明式(8.33)，根据半正定矩阵的基本性质可知，仅需要证明

$$\lim_{\substack{\boldsymbol{Q}_2\to\infty\\ \boldsymbol{Q}_3\to\infty}}\mathbf{CRB}^{(\mathrm{j})}(\tilde{\boldsymbol{u}})\leqslant\lim_{\substack{\boldsymbol{Q}_2\to\infty\\ \boldsymbol{Q}_3\to\infty}}\mathrm{blkdiag}[\mathbf{CRB}^{(\mathrm{i})}(\boldsymbol{u}_1)\quad\mathbf{CRB}^{(\mathrm{i})}(\boldsymbol{u}_2)\quad\cdots\quad\mathbf{CRB}^{(\mathrm{i})}(\boldsymbol{u}_h)] \tag{8.37}$$

当 $\boldsymbol{Q}_2\to\infty$ 且 $\boldsymbol{Q}_3\to\infty$ 时，根据式(8.28)和式(8.31)可知

$$\begin{cases}\lim\limits_{\substack{\boldsymbol{Q}_2\to\infty\\ \boldsymbol{Q}_3\to\infty}}\mathbf{CRB}^{(\mathrm{i})}(\boldsymbol{u}_k)=\lim\limits_{\substack{\boldsymbol{Q}_2\to\infty\\ \boldsymbol{Q}_3\to\infty}}(\boldsymbol{X}_k-\boldsymbol{Y}_k(\boldsymbol{Z}_k+\boldsymbol{Q}_2^{-1}+\bar{\boldsymbol{G}}^{\mathrm{T}}(\boldsymbol{s},\boldsymbol{w})\boldsymbol{Q}_3^{-1}\bar{\boldsymbol{G}}(\boldsymbol{s},\boldsymbol{w}))^{-1}\boldsymbol{Y}_k^{\mathrm{T}})^{-1}\\ \qquad=(\boldsymbol{X}_k-\boldsymbol{Y}_k\boldsymbol{Z}_k^{-1}\boldsymbol{Y}_k^{\mathrm{T}})^{-1},\quad 1\leqslant k\leqslant h\\ \lim\limits_{\substack{\boldsymbol{Q}_2\to\infty\\ \boldsymbol{Q}_3\to\infty}}\mathbf{CRB}^{(\mathrm{j})}(\tilde{\boldsymbol{u}})=\lim\limits_{\substack{\boldsymbol{Q}_2\to\infty\\ \boldsymbol{Q}_3\to\infty}}(\tilde{\boldsymbol{X}}-\tilde{\boldsymbol{Y}}(\tilde{\boldsymbol{Z}}+\boldsymbol{Q}_2^{-1}+\bar{\boldsymbol{G}}^{\mathrm{T}}(\boldsymbol{s},\boldsymbol{w})\boldsymbol{Q}_3^{-1}\bar{\boldsymbol{G}}(\boldsymbol{s},\boldsymbol{w}))^{-1}\tilde{\boldsymbol{Y}}^{\mathrm{T}})^{-1}\\ \qquad=(\tilde{\boldsymbol{X}}-\tilde{\boldsymbol{Y}}\tilde{\boldsymbol{Z}}^{-1}\tilde{\boldsymbol{Y}}^{\mathrm{T}})^{-1}\end{cases} \tag{8.38}$$

将式(8.36)代入式(8.38)可得

$$\lim_{\substack{\boldsymbol{Q}_2\to\infty\\ \boldsymbol{Q}_3\to\infty}}\mathbf{CRB}^{(\mathrm{j})}(\tilde{\boldsymbol{u}})$$

$$
=\left(\begin{bmatrix}\boldsymbol{X}_1 & & & \\ & \boldsymbol{X}_2 & & \\ & & \ddots & \\ & & & \boldsymbol{X}_h\end{bmatrix}-\begin{bmatrix}\boldsymbol{Y}_1 & & & \\ & \boldsymbol{Y}_2 & & \\ & & \ddots & \\ & & & \boldsymbol{Y}_h\end{bmatrix}\begin{bmatrix}\boldsymbol{I}_l \\ \boldsymbol{I}_l \\ \vdots \\ \boldsymbol{I}_l\end{bmatrix}\right.
$$

$$
\left.\cdot\left(\begin{bmatrix}\boldsymbol{I}_l \\ \boldsymbol{I}_l \\ \vdots \\ \boldsymbol{I}_l\end{bmatrix}^{\mathrm{T}}\begin{bmatrix}\boldsymbol{Z}_1 & & & \\ & \boldsymbol{Z}_2 & & \\ & & \ddots & \\ & & & \boldsymbol{Z}_h\end{bmatrix}\begin{bmatrix}\boldsymbol{I}_l \\ \boldsymbol{I}_l \\ \vdots \\ \boldsymbol{I}_l\end{bmatrix}\right)^{-1}\begin{bmatrix}\boldsymbol{I}_l \\ \boldsymbol{I}_l \\ \vdots \\ \boldsymbol{I}_l\end{bmatrix}^{\mathrm{T}}\begin{bmatrix}\boldsymbol{Y}_1^{\mathrm{T}} & & & \\ & \boldsymbol{Y}_2^{\mathrm{T}} & & \\ & & \ddots & \\ & & & \boldsymbol{Y}_h^{\mathrm{T}}\end{bmatrix}\right)^{-1}
\tag{8.39}
$$

$$
\lim_{\substack{Q_2\to\infty \\ Q_3\to\infty}}\text{blkdiag}[\mathbf{CRB}^{(\mathrm{i})}(\boldsymbol{u}_1)\quad \mathbf{CRB}^{(\mathrm{i})}(\boldsymbol{u}_2)\quad \cdots\quad \mathbf{CRB}^{(\mathrm{i})}(\boldsymbol{u}_h)]
$$

$$
=\left(\begin{bmatrix}\boldsymbol{X}_1 & & & \\ & \boldsymbol{X}_2 & & \\ & & \ddots & \\ & & & \boldsymbol{X}_h\end{bmatrix}-\begin{bmatrix}\boldsymbol{Y}_1 & & & \\ & \boldsymbol{Y}_2 & & \\ & & \ddots & \\ & & & \boldsymbol{Y}_h\end{bmatrix}\begin{bmatrix}\boldsymbol{Z}_1 & & & \\ & \boldsymbol{Z}_2 & & \\ & & \ddots & \\ & & & \boldsymbol{Z}_h\end{bmatrix}^{-1}\right.
$$

$$
\left.\cdot\begin{bmatrix}\boldsymbol{Y}_1^{\mathrm{T}} & & & \\ & \boldsymbol{Y}_2^{\mathrm{T}} & & \\ & & \ddots & \\ & & & \boldsymbol{Y}_h^{\mathrm{T}}\end{bmatrix}\right)^{-1}
\tag{8.40}
$$

比较式(8.39)和式(8.40)可知，仅需要证明

$$
\begin{bmatrix}\boldsymbol{Z}_1 & & & \\ & \boldsymbol{Z}_2 & & \\ & & \ddots & \\ & & & \boldsymbol{Z}_h\end{bmatrix}^{-1}-\begin{bmatrix}\boldsymbol{I}_l \\ \boldsymbol{I}_l \\ \vdots \\ \boldsymbol{I}_l\end{bmatrix}\left(\begin{bmatrix}\boldsymbol{I}_l \\ \boldsymbol{I}_l \\ \vdots \\ \boldsymbol{I}_l\end{bmatrix}^{\mathrm{T}}\begin{bmatrix}\boldsymbol{Z}_1 & & & \\ & \boldsymbol{Z}_2 & & \\ & & \ddots & \\ & & & \boldsymbol{Z}_h\end{bmatrix}\begin{bmatrix}\boldsymbol{I}_l \\ \boldsymbol{I}_l \\ \vdots \\ \boldsymbol{I}_l\end{bmatrix}\right)^{-1}\begin{bmatrix}\boldsymbol{I}_l \\ \boldsymbol{I}_l \\ \vdots \\ \boldsymbol{I}_l\end{bmatrix}^{\mathrm{T}}\geqslant\boldsymbol{O}
\tag{8.41}
$$

式(8.41)可以直接由推论 2.11 证得，于是式(8.37)成立，进一步可知式(8.33)也成立。

接着证明式(8.34)，根据半正定矩阵的基本性质可知，仅需要证明

$$
\begin{cases}\lim\limits_{Q_2\to\boldsymbol{O}}\mathbf{CRB}^{(\mathrm{j})}(\tilde{\boldsymbol{u}})=\lim\limits_{Q_2\to\boldsymbol{O}}\text{blkdiag}[\mathbf{CRB}^{(\mathrm{i})}(\boldsymbol{u}_1)\quad \mathbf{CRB}^{(\mathrm{i})}(\boldsymbol{u}_2)\quad \cdots\quad \mathbf{CRB}^{(\mathrm{i})}(\boldsymbol{u}_h)] \\ \lim\limits_{\substack{Q_3\to\boldsymbol{O} \\ \bar{G}(s,w)\text{列满秩}}}\mathbf{CRB}^{(\mathrm{j})}(\tilde{\boldsymbol{u}})=\lim\limits_{\substack{Q_3\to\boldsymbol{O} \\ \bar{G}(s,w)\text{列满秩}}}\text{blkdiag}[\mathbf{CRB}^{(\mathrm{i})}(\boldsymbol{u}_1)\quad \mathbf{CRB}^{(\mathrm{i})}(\boldsymbol{u}_2)\quad \cdots\quad \mathbf{CRB}^{(\mathrm{i})}(\boldsymbol{u}_h)]\end{cases}
\tag{8.42}
$$

当 $\boldsymbol{Q}_2\to\boldsymbol{O}$ 时，根据式(8.28)和式(8.31)可知

$$
\begin{cases}\lim\limits_{Q_2\to\boldsymbol{O}}\mathbf{CRB}^{(\mathrm{i})}(\boldsymbol{u}_k)=\lim\limits_{Q_2\to\boldsymbol{O}}(\boldsymbol{X}_k-\boldsymbol{Y}_k(\boldsymbol{Z}_k+\boldsymbol{Q}_2^{-1}+\bar{\boldsymbol{G}}^{\mathrm{T}}(\boldsymbol{s},\boldsymbol{w})\boldsymbol{Q}_3^{-1}\bar{\boldsymbol{G}}(\boldsymbol{s},\boldsymbol{w}))^{-1}\boldsymbol{Y}_k^{\mathrm{T}})^{-1} \\ \qquad\qquad=\boldsymbol{X}_k^{-1},\quad 1\leqslant k\leqslant h \\ \lim\limits_{Q_2\to\boldsymbol{O}}\mathbf{CRB}^{(\mathrm{j})}(\tilde{\boldsymbol{u}})=\lim\limits_{Q_2\to\boldsymbol{O}}(\tilde{\boldsymbol{X}}-\tilde{\boldsymbol{Y}}(\tilde{\boldsymbol{Z}}+\boldsymbol{Q}_2^{-1}+\bar{\boldsymbol{G}}^{\mathrm{T}}(\boldsymbol{s},\boldsymbol{w})\boldsymbol{Q}_3^{-1}\bar{\boldsymbol{G}}(\boldsymbol{s},\boldsymbol{w}))^{-1}\tilde{\boldsymbol{Y}}^{\mathrm{T}})^{-1}=\tilde{\boldsymbol{X}}^{-1}\end{cases}
\tag{8.43}
$$

当$\boldsymbol{Q}_3 \rightarrow \boldsymbol{O}$且$\bar{\boldsymbol{G}}(\boldsymbol{s},\boldsymbol{w})$是列满秩矩阵时，根据式(8.28)和式(8.31)可知

$$\begin{cases} \lim\limits_{\substack{\boldsymbol{Q}_3 \rightarrow \boldsymbol{O} \\ \bar{\boldsymbol{G}}(\boldsymbol{s},\boldsymbol{w})\text{列满秩}}} \mathbf{CRB}^{(\mathrm{i})}(\boldsymbol{u}_k) = \lim\limits_{\substack{\boldsymbol{Q}_3 \rightarrow \boldsymbol{O} \\ \bar{\boldsymbol{G}}(\boldsymbol{s},\boldsymbol{w})\text{列满秩}}} (\boldsymbol{X}_k - \boldsymbol{Y}_k(\boldsymbol{Z}_k + \boldsymbol{Q}_2^{-1} + \bar{\boldsymbol{G}}^{\mathrm{T}}(\boldsymbol{s},\boldsymbol{w})\boldsymbol{Q}_3^{-1}\bar{\boldsymbol{G}}(\boldsymbol{s},\boldsymbol{w}))^{-1}\boldsymbol{Y}_k^{\mathrm{T}})^{-1} \\ \qquad = \boldsymbol{X}_k^{-1}, \quad 1 \leqslant k \leqslant h \\ \lim\limits_{\substack{\boldsymbol{Q}_3 \rightarrow \boldsymbol{O} \\ \bar{\boldsymbol{G}}(\boldsymbol{s},\boldsymbol{w})\text{列满秩}}} \mathbf{CRB}^{(\mathrm{j})}(\tilde{\boldsymbol{u}}) = \lim\limits_{\substack{\boldsymbol{Q}_3 \rightarrow \boldsymbol{O} \\ \bar{\boldsymbol{G}}(\boldsymbol{s},\boldsymbol{w})\text{列满秩}}} (\tilde{\boldsymbol{X}} - \tilde{\boldsymbol{Y}}(\tilde{\boldsymbol{Z}} + \boldsymbol{Q}_2^{-1} + \bar{\boldsymbol{G}}^{\mathrm{T}}(\boldsymbol{s},\boldsymbol{w})\boldsymbol{Q}_3^{-1}\bar{\boldsymbol{G}}(\boldsymbol{s},\boldsymbol{w}))^{-1}\tilde{\boldsymbol{Y}}^{\mathrm{T}})^{-1} \\ \qquad = \tilde{\boldsymbol{X}}^{-1} \end{cases} \tag{8.44}$$

结合式(8.36)中的第一式和式(8.44)可知式(8.42)成立，进一步可知式(8.34)也成立。证毕。

命题8.6表明，当系统参量精确已知时，将多目标联合定位无法带来整体定位性能的提升，但是当系统参量存在测量误差时，将多目标联合定位就有可能带来整体定位性能的提升，即产生了协同增益。

最后，基于式(8.15)和式(8.32)可以得到如下命题。

命题8.7　若$\tilde{\boldsymbol{G}}_1(\tilde{\boldsymbol{u}},\boldsymbol{w})$是列满秩矩阵，则有$\mathbf{CRB}^{(\mathrm{j})}(\tilde{\boldsymbol{u}}) \leqslant \overline{\mathbf{CRB}}^{(\mathrm{j})}(\tilde{\boldsymbol{u}})$，进一步，若$\tilde{\boldsymbol{G}}_2(\tilde{\boldsymbol{u}},\boldsymbol{w})$是行满秩矩阵，$\bar{\boldsymbol{G}}(\boldsymbol{s},\boldsymbol{w})$是列满秩矩阵，则有$\mathbf{CRB}^{(\mathrm{j})}(\tilde{\boldsymbol{u}}) < \overline{\mathbf{CRB}}^{(\mathrm{j})}(\tilde{\boldsymbol{u}})$。

命题8.7的证明类似于推论3.6，限于篇幅这里不再阐述。命题8.7表明，增加校正源观测量能够降低(多)目标位置估计方差的理论下界。

8.2　非线性观测方程的伪线性观测模型

本章讨论的伪线性观测方程与第4章一致，都不需要通过引入辅助变量的方式获得。

首先，关于第k个目标源的非线性观测方程$\boldsymbol{z}_{k0} = \boldsymbol{g}(\boldsymbol{u}_k,\boldsymbol{w})$可以转化为如下伪线性观测方程：

$$\boldsymbol{a}(\boldsymbol{z}_{k0},\boldsymbol{w}) = \boldsymbol{B}(\boldsymbol{z}_{k0},\boldsymbol{w})\boldsymbol{u}_k, \quad 1 \leqslant k \leqslant h \tag{8.45}$$

式中，

(1) $\boldsymbol{a}(\boldsymbol{z}_{k0},\boldsymbol{w}) \in \mathbf{R}^{p \times 1}$表示关于第$k$个目标源的伪线性观测向量，同时它是$\boldsymbol{z}_{k0}$和$\boldsymbol{w}$的向量函数(连续可导)，其具体的代数形式随着定位观测量的不同而改变；

(2) $\boldsymbol{B}(\boldsymbol{z}_{k0},\boldsymbol{w}) \in \mathbf{R}^{p \times q}$表示关于第$k$个目标源的伪线性系数矩阵，同时它是$\boldsymbol{z}_{k0}$和$\boldsymbol{w}$的矩阵函数(连续可导)，其具体的代数形式也随着定位观测量的不同而改变。

为了进行多目标联合定位，需要将式(8.45)给出的h个伪线性观测方程进行合并，从而得到如下具有更高维数的伪线性观测方程：

$$\tilde{\boldsymbol{a}}(\tilde{\boldsymbol{z}}_0,\boldsymbol{w}) = \tilde{\boldsymbol{B}}(\tilde{\boldsymbol{z}}_0,\boldsymbol{w})\tilde{\boldsymbol{u}} \tag{8.46}$$

式中

$$\begin{cases} \tilde{\boldsymbol{a}}(\tilde{\boldsymbol{z}}_0,\boldsymbol{w}) = [\boldsymbol{a}^{\mathrm{T}}(\boldsymbol{z}_{10},\boldsymbol{w}) \quad \boldsymbol{a}^{\mathrm{T}}(\boldsymbol{z}_{20},\boldsymbol{w}) \quad \cdots \quad \boldsymbol{a}^{\mathrm{T}}(\boldsymbol{z}_{h0},\boldsymbol{w})]^{\mathrm{T}} \in \mathbf{R}^{ph \times 1} \\ \tilde{\boldsymbol{B}}(\tilde{\boldsymbol{z}}_0,\boldsymbol{w}) = \mathrm{blkdiag}[\boldsymbol{B}(\boldsymbol{z}_{10},\boldsymbol{w}) \quad \boldsymbol{B}(\boldsymbol{z}_{20},\boldsymbol{w}) \quad \cdots \quad \boldsymbol{B}(\boldsymbol{z}_{h0},\boldsymbol{w})] \in \mathbf{R}^{ph \times qh} \end{cases} \tag{8.47}$$

然后,关于第 k 个校正源的非线性观测方程 $\boldsymbol{r}_{k0}=\boldsymbol{g}(\boldsymbol{s}_k,\boldsymbol{w})$ 可以转化为如下伪线性观测方程:

$$\boldsymbol{c}(\boldsymbol{r}_{k0},\boldsymbol{s}_k)=\boldsymbol{D}(\boldsymbol{r}_{k0},\boldsymbol{s}_k)\boldsymbol{w},\quad 1\leqslant k\leqslant d \tag{8.48}$$

式中,

(1) $\boldsymbol{c}(\boldsymbol{r}_{k0},\boldsymbol{s}_k)\in\mathbf{R}^{p\times 1}$ 表示关于第 k 个校正源的伪线性观测向量,同时它是 $\boldsymbol{r}_{k0}$ 和 $\boldsymbol{s}_k$ 的向量函数(连续可导),其具体的代数形式随着定位观测量的不同而改变;

(2) $\boldsymbol{D}(\boldsymbol{r}_{k0},\boldsymbol{s}_k)\in\mathbf{R}^{p\times l}$ 表示关于第 k 个校正源的伪线性系数矩阵,同时它是 $\boldsymbol{r}_{k0}$ 和 $\boldsymbol{s}_k$ 的矩阵函数(连续可导),其具体的代数形式也随着定位观测量的不同而改变。

若将上述 d 个伪线性观测方程进行合并,则可得到如下具有更高维数的伪线性观测方程:

$$\bar{\boldsymbol{c}}(\boldsymbol{r}_0,\boldsymbol{s})=\bar{\boldsymbol{D}}(\boldsymbol{r}_0,\boldsymbol{s})\boldsymbol{w} \tag{8.49}$$

式中

$$\begin{cases}\bar{\boldsymbol{c}}(\boldsymbol{r}_0,\boldsymbol{s})=[\boldsymbol{c}^{\mathrm{T}}(\boldsymbol{r}_{10},\boldsymbol{s}_1)\quad \boldsymbol{c}^{\mathrm{T}}(\boldsymbol{r}_{20},\boldsymbol{s}_2)\quad \cdots\quad \boldsymbol{c}^{\mathrm{T}}(\boldsymbol{r}_{d0},\boldsymbol{s}_d)]^{\mathrm{T}}\in\mathbf{R}^{pd\times 1}\\ \bar{\boldsymbol{D}}(\boldsymbol{r}_0,\boldsymbol{s})=[\boldsymbol{D}^{\mathrm{T}}(\boldsymbol{r}_{10},\boldsymbol{s}_1)\quad \boldsymbol{D}^{\mathrm{T}}(\boldsymbol{r}_{20},\boldsymbol{s}_2)\quad \cdots\quad \boldsymbol{D}^{\mathrm{T}}(\boldsymbol{r}_{d0},\boldsymbol{s}_d)]^{\mathrm{T}}\in\mathbf{R}^{pd\times l}\\ \boldsymbol{r}_0=[\boldsymbol{r}_{10}^{\mathrm{T}}\quad \boldsymbol{r}_{20}^{\mathrm{T}}\quad \cdots\quad \boldsymbol{r}_{d0}^{\mathrm{T}}]^{\mathrm{T}}\in\mathbf{R}^{pd\times 1},\quad \boldsymbol{s}=[\boldsymbol{s}_1^{\mathrm{T}}\quad \boldsymbol{s}_2^{\mathrm{T}}\quad \cdots\quad \boldsymbol{s}_d^{\mathrm{T}}]^{\mathrm{T}}\in\mathbf{R}^{qd\times 1}\end{cases} \tag{8.50}$$

下面将基于上面描述的伪线性观测方程给出两类伪线性加权最小二乘(多)目标联合定位方法,并定量推导两类伪线性加权最小二乘(多)目标联合定位方法的参数估计性能,证明它们的(多)目标位置估计方差都可以达到相应的克拉美罗界(在门限效应发生以前)。另外,为了便于区分,书中将第一类伪线性加权最小二乘(多)目标联合定位方法给出的估计值中增加上标“(ja)”,而将第二类伪线性加权最小二乘(多)目标联合定位方法给出的估计值中增加上标“(jb)”。

8.3　第一类伪线性加权最小二乘(多)目标联合定位方法及其理论性能分析

第一类伪线性加权最小二乘(多)目标联合定位方法分为两个步骤:①利用校正源观测量 $\boldsymbol{r}$ 和系统参量的先验测量值 $\boldsymbol{v}$ 给出更加精确的系统参量估计值;②利用(多)目标源观测量 $\tilde{\boldsymbol{z}}$ 和第一步给出的系统参量解估计(多)目标位置向量 $\tilde{\boldsymbol{u}}$。

8.3.1　估计系统参量

这里将在伪线性观测方程(8.49)的基础上,基于校正源观测量 $\boldsymbol{r}$ 和系统参量的先验测量值 $\boldsymbol{v}$ 估计系统参量 $\boldsymbol{w}$。由于这里与是否是单目标还是多目标无关,因此所采用的方法与4.2.1节完全一致,不妨将其估计值记为 $\hat{\boldsymbol{w}}_{\mathrm{plwls}}^{(\mathrm{ja})}$,则其方差矩阵等于

$$\mathbf{cov}(\hat{\boldsymbol{w}}_{\mathrm{plwls}}^{(\mathrm{ja})})=\mathbf{CRB}_{\mathrm{o}}(\boldsymbol{w})=(\boldsymbol{Q}_2^{-1}+\bar{\boldsymbol{G}}^{\mathrm{T}}(\boldsymbol{s},\boldsymbol{w})\boldsymbol{Q}_3^{-1}\bar{\boldsymbol{G}}(\boldsymbol{s},\boldsymbol{w}))^{-1} \tag{8.51}$$

向量 $\hat{\boldsymbol{w}}_{\mathrm{plwls}}^{(\mathrm{ja})}$ 即为第一类伪线性加权最小二乘(多)目标联合定位方法给出的系统参量解,该解在仅基于校正源观测量的条件下具有渐近最优的统计性能(在门限效应发生以前)。

8.3.2 联合估计(多)目标位置向量

这里将在伪线性观测方程式(8.45)和式(8.46)的基础上，基于系统参量解 $\hat{\boldsymbol{w}}_{\text{plwls}}^{(\text{ja})}$ 和目标源观测量 $\{\boldsymbol{z}_k\}_{1\leqslant k\leqslant h}$（或者 $\tilde{\boldsymbol{z}}$）估计(多)目标位置向量 $\tilde{\boldsymbol{u}}$。在实际计算中，函数 $\boldsymbol{a}(\cdot,\cdot)$ 和 $\boldsymbol{B}(\cdot,\cdot)$ 以及函数 $\tilde{\boldsymbol{a}}(\cdot,\cdot)$ 和 $\tilde{\boldsymbol{B}}(\cdot,\cdot)$ 的闭式形式是可知的，但 $\{\boldsymbol{z}_{k0}\}_{1\leqslant k\leqslant h}$（或者 $\tilde{\boldsymbol{z}}_0$）和 $\boldsymbol{w}$ 却不可获知，只能用带误差的观测向量 $\{\boldsymbol{z}_k\}_{1\leqslant k\leqslant h}$（或者 $\tilde{\boldsymbol{z}}$）和估计向量 $\hat{\boldsymbol{w}}_{\text{plwls}}^{(\text{ja})}$ 来代替。显然，若用 $\{\boldsymbol{z}_k\}_{1\leqslant k\leqslant h}$（或者 $\tilde{\boldsymbol{z}}$）和 $\hat{\boldsymbol{w}}_{\text{plwls}}^{(\text{ja})}$ 直接代替 $\{\boldsymbol{z}_{k0}\}_{1\leqslant k\leqslant h}$（或者 $\tilde{\boldsymbol{z}}_0$）和 $\boldsymbol{w}$，式(8.45)和式(8.46)已经无法成立，为此不妨引入如下误差向量：

$$\boldsymbol{\varepsilon}_{2k}=\boldsymbol{a}(\boldsymbol{z}_k,\hat{\boldsymbol{w}}_{\text{plwls}}^{(\text{ja})})-\boldsymbol{B}(\boldsymbol{z}_k,\hat{\boldsymbol{w}}_{\text{plwls}}^{(\text{ja})})\boldsymbol{u}_k,\quad 1\leqslant k\leqslant h \tag{8.52}$$

为了进行多目标联合定位，需要将式(8.52)中的 h 个误差向量合并可得

$$\tilde{\boldsymbol{\varepsilon}}_2=[\boldsymbol{\varepsilon}_{21}^{\text{T}}\quad \boldsymbol{\varepsilon}_{22}^{\text{T}}\quad \cdots\quad \boldsymbol{\varepsilon}_{2h}^{\text{T}}]^{\text{T}}=\tilde{\boldsymbol{a}}(\tilde{\boldsymbol{z}},\hat{\boldsymbol{w}}_{\text{plwls}}^{(\text{ja})})-\tilde{\boldsymbol{B}}(\tilde{\boldsymbol{z}},\hat{\boldsymbol{w}}_{\text{plwls}}^{(\text{ja})})\tilde{\boldsymbol{u}} \tag{8.53}$$

为了合理估计 $\tilde{\boldsymbol{u}}$，需要分析误差向量 $\tilde{\boldsymbol{\varepsilon}}_2$ 的二阶统计特性。由于向量 $\tilde{\boldsymbol{\varepsilon}}_2$ 是观测误差 $\tilde{\boldsymbol{n}}$ 和估计误差 $\boldsymbol{\delta w}_{\text{plwls}}^{(\text{ja})}=\hat{\boldsymbol{w}}_{\text{plwls}}^{(\text{ja})}-\boldsymbol{w}$ 的非线性函数，因此不妨利用一阶 Taylor 级数展开将 $\tilde{\boldsymbol{\varepsilon}}_2$ 近似表示成关于误差向量 $\tilde{\boldsymbol{n}}$ 和 $\boldsymbol{\delta w}_{\text{plwls}}^{(\text{ja})}$ 的线性函数。根据推论 2.13 可得

$$\begin{aligned}\tilde{\boldsymbol{\varepsilon}}_2&\approx(\tilde{\boldsymbol{A}}_1(\tilde{\boldsymbol{z}}_0,\boldsymbol{w})-[\dot{\tilde{\boldsymbol{B}}}_{11}(\tilde{\boldsymbol{z}}_0,\boldsymbol{w})\tilde{\boldsymbol{u}}\quad \dot{\tilde{\boldsymbol{B}}}_{12}(\tilde{\boldsymbol{z}}_0,\boldsymbol{w})\tilde{\boldsymbol{u}}\quad\cdots\quad \dot{\tilde{\boldsymbol{B}}}_{1,ph}(\tilde{\boldsymbol{z}}_0,\boldsymbol{w})\tilde{\boldsymbol{u}}])\tilde{\boldsymbol{n}}\\&\quad+(\tilde{\boldsymbol{A}}_2(\tilde{\boldsymbol{z}}_0,\boldsymbol{w})-[\dot{\tilde{\boldsymbol{B}}}_{21}(\tilde{\boldsymbol{z}}_0,\boldsymbol{w})\tilde{\boldsymbol{u}}\quad \dot{\tilde{\boldsymbol{B}}}_{22}(\tilde{\boldsymbol{z}}_0,\boldsymbol{w})\tilde{\boldsymbol{u}}\quad\cdots\quad \dot{\tilde{\boldsymbol{B}}}_{2l}(\tilde{\boldsymbol{z}}_0,\boldsymbol{w})\tilde{\boldsymbol{u}}])\boldsymbol{\delta w}_{\text{plwls}}^{(\text{ja})}\\&=\tilde{\boldsymbol{T}}_1(\tilde{\boldsymbol{z}}_0,\boldsymbol{w},\tilde{\boldsymbol{u}})\tilde{\boldsymbol{n}}+\tilde{\boldsymbol{T}}_2(\tilde{\boldsymbol{z}}_0,\boldsymbol{w},\tilde{\boldsymbol{u}})\boldsymbol{\delta w}_{\text{plwls}}^{(\text{ja})}=\tilde{\boldsymbol{T}}(\tilde{\boldsymbol{z}}_0,\boldsymbol{w},\tilde{\boldsymbol{u}})\tilde{\boldsymbol{\gamma}}\end{aligned} \tag{8.54}$$

式中

$$\begin{cases}\tilde{\boldsymbol{T}}_1(\tilde{\boldsymbol{z}}_0,\boldsymbol{w},\tilde{\boldsymbol{u}})=\tilde{\boldsymbol{A}}_1(\tilde{\boldsymbol{z}}_0,\boldsymbol{w})-[\dot{\tilde{\boldsymbol{B}}}_{11}(\tilde{\boldsymbol{z}}_0,\boldsymbol{w})\tilde{\boldsymbol{u}}\quad \dot{\tilde{\boldsymbol{B}}}_{12}(\tilde{\boldsymbol{z}}_0,\boldsymbol{w})\tilde{\boldsymbol{u}}\quad\cdots\quad \dot{\tilde{\boldsymbol{B}}}_{1,ph}(\tilde{\boldsymbol{z}}_0,\boldsymbol{w})\tilde{\boldsymbol{u}}]\in\mathbf{R}^{ph\times ph}\\ \tilde{\boldsymbol{T}}_2(\tilde{\boldsymbol{z}}_0,\boldsymbol{w},\tilde{\boldsymbol{u}})=\tilde{\boldsymbol{A}}_2(\tilde{\boldsymbol{z}}_0,\boldsymbol{w})-[\dot{\tilde{\boldsymbol{B}}}_{21}(\tilde{\boldsymbol{z}}_0,\boldsymbol{w})\tilde{\boldsymbol{u}}\quad \dot{\tilde{\boldsymbol{B}}}_{22}(\tilde{\boldsymbol{z}}_0,\boldsymbol{w})\tilde{\boldsymbol{u}}\quad\cdots\quad \dot{\tilde{\boldsymbol{B}}}_{2l}(\tilde{\boldsymbol{z}}_0,\boldsymbol{w})\tilde{\boldsymbol{u}}]\in\mathbf{R}^{ph\times l}\\ \tilde{\boldsymbol{T}}(\tilde{\boldsymbol{z}}_0,\boldsymbol{w},\tilde{\boldsymbol{u}})=[\tilde{\boldsymbol{T}}_1(\tilde{\boldsymbol{z}}_0,\boldsymbol{w},\tilde{\boldsymbol{u}})\quad \tilde{\boldsymbol{T}}_2(\tilde{\boldsymbol{z}}_0,\boldsymbol{w},\tilde{\boldsymbol{u}})]\in\mathbf{R}^{ph\times(ph+l)},\quad \tilde{\boldsymbol{\gamma}}=[\tilde{\boldsymbol{n}}^{\text{T}}\quad \boldsymbol{\delta w}_{\text{plwls}}^{(\text{ja})\text{T}}]^{\text{T}}\in\mathbf{R}^{(ph+l)\times 1}\end{cases} \tag{8.55}$$

其中

$$\begin{cases}\tilde{\boldsymbol{A}}_1(\tilde{\boldsymbol{z}}_0,\boldsymbol{w})=\dfrac{\partial\tilde{\boldsymbol{a}}(\tilde{\boldsymbol{z}}_0,\boldsymbol{w})}{\partial\tilde{\boldsymbol{z}}_0^{\text{T}}}\in\mathbf{R}^{ph\times ph},\quad \tilde{\boldsymbol{A}}_2(\tilde{\boldsymbol{z}}_0,\boldsymbol{w})=\dfrac{\partial\tilde{\boldsymbol{a}}(\tilde{\boldsymbol{z}}_0,\boldsymbol{w})}{\partial\boldsymbol{w}^{\text{T}}}\in\mathbf{R}^{ph\times l}\\ \dot{\tilde{\boldsymbol{B}}}_{1j}(\tilde{\boldsymbol{z}}_0,\boldsymbol{w})=\dfrac{\partial\tilde{\boldsymbol{B}}(\tilde{\boldsymbol{z}}_0,\boldsymbol{w})}{\partial\langle\tilde{\boldsymbol{z}}_0\rangle_j}\in\mathbf{R}^{ph\times qh},\quad 1\leqslant j\leqslant ph\\ \dot{\tilde{\boldsymbol{B}}}_{2j}(\tilde{\boldsymbol{z}}_0,\boldsymbol{w})=\dfrac{\partial\tilde{\boldsymbol{B}}(\tilde{\boldsymbol{z}}_0,\boldsymbol{w})}{\partial\langle\boldsymbol{w}\rangle_j}\in\mathbf{R}^{ph\times qh},\quad 1\leqslant j\leqslant l\end{cases} \tag{8.56}$$

若令

$$\begin{cases}\boldsymbol{T}_1(\boldsymbol{z}_{k0},\boldsymbol{w},\boldsymbol{u}_k)=\boldsymbol{A}_1(\boldsymbol{z}_{k0},\boldsymbol{w})-[\dot{\boldsymbol{B}}_{11}(\boldsymbol{z}_{k0},\boldsymbol{w})\boldsymbol{u}_k\quad \dot{\boldsymbol{B}}_{12}(\boldsymbol{z}_{k0},\boldsymbol{w})\boldsymbol{u}_k\quad\cdots\quad \dot{\boldsymbol{B}}_{1p}(\boldsymbol{z}_{k0},\boldsymbol{w})\boldsymbol{u}_k]\in\mathbf{R}^{p\times p}\\ \boldsymbol{T}_2(\boldsymbol{z}_{k0},\boldsymbol{w},\boldsymbol{u}_k)=\boldsymbol{A}_2(\boldsymbol{z}_{k0},\boldsymbol{w})-[\dot{\boldsymbol{B}}_{21}(\boldsymbol{z}_{k0},\boldsymbol{w})\boldsymbol{u}_k\quad \dot{\boldsymbol{B}}_{22}(\boldsymbol{z}_{k0},\boldsymbol{w})\boldsymbol{u}_k\quad\cdots\quad \dot{\boldsymbol{B}}_{2l}(\boldsymbol{z}_{k0},\boldsymbol{w})\boldsymbol{u}_k]\in\mathbf{R}^{p\times l}\end{cases}$$

$$1\leqslant k\leqslant h \tag{8.57}$$

式中

$$\begin{cases}\boldsymbol{A}_1(\boldsymbol{z}_{k0},\boldsymbol{w})=\dfrac{\partial\boldsymbol{a}(\boldsymbol{z}_{k0},\boldsymbol{w})}{\partial\boldsymbol{z}_{k0}^{\mathrm{T}}}\in\mathbf{R}^{p\times p},\quad \boldsymbol{A}_2(\boldsymbol{z}_{k0},\boldsymbol{w})=\dfrac{\partial\boldsymbol{a}(\boldsymbol{z}_{k0},\boldsymbol{w})}{\partial\boldsymbol{w}^{\mathrm{T}}}\in\mathbf{R}^{p\times l}\\ \dot{\boldsymbol{B}}_{1j}(\boldsymbol{z}_{k0},\boldsymbol{w})=\dfrac{\partial\boldsymbol{B}(\boldsymbol{z}_{k0},\boldsymbol{w})}{\partial\langle\boldsymbol{z}_{k0}\rangle_j}\in\mathbf{R}^{p\times q},\quad 1\leqslant j\leqslant p\\ \dot{\boldsymbol{B}}_{2j}(\boldsymbol{z}_{k0},\boldsymbol{w})=\dfrac{\partial\boldsymbol{B}(\boldsymbol{z}_{k0},\boldsymbol{w})}{\partial\langle\boldsymbol{w}\rangle_j}\in\mathbf{R}^{p\times q},\quad 1\leqslant j\leqslant l\end{cases}\tag{8.58}$$

则附录 H 中将证明

$$\begin{cases}\widetilde{\boldsymbol{T}}_1(\widetilde{\boldsymbol{z}}_0,\boldsymbol{w},\widetilde{\boldsymbol{u}})=\mathrm{blkdiag}[\boldsymbol{T}_1(\boldsymbol{z}_{10},\boldsymbol{w},\boldsymbol{u}_1)\quad \boldsymbol{T}_1(\boldsymbol{z}_{20},\boldsymbol{w},\boldsymbol{u}_2)\quad\cdots\quad \boldsymbol{T}_1(\boldsymbol{z}_{h0},\boldsymbol{w},\boldsymbol{u}_h)]\\ \widetilde{\boldsymbol{T}}_2(\widetilde{\boldsymbol{z}}_0,\boldsymbol{w},\widetilde{\boldsymbol{u}})=[\boldsymbol{T}_2^{\mathrm{T}}(\boldsymbol{z}_{10},\boldsymbol{w},\boldsymbol{u}_1)\quad \boldsymbol{T}_2^{\mathrm{T}}(\boldsymbol{z}_{20},\boldsymbol{w},\boldsymbol{u}_2)\quad\cdots\quad \boldsymbol{T}_2^{\mathrm{T}}(\boldsymbol{z}_{h0},\boldsymbol{w},\boldsymbol{u}_h)]^{\mathrm{T}}\end{cases}\tag{8.59}$$

根据式(8.54)可知，误差向量 $\widetilde{\boldsymbol{\varepsilon}}_2$ 近似服从零均值高斯分布，并且其方差矩阵为

$$\begin{aligned}\widetilde{\boldsymbol{E}}_2&=E[\widetilde{\boldsymbol{\varepsilon}}_2\widetilde{\boldsymbol{\varepsilon}}_2^{\mathrm{T}}]=\widetilde{\boldsymbol{T}}(\widetilde{\boldsymbol{z}}_0,\boldsymbol{w},\widetilde{\boldsymbol{u}})E[\widetilde{\boldsymbol{\gamma}}\widetilde{\boldsymbol{\gamma}}^{\mathrm{T}}]\widetilde{\boldsymbol{T}}^{\mathrm{T}}(\widetilde{\boldsymbol{z}}_0,\boldsymbol{w},\widetilde{\boldsymbol{u}})\\&=\widetilde{\boldsymbol{T}}_1(\widetilde{\boldsymbol{z}}_0,\boldsymbol{w},\widetilde{\boldsymbol{u}})\widetilde{\boldsymbol{Q}}_1\widetilde{\boldsymbol{T}}_1^{\mathrm{T}}(\widetilde{\boldsymbol{z}}_0,\boldsymbol{w},\widetilde{\boldsymbol{u}})+\widetilde{\boldsymbol{T}}_2(\widetilde{\boldsymbol{z}}_0,\boldsymbol{w},\widetilde{\boldsymbol{u}})\mathbf{cov}(\hat{\boldsymbol{w}}_{\mathrm{plwls}}^{(\mathrm{ja})})\widetilde{\boldsymbol{T}}_2^{\mathrm{T}}(\widetilde{\boldsymbol{z}}_0,\boldsymbol{w},\widetilde{\boldsymbol{u}})\end{aligned}\tag{8.60}$$

联合式(8.53)和式(8.60)可建立如下伪线性加权最小二乘优化模型：

$$\min_{\widetilde{\boldsymbol{u}}\in\mathbf{R}^{qh\times 1}}(\widetilde{\boldsymbol{a}}(\widetilde{\boldsymbol{z}},\hat{\boldsymbol{w}}_{\mathrm{plwls}}^{(\mathrm{ja})})-\widetilde{\boldsymbol{B}}(\widetilde{\boldsymbol{z}},\hat{\boldsymbol{w}}_{\mathrm{plwls}}^{(\mathrm{ja})})\widetilde{\boldsymbol{u}})^{\mathrm{T}}\widetilde{\boldsymbol{E}}_2^{-1}(\widetilde{\boldsymbol{a}}(\widetilde{\boldsymbol{z}},\hat{\boldsymbol{w}}_{\mathrm{plwls}}^{(\mathrm{ja})})-\widetilde{\boldsymbol{B}}(\widetilde{\boldsymbol{z}},\hat{\boldsymbol{w}}_{\mathrm{plwls}}^{(\mathrm{ja})})\widetilde{\boldsymbol{u}})\tag{8.61}$$

由于式(8.61)是关于向量 $\widetilde{\boldsymbol{u}}$ 的二次优化问题，因此其存在最优闭式解，根据式(2.85)可知该闭式解为

$$\hat{\widetilde{\boldsymbol{u}}}_{\mathrm{plwls}}^{(\mathrm{ja})}=(\widetilde{\boldsymbol{B}}^{\mathrm{T}}(\widetilde{\boldsymbol{z}},\hat{\boldsymbol{w}}_{\mathrm{plwls}}^{(\mathrm{ja})})\widetilde{\boldsymbol{E}}_2^{-1}\widetilde{\boldsymbol{B}}(\widetilde{\boldsymbol{z}},\hat{\boldsymbol{w}}_{\mathrm{plwls}}^{(\mathrm{ja})}))^{-1}\widetilde{\boldsymbol{B}}^{\mathrm{T}}(\widetilde{\boldsymbol{z}},\hat{\boldsymbol{w}}_{\mathrm{plwls}}^{(\mathrm{ja})})\widetilde{\boldsymbol{E}}_2^{-1}\widetilde{\boldsymbol{a}}(\widetilde{\boldsymbol{z}},\hat{\boldsymbol{w}}_{\mathrm{plwls}}^{(\mathrm{ja})})\tag{8.62}$$

需要指出的是，矩阵 $\widetilde{\boldsymbol{E}}_2$ 表达式中的 $\widetilde{\boldsymbol{z}}_0$，$\boldsymbol{w}$ 和 $\widetilde{\boldsymbol{u}}$ 均无法事先获知，其中 $\widetilde{\boldsymbol{z}}_0$ 可用其观测向量 $\widetilde{\boldsymbol{z}}$ 来代替，$\boldsymbol{w}$ 可用其估计值 $\hat{\boldsymbol{w}}_{\mathrm{plwls}}^{(\mathrm{ja})}$ 来代替，而 $\widetilde{\boldsymbol{u}}$ 可用其非加权线性最小二乘估计 $\hat{\widetilde{\boldsymbol{u}}}_{\mathrm{ls}}^{(\mathrm{ja})}=\widetilde{\boldsymbol{B}}^{\dagger}(\widetilde{\boldsymbol{z}},\hat{\boldsymbol{w}}_{\mathrm{plwls}}^{(\mathrm{ja})})\widetilde{\boldsymbol{a}}(\widetilde{\boldsymbol{z}},\hat{\boldsymbol{w}}_{\mathrm{plwls}}^{(\mathrm{ja})})$ 来代替，不妨将由 $\widetilde{\boldsymbol{z}}$，$\hat{\boldsymbol{w}}_{\mathrm{plwls}}^{(\mathrm{ja})}$ 和 $\hat{\widetilde{\boldsymbol{u}}}_{\mathrm{ls}}^{(\mathrm{ja})}$ 计算出的矩阵$\widetilde{\boldsymbol{E}}_2$ 记为 $\hat{\widetilde{\boldsymbol{E}}}_2$，则有

$$\hat{\widetilde{\boldsymbol{u}}}_{\mathrm{plwls}}^{(\mathrm{ja})}=(\widetilde{\boldsymbol{B}}^{\mathrm{T}}(\widetilde{\boldsymbol{z}},\hat{\boldsymbol{w}}_{\mathrm{plwls}}^{(\mathrm{ja})})\hat{\widetilde{\boldsymbol{E}}}_2^{-1}\widetilde{\boldsymbol{B}}(\widetilde{\boldsymbol{z}},\hat{\boldsymbol{w}}_{\mathrm{plwls}}^{(\mathrm{ja})}))^{-1}\widetilde{\boldsymbol{B}}^{\mathrm{T}}(\widetilde{\boldsymbol{z}},\hat{\boldsymbol{w}}_{\mathrm{plwls}}^{(\mathrm{ja})})\hat{\widetilde{\boldsymbol{E}}}_2^{-1}\widetilde{\boldsymbol{a}}(\widetilde{\boldsymbol{z}},\hat{\boldsymbol{w}}_{\mathrm{plwls}}^{(\mathrm{ja})})\tag{8.63}$$

式(8.63)中的向量 $\hat{\widetilde{\boldsymbol{u}}}_{\mathrm{plwls}}^{(\mathrm{ja})}$ 即为第一类伪线性加权最小二乘(多)目标联合定位方法给出的(多)目标位置解。

8.3.3 (多)目标位置向量估计值的理论性能

这里将推导(多)目标位置解 $\hat{\widetilde{\boldsymbol{u}}}_{\mathrm{plwls}}^{(\mathrm{ja})}$ 的理论性能，重点推导其估计方差矩阵。首先根据式(8.63)可推得

$$\begin{aligned}&\widetilde{\boldsymbol{B}}^{\mathrm{T}}(\widetilde{\boldsymbol{z}},\hat{\boldsymbol{w}}_{\mathrm{plwls}}^{(\mathrm{ja})})\hat{\widetilde{\boldsymbol{E}}}_2^{-1}\widetilde{\boldsymbol{B}}(\widetilde{\boldsymbol{z}},\hat{\boldsymbol{w}}_{\mathrm{plwls}}^{(\mathrm{ja})})\hat{\widetilde{\boldsymbol{u}}}_{\mathrm{plwls}}^{(\mathrm{ja})}=\widetilde{\boldsymbol{B}}^{\mathrm{T}}(\widetilde{\boldsymbol{z}},\hat{\boldsymbol{w}}_{\mathrm{plwls}}^{(\mathrm{ja})})\hat{\widetilde{\boldsymbol{E}}}_2^{-1}\widetilde{\boldsymbol{a}}(\widetilde{\boldsymbol{z}},\hat{\boldsymbol{w}}_{\mathrm{plwls}}^{(\mathrm{ja})})\\&\Rightarrow\begin{pmatrix}\widetilde{\boldsymbol{B}}^{\mathrm{T}}(\widetilde{\boldsymbol{z}}_0,\boldsymbol{w})\widetilde{\boldsymbol{E}}_2^{-1}\widetilde{\boldsymbol{B}}(\widetilde{\boldsymbol{z}}_0,\boldsymbol{w})+\boldsymbol{\delta}\widetilde{\boldsymbol{B}}^{\mathrm{T}}(\widetilde{\boldsymbol{z}}_0,\boldsymbol{w})\widetilde{\boldsymbol{E}}_2^{-1}\widetilde{\boldsymbol{B}}(\widetilde{\boldsymbol{z}}_0,\boldsymbol{w})\\+\widetilde{\boldsymbol{B}}^{\mathrm{T}}(\widetilde{\boldsymbol{z}}_0,\boldsymbol{w})\boldsymbol{\delta}\widetilde{\boldsymbol{E}}_2^{-1}\widetilde{\boldsymbol{B}}(\widetilde{\boldsymbol{z}}_0,\boldsymbol{w})+\widetilde{\boldsymbol{B}}^{\mathrm{T}}(\widetilde{\boldsymbol{z}}_0,\boldsymbol{w})\widetilde{\boldsymbol{E}}_2^{-1}\boldsymbol{\delta}\widetilde{\boldsymbol{B}}(\widetilde{\boldsymbol{z}}_0,\boldsymbol{w})\end{pmatrix}(\widetilde{\boldsymbol{u}}+\boldsymbol{\delta}\widetilde{\boldsymbol{u}}_{\mathrm{plwls}}^{(\mathrm{ja})})\\&=\begin{pmatrix}\widetilde{\boldsymbol{B}}^{\mathrm{T}}(\widetilde{\boldsymbol{z}}_0,\boldsymbol{w})\widetilde{\boldsymbol{E}}_2^{-1}\widetilde{\boldsymbol{a}}(\widetilde{\boldsymbol{z}}_0,\boldsymbol{w})+\boldsymbol{\delta}\widetilde{\boldsymbol{B}}^{\mathrm{T}}(\boldsymbol{z}_0,\boldsymbol{w})\widetilde{\boldsymbol{E}}_2^{-1}\widetilde{\boldsymbol{a}}(\widetilde{\boldsymbol{z}}_0,\boldsymbol{w})\\+\widetilde{\boldsymbol{B}}^{\mathrm{T}}(\widetilde{\boldsymbol{z}}_0,\boldsymbol{w})\boldsymbol{\delta}\widetilde{\boldsymbol{E}}_2^{-1}\widetilde{\boldsymbol{a}}(\widetilde{\boldsymbol{z}}_0,\boldsymbol{w})+\widetilde{\boldsymbol{B}}^{\mathrm{T}}(\boldsymbol{z}_0,\boldsymbol{w})\widetilde{\boldsymbol{E}}_2^{-1}\boldsymbol{\delta}\widetilde{\boldsymbol{a}}(\widetilde{\boldsymbol{z}}_0,\boldsymbol{w})\end{pmatrix}\end{aligned}$$

$$\Rightarrow \boldsymbol{\delta}\widetilde{\boldsymbol{u}}_{\text{plwls}}^{(\text{ja})} \approx (\widetilde{\boldsymbol{B}}^{\text{T}}(\widetilde{\boldsymbol{z}}_0,\boldsymbol{w})\widetilde{\boldsymbol{E}}_2^{-1}\widetilde{\boldsymbol{B}}(\widetilde{\boldsymbol{z}}_0,\boldsymbol{w}))^{-1}\widetilde{\boldsymbol{B}}^{\text{T}}(\widetilde{\boldsymbol{z}}_0,\boldsymbol{w})\widetilde{\boldsymbol{E}}_2^{-1}(\boldsymbol{\delta}\widetilde{\boldsymbol{a}}(\widetilde{\boldsymbol{z}}_0,\boldsymbol{w})-\boldsymbol{\delta}\widetilde{\boldsymbol{B}}(\widetilde{\boldsymbol{z}}_0,\boldsymbol{w})\widetilde{\boldsymbol{u}})$$
$$=(\widetilde{\boldsymbol{B}}^{\text{T}}(\widetilde{\boldsymbol{z}}_0,\boldsymbol{w})\widetilde{\boldsymbol{E}}_2^{-1}\widetilde{\boldsymbol{B}}(\widetilde{\boldsymbol{z}}_0,\boldsymbol{w}))^{-1}\widetilde{\boldsymbol{B}}^{\text{T}}(\widetilde{\boldsymbol{z}}_0,\boldsymbol{w})\widetilde{\boldsymbol{E}}_2^{-1}\widetilde{\boldsymbol{\varepsilon}}_2 \tag{8.64}$$

式中

$$\begin{cases}\boldsymbol{\delta}\widetilde{\boldsymbol{u}}_{\text{plwls}}^{(\text{ja})}=\hat{\widetilde{\boldsymbol{u}}}_{\text{plwls}}^{(\text{ja})}-\widetilde{\boldsymbol{u}}, & \boldsymbol{\delta}\widetilde{\boldsymbol{E}}_2^{-1}=\hat{\widetilde{\boldsymbol{E}}}_2^{-1}-\widetilde{\boldsymbol{E}}_2^{-1} \\ \boldsymbol{\delta}\widetilde{\boldsymbol{a}}(\widetilde{\boldsymbol{z}}_0,\boldsymbol{w})=\widetilde{\boldsymbol{a}}(\widetilde{\boldsymbol{z}},\hat{\boldsymbol{w}}_{\text{plwls}}^{(\text{ja})})-\widetilde{\boldsymbol{a}}(\widetilde{\boldsymbol{z}}_0,\boldsymbol{w}), & \boldsymbol{\delta}\widetilde{\boldsymbol{B}}(\widetilde{\boldsymbol{z}}_0,\boldsymbol{w})=\widetilde{\boldsymbol{B}}(\widetilde{\boldsymbol{z}},\hat{\boldsymbol{w}}_{\text{plwls}}^{(\text{ja})})-\widetilde{\boldsymbol{B}}(\widetilde{\boldsymbol{z}}_0,\boldsymbol{w})\end{cases} \tag{8.65}$$

显然,式(8.64)忽略了误差的二阶及其以上各项,根据该式可进一步推得

$$\begin{aligned}\textbf{cov}(\hat{\widetilde{\boldsymbol{u}}}_{\text{plwls}}^{(\text{ja})})&=E[\boldsymbol{\delta}\widetilde{\boldsymbol{u}}_{\text{plwls}}^{(\text{ja})}\boldsymbol{\delta}\widetilde{\boldsymbol{u}}_{\text{plwls}}^{(\text{ja})\text{T}}]=(\widetilde{\boldsymbol{B}}^{\text{T}}(\widetilde{\boldsymbol{z}}_0,\boldsymbol{w})\widetilde{\boldsymbol{E}}_2^{-1}\widetilde{\boldsymbol{B}}(\widetilde{\boldsymbol{z}}_0,\boldsymbol{w}))^{-1}\widetilde{\boldsymbol{B}}^{\text{T}}(\widetilde{\boldsymbol{z}}_0,\boldsymbol{w})\widetilde{\boldsymbol{E}}_2^{-1}\\&\quad\cdot E[\widetilde{\boldsymbol{\varepsilon}}_2\widetilde{\boldsymbol{\varepsilon}}_2^{\text{T}}]\widetilde{\boldsymbol{E}}_2^{-1}\widetilde{\boldsymbol{B}}(\widetilde{\boldsymbol{z}}_0,\boldsymbol{w})(\widetilde{\boldsymbol{B}}^{\text{T}}(\widetilde{\boldsymbol{z}}_0,\boldsymbol{w})\widetilde{\boldsymbol{E}}_2^{-1}\widetilde{\boldsymbol{B}}(\widetilde{\boldsymbol{z}}_0,\boldsymbol{w}))^{-1}\\&=(\widetilde{\boldsymbol{B}}^{\text{T}}(\widetilde{\boldsymbol{z}}_0,\boldsymbol{w})\widetilde{\boldsymbol{E}}_2^{-1}\widetilde{\boldsymbol{B}}(\widetilde{\boldsymbol{z}}_0,\boldsymbol{w}))^{-1}\end{aligned} \tag{8.66}$$

将式(8.60)代入式(8.66)可得

$$\begin{aligned}\textbf{cov}(\hat{\widetilde{\boldsymbol{u}}}_{\text{plwls}}^{(\text{ja})})&=(\widetilde{\boldsymbol{B}}^{\text{T}}(\widetilde{\boldsymbol{z}}_0,\boldsymbol{w})(\widetilde{\boldsymbol{T}}_1(\widetilde{\boldsymbol{z}}_0,\boldsymbol{w},\widetilde{\boldsymbol{u}})\widetilde{\boldsymbol{Q}}_1\widetilde{\boldsymbol{T}}_1^{\text{T}}(\widetilde{\boldsymbol{z}}_0,\boldsymbol{w},\widetilde{\boldsymbol{u}})+\widetilde{\boldsymbol{T}}_2(\widetilde{\boldsymbol{z}}_0,\boldsymbol{w},\widetilde{\boldsymbol{u}})\textbf{cov}(\hat{\boldsymbol{w}}_{\text{plwls}}^{(\text{ja})})\\&\quad\cdot\widetilde{\boldsymbol{T}}_2^{\text{T}}(\widetilde{\boldsymbol{z}}_0,\boldsymbol{w},\widetilde{\boldsymbol{u}}))^{-1}\widetilde{\boldsymbol{B}}(\widetilde{\boldsymbol{z}}_0,\boldsymbol{w}))^{-1}\\&=\left(\begin{array}{l}\widetilde{\boldsymbol{B}}^{\text{T}}(\widetilde{\boldsymbol{z}}_0,\boldsymbol{w})\widetilde{\boldsymbol{T}}_1^{-\text{T}}(\widetilde{\boldsymbol{z}}_0,\boldsymbol{w},\widetilde{\boldsymbol{u}})\left(\begin{array}{l}\widetilde{\boldsymbol{Q}}_1+\widetilde{\boldsymbol{T}}_1^{-1}(\widetilde{\boldsymbol{z}}_0,\boldsymbol{w},\widetilde{\boldsymbol{u}})\widetilde{\boldsymbol{T}}_2(\widetilde{\boldsymbol{z}}_0,\boldsymbol{w},\widetilde{\boldsymbol{u}})\textbf{cov}(\hat{\boldsymbol{w}}_{\text{plwls}}^{(\text{ja})})\\ \quad\cdot\widetilde{\boldsymbol{T}}_2^{\text{T}}(\widetilde{\boldsymbol{z}}_0,\boldsymbol{w},\widetilde{\boldsymbol{u}})\widetilde{\boldsymbol{T}}_1^{-\text{T}}(\widetilde{\boldsymbol{z}}_0,\boldsymbol{w},\widetilde{\boldsymbol{u}})\end{array}\right)^{-1}\\ \cdot\widetilde{\boldsymbol{T}}_1^{-1}(\widetilde{\boldsymbol{z}}_0,\boldsymbol{w},\widetilde{\boldsymbol{u}})\widetilde{\boldsymbol{B}}(\widetilde{\boldsymbol{z}}_0,\boldsymbol{w})\end{array}\right)^{-1}\end{aligned} \tag{8.67}$$

通过进一步的数学分析可以证明,(多)目标位置解 $\hat{\widetilde{\boldsymbol{u}}}_{\text{plwls}}^{(\text{ja})}$ 的估计方差矩阵等于式(8.32)给出的克拉美罗界矩阵,结果可见如下命题。

命题 8.8　$\textbf{cov}(\hat{\widetilde{\boldsymbol{u}}}_{\text{plwls}}^{(\text{ja})})=\textbf{CRB}^{(\text{j})}(\widetilde{\boldsymbol{u}})=(\widetilde{\boldsymbol{G}}_1^{\text{T}}(\widetilde{\boldsymbol{u}},\boldsymbol{w})(\widetilde{\boldsymbol{Q}}_1+\widetilde{\boldsymbol{G}}_2(\widetilde{\boldsymbol{u}},\boldsymbol{w})(\boldsymbol{Q}_2^{-1}+\bar{\boldsymbol{G}}^{\text{T}}(\boldsymbol{s},\boldsymbol{w})\boldsymbol{Q}_3^{-1}\cdot\bar{\boldsymbol{G}}(\boldsymbol{s},\boldsymbol{w}))^{-1}\widetilde{\boldsymbol{G}}_2^{\text{T}}(\widetilde{\boldsymbol{u}},\boldsymbol{w}))^{-1}\widetilde{\boldsymbol{G}}_1(\widetilde{\boldsymbol{u}},\boldsymbol{w}))^{-1}$。

证明　将关于第 k 个目标源的非线性观测方程 $\boldsymbol{z}_{k0}=\boldsymbol{g}(\boldsymbol{u}_k,\boldsymbol{w})$ 代入伪线性观测方程式(8.45)可得

$$\boldsymbol{a}(\boldsymbol{g}(\boldsymbol{u}_k,\boldsymbol{w}),\boldsymbol{w})=\boldsymbol{B}(\boldsymbol{g}(\boldsymbol{u}_k,\boldsymbol{w}),\boldsymbol{w})\boldsymbol{u}_k,\quad 1\leqslant k\leqslant h \tag{8.68}$$

首先计算式(8.68)两边关于向量 $\boldsymbol{u}_k$ 的 Jacobi 矩阵,并根据推论 2.13 可知

$$\begin{aligned}\boldsymbol{A}_1(\boldsymbol{z}_{k0},\boldsymbol{w})\boldsymbol{G}_1(\boldsymbol{u}_k,\boldsymbol{w})&=[\dot{\boldsymbol{B}}_{11}(\boldsymbol{z}_{k0},\boldsymbol{w})\boldsymbol{u}_k\quad\dot{\boldsymbol{B}}_{12}(\boldsymbol{z}_{k0},\boldsymbol{w})\boldsymbol{u}_k\quad\cdots\quad\dot{\boldsymbol{B}}_{1p}(\boldsymbol{z}_{k0},\boldsymbol{w})\boldsymbol{u}_k]\\&\quad\cdot\boldsymbol{G}_1(\boldsymbol{u}_k,\boldsymbol{w})+\boldsymbol{B}(\boldsymbol{z}_{k0},\boldsymbol{w})\Rightarrow\boldsymbol{T}_1(\boldsymbol{z}_{k0},\boldsymbol{w},\boldsymbol{u}_k)\boldsymbol{G}_1(\boldsymbol{u}_k,\boldsymbol{w})\\&=\boldsymbol{B}(\boldsymbol{z}_{k0},\boldsymbol{w})\Rightarrow\boldsymbol{G}_1(\boldsymbol{u}_k,\boldsymbol{w})\\&=\boldsymbol{T}_1^{-1}(\boldsymbol{z}_{k0},\boldsymbol{w},\boldsymbol{u}_k)\boldsymbol{B}(\boldsymbol{z}_{k0},\boldsymbol{w}),\quad 1\leqslant k\leqslant h\end{aligned} \tag{8.69}$$

将式(8.69)中的 h 个等式进行合并,并根据式(8.13)中的第一式,式(8.47)中的第二式和式(8.59)中的第一式可得

$$\begin{aligned}&\text{blkdiag}[\boldsymbol{G}_1(\boldsymbol{u}_1,\boldsymbol{w})\quad\boldsymbol{G}_1(\boldsymbol{u}_2,\boldsymbol{w})\quad\cdots\quad\boldsymbol{G}_1(\boldsymbol{u}_h,\boldsymbol{w})]\\&=\text{blkdiag}[\boldsymbol{T}_1^{-1}(\boldsymbol{z}_{10},\boldsymbol{w},\boldsymbol{u}_1)\quad\boldsymbol{T}_1^{-1}(\boldsymbol{z}_{20},\boldsymbol{w},\boldsymbol{u}_2)\quad\cdots\quad\boldsymbol{T}_1^{-1}(\boldsymbol{z}_{h0},\boldsymbol{w},\boldsymbol{u}_h)]\end{aligned}$$

$$\cdot \text{blkdiag}[\boldsymbol{B}(\boldsymbol{z}_{10},\boldsymbol{w}) \quad \boldsymbol{B}(\boldsymbol{z}_{20},\boldsymbol{w}) \quad \cdots \quad \boldsymbol{B}(\boldsymbol{z}_{h0},\boldsymbol{w})]$$

$$\Rightarrow \widetilde{\boldsymbol{G}}_1(\widetilde{\boldsymbol{u}},\boldsymbol{w}) = \widetilde{\boldsymbol{T}}_1^{-1}(\widetilde{\boldsymbol{z}}_0,\boldsymbol{w},\widetilde{\boldsymbol{u}})\widetilde{\boldsymbol{B}}(\widetilde{\boldsymbol{z}}_0,\boldsymbol{w}) \tag{8.70}$$

然后计算式(8.68)两边关于向量 $\boldsymbol{w}$ 的 Jacobi 矩阵，并根据推论 2.13 可知

$$\begin{aligned}
\boldsymbol{A}_1(\boldsymbol{z}_{k0},\boldsymbol{w})\boldsymbol{G}_2(\boldsymbol{u}_k,\boldsymbol{w}) + \boldsymbol{A}_2(\boldsymbol{z}_{k0},\boldsymbol{w}) &= [\dot{\boldsymbol{B}}_{11}(\boldsymbol{z}_{k0},\boldsymbol{w})\boldsymbol{u}_k \quad \dot{\boldsymbol{B}}_{12}(\boldsymbol{z}_{k0},\boldsymbol{w})\boldsymbol{u}_k \quad \cdots \quad \dot{\boldsymbol{B}}_{1p}(\boldsymbol{z}_{k0},\boldsymbol{w})\boldsymbol{u}_k] \\
&\quad \cdot \boldsymbol{G}_2(\boldsymbol{u}_k,\boldsymbol{w}) \\
&\quad + [\dot{\boldsymbol{B}}_{21}(\boldsymbol{z}_{k0},\boldsymbol{w})\boldsymbol{u}_k \quad \dot{\boldsymbol{B}}_{22}(\boldsymbol{z}_{k0},\boldsymbol{w})\boldsymbol{u}_k \quad \cdots \quad \dot{\boldsymbol{B}}_{2l}(\boldsymbol{z}_{k0},\boldsymbol{w})\boldsymbol{u}_k] \\
&\Rightarrow \boldsymbol{T}_1(\boldsymbol{z}_{k0},\boldsymbol{w},\boldsymbol{u}_k)\boldsymbol{G}_2(\boldsymbol{u}_k,\boldsymbol{w}) + \boldsymbol{T}_2(\boldsymbol{z}_{k0},\boldsymbol{w},\boldsymbol{u}_k) = \boldsymbol{O}_{p\times l} \\
&\Rightarrow \boldsymbol{G}_2(\boldsymbol{u}_k,\boldsymbol{w}) \\
&= -\boldsymbol{T}_1^{-1}(\boldsymbol{z}_{k0},\boldsymbol{w},\boldsymbol{u}_k)\boldsymbol{T}_2(\boldsymbol{z}_{k0},\boldsymbol{w},\boldsymbol{u}_k), \quad 1 \leqslant k \leqslant h
\end{aligned} \tag{8.71}$$

将式(8.71)中的 h 个等式进行合并，并根据式(8.13)中的第二式和式(8.59)可得

$$\begin{aligned}
\begin{bmatrix} \boldsymbol{G}_2(\boldsymbol{u}_1,\boldsymbol{w}) \\ \boldsymbol{G}_2(\boldsymbol{u}_2,\boldsymbol{w}) \\ \vdots \\ \boldsymbol{G}_2(\boldsymbol{u}_h,\boldsymbol{w}) \end{bmatrix} &= -\text{blkdiag}[\boldsymbol{T}_1^{-1}(\boldsymbol{z}_{10},\boldsymbol{w},\boldsymbol{u}_1) \quad \boldsymbol{T}_1^{-1}(\boldsymbol{z}_{20},\boldsymbol{w},\boldsymbol{u}_2) \quad \cdots \quad \boldsymbol{T}_1^{-1}(\boldsymbol{z}_{h0},\boldsymbol{w},\boldsymbol{u}_h)] \\
&\quad \cdot \begin{bmatrix} \boldsymbol{T}_2(\boldsymbol{z}_{10},\boldsymbol{w},\boldsymbol{u}_1) \\ \boldsymbol{T}_2(\boldsymbol{z}_{20},\boldsymbol{w},\boldsymbol{u}_2) \\ \vdots \\ \boldsymbol{T}_2(\boldsymbol{z}_{h0},\boldsymbol{w},\boldsymbol{u}_h) \end{bmatrix} \\
&\Rightarrow \widetilde{\boldsymbol{G}}_2(\widetilde{\boldsymbol{u}},\boldsymbol{w}) = -\widetilde{\boldsymbol{T}}_1^{-1}(\widetilde{\boldsymbol{z}}_0,\boldsymbol{w},\widetilde{\boldsymbol{u}})\widetilde{\boldsymbol{T}}_2(\widetilde{\boldsymbol{z}}_0,\boldsymbol{w},\widetilde{\boldsymbol{u}})
\end{aligned} \tag{8.72}$$

将式(8.70)和式(8.72)代入式(8.67)可得

$$\mathbf{cov}(\hat{\widetilde{\boldsymbol{u}}}_{\text{plwls}}^{(\text{ja})}) = (\widetilde{\boldsymbol{G}}_1^{\mathrm{T}}(\widetilde{\boldsymbol{u}},\boldsymbol{w})(\widetilde{\boldsymbol{Q}}_1 + \widetilde{\boldsymbol{G}}_2(\widetilde{\boldsymbol{u}},\boldsymbol{w})\mathbf{cov}(\hat{\boldsymbol{w}}_{\text{plwls}}^{(\text{ja})})\widetilde{\boldsymbol{G}}_2^{\mathrm{T}}(\widetilde{\boldsymbol{u}},\boldsymbol{w}))^{-1}\widetilde{\boldsymbol{G}}_1(\widetilde{\boldsymbol{u}},\boldsymbol{w}))^{-1} \tag{8.73}$$

再将式(8.51)代入式(8.73)可得

$$\begin{aligned}
\mathbf{cov}(\hat{\widetilde{\boldsymbol{u}}}_{\text{plwls}}^{(\text{ja})}) &= (\widetilde{\boldsymbol{G}}_1^{\mathrm{T}}(\widetilde{\boldsymbol{u}},\boldsymbol{w})(\widetilde{\boldsymbol{Q}}_1 + \widetilde{\boldsymbol{G}}_2(\widetilde{\boldsymbol{u}},\boldsymbol{w})(\boldsymbol{Q}_2^{-1} + \bar{\boldsymbol{G}}^{\mathrm{T}}(\boldsymbol{s},\boldsymbol{w})\boldsymbol{Q}_3^{-1}\bar{\boldsymbol{G}}(\boldsymbol{s},\boldsymbol{w}))^{-1}\widetilde{\boldsymbol{G}}_2^{\mathrm{T}}(\widetilde{\boldsymbol{u}},\boldsymbol{w}))^{-1}\widetilde{\boldsymbol{G}}_1(\widetilde{\boldsymbol{u}},\boldsymbol{w}))^{-1} \\
&= \mathbf{CRB}^{(\text{j})}(\widetilde{\boldsymbol{u}})
\end{aligned} \tag{8.74}$$

证毕。

命题 8.8 表明，(多)目标位置解 $\hat{\widetilde{\boldsymbol{u}}}_{\text{plwls}}^{(\text{ja})}$ 具有渐近最优的统计性能(在门限效应发生以前)。

8.4 第二类伪线性加权最小二乘(多)目标联合定位方法及其理论性能分析

与第一类伪线性加权最小二乘(多)目标联合定位方法不同的是，第二类伪线性加权最小二乘(多)目标联合定位方法是基于(多)目标源观测量 $\widetilde{\boldsymbol{z}}$，校正源观测量 $\boldsymbol{r}$ 和系统参量的先验测量值 $\boldsymbol{v}$(直接)联合估计(多)目标位置向量 $\widetilde{\boldsymbol{u}}$ 和系统参量 $\boldsymbol{w}$。

8.4.1 (多)目标位置向量和系统参量联合估计

在实际计算中,函数 $\widetilde{\boldsymbol{a}}(\cdot,\cdot)$ 和 $\widetilde{\boldsymbol{B}}(\cdot,\cdot)$ 以及函数 $\bar{\boldsymbol{c}}(\cdot,\cdot)$ 和 $\bar{\boldsymbol{D}}(\cdot,\cdot)$ 的闭式形式是可知的,但 $\widetilde{\boldsymbol{z}}_0$,$\boldsymbol{w}$ 和 $\boldsymbol{r}_0$ 却不可获知,只能用带误差的观测向量 $\widetilde{\boldsymbol{z}}$,$\boldsymbol{v}$ 和 $\boldsymbol{r}$ 来代替。显然,若用 $\widetilde{\boldsymbol{z}}$,$\boldsymbol{v}$ 和 $\boldsymbol{r}$ 直接代替 $\widetilde{\boldsymbol{z}}_0$,$\boldsymbol{w}$ 和 $\boldsymbol{r}_0$,式(8.46)和式(8.49)已经无法成立,因此不妨引入如下误差向量:

$$\widetilde{\boldsymbol{\varepsilon}}_3=\begin{bmatrix}\widetilde{\boldsymbol{a}}(\widetilde{\boldsymbol{z}},\boldsymbol{v})\\ \boldsymbol{v}\\ \bar{\boldsymbol{c}}(\boldsymbol{r},\boldsymbol{s})\end{bmatrix}-\begin{bmatrix}\widetilde{\boldsymbol{B}}(\widetilde{\boldsymbol{z}},\boldsymbol{v}) & \boldsymbol{O}_{ph\times l}\\ \boldsymbol{O}_{l\times qh} & \boldsymbol{I}_l\\ \boldsymbol{O}_{pd\times qh} & \bar{\boldsymbol{D}}(\boldsymbol{r},\boldsymbol{s})\end{bmatrix}\begin{bmatrix}\widetilde{\boldsymbol{u}}\\ \boldsymbol{w}\end{bmatrix}\tag{8.75}$$

为了合理地联合估计 $\widetilde{\boldsymbol{u}}$ 和 $\boldsymbol{w}$,需要分析误差向量 $\widetilde{\boldsymbol{\varepsilon}}_3$ 的二阶统计特性。由于向量 $\widetilde{\boldsymbol{\varepsilon}}_3$ 是观测误差 $\widetilde{\boldsymbol{n}}$ 和 $\boldsymbol{e}$ 以及测量误差 $\boldsymbol{m}$ 的非线性函数,因此不妨利用一阶 Taylor 级数展开将 $\widetilde{\boldsymbol{\varepsilon}}_3$ 近似表示成关于误差向量 $\widetilde{\boldsymbol{n}}$,$\boldsymbol{m}$ 和 $\boldsymbol{e}$ 的线性函数。结合式(4.8)和式(8.54)可得

$$\widetilde{\boldsymbol{\varepsilon}}_3\approx\left[\begin{array}{c:c:c}\widetilde{\boldsymbol{T}}_1(\widetilde{\boldsymbol{z}}_0,\boldsymbol{w},\widetilde{\boldsymbol{u}}) & \widetilde{\boldsymbol{T}}_2(\widetilde{\boldsymbol{z}}_0,\boldsymbol{w},\widetilde{\boldsymbol{u}}) & \boldsymbol{O}_{ph\times pd}\\ \hdashline \boldsymbol{O}_{l\times ph} & \boldsymbol{I}_l & \boldsymbol{O}_{l\times pd}\\ \hdashline \boldsymbol{O}_{pd\times ph} & \boldsymbol{O}_{pd\times l} & \bar{\boldsymbol{H}}(\boldsymbol{r}_0,\boldsymbol{s},\boldsymbol{w})\end{array}\right]\begin{bmatrix}\widetilde{\boldsymbol{n}}\\ \boldsymbol{m}\\ \boldsymbol{e}\end{bmatrix}=\widetilde{\boldsymbol{F}}(\widetilde{\boldsymbol{z}}_0,\boldsymbol{w},\widetilde{\boldsymbol{u}},\boldsymbol{r}_0,\boldsymbol{s})\begin{bmatrix}\widetilde{\boldsymbol{n}}\\ \boldsymbol{m}\\ \boldsymbol{e}\end{bmatrix}\tag{8.76}$$

式中

$$\widetilde{\boldsymbol{F}}(\widetilde{\boldsymbol{z}}_0,\boldsymbol{w},\widetilde{\boldsymbol{u}},\boldsymbol{r}_0,\boldsymbol{s})=\left[\begin{array}{c:c:c}\widetilde{\boldsymbol{T}}_1(\widetilde{\boldsymbol{z}}_0,\boldsymbol{w},\widetilde{\boldsymbol{u}}) & \widetilde{\boldsymbol{T}}_2(\widetilde{\boldsymbol{z}}_0,\boldsymbol{w},\widetilde{\boldsymbol{u}}) & \boldsymbol{O}_{ph\times pd}\\ \hdashline \boldsymbol{O}_{l\times ph} & \boldsymbol{I}_l & \boldsymbol{O}_{l\times pd}\\ \hdashline \boldsymbol{O}_{pd\times ph} & \boldsymbol{O}_{pd\times l} & \bar{\boldsymbol{H}}(\boldsymbol{r}_0,\boldsymbol{s},\boldsymbol{w})\end{array}\right]\in\mathbf{R}^{(p(d+h)+l)\times(p(d+h)+l)}\tag{8.77}$$

其中,矩阵 $\bar{\boldsymbol{H}}(\boldsymbol{r}_0,\boldsymbol{s},\boldsymbol{w})$ 的定义见式(4.9)中的第一式。根据式(8.76)可知,误差向量 $\widetilde{\boldsymbol{\varepsilon}}_3$ 近似服从零均值高斯分布,并且其方差矩阵为

$$\begin{aligned}\widetilde{\boldsymbol{E}}_3&=E[\widetilde{\boldsymbol{\varepsilon}}_3\widetilde{\boldsymbol{\varepsilon}}_3^{\mathrm{T}}]=\widetilde{\boldsymbol{F}}(\widetilde{\boldsymbol{z}}_0,\boldsymbol{w},\widetilde{\boldsymbol{u}},\boldsymbol{r}_0,\boldsymbol{s})\mathrm{blkdiag}[\widetilde{\boldsymbol{Q}}_1\quad \boldsymbol{Q}_2\quad \boldsymbol{Q}_3]\widetilde{\boldsymbol{F}}^{\mathrm{T}}(\widetilde{\boldsymbol{z}}_0,\boldsymbol{w},\widetilde{\boldsymbol{u}},\boldsymbol{r}_0,\boldsymbol{s})\\ &=\left[\begin{array}{c:c:c}\widetilde{\boldsymbol{T}}_1(\widetilde{\boldsymbol{z}}_0,\boldsymbol{w},\widetilde{\boldsymbol{u}})\widetilde{\boldsymbol{Q}}_1\widetilde{\boldsymbol{T}}_1^{\mathrm{T}}(\widetilde{\boldsymbol{z}}_0,\boldsymbol{w},\widetilde{\boldsymbol{u}})+\widetilde{\boldsymbol{T}}_2(\widetilde{\boldsymbol{z}}_0,\boldsymbol{w},\widetilde{\boldsymbol{u}})\boldsymbol{Q}_2\widetilde{\boldsymbol{T}}_2^{\mathrm{T}}(\widetilde{\boldsymbol{z}}_0,\boldsymbol{w},\widetilde{\boldsymbol{u}}) & \widetilde{\boldsymbol{T}}_2(\widetilde{\boldsymbol{z}}_0,\boldsymbol{w},\widetilde{\boldsymbol{u}})\boldsymbol{Q}_2 & \boldsymbol{O}_{ph\times pd}\\ \hdashline \boldsymbol{Q}_2\widetilde{\boldsymbol{T}}_2^{\mathrm{T}}(\widetilde{\boldsymbol{z}}_0,\boldsymbol{w},\widetilde{\boldsymbol{u}}) & \boldsymbol{Q}_2 & \boldsymbol{O}_{l\times pd}\\ \hdashline \boldsymbol{O}_{pd\times ph} & \boldsymbol{O}_{pd\times l} & \bar{\boldsymbol{H}}(\boldsymbol{r}_0,\boldsymbol{s},\boldsymbol{w})\boldsymbol{Q}_3\bar{\boldsymbol{H}}^{\mathrm{T}}(\boldsymbol{r}_0,\boldsymbol{s},\boldsymbol{w})\end{array}\right]\end{aligned}\tag{8.78}$$

联合式(8.75)和式(8.78)可以建立如下伪线性加权最小二乘优化模型:

$$\min_{\substack{\widetilde{\boldsymbol{u}}\in\mathbf{R}^{qh\times1}\\ \boldsymbol{w}\in\mathbf{R}^{l\times1}}}\left(\begin{bmatrix}\widetilde{\boldsymbol{a}}(\widetilde{\boldsymbol{z}},\boldsymbol{v})\\ \boldsymbol{v}\\ \bar{\boldsymbol{c}}(\boldsymbol{r},\boldsymbol{s})\end{bmatrix}-\begin{bmatrix}\widetilde{\boldsymbol{B}}(\widetilde{\boldsymbol{z}},\boldsymbol{v}) & \boldsymbol{O}_{ph\times l}\\ \boldsymbol{O}_{l\times qh} & \boldsymbol{I}_l\\ \boldsymbol{O}_{pd\times qh} & \bar{\boldsymbol{D}}(\boldsymbol{r},\boldsymbol{s})\end{bmatrix}\begin{bmatrix}\widetilde{\boldsymbol{u}}\\ \boldsymbol{w}\end{bmatrix}\right)^{\mathrm{T}}\widetilde{\boldsymbol{E}}_3^{-1}\left(\begin{bmatrix}\widetilde{\boldsymbol{a}}(\widetilde{\boldsymbol{z}},\boldsymbol{v})\\ \boldsymbol{v}\\ \bar{\boldsymbol{c}}(\boldsymbol{r},\boldsymbol{s})\end{bmatrix}-\begin{bmatrix}\widetilde{\boldsymbol{B}}(\widetilde{\boldsymbol{z}},\boldsymbol{v}) & \boldsymbol{O}_{ph\times l}\\ \boldsymbol{O}_{l\times qh} & \boldsymbol{I}_l\\ \boldsymbol{O}_{pd\times qh} & \bar{\boldsymbol{D}}(\boldsymbol{r},\boldsymbol{s})\end{bmatrix}\begin{bmatrix}\widetilde{\boldsymbol{u}}\\ \boldsymbol{w}\end{bmatrix}\right)\tag{8.79}$$

由于式(8.79)是关于向量 $\widetilde{\boldsymbol{u}}$ 和 $\boldsymbol{w}$ 的二次优化问题,因此其存在最优闭式解,根据

式(2.85)可知该闭式解为

$$\begin{bmatrix}\hat{\boldsymbol{u}}_{\text{plwls}}^{(\text{jb})}\\ \hat{\boldsymbol{w}}_{\text{plwls}}^{(\text{jb})}\end{bmatrix}=\left(\begin{bmatrix}\widetilde{\boldsymbol{B}}^{\text{T}}(\widetilde{\boldsymbol{z}},\boldsymbol{v}) & \boldsymbol{O}_{qh\times l} & \boldsymbol{O}_{qh\times pd}\\ \boldsymbol{O}_{l\times ph} & \boldsymbol{I}_l & \bar{\boldsymbol{D}}^{\text{T}}(\boldsymbol{r},\boldsymbol{s})\end{bmatrix}\widetilde{\boldsymbol{E}}_3^{-1}\begin{bmatrix}\widetilde{\boldsymbol{B}}(\widetilde{\boldsymbol{z}},\boldsymbol{v}) & \boldsymbol{O}_{ph\times l}\\ \boldsymbol{O}_{l\times qh} & \boldsymbol{I}_l\\ \boldsymbol{O}_{pd\times qh} & \bar{\boldsymbol{D}}(\boldsymbol{r},\boldsymbol{s})\end{bmatrix}\right)^{-1}$$
$$\cdot\begin{bmatrix}\widetilde{\boldsymbol{B}}^{\text{T}}(\widetilde{\boldsymbol{z}},\boldsymbol{v}) & \boldsymbol{O}_{qh\times l} & \boldsymbol{O}_{qh\times pd}\\ \boldsymbol{O}_{l\times ph} & \boldsymbol{I}_l & \bar{\boldsymbol{D}}^{\text{T}}(\boldsymbol{r},\boldsymbol{s})\end{bmatrix}\widetilde{\boldsymbol{E}}_3^{-1}\begin{bmatrix}\widetilde{\boldsymbol{a}}(\widetilde{\boldsymbol{z}},\boldsymbol{v})\\ \boldsymbol{v}\\ \bar{\boldsymbol{c}}(\boldsymbol{r},\boldsymbol{s})\end{bmatrix}\tag{8.80}$$

需要指出的是，矩阵 $\widetilde{\boldsymbol{E}}_3$ 表达式中的 $\widetilde{\boldsymbol{z}}_0$，$\boldsymbol{r}_0$，$\widetilde{\boldsymbol{u}}$ 和 $\boldsymbol{w}$ 均无法事先获知，其中 $\widetilde{\boldsymbol{z}}_0$ 和 $\boldsymbol{r}_0$ 可用其观测向量 $\widetilde{\boldsymbol{z}}$ 和 $\boldsymbol{r}$ 来代替，$\widetilde{\boldsymbol{u}}$ 可用其非加权线性最小二乘估计 $\hat{\boldsymbol{u}}_{\text{ls}}^{(\text{jb})}=\widetilde{\boldsymbol{B}}^{\dagger}(\widetilde{\boldsymbol{z}},\boldsymbol{v})\widetilde{\boldsymbol{a}}(\widetilde{\boldsymbol{z}},\boldsymbol{v})$ 来代替，而 $\boldsymbol{w}$ 可用其非加权线性最小二乘估计 $\hat{\boldsymbol{w}}_{\text{ls}}^{(\text{jb})}=\bar{\boldsymbol{D}}^{\dagger}(\boldsymbol{r},\boldsymbol{s})\bar{\boldsymbol{c}}(\boldsymbol{r},\boldsymbol{s})$ 或者其先验测量值 $\boldsymbol{v}$ 来代替，不妨将由 $\widetilde{\boldsymbol{z}}$，$\boldsymbol{r}$，$\hat{\boldsymbol{u}}_{\text{ls}}^{(\text{jb})}$ 和 $\hat{\boldsymbol{w}}_{\text{ls}}^{(\text{jb})}$（或者 $\boldsymbol{v}$）计算出的矩阵 $\widetilde{\boldsymbol{E}}_3$ 记为 $\hat{\widetilde{\boldsymbol{E}}}_3$，则有

$$\begin{bmatrix}\hat{\widetilde{\boldsymbol{u}}}_{\text{plwls}}^{(\text{jb})}\\ \hat{\boldsymbol{w}}_{\text{plwls}}^{(\text{jb})}\end{bmatrix}=\left(\begin{bmatrix}\widetilde{\boldsymbol{B}}^{\text{T}}(\widetilde{\boldsymbol{z}},\boldsymbol{v}) & \boldsymbol{O}_{qh\times l} & \boldsymbol{O}_{qh\times pd}\\ \boldsymbol{O}_{l\times ph} & \boldsymbol{I}_l & \bar{\boldsymbol{D}}^{\text{T}}(\boldsymbol{r},\boldsymbol{s})\end{bmatrix}\hat{\widetilde{\boldsymbol{E}}}_3^{-1}\begin{bmatrix}\widetilde{\boldsymbol{B}}(\widetilde{\boldsymbol{z}},\boldsymbol{v}) & \boldsymbol{O}_{ph\times l}\\ \boldsymbol{O}_{l\times qh} & \boldsymbol{I}_l\\ \boldsymbol{O}_{pd\times qh} & \bar{\boldsymbol{D}}(\boldsymbol{r},\boldsymbol{s})\end{bmatrix}\right)^{-1}$$
$$\cdot\begin{bmatrix}\widetilde{\boldsymbol{B}}^{\text{T}}(\widetilde{\boldsymbol{z}},\boldsymbol{v}) & \boldsymbol{O}_{qh\times l} & \boldsymbol{O}_{qh\times pd}\\ \boldsymbol{O}_{l\times ph} & \boldsymbol{I}_l & \bar{\boldsymbol{D}}^{\text{T}}(\boldsymbol{r},\boldsymbol{s})\end{bmatrix}\hat{\widetilde{\boldsymbol{E}}}_3^{-1}\begin{bmatrix}\widetilde{\boldsymbol{a}}(\widetilde{\boldsymbol{z}},\boldsymbol{v})\\ \boldsymbol{v}\\ \bar{\boldsymbol{c}}(\boldsymbol{r},\boldsymbol{s})\end{bmatrix}\tag{8.81}$$

式(8.81)中的向量 $\hat{\widetilde{\boldsymbol{u}}}_{\text{plwls}}^{(\text{jb})}$ 和 $\hat{\boldsymbol{w}}_{\text{plwls}}^{(\text{jb})}$ 即为第二类伪线性加权最小二乘(多)目标联合定位方法给出的(多)目标位置解和系统参量解。

8.4.2　(多)目标位置向量和系统参量联合估计值的理论性能

这里将推导(多)目标位置解 $\hat{\widetilde{\boldsymbol{u}}}_{\text{plwls}}^{(\text{jb})}$ 和系统参量解 $\hat{\boldsymbol{w}}_{\text{plwls}}^{(\text{jb})}$ 的理论性能，重点推导其联合估计方差矩阵。首先根据式(8.81)可推得

$$\begin{bmatrix}\widetilde{\boldsymbol{B}}^{\text{T}}(\widetilde{\boldsymbol{z}},\boldsymbol{v}) & \boldsymbol{O}_{qh\times l} & \boldsymbol{O}_{qh\times pd}\\ \boldsymbol{O}_{l\times ph} & \boldsymbol{I}_l & \bar{\boldsymbol{D}}^{\text{T}}(\boldsymbol{r},\boldsymbol{s})\end{bmatrix}\hat{\widetilde{\boldsymbol{E}}}_3^{-1}\begin{bmatrix}\widetilde{\boldsymbol{B}}(\widetilde{\boldsymbol{z}},\boldsymbol{v}) & \boldsymbol{O}_{ph\times l}\\ \boldsymbol{O}_{l\times qh} & \boldsymbol{I}_l\\ \boldsymbol{O}_{pd\times qh} & \bar{\boldsymbol{D}}(\boldsymbol{r},\boldsymbol{s})\end{bmatrix}\begin{bmatrix}\hat{\widetilde{\boldsymbol{u}}}_{\text{plwls}}^{(\text{jb})}\\ \hat{\boldsymbol{w}}_{\text{plwls}}^{(\text{jb})}\end{bmatrix}$$
$$=\begin{bmatrix}\widetilde{\boldsymbol{B}}^{\text{T}}(\widetilde{\boldsymbol{z}},\boldsymbol{v}) & \boldsymbol{O}_{qh\times l} & \boldsymbol{O}_{qh\times pd}\\ \boldsymbol{O}_{l\times ph} & \boldsymbol{I}_l & \bar{\boldsymbol{D}}^{\text{T}}(\boldsymbol{r},\boldsymbol{s})\end{bmatrix}\hat{\widetilde{\boldsymbol{E}}}_3^{-1}\begin{bmatrix}\widetilde{\boldsymbol{a}}(\widetilde{\boldsymbol{z}},\boldsymbol{v})\\ \boldsymbol{v}\\ \bar{\boldsymbol{c}}(\boldsymbol{r},\boldsymbol{s})\end{bmatrix}$$
$$\Rightarrow\left(\begin{bmatrix}\widetilde{\boldsymbol{B}}^{\text{T}}(\widetilde{\boldsymbol{z}}_0,\boldsymbol{w}) & \boldsymbol{O}_{qh\times l} & \boldsymbol{O}_{qh\times pd}\\ \boldsymbol{O}_{l\times ph} & \boldsymbol{I}_l & \bar{\boldsymbol{D}}^{\text{T}}(\boldsymbol{r}_0,\boldsymbol{s})\end{bmatrix}\widetilde{\boldsymbol{E}}_3^{-1}\begin{bmatrix}\widetilde{\boldsymbol{B}}(\widetilde{\boldsymbol{z}}_0,\boldsymbol{w}) & \boldsymbol{O}_{ph\times l}\\ \boldsymbol{O}_{l\times qh} & \boldsymbol{I}_l\\ \boldsymbol{O}_{pd\times qh} & \bar{\boldsymbol{D}}(\boldsymbol{r}_0,\boldsymbol{s})\end{bmatrix}\right.$$

$$
\begin{aligned}
&+\begin{bmatrix}\boldsymbol{\delta}\widetilde{\boldsymbol{B}}^{\mathrm{T}}(\widetilde{\boldsymbol{z}}_0,\boldsymbol{w}) & \boldsymbol{O}_{qh\times l} & \boldsymbol{O}_{qh\times pd}\\ \boldsymbol{O}_{l\times ph} & \boldsymbol{O}_{l\times l} & \boldsymbol{\delta}\bar{\boldsymbol{D}}^{\mathrm{T}}(\boldsymbol{r}_0,\boldsymbol{s})\end{bmatrix}\widetilde{\boldsymbol{E}}_3^{-1}\begin{bmatrix}\widetilde{\boldsymbol{B}}(\widetilde{\boldsymbol{z}}_0,\boldsymbol{w}) & \boldsymbol{O}_{ph\times l}\\ \boldsymbol{O}_{l\times qh} & \boldsymbol{I}_l\\ \boldsymbol{O}_{pd\times qh} & \bar{\boldsymbol{D}}(\boldsymbol{r}_0,\boldsymbol{s})\end{bmatrix}\\
&+\begin{bmatrix}\widetilde{\boldsymbol{B}}^{\mathrm{T}}(\widetilde{\boldsymbol{z}}_0,\boldsymbol{w}) & \boldsymbol{O}_{qh\times l} & \boldsymbol{O}_{qh\times pd}\\ \boldsymbol{O}_{l\times ph} & \boldsymbol{I}_l & \bar{\boldsymbol{D}}^{\mathrm{T}}(\boldsymbol{r}_0,\boldsymbol{s})\end{bmatrix}\boldsymbol{\delta}\widetilde{\boldsymbol{E}}_3^{-1}\begin{bmatrix}\widetilde{\boldsymbol{B}}(\widetilde{\boldsymbol{z}}_0,\boldsymbol{w}) & \boldsymbol{O}_{ph\times l}\\ \boldsymbol{O}_{l\times qh} & \boldsymbol{I}_l\\ \boldsymbol{O}_{pd\times qh} & \bar{\boldsymbol{D}}(\boldsymbol{r}_0,\boldsymbol{s})\end{bmatrix}\\
&\left.+\begin{bmatrix}\widetilde{\boldsymbol{B}}^{\mathrm{T}}(\widetilde{\boldsymbol{z}}_0,\boldsymbol{w}) & \boldsymbol{O}_{qh\times l} & \boldsymbol{O}_{qh\times pd}\\ \boldsymbol{O}_{l\times ph} & \boldsymbol{I}_l & \bar{\boldsymbol{D}}^{\mathrm{T}}(\boldsymbol{r}_0,\boldsymbol{s})\end{bmatrix}\widetilde{\boldsymbol{E}}_3^{-1}\begin{bmatrix}\boldsymbol{\delta}\widetilde{\boldsymbol{B}}(\widetilde{\boldsymbol{z}}_0,\boldsymbol{w}) & \boldsymbol{O}_{ph\times l}\\ \boldsymbol{O}_{l\times qh} & \boldsymbol{O}_{l\times l}\\ \boldsymbol{O}_{pd\times qh} & \boldsymbol{\delta}\bar{\boldsymbol{D}}(\boldsymbol{r}_0,\boldsymbol{s})\end{bmatrix}\right)\left(\begin{bmatrix}\widetilde{\boldsymbol{u}}\\ \boldsymbol{w}\end{bmatrix}+\begin{bmatrix}\boldsymbol{\delta}\widetilde{\boldsymbol{u}}_{\mathrm{plwls}}^{(\mathrm{jb})}\\ \boldsymbol{\delta}\boldsymbol{w}_{\mathrm{plwls}}^{(\mathrm{jb})}\end{bmatrix}\right)\\
&=\begin{bmatrix}\widetilde{\boldsymbol{B}}^{\mathrm{T}}(\widetilde{\boldsymbol{z}}_0,\boldsymbol{w}) & \boldsymbol{O}_{qh\times l} & \boldsymbol{O}_{qh\times pd}\\ \boldsymbol{O}_{l\times ph} & \boldsymbol{I}_l & \bar{\boldsymbol{D}}^{\mathrm{T}}(\boldsymbol{r}_0,\boldsymbol{s})\end{bmatrix}\widetilde{\boldsymbol{E}}_3^{-1}\begin{bmatrix}\widetilde{\boldsymbol{a}}(\widetilde{\boldsymbol{z}}_0,\boldsymbol{w})\\ \boldsymbol{w}\\ \bar{\boldsymbol{c}}(\boldsymbol{r}_0,\boldsymbol{s})\end{bmatrix}+\begin{bmatrix}\boldsymbol{\delta}\widetilde{\boldsymbol{B}}^{\mathrm{T}}(\widetilde{\boldsymbol{z}}_0,\boldsymbol{w}) & \boldsymbol{O}_{qh\times l} & \boldsymbol{O}_{qh\times pd}\\ \boldsymbol{O}_{l\times ph} & \boldsymbol{O}_{l\times l} & \boldsymbol{\delta}\bar{\boldsymbol{D}}^{\mathrm{T}}(\boldsymbol{r}_0,\boldsymbol{s})\end{bmatrix}\\
&\quad\cdot\widetilde{\boldsymbol{E}}_3^{-1}\begin{bmatrix}\widetilde{\boldsymbol{a}}(\widetilde{\boldsymbol{z}}_0,\boldsymbol{w})\\ \boldsymbol{w}\\ \bar{\boldsymbol{c}}(\boldsymbol{r}_0,\boldsymbol{s})\end{bmatrix}+\begin{bmatrix}\widetilde{\boldsymbol{B}}^{\mathrm{T}}(\widetilde{\boldsymbol{z}}_0,\boldsymbol{w}) & \boldsymbol{O}_{qh\times l} & \boldsymbol{O}_{qh\times pd}\\ \boldsymbol{O}_{l\times ph} & \boldsymbol{I}_l & \bar{\boldsymbol{D}}^{\mathrm{T}}(\boldsymbol{r}_0,\boldsymbol{s})\end{bmatrix}\boldsymbol{\delta}\widetilde{\boldsymbol{E}}_3^{-1}\begin{bmatrix}\widetilde{\boldsymbol{a}}(\widetilde{\boldsymbol{z}}_0,\boldsymbol{w})\\ \boldsymbol{w}\\ \bar{\boldsymbol{c}}(\boldsymbol{r}_0,\boldsymbol{s})\end{bmatrix}\\
&\quad+\begin{bmatrix}\widetilde{\boldsymbol{B}}^{\mathrm{T}}(\widetilde{\boldsymbol{z}}_0,\boldsymbol{w}) & \boldsymbol{O}_{qh\times l} & \boldsymbol{O}_{qh\times pd}\\ \boldsymbol{O}_{l\times ph} & \boldsymbol{I}_l & \bar{\boldsymbol{D}}^{\mathrm{T}}(\boldsymbol{r}_0,\boldsymbol{s})\end{bmatrix}\widetilde{\boldsymbol{E}}_3^{-1}\begin{bmatrix}\boldsymbol{\delta}\widetilde{\boldsymbol{a}}(\boldsymbol{z}_0,\boldsymbol{w})\\ \boldsymbol{m}\\ \boldsymbol{\delta}\bar{\boldsymbol{c}}(\boldsymbol{r}_0,\boldsymbol{s})\end{bmatrix}\\
&\Rightarrow\begin{bmatrix}\boldsymbol{\delta}\widetilde{\boldsymbol{u}}_{\mathrm{plwls}}^{(\mathrm{jb})}\\ \boldsymbol{\delta}\boldsymbol{w}_{\mathrm{plwls}}^{(\mathrm{jb})}\end{bmatrix}\\
&\approx\left(\begin{bmatrix}\widetilde{\boldsymbol{B}}^{\mathrm{T}}(\widetilde{\boldsymbol{z}}_0,\boldsymbol{w}) & \boldsymbol{O}_{qh\times l} & \boldsymbol{O}_{qh\times pd}\\ \boldsymbol{O}_{l\times ph} & \boldsymbol{I}_l & \bar{\boldsymbol{D}}^{\mathrm{T}}(\boldsymbol{r}_0,\boldsymbol{s})\end{bmatrix}\widetilde{\boldsymbol{E}}_3^{-1}\begin{bmatrix}\widetilde{\boldsymbol{B}}(\widetilde{\boldsymbol{z}}_0,\boldsymbol{w}) & \boldsymbol{O}_{ph\times l}\\ \boldsymbol{O}_{l\times qh} & \boldsymbol{I}_l\\ \boldsymbol{O}_{pd\times qh} & \bar{\boldsymbol{D}}(\boldsymbol{r}_0,\boldsymbol{s})\end{bmatrix}\right)^{-1}\\
&\quad\cdot\begin{bmatrix}\widetilde{\boldsymbol{B}}^{\mathrm{T}}(\widetilde{\boldsymbol{z}}_0,\boldsymbol{w}) & \boldsymbol{O}_{qh\times l} & \boldsymbol{O}_{qh\times pd}\\ \boldsymbol{O}_{l\times ph} & \boldsymbol{I}_l & \bar{\boldsymbol{D}}^{\mathrm{T}}(\boldsymbol{r}_0,\boldsymbol{s})\end{bmatrix}\widetilde{\boldsymbol{E}}_3^{-1}\begin{bmatrix}\boldsymbol{\delta}\widetilde{\boldsymbol{a}}(\widetilde{\boldsymbol{z}}_0,\boldsymbol{w})-\boldsymbol{\delta}\widetilde{\boldsymbol{B}}(\widetilde{\boldsymbol{z}}_0,\boldsymbol{w})\widetilde{\boldsymbol{u}}\\ \boldsymbol{m}\\ \boldsymbol{\delta}\bar{\boldsymbol{c}}(\boldsymbol{r}_0,\boldsymbol{s})-\boldsymbol{\delta}\bar{\boldsymbol{D}}(\boldsymbol{r}_0,\boldsymbol{s})\boldsymbol{w}\end{bmatrix}\\
&=\left(\begin{bmatrix}\widetilde{\boldsymbol{B}}^{\mathrm{T}}(\widetilde{\boldsymbol{z}}_0,\boldsymbol{w}) & \boldsymbol{O}_{qh\times l} & \boldsymbol{O}_{qh\times pd}\\ \boldsymbol{O}_{l\times ph} & \boldsymbol{I}_l & \bar{\boldsymbol{D}}^{\mathrm{T}}(\boldsymbol{r}_0,\boldsymbol{s})\end{bmatrix}\widetilde{\boldsymbol{E}}_3^{-1}\begin{bmatrix}\widetilde{\boldsymbol{B}}(\widetilde{\boldsymbol{z}}_0,\boldsymbol{w}) & \boldsymbol{O}_{ph\times l}\\ \boldsymbol{O}_{l\times qh} & \boldsymbol{I}_l\\ \boldsymbol{O}_{pd\times qh} & \bar{\boldsymbol{D}}(\boldsymbol{r}_0,\boldsymbol{s})\end{bmatrix}\right)^{-1}\\
&\quad\cdot\begin{bmatrix}\widetilde{\boldsymbol{B}}^{\mathrm{T}}(\widetilde{\boldsymbol{z}}_0,\boldsymbol{w}) & \boldsymbol{O}_{qh\times l} & \boldsymbol{O}_{qh\times pd}\\ \boldsymbol{O}_{l\times ph} & \boldsymbol{I}_l & \bar{\boldsymbol{D}}^{\mathrm{T}}(\boldsymbol{r}_0,\boldsymbol{s})\end{bmatrix}\widetilde{\boldsymbol{E}}_3^{-1}\boldsymbol{\varepsilon}_3
\end{aligned}\tag{8.82}
$$

式中

$$\begin{cases}\begin{bmatrix}\boldsymbol{\delta}\widetilde{\boldsymbol{u}}_{\text{plwls}}^{(\text{jb})}\\ \boldsymbol{\delta}\boldsymbol{w}_{\text{plwls}}^{(\text{jb})}\end{bmatrix}=\begin{bmatrix}\hat{\widetilde{\boldsymbol{u}}}_{\text{plwls}}^{(\text{jb})}\\ \hat{\boldsymbol{w}}_{\text{plwls}}^{(\text{jb})}\end{bmatrix}-\begin{bmatrix}\widetilde{\boldsymbol{u}}\\ \boldsymbol{w}\end{bmatrix},\quad \boldsymbol{\delta}\widetilde{\boldsymbol{E}}_3^{-1}=\hat{\widetilde{\boldsymbol{E}}}_3^{-1}-\widetilde{\boldsymbol{E}}_3^{-1}\\ \boldsymbol{\delta}\widetilde{\boldsymbol{a}}(\widetilde{\boldsymbol{z}}_0,\boldsymbol{w})=\widetilde{\boldsymbol{a}}(\widetilde{\boldsymbol{z}},\boldsymbol{v})-\widetilde{\boldsymbol{a}}(\widetilde{\boldsymbol{z}}_0,\boldsymbol{w}),\quad \boldsymbol{\delta}\widetilde{\boldsymbol{B}}(\widetilde{\boldsymbol{z}}_0,\boldsymbol{w})=\widetilde{\boldsymbol{B}}(\widetilde{\boldsymbol{z}},\boldsymbol{v})-\widetilde{\boldsymbol{B}}(\widetilde{\boldsymbol{z}}_0,\boldsymbol{w})\\ \boldsymbol{\delta}\bar{\boldsymbol{c}}(\boldsymbol{r}_0,\boldsymbol{s})=\bar{\boldsymbol{c}}(\boldsymbol{r},\boldsymbol{s})-\bar{\boldsymbol{c}}(\boldsymbol{r}_0,\boldsymbol{s}),\quad \boldsymbol{\delta}\bar{\boldsymbol{D}}(\boldsymbol{r}_0,\boldsymbol{s})=\bar{\boldsymbol{D}}(\boldsymbol{r},\boldsymbol{s})-\bar{\boldsymbol{D}}(\boldsymbol{r}_0,\boldsymbol{s})\end{cases}\tag{8.83}$$

显然，式(8.82)忽略了误差的二阶及其以上各项，根据该式可进一步推得

$$\begin{aligned}\mathbf{cov}\left(\begin{bmatrix}\hat{\widetilde{\boldsymbol{u}}}_{\text{plwls}}^{(\text{jb})}\\ \hat{\boldsymbol{w}}_{\text{plwls}}^{(\text{jb})}\end{bmatrix}\right)&=\left(\begin{bmatrix}\widetilde{\boldsymbol{B}}^{\text{T}}(\widetilde{\boldsymbol{z}}_0,\boldsymbol{w}) & \boldsymbol{O}_{qh\times l} & \boldsymbol{O}_{qh\times pd}\\ \boldsymbol{O}_{l\times ph} & \boldsymbol{I}_l & \bar{\boldsymbol{D}}^{\text{T}}(\boldsymbol{r}_0,\boldsymbol{s})\end{bmatrix}\widetilde{\boldsymbol{E}}_3^{-1}\begin{bmatrix}\widetilde{\boldsymbol{B}}(\widetilde{\boldsymbol{z}}_0,\boldsymbol{w}) & \boldsymbol{O}_{ph\times l}\\ \boldsymbol{O}_{l\times qh} & \boldsymbol{I}_l\\ \boldsymbol{O}_{pd\times qh} & \bar{\boldsymbol{D}}(\boldsymbol{r}_0,\boldsymbol{s})\end{bmatrix}\right)^{-1}\\ &\quad\cdot\begin{bmatrix}\widetilde{\boldsymbol{B}}^{\text{T}}(\widetilde{\boldsymbol{z}}_0,\boldsymbol{w}) & \boldsymbol{O}_{qh\times l} & \boldsymbol{O}_{qh\times pd}\\ \boldsymbol{O}_{l\times ph} & \boldsymbol{I}_l & \bar{\boldsymbol{D}}^{\text{T}}(\boldsymbol{r}_0,\boldsymbol{s})\end{bmatrix}\widetilde{\boldsymbol{E}}_3^{-1}\\ &\quad\cdot E[\widetilde{\boldsymbol{\varepsilon}}_3\widetilde{\boldsymbol{\varepsilon}}_3^{\text{T}}]\,\widetilde{\boldsymbol{E}}_3^{-1}\begin{bmatrix}\widetilde{\boldsymbol{B}}(\widetilde{\boldsymbol{z}}_0,\boldsymbol{w}) & \boldsymbol{O}_{ph\times l}\\ \boldsymbol{O}_{l\times qh} & \boldsymbol{I}_l\\ \boldsymbol{O}_{pd\times qh} & \bar{\boldsymbol{D}}(\boldsymbol{r}_0,\boldsymbol{s})\end{bmatrix}\\ &\quad\cdot\left(\begin{bmatrix}\widetilde{\boldsymbol{B}}^{\text{T}}(\widetilde{\boldsymbol{z}}_0,\boldsymbol{w}) & \boldsymbol{O}_{qh\times l} & \boldsymbol{O}_{qh\times pd}\\ \boldsymbol{O}_{l\times ph} & \boldsymbol{I}_l & \bar{\boldsymbol{D}}^{\text{T}}(\boldsymbol{r}_0,\boldsymbol{s})\end{bmatrix}\widetilde{\boldsymbol{E}}_3^{-1}\begin{bmatrix}\widetilde{\boldsymbol{B}}(\widetilde{\boldsymbol{z}}_0,\boldsymbol{w}) & \boldsymbol{O}_{ph\times l}\\ \boldsymbol{O}_{l\times qh} & \boldsymbol{I}_l\\ \boldsymbol{O}_{pd\times qh} & \bar{\boldsymbol{D}}(\boldsymbol{r}_0,\boldsymbol{s})\end{bmatrix}\right)^{-1}\\ &=\left(\begin{bmatrix}\widetilde{\boldsymbol{B}}^{\text{T}}(\widetilde{\boldsymbol{z}}_0,\boldsymbol{w}) & \boldsymbol{O}_{qh\times l} & \boldsymbol{O}_{qh\times pd}\\ \boldsymbol{O}_{l\times ph} & \boldsymbol{I}_l & \bar{\boldsymbol{D}}^{\text{T}}(\boldsymbol{r}_0,\boldsymbol{s})\end{bmatrix}\widetilde{\boldsymbol{E}}_3^{-1}\begin{bmatrix}\widetilde{\boldsymbol{B}}(\widetilde{\boldsymbol{z}}_0,\boldsymbol{w}) & \boldsymbol{O}_{ph\times l}\\ \boldsymbol{O}_{l\times qh} & \boldsymbol{I}_l\\ \boldsymbol{O}_{pd\times qh} & \bar{\boldsymbol{D}}(\boldsymbol{r}_0,\boldsymbol{s})\end{bmatrix}\right)^{-1}\end{aligned}\tag{8.84}$$

通过进一步的数学分析可以证明，(多)目标位置解 $\hat{\boldsymbol{u}}_{\text{plwls}}^{(\text{jb})}$ 和系统参量解 $\hat{\boldsymbol{w}}_{\text{plwls}}^{(\text{jb})}$ 的联合估计方差矩阵等于式(8.30)给出的克拉美罗界矩阵，结果可见如下命题。

命题 8.9　$\mathbf{cov}\left(\begin{bmatrix}\hat{\widetilde{\boldsymbol{u}}}_{\text{plwls}}^{(\text{jb})}\\ \hat{\boldsymbol{w}}_{\text{plwls}}^{(\text{jb})}\end{bmatrix}\right)=\mathbf{CRB}^{(\text{j})}\left(\begin{bmatrix}\widetilde{\boldsymbol{u}}\\ \boldsymbol{w}\end{bmatrix}\right)=$

$$\left[\begin{array}{c:c}\widetilde{\boldsymbol{G}}_1^{\text{T}}(\widetilde{\boldsymbol{u}},\boldsymbol{w})\widetilde{\boldsymbol{Q}}_1^{-1}\widetilde{\boldsymbol{G}}_1(\widetilde{\boldsymbol{u}},\boldsymbol{w}) & \widetilde{\boldsymbol{G}}_1^{\text{T}}(\widetilde{\boldsymbol{u}},\boldsymbol{w})\widetilde{\boldsymbol{Q}}_1^{-1}\widetilde{\boldsymbol{G}}_2(\widetilde{\boldsymbol{u}},\boldsymbol{w})\\ \hdashline \widetilde{\boldsymbol{G}}_2^{\text{T}}(\widetilde{\boldsymbol{u}},\boldsymbol{w})\widetilde{\boldsymbol{Q}}_1^{-1}\widetilde{\boldsymbol{G}}_1(\widetilde{\boldsymbol{u}},\boldsymbol{w}) & \widetilde{\boldsymbol{G}}_2^{\text{T}}(\widetilde{\boldsymbol{u}},\boldsymbol{w})\widetilde{\boldsymbol{Q}}_1^{-1}\widetilde{\boldsymbol{G}}_2(\widetilde{\boldsymbol{u}},\boldsymbol{w})+\boldsymbol{Q}_2^{-1}+\bar{\boldsymbol{G}}^{\text{T}}(\boldsymbol{s},\boldsymbol{w})\boldsymbol{Q}_3^{-1}\bar{\boldsymbol{G}}(\boldsymbol{s},\boldsymbol{w})\end{array}\right]^{-1}。$$

证明　首先利用式(8.78)和推论 2.3 可得

$$\widetilde{\boldsymbol{E}}_3^{-1}=$$

$$\left[\begin{array}{c:c:c} (\tilde{T}_1(\tilde{z}_0,w,\tilde{u})\tilde{Q}_1\tilde{T}_1^{\mathrm{T}}(\tilde{z}_0,w,\tilde{u}))^{-1} & -(\tilde{T}_1(\tilde{z}_0,w,\tilde{u})\tilde{Q}_1\tilde{T}_1^{\mathrm{T}}(\tilde{z}_0,w,\tilde{u}))^{-1}\tilde{T}_2(\tilde{z}_0,w,\tilde{u}) & O_{ph\times pd} \\ \hdashline -\tilde{T}_2^{\mathrm{T}}(\tilde{z}_0,w,\tilde{u})\left(\begin{array}{c}\tilde{T}_1(\tilde{z}_0,w,\tilde{u})\tilde{Q}_1 \\ \cdot\tilde{T}_1^{\mathrm{T}}(\tilde{z}_0,w,\tilde{u})\end{array}\right)^{-1} & \left(\begin{array}{c} Q_2-Q_2\tilde{T}_2^{\mathrm{T}}(\tilde{z}_0,w,\tilde{u}) \\ \cdot\left(\begin{array}{c}\tilde{T}_1(\tilde{z}_0,w,\tilde{u})\tilde{Q}_1\tilde{T}_1^{\mathrm{T}}(\tilde{z}_0,w,\tilde{u}) \\ +\tilde{T}_2(\tilde{z}_0,w,\tilde{u})Q_2\tilde{T}_2^{\mathrm{T}}(\tilde{z}_0,w,\tilde{u})\end{array}\right)^{-1} \\ \cdot\tilde{T}_2(\tilde{z}_0,w,\tilde{u})Q_2\end{array}\right)^{-1} & O_{l\times pd} \\ \hdashline O_{pd\times ph} & O_{pd\times l} & \left(\begin{array}{c}\bar{H}(r_0,s,w)Q_3 \\ \cdot\bar{H}^{\mathrm{T}}(r_0,s,w)\end{array}\right)^{-1}\end{array}\right]$$

(8.85)

将式(8.85)代入式(8.84)可得

$$\mathrm{cov}\left(\begin{bmatrix}\hat{\tilde{u}}_{\mathrm{plwls}}^{(\mathrm{jb})} \\ \hat{w}_{\mathrm{plwls}}^{(\mathrm{jb})}\end{bmatrix}\right)$$

$$=\left(\left[\begin{array}{c:c:c}\tilde{B}^{\mathrm{T}}(\tilde{z}_0,w)\left(\begin{array}{c}\tilde{T}_1(\tilde{z}_0,w,u)\tilde{Q}_1 \\ \cdot\tilde{T}_1^{\mathrm{T}}(\tilde{z}_0,w,\tilde{u})\end{array}\right)^{-1} & -\tilde{B}^{\mathrm{T}}(\tilde{z}_0,w)\left(\begin{array}{c}\tilde{T}_1(\tilde{z}_0,w,\tilde{u})\tilde{Q}_1 \\ \cdot\tilde{T}_1^{\mathrm{T}}(\tilde{z}_0,w,\tilde{u})\end{array}\right)^{-1}\tilde{T}_2(\tilde{z}_0,w,\tilde{u}) & O_{qh\times pd} \\ \hdashline -\tilde{T}_2^{\mathrm{T}}(\tilde{z}_0,w,\tilde{u})\left(\begin{array}{c}\tilde{T}_1(\tilde{z}_0,w,\tilde{u})\tilde{Q}_1 \\ \cdot\tilde{T}_1^{\mathrm{T}}(\tilde{z}_0,w,\tilde{u})\end{array}\right)^{-1} & \left(\begin{array}{c}Q_2-Q_2\tilde{T}_2^{\mathrm{T}}(\tilde{z}_0,w,\tilde{u}) \\ \cdot\left(\begin{array}{c}\tilde{T}_1(\tilde{z}_0,w,\tilde{u})\tilde{Q}_1\tilde{T}_1^{\mathrm{T}}(\tilde{z}_0,w,\tilde{u}) \\ +\tilde{T}_2(\tilde{z}_0,w,\tilde{u})Q_2\tilde{T}_2^{\mathrm{T}}(\tilde{z}_0,w,\tilde{u})\end{array}\right)^{-1} \\ \cdot\tilde{T}_2(\tilde{z}_0,w,\tilde{u})Q_2\end{array}\right)^{-1} & \bar{D}^{\mathrm{T}}(r_0,s)\left(\begin{array}{c}\bar{H}(r_0,s,w)Q_3 \\ \cdot\bar{H}^{\mathrm{T}}(r_0,s,w)\end{array}\right)^{-1}\end{array}\right] \cdot\begin{bmatrix}\tilde{B}(\tilde{z}_0,w) & O_{ph\times l} \\ O_{l\times qh} & I_l \\ O_{pd\times qh} & \bar{D}(r_0,s)\end{bmatrix}\right)^{-1}$$

$$=\left[\begin{array}{c:c}\tilde{B}^{\mathrm{T}}(\tilde{z}_0,w)(\tilde{T}_1(\tilde{z}_0,w,\tilde{u})\tilde{Q}_1\tilde{T}_1^{\mathrm{T}}(\tilde{z}_0,w,\tilde{u}))^{-1}\tilde{B}(\tilde{z}_0,w) & -\tilde{B}^{\mathrm{T}}(\tilde{z}_0,w)(\tilde{T}_1(\tilde{z}_0,w,\tilde{u})\tilde{Q}_1\tilde{T}_1^{\mathrm{T}}(\tilde{z}_0,w,\tilde{u}))^{-1}\tilde{T}_2(\tilde{z}_0,w,\tilde{u}) \\ \hdashline -\tilde{T}_2^{\mathrm{T}}(\tilde{z}_0,w,\tilde{u})(\tilde{T}_1(\tilde{z}_0,w,\tilde{u})\tilde{Q}_1\tilde{T}_1^{\mathrm{T}}(\tilde{z}_0,w,\tilde{u}))^{-1}\tilde{B}(\tilde{z}_0,w) & \begin{array}{c}\left(\begin{array}{c}Q_2-Q_2\tilde{T}_2^{\mathrm{T}}(\tilde{z}_0,w,\tilde{u}) \\ \cdot\left(\begin{array}{c}\tilde{T}_1(\tilde{z}_0,w,\tilde{u})\tilde{Q}_1\tilde{T}_1^{\mathrm{T}}(\tilde{z}_0,w,\tilde{u}) \\ +\tilde{T}_2(\tilde{z}_0,w,\tilde{u})Q_2\tilde{T}_2^{\mathrm{T}}(\tilde{z}_0,w,\tilde{u})\end{array}\right)^{-1} \\ \cdot\tilde{T}_2(\tilde{z}_0,w,\tilde{u})Q_2\end{array}\right)^{-1} \\ +\bar{D}^{\mathrm{T}}(r_0,s)(\bar{H}(r_0,s,w)Q_3\bar{H}^{\mathrm{T}}(r_0,s,w))^{-1}\bar{D}(r_0,s)\end{array}\end{array}\right]^{-1}$$

(8.86)

将式(4.20)、式(8.70)和式(8.72)代入式(8.86)可证得

$$\mathrm{cov}\left(\begin{bmatrix}\hat{\tilde{u}}_{\mathrm{plwls}}^{(\mathrm{jb})} \\ \hat{w}_{\mathrm{plwls}}^{(\mathrm{jb})}\end{bmatrix}\right)$$

$$=\left[\begin{array}{c:c}\widetilde{\boldsymbol{G}}_1^{\mathrm{T}}(\widetilde{\boldsymbol{u}},\boldsymbol{w})\widetilde{\boldsymbol{Q}}_1^{-1}\widetilde{\boldsymbol{G}}_1(\widetilde{\boldsymbol{u}},\boldsymbol{w}) & \widetilde{\boldsymbol{G}}_1^{\mathrm{T}}(\widetilde{\boldsymbol{u}},\boldsymbol{w})\widetilde{\boldsymbol{Q}}_1^{-1}\widetilde{\boldsymbol{G}}_2(\widetilde{\boldsymbol{u}},\boldsymbol{w}) \\ \hdashline \widetilde{\boldsymbol{G}}_2^{\mathrm{T}}(\widetilde{\boldsymbol{u}},\boldsymbol{w})\widetilde{\boldsymbol{Q}}_1^{-1}\widetilde{\boldsymbol{G}}_1(\widetilde{\boldsymbol{u}},\boldsymbol{w}) & \left(\boldsymbol{Q}_2-\boldsymbol{Q}_2\widetilde{\boldsymbol{G}}_2^{\mathrm{T}}(\widetilde{\boldsymbol{u}},\boldsymbol{w})\begin{pmatrix}\widetilde{\boldsymbol{Q}}_1+\widetilde{\boldsymbol{G}}_2(\widetilde{\boldsymbol{u}},\boldsymbol{w}) \\ \cdot\boldsymbol{Q}_2\widetilde{\boldsymbol{G}}_2^{\mathrm{T}}(\widetilde{\boldsymbol{u}},\boldsymbol{w})\end{pmatrix}^{-1}\widetilde{\boldsymbol{G}}_2(\widetilde{\boldsymbol{u}},\boldsymbol{w})\boldsymbol{Q}_2\right)^{-1} \\ & +\bar{\boldsymbol{G}}^{\mathrm{T}}(\boldsymbol{s},\boldsymbol{w})\boldsymbol{Q}_3^{-1}\bar{\boldsymbol{G}}(\boldsymbol{s},\boldsymbol{w})\end{array}\right]^{-1} \tag{8.87}$$

利用推论 2.1 可知

$$\begin{aligned}&(\widetilde{\boldsymbol{G}}_2^{\mathrm{T}}(\widetilde{\boldsymbol{u}},\boldsymbol{w})\widetilde{\boldsymbol{Q}}_1^{-1}\widetilde{\boldsymbol{G}}_2(\widetilde{\boldsymbol{u}},\boldsymbol{w})+\boldsymbol{Q}_2^{-1})^{-1}\\ &=\boldsymbol{Q}_2-\boldsymbol{Q}_2\widetilde{\boldsymbol{G}}_2^{\mathrm{T}}(\widetilde{\boldsymbol{u}},\boldsymbol{w})(\widetilde{\boldsymbol{Q}}_1+\widetilde{\boldsymbol{G}}_2(\widetilde{\boldsymbol{u}},\boldsymbol{w})\boldsymbol{Q}_2\widetilde{\boldsymbol{G}}_2^{\mathrm{T}}(\widetilde{\boldsymbol{u}},\boldsymbol{w}))^{-1}\widetilde{\boldsymbol{G}}_2(\widetilde{\boldsymbol{u}},\boldsymbol{w})\boldsymbol{Q}_2\\ &\Leftrightarrow(\boldsymbol{Q}_2-\boldsymbol{Q}_2\widetilde{\boldsymbol{G}}_2^{\mathrm{T}}(\widetilde{\boldsymbol{u}},\boldsymbol{w})(\widetilde{\boldsymbol{Q}}_1+\widetilde{\boldsymbol{G}}_2(\widetilde{\boldsymbol{u}},\boldsymbol{w})\boldsymbol{Q}_2\widetilde{\boldsymbol{G}}_2^{\mathrm{T}}(\widetilde{\boldsymbol{u}},\boldsymbol{w}))^{-1}\widetilde{\boldsymbol{G}}_2(\widetilde{\boldsymbol{u}},\boldsymbol{w})\boldsymbol{Q}_2)^{-1}\\ &=\widetilde{\boldsymbol{G}}_2^{\mathrm{T}}(\widetilde{\boldsymbol{u}},\boldsymbol{w})\widetilde{\boldsymbol{Q}}_1^{-1}\widetilde{\boldsymbol{G}}_2(\widetilde{\boldsymbol{u}},\boldsymbol{w})+\boldsymbol{Q}_2^{-1}\end{aligned} \tag{8.88}$$

将式(8.88)代入式(8.87)可知

$$\begin{aligned}&\mathbf{cov}\left(\begin{bmatrix}\hat{\boldsymbol{u}}_{\mathrm{plwls}}^{(\mathrm{jb})}\\ \hat{\boldsymbol{w}}_{\mathrm{plwls}}^{(\mathrm{jb})}\end{bmatrix}\right)\\ &=\left[\begin{array}{c:c}\widetilde{\boldsymbol{G}}_1^{\mathrm{T}}(\widetilde{\boldsymbol{u}},\boldsymbol{w})\widetilde{\boldsymbol{Q}}_1^{-1}\widetilde{\boldsymbol{G}}_1(\widetilde{\boldsymbol{u}},\boldsymbol{w}) & \widetilde{\boldsymbol{G}}_1^{\mathrm{T}}(\widetilde{\boldsymbol{u}},\boldsymbol{w})\widetilde{\boldsymbol{Q}}_1^{-1}\widetilde{\boldsymbol{G}}_2(\widetilde{\boldsymbol{u}},\boldsymbol{w}) \\ \hdashline \widetilde{\boldsymbol{G}}_2^{\mathrm{T}}(\widetilde{\boldsymbol{u}},\boldsymbol{w})\widetilde{\boldsymbol{Q}}_1^{-1}\widetilde{\boldsymbol{G}}_1(\widetilde{\boldsymbol{u}},\boldsymbol{w}) & \widetilde{\boldsymbol{G}}_2^{\mathrm{T}}(\widetilde{\boldsymbol{u}},\boldsymbol{w})\widetilde{\boldsymbol{Q}}_1^{-1}\widetilde{\boldsymbol{G}}_2(\widetilde{\boldsymbol{u}},\boldsymbol{w})+\boldsymbol{Q}_2^{-1}+\bar{\boldsymbol{G}}^{\mathrm{T}}(\boldsymbol{s},\boldsymbol{w})\boldsymbol{Q}_3^{-1}\bar{\boldsymbol{G}}(\boldsymbol{s},\boldsymbol{w})\end{array}\right]^{-1}\\ &=\mathbf{CRB}^{(\mathrm{j})}\left(\begin{bmatrix}\widetilde{\boldsymbol{u}}\\ \boldsymbol{w}\end{bmatrix}\right)\end{aligned} \tag{8.89}$$

证毕。

命题 8.9 表明，(多)目标位置解 $\hat{\boldsymbol{u}}_{\mathrm{plwls}}^{(\mathrm{jb})}$ 和系统参量解 $\hat{\boldsymbol{w}}_{\mathrm{plwls}}^{(\mathrm{jb})}$ 具有渐近最优的统计性能(在门限效应发生以前)。

8.5　定位算例与数值实验

本节将以联合辐射源信号 AOA/TDOA 参数的无源定位问题为算例进行数值实验。

8.5.1　定位算例的观测模型

假设有 h 个待定位的目标源，其中第 k 个目标源的位置向量为 $\boldsymbol{u}_k=[x_{\mathrm{t},k}\quad y_{\mathrm{t},k}\quad z_{\mathrm{t},k}]^{\mathrm{T}}$，现有 M 个观测站可以接收到 h 个目标源信号，并利用信号的 AOA/TDOA 参数对目标进行定位。第 1 个观测站为主站，其余观测站均为辅站，并且第 m 个观测站的位置向量为 $\boldsymbol{w}_m=[x_{\mathrm{o},m}\quad y_{\mathrm{o},m}\quad z_{\mathrm{o},m}]^{\mathrm{T}}$，于是系统参量可以表示为 $\boldsymbol{w}=[\boldsymbol{w}_1^{\mathrm{T}}\quad \boldsymbol{w}_2^{\mathrm{T}}\quad\cdots\quad \boldsymbol{w}_M^{\mathrm{T}}]^{\mathrm{T}}$。

根据第 1 章的讨论可知，TDOA 参数可以等效为距离差，于是进行目标定位的全部观测方程可表示为

$$\begin{cases}\theta_{k,m}=\arctan\dfrac{y_{\mathrm{t},k}-y_{\mathrm{o},m}}{x_{\mathrm{t},k}-x_{\mathrm{o},m}}\\ \beta_{k,m}=\arctan\dfrac{z_{\mathrm{t},k}-z_{\mathrm{o},m}}{\|\bar{\boldsymbol{I}}_3(\boldsymbol{u}_k-\boldsymbol{w}_m)\|_2}\\ \quad\ \ =\arctan\dfrac{z_{\mathrm{t},k}-z_{\mathrm{o},m}}{(x_{\mathrm{t},k}-x_{\mathrm{o},m})\cos\theta_{k,m}+(y_{\mathrm{t},k}-y_{\mathrm{o},m})\sin\theta_{k,m}}\\ \delta_{k,n}=\|\boldsymbol{u}_k-\boldsymbol{w}_n\|_2-\|\boldsymbol{u}_k-\boldsymbol{w}_1\|_2\end{cases},\quad \begin{matrix}1\leqslant m\leqslant M\\ 2\leqslant n\leqslant M\\ 1\leqslant k\leqslant h\end{matrix} \tag{8.90}$$

式中，$\theta_{k,m}$和$\beta_{k,m}$分别表示第k个目标源信号到达第m个观测站的方位角和仰角；$\delta_{k,n}$表示第k个目标源信号到达第n个观测站与到达第1个观测站的距离差；$\bar{\boldsymbol{I}}_3=[\boldsymbol{I}_2\quad \boldsymbol{O}_{2\times 1}]$。再分别定义如下观测向量：

$$\boldsymbol{\theta}_k=[\theta_{k,1}\quad \theta_{k,2}\quad \cdots\quad \theta_{k,M}]^{\mathrm{T}},\quad \boldsymbol{\beta}_k=[\beta_{k,1}\quad \beta_{k,2}\quad \cdots\quad \beta_{k,M}]^{\mathrm{T}},\quad \boldsymbol{\delta}_k=[\delta_{k,2}\quad \delta_{k,3}\quad \cdots\quad \delta_{k,M}]^{\mathrm{T}} \tag{8.91}$$

则用于第k个目标定位的观测向量和观测方程可表示为

$$\boldsymbol{z}_{k0}=[\boldsymbol{\theta}_k^{\mathrm{T}}\quad \boldsymbol{\beta}_k^{\mathrm{T}}\quad \boldsymbol{\delta}_k^{\mathrm{T}}]^{\mathrm{T}}=\boldsymbol{g}(\boldsymbol{u}_k,\boldsymbol{w}) \tag{8.92}$$

而关于全部目标的观测向量和观测方程可表示为

$$\tilde{\boldsymbol{z}}_0=[\boldsymbol{z}_{10}^{\mathrm{T}}\quad \boldsymbol{z}_{20}^{\mathrm{T}}\quad \cdots\quad \boldsymbol{z}_{h0}^{\mathrm{T}}]^{\mathrm{T}}=[\boldsymbol{g}^{\mathrm{T}}(\boldsymbol{u}_1,\boldsymbol{w})\quad \boldsymbol{g}^{\mathrm{T}}(\boldsymbol{u}_2,\boldsymbol{w})\quad \cdots\quad \boldsymbol{g}^{\mathrm{T}}(\boldsymbol{u}_h,\boldsymbol{w})]^{\mathrm{T}}=\tilde{\boldsymbol{g}}(\tilde{\boldsymbol{u}},\boldsymbol{w}) \tag{8.93}$$

式中，$\tilde{\boldsymbol{u}}=[\boldsymbol{u}_1^{\mathrm{T}}\quad \boldsymbol{u}_2^{\mathrm{T}}\quad \cdots\quad \boldsymbol{u}_h^{\mathrm{T}}]^{\mathrm{T}}$表示由全部目标源位置所构成的列向量。

为了更好地消除系统误差的影响，需要在目标源附近放置d个位置精确已知的校正源，并且观测站同样能够获得关于校正源信号的AOA/TDOA参数。假设第k个校正源的位置向量为$\boldsymbol{s}_k=[x_{\mathrm{c},k}\quad y_{\mathrm{c},k}\quad z_{\mathrm{c},k}]^{\mathrm{T}}$，则关于该校正源的全部观测方程可表示为

$$\begin{cases}\theta_{\mathrm{c},k,m}=\arctan\dfrac{y_{\mathrm{c},k}-y_{\mathrm{o},m}}{x_{\mathrm{c},k}-x_{\mathrm{o},m}}\\ \beta_{\mathrm{c},k,m}=\arctan\dfrac{z_{\mathrm{c},k}-z_{\mathrm{o},m}}{\|\bar{\boldsymbol{I}}_3(\boldsymbol{s}_k-\boldsymbol{w}_m)\|_2}\\ \qquad\ \ =\arctan\dfrac{z_{\mathrm{c},k}-z_{\mathrm{o},m}}{(x_{\mathrm{c},k}-x_{\mathrm{o},m})\cos\theta_{\mathrm{c},k,m}+(y_{\mathrm{c},k}-y_{\mathrm{o},m})\sin\theta_{\mathrm{c},k,m}}\\ \delta_{\mathrm{c},k,n}=\|\boldsymbol{s}_k-\boldsymbol{w}_n\|_2-\|\boldsymbol{s}_k-\boldsymbol{w}_1\|_2\end{cases},\quad \begin{matrix}1\leqslant m\leqslant M\\ 2\leqslant n\leqslant M\\ 1\leqslant k\leqslant d\end{matrix} \tag{8.94}$$

式中，$\theta_{\mathrm{c},k,m}$和$\beta_{\mathrm{c},k,m}$分别表示第k个校正源信号到达第m个观测站的方位角和仰角；$\delta_{\mathrm{c},k,n}$表示第k个校正源信号到达第n个观测站与到达第1个观测站的距离差。再分别定义如下观测向量：

$$\boldsymbol{\theta}_{\mathrm{c},k}=[\theta_{\mathrm{c},k,1}\quad \theta_{\mathrm{c},k,2}\quad \cdots\quad \theta_{\mathrm{c},k,M}]^{\mathrm{T}},\quad \boldsymbol{\beta}_{\mathrm{c},k}=[\beta_{\mathrm{c},k,1}\quad \beta_{\mathrm{c},k,2}\quad \cdots\quad \beta_{\mathrm{c},k,M}]^{\mathrm{T}}$$
$$\boldsymbol{\delta}_{\mathrm{c},k}=[\delta_{\mathrm{c},k,2}\quad \delta_{\mathrm{c},k,3}\quad \cdots\quad \delta_{\mathrm{c},k,M}]^{\mathrm{T}} \tag{8.95}$$

则关于第k个校正源的观测向量和观测方程可表示为

$$\boldsymbol{r}_{k0}=[\boldsymbol{\theta}_{\mathrm{c},k}^{\mathrm{T}}\quad \boldsymbol{\beta}_{\mathrm{c},k}^{\mathrm{T}}\quad \boldsymbol{\delta}_{\mathrm{c},k}^{\mathrm{T}}]^{\mathrm{T}}=\boldsymbol{g}(\boldsymbol{s}_k,\boldsymbol{w}) \tag{8.96}$$

而关于全部校正源的观测向量和观测方程可表示为

$$\boldsymbol{r}_0=[\boldsymbol{r}_{10}^{\mathrm{T}}\quad \boldsymbol{r}_{20}^{\mathrm{T}}\quad \cdots\quad \boldsymbol{r}_{d0}^{\mathrm{T}}]^{\mathrm{T}}=[\boldsymbol{g}^{\mathrm{T}}(\boldsymbol{s}_1,\boldsymbol{w})\quad \boldsymbol{g}^{\mathrm{T}}(\boldsymbol{s}_2,\boldsymbol{w})\quad \cdots\quad \boldsymbol{g}^{\mathrm{T}}(\boldsymbol{s}_d,\boldsymbol{w})]^{\mathrm{T}}=\bar{\boldsymbol{g}}(\boldsymbol{s},\boldsymbol{w}) \tag{8.97}$$

式中，$\boldsymbol{s}=[\boldsymbol{s}_1^{\mathrm{T}}\quad \boldsymbol{s}_2^{\mathrm{T}}\quad \cdots\quad \boldsymbol{s}_d^{\mathrm{T}}]^{\mathrm{T}}$ 表示由全部校正源位置所构成的列向量。

根据前面的讨论可知，为了利用本章的方法进行目标定位，需要将式(8.90)中的每个非线性观测方程转化为伪线性观测方程。首先，式(8.90)中第一个观测方程的伪线性化过程如下：

$$\begin{aligned}
&\theta_{k,m}=\arctan\frac{y_{\mathrm{t},k}-y_{\mathrm{o},m}}{x_{\mathrm{t},k}-x_{\mathrm{o},m}}\Rightarrow\frac{\sin\theta_{k,m}}{\cos\theta_{k,m}}=\frac{y_{\mathrm{t},k}-y_{\mathrm{o},m}}{x_{\mathrm{t},k}-x_{\mathrm{o},m}}\\
&\Rightarrow\sin\theta_{k,m}x_{\mathrm{t},k}-\cos\theta_{k,m}y_{\mathrm{t},k}=x_{\mathrm{o},m}\sin\theta_{k,m}-y_{\mathrm{o},m}\cos\theta_{k,m}\\
&\Rightarrow\boldsymbol{b}_{1m}^{\mathrm{T}}(\boldsymbol{z}_{k0},\boldsymbol{w})\boldsymbol{u}_k=a_{1m}(\boldsymbol{z}_{k0},\boldsymbol{w}),\quad 1\leqslant m\leqslant M;1\leqslant k\leqslant h
\end{aligned}\tag{8.98}$$

式中

$$\begin{cases}\boldsymbol{b}_{1m}(\boldsymbol{z}_{k0},\boldsymbol{w})=[\sin\theta_{k,m}\ \vdots\ -\cos\theta_{k,m}\ \vdots\ 0]^{\mathrm{T}}\\ a_{1m}(\boldsymbol{z}_{k0},\boldsymbol{w})=x_{\mathrm{o},m}\sin\theta_{k,m}-y_{\mathrm{o},m}\cos\theta_{k,m}\end{cases}\tag{8.99}$$

然后，式(8.90)中第二个观测方程的伪线性化过程如下：

$$\begin{aligned}
&\beta_{k,m}=\arctan\frac{z_{\mathrm{t},k}-z_{\mathrm{o},m}}{(x_{\mathrm{t},k}-x_{\mathrm{o},m})\cos\theta_{k,m}+(y_{\mathrm{t},k}-y_{\mathrm{o},m})\sin\theta_{k,m}}\\
&\Rightarrow\frac{\sin\beta_{k,m}}{\cos\beta_{k,m}}=\frac{z_{\mathrm{t},k}-z_{\mathrm{o},m}}{(x_{\mathrm{t},k}-x_{\mathrm{o},m})\cos\theta_{k,m}+(y_{\mathrm{t},k}-y_{\mathrm{o},m})\sin\theta_{k,m}}\\
&\Rightarrow\cos\theta_{k,m}\sin\beta_{k,m}x_{\mathrm{t},k}+\sin\theta_{k,m}\sin\beta_{k,m}y_{\mathrm{t},k}-\cos\beta_{k,m}z_{\mathrm{t},k}\\
&=x_{\mathrm{o},m}\cos\theta_{k,m}\sin\beta_{k,m}+y_{\mathrm{o},m}\sin\theta_{k,m}\sin\beta_{k,m}-z_{\mathrm{o},m}\cos\beta_{k,m}\\
&\Rightarrow\boldsymbol{b}_{2m}^{\mathrm{T}}(\boldsymbol{z}_{k0},\boldsymbol{w})\boldsymbol{u}_k=a_{2m}(\boldsymbol{z}_{k0},\boldsymbol{w}),\quad 1\leqslant m\leqslant M;1\leqslant k\leqslant h
\end{aligned}\tag{8.100}$$

式中

$$\begin{cases}\boldsymbol{b}_{2m}(\boldsymbol{z}_{k0},\boldsymbol{w})=[\cos\theta_{k,m}\sin\beta_{k,m}\ \vdots\ \sin\theta_{k,m}\sin\beta_{k,m}\ \vdots\ -\cos\beta_{k,m}]^{\mathrm{T}}\\ a_{2m}(\boldsymbol{z}_{k0},\boldsymbol{w})=x_{\mathrm{o},m}\cos\theta_{k,m}\sin\beta_{k,m}+y_{\mathrm{o},m}\sin\theta_{k,m}\sin\beta_{k,m}-z_{\mathrm{o},m}\cos\beta_{k,m}\end{cases}\tag{8.101}$$

最后，式(8.90)中第三个观测方程的伪线性化过程如下：

$$\begin{aligned}
&\delta_{k,n}=\|\boldsymbol{u}_k-\boldsymbol{w}_n\|_2-\|\boldsymbol{u}_k-\boldsymbol{w}_1\|_2\Rightarrow\|\boldsymbol{u}_k-\boldsymbol{w}_n\|_2-\delta_{k,n}=\|\boldsymbol{u}_k-\boldsymbol{w}_1\|_2\\
&\Rightarrow\delta_{k,n}^2-2\delta_{k,n}\|\boldsymbol{u}_k-\boldsymbol{w}_n\|_2+\|\boldsymbol{w}_n\|_2^2-2\boldsymbol{w}_n^{\mathrm{T}}\boldsymbol{u}_k=\|\boldsymbol{w}_1\|_2^2-2\boldsymbol{w}_1^{\mathrm{T}}\boldsymbol{u}_k\\
&\Rightarrow2\delta_{k,n}\|\boldsymbol{u}_k-\boldsymbol{w}_n\|_2+2(\boldsymbol{w}_n-\boldsymbol{w}_1)^{\mathrm{T}}\boldsymbol{u}_k=\delta_{k,n}^2+\|\boldsymbol{w}_n\|_2^2-\|\boldsymbol{w}_1\|_2^2\\
&\Rightarrow2\delta_{k,n}((x_{\mathrm{t},k}-x_{\mathrm{o},n})\cos\theta_{k,n}\cos\beta_{k,n}+(y_{\mathrm{t},k}-y_{\mathrm{o},n})\sin\theta_{k,n}\cos\beta_{k,n}\\
&\quad+(z_{\mathrm{t},k}-z_{\mathrm{o},n})\sin\beta_{k,n})+2(\boldsymbol{w}_n-\boldsymbol{w}_1)^{\mathrm{T}}\boldsymbol{u}_k\\
&=\delta_{k,n}^2+\|\boldsymbol{w}_n\|_2^2-\|\boldsymbol{w}_1\|_2^2\\
&\Rightarrow2\delta_{k,n}\cos\theta_{k,n}\cos\beta_{k,n}x_{\mathrm{t},k}+2\delta_{k,n}\sin\theta_{k,n}\cos\beta_{k,n}y_{\mathrm{t},k}+2\delta_{k,n}\sin\beta_{k,n}z_{\mathrm{t},k}\\
&\quad+2(\boldsymbol{w}_n-\boldsymbol{w}_1)^{\mathrm{T}}\boldsymbol{u}_k\\
&=\delta_{k,n}^2+\|\boldsymbol{w}_n\|_2^2-\|\boldsymbol{w}_1\|_2^2+2x_{\mathrm{o},n}\delta_{k,n}\cos\theta_{k,n}\cos\beta_{k,n}\\
&\quad+2y_{\mathrm{o},n}\delta_{k,n}\sin\theta_{k,n}\cos\beta_{k,n}+2z_{\mathrm{o},n}\delta_{k,n}\sin\beta_{k,n}\\
&\Rightarrow\boldsymbol{b}_{3n}^{\mathrm{T}}(\boldsymbol{z}_{k0},\boldsymbol{w})\boldsymbol{u}_k=a_{3n}(\boldsymbol{z}_{k0},\boldsymbol{w}),\quad 2\leqslant n\leqslant M;1\leqslant k\leqslant h
\end{aligned}\tag{8.102}$$

式中

$$\begin{cases}\boldsymbol{b}_{3n}(\boldsymbol{z}_{k0},\boldsymbol{w})=[2\delta_{k,n}\cos\theta_{k,n}\cos\beta_{k,n} \vdots 2\delta_{k,n}\sin\theta_{k,n}\cos\beta_{k,n} \vdots 2\delta_{k,n}\sin\beta_{k,n}]^{\mathrm{T}}+2(\boldsymbol{w}_n-\boldsymbol{w}_1)\\ a_{3n}(\boldsymbol{z}_{k0},\boldsymbol{w})=\delta_{k,n}^2+\|\boldsymbol{w}_n\|_2^2-\|\boldsymbol{w}_1\|_2^2+2x_{\mathrm{o},n}\delta_{k,n}\cos\theta_{k,n}\cos\beta_{k,n}\\ \qquad +2y_{\mathrm{o},n}\delta_{k,n}\sin\theta_{k,n}\cos\beta_{k,n}+2z_{\mathrm{o},n}\delta_{k,n}\sin\beta_{k,n}\end{cases} \tag{8.103}$$

结合式(8.98)～式(8.103)可以建立关于第 k 个目标源的伪线性观测方程：

$$\boldsymbol{a}(\boldsymbol{z}_{k0},\boldsymbol{w})=\boldsymbol{B}(\boldsymbol{z}_{k0},\boldsymbol{w})\boldsymbol{u}_k,\quad 1\leqslant k\leqslant h \tag{8.104}$$

式中

$$\begin{cases}\boldsymbol{a}(\boldsymbol{z}_{k0},\boldsymbol{w})=[\boldsymbol{a}_1^{\mathrm{T}}(\boldsymbol{z}_{k0},\boldsymbol{w})\quad \boldsymbol{a}_2^{\mathrm{T}}(\boldsymbol{z}_{k0},\boldsymbol{w})\quad \boldsymbol{a}_3^{\mathrm{T}}(\boldsymbol{z}_{k0},\boldsymbol{w})]^{\mathrm{T}}\\ \boldsymbol{B}(\boldsymbol{z}_{k0},\boldsymbol{w})=[\boldsymbol{B}_1^{\mathrm{T}}(\boldsymbol{z}_{k0},\boldsymbol{w})\quad \boldsymbol{B}_2^{\mathrm{T}}(\boldsymbol{z}_{k0},\boldsymbol{w})\quad \boldsymbol{B}_3^{\mathrm{T}}(\boldsymbol{z}_{k0},\boldsymbol{w})]^{\mathrm{T}}\end{cases} \tag{8.105}$$

其中

$$\begin{cases}\boldsymbol{B}_j(\boldsymbol{z}_{k0},\boldsymbol{w})=\begin{bmatrix}\boldsymbol{b}_{j1}^{\mathrm{T}}(\boldsymbol{z}_{k0},\boldsymbol{w})\\ \boldsymbol{b}_{j2}^{\mathrm{T}}(\boldsymbol{z}_{k0},\boldsymbol{w})\\ \vdots\\ \boldsymbol{b}_{jM}^{\mathrm{T}}(\boldsymbol{z}_{k0},\boldsymbol{w})\end{bmatrix},\quad \boldsymbol{a}_j(\boldsymbol{z}_{k0},\boldsymbol{w})=\begin{bmatrix}a_{j1}(\boldsymbol{z}_{k0},\boldsymbol{w})\\ a_{j2}(\boldsymbol{z}_{k0},\boldsymbol{w})\\ \vdots\\ a_{jM}(\boldsymbol{z}_{k0},\boldsymbol{w})\end{bmatrix},\quad 1\leqslant j\leqslant 2\\ \boldsymbol{B}_3(\boldsymbol{z}_{k0},\boldsymbol{w})=\begin{bmatrix}\boldsymbol{b}_{32}^{\mathrm{T}}(\boldsymbol{z}_{k0},\boldsymbol{w})\\ \boldsymbol{b}_{33}^{\mathrm{T}}(\boldsymbol{z}_{k0},\boldsymbol{w})\\ \vdots\\ \boldsymbol{b}_{3M}^{\mathrm{T}}(\boldsymbol{z}_{k0},\boldsymbol{w})\end{bmatrix},\quad \boldsymbol{a}_3(\boldsymbol{z}_{k0},\boldsymbol{w})=\begin{bmatrix}a_{32}(\boldsymbol{z}_{k0},\boldsymbol{w})\\ a_{33}(\boldsymbol{z}_{k0},\boldsymbol{w})\\ \vdots\\ a_{3M}(\boldsymbol{z}_{k0},\boldsymbol{w})\end{bmatrix}\end{cases} \tag{8.106}$$

为了进行多目标联合定位，需要将式(8.104)中给出的 h 个伪线性观测方程进行合并，从而得到如下具有更高维数的伪线性观测方程：

$$\tilde{\boldsymbol{a}}(\tilde{\boldsymbol{z}}_0,\boldsymbol{w})=\tilde{\boldsymbol{B}}(\tilde{\boldsymbol{z}}_0,\boldsymbol{w})\tilde{\boldsymbol{u}} \tag{8.107}$$

式中

$$\begin{cases}\tilde{\boldsymbol{a}}(\tilde{\boldsymbol{z}}_0,\boldsymbol{w})=[\boldsymbol{a}^{\mathrm{T}}(\boldsymbol{z}_{10},\boldsymbol{w})\quad \boldsymbol{a}^{\mathrm{T}}(\boldsymbol{z}_{20},\boldsymbol{w})\quad \cdots\quad \boldsymbol{a}^{\mathrm{T}}(\boldsymbol{z}_{h0},\boldsymbol{w})]^{\mathrm{T}}\\ \tilde{\boldsymbol{B}}(\tilde{\boldsymbol{z}}_0,\boldsymbol{w})=\mathrm{blkdiag}[\boldsymbol{B}(\boldsymbol{z}_{10},\boldsymbol{w})\quad \boldsymbol{B}(\boldsymbol{z}_{20},\boldsymbol{w})\quad \cdots\quad \boldsymbol{B}(\boldsymbol{z}_{h0},\boldsymbol{w})]\end{cases} \tag{8.108}$$

此外，这里还需要将式(8.94)中的每个非线性观测方程转化为伪线性观测方程。首先，式(8.94)中第一个观测方程的伪线性化过程如下：

$$\begin{aligned}\theta_{\mathrm{c},k,m}&=\arctan\frac{y_{\mathrm{c},k}-y_{\mathrm{o},m}}{x_{\mathrm{c},k}-x_{\mathrm{o},m}}\Rightarrow\frac{\sin\theta_{\mathrm{c},k,m}}{\cos\theta_{\mathrm{c},k,m}}=\frac{y_{\mathrm{c},k}-y_{\mathrm{o},m}}{x_{\mathrm{c},k}-x_{\mathrm{o},m}}\\ &\Rightarrow\sin\theta_{\mathrm{c},k,m}x_{\mathrm{o},m}-\cos\theta_{\mathrm{c},k,m}y_{\mathrm{o},m}=x_{\mathrm{c},k}\sin\theta_{\mathrm{c},k,m}-y_{\mathrm{c},k}\cos\theta_{\mathrm{c},k,m}\\ &\Rightarrow\boldsymbol{d}_{1m}^{\mathrm{T}}(\boldsymbol{r}_{k0},\boldsymbol{s}_k)\boldsymbol{w}_m=c_{1m}(\boldsymbol{r}_{k0},\boldsymbol{s}_k),\quad 1\leqslant m\leqslant M;1\leqslant k\leqslant d\end{aligned} \tag{8.109}$$

式中

$$\begin{cases}\boldsymbol{d}_{1m}(\boldsymbol{r}_{k0},\boldsymbol{s}_k)=[\sin\theta_{\mathrm{c},k,m} \vdots -\cos\theta_{\mathrm{c},k,m} \vdots 0]^{\mathrm{T}}\\ c_{1m}(\boldsymbol{r}_{k0},\boldsymbol{s}_k)=x_{\mathrm{c},k}\sin\theta_{\mathrm{c},k,m}-y_{\mathrm{c},k}\cos\theta_{\mathrm{c},k,m}\end{cases} \tag{8.110}$$

然后，式(8.94)中第二个观测方程的伪线性化过程如下：

$$\begin{aligned}\beta_{\mathrm{c},k,m}&=\arctan\frac{z_{\mathrm{c},k}-z_{\mathrm{o},m}}{(x_{\mathrm{c},k}-x_{\mathrm{o},m})\cos\theta_{\mathrm{c},k,m}+(y_{\mathrm{c},k}-y_{\mathrm{o},m})\sin\theta_{\mathrm{c},k,m}}\\ &\Rightarrow\frac{\sin\beta_{\mathrm{c},k,m}}{\cos\beta_{\mathrm{c},k,m}}=\frac{z_{\mathrm{c},k}-z_{\mathrm{o},m}}{(x_{\mathrm{c},k}-x_{\mathrm{o},m})\cos\theta_{\mathrm{c},k,m}+(y_{\mathrm{c},k}-y_{\mathrm{o},m})\sin\theta_{\mathrm{c},k,m}}\end{aligned}$$

$$\Rightarrow \cos\theta_{\mathrm{c},k,m}\sin\beta_{\mathrm{c},k,m}x_{\mathrm{o},m}+\sin\theta_{\mathrm{c},k,m}\sin\beta_{\mathrm{c},k,m}y_{\mathrm{o},m}-\cos\beta_{\mathrm{c},k,m}z_{\mathrm{o},m}$$
$$=x_{\mathrm{c},k}\cos\theta_{\mathrm{c},k,m}\sin\beta_{\mathrm{c},k,m}+y_{\mathrm{c},k}\sin\theta_{\mathrm{c},k,m}\sin\beta_{\mathrm{c},k,m}-z_{\mathrm{c},k}\cos\beta_{\mathrm{c},k,m}$$
$$\Rightarrow \boldsymbol{d}_{2m}^{\mathrm{T}}(\boldsymbol{r}_{k0},\boldsymbol{s}_k)\boldsymbol{w}_m=c_{2m}(\boldsymbol{r}_{k0},\boldsymbol{s}_k),\quad 1\leqslant m\leqslant M;1\leqslant k\leqslant d \tag{8.111}$$

式中

$$\begin{cases}\boldsymbol{d}_{2m}(\boldsymbol{r}_{k0},\boldsymbol{s}_k)=[\cos\theta_{\mathrm{c},k,m}\sin\beta_{\mathrm{c},k,m}\ \vdots\ \sin\theta_{\mathrm{c},k,m}\sin\beta_{\mathrm{c},k,m}\ \vdots\ -\cos\beta_{\mathrm{c},k,m}]^{\mathrm{T}}\\ c_{2m}(\boldsymbol{r}_{k0},\boldsymbol{s}_k)=x_{\mathrm{c},k}\cos\theta_{\mathrm{c},k,m}\sin\beta_{\mathrm{c},k,m}+y_{\mathrm{c},k}\sin\theta_{\mathrm{c},k,m}\sin\beta_{\mathrm{c},k,m}-z_{\mathrm{c},k}\cos\beta_{\mathrm{c},k,m}\end{cases} \tag{8.112}$$

最后，式(8.94)中第三个观测方程的伪线性化过程如下：

$$\delta_{\mathrm{c},k,n}=\|\boldsymbol{s}_k-\boldsymbol{w}_n\|_2-\|\boldsymbol{s}_k-\boldsymbol{w}_1\|_2$$
$$\Rightarrow \delta_{\mathrm{c},k,n}=(x_{\mathrm{c},k}-x_{\mathrm{o},n})\cos\theta_{\mathrm{c},k,n}\cos\beta_{\mathrm{c},k,n}+(y_{\mathrm{c},k}-y_{\mathrm{o},n})\sin\theta_{\mathrm{c},k,n}\cos\beta_{\mathrm{c},k,n}$$
$$+(z_{\mathrm{c},k}-z_{\mathrm{o},n})\sin\beta_{\mathrm{c},k,n}$$
$$-(x_{\mathrm{c},k}-x_{\mathrm{o},1})\cos\theta_{\mathrm{c},k,1}\cos\beta_{\mathrm{c},k,1}-(y_{\mathrm{c},k}-y_{\mathrm{o},1})\sin\theta_{\mathrm{c},k,1}\cos\beta_{\mathrm{c},k,1}$$
$$-(z_{\mathrm{c},k}-z_{\mathrm{o},1})\sin\beta_{\mathrm{c},k,1}$$
$$\Rightarrow \cos\theta_{\mathrm{c},k,n}\cos\beta_{\mathrm{c},k,n}x_{\mathrm{o},n}+\sin\theta_{\mathrm{c},k,n}\cos\beta_{\mathrm{c},k,n}y_{\mathrm{o},n}+\sin\beta_{\mathrm{c},k,n}z_{\mathrm{o},n}$$
$$-\cos\theta_{\mathrm{c},k,1}\cos\beta_{\mathrm{c},k,1}x_{\mathrm{o},1}-\sin\theta_{\mathrm{c},k,1}\cos\beta_{\mathrm{c},k,1}y_{\mathrm{o},1}-\sin\beta_{\mathrm{c},k,1}z_{\mathrm{o},1}$$
$$=x_{\mathrm{c},k}(\cos\theta_{\mathrm{c},k,n}\cos\beta_{\mathrm{c},k,n}-\cos\theta_{\mathrm{c},k,1}\cos\beta_{\mathrm{c},k,1})+y_{\mathrm{c},k}(\sin\theta_{\mathrm{c},k,n}\cos\beta_{\mathrm{c},k,n}$$
$$-\sin\theta_{\mathrm{c},k,1}\cos\beta_{\mathrm{c},k,1})+z_{\mathrm{c},k}(\sin\beta_{\mathrm{c},k,n}-\sin\beta_{\mathrm{c},k,1})-\delta_{\mathrm{c},k,n}$$
$$\Rightarrow \boldsymbol{d}_{3n}^{\mathrm{T}}(\boldsymbol{r}_{k0},\boldsymbol{s}_k)\boldsymbol{w}_n-\boldsymbol{d}_{31}^{\mathrm{T}}(\boldsymbol{r}_{k0},\boldsymbol{s}_k)\boldsymbol{w}_1$$
$$=c_{3n}(\boldsymbol{r}_{k0},\boldsymbol{s}_k),\quad 2\leqslant n\leqslant M;1\leqslant k\leqslant d \tag{8.113}$$

式中

$$\begin{cases}\boldsymbol{d}_{3n}(\boldsymbol{r}_{k0},\boldsymbol{s}_k)=[\cos\theta_{\mathrm{c},k,n}\cos\beta_{\mathrm{c},k,n}\ \vdots\ \sin\theta_{\mathrm{c},k,n}\cos\beta_{\mathrm{c},k,n}\ \vdots\ \sin\beta_{\mathrm{c},k,n}]^{\mathrm{T}}\\ c_{3n}(\boldsymbol{r}_{k0},\boldsymbol{s}_k)=x_{\mathrm{c},k}(\cos\theta_{\mathrm{c},k,n}\cos\beta_{\mathrm{c},k,n}-\cos\theta_{\mathrm{c},k,1}\cos\beta_{\mathrm{c},k,1})+y_{\mathrm{c},k}(\sin\theta_{\mathrm{c},k,n}\cos\beta_{\mathrm{c},k,n}\\ \qquad -\sin\theta_{\mathrm{c},k,1}\cos\beta_{\mathrm{c},k,1})+z_{\mathrm{c},k}(\sin\beta_{\mathrm{c},k,n}-\sin\beta_{\mathrm{c},k,1})-\delta_{\mathrm{c},k,n}\end{cases} \tag{8.114}$$

结合式(8.109)～式(8.114)可建立如下伪线性观测方程：

$$\boldsymbol{c}(\boldsymbol{r}_{k0},\boldsymbol{s}_k)=\boldsymbol{D}(\boldsymbol{r}_{k0},\boldsymbol{s}_k)\boldsymbol{w},\quad 1\leqslant k\leqslant d \tag{8.115}$$

式中

$$\begin{cases}\boldsymbol{c}(\boldsymbol{r}_{k0},\boldsymbol{s}_k)=[\boldsymbol{c}_1^{\mathrm{T}}(\boldsymbol{r}_{k0},\boldsymbol{s}_k)\quad \boldsymbol{c}_2^{\mathrm{T}}(\boldsymbol{r}_{k0},\boldsymbol{s}_k)\quad \boldsymbol{c}_3^{\mathrm{T}}(\boldsymbol{r}_{k0},\boldsymbol{s}_k)]^{\mathrm{T}}\\ \boldsymbol{D}(\boldsymbol{r}_{k0},\boldsymbol{s}_k)=[\boldsymbol{D}_1^{\mathrm{T}}(\boldsymbol{r}_{k0},\boldsymbol{s}_k)\quad \boldsymbol{D}_2^{\mathrm{T}}(\boldsymbol{r}_{k0},\boldsymbol{s}_k)\quad \boldsymbol{D}_3^{\mathrm{T}}(\boldsymbol{r}_{k0},\boldsymbol{s}_k)]^{\mathrm{T}}\end{cases} \tag{8.116}$$

其中

$$\begin{cases}\boldsymbol{D}_j(\boldsymbol{r}_{k0},\boldsymbol{s}_k)=\mathrm{blkdiag}[\boldsymbol{d}_{j1}^{\mathrm{T}}(\boldsymbol{r}_{k0},\boldsymbol{s}_k)\quad \boldsymbol{d}_{j2}^{\mathrm{T}}(\boldsymbol{r}_{k0},\boldsymbol{s}_k)\quad \cdots\quad \boldsymbol{d}_{jM}^{\mathrm{T}}(\boldsymbol{r}_{k0},\boldsymbol{s}_k)],\quad 1\leqslant j\leqslant 2\\ \boldsymbol{D}_3(\boldsymbol{r}_{k0},\boldsymbol{s}_k)=[-\boldsymbol{1}_{(M-1)\times 1}\boldsymbol{d}_{31}^{\mathrm{T}}(\boldsymbol{r}_{k0},\boldsymbol{s}_k)\ \vdots\ \mathrm{blkdiag}[\boldsymbol{d}_{32}^{\mathrm{T}}(\boldsymbol{r}_{k0},\boldsymbol{s}_k)\quad \boldsymbol{d}_{33}^{\mathrm{T}}(\boldsymbol{r}_{k0},\boldsymbol{s}_k)\quad \cdots\quad \boldsymbol{d}_{3M}^{\mathrm{T}}(\boldsymbol{r}_{k0},\boldsymbol{s}_k)]]\end{cases} \tag{8.117}$$

$$\begin{cases}\boldsymbol{c}_j(\boldsymbol{r}_{k0},\boldsymbol{s}_k)=[c_{j1}(\boldsymbol{r}_{k0},\boldsymbol{s}_k)\quad c_{j2}(\boldsymbol{r}_{k0},\boldsymbol{s}_k)\quad \cdots\quad c_{jM}(\boldsymbol{r}_{k0},\boldsymbol{s}_k)]^{\mathrm{T}},\quad 1\leqslant j\leqslant 2\\ \boldsymbol{c}_3(\boldsymbol{r}_{k0},\boldsymbol{s}_k)=[c_{32}(\boldsymbol{r}_{k0},\boldsymbol{s}_k)\quad c_{33}(\boldsymbol{r}_{k0},\boldsymbol{s}_k)\quad \cdots\quad c_{3M}(\boldsymbol{r}_{k0},\boldsymbol{s}_k)]^{\mathrm{T}}\end{cases} \tag{8.118}$$

若将上述 d 个伪线性观测方程进行合并，则可建立如下具有更高维数的伪线性观测方程：

$$\bar{\boldsymbol{c}}(\boldsymbol{r}_0,\boldsymbol{s})=\bar{\boldsymbol{D}}(\boldsymbol{r}_0,\boldsymbol{s})\boldsymbol{w} \tag{8.119}$$

式中

$$\begin{cases}\bar{\boldsymbol{c}}(\boldsymbol{r}_0,\boldsymbol{s})=[\boldsymbol{c}^{\mathrm{T}}(\boldsymbol{r}_{10},\boldsymbol{s}_1)\quad \boldsymbol{c}^{\mathrm{T}}(\boldsymbol{r}_{20},\boldsymbol{s}_2)\quad \cdots\quad \boldsymbol{c}^{\mathrm{T}}(\boldsymbol{r}_{d0},\boldsymbol{s}_d)]^{\mathrm{T}}\\ \bar{\boldsymbol{D}}(\boldsymbol{r}_0,\boldsymbol{s})=[\boldsymbol{D}^{\mathrm{T}}(\boldsymbol{r}_{10},\boldsymbol{s}_1)\quad \boldsymbol{D}^{\mathrm{T}}(\boldsymbol{r}_{20},\boldsymbol{s}_2)\quad \cdots\quad \boldsymbol{D}^{\mathrm{T}}(\boldsymbol{r}_{d0},\boldsymbol{s}_d)]^{\mathrm{T}}\\ \boldsymbol{r}_0=[\boldsymbol{r}_{10}^{\mathrm{T}}\quad \boldsymbol{r}_{20}^{\mathrm{T}}\quad \cdots\quad \boldsymbol{r}_{d0}^{\mathrm{T}}]^{\mathrm{T}},\quad \boldsymbol{s}=[\boldsymbol{s}_1^{\mathrm{T}}\quad \boldsymbol{s}_2^{\mathrm{T}}\quad \cdots\quad \boldsymbol{s}_d^{\mathrm{T}}]^{\mathrm{T}}\end{cases} \tag{8.120}$$

另外，为了利用本章的方法进行目标定位，还需要推导矩阵 $\boldsymbol{T}_1(\boldsymbol{z}_{k0},\boldsymbol{w},\boldsymbol{u}_k)$，$\boldsymbol{T}_2(\boldsymbol{z}_{k0},\boldsymbol{w},\boldsymbol{u}_k)$ 和 $\boldsymbol{H}(\boldsymbol{r}_{k0},\boldsymbol{s}_k,\boldsymbol{w})$ 的表达式。根据前面的讨论可推得

$$\begin{cases}\boldsymbol{T}_1(\boldsymbol{z}_{k0},\boldsymbol{w},\boldsymbol{u}_k)=\boldsymbol{A}_1(\boldsymbol{z}_{k0},\boldsymbol{w})-[\dot{\boldsymbol{B}}_{\theta_{k,1}}(\boldsymbol{z}_{k0},\boldsymbol{w})\boldsymbol{u}_k\quad\cdots\quad\dot{\boldsymbol{B}}_{\theta_{k,M}}(\boldsymbol{z}_{k0},\boldsymbol{w})\boldsymbol{u}_k\ \vdots\\ \qquad\vdots\ \dot{\boldsymbol{B}}_{\beta_{k,1}}(\boldsymbol{z}_{k0},\boldsymbol{w})\boldsymbol{u}_k\quad\cdots\quad\dot{\boldsymbol{B}}_{\beta_{k,M}}(\boldsymbol{z}_{k0},\boldsymbol{w})\boldsymbol{u}_k\ \vdots\\ \qquad\vdots\ \dot{\boldsymbol{B}}_{\delta_{k,2}}(\boldsymbol{z}_{k0},\boldsymbol{w})\boldsymbol{u}_k\quad\cdots\quad\dot{\boldsymbol{B}}_{\delta_{k,M}}(\boldsymbol{z}_{k0},\boldsymbol{w})\boldsymbol{u}_k]\\ \boldsymbol{T}_2(\boldsymbol{z}_{k0},\boldsymbol{w},\boldsymbol{u}_k)=\boldsymbol{A}_2(\boldsymbol{z}_{k0},\boldsymbol{w})-[\dot{\boldsymbol{B}}_{x_{\mathrm{o},1}}(\boldsymbol{z}_{k0},\boldsymbol{w})\boldsymbol{u}_k\quad\dot{\boldsymbol{B}}_{y_{\mathrm{o},1}}(\boldsymbol{z}_{k0},\boldsymbol{w})\boldsymbol{u}_k\quad\dot{\boldsymbol{B}}_{z_{\mathrm{o},1}}(\boldsymbol{z}_{k0},\boldsymbol{w})\boldsymbol{u}_k\ \vdots\\ \qquad\vdots\ \dot{\boldsymbol{B}}_{x_{\mathrm{o},2}}(\boldsymbol{z}_{k0},\boldsymbol{w})\boldsymbol{u}_k\quad\dot{\boldsymbol{B}}_{y_{\mathrm{o},2}}(\boldsymbol{z}_{k0},\boldsymbol{w})\boldsymbol{u}_k\quad\dot{\boldsymbol{B}}_{z_{\mathrm{o},2}}(\boldsymbol{z}_{k0},\boldsymbol{w})\boldsymbol{u}_k\ \vdots\ \cdots\\ \qquad\cdots\ \vdots\ \dot{\boldsymbol{B}}_{x_{\mathrm{o},M}}(\boldsymbol{z}_{k0},\boldsymbol{w})\boldsymbol{u}_k\quad\dot{\boldsymbol{B}}_{y_{\mathrm{o},M}}(\boldsymbol{z}_{k0},\boldsymbol{w})\boldsymbol{u}_k\quad\dot{\boldsymbol{B}}_{z_{\mathrm{o},M}}(\boldsymbol{z}_{k0},\boldsymbol{w})\boldsymbol{u}_k]\\ \boldsymbol{H}(\boldsymbol{r}_{k0},\boldsymbol{s}_k,\boldsymbol{w})=\boldsymbol{C}(\boldsymbol{r}_{k0},\boldsymbol{s}_k)-[\dot{\boldsymbol{D}}_{\theta_{\mathrm{c},k,1}}(\boldsymbol{r}_{k0},\boldsymbol{s}_k)\boldsymbol{w}\quad\cdots\quad\dot{\boldsymbol{D}}_{\theta_{\mathrm{c},k,M}}(\boldsymbol{r}_{k0},\boldsymbol{s}_k)\boldsymbol{w}\ \vdots\\ \qquad\vdots\ \dot{\boldsymbol{D}}_{\beta_{\mathrm{c},k,1}}(\boldsymbol{r}_{k0},\boldsymbol{s}_k)\boldsymbol{w}\quad\cdots\quad\dot{\boldsymbol{D}}_{\beta_{\mathrm{c},k,M}}(\boldsymbol{r}_{k0},\boldsymbol{s}_k)\boldsymbol{w}\ \vdots\\ \qquad\vdots\ \dot{\boldsymbol{D}}_{\delta_{\mathrm{c},k,2}}(\boldsymbol{r}_{k0},\boldsymbol{s}_k)\boldsymbol{w}\quad\cdots\quad\dot{\boldsymbol{D}}_{\delta_{\mathrm{c},k,M}}(\boldsymbol{r}_{k0},\boldsymbol{s}_k)\boldsymbol{w}]\end{cases} \tag{8.121}$$

式中

$$\begin{cases}\boldsymbol{A}_1(\boldsymbol{z}_{k0},\boldsymbol{w})=\dfrac{\partial\boldsymbol{a}(\boldsymbol{z}_{k0},\boldsymbol{w})}{\partial\boldsymbol{z}_{k0}^{\mathrm{T}}}=\left[\left(\dfrac{\partial\boldsymbol{a}_1(\boldsymbol{z}_{k0},\boldsymbol{w})}{\partial\boldsymbol{z}_{k0}^{\mathrm{T}}}\right)^{\mathrm{T}}\quad\left(\dfrac{\partial\boldsymbol{a}_2(\boldsymbol{z}_{k0},\boldsymbol{w})}{\partial\boldsymbol{z}_{k0}^{\mathrm{T}}}\right)^{\mathrm{T}}\quad\left(\dfrac{\partial\boldsymbol{a}_3(\boldsymbol{z}_{k0},\boldsymbol{w})}{\partial\boldsymbol{z}_{k0}^{\mathrm{T}}}\right)^{\mathrm{T}}\right]^{\mathrm{T}}\\ \boldsymbol{A}_2(\boldsymbol{z}_{k0},\boldsymbol{w})=\dfrac{\partial\boldsymbol{a}(\boldsymbol{z}_{k0},\boldsymbol{w})}{\partial\boldsymbol{w}^{\mathrm{T}}}=\left[\left(\dfrac{\partial\boldsymbol{a}_1(\boldsymbol{z}_{k0},\boldsymbol{w})}{\partial\boldsymbol{w}^{\mathrm{T}}}\right)^{\mathrm{T}}\quad\left(\dfrac{\partial\boldsymbol{a}_2(\boldsymbol{z}_{k0},\boldsymbol{w})}{\partial\boldsymbol{w}^{\mathrm{T}}}\right)^{\mathrm{T}}\quad\left(\dfrac{\partial\boldsymbol{a}_3(\boldsymbol{z}_{k0},\boldsymbol{w})}{\partial\boldsymbol{w}^{\mathrm{T}}}\right)^{\mathrm{T}}\right]^{\mathrm{T}}\end{cases} \tag{8.122}$$

$$\begin{cases}\dot{\boldsymbol{B}}_{\theta_{k,m}}(\boldsymbol{z}_{k0},\boldsymbol{w})=\dfrac{\partial\boldsymbol{B}(\boldsymbol{z}_{k0},\boldsymbol{w})}{\partial\theta_{k,m}}=\left[\left(\dfrac{\partial\boldsymbol{B}_1(\boldsymbol{z}_{k0},\boldsymbol{w})}{\partial\theta_{k,m}}\right)^{\mathrm{T}}\quad\left(\dfrac{\partial\boldsymbol{B}_2(\boldsymbol{z}_{k0},\boldsymbol{w})}{\partial\theta_{k,m}}\right)^{\mathrm{T}}\quad\left(\dfrac{\partial\boldsymbol{B}_3(\boldsymbol{z}_{k0},\boldsymbol{w})}{\partial\theta_{k,m}}\right)^{\mathrm{T}}\right]^{\mathrm{T}}\\ \dot{\boldsymbol{B}}_{\beta_{k,m}}(\boldsymbol{z}_{k0},\boldsymbol{w})=\dfrac{\partial\boldsymbol{B}(\boldsymbol{z}_{k0},\boldsymbol{w})}{\partial\beta_{k,m}}=\left[\left(\dfrac{\partial\boldsymbol{B}_1(\boldsymbol{z}_{k0},\boldsymbol{w})}{\partial\beta_{k,m}}\right)^{\mathrm{T}}\quad\left(\dfrac{\partial\boldsymbol{B}_2(\boldsymbol{z}_{k0},\boldsymbol{w})}{\partial\beta_{k,m}}\right)^{\mathrm{T}}\quad\left(\dfrac{\partial\boldsymbol{B}_3(\boldsymbol{z}_{k0},\boldsymbol{w})}{\partial\beta_{k,m}}\right)^{\mathrm{T}}\right]^{\mathrm{T}}\\ \dot{\boldsymbol{B}}_{\delta_{k,n}}(\boldsymbol{z}_{k0},\boldsymbol{w})=\dfrac{\partial\boldsymbol{B}(\boldsymbol{z}_{k0},\boldsymbol{w})}{\partial\delta_{k,n}}=\left[\left(\dfrac{\partial\boldsymbol{B}_1(\boldsymbol{z}_{k0},\boldsymbol{w})}{\partial\delta_{k,n}}\right)^{\mathrm{T}}\quad\left(\dfrac{\partial\boldsymbol{B}_2(\boldsymbol{z}_{k0},\boldsymbol{w})}{\partial\delta_{k,n}}\right)^{\mathrm{T}}\quad\left(\dfrac{\partial\boldsymbol{B}_3(\boldsymbol{z}_{k0},\boldsymbol{w})}{\partial\delta_{k,n}}\right)^{\mathrm{T}}\right]^{\mathrm{T}}\end{cases} \tag{8.123}$$

$$\begin{cases}\dot{\boldsymbol{B}}_{x_{\mathrm{o},m}}(\boldsymbol{z}_{k0},\boldsymbol{w})=\dfrac{\partial\boldsymbol{B}(\boldsymbol{z}_{k0},\boldsymbol{w})}{\partial x_{\mathrm{o},m}}=\left[\left(\dfrac{\partial\boldsymbol{B}_1(\boldsymbol{z}_{k0},\boldsymbol{w})}{\partial x_{\mathrm{o},m}}\right)^{\mathrm{T}}\quad\left(\dfrac{\partial\boldsymbol{B}_2(\boldsymbol{z}_{k0},\boldsymbol{w})}{\partial x_{\mathrm{o},m}}\right)^{\mathrm{T}}\quad\left(\dfrac{\partial\boldsymbol{B}_3(\boldsymbol{z}_{k0},\boldsymbol{w})}{\partial x_{\mathrm{o},m}}\right)^{\mathrm{T}}\right]^{\mathrm{T}}\\ \dot{\boldsymbol{B}}_{y_{\mathrm{o},m}}(\boldsymbol{z}_{k0},\boldsymbol{w})=\dfrac{\partial\boldsymbol{B}(\boldsymbol{z}_{k0},\boldsymbol{w})}{\partial y_{\mathrm{o},m}}=\left[\left(\dfrac{\partial\boldsymbol{B}_1(\boldsymbol{z}_{k0},\boldsymbol{w})}{\partial y_{\mathrm{o},m}}\right)^{\mathrm{T}}\quad\left(\dfrac{\partial\boldsymbol{B}_2(\boldsymbol{z}_{k0},\boldsymbol{w})}{\partial y_{\mathrm{o},m}}\right)^{\mathrm{T}}\quad\left(\dfrac{\partial\boldsymbol{B}_3(\boldsymbol{z}_{k0},\boldsymbol{w})}{\partial y_{\mathrm{o},m}}\right)^{\mathrm{T}}\right]^{\mathrm{T}}\\ \dot{\boldsymbol{B}}_{z_{\mathrm{o},m}}(\boldsymbol{z}_{k0},\boldsymbol{w})=\dfrac{\partial\boldsymbol{B}(\boldsymbol{z}_{k0},\boldsymbol{w})}{\partial z_{\mathrm{o},m}}=\left[\left(\dfrac{\partial\boldsymbol{B}_1(\boldsymbol{z}_{k0},\boldsymbol{w})}{\partial z_{\mathrm{o},m}}\right)^{\mathrm{T}}\quad\left(\dfrac{\partial\boldsymbol{B}_2(\boldsymbol{z}_{k0},\boldsymbol{w})}{\partial z_{\mathrm{o},m}}\right)^{\mathrm{T}}\quad\left(\dfrac{\partial\boldsymbol{B}_3(\boldsymbol{z}_{k0},\boldsymbol{w})}{\partial z_{\mathrm{o},m}}\right)^{\mathrm{T}}\right]^{\mathrm{T}}\end{cases}\tag{8.124}$$

$$\boldsymbol{C}(\boldsymbol{r}_{k0},\boldsymbol{s}_k)=\left[\left(\frac{\partial\boldsymbol{c}_1(\boldsymbol{r}_{k0},\boldsymbol{s}_k)}{\partial\boldsymbol{r}_{k0}^{\mathrm{T}}}\right)^{\mathrm{T}}\quad\left(\frac{\partial\boldsymbol{c}_2(\boldsymbol{r}_{k0},\boldsymbol{s}_k)}{\partial\boldsymbol{r}_{k0}^{\mathrm{T}}}\right)^{\mathrm{T}}\quad\left(\frac{\partial\boldsymbol{c}_3(\boldsymbol{r}_{k0},\boldsymbol{s}_k)}{\partial\boldsymbol{r}_{k0}^{\mathrm{T}}}\right)^{\mathrm{T}}\right]^{\mathrm{T}}\tag{8.125}$$

$$\begin{cases}\dot{\boldsymbol{D}}_{\theta_{\mathrm{c},k,m}}(\boldsymbol{r}_{k0},\boldsymbol{s}_k)=\dfrac{\partial\boldsymbol{D}(\boldsymbol{r}_{k0},\boldsymbol{s}_k)}{\partial\theta_{\mathrm{c},k,m}}=\left[\left(\dfrac{\partial\boldsymbol{D}_1(\boldsymbol{r}_{k0},\boldsymbol{s}_k)}{\partial\theta_{\mathrm{c},k,m}}\right)^{\mathrm{T}}\quad\left(\dfrac{\partial\boldsymbol{D}_2(\boldsymbol{r}_{k0},\boldsymbol{s}_k)}{\partial\theta_{\mathrm{c},k,m}}\right)^{\mathrm{T}}\quad\left(\dfrac{\partial\boldsymbol{D}_3(\boldsymbol{r}_{k0},\boldsymbol{s}_k)}{\partial\theta_{\mathrm{c},k,m}}\right)^{\mathrm{T}}\right]^{\mathrm{T}}\\ \dot{\boldsymbol{D}}_{\beta_{\mathrm{c},k,m}}(\boldsymbol{r}_{k0},\boldsymbol{s}_k)=\dfrac{\partial\boldsymbol{D}(\boldsymbol{r}_{k0},\boldsymbol{s}_k)}{\partial\beta_{\mathrm{c},k,m}}=\left[\left(\dfrac{\partial\boldsymbol{D}_1(\boldsymbol{r}_{k0},\boldsymbol{s}_k)}{\partial\beta_{\mathrm{c},k,m}}\right)^{\mathrm{T}}\quad\left(\dfrac{\partial\boldsymbol{D}_2(\boldsymbol{r}_{k0},\boldsymbol{s}_k)}{\partial\beta_{\mathrm{c},k,m}}\right)^{\mathrm{T}}\quad\left(\dfrac{\partial\boldsymbol{D}_3(\boldsymbol{r}_{k0},\boldsymbol{s}_k)}{\partial\beta_{\mathrm{c},k,m}}\right)^{\mathrm{T}}\right]^{\mathrm{T}}\\ \dot{\boldsymbol{D}}_{\delta_{\mathrm{c},k,n}}(\boldsymbol{r}_{k0},\boldsymbol{s}_k)=\dfrac{\partial\boldsymbol{D}(\boldsymbol{r}_{k0},\boldsymbol{s}_k)}{\partial\delta_{\mathrm{c},k,n}}=\left[\left(\dfrac{\partial\boldsymbol{D}_1(\boldsymbol{r}_{k0},\boldsymbol{s}_k)}{\partial\delta_{\mathrm{c},k,n}}\right)^{\mathrm{T}}\quad\left(\dfrac{\partial\boldsymbol{D}_2(\boldsymbol{r}_{k0},\boldsymbol{s}_k)}{\partial\delta_{\mathrm{c},k,n}}\right)^{\mathrm{T}}\quad\left(\dfrac{\partial\boldsymbol{D}_3(\boldsymbol{r}_{k0},\boldsymbol{s}_k)}{\partial\delta_{\mathrm{c},k,n}}\right)^{\mathrm{T}}\right]^{\mathrm{T}}\end{cases}\tag{8.126}$$

式(8.122)～式(8.126)中各个子矩阵的表达式可见附录 I。

下面将针对具体的参数给出相应的数值实验结果。

8.5.2 定位算例的数值实验

为了与多目标独立定位时的伪线性加权最小二乘定位方法及其克拉美罗界区分开来，在下面的数值实验图中将多目标联合定位的伪线性加权最小二乘定位方法及其克拉美罗界分别记为“J-Plwls”和“J-CRB”，而将多目标独立定位的伪线性加权最小二乘定位方法及其克拉美罗界分别记为“I-Plwls”和“I-CRB”。

1. 数值实验 1

假设共有五个观测站可以接收到三个目标源信号并对目标进行定位，第一个观测站为主站，其余观测站均为辅站，相应的三维位置坐标的数值见表 8.1，其中的测量误差服从独立的零均值高斯分布。三个目标的三维位置坐标分别设置为(4600m，3500m，2000m)(目标 1)，(5800m，4700m，2500m)(目标 2)和(6500m，5200m，3000m)(目标 3)，目标源信号 AOA/TDOA 参数的观测误差服从零均值高斯分布。此外，在目标源附近放置两个位置精确已知的校正源，校正源的三维位置坐标分别为(5000m，4000m，2200m)和(6000m，5000m，2800m)，并且校正源信号 AOA/TDOA 参数的观测误差与目标源信号 AOA/TDOA 参数的观测误差服从相同的概率分布。下面的数值实验将给出本章的两类伪线性加权最小二乘(多)目标联合定位方法(图中用 J-Plwls 表示)的参数估计均方根误差，并将其与多目标联合定位的克拉美罗界(图中用 J-CRB 表示)进行比较，其目的在于说明这两类定位方法的参数估计性能。

首先，将观测站位置测量误差标准差固定为 $\sigma_{位置}=10\mathrm{m}$，而将 AOA/TDOA 参数的观测误差标准差分别设置为 $\sigma_{角度}=0.0001\delta_1\,\mathrm{rad}$ 和 $\sigma_{距离差}=\delta_1\,\mathrm{m}$，这里将 δ_1 称为观测量扰动

参数(其数值会从 1 到 20 发生变化)。图 8.1 给出了两类伪线性加权最小二乘(多)目标联合定位方法的(多)目标位置估计均方根误差随着观测量扰动参数 δ_1 的变化曲线,图 8.2给出了两类伪线性加权最小二乘(多)目标联合定位方法的观测站位置估计均方根误差随着观测量扰动参数 δ_1 的变化曲线,图中的观测站位置先验估计均方根误差根据方差矩阵 $\boldsymbol{Q}_2$ 计算获得(即 $\sqrt{\mathrm{tr}(\boldsymbol{Q}_2)}$)。

然后,将 AOA/TDOA 参数的观测误差标准差分别固定为 $\sigma_{角度}=0.0008\mathrm{rad}$ 和 $\sigma_{距离差}=8\mathrm{m}$,而将观测站位置测量误差标准差设置为 $\sigma_{位置}=0.8\delta_2\mathrm{m}$,这里将 δ_2 称为系统参量扰动参数(其数值会从 1 到 20 发生变化)。图 8.3 给出了两类伪线性加权最小二乘(多)目标联合定位方法的(多)目标位置估计均方根误差随着系统参量扰动参数 δ_2 的变化曲线,图 8.4 给出了两类伪线性加权最小二乘(多)目标联合定位方法的观测站位置估计均方根误差随着系统参量扰动参数 δ_2 的变化曲线,图中的观测站位置先验估计均方根误差根据方差矩阵 $\boldsymbol{Q}_2$ 计算获得(即 $\sqrt{\mathrm{tr}(\boldsymbol{Q}_2)}$)。

表 8.1 观测站三维位置坐标数值列表

观测站序号	1	2	3	4	5
$x_{\mathrm{o},m}/\mathrm{m}$	2700	−3500	2400	−2200	−2500
$y_{\mathrm{o},m}/\mathrm{m}$	2600	−2000	−1900	2800	−2100
$z_{\mathrm{o},m}/\mathrm{m}$	1680	1250	−950	−880	1880

从图 8.1～图 8.4 可以看出:

(1) 两类伪线性加权最小二乘(多)目标联合定位方法的(多)目标位置估计均方根误差都可以达到“联合目标源和校正源观测量的克拉美罗界”(由式(8.32)给出),并且优于“仅基于目标源观测量的克拉美罗界”(由式(8.15)给出),这一方面说明了本章的两类伪线性加权最小二乘(多)目标联合定位方法的渐近最优性,同时说明了校正源观测量为提高(多)目标位置估计精度所带来的性能增益,并且该增益还随着系统参量扰动参数的增大而增加(图 8.3)。

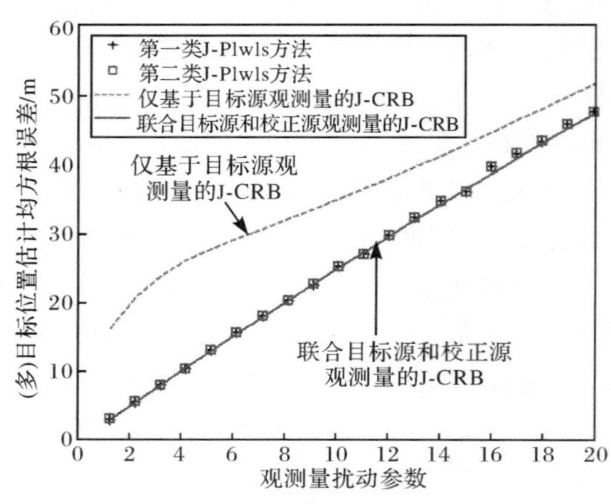

图 8.1 (多)目标位置估计均方根误差随着观测量扰动参数 δ_1 的变化曲线

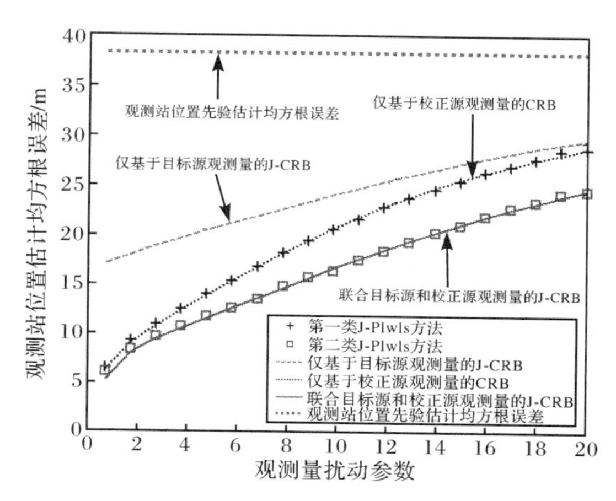

图 8.2　观测站位置估计均方根误差随着观测量扰动参数 δ_1 的变化曲线

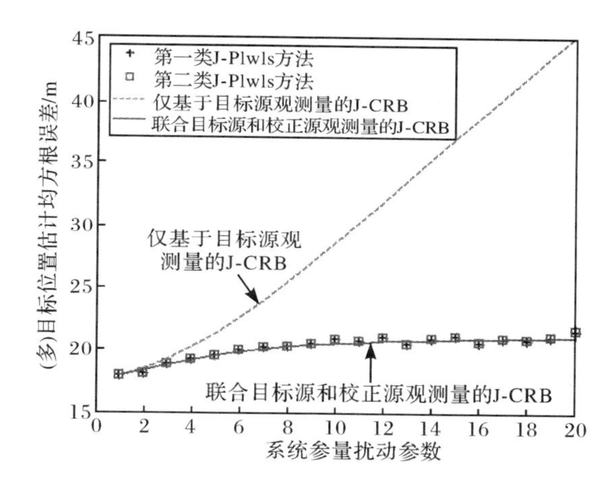

图 8.3　(多)目标位置估计均方根误差随着系统参量扰动参数 δ_2 的变化曲线

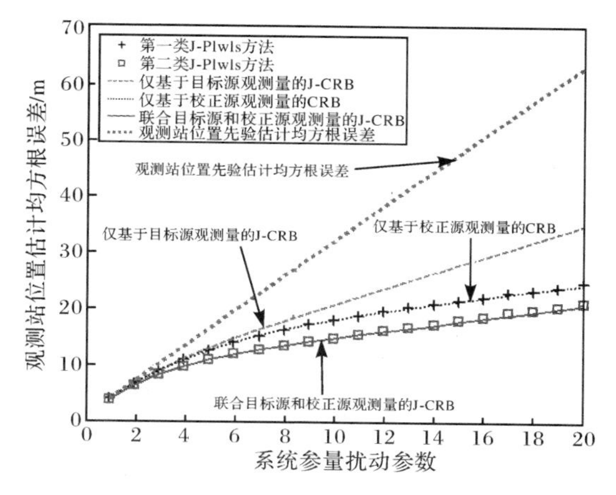

图 8.4　观测站位置估计均方根误差随着系统参量扰动参数 δ_2 的变化曲线

(2) 第一类伪线性加权最小二乘(多)目标联合定位方法的观测站位置估计均方根误差可以达到"仅基于校正源观测量的克拉美罗界"(由式(3.45)给出),这是因为该方法仅在第一步给出观测站位置的估计值,而第一步中仅仅利用了校正源观测量;第二类伪线性加权最小二乘(多)目标联合定位方法的观测站位置估计均方根误差可以达到"联合目标源和校正源观测量的克拉美罗界"(可由式(8.30)计算所得),因此其估计精度要高于第一类伪线性加权最小二乘(多)目标联合定位方法。

(3) 相比于观测站位置先验测量方差(由方差矩阵 $\boldsymbol{Q}_2$ 计算获得)和"仅基于目标源观测量的克拉美罗界"(可由式(8.12)计算所得),两类伪线性加权最小二乘(多)目标联合定位方法给出的观测站位置估计值均具有更小的方差。

2. 数值实验 2

数值实验条件基本不变,但仅设置一个校正源,并且其三维位置坐标为(9000m,8000m,5000m)。下面将比较第一类伪线性加权最小二乘定位方法在多目标联合定位(即本章的方法)和多目标独立定位(即第 4 章的方法)这两种情形下的目标位置估计性能,其目的在于说明多目标联合定位能够产生协同增益。值得注意的是,为了便于性能比较,这里需要单独统计每一个目标的位置估计均方根误差。

首先,将观测站位置测量误差标准差固定为 $\sigma_{位置}=20\text{m}$,而将 AOA/TDOA 参数的观测误差标准差分别设置为 $\sigma_{角度}=0.0001\delta_1\,\text{rad}$ 和 $\sigma_{距离差}=0.1\delta_1\,\text{m}$,这里将 δ_1 称为观测量扰动参数(其数值会从 1 到 20 发生变化)。图 8.5~图 8.7 给出了第一类伪线性加权最小二乘定位方法所给出的三个目标的位置估计均方根误差随着观测量扰动参数 δ_1 的变化曲线。

然后,将 AOA/TDOA 参数的观测误差标准差分别固定为 $\sigma_{角度}=0.001\text{rad}$ 和 $\sigma_{距离差}=0.5\text{m}$,而将观测站位置测量误差标准差设置为 $\sigma_{位置}=\delta_2\,\text{m}$,这里将 δ_2 称为系统参量扰动参数(其数值会从 1 到 20 发生变化)。图 8.8~图 8.10 给出了第一类伪线性加权最小二乘定位方法所给出的三个目标的位置估计均方根误差随着系统参量扰动参数 δ_2 的变化曲线。

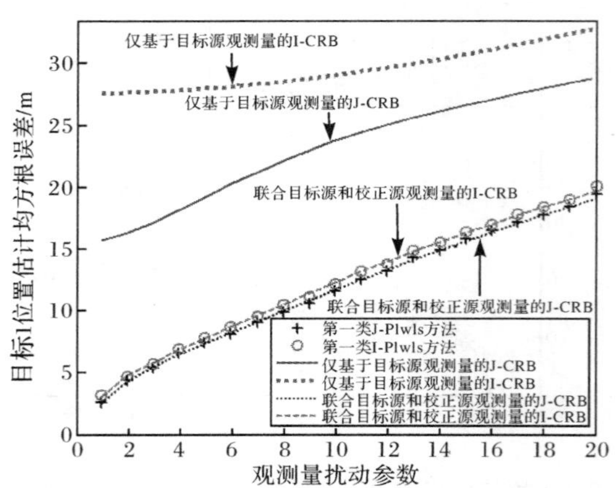

图 8.5 目标 1 位置估计均方根误差随着观测量扰动参数 δ_1 的变化曲线

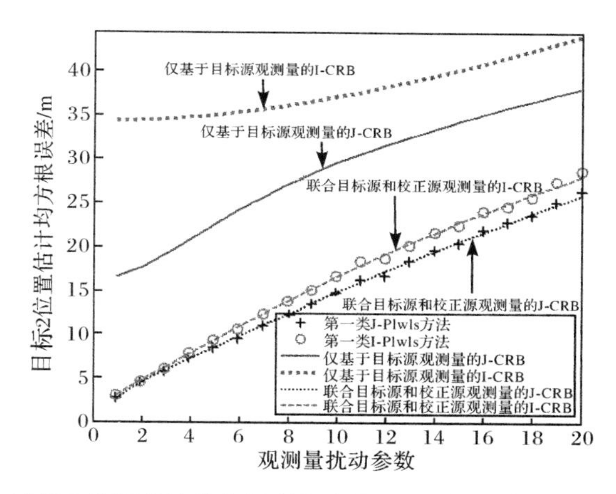

图 8.6　目标 2 位置估计均方根误差随着观测量扰动参数 δ_1 的变化曲线

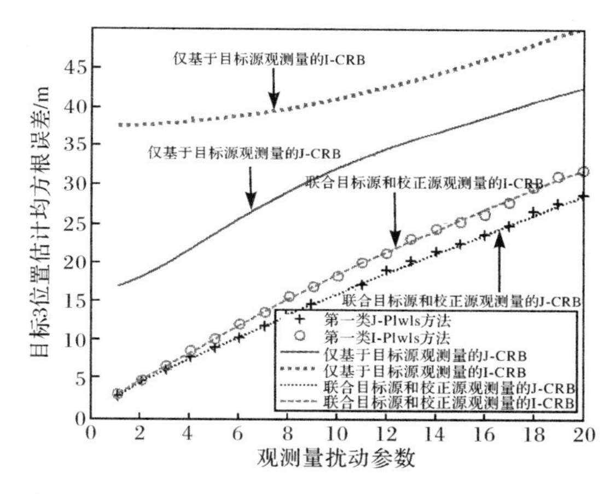

图 8.7　目标 3 位置估计均方根误差随着观测量扰动参数 δ_1 的变化曲线

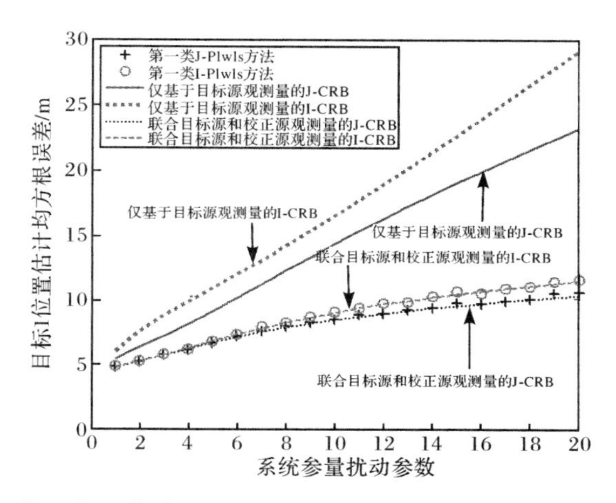

图 8.8　目标 1 位置估计均方根误差随着系统参量扰动参数 δ_2 的变化曲线

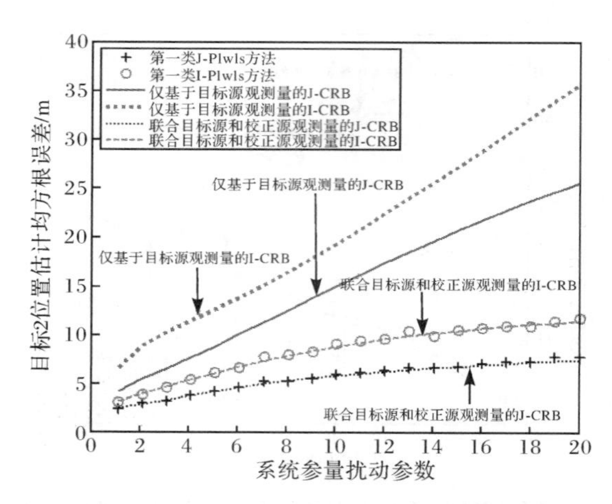

图 8.9 目标 2 位置估计均方根误差随着系统参量扰动参数 δ_2 的变化曲线

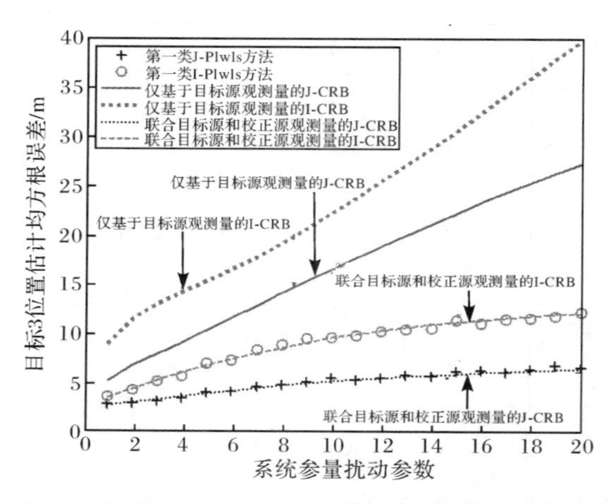

图 8.10 目标 3 位置估计均方根误差随着系统参量扰动参数 δ_2 的变化曲线

从图 8.5～图 8.10 可以看出：无论是否利用校正源观测量，只要存在系统误差，多目标联合定位就能够比多目标独立定位获得更高的定位精度，即产生了协同增益，并且在没有校正源观测量的条件下，这种协同增益会更高，这是因为在这种情形下系统误差的影响会更为显著。另外，上述结论对于第二类伪线性加权最小二乘定位方法同样适用，但限于篇幅这里不再给出其估计结果。

3. 数值实验 3

数值实验条件基本不变，仅改变校正源的个数及其三维位置坐标，并且考虑以下三种情形：①设置三个校正源，每个校正源的三维位置坐标分别为(5000m，4000m，2200m)，(6000m，5000m，2800m)和(6500m，5500m，3000m)；②设置两个校正源，每个校正源的三维位置坐标分别为(5000m，4000m，2200m)和(6000m，5000m，2800m)；③仅设置一个校正源，该校正源的三维位置坐标为(5000m，4000m，2200m)。下面的实验将在上述三种情形下给出第二类伪线性加权最小二乘(多)目标联合定位方法的参数估计性能，其目的在于说明校正源个数对于参数估计精度的影响。

首先,将观测站位置测量误差标准差固定为 $\sigma_{位置}=20$m,而将 AOA/TDOA 参数的观测误差标准差分别设置为 $\sigma_{角度}=0.00002\delta_1$ rad 和 $\sigma_{距离差}=0.2\delta_1$ m,这里将 δ_1 称为观测量扰动参数(其数值会从 1 到 20 发生变化)。图 8.11 给出了第二类伪线性加权最小二乘(多)目标联合定位方法的(多)目标位置估计均方根误差随着观测量扰动参数 δ_1 的变化曲线,图 8.12 给出了第二类伪线性加权最小二乘(多)目标联合定位方法的观测站位置估计均方根误差随着观测量扰动参数 δ_1 的变化曲线。

然后,将 AOA/TDOA 参数的观测误差标准差分别固定为 $\sigma_{角度}=0.001$rad 和 $\sigma_{距离差}=2$m,而将观测站位置测量误差标准差设置为 $\sigma_{位置}=1.2\delta_2$ m,这里将 δ_2 称为系统参量扰动参数(其数值会从 1 到 20 发生变化)。图 8.13 给出了第二类伪线性加权最小二乘(多)目标联合定位方法的(多)目标位置估计均方根误差随着系统参量扰动参数 δ_2 的变化曲线,图 8.14 给出了第二类伪线性加权最小二乘(多)目标联合定位方法的观测站位置估计均方根误差随着系统参量扰动参数 δ_2 的变化曲线。

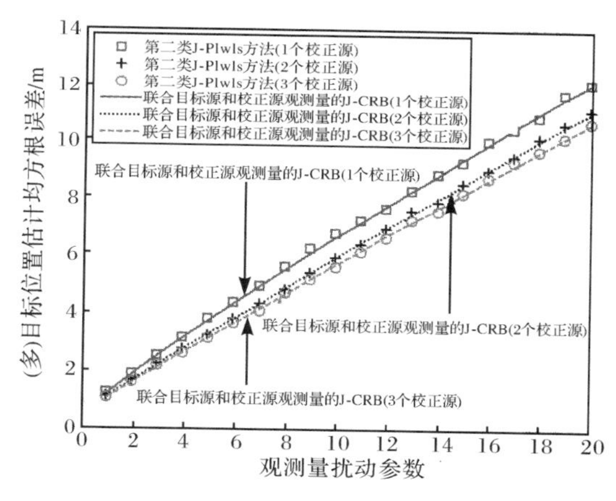

图 8.11　(多)目标位置估计均方根误差随着观测量扰动参数 δ_1 的变化曲线

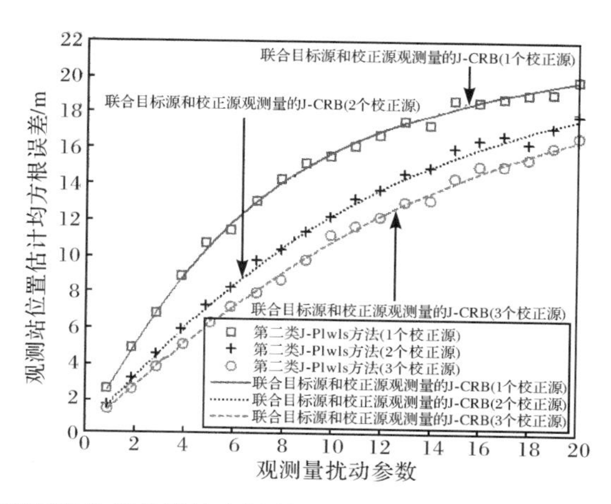

图 8.12　观测站位置估计均方根误差随着观测量扰动参数 δ_1 的变化曲线

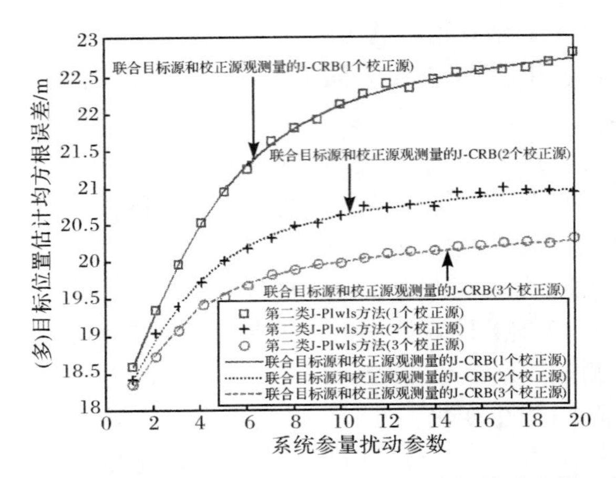

图 8.13 (多)目标位置估计均方根误差随着系统参量扰动参数 δ_2 的变化曲线

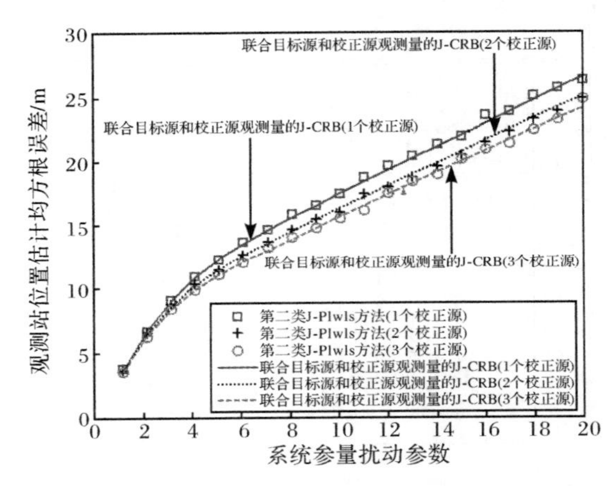

图 8.14 观测站位置估计均方根误差随着系统参量扰动参数 δ_2 的变化曲线

从图 8.11～图 8.14 可以看出：

(1) 随着校正源个数的增加，无论目标位置还是观测站位置的估计精度都能够得到一定程度的提高。

(2) 第二类伪线性加权最小二乘(多)目标联合定位方法的(多)目标位置和观测站位置估计均方根误差都可以达到"联合目标源和校正源观测量的克拉美罗界"(由式(8.30)给出)，从而再次说明了其渐近最优性。

参 考 文 献

[1] Yang L, Ho K C. An approximately efficient TDOA localization algorithm in closed-form for locating multiple disjoint sources with erroneous sensor positions[J]. IEEE Transactions on Signal Processing, 2009, 57(12): 4598-4615.

[2] Sun M, Ho K C. An asymptotically efficient estimator for TDOA and FDOA positioning of multiple

disjoint sources in the presence of sensor location uncertainties[J]. IEEE Transactions on Signal Processing,2011,59(7):3434-3440.

[3] Hao B J,Li Z,Si J B,et al. Joint source localization and sensor refinement using time differences of arrival and frequency differences of arrival[J]. IET Signal Processing,2014,8(6):588-600.

[4] Li J Z,Pang H W,Guo F C,et al. Localization of multiple disjoint sources with prior knowledge on source locations in the presence of sensor location errors[J]. Digital Signal Processing,2015,40:181-197.

[5] 郝本建,朱建峰,李赞,等. 基于TDOAs与FDOAs的多信号源及感知节点联合定位算法[J]. 电子学报,2015,43(10):1888-1897.

[6] 郝本建,李赞,任妘梅,等. 基于TDOAs与GROAs的多信号源被动定位[J]. 电子学报,2012,40(12):2374-2381.

[7] Hao B J,Li Z,Si J B,et al. Passive multiple disjoint sources localization using TDOAs and GROAs in the presence of sensor location uncertainties[C]//Proceedings of the IEEE International Conference on Communications,2012:47-52.

[8] Hao B J,Li Z. BFGS quasi-Newton location algorithm using TDOAs and GROAs[J]. Journal of Systems Engineering and Electronic,2013,24(3):341-348.

[9] Li J Z,Guo F C,Jiang W L,et al. Multiple disjoint sources localization with the use of calibration emitters[C]//Proceedings of the IEEE Radar Conference,2012:34-39.

第 9 章　校正源条件下广义最小二乘定位方法之推广 II:目标位置向量服从等式约束

在一些无源定位场景中,目标位置向量可能需要服从特定的等式约束,例如,在基于星载或机载平台对地面目标的无源定位系统中,目标的位置向量需要满足地球椭圆方程。不难想象,通过合理利用目标位置向量所满足的等式约束可以有效降低参数空间的自由度,从而能够提升目标定位精度。针对目标位置含有等式约束的无源定位问题,国内外相关学者提出了一些行之有效的定位方法,并且主要集中在基于通信卫星的定位体制中。例如,文献[1]和文献[2]提出了基于角度信息的单星(即仅有一颗卫星)定位方法;文献[3]提出了基于到达时间信息的单星定位方法;文献[4]～[6]提出了基于频差信息的单星定位方法;文献[7]～[11]提出了联合时差和频差信息的双星(即含有两颗卫星)定位方法;文献[12]提出了联合到达时间和到达频率信息的双星定位方法;文献[13]提出了联合到达时间和到达信号能量增益比信息的双星定位方法;文献[14]～[19]提出了基于时差信息的三星(即含有三颗卫星)定位方法;文献[20]提出了基于频差信息的三星定位方法;文献[21]提出了联合时差和角度信息的三星定位方法;文献[22]和文献[23]提出了基于时差和频差信息的多星(即含有三颗及以上卫星)定位方法。另外,在基于通信卫星的定位体制下,国内外相关学者还提出了一些基于校正源观测量的定位方法,用以消除系统误差的影响。例如,文献[24]～[29]提出了基于校正源的双星时差频差定位方法;文献[30]提出了基于校正源的三星时差定位方法;文献[31]和文献[32]提出了基于校正源的卫星位置和目标位置联合估计方法;文献[33]提出了基于校正源的多星(即含有三颗以上卫星)时差定位方法。尽管上述定位方法都能够取得较好的性能,但大都是针对具体的定位观测量所提出的,缺乏统一的模型和框架。

需要指出的是,本书前面几章所介绍的各类(广义)最小二乘定位方法很多是可以推广应用于目标位置向量服从等式约束的场景中,但限于篇幅,本章仅以第 6 章的约束总体最小二乘(constrained total least square,Ctls)定位方法为例进行讨论。本章首先在目标位置向量服从等式约束的条件下,推导了目标位置向量和系统参量联合估计方差的克拉美罗界,并将其与不含等式约束的克拉美罗界进行定量比较,从数学上证明目标位置向量所服从的等式约束能够降低参数估计方差的克拉美罗界;然后设计出两类基于目标位置等式约束,并且能够有效利用校正源观测量的约束总体最小二乘定位方法,并定量推导这两类定位方法的参数估计性能,从数学上证明它们的目标位置估计方差都可以达到相应的克拉美罗界(在门限效应发生前);最后还设计出一种无源定位算例,用以验证本章定位方法及其理论分析的有效性。

9.1　目标位置向量服从等式约束时的非线性观测模型及其参数估计方差的克拉美罗界

9.1.1　非线性观测模型

考虑无源定位中的数学模型，其中待定位目标的真实位置向量为 $\boldsymbol{u}$，假设通过某些观测方式可以获得关于目标位置向量的空域、时域、频域或者能量域观测量(如第 1 章描述的各类定位观测量)，则不妨建立如下统一的(非线性)代数观测模型：

$$\boldsymbol{z}=\boldsymbol{z}_0+\boldsymbol{n}=\boldsymbol{g}(\boldsymbol{u},\boldsymbol{w})+\boldsymbol{n} \tag{9.1}$$

式中，

(1) $\boldsymbol{z}\in\mathbf{R}^{p\times 1}$ 表示实际中获得的关于目标源的观测向量；

(2) $\boldsymbol{u}\in\mathbf{R}^{q\times 1}(q\leqslant p)$ 表示待估计的目标位置向量($q\leqslant p$ 是为了保证问题的可解性)；

(3) $\boldsymbol{w}\in\mathbf{R}^{l\times 1}$ 表示观测方程中的系统参量，本书主要指观测站的位置和速度参数；

(4) $\boldsymbol{z}_0=\boldsymbol{g}(\boldsymbol{u},\boldsymbol{w})$ 表示没有误差条件下(即理想条件下)关于目标源的观测向量，其中 $\boldsymbol{g}(\cdot,\cdot)$ 泛指连续可导的非线性观测函数，同时它是关于目标位置向量 $\boldsymbol{u}$ 和系统参量 $\boldsymbol{w}$ 的函数，由于这里并不限制特定的定位观测量，因此用统一的函数形式来表征；

(5) $\boldsymbol{n}\in\mathbf{R}^{p\times 1}$ 表示观测误差，本书假设它服从零均值高斯分布，并且其方差矩阵等于 $\boldsymbol{Q}_1=E[\boldsymbol{n}\boldsymbol{n}^{\mathrm{T}}]$。

与前面各章讨论的观测模型不同之处在于，这里的目标位置向量 $\boldsymbol{u}$ 满足如下等式约束：

$$h(\boldsymbol{u})=0 \tag{9.2}$$

式中，$h(\cdot)$是连续可导函数。需要做的进一步假设是，由式(9.2)还可以确定向量 $\boldsymbol{u}$ 中的某个分量关于其他分量的连续可导函数，因此向量 $\boldsymbol{u}$ 的自由度仅为 $q-1$。不失一般性，这里假设向量 $\boldsymbol{u}$ 中的最后一个分量可以表示成关于其前面 $q-1$ 个分量的连续可导函数，即有

$$\langle\boldsymbol{u}\rangle_q=h_{\mathrm{c}}(\boldsymbol{u}_{\mathrm{c}}) \tag{9.3}$$

式中，$\boldsymbol{u}_{\mathrm{c}}$ 表示由向量 $\boldsymbol{u}$ 中的前 $q-1$ 个分量构成的列向量(即 $\boldsymbol{u}_{\mathrm{c}}=[\boldsymbol{I}_{q-1}\quad\boldsymbol{O}_{(q-1)\times 1}]\boldsymbol{u}$)；$h_{\mathrm{c}}(\cdot)$是连续可导函数。基于上述分析可知，$\boldsymbol{u}$ 可以看成关于 $\boldsymbol{u}_{\mathrm{c}}$ 的向量函数，并且可以将其表示为 $\boldsymbol{u}=\boldsymbol{u}(\boldsymbol{u}_{\mathrm{c}})=[\boldsymbol{u}_{\mathrm{c}}^{\mathrm{T}}\quad h_{\mathrm{c}}(\boldsymbol{u}_{\mathrm{c}})]^{\mathrm{T}}$，该向量函数的 Jacobi 矩阵为

$$\boldsymbol{H}_{\mathrm{c}}(\boldsymbol{u}_{\mathrm{c}})=\frac{\partial\boldsymbol{u}(\boldsymbol{u}_{\mathrm{c}})}{\partial\boldsymbol{u}_{\mathrm{c}}^{\mathrm{T}}}=\begin{bmatrix}\boldsymbol{I}_{q-1}\\ \dfrac{\partial h_{\mathrm{c}}(\boldsymbol{u}_{\mathrm{c}})}{\partial\boldsymbol{u}_{\mathrm{c}}^{\mathrm{T}}}\end{bmatrix}=\begin{bmatrix}\boldsymbol{I}_{q-1}\\ \boldsymbol{r}_{\mathrm{c}}^{\mathrm{T}}(\boldsymbol{u}_{\mathrm{c}})\end{bmatrix}\in\mathbf{R}^{q\times(q-1)} \tag{9.4}$$

式中，$\boldsymbol{r}_{\mathrm{c}}(\boldsymbol{u}_{\mathrm{c}})=\dfrac{\partial h_{\mathrm{c}}(\boldsymbol{u}_{\mathrm{c}})}{\partial\boldsymbol{u}_{\mathrm{c}}}\in\mathbf{R}^{(q-1)\times 1}$ 表示函数 $h_{\mathrm{c}}(\boldsymbol{u}_{\mathrm{c}})$关于向量 $\boldsymbol{u}_{\mathrm{c}}$ 的梯度向量。

在很多情况下，系统参量 $\boldsymbol{w}$ 也通过测量获得，其中难免会受到测量误差的影响，本书称其为系统误差，并特指因观测站位置和速度扰动所产生的误差。若假设其测量向量为 $\boldsymbol{v}$，并且该测量值在目标定位之前已经事先获得，则有

$$\boldsymbol{v}=\boldsymbol{w}+\boldsymbol{m} \tag{9.5}$$

式中，$\boldsymbol{m}\in\mathbf{R}^{l\times 1}$表示系统参量的测量误差，本书假设它服从零均值高斯分布，其方差矩阵等于$\boldsymbol{Q}_2=E[\boldsymbol{m}\boldsymbol{m}^{\mathrm{T}}]$，并且与误差向量$\boldsymbol{n}$相互间统计独立。

在实际目标定位过程中，系统参量的测量误差对于定位精度的影响是较大的，为了能够消除系统误差的影响，可以在目标源周边放置若干校正源，并且校正源的位置能够精确获得。假设校正源的个数为d，其中第k个校正源的真实位置向量为$\boldsymbol{s}_k(1\leqslant k\leqslant d)$。与针对目标源的处理方式类似，实际中同样可以获得关于校正源的空域、时域、频域或者能量域观测量(如第1章描述的各类定位观测量)，从而建立反映校正源位置向量和系统参量之间的代数观测方程。类似于式(9.1)，关于第k个校正源的统一(非线性)代数观测模型可表示为

$$\boldsymbol{r}_k=\boldsymbol{r}_{k0}+\boldsymbol{e}_k=\boldsymbol{g}(\boldsymbol{s}_k,\boldsymbol{w})+\boldsymbol{e}_k,\quad 1\leqslant k\leqslant d \tag{9.6}$$

式中，

(1) $\boldsymbol{r}_k\in\mathbf{R}^{p\times 1}$表示实际中获得的关于第$k$个校正源的观测向量；

(2) $\boldsymbol{s}_k\in\mathbf{R}^{q\times 1}(q\leqslant p)$表示第$k$个校正源的目标位置向量(这里假设其精确已知)；

(3) $\boldsymbol{r}_{k0}=\boldsymbol{g}(\boldsymbol{s}_k,\boldsymbol{w})$表示没有误差条件下(即理想条件下)的观测向量，其中$\boldsymbol{g}(\cdot,\cdot)$泛指连续可导的非线性观测函数，同时它是关于校正源位置向量$\boldsymbol{s}_k$和系统参量$\boldsymbol{w}$的函数，由于这里并不限制特定的定位观测量，因此用统一的函数形式来表征；

(4) $\boldsymbol{e}_k\in\mathbf{R}^{p\times 1}$表示关于第$k$个校正源的观测误差。

为了便于后续定位方法的推导和理论分析，这里需要将关于每个校正源的向量合并成更高维度的向量，如下式所示：

$$\begin{cases}\boldsymbol{r}=[\boldsymbol{r}_1^{\mathrm{T}}\quad \boldsymbol{r}_2^{\mathrm{T}}\quad \cdots\quad \boldsymbol{r}_d^{\mathrm{T}}]^{\mathrm{T}}\in\mathbf{R}^{pd\times 1},\quad \boldsymbol{r}_0=[\boldsymbol{r}_{10}^{\mathrm{T}}\quad \boldsymbol{r}_{20}^{\mathrm{T}}\quad \cdots\quad \boldsymbol{r}_{d0}^{\mathrm{T}}]^{\mathrm{T}}\in\mathbf{R}^{pd\times 1}\\ \boldsymbol{e}=[\boldsymbol{e}_1^{\mathrm{T}}\quad \boldsymbol{e}_2^{\mathrm{T}}\quad \cdots\quad \boldsymbol{e}_d^{\mathrm{T}}]^{\mathrm{T}}\in\mathbf{R}^{pd\times 1},\quad \boldsymbol{s}=[\boldsymbol{s}_1^{\mathrm{T}}\quad \boldsymbol{s}_2^{\mathrm{T}}\quad \cdots\quad \boldsymbol{s}_d^{\mathrm{T}}]^{\mathrm{T}}\in\mathbf{R}^{qd\times 1}\\ \bar{\boldsymbol{g}}(\boldsymbol{s},\boldsymbol{w})=[\boldsymbol{g}^{\mathrm{T}}(\boldsymbol{s}_1,\boldsymbol{w})\quad \boldsymbol{g}^{\mathrm{T}}(\boldsymbol{s}_2,\boldsymbol{w})\quad \cdots\quad \boldsymbol{g}^{\mathrm{T}}(\boldsymbol{s}_d,\boldsymbol{w})]^{\mathrm{T}}\in\mathbf{R}^{pd\times 1}\end{cases} \tag{9.7}$$

结合式(9.6)和式(9.7)可得如下等式：

$$\boldsymbol{r}=\boldsymbol{r}_0+\boldsymbol{e}=\bar{\boldsymbol{g}}(\boldsymbol{s},\boldsymbol{w})+\boldsymbol{e} \tag{9.8}$$

式中，误差向量$\boldsymbol{e}$服从零均值高斯分布，其方差矩阵等于$\boldsymbol{Q}_3=E[\boldsymbol{e}\boldsymbol{e}^{\mathrm{T}}]$，并且与误差向量$\boldsymbol{n}$和$\boldsymbol{m}$相互间统计独立。

综合上述分析可知，在校正源存在条件下，当目标位置向量服从等式约束时，用于目标定位的观测模型可联立表示为

$$\begin{cases}\boldsymbol{z}=\boldsymbol{g}(\boldsymbol{u},\boldsymbol{w})+\boldsymbol{n}\\ \boldsymbol{v}=\boldsymbol{w}+\boldsymbol{m}\\ \boldsymbol{r}=\bar{\boldsymbol{g}}(\boldsymbol{s},\boldsymbol{w})+\boldsymbol{e}\\ \text{s.t.}\ h(\boldsymbol{u})=0\quad 或者\quad \langle\boldsymbol{u}\rangle_q=h_{\mathrm{c}}(\boldsymbol{u}_{\mathrm{c}})\end{cases} \tag{9.9}$$

下面将基于上述观测模型和统计假设推导未知参数估计方差的克拉美罗界。

9.1.2 参数估计方差的克拉美罗界

这里将推导参数估计方差的克拉美罗界，并且分成两种场景进行讨论：①在仅基于目标源观测量的条件下推导目标位置向量$\boldsymbol{u}$和系统参量$\boldsymbol{w}$联合估计方差的克拉美罗界；

②联合目标源和校正源观测量推导目标位置向量 $\boldsymbol{u}$ 和系统参量 $\boldsymbol{w}$ 联合估计方差的克拉美罗界。

需要指出的是，由于这里是在目标位置向量服从等式约束的条件下推导克拉美罗界，因此为了与第3章推导的克拉美罗界符号区分开，下面将所推导的克拉美罗界符号中增加上标"(c)"，该上标表示在目标位置向量服从等式约束条件下推导的克拉美罗界。

1. 仅基于目标源观测量的克拉美罗界

这里将仅基于目标源观测量 $\boldsymbol{z}$ 和系统参量的先验测量值 $\boldsymbol{v}$ 推导未知参量 $\boldsymbol{u}$ 和 $\boldsymbol{w}$ 联合估计方差的克拉美罗界，因此需要首先推导未知参量 $\boldsymbol{u}_{\mathrm{c}}$ 和 $\boldsymbol{w}$ 联合估计方差的克拉美罗界，结果可见如下命题。

命题 9.1　基于观测模型式(9.1)和式(9.5)以及等式约束式(9.2)或式(9.3)，未知参量 $\boldsymbol{u}_{\mathrm{c}}$ 和 $\boldsymbol{w}$ 联合估计方差的克拉美罗界矩阵可表示为

$$\begin{aligned}
&\overline{\mathbf{CRB}}^{(\mathrm{c})}\left(\begin{bmatrix}\boldsymbol{u}_{\mathrm{c}}\\ \boldsymbol{w}\end{bmatrix}\right)\\
&=\left(\bar{\boldsymbol{H}}_{\mathrm{c}}^{\mathrm{T}}(\boldsymbol{u}_{\mathrm{c}})\begin{bmatrix}\boldsymbol{G}_1^{\mathrm{T}}(\boldsymbol{u},\boldsymbol{w})\boldsymbol{Q}_1^{-1}\boldsymbol{G}_1(\boldsymbol{u},\boldsymbol{w}) & \boldsymbol{G}_1^{\mathrm{T}}(\boldsymbol{u},\boldsymbol{w})\boldsymbol{Q}_1^{-1}\boldsymbol{G}_2(\boldsymbol{u},\boldsymbol{w})\\ \boldsymbol{G}_2^{\mathrm{T}}(\boldsymbol{u},\boldsymbol{w})\boldsymbol{Q}_1^{-1}\boldsymbol{G}_1(\boldsymbol{u},\boldsymbol{w}) & \boldsymbol{G}_2^{\mathrm{T}}(\boldsymbol{u},\boldsymbol{w})\boldsymbol{Q}_1^{-1}\boldsymbol{G}_2(\boldsymbol{u},\boldsymbol{w})+\boldsymbol{Q}_2^{-1}\end{bmatrix}\bar{\boldsymbol{H}}_{\mathrm{c}}(\boldsymbol{u}_{\mathrm{c}})\right)^{-1}\\
&=\left(\bar{\boldsymbol{H}}_{\mathrm{c}}^{\mathrm{T}}(\boldsymbol{u}_{\mathrm{c}})\left(\overline{\mathbf{CRB}}\left(\begin{bmatrix}\boldsymbol{u}\\ \boldsymbol{w}\end{bmatrix}\right)\right)^{-1}\bar{\boldsymbol{H}}_{\mathrm{c}}(\boldsymbol{u}_{\mathrm{c}})\right)^{-1}
\end{aligned}\tag{9.10}$$

式中，$\boldsymbol{G}_1(\boldsymbol{u},\boldsymbol{w})=\dfrac{\partial \boldsymbol{g}(\boldsymbol{u},\boldsymbol{w})}{\partial \boldsymbol{u}^{\mathrm{T}}}\in\mathbf{R}^{p\times q}$ 表示函数 $\boldsymbol{g}(\boldsymbol{u},\boldsymbol{w})$ 关于向量 $\boldsymbol{u}$ 的 Jacobi 矩阵，并且 $\boldsymbol{G}_1(\boldsymbol{u},\boldsymbol{w})\boldsymbol{H}_{\mathrm{c}}(\boldsymbol{u}_{\mathrm{c}})$ 是列满秩矩阵；$\boldsymbol{G}_2(\boldsymbol{u},\boldsymbol{w})=\dfrac{\partial \boldsymbol{g}(\boldsymbol{u},\boldsymbol{w})}{\partial \boldsymbol{w}^{\mathrm{T}}}\in\mathbf{R}^{p\times l}$ 表示函数 $\boldsymbol{g}(\boldsymbol{u},\boldsymbol{w})$ 关于向量 $\boldsymbol{w}$ 的 Jacobi 矩阵，而矩阵 $\bar{\boldsymbol{H}}_{\mathrm{c}}(\boldsymbol{u}_{\mathrm{c}})$ 的表达式为

$$\bar{\boldsymbol{H}}_{\mathrm{c}}(\boldsymbol{u}_{\mathrm{c}})=\begin{bmatrix}\boldsymbol{H}_{\mathrm{c}}(\boldsymbol{u}_{\mathrm{c}}) & \boldsymbol{O}_{q\times l}\\ \boldsymbol{O}_{l\times(q-1)} & \boldsymbol{I}_l\end{bmatrix}\in\mathbf{R}^{(q+l)\times(q+l-1)}\tag{9.11}$$

证明　首先将向量 $\boldsymbol{u}$ 看成关于向量 $\boldsymbol{u}_{\mathrm{c}}$ 的函数，即 $\boldsymbol{u}=\boldsymbol{u}(\boldsymbol{u}_{\mathrm{c}})$，于是 $\boldsymbol{g}(\boldsymbol{u},\boldsymbol{w})$ 也可以看成关于向量 $\boldsymbol{u}_{\mathrm{c}}$ 的函数，即 $\boldsymbol{g}(\boldsymbol{u},\boldsymbol{w})=\boldsymbol{g}(\boldsymbol{u}(\boldsymbol{u}_{\mathrm{c}}),\boldsymbol{w})$。根据命题2.13可知，向量函数 $\boldsymbol{g}(\boldsymbol{u}(\boldsymbol{u}_{\mathrm{c}}),\boldsymbol{w})$ 关于向量 $\boldsymbol{u}_{\mathrm{c}}$ 的 Jacobi 矩阵可表示为

$$\frac{\partial \boldsymbol{g}(\boldsymbol{u}(\boldsymbol{u}_{\mathrm{c}}),\boldsymbol{w})}{\partial \boldsymbol{u}_{\mathrm{c}}^{\mathrm{T}}}=\frac{\partial \boldsymbol{g}(\boldsymbol{u},\boldsymbol{w})}{\partial \boldsymbol{u}^{\mathrm{T}}}\frac{\partial \boldsymbol{u}(\boldsymbol{u}_{\mathrm{c}})}{\partial \boldsymbol{u}_{\mathrm{c}}^{\mathrm{T}}}=\boldsymbol{G}_1(\boldsymbol{u},\boldsymbol{w})\boldsymbol{H}_{\mathrm{c}}(\boldsymbol{u}_{\mathrm{c}})=\boldsymbol{G}_1(\boldsymbol{u},\boldsymbol{w})\begin{bmatrix}\boldsymbol{I}_{q-1}\\ \boldsymbol{r}_{\mathrm{c}}^{\mathrm{T}}(\boldsymbol{u}_{\mathrm{c}})\end{bmatrix}\in\mathbf{R}^{p\times(q-1)}\tag{9.12}$$

再结合式(3.7)和式(9.12)可知，未知参量 $\boldsymbol{u}_{\mathrm{c}}$ 和 $\boldsymbol{w}$ 联合估计方差的克拉美罗界矩阵可表示为

$$\begin{aligned}
&\overline{\mathbf{CRB}}^{(\mathrm{c})}\left(\begin{bmatrix}\boldsymbol{u}_{\mathrm{c}}\\ \boldsymbol{w}\end{bmatrix}\right)\\
&=\begin{bmatrix}\boldsymbol{H}_{\mathrm{c}}^{\mathrm{T}}(\boldsymbol{u}_{\mathrm{c}})\boldsymbol{G}_1^{\mathrm{T}}(\boldsymbol{u},\boldsymbol{w})\boldsymbol{Q}_1^{-1}\boldsymbol{G}_1(\boldsymbol{u},\boldsymbol{w})\boldsymbol{H}_{\mathrm{c}}(\boldsymbol{u}_{\mathrm{c}}) & \boldsymbol{H}_{\mathrm{c}}^{\mathrm{T}}(\boldsymbol{u}_{\mathrm{c}})\boldsymbol{G}_1^{\mathrm{T}}(\boldsymbol{u},\boldsymbol{w})\boldsymbol{Q}_1^{-1}\boldsymbol{G}_2(\boldsymbol{u},\boldsymbol{w})\\ \boldsymbol{G}_2^{\mathrm{T}}(\boldsymbol{u},\boldsymbol{w})\boldsymbol{Q}_1^{-1}\boldsymbol{G}_1(\boldsymbol{u},\boldsymbol{w})\boldsymbol{H}_{\mathrm{c}}(\boldsymbol{u}_{\mathrm{c}}) & \boldsymbol{G}_2^{\mathrm{T}}(\boldsymbol{u},\boldsymbol{w})\boldsymbol{Q}_1^{-1}\boldsymbol{G}_2(\boldsymbol{u},\boldsymbol{w})+\boldsymbol{Q}_2^{-1}\end{bmatrix}^{-1}
\end{aligned}$$

$$
=\left(\begin{bmatrix} \boldsymbol{H}_{\mathrm{c}}(\boldsymbol{u}_{\mathrm{c}}) & \boldsymbol{O}_{q\times l} \\ \boldsymbol{O}_{l\times(q-1)} & \boldsymbol{I}_l \end{bmatrix}^{\mathrm{T}} \begin{bmatrix} \boldsymbol{G}_1^{\mathrm{T}}(\boldsymbol{u},\boldsymbol{w})\boldsymbol{Q}_1^{-1}\boldsymbol{G}_1(\boldsymbol{u},\boldsymbol{w}) & \boldsymbol{G}_1^{\mathrm{T}}(\boldsymbol{u},\boldsymbol{w})\boldsymbol{Q}_1^{-1}\boldsymbol{G}_2(\boldsymbol{u},\boldsymbol{w}) \\ \boldsymbol{G}_2^{\mathrm{T}}(\boldsymbol{u},\boldsymbol{w})\boldsymbol{Q}_1^{-1}\boldsymbol{G}_1(\boldsymbol{u},\boldsymbol{w}) & \boldsymbol{G}_2^{\mathrm{T}}(\boldsymbol{u},\boldsymbol{w})\boldsymbol{Q}_1^{-1}\boldsymbol{G}_2(\boldsymbol{u},\boldsymbol{w})+\boldsymbol{Q}_2^{-1} \end{bmatrix} \cdot \begin{bmatrix} \boldsymbol{H}_{\mathrm{c}}(\boldsymbol{u}_{\mathrm{c}}) & \boldsymbol{O}_{q\times l} \\ \boldsymbol{O}_{l\times(q-1)} & \boldsymbol{I}_l \end{bmatrix}\right)^{-1}
$$

$$
=\left(\bar{\boldsymbol{H}}_{\mathrm{c}}^{\mathrm{T}}(\boldsymbol{u}_{\mathrm{c}}) \begin{bmatrix} \boldsymbol{G}_1^{\mathrm{T}}(\boldsymbol{u},\boldsymbol{w})\boldsymbol{Q}_1^{-1}\boldsymbol{G}_1(\boldsymbol{u},\boldsymbol{w}) & \boldsymbol{G}_1^{\mathrm{T}}(\boldsymbol{u},\boldsymbol{w})\boldsymbol{Q}_1^{-1}\boldsymbol{G}_2(\boldsymbol{u},\boldsymbol{w}) \\ \boldsymbol{G}_2^{\mathrm{T}}(\boldsymbol{u},\boldsymbol{w})\boldsymbol{Q}_1^{-1}\boldsymbol{G}_1(\boldsymbol{u},\boldsymbol{w}) & \boldsymbol{G}_2^{\mathrm{T}}(\boldsymbol{u},\boldsymbol{w})\boldsymbol{Q}_1^{-1}\boldsymbol{G}_2(\boldsymbol{u},\boldsymbol{w})+\boldsymbol{Q}_2^{-1} \end{bmatrix} \bar{\boldsymbol{H}}_{\mathrm{c}}(\boldsymbol{u}_{\mathrm{c}})\right)^{-1}
$$

$$
=\left(\bar{\boldsymbol{H}}_{\mathrm{c}}^{\mathrm{T}}(\boldsymbol{u}_{\mathrm{c}})\left(\overline{\mathbf{CRB}}\left(\begin{bmatrix}\boldsymbol{u}\\ \boldsymbol{w}\end{bmatrix}\right)\right)^{-1}\bar{\boldsymbol{H}}_{\mathrm{c}}(\boldsymbol{u}_{\mathrm{c}})\right)^{-1} \tag{9.13}
$$

证毕。

需要指出的是，式(9.10)中克拉美罗界矩阵符号中的“上横线”是为了与命题9.4中的克拉美罗界矩阵符号区分开。根据命题9.1可以得到如下三个推论。

推论 9.1 基于观测模型式(9.1)和式(9.5)以及等式约束式(9.2)或式(9.3)，未知参量 $\boldsymbol{u}_{\mathrm{c}}$ 和 $\boldsymbol{w}$ 联合估计方差的克拉美罗界矩阵可分别表示为

$$
\begin{aligned}
\overline{\mathbf{CRB}}^{(\mathrm{c})}(\boldsymbol{u}_{\mathrm{c}}) &= \left(\boldsymbol{H}_{\mathrm{c}}^{\mathrm{T}}(\boldsymbol{u}_{\mathrm{c}})\begin{pmatrix} \boldsymbol{G}_1^{\mathrm{T}}(\boldsymbol{u},\boldsymbol{w})\boldsymbol{Q}_1^{-1}\boldsymbol{G}_1(\boldsymbol{u},\boldsymbol{w}) - \boldsymbol{G}_1^{\mathrm{T}}(\boldsymbol{u},\boldsymbol{w})\boldsymbol{Q}_1^{-1}\boldsymbol{G}_2(\boldsymbol{u},\boldsymbol{w}) \\ \cdot\,(\boldsymbol{G}_2^{\mathrm{T}}(\boldsymbol{u},\boldsymbol{w})\boldsymbol{Q}_1^{-1}\boldsymbol{G}_2(\boldsymbol{u},\boldsymbol{w})+\boldsymbol{Q}_2^{-1})^{-1}\boldsymbol{G}_2^{\mathrm{T}}(\boldsymbol{u},\boldsymbol{w})\boldsymbol{Q}_1^{-1}\boldsymbol{G}_1(\boldsymbol{u},\boldsymbol{w}) \end{pmatrix}\boldsymbol{H}_{\mathrm{c}}(\boldsymbol{u}_{\mathrm{c}})\right)^{-1} \\
&= (\boldsymbol{H}_{\mathrm{c}}^{\mathrm{T}}(\boldsymbol{u}_{\mathrm{c}})(\overline{\mathbf{CRB}}(\boldsymbol{u}))^{-1}\boldsymbol{H}_{\mathrm{c}}(\boldsymbol{u}_{\mathrm{c}}))^{-1}
\end{aligned} \tag{9.14}
$$

$$
\overline{\mathbf{CRB}}^{(\mathrm{c})}(\boldsymbol{w}) = \begin{pmatrix} \boldsymbol{G}_2^{\mathrm{T}}(\boldsymbol{u},\boldsymbol{w})\boldsymbol{Q}_1^{-1}\boldsymbol{G}_2(\boldsymbol{u},\boldsymbol{w})+\boldsymbol{Q}_2^{-1}-\boldsymbol{G}_2^{\mathrm{T}}(\boldsymbol{u},\boldsymbol{w})\boldsymbol{Q}_1^{-1}\boldsymbol{G}_1(\boldsymbol{u},\boldsymbol{w})\boldsymbol{H}_{\mathrm{c}}(\boldsymbol{u}_{\mathrm{c}}) \\ \cdot\,(\boldsymbol{H}_{\mathrm{c}}^{\mathrm{T}}(\boldsymbol{u}_{\mathrm{c}})\boldsymbol{G}_1^{\mathrm{T}}(\boldsymbol{u},\boldsymbol{w})\boldsymbol{Q}_1^{-1}\boldsymbol{G}_1(\boldsymbol{u},\boldsymbol{w})\ \boldsymbol{H}_{\mathrm{c}}(\boldsymbol{u}_{\mathrm{c}}))^{-1}\boldsymbol{H}_{\mathrm{c}}^{\mathrm{T}}(\boldsymbol{u}_{\mathrm{c}})\boldsymbol{G}_1^{\mathrm{T}}(\boldsymbol{u},\boldsymbol{w})\boldsymbol{Q}_1^{-1}\boldsymbol{G}_2(\boldsymbol{u},\boldsymbol{w}) \end{pmatrix}^{-1} \tag{9.15}
$$

推论9.2可以直接由推论2.2证得，限于篇幅这里不再阐述。

推论 9.2 克拉美罗界矩阵 $\overline{\mathbf{CRB}}^{(\mathrm{c})}(\boldsymbol{u}_{\mathrm{c}})$ 的另一种代数表达式为

$$
\overline{\mathbf{CRB}}^{(\mathrm{c})}(\boldsymbol{u}_{\mathrm{c}}) = (\boldsymbol{H}_{\mathrm{c}}^{\mathrm{T}}(\boldsymbol{u}_{\mathrm{c}})\boldsymbol{G}_1^{\mathrm{T}}(\boldsymbol{u},\boldsymbol{w})(\boldsymbol{Q}_1+\boldsymbol{G}_2(\boldsymbol{u},\boldsymbol{w})\boldsymbol{Q}_2\boldsymbol{G}_2^{\mathrm{T}}(\boldsymbol{u},\boldsymbol{w}))^{-1}\boldsymbol{G}_1(\boldsymbol{u},\boldsymbol{w})\boldsymbol{H}_{\mathrm{c}}(\boldsymbol{u}_{\mathrm{c}}))^{-1} \tag{9.16}
$$

推论9.1可以直接由推论2.1证得，限于篇幅这里不再阐述。推论9.2表明，系统误差的影响可以等效为增加了目标源观测量 $\boldsymbol{z}$ 的观测误差，并且是将观测误差的方差矩阵由原先的 $\boldsymbol{Q}_1$ 增加至 $\boldsymbol{Q}_1+\boldsymbol{G}_2(\boldsymbol{u},\boldsymbol{w})\boldsymbol{Q}_2\boldsymbol{G}_2^{\mathrm{T}}(\boldsymbol{u},\boldsymbol{w})$。

推论 9.3 基于观测模型式(9.1)和式(9.5)以及等式约束式(9.2)或式(9.3)，未知参量 $\boldsymbol{u}$ 和 $\boldsymbol{w}$ 联合估计方差的克拉美罗界矩阵可表示为

$$
\begin{aligned}
&\overline{\mathbf{CRB}}^{(\mathrm{c})}\left(\begin{bmatrix}\boldsymbol{u}\\ \boldsymbol{w}\end{bmatrix}\right) \\
&= \bar{\boldsymbol{H}}_{\mathrm{c}}(\boldsymbol{u}_{\mathrm{c}})\,\overline{\mathbf{CRB}}^{(\mathrm{c})}\left(\begin{bmatrix}\boldsymbol{u}_{\mathrm{c}}\\ \boldsymbol{w}\end{bmatrix}\right)\bar{\boldsymbol{H}}_{\mathrm{c}}^{\mathrm{T}}(\boldsymbol{u}_{\mathrm{c}}) \\
&= \bar{\boldsymbol{H}}_{\mathrm{c}}(\boldsymbol{u}_{\mathrm{c}})\left(\bar{\boldsymbol{H}}_{\mathrm{c}}^{\mathrm{T}}(\boldsymbol{u}_{\mathrm{c}}) \begin{bmatrix} \boldsymbol{G}_1^{\mathrm{T}}(\boldsymbol{u},\boldsymbol{w})\boldsymbol{Q}_1^{-1}\boldsymbol{G}_1(\boldsymbol{u},\boldsymbol{w}) & \boldsymbol{G}_1^{\mathrm{T}}(\boldsymbol{u},\boldsymbol{w})\boldsymbol{Q}_1^{-1}\boldsymbol{G}_2(\boldsymbol{u},\boldsymbol{w}) \\ \boldsymbol{G}_2^{\mathrm{T}}(\boldsymbol{u},\boldsymbol{w})\boldsymbol{Q}_1^{-1}\boldsymbol{G}_1(\boldsymbol{u},\boldsymbol{w}) & \boldsymbol{G}_2^{\mathrm{T}}(\boldsymbol{u},\boldsymbol{w})\boldsymbol{Q}_1^{-1}\boldsymbol{G}_2(\boldsymbol{u},\boldsymbol{w})+\boldsymbol{Q}_2^{-1} \end{bmatrix} \bar{\boldsymbol{H}}_{\mathrm{c}}(\boldsymbol{u}_{\mathrm{c}})\right)^{-1} \\
&\quad \cdot\,\bar{\boldsymbol{H}}_{\mathrm{c}}^{\mathrm{T}}(\boldsymbol{u}_{\mathrm{c}}) \\
&= \bar{\boldsymbol{H}}_{\mathrm{c}}(\boldsymbol{u}_{\mathrm{c}})\left(\bar{\boldsymbol{H}}_{\mathrm{c}}^{\mathrm{T}}(\boldsymbol{u}_{\mathrm{c}})\left(\overline{\mathbf{CRB}}\left(\begin{bmatrix}\boldsymbol{u}\\ \boldsymbol{w}\end{bmatrix}\right)\right)^{-1}\bar{\boldsymbol{H}}_{\mathrm{c}}(\boldsymbol{u}_{\mathrm{c}})\right)^{-1}\bar{\boldsymbol{H}}_{\mathrm{c}}^{\mathrm{T}}(\boldsymbol{u}_{\mathrm{c}})
\end{aligned} \tag{9.17}
$$

需要指出的是，式(9.17)中克拉美罗界矩阵符号中的“上横线”是为了与推论 9.6 中的克拉美罗界矩阵符号区分开。根据式(9.14)、式(9.16)和式(9.17)可知，未知参量 $\boldsymbol{u}$ 估计方差的克拉美罗界矩阵可分别表示为

$$\begin{aligned}
&\overline{\mathbf{CRB}}^{(\mathrm{c})}(\boldsymbol{u})\\
&=\boldsymbol{H}_{\mathrm{c}}(\boldsymbol{u}_{\mathrm{c}})\,\overline{\mathbf{CRB}}^{(\mathrm{c})}(\boldsymbol{u}_{\mathrm{c}})\,\boldsymbol{H}_{\mathrm{c}}^{\mathrm{T}}(\boldsymbol{u}_{\mathrm{c}})\\
&=\boldsymbol{H}_{\mathrm{c}}(\boldsymbol{u}_{\mathrm{c}})\left(\boldsymbol{H}_{\mathrm{c}}^{\mathrm{T}}(\boldsymbol{u}_{\mathrm{c}})\left(\begin{array}{c}\boldsymbol{G}_1^{\mathrm{T}}(\boldsymbol{u},\boldsymbol{w})\boldsymbol{Q}_1^{-1}\boldsymbol{G}_1(\boldsymbol{u},\boldsymbol{w})-\boldsymbol{G}_1^{\mathrm{T}}(\boldsymbol{u},\boldsymbol{w})\boldsymbol{Q}_1^{-1}\boldsymbol{G}_2(\boldsymbol{u},\boldsymbol{w})\\ \cdot(\boldsymbol{G}_2^{\mathrm{T}}(\boldsymbol{u},\boldsymbol{w})\boldsymbol{Q}_1^{-1}\boldsymbol{G}_2(\boldsymbol{u},\boldsymbol{w})+\boldsymbol{Q}_2^{-1})^{-1}\boldsymbol{G}_2^{\mathrm{T}}(\boldsymbol{u},\boldsymbol{w})\boldsymbol{Q}_1^{-1}\boldsymbol{G}_1(\boldsymbol{u},\boldsymbol{w})\end{array}\right)\boldsymbol{H}_{\mathrm{c}}(\boldsymbol{u}_{\mathrm{c}})\right)^{-1}\\
&\quad\cdot\boldsymbol{H}_{\mathrm{c}}^{\mathrm{T}}(\boldsymbol{u}_{\mathrm{c}})\\
&=\boldsymbol{H}_{\mathrm{c}}(\boldsymbol{u}_{\mathrm{c}})(\boldsymbol{H}_{\mathrm{c}}^{\mathrm{T}}(\boldsymbol{u}_{\mathrm{c}})\boldsymbol{G}_1^{\mathrm{T}}(\boldsymbol{u},\boldsymbol{w})(\boldsymbol{Q}_1+\boldsymbol{G}_2(\boldsymbol{u},\boldsymbol{w})\boldsymbol{Q}_2\boldsymbol{G}_2^{\mathrm{T}}(\boldsymbol{u},\boldsymbol{w}))^{-1}\boldsymbol{G}_1(\boldsymbol{u},\boldsymbol{w})\boldsymbol{H}_{\mathrm{c}}(\boldsymbol{u}_{\mathrm{c}}))^{-1}\boldsymbol{H}_{\mathrm{c}}^{\mathrm{T}}(\boldsymbol{u}_{\mathrm{c}})\\
&=\boldsymbol{H}_{\mathrm{c}}(\boldsymbol{u}_{\mathrm{c}})(\boldsymbol{H}_{\mathrm{c}}^{\mathrm{T}}(\boldsymbol{u}_{\mathrm{c}})(\overline{\mathbf{CRB}}(\boldsymbol{u}))^{-1}\,\boldsymbol{H}_{\mathrm{c}}(\boldsymbol{u}_{\mathrm{c}}))^{-1}\,\boldsymbol{H}_{\mathrm{c}}^{\mathrm{T}}(\boldsymbol{u}_{\mathrm{c}})
\end{aligned}\tag{9.18}$$

另外，结合式(9.2)和式(9.3)可得

$$\frac{\partial h(\boldsymbol{u})}{\partial \boldsymbol{u}^{\mathrm{T}}}\frac{\partial \boldsymbol{u}(\boldsymbol{u}_{\mathrm{c}})}{\partial \boldsymbol{u}_{\mathrm{c}}^{\mathrm{T}}}=\boldsymbol{r}^{\mathrm{T}}(\boldsymbol{u})\begin{bmatrix}\boldsymbol{I}_{q-1}\\ \boldsymbol{r}_{\mathrm{c}}^{\mathrm{T}}(\boldsymbol{u}_{\mathrm{c}})\end{bmatrix}=\boldsymbol{r}^{\mathrm{T}}(\boldsymbol{u})\boldsymbol{H}_{\mathrm{c}}(\boldsymbol{u}_{\mathrm{c}})=\boldsymbol{O}_{1\times(q-1)}\Leftrightarrow\boldsymbol{H}_{\mathrm{c}}^{\mathrm{T}}(\boldsymbol{u}_{\mathrm{c}})\boldsymbol{r}(\boldsymbol{u})=\boldsymbol{O}_{(q-1)\times 1}\tag{9.19}$$

式中，$\boldsymbol{r}(\boldsymbol{u})=\dfrac{\partial h(\boldsymbol{u})}{\partial \boldsymbol{u}}\in\mathbf{R}^{q\times 1}$ 表示函数 $h(\boldsymbol{u})$ 关于向量 $\boldsymbol{u}$ 的梯度向量。结合式(9.18)、式(9.19)和命题 2.11 可将矩阵 $\overline{\mathbf{CRB}}^{(\mathrm{c})}(\boldsymbol{u})$ 进一步表示为

$$\overline{\mathbf{CRB}}^{(\mathrm{c})}(\boldsymbol{u})=\overline{\mathbf{CRB}}(\boldsymbol{u})-\frac{\overline{\mathbf{CRB}}(\boldsymbol{u})\boldsymbol{r}(\boldsymbol{u})\boldsymbol{r}^{\mathrm{T}}(\boldsymbol{u})\overline{\mathbf{CRB}}(\boldsymbol{u})}{\boldsymbol{r}^{\mathrm{T}}(\boldsymbol{u})\overline{\mathbf{CRB}}(\boldsymbol{u})\boldsymbol{r}(\boldsymbol{u})}\tag{9.20}$$

此外，若令 $\bar{\boldsymbol{r}}(\boldsymbol{u})=[\boldsymbol{r}^{\mathrm{T}}(\boldsymbol{u})\quad \boldsymbol{O}_{1\times l}]^{\mathrm{T}}\in\mathbf{R}^{(q+l)\times 1}$，则根据式(9.19)可得

$$\bar{\boldsymbol{r}}^{\mathrm{T}}(\boldsymbol{u})\bar{\boldsymbol{H}}_{\mathrm{c}}(\boldsymbol{u}_{\mathrm{c}})=[\boldsymbol{r}^{\mathrm{T}}(\boldsymbol{u})\quad \boldsymbol{O}_{1\times l}]\left[\begin{array}{c:c}\boldsymbol{H}_{\mathrm{c}}(\boldsymbol{u}_{\mathrm{c}}) & \boldsymbol{O}_{q\times l}\\ \hdashline \boldsymbol{O}_{l\times(q-1)} & \boldsymbol{I}_l\end{array}\right]=[\boldsymbol{r}^{\mathrm{T}}(\boldsymbol{u})\boldsymbol{H}_{\mathrm{c}}(\boldsymbol{u}_{\mathrm{c}})\quad \boldsymbol{O}_{1\times l}]=\boldsymbol{O}_{1\times(q+l-1)}\tag{9.21}$$

结合式(9.17)、式(9.21)和推论 2.12 可将矩阵 $\overline{\mathbf{CRB}}^{(\mathrm{c})}\left(\begin{bmatrix}\boldsymbol{u}\\ \boldsymbol{w}\end{bmatrix}\right)$ 进一步表示为

$$\overline{\mathbf{CRB}}^{(\mathrm{c})}\left(\begin{bmatrix}\boldsymbol{u}\\ \boldsymbol{w}\end{bmatrix}\right)=\overline{\mathbf{CRB}}\left(\begin{bmatrix}\boldsymbol{u}\\ \boldsymbol{w}\end{bmatrix}\right)-\frac{\overline{\mathbf{CRB}}\left(\begin{bmatrix}\boldsymbol{u}\\ \boldsymbol{w}\end{bmatrix}\right)\bar{\boldsymbol{r}}(\boldsymbol{u})\bar{\boldsymbol{r}}^{\mathrm{T}}(\boldsymbol{u})\overline{\mathbf{CRB}}\left(\begin{bmatrix}\boldsymbol{u}\\ \boldsymbol{w}\end{bmatrix}\right)}{\bar{\boldsymbol{r}}^{\mathrm{T}}(\boldsymbol{u})\overline{\mathbf{CRB}}\left(\begin{bmatrix}\boldsymbol{u}\\ \boldsymbol{w}\end{bmatrix}\right)\bar{\boldsymbol{r}}(\boldsymbol{u})}\tag{9.22}$$

利用命题 2.3 不难证明式(9.22)右边第二项是半正定矩阵，因此根据式(9.22)可以直接得到如下命题。

命题 9.2　$\overline{\mathbf{CRB}}^{(\mathrm{c})}\left(\begin{bmatrix}\boldsymbol{u}\\ \boldsymbol{w}\end{bmatrix}\right)\leqslant\overline{\mathbf{CRB}}\left(\begin{bmatrix}\boldsymbol{u}\\ \boldsymbol{w}\end{bmatrix}\right)$。

命题 9.2 表明，通过利用目标位置向量 $\boldsymbol{u}$ 所服从的等式约束，可以降低未知参量 $\boldsymbol{u}$ 和 $\boldsymbol{w}$ 联合估计方差的理论下界，从而可能获得更高的参数估计精度。

另外，根据式(9.15)还可以得到如下命题。

命题 9.3　若 $\boldsymbol{G}_1(\boldsymbol{u},\boldsymbol{w})\boldsymbol{H}_{\mathrm{c}}(\boldsymbol{u}_{\mathrm{c}})$ 是列满秩矩阵，$\boldsymbol{G}_2(\boldsymbol{u},\boldsymbol{w})$ 是行满秩矩阵，则有 $\overline{\mathbf{CRB}}^{(\mathrm{c})}(\boldsymbol{w})\leqslant\boldsymbol{Q}_2$，进一步，当且仅当 $p=q-1$ 时，$\overline{\mathbf{CRB}}^{(\mathrm{c})}(\boldsymbol{w})=\boldsymbol{Q}_2$。

命题 9.3 的证明类似于推论 3.3，限于篇幅这里不再阐述。命题 9.3 表明，若关于目标源的观测方程维数 p 等于目标位置向量维数 q 减 1（即 $p=q-1$），则无法利用目标源观测量降低系统参量的估计方差（相对于其先验测量值而言），只有当关于目标源的观测方程维数 p 大于目标位置向量维数 q 减 1 时（即 $p>q-1$，此时观测方程有冗余），才可能利用目标源观测量降低系统参量的估计方差（相对于其先验测量值而言）。

2. 联合目标源和校正源观测量的克拉美罗界

这里将联合目标源观测量 $\boldsymbol{z}$、校正源观测量 $\boldsymbol{r}$ 和系统参量的先验测量值 $\boldsymbol{v}$ 推导未知参量 $\boldsymbol{u}$ 和 $\boldsymbol{w}$ 联合估计方差的克拉美罗界，因此需要首先推导未知参量 $\boldsymbol{u}_{\mathrm{c}}$ 和 $\boldsymbol{w}$ 联合估计方差的克拉美罗界，结果可见如下命题。

命题 9.4　基于观测模型式(9.9)，未知参量 $\boldsymbol{u}_{\mathrm{c}}$ 和 $\boldsymbol{w}$ 联合估计方差的克拉美罗界矩阵可表示为

$$
\begin{aligned}
&\mathbf{CRB}^{(\mathrm{c})}\left(\begin{bmatrix}\boldsymbol{u}_{\mathrm{c}}\\ \boldsymbol{w}\end{bmatrix}\right)^{-1}\\
&=\left(\bar{\boldsymbol{H}}_{\mathrm{c}}^{\mathrm{T}}(\boldsymbol{u}_{\mathrm{c}})\left[\begin{array}{c:c}\boldsymbol{G}_1^{\mathrm{T}}(\boldsymbol{u},\boldsymbol{w})\boldsymbol{Q}_1^{-1}\boldsymbol{G}_1(\boldsymbol{u},\boldsymbol{w}) & \boldsymbol{G}_1^{\mathrm{T}}(\boldsymbol{u},\boldsymbol{w})\boldsymbol{Q}_1^{-1}\boldsymbol{G}_2(\boldsymbol{u},\boldsymbol{w})\\ \hdashline \boldsymbol{G}_2^{\mathrm{T}}(\boldsymbol{u},\boldsymbol{w})\boldsymbol{Q}_1^{-1}\boldsymbol{G}_1(\boldsymbol{u},\boldsymbol{w}) & \begin{array}{c}\boldsymbol{G}_2^{\mathrm{T}}(\boldsymbol{u},\boldsymbol{w})\boldsymbol{Q}_1^{-1}\boldsymbol{G}_2(\boldsymbol{u},\boldsymbol{w})+\boldsymbol{Q}_2^{-1}\\ +\bar{\boldsymbol{G}}^{\mathrm{T}}(\boldsymbol{s},\boldsymbol{w})\boldsymbol{Q}_3^{-1}\bar{\boldsymbol{G}}(\boldsymbol{s},\boldsymbol{w})\end{array}\end{array}\right]\bar{\boldsymbol{H}}_{\mathrm{c}}(\boldsymbol{u}_{\mathrm{c}})\right)^{-1}\\
&=\left(\bar{\boldsymbol{H}}_{\mathrm{c}}^{\mathrm{T}}(\boldsymbol{u}_{\mathrm{c}})\left(\mathbf{CRB}\left(\begin{bmatrix}\boldsymbol{u}\\ \boldsymbol{w}\end{bmatrix}\right)\right)^{-1}\bar{\boldsymbol{H}}_{\mathrm{c}}(\boldsymbol{u}_{\mathrm{c}})\right)^{-1}
\end{aligned}\tag{9.23}
$$

式中，$\boldsymbol{G}_1(\boldsymbol{u},\boldsymbol{w})=\dfrac{\partial \boldsymbol{g}(\boldsymbol{u},\boldsymbol{w})}{\partial \boldsymbol{u}^{\mathrm{T}}}\in\mathbf{R}^{p\times q}$ 表示函数 $\boldsymbol{g}(\boldsymbol{u},\boldsymbol{w})$ 关于向量 $\boldsymbol{u}$ 的 Jacobi 矩阵，并且 $\boldsymbol{G}_1(\boldsymbol{u},\boldsymbol{w})\boldsymbol{H}_{\mathrm{c}}(\boldsymbol{u}_{\mathrm{c}})$ 是列满秩矩阵；$\boldsymbol{G}_2(\boldsymbol{u},\boldsymbol{w})=\dfrac{\partial \boldsymbol{g}(\boldsymbol{u},\boldsymbol{w})}{\partial \boldsymbol{w}^{\mathrm{T}}}\in\mathbf{R}^{p\times l}$ 表示函数 $\boldsymbol{g}(\boldsymbol{u},\boldsymbol{w})$ 关于向量 $\boldsymbol{w}$ 的 Jacobi 矩阵；$\bar{\boldsymbol{G}}(\boldsymbol{s},\boldsymbol{w})=\dfrac{\partial \bar{\boldsymbol{g}}(\boldsymbol{s},\boldsymbol{w})}{\partial \boldsymbol{w}^{\mathrm{T}}}\in\mathbf{R}^{pd\times l}$ 表示函数 $\bar{\boldsymbol{g}}(\boldsymbol{s},\boldsymbol{w})$ 关于向量 $\boldsymbol{w}$ 的 Jacobi 矩阵。

证明　结合式(3.25)和式(9.12)可知，未知参量 $\boldsymbol{u}_{\mathrm{c}}$ 和 $\boldsymbol{w}$ 联合估计方差的克拉美罗界矩阵可表示为

$$
\begin{aligned}
&\mathbf{CRB}^{(\mathrm{c})}\left(\begin{bmatrix}\boldsymbol{u}_{\mathrm{c}}\\ \boldsymbol{w}\end{bmatrix}\right)\\
&=\left[\begin{array}{c:c}\boldsymbol{H}_{\mathrm{c}}^{\mathrm{T}}(\boldsymbol{u}_{\mathrm{c}})\boldsymbol{G}_1^{\mathrm{T}}(\boldsymbol{u},\boldsymbol{w})\boldsymbol{Q}_1^{-1}\boldsymbol{G}_1(\boldsymbol{u},\boldsymbol{w})\boldsymbol{H}_{\mathrm{c}}(\boldsymbol{u}_{\mathrm{c}}) & \boldsymbol{H}_{\mathrm{c}}^{\mathrm{T}}(\boldsymbol{u}_{\mathrm{c}})\boldsymbol{G}_1^{\mathrm{T}}(\boldsymbol{u},\boldsymbol{w})\boldsymbol{Q}_1^{-1}\boldsymbol{G}_2(\boldsymbol{u},\boldsymbol{w})\\ \hdashline \boldsymbol{G}_2^{\mathrm{T}}(\boldsymbol{u},\boldsymbol{w})\boldsymbol{Q}_1^{-1}\boldsymbol{G}_1(\boldsymbol{u},\boldsymbol{w})\boldsymbol{H}_{\mathrm{c}}(\boldsymbol{u}_{\mathrm{c}}) & \begin{array}{c}\boldsymbol{G}_2^{\mathrm{T}}(\boldsymbol{u},\boldsymbol{w})\boldsymbol{Q}_1^{-1}\boldsymbol{G}_2(\boldsymbol{u},\boldsymbol{w})+\boldsymbol{Q}_2^{-1}\\ +\bar{\boldsymbol{G}}^{\mathrm{T}}(\boldsymbol{s},\boldsymbol{w})\boldsymbol{Q}_3^{-1}\bar{\boldsymbol{G}}(\boldsymbol{s},\boldsymbol{w})\end{array}\end{array}\right]^{-1}\\
&=\left(\left[\begin{array}{c:c}\boldsymbol{H}_{\mathrm{c}}(\boldsymbol{u}_{\mathrm{c}}) & \boldsymbol{O}_{q\times l}\\ \hdashline \boldsymbol{O}_{l\times(q-1)} & \boldsymbol{I}_l\end{array}\right]^{\mathrm{T}}\left[\begin{array}{c:c}\boldsymbol{G}_1^{\mathrm{T}}(\boldsymbol{u},\boldsymbol{w})\boldsymbol{Q}_1^{-1}\boldsymbol{G}_1(\boldsymbol{u},\boldsymbol{w}) & \boldsymbol{G}_1^{\mathrm{T}}(\boldsymbol{u},\boldsymbol{w})\boldsymbol{Q}_1^{-1}\boldsymbol{G}_2(\boldsymbol{u},\boldsymbol{w})\\ \hdashline \boldsymbol{G}_2^{\mathrm{T}}(\boldsymbol{u},\boldsymbol{w})\boldsymbol{Q}_1^{-1}\boldsymbol{G}_1(\boldsymbol{u},\boldsymbol{w}) & \begin{array}{c}\boldsymbol{G}_2^{\mathrm{T}}(\boldsymbol{u},\boldsymbol{w})\boldsymbol{Q}_1^{-1}\boldsymbol{G}_2(\boldsymbol{u},\boldsymbol{w})+\boldsymbol{Q}_2^{-1}\\ +\bar{\boldsymbol{G}}^{\mathrm{T}}(\boldsymbol{s},\boldsymbol{w})\boldsymbol{Q}_3^{-1}\bar{\boldsymbol{G}}(\boldsymbol{s},\boldsymbol{w})\end{array}\end{array}\right]\right.\\
&\quad\left.\cdot\left[\begin{array}{c:c}\boldsymbol{H}_{\mathrm{c}}(\boldsymbol{u}_{\mathrm{c}}) & \boldsymbol{O}_{q\times l}\\ \hdashline \boldsymbol{O}_{l\times(q-1)} & \boldsymbol{I}_l\end{array}\right]\right)^{-1}
\end{aligned}
$$

$$= \left(\bar{\boldsymbol{H}}_{\mathrm{c}}^{\mathrm{T}}(\boldsymbol{u}_{\mathrm{c}}) \left[\begin{array}{c|c} \boldsymbol{G}_1^{\mathrm{T}}(\boldsymbol{u},\boldsymbol{w})\boldsymbol{Q}_1^{-1}\boldsymbol{G}_1(\boldsymbol{u},\boldsymbol{w}) & \boldsymbol{G}_1^{\mathrm{T}}(\boldsymbol{u},\boldsymbol{w})\boldsymbol{Q}_1^{-1}\boldsymbol{G}_2(\boldsymbol{u},\boldsymbol{w}) \\ \hline \boldsymbol{G}_2^{\mathrm{T}}(\boldsymbol{u},\boldsymbol{w})\boldsymbol{Q}_1^{-1}\boldsymbol{G}_1(\boldsymbol{u},\boldsymbol{w}) & \begin{array}{c} \boldsymbol{G}_2^{\mathrm{T}}(\boldsymbol{u},\boldsymbol{w})\boldsymbol{Q}_1^{-1}\boldsymbol{G}_2(\boldsymbol{u},\boldsymbol{w}) + \boldsymbol{Q}_2^{-1} \\ + \bar{\boldsymbol{G}}^{\mathrm{T}}(\boldsymbol{s},\boldsymbol{w})\boldsymbol{Q}_3^{-1}\bar{\boldsymbol{G}}(\boldsymbol{s},\boldsymbol{w}) \end{array} \end{array} \right] \bar{\boldsymbol{H}}_{\mathrm{c}}(\boldsymbol{u}_{\mathrm{c}}) \right)^{-1}$$

$$= \left(\bar{\boldsymbol{H}}_{\mathrm{c}}^{\mathrm{T}}(\boldsymbol{u}_{\mathrm{c}}) \left(\mathbf{CRB}\left(\begin{bmatrix} \boldsymbol{u} \\ \boldsymbol{w} \end{bmatrix} \right) \right)^{-1} \bar{\boldsymbol{H}}_{\mathrm{c}}(\boldsymbol{u}_{\mathrm{c}}) \right)^{-1} \tag{9.24}$$

证毕。

根据命题 9.4 可以得到如下三个推论。

推论 9.4　基于观测模型式(9.9)，未知参量 $\boldsymbol{u}_{\mathrm{c}}$ 和 $\boldsymbol{w}$ 联合估计方差的克拉美罗界矩阵可分别表示为

$$\mathbf{CRB}^{(\mathrm{c})}(\boldsymbol{u}_{\mathrm{c}})$$

$$= \left(\boldsymbol{H}_{\mathrm{c}}^{\mathrm{T}}(\boldsymbol{u}_{\mathrm{c}}) \left(\begin{array}{c} \boldsymbol{G}_1^{\mathrm{T}}(\boldsymbol{u},\boldsymbol{w})\boldsymbol{Q}_1^{-1}\boldsymbol{G}_1(\boldsymbol{u},\boldsymbol{w}) - \boldsymbol{G}_1^{\mathrm{T}}(\boldsymbol{u},\boldsymbol{w})\boldsymbol{Q}_1^{-1}\boldsymbol{G}_2(\boldsymbol{u},\boldsymbol{w}) \\ \cdot \begin{pmatrix} \boldsymbol{G}_2^{\mathrm{T}}(\boldsymbol{u},\boldsymbol{w})\boldsymbol{Q}_1^{-1}\boldsymbol{G}_2(\boldsymbol{u},\boldsymbol{w}) + \boldsymbol{Q}_2^{-1} \\ + \bar{\boldsymbol{G}}^{\mathrm{T}}(\boldsymbol{s},\boldsymbol{w})\boldsymbol{Q}_3^{-1}\bar{\boldsymbol{G}}(\boldsymbol{s},\boldsymbol{w}) \end{pmatrix}^{-1} \boldsymbol{G}_2^{\mathrm{T}}(\boldsymbol{u},\boldsymbol{w})\boldsymbol{Q}_1^{-1}\boldsymbol{G}_1(\boldsymbol{u},\boldsymbol{w}) \end{array} \right) \boldsymbol{H}_{\mathrm{c}}(\boldsymbol{u}_{\mathrm{c}}) \right)^{-1}$$

$$= (\boldsymbol{H}_{\mathrm{c}}^{\mathrm{T}}(\boldsymbol{u}_{\mathrm{c}})(\mathbf{CRB}(\boldsymbol{u}))^{-1}\boldsymbol{H}_{\mathrm{c}}(\boldsymbol{u}_{\mathrm{c}}))^{-1} \tag{9.25}$$

$$\mathbf{CRB}^{(\mathrm{c})}(\boldsymbol{w}) = \left(\begin{array}{c} \boldsymbol{G}_2^{\mathrm{T}}(\boldsymbol{u},\boldsymbol{w})\boldsymbol{Q}_1^{-1}\boldsymbol{G}_2(\boldsymbol{u},\boldsymbol{w}) + \boldsymbol{Q}_2^{-1} + \bar{\boldsymbol{G}}^{\mathrm{T}}(\boldsymbol{s},\boldsymbol{w})\boldsymbol{Q}_3^{-1}\bar{\boldsymbol{G}}(\boldsymbol{s},\boldsymbol{w}) \\ - \boldsymbol{G}_2^{\mathrm{T}}(\boldsymbol{u},\boldsymbol{w})\boldsymbol{Q}_1^{-1}\boldsymbol{G}_1(\boldsymbol{u},\boldsymbol{w})\boldsymbol{H}_{\mathrm{c}}(\boldsymbol{u}_{\mathrm{c}}) \\ \cdot (\boldsymbol{H}_{\mathrm{c}}^{\mathrm{T}}(\boldsymbol{u}_{\mathrm{c}})\boldsymbol{G}_1^{\mathrm{T}}(\boldsymbol{u},\boldsymbol{w})\boldsymbol{Q}_1^{-1}\boldsymbol{G}_1(\boldsymbol{u},\boldsymbol{w})\boldsymbol{H}_{\mathrm{c}}(\boldsymbol{u}_{\mathrm{c}}))^{-1}\boldsymbol{H}_{\mathrm{c}}^{\mathrm{T}}(\boldsymbol{u}_{\mathrm{c}})\boldsymbol{G}_1^{\mathrm{T}}(\boldsymbol{u},\boldsymbol{w})\boldsymbol{Q}_1^{-1}\boldsymbol{G}_2(\boldsymbol{u},\boldsymbol{w}) \end{array} \right)^{-1} \tag{9.26}$$

推论 9.4 可以直接由推论 2.2 证得，限于篇幅这里不再阐述。

推论 9.5　克拉美罗界矩阵 $\mathbf{CRB}^{(\mathrm{c})}(\boldsymbol{u}_{\mathrm{c}})$的另一种代数表达式为

$$\begin{aligned} \mathbf{CRB}^{(\mathrm{c})}(\boldsymbol{u}_{\mathrm{c}}) = & (\boldsymbol{H}_{\mathrm{c}}^{\mathrm{T}}(\boldsymbol{u}_{\mathrm{c}})\boldsymbol{G}_1^{\mathrm{T}}(\boldsymbol{u},\boldsymbol{w})(\boldsymbol{Q}_1 + \boldsymbol{G}_2(\boldsymbol{u},\boldsymbol{w})(\boldsymbol{Q}_2^{-1} + \bar{\boldsymbol{G}}^{\mathrm{T}}(\boldsymbol{s},\boldsymbol{w})\boldsymbol{Q}_3^{-1}\bar{\boldsymbol{G}}(\boldsymbol{s},\boldsymbol{w}))^{-1} \\ & \cdot \boldsymbol{G}_2^{\mathrm{T}}(\boldsymbol{u},\boldsymbol{w}))^{-1}\boldsymbol{G}_1(\boldsymbol{u},\boldsymbol{w})\boldsymbol{H}_{\mathrm{c}}(\boldsymbol{u}_{\mathrm{c}}))^{-1} \end{aligned} \tag{9.27}$$

推论 9.5 可以直接由推论 2.1 证得，限于篇幅这里不再阐述。比较式(9.16)和式(9.27)可知，校正源观测量所带来的好处可以认为是降低了系统参量的先验测量方差，并且是将先验测量误差的方差矩阵由原先的 $\boldsymbol{Q}_2$ 降低至$(\boldsymbol{Q}_2^{-1} + \bar{\boldsymbol{G}}^{\mathrm{T}}(\boldsymbol{s},\boldsymbol{w})\boldsymbol{Q}_3^{-1}\bar{\boldsymbol{G}}(\boldsymbol{s},\boldsymbol{w}))^{-1}$。

推论 9.6　基于观测模型式(9.9)，未知参量 $\boldsymbol{u}$ 和 $\boldsymbol{w}$ 联合估计方差的克拉美罗界矩阵可表示为

$$\mathbf{CRB}^{(\mathrm{c})}\left(\begin{bmatrix} \boldsymbol{u} \\ \boldsymbol{w} \end{bmatrix} \right)$$

$$= \bar{\boldsymbol{H}}_{\mathrm{c}}(\boldsymbol{u}_{\mathrm{c}})\mathbf{CRB}^{(\mathrm{c})}\left(\begin{bmatrix} \boldsymbol{u}_{\mathrm{c}} \\ \boldsymbol{w} \end{bmatrix} \right)\bar{\boldsymbol{H}}_{\mathrm{c}}^{\mathrm{T}}(\boldsymbol{u}_{\mathrm{c}})$$

$$= \bar{\boldsymbol{H}}_{\mathrm{c}}(\boldsymbol{u}_{\mathrm{c}}) \left(\bar{\boldsymbol{H}}_{\mathrm{c}}^{\mathrm{T}}(\boldsymbol{u}_{\mathrm{c}}) \left[\begin{array}{c|c} \boldsymbol{G}_1^{\mathrm{T}}(\boldsymbol{u},\boldsymbol{w})\boldsymbol{Q}_1^{-1}\boldsymbol{G}_1(\boldsymbol{u},\boldsymbol{w}) & \boldsymbol{G}_1^{\mathrm{T}}(\boldsymbol{u},\boldsymbol{w})\boldsymbol{Q}_1^{-1}\boldsymbol{G}_2(\boldsymbol{u},\boldsymbol{w}) \\ \hline \boldsymbol{G}_2^{\mathrm{T}}(\boldsymbol{u},\boldsymbol{w})\boldsymbol{Q}_1^{-1}\boldsymbol{G}_1(\boldsymbol{u},\boldsymbol{w}) & \begin{array}{c} \boldsymbol{G}_2^{\mathrm{T}}(\boldsymbol{u},\boldsymbol{w})\boldsymbol{Q}_1^{-1}\boldsymbol{G}_2(\boldsymbol{u},\boldsymbol{w}) + \boldsymbol{Q}_2^{-1} \\ + \bar{\boldsymbol{G}}^{\mathrm{T}}(\boldsymbol{s},\boldsymbol{w})\boldsymbol{Q}_3^{-1}\bar{\boldsymbol{G}}(\boldsymbol{s},\boldsymbol{w}) \end{array} \end{array} \right] \bar{\boldsymbol{H}}_{\mathrm{c}}(\boldsymbol{u}_{\mathrm{c}}) \right)^{-1}$$

$$\cdot \bar{\boldsymbol{H}}_{\mathrm{c}}^{\mathrm{T}}(\boldsymbol{u}_{\mathrm{c}})$$

$$=\bar{\boldsymbol{H}}_{\mathrm{c}}(\boldsymbol{u}_{\mathrm{c}})\left(\bar{\boldsymbol{H}}_{\mathrm{c}}^{\mathrm{T}}(\boldsymbol{u}_{\mathrm{c}})\left(\mathbf{CRB}\left(\begin{bmatrix}\boldsymbol{u}\\\boldsymbol{w}\end{bmatrix}\right)\right)^{-1}\bar{\boldsymbol{H}}_{\mathrm{c}}(\boldsymbol{u}_{\mathrm{c}})\right)^{-1}\bar{\boldsymbol{H}}_{\mathrm{c}}^{\mathrm{T}}(\boldsymbol{u}_{\mathrm{c}}) \tag{9.28}$$

根据式(9.25)、式(9.27)和式(9.28)可知,未知参量 $\boldsymbol{u}$ 估计方差的克拉美罗界矩阵可分别表示为

$$\begin{aligned}
&\mathbf{CRB}^{(\mathrm{c})}(\boldsymbol{u})\\
&=\boldsymbol{H}_{\mathrm{c}}(\boldsymbol{u}_{\mathrm{c}})\mathbf{CRB}^{(\mathrm{c})}(\boldsymbol{u}_{\mathrm{c}})\boldsymbol{H}_{\mathrm{c}}^{\mathrm{T}}(\boldsymbol{u}_{\mathrm{c}})\\
&=\boldsymbol{H}_{\mathrm{c}}(\boldsymbol{u}_{\mathrm{c}})\left(\boldsymbol{H}_{\mathrm{c}}^{\mathrm{T}}(\boldsymbol{u}_{\mathrm{c}})\left(\begin{matrix}\boldsymbol{G}_1^{\mathrm{T}}(\boldsymbol{u},\boldsymbol{w})\boldsymbol{Q}_1^{-1}\boldsymbol{G}_1(\boldsymbol{u},\boldsymbol{w})-\boldsymbol{G}_1^{\mathrm{T}}(\boldsymbol{u},\boldsymbol{w})\boldsymbol{Q}_1^{-1}\boldsymbol{G}_2(\boldsymbol{u},\boldsymbol{w})\\
\cdot\left(\begin{matrix}\boldsymbol{G}_2^{\mathrm{T}}(\boldsymbol{u},\boldsymbol{w})\boldsymbol{Q}_1^{-1}\boldsymbol{G}_2(\boldsymbol{u},\boldsymbol{w})+\boldsymbol{Q}_2^{-1}\\
+\bar{\boldsymbol{G}}^{\mathrm{T}}(\boldsymbol{s},\boldsymbol{w})\boldsymbol{Q}_3^{-1}\bar{\boldsymbol{G}}(\boldsymbol{s},\boldsymbol{w})\end{matrix}\right)^{-1}\\
\cdot\boldsymbol{G}_2^{\mathrm{T}}(\boldsymbol{u},\boldsymbol{w})\boldsymbol{Q}_1^{-1}\boldsymbol{G}_1(\boldsymbol{u},\boldsymbol{w})\end{matrix}\right)\boldsymbol{H}_{\mathrm{c}}(\boldsymbol{u}_{\mathrm{c}})\right)^{-1}\boldsymbol{H}_{\mathrm{c}}^{\mathrm{T}}(\boldsymbol{u}_{\mathrm{c}})\\
&=\boldsymbol{H}_{\mathrm{c}}(\boldsymbol{u}_{\mathrm{c}})\left(\boldsymbol{H}_{\mathrm{c}}^{\mathrm{T}}(\boldsymbol{u}_{\mathrm{c}})\boldsymbol{G}_1^{\mathrm{T}}(\boldsymbol{u},\boldsymbol{w})\left(\boldsymbol{Q}_1+\boldsymbol{G}_2(\boldsymbol{u},\boldsymbol{w})\left(\begin{matrix}\boldsymbol{Q}_2^{-1}+\bar{\boldsymbol{G}}^{\mathrm{T}}(\boldsymbol{s},\boldsymbol{w})\\
\cdot\boldsymbol{Q}_3^{-1}\bar{\boldsymbol{G}}(\boldsymbol{s},\boldsymbol{w})\end{matrix}\right)^{-1}\right.\right.\\
&\qquad\left.\left.\cdot\boldsymbol{G}_2^{\mathrm{T}}(\boldsymbol{u},\boldsymbol{w})\right)^{-1}\boldsymbol{G}_1(\boldsymbol{u},\boldsymbol{w})\boldsymbol{H}_{\mathrm{c}}(\boldsymbol{u}_{\mathrm{c}})\right)^{-1}\boldsymbol{H}_{\mathrm{c}}^{\mathrm{T}}(\boldsymbol{u}_{\mathrm{c}})\\
&=\boldsymbol{H}_{\mathrm{c}}(\boldsymbol{u}_{\mathrm{c}})(\boldsymbol{H}_{\mathrm{c}}^{\mathrm{T}}(\boldsymbol{u}_{\mathrm{c}})(\mathbf{CRB}(\boldsymbol{u}))^{-1}\boldsymbol{H}_{\mathrm{c}}(\boldsymbol{u}_{\mathrm{c}}))^{-1}\boldsymbol{H}_{\mathrm{c}}^{\mathrm{T}}(\boldsymbol{u}_{\mathrm{c}})
\end{aligned} \tag{9.29}$$

结合式(9.19)和式(9.29)以及命题 2.11 可将矩阵 $\mathbf{CRB}^{(\mathrm{c})}(\boldsymbol{u})$ 进一步表示为

$$\mathbf{CRB}^{(\mathrm{c})}(\boldsymbol{u})=\mathbf{CRB}(\boldsymbol{u})-\frac{\mathbf{CRB}(\boldsymbol{u})\boldsymbol{r}(\boldsymbol{u})\boldsymbol{r}^{\mathrm{T}}(\boldsymbol{u})\mathbf{CRB}(\boldsymbol{u})}{\boldsymbol{r}^{\mathrm{T}}(\boldsymbol{u})\mathbf{CRB}(\boldsymbol{u})\boldsymbol{r}(\boldsymbol{u})} \tag{9.30}$$

再基于式(9.21)和式(9.28)以及推论 2.12 可将矩阵 $\mathbf{CRB}^{(\mathrm{c})}\left(\begin{bmatrix}\boldsymbol{u}\\\boldsymbol{w}\end{bmatrix}\right)$ 进一步表示为

$$\mathbf{CRB}^{(\mathrm{c})}\left(\begin{bmatrix}\boldsymbol{u}\\\boldsymbol{w}\end{bmatrix}\right)=\mathbf{CRB}\left(\begin{bmatrix}\boldsymbol{u}\\\boldsymbol{w}\end{bmatrix}\right)-\frac{\mathbf{CRB}\left(\begin{bmatrix}\boldsymbol{u}\\\boldsymbol{w}\end{bmatrix}\right)\bar{\boldsymbol{r}}(\boldsymbol{u})\bar{\boldsymbol{r}}^{\mathrm{T}}(\boldsymbol{u})\mathbf{CRB}\left(\begin{bmatrix}\boldsymbol{u}\\\boldsymbol{w}\end{bmatrix}\right)}{\bar{\boldsymbol{r}}^{\mathrm{T}}(\boldsymbol{u})\mathbf{CRB}\left(\begin{bmatrix}\boldsymbol{u}\\\boldsymbol{w}\end{bmatrix}\right)\bar{\boldsymbol{r}}(\boldsymbol{u})} \tag{9.31}$$

利用命题 2.3 不难证明式(9.31)右边第二项是半正定矩阵,因此基于式(9.31)可以直接得到如下命题。

命题 9.5 $\mathbf{CRB}^{(\mathrm{c})}\left(\begin{bmatrix}\boldsymbol{u}\\\boldsymbol{w}\end{bmatrix}\right)\leqslant\mathbf{CRB}\left(\begin{bmatrix}\boldsymbol{u}\\\boldsymbol{w}\end{bmatrix}\right)$。

命题 9.5 表明,通过利用目标位置向量 $\boldsymbol{u}$ 所服从的等式约束,可以降低未知参量 $\boldsymbol{u}$ 和 $\boldsymbol{w}$ 联合估计方差的理论下界,从而可能获得更高的参数估计精度。

另外,根据式(9.18)和式(9.29)可以得到如下命题。

命题 9.6 若 $\boldsymbol{G}_1(\boldsymbol{u},\boldsymbol{w})$ 是列满秩矩阵,则有 $\mathbf{CRB}^{(\mathrm{c})}(\boldsymbol{u})\leqslant\overline{\mathbf{CRB}}^{(\mathrm{c})}(\boldsymbol{u})$。

证明 根据推论 3.6 可知 $\mathbf{CRB}(\boldsymbol{u})\leqslant\overline{\mathbf{CRB}}(\boldsymbol{u})$,再利用命题 2.5 和推论 2.5 可推得

$$\begin{aligned}
&(\mathbf{CRB}(\boldsymbol{u}))^{-1}\geqslant(\overline{\mathbf{CRB}}(\boldsymbol{u}))^{-1}\\
\Rightarrow&\boldsymbol{H}_{\mathrm{c}}^{\mathrm{T}}(\boldsymbol{u}_{\mathrm{c}})(\mathbf{CRB}(\boldsymbol{u}))^{-1}\boldsymbol{H}_{\mathrm{c}}(\boldsymbol{u}_{\mathrm{c}})\geqslant\boldsymbol{H}_{\mathrm{c}}^{\mathrm{T}}(\boldsymbol{u}_{\mathrm{c}})(\overline{\mathbf{CRB}}(\boldsymbol{u}))^{-1}\boldsymbol{H}_{\mathrm{c}}(\boldsymbol{u}_{\mathrm{c}})\\
\Leftrightarrow&(\boldsymbol{H}_{\mathrm{c}}^{\mathrm{T}}(\boldsymbol{u}_{\mathrm{c}})(\mathbf{CRB}(\boldsymbol{u}))^{-1}\boldsymbol{H}_{\mathrm{c}}(\boldsymbol{u}_{\mathrm{c}}))^{-1}\leqslant(\boldsymbol{H}_{\mathrm{c}}^{\mathrm{T}}(\boldsymbol{u}_{\mathrm{c}})(\overline{\mathbf{CRB}}(\boldsymbol{u}))^{-1}\boldsymbol{H}_{\mathrm{c}}(\boldsymbol{u}_{\mathrm{c}}))^{-1}
\end{aligned} \tag{9.32}$$

再利用命题 2.5 可知

$$\begin{aligned}&\mathbf{CRB}^{(c)}(\boldsymbol{u})=\boldsymbol{H}_{c}(\boldsymbol{u}_{c})(\boldsymbol{H}_{c}^{T}(\boldsymbol{u}_{c})(\mathbf{CRB}(\boldsymbol{u}))^{-1}\boldsymbol{H}_{c}(\boldsymbol{u}_{c}))^{-1}\boldsymbol{H}_{c}^{T}(\boldsymbol{u}_{c})\\&\leqslant\overline{\mathbf{CRB}}^{(c)}(\boldsymbol{u})=\boldsymbol{H}_{c}(\boldsymbol{u}_{c})(\boldsymbol{H}_{c}^{T}(\boldsymbol{u}_{c})(\overline{\mathbf{CRB}}(\boldsymbol{u}))^{-1}\boldsymbol{H}_{c}(\boldsymbol{u}_{c}))^{-1}\boldsymbol{H}_{c}^{T}(\boldsymbol{u}_{c})\end{aligned}\tag{9.33}$$

证毕。

命题 9.6 表明，增加校正源观测量能够降低目标位置估计方差的理论下界。

最后，根据式(9.15)和式(9.26)可以得到如下命题。

命题 9.7 若 $\boldsymbol{G}_1(\boldsymbol{u},\boldsymbol{w})\boldsymbol{H}_c(\boldsymbol{u}_c)$ 是列满秩矩阵，则有 $\mathbf{CRB}^{(c)}(\boldsymbol{w})\leqslant\overline{\mathbf{CRB}}^{(c)}(\boldsymbol{w})$，进一步，若 $\bar{\boldsymbol{G}}(\boldsymbol{s},\boldsymbol{w})$ 是列满秩矩阵，则有 $\mathbf{CRB}^{(c)}(\boldsymbol{w})<\overline{\mathbf{CRB}}^{(c)}(\boldsymbol{w})$。

证明 首先分别定义如下四个矩阵：

$$\begin{cases}\boldsymbol{X}=\boldsymbol{H}_{c}^{T}(\boldsymbol{u}_{c})\boldsymbol{G}_{1}^{T}(\boldsymbol{u},\boldsymbol{w})\boldsymbol{Q}_{1}^{-1}\boldsymbol{G}_{1}(\boldsymbol{u},\boldsymbol{w})\boldsymbol{H}_{c}(\boldsymbol{u}_{c})\in\mathbf{R}^{(q-1)\times(q-1)}\\\boldsymbol{Y}=\boldsymbol{H}_{c}^{T}(\boldsymbol{u}_{c})\boldsymbol{G}_{1}^{T}(\boldsymbol{u},\boldsymbol{w})\boldsymbol{Q}_{1}^{-1}\boldsymbol{G}_{2}(\boldsymbol{u},\boldsymbol{w})\in\mathbf{R}^{(q-1)\times l}\\\boldsymbol{Z}=\boldsymbol{G}_{2}^{T}(\boldsymbol{u},\boldsymbol{w})\boldsymbol{Q}_{1}^{-1}\boldsymbol{G}_{2}(\boldsymbol{u},\boldsymbol{w})\in\mathbf{R}^{l\times l}\\\bar{\boldsymbol{Z}}=\boldsymbol{G}_{2}^{T}(\boldsymbol{u},\boldsymbol{w})\boldsymbol{Q}_{1}^{-1}\boldsymbol{G}_{2}(\boldsymbol{u},\boldsymbol{w})+\bar{\boldsymbol{G}}^{T}(\boldsymbol{s},\boldsymbol{w})\boldsymbol{Q}_{3}^{-1}\bar{\boldsymbol{G}}(\boldsymbol{s},\boldsymbol{w})\in\mathbf{R}^{l\times l}\end{cases}\tag{9.34}$$

根据式(9.15)和式(9.26)可知

$$\begin{cases}(\overline{\mathbf{CRB}}^{(c)}(\boldsymbol{w}))^{-1}=\boldsymbol{Q}_{2}^{-1}+\boldsymbol{Z}-\boldsymbol{Y}^{T}\boldsymbol{X}^{-1}\boldsymbol{Y}\\(\mathbf{CRB}^{(c)}(\boldsymbol{w}))^{-1}=\boldsymbol{Q}_{2}^{-1}+\bar{\boldsymbol{Z}}-\boldsymbol{Y}^{T}\boldsymbol{X}^{-1}\boldsymbol{Y}\end{cases}\tag{9.35}$$

利用命题 2.3 和命题 2.5 可得

$$\begin{aligned}&(\mathbf{CRB}^{(c)}(\boldsymbol{w}))^{-1}-(\overline{\mathbf{CRB}}^{(c)}(\boldsymbol{w}))^{-1}=\bar{\boldsymbol{Z}}-\boldsymbol{Z}=\bar{\boldsymbol{G}}^{T}(\boldsymbol{s},\boldsymbol{w})\boldsymbol{Q}_{3}^{-1}\bar{\boldsymbol{G}}(\boldsymbol{s},\boldsymbol{w})\geqslant\boldsymbol{O}\\&\Leftrightarrow(\mathbf{CRB}^{(c)}(\boldsymbol{w}))^{-1}\geqslant(\overline{\mathbf{CRB}}^{(c)}(\boldsymbol{w}))^{-1}\Leftrightarrow\mathbf{CRB}^{(c)}(\boldsymbol{w})\leqslant\overline{\mathbf{CRB}}^{(c)}(\boldsymbol{w})\end{aligned}\tag{9.36}$$

另外，若 $\bar{\boldsymbol{G}}(\boldsymbol{s},\boldsymbol{w})$ 是列满秩矩阵，则根据命题 2.4 可知 $\bar{\boldsymbol{G}}^{T}(\boldsymbol{s},\boldsymbol{w})\boldsymbol{Q}_{3}^{-1}\bar{\boldsymbol{G}}(\boldsymbol{s},\boldsymbol{w})>\boldsymbol{O}$，再利用命题 2.5 可得

$$\begin{aligned}&(\mathbf{CRB}^{(c)}(\boldsymbol{w}))^{-1}-(\overline{\mathbf{CRB}}^{(c)}(\boldsymbol{w}))^{-1}=\bar{\boldsymbol{Z}}-\boldsymbol{Z}=\bar{\boldsymbol{G}}^{T}(\boldsymbol{s},\boldsymbol{w})\boldsymbol{Q}_{3}^{-1}\bar{\boldsymbol{G}}(\boldsymbol{s},\boldsymbol{w})>\boldsymbol{O}\\&\Leftrightarrow(\mathbf{CRB}^{(c)}(\boldsymbol{w}))^{-1}>(\overline{\mathbf{CRB}}^{(c)}(\boldsymbol{w}))^{-1}\Leftrightarrow\mathbf{CRB}^{(c)}(\boldsymbol{w})<\overline{\mathbf{CRB}}^{(c)}(\boldsymbol{w})\end{aligned}\tag{9.37}$$

证毕。

命题 9.7 表明，增加校正源观测量能够降低系统参量估计方差的理论下界。

9.2 非线性观测方程的伪线性观测模型

与第 6 章类似的是，关于目标源的非线性观测方程 $\boldsymbol{z}_0=\boldsymbol{g}(\boldsymbol{u},\boldsymbol{w})$ 可以转化为如下伪线性观测方程：

$$\boldsymbol{a}(\boldsymbol{z}_0,\boldsymbol{w})=\boldsymbol{B}(\boldsymbol{z}_0,\boldsymbol{w})\boldsymbol{\rho}(\boldsymbol{u})=\boldsymbol{B}(\boldsymbol{z}_0,\boldsymbol{w})\boldsymbol{t}\tag{9.38}$$

式中，

(1) $\boldsymbol{a}(\boldsymbol{z}_0,\boldsymbol{w})\in\mathbf{R}^{p\times 1}$ 表示关于目标源的伪线性观测向量，同时它是 $\boldsymbol{z}_0$ 和 $\boldsymbol{w}$ 的向量函数(连续可导)，其具体的代数形式随着定位观测量的不同而改变；

(2) $\boldsymbol{B}(\boldsymbol{z}_0,\boldsymbol{w})\in\mathbf{R}^{p\times\bar{q}}$ $(p\geqslant\bar{q}\geqslant q)$ 表示关于目标源的伪线性系数矩阵，同时它是 $\boldsymbol{z}_0$ 和 $\boldsymbol{w}$ 的矩阵函数(连续可导)，其具体的代数形式也随着定位观测量的不同而改变，需要指出的

是，第 4 章的观测模型要求 $\bar{q}=q$，第 5 章的观测模型要求 $\bar{q}>q$，而本章则要求 $\bar{q}\geqslant q$，它同时包含了上述两种情况；

(3) $\boldsymbol{t}=\boldsymbol{\rho}(\boldsymbol{u})\in\mathbf{R}^{\bar{q}\times 1}(\bar{q}\geqslant q)$ 是关于向量 $\boldsymbol{u}$ 的向量函数，需要指出的是，第 4 章的观测模型要求 $\boldsymbol{\rho}(\boldsymbol{u})=\boldsymbol{u}$，第 5 章的观测模型要求函数 $\boldsymbol{\rho}(\cdot)$ 的维数大于向量 $\boldsymbol{u}$ 的维数(由于新增了辅助变量)，而本章则同时包含了上述两种情况。

由于目标位置向量 $\boldsymbol{u}$ 需要满足等式约束式(9.2)或式(9.3)，因此该向量可以由向量 $\boldsymbol{u}_{\mathrm{c}}$ 来表征，此时 $\boldsymbol{\rho}(\boldsymbol{u})$ 也可以看成关于 $\boldsymbol{u}_{\mathrm{c}}$ 的向量函数，不妨将其记为

$$\boldsymbol{\rho}(\boldsymbol{u})=\boldsymbol{\rho}(\boldsymbol{u}(\boldsymbol{u}_{\mathrm{c}}))=\boldsymbol{\rho}_{\mathrm{c}}(\boldsymbol{u}_{\mathrm{c}}) \tag{9.39}$$

于是关于参量 $\boldsymbol{u}_{\mathrm{c}}$ 的伪线性观测方程为

$$\boldsymbol{a}(\boldsymbol{z}_0,\boldsymbol{w})=\boldsymbol{B}(\boldsymbol{z}_0,\boldsymbol{w})\boldsymbol{\rho}_{\mathrm{c}}(\boldsymbol{u}_{\mathrm{c}})=\boldsymbol{B}(\boldsymbol{z}_0,\boldsymbol{w})\boldsymbol{t} \tag{9.40}$$

与第 6 章类似的是，关于第 k 个校正源的非线性观测方程 $\boldsymbol{r}_{k0}=\boldsymbol{g}(\boldsymbol{s}_k,\boldsymbol{w})$ 可转化为如下伪线性观测方程：

$$\boldsymbol{c}(\boldsymbol{r}_{k0},\boldsymbol{s}_k)=\boldsymbol{D}(\boldsymbol{r}_{k0},\boldsymbol{s}_k)\boldsymbol{\varphi}(\boldsymbol{w})=\boldsymbol{D}(\boldsymbol{r}_{k0},\boldsymbol{s}_k)\boldsymbol{x},\quad 1\leqslant k\leqslant d \tag{9.41}$$

式中，

(1) $\boldsymbol{c}(\boldsymbol{r}_{k0},\boldsymbol{s}_k)\in\mathbf{R}^{p\times 1}$ 表示关于第 k 个校正源的伪线性观测向量，同时它是 $\boldsymbol{r}_{k0}$ 和 $\boldsymbol{s}_k$ 的向量函数(连续可导)，其具体的代数形式随着定位观测量的不同而改变；

(2) $\boldsymbol{D}(\boldsymbol{r}_{k0},\boldsymbol{s}_k)\in\mathbf{R}^{p\times\bar{l}}(\bar{l}\geqslant l)$ 表示关于第 k 个校正源的伪线性系数矩阵，同时它是 $\boldsymbol{r}_{k0}$ 和 $\boldsymbol{s}_k$ 的矩阵函数(连续可导)，其具体的代数形式也随着定位观测量的不同而改变，需要指出的是，第 4 章的观测模型要求 $\bar{l}=l$，第 5 章的观测模型要求 $\bar{l}>l$，而本章则要求 $\bar{l}\geqslant l$，它同时包含了上述两种情况；

(3) $\boldsymbol{x}=\boldsymbol{\varphi}(\boldsymbol{w})\in\mathbf{R}^{\bar{l}\times 1}(\bar{l}\geqslant l)$ 是关于向量 $\boldsymbol{w}$ 的向量函数，需要指出的是，第 4 章的观测模型要求 $\boldsymbol{\varphi}(\boldsymbol{w})=\boldsymbol{w}$，第 5 章的观测模型要求函数 $\boldsymbol{\varphi}(\cdot)$ 的维数大于向量 $\boldsymbol{w}$ 的维数(由于新增了辅助变量)，而本章则同时包含了上述两种情况。

若将上述 d 个伪线性观测方程进行合并，则可得到如下具有更高维数的伪线性观测方程：

$$\bar{\boldsymbol{c}}(\boldsymbol{r}_0,\boldsymbol{s})=\bar{\boldsymbol{D}}(\boldsymbol{r}_0,\boldsymbol{s})\boldsymbol{\varphi}(\boldsymbol{w})=\bar{\boldsymbol{D}}(\boldsymbol{r}_0,\boldsymbol{s})\boldsymbol{x} \tag{9.42}$$

式中

$$\begin{cases}\bar{\boldsymbol{c}}(\boldsymbol{r}_0,\boldsymbol{s})=[\boldsymbol{c}^{\mathrm{T}}(\boldsymbol{r}_{10},\boldsymbol{s}_1)\quad \boldsymbol{c}^{\mathrm{T}}(\boldsymbol{r}_{20},\boldsymbol{s}_2)\quad \cdots\quad \boldsymbol{c}^{\mathrm{T}}(\boldsymbol{r}_{d0},\boldsymbol{s}_d)]^{\mathrm{T}}\in\mathbf{R}^{pd\times 1}\\ \bar{\boldsymbol{D}}(\boldsymbol{r}_0,\boldsymbol{s})=[\boldsymbol{D}^{\mathrm{T}}(\boldsymbol{r}_{10},\boldsymbol{s}_1)\quad \boldsymbol{D}^{\mathrm{T}}(\boldsymbol{r}_{20},\boldsymbol{s}_2)\quad \cdots\quad \boldsymbol{D}^{\mathrm{T}}(\boldsymbol{r}_{d0},\boldsymbol{s}_d)]^{\mathrm{T}}\in\mathbf{R}^{pd\times\bar{l}}\\ \boldsymbol{r}_0=[\boldsymbol{r}_{10}^{\mathrm{T}}\quad \boldsymbol{r}_{20}^{\mathrm{T}}\quad \cdots\quad \boldsymbol{r}_{d0}^{\mathrm{T}}]^{\mathrm{T}}\in\mathbf{R}^{pd\times 1},\quad \boldsymbol{s}=[\boldsymbol{s}_1^{\mathrm{T}}\quad \boldsymbol{s}_2^{\mathrm{T}}\quad \cdots\quad \boldsymbol{s}_d^{\mathrm{T}}]^{\mathrm{T}}\in\mathbf{R}^{qd\times 1}\end{cases} \tag{9.43}$$

下面将基于上面描述的伪线性观测方程给出两类约束总体最小二乘定位方法，并定量推导两类约束总体最小二乘定位方法的参数估计性能，证明它们的目标位置估计方差都可以达到相应的克拉美罗界(在门限效应发生以前)。此外，与第 6 章的约束总体最小二乘定位方法不同的是，这里需要优化求解的参量是 $\boldsymbol{u}_{\mathrm{c}}$ 而不是 $\boldsymbol{u}$，而一旦求解出向量 $\boldsymbol{u}_{\mathrm{c}}$，就可以立即获得目标位置向量 $\boldsymbol{u}$ 的估计值。另外，为了便于区分，书中将第一类约束总体最小二乘定位方法给出的估计值中增加上标"(ca)"，而将第二类约束总体最小二乘定位方法给出的估计值中增加上标"(cb)"。

9.3　第一类约束总体最小二乘定位方法及其理论性能分析

第一类约束总体最小二乘定位方法分为两个步骤：①利用校正源观测量 $\boldsymbol{r}$ 和系统参量的先验测量值 $\boldsymbol{v}$ 给出更加精确的系统参量估计值；②利用目标源观测量 $\boldsymbol{z}$ 和第一步给出的系统参量解估计未知参量 $\boldsymbol{u}_{\mathrm{c}}$，从而进一步得到目标位置向量 $\boldsymbol{u}$ 的估计值。

9.3.1　估计系统参量

这里将在伪线性观测方程式(9.42)的基础上，基于校正源观测量 $\boldsymbol{r}$ 和系统参量的先验测量值 $\boldsymbol{v}$ 估计系统参量 $\boldsymbol{w}$。由于这里与目标位置向量是否服从等式约束无关，因此所采用的方法与6.2.1节完全一致，不妨将其估计值记为 $\hat{\boldsymbol{w}}_{\mathrm{ctls}}^{(\mathrm{ca})}$，则其方差矩阵等于

$$\mathbf{cov}(\hat{\boldsymbol{w}}_{\mathrm{ctls}}^{(\mathrm{ca})})=\mathbf{CRB}_{\mathrm{o}}(\boldsymbol{w})=(\boldsymbol{Q}_2^{-1}+\bar{\boldsymbol{G}}^{\mathrm{T}}(\boldsymbol{s},\boldsymbol{w})\boldsymbol{Q}_3^{-1}\bar{\boldsymbol{G}}(\boldsymbol{s},\boldsymbol{w}))^{-1} \tag{9.44}$$

向量 $\hat{\boldsymbol{w}}_{\mathrm{ctls}}^{(\mathrm{ca})}$ 即为第一类约束总体最小二乘定位方法给出的系统参量解，该解在仅基于校正源观测量的条件下具有渐近最优的统计性能(在门限效应发生以前)。

9.3.2　估计目标位置向量

1. 定位优化模型

这里将在伪线性观测方程式(9.40)的基础上，基于系统参量解 $\hat{\boldsymbol{w}}_{\mathrm{ctls}}^{(\mathrm{ca})}$ 和目标源观测量 $\boldsymbol{z}$ 估计未知参量 $\boldsymbol{u}_{\mathrm{c}}$，从而进一步得到目标位置向量 $\boldsymbol{u}$ 的估计值。

在实际计算中，函数 $\boldsymbol{a}(\cdot,\cdot)$ 和 $\boldsymbol{B}(\cdot,\cdot)$ 的闭式形式是可知的，但 $\boldsymbol{z}_0$ 和 $\boldsymbol{w}$ 却不可获知，只能用带误差的观测向量 $\boldsymbol{z}$ 和估计向量 $\hat{\boldsymbol{w}}_{\mathrm{ctls}}^{(\mathrm{ca})}$ 来代替。显然，若用 $\boldsymbol{z}$ 和 $\hat{\boldsymbol{w}}_{\mathrm{ctls}}^{(\mathrm{ca})}$ 直接代替 $\boldsymbol{z}_0$ 和 $\boldsymbol{w}$，式(9.40)已经无法成立。为了建立约束总体最小二乘优化模型，需要将向量函数 $\boldsymbol{a}(\boldsymbol{z}_0,\boldsymbol{w})$ 和矩阵函数 $\boldsymbol{B}(\boldsymbol{z}_0,\boldsymbol{w})$ 分别在点 $\boldsymbol{z}$ 和 $\hat{\boldsymbol{w}}_{\mathrm{ctls}}^{(\mathrm{ca})}$ 处进行一阶 Taylor 级数展开可得

$$\left\{\begin{aligned}\boldsymbol{a}(\boldsymbol{z}_0,\boldsymbol{w})&\approx\boldsymbol{a}(\boldsymbol{z},\hat{\boldsymbol{w}}_{\mathrm{ctls}}^{(\mathrm{ca})})+\boldsymbol{A}_1(\boldsymbol{z},\hat{\boldsymbol{w}}_{\mathrm{ctls}}^{(\mathrm{ca})})(\boldsymbol{z}_0-\boldsymbol{z})+\boldsymbol{A}_2(\boldsymbol{z},\hat{\boldsymbol{w}}_{\mathrm{ctls}}^{(\mathrm{ca})})(\boldsymbol{w}-\hat{\boldsymbol{w}}_{\mathrm{ctls}}^{(\mathrm{ca})})\\&=\boldsymbol{a}(\boldsymbol{z},\hat{\boldsymbol{w}}_{\mathrm{ctls}}^{(\mathrm{ca})})-\boldsymbol{A}_1(\boldsymbol{z},\hat{\boldsymbol{w}}_{\mathrm{ctls}}^{(\mathrm{ca})})\boldsymbol{n}-\boldsymbol{A}_2(\boldsymbol{z},\hat{\boldsymbol{w}}_{\mathrm{ctls}}^{(\mathrm{ca})})\boldsymbol{\delta w}_{\mathrm{ctls}}^{(\mathrm{ca})}\\\boldsymbol{B}(\boldsymbol{z}_0,\boldsymbol{w})&\approx\boldsymbol{B}(\boldsymbol{z},\hat{\boldsymbol{w}}_{\mathrm{ctls}}^{(\mathrm{ca})})+\dot{\boldsymbol{B}}_{11}(\boldsymbol{z},\hat{\boldsymbol{w}}_{\mathrm{ctls}}^{(\mathrm{ca})})\langle\boldsymbol{z}_0-\boldsymbol{z}\rangle_1+\dot{\boldsymbol{B}}_{12}(\boldsymbol{z},\hat{\boldsymbol{w}}_{\mathrm{ctls}}^{(\mathrm{ca})})\langle\boldsymbol{z}_0-\boldsymbol{z}\rangle_2\\&\quad+\cdots+\dot{\boldsymbol{B}}_{1p}(\boldsymbol{z},\hat{\boldsymbol{w}}_{\mathrm{ctls}}^{(\mathrm{ca})})\langle\boldsymbol{z}_0-\boldsymbol{z}\rangle_p+\dot{\boldsymbol{B}}_{21}(\boldsymbol{z},\hat{\boldsymbol{w}}_{\mathrm{ctls}}^{(\mathrm{ca})})\langle\boldsymbol{w}-\hat{\boldsymbol{w}}_{\mathrm{ctls}}^{(\mathrm{ca})}\rangle_1\\&\quad+\dot{\boldsymbol{B}}_{22}(\boldsymbol{z},\hat{\boldsymbol{w}}_{\mathrm{ctls}}^{(\mathrm{ca})})\langle\boldsymbol{w}-\hat{\boldsymbol{w}}_{\mathrm{ctls}}^{(\mathrm{ca})}\rangle_2+\cdots+\dot{\boldsymbol{B}}_{2l}(\boldsymbol{z},\hat{\boldsymbol{w}}_{\mathrm{ctls}}^{(\mathrm{ca})})\langle\boldsymbol{w}-\hat{\boldsymbol{w}}_{\mathrm{ctls}}^{(\mathrm{ca})}\rangle_l\\&=\boldsymbol{B}(\boldsymbol{z},\hat{\boldsymbol{w}}_{\mathrm{ctls}}^{(\mathrm{ca})})-\sum_{j=1}^{p}\langle\boldsymbol{n}\rangle_j\dot{\boldsymbol{B}}_{1j}(\boldsymbol{z},\hat{\boldsymbol{w}}_{\mathrm{ctls}}^{(\mathrm{ca})})-\sum_{j=1}^{l}\langle\boldsymbol{\delta w}_{\mathrm{ctls}}^{(\mathrm{ca})}\rangle_j\dot{\boldsymbol{B}}_{2j}(\boldsymbol{z},\hat{\boldsymbol{w}}_{\mathrm{ctls}}^{(\mathrm{ca})})\end{aligned}\right. \tag{9.45}$$

式中

$$\begin{cases}\boldsymbol{A}_1(\boldsymbol{z},\hat{\boldsymbol{w}}_{\mathrm{ctls}}^{(\mathrm{ca})})=\dfrac{\partial\boldsymbol{a}(\boldsymbol{z},\hat{\boldsymbol{w}}_{\mathrm{ctls}}^{(\mathrm{ca})})}{\partial\boldsymbol{z}^{\mathrm{T}}}\in\mathbf{R}^{p\times p}, \quad \boldsymbol{A}_2(\boldsymbol{z},\hat{\boldsymbol{w}}_{\mathrm{ctls}}^{(\mathrm{ca})})=\dfrac{\partial\boldsymbol{a}(\boldsymbol{z},\hat{\boldsymbol{w}}_{\mathrm{ctls}}^{(\mathrm{ca})})}{\partial\hat{\boldsymbol{w}}_{\mathrm{ctls}}^{(\mathrm{ca})\mathrm{T}}}\in\mathbf{R}^{p\times l}\\ \dot{\boldsymbol{B}}_{1j}(\boldsymbol{z},\hat{\boldsymbol{w}}_{\mathrm{ctls}}^{(\mathrm{ca})})=\dfrac{\partial\boldsymbol{B}(\boldsymbol{z},\hat{\boldsymbol{w}}_{\mathrm{ctls}}^{(\mathrm{ca})})}{\partial\langle\boldsymbol{z}\rangle_j}\in\mathbf{R}^{p\times\bar{q}}, \quad 1\leqslant j\leqslant p\\ \dot{\boldsymbol{B}}_{2j}(\boldsymbol{z},\hat{\boldsymbol{w}}_{\mathrm{ctls}}^{(\mathrm{ca})})=\dfrac{\partial\boldsymbol{B}(\boldsymbol{z},\hat{\boldsymbol{w}}_{\mathrm{ctls}}^{(\mathrm{ca})})}{\partial\langle\hat{\boldsymbol{w}}_{\mathrm{ctls}}^{(\mathrm{ca})}\rangle_j}\in\mathbf{R}^{p\times\bar{q}}, \quad 1\leqslant j\leqslant l\\ \boldsymbol{\delta w}_{\mathrm{ctls}}^{(\mathrm{ca})}=\hat{\boldsymbol{w}}_{\mathrm{ctls}}^{(\mathrm{ca})}-\boldsymbol{w}\end{cases} \tag{9.46}$$

将式(9.45)代入式(9.40)可得如下(近似)等式:

$$\begin{aligned}&\boldsymbol{a}(\boldsymbol{z},\hat{\boldsymbol{w}}_{\mathrm{ctls}}^{(\mathrm{ca})})-\boldsymbol{A}_1(\boldsymbol{z},\hat{\boldsymbol{w}}_{\mathrm{ctls}}^{(\mathrm{ca})})\boldsymbol{n}-\boldsymbol{A}_2(\boldsymbol{z},\hat{\boldsymbol{w}}_{\mathrm{ctls}}^{(\mathrm{ca})})\boldsymbol{\delta w}_{\mathrm{ctls}}^{(\mathrm{ca})}\\ &=\Big(\boldsymbol{B}(\boldsymbol{z},\hat{\boldsymbol{w}}_{\mathrm{ctls}}^{(\mathrm{ca})})-\sum_{j=1}^{p}\langle\boldsymbol{n}\rangle_j\dot{\boldsymbol{B}}_{1j}(\boldsymbol{z},\hat{\boldsymbol{w}}_{\mathrm{ctls}}^{(\mathrm{ca})})-\sum_{j=1}^{l}\langle\boldsymbol{\delta w}_{\mathrm{ctls}}^{(\mathrm{ca})}\rangle_j\dot{\boldsymbol{B}}_{2j}(\boldsymbol{z},\hat{\boldsymbol{w}}_{\mathrm{ctls}}^{(\mathrm{ca})})\Big)\boldsymbol{\rho}_{\mathrm{c}}(\boldsymbol{u}_{\mathrm{c}})\\ &\Rightarrow\boldsymbol{a}(\boldsymbol{z},\hat{\boldsymbol{w}}_{\mathrm{ctls}}^{(\mathrm{ca})})-\boldsymbol{B}(\boldsymbol{z},\hat{\boldsymbol{w}}_{\mathrm{ctls}}^{(\mathrm{ca})})\boldsymbol{\rho}_{\mathrm{c}}(\boldsymbol{u}_{\mathrm{c}})\approx\boldsymbol{T}_1(\boldsymbol{z},\hat{\boldsymbol{w}}_{\mathrm{ctls}}^{(\mathrm{ca})},\boldsymbol{\rho}_{\mathrm{c}}(\boldsymbol{u}_{\mathrm{c}}))\boldsymbol{n}+\boldsymbol{T}_2(\boldsymbol{z},\hat{\boldsymbol{w}}_{\mathrm{ctls}}^{(\mathrm{ca})},\boldsymbol{\rho}_{\mathrm{c}}(\boldsymbol{u}_{\mathrm{c}}))\boldsymbol{\delta w}_{\mathrm{ctls}}^{(\mathrm{ca})}\\ &=\boldsymbol{T}(\boldsymbol{z},\hat{\boldsymbol{w}}_{\mathrm{ctls}}^{(\mathrm{ca})},\boldsymbol{\rho}_{\mathrm{c}}(\boldsymbol{u}_{\mathrm{c}}))\boldsymbol{\gamma}_{\mathrm{c}}\end{aligned} \tag{9.47}$$

式中

$$\begin{cases}\boldsymbol{T}_1(\boldsymbol{z},\hat{\boldsymbol{w}}_{\mathrm{ctls}}^{(\mathrm{ca})},\boldsymbol{\rho}_{\mathrm{c}}(\boldsymbol{u}_{\mathrm{c}}))=\boldsymbol{A}_1(\boldsymbol{z},\hat{\boldsymbol{w}}_{\mathrm{ctls}}^{(\mathrm{ca})})-[\dot{\boldsymbol{B}}_{11}(\boldsymbol{z},\hat{\boldsymbol{w}}_{\mathrm{ctls}}^{(\mathrm{ca})})\boldsymbol{\rho}_{\mathrm{c}}(\boldsymbol{u}_{\mathrm{c}}) \quad \dot{\boldsymbol{B}}_{12}(\boldsymbol{z},\hat{\boldsymbol{w}}_{\mathrm{ctls}}^{(\mathrm{ca})})\boldsymbol{\rho}_{\mathrm{c}}(\boldsymbol{u}_{\mathrm{c}})\\ \qquad\qquad \cdots \quad \dot{\boldsymbol{B}}_{1p}(\boldsymbol{z},\hat{\boldsymbol{w}}_{\mathrm{ctls}}^{(\mathrm{ca})})\boldsymbol{\rho}_{\mathrm{c}}(\boldsymbol{u}_{\mathrm{c}})]\in\mathbf{R}^{p\times p}\\ \boldsymbol{T}_2(\boldsymbol{z},\hat{\boldsymbol{w}}_{\mathrm{ctls}}^{(\mathrm{ca})},\boldsymbol{\rho}_{\mathrm{c}}(\boldsymbol{u}_{\mathrm{c}}))=\boldsymbol{A}_2(\boldsymbol{z},\hat{\boldsymbol{w}}_{\mathrm{ctls}}^{(\mathrm{ca})})-[\dot{\boldsymbol{B}}_{21}(\boldsymbol{z},\hat{\boldsymbol{w}}_{\mathrm{ctls}}^{(\mathrm{ca})})\boldsymbol{\rho}_{\mathrm{c}}(\boldsymbol{u}_{\mathrm{c}}) \quad \dot{\boldsymbol{B}}_{22}(\boldsymbol{z},\hat{\boldsymbol{w}}_{\mathrm{ctls}}^{(\mathrm{ca})})\boldsymbol{\rho}_{\mathrm{c}}(\boldsymbol{u}_{\mathrm{c}})\\ \qquad\qquad \cdots \quad \dot{\boldsymbol{B}}_{2l}(\boldsymbol{z},\hat{\boldsymbol{w}}_{\mathrm{ctls}}^{(\mathrm{ca})})\boldsymbol{\rho}_{\mathrm{c}}(\boldsymbol{u}_{\mathrm{c}})]\in\mathbf{R}^{p\times l}\\ \boldsymbol{T}(\boldsymbol{z},\hat{\boldsymbol{w}}_{\mathrm{ctls}}^{(\mathrm{ca})},\boldsymbol{\rho}_{\mathrm{c}}(\boldsymbol{u}_{\mathrm{c}}))=[\boldsymbol{T}_1(\boldsymbol{z},\hat{\boldsymbol{w}}_{\mathrm{ctls}}^{(\mathrm{ca})},\boldsymbol{\rho}_{\mathrm{c}}(\boldsymbol{u}_{\mathrm{c}})) \quad \boldsymbol{T}_2(\boldsymbol{z},\hat{\boldsymbol{w}}_{\mathrm{ctls}}^{(\mathrm{ca})},\boldsymbol{\rho}_{\mathrm{c}}(\boldsymbol{u}_{\mathrm{c}}))]\in\mathbf{R}^{p\times(p+l)}\\ \boldsymbol{\gamma}_{\mathrm{c}}=[\boldsymbol{n}^{\mathrm{T}} \quad \boldsymbol{\delta w}_{\mathrm{ctls}}^{(\mathrm{ca})T}]^{\mathrm{T}}\in\mathbf{R}^{(p+l)\times 1}\end{cases} \tag{9.48}$$

基于式(9.47)可建立如下约束总体最小二乘优化模型:

$$\begin{cases}\min\limits_{\substack{\boldsymbol{\gamma}_{\mathrm{c}}\in\mathbf{R}^{(p+l)\times 1}\\ \boldsymbol{u}_{\mathrm{c}}\in\mathbf{R}^{(q-1)\times 1}}} \boldsymbol{\gamma}_{\mathrm{c}}^{\mathrm{T}}\mathbf{cov}^{-1}(\boldsymbol{\gamma}_{\mathrm{c}})\boldsymbol{\gamma}_{\mathrm{c}}\\ \text{s. t. } \boldsymbol{a}(\boldsymbol{z},\hat{\boldsymbol{w}}_{\mathrm{ctls}}^{(\mathrm{ca})})-\boldsymbol{B}(\boldsymbol{z},\hat{\boldsymbol{w}}_{\mathrm{ctls}}^{(\mathrm{ca})})\boldsymbol{\rho}_{\mathrm{c}}(\boldsymbol{u}_{\mathrm{c}})=\boldsymbol{T}(\boldsymbol{z},\hat{\boldsymbol{w}}_{\mathrm{ctls}}^{(\mathrm{ca})},\boldsymbol{\rho}_{\mathrm{c}}(\boldsymbol{u}_{\mathrm{c}}))\boldsymbol{\gamma}_{\mathrm{c}}\end{cases} \tag{9.49}$$

式中

$$\mathbf{cov}(\boldsymbol{\gamma}_{\mathrm{c}})=\begin{bmatrix}\boldsymbol{Q}_1 & \boldsymbol{O}_{p\times l}\\ \boldsymbol{O}_{l\times p} & \mathbf{cov}(\hat{\boldsymbol{w}}_{\mathrm{ctls}}^{(\mathrm{ca})})\end{bmatrix}=\begin{bmatrix}\boldsymbol{Q}_1 & \boldsymbol{O}_{p\times l}\\ \boldsymbol{O}_{l\times p} & (\boldsymbol{Q}_2^{-1}+\bar{\boldsymbol{G}}^{\mathrm{T}}(\boldsymbol{s},\boldsymbol{w})\boldsymbol{Q}_3^{-1}\bar{\boldsymbol{G}}(\boldsymbol{s},\boldsymbol{w}))^{-1}\end{bmatrix} \tag{9.50}$$

显然,式(9.49)是含有等式约束的优化问题,通过进一步数学分析可以将其转化为无约束优化问题,结果可见如下命题。

命题 9.8 若 $\boldsymbol{T}(\boldsymbol{z},\hat{\boldsymbol{w}}_{\mathrm{ctls}}^{(\mathrm{ca})},\boldsymbol{\rho}_{\mathrm{c}}(\boldsymbol{u}_{\mathrm{c}}))$ 是行满秩矩阵,则约束优化问题(9.49)可转化为如下无约束优化问题:

$$\min_{\boldsymbol{u}_{\mathrm{c}}\in\mathbf{R}^{(q-1)\times 1}}\left\{\begin{aligned}&(\boldsymbol{B}(\boldsymbol{z},\hat{\boldsymbol{w}}_{\mathrm{ctls}}^{(\mathrm{ca})})\boldsymbol{\rho}_{\mathrm{c}}(\boldsymbol{u}_{\mathrm{c}})-\boldsymbol{a}(\boldsymbol{z},\hat{\boldsymbol{w}}_{\mathrm{ctls}}^{(\mathrm{ca})}))^{\mathrm{T}}\\&\cdot(\boldsymbol{T}(\boldsymbol{z},\hat{\boldsymbol{w}}_{\mathrm{ctls}}^{(\mathrm{ca})},\boldsymbol{\rho}_{\mathrm{c}}(\boldsymbol{u}_{\mathrm{c}}))\mathbf{cov}(\boldsymbol{\gamma}_{\mathrm{c}})\boldsymbol{T}^{\mathrm{T}}(\boldsymbol{z},\hat{\boldsymbol{w}}_{\mathrm{ctls}}^{(\mathrm{ca})},\boldsymbol{\rho}_{\mathrm{c}}(\boldsymbol{u}_{\mathrm{c}})))^{-1}\\&\cdot(\boldsymbol{B}(\boldsymbol{z},\hat{\boldsymbol{w}}_{\mathrm{ctls}}^{(\mathrm{ca})})\boldsymbol{\rho}_{\mathrm{c}}(\boldsymbol{u}_{\mathrm{c}})-\boldsymbol{a}(\boldsymbol{z},\hat{\boldsymbol{w}}_{\mathrm{ctls}}^{(\mathrm{ca})}))\end{aligned}\right\}\tag{9.51}$$

命题 9.8 的证明类似于命题 6.1 和命题 6.3，限于篇幅这里不再阐述。

2. 数值迭代算法

这里将给出式(9.51)的求解算法。显然，式(9.51)的闭式解难以获得，只能通过数值迭代的方式进行优化计算。为了获得较快的迭代收敛速度，可以利用经典的 Newton 迭代法[34]进行数值计算。

首先将式(9.51)中的目标函数记为

$$\begin{aligned}J_{\mathrm{c}2}(\boldsymbol{u}_{\mathrm{c}})=&(\boldsymbol{B}(\boldsymbol{z},\hat{\boldsymbol{w}}_{\mathrm{ctls}}^{(\mathrm{ca})})\boldsymbol{\rho}_{\mathrm{c}}(\boldsymbol{u}_{\mathrm{c}})-\boldsymbol{a}(\boldsymbol{z},\hat{\boldsymbol{w}}_{\mathrm{ctls}}^{(\mathrm{ca})}))^{\mathrm{T}}\\&\cdot(\boldsymbol{T}(\boldsymbol{z},\hat{\boldsymbol{w}}_{\mathrm{ctls}}^{(\mathrm{ca})},\boldsymbol{\rho}_{\mathrm{c}}(\boldsymbol{u}_{\mathrm{c}}))\mathbf{cov}(\boldsymbol{\gamma}_{\mathrm{c}})\boldsymbol{T}^{\mathrm{T}}(\boldsymbol{z},\hat{\boldsymbol{w}}_{\mathrm{ctls}}^{(\mathrm{ca})},\boldsymbol{\rho}_{\mathrm{c}}(\boldsymbol{u}_{\mathrm{c}})))^{-1}\\&\cdot(\boldsymbol{B}(\boldsymbol{z},\hat{\boldsymbol{w}}_{\mathrm{ctls}}^{(\mathrm{ca})})\boldsymbol{\rho}_{\mathrm{c}}(\boldsymbol{u}_{\mathrm{c}})-\boldsymbol{a}(\boldsymbol{z},\hat{\boldsymbol{w}}_{\mathrm{ctls}}^{(\mathrm{ca})}))\\=&\boldsymbol{\mu}_{\mathrm{c}2}^{\mathrm{T}}(\boldsymbol{u}_{\mathrm{c}})\boldsymbol{\Sigma}_{\mathrm{c}2}^{-1}(\boldsymbol{u}_{\mathrm{c}})\boldsymbol{\mu}_{\mathrm{c}2}(\boldsymbol{u}_{\mathrm{c}})\end{aligned}\tag{9.52}$$

式中

$$\begin{cases}\boldsymbol{\mu}_{\mathrm{c}2}(\boldsymbol{u}_{\mathrm{c}})=\boldsymbol{B}(\boldsymbol{z},\hat{\boldsymbol{w}}_{\mathrm{ctls}}^{(\mathrm{ca})})\boldsymbol{\rho}_{\mathrm{c}}(\boldsymbol{u}_{\mathrm{c}})-\boldsymbol{a}(\boldsymbol{z},\hat{\boldsymbol{w}}_{\mathrm{ctls}}^{(\mathrm{ca})})\in\mathbf{R}^{p\times 1}\\\boldsymbol{\Sigma}_{\mathrm{c}2}(\boldsymbol{u}_{\mathrm{c}})=\boldsymbol{T}(\boldsymbol{z},\hat{\boldsymbol{w}}_{\mathrm{ctls}}^{(\mathrm{ca})},\boldsymbol{\rho}_{\mathrm{c}}(\boldsymbol{u}_{\mathrm{c}}))\mathbf{cov}(\boldsymbol{\gamma}_{\mathrm{c}})\boldsymbol{T}^{\mathrm{T}}(\boldsymbol{z},\hat{\boldsymbol{w}}_{\mathrm{ctls}}^{(\mathrm{ca})},\boldsymbol{\rho}_{\mathrm{c}}(\boldsymbol{u}_{\mathrm{c}}))\in\mathbf{R}^{p\times p}\end{cases}\tag{9.53}$$

为了给出 Newton 迭代公式，需要推导函数 $J_{\mathrm{c}2}(\boldsymbol{u}_{\mathrm{c}})$ 关于向量 $\boldsymbol{u}_{\mathrm{c}}$ 的梯度向量和 Hessian 矩阵。根据式(9.52)和式(2.74)可推得其梯度向量为

$$\boldsymbol{\beta}_{\mathrm{c}2}(\boldsymbol{u}_{\mathrm{c}})=\frac{\partial J_{\mathrm{c}2}(\boldsymbol{u}_{\mathrm{c}})}{\partial\boldsymbol{u}_{\mathrm{c}}}=\boldsymbol{\beta}_{\mathrm{c}2,1}(\boldsymbol{u}_{\mathrm{c}})+\boldsymbol{\beta}_{\mathrm{c}2,2}(\boldsymbol{u}_{\mathrm{c}})\tag{9.54}$$

式中

$$\begin{cases}\boldsymbol{\beta}_{\mathrm{c}2,1}(\boldsymbol{u}_{\mathrm{c}})=2\left(\dfrac{\partial\boldsymbol{\mu}_{\mathrm{c}2}(\boldsymbol{u}_{\mathrm{c}})}{\partial\boldsymbol{u}_{\mathrm{c}}^{\mathrm{T}}}\right)^{\mathrm{T}}\boldsymbol{\Sigma}_{\mathrm{c}2}^{-1}(\boldsymbol{u}_{\mathrm{c}})\boldsymbol{\mu}_{\mathrm{c}2}(\boldsymbol{u}_{\mathrm{c}})\\\boldsymbol{\beta}_{\mathrm{c}2,2}(\boldsymbol{u}_{\mathrm{c}})=\left(\dfrac{\partial\mathrm{vec}(\boldsymbol{\Sigma}_{\mathrm{c}2}^{-1}(\boldsymbol{u}_{\mathrm{c}}))}{\partial\boldsymbol{u}_{\mathrm{c}}^{\mathrm{T}}}\right)^{\mathrm{T}}(\boldsymbol{\mu}_{\mathrm{c}2}(\boldsymbol{u}_{\mathrm{c}})\otimes\boldsymbol{\mu}_{\mathrm{c}2}(\boldsymbol{u}_{\mathrm{c}}))\end{cases}\tag{9.55}$$

基于式(9.52)和式(2.75)可推得其 Hessian 矩阵为

$$\boldsymbol{\Phi}_{\mathrm{c}2}(\boldsymbol{u})=\frac{\partial^2 J_{\mathrm{c}2}(\boldsymbol{u}_{\mathrm{c}})}{\partial\boldsymbol{u}_{\mathrm{c}}\partial\boldsymbol{u}_{\mathrm{c}}^{\mathrm{T}}}=\boldsymbol{\Phi}_{\mathrm{c}2,1}(\boldsymbol{u}_{\mathrm{c}})+\boldsymbol{\Phi}_{\mathrm{c}2,2}(\boldsymbol{u}_{\mathrm{c}})=\frac{\partial\boldsymbol{\beta}_{\mathrm{c}2,1}(\boldsymbol{u}_{\mathrm{c}})}{\partial\boldsymbol{u}_{\mathrm{c}}^{\mathrm{T}}}+\frac{\partial\boldsymbol{\beta}_{\mathrm{c}2,2}(\boldsymbol{u}_{\mathrm{c}})}{\partial\boldsymbol{u}_{\mathrm{c}}^{\mathrm{T}}}\tag{9.56}$$

式中

$$\begin{aligned}\boldsymbol{\Phi}_{\mathrm{c}2,1}(\boldsymbol{u}_{\mathrm{c}})=&\frac{\partial\boldsymbol{\beta}_{\mathrm{c}2,1}(\boldsymbol{u}_{\mathrm{c}})}{\partial\boldsymbol{u}_{\mathrm{c}}^{\mathrm{T}}}=2((\boldsymbol{\mu}_{\mathrm{c}2}^{\mathrm{T}}(\boldsymbol{u}_{\mathrm{c}})\boldsymbol{\Sigma}_{\mathrm{c}2}^{-1}(\boldsymbol{u}_{\mathrm{c}}))\otimes\boldsymbol{I}_{q-1})\left(\frac{\partial}{\partial\boldsymbol{u}_{\mathrm{c}}^{\mathrm{T}}}\mathrm{vec}\left(\left(\frac{\partial\boldsymbol{\mu}_{\mathrm{c}2}(\boldsymbol{u}_{\mathrm{c}})}{\partial\boldsymbol{u}_{\mathrm{c}}^{\mathrm{T}}}\right)^{\mathrm{T}}\right)\right)\\&+2\left(\boldsymbol{\mu}_{\mathrm{c}2}(\boldsymbol{u}_{\mathrm{c}})\otimes\frac{\partial\boldsymbol{\mu}_{\mathrm{c}2}(\boldsymbol{u}_{\mathrm{c}})}{\partial\boldsymbol{u}_{\mathrm{c}}^{\mathrm{T}}}\right)^{\mathrm{T}}\frac{\partial\mathrm{vec}(\boldsymbol{\Sigma}_{\mathrm{c}2}^{-1}(\boldsymbol{u}_{\mathrm{c}}))}{\partial\boldsymbol{u}_{\mathrm{c}}^{\mathrm{T}}}\\&+2\left(\frac{\partial\boldsymbol{\mu}_{\mathrm{c}2}(\boldsymbol{u}_{\mathrm{c}})}{\partial\boldsymbol{u}_{\mathrm{c}}^{\mathrm{T}}}\right)^{\mathrm{T}}\boldsymbol{\Sigma}_{\mathrm{c}2}^{-1}(\boldsymbol{u}_{\mathrm{c}})\frac{\partial\boldsymbol{\mu}_{\mathrm{c}2}(\boldsymbol{u}_{\mathrm{c}})}{\partial\boldsymbol{u}_{\mathrm{c}}^{\mathrm{T}}}\end{aligned}\tag{9.57}$$

$$\boldsymbol{\Phi}_{\mathrm{c}2,2}(\boldsymbol{u}_{\mathrm{c}})=\frac{\partial\boldsymbol{\beta}_{\mathrm{c}2,2}(\boldsymbol{u}_{\mathrm{c}})}{\partial\boldsymbol{u}_{\mathrm{c}}^{\mathrm{T}}}$$

$$\approx\left(\frac{\partial\mathrm{vec}(\boldsymbol{\Sigma}_{\mathrm{c}2}^{-1}(\boldsymbol{u}_{\mathrm{c}}))}{\partial\boldsymbol{u}_{\mathrm{c}}^{\mathrm{T}}}\right)^{\mathrm{T}}\left((\boldsymbol{I}_p\otimes\boldsymbol{\mu}_{\mathrm{c}2}(\boldsymbol{u}_{\mathrm{c}}))\frac{\partial\boldsymbol{\mu}_{\mathrm{c}2}(\boldsymbol{u}_{\mathrm{c}})}{\partial\boldsymbol{u}_{\mathrm{c}}^{\mathrm{T}}}+\boldsymbol{\mu}_{\mathrm{c}2}(\boldsymbol{u}_{\mathrm{c}})\otimes\frac{\partial\boldsymbol{\mu}_{\mathrm{c}2}(\boldsymbol{u}_{\mathrm{c}})}{\partial\boldsymbol{u}_{\mathrm{c}}^{\mathrm{T}}}\right)\tag{9.58}$$

需要指出的是,式(9.58)中省略的项为

$$\boldsymbol{\Phi}_{\mathrm{c}2,0}=((\boldsymbol{\mu}_{\mathrm{c}2}(\boldsymbol{u}_{\mathrm{c}})\otimes\boldsymbol{\mu}_{\mathrm{c}2}(\boldsymbol{u}_{\mathrm{c}}))^{\mathrm{T}}\otimes\boldsymbol{I}_{q-1})\left(\frac{\partial}{\partial\boldsymbol{u}_{\mathrm{c}}^{\mathrm{T}}}\mathrm{vec}\left(\left(\frac{\partial\mathrm{vec}(\boldsymbol{\Sigma}_{\mathrm{c}2}^{-1}(\boldsymbol{u}_{\mathrm{c}}))}{\partial\boldsymbol{u}_{\mathrm{c}}^{\mathrm{T}}}\right)^{\mathrm{T}}\right)\right)\tag{9.59}$$

省略该项的原因在于:①计算过于复杂;②当迭代收敛时,$\boldsymbol{\mu}_{\mathrm{c}2}(\boldsymbol{u}_{\mathrm{c}})$是关于观测误差$\boldsymbol{n}$和估计误差$\boldsymbol{\delta w}_{\mathrm{ctls}}^{(\mathrm{ca})}$的一阶项,此时省略项$\boldsymbol{\Phi}_{\mathrm{c}2,0}$是误差的二阶项,而该项在Hessian矩阵中可以忽略而不会影响解的收敛性和统计性能。

根据上述分析可以得到相应的Newton迭代公式。假设第k次迭代得到向量$\boldsymbol{u}_{\mathrm{c}}$的结果为$\hat{\boldsymbol{u}}_{\mathrm{c},k}^{(\mathrm{ca})}$,相应地,目标位置向量$\boldsymbol{u}$的结果为$\hat{\boldsymbol{u}}_{\mathrm{ctls},k}^{(\mathrm{ca})}=[\hat{\boldsymbol{u}}_{\mathrm{c},k}^{(\mathrm{ca})\mathrm{T}}\quad h_{\mathrm{c}}(\hat{\boldsymbol{u}}_{\mathrm{c},k}^{(\mathrm{ca})})]^{\mathrm{T}}$,则第$k+1$次迭代更新公式为

$$\hat{\boldsymbol{u}}_{\mathrm{c},k+1}^{(\mathrm{ca})}=\hat{\boldsymbol{u}}_{\mathrm{c},k}^{(\mathrm{ca})}-\mu^k\boldsymbol{\Phi}_{\mathrm{c}2}^{-1}(\hat{\boldsymbol{u}}_{\mathrm{c},k}^{(\mathrm{ca})})\boldsymbol{\beta}_{\mathrm{c}2}(\hat{\boldsymbol{u}}_{\mathrm{c},k}^{(\mathrm{ca})})\tag{9.60}$$

式中,$\mu(0<\mu<1)$表示步长因子。针对迭代公式(9.60),下面有三点注释。

(1) 上述迭代初值可以通过非加权形式的闭式最小二乘估计方法获得。

(2) 迭代收敛条件可以设为$\|\boldsymbol{\beta}_{\mathrm{c}2}(\hat{\boldsymbol{u}}_{\mathrm{c},k}^{(\mathrm{ca})})\|_2\leqslant\varepsilon$,即梯度向量的2-范数足够小。

(3) 梯度向量和Hessian矩阵中涉及三个较为复杂的矩阵运算单元,分别包括:

$$\boldsymbol{Y}_{\mathrm{c}1}=\frac{\partial\boldsymbol{\mu}_{\mathrm{c}2}(\boldsymbol{u}_{\mathrm{c}})}{\partial\boldsymbol{u}_{\mathrm{c}}^{\mathrm{T}}},\quad\boldsymbol{Y}_{\mathrm{c}2}=\frac{\partial}{\partial\boldsymbol{u}_{\mathrm{c}}^{\mathrm{T}}}\mathrm{vec}\left(\left(\frac{\partial\boldsymbol{\mu}_{\mathrm{c}2}(\boldsymbol{u}_{\mathrm{c}})}{\partial\boldsymbol{u}_{\mathrm{c}}^{\mathrm{T}}}\right)^{\mathrm{T}}\right),\quad\boldsymbol{Y}_{\mathrm{c}3}=\frac{\partial\mathrm{vec}(\boldsymbol{\Sigma}_{\mathrm{c}2}^{-1}(\boldsymbol{u}_{\mathrm{c}}))}{\partial\boldsymbol{u}_{\mathrm{c}}^{\mathrm{T}}}\tag{9.61}$$

下面分别推导式(9.61)中三个矩阵的闭式表达式。

首先根据式(9.53)中的第一式可推得

$$\boldsymbol{Y}_{\mathrm{c}1}=\frac{\partial\boldsymbol{\mu}_{\mathrm{c}2}(\boldsymbol{u}_{\mathrm{c}})}{\partial\boldsymbol{u}_{\mathrm{c}}^{\mathrm{T}}}=\boldsymbol{B}(\boldsymbol{z},\hat{\boldsymbol{w}}_{\mathrm{ctls}}^{(\mathrm{ca})})\frac{\partial\boldsymbol{\rho}_{\mathrm{c}}(\boldsymbol{u}_{\mathrm{c}})}{\partial\boldsymbol{u}_{\mathrm{c}}^{\mathrm{T}}}=\boldsymbol{B}(\boldsymbol{z},\hat{\boldsymbol{w}}_{\mathrm{ctls}}^{(\mathrm{ca})})\boldsymbol{P}_{\mathrm{c}}(\boldsymbol{u}_{\mathrm{c}})\in\mathbf{R}^{p\times(q-1)}\tag{9.62}$$

式中,$\boldsymbol{P}_{\mathrm{c}}(\boldsymbol{u}_{\mathrm{c}})$表示函数$\boldsymbol{\rho}_{\mathrm{c}}(\boldsymbol{u}_{\mathrm{c}})$关于向量$\boldsymbol{u}_{\mathrm{c}}$的Jacobi矩阵,即有

$$\boldsymbol{P}_{\mathrm{c}}(\boldsymbol{u}_{\mathrm{c}})=\frac{\partial\boldsymbol{\rho}_{\mathrm{c}}(\boldsymbol{u}_{\mathrm{c}})}{\partial\boldsymbol{u}_{\mathrm{c}}^{\mathrm{T}}}=\frac{\partial\boldsymbol{\rho}(\boldsymbol{u})}{\partial\boldsymbol{u}^{\mathrm{T}}}\frac{\partial\boldsymbol{u}(\boldsymbol{u}_{\mathrm{c}})}{\partial\boldsymbol{u}_{\mathrm{c}}^{\mathrm{T}}}=\boldsymbol{P}(\boldsymbol{u})\boldsymbol{H}_{\mathrm{c}}(\boldsymbol{u}_{\mathrm{c}})\in\mathbf{R}^{\bar{q}\times(q-1)}\tag{9.63}$$

其中,$\boldsymbol{P}(\boldsymbol{u})=\frac{\partial\boldsymbol{\rho}(\boldsymbol{u})}{\partial\boldsymbol{u}^{\mathrm{T}}}\in\mathbf{R}^{\bar{q}\times q}$表示函数$\boldsymbol{\rho}(\boldsymbol{u})$关于向量$\boldsymbol{u}$的Jacobi矩阵。基于式(9.62)可进一步推得

$$\begin{aligned}\boldsymbol{Y}_{\mathrm{c}2}&=\frac{\partial}{\partial\boldsymbol{u}_{\mathrm{c}}^{\mathrm{T}}}\mathrm{vec}\left(\left(\frac{\partial\boldsymbol{\mu}_{\mathrm{c}2}(\boldsymbol{u}_{\mathrm{c}})}{\partial\boldsymbol{u}_{\mathrm{c}}^{\mathrm{T}}}\right)^{\mathrm{T}}\right)=\frac{\partial}{\partial\boldsymbol{u}_{\mathrm{c}}^{\mathrm{T}}}\mathrm{vec}(\boldsymbol{P}_{\mathrm{c}}^{\mathrm{T}}(\boldsymbol{u}_{\mathrm{c}})\boldsymbol{B}^{\mathrm{T}}(\boldsymbol{z},\hat{\boldsymbol{w}}_{\mathrm{ctls}}^{(\mathrm{ca})}))\\&=(\boldsymbol{B}(\boldsymbol{z},\hat{\boldsymbol{w}}_{\mathrm{ctls}}^{(\mathrm{ca})})\otimes\boldsymbol{I}_{q-1})\frac{\partial\mathrm{vec}(\boldsymbol{P}_{\mathrm{c}}^{\mathrm{T}}(\boldsymbol{u}_{\mathrm{c}}))}{\partial\boldsymbol{u}_{\mathrm{c}}^{\mathrm{T}}}\in\mathbf{R}^{p(q-1)\times(q-1)}\end{aligned}\tag{9.64}$$

式中

$$\begin{aligned}\frac{\partial\mathrm{vec}(\boldsymbol{P}_{\mathrm{c}}^{\mathrm{T}}(\boldsymbol{u}_{\mathrm{c}}))}{\partial\boldsymbol{u}_{\mathrm{c}}^{\mathrm{T}}}&=\frac{\partial\mathrm{vec}(\boldsymbol{H}_{\mathrm{c}}^{\mathrm{T}}(\boldsymbol{u}_{\mathrm{c}})\boldsymbol{P}^{\mathrm{T}}(\boldsymbol{u}))}{\partial\boldsymbol{u}_{\mathrm{c}}^{\mathrm{T}}}=(\boldsymbol{P}(\boldsymbol{u})\otimes\boldsymbol{I}_{q-1})\frac{\partial\mathrm{vec}(\boldsymbol{H}_{\mathrm{c}}^{\mathrm{T}}(\boldsymbol{u}_{\mathrm{c}}))}{\partial\boldsymbol{u}_{\mathrm{c}}^{\mathrm{T}}}\\&\quad+(\boldsymbol{I}_{\bar{q}}\otimes\boldsymbol{H}_{\mathrm{c}}^{\mathrm{T}}(\boldsymbol{u}_{\mathrm{c}}))\frac{\partial\mathrm{vec}(\boldsymbol{P}^{\mathrm{T}}(\boldsymbol{u}))}{\partial\boldsymbol{u}_{\mathrm{c}}^{\mathrm{T}}}\\&=(\boldsymbol{P}(\boldsymbol{u})\otimes\boldsymbol{I}_{q-1})\frac{\partial\mathrm{vec}(\boldsymbol{H}_{\mathrm{c}}^{\mathrm{T}}(\boldsymbol{u}_{\mathrm{c}}))}{\partial\boldsymbol{u}_{\mathrm{c}}^{\mathrm{T}}}+(\boldsymbol{I}_{\bar{q}}\otimes\boldsymbol{H}_{\mathrm{c}}^{\mathrm{T}}(\boldsymbol{u}_{\mathrm{c}}))\frac{\partial\mathrm{vec}(\boldsymbol{P}^{\mathrm{T}}(\boldsymbol{u}))}{\partial\boldsymbol{u}^{\mathrm{T}}}\frac{\partial\boldsymbol{u}(\boldsymbol{u}_{\mathrm{c}})}{\partial\boldsymbol{u}_{\mathrm{c}}^{\mathrm{T}}}\end{aligned}$$

$$=(\boldsymbol{P}(\boldsymbol{u})\otimes\boldsymbol{I}_{q-1})\frac{\partial\mathrm{vec}(\boldsymbol{H}_{\mathrm{c}}^{\mathrm{T}}(\boldsymbol{u}_{\mathrm{c}}))}{\partial\boldsymbol{u}_{\mathrm{c}}^{\mathrm{T}}}+(\boldsymbol{I}_{\bar{q}}\otimes\boldsymbol{H}_{\mathrm{c}}^{\mathrm{T}}(\boldsymbol{u}_{\mathrm{c}}))\frac{\partial\mathrm{vec}(\boldsymbol{P}^{\mathrm{T}}(\boldsymbol{u}))}{\partial\boldsymbol{u}^{\mathrm{T}}}\boldsymbol{H}_{\mathrm{c}}(\boldsymbol{u}_{\mathrm{c}}) \tag{9.65}$$

最后根据式(9.53)中的第二式和式(9.48)可推得

$$\begin{aligned}\boldsymbol{Y}_{\mathrm{c3}}=\frac{\partial\mathrm{vec}(\boldsymbol{\Sigma}_{\mathrm{c2}}^{-1}(\boldsymbol{u}_{\mathrm{c}}))}{\partial\boldsymbol{u}_{\mathrm{c}}^{\mathrm{T}}}&=-((\boldsymbol{\Sigma}_{\mathrm{c2}}^{-1}(\boldsymbol{u}_{\mathrm{c}})\boldsymbol{T}(\boldsymbol{z},\hat{\boldsymbol{w}}_{\mathrm{ctls}}^{(\mathrm{ca})},\boldsymbol{\rho}_{\mathrm{c}}(\boldsymbol{u}_{\mathrm{c}}))\mathbf{cov}(\boldsymbol{\gamma}_{\mathrm{c}}))\otimes\boldsymbol{\Sigma}_{\mathrm{c2}}^{-1}(\boldsymbol{u}_{\mathrm{c}}))\\&\quad\cdot\frac{\partial\mathrm{vec}(\boldsymbol{T}(\boldsymbol{z},\hat{\boldsymbol{w}}_{\mathrm{ctls}}^{(\mathrm{ca})},\boldsymbol{\rho}_{\mathrm{c}}(\boldsymbol{u}_{\mathrm{c}})))}{\partial\boldsymbol{u}_{\mathrm{c}}^{\mathrm{T}}}-(\boldsymbol{\Sigma}_{\mathrm{c2}}^{-1}(\boldsymbol{u}_{\mathrm{c}})\otimes(\boldsymbol{\Sigma}_{\mathrm{c2}}^{-1}(\boldsymbol{u}_{\mathrm{c}})\boldsymbol{T}(\boldsymbol{z},\hat{\boldsymbol{w}}_{\mathrm{ctls}}^{(\mathrm{ca})},\boldsymbol{\rho}_{\mathrm{c}}(\boldsymbol{u}_{\mathrm{c}}))\mathbf{cov}(\boldsymbol{\gamma}_{\mathrm{c}})))\\&\quad\cdot\frac{\partial\mathrm{vec}(\boldsymbol{T}^{\mathrm{T}}(\boldsymbol{z},\hat{\boldsymbol{w}}_{\mathrm{ctls}}^{(\mathrm{ca})},\boldsymbol{\rho}_{\mathrm{c}}(\boldsymbol{u}_{\mathrm{c}})))}{\partial\boldsymbol{u}_{\mathrm{c}}^{\mathrm{T}}}\\&=((\boldsymbol{\Sigma}_{\mathrm{c2}}^{-1}(\boldsymbol{u}_{\mathrm{c}})\boldsymbol{T}(\boldsymbol{z},\hat{\boldsymbol{w}}_{\mathrm{ctls}}^{(\mathrm{ca})},\boldsymbol{\rho}_{\mathrm{c}}(\boldsymbol{u}_{\mathrm{c}}))\mathbf{cov}(\boldsymbol{\gamma}_{\mathrm{c}}))\otimes\boldsymbol{\Sigma}_{\mathrm{c2}}^{-1}(\boldsymbol{u}_{\mathrm{c}}))\dot{\boldsymbol{B}}(\boldsymbol{z},\hat{\boldsymbol{w}}_{\mathrm{ctls}}^{(\mathrm{ca})})\boldsymbol{P}(\boldsymbol{u})\boldsymbol{H}_{\mathrm{c}}(\boldsymbol{u}_{\mathrm{c}})\\&\quad+(\boldsymbol{\Sigma}_{\mathrm{c2}}^{-1}(\boldsymbol{u}_{\mathrm{c}})\otimes(\boldsymbol{\Sigma}_{\mathrm{c2}}^{-1}(\boldsymbol{u}_{\mathrm{c}})\boldsymbol{T}(\boldsymbol{z},\hat{\boldsymbol{w}}_{\mathrm{ctls}}^{(\mathrm{ca})},\boldsymbol{\rho}_{\mathrm{c}}(\boldsymbol{u}_{\mathrm{c}}))\mathbf{cov}(\boldsymbol{\gamma}_{\mathrm{c}})))\boldsymbol{\Pi}_{(p+l)\times p}\\&\quad\cdot\dot{\boldsymbol{B}}(\boldsymbol{z},\hat{\boldsymbol{w}}_{\mathrm{ctls}}^{(\mathrm{ca})})\boldsymbol{P}(\boldsymbol{u})\boldsymbol{H}_{\mathrm{c}}(\boldsymbol{u}_{\mathrm{c}})\in\mathbf{R}^{p^2\times(q-1)}\end{aligned} \tag{9.66}$$

式中，$\boldsymbol{\Pi}_{(p+l)\times p}$是满足下式的置换矩阵：

$$\frac{\partial\mathrm{vec}(\boldsymbol{T}^{\mathrm{T}}(\boldsymbol{z},\hat{\boldsymbol{w}}_{\mathrm{ctls}}^{(\mathrm{ca})},\boldsymbol{\rho}_{\mathrm{c}}(\boldsymbol{u}_{\mathrm{c}})))}{\partial\boldsymbol{u}_{\mathrm{c}}^{\mathrm{T}}}=\boldsymbol{\Pi}_{(p+l)\times p}\frac{\partial\mathrm{vec}(\boldsymbol{T}(\boldsymbol{z},\hat{\boldsymbol{w}}_{\mathrm{ctls}}^{(\mathrm{ca})},\boldsymbol{\rho}_{\mathrm{c}}(\boldsymbol{u}_{\mathrm{c}})))}{\partial\boldsymbol{u}_{\mathrm{c}}^{\mathrm{T}}} \tag{9.67}$$

而矩阵 $\dot{\boldsymbol{B}}(\boldsymbol{z},\hat{\boldsymbol{w}}_{\mathrm{ctls}}^{(\mathrm{ca})})$的表达式为

$$\dot{\boldsymbol{B}}(\boldsymbol{z},\hat{\boldsymbol{w}}_{\mathrm{ctls}}^{(\mathrm{ca})})=\left[\begin{array}{cc:cc}\dot{\boldsymbol{B}}_{11}^{\mathrm{T}}(\boldsymbol{z},\hat{\boldsymbol{w}}_{\mathrm{ctls}}^{(\mathrm{ca})}) & \dot{\boldsymbol{B}}_{12}^{\mathrm{T}}(\boldsymbol{z},\hat{\boldsymbol{w}}_{\mathrm{ctls}}^{(\mathrm{ca})}) & \dot{\boldsymbol{B}}_{21}^{\mathrm{T}}(\boldsymbol{z},\hat{\boldsymbol{w}}_{\mathrm{ctls}}^{(\mathrm{ca})}) & \dot{\boldsymbol{B}}_{22}^{\mathrm{T}}(\boldsymbol{z},\hat{\boldsymbol{w}}_{\mathrm{ctls}}^{(\mathrm{ca})})\\ \cdots & \dot{\boldsymbol{B}}_{1p}^{\mathrm{T}}(\boldsymbol{z},\hat{\boldsymbol{w}}_{\mathrm{ctls}}^{(\mathrm{ca})}) & \cdots & \dot{\boldsymbol{B}}_{2l}^{\mathrm{T}}(\boldsymbol{z},\hat{\boldsymbol{w}}_{\mathrm{ctls}}^{(\mathrm{ca})})\end{array}\right]^{\mathrm{T}}\in\mathbf{R}^{p(p+l)\times\bar{q}} \tag{9.68}$$

将式(9.60)的收敛值记为$\hat{\boldsymbol{u}}_{\mathrm{c}}^{(\mathrm{ca})}$（即$\hat{\boldsymbol{u}}_{\mathrm{c}}^{(\mathrm{ca})}=\lim\limits_{k\to+\infty}\hat{\boldsymbol{u}}_{\mathrm{c},k}^{(\mathrm{ca})}$），相应地，目标位置向量$\boldsymbol{u}$的收敛值为$\hat{\boldsymbol{u}}_{\mathrm{ctls}}^{(\mathrm{ca})}=[\hat{\boldsymbol{u}}_{\mathrm{c}}^{(\mathrm{ca})\mathrm{T}}\quad h_{\mathrm{c}}(\hat{\boldsymbol{u}}_{\mathrm{c}}^{(\mathrm{ca})})]^{\mathrm{T}}$，该向量即为第一类约束总体最小二乘定位方法给出的目标位置解。

9.3.3　目标位置向量估计值的理论性能

这里将推导目标位置解$\hat{\boldsymbol{u}}_{\mathrm{ctls}}^{(\mathrm{ca})}$的理论性能，重点推导其估计方差矩阵。由于$\hat{\boldsymbol{u}}_{\mathrm{ctls}}^{(\mathrm{ca})}$通过$\hat{\boldsymbol{u}}_{\mathrm{c}}^{(\mathrm{ca})}$计算所得，因此为了推导目标位置解$\hat{\boldsymbol{u}}_{\mathrm{ctls}}^{(\mathrm{ca})}$的估计方差矩阵，需要首先推导估计值$\hat{\boldsymbol{u}}_{\mathrm{c}}^{(\mathrm{ca})}$的方差矩阵。

首先根据 Newton 迭代算法的收敛性条件可知

$$\lim_{k\to+\infty}\boldsymbol{\beta}_{\mathrm{c2}}(\hat{\boldsymbol{u}}_{\mathrm{c},k}^{(\mathrm{ca})})=\boldsymbol{\beta}_{\mathrm{c2}}(\hat{\boldsymbol{u}}_{\mathrm{c}}^{(\mathrm{ca})})=\left.\frac{\partial J_{\mathrm{c2}}(\boldsymbol{u}_{\mathrm{c}})}{\partial\boldsymbol{u}_{\mathrm{c}}}\right|_{\boldsymbol{u}_{\mathrm{c}}=\hat{\boldsymbol{u}}_{\mathrm{c}}^{(\mathrm{ca})}}=\boldsymbol{O}_{(q-1)\times 1} \tag{9.69}$$

将式(9.54)和式(9.55)代入式(9.69)可得

$$\begin{aligned}\boldsymbol{O}_{(q-1)\times 1}=\boldsymbol{\beta}_{\mathrm{c2}}(\hat{\boldsymbol{u}}_{\mathrm{c}}^{(\mathrm{ca})})&=2\left(\left.\frac{\partial\boldsymbol{\mu}_{\mathrm{c2}}(\boldsymbol{u}_{\mathrm{c}})}{\partial\boldsymbol{u}_{\mathrm{c}}^{\mathrm{T}}}\right|_{\boldsymbol{u}_{\mathrm{c}}=\hat{\boldsymbol{u}}_{\mathrm{c}}^{(\mathrm{ca})}}\right)^{\mathrm{T}}\boldsymbol{\Sigma}_{\mathrm{c2}}^{-1}(\hat{\boldsymbol{u}}_{\mathrm{c}}^{(\mathrm{ca})})\boldsymbol{\mu}_{\mathrm{c2}}(\hat{\boldsymbol{u}}_{\mathrm{c}}^{(\mathrm{ca})})\\&\quad+\left(\left.\frac{\partial\mathrm{vec}(\boldsymbol{\Sigma}_{\mathrm{c2}}^{-1}(\boldsymbol{u}_{\mathrm{c}}))}{\partial\boldsymbol{u}_{\mathrm{c}}^{\mathrm{T}}}\right|_{\boldsymbol{u}_{\mathrm{c}}=\hat{\boldsymbol{u}}_{\mathrm{c}}^{(\mathrm{ca})}}\right)^{\mathrm{T}}(\boldsymbol{\mu}_{\mathrm{c2}}(\hat{\boldsymbol{u}}_{\mathrm{c}}^{(\mathrm{ca})})\otimes\boldsymbol{\mu}_{\mathrm{c2}}(\hat{\boldsymbol{u}}_{\mathrm{c}}^{(\mathrm{ca})}))\end{aligned} \tag{9.70}$$

对向量 $\boldsymbol{\mu}_{\mathrm{c}2}(\hat{\boldsymbol{u}}_{\mathrm{c}}^{(\mathrm{ca})})$ 在点 $\boldsymbol{z}_0$，$\boldsymbol{w}$ 和 $\boldsymbol{u}_{\mathrm{c}}$ 处进行一阶 Taylor 级数展开可得

$$\begin{aligned}\boldsymbol{\mu}_{\mathrm{c}2}(\hat{\boldsymbol{u}}_{\mathrm{c}}^{(\mathrm{ca})}) &\approx \boldsymbol{B}(\boldsymbol{z}_0,\boldsymbol{w})\boldsymbol{\rho}_{\mathrm{c}}(\boldsymbol{u}_{\mathrm{c}})-\boldsymbol{a}(\boldsymbol{z}_0,\boldsymbol{w})+\boldsymbol{B}(\boldsymbol{z}_0,\boldsymbol{w})\boldsymbol{P}_{\mathrm{c}}(\boldsymbol{u}_{\mathrm{c}})\boldsymbol{\delta u}_{\mathrm{c}}^{(\mathrm{ca})}\\&\quad-\boldsymbol{T}_1(\boldsymbol{z}_0,\boldsymbol{w},\boldsymbol{\rho}_{\mathrm{c}}(\boldsymbol{u}_{\mathrm{c}}))\boldsymbol{n}-\boldsymbol{T}_2(\boldsymbol{z}_0,\boldsymbol{w},\boldsymbol{\rho}_{\mathrm{c}}(\boldsymbol{u}_{\mathrm{c}}))\boldsymbol{\delta w}_{\mathrm{ctls}}^{(\mathrm{ca})}\\&=\boldsymbol{B}(\boldsymbol{z}_0,\boldsymbol{w})\boldsymbol{P}(\boldsymbol{u})\boldsymbol{H}_{\mathrm{c}}(\boldsymbol{u}_{\mathrm{c}})\boldsymbol{\delta u}_{\mathrm{c}}^{(\mathrm{ca})}-\boldsymbol{T}(\boldsymbol{z}_0,\boldsymbol{w},\boldsymbol{\rho}_{\mathrm{c}}(\boldsymbol{u}_{\mathrm{c}}))\boldsymbol{\gamma}_{\mathrm{c}}\end{aligned}\tag{9.71}$$

式中，$\boldsymbol{\delta u}_{\mathrm{c}}^{(\mathrm{ca})}\approx\hat{\boldsymbol{u}}_{\mathrm{c}}^{(\mathrm{ca})}-\boldsymbol{u}$ 表示估计误差。将式(9.71)代入式(9.70)，并利用式(9.62)和式(9.63)可知

$$\begin{aligned}\boldsymbol{O}_{(q-1)\times 1}&\approx\boldsymbol{H}_{\mathrm{c}}^{\mathrm{T}}(\boldsymbol{u}_{\mathrm{c}})\boldsymbol{P}^{\mathrm{T}}(\boldsymbol{u})\boldsymbol{B}^{\mathrm{T}}(\boldsymbol{z}_0,\boldsymbol{w})\left(\boldsymbol{\Sigma}_{\mathrm{c}2}^{-1}(\boldsymbol{u}_{\mathrm{c}})\Big|_{\substack{\hat{\boldsymbol{w}}_{\mathrm{ctls}}^{(\mathrm{ca})}=\boldsymbol{w}\\ \boldsymbol{z}=\boldsymbol{z}_0}}\right)(\boldsymbol{B}(\boldsymbol{z}_0,\boldsymbol{w})\boldsymbol{P}(\boldsymbol{u})\boldsymbol{H}_{\mathrm{c}}(\boldsymbol{u}_{\mathrm{c}})\boldsymbol{\delta u}_{\mathrm{c}}^{(\mathrm{ca})}\\&\quad-\boldsymbol{T}(\boldsymbol{z}_0,\boldsymbol{w},\boldsymbol{\rho}_{\mathrm{c}}(\boldsymbol{u}_{\mathrm{c}}))\boldsymbol{\gamma}_{\mathrm{c}})\end{aligned}\tag{9.72}$$

由式(9.72)可进一步推得

$$\begin{aligned}\boldsymbol{\delta u}_{\mathrm{c}}^{(\mathrm{ca})}&\approx\left(\boldsymbol{H}_{\mathrm{c}}^{\mathrm{T}}(\boldsymbol{u}_{\mathrm{c}})\boldsymbol{P}^{\mathrm{T}}(\boldsymbol{u})\boldsymbol{B}^{\mathrm{T}}(\boldsymbol{z}_0,\boldsymbol{w})\left(\boldsymbol{\Sigma}_{\mathrm{c}2}^{-1}(\boldsymbol{u}_{\mathrm{c}})\Big|_{\substack{\hat{\boldsymbol{w}}_{\mathrm{ctls}}^{(\mathrm{ca})}=\boldsymbol{w}\\ \boldsymbol{z}=\boldsymbol{z}_0}}\right)\boldsymbol{B}(\boldsymbol{z}_0,\boldsymbol{w})\boldsymbol{P}(\boldsymbol{u})\boldsymbol{H}_{\mathrm{c}}(\boldsymbol{u}_{\mathrm{c}})\right)^{-1}\\&\quad\cdot\boldsymbol{H}_{\mathrm{c}}^{\mathrm{T}}(\boldsymbol{u}_{\mathrm{c}})\boldsymbol{P}^{\mathrm{T}}(\boldsymbol{u})\boldsymbol{B}^{\mathrm{T}}(\boldsymbol{z}_0,\boldsymbol{w})\left(\boldsymbol{\Sigma}_{\mathrm{c}2}^{-1}(\boldsymbol{u}_{\mathrm{c}})\Big|_{\substack{\hat{\boldsymbol{w}}_{\mathrm{ctls}}^{(\mathrm{ca})}=\boldsymbol{w}\\ \boldsymbol{z}=\boldsymbol{z}_0}}\right)\boldsymbol{T}(\boldsymbol{z}_0,\boldsymbol{w},\boldsymbol{\rho}_{\mathrm{c}}(\boldsymbol{u}_{\mathrm{c}}))\boldsymbol{\gamma}_{\mathrm{c}}\end{aligned}\tag{9.73}$$

显然，式(9.73)忽略了误差的二阶及其以上各项，根据该式可进一步推得

$$\begin{aligned}\mathbf{cov}(\hat{\boldsymbol{u}}_{\mathrm{c}}^{(\mathrm{ca})})&=E[\boldsymbol{\delta u}_{\mathrm{c}}^{(\mathrm{ca})}\boldsymbol{\delta u}_{\mathrm{c}}^{(\mathrm{ca})\mathrm{T}}]\\&=\left(\boldsymbol{H}_{\mathrm{c}}^{\mathrm{T}}(\boldsymbol{u}_{\mathrm{c}})\boldsymbol{P}^{\mathrm{T}}(\boldsymbol{u})\boldsymbol{B}^{\mathrm{T}}(\boldsymbol{z}_0,\boldsymbol{w})\left(\boldsymbol{\Sigma}_{\mathrm{c}2}^{-1}(\boldsymbol{u}_{\mathrm{c}})\Big|_{\substack{\hat{\boldsymbol{w}}_{\mathrm{ctls}}^{(\mathrm{ca})}=\boldsymbol{w}\\ \boldsymbol{z}=\boldsymbol{z}_0}}\right)\boldsymbol{B}(\boldsymbol{z}_0,\boldsymbol{w})\boldsymbol{P}(\boldsymbol{u})\boldsymbol{H}_{\mathrm{c}}(\boldsymbol{u}_{\mathrm{c}})\right)^{-1}\end{aligned}\tag{9.74}$$

利用式(9.74)可推得目标位置解 $\hat{\boldsymbol{u}}_{\mathrm{ctls}}^{(\mathrm{ca})}$ 的方差矩阵为

$$\begin{aligned}\mathbf{cov}(\hat{\boldsymbol{u}}_{\mathrm{ctls}}^{(\mathrm{ca})})&=\boldsymbol{H}_{\mathrm{c}}(\boldsymbol{u}_{\mathrm{c}})\left(\boldsymbol{H}_{\mathrm{c}}^{\mathrm{T}}(\boldsymbol{u}_{\mathrm{c}})\boldsymbol{P}^{\mathrm{T}}(\boldsymbol{u})\boldsymbol{B}^{\mathrm{T}}(\boldsymbol{z}_0,\boldsymbol{w})\left(\boldsymbol{\Sigma}_{\mathrm{c}2}^{-1}(\boldsymbol{u}_{\mathrm{c}})\Big|_{\substack{\hat{\boldsymbol{w}}_{\mathrm{ctls}}^{(\mathrm{ca})}=\boldsymbol{w}\\ \boldsymbol{z}=\boldsymbol{z}_0}}\right)\boldsymbol{B}(\boldsymbol{z}_0,\boldsymbol{w})\boldsymbol{P}(\boldsymbol{u})\boldsymbol{H}_{\mathrm{c}}(\boldsymbol{u}_{\mathrm{c}})\right)^{-1}\\&\quad\cdot\boldsymbol{H}_{\mathrm{c}}^{\mathrm{T}}(\boldsymbol{u}_{\mathrm{c}})\end{aligned}\tag{9.75}$$

通过进一步的数学分析可以证明，目标位置解 $\hat{\boldsymbol{u}}_{\mathrm{ctls}}^{(\mathrm{ca})}$ 的估计方差矩阵等于式(9.29)给出的克拉美罗界矩阵，因此需要首先证明估计值 $\hat{\boldsymbol{u}}_{\mathrm{c}}^{(\mathrm{ca})}$ 的方差矩阵等于式(9.27)给出的克拉美罗界矩阵，结果可见如下命题。

命题 9.9 $\mathbf{cov}(\hat{\boldsymbol{u}}_{\mathrm{c}}^{(\mathrm{ca})})=\mathbf{CRB}^{(\mathrm{c})}(\boldsymbol{u}_{\mathrm{c}})=$

$$\left(\boldsymbol{H}_{\mathrm{c}}^{\mathrm{T}}(\boldsymbol{u}_{\mathrm{c}})\boldsymbol{G}_1^{\mathrm{T}}(\boldsymbol{u},\boldsymbol{w})\left(\boldsymbol{Q}_1+\boldsymbol{G}_2(\boldsymbol{u},\boldsymbol{w})\begin{pmatrix}\boldsymbol{Q}_2^{-1}+\bar{\boldsymbol{G}}^{\mathrm{T}}(\boldsymbol{s},\boldsymbol{w})\\ \cdot\boldsymbol{Q}_3^{-1}\bar{\boldsymbol{G}}(\boldsymbol{s},\boldsymbol{w})\end{pmatrix}^{-1}\boldsymbol{G}_2^{\mathrm{T}}(\boldsymbol{u},\boldsymbol{w})\right)^{-1}\boldsymbol{G}_1(\boldsymbol{u},\boldsymbol{w})\boldsymbol{H}_{\mathrm{c}}(\boldsymbol{u}_{\mathrm{c}})\right)^{-1}。$$

证明 将关于目标源的非线性观测方程 $\boldsymbol{z}_0=\boldsymbol{g}(\boldsymbol{u},\boldsymbol{w})$ 代入伪线性观测方程式(9.40)可得

$$\boldsymbol{a}(\boldsymbol{g}(\boldsymbol{u}(\boldsymbol{u}_{\mathrm{c}}),\boldsymbol{w}),\boldsymbol{w})=\boldsymbol{B}(\boldsymbol{g}(\boldsymbol{u}(\boldsymbol{u}_{\mathrm{c}}),\boldsymbol{w}),\boldsymbol{w})\boldsymbol{\rho}_{\mathrm{c}}(\boldsymbol{u}(\boldsymbol{u}_{\mathrm{c}}))\tag{9.76}$$

首先计算式(9.76)两边关于向量 $\boldsymbol{u}_{\mathrm{c}}$ 的 Jacobi 矩阵，并根据推论 2.13 可知

$$\begin{aligned}&\boldsymbol{A}_1(\boldsymbol{z}_0,\boldsymbol{w})\boldsymbol{G}_1(\boldsymbol{u},\boldsymbol{w})\boldsymbol{H}_{\mathrm{c}}(\boldsymbol{u}_{\mathrm{c}})\\&=[\dot{\boldsymbol{B}}_{11}(\boldsymbol{z}_0,\boldsymbol{w})\boldsymbol{\rho}_{\mathrm{c}}(\boldsymbol{u}_{\mathrm{c}})\quad\dot{\boldsymbol{B}}_{12}(\boldsymbol{z}_0,\boldsymbol{w})\boldsymbol{\rho}_{\mathrm{c}}(\boldsymbol{u}_{\mathrm{c}})\quad\cdots\quad\dot{\boldsymbol{B}}_{1p}(\boldsymbol{z}_0,\boldsymbol{w})\boldsymbol{\rho}_{\mathrm{c}}(\boldsymbol{u}_{\mathrm{c}})]\boldsymbol{G}_1(\boldsymbol{u},\boldsymbol{w})\boldsymbol{H}_{\mathrm{c}}(\boldsymbol{u}_{\mathrm{c}})\end{aligned}$$

$$
\begin{aligned}
&+\boldsymbol{B}(\boldsymbol{z}_0,\boldsymbol{w})\boldsymbol{P}(\boldsymbol{u})\boldsymbol{H}_{\mathrm{c}}(\boldsymbol{u}_{\mathrm{c}})\\
\Rightarrow&\boldsymbol{T}_1(\boldsymbol{z}_0,\boldsymbol{w},\boldsymbol{\rho}_{\mathrm{c}}(\boldsymbol{u}_{\mathrm{c}}))\boldsymbol{G}_1(\boldsymbol{u},\boldsymbol{w})\boldsymbol{H}_{\mathrm{c}}(\boldsymbol{u}_{\mathrm{c}})=\boldsymbol{B}(\boldsymbol{z}_0,\boldsymbol{w})\boldsymbol{P}(\boldsymbol{u})\boldsymbol{H}_{\mathrm{c}}(\boldsymbol{u}_{\mathrm{c}})\\
\Rightarrow&\boldsymbol{G}_1(\boldsymbol{u},\boldsymbol{w})\boldsymbol{H}_{\mathrm{c}}(\boldsymbol{u}_{\mathrm{c}})=\boldsymbol{T}_1^{-1}(\boldsymbol{z}_0,\boldsymbol{w},\boldsymbol{\rho}_{\mathrm{c}}(\boldsymbol{u}_{\mathrm{c}}))\boldsymbol{B}(\boldsymbol{z}_0,\boldsymbol{w})\boldsymbol{P}(\boldsymbol{u})\boldsymbol{H}_{\mathrm{c}}(\boldsymbol{u}_{\mathrm{c}})
\end{aligned}
\tag{9.77}
$$

然后计算式(9.76)两边关于向量 $\boldsymbol{w}$ 的 Jacobi 矩阵,并根据推论 2.13 可知

$$
\begin{aligned}
&\boldsymbol{A}_1(\boldsymbol{z}_0,\boldsymbol{w})\boldsymbol{G}_2(\boldsymbol{u},\boldsymbol{w})+\boldsymbol{A}_2(\boldsymbol{z}_0,\boldsymbol{w})\\
&=[\dot{\boldsymbol{B}}_{11}(\boldsymbol{z}_0,\boldsymbol{w})\boldsymbol{\rho}_{\mathrm{c}}(\boldsymbol{u}_{\mathrm{c}})\quad \dot{\boldsymbol{B}}_{12}(\boldsymbol{z}_0,\boldsymbol{w})\boldsymbol{\rho}_{\mathrm{c}}(\boldsymbol{u}_{\mathrm{c}})\quad\cdots\quad \dot{\boldsymbol{B}}_{1p}(\boldsymbol{z}_0,\boldsymbol{w})\boldsymbol{\rho}_{\mathrm{c}}(\boldsymbol{u}_{\mathrm{c}})]\boldsymbol{G}_2(\boldsymbol{u},\boldsymbol{w})\\
&\quad+[\dot{\boldsymbol{B}}_{21}(\boldsymbol{z}_0,\boldsymbol{w})\boldsymbol{\rho}_{\mathrm{c}}(\boldsymbol{u}_{\mathrm{c}})\quad \dot{\boldsymbol{B}}_{22}(\boldsymbol{z}_0,\boldsymbol{w})\boldsymbol{\rho}_{\mathrm{c}}(\boldsymbol{u}_{\mathrm{c}})\quad\cdots\quad \dot{\boldsymbol{B}}_{2l}(\boldsymbol{z}_0,\boldsymbol{w})\boldsymbol{\rho}_{\mathrm{c}}(\boldsymbol{u}_{\mathrm{c}})]\\
\Rightarrow&\boldsymbol{T}_1(\boldsymbol{z}_0,\boldsymbol{w},\boldsymbol{\rho}_{\mathrm{c}}(\boldsymbol{u}_{\mathrm{c}}))\boldsymbol{G}_2(\boldsymbol{u},\boldsymbol{w})+\boldsymbol{T}_2(\boldsymbol{z}_0,\boldsymbol{w},\boldsymbol{\rho}_{\mathrm{c}}(\boldsymbol{u}_{\mathrm{c}}))=\boldsymbol{O}_{p\times l}\\
\Rightarrow&\boldsymbol{G}_2(\boldsymbol{u},\boldsymbol{w})=-\boldsymbol{T}_1^{-1}(\boldsymbol{z}_0,\boldsymbol{w},\boldsymbol{\rho}_{\mathrm{c}}(\boldsymbol{u}_{\mathrm{c}}))\boldsymbol{T}_2(\boldsymbol{z}_0,\boldsymbol{w},\boldsymbol{\rho}_{\mathrm{c}}(\boldsymbol{u}_{\mathrm{c}}))
\end{aligned}
\tag{9.78}
$$

将式(9.48)中的第三式,式(9.50)和式(9.53)中的第二式代入式(9.74)可得

$$
\begin{aligned}
\mathbf{cov}(\hat{\boldsymbol{u}}_{\mathrm{c}}^{(\mathrm{ca})})&=(\boldsymbol{H}_{\mathrm{c}}^{\mathrm{T}}(\boldsymbol{u}_{\mathrm{c}})\boldsymbol{P}^{\mathrm{T}}(\boldsymbol{u})\boldsymbol{B}^{\mathrm{T}}(\boldsymbol{z}_0,\boldsymbol{w})(\boldsymbol{T}(\boldsymbol{z}_0,\boldsymbol{w},\boldsymbol{\rho}_{\mathrm{c}}(\boldsymbol{u}_{\mathrm{c}}))\mathbf{cov}(\boldsymbol{\gamma}_{\mathrm{c}})\\
&\quad\cdot\boldsymbol{T}^{\mathrm{T}}(\boldsymbol{z}_0,\boldsymbol{w},\boldsymbol{\rho}_{\mathrm{c}}(\boldsymbol{u}_{\mathrm{c}})))^{-1}\boldsymbol{B}(\boldsymbol{z}_0,\boldsymbol{w})\boldsymbol{P}(\boldsymbol{u})\boldsymbol{H}_{\mathrm{c}}(\boldsymbol{u}_{\mathrm{c}}))^{-1}\\
&=\left(\begin{array}{c}\boldsymbol{H}_{\mathrm{c}}^{\mathrm{T}}(\boldsymbol{u}_{\mathrm{c}})\boldsymbol{P}^{\mathrm{T}}(\boldsymbol{u})\boldsymbol{B}^{\mathrm{T}}(\boldsymbol{z}_0,\boldsymbol{w})\\
\cdot\left(\begin{array}{c}\boldsymbol{T}_1(\boldsymbol{z}_0,\boldsymbol{w},\boldsymbol{\rho}_{\mathrm{c}}(\boldsymbol{u}_{\mathrm{c}}))\boldsymbol{Q}_1\boldsymbol{T}_1^{\mathrm{T}}(\boldsymbol{z}_0,\boldsymbol{w},\boldsymbol{\rho}_{\mathrm{c}}(\boldsymbol{u}_{\mathrm{c}}))\\
+\boldsymbol{T}_2(\boldsymbol{z}_0,\boldsymbol{w},\boldsymbol{\rho}_{\mathrm{c}}(\boldsymbol{u}_{\mathrm{c}}))\mathbf{cov}(\hat{\boldsymbol{w}}_{\mathrm{ctls}}^{(\mathrm{ca})})\boldsymbol{T}_2^{\mathrm{T}}(\boldsymbol{z}_0,\boldsymbol{w},\boldsymbol{\rho}_{\mathrm{c}}(\boldsymbol{u}_{\mathrm{c}}))\end{array}\right)^{-1}\\
\cdot\boldsymbol{B}(\boldsymbol{z}_0,\boldsymbol{w})\boldsymbol{P}(\boldsymbol{u})\boldsymbol{H}_{\mathrm{c}}(\boldsymbol{u}_{\mathrm{c}})\end{array}\right)^{-1}\\
&=\left(\begin{array}{c}\boldsymbol{H}_{\mathrm{c}}^{\mathrm{T}}(\boldsymbol{u}_{\mathrm{c}})\boldsymbol{P}^{\mathrm{T}}(\boldsymbol{u})\boldsymbol{B}^{\mathrm{T}}(\boldsymbol{z}_0,\boldsymbol{w})\boldsymbol{T}_1^{-\mathrm{T}}(\boldsymbol{z}_0,\boldsymbol{w},\boldsymbol{\rho}_{\mathrm{c}}(\boldsymbol{u}_{\mathrm{c}}))\\
\cdot\left(\begin{array}{c}\boldsymbol{Q}_1+\boldsymbol{T}_1^{-1}(\boldsymbol{z}_0,\boldsymbol{w},\boldsymbol{\rho}_{\mathrm{c}}(\boldsymbol{u}_{\mathrm{c}}))\boldsymbol{T}_2(\boldsymbol{z}_0,\boldsymbol{w},\boldsymbol{\rho}_{\mathrm{c}}(\boldsymbol{u}_{\mathrm{c}}))\\
\cdot\mathbf{cov}(\hat{\boldsymbol{w}}_{\mathrm{ctls}}^{(\mathrm{ca})})\boldsymbol{T}_2^{\mathrm{T}}(\boldsymbol{z}_0,\boldsymbol{w},\boldsymbol{\rho}_{\mathrm{c}}(\boldsymbol{u}_{\mathrm{c}}))\boldsymbol{T}_1^{-\mathrm{T}}(\boldsymbol{z}_0,\boldsymbol{w},\boldsymbol{\rho}_{\mathrm{c}}(\boldsymbol{u}_{\mathrm{c}}))\end{array}\right)^{-1}\\
\cdot\boldsymbol{T}_1^{-1}(\boldsymbol{z}_0,\boldsymbol{w},\boldsymbol{\rho}_{\mathrm{c}}(\boldsymbol{u}_{\mathrm{c}}))\boldsymbol{B}(\boldsymbol{z}_0,\boldsymbol{w})\boldsymbol{P}(\boldsymbol{u})\boldsymbol{H}_{\mathrm{c}}(\boldsymbol{u}_{\mathrm{c}})\end{array}\right)^{-1}
\end{aligned}
\tag{9.79}
$$

将式(9.77)和式(9.78)代入式(9.79)可知

$$
\mathbf{cov}(\hat{\boldsymbol{u}}_{\mathrm{c}}^{(\mathrm{ca})})=(\boldsymbol{H}_{\mathrm{c}}^{\mathrm{T}}(\boldsymbol{u}_{\mathrm{c}})\boldsymbol{G}_1^{\mathrm{T}}(\boldsymbol{u},\boldsymbol{w})(\boldsymbol{Q}_1+\boldsymbol{G}_2(\boldsymbol{u},\boldsymbol{w})\mathbf{cov}(\hat{\boldsymbol{w}}_{\mathrm{ctls}}^{(\mathrm{ca})})\boldsymbol{G}_2^{\mathrm{T}}(\boldsymbol{u},\boldsymbol{w}))^{-1}\boldsymbol{G}_1(\boldsymbol{u},\boldsymbol{w})\boldsymbol{H}_{\mathrm{c}}(\boldsymbol{u}_{\mathrm{c}}))^{-1}
\tag{9.80}
$$

再将式(9.44)代入式(9.80)可得

$$
\begin{aligned}
\mathbf{cov}(\hat{\boldsymbol{u}}_{\mathrm{c}}^{(\mathrm{ca})})&=(\boldsymbol{H}_{\mathrm{c}}^{\mathrm{T}}(\boldsymbol{u}_{\mathrm{c}})\boldsymbol{G}_1^{\mathrm{T}}(\boldsymbol{u},\boldsymbol{w})(\boldsymbol{Q}_1+\boldsymbol{G}_2(\boldsymbol{u},\boldsymbol{w})(\boldsymbol{Q}_2^{-1}+\bar{\boldsymbol{G}}^{\mathrm{T}}(\boldsymbol{s},\boldsymbol{w})\boldsymbol{Q}_3^{-1}\bar{\boldsymbol{G}}(\boldsymbol{s},\boldsymbol{w}))^{-1}\\
&\quad\cdot\boldsymbol{G}_2^{\mathrm{T}}(\boldsymbol{u},\boldsymbol{w}))^{-1}\boldsymbol{G}_1(\boldsymbol{u},\boldsymbol{w})\boldsymbol{H}_{\mathrm{c}}(\boldsymbol{u}_{\mathrm{c}}))^{-1}\\
&=(\boldsymbol{H}_2^{\mathrm{T}}(\boldsymbol{u}_{\mathrm{c}})(\mathbf{CRB}(\boldsymbol{u}))^{-1}\boldsymbol{H}_{\mathrm{c}}(\boldsymbol{u}_{\mathrm{c}}))^{-1}=\mathbf{CRB}^{(\mathrm{c})}(\boldsymbol{u}_{\mathrm{c}})
\end{aligned}
\tag{9.81}
$$

证毕。

命题 9.9 表明,估计值 $\hat{\boldsymbol{u}}_{\mathrm{c}}^{(\mathrm{ca})}$ 具有渐近最优的统计性能(在门限效应发生以前)。根据命题 9.9 可以进一步推得目标位置解 $\hat{\boldsymbol{u}}_{\mathrm{ctls}}^{(\mathrm{ca})}$ 的估计方差矩阵为

$$
\begin{aligned}
\mathbf{cov}(\hat{\boldsymbol{u}}_{\mathrm{ctls}}^{(\mathrm{ca})})&=\boldsymbol{H}_{\mathrm{c}}(\boldsymbol{u}_{\mathrm{c}})\mathbf{cov}(\hat{\boldsymbol{u}}_{\mathrm{c}}^{(\mathrm{ca})})\boldsymbol{H}_{\mathrm{c}}^{\mathrm{T}}(\boldsymbol{u}_{\mathrm{c}})=\boldsymbol{H}_{\mathrm{c}}(\boldsymbol{u}_{\mathrm{c}})\mathbf{CRB}^{(\mathrm{c})}(\boldsymbol{u}_{\mathrm{c}})\boldsymbol{H}_{\mathrm{c}}^{\mathrm{T}}(\boldsymbol{u}_{\mathrm{c}})\\
&=\boldsymbol{H}_{\mathrm{c}}(\boldsymbol{u}_{\mathrm{c}})\left(\begin{array}{c}\boldsymbol{H}_{\mathrm{c}}^{\mathrm{T}}(\boldsymbol{u}_{\mathrm{c}})\boldsymbol{G}_1^{\mathrm{T}}(\boldsymbol{u},\boldsymbol{w})\\
\cdot\left(\boldsymbol{Q}_1+\boldsymbol{G}_2(\boldsymbol{u},\boldsymbol{w})\left(\begin{array}{c}\boldsymbol{Q}_2^{-1}+\bar{\boldsymbol{G}}^{\mathrm{T}}(\boldsymbol{s},\boldsymbol{w})\\
\cdot\boldsymbol{Q}_3^{-1}\bar{\boldsymbol{G}}(\boldsymbol{s},\boldsymbol{w})\end{array}\right)^{-1}\boldsymbol{G}_2^{\mathrm{T}}(\boldsymbol{u},\boldsymbol{w})\right)^{-1}\\
\cdot\boldsymbol{G}_1(\boldsymbol{u},\boldsymbol{w})\boldsymbol{H}_{\mathrm{c}}(\boldsymbol{u}_{\mathrm{c}})\end{array}\right)^{-1}\boldsymbol{H}_{\mathrm{c}}^{\mathrm{T}}(\boldsymbol{u}_{\mathrm{c}})
\end{aligned}
$$

$$= \boldsymbol{H}_{\mathrm{c}}(\boldsymbol{u}_{\mathrm{c}})(\boldsymbol{H}_{\mathrm{c}}^{\mathrm{T}}(\boldsymbol{u}_{\mathrm{c}})(\mathbf{CRB}(\boldsymbol{u}))^{-1}\boldsymbol{H}_{\mathrm{c}}(\boldsymbol{u}_{\mathrm{c}}))^{-1}\boldsymbol{H}_{\mathrm{c}}^{\mathrm{T}}(\boldsymbol{u}_{\mathrm{c}})$$
$$= \mathbf{CRB}^{(\mathrm{c})}(\boldsymbol{u}) \tag{9.82}$$

式(9.82)表明,目标位置解 $\hat{\boldsymbol{u}}_{\mathrm{ctls}}^{(\mathrm{ca})}$ 具有渐近最优的统计性能(在门限效应发生以前)。

9.4 第二类约束总体最小二乘定位方法及其理论性能分析

与第一类约束总体最小二乘定位方法不同的是,第二类约束总体最小二乘定位方法是基于目标源观测量 $\boldsymbol{z}$,校正源观测量 $\boldsymbol{r}$ 和系统参量的先验测量值 $\boldsymbol{v}$(直接)联合估计未知参量 $\boldsymbol{u}_{\mathrm{c}}$ 和系统参量 $\boldsymbol{w}$,并进一步得到目标位置向量 $\boldsymbol{u}$ 的估计值。

9.4.1 联合估计目标位置向量和系统参量

1. 定位优化模型

在实际计算中,函数 $\boldsymbol{a}(\cdot,\cdot)$ 和 $\boldsymbol{B}(\cdot,\cdot)$ 以及函数 $\bar{\boldsymbol{c}}(\cdot,\cdot)$ 和 $\bar{\boldsymbol{D}}(\cdot,\cdot)$ 的闭式形式是可知的,但 $\boldsymbol{z}_0$,$\boldsymbol{w}$ 和 $\boldsymbol{r}_0$ 却不可获知,只能用带误差的观测向量 $\boldsymbol{z}$,$\boldsymbol{v}$ 和 $\boldsymbol{r}$ 来代替。显然,若用 $\boldsymbol{z}$,$\boldsymbol{v}$ 和 $\boldsymbol{r}$ 直接代替 $\boldsymbol{z}_0$,$\boldsymbol{w}$ 和 $\boldsymbol{r}_0$,式(9.40)和式(9.42)已经无法成立。为了建立约束总体最小二乘优化模型,需要将向量函数 $\boldsymbol{a}(\boldsymbol{z}_0,\boldsymbol{w})$ 和矩阵函数 $\boldsymbol{B}(\boldsymbol{z}_0,\boldsymbol{w})$ 以及向量函数 $\bar{\boldsymbol{c}}(\boldsymbol{r}_0,\boldsymbol{s})$ 和矩阵函数 $\bar{\boldsymbol{D}}(\boldsymbol{r}_0,\boldsymbol{s})$ 在点 $\boldsymbol{z}$,$\boldsymbol{v}$ 和 $\boldsymbol{r}$ 处进行一阶 Taylor 级数展开可得

$$\begin{cases} \boldsymbol{a}(\boldsymbol{z}_0,\boldsymbol{w}) \approx \boldsymbol{a}(\boldsymbol{z},\boldsymbol{v}) + \boldsymbol{A}_1(\boldsymbol{z},\boldsymbol{v})(\boldsymbol{z}_0-\boldsymbol{z}) + \boldsymbol{A}_2(\boldsymbol{z},\boldsymbol{v})(\boldsymbol{w}-\boldsymbol{v}) \\ \qquad\qquad = \boldsymbol{a}(\boldsymbol{z},\boldsymbol{v}) - \boldsymbol{A}_1(\boldsymbol{z},\boldsymbol{v})\boldsymbol{n} - \boldsymbol{A}_2(\boldsymbol{z},\boldsymbol{v})\boldsymbol{m} \\ \boldsymbol{B}(\boldsymbol{z}_0,\boldsymbol{w}) \approx \boldsymbol{B}(\boldsymbol{z},\boldsymbol{v}) + \dot{\boldsymbol{B}}_{11}(\boldsymbol{z},\boldsymbol{v})\langle \boldsymbol{z}_0-\boldsymbol{z}\rangle_1 + \dot{\boldsymbol{B}}_{12}(\boldsymbol{z},\boldsymbol{v})\langle \boldsymbol{z}_0-\boldsymbol{z}\rangle_2 + \cdots \\ \qquad\qquad + \dot{\boldsymbol{B}}_{1p}(\boldsymbol{z},\boldsymbol{v})\langle \boldsymbol{z}_0-\boldsymbol{z}\rangle_p + \dot{\boldsymbol{B}}_{21}(\boldsymbol{z},\boldsymbol{v})\langle \boldsymbol{w}-\boldsymbol{v}\rangle_1 \\ \qquad\qquad + \dot{\boldsymbol{B}}_{22}(\boldsymbol{z},\boldsymbol{v})\langle \boldsymbol{w}-\boldsymbol{v}\rangle_2 + \cdots + \dot{\boldsymbol{B}}_{2l}(\boldsymbol{z},\boldsymbol{v})\langle \boldsymbol{w}-\boldsymbol{v}\rangle_l \\ \qquad\qquad = \boldsymbol{B}(\boldsymbol{z},\boldsymbol{v}) - \sum_{j=1}^{p}\langle \boldsymbol{n}\rangle_j \dot{\boldsymbol{B}}_{1j}(\boldsymbol{z},\boldsymbol{v}) - \sum_{j=1}^{l}\langle \boldsymbol{m}\rangle_j \dot{\boldsymbol{B}}_{2j}(\boldsymbol{z},\boldsymbol{v}) \end{cases} \tag{9.83}$$

$$\begin{cases} \bar{\boldsymbol{c}}(\boldsymbol{r}_0,\boldsymbol{s}) \approx \bar{\boldsymbol{c}}(\boldsymbol{r},\boldsymbol{s}) + \bar{\boldsymbol{C}}(\boldsymbol{r},\boldsymbol{s})(\boldsymbol{r}_0-\boldsymbol{r}) \\ \qquad\qquad = \bar{\boldsymbol{c}}(\boldsymbol{r},\boldsymbol{s}) - \bar{\boldsymbol{C}}(\boldsymbol{r},\boldsymbol{s})\boldsymbol{e} \\ \bar{\boldsymbol{D}}(\boldsymbol{r}_0,\boldsymbol{s}) \approx \bar{\boldsymbol{D}}(\boldsymbol{r},\boldsymbol{s}) + \dot{\bar{\boldsymbol{D}}}_1(\boldsymbol{r},\boldsymbol{s})\langle \boldsymbol{r}_0-\boldsymbol{r}\rangle_1 + \dot{\bar{\boldsymbol{D}}}_2(\boldsymbol{r},\boldsymbol{s})\langle \boldsymbol{r}_0-\boldsymbol{r}\rangle_2 + \cdots \\ \qquad\qquad + \dot{\bar{\boldsymbol{D}}}_{pd}(\boldsymbol{r},\boldsymbol{s})\langle \boldsymbol{r}_0-\boldsymbol{r}\rangle_{pd} \\ \qquad\qquad = \bar{\boldsymbol{D}}(\boldsymbol{r},\boldsymbol{s}) - \sum_{j=1}^{pd}\langle \boldsymbol{e}\rangle_j \dot{\bar{\boldsymbol{D}}}_j(\boldsymbol{r},\boldsymbol{s}) \end{cases} \tag{9.84}$$

将式(9.83)和式(9.84)分别代入式(9.40)和式(9.42)可以得到如下(近似)等式:

$$\begin{cases} \boldsymbol{a}(\boldsymbol{z},\boldsymbol{v})-\boldsymbol{A}_1(\boldsymbol{z},\boldsymbol{v})\boldsymbol{n}-\boldsymbol{A}_2(\boldsymbol{z},\boldsymbol{v})\boldsymbol{m} \\ =\boldsymbol{B}(\boldsymbol{z},\boldsymbol{v})\boldsymbol{\rho}_{\mathrm{c}}(\boldsymbol{u}_{\mathrm{c}})-\sum\limits_{j=1}^{p}\langle\boldsymbol{n}\rangle_j\dot{\boldsymbol{B}}_{1j}(\boldsymbol{z},\boldsymbol{v})\boldsymbol{\rho}_{\mathrm{c}}(\boldsymbol{u}_{\mathrm{c}})-\sum\limits_{j=1}^{l}\langle\boldsymbol{m}\rangle_j\dot{\boldsymbol{B}}_{2j}(\boldsymbol{z},\boldsymbol{v})\boldsymbol{\rho}_{\mathrm{c}}(\boldsymbol{u}_{\mathrm{c}}) \\ \Rightarrow\boldsymbol{a}(\boldsymbol{z},\boldsymbol{v})-\boldsymbol{B}(\boldsymbol{z},\boldsymbol{v})\boldsymbol{\rho}_{\mathrm{c}}(\boldsymbol{u}_{\mathrm{c}})\approx\boldsymbol{T}_1(\boldsymbol{z},\boldsymbol{v},\boldsymbol{\rho}_{\mathrm{c}}(\boldsymbol{u}_{\mathrm{c}}))\boldsymbol{n}+\boldsymbol{T}_2(\boldsymbol{z},\boldsymbol{v},\boldsymbol{\rho}_{\mathrm{c}}(\boldsymbol{u}_{\mathrm{c}}))\boldsymbol{m} \\ \bar{\boldsymbol{c}}(\boldsymbol{r},\boldsymbol{s})-\bar{\boldsymbol{C}}(\boldsymbol{r},\boldsymbol{s})\boldsymbol{e}\approx\left(\bar{\boldsymbol{D}}(\boldsymbol{r},\boldsymbol{s})-\sum\limits_{j=1}^{pd}\langle\boldsymbol{e}\rangle_j\dot{\bar{\boldsymbol{D}}}_j(\boldsymbol{r},\boldsymbol{s})\right)\boldsymbol{\varphi}(\boldsymbol{w}) \\ \Rightarrow\bar{\boldsymbol{c}}(\boldsymbol{r},\boldsymbol{s})-\bar{\boldsymbol{D}}(\boldsymbol{r},\boldsymbol{s})\boldsymbol{\varphi}(\boldsymbol{w})\approx\bar{\boldsymbol{H}}(\boldsymbol{r},\boldsymbol{s},\boldsymbol{\varphi}(\boldsymbol{w}))\boldsymbol{e} \end{cases} \tag{9.85}$$

基于式(9.85)和式(3.2)可以建立如下约束总体最小二乘优化模型：

$$\begin{cases} \min\limits_{\substack{\boldsymbol{u}_{\mathrm{c}}\in\mathbf{R}^{(q-1)\times1}\\ \boldsymbol{w}\in\mathbf{R}^{l\times1}\\ \boldsymbol{n}\in\mathbf{R}^{q\times1}\\ \boldsymbol{m}\in\mathbf{R}^{l\times1}\\ \boldsymbol{e}\in\mathbf{R}^{pd\times1}}} \begin{bmatrix}\boldsymbol{n}\\ \boldsymbol{m}\\ \boldsymbol{e}\end{bmatrix}^{\mathrm{T}} \begin{bmatrix}\boldsymbol{Q}_1^{-1} & \boldsymbol{O}_{p\times l} & \boldsymbol{O}_{p\times pd}\\ \boldsymbol{O}_{l\times p} & \boldsymbol{Q}_2^{-1} & \boldsymbol{O}_{l\times pd}\\ \boldsymbol{O}_{pd\times p} & \boldsymbol{O}_{pd\times l} & \boldsymbol{Q}_3^{-1}\end{bmatrix} \begin{bmatrix}\boldsymbol{n}\\ \boldsymbol{m}\\ \boldsymbol{e}\end{bmatrix} \\ \text{s. t. } \begin{bmatrix}\boldsymbol{a}(\boldsymbol{z},\boldsymbol{v})\\ \boldsymbol{v}\\ \bar{\boldsymbol{c}}(\boldsymbol{r},\boldsymbol{s})\end{bmatrix} - \begin{bmatrix}\boldsymbol{B}(\boldsymbol{z},\boldsymbol{v}) & \boldsymbol{O}_{p\times l} & \boldsymbol{O}_{p\times\bar{l}}\\ \boldsymbol{O}_{l\times\bar{q}} & \boldsymbol{I}_l & \boldsymbol{O}_{l\times\bar{l}}\\ \boldsymbol{O}_{pd\times\bar{q}} & \boldsymbol{O}_{pd\times l} & \bar{\boldsymbol{D}}(\boldsymbol{r},\boldsymbol{s})\end{bmatrix} \begin{bmatrix}\boldsymbol{\rho}_{\mathrm{c}}(\boldsymbol{u}_{\mathrm{c}})\\ \boldsymbol{w}\\ \boldsymbol{\varphi}(\boldsymbol{w})\end{bmatrix} \\ \qquad = \left[\begin{array}{c:c:c}\boldsymbol{T}_1(\boldsymbol{z},\boldsymbol{v},\boldsymbol{\rho}_{\mathrm{c}}(\boldsymbol{u}_{\mathrm{c}})) & \boldsymbol{T}_2(\boldsymbol{z},\boldsymbol{v},\boldsymbol{\rho}_{\mathrm{c}}(\boldsymbol{u}_{\mathrm{c}})) & \boldsymbol{O}_{p\times pd}\\ \hdashline \boldsymbol{O}_{l\times p} & \boldsymbol{I}_l & \boldsymbol{O}_{l\times pd}\\ \hdashline \boldsymbol{O}_{pd\times p} & \boldsymbol{O}_{pd\times l} & \bar{\boldsymbol{H}}(\boldsymbol{r},\boldsymbol{s},\boldsymbol{\varphi}(\boldsymbol{w}))\end{array}\right] \begin{bmatrix}\boldsymbol{n}\\ \boldsymbol{m}\\ \boldsymbol{e}\end{bmatrix} \\ \qquad = \boldsymbol{F}(\boldsymbol{z},\boldsymbol{v},\boldsymbol{r},\boldsymbol{s},\boldsymbol{\rho}_{\mathrm{c}}(\boldsymbol{u}_{\mathrm{c}}),\boldsymbol{\varphi}(\boldsymbol{w})) \begin{bmatrix}\boldsymbol{n}\\ \boldsymbol{m}\\ \boldsymbol{e}\end{bmatrix} \end{cases} \tag{9.86}$$

式中

$$\boldsymbol{F}(\boldsymbol{z},\boldsymbol{v},\boldsymbol{r},\boldsymbol{s},\boldsymbol{\rho}_{\mathrm{c}}(\boldsymbol{u}_{\mathrm{c}}),\boldsymbol{\varphi}(\boldsymbol{w})) = \left[\begin{array}{c:c:c}\boldsymbol{T}_1(\boldsymbol{z},\boldsymbol{v},\boldsymbol{\rho}_{\mathrm{c}}(\boldsymbol{u}_{\mathrm{c}})) & \boldsymbol{T}_2(\boldsymbol{z},\boldsymbol{v},\boldsymbol{\rho}_{\mathrm{c}}(\boldsymbol{u}_{\mathrm{c}})) & \boldsymbol{O}_{p\times pd}\\ \hdashline \boldsymbol{O}_{l\times p} & \boldsymbol{I}_l & \boldsymbol{O}_{l\times pd}\\ \hdashline \boldsymbol{O}_{pd\times p} & \boldsymbol{O}_{pd\times l} & \bar{\boldsymbol{H}}(\boldsymbol{r},\boldsymbol{s},\boldsymbol{\varphi}(\boldsymbol{w}))\end{array}\right] \in \mathbf{R}^{(p(d+1)+l)\times(p(d+1)+l)} \tag{9.87}$$

显然，式(9.86)是含有等式约束的优化问题，通过进一步数学分析可以将其转化为无约束优化问题，结果可见如下命题。

命题 9.10　若 $\boldsymbol{F}(\boldsymbol{z},\boldsymbol{v},\boldsymbol{r},\boldsymbol{s},\boldsymbol{\rho}_{\mathrm{c}}(\boldsymbol{u}_{\mathrm{c}}),\boldsymbol{\varphi}(\boldsymbol{w}))$ 是行满秩矩阵，则约束优化问题(9.83)可以转化为如下无约束优化问题：

$$\min_{\substack{\boldsymbol{u}_{\mathrm{c}}\in\mathbf{R}^{(q-1)\times 1}\\ \boldsymbol{w}\in\mathbf{R}^{l\times 1}}}\left\{\begin{array}{l}\left(\begin{bmatrix}\boldsymbol{B}(\boldsymbol{z},\boldsymbol{v}) & \boldsymbol{O}_{p\times l} & \boldsymbol{O}_{p\times\bar{l}}\\ \boldsymbol{O}_{l\times\bar{q}} & \boldsymbol{I}_{l} & \boldsymbol{O}_{l\times\bar{l}}\\ \boldsymbol{O}_{pd\times\bar{q}} & \boldsymbol{O}_{pd\times l} & \bar{\boldsymbol{D}}(\boldsymbol{r},\boldsymbol{s})\end{bmatrix}\begin{bmatrix}\boldsymbol{\rho}_{\mathrm{c}}(\boldsymbol{u}_{\mathrm{c}})\\ \boldsymbol{w}\\ \boldsymbol{\varphi}(\boldsymbol{w})\end{bmatrix}-\begin{bmatrix}\boldsymbol{a}(\boldsymbol{z},\boldsymbol{v})\\ \boldsymbol{v}\\ \bar{\boldsymbol{c}}(\boldsymbol{r},\boldsymbol{s})\end{bmatrix}\right)^{\mathrm{T}}\\ \cdot(\boldsymbol{F}(\boldsymbol{z},\boldsymbol{v},\boldsymbol{r},\boldsymbol{s},\boldsymbol{\rho}_{\mathrm{c}}(\boldsymbol{u}_{\mathrm{c}}),\boldsymbol{\varphi}(\boldsymbol{w}))\bar{\boldsymbol{Q}}\boldsymbol{F}^{\mathrm{T}}(\boldsymbol{z},\boldsymbol{v},\boldsymbol{r},\boldsymbol{s},\boldsymbol{\rho}_{\mathrm{c}}(\boldsymbol{u}_{\mathrm{c}}),\boldsymbol{\varphi}(\boldsymbol{w})))^{-1}\\ \cdot\left(\begin{bmatrix}\boldsymbol{B}(\boldsymbol{z},\boldsymbol{v}) & \boldsymbol{O}_{p\times l} & \boldsymbol{O}_{p\times\bar{l}}\\ \boldsymbol{O}_{l\times\bar{q}} & \boldsymbol{I}_{l} & \boldsymbol{O}_{l\times\bar{l}}\\ \boldsymbol{O}_{pd\times\bar{q}} & \boldsymbol{O}_{pd\times l} & \bar{\boldsymbol{D}}(\boldsymbol{r},\boldsymbol{s})\end{bmatrix}\begin{bmatrix}\boldsymbol{\rho}_{\mathrm{c}}(\boldsymbol{u}_{\mathrm{c}})\\ \boldsymbol{w}\\ \boldsymbol{\varphi}(\boldsymbol{w})\end{bmatrix}-\begin{bmatrix}\boldsymbol{a}(\boldsymbol{z},\boldsymbol{v})\\ \boldsymbol{v}\\ \bar{\boldsymbol{c}}(\boldsymbol{r},\boldsymbol{s})\end{bmatrix}\right)\end{array}\right\} \tag{9.88}$$

式中，$\bar{\boldsymbol{Q}}=\mathrm{blkdiag}[\boldsymbol{Q}_1\quad \boldsymbol{Q}_2\quad \boldsymbol{Q}_3]$。

命题 9.10 的证明类似于命题 6.1 和命题 6.3，限于篇幅这里不再阐述。

2. 数值迭代算法

这里将给出式(9.88)的求解算法。显然，式(9.88)的闭式解难以获得，只能通过数值迭代的方式进行优化计算。为了获得较快的迭代收敛速度，可以利用经典的 Newton 迭代法[34]进行数值计算。

首先将式(9.88)中的目标函数记为

$$\begin{aligned}J_{\mathrm{c3}}(\boldsymbol{u}_{\mathrm{c}},\boldsymbol{w})=&\left(\begin{bmatrix}\boldsymbol{B}(\boldsymbol{z},\boldsymbol{v}) & \boldsymbol{O}_{p\times l} & \boldsymbol{O}_{p\times\bar{l}}\\ \boldsymbol{O}_{l\times\bar{q}} & \boldsymbol{I}_{l} & \boldsymbol{O}_{l\times\bar{l}}\\ \boldsymbol{O}_{pd\times\bar{q}} & \boldsymbol{O}_{pd\times l} & \bar{\boldsymbol{D}}(\boldsymbol{r},\boldsymbol{s})\end{bmatrix}\begin{bmatrix}\boldsymbol{\rho}_{\mathrm{c}}(\boldsymbol{u}_{\mathrm{c}})\\ \boldsymbol{w}\\ \boldsymbol{\varphi}(\boldsymbol{w})\end{bmatrix}-\begin{bmatrix}\boldsymbol{a}(\boldsymbol{z},\boldsymbol{v})\\ \boldsymbol{v}\\ \bar{\boldsymbol{c}}(\boldsymbol{r},\boldsymbol{s})\end{bmatrix}\right)^{\mathrm{T}}\\ &\cdot(\boldsymbol{F}(\boldsymbol{z},\boldsymbol{v},\boldsymbol{r},\boldsymbol{s},\boldsymbol{\rho}_{\mathrm{c}}(\boldsymbol{u}_{\mathrm{c}}),\boldsymbol{\varphi}(\boldsymbol{w}))\bar{\boldsymbol{Q}}\boldsymbol{F}^{\mathrm{T}}(\boldsymbol{z},\boldsymbol{v},\boldsymbol{r},\boldsymbol{s},\boldsymbol{\rho}_{\mathrm{c}}(\boldsymbol{u}_{\mathrm{c}}),\boldsymbol{\varphi}(\boldsymbol{w})))^{-1}\\ &\cdot\left(\begin{bmatrix}\boldsymbol{B}(\boldsymbol{z},\boldsymbol{v}) & \boldsymbol{O}_{p\times l} & \boldsymbol{O}_{p\times\bar{l}}\\ \boldsymbol{O}_{l\times\bar{q}} & \boldsymbol{I}_{l} & \boldsymbol{O}_{l\times\bar{l}}\\ \boldsymbol{O}_{pd\times\bar{q}} & \boldsymbol{O}_{pd\times l} & \bar{\boldsymbol{D}}(\boldsymbol{r},\boldsymbol{s})\end{bmatrix}\begin{bmatrix}\boldsymbol{\rho}_{\mathrm{c}}(\boldsymbol{u}_{\mathrm{c}})\\ \boldsymbol{w}\\ \boldsymbol{\varphi}(\boldsymbol{w})\end{bmatrix}-\begin{bmatrix}\boldsymbol{a}(\boldsymbol{z},\boldsymbol{v})\\ \boldsymbol{v}\\ \bar{\boldsymbol{c}}(\boldsymbol{r},\boldsymbol{s})\end{bmatrix}\right)\\ =&\boldsymbol{\mu}_{\mathrm{c3}}^{\mathrm{T}}(\boldsymbol{u}_{\mathrm{c}},\boldsymbol{w})\boldsymbol{\Sigma}_{\mathrm{c3}}^{-1}(\boldsymbol{u}_{\mathrm{c}},\boldsymbol{w})\boldsymbol{\mu}_{\mathrm{c3}}(\boldsymbol{u}_{\mathrm{c}},\boldsymbol{w})\end{aligned} \tag{9.89}$$

式中

$$\begin{cases}\boldsymbol{\mu}_{\mathrm{c3}}(\boldsymbol{u}_{\mathrm{c}},\boldsymbol{w})=\begin{bmatrix}\boldsymbol{B}(\boldsymbol{z},\boldsymbol{v}) & \boldsymbol{O}_{p\times l} & \boldsymbol{O}_{p\times\bar{l}}\\ \boldsymbol{O}_{l\times\bar{q}} & \boldsymbol{I}_{l} & \boldsymbol{O}_{l\times\bar{l}}\\ \boldsymbol{O}_{pd\times\bar{q}} & \boldsymbol{O}_{pd\times l} & \bar{\boldsymbol{D}}(\boldsymbol{r},\boldsymbol{s})\end{bmatrix}\begin{bmatrix}\boldsymbol{\rho}_{\mathrm{c}}(\boldsymbol{u}_{\mathrm{c}})\\ \boldsymbol{w}\\ \boldsymbol{\varphi}(\boldsymbol{w})\end{bmatrix}-\begin{bmatrix}\boldsymbol{a}(\boldsymbol{z},\boldsymbol{v})\\ \boldsymbol{v}\\ \bar{\boldsymbol{c}}(\boldsymbol{r},\boldsymbol{s})\end{bmatrix}\in\mathbf{R}^{(p(d+1)+l)\times 1}\\ \boldsymbol{\Sigma}_{\mathrm{c3}}(\boldsymbol{u}_{\mathrm{c}},\boldsymbol{w})=\boldsymbol{F}(\boldsymbol{z},\boldsymbol{v},\boldsymbol{r},\boldsymbol{s},\boldsymbol{\rho}_{\mathrm{c}}(\boldsymbol{u}_{\mathrm{c}}),\boldsymbol{\varphi}(\boldsymbol{w}))\bar{\boldsymbol{Q}}\boldsymbol{F}^{\mathrm{T}}(\boldsymbol{z},\boldsymbol{v},\boldsymbol{r},\boldsymbol{s},\boldsymbol{\rho}_{\mathrm{c}}(\boldsymbol{u}_{\mathrm{c}}),\boldsymbol{\varphi}(\boldsymbol{w}))\in\mathbf{R}^{(p(d+1)+l)\times(p(d+1)+l)}\end{cases} \tag{9.90}$$

为了给出 Newton 迭代公式，需要推导函数 $J_{\mathrm{c3}}(\boldsymbol{u}_{\mathrm{c}},\boldsymbol{w})$ 关于向量 $\boldsymbol{u}_{\mathrm{c}}$ 和 $\boldsymbol{w}$ 的梯度向量和 Hessian 矩阵。根据式(9.89)和式(2.74)可推得其梯度向量为

$$\boldsymbol{\beta}_{\mathrm{c3}}(\boldsymbol{u}_{\mathrm{c}},\boldsymbol{w})=\begin{bmatrix}\dfrac{\partial J_{\mathrm{c3}}(\boldsymbol{u}_{\mathrm{c}},\boldsymbol{w})}{\partial\boldsymbol{u}_{\mathrm{c}}}\\ \hdashline \dfrac{\partial J_{\mathrm{c3}}(\boldsymbol{u}_{\mathrm{c}},\boldsymbol{w})}{\partial\boldsymbol{w}}\end{bmatrix}=\boldsymbol{\beta}_{\mathrm{c3},1}(\boldsymbol{u}_{\mathrm{c}},\boldsymbol{w})+\boldsymbol{\beta}_{\mathrm{c3},2}(\boldsymbol{u}_{\mathrm{c}},\boldsymbol{w}) \tag{9.91}$$

式中

$$\boldsymbol{\beta}_{c3,1}(\boldsymbol{u}_c,\boldsymbol{w})=\begin{bmatrix}2\left(\dfrac{\partial\boldsymbol{\mu}_{c3}(\boldsymbol{u}_c,\boldsymbol{w})}{\partial\boldsymbol{u}_c^{\mathrm{T}}}\right)^{\mathrm{T}}\boldsymbol{\Sigma}_{c3}^{-1}(\boldsymbol{u}_c,\boldsymbol{w})\boldsymbol{\mu}_{c3}(\boldsymbol{u}_c,\boldsymbol{w})\\ \hdashline 2\left(\dfrac{\partial\boldsymbol{\mu}_{c3}(\boldsymbol{u}_c,\boldsymbol{w})}{\partial\boldsymbol{w}^{\mathrm{T}}}\right)^{\mathrm{T}}\boldsymbol{\Sigma}_{c3}^{-1}(\boldsymbol{u}_c,\boldsymbol{w})\boldsymbol{\mu}_{c3}(\boldsymbol{u}_c,\boldsymbol{w})\end{bmatrix} \tag{9.92}$$

$$\boldsymbol{\beta}_{c3,2}(\boldsymbol{u}_c,\boldsymbol{w})=\begin{bmatrix}\left(\dfrac{\partial\mathrm{vec}(\boldsymbol{\Sigma}_{c3}^{-1}(\boldsymbol{u}_c,\boldsymbol{w}))}{\partial\boldsymbol{u}_c^{\mathrm{T}}}\right)^{\mathrm{T}}(\boldsymbol{\mu}_{c3}(\boldsymbol{u}_c,\boldsymbol{w})\otimes\boldsymbol{\mu}_{c3}(\boldsymbol{u}_c,\boldsymbol{w}))\\ \hdashline \left(\dfrac{\partial\mathrm{vec}(\boldsymbol{\Sigma}_{c3}^{-1}(\boldsymbol{u}_c,\boldsymbol{w}))}{\partial\boldsymbol{w}^{\mathrm{T}}}\right)^{\mathrm{T}}(\boldsymbol{\mu}_{c3}(\boldsymbol{u}_c,\boldsymbol{w})\otimes\boldsymbol{\mu}_{c3}(\boldsymbol{u}_c,\boldsymbol{w}))\end{bmatrix} \tag{9.93}$$

根据式(9.89)和式(2.75)可推得其 Hessian 矩阵为

$$\begin{aligned}\boldsymbol{\Phi}_{c3}(\boldsymbol{u}_c,\boldsymbol{w})&=\begin{bmatrix}\dfrac{\partial^2 J_{c3}(\boldsymbol{u}_c,\boldsymbol{w})}{\partial\boldsymbol{u}_c\partial\boldsymbol{u}_c^{\mathrm{T}}} & \dfrac{\partial^2 J_{c3}(\boldsymbol{u}_c,\boldsymbol{w})}{\partial\boldsymbol{u}_c\partial\boldsymbol{w}^{\mathrm{T}}}\\ \hdashline \dfrac{\partial^2 J_{c3}(\boldsymbol{u}_c,\boldsymbol{w})}{\partial\boldsymbol{w}\partial\boldsymbol{u}_c^{\mathrm{T}}} & \dfrac{\partial^2 J_{c3}(\boldsymbol{u}_c,\boldsymbol{w})}{\partial\boldsymbol{w}\partial\boldsymbol{w}^{\mathrm{T}}}\end{bmatrix}=\boldsymbol{\Phi}_{c3,1}(\boldsymbol{u}_c,\boldsymbol{w})+\boldsymbol{\Phi}_{c3,2}(\boldsymbol{u}_c,\boldsymbol{w})\\&=\left[\dfrac{\partial\boldsymbol{\beta}_{c3,1}(\boldsymbol{u}_c,\boldsymbol{w})}{\partial\boldsymbol{u}_c^{\mathrm{T}}}\ \vdots\ \dfrac{\partial\boldsymbol{\beta}_{c3,1}(\boldsymbol{u}_c,\boldsymbol{w})}{\partial\boldsymbol{w}^{\mathrm{T}}}\right]+\left[\dfrac{\partial\boldsymbol{\beta}_{c3,2}(\boldsymbol{u}_c,\boldsymbol{w})}{\partial\boldsymbol{u}_c^{\mathrm{T}}}\ \vdots\ \dfrac{\partial\boldsymbol{\beta}_{c3,2}(\boldsymbol{u}_c,\boldsymbol{w})}{\partial\boldsymbol{w}^{\mathrm{T}}}\right]\end{aligned} \tag{9.94}$$

式中

$$\begin{cases}\boldsymbol{\Phi}_{c3,1}(\boldsymbol{u}_c,\boldsymbol{w})=[\boldsymbol{\Phi}_{c3,11}(\boldsymbol{u}_c,\boldsymbol{w})\ \vdots\ \boldsymbol{\Phi}_{c3,12}(\boldsymbol{u}_c,\boldsymbol{w})]=\left[\dfrac{\partial\boldsymbol{\beta}_{c3,1}(\boldsymbol{u}_c,\boldsymbol{w})}{\partial\boldsymbol{u}_c^{\mathrm{T}}}\ \vdots\ \dfrac{\partial\boldsymbol{\beta}_{c3,1}(\boldsymbol{u}_c,\boldsymbol{w})}{\partial\boldsymbol{w}^{\mathrm{T}}}\right]\\ \boldsymbol{\Phi}_{c3,2}(\boldsymbol{u}_c,\boldsymbol{w})=[\boldsymbol{\Phi}_{c3,21}(\boldsymbol{u}_c,\boldsymbol{w})\ \vdots\ \boldsymbol{\Phi}_{c3,22}(\boldsymbol{u}_c,\boldsymbol{w})]=\left[\dfrac{\partial\boldsymbol{\beta}_{c3,2}(\boldsymbol{u}_c,\boldsymbol{w})}{\partial\boldsymbol{u}_c^{\mathrm{T}}}\ \vdots\ \dfrac{\partial\boldsymbol{\beta}_{c3,2}(\boldsymbol{u}_c,\boldsymbol{w})}{\partial\boldsymbol{w}^{\mathrm{T}}}\right]\end{cases} \tag{9.95}$$

其中

$$\begin{aligned}\boldsymbol{\Phi}_{c3,11}(\boldsymbol{u}_c,\boldsymbol{w})&=\frac{\partial\boldsymbol{\beta}_{c3,1}(\boldsymbol{u}_c,\boldsymbol{w})}{\partial\boldsymbol{u}_c^{\mathrm{T}}}\\&=\begin{bmatrix}2((\boldsymbol{\mu}_{c3}^{\mathrm{T}}(\boldsymbol{u}_c,\boldsymbol{w})\boldsymbol{\Sigma}_{c3}^{-1}(\boldsymbol{u}_c,\boldsymbol{w}))\otimes\boldsymbol{I}_{q-1})\left(\dfrac{\partial}{\partial\boldsymbol{u}_c^{\mathrm{T}}}\mathrm{vec}\left(\left(\dfrac{\partial\boldsymbol{\mu}_{c3}(\boldsymbol{u}_c,\boldsymbol{w})}{\partial\boldsymbol{u}_c^{\mathrm{T}}}\right)^{\mathrm{T}}\right)\right)\\ +2\left(\boldsymbol{\mu}_{c3}(\boldsymbol{u}_c,\boldsymbol{w})\otimes\dfrac{\partial\boldsymbol{\mu}_{c3}(\boldsymbol{u}_c,\boldsymbol{w})}{\partial\boldsymbol{u}_c^{\mathrm{T}}}\right)^{\mathrm{T}}\dfrac{\partial\mathrm{vec}(\boldsymbol{\Sigma}_{c3}^{-1}(\boldsymbol{u}_c,\boldsymbol{w}))}{\partial\boldsymbol{u}_c^{\mathrm{T}}}\\ +2\left(\dfrac{\partial\boldsymbol{\mu}_{c3}(\boldsymbol{u}_c,\boldsymbol{w})}{\partial\boldsymbol{u}_c^{\mathrm{T}}}\right)^{\mathrm{T}}\boldsymbol{\Sigma}_{c3}^{-1}(\boldsymbol{u}_c,\boldsymbol{w})\dfrac{\partial\boldsymbol{\mu}_{c3}(\boldsymbol{u}_c,\boldsymbol{w})}{\partial\boldsymbol{u}_c^{\mathrm{T}}}\\ \hdashline 2((\boldsymbol{\mu}_{c3}^{\mathrm{T}}(\boldsymbol{u}_c,\boldsymbol{w})\boldsymbol{\Sigma}_{c3}^{-1}(\boldsymbol{u}_c,\boldsymbol{w}))\otimes\boldsymbol{I}_l)\left(\dfrac{\partial}{\partial\boldsymbol{u}_c^{\mathrm{T}}}\mathrm{vec}\left(\left(\dfrac{\partial\boldsymbol{\mu}_{c3}(\boldsymbol{u}_c,\boldsymbol{w})}{\partial\boldsymbol{w}^{\mathrm{T}}}\right)^{\mathrm{T}}\right)\right)\\ +2\left(\boldsymbol{\mu}_{c3}(\boldsymbol{u}_c,\boldsymbol{w})\otimes\dfrac{\partial\boldsymbol{\mu}_{c3}(\boldsymbol{u}_c,\boldsymbol{w})}{\partial\boldsymbol{w}^{\mathrm{T}}}\right)^{\mathrm{T}}\dfrac{\partial\mathrm{vec}(\boldsymbol{\Sigma}_{c3}^{-1}(\boldsymbol{u}_c,\boldsymbol{w}))}{\partial\boldsymbol{u}_c^{\mathrm{T}}}\\ +2\left(\dfrac{\partial\boldsymbol{\mu}_{c3}(\boldsymbol{u}_c,\boldsymbol{w})}{\partial\boldsymbol{w}^{\mathrm{T}}}\right)^{\mathrm{T}}\boldsymbol{\Sigma}_{c3}^{-1}(\boldsymbol{u}_c,\boldsymbol{w})\dfrac{\partial\boldsymbol{\mu}_{c3}(\boldsymbol{u}_c,\boldsymbol{w})}{\partial\boldsymbol{u}_c^{\mathrm{T}}}\end{bmatrix}\end{aligned} \tag{9.96}$$

$$\boldsymbol{\Phi}_{c3,12}(\boldsymbol{u}_c,\boldsymbol{w})=\frac{\partial\boldsymbol{\beta}_{c3,1}(\boldsymbol{u}_c,\boldsymbol{w})}{\partial\boldsymbol{w}^{\mathrm{T}}}$$

$$
=\begin{bmatrix}
2((\boldsymbol{\mu}_{\mathrm{c3}}^{\mathrm{T}}(\boldsymbol{u}_{\mathrm{c}},\boldsymbol{w})\boldsymbol{\Sigma}_{\mathrm{c3}}^{-1}(\boldsymbol{u}_{\mathrm{c}},\boldsymbol{w}))\otimes \boldsymbol{I}_{q-1})\left(\dfrac{\partial}{\partial \boldsymbol{w}^{\mathrm{T}}}\mathrm{vec}\left(\left(\dfrac{\partial \boldsymbol{\mu}_{\mathrm{c3}}(\boldsymbol{u}_{\mathrm{c}},\boldsymbol{w})}{\partial \boldsymbol{u}_{\mathrm{c}}^{\mathrm{T}}}\right)^{\mathrm{T}}\right)\right) \\
+2\left(\boldsymbol{\mu}_{\mathrm{c3}}(\boldsymbol{u}_{\mathrm{c}},\boldsymbol{w})\otimes \dfrac{\partial \boldsymbol{\mu}_{\mathrm{c3}}(\boldsymbol{u}_{\mathrm{c}},\boldsymbol{w})}{\partial \boldsymbol{u}_{\mathrm{c}}^{\mathrm{T}}}\right)^{\mathrm{T}}\dfrac{\partial \mathrm{vec}(\boldsymbol{\Sigma}_{\mathrm{c3}}^{-1}(\boldsymbol{u}_{\mathrm{c}},\boldsymbol{w}))}{\partial \boldsymbol{w}^{\mathrm{T}}} \\
+2\left(\dfrac{\partial \boldsymbol{\mu}_{\mathrm{c3}}(\boldsymbol{u}_{\mathrm{c}},\boldsymbol{w})}{\partial \boldsymbol{u}_{\mathrm{c}}^{\mathrm{T}}}\right)^{\mathrm{T}}\boldsymbol{\Sigma}_{\mathrm{c3}}^{-1}(\boldsymbol{u}_{\mathrm{c}},\boldsymbol{w})\dfrac{\partial \boldsymbol{\mu}_{\mathrm{c3}}(\boldsymbol{u}_{\mathrm{c}},\boldsymbol{w})}{\partial \boldsymbol{w}^{\mathrm{T}}} \\
\hdashline
2((\boldsymbol{\mu}_{\mathrm{c3}}^{\mathrm{T}}(\boldsymbol{u}_{\mathrm{c}},\boldsymbol{w})\boldsymbol{\Sigma}_{\mathrm{c3}}^{-1}(\boldsymbol{u}_{\mathrm{c}},\boldsymbol{w}))\otimes \boldsymbol{I}_{l})\left(\dfrac{\partial}{\partial \boldsymbol{w}^{\mathrm{T}}}\mathrm{vec}\left(\left(\dfrac{\partial \boldsymbol{\mu}_{\mathrm{c3}}(\boldsymbol{u}_{\mathrm{c}},\boldsymbol{w})}{\partial \boldsymbol{w}^{\mathrm{T}}}\right)^{\mathrm{T}}\right)\right) \\
+2\left(\boldsymbol{\mu}_{\mathrm{c3}}(\boldsymbol{u}_{\mathrm{c}},\boldsymbol{w})\otimes \dfrac{\partial \boldsymbol{\mu}_{\mathrm{c3}}(\boldsymbol{u}_{\mathrm{c}},\boldsymbol{w})}{\partial \boldsymbol{w}^{\mathrm{T}}}\right)^{\mathrm{T}}\dfrac{\partial \mathrm{vec}(\boldsymbol{\Sigma}_{\mathrm{c3}}^{-1}(\boldsymbol{u}_{\mathrm{c}},\boldsymbol{w}))}{\partial \boldsymbol{w}^{\mathrm{T}}} \\
+2\left(\dfrac{\partial \boldsymbol{\mu}_{\mathrm{c3}}(\boldsymbol{u}_{\mathrm{c}},\boldsymbol{w})}{\partial \boldsymbol{w}^{\mathrm{T}}}\right)^{\mathrm{T}}\boldsymbol{\Sigma}_{\mathrm{c3}}^{-1}(\boldsymbol{u}_{\mathrm{c}},\boldsymbol{w})\dfrac{\partial \boldsymbol{\mu}_{\mathrm{c3}}(\boldsymbol{u}_{\mathrm{c}},\boldsymbol{w})}{\partial \boldsymbol{w}^{\mathrm{T}}}
\end{bmatrix}
\tag{9.97}
$$

$$
\boldsymbol{\Phi}_{\mathrm{c3},21}(\boldsymbol{u}_{\mathrm{c}},\boldsymbol{w})=\frac{\partial \boldsymbol{\beta}_{\mathrm{c3},2}(\boldsymbol{u}_{\mathrm{c}},\boldsymbol{w})}{\partial \boldsymbol{u}_{\mathrm{c}}^{\mathrm{T}}}
\approx\begin{bmatrix}
\left(\dfrac{\partial \mathrm{vec}(\boldsymbol{\Sigma}_{\mathrm{c3}}^{-1}(\boldsymbol{u}_{\mathrm{c}},\boldsymbol{w}))}{\partial \boldsymbol{u}_{\mathrm{c}}^{\mathrm{T}}}\right)^{\mathrm{T}}\begin{pmatrix}(\boldsymbol{I}_{p(d+1)+l}\otimes \boldsymbol{\mu}_{\mathrm{c3}}(\boldsymbol{u}_{\mathrm{c}},\boldsymbol{w}))\dfrac{\partial \boldsymbol{\mu}_{\mathrm{c3}}(\boldsymbol{u}_{\mathrm{c}},\boldsymbol{w})}{\partial \boldsymbol{u}_{\mathrm{c}}^{\mathrm{T}}} \\ +\boldsymbol{\mu}_{\mathrm{c3}}(\boldsymbol{u}_{\mathrm{c}},\boldsymbol{w})\otimes \dfrac{\partial \boldsymbol{\mu}_{\mathrm{c3}}(\boldsymbol{u}_{\mathrm{c}},\boldsymbol{w})}{\partial \boldsymbol{u}_{\mathrm{c}}^{\mathrm{T}}}\end{pmatrix} \\
\hdashline
\left(\dfrac{\partial \mathrm{vec}(\boldsymbol{\Sigma}_{\mathrm{c3}}^{-1}(\boldsymbol{u}_{\mathrm{c}},\boldsymbol{w}))}{\partial \boldsymbol{w}^{\mathrm{T}}}\right)^{\mathrm{T}}\begin{pmatrix}(\boldsymbol{I}_{p(d+1)+l}\otimes \boldsymbol{\mu}_{\mathrm{c3}}(\boldsymbol{u}_{\mathrm{c}},\boldsymbol{w}))\dfrac{\partial \boldsymbol{\mu}_{\mathrm{c3}}(\boldsymbol{u}_{\mathrm{c}},\boldsymbol{w})}{\partial \boldsymbol{u}_{\mathrm{c}}^{\mathrm{T}}} \\ +\boldsymbol{\mu}_{\mathrm{c3}}(\boldsymbol{u}_{\mathrm{c}},\boldsymbol{w})\otimes \dfrac{\partial \boldsymbol{\mu}_{\mathrm{c3}}(\boldsymbol{u}_{\mathrm{c}},\boldsymbol{w})}{\partial \boldsymbol{u}_{\mathrm{c}}^{\mathrm{T}}}\end{pmatrix}
\end{bmatrix}
\tag{9.98}
$$

$$
\boldsymbol{\Phi}_{\mathrm{c3},22}(\boldsymbol{u}_{\mathrm{c}},\boldsymbol{w})=\frac{\partial \boldsymbol{\beta}_{\mathrm{c3},2}(\boldsymbol{u}_{\mathrm{c}},\boldsymbol{w})}{\partial \boldsymbol{w}^{\mathrm{T}}}
\approx\begin{bmatrix}
\left(\dfrac{\partial \mathrm{vec}(\boldsymbol{\Sigma}_{\mathrm{c3}}^{-1}(\boldsymbol{u}_{\mathrm{c}},\boldsymbol{w}))}{\partial \boldsymbol{u}_{\mathrm{c}}^{\mathrm{T}}}\right)^{\mathrm{T}}\begin{pmatrix}(\boldsymbol{I}_{p(d+1)+l}\otimes \boldsymbol{\mu}_{\mathrm{c3}}(\boldsymbol{u}_{\mathrm{c}},\boldsymbol{w}))\dfrac{\partial \boldsymbol{\mu}_{\mathrm{c3}}(\boldsymbol{u}_{\mathrm{c}},\boldsymbol{w})}{\partial \boldsymbol{w}^{\mathrm{T}}} \\ +\boldsymbol{\mu}_{\mathrm{c3}}(\boldsymbol{u}_{\mathrm{c}},\boldsymbol{w})\otimes \dfrac{\partial \boldsymbol{\mu}_{\mathrm{c3}}(\boldsymbol{u}_{\mathrm{c}},\boldsymbol{w})}{\partial \boldsymbol{w}^{\mathrm{T}}}\end{pmatrix} \\
\hdashline
\left(\dfrac{\partial \mathrm{vec}(\boldsymbol{\Sigma}_{\mathrm{c3}}^{-1}(\boldsymbol{u}_{\mathrm{c}},\boldsymbol{w}))}{\partial \boldsymbol{w}^{\mathrm{T}}}\right)^{\mathrm{T}}\begin{pmatrix}(\boldsymbol{I}_{p(d+1)+l}\otimes \boldsymbol{\mu}_{\mathrm{c3}}(\boldsymbol{u}_{\mathrm{c}},\boldsymbol{w}))\dfrac{\partial \boldsymbol{\mu}_{\mathrm{c3}}(\boldsymbol{u}_{\mathrm{c}},\boldsymbol{w})}{\partial \boldsymbol{w}^{\mathrm{T}}} \\ +\boldsymbol{\mu}_{\mathrm{c3}}(\boldsymbol{u}_{\mathrm{c}},\boldsymbol{w})\otimes \dfrac{\partial \boldsymbol{\mu}_{\mathrm{c3}}(\boldsymbol{u}_{\mathrm{c}},\boldsymbol{w})}{\partial \boldsymbol{w}^{\mathrm{T}}}\end{pmatrix}
\end{bmatrix}
\tag{9.99}
$$

与式(9.58)类似的是,式(9.98)和式(9.99)也省略了关于误差的二阶项,而该项在 Hessian 矩阵中可以忽略而不会影响解的收敛性和统计性能。

根据上述分析可以得到相应的 Newton 迭代公式。假设第 k 次迭代得到向量 $\boldsymbol{u}_{\mathrm{c}}$ 的结果为 $\hat{\boldsymbol{u}}_{\mathrm{c},k}^{(\mathrm{cb})}$,相应地,目标位置向量 $\boldsymbol{u}$ 的结果为 $\hat{\boldsymbol{u}}_{\mathrm{ctls},k}^{(\mathrm{cb})}=[\hat{\boldsymbol{u}}_{\mathrm{c},k}^{(\mathrm{cb})\mathrm{T}}\quad h_{\mathrm{c}}(\hat{\boldsymbol{u}}_{\mathrm{c},k}^{(\mathrm{cb})})]^{\mathrm{T}}$,系统参量 $\boldsymbol{w}$ 的结果为$\hat{\boldsymbol{w}}_{\mathrm{ctls},k}^{(\mathrm{cb})}$,则第 $k+1$ 次迭代更新公式为

$$\begin{bmatrix}\hat{\boldsymbol{u}}_{\mathrm{c},k+1}^{(\mathrm{cb})}\\ \hat{\boldsymbol{w}}_{\mathrm{ctls},k+1}^{(\mathrm{cb})}\end{bmatrix}=\begin{bmatrix}\hat{\boldsymbol{u}}_{\mathrm{c},k}^{(\mathrm{cb})}\\ \hat{\boldsymbol{w}}_{\mathrm{ctls},k}^{(\mathrm{cb})}\end{bmatrix}-\mu^{k}\boldsymbol{\Phi}_{\mathrm{c3}}^{-1}(\hat{\boldsymbol{u}}_{\mathrm{c},k}^{(\mathrm{cb})},\hat{\boldsymbol{w}}_{\mathrm{ctls},k}^{(\mathrm{cb})})\boldsymbol{\beta}_{\mathrm{c3}}(\hat{\boldsymbol{u}}_{\mathrm{c},k}^{(\mathrm{cb})},\hat{\boldsymbol{w}}_{\mathrm{ctls},k}^{(\mathrm{cb})})\tag{9.100}$$

式中，$\mu(0<\mu<1)$表示步长因子。针对迭代公式(9.100)，下面有三点注释。

(1) 上述迭代初值可以通过非加权形式的闭式最小二乘估计方法获得。

(2) 迭代收敛条件可以设为$\|\boldsymbol{\beta}_{\mathrm{c3}}(\hat{\boldsymbol{u}}_{\mathrm{c},k}^{(\mathrm{cb})},\hat{\boldsymbol{w}}_{\mathrm{ctls},k}^{(\mathrm{cb})})\|_2\leqslant\varepsilon$，即梯度向量的 2-范数足够小。

(3) 梯度向量和 Hessian 矩阵中涉及八个较为复杂的矩阵运算单元，分别包括：

$$\begin{cases}\boldsymbol{Z}_{\mathrm{c1}}=\dfrac{\partial\boldsymbol{\mu}_{\mathrm{c3}}(\boldsymbol{u}_{\mathrm{c}},\boldsymbol{w})}{\partial\boldsymbol{u}_{\mathrm{c}}^{\mathrm{T}}},\quad \boldsymbol{Z}_{\mathrm{c2}}=\dfrac{\partial\boldsymbol{\mu}_{\mathrm{c3}}(\boldsymbol{u}_{\mathrm{c}},\boldsymbol{w})}{\partial\boldsymbol{w}^{\mathrm{T}}}\\ \boldsymbol{Z}_{\mathrm{c3}}=\dfrac{\partial}{\partial\boldsymbol{u}_{\mathrm{c}}^{\mathrm{T}}}\mathrm{vec}\left(\left(\dfrac{\partial\boldsymbol{\mu}_{\mathrm{c3}}(\boldsymbol{u}_{\mathrm{c}},\boldsymbol{w})}{\partial\boldsymbol{u}_{\mathrm{c}}^{\mathrm{T}}}\right)^{\mathrm{T}}\right),\quad \boldsymbol{Z}_{\mathrm{c4}}=\dfrac{\partial}{\partial\boldsymbol{w}^{\mathrm{T}}}\mathrm{vec}\left(\left(\dfrac{\partial\boldsymbol{\mu}_{\mathrm{c3}}(\boldsymbol{u}_{\mathrm{c}},\boldsymbol{w})}{\partial\boldsymbol{u}_{\mathrm{c}}^{\mathrm{T}}}\right)^{\mathrm{T}}\right)\\ \boldsymbol{Z}_{\mathrm{c5}}=\dfrac{\partial}{\partial\boldsymbol{u}_{\mathrm{c}}^{\mathrm{T}}}\mathrm{vec}\left(\left(\dfrac{\partial\boldsymbol{\mu}_{\mathrm{c3}}(\boldsymbol{u}_{\mathrm{c}},\boldsymbol{w})}{\partial\boldsymbol{w}^{\mathrm{T}}}\right)^{\mathrm{T}}\right),\quad \boldsymbol{Z}_{\mathrm{c6}}=\dfrac{\partial}{\partial\boldsymbol{w}^{\mathrm{T}}}\mathrm{vec}\left(\left(\dfrac{\partial\boldsymbol{\mu}_{\mathrm{c3}}(\boldsymbol{u}_{\mathrm{c}},\boldsymbol{w})}{\partial\boldsymbol{w}^{\mathrm{T}}}\right)^{\mathrm{T}}\right)\\ \boldsymbol{Z}_{\mathrm{c7}}=\dfrac{\partial\mathrm{vec}(\boldsymbol{\Sigma}_{\mathrm{c3}}^{-1}(\boldsymbol{u}_{\mathrm{c}},\boldsymbol{w}))}{\partial\boldsymbol{u}_{\mathrm{c}}^{\mathrm{T}}},\quad \boldsymbol{Z}_{\mathrm{c8}}=\dfrac{\partial\mathrm{vec}(\boldsymbol{\Sigma}_{\mathrm{c3}}^{-1}(\boldsymbol{u}_{\mathrm{c}},\boldsymbol{w}))}{\partial\boldsymbol{w}^{\mathrm{T}}}\end{cases}\tag{9.101}$$

下面分别推导式(9.101)中八个矩阵的闭式表达式。

首先根据式(9.90)中的第一式可推得

$$\begin{aligned}\boldsymbol{Z}_{\mathrm{c1}}&=\frac{\partial\boldsymbol{\mu}_{\mathrm{c3}}(\boldsymbol{u}_{\mathrm{c}},\boldsymbol{w})}{\partial\boldsymbol{u}_{\mathrm{c}}^{\mathrm{T}}}=\begin{bmatrix}\boldsymbol{B}(\boldsymbol{z},\boldsymbol{v})&\boldsymbol{O}_{p\times l}&\boldsymbol{O}_{p\times\bar{l}}\\ \boldsymbol{O}_{l\times\bar{q}}&\boldsymbol{I}_{l}&\boldsymbol{O}_{l\times\bar{l}}\\ \boldsymbol{O}_{pd\times\bar{q}}&\boldsymbol{O}_{pd\times l}&\bar{\boldsymbol{D}}(\boldsymbol{r},\boldsymbol{s})\end{bmatrix}\begin{bmatrix}\boldsymbol{P}_{\mathrm{c}}(\boldsymbol{u}_{\mathrm{c}})\\ \boldsymbol{O}_{l\times(q-1)}\\ \boldsymbol{O}_{\bar{l}\times(q-1)}\end{bmatrix}=\begin{bmatrix}\boldsymbol{B}(\boldsymbol{z},\boldsymbol{v})\boldsymbol{P}_{\mathrm{c}}(\boldsymbol{u}_{\mathrm{c}})\\ \boldsymbol{O}_{l\times(q-1)}\\ \boldsymbol{O}_{pd\times(q-1)}\end{bmatrix}\\ &=\begin{bmatrix}\boldsymbol{B}(\boldsymbol{z},\boldsymbol{v})\boldsymbol{P}(\boldsymbol{u})\boldsymbol{H}_{\mathrm{c}}(\boldsymbol{u}_{\mathrm{c}})\\ \boldsymbol{O}_{l\times(q-1)}\\ \boldsymbol{O}_{pd\times(q-1)}\end{bmatrix}\in\mathbf{R}^{(p(d+1)+l)\times(q-1)}\end{aligned}\tag{9.102}$$

$$\begin{aligned}\boldsymbol{Z}_{\mathrm{c2}}&=\frac{\partial\boldsymbol{\mu}_{\mathrm{c3}}(\boldsymbol{u}_{\mathrm{c}},\boldsymbol{w})}{\partial\boldsymbol{w}^{\mathrm{T}}}=\begin{bmatrix}\boldsymbol{B}(\boldsymbol{z},\boldsymbol{v})&\boldsymbol{O}_{p\times l}&\boldsymbol{O}_{p\times\bar{l}}\\ \boldsymbol{O}_{l\times\bar{q}}&\boldsymbol{I}_{l}&\boldsymbol{O}_{l\times\bar{l}}\\ \boldsymbol{O}_{pd\times\bar{q}}&\boldsymbol{O}_{pd\times l}&\bar{\boldsymbol{D}}(\boldsymbol{r},\boldsymbol{s})\end{bmatrix}\begin{bmatrix}\boldsymbol{O}_{\bar{q}\times l}\\ \boldsymbol{I}_{l}\\ \boldsymbol{\Psi}(\boldsymbol{w})\end{bmatrix}\\ &=\begin{bmatrix}\boldsymbol{O}_{p\times l}\\ \boldsymbol{I}_{l}\\ \bar{\boldsymbol{D}}(\boldsymbol{r},\boldsymbol{s})\boldsymbol{\Psi}(\boldsymbol{w})\end{bmatrix}\in\mathbf{R}^{(p(d+1)+l)\times l}\end{aligned}\tag{9.103}$$

基于式(9.65)和式(9.102)可进一步推得

$$\begin{cases}\boldsymbol{Z}_{c3}=\dfrac{\partial}{\partial \boldsymbol{u}_{c}^{\mathrm{T}}}\mathrm{vec}\left(\left(\dfrac{\partial \boldsymbol{\mu}_{c3}(\boldsymbol{u}_{c},\boldsymbol{w})}{\partial \boldsymbol{u}_{c}^{\mathrm{T}}}\right)^{\mathrm{T}}\right)=\dfrac{\partial}{\partial \boldsymbol{u}_{c}^{\mathrm{T}}}\mathrm{vec}([\boldsymbol{P}_{c}^{\mathrm{T}}(\boldsymbol{u}_{c})\boldsymbol{B}^{\mathrm{T}}(\boldsymbol{z},\boldsymbol{v}) \vdots \boldsymbol{O}_{(q-1)\times l} \vdots \boldsymbol{O}_{(q-1)\times pd}]) \\ \quad =\begin{bmatrix}(\boldsymbol{B}(\boldsymbol{z},\boldsymbol{v})\otimes \boldsymbol{I}_{q-1})\dfrac{\partial \mathrm{vec}(\boldsymbol{P}_{c}^{\mathrm{T}}(\boldsymbol{u}_{c}))}{\partial \boldsymbol{u}_{c}^{\mathrm{T}}} \\ \cdots\cdots \\ \boldsymbol{O}_{(pd+l)(q-1)\times(q-1)}\end{bmatrix} \\ \quad =\begin{bmatrix}(\boldsymbol{B}(\boldsymbol{z},\boldsymbol{v})\otimes \boldsymbol{I}_{q-1}) \\ \cdot\left((\boldsymbol{P}(\boldsymbol{u})\otimes \boldsymbol{I}_{q-1})\dfrac{\partial \mathrm{vec}(\boldsymbol{H}_{c}^{\mathrm{T}}(\boldsymbol{u}_{c}))}{\partial \boldsymbol{u}_{c}^{\mathrm{T}}}+(\boldsymbol{I}_{\bar{q}}\otimes \boldsymbol{H}_{c}^{\mathrm{T}}(\boldsymbol{u}_{c}))\dfrac{\partial \mathrm{vec}(\boldsymbol{P}^{\mathrm{T}}(\boldsymbol{u}))}{\partial \boldsymbol{u}^{\mathrm{T}}}\boldsymbol{H}_{c}(\boldsymbol{u}_{c})\right) \\ \cdots\cdots \\ \boldsymbol{O}_{(pd+l)(q-1)\times(q-1)}\end{bmatrix} \\ \boldsymbol{Z}_{c4}=\dfrac{\partial}{\partial \boldsymbol{w}^{\mathrm{T}}}\mathrm{vec}\left(\left(\dfrac{\partial \boldsymbol{\mu}_{c3}(\boldsymbol{u}_{c},\boldsymbol{w})}{\partial \boldsymbol{u}_{c}^{\mathrm{T}}}\right)^{\mathrm{T}}\right)=\boldsymbol{O}_{(p(d+1)+l)(q-1)\times l}\end{cases} \tag{9.104}$$

基于式(9.103)可进一步推得

$$\begin{cases}\boldsymbol{Z}_{c6}=\dfrac{\partial}{\partial \boldsymbol{w}^{\mathrm{T}}}\mathrm{vec}\left(\left(\dfrac{\partial \boldsymbol{\mu}_{c3}(\boldsymbol{u}_{c},\boldsymbol{w})}{\partial \boldsymbol{w}^{\mathrm{T}}}\right)^{\mathrm{T}}\right)=\dfrac{\partial}{\partial \boldsymbol{w}^{\mathrm{T}}}\mathrm{vec}([\boldsymbol{O}_{l\times p} \vdots \boldsymbol{I}_{l} \vdots \boldsymbol{\Psi}^{\mathrm{T}}(\boldsymbol{w})\bar{\boldsymbol{D}}^{\mathrm{T}}(\boldsymbol{r},\boldsymbol{s})]) \\ \quad =\begin{bmatrix}\boldsymbol{O}_{(p+l)l\times l} \\ \cdots\cdots \\ (\bar{\boldsymbol{D}}(\boldsymbol{r},\boldsymbol{s})\otimes \boldsymbol{I}_{l})\dfrac{\partial \mathrm{vec}(\boldsymbol{\Psi}^{\mathrm{T}}(\boldsymbol{w}))}{\partial \boldsymbol{w}^{\mathrm{T}}}\end{bmatrix} \\ \boldsymbol{Z}_{c5}=\dfrac{\partial}{\partial \boldsymbol{u}_{c}^{\mathrm{T}}}\mathrm{vec}\left(\left(\dfrac{\partial \boldsymbol{\mu}_{c3}(\boldsymbol{u}_{c},\boldsymbol{w})}{\partial \boldsymbol{w}^{\mathrm{T}}}\right)^{\mathrm{T}}\right)=\boldsymbol{O}_{(p(d+1)+l)l\times(q-1)}\end{cases} \tag{9.105}$$

最后根据式(9.90)中的第二式可推得

$$\begin{aligned}\boldsymbol{Z}_{c7}&=\frac{\partial \mathrm{vec}(\boldsymbol{\Sigma}_{c3}^{-1}(\boldsymbol{u}_{c},\boldsymbol{w}))}{\partial \boldsymbol{u}_{c}^{\mathrm{T}}} \\ &=-((\boldsymbol{\Sigma}_{c3}^{-1}(\boldsymbol{u}_{c},\boldsymbol{w})\boldsymbol{F}(\boldsymbol{z},\boldsymbol{v},\boldsymbol{r},\boldsymbol{s},\boldsymbol{\rho}_{c}(\boldsymbol{u}_{c}),\boldsymbol{\varphi}(\boldsymbol{w}))\bar{\boldsymbol{Q}})\otimes \boldsymbol{\Sigma}_{c3}^{-1}(\boldsymbol{u}_{c},\boldsymbol{w})) \\ &\quad \cdot\frac{\partial \mathrm{vec}(\boldsymbol{F}(\boldsymbol{z},\boldsymbol{v},\boldsymbol{r},\boldsymbol{s},\boldsymbol{\rho}_{c}(\boldsymbol{u}_{c}),\boldsymbol{\varphi}(\boldsymbol{w})))}{\partial \boldsymbol{u}_{c}^{\mathrm{T}}} \\ &\quad -(\boldsymbol{\Sigma}_{c3}^{-1}(\boldsymbol{u}_{c},\boldsymbol{w})\otimes(\boldsymbol{\Sigma}_{c3}^{-1}(\boldsymbol{u}_{c},\boldsymbol{w})\boldsymbol{F}(\boldsymbol{z},\boldsymbol{v},\boldsymbol{r},\boldsymbol{s},\boldsymbol{\rho}_{c}(\boldsymbol{u}_{c}),\boldsymbol{\varphi}(\boldsymbol{w}))\bar{\boldsymbol{Q}})) \\ &\quad \cdot\frac{\partial \mathrm{vec}(\boldsymbol{F}^{\mathrm{T}}(\boldsymbol{z},\boldsymbol{v},\boldsymbol{r},\boldsymbol{s},\boldsymbol{\rho}_{c}(\boldsymbol{u}_{c}),\boldsymbol{\varphi}(\boldsymbol{w})))}{\partial \boldsymbol{u}_{c}^{\mathrm{T}}} \\ &=-((\boldsymbol{\Sigma}_{c3}^{-1}(\boldsymbol{u}_{c},\boldsymbol{w})\boldsymbol{F}(\boldsymbol{z},\boldsymbol{v},\boldsymbol{r},\boldsymbol{s},\boldsymbol{\rho}_{c}(\boldsymbol{u}_{c}),\boldsymbol{\varphi}(\boldsymbol{w}))\bar{\boldsymbol{Q}})\otimes \boldsymbol{\Sigma}_{c3}^{-1}(\boldsymbol{u},\boldsymbol{w})) \\ &\quad \cdot\frac{\partial \mathrm{vec}(\boldsymbol{F}(\boldsymbol{z},\boldsymbol{v},\boldsymbol{r},\boldsymbol{s},\boldsymbol{\rho}_{c}(\boldsymbol{u}_{c}),\boldsymbol{\varphi}(\boldsymbol{w})))}{\partial \boldsymbol{u}_{c}^{\mathrm{T}}} \\ &\quad -(\boldsymbol{\Sigma}_{c3}^{-1}(\boldsymbol{u}_{c},\boldsymbol{w})\otimes(\boldsymbol{\Sigma}_{c3}^{-1}(\boldsymbol{u}_{c},\boldsymbol{w})\boldsymbol{F}(\boldsymbol{z},\boldsymbol{v},\boldsymbol{r},\boldsymbol{s},\boldsymbol{\rho}_{c}(\boldsymbol{u}_{c}),\boldsymbol{\varphi}(\boldsymbol{w}))\bar{\boldsymbol{Q}}))\boldsymbol{\Pi}_{(p(d+1)+l)\times(p(d+1)+l)} \\ &\quad \cdot\frac{\partial \mathrm{vec}(\boldsymbol{F}(\boldsymbol{z},\boldsymbol{v},\boldsymbol{r},\boldsymbol{s},\boldsymbol{\rho}_{c}(\boldsymbol{u}_{c}),\boldsymbol{\varphi}(\boldsymbol{w})))}{\partial \boldsymbol{u}_{c}^{\mathrm{T}}}\in \mathbf{R}^{(p(d+1)+l)^{2}\times(q-1)}\end{aligned} \tag{9.106}$$

$$\begin{aligned}\boldsymbol{Z}_{c8}&=\frac{\partial \mathrm{vec}(\boldsymbol{\Sigma}_{c3}^{-1}(\boldsymbol{u}_{c},\boldsymbol{w}))}{\partial \boldsymbol{w}^{\mathrm{T}}} \\ &=-((\boldsymbol{\Sigma}_{c3}^{-1}(\boldsymbol{u}_{c},\boldsymbol{w})\boldsymbol{F}(\boldsymbol{z},\boldsymbol{v},\boldsymbol{r},\boldsymbol{s},\boldsymbol{\rho}_{c}(\boldsymbol{u}_{c}),\boldsymbol{\varphi}(\boldsymbol{w}))\bar{\boldsymbol{Q}})\otimes \boldsymbol{\Sigma}_{c3}^{-1}(\boldsymbol{u}_{c},\boldsymbol{w}))\end{aligned}$$

$$
\begin{aligned}
&\cdot \frac{\partial \mathrm{vec}(\boldsymbol{F}(\boldsymbol{z},\boldsymbol{v},\boldsymbol{r},\boldsymbol{s},\boldsymbol{\rho}_{\mathrm{c}}(\boldsymbol{u}_{\mathrm{c}}),\boldsymbol{\varphi}(\boldsymbol{w})))}{\partial \boldsymbol{w}^{\mathrm{T}}} \\
&-(\boldsymbol{\Sigma}_{\mathrm{c3}}^{-1}(\boldsymbol{u}_{\mathrm{c}},\boldsymbol{w})\otimes(\boldsymbol{\Sigma}_{3}^{-1}(\boldsymbol{u}_{\mathrm{c}},\boldsymbol{w})\boldsymbol{F}(\boldsymbol{z},\boldsymbol{v},\boldsymbol{r},\boldsymbol{s},\boldsymbol{\rho}_{\mathrm{c}}(\boldsymbol{u}_{\mathrm{c}}),\boldsymbol{\varphi}(\boldsymbol{w}))\bar{\boldsymbol{Q}})) \\
&\cdot \frac{\partial \mathrm{vec}(\boldsymbol{F}^{\mathrm{T}}(\boldsymbol{z},\boldsymbol{v},\boldsymbol{r},\boldsymbol{s},\boldsymbol{\rho}_{\mathrm{c}}(\boldsymbol{u}_{\mathrm{c}}),\boldsymbol{\varphi}(\boldsymbol{w})))}{\partial \boldsymbol{w}^{\mathrm{T}}} \\
=&-((\boldsymbol{\Sigma}_{\mathrm{c3}}^{-1}(\boldsymbol{u}_{\mathrm{c}},\boldsymbol{w})\boldsymbol{F}(\boldsymbol{z},\boldsymbol{v},\boldsymbol{r},\boldsymbol{s},\boldsymbol{\rho}_{\mathrm{c}}(\boldsymbol{u}_{\mathrm{c}}),\boldsymbol{\varphi}(\boldsymbol{w}))\bar{\boldsymbol{Q}})\otimes\boldsymbol{\Sigma}_{\mathrm{c3}}^{-1}(\boldsymbol{u}_{\mathrm{c}},\boldsymbol{w})) \\
&\cdot \frac{\partial \mathrm{vec}(\boldsymbol{F}(\boldsymbol{z},\boldsymbol{v},\boldsymbol{r},\boldsymbol{s},\boldsymbol{\rho}_{\mathrm{c}}(\boldsymbol{u}_{\mathrm{c}}),\boldsymbol{\varphi}(\boldsymbol{w})))}{\partial \boldsymbol{w}^{\mathrm{T}}} \\
&-(\boldsymbol{\Sigma}_{\mathrm{c3}}^{-1}(\boldsymbol{u}_{\mathrm{c}},\boldsymbol{w})\otimes(\boldsymbol{\Sigma}_{\mathrm{c3}}^{-1}(\boldsymbol{u}_{\mathrm{c}},\boldsymbol{w})\boldsymbol{F}(\boldsymbol{z},\boldsymbol{v},\boldsymbol{r},\boldsymbol{s},\boldsymbol{\rho}_{\mathrm{c}}(\boldsymbol{u}_{\mathrm{c}}),\boldsymbol{\varphi}(\boldsymbol{w}))\bar{\boldsymbol{Q}}))\boldsymbol{\Pi}_{(p(d+1)+l)\times(p(d+1)+l)} \\
&\cdot \frac{\partial \mathrm{vec}(\boldsymbol{F}(\boldsymbol{z},\boldsymbol{v},\boldsymbol{r},\boldsymbol{s},\boldsymbol{\rho}_{\mathrm{c}}(\boldsymbol{u}_{\mathrm{c}}),\boldsymbol{\varphi}(\boldsymbol{w})))}{\partial \boldsymbol{w}^{\mathrm{T}}} \in \mathbf{R}^{(p(d+1)+l)^2\times l}
\end{aligned}
\tag{9.107}
$$

式中，$\boldsymbol{\Pi}_{(p(d+1)+l)\times(p(d+1)+l)}$ 是满足下式的置换矩阵：

$$
\frac{\partial \mathrm{vec}(\boldsymbol{F}^{\mathrm{T}}(\boldsymbol{z},\boldsymbol{v},\boldsymbol{r},\boldsymbol{s},\boldsymbol{\rho}_{\mathrm{c}}(\boldsymbol{u}_{\mathrm{c}}),\boldsymbol{\varphi}(\boldsymbol{w})))}{\partial \boldsymbol{u}_{\mathrm{c}}^{\mathrm{T}}}=\boldsymbol{\Pi}_{(p(d+1)+l)\times(p(d+1)+l)}\frac{\partial \mathrm{vec}(\boldsymbol{F}(\boldsymbol{z},\boldsymbol{v},\boldsymbol{r},\boldsymbol{s},\boldsymbol{\rho}_{\mathrm{c}}(\boldsymbol{u}_{\mathrm{c}}),\boldsymbol{\varphi}(\boldsymbol{w})))}{\partial \boldsymbol{u}_{\mathrm{c}}^{\mathrm{T}}}
\tag{9.108}
$$

$$
\frac{\partial \mathrm{vec}(\boldsymbol{F}^{\mathrm{T}}(\boldsymbol{z},\boldsymbol{v},\boldsymbol{r},\boldsymbol{s},\boldsymbol{\rho}_{\mathrm{c}}(\boldsymbol{u}_{\mathrm{c}}),\boldsymbol{\varphi}(\boldsymbol{w})))}{\partial \boldsymbol{w}^{\mathrm{T}}}=\boldsymbol{\Pi}_{(p(d+1)+l)\times(p(d+1)+l)}\frac{\partial \mathrm{vec}(\boldsymbol{F}(\boldsymbol{z},\boldsymbol{v},\boldsymbol{r},\boldsymbol{s},\boldsymbol{\rho}_{\mathrm{c}}(\boldsymbol{u}_{\mathrm{c}}),\boldsymbol{\varphi}(\boldsymbol{w})))}{\partial \boldsymbol{w}^{\mathrm{T}}}
\tag{9.109}
$$

需要指出的是，矩阵 $\frac{\partial \mathrm{vec}(\boldsymbol{F}(\boldsymbol{z},\boldsymbol{v},\boldsymbol{r},\boldsymbol{s},\boldsymbol{\rho}_{\mathrm{c}}(\boldsymbol{u}_{\mathrm{c}}),\boldsymbol{\varphi}(\boldsymbol{w})))}{\partial \boldsymbol{u}_{\mathrm{c}}^{\mathrm{T}}}$ 和 $\frac{\partial \mathrm{vec}(\boldsymbol{F}(\boldsymbol{z},\boldsymbol{v},\boldsymbol{r},\boldsymbol{s},\boldsymbol{\rho}_{\mathrm{c}}(\boldsymbol{u}_{\mathrm{c}}),\boldsymbol{\varphi}(\boldsymbol{w})))}{\partial \boldsymbol{w}^{\mathrm{T}}}$ 的表达式见附录 J。

将式(9.100)的收敛值记为 $\hat{\boldsymbol{u}}_{\mathrm{c}}^{(\mathrm{cb})}$ 和 $\hat{\boldsymbol{w}}_{\mathrm{ctls}}^{(\mathrm{cb})}$（即 $\hat{\boldsymbol{u}}_{\mathrm{c}}^{(\mathrm{cb})}=\lim\limits_{k\to+\infty}\hat{\boldsymbol{u}}_{\mathrm{c},k}^{(\mathrm{cb})}$ 和 $\hat{\boldsymbol{w}}_{\mathrm{ctls}}^{(\mathrm{cb})}=\lim\limits_{k\to+\infty}\hat{\boldsymbol{w}}_{\mathrm{ctls},k}^{(\mathrm{cb})}$），相应地，目标位置向量 $\boldsymbol{u}$ 的收敛值为 $\hat{\boldsymbol{u}}_{\mathrm{ctls}}^{(\mathrm{cb})}=[\hat{\boldsymbol{u}}_{\mathrm{c}}^{(\mathrm{cb})\mathrm{T}}\quad h_{\mathrm{c}}(\hat{\boldsymbol{u}}_{\mathrm{c}}^{(\mathrm{cb})})]^{\mathrm{T}}$，估计值 $\hat{\boldsymbol{u}}_{\mathrm{ctls}}^{(\mathrm{cb})}$ 和 $\hat{\boldsymbol{w}}_{\mathrm{ctls}}^{(\mathrm{cb})}$ 即为第二类约束总体最小二乘定位方法给出的目标位置解和系统参量解。

9.4.2 目标位置向量和系统参量联合估计值的理论性能

这里将推导目标位置解 $\hat{\boldsymbol{u}}_{\mathrm{ctls}}^{(\mathrm{cb})}$ 和系统参量解 $\hat{\boldsymbol{w}}_{\mathrm{ctls}}^{(\mathrm{cb})}$ 的理论性能，重点推导其联合估计方差矩阵。由于 $\hat{\boldsymbol{u}}_{\mathrm{ctls}}^{(\mathrm{cb})}$ 是通过 $\hat{\boldsymbol{u}}_{\mathrm{c}}^{(\mathrm{cb})}$ 计算所得，因此为了推导目标位置解 $\hat{\boldsymbol{u}}_{\mathrm{ctls}}^{(\mathrm{cb})}$ 和系统参量解 $\hat{\boldsymbol{w}}_{\mathrm{ctls}}^{(\mathrm{cb})}$ 的联合估计方差矩阵，需要首先推导估计值 $\hat{\boldsymbol{u}}_{\mathrm{c}}^{(\mathrm{cb})}$ 和系统参量解 $\hat{\boldsymbol{w}}_{\mathrm{ctls}}^{(\mathrm{cb})}$ 的联合估计方差矩阵。

首先根据 Newton 迭代算法的收敛性条件可知

$$
\lim_{k\to+\infty}\boldsymbol{\beta}_{\mathrm{c3}}(\hat{\boldsymbol{u}}_{\mathrm{c},k}^{(\mathrm{cb})},\hat{\boldsymbol{w}}_{\mathrm{ctls},k}^{(\mathrm{cb})})=\boldsymbol{\beta}_{\mathrm{c3}}(\hat{\boldsymbol{u}}_{\mathrm{c}}^{(\mathrm{cb})},\hat{\boldsymbol{w}}_{\mathrm{ctls}}^{(\mathrm{cb})})=\begin{bmatrix}\left.\dfrac{\partial J_{\mathrm{c3}}(\boldsymbol{u}_{\mathrm{c}},\boldsymbol{w})}{\partial \boldsymbol{u}_{\mathrm{c}}}\right|_{\substack{\boldsymbol{u}_{\mathrm{c}}=\hat{\boldsymbol{u}}_{\mathrm{c}}^{(\mathrm{cb})}\\ \boldsymbol{w}=\hat{\boldsymbol{w}}_{\mathrm{ctls}}^{(\mathrm{cb})}}} \\ \hdashline \left.\dfrac{\partial J_{\mathrm{c3}}(\boldsymbol{u}_{\mathrm{c}},\boldsymbol{w})}{\partial \boldsymbol{w}}\right|_{\substack{\boldsymbol{u}_{\mathrm{c}}=\hat{\boldsymbol{u}}_{\mathrm{c}}^{(\mathrm{cb})}\\ \boldsymbol{w}=\hat{\boldsymbol{w}}_{\mathrm{ctls}}^{(\mathrm{cb})}}}\end{bmatrix}=\boldsymbol{O}_{(q+l-1)\times 1}
\tag{9.110}
$$

将式(9.91)～式(9.93)代入式(9.110)可得

$$\boldsymbol{O}_{(q+l-1)\times 1}=\boldsymbol{\beta}_{\mathrm{c3}}(\hat{\boldsymbol{u}}_{\mathrm{c}}^{(\mathrm{cb})},\hat{\boldsymbol{w}}_{\mathrm{ctls}}^{(\mathrm{cb})})$$

$$=\begin{bmatrix} 2\left(\left.\dfrac{\partial\boldsymbol{\mu}_{\mathrm{c3}}(\boldsymbol{u}_{\mathrm{c}},\hat{\boldsymbol{w}}_{\mathrm{ctls}}^{(\mathrm{cb})})}{\partial\boldsymbol{u}_{\mathrm{c}}^{\mathrm{T}}}\right|_{\boldsymbol{u}_{\mathrm{c}}=\hat{\boldsymbol{u}}_{\mathrm{c}}^{(\mathrm{cb})}}\right)^{\mathrm{T}}\boldsymbol{\Sigma}_{\mathrm{c3}}^{-1}(\hat{\boldsymbol{u}}_{\mathrm{c}}^{(\mathrm{cb})},\hat{\boldsymbol{w}}_{\mathrm{ctls}}^{(\mathrm{cb})})\boldsymbol{\mu}_{\mathrm{c3}}(\hat{\boldsymbol{u}}_{\mathrm{c}}^{(\mathrm{cb})},\hat{\boldsymbol{w}}_{\mathrm{ctls}}^{(\mathrm{cb})}) \\ +\left(\left.\dfrac{\partial\mathrm{vec}(\boldsymbol{\Sigma}_{\mathrm{c3}}^{-1}(\boldsymbol{u}_{\mathrm{c}},\hat{\boldsymbol{w}}_{\mathrm{ctls}}^{(\mathrm{cb})}))}{\partial\boldsymbol{u}_{\mathrm{c}}^{\mathrm{T}}}\right|_{\boldsymbol{u}_{\mathrm{c}}=\hat{\boldsymbol{u}}_{\mathrm{c}}^{(\mathrm{cb})}}\right)^{\mathrm{T}}(\boldsymbol{\mu}_{\mathrm{c3}}(\hat{\boldsymbol{u}}_{\mathrm{c}}^{(\mathrm{cb})},\hat{\boldsymbol{w}}_{\mathrm{ctls}}^{(\mathrm{cb})})\otimes\boldsymbol{\mu}_{\mathrm{c3}}(\hat{\boldsymbol{u}}_{\mathrm{c}}^{(\mathrm{cb})},\hat{\boldsymbol{w}}_{\mathrm{ctls}}^{(\mathrm{cb})})) \\ \hdashline 2\left(\left.\dfrac{\partial\boldsymbol{\mu}_{\mathrm{c3}}(\hat{\boldsymbol{u}}_{\mathrm{c}}^{(\mathrm{cb})},\boldsymbol{w})}{\partial\boldsymbol{w}^{\mathrm{T}}}\right|_{\boldsymbol{w}=\hat{\boldsymbol{w}}_{\mathrm{ctls}}^{(\mathrm{cb})}}\right)^{\mathrm{T}}\boldsymbol{\Sigma}_{\mathrm{c3}}^{-1}(\hat{\boldsymbol{u}}_{\mathrm{c}}^{(\mathrm{cb})},\hat{\boldsymbol{w}}_{\mathrm{ctls}}^{(\mathrm{cb})})\boldsymbol{\mu}_{\mathrm{c3}}(\hat{\boldsymbol{u}}_{\mathrm{c}}^{(\mathrm{cb})},\hat{\boldsymbol{w}}_{\mathrm{ctls}}^{(\mathrm{cb})}) \\ +\left(\left.\dfrac{\partial\mathrm{vec}(\boldsymbol{\Sigma}_{\mathrm{c3}}^{-1}(\hat{\boldsymbol{u}}_{\mathrm{c}}^{(\mathrm{cb})},\boldsymbol{w}))}{\partial\boldsymbol{w}^{\mathrm{T}}}\right|_{\boldsymbol{w}=\hat{\boldsymbol{w}}_{\mathrm{ctls}}^{(\mathrm{cb})}}\right)^{\mathrm{T}}(\boldsymbol{\mu}_{\mathrm{c3}}(\hat{\boldsymbol{u}}_{\mathrm{c}}^{(\mathrm{cb})},\hat{\boldsymbol{w}}_{\mathrm{ctls}}^{(\mathrm{cb})})\otimes\boldsymbol{\mu}_{\mathrm{c3}}(\hat{\boldsymbol{u}}_{\mathrm{c}}^{(\mathrm{cb})},\hat{\boldsymbol{w}}_{\mathrm{ctls}}^{(\mathrm{cb})})) \end{bmatrix} \tag{9.111}$$

将向量 $\boldsymbol{\mu}_{\mathrm{c3}}(\hat{\boldsymbol{u}}_{\mathrm{c}}^{(\mathrm{cb})},\hat{\boldsymbol{w}}_{\mathrm{ctls}}^{(\mathrm{cb})})$ 在点 $\boldsymbol{z}_0,\boldsymbol{r}_0,\boldsymbol{w}$ 和 $\boldsymbol{u}_{\mathrm{c}}$ 处进行一阶 Taylor 级数展开可得

$$\begin{aligned}
\boldsymbol{\mu}_{\mathrm{c3}}(\hat{\boldsymbol{u}}_{\mathrm{c}}^{(\mathrm{cb})},\hat{\boldsymbol{w}}_{\mathrm{ctls}}^{(\mathrm{cb})})&\approx\begin{bmatrix} \boldsymbol{B}(\boldsymbol{z}_0,\boldsymbol{w})\boldsymbol{\rho}_{\mathrm{c}}(\boldsymbol{u}_{\mathrm{c}})-\boldsymbol{a}(\boldsymbol{z}_0,\boldsymbol{w})+\boldsymbol{B}(\boldsymbol{z}_0,\boldsymbol{w})\boldsymbol{P}_{\mathrm{c}}(\boldsymbol{u}_{\mathrm{c}})\boldsymbol{\delta u}_{\mathrm{c}}^{(\mathrm{cb})} \\ -\boldsymbol{T}_1(\boldsymbol{z}_0,\boldsymbol{w},\boldsymbol{\rho}_{\mathrm{c}}(\boldsymbol{u}_{\mathrm{c}}))\boldsymbol{n}-\boldsymbol{T}_2(\boldsymbol{z}_0,\boldsymbol{w},\boldsymbol{\rho}_{\mathrm{c}}(\boldsymbol{u}_{\mathrm{c}}))\boldsymbol{m} \\ \hdashline \boldsymbol{\delta w}_{\mathrm{ctls}}^{(\mathrm{cb})}-\boldsymbol{m} \\ \hdashline \bar{\boldsymbol{D}}(\boldsymbol{r}_0,\boldsymbol{s})\boldsymbol{\varphi}(\boldsymbol{w})-\bar{\boldsymbol{c}}(\boldsymbol{r}_0,\boldsymbol{s})+\bar{\boldsymbol{D}}(\boldsymbol{r}_0,\boldsymbol{s})\boldsymbol{\Psi}(\boldsymbol{w})\boldsymbol{\delta w}_{\mathrm{ctls}}^{(\mathrm{cb})}-\bar{\boldsymbol{H}}(\boldsymbol{r}_0,\boldsymbol{s},\boldsymbol{\varphi}(\boldsymbol{w}))\boldsymbol{e} \end{bmatrix} \\
&=\begin{bmatrix} \boldsymbol{B}(\boldsymbol{z}_0,\boldsymbol{w})\boldsymbol{P}_{\mathrm{c}}(\boldsymbol{u}_{\mathrm{c}})\boldsymbol{\delta u}_{\mathrm{c}}^{(\mathrm{cb})}-\boldsymbol{T}_1(\boldsymbol{z}_0,\boldsymbol{w},\boldsymbol{\rho}_{\mathrm{c}}(\boldsymbol{u}_{\mathrm{c}}))\boldsymbol{n}-\boldsymbol{T}_2(\boldsymbol{z}_0,\boldsymbol{w},\boldsymbol{\rho}_{\mathrm{c}}(\boldsymbol{u}_{\mathrm{c}}))\boldsymbol{m} \\ \boldsymbol{\delta w}_{\mathrm{ctls}}^{(\mathrm{cb})}-\boldsymbol{m} \\ \bar{\boldsymbol{D}}(\boldsymbol{r}_0,\boldsymbol{s})\boldsymbol{\Psi}(\boldsymbol{w})\boldsymbol{\delta w}_{\mathrm{ctls}}^{(\mathrm{cb})}-\bar{\boldsymbol{H}}(\boldsymbol{r}_0,\boldsymbol{s},\boldsymbol{\varphi}(\boldsymbol{w}))\boldsymbol{e} \end{bmatrix} \\
&=\begin{bmatrix} \boldsymbol{B}(\boldsymbol{z}_0,\boldsymbol{w})\boldsymbol{P}(\boldsymbol{u})\boldsymbol{H}_{\mathrm{c}}(\boldsymbol{u}_{\mathrm{c}}) & \boldsymbol{O}_{p\times l} \\ \boldsymbol{O}_{l\times(q-1)} & \boldsymbol{I}_l \\ \boldsymbol{O}_{pd\times(q-1)} & \bar{\boldsymbol{D}}(\boldsymbol{r}_0,\boldsymbol{s})\boldsymbol{\Psi}(\boldsymbol{w}) \end{bmatrix}\begin{bmatrix} \boldsymbol{\delta u}_{\mathrm{c}}^{(\mathrm{cb})} \\ \boldsymbol{\delta w}_{\mathrm{ctls}}^{(\mathrm{cb})} \end{bmatrix} \\
&\quad-\left[\begin{array}{c:c:c} \boldsymbol{T}_1(\boldsymbol{z}_0,\boldsymbol{w},\boldsymbol{\rho}_{\mathrm{c}}(\boldsymbol{u}_{\mathrm{c}})) & \boldsymbol{T}_2(\boldsymbol{z}_0,\boldsymbol{w},\boldsymbol{\rho}_{\mathrm{c}}(\boldsymbol{u}_{\mathrm{c}})) & \boldsymbol{O}_{p\times pd} \\ \hdashline \boldsymbol{O}_{l\times p} & \boldsymbol{I}_l & \boldsymbol{O}_{l\times pd} \\ \hdashline \boldsymbol{O}_{pd\times p} & \boldsymbol{O}_{pd\times l} & \bar{\boldsymbol{H}}(\boldsymbol{r}_0,\boldsymbol{s},\boldsymbol{\varphi}(\boldsymbol{w})) \end{array}\right]\begin{bmatrix} \boldsymbol{n} \\ \boldsymbol{m} \\ \boldsymbol{e} \end{bmatrix} \\
&=\begin{bmatrix} \boldsymbol{B}(\boldsymbol{z}_0,\boldsymbol{w})\boldsymbol{P}(\boldsymbol{u})\boldsymbol{H}_{\mathrm{c}}(\boldsymbol{u}_{\mathrm{c}}) & \boldsymbol{O}_{p\times l} \\ \boldsymbol{O}_{l\times(q-1)} & \boldsymbol{I}_l \\ \boldsymbol{O}_{pd\times(q-1)} & \bar{\boldsymbol{D}}(\boldsymbol{r}_0,\boldsymbol{s})\boldsymbol{\Psi}(\boldsymbol{w}) \end{bmatrix}\begin{bmatrix} \boldsymbol{\delta u}_{\mathrm{c}}^{(\mathrm{cb})} \\ \boldsymbol{\delta w}_{\mathrm{ctls}}^{(\mathrm{cb})} \end{bmatrix} \\
&\quad-\boldsymbol{F}(\boldsymbol{z}_0,\boldsymbol{w},\boldsymbol{r}_0,\boldsymbol{s},\boldsymbol{\rho}_{\mathrm{c}}(\boldsymbol{u}_{\mathrm{c}}),\boldsymbol{\varphi}(\boldsymbol{w}))\begin{bmatrix} \boldsymbol{n} \\ \boldsymbol{m} \\ \boldsymbol{e} \end{bmatrix}
\end{aligned} \tag{9.112}$$

式中，$\boldsymbol{\delta u}_{\mathrm{c}}^{(\mathrm{cb})}\approx\hat{\boldsymbol{u}}_{\mathrm{c}}^{(\mathrm{cb})}-\boldsymbol{u}_{\mathrm{c}}$ 和 $\boldsymbol{\delta w}_{\mathrm{ctls}}^{(\mathrm{cb})}\approx\hat{\boldsymbol{w}}_{\mathrm{ctls}}^{(\mathrm{cb})}-\boldsymbol{w}$ 表示估计误差。将式(9.112)代入式(9.111)，并结合式(9.102)和式(9.103)可知

$$
\begin{aligned}
\boldsymbol{O}_{(q+l-1)\times 1} \approx & \begin{bmatrix} \boldsymbol{B}(\boldsymbol{z}_0,\boldsymbol{w})\boldsymbol{P}(\boldsymbol{u})\boldsymbol{H}_{\mathrm{c}}(\boldsymbol{u}_{\mathrm{c}}) & \boldsymbol{O}_{p\times l} \\ \boldsymbol{O}_{l\times(q-1)} & \boldsymbol{I}_l \\ \boldsymbol{O}_{pd\times(q-1)} & \bar{\boldsymbol{D}}(\boldsymbol{r}_0,\boldsymbol{s})\boldsymbol{\Psi}(\boldsymbol{w}) \end{bmatrix}^{\mathrm{T}} \left(\boldsymbol{\Sigma}_{\mathrm{c3}}^{-1}(\boldsymbol{u}_{\mathrm{c}},\boldsymbol{w}) \Big|_{\substack{\boldsymbol{z}=\boldsymbol{z}_0 \\ \boldsymbol{v}=\boldsymbol{w} \\ \boldsymbol{r}=\boldsymbol{r}_0}} \right) \\
& \cdot \begin{bmatrix} \boldsymbol{B}(\boldsymbol{z}_0,\boldsymbol{w})\boldsymbol{P}(\boldsymbol{u})\boldsymbol{H}_{\mathrm{c}}(\boldsymbol{u}_{\mathrm{c}}) & \boldsymbol{O}_{p\times l} \\ \boldsymbol{O}_{l\times(q-1)} & \boldsymbol{I}_l \\ \boldsymbol{O}_{pd\times(q-1)} & \bar{\boldsymbol{D}}(\boldsymbol{r}_0,\boldsymbol{s})\boldsymbol{\Psi}(\boldsymbol{w}) \end{bmatrix} \begin{bmatrix} \boldsymbol{\delta u}_{\mathrm{c}}^{(\mathrm{cb})} \\ \boldsymbol{\delta w}_{\mathrm{ctls}}^{(\mathrm{cb})} \end{bmatrix} \\
& - \begin{bmatrix} \boldsymbol{B}(\boldsymbol{z}_0,\boldsymbol{w})\boldsymbol{P}(\boldsymbol{u})\boldsymbol{H}_{\mathrm{c}}(\boldsymbol{u}_{\mathrm{c}}) & \boldsymbol{O}_{p\times l} \\ \boldsymbol{O}_{l\times(q-1)} & \boldsymbol{I}_l \\ \boldsymbol{O}_{pd\times(q-1)} & \bar{\boldsymbol{D}}(\boldsymbol{r}_0,\boldsymbol{s})\boldsymbol{\Psi}(\boldsymbol{w}) \end{bmatrix}^{\mathrm{T}} \\
& \cdot \left(\boldsymbol{\Sigma}_{\mathrm{c3}}^{-1}(\boldsymbol{u}_{\mathrm{c}},\boldsymbol{w}) \Big|_{\substack{\boldsymbol{z}=\boldsymbol{z}_0 \\ \boldsymbol{v}=\boldsymbol{w} \\ \boldsymbol{r}=\boldsymbol{r}_0}} \right) \boldsymbol{F}(\boldsymbol{z}_0,\boldsymbol{w},\boldsymbol{r}_0,\boldsymbol{s},\boldsymbol{\rho}_{\mathrm{c}}(\boldsymbol{u}_{\mathrm{c}}),\boldsymbol{\varphi}(\boldsymbol{w})) \begin{bmatrix} \boldsymbol{n} \\ \boldsymbol{m} \\ \boldsymbol{e} \end{bmatrix}
\end{aligned} \tag{9.113}
$$

由式(9.113)可进一步推得

$$
\begin{aligned}
\begin{bmatrix} \boldsymbol{\delta u}_{\mathrm{c}}^{(\mathrm{cb})} \\ \boldsymbol{\delta w}_{\mathrm{ctls}}^{(\mathrm{cb})} \end{bmatrix} \approx & \left(\begin{bmatrix} \boldsymbol{B}(\boldsymbol{z}_0,\boldsymbol{w})\boldsymbol{P}(\boldsymbol{u})\boldsymbol{H}_{\mathrm{c}}(\boldsymbol{u}_{\mathrm{c}}) & \boldsymbol{O}_{p\times l} \\ \boldsymbol{O}_{l\times(q-1)} & \boldsymbol{I}_l \\ \boldsymbol{O}_{pd\times(q-1)} & \bar{\boldsymbol{D}}(\boldsymbol{r}_0,\boldsymbol{s})\boldsymbol{\Psi}(\boldsymbol{w}) \end{bmatrix}^{\mathrm{T}} \left(\boldsymbol{\Sigma}_{\mathrm{c3}}^{-1}(\boldsymbol{u}_{\mathrm{c}},\boldsymbol{w}) \Big|_{\substack{\boldsymbol{z}=\boldsymbol{z}_0 \\ \boldsymbol{v}=\boldsymbol{w} \\ \boldsymbol{r}=\boldsymbol{r}_0}} \right) \right. \\
& \left. \cdot \begin{bmatrix} \boldsymbol{B}(\boldsymbol{z}_0,\boldsymbol{w})\boldsymbol{P}(\boldsymbol{u})\boldsymbol{H}_{\mathrm{c}}(\boldsymbol{u}_{\mathrm{c}}) & \boldsymbol{O}_{p\times l} \\ \boldsymbol{O}_{l\times(q-1)} & \boldsymbol{I}_l \\ \boldsymbol{O}_{pd\times(q-1)} & \bar{\boldsymbol{D}}(\boldsymbol{r}_0,\boldsymbol{s})\boldsymbol{\Psi}(\boldsymbol{w}) \end{bmatrix} \right)^{-1} \\
& \cdot \begin{bmatrix} \boldsymbol{B}(\boldsymbol{z}_0,\boldsymbol{w})\boldsymbol{P}(\boldsymbol{u})\boldsymbol{H}_{\mathrm{c}}(\boldsymbol{u}_{\mathrm{c}}) & \boldsymbol{O}_{p\times l} \\ \boldsymbol{O}_{l\times(q-1)} & \boldsymbol{I}_l \\ \boldsymbol{O}_{pd\times(q-1)} & \bar{\boldsymbol{D}}(\boldsymbol{r}_0,\boldsymbol{s})\boldsymbol{\Psi}(\boldsymbol{w}) \end{bmatrix}^{\mathrm{T}} \\
& \cdot \left(\boldsymbol{\Sigma}_{\mathrm{c3}}^{-1}(\boldsymbol{u}_{\mathrm{c}},\boldsymbol{w}) \Big|_{\substack{\boldsymbol{z}=\boldsymbol{z}_0 \\ \boldsymbol{v}=\boldsymbol{w} \\ \boldsymbol{r}=\boldsymbol{r}_0}} \right) \boldsymbol{F}(\boldsymbol{z}_0,\boldsymbol{w},\boldsymbol{r}_0,\boldsymbol{s},\boldsymbol{\rho}_{\mathrm{c}}(\boldsymbol{u}_{\mathrm{c}}),\boldsymbol{\varphi}(\boldsymbol{w})) \begin{bmatrix} \boldsymbol{n} \\ \boldsymbol{m} \\ \boldsymbol{e} \end{bmatrix}
\end{aligned} \tag{9.114}
$$

显然，式(9.114)省略了关于全部误差的高阶项，根据该式可进一步推得

$$
\begin{aligned}
\mathbf{cov}\left(\begin{bmatrix} \hat{\boldsymbol{u}}_{\mathrm{c}}^{(\mathrm{cb})} \\ \hat{\boldsymbol{w}}_{\mathrm{ctls}}^{(\mathrm{cb})} \end{bmatrix} \right) &= E\left(\begin{bmatrix} \boldsymbol{\delta u}_{\mathrm{c}}^{(\mathrm{cb})} \\ \boldsymbol{\delta w}_{\mathrm{ctls}}^{(\mathrm{cb})} \end{bmatrix} \begin{bmatrix} \boldsymbol{\delta u}_{\mathrm{c}}^{(\mathrm{cb})} \\ \boldsymbol{\delta w}_{\mathrm{ctls}}^{(\mathrm{cb})} \end{bmatrix}^{\mathrm{T}} \right) \\
&= \left(\begin{bmatrix} \boldsymbol{B}(\boldsymbol{z}_0,\boldsymbol{w})\boldsymbol{P}(\boldsymbol{u})\boldsymbol{H}_{\mathrm{c}}(\boldsymbol{u}_{\mathrm{c}}) & \boldsymbol{O}_{p\times l} \\ \boldsymbol{O}_{l\times(q-1)} & \boldsymbol{I}_l \\ \boldsymbol{O}_{pd\times(q-1)} & \bar{\boldsymbol{D}}(\boldsymbol{r}_0,\boldsymbol{s})\boldsymbol{\Psi}(\boldsymbol{w}) \end{bmatrix}^{\mathrm{T}} \left(\boldsymbol{\Sigma}_{\mathrm{c3}}^{-1}(\boldsymbol{u}_{\mathrm{c}},\boldsymbol{w}) \Big|_{\substack{\boldsymbol{z}=\boldsymbol{z}_0 \\ \boldsymbol{v}=\boldsymbol{w} \\ \boldsymbol{r}=\boldsymbol{r}_0}} \right) \right. \\
& \quad \left. \cdot \begin{bmatrix} \boldsymbol{B}(\boldsymbol{z}_0,\boldsymbol{w})\boldsymbol{P}(\boldsymbol{u})\boldsymbol{H}_{\mathrm{c}}(\boldsymbol{u}_{\mathrm{c}}) & \boldsymbol{O}_{p\times l} \\ \boldsymbol{O}_{l\times(q-1)} & \boldsymbol{I}_l \\ \boldsymbol{O}_{pd\times(q-1)} & \bar{\boldsymbol{D}}(\boldsymbol{r}_0,\boldsymbol{s})\boldsymbol{\Psi}(\boldsymbol{w}) \end{bmatrix} \right)^{-1}
\end{aligned} \tag{9.115}
$$

通过进一步的数学分析可以证明，目标位置解 $\hat{\boldsymbol{u}}_{\text{ctls}}^{(\text{cb})}$ 和系统参量解 $\hat{\boldsymbol{w}}_{\text{ctls}}^{(\text{cb})}$ 的联合估计方差矩阵等于式(9.28)给出的克拉美罗界矩阵，因此需要首先证明估计值 $\hat{\boldsymbol{u}}_{\text{c}}^{(\text{cb})}$ 和系统参量解 $\hat{\boldsymbol{w}}_{\text{ctls}}^{(\text{cb})}$ 的联合估计方差矩阵等于式(9.23)给出的克拉美罗界矩阵，结果可见如下命题。

命题 9.11 $\text{cov}\left(\begin{bmatrix}\hat{\boldsymbol{u}}_{\text{c}}^{(\text{cb})}\\ \hat{\boldsymbol{w}}_{\text{ctls}}^{(\text{cb})}\end{bmatrix}\right)=\textbf{CRB}^{(\text{c})}\left(\begin{bmatrix}\boldsymbol{u}_{\text{c}}\\ \boldsymbol{w}\end{bmatrix}\right)=$

$$\left(\bar{\boldsymbol{H}}_{\text{c}}^{\text{T}}(\boldsymbol{u}_{\text{c}})\begin{bmatrix}\boldsymbol{G}_1^{\text{T}}(\boldsymbol{u},\boldsymbol{w})\boldsymbol{Q}_1^{-1}\boldsymbol{G}_1(\boldsymbol{u},\boldsymbol{w}) & \boldsymbol{G}_1^{\text{T}}(\boldsymbol{u},\boldsymbol{w})\boldsymbol{Q}_1^{-1}\boldsymbol{G}_2(\boldsymbol{u},\boldsymbol{w})\\ \boldsymbol{G}_2^{\text{T}}(\boldsymbol{u},\boldsymbol{w})\boldsymbol{Q}_1^{-1}\boldsymbol{G}_1(\boldsymbol{u},\boldsymbol{w}) & \begin{matrix}\boldsymbol{G}_2^{\text{T}}(\boldsymbol{u},\boldsymbol{w})\boldsymbol{Q}_1^{-1}\boldsymbol{G}_2(\boldsymbol{u},\boldsymbol{w})+\boldsymbol{Q}_2^{-1}\\ +\bar{\boldsymbol{G}}^{\text{T}}(\boldsymbol{s},\boldsymbol{w})\boldsymbol{Q}_3^{-1}\bar{\boldsymbol{G}}(\boldsymbol{s},\boldsymbol{w})\end{matrix}\end{bmatrix}\bar{\boldsymbol{H}}_{\text{c}}(\boldsymbol{u}_{\text{c}})\right)^{-1}\text{。}$$

证明 首先利用式(9.87)和式(9.90)中的第二式可知

$$\boldsymbol{\Sigma}_{\text{c3}}(\boldsymbol{u}_{\text{c}},\boldsymbol{w})\Big|_{\substack{\boldsymbol{z}=\boldsymbol{z}_0\\ \boldsymbol{v}=\boldsymbol{w}\\ \boldsymbol{r}=\boldsymbol{r}_0}}=\begin{bmatrix}\begin{pmatrix}\boldsymbol{T}_1(\boldsymbol{z}_0,\boldsymbol{w},\boldsymbol{\rho}_{\text{c}}(\boldsymbol{u}_{\text{c}}))\\ \cdot\boldsymbol{Q}_1\boldsymbol{T}_1^{\text{T}}(\boldsymbol{z}_0,\boldsymbol{w},\boldsymbol{\rho}_{\text{c}}(\boldsymbol{u}_{\text{c}}))\\ +\boldsymbol{T}_2(\boldsymbol{z}_0,\boldsymbol{w},\boldsymbol{\rho}_{\text{c}}(\boldsymbol{u}_{\text{c}}))\\ \cdot\boldsymbol{Q}_2\boldsymbol{T}_2^{\text{T}}(\boldsymbol{z}_0,\boldsymbol{w},\boldsymbol{\rho}_{\text{c}}(\boldsymbol{u}_{\text{c}}))\end{pmatrix} & \boldsymbol{T}_2(\boldsymbol{z}_0,\boldsymbol{w},\boldsymbol{\rho}_{\text{c}}(\boldsymbol{u}_{\text{c}}))\boldsymbol{Q}_2 & \boldsymbol{O}_{p\times pd}\\ \boldsymbol{Q}_2\boldsymbol{T}_2^{\text{T}}(\boldsymbol{z}_0,\boldsymbol{w},\boldsymbol{\rho}_{\text{c}}(\boldsymbol{u}_{\text{c}})) & \boldsymbol{Q}_2 & \boldsymbol{O}_{l\times pd}\\ \boldsymbol{O}_{pd\times p} & \boldsymbol{O}_{pd\times l} & \begin{matrix}\bar{\boldsymbol{H}}(\boldsymbol{r}_0,\boldsymbol{s},\boldsymbol{\varphi}(\boldsymbol{w}))\\ \cdot\boldsymbol{Q}_3\bar{\boldsymbol{H}}^{\text{T}}(\boldsymbol{r}_0,\boldsymbol{s},\boldsymbol{\varphi}(\boldsymbol{w}))\end{matrix}\end{bmatrix}\tag{9.116}$$

利用推论 2.2 可进一步推得

$$\boldsymbol{\Sigma}_{\text{c3}}^{-1}(\boldsymbol{u}_{\text{c}},\boldsymbol{w})\Big|_{\substack{\boldsymbol{z}=\boldsymbol{z}_0\\ \boldsymbol{v}=\boldsymbol{w}\\ \boldsymbol{r}=\boldsymbol{r}_0}}$$

$$=\begin{bmatrix}\begin{pmatrix}\boldsymbol{T}_1(\boldsymbol{z}_0,\boldsymbol{w},\boldsymbol{\rho}_{\text{c}}(\boldsymbol{u}_{\text{c}}))\boldsymbol{Q}_1\\ \cdot\boldsymbol{T}_1^{\text{T}}(\boldsymbol{z}_0,\boldsymbol{w},\boldsymbol{\rho}_{\text{c}}(\boldsymbol{u}_{\text{c}}))\end{pmatrix}^{-1} & \begin{matrix}-\begin{pmatrix}\boldsymbol{T}_1(\boldsymbol{z}_0,\boldsymbol{w},\boldsymbol{\rho}_{\text{c}}(\boldsymbol{u}_{\text{c}}))\boldsymbol{Q}_1\\ \cdot\boldsymbol{T}_1^{\text{T}}(\boldsymbol{z}_0,\boldsymbol{w},\boldsymbol{\rho}_{\text{c}}(\boldsymbol{u}_{\text{c}}))\end{pmatrix}^{-1}\\ \cdot\boldsymbol{T}_2(\boldsymbol{z}_0,\boldsymbol{w},\boldsymbol{\rho}_{\text{c}}(\boldsymbol{u}_{\text{c}}))\end{matrix} & \boldsymbol{O}_{p\times pd}\\ \begin{matrix}-\boldsymbol{T}_2^{\text{T}}(\boldsymbol{z}_0,\boldsymbol{w},\boldsymbol{\rho}_{\text{c}}(\boldsymbol{u}_{\text{c}}))\\ \cdot\begin{pmatrix}\boldsymbol{T}_1(\boldsymbol{z}_0,\boldsymbol{w},\boldsymbol{\rho}_{\text{c}}(\boldsymbol{u}_{\text{c}}))\boldsymbol{Q}_1\\ \cdot\boldsymbol{T}_1^{\text{T}}(\boldsymbol{z}_0,\boldsymbol{w},\boldsymbol{\rho}_{\text{c}}(\boldsymbol{u}_{\text{c}}))\end{pmatrix}^{-1}\end{matrix} & \begin{pmatrix}\boldsymbol{Q}_2-\boldsymbol{Q}_2\boldsymbol{T}_2^{\text{T}}(\boldsymbol{z}_0,\boldsymbol{w},\boldsymbol{\rho}_{\text{c}}(\boldsymbol{u}_{\text{c}}))\\ \cdot\begin{pmatrix}\boldsymbol{T}_1(\boldsymbol{z}_0,\boldsymbol{w},\boldsymbol{\rho}_{\text{c}}(\boldsymbol{u}_{\text{c}}))\\ \cdot\boldsymbol{Q}_1\boldsymbol{T}_1^{\text{T}}(\boldsymbol{z}_0,\boldsymbol{w},\boldsymbol{\rho}_{\text{c}}(\boldsymbol{u}_{\text{c}}))\\ +\boldsymbol{T}_2(\boldsymbol{z}_0,\boldsymbol{w},\boldsymbol{\rho}_{\text{c}}(\boldsymbol{u}_{\text{c}}))\\ \cdot\boldsymbol{Q}_2\boldsymbol{T}_2^{\text{T}}(\boldsymbol{z}_0,\boldsymbol{w},\boldsymbol{\rho}_{\text{c}}(\boldsymbol{u}_{\text{c}}))\end{pmatrix}^{-1}\\ \cdot\boldsymbol{T}_2(\boldsymbol{z}_0,\boldsymbol{w},\boldsymbol{\rho}_{\text{c}}(\boldsymbol{u}_{\text{c}}))\boldsymbol{Q}_2\end{pmatrix}^{-1} & \boldsymbol{O}_{l\times pd}\\ \boldsymbol{O}_{pd\times p} & \boldsymbol{O}_{pd\times l} & \begin{pmatrix}\bar{\boldsymbol{H}}(\boldsymbol{r}_0,\boldsymbol{s},\boldsymbol{\varphi}(\boldsymbol{w}))\boldsymbol{Q}_3\\ \cdot\bar{\boldsymbol{H}}^{\text{T}}(\boldsymbol{r}_0,\boldsymbol{s},\boldsymbol{\varphi}(\boldsymbol{w}))\end{pmatrix}^{-1}\end{bmatrix}\tag{9.117}$$

将式(9.117)代入式(9.115)可得

$$
\mathbf{cov}\left(\begin{bmatrix}\hat{\boldsymbol{u}}_{\mathrm{c}}^{(\mathrm{cb})}\\ \hat{\boldsymbol{w}}_{\mathrm{ctls}}^{(\mathrm{cb})}\end{bmatrix}\right)
=\left[\begin{array}{c:c}
\begin{array}{c}\boldsymbol{H}_{\mathrm{c}}^{\mathrm{T}}(\boldsymbol{u}_{\mathrm{c}})\boldsymbol{P}^{\mathrm{T}}(\boldsymbol{u})\boldsymbol{B}^{\mathrm{T}}(\boldsymbol{z}_0,\boldsymbol{w})\\ \cdot\begin{pmatrix}\boldsymbol{T}_1(\boldsymbol{z}_0,\boldsymbol{w},\boldsymbol{\rho}_{\mathrm{c}}(\boldsymbol{u}_{\mathrm{c}}))\boldsymbol{Q}_1\\ \cdot\,\boldsymbol{T}_1^{\mathrm{T}}(\boldsymbol{z}_0,\boldsymbol{w},\boldsymbol{\rho}_{\mathrm{c}}(\boldsymbol{u}_{\mathrm{c}}))\end{pmatrix}^{-1}\\ \cdot\,\boldsymbol{B}(\boldsymbol{z}_0,\boldsymbol{w})\boldsymbol{P}(\boldsymbol{u})\boldsymbol{H}_{\mathrm{c}}(\boldsymbol{u}_{\mathrm{c}})\end{array}
&
\begin{array}{c}-\boldsymbol{H}_{\mathrm{c}}^{\mathrm{T}}(\boldsymbol{u}_{\mathrm{c}})\boldsymbol{P}^{\mathrm{T}}(\boldsymbol{u})\boldsymbol{B}^{\mathrm{T}}(\boldsymbol{z}_0,\boldsymbol{w})\begin{pmatrix}\boldsymbol{T}_1(\boldsymbol{z}_0,\boldsymbol{w},\boldsymbol{\rho}_{\mathrm{c}}(\boldsymbol{u}_{\mathrm{c}}))\boldsymbol{Q}_1\\ \cdot\,\boldsymbol{T}_1^{\mathrm{T}}(\boldsymbol{z}_0,\boldsymbol{w},\boldsymbol{\rho}_{\mathrm{c}}(\boldsymbol{u}_{\mathrm{c}}))\end{pmatrix}^{-1}\\ \cdot\,\boldsymbol{T}_2(\boldsymbol{z}_0,\boldsymbol{w},\boldsymbol{\rho}_{\mathrm{c}}(\boldsymbol{u}_{\mathrm{c}}))\end{array}\\ \hdashline
\begin{array}{c}-\boldsymbol{T}_2^{\mathrm{T}}(\boldsymbol{z}_0,\boldsymbol{w},\boldsymbol{\rho}_{\mathrm{c}}(\boldsymbol{u}_{\mathrm{c}}))\\ \cdot\begin{pmatrix}\boldsymbol{T}_1(\boldsymbol{z}_0,\boldsymbol{w},\boldsymbol{\rho}_{\mathrm{c}}(\boldsymbol{u}_{\mathrm{c}}))\boldsymbol{Q}_1\\ \cdot\,\boldsymbol{T}_1^{\mathrm{T}}(\boldsymbol{z}_0,\boldsymbol{w},\boldsymbol{\rho}_{\mathrm{c}}(\boldsymbol{u}_{\mathrm{c}}))\end{pmatrix}^{-1}\\ \cdot\,\boldsymbol{B}(\boldsymbol{z}_0,\boldsymbol{w})\boldsymbol{P}(\boldsymbol{u})\boldsymbol{H}_{\mathrm{c}}(\boldsymbol{u}_{\mathrm{c}})\end{array}
&
\begin{array}{c}\begin{pmatrix}\boldsymbol{Q}_2-\boldsymbol{Q}_2\boldsymbol{T}_2^{\mathrm{T}}(\boldsymbol{z}_0,\boldsymbol{w},\boldsymbol{\rho}_{\mathrm{c}}(\boldsymbol{u}_{\mathrm{c}}))\\ \cdot\begin{pmatrix}\boldsymbol{T}_1(\boldsymbol{z}_0,\boldsymbol{w},\boldsymbol{\rho}_{\mathrm{c}}(\boldsymbol{u}_{\mathrm{c}}))\\ \cdot\,\boldsymbol{Q}_1\boldsymbol{T}_1^{\mathrm{T}}(\boldsymbol{z}_0,\boldsymbol{w},\boldsymbol{\rho}_{\mathrm{c}}(\boldsymbol{u}_{\mathrm{c}}))\\ +\boldsymbol{T}_2(\boldsymbol{z}_0,\boldsymbol{w},\boldsymbol{\rho}_{\mathrm{c}}(\boldsymbol{u}_{\mathrm{c}}))\\ \cdot\,\boldsymbol{Q}_2\boldsymbol{T}_2^{\mathrm{T}}(\boldsymbol{z}_0,\boldsymbol{w},\boldsymbol{\rho}_{\mathrm{c}}(\boldsymbol{u}_{\mathrm{c}}))\end{pmatrix}^{-1}\\ \cdot\,\boldsymbol{T}_2(\boldsymbol{z}_0,\boldsymbol{w},\boldsymbol{\rho}_{\mathrm{c}}(\boldsymbol{u}_{\mathrm{c}}))\boldsymbol{Q}_2\end{pmatrix}^{-1}\\ +\boldsymbol{\Psi}^{\mathrm{T}}(\boldsymbol{w})\bar{\boldsymbol{D}}^{\mathrm{T}}(\boldsymbol{r}_0,\boldsymbol{s})\begin{pmatrix}\bar{\boldsymbol{H}}(\boldsymbol{r}_0,\boldsymbol{s},\boldsymbol{\varphi}(\boldsymbol{w}))\boldsymbol{Q}_3\\ \cdot\,\bar{\boldsymbol{H}}^{\mathrm{T}}(\boldsymbol{r}_0,\boldsymbol{s},\boldsymbol{\varphi}(\boldsymbol{w}))\end{pmatrix}^{-1}\\ \cdot\,\bar{\boldsymbol{D}}(\boldsymbol{r}_0,\boldsymbol{s})\boldsymbol{\Psi}(\boldsymbol{w})\end{array}
\end{array}\right]^{-1}
\tag{9.118}
$$

将式(6.40)、式(9.77)和式(9.78)代入式(9.118)可证得

$$
\mathbf{cov}\left(\begin{bmatrix}\hat{\boldsymbol{u}}_{\mathrm{c}}^{(\mathrm{cb})}\\ \hat{\boldsymbol{w}}_{\mathrm{ctls}}^{(\mathrm{b})}\end{bmatrix}\right)=\left(\bar{\boldsymbol{H}}_{\mathrm{c}}^{\mathrm{T}}(\boldsymbol{u}_{\mathrm{c}})\left[\begin{array}{c:c}\boldsymbol{G}_1^{\mathrm{T}}(\boldsymbol{u},\boldsymbol{w})\boldsymbol{Q}_1^{-1}\boldsymbol{G}_1(\boldsymbol{u},\boldsymbol{w}) & \boldsymbol{G}_1^{\mathrm{T}}(\boldsymbol{u},\boldsymbol{w})\boldsymbol{Q}_1^{-1}\boldsymbol{G}_2(\boldsymbol{u},\boldsymbol{w})\\ \hdashline \boldsymbol{G}_2^{\mathrm{T}}(\boldsymbol{u},\boldsymbol{w})\boldsymbol{Q}_1^{-1}\boldsymbol{G}_1(\boldsymbol{u},\boldsymbol{w}) & \begin{array}{c}\begin{pmatrix}\boldsymbol{Q}_2-\boldsymbol{Q}_2\boldsymbol{G}_2^{\mathrm{T}}(\boldsymbol{u},\boldsymbol{w})\\ \cdot\begin{pmatrix}\boldsymbol{Q}_1+\boldsymbol{G}_2(\boldsymbol{u},\boldsymbol{w})\\ \cdot\,\boldsymbol{Q}_2\boldsymbol{G}_2^{\mathrm{T}}(\boldsymbol{u},\boldsymbol{w})\end{pmatrix}^{-1}\\ \cdot\,\boldsymbol{G}_2(\boldsymbol{u},\boldsymbol{w})\boldsymbol{Q}_2\end{pmatrix}^{-1}\\ +\bar{\boldsymbol{G}}^{\mathrm{T}}(\boldsymbol{s},\boldsymbol{w})\boldsymbol{Q}_3^{-1}\bar{\boldsymbol{G}}(\boldsymbol{s},\boldsymbol{w})\end{array}\end{array}\right]\bar{\boldsymbol{H}}_{\mathrm{c}}(\boldsymbol{u}_{\mathrm{c}})\right)^{-1}
\tag{9.119}
$$

利用推论 2.1 可知

$$
\begin{aligned}
&(\boldsymbol{G}_2^{\mathrm{T}}(\boldsymbol{u},\boldsymbol{w})\boldsymbol{Q}_1^{-1}\boldsymbol{G}_2(\boldsymbol{u},\boldsymbol{w})+\boldsymbol{Q}_2^{-1})^{-1}\\
&=\boldsymbol{Q}_2-\boldsymbol{Q}_2\boldsymbol{G}_2^{\mathrm{T}}(\boldsymbol{u},\boldsymbol{w})(\boldsymbol{Q}_1+\boldsymbol{G}_2(\boldsymbol{u},\boldsymbol{w})\boldsymbol{Q}_2\boldsymbol{G}_2^{\mathrm{T}}(\boldsymbol{u},\boldsymbol{w}))^{-1}\boldsymbol{G}_2(\boldsymbol{u},\boldsymbol{w})\boldsymbol{Q}_2\\
&\Leftrightarrow(\boldsymbol{Q}_2-\boldsymbol{Q}_2\boldsymbol{G}_2^{\mathrm{T}}(\boldsymbol{u},\boldsymbol{w})(\boldsymbol{Q}_1+\boldsymbol{G}_2(\boldsymbol{u},\boldsymbol{w})\boldsymbol{Q}_2\boldsymbol{G}_2^{\mathrm{T}}(\boldsymbol{u},\boldsymbol{w}))^{-1}\boldsymbol{G}_2(\boldsymbol{u},\boldsymbol{w})\boldsymbol{Q}_2)^{-1}\\
&=\boldsymbol{G}_2^{\mathrm{T}}(\boldsymbol{u},\boldsymbol{w})\boldsymbol{Q}_1^{-1}\boldsymbol{G}_2(\boldsymbol{u},\boldsymbol{w})+\boldsymbol{Q}_2^{-1}
\end{aligned}
\tag{9.120}
$$

将式(9.120)代入式(9.119)可得

$$
\mathbf{cov}\left(\begin{bmatrix}\hat{\boldsymbol{u}}_{\mathrm{c}}^{(\mathrm{cb})}\\ \hat{\boldsymbol{w}}_{\mathrm{ctls}}^{(\mathrm{cb})}\end{bmatrix}\right)
$$

$$= \left(\bar{\boldsymbol{H}}_{\mathrm{c}}^{\mathrm{T}}(\boldsymbol{u}_{\mathrm{c}}) \left[\begin{array}{c:c} \boldsymbol{G}_1^{\mathrm{T}}(\boldsymbol{u},\boldsymbol{w})\boldsymbol{Q}_1^{-1}\boldsymbol{G}_1(\boldsymbol{u},\boldsymbol{w}) & \boldsymbol{G}_1^{\mathrm{T}}(\boldsymbol{u},\boldsymbol{w})\boldsymbol{Q}_1^{-1}\boldsymbol{G}_2(\boldsymbol{u},\boldsymbol{w}) \\ \hdashline \boldsymbol{G}_2^{\mathrm{T}}(\boldsymbol{u},\boldsymbol{w})\boldsymbol{Q}_1^{-1}\boldsymbol{G}_1(\boldsymbol{u},\boldsymbol{w}) & \begin{matrix} \boldsymbol{G}_2^{\mathrm{T}}(\boldsymbol{u},\boldsymbol{w})\boldsymbol{Q}_1^{-1}\boldsymbol{G}_2(\boldsymbol{u},\boldsymbol{w}) + \boldsymbol{Q}_2^{-1} \\ + \bar{\boldsymbol{G}}^{\mathrm{T}}(\boldsymbol{s},\boldsymbol{w})\boldsymbol{Q}_3^{-1}\bar{\boldsymbol{G}}(\boldsymbol{s},\boldsymbol{w}) \end{matrix} \end{array} \right] \bar{\boldsymbol{H}}_{\mathrm{c}}(\boldsymbol{u}_{\mathrm{c}}) \right)^{-1}$$

$$= \left(\bar{\boldsymbol{H}}_{\mathrm{c}}^{\mathrm{T}}(\boldsymbol{u}_{\mathrm{c}}) \left(\mathbf{CRB}\left(\begin{bmatrix} \boldsymbol{u} \\ \boldsymbol{w} \end{bmatrix} \right) \right)^{-1} \bar{\boldsymbol{H}}_{\mathrm{c}}(\boldsymbol{u}_{\mathrm{c}}) \right)^{-1} = \mathbf{CRB}^{(\mathrm{c})}\left(\begin{bmatrix} \boldsymbol{u}_{\mathrm{c}} \\ \boldsymbol{w} \end{bmatrix} \right) \tag{9.121}$$

证毕。

命题 9.11 表明，估计值 $\hat{\boldsymbol{u}}_{\mathrm{c}}^{(\mathrm{cb})}$ 和系统参量解 $\hat{\boldsymbol{w}}_{\mathrm{ctls}}^{(\mathrm{cb})}$ 具有渐近最优的统计性能(在门限效应发生以前)。根据命题 9.11 可以进一步推得目标位置解 $\hat{\boldsymbol{u}}_{\mathrm{ctls}}^{(\mathrm{cb})}$ 和系统参量解 $\hat{\boldsymbol{w}}_{\mathrm{ctls}}^{(\mathrm{cb})}$ 的联合估计方差矩阵为

$$\mathbf{cov}\left(\begin{bmatrix} \hat{\boldsymbol{u}}_{\mathrm{ctls}}^{(\mathrm{cb})} \\ \hat{\boldsymbol{w}}_{\mathrm{ctls}}^{(\mathrm{cb})} \end{bmatrix} \right)$$

$$= \bar{\boldsymbol{H}}_{\mathrm{c}}(\boldsymbol{u}_{\mathrm{c}})\mathbf{cov}\left(\begin{bmatrix} \hat{\boldsymbol{u}}_{\mathrm{c}}^{(\mathrm{cb})} \\ \hat{\boldsymbol{w}}_{\mathrm{ctls}}^{(\mathrm{cb})} \end{bmatrix} \right) \bar{\boldsymbol{H}}_{\mathrm{c}}^{\mathrm{T}}(\boldsymbol{u}_{\mathrm{c}}) = \bar{\boldsymbol{H}}_{\mathrm{c}}(\boldsymbol{u}_{\mathrm{c}})\mathbf{CRB}^{(\mathrm{c})}\left(\begin{bmatrix} \boldsymbol{u}_{\mathrm{c}} \\ \boldsymbol{w} \end{bmatrix} \right) \bar{\boldsymbol{H}}_{\mathrm{c}}^{\mathrm{T}}(\boldsymbol{u}_{\mathrm{c}})$$

$$= \bar{\boldsymbol{H}}_{\mathrm{c}}(\boldsymbol{u}_{\mathrm{c}}) \left(\bar{\boldsymbol{H}}_{\mathrm{c}}^{\mathrm{T}}(\boldsymbol{u}_{\mathrm{c}}) \left[\begin{array}{c:c} \boldsymbol{G}_1^{\mathrm{T}}(\boldsymbol{u},\boldsymbol{w})\boldsymbol{Q}_1^{-1}\boldsymbol{G}_1(\boldsymbol{u},\boldsymbol{w}) & \boldsymbol{G}_1^{\mathrm{T}}(\boldsymbol{u},\boldsymbol{w})\boldsymbol{Q}_1^{-1}\boldsymbol{G}_2(\boldsymbol{u},\boldsymbol{w}) \\ \hdashline \boldsymbol{G}_2^{\mathrm{T}}(\boldsymbol{u},\boldsymbol{w})\boldsymbol{Q}_1^{-1}\boldsymbol{G}_1(\boldsymbol{u},\boldsymbol{w}) & \begin{matrix} \boldsymbol{G}_2^{\mathrm{T}}(\boldsymbol{u},\boldsymbol{w})\boldsymbol{Q}_1^{-1}\boldsymbol{G}_2(\boldsymbol{u},\boldsymbol{w}) + \boldsymbol{Q}_2^{-1} \\ + \bar{\boldsymbol{G}}^{\mathrm{T}}(\boldsymbol{s},\boldsymbol{w})\boldsymbol{Q}_3^{-1}\bar{\boldsymbol{G}}(\boldsymbol{s},\boldsymbol{w}) \end{matrix} \end{array} \right] \bar{\boldsymbol{H}}_{\mathrm{c}}(\boldsymbol{u}_{\mathrm{c}}) \right)^{-1}$$

$$\cdot \bar{\boldsymbol{H}}_{\mathrm{c}}^{\mathrm{T}}(\boldsymbol{u}_{\mathrm{c}})$$

$$= \bar{\boldsymbol{H}}_{\mathrm{c}}(\boldsymbol{u}_{\mathrm{c}}) \left(\bar{\boldsymbol{H}}_{\mathrm{c}}^{\mathrm{T}}(\boldsymbol{u}_{\mathrm{c}}) \left(\mathbf{CRB}\left(\begin{bmatrix} \boldsymbol{u} \\ \boldsymbol{w} \end{bmatrix} \right) \right)^{-1} \bar{\boldsymbol{H}}_{\mathrm{c}}(\boldsymbol{u}_{\mathrm{c}}) \right)^{-1} \bar{\boldsymbol{H}}_{\mathrm{c}}^{\mathrm{T}}(\boldsymbol{u}_{\mathrm{c}})$$

$$= \mathbf{CRB}^{(\mathrm{c})}\left(\begin{bmatrix} \boldsymbol{u} \\ \boldsymbol{w} \end{bmatrix} \right) \tag{9.122}$$

式(9.122)表明，目标位置解 $\hat{\boldsymbol{u}}_{\mathrm{ctls}}^{(\mathrm{cb})}$ 和系统参量解 $\hat{\boldsymbol{w}}_{\mathrm{ctls}}^{(\mathrm{cb})}$ 具有渐近最优的统计性能(在门限效应发生以前)。

9.5　定位算例与数值实验

本节将以基于辐射源信号 TDOA 参数的无源定位问题为算例进行数值实验，与其他各章不同的是，这里采用的是基于通信卫星的定位体制，该体制通过通信卫星转发地面辐射源的上行信号至地面观测站，并利用地面观测站实现对远距离目标的定位。

9.5.1　定位算例的观测模型

假设某地面目标源的位置向量为 $\boldsymbol{u}=[x_{\mathrm{t}}\quad y_{\mathrm{t}}\quad z_{\mathrm{t}}]^{\mathrm{T}}$，不失一般性，这里将目标位置设置于大地水准面(即零高程)，因此目标的位置向量 $\boldsymbol{u}$ 满足如下椭球方程：

$$x_{\mathrm{t}}^2+y_{\mathrm{t}}^2+\frac{z_{\mathrm{t}}^2}{1-e^2}=r_{\mathrm{e}}^2 \Leftrightarrow \boldsymbol{u}^{\mathrm{T}}\boldsymbol{\Lambda}\boldsymbol{u}=r_{\mathrm{e}}^2 \Rightarrow h(\boldsymbol{u})=\boldsymbol{u}^{\mathrm{T}}\boldsymbol{\Lambda}\boldsymbol{u}-r_{\mathrm{e}}^2=0 \tag{9.123}$$

式中，$\boldsymbol{\Lambda}=\mathrm{diag}[1\quad 1\quad (1-e^2)^{-1}]$；$r_{\mathrm{e}}$ 表示地球长半轴，其数值为 $r_{\mathrm{e}}=6378.137\mathrm{km}$；$e$ 表示第一偏心率，其数值为 $e=0.0818191908426214957$。现有 M 颗通信卫星接收到该地面目标源信号，并将其转发至地面观测站，观测站利用该信号的 TDOA 参数对目标进行定位。第 1 颗卫星为主星（其位置向量精确已知），其余卫星均为邻星（其位置向量存在测量误差），并且第 m 颗卫星的位置向量为 $\boldsymbol{w}_m=[x_{\mathrm{o},m}\quad y_{\mathrm{o},m}\quad z_{\mathrm{o},m}]^{\mathrm{T}}$，因此系统参量可以表示为 $\boldsymbol{w}=[\boldsymbol{w}_2^{\mathrm{T}}\quad \boldsymbol{w}_3^{\mathrm{T}}\quad \cdots\quad \boldsymbol{w}_M^{\mathrm{T}}]^{\mathrm{T}}$。需要指出的是，在这种定位体制下，地面观测站的位置误差通常远小于卫星的位置误差，因此仅考虑后者的误差，而假设地面观测站的位置向量精确已知，并将其设为 $\boldsymbol{\alpha}$。

根据第 1 章的讨论可知，在基于通信卫星的定位体制下，TDOA 参数可以等效为距离差，相应的观测方程可表示为

$$\delta_n=\|\boldsymbol{u}-\boldsymbol{w}_n\|_2+\|\boldsymbol{\alpha}-\boldsymbol{w}_n\|_2-\|\boldsymbol{u}-\boldsymbol{w}_1\|_2-\|\boldsymbol{\alpha}-\boldsymbol{w}_1\|_2,\quad 2\leqslant n\leqslant M \tag{9.124}$$

式中，δ_n 表示目标源信号经由第 n 颗卫星转发至地面观测站与经由第 1 颗卫星转发至地面观测站的距离差。再分别定义如下观测向量：

$$\boldsymbol{\delta}=[\delta_2\quad \delta_3\quad \cdots\quad \delta_M]^{\mathrm{T}} \tag{9.125}$$

则用于目标定位的观测向量和观测方程可表示为

$$\boldsymbol{z}_0=\boldsymbol{\delta}=\boldsymbol{g}(\boldsymbol{u},\boldsymbol{w}) \tag{9.126}$$

为了更好地消除系统误差的影响，需要在目标源附近放置 d 个位置精确已知的校正源，并且卫星同样会转发校正源信号至地面观测站，观测站同样能够获得关于校正源信号的 TDOA 参数。假设第 k 个校正源的位置向量为 $\boldsymbol{s}_k$，则关于该校正源的全部观测方程可表示为

$$\delta_{\mathrm{c},k,n}=\|\boldsymbol{s}_k-\boldsymbol{w}_n\|_2+\|\boldsymbol{\alpha}-\boldsymbol{w}_n\|_2-\|\boldsymbol{s}_k-\boldsymbol{w}_1\|_2-\|\boldsymbol{\alpha}-\boldsymbol{w}_1\|_2,\quad 2\leqslant n\leqslant M;1\leqslant k\leqslant d \tag{9.127}$$

式中，$\delta_{\mathrm{c},k,n}$ 表示第 k 个校正源信号经由第 n 颗卫星转发至地面观测站与经由第 1 颗卫星转发至地面观测站的距离差。再分别定义如下观测向量：

$$\boldsymbol{\delta}_{\mathrm{c},k}=[\delta_{\mathrm{c},k,2}\quad \delta_{\mathrm{c},k,3}\quad \cdots\quad \delta_{\mathrm{c},k,M}]^{\mathrm{T}} \tag{9.128}$$

则关于第 k 个校正源的观测向量和观测方程可表示为

$$\boldsymbol{r}_{k0}=\boldsymbol{\delta}_{\mathrm{c},k}=\boldsymbol{g}(\boldsymbol{s}_k,\boldsymbol{w}) \tag{9.129}$$

而关于全部校正源的观测向量和观测方程可表示为

$$\boldsymbol{r}_0=[\boldsymbol{r}_{10}^{\mathrm{T}}\quad \boldsymbol{r}_{20}^{\mathrm{T}}\quad \cdots\quad \boldsymbol{r}_{d0}^{\mathrm{T}}]^{\mathrm{T}}=[\boldsymbol{g}^{\mathrm{T}}(\boldsymbol{s}_1,\boldsymbol{w})\quad \boldsymbol{g}^{\mathrm{T}}(\boldsymbol{s}_2,\boldsymbol{w})\quad \cdots\quad \boldsymbol{g}^{\mathrm{T}}(\boldsymbol{s}_d,\boldsymbol{w})]^{\mathrm{T}}=\bar{\boldsymbol{g}}(\boldsymbol{s},\boldsymbol{w}) \tag{9.130}$$

式中，$\boldsymbol{s}=[\boldsymbol{s}_1^{\mathrm{T}}\quad \boldsymbol{s}_2^{\mathrm{T}}\quad \cdots\quad \boldsymbol{s}_d^{\mathrm{T}}]^{\mathrm{T}}$ 表示由全部校正源位置所构成的列向量。需要指出的是，上述位置和速度向量都是在地心地固坐标系下进行刻画的。

根据前面的讨论可知，为了利用本章的方法进行目标定位，需要将式(9.124)中的非线性观测方程转化为伪线性观测方程，其伪线性化过程如下：

$$\begin{aligned}\delta_n=&\ \|\boldsymbol{u}-\boldsymbol{w}_n\|_2+\|\boldsymbol{\alpha}-\boldsymbol{w}_n\|_2-\|\boldsymbol{u}-\boldsymbol{w}_1\|_2-\|\boldsymbol{\alpha}-\boldsymbol{w}_1\|_2\\ &\Rightarrow\bar{\delta}_n+\|\boldsymbol{u}-\boldsymbol{w}_1\|_2=\|\boldsymbol{u}-\boldsymbol{w}_n\|_2\\ &\Rightarrow\bar{\delta}_n^2+2\bar{\delta}_n\|\boldsymbol{u}-\boldsymbol{w}_1\|_2+\|\boldsymbol{w}_1\|_2^2-2\boldsymbol{w}_1^{\mathrm{T}}\boldsymbol{u}=\|\boldsymbol{w}_n\|_2^2-2\boldsymbol{w}_n^{\mathrm{T}}\boldsymbol{u}\\ &\Rightarrow[2(\boldsymbol{w}_n-\boldsymbol{w}_1)^{\mathrm{T}}\ \vdots\ 2\bar{\delta}_n]\begin{bmatrix}\boldsymbol{u}\\ \|\boldsymbol{u}-\boldsymbol{w}_1\|_2\end{bmatrix}=\|\boldsymbol{w}_n\|_2^2-\|\boldsymbol{w}_1\|_2^2-\bar{\delta}_n^2\\ &\Rightarrow\boldsymbol{b}_n^{\mathrm{T}}(\boldsymbol{z}_0,\boldsymbol{w})\boldsymbol{\rho}(\boldsymbol{u})=a_n(\boldsymbol{z}_0,\boldsymbol{w}),\quad 2\leqslant n\leqslant M\end{aligned}\tag{9.131}$$

式中

$$\begin{cases}\boldsymbol{b}_n(\boldsymbol{z}_0,\boldsymbol{w})=[2(\boldsymbol{w}_n-\boldsymbol{w}_1)^{\mathrm{T}}\ \vdots\ 2\bar{\delta}_n]^{\mathrm{T}}\\ a_n(\boldsymbol{z}_0,\boldsymbol{w})=\|\boldsymbol{w}_n\|_2^2-\|\boldsymbol{w}_1\|_2^2-\bar{\delta}_n^2\\ \boldsymbol{\rho}(\boldsymbol{u})=[\boldsymbol{u}^{\mathrm{T}}\ \vdots\ \|\boldsymbol{u}-\boldsymbol{w}_1\|_2]^{\mathrm{T}}\\ \bar{\delta}_n=\delta_n+\|\boldsymbol{\alpha}-\boldsymbol{w}_1\|_2-\|\boldsymbol{\alpha}-\boldsymbol{w}_n\|_2\end{cases}\tag{9.132}$$

结合式(9.131)和式(9.132)可以建立如下伪线性观测方程:

$$\boldsymbol{a}(\boldsymbol{z}_0,\boldsymbol{w})=\boldsymbol{B}(\boldsymbol{z}_0,\boldsymbol{w})\boldsymbol{\rho}(\boldsymbol{u})=\boldsymbol{B}(\boldsymbol{z}_0,\boldsymbol{w})\boldsymbol{t}\tag{9.133}$$

式中

$$\begin{cases}\boldsymbol{t}=\boldsymbol{\rho}(\boldsymbol{u})=[\boldsymbol{u}^{\mathrm{T}}\ \vdots\ \|\boldsymbol{u}-\boldsymbol{w}_1\|_2]^{\mathrm{T}}\\ \boldsymbol{a}(\boldsymbol{z}_0,\boldsymbol{w})=[a_2(\boldsymbol{z}_0,\boldsymbol{w})\quad a_3(\boldsymbol{z}_0,\boldsymbol{w})\quad\cdots\quad a_M(\boldsymbol{z}_0,\boldsymbol{w})]^{\mathrm{T}}\\ \boldsymbol{B}(\boldsymbol{z}_0,\boldsymbol{w})=[\boldsymbol{b}_2(\boldsymbol{z}_0,\boldsymbol{w})\quad \boldsymbol{b}_3(\boldsymbol{z}_0,\boldsymbol{w})\quad\cdots\quad \boldsymbol{b}_M(\boldsymbol{z}_0,\boldsymbol{w})]^{\mathrm{T}}\end{cases}\tag{9.134}$$

此外,还需要将式(9.127)中的非线性观测方程转化为伪线性观测方程,其伪线性化过程如下:

$$\begin{aligned}\delta_{\mathrm{c},k,n}=&\ \|\boldsymbol{s}_k-\boldsymbol{w}_n\|_2+\|\boldsymbol{\alpha}-\boldsymbol{w}_n\|_2-\|\boldsymbol{s}_k-\boldsymbol{w}_1\|_2-\|\boldsymbol{\alpha}-\boldsymbol{w}_1\|_2\\ &\Rightarrow\bar{\delta}_{\mathrm{c},k,n}-\|\boldsymbol{\alpha}-\boldsymbol{w}_n\|_2=\|\boldsymbol{s}_k-\boldsymbol{w}_n\|_2\\ &\Rightarrow\bar{\delta}_{\mathrm{c},k,n}^2-2\bar{\delta}_{\mathrm{c},k,n}\|\boldsymbol{\alpha}-\boldsymbol{w}_n\|_2+\|\boldsymbol{\alpha}\|_2^2-2\boldsymbol{\alpha}^{\mathrm{T}}\boldsymbol{w}_n=\|\boldsymbol{s}_k\|_2^2-2\boldsymbol{s}_k^{\mathrm{T}}\boldsymbol{w}_n\\ &\Rightarrow[2(\boldsymbol{s}_k-\boldsymbol{\alpha})^{\mathrm{T}}\ \vdots\ -2\bar{\delta}_{\mathrm{c},k,n}]\begin{bmatrix}\boldsymbol{w}_n\\ \|\boldsymbol{w}_n-\boldsymbol{\alpha}\|_2\end{bmatrix}=\|\boldsymbol{s}_k\|_2^2-\|\boldsymbol{\alpha}\|_2^2-\bar{\delta}_{\mathrm{c},k,n}^2\\ &\Rightarrow\boldsymbol{d}_n^{\mathrm{T}}(\boldsymbol{r}_{k0},\boldsymbol{s}_k)\boldsymbol{\varphi}_0(\boldsymbol{w}_n)=c_n(\boldsymbol{r}_{k0},\boldsymbol{s}_k),\quad 2\leqslant n\leqslant M;1\leqslant k\leqslant d\end{aligned}\tag{9.135}$$

式中

$$\begin{cases}\boldsymbol{d}_n(\boldsymbol{r}_{k0},\boldsymbol{s}_k)=[2(\boldsymbol{s}_k-\boldsymbol{\alpha})^{\mathrm{T}}\ \vdots\ -2\bar{\delta}_{\mathrm{c},k,n}]^{\mathrm{T}}\\ c_n(\boldsymbol{r}_{k0},\boldsymbol{s}_k)=\|\boldsymbol{s}_k\|_2^2-\|\boldsymbol{\alpha}\|_2^2-\bar{\delta}_{\mathrm{c},k,n}^2\\ \boldsymbol{\varphi}_0(\boldsymbol{w}_n)=[\boldsymbol{w}_n^{\mathrm{T}}\ \vdots\ \|\boldsymbol{w}_n-\boldsymbol{\alpha}\|_2]^{\mathrm{T}}\\ \bar{\delta}_{\mathrm{c},k,n}=\delta_{\mathrm{c},k,n}+\|\boldsymbol{s}_k-\boldsymbol{w}_1\|_2+\|\boldsymbol{\alpha}-\boldsymbol{w}_1\|_2\end{cases}\tag{9.136}$$

结合式(9.135)和式(9.136)可以建立如下伪线性观测方程:

$$\boldsymbol{c}(\boldsymbol{r}_{k0},\boldsymbol{s}_k)=\boldsymbol{D}(\boldsymbol{r}_{k0},\boldsymbol{s}_k)\boldsymbol{\varphi}(\boldsymbol{w})=\boldsymbol{D}(\boldsymbol{r}_{k0},\boldsymbol{s}_k)\boldsymbol{x},\quad 1\leqslant k\leqslant d\tag{9.137}$$

式中

$$\begin{cases} \boldsymbol{x}=\boldsymbol{\varphi}(\boldsymbol{w})=[\boldsymbol{\varphi}_0^{\mathrm{T}}(\boldsymbol{w}_2) \quad \boldsymbol{\varphi}_0^{\mathrm{T}}(\boldsymbol{w}_3) \quad \cdots \quad \boldsymbol{\varphi}_0^{\mathrm{T}}(\boldsymbol{w}_M)]^{\mathrm{T}} \\ \boldsymbol{D}(\boldsymbol{r}_{k0},\boldsymbol{s}_k)=\mathrm{blkdiag}[\boldsymbol{d}_2^{\mathrm{T}}(\boldsymbol{r}_{k0},\boldsymbol{s}_k) \quad \boldsymbol{d}_3^{\mathrm{T}}(\boldsymbol{r}_{k0},\boldsymbol{s}_k) \quad \cdots \quad \boldsymbol{d}_M^{\mathrm{T}}(\boldsymbol{r}_{k0},\boldsymbol{s}_k)] \\ \boldsymbol{c}(\boldsymbol{r}_{k0},\boldsymbol{s}_k)=[c_2(\boldsymbol{r}_{k0},\boldsymbol{s}_k) \quad c_3(\boldsymbol{r}_{k0},\boldsymbol{s}_k) \quad \cdots \quad c_M(\boldsymbol{r}_{k0},\boldsymbol{s}_k)]^{\mathrm{T}} \end{cases} \tag{9.138}$$

若将上述 d 个伪线性观测方程进行合并，则可以建立如下具有更高维数的伪线性观测方程：

$$\bar{\boldsymbol{c}}(\boldsymbol{r}_0,\boldsymbol{s})=\bar{\boldsymbol{D}}(\boldsymbol{r}_0,\boldsymbol{s})\boldsymbol{\varphi}(\boldsymbol{w})=\bar{\boldsymbol{D}}(\boldsymbol{r}_0,\boldsymbol{s})\boldsymbol{x} \tag{9.139}$$

式中

$$\begin{cases} \bar{\boldsymbol{c}}(\boldsymbol{r}_0,\boldsymbol{s})=[\boldsymbol{c}^{\mathrm{T}}(\boldsymbol{r}_{10},\boldsymbol{s}_1) \quad \boldsymbol{c}^{\mathrm{T}}(\boldsymbol{r}_{20},\boldsymbol{s}_2) \quad \cdots \quad \boldsymbol{c}^{\mathrm{T}}(\boldsymbol{r}_{d0},\boldsymbol{s}_d)]^{\mathrm{T}} \\ \bar{\boldsymbol{D}}(\boldsymbol{r}_0,\boldsymbol{s})=[\boldsymbol{D}^{\mathrm{T}}(\boldsymbol{r}_{10},\boldsymbol{s}_1) \quad \boldsymbol{D}^{\mathrm{T}}(\boldsymbol{r}_{20},\boldsymbol{s}_2) \quad \cdots \quad \boldsymbol{D}^{\mathrm{T}}(\boldsymbol{r}_{d0},\boldsymbol{s}_d)]^{\mathrm{T}} \\ \boldsymbol{r}_0=[\boldsymbol{r}_{10}^{\mathrm{T}} \quad \boldsymbol{r}_{20}^{\mathrm{T}} \quad \cdots \quad \boldsymbol{r}_{d0}^{\mathrm{T}}]^{\mathrm{T}}, \quad \boldsymbol{s}=[\boldsymbol{s}_1^{\mathrm{T}} \quad \boldsymbol{s}_2^{\mathrm{T}} \quad \cdots \quad \boldsymbol{s}_d^{\mathrm{T}}]^{\mathrm{T}} \end{cases} \tag{9.140}$$

另外，为了利用本章的方法进行目标定位，还需要推导矩阵 $\boldsymbol{P}(\boldsymbol{u})$，$\dfrac{\partial\mathrm{vec}(\boldsymbol{P}^{\mathrm{T}}(\boldsymbol{u}))}{\partial\boldsymbol{u}^{\mathrm{T}}}$，$\boldsymbol{H}_{\mathrm{c}}(\boldsymbol{u}_{\mathrm{c}})$，$\dfrac{\partial\mathrm{vec}(\boldsymbol{H}_{\mathrm{c}}^{\mathrm{T}}(\boldsymbol{u}_{\mathrm{c}}))}{\partial\boldsymbol{u}_{\mathrm{c}}^{\mathrm{T}}}$，$\boldsymbol{\Psi}(\boldsymbol{w})$，$\dfrac{\partial\mathrm{vec}(\boldsymbol{\Psi}^{\mathrm{T}}(\boldsymbol{w}))}{\partial\boldsymbol{w}^{\mathrm{T}}}$，$\boldsymbol{T}_1(\boldsymbol{z}_0,\boldsymbol{w},\boldsymbol{\rho}_{\mathrm{c}}(\boldsymbol{u}_{\mathrm{c}}))$，$\boldsymbol{T}_2(\boldsymbol{z}_0,\boldsymbol{w},\boldsymbol{\rho}_{\mathrm{c}}(\boldsymbol{u}_{\mathrm{c}}))$ 和 $\boldsymbol{H}(\boldsymbol{r}_{k0},\boldsymbol{s}_k,\boldsymbol{\varphi}(\boldsymbol{w}))$ 的表达式。

首先根据式(9.132)中的第三式可得

$$\boldsymbol{P}(\boldsymbol{u})=\frac{\partial\boldsymbol{\rho}(\boldsymbol{u})}{\partial\boldsymbol{u}^{\mathrm{T}}}=\begin{bmatrix} \boldsymbol{I}_3 \\ \hdashline \dfrac{(\boldsymbol{u}-\boldsymbol{w}_1)^{\mathrm{T}}}{\|\boldsymbol{u}-\boldsymbol{w}_1\|_2} \end{bmatrix} \tag{9.141}$$

基于式(9.141)可进一步推得

$$\frac{\partial\mathrm{vec}(\boldsymbol{P}^{\mathrm{T}}(\boldsymbol{u}))}{\partial\boldsymbol{u}^{\mathrm{T}}}=\frac{\partial\mathrm{vec}\left(\left[\boldsymbol{I}_3 \;\vdots\; \dfrac{\boldsymbol{u}-\boldsymbol{w}_1}{\|\boldsymbol{u}-\boldsymbol{w}_1\|_2}\right]\right)}{\partial\boldsymbol{u}^{\mathrm{T}}}=\begin{bmatrix} \boldsymbol{O}_{9\times 3} \\ \hdashline \dfrac{\|\boldsymbol{u}-\boldsymbol{w}_1\|_2^2\boldsymbol{I}_3-(\boldsymbol{u}-\boldsymbol{w}_1)(\boldsymbol{u}-\boldsymbol{w}_1)^{\mathrm{T}}}{\|\boldsymbol{u}-\boldsymbol{w}_1\|_2^3} \end{bmatrix} \tag{9.142}$$

然后根据式(9.123)可推得

$$z_{\mathrm{t}}=\pm\sqrt{(1-e^2)(r_{\mathrm{e}}^2-\|\boldsymbol{u}_{\mathrm{c}}\|_2^2)}=h_{\mathrm{c}}(\boldsymbol{u}_{\mathrm{c}}) \tag{9.143}$$

式中，$\boldsymbol{u}_{\mathrm{c}}=[x_{\mathrm{t}} \quad y_{\mathrm{t}}]^{\mathrm{T}}$。需要指出的是，式(9.143)中的符号容易先验获得，不失一般性，这里假设其为正号，由此可推得

$$\boldsymbol{H}_{\mathrm{c}}(\boldsymbol{u}_{\mathrm{c}})=\begin{bmatrix} \boldsymbol{I}_2 \\ \hdashline \dfrac{\partial h_{\mathrm{c}}(\boldsymbol{u}_{\mathrm{c}})}{\partial\boldsymbol{u}_{\mathrm{c}}^{\mathrm{T}}} \end{bmatrix}=\begin{bmatrix} \boldsymbol{I}_2 \\ \hdashline -(1-e^2)\boldsymbol{u}_{\mathrm{c}}^{\mathrm{T}}/z_{\mathrm{t}} \end{bmatrix} \tag{9.144}$$

基于式(9.144)可进一步推得

$$\frac{\partial\mathrm{vec}(\boldsymbol{H}_{\mathrm{c}}^{\mathrm{T}}(\boldsymbol{u}_{\mathrm{c}}))}{\partial\boldsymbol{u}_{\mathrm{c}}^{\mathrm{T}}}=\frac{\partial\mathrm{vec}([\boldsymbol{I}_2 \;\vdots\; -(1-e^2)\boldsymbol{u}_{\mathrm{c}}/z_{\mathrm{t}}])}{\partial\boldsymbol{u}_{\mathrm{c}}^{\mathrm{T}}}=\begin{bmatrix} \boldsymbol{O}_{4\times 2} \\ \hdashline -(1-e^2)(z_{\mathrm{t}}^2\boldsymbol{I}_2+(1-e^2)\boldsymbol{u}_{\mathrm{c}}\boldsymbol{u}_{\mathrm{c}}^{\mathrm{T}})/z_{\mathrm{t}}^3 \end{bmatrix} \tag{9.145}$$

接着利用式(9.136)中的第三式和式(9.138)中的第一式可得

$$\boldsymbol{\Psi}(\boldsymbol{w})=\frac{\partial\boldsymbol{\varphi}(\boldsymbol{w})}{\partial\boldsymbol{w}^{\mathrm{T}}}=\mathrm{blkdiag}\left[\frac{\partial\boldsymbol{\varphi}_0(\boldsymbol{w}_2)}{\partial\boldsymbol{w}_2^{\mathrm{T}}} \quad \frac{\partial\boldsymbol{\varphi}_0(\boldsymbol{w}_3)}{\partial\boldsymbol{w}_3^{\mathrm{T}}} \quad \cdots \quad \frac{\partial\boldsymbol{\varphi}_0(\boldsymbol{w}_M)}{\partial\boldsymbol{w}_M^{\mathrm{T}}}\right]$$

$$=\text{blkdiag}\left[\begin{bmatrix}\boldsymbol{I}_3\\ \hdashline \dfrac{(\boldsymbol{w}_2-\boldsymbol{\alpha})^{\mathrm{T}}}{\|\boldsymbol{w}_2-\boldsymbol{\alpha}\|_2}\end{bmatrix}\quad\begin{bmatrix}\boldsymbol{I}_3\\ \hdashline \dfrac{(\boldsymbol{w}_3-\boldsymbol{\alpha})^{\mathrm{T}}}{\|\boldsymbol{w}_3-\boldsymbol{\alpha}\|_2}\end{bmatrix}\quad\cdots\quad\begin{bmatrix}\boldsymbol{I}_3\\ \hdashline \dfrac{(\boldsymbol{w}_M-\boldsymbol{\alpha})^{\mathrm{T}}}{\|\boldsymbol{w}_M-\boldsymbol{\alpha}\|_2}\end{bmatrix}\right] \tag{9.146}$$

附录 K 中将推导矩阵$\dfrac{\partial\text{vec}(\boldsymbol{\Psi}^{\mathrm{T}}(\boldsymbol{w}))}{\partial\boldsymbol{w}^{\mathrm{T}}}$的表达式。

最后根据前面的讨论可推得

$$\begin{cases}\boldsymbol{T}_1(\boldsymbol{z}_0,\boldsymbol{w},\boldsymbol{\rho}_{\mathrm{c}}(\boldsymbol{u}_{\mathrm{c}}))=\boldsymbol{A}_1(\boldsymbol{z}_0,\boldsymbol{w})-[\dot{\boldsymbol{B}}_{\delta_2}(\boldsymbol{z}_0,\boldsymbol{w})\boldsymbol{\rho}_{\mathrm{c}}(\boldsymbol{u}_{\mathrm{c}})\quad\dot{\boldsymbol{B}}_{\delta_3}(\boldsymbol{z}_0,\boldsymbol{w})\boldsymbol{\rho}_{\mathrm{c}}(\boldsymbol{u}_{\mathrm{c}})\\ \qquad\cdots\quad\dot{\boldsymbol{B}}_{\delta_M}(\boldsymbol{z}_0,\boldsymbol{w})\boldsymbol{\rho}_{\mathrm{c}}(\boldsymbol{u}_{\mathrm{c}})]\\ \boldsymbol{T}_2(\boldsymbol{z}_0,\boldsymbol{w},\boldsymbol{\rho}_{\mathrm{c}}(\boldsymbol{u}_{\mathrm{c}}))=\boldsymbol{A}_2(\boldsymbol{z}_0,\boldsymbol{w})-[\dot{\boldsymbol{B}}_{x_{\mathrm{o},2}}(\boldsymbol{z}_0,\boldsymbol{w})\boldsymbol{\rho}_{\mathrm{c}}(\boldsymbol{u}_{\mathrm{c}})\quad\dot{\boldsymbol{B}}_{y_{\mathrm{o},2}}(\boldsymbol{z}_0,\boldsymbol{w})\boldsymbol{\rho}_{\mathrm{c}}(\boldsymbol{u}_{\mathrm{c}})\quad\dot{\boldsymbol{B}}_{z_{\mathrm{o},2}}(\boldsymbol{z}_0,\boldsymbol{w})\boldsymbol{\rho}_{\mathrm{c}}(\boldsymbol{u}_{\mathrm{c}})\,\vdots\\ \qquad\cdots\,\vdots\,\dot{\boldsymbol{B}}_{x_{\mathrm{o},M}}(\boldsymbol{z}_0,\boldsymbol{w})\boldsymbol{\rho}_{\mathrm{c}}(\boldsymbol{u}_{\mathrm{c}})\quad\dot{\boldsymbol{B}}_{y_{\mathrm{o},M}}(\boldsymbol{z}_0,\boldsymbol{w})\boldsymbol{\rho}_{\mathrm{c}}(\boldsymbol{u}_{\mathrm{c}})\quad\dot{\boldsymbol{B}}_{z_{\mathrm{o},M}}(\boldsymbol{z}_0,\boldsymbol{w})\boldsymbol{\rho}_{\mathrm{c}}(\boldsymbol{u}_{\mathrm{c}})]\\ \boldsymbol{H}(\boldsymbol{r}_{k0},\boldsymbol{s}_k,\boldsymbol{\varphi}(\boldsymbol{w}))=\boldsymbol{C}(\boldsymbol{r}_{k0},\boldsymbol{s}_k)-[\dot{\boldsymbol{D}}_{\delta_{\mathrm{c},k,2}}(\boldsymbol{r}_{k0},\boldsymbol{s}_k)\boldsymbol{\varphi}(\boldsymbol{w})\quad\dot{\boldsymbol{D}}_{\delta_{\mathrm{c},k,3}}(\boldsymbol{r}_{k0},\boldsymbol{s}_k)\boldsymbol{\varphi}(\boldsymbol{w})\quad\cdots\quad\dot{\boldsymbol{D}}_{\delta_{\mathrm{c},k,M}}(\boldsymbol{r}_{k0},\boldsymbol{s}_k)\boldsymbol{\varphi}(\boldsymbol{w})]\end{cases} \tag{9.147}$$

式中，各个子矩阵的表达式可见附录 L。

下面将针对具体的参数给出相应的数值实验结果。

9.5.2 定位算例的数值实验

为了与第 6 章的约束总体最小二乘定位方法和第 3 章的克拉美罗界区分开来，在下面的数值实验图中将目标位置服从等式约束条件下的约束总体最小二乘定位方法及其克拉美罗界分别记为“C-Ctls”和“C-CRB”，而将第 6 章的约束总体最小二乘定位方法和第 3 章的克拉美罗界分别记为“Ctls”和“CRB”。

1. 数值实验 1

假设共有五颗通信卫星参与定位，第一颗卫星为主星，其余卫星均为邻星，卫星距离地球表面的高度为 800km（即低轨卫星），其在地心地固坐标系下的三维位置坐标的数值见表 9.1，其中的测量误差服从独立的零均值高斯分布，地面观测站的三维位置坐标为（−2793.4km，4669.4km，3316.7km）。目标的三维位置坐标为（−3051.8km，4581.2km，3211.0km），该位置坐标满足等式约束式(9.123)，目标源信号 TDOA 参数的观测误差服从零均值高斯分布。此外，在目标源附近放置两个位置精确已知的校正源，校正源的三维位置坐标分别为（−3266.3km，4132.8km，3584.0km）和（−3157.9km，4440.3km，3304.4km），校正源信号 TDOA 参数的观测误差与目标源信号 TDOA 参数的观测误差服从相同的概率分布。下面的数值实验将给出本章的两类目标位置服从等式约束条件下的约束总体最小二乘定位方法（图中用 C-Ctls 表示）的参数估计均方根误差，并将其与目标位置服从等式约束条件下的各种克拉美罗界（图中用 C-CRB 表示）进行比较，其目的在于说明这两类定位方法的参数估计性能。

首先，将卫星位置测量误差标准差固定为 $\sigma_{位置}=0.1\text{km}$，而将 TDOA 参数的观测误差标准差设置为 $\sigma_{距离差}=0.015\delta_1\text{km}$，这里将 δ_1 称为观测量扰动参数(其数值会从 1 到 20 发生变化)。图 9.1 给出了两类约束总体最小二乘定位方法的目标位置估计均方根误差随着观测量扰动参数 δ_1 的变化曲线，图 9.2 给出了两类约束总体最小二乘定位方法的卫星位置估计均方根误差随着观测量扰动参数 δ_1 的变化曲线，图中的卫星位置先验估计均方根误差根据方差矩阵 $\boldsymbol{Q}_2$ 计算获得(即 $\sqrt{\text{tr}(\boldsymbol{Q}_2)}$)。

然后，将 TDOA 参数的观测误差标准差固定为 $\sigma_{距离差}=0.1\text{km}$，而将卫星位置测量误差标准差设置为 $\sigma_{位置}=0.05\delta_2\text{km}$，这里将 δ_2 称为系统参量扰动参数(其数值会从 1 到 20 发生变化)。图 9.3 给出了两类约束总体最小二乘定位方法的目标位置估计均方根误差随着系统参量扰动参数 δ_2 的变化曲线，图 9.4 给出了两类约束总体最小二乘定位方法的卫星位置估计均方根误差随着系统参量扰动参数 δ_2 的变化曲线，图中的卫星位置先验估计均方根误差根据方差矩阵 $\boldsymbol{Q}_2$ 计算获得(即 $\sqrt{\text{tr}(\boldsymbol{Q}_2)}$)。

表 9.1 通信卫星三维位置坐标的数值列表

通信卫星序号	1	2	3	4	5
$x_{o,m}$/km	−3153.8	−3481.1	−3038.4	−3663.4	−3816.2
$y_{o,m}$/km	5847.4	5530.0	5904.4	5384.4	5360.0
$z_{o,m}$/km	2718.0	2971.0	2726.1	3018.8	2869.2

从图 9.1～图 9.4 可以看出：

(1) 两类约束总体最小二乘定位方法的目标位置估计均方根误差都可以达到“联合目标源和校正源观测量的克拉美罗界”(由式(9.29)给出)，并且优于“仅基于目标源观测量的克拉美罗界”(由式(9.18)给出)，这一方面说明了本章的两类约束总体最小二乘定位方法的渐近最优性，同时说明了校正源观测量为提高目标位置估计精度所带来的性能增益，并且该增益还随着系统参量扰动参数的增大而增加(图 9.3)。

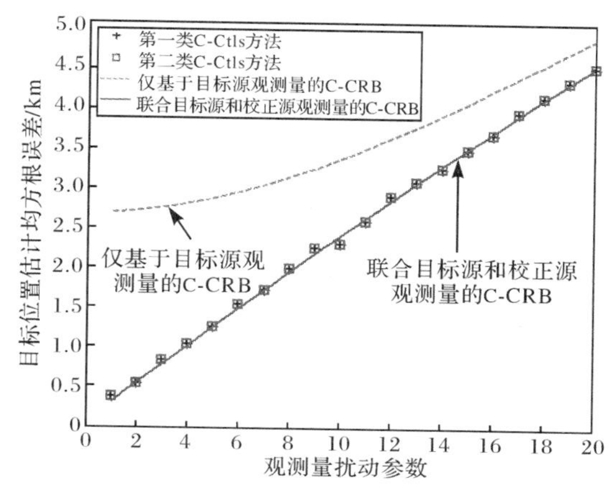

图 9.1 目标位置估计均方根误差随着观测量扰动参数 δ_1 的变化曲线

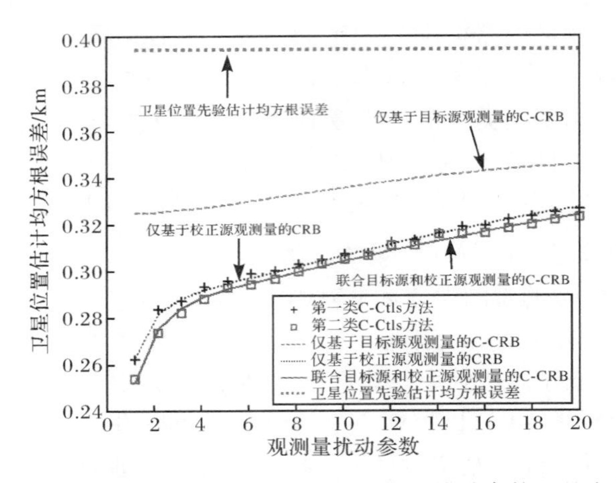

图 9.2　卫星位置估计均方根误差随着观测量扰动参数 δ_1 的变化曲线

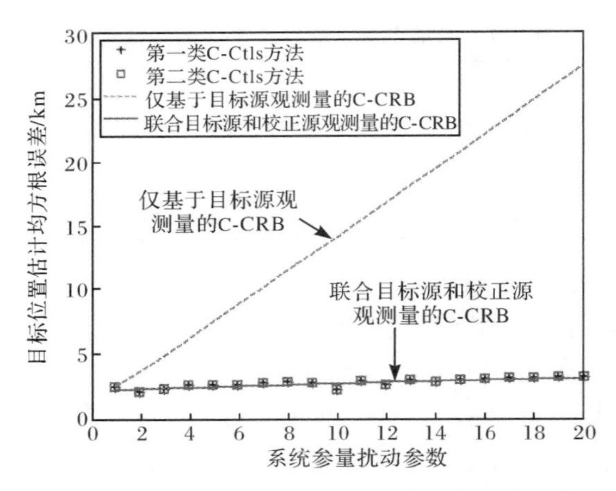

图 9.3　目标位置估计均方根误差随着系统参量扰动参数 δ_2 的变化曲线

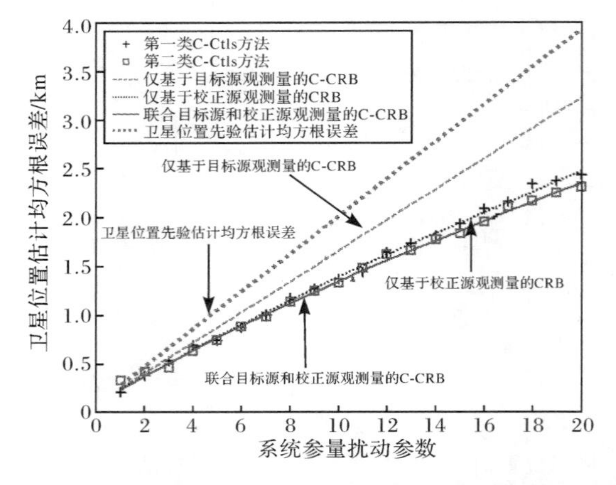

图 9.4　卫星位置估计均方根误差随着系统参量扰动参数 δ_2 的变化曲线

(2) 第一类约束总体最小二乘定位方法的卫星位置估计均方根误差可以达到“仅基于校正源观测量的克拉美罗界”(由式(3.45)给出),这是因为该方法仅在第一步给出卫星位置的估计值,而第一步中仅仅利用了校正源观测量;第二类约束总体最小二乘定位方法的卫星位置估计均方根误差可以达到“联合目标源和校正源观测量的克拉美罗界”(由式(9.26)给出),因此其估计精度要高于第一类约束总体最小二乘定位方法。

(3) 相比于卫星位置先验测量方差(由方差矩阵 $\boldsymbol{Q}_2$ 计算获得)以及“仅基于目标源观测量的克拉美罗界”(由式(9.15)给出),两类约束总体最小二乘定位方法给出的卫星位置估计值均具有更小的方差。

2. 数值实验 2

现将目标的三维位置坐标设为(−3611.5km,3917.8km,3493.7km),该位置坐标仍然满足等式约束式(9.123),两个校正源的三维位置坐标分别设为(−3349.5km,4222.9km,3398.6km)和(−3503.8km,3847.9km,3675.1km),其余数值实验条件基本不变。下面将比较本章的第一类约束总体最小二乘定位方法和第6章的第一类约束总体最小二乘定位方法(未利用目标位置等式约束)的目标位置估计性能,其目的在于说明通过利用目标位置所服从的等式约束可以提高定位精度。

首先,将卫星位置测量误差标准差固定为 $\sigma_{位置}=0.2$km,而将TDOA参数的观测误差标准差设置为 $\sigma_{距离差}=0.02\delta_1$km,这里将 δ_1 称为观测量扰动参数(其数值会从1到20发生变化)。图9.5给出了本章和第6章的第一类约束总体最小二乘定位方法的目标位置估计均方根误差随着观测量扰动参数 δ_1 的变化曲线。

然后,将TDOA参数的观测误差标准差固定为 $\sigma_{距离差}=0.03$km,而将卫星位置测量误差标准差设置为 $\sigma_{位置}=0.01\delta_2$km,这里将 δ_2 称为系统参量扰动参数(其数值会从1到20发生变化)。图9.6给出了本章和第6章的第一类约束总体最小二乘定位方法的目标位置估计均方根误差随着系统参量扰动参数 δ_2 的变化曲线。

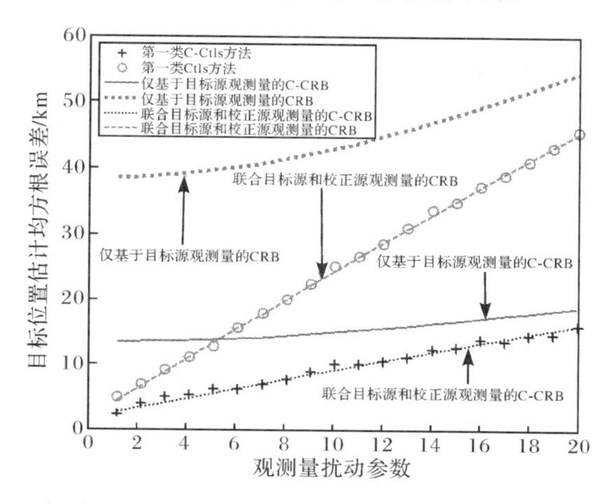

图9.5　目标位置估计均方根误差随着观测量扰动参数 δ_1 的变化曲线

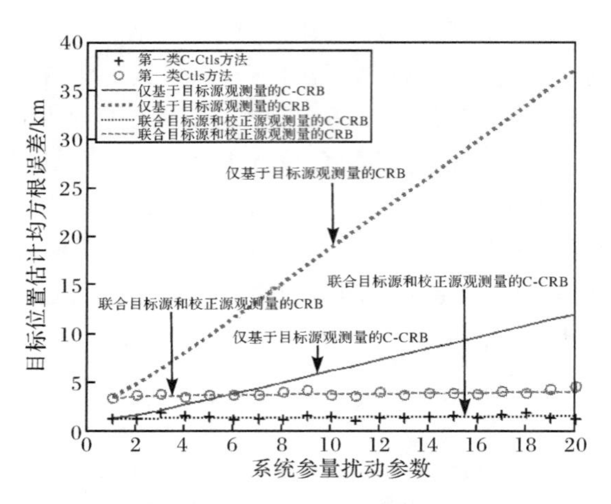

图 9.6　目标位置估计均方根误差随着系统参量扰动参数 δ_2 的变化曲线

从图 9.5 和图 9.6 可以看出：

(1) 由于本章的第一类约束总体最小二乘定位方法利用了目标位置服从的等式约束，因此它比第 6 章的第一类约束总体最小二乘定位方法具有更高的定位精度，该结论对于第二类约束总体最小二乘定位方法同样适用，但限于篇幅这里不再给出其估计结果。

(2) 两种第一类约束总体最小二乘定位方法的目标位置估计均方根误差都可以达到其所对应的克拉美罗界(分别由式(3.34)和式(9.29)给出)，从而再次说明了它们的渐近最优性。

3. 数值实验 3

数值实验条件基本同数值实验 1，仅改变校正源的个数及其三维位置坐标，并且考虑以下三种情形：①设置三个校正源，每个校正源的三维位置坐标分别为(−2965.8km，4704.2km，3112.8km)，(−3266.3km，4132.8km，3584.0km)和(−3157.9km，4440.3km，3304.4km)；②设置两个校正源，每个校正源的三维位置坐标分别为(−3266.3km，4132.8km，3584.0km)和(−3157.9km，4440.3km，3304.4km)；③仅设置一个校正源，该校正源的三维位置坐标为(−3157.9km，4440.3km，3304.4km)。下面的实验将在上述三种情形下给出第二类约束总体最小二乘定位方法的参数估计性能，其目的在于说明校正源个数对于参数估计精度的影响。

首先，将卫星位置测量误差标准差固定为 $\sigma_{位置}=0.3\mathrm{km}$，而将 TDOA 参数的观测误差标准差设置为 $\sigma_{距离差}=0.015\delta_1\mathrm{km}$，这里将 δ_1 称为观测量扰动参数(其数值会从 1 到 20 发生变化)。图 9.7 给出了第二类约束总体最小二乘定位方法的目标位置估计均方根误差随着观测量扰动参数 δ_1 的变化曲线，图 9.8 给出了第二类约束总体最小二乘定位方法的卫星位置估计均方根误差随着观测量扰动参数 δ_1 的变化曲线。

然后，将 TDOA 参数的观测误差标准差固定为 $\sigma_{距离差}=0.2\mathrm{km}$，而将卫星位置测量误差标准差设置为 $\sigma_{位置}=0.04\delta_2\mathrm{km}$，这里将 δ_2 称为系统参量扰动参数(其数值会从 1 到 20 发生变化)。图 9.9 给出了第二类约束总体最小二乘定位方法的目标位置估计均方根误差随着系统参量扰动参数 δ_2 的变化曲线，图 9.10 给出了第二类约束总体最小二乘定位方法的卫星位置估计均方根误差随着系统参量扰动参数 δ_2 的变化曲线。

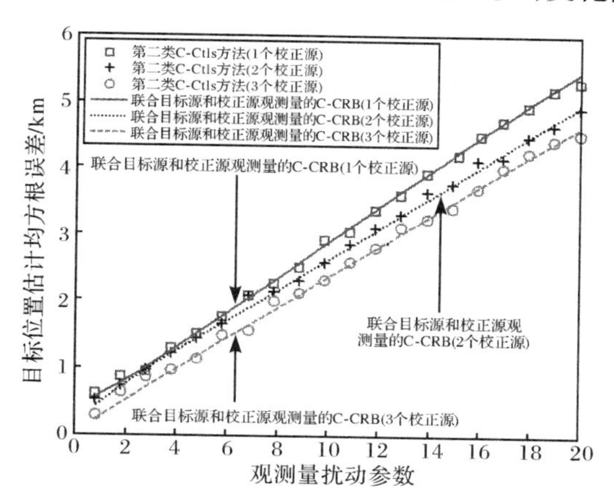

图 9.7　目标位置估计均方根误差随着观测量扰动参数 δ_1 的变化曲线

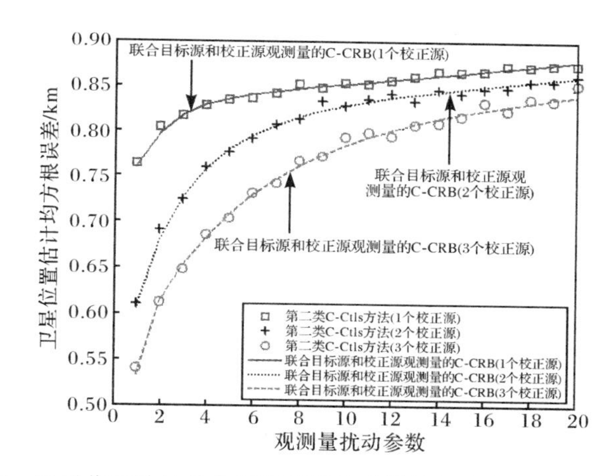

图 9.8　卫星位置估计均方根误差随着观测量扰动参数 δ_1 的变化曲线

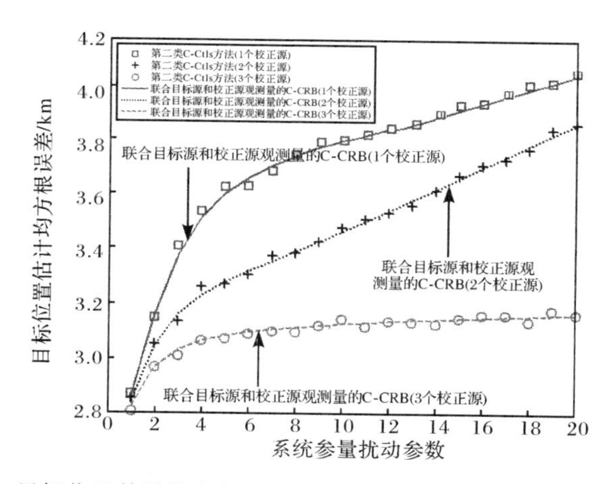

图 9.9　目标位置估计均方根误差随着系统参量扰动参数 δ_2 的变化曲线

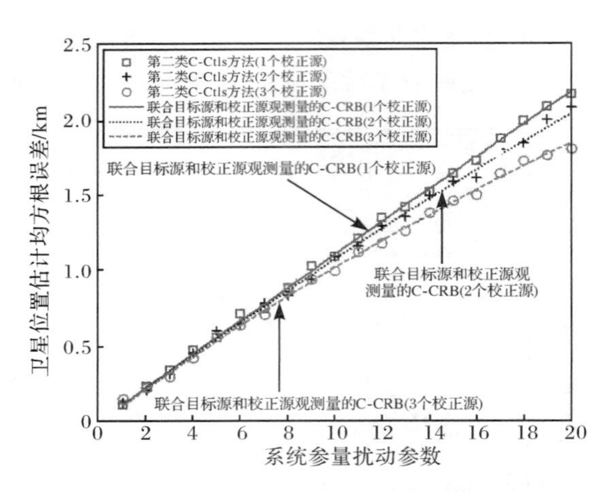

图 9.10 卫星位置估计均方根误差随着系统参量扰动参数 δ_2 的变化曲线

从图 9.7～图 9.10 可以看出：

(1) 随着校正源个数的增加，无论目标位置还是卫星位置的估计精度都能够得到提高。

(2) 第二类约束总体最小二乘定位方法的目标位置和卫星位置估计均方根误差都可以达到“联合目标源和校正源观测量的克拉美罗界”(分别由式(9.26)和式(9.29)给出)，从而再次说明了其渐近最优性。

参考文献

[1] 刘海军，柳征，姜文利，等. 基于星载测向体制的辐射源定位融合算法[J]. 系统工程与电子技术，2009，31(12)：2875-2878.

[2] 李腾，郭福成，姜文利. 星载干涉仪无源定位新方法及其误差分析[J]. 国防科技大学学报，2012，34(3)：164-170.

[3] 徐义，郭福成，冯道旺. 一种单星仅测 TOA 无源定位方法[J]. 宇航学报，2010，31(2)：502-508.

[4] 陆安南，杨小牛. 单星测频测相位差无源定位[J]. 系统工程与电子技术，2010，32(2)：244-247.

[5] 龙宁. 单星无源定位原理及精度分析[J]. 电讯技术，2011，51(6)：17-20.

[6] 潘理刚，李宏圆. 基于 WGS-84 椭球地球模型的单星多普勒测频定位技术[J]. 舰船电子对抗，2013，36(3)：17-21.

[7] 郭福成，樊昀. 双星 TDOA/FDOA 无源定位方法分析[J]. 航天电子对抗，2006，22(6)：20-23.

[8] 张勇，盛卫东，郭福成，等. 低轨双星无源定位算法及定位精度分析[J]. 中国惯性技术学报，2007，15(2)：188-192.

[9] 郭福成，樊昀. 双星时差频差联合定位方法及其误差分析[J]. 宇航学报，2008，29(4)：1381-1386.

[10] Yang Z B, Qiu Y, Lu A N. PSO based passive satellite localization using TDOA and FDOA measurements[C]//Proceedings of the IEEE International Conference on Computer and Information Science, 2011：251-254.

[11] 彭华峰，夏畅雄，曹金坤. 基于最小二乘融合估计的双星时频差定位[J]. 电讯技术，2012，52(4)：435-439.

[12] Mason J. Algebraic two-satellite TOA/FOA position solution on an ellipsoidal earth[J]. IEEE Transactions on Aerospace and Electronic Systems，2004，40(7)：1087-1092.
[13] Lei Y，Cao J M，Qu W Z，et al. Dual-station geolocation using TDOA and GROA of a known altitude object[C]//Proceedings of the IEEE International Conference on Computer Science and Network Technology，2013：1055-1059.
[14] Ho K C，Chan Y T. Solution and performance analysis of geolocation by TDOA[J]. IEEE Transactions on Aerospace and Electronic Systems，1993，29(4)：1311-1322.
[15] 钟丹星，邓新蒲，周一宇. 一种基于 WGS-84 地球面模型的卫星测时差定位算法[J]. 宇航学报，2003，24(6)：569-573.
[16] 林雪原，何友. 数字地图辅助的三星时差定位方法及误差分析[J]. 电子科技大学学报，2007，36(4)：688-691.
[17] 钟丹星. 低轨三星星座测时差定位方法若干问题研究[D]. 长沙：国防科学技术大学，2002.
[18] 吴辉，肖楚珍，肖岭，等. 高程信息辅助的地面辐射源时差定位方法[J]. 计算机仿真，2011，28(10)：61-66.
[19] 任文娟，胡东辉，丁赤飚. 三星时差定位系统的多时差联合定位方法[J]. 雷达学报，2012，1(3)：262-269.
[20] 徐海源，吕守业，韩涛. 三星多普勒频差无源定位方法及定位精度分析[J]. 宇航学报，2010，31(7)：1832-1837.
[21] 程小震，唐宏，王元利，等. 高精度测向辅助的三星时差定位算法[J]. 电子信息对抗技术，2010，25(6)：11-16.
[22] Ho K C，Chan Y T. Geolocation of a known altitude object from TDOA and FDOA measurements[J]. IEEE Transactions on Aerospace and Electronic Systems，1997，33(3)：770-783.
[23] 朱伟强，黄培康，束锋，等. 多星 TDOA 和 FDOA 联合定位精度分析[J]. 系统工程与电子技术，2009，31(12)：2797-2800.
[24] Riccardo B，David H，Nigel S. Interference localization for the EUTELSAT satellite system[C]//Proceedings of the IEEE International Conference on Globecom，1995：1641-1651.
[25] Haworth D P，Smith N G，Bardelli R，et al. Interference localization for EUTELSAT satellites—the first European transmitter location system[J]. International Journal of Satellite Communications，1997，15(4)：155-183.
[26] 瞿文中，叶尚福，孙正波. 卫星干扰源精确定位的位置校正算法[J]. 电波科学学报，2005，20(3)：342-346.
[27] 瞿文中，叶尚福，孙正波. 卫星干扰源定位的位置迭代算法[J]. 电子与信息学报，2005，27(5)：797-800.
[28] 严航，姚山峰. 基于参考站的低轨双星定位误差校正分析[J]. 电讯技术，2011，51(12)：27-33.
[29] Xue Y R，Li X H，Xu L X，et al. Research on position differential method of dual-satellites TDOA and FDOA in passive location system[C]//Proceedings of the IEEE International Symposium on Frequency Control，2012：1-5.
[30] 高谦，郭福成，吴京，等. 一种三星时差定位系统的校正算法[J]. 航天电子对抗，2007，23(5)：5-7.
[31] 王莹桂，李腾，陈振林，等. 三星时差定位系统的四站标定方法[J]. 宇航学报，2010，31(5)：1352-1356.
[32] 郭连华，郭福成，李金洲. 一种多标校源的高轨伴星时差频差定位算法[J]. 宇航学报，2012，33(10)：1407-1412.

[33] 王鼎. 卫星位置误差条件下基于约束 Taylor 级数迭代的地面目标定位理论性能分析[J]. 中国科学:信息科学,2014,44(2):231-253.
[34] 赖炎连,贺国平. 最优化方法[M]. 北京:清华大学出版社,2008.

第10章　校正源条件下广义最小二乘定位方法之推广III：校正源位置向量存在测量误差

在无源定位问题中，校正源也可能会放置在舰载或机载等运动平台上，因此其位置测量值中也可能会包含一定的测量误差。另外，当实际条件受限时，人们还会选择一些非合作目标源作为校正源，而非合作目标源的位置向量通常难以精确获得。基于上述讨论可知，校正源位置误差在一些定位场景中是难以避免的。显然，如果直接忽略校正源位置误差的影响，则必然会影响最终的定位结果，文献[1]～[3]定量分析了校正源位置误差对于目标定位精度的影响，其中的理论分析和仿真实验均表明，校正源位置测量误差会增加定位误差，因此，在定位过程中需要将这一因素考虑到定位方法中。

在校正源位置向量存在测量误差的条件下，相关学者也提出了一些定位方法[1,2,4,5]，但是大都是针对具体的定位观测量所提出的，缺乏统一的模型和框架。需要指出的是，本书前面几章所介绍的各类(广义)最小二乘定位方法都可以推广应用于校正源位置误差的条件下，但限于篇幅，本章仅以第3章非线性加权最小二乘(non-linear weighted least square，Nlwls)定位方法为例进行讨论。本章首先在校正源位置向量存在测量误差的条件下，推导了目标位置向量，系统参量和校正源位置向量联合估计方差的克拉美罗界，并将其与校正源位置向量精确已知和没有校正源这两种情况进行比较，从数学上证明校正源位置测量误差会增加参数估计方差的克拉美罗界，但相比于没有校正源的情况，仍然能够降低参数估计方差的克拉美罗界；然后设计出两类考虑校正源位置误差，并且能够有效利用校正源观测量的非线性加权最小二乘定位方法，并定量推导这两类定位方法的参数估计性能，从数学上证明它们的目标位置估计方差都可以达到相应的克拉美罗界(在门限效应发生前)；最后还设计出一种无源定位算例，用以验证本章定位方法及其理论分析的有效性。

10.1　校正源位置向量存在测量误差时的非线性观测模型及其参数估计方差的克拉美罗界

10.1.1　非线性观测模型

考虑无源定位中的数学模型，其中待定位目标的真实位置向量为$\boldsymbol{u}$，假设通过某些观测方式可以获得关于目标位置向量的空域、时域、频域或者能量域观测量(如第1章描述的各类定位观测量)，则不妨建立如下统一的(非线性)代数观测模型：

$$\boldsymbol{z}=\boldsymbol{z}_0+\boldsymbol{n}=\boldsymbol{g}(\boldsymbol{u},\boldsymbol{w})+\boldsymbol{n} \tag{10.1}$$

式中，

(1) $\boldsymbol{z}\in\mathbf{R}^{p\times 1}$表示实际中获得的关于目标源的观测向量;

(2) $\boldsymbol{u}\in\mathbf{R}^{q\times 1}(q\leqslant p)$表示待估计的目标位置向量($q\leqslant p$是为了保证问题的可解性);

(3) $\boldsymbol{w}\in\mathbf{R}^{l\times 1}$表示观测方程中的系统参量,本书主要指观测站的位置和速度参数;

(4) $\boldsymbol{z}_0=\boldsymbol{g}(\boldsymbol{u},\boldsymbol{w})$表示没有误差条件下(即理想条件下)关于目标源的观测向量,其中$\boldsymbol{g}(\cdot,\cdot)$泛指连续可导的非线性观测函数,同时它是关于目标位置向量$\boldsymbol{u}$和系统参量$\boldsymbol{w}$的函数,由于这里并不限制特定的定位观测量,因此用统一的函数形式来表征;

(5) $\boldsymbol{n}\in\mathbf{R}^{p\times 1}$表示观测误差,本书假设它服从零均值高斯分布,并且其方差矩阵等于$\boldsymbol{Q}_1=E[\boldsymbol{n}\boldsymbol{n}^{\mathrm{T}}]$。

在很多情况下,系统参量$\boldsymbol{w}$也通过测量获得,其中难免会受到测量误差的影响,本书称其为系统误差,并特指因观测站位置和速度扰动所产生的误差。若假设其测量向量为$\boldsymbol{v}$,并且该测量值在目标定位之前已经事先获得,则有

$$\boldsymbol{v}=\boldsymbol{w}+\boldsymbol{m} \tag{10.2}$$

式中,$\boldsymbol{m}\in\mathbf{R}^{l\times 1}$表示系统参量的测量误差,本书假设它服从零均值高斯分布,其方差矩阵等于$\boldsymbol{Q}_2=E[\boldsymbol{m}\boldsymbol{m}^{\mathrm{T}}]$,并且与误差向量$\boldsymbol{n}$相互间统计独立。

在实际目标定位过程中,系统参量的测量误差对于定位精度的影响是较大的,为了能够消除系统误差的影响,可以在目标源周边放置若干校正源,并且校正源的位置能够精确获得。假设校正源的个数为d,其中第k个校正源的真实位置向量为$\boldsymbol{s}_k(1\leqslant k\leqslant d)$。与针对目标源的处理方式类似,实际中同样可以获得关于校正源的空域、时域、频域或者能量域观测量(如第1章描述的各类定位观测量),从而建立反映校正源位置向量和系统参量之间的代数观测方程。类似于式(10.1),关于第k个校正源的统一(非线性)代数观测模型可表示为

$$\boldsymbol{r}_k=\boldsymbol{r}_{k0}+\boldsymbol{e}_k=\boldsymbol{g}(\boldsymbol{s}_k,\boldsymbol{w})+\boldsymbol{e}_k,\quad 1\leqslant k\leqslant d \tag{10.3}$$

式中,

(1) $\boldsymbol{r}_k\in\mathbf{R}^{p\times 1}$表示实际中获得的关于第$k$个校正源的观测向量;

(2) $\boldsymbol{s}_k\in\mathbf{R}^{q\times 1}(q\leqslant p)$表示第$k$个校正源的目标位置向量(这里假设其精确已知);

(3) $\boldsymbol{r}_{k0}=\boldsymbol{g}(\boldsymbol{s}_k,\boldsymbol{w})$表示没有误差条件下(即理想条件下)的观测向量,其中$\boldsymbol{g}(\cdot,\cdot)$泛指连续可导的非线性观测函数,同时它是关于校正源位置向量$\boldsymbol{s}_k$和系统参量$\boldsymbol{w}$的函数,由于这里并不限制特定的定位观测量,因此用统一的函数形式来表征;

(4) $\boldsymbol{e}_k\in\mathbf{R}^{p\times 1}$表示关于第$k$个校正源的观测误差。

为了便于后续定位方法的推导和理论分析,这里需要将关于每个校正源的向量合并成更高维度的向量,如式(10.4)所示:

$$\begin{cases}\boldsymbol{r}=[\boldsymbol{r}_1^{\mathrm{T}}\quad \boldsymbol{r}_2^{\mathrm{T}}\quad \cdots\quad \boldsymbol{r}_d^{\mathrm{T}}]^{\mathrm{T}}\in\mathbf{R}^{pd\times 1},\quad \boldsymbol{r}_0=[\boldsymbol{r}_{10}^{\mathrm{T}}\quad \boldsymbol{r}_{20}^{\mathrm{T}}\quad \cdots\quad \boldsymbol{r}_{d0}^{\mathrm{T}}]^{\mathrm{T}}\in\mathbf{R}^{pd\times 1}\\ \boldsymbol{e}=[\boldsymbol{e}_1^{\mathrm{T}}\quad \boldsymbol{e}_2^{\mathrm{T}}\quad \cdots\quad \boldsymbol{e}_d^{\mathrm{T}}]^{\mathrm{T}}\in\mathbf{R}^{pd\times 1},\quad \boldsymbol{s}=[\boldsymbol{s}_1^{\mathrm{T}}\quad \boldsymbol{s}_2^{\mathrm{T}}\quad \cdots\quad \boldsymbol{s}_d^{\mathrm{T}}]^{\mathrm{T}}\in\mathbf{R}^{qd\times 1}\\ \bar{\boldsymbol{g}}(\boldsymbol{s},\boldsymbol{w})=[\boldsymbol{g}^{\mathrm{T}}(\boldsymbol{s}_1,\boldsymbol{w})\quad \boldsymbol{g}^{\mathrm{T}}(\boldsymbol{s}_2,\boldsymbol{w})\quad \cdots\quad \boldsymbol{g}^{\mathrm{T}}(\boldsymbol{s}_d,\boldsymbol{w})]^{\mathrm{T}}\in\mathbf{R}^{pd\times 1}\end{cases} \tag{10.4}$$

结合式(10.3)和式(10.4)可得如下等式:

$$\boldsymbol{r}=\boldsymbol{r}_0+\boldsymbol{e}=\bar{\boldsymbol{g}}(\boldsymbol{s},\boldsymbol{w})+\boldsymbol{e} \tag{10.5}$$

式中,误差向量$\boldsymbol{e}$服从零均值高斯分布,其方差矩阵等于$\boldsymbol{Q}_3=E[\boldsymbol{e}\boldsymbol{e}^{\mathrm{T}}]$,并且与误差向量$\boldsymbol{n}$和$\boldsymbol{m}$相互间统计独立。

在很多情况下，校正源位置向量 $\boldsymbol{s}$ 也通过测量获得，其中难免会受到测量误差的影响。若假设其测量向量为 $\boldsymbol{\tau}$，并且该测量值在目标定位之前已经事先获得，则有

$$\boldsymbol{\tau}=\boldsymbol{s}+\boldsymbol{\kappa} \tag{10.6}$$

式中，$\boldsymbol{\kappa}\in\mathbf{R}^{qd\times 1}$ 表示校正源位置向量测量误差，本书假设它服从零均值高斯分布，其方差矩阵等于 $\boldsymbol{Q}_4=E[\boldsymbol{\kappa}\boldsymbol{\kappa}^{\mathrm{T}}]$，并且与误差向量 $\boldsymbol{n},\boldsymbol{m}$ 和 $\boldsymbol{e}$ 相互间统计独立。

综合上述分析可知，在校正源存在条件下，当校正源位置向量存在测量误差时，用于目标定位的观测模型可联立表示为

$$\begin{cases}\boldsymbol{z}=\boldsymbol{g}(\boldsymbol{u},\boldsymbol{w})+\boldsymbol{n}\\ \boldsymbol{v}=\boldsymbol{w}+\boldsymbol{m}\\ \boldsymbol{r}=\bar{\boldsymbol{g}}(\boldsymbol{s},\boldsymbol{w})+\boldsymbol{e}\\ \boldsymbol{\tau}=\boldsymbol{s}+\boldsymbol{\kappa}\end{cases} \tag{10.7}$$

下面将基于上述观测模型和统计假设推导未知参数估计方差的克拉美罗界。

10.1.2　参数估计方差的克拉美罗界

这里将推导参数估计方差的克拉美罗界，并且分成两种场景进行讨论：①联合目标源和校正源观测量推导目标位置向量 $\boldsymbol{u}$，系统参量 $\boldsymbol{w}$ 和校正源位置向量 $\boldsymbol{s}$ 联合估计方差的克拉美罗界；②在仅基于校正源观测量的条件下推导系统参量 $\boldsymbol{w}$ 和校正源位置向量 $\boldsymbol{s}$ 联合估计方差的克拉美罗界。

需要指出的是，由于这里是在校正源位置向量存在测量误差的条件下推导克拉美罗界，因此为了与第 3 章推导的克拉美罗界符号区分开，下面将所推导的克拉美罗界符号中增加上标“(r)”，该上标表示在校正源位置误差条件下推导的克拉美罗界。

1. 联合目标源和校正源观测量的克拉美罗界

这里将联合目标源观测量 $\boldsymbol{z}$、校正源观测量 $\boldsymbol{r}$、系统参量先验测量值 $\boldsymbol{v}$ 和校正源位置向量先验测量值 $\boldsymbol{\tau}$ 推导未知参量 $\boldsymbol{u},\boldsymbol{w}$ 和 $\boldsymbol{s}$ 联合估计方差的克拉美罗界，结果可见如下命题。

命题 10.1　基于观测模型式(10.7)，未知参量 $\boldsymbol{u},\boldsymbol{w}$ 和 $\boldsymbol{s}$ 联合估计方差的克拉美罗界矩阵可表示为

$$\mathbf{CRB}^{(\mathrm{r})}\left(\begin{bmatrix}\boldsymbol{u}\\ \boldsymbol{w}\\ \boldsymbol{s}\end{bmatrix}\right)=\left[\begin{array}{c:c:c}\boldsymbol{G}_1^{\mathrm{T}}(\boldsymbol{u},\boldsymbol{w})\boldsymbol{Q}_1^{-1}\boldsymbol{G}_1(\boldsymbol{u},\boldsymbol{w}) & \boldsymbol{G}_1^{\mathrm{T}}(\boldsymbol{u},\boldsymbol{w})\boldsymbol{Q}_1^{-1}\boldsymbol{G}_2(\boldsymbol{u},\boldsymbol{w}) & \boldsymbol{O}_{q\times qd}\\ \hdashline \boldsymbol{G}_2^{\mathrm{T}}(\boldsymbol{u},\boldsymbol{w})\boldsymbol{Q}_1^{-1}\boldsymbol{G}_1(\boldsymbol{u},\boldsymbol{w}) & \begin{array}{c}\boldsymbol{G}_2^{\mathrm{T}}(\boldsymbol{u},\boldsymbol{w})\boldsymbol{Q}_1^{-1}\boldsymbol{G}_2(\boldsymbol{u},\boldsymbol{w})+\boldsymbol{Q}_2^{-1}\\ +\bar{\boldsymbol{G}}^{\mathrm{T}}(\boldsymbol{s},\boldsymbol{w})\boldsymbol{Q}_3^{-1}\bar{\boldsymbol{G}}(\boldsymbol{s},\boldsymbol{w})\end{array} & \bar{\boldsymbol{G}}^{\mathrm{T}}(\boldsymbol{s},\boldsymbol{w})\boldsymbol{Q}_3^{-1}\bar{\boldsymbol{J}}(\boldsymbol{s},\boldsymbol{w})\\ \hdashline \boldsymbol{O}_{qd\times q} & \bar{\boldsymbol{J}}^{\mathrm{T}}(\boldsymbol{s},\boldsymbol{w})\boldsymbol{Q}_3^{-1}\bar{\boldsymbol{G}}(\boldsymbol{s},\boldsymbol{w}) & \bar{\boldsymbol{J}}^{\mathrm{T}}(\boldsymbol{s},\boldsymbol{w})\boldsymbol{Q}_3^{-1}\bar{\boldsymbol{J}}(\boldsymbol{s},\boldsymbol{w})+\boldsymbol{Q}_4^{-1}\end{array}\right]^{-1} \tag{10.8}$$

式中，$\boldsymbol{G}_1(\boldsymbol{u},\boldsymbol{w})=\dfrac{\partial\boldsymbol{g}(\boldsymbol{u},\boldsymbol{w})}{\partial\boldsymbol{u}^{\mathrm{T}}}\in\mathbf{R}^{p\times q}$ 表示函数 $\boldsymbol{g}(\boldsymbol{u},\boldsymbol{w})$ 关于向量 $\boldsymbol{u}$ 的 Jacobi 矩阵，它是列满秩矩阵；$\boldsymbol{G}_2(\boldsymbol{u},\boldsymbol{w})=\dfrac{\partial\boldsymbol{g}(\boldsymbol{u},\boldsymbol{w})}{\partial\boldsymbol{w}^{\mathrm{T}}}\in\mathbf{R}^{p\times l}$ 表示函数 $\boldsymbol{g}(\boldsymbol{u},\boldsymbol{w})$ 关于向量 $\boldsymbol{w}$ 的 Jacobi 矩阵；$\bar{\boldsymbol{G}}(\boldsymbol{s},\boldsymbol{w})=\dfrac{\partial\bar{\boldsymbol{g}}(\boldsymbol{s},\boldsymbol{w})}{\partial\boldsymbol{w}^{\mathrm{T}}}\in\mathbf{R}^{pd\times l}$ 表示函数 $\bar{\boldsymbol{g}}(\boldsymbol{s},\boldsymbol{w})$ 关于向量 $\boldsymbol{w}$ 的 Jacobi 矩阵；而 $\bar{\boldsymbol{J}}(\boldsymbol{s},\boldsymbol{w})=\dfrac{\partial\bar{\boldsymbol{g}}(\boldsymbol{s},\boldsymbol{w})}{\partial\boldsymbol{s}^{\mathrm{T}}}\in$

$\mathbf{R}^{pd\times qd}$表示函数$\bar{\boldsymbol{g}}(\boldsymbol{s},\boldsymbol{w})$关于向量$\boldsymbol{s}$的Jacobi矩阵。

证明 首先定义扩维的未知参量$\boldsymbol{\eta}=[\boldsymbol{u}^{\mathrm{T}}\quad \boldsymbol{w}^{\mathrm{T}}\quad \boldsymbol{s}^{\mathrm{T}}]^{\mathrm{T}}\in\mathbf{R}^{(q(d+1)+l)\times 1}$和扩维的观测向量$\boldsymbol{\mu}=[\boldsymbol{z}^{\mathrm{T}}\quad \boldsymbol{v}^{\mathrm{T}}\quad \boldsymbol{r}^{\mathrm{T}}\quad \boldsymbol{\tau}^{\mathrm{T}}]^{\mathrm{T}}\in\mathbf{R}^{(p(d+1)+qd+l)\times 1}$。基于观测模型式(10.7)及其误差的统计假设可知，对于特定的参数$\boldsymbol{\eta}$，观测向量$\boldsymbol{\mu}$的最大似然函数可表示为

$$\begin{aligned}f_{\mathrm{ml}}^{(\mathrm{r})}(\boldsymbol{\mu}\mid\boldsymbol{\eta})=&(2\pi)^{-(p(d+1)+qd+l)/2}\left(\det\begin{bmatrix}\boldsymbol{Q}_1 & \boldsymbol{O}_{p\times l} & \boldsymbol{O}_{p\times pd} & \boldsymbol{O}_{p\times qd}\\ \boldsymbol{O}_{l\times p} & \boldsymbol{Q}_2 & \boldsymbol{O}_{l\times pd} & \boldsymbol{O}_{l\times qd}\\ \boldsymbol{O}_{pd\times p} & \boldsymbol{O}_{pd\times l} & \boldsymbol{Q}_3 & \boldsymbol{O}_{pd\times qd}\\ \boldsymbol{O}_{qd\times p} & \boldsymbol{O}_{qd\times l} & \boldsymbol{O}_{qd\times pd} & \boldsymbol{Q}_4\end{bmatrix}\right)^{-1/2}\\ &\cdot\exp\left\{-\frac{1}{2}\begin{bmatrix}\boldsymbol{z}-\boldsymbol{g}(\boldsymbol{u},\boldsymbol{w})\\ \boldsymbol{v}-\boldsymbol{w}\\ \boldsymbol{r}-\bar{\boldsymbol{g}}(\boldsymbol{s},\boldsymbol{w})\\ \boldsymbol{\tau}-\boldsymbol{s}\end{bmatrix}^{\mathrm{T}}\begin{bmatrix}\boldsymbol{Q}_1^{-1} & \boldsymbol{O}_{p\times l} & \boldsymbol{O}_{p\times pd} & \boldsymbol{O}_{p\times qd}\\ \boldsymbol{O}_{l\times p} & \boldsymbol{Q}_2^{-1} & \boldsymbol{O}_{l\times pd} & \boldsymbol{O}_{l\times qd}\\ \boldsymbol{O}_{pd\times p} & \boldsymbol{O}_{pd\times l} & \boldsymbol{Q}_3^{-1} & \boldsymbol{O}_{pd\times qd}\\ \boldsymbol{O}_{qd\times p} & \boldsymbol{O}_{qd\times l} & \boldsymbol{O}_{qd\times pd} & \boldsymbol{Q}_4^{-1}\end{bmatrix}\begin{bmatrix}\boldsymbol{z}-\boldsymbol{g}(\boldsymbol{u},\boldsymbol{w})\\ \boldsymbol{v}-\boldsymbol{w}\\ \boldsymbol{r}-\bar{\boldsymbol{g}}(\boldsymbol{s},\boldsymbol{w})\\ \boldsymbol{\tau}-\boldsymbol{s}\end{bmatrix}\right\}\\ =&(2\pi)^{-(p(d+1)+qd+l)/2}(\det[\boldsymbol{Q}_1]\det[\boldsymbol{Q}_2]\det[\boldsymbol{Q}_3]\det[\boldsymbol{Q}_4])^{-1/2}\\ &\cdot\exp\left\{-\frac{1}{2}(\boldsymbol{z}-\boldsymbol{g}(\boldsymbol{u},\boldsymbol{w}))^{\mathrm{T}}\boldsymbol{Q}_1^{-1}(\boldsymbol{z}-\boldsymbol{g}(\boldsymbol{u},\boldsymbol{w}))\right\}\exp\left\{-\frac{1}{2}(\boldsymbol{v}-\boldsymbol{w})^{\mathrm{T}}\boldsymbol{Q}_2^{-1}(\boldsymbol{v}-\boldsymbol{w})\right\}\\ &\cdot\exp\left\{-\frac{1}{2}(\boldsymbol{r}-\bar{\boldsymbol{g}}(\boldsymbol{s},\boldsymbol{w}))^{\mathrm{T}}\boldsymbol{Q}_3^{-1}(\boldsymbol{r}-\bar{\boldsymbol{g}}(\boldsymbol{s},\boldsymbol{w}))\right\}\exp\left\{-\frac{1}{2}(\boldsymbol{\tau}-\boldsymbol{s})^{\mathrm{T}}\boldsymbol{Q}_4^{-1}(\boldsymbol{\tau}-\boldsymbol{s})\right\}\end{aligned}\tag{10.9}$$

对式(10.9)两边取对数可得对数似然函数为

$$\begin{aligned}\ln(f_{\mathrm{ml}}^{(\mathrm{r})}(\boldsymbol{\mu}\mid\boldsymbol{\eta}))=&-\frac{p(d+1)+qd+l}{2}\ln(2\pi)-\frac{1}{2}\ln(\det[\boldsymbol{Q}_1])-\frac{1}{2}\ln(\det[\boldsymbol{Q}_2])\\ &-\frac{1}{2}\ln(\det[\boldsymbol{Q}_3])-\frac{1}{2}\ln(\det[\boldsymbol{Q}_4])\\ &-\frac{1}{2}(\boldsymbol{z}-\boldsymbol{g}(\boldsymbol{u},\boldsymbol{w}))^{\mathrm{T}}\boldsymbol{Q}_1^{-1}(\boldsymbol{z}-\boldsymbol{g}(\boldsymbol{u},\boldsymbol{w}))-\frac{1}{2}(\boldsymbol{v}-\boldsymbol{w})^{\mathrm{T}}\boldsymbol{Q}_2^{-1}(\boldsymbol{v}-\boldsymbol{w})\\ &-\frac{1}{2}(\boldsymbol{r}-\bar{\boldsymbol{g}}(\boldsymbol{s},\boldsymbol{w}))^{\mathrm{T}}\boldsymbol{Q}_3^{-1}(\boldsymbol{r}-\bar{\boldsymbol{g}}(\boldsymbol{s},\boldsymbol{w}))-\frac{1}{2}(\boldsymbol{\tau}-\boldsymbol{s})^{\mathrm{T}}\boldsymbol{Q}_4^{-1}(\boldsymbol{\tau}-\boldsymbol{s})\end{aligned}\tag{10.10}$$

根据式(10.10)可知，对数似然函数$\ln(f_{\mathrm{ml}}^{(\mathrm{r})}(\boldsymbol{\mu}|\boldsymbol{\eta}))$关于向量$\boldsymbol{\eta}$的梯度向量为

$$\begin{aligned}\frac{\partial\ln(f_{\mathrm{ml}}^{(\mathrm{r})}(\boldsymbol{\mu}\mid\boldsymbol{\eta}))}{\partial\boldsymbol{\eta}}=&\begin{bmatrix}\dfrac{\partial\ln(f_{\mathrm{ml}}^{(\mathrm{r})}(\boldsymbol{\mu}\mid\boldsymbol{\eta}))}{\partial\boldsymbol{u}}\\ \dfrac{\partial\ln(f_{\mathrm{ml}}^{(\mathrm{r})}(\boldsymbol{\mu}\mid\boldsymbol{\eta}))}{\partial\boldsymbol{w}}\\ \dfrac{\partial\ln(f_{\mathrm{ml}}^{(\mathrm{r})}(\boldsymbol{\mu}\mid\boldsymbol{\eta}))}{\partial\boldsymbol{s}}\end{bmatrix}=\begin{bmatrix}\boldsymbol{G}_1^{\mathrm{T}}(\boldsymbol{u},\boldsymbol{w})\boldsymbol{Q}_1^{-1}(\boldsymbol{z}-\boldsymbol{g}(\boldsymbol{u},\boldsymbol{w}))\\ \boldsymbol{G}_2^{\mathrm{T}}(\boldsymbol{u},\boldsymbol{w})\boldsymbol{Q}_1^{-1}(\boldsymbol{z}-\boldsymbol{g}(\boldsymbol{u},\boldsymbol{w}))+\boldsymbol{Q}_2^{-1}(\boldsymbol{v}-\boldsymbol{w})+\bar{\boldsymbol{G}}^{\mathrm{T}}(\boldsymbol{s},\boldsymbol{w})\boldsymbol{Q}_3^{-1}(\boldsymbol{r}-\bar{\boldsymbol{g}}(\boldsymbol{s},\boldsymbol{w}))\\ \bar{\boldsymbol{J}}^{\mathrm{T}}(\boldsymbol{s},\boldsymbol{w})\boldsymbol{Q}_3^{-1}(\boldsymbol{r}-\bar{\boldsymbol{g}}(\boldsymbol{s},\boldsymbol{w}))+\boldsymbol{Q}_4^{-1}(\boldsymbol{\tau}-\boldsymbol{s})\end{bmatrix}\\ =&\begin{bmatrix}\boldsymbol{G}_1^{\mathrm{T}}(\boldsymbol{u},\boldsymbol{w})\boldsymbol{Q}_1^{-1}\boldsymbol{n}\\ \boldsymbol{G}_2^{\mathrm{T}}(\boldsymbol{u},\boldsymbol{w})\boldsymbol{Q}_1^{-1}\boldsymbol{n}+\boldsymbol{Q}_2^{-1}\boldsymbol{m}+\bar{\boldsymbol{G}}^{\mathrm{T}}(\boldsymbol{s},\boldsymbol{w})\boldsymbol{Q}_3^{-1}\boldsymbol{e}\\ \bar{\boldsymbol{J}}^{\mathrm{T}}(\boldsymbol{s},\boldsymbol{w})\boldsymbol{Q}_3^{-1}\boldsymbol{e}+\boldsymbol{Q}_4^{-1}\boldsymbol{\kappa}\end{bmatrix}\end{aligned}\tag{10.11}$$

于是关于未知参量$\boldsymbol{\eta}$的费希尔信息矩阵可表示为[6]

$$\mathbf{FISH}^{(\mathrm{r})}(\boldsymbol{\eta})=E\left[\frac{\partial\ln(f_{\mathrm{ml}}^{(\mathrm{r})}(\boldsymbol{\mu}\mid\boldsymbol{\eta}))}{\partial\boldsymbol{\eta}}\left(\frac{\partial\ln(f_{\mathrm{ml}}^{(\mathrm{r})}(\boldsymbol{\mu}\mid\boldsymbol{\eta}))}{\partial\boldsymbol{\eta}}\right)^{\mathrm{T}}\right]$$

$$
=\left[\begin{array}{c:c:c}
\boldsymbol{G}_1^{\mathrm{T}}(\boldsymbol{u},\boldsymbol{w})\boldsymbol{Q}_1^{-1}E[\boldsymbol{n}\boldsymbol{n}^{\mathrm{T}}]\boldsymbol{Q}_1^{-1}\boldsymbol{G}_1(\boldsymbol{u},\boldsymbol{w}) & \boldsymbol{G}_1^{\mathrm{T}}(\boldsymbol{u},\boldsymbol{w})\boldsymbol{Q}_1^{-1}E[\boldsymbol{n}\boldsymbol{n}^{\mathrm{T}}]\boldsymbol{Q}_1^{-1}\boldsymbol{G}_2(\boldsymbol{u},\boldsymbol{w}) & \boldsymbol{O}_{q\times qd} \\ \hdashline
\boldsymbol{G}_2^{\mathrm{T}}(\boldsymbol{u},\boldsymbol{w})\boldsymbol{Q}_1^{-1}E[\boldsymbol{n}\boldsymbol{n}^{\mathrm{T}}]\boldsymbol{Q}_1^{-1}\boldsymbol{G}_1(\boldsymbol{u},\boldsymbol{w}) & \begin{array}{c}\boldsymbol{G}_2^{\mathrm{T}}(\boldsymbol{u},\boldsymbol{w})\boldsymbol{Q}_1^{-1}E[\boldsymbol{n}\boldsymbol{n}^{\mathrm{T}}]\boldsymbol{Q}_1^{-1}\boldsymbol{G}_2(\boldsymbol{u},\boldsymbol{w}) \\ +\boldsymbol{Q}_2^{-1}E[\boldsymbol{m}\boldsymbol{m}^{\mathrm{T}}]\boldsymbol{Q}_2^{-1} \\ +\bar{\boldsymbol{G}}^{\mathrm{T}}(\boldsymbol{s},\boldsymbol{w})\boldsymbol{Q}_3^{-1}E[\boldsymbol{e}\boldsymbol{e}^{\mathrm{T}}]\boldsymbol{Q}_3^{-1}\bar{\boldsymbol{G}}(\boldsymbol{s},\boldsymbol{w})\end{array} & \bar{\boldsymbol{G}}^{\mathrm{T}}(\boldsymbol{s},\boldsymbol{w})\boldsymbol{Q}_3^{-1}E[\boldsymbol{e}\boldsymbol{e}^{\mathrm{T}}]\boldsymbol{Q}_3^{-1}\bar{\boldsymbol{J}}(\boldsymbol{s},\boldsymbol{w}) \\ \hdashline
\boldsymbol{O}_{qd\times q} & \bar{\boldsymbol{J}}^{\mathrm{T}}(\boldsymbol{s},\boldsymbol{w})\boldsymbol{Q}_3^{-1}E[\boldsymbol{e}\boldsymbol{e}^{\mathrm{T}}]\boldsymbol{Q}_3^{-1}\bar{\boldsymbol{G}}(\boldsymbol{s},\boldsymbol{w}) & \begin{array}{c}\bar{\boldsymbol{J}}^{\mathrm{T}}(\boldsymbol{s},\boldsymbol{w})\boldsymbol{Q}_3^{-1}E[\boldsymbol{e}\boldsymbol{e}^{\mathrm{T}}]\boldsymbol{Q}_3^{-1}\bar{\boldsymbol{J}}(\boldsymbol{s},\boldsymbol{w}) \\ +\boldsymbol{Q}_4^{-1}E[\boldsymbol{\kappa}\boldsymbol{\kappa}^{\mathrm{T}}]\boldsymbol{Q}_4^{-1}\end{array}
\end{array}\right]
$$

$$
=\left[\begin{array}{c:c:c}
\boldsymbol{G}_1^{\mathrm{T}}(\boldsymbol{u},\boldsymbol{w})\boldsymbol{Q}_1^{-1}\boldsymbol{G}_1(\boldsymbol{u},\boldsymbol{w}) & \boldsymbol{G}_1^{\mathrm{T}}(\boldsymbol{u},\boldsymbol{w})\boldsymbol{Q}_1^{-1}\boldsymbol{G}_2(\boldsymbol{u},\boldsymbol{w}) & \boldsymbol{O}_{q\times qd} \\ \hdashline
\boldsymbol{G}_2^{\mathrm{T}}(\boldsymbol{u},\boldsymbol{w})\boldsymbol{Q}_1^{-1}\boldsymbol{G}_1(\boldsymbol{u},\boldsymbol{w}) & \boldsymbol{G}_2^{\mathrm{T}}(\boldsymbol{u},\boldsymbol{w})\boldsymbol{Q}_1^{-1}\boldsymbol{G}_2(\boldsymbol{u},\boldsymbol{w})+\boldsymbol{Q}_2^{-1}+\bar{\boldsymbol{G}}^{\mathrm{T}}(\boldsymbol{s},\boldsymbol{w})\boldsymbol{Q}_3^{-1}\bar{\boldsymbol{G}}(\boldsymbol{s},\boldsymbol{w}) & \bar{\boldsymbol{G}}^{\mathrm{T}}(\boldsymbol{s},\boldsymbol{w})\boldsymbol{Q}_3^{-1}\bar{\boldsymbol{J}}(\boldsymbol{s},\boldsymbol{w}) \\ \hdashline
\boldsymbol{O}_{qd\times q} & \bar{\boldsymbol{J}}^{\mathrm{T}}(\boldsymbol{s},\boldsymbol{w})\boldsymbol{Q}_3^{-1}\bar{\boldsymbol{G}}(\boldsymbol{s},\boldsymbol{w}) & \bar{\boldsymbol{J}}^{\mathrm{T}}(\boldsymbol{s},\boldsymbol{w})\boldsymbol{Q}_3^{-1}\bar{\boldsymbol{J}}(\boldsymbol{s},\boldsymbol{w})+\boldsymbol{Q}_4^{-1}
\end{array}\right] \tag{10.12}
$$

根据式(10.12)可知，未知参量 $\boldsymbol{\eta}$ 的估计方差的克拉美罗界矩阵等于

$$
\mathbf{CRB}^{(\mathrm{r})}(\boldsymbol{\eta})=(\mathbf{FISH}^{(\mathrm{r})}(\boldsymbol{\eta}))^{-1}=\mathbf{CRB}^{(\mathrm{r})}\left(\begin{bmatrix}\boldsymbol{u}\\ \boldsymbol{w}\\ \boldsymbol{s}\end{bmatrix}\right)
$$

$$
=\left[\begin{array}{c:c:c}
\boldsymbol{G}_1^{\mathrm{T}}(\boldsymbol{u},\boldsymbol{w})\boldsymbol{Q}_1^{-1}\boldsymbol{G}_1(\boldsymbol{u},\boldsymbol{w}) & \boldsymbol{G}_1^{\mathrm{T}}(\boldsymbol{u},\boldsymbol{w})\boldsymbol{Q}_1^{-1}\boldsymbol{G}_2(\boldsymbol{u},\boldsymbol{w}) & \boldsymbol{O}_{q\times qd} \\ \hdashline
\boldsymbol{G}_2^{\mathrm{T}}(\boldsymbol{u},\boldsymbol{w})\boldsymbol{Q}_1^{-1}\boldsymbol{G}_1(\boldsymbol{u},\boldsymbol{w}) & \begin{array}{c}\boldsymbol{G}_2^{\mathrm{T}}(\boldsymbol{u},\boldsymbol{w})\boldsymbol{Q}_1^{-1}\boldsymbol{G}_2(\boldsymbol{u},\boldsymbol{w})+\boldsymbol{Q}_2^{-1}\\ +\bar{\boldsymbol{G}}^{\mathrm{T}}(\boldsymbol{s},\boldsymbol{w})\boldsymbol{Q}_3^{-1}\bar{\boldsymbol{G}}(\boldsymbol{s},\boldsymbol{w})\end{array} & \bar{\boldsymbol{G}}^{\mathrm{T}}(\boldsymbol{s},\boldsymbol{w})\boldsymbol{Q}_3^{-1}\bar{\boldsymbol{J}}(\boldsymbol{s},\boldsymbol{w}) \\ \hdashline
\boldsymbol{O}_{qd\times q} & \bar{\boldsymbol{J}}^{\mathrm{T}}(\boldsymbol{s},\boldsymbol{w})\boldsymbol{Q}_3^{-1}\bar{\boldsymbol{G}}(\boldsymbol{s},\boldsymbol{w}) & \bar{\boldsymbol{J}}^{\mathrm{T}}(\boldsymbol{s},\boldsymbol{w})\boldsymbol{Q}_3^{-1}\bar{\boldsymbol{J}}(\boldsymbol{s},\boldsymbol{w})+\boldsymbol{Q}_4^{-1}
\end{array}\right]^{-1} \tag{10.13}
$$

证毕。

需要指出的是，不难验证矩阵 $\bar{\boldsymbol{J}}(\boldsymbol{s},\boldsymbol{w})$ 可表示为

$$
\bar{\boldsymbol{J}}(\boldsymbol{s},\boldsymbol{w})=\frac{\partial\bar{\boldsymbol{g}}(\boldsymbol{s},\boldsymbol{w})}{\partial\boldsymbol{s}^{\mathrm{T}}}=\mathrm{blkdiag}[\boldsymbol{G}_1(\boldsymbol{s}_1,\boldsymbol{w})\quad \boldsymbol{G}_1(\boldsymbol{s}_2,\boldsymbol{w})\quad\cdots\quad\boldsymbol{G}_1(\boldsymbol{s}_d,\boldsymbol{w})]\in\mathbf{R}^{pd\times qd} \tag{10.14}
$$

根据命题 10.1 可以得到如下六个推论。

推论 10.1　基于观测模型式(10.7)，未知参量 $\boldsymbol{u}$，$\boldsymbol{w}$ 和 $\boldsymbol{s}$ 联合估计方差的克拉美罗界矩阵可分别表示为

$$
\mathbf{CRB}^{(\mathrm{r})}(\boldsymbol{u})=\left(\begin{array}{c}
\boldsymbol{G}_1^{\mathrm{T}}(\boldsymbol{u},\boldsymbol{w})\boldsymbol{Q}_1^{-1}\boldsymbol{G}_1(\boldsymbol{u},\boldsymbol{w})-\boldsymbol{G}_1^{\mathrm{T}}(\boldsymbol{u},\boldsymbol{w})\boldsymbol{Q}_1^{-1}\boldsymbol{G}_2(\boldsymbol{u},\boldsymbol{w}) \\
\cdot\left(\begin{array}{c}\boldsymbol{G}_2^{\mathrm{T}}(\boldsymbol{u},\boldsymbol{w})\boldsymbol{Q}_1^{-1}\boldsymbol{G}_2(\boldsymbol{u},\boldsymbol{w})+\boldsymbol{Q}_2^{-1}+\bar{\boldsymbol{G}}^{\mathrm{T}}(\boldsymbol{s},\boldsymbol{w})\boldsymbol{Q}_3^{-1}\bar{\boldsymbol{G}}(\boldsymbol{s},\boldsymbol{w}) \\ -\bar{\boldsymbol{G}}^{\mathrm{T}}(\boldsymbol{s},\boldsymbol{w})\boldsymbol{Q}_3^{-1}\bar{\boldsymbol{J}}(\boldsymbol{s},\boldsymbol{w})(\bar{\boldsymbol{J}}^{\mathrm{T}}(\boldsymbol{s},\boldsymbol{w})\boldsymbol{Q}_3^{-1}\bar{\boldsymbol{J}}(\boldsymbol{s},\boldsymbol{w})+\boldsymbol{Q}_4^{-1})^{-1}\bar{\boldsymbol{J}}^{\mathrm{T}}(\boldsymbol{s},\boldsymbol{w})\boldsymbol{Q}_3^{-1}\bar{\boldsymbol{G}}(\boldsymbol{s},\boldsymbol{w})\end{array}\right)^{-1} \\
\cdot\boldsymbol{G}_2^{\mathrm{T}}(\boldsymbol{u},\boldsymbol{w})\boldsymbol{Q}_1^{-1}\boldsymbol{G}_1(\boldsymbol{u},\boldsymbol{w})
\end{array}\right)^{-1} \tag{10.15}
$$

$$
\mathbf{CRB}^{(\mathrm{r})}(\boldsymbol{w})=\left(\begin{array}{c}
\boldsymbol{G}_2^{\mathrm{T}}(\boldsymbol{u},\boldsymbol{w})\boldsymbol{Q}_1^{-1}\boldsymbol{G}_2(\boldsymbol{u},\boldsymbol{w})+\boldsymbol{Q}_2^{-1}+\bar{\boldsymbol{G}}^{\mathrm{T}}(\boldsymbol{s},\boldsymbol{w})\boldsymbol{Q}_3^{-1}\bar{\boldsymbol{G}}(\boldsymbol{s},\boldsymbol{w}) \\
-\bar{\boldsymbol{G}}^{\mathrm{T}}(\boldsymbol{s},\boldsymbol{w})\boldsymbol{Q}_3^{-1}\bar{\boldsymbol{J}}(\boldsymbol{s},\boldsymbol{w})(\bar{\boldsymbol{J}}^{\mathrm{T}}(\boldsymbol{s},\boldsymbol{w})\boldsymbol{Q}_3^{-1}\bar{\boldsymbol{J}}(\boldsymbol{s},\boldsymbol{w})+\boldsymbol{Q}_4^{-1})^{-1}\bar{\boldsymbol{J}}^{\mathrm{T}}(\boldsymbol{s},\boldsymbol{w})\boldsymbol{Q}_3^{-1}\bar{\boldsymbol{G}}(\boldsymbol{s},\boldsymbol{w}) \\
-\boldsymbol{G}_2^{\mathrm{T}}(\boldsymbol{u},\boldsymbol{w})\boldsymbol{Q}_1^{-1}\boldsymbol{G}_1(\boldsymbol{u},\boldsymbol{w})(\boldsymbol{G}_1^{\mathrm{T}}(\boldsymbol{u},\boldsymbol{w})\boldsymbol{Q}_1^{-1}\boldsymbol{G}_1(\boldsymbol{u},\boldsymbol{w}))^{-1}\boldsymbol{G}_1^{\mathrm{T}}(\boldsymbol{u},\boldsymbol{w})\boldsymbol{Q}_1^{-1}\boldsymbol{G}_2(\boldsymbol{u},\boldsymbol{w})
\end{array}\right)^{-1} \tag{10.16}
$$

$$\mathbf{CRB}^{(\mathrm{r})}(\boldsymbol{s})=\begin{pmatrix}\bar{\boldsymbol{J}}^{\mathrm{T}}(\boldsymbol{s},\boldsymbol{w})\boldsymbol{Q}_3^{-1}\bar{\boldsymbol{J}}(\boldsymbol{s},\boldsymbol{w})+\boldsymbol{Q}_4^{-1}-\bar{\boldsymbol{J}}^{\mathrm{T}}(\boldsymbol{s},\boldsymbol{w})\boldsymbol{Q}_3^{-1}\bar{\boldsymbol{G}}(\boldsymbol{s},\boldsymbol{w})\\ \cdot\begin{pmatrix}\boldsymbol{G}_2^{\mathrm{T}}(\boldsymbol{u},\boldsymbol{w})\boldsymbol{Q}_1^{-1}\boldsymbol{G}_2(\boldsymbol{u},\boldsymbol{w})+\boldsymbol{Q}_2^{-1}+\bar{\boldsymbol{G}}^{\mathrm{T}}(\boldsymbol{s},\boldsymbol{w})\boldsymbol{Q}_3^{-1}\bar{\boldsymbol{G}}(\boldsymbol{s},\boldsymbol{w})\\ -\boldsymbol{G}_2^{\mathrm{T}}(\boldsymbol{u},\boldsymbol{w})\boldsymbol{Q}_1^{-1}\boldsymbol{G}_1(\boldsymbol{u},\boldsymbol{w})(\boldsymbol{G}_1^{\mathrm{T}}(\boldsymbol{u},\boldsymbol{w})\boldsymbol{Q}_1^{-1}\boldsymbol{G}_1(\boldsymbol{u},\boldsymbol{w}))^{-1}\boldsymbol{G}_1^{\mathrm{T}}(\boldsymbol{u},\boldsymbol{w})\boldsymbol{Q}_1^{-1}\boldsymbol{G}_2(\boldsymbol{u},\boldsymbol{w})\end{pmatrix}^{-1}\\ \cdot\bar{\boldsymbol{G}}^{\mathrm{T}}(\boldsymbol{s},\boldsymbol{w})\boldsymbol{Q}_3^{-1}\bar{\boldsymbol{J}}(\boldsymbol{s},\boldsymbol{w})\end{pmatrix}^{-1} \tag{10.17}$$

证明 根据推论 2.2 可推得

$$\mathbf{CRB}^{(\mathrm{r})}(\boldsymbol{u})=\begin{pmatrix}\boldsymbol{G}_1^{\mathrm{T}}(\boldsymbol{u},\boldsymbol{w})\boldsymbol{Q}_1^{-1}\boldsymbol{G}_1(\boldsymbol{u},\boldsymbol{w})-[\boldsymbol{G}_1^{\mathrm{T}}(\boldsymbol{u},\boldsymbol{w})\boldsymbol{Q}_1^{-1}\boldsymbol{G}_2(\boldsymbol{u},\boldsymbol{w})\quad \boldsymbol{O}_{q\times qd}]\\ \cdot\left[\begin{array}{c:c}\boldsymbol{G}_2^{\mathrm{T}}(\boldsymbol{u},\boldsymbol{w})\boldsymbol{Q}_1^{-1}\boldsymbol{G}_2(\boldsymbol{u},\boldsymbol{w})+\boldsymbol{Q}_2^{-1} & \\ +\bar{\boldsymbol{G}}^{\mathrm{T}}(\boldsymbol{s},\boldsymbol{w})\boldsymbol{Q}_3^{-1}\bar{\boldsymbol{G}}(\boldsymbol{s},\boldsymbol{w}) & \bar{\boldsymbol{G}}^{\mathrm{T}}(\boldsymbol{s},\boldsymbol{w})\boldsymbol{Q}_3^{-1}\bar{\boldsymbol{J}}(\boldsymbol{s},\boldsymbol{w})\\ \hdashline \bar{\boldsymbol{J}}^{\mathrm{T}}(\boldsymbol{s},\boldsymbol{w})\boldsymbol{Q}_3^{-1}\bar{\boldsymbol{G}}(\boldsymbol{s},\boldsymbol{w}) & \bar{\boldsymbol{J}}^{\mathrm{T}}(\boldsymbol{s},\boldsymbol{w})\boldsymbol{Q}_3^{-1}\bar{\boldsymbol{J}}(\boldsymbol{s},\boldsymbol{w})+\boldsymbol{Q}_4^{-1}\end{array}\right]^{-1}\begin{bmatrix}\boldsymbol{G}_2^{\mathrm{T}}(\boldsymbol{u},\boldsymbol{w})\boldsymbol{Q}_1^{-1}\boldsymbol{G}_1(\boldsymbol{u},\boldsymbol{w})\\ \boldsymbol{O}_{qd\times q}\end{bmatrix}\end{pmatrix}^{-1} \tag{10.18}$$

$$\mathbf{CRB}^{(\mathrm{r})}\left(\begin{bmatrix}\boldsymbol{w}\\ \boldsymbol{s}\end{bmatrix}\right)=\begin{pmatrix}\left[\begin{array}{c:c}\boldsymbol{G}_2^{\mathrm{T}}(\boldsymbol{u},\boldsymbol{w})\boldsymbol{Q}_1^{-1}\boldsymbol{G}_2(\boldsymbol{u},\boldsymbol{w})+\boldsymbol{Q}_2^{-1} & \\ +\bar{\boldsymbol{G}}^{\mathrm{T}}(\boldsymbol{s},\boldsymbol{w})\boldsymbol{Q}_3^{-1}\bar{\boldsymbol{G}}(\boldsymbol{s},\boldsymbol{w}) & \bar{\boldsymbol{G}}^{\mathrm{T}}(\boldsymbol{s},\boldsymbol{w})\boldsymbol{Q}_3^{-1}\bar{\boldsymbol{J}}(\boldsymbol{s},\boldsymbol{w})\\ \hdashline \bar{\boldsymbol{J}}^{\mathrm{T}}(\boldsymbol{s},\boldsymbol{w})\boldsymbol{Q}_3^{-1}\bar{\boldsymbol{G}}(\boldsymbol{s},\boldsymbol{w}) & \bar{\boldsymbol{J}}^{\mathrm{T}}(\boldsymbol{s},\boldsymbol{w})\boldsymbol{Q}_3^{-1}\bar{\boldsymbol{J}}(\boldsymbol{s},\boldsymbol{w})+\boldsymbol{Q}_4^{-1}\end{array}\right]\\ -\begin{bmatrix}\boldsymbol{G}_2^{\mathrm{T}}(\boldsymbol{u},\boldsymbol{w})\boldsymbol{Q}_1^{-1}\boldsymbol{G}_1(\boldsymbol{u},\boldsymbol{w})\\ \boldsymbol{O}_{qd\times q}\end{bmatrix}(\boldsymbol{G}_1^{\mathrm{T}}(\boldsymbol{u},\boldsymbol{w})\boldsymbol{Q}_1^{-1}\boldsymbol{G}_1(\boldsymbol{u},\boldsymbol{w}))^{-1}[\boldsymbol{G}_1^{\mathrm{T}}(\boldsymbol{u},\boldsymbol{w})\boldsymbol{Q}_1^{-1}\boldsymbol{G}_2(\boldsymbol{u},\boldsymbol{w})\quad \boldsymbol{O}_{q\times qd}]\end{pmatrix}^{-1} \tag{10.19}$$

基于式(10.18)和式(10.19),并再次利用推论 2.2 可知式(10.15)～式(10.17)成立。证毕。

推论 10.2 克拉美罗界矩阵 $\mathbf{CRB}^{(\mathrm{r})}(\boldsymbol{u})$的另一种代数表达式为

$$\mathbf{CRB}^{(\mathrm{r})}(\boldsymbol{u})=\begin{pmatrix}\boldsymbol{G}_1^{\mathrm{T}}(\boldsymbol{u},\boldsymbol{w})\boldsymbol{Q}_1^{-1}\boldsymbol{G}_1(\boldsymbol{u},\boldsymbol{w})-\boldsymbol{G}_1^{\mathrm{T}}(\boldsymbol{u},\boldsymbol{w})\boldsymbol{Q}_1^{-1}\boldsymbol{G}_2(\boldsymbol{u},\boldsymbol{w})\\ \cdot(\boldsymbol{G}_1^{\mathrm{T}}(\boldsymbol{u},\boldsymbol{w})\boldsymbol{Q}_1^{-1}\boldsymbol{G}_2(\boldsymbol{u},\boldsymbol{w})+\boldsymbol{Q}_2^{-1}+\bar{\boldsymbol{G}}^{\mathrm{T}}(\boldsymbol{s},\boldsymbol{w})(\boldsymbol{Q}_3+\bar{\boldsymbol{J}}(\boldsymbol{s},\boldsymbol{w})\boldsymbol{Q}_4\,\bar{\boldsymbol{J}}^{\mathrm{T}}(\boldsymbol{s},\boldsymbol{w}))^{-1}\\ \cdot\bar{\boldsymbol{G}}(\boldsymbol{s},\boldsymbol{w}))^{-1}\boldsymbol{G}_2^{\mathrm{T}}(\boldsymbol{u},\boldsymbol{w})\boldsymbol{Q}_1^{-1}\boldsymbol{G}_1(\boldsymbol{u},\boldsymbol{w})\end{pmatrix}^{-1} \tag{10.20}$$

证明 根据推论 2.1 可得

$$(\boldsymbol{Q}_3+\bar{\boldsymbol{J}}(\boldsymbol{s},\boldsymbol{w})\boldsymbol{Q}_4\,\bar{\boldsymbol{J}}^{\mathrm{T}}(\boldsymbol{s},\boldsymbol{w}))^{-1}=\boldsymbol{Q}_3^{-1}-\boldsymbol{Q}_3^{-1}\bar{\boldsymbol{J}}(\boldsymbol{s},\boldsymbol{w})(\bar{\boldsymbol{J}}^{\mathrm{T}}(\boldsymbol{s},\boldsymbol{w})\boldsymbol{Q}_3^{-1}\bar{\boldsymbol{J}}(\boldsymbol{s},\boldsymbol{w})+\boldsymbol{Q}_4^{-1})^{-1}\bar{\boldsymbol{J}}^{\mathrm{T}}(\boldsymbol{s},\boldsymbol{w})\boldsymbol{Q}_3^{-1} \tag{10.21}$$

将式(10.21)代入式(10.15)可得

$$\begin{aligned}\mathbf{CRB}^{(\mathrm{r})}(\boldsymbol{u})&=\begin{pmatrix}\boldsymbol{G}_1^{\mathrm{T}}(\boldsymbol{u},\boldsymbol{w})\boldsymbol{Q}_1^{-1}\boldsymbol{G}_1(\boldsymbol{u},\boldsymbol{w})-\boldsymbol{G}_1^{\mathrm{T}}(\boldsymbol{u},\boldsymbol{w})\boldsymbol{Q}_1^{-1}\boldsymbol{G}_2(\boldsymbol{u},\boldsymbol{w})\\ \cdot\begin{pmatrix}\boldsymbol{G}_2^{\mathrm{T}}(\boldsymbol{u},\boldsymbol{w})\boldsymbol{Q}_1^{-1}\boldsymbol{G}_2(\boldsymbol{u},\boldsymbol{w})+\boldsymbol{Q}_2^{-1}+\bar{\boldsymbol{G}}^{\mathrm{T}}(\boldsymbol{s},\boldsymbol{w})\\ \cdot(\boldsymbol{Q}_3^{-1}-\boldsymbol{Q}_3^{-1}\bar{\boldsymbol{J}}(\boldsymbol{s},\boldsymbol{w})(\bar{\boldsymbol{J}}^{\mathrm{T}}(\boldsymbol{s},\boldsymbol{w})\boldsymbol{Q}_3^{-1}\bar{\boldsymbol{J}}(\boldsymbol{s},\boldsymbol{w})+\boldsymbol{Q}_4^{-1})^{-1}\bar{\boldsymbol{J}}^{\mathrm{T}}(\boldsymbol{s},\boldsymbol{w})\boldsymbol{Q}_3^{-1})\bar{\boldsymbol{G}}(\boldsymbol{s},\boldsymbol{w})\end{pmatrix}^{-1}\\ \cdot\boldsymbol{G}_2^{\mathrm{T}}(\boldsymbol{u},\boldsymbol{w})\boldsymbol{Q}_1^{-1}\boldsymbol{G}_1(\boldsymbol{u},\boldsymbol{w})\end{pmatrix}^{-1}\\ &=\begin{pmatrix}\boldsymbol{G}_1^{\mathrm{T}}(\boldsymbol{u},\boldsymbol{w})\boldsymbol{Q}_1^{-1}\boldsymbol{G}_1(\boldsymbol{u},\boldsymbol{w})-\boldsymbol{G}_1^{\mathrm{T}}(\boldsymbol{u},\boldsymbol{w})\boldsymbol{Q}_1^{-1}\boldsymbol{G}_2(\boldsymbol{u},\boldsymbol{w})\\ \cdot(\boldsymbol{G}_2^{\mathrm{T}}(\boldsymbol{u},\boldsymbol{w})\boldsymbol{Q}_1^{-1}\boldsymbol{G}_2(\boldsymbol{u},\boldsymbol{w})+\boldsymbol{Q}_2^{-1}+\bar{\boldsymbol{G}}^{\mathrm{T}}(\boldsymbol{s},\boldsymbol{w})(\boldsymbol{Q}_3+\bar{\boldsymbol{J}}(\boldsymbol{s},\boldsymbol{w})\boldsymbol{Q}_4\,\bar{\boldsymbol{J}}^{\mathrm{T}}(\boldsymbol{s},\boldsymbol{w}))^{-1}\bar{\boldsymbol{G}}(\boldsymbol{s},\boldsymbol{w}))^{-1}\\ \cdot\boldsymbol{G}_2^{\mathrm{T}}(\boldsymbol{u},\boldsymbol{w})\boldsymbol{Q}_1^{-1}\boldsymbol{G}_1(\boldsymbol{u},\boldsymbol{w})\end{pmatrix}^{-1}\end{aligned} \tag{10.22}$$

证毕。

比较式(3.32)和式(10.20)可知，校正源位置向量测量误差的影响可以等效为增加了校正源观测量 $\boldsymbol{r}$ 的观测误差，并且是将其观测误差的方差矩阵由原先的 $\boldsymbol{Q}_3$ 增加至 $\boldsymbol{Q}_3+\bar{\boldsymbol{J}}(\boldsymbol{s},\boldsymbol{w})\boldsymbol{Q}_4\bar{\boldsymbol{J}}^{\mathrm{T}}(\boldsymbol{s},\boldsymbol{w})$。

推论 10.3　克拉美罗界矩阵 $\mathbf{CRB}^{(\mathrm{r})}(\boldsymbol{u})$ 还存在另一种代数表达式为

$$\mathbf{CRB}^{(\mathrm{r})}(\boldsymbol{u})=(\boldsymbol{G}_1^{\mathrm{T}}(\boldsymbol{u},\boldsymbol{w})(\boldsymbol{Q}_1+\boldsymbol{G}_2(\boldsymbol{u},\boldsymbol{w})(\boldsymbol{Q}_2^{-1}+\bar{\boldsymbol{G}}^{\mathrm{T}}(\boldsymbol{s},\boldsymbol{w})(\boldsymbol{Q}_3+\bar{\boldsymbol{J}}(\boldsymbol{s},\boldsymbol{w})\boldsymbol{Q}_4 \cdot\bar{\boldsymbol{J}}^{\mathrm{T}}(\boldsymbol{s},\boldsymbol{w}))^{-1}\bar{\boldsymbol{G}}(\boldsymbol{s},\boldsymbol{w}))^{-1}\boldsymbol{G}_2^{\mathrm{T}}(\boldsymbol{u},\boldsymbol{w}))^{-1}\boldsymbol{G}_1(\boldsymbol{u},\boldsymbol{w}))^{-1} \tag{10.23}$$

证明　根据推论 2.1 可得

$$\begin{aligned}&(\boldsymbol{Q}_1+\boldsymbol{G}_2(\boldsymbol{u},\boldsymbol{w})(\boldsymbol{Q}_2^{-1}+\bar{\boldsymbol{G}}^{\mathrm{T}}(\boldsymbol{s},\boldsymbol{w})(\boldsymbol{Q}_3+\bar{\boldsymbol{J}}(\boldsymbol{s},\boldsymbol{w})\boldsymbol{Q}_4\bar{\boldsymbol{J}}^{\mathrm{T}}(\boldsymbol{s},\boldsymbol{w}))^{-1}\bar{\boldsymbol{G}}(\boldsymbol{s},\boldsymbol{w}))^{-1}\boldsymbol{G}_2^{\mathrm{T}}(\boldsymbol{u},\boldsymbol{w}))^{-1}\\&=\boldsymbol{Q}_1^{-1}-\boldsymbol{Q}_1^{-1}\boldsymbol{G}_2(\boldsymbol{u},\boldsymbol{w})(\boldsymbol{G}_2^{\mathrm{T}}(\boldsymbol{u},\boldsymbol{w})\boldsymbol{Q}_1^{-1}\boldsymbol{G}_2(\boldsymbol{u},\boldsymbol{w})+\boldsymbol{Q}_1^{-1}+\bar{\boldsymbol{G}}^{\mathrm{T}}(\boldsymbol{s},\boldsymbol{w})(\boldsymbol{Q}_3+\bar{\boldsymbol{J}}(\boldsymbol{s},\boldsymbol{w})\boldsymbol{Q}_4\bar{\boldsymbol{J}}^{\mathrm{T}}(\boldsymbol{s},\boldsymbol{w}))^{-1}\\&\quad\cdot\bar{\boldsymbol{G}}(\boldsymbol{s},\boldsymbol{w}))^{-1}\boldsymbol{G}_2^{\mathrm{T}}(\boldsymbol{u},\boldsymbol{w})\boldsymbol{Q}_1^{-1}\end{aligned} \tag{10.24}$$

将式(10.24)代入式(10.20)可知

$$\begin{aligned}\mathbf{CRB}^{(\mathrm{r})}(\boldsymbol{u})&=\left(\boldsymbol{G}_1^{\mathrm{T}}(\boldsymbol{u},\boldsymbol{w})\left(\boldsymbol{Q}_1^{-1}-\boldsymbol{Q}_1^{-1}\boldsymbol{G}_2(\boldsymbol{u},\boldsymbol{w})\begin{pmatrix}\boldsymbol{G}_2^{\mathrm{T}}(\boldsymbol{u},\boldsymbol{w})\boldsymbol{Q}_1^{-1}\boldsymbol{G}_2(\boldsymbol{u},\boldsymbol{w})+\boldsymbol{Q}_2^{-1}+\bar{\boldsymbol{G}}^{\mathrm{T}}(\boldsymbol{s},\boldsymbol{w})\\ \cdot(\boldsymbol{Q}_3+\bar{\boldsymbol{J}}(\boldsymbol{s},\boldsymbol{w})\boldsymbol{Q}_4\bar{\boldsymbol{J}}^{\mathrm{T}}(\boldsymbol{s},\boldsymbol{w}))^{-1}\bar{\boldsymbol{G}}(\boldsymbol{s},\boldsymbol{w})\end{pmatrix}^{-1}\boldsymbol{G}_2^{\mathrm{T}}(\boldsymbol{u},\boldsymbol{w})\boldsymbol{Q}_1^{-1}\right)\boldsymbol{G}_1(\boldsymbol{u},\boldsymbol{w})\right)^{-1}\\&=(\boldsymbol{G}_1^{\mathrm{T}}(\boldsymbol{u},\boldsymbol{w})(\boldsymbol{Q}_1+\boldsymbol{G}_2(\boldsymbol{u},\boldsymbol{w})(\boldsymbol{Q}_2^{-1}+\bar{\boldsymbol{G}}^{\mathrm{T}}(\boldsymbol{s},\boldsymbol{w})(\boldsymbol{Q}_3+\bar{\boldsymbol{J}}(\boldsymbol{s},\boldsymbol{w})\boldsymbol{Q}_4\bar{\boldsymbol{J}}^{\mathrm{T}}(\boldsymbol{s},\boldsymbol{w}))^{-1}\bar{\boldsymbol{G}}(\boldsymbol{s},\boldsymbol{w}))^{-1}\boldsymbol{G}_2^{\mathrm{T}}(\boldsymbol{u},\boldsymbol{w}))^{-1}\boldsymbol{G}_1(\boldsymbol{u},\boldsymbol{w}))^{-1}\end{aligned} \tag{10.25}$$

证毕。

比较式(3.15)和式(10.23)可知，相比于没有校正源观测量的情形，校正源观测量(尽管其位置向量存在测量误差)所带来的好处可以等效为降低了系统参量的测量误差，并且是将测量误差的方差矩阵由原先的 $\boldsymbol{Q}_2$ 降低至 $(\boldsymbol{Q}_2^{-1}+\bar{\boldsymbol{G}}^{\mathrm{T}}(\boldsymbol{s},\boldsymbol{w})(\boldsymbol{Q}_3+\bar{\boldsymbol{J}}(\boldsymbol{s},\boldsymbol{w})\boldsymbol{Q}_4\bar{\boldsymbol{J}}^{\mathrm{T}}(\boldsymbol{s},\boldsymbol{w}))^{-1}\bar{\boldsymbol{G}}(\boldsymbol{s},\boldsymbol{w}))^{-1}$。因此，即便是校正源位置向量存在测量误差，只要合理利用校正源观测量仍然可能降低目标位置估计方差(相比于没有校正源观测量的情形)。

推论 10.4　若 $\boldsymbol{G}_1(\boldsymbol{u},\boldsymbol{w})$ 是列满秩矩阵，则有 $\mathbf{CRB}(\boldsymbol{u})\leqslant\mathbf{CRB}^{(\mathrm{r})}(\boldsymbol{u})\leqslant\overline{\mathbf{CRB}}(\boldsymbol{u})$。

证明　首先根据命题 2.3、命题 2.5 和推论 2.5 可推得

$$\begin{aligned}&\boldsymbol{Q}_3\leqslant\boldsymbol{Q}_3+\bar{\boldsymbol{J}}(\boldsymbol{s},\boldsymbol{w})\boldsymbol{Q}_4\bar{\boldsymbol{J}}^{\mathrm{T}}(\boldsymbol{s},\boldsymbol{w})\Leftrightarrow\boldsymbol{Q}_3^{-1}\geqslant(\boldsymbol{Q}_3+\bar{\boldsymbol{J}}(\boldsymbol{s},\boldsymbol{w})\boldsymbol{Q}_4\bar{\boldsymbol{J}}^{\mathrm{T}}(\boldsymbol{s},\boldsymbol{w}))^{-1}\\&\Rightarrow\boldsymbol{Q}_2^{-1}+\bar{\boldsymbol{G}}^{\mathrm{T}}(\boldsymbol{s},\boldsymbol{w})\boldsymbol{Q}_3^{-1}\bar{\boldsymbol{G}}(\boldsymbol{s},\boldsymbol{w})\geqslant\boldsymbol{Q}_2^{-1}+\bar{\boldsymbol{G}}^{\mathrm{T}}(\boldsymbol{s},\boldsymbol{w})(\boldsymbol{Q}_3+\bar{\boldsymbol{J}}(\boldsymbol{s},\boldsymbol{w})\boldsymbol{Q}_4\bar{\boldsymbol{J}}^{\mathrm{T}}(\boldsymbol{s},\boldsymbol{w}))^{-1}\bar{\boldsymbol{G}}(\boldsymbol{s},\boldsymbol{w})\geqslant\boldsymbol{Q}_2^{-1}\\&\Leftrightarrow(\boldsymbol{Q}_2^{-1}+\bar{\boldsymbol{G}}^{\mathrm{T}}(\boldsymbol{s},\boldsymbol{w})\boldsymbol{Q}_3^{-1}\bar{\boldsymbol{G}}(\boldsymbol{s},\boldsymbol{w}))^{-1}\leqslant(\boldsymbol{Q}_2^{-1}+\bar{\boldsymbol{G}}^{\mathrm{T}}(\boldsymbol{s},\boldsymbol{w})(\boldsymbol{Q}_3+\bar{\boldsymbol{J}}(\boldsymbol{s},\boldsymbol{w})\boldsymbol{Q}_4\bar{\boldsymbol{J}}^{\mathrm{T}}(\boldsymbol{s},\boldsymbol{w}))^{-1}\bar{\boldsymbol{G}}(\boldsymbol{s},\boldsymbol{w}))^{-1}\leqslant\boldsymbol{Q}_2\end{aligned} \tag{10.26}$$

然后再次利用命题 2.5 和推论 2.5 可知

$$\begin{aligned}&\boldsymbol{Q}_1+\boldsymbol{G}_2(\boldsymbol{u},\boldsymbol{w})(\boldsymbol{Q}_2^{-1}+\bar{\boldsymbol{G}}^{\mathrm{T}}(\boldsymbol{s},\boldsymbol{w})\boldsymbol{Q}_3^{-1}\bar{\boldsymbol{G}}(\boldsymbol{s},\boldsymbol{w}))^{-1}\boldsymbol{G}_2^{\mathrm{T}}(\boldsymbol{u},\boldsymbol{w})\\&\leqslant\boldsymbol{Q}_1+\boldsymbol{G}_2(\boldsymbol{u},\boldsymbol{w})(\boldsymbol{Q}_2^{-1}+\bar{\boldsymbol{G}}^{\mathrm{T}}(\boldsymbol{s},\boldsymbol{w})(\boldsymbol{Q}_3+\bar{\boldsymbol{J}}(\boldsymbol{s},\boldsymbol{w})\boldsymbol{Q}_4\bar{\boldsymbol{J}}^{\mathrm{T}}(\boldsymbol{s},\boldsymbol{w}))^{-1}\bar{\boldsymbol{G}}(\boldsymbol{s},\boldsymbol{w}))^{-1}\boldsymbol{G}_2^{\mathrm{T}}(\boldsymbol{u},\boldsymbol{w})\\&\leqslant\boldsymbol{Q}_1+\boldsymbol{G}_2(\boldsymbol{u},\boldsymbol{w})\boldsymbol{Q}_2\boldsymbol{G}_2^{\mathrm{T}}(\boldsymbol{u},\boldsymbol{w})\\&\Leftrightarrow(\boldsymbol{Q}_1+\boldsymbol{G}_2(\boldsymbol{u},\boldsymbol{w})(\boldsymbol{Q}_2^{-1}+\bar{\boldsymbol{G}}^{\mathrm{T}}(\boldsymbol{s},\boldsymbol{w})\boldsymbol{Q}_3^{-1}\bar{\boldsymbol{G}}(\boldsymbol{s},\boldsymbol{w}))^{-1}\boldsymbol{G}_2^{\mathrm{T}}(\boldsymbol{u},\boldsymbol{w}))^{-1}\\&\geqslant(\boldsymbol{Q}_1+\boldsymbol{G}_2(\boldsymbol{u},\boldsymbol{w})(\boldsymbol{Q}_2^{-1}+\bar{\boldsymbol{G}}^{\mathrm{T}}(\boldsymbol{s},\boldsymbol{w})(\boldsymbol{Q}_3+\bar{\boldsymbol{J}}(\boldsymbol{s},\boldsymbol{w})\boldsymbol{Q}_4\bar{\boldsymbol{J}}^{\mathrm{T}}(\boldsymbol{s},\boldsymbol{w}))^{-1}\bar{\boldsymbol{G}}(\boldsymbol{s},\boldsymbol{w}))^{-1}\boldsymbol{G}_2^{\mathrm{T}}(\boldsymbol{u},\boldsymbol{w}))^{-1}\\&\geqslant(\boldsymbol{Q}_1+\boldsymbol{G}_2(\boldsymbol{u},\boldsymbol{w})\boldsymbol{Q}_2\boldsymbol{G}_2^{\mathrm{T}}(\boldsymbol{u},\boldsymbol{w}))^{-1}\end{aligned} \tag{10.27}$$

最后结合命题 2.5 和推论 2.5、式(3.15)和式(3.34)以及式(10.23)可证得

$$
\begin{aligned}
&(\mathbf{CRB}(\boldsymbol{u}))^{-1}=\boldsymbol{G}_1^{\mathrm{T}}(\boldsymbol{u},\boldsymbol{w})(\boldsymbol{Q}_1+\boldsymbol{G}_2(\boldsymbol{u},\boldsymbol{w})(\boldsymbol{Q}_2^{-1}+\bar{\boldsymbol{G}}^{\mathrm{T}}(\boldsymbol{s},\boldsymbol{w})\boldsymbol{Q}_3^{-1}\bar{\boldsymbol{G}}(\boldsymbol{s},\boldsymbol{w}))^{-1}\boldsymbol{G}_2^{\mathrm{T}}(\boldsymbol{u},\boldsymbol{w}))^{-1}\boldsymbol{G}_1(\boldsymbol{u},\boldsymbol{w})\\
&\geqslant(\mathbf{CRB}^{(\mathrm{r})}(\boldsymbol{u}))^{-1}=\boldsymbol{G}_1^{\mathrm{T}}(\boldsymbol{u},\boldsymbol{w})(\boldsymbol{Q}_1+\boldsymbol{G}_2(\boldsymbol{u},\boldsymbol{w})(\boldsymbol{Q}_2^{-1}+\bar{\boldsymbol{G}}^{\mathrm{T}}(\boldsymbol{s},\boldsymbol{w})(\boldsymbol{Q}_3+\bar{\boldsymbol{J}}(\boldsymbol{s},\boldsymbol{w})\boldsymbol{Q}_4\bar{\boldsymbol{J}}^{\mathrm{T}}(\boldsymbol{s},\boldsymbol{w}))^{-1}\bar{\boldsymbol{G}}(\boldsymbol{s},\boldsymbol{w}))^{-1}\\
&\quad\cdot\boldsymbol{G}_2^{\mathrm{T}}(\boldsymbol{u},\boldsymbol{w}))^{-1}\boldsymbol{G}_1(\boldsymbol{u},\boldsymbol{w})\\
&\geqslant(\overline{\mathbf{CRB}}(\boldsymbol{u}))^{-1}=\boldsymbol{G}_1^{\mathrm{T}}(\boldsymbol{u},\boldsymbol{w})(\boldsymbol{Q}_1+\boldsymbol{G}_2(\boldsymbol{u},\boldsymbol{w})\boldsymbol{Q}_2\boldsymbol{G}_2^{\mathrm{T}}(\boldsymbol{u},\boldsymbol{w}))^{-1}\boldsymbol{G}_1(\boldsymbol{u},\boldsymbol{w})\\
&\Leftrightarrow\mathbf{CRB}(\boldsymbol{u})\leqslant\mathbf{CRB}^{(\mathrm{r})}(\boldsymbol{u})\leqslant\overline{\mathbf{CRB}}(\boldsymbol{u})
\end{aligned}
\tag{10.28}
$$

证毕。

推论 10.4 表明,校正源位置向量的测量误差会增加目标位置估计方差的理论下界,但相比于没有校正源观测量的情况,通过合理利用校正源观测量仍然会降低目标位置估计方差的理论下界。

推论 10.5　若 $\boldsymbol{G}_1(\boldsymbol{u},\boldsymbol{w})$ 是列满秩矩阵,则有 $\mathbf{CRB}(\boldsymbol{w})\leqslant\mathbf{CRB}^{(\mathrm{r})}(\boldsymbol{w})\leqslant\overline{\mathbf{CRB}}(\boldsymbol{w})$,进一步,若 $\bar{\boldsymbol{G}}(\boldsymbol{s},\boldsymbol{w})$ 是列满秩矩阵,则有 $\mathbf{CRB}(\boldsymbol{w})\leqslant\mathbf{CRB}^{(\mathrm{r})}(\boldsymbol{w})<\overline{\mathbf{CRB}}(\boldsymbol{w})$。

证明　首先分别定义如下六个矩阵:

$$
\begin{cases}
\boldsymbol{X}=\boldsymbol{G}_1^{\mathrm{T}}(\boldsymbol{u},\boldsymbol{w})\boldsymbol{Q}_1^{-1}\boldsymbol{G}_1(\boldsymbol{u},\boldsymbol{w})\in\mathbf{R}^{q\times q}\\
\boldsymbol{Y}=\boldsymbol{G}_1^{\mathrm{T}}(\boldsymbol{u},\boldsymbol{w})\boldsymbol{Q}_1^{-1}\boldsymbol{G}_2(\boldsymbol{u},\boldsymbol{w})\in\mathbf{R}^{q\times l}\\
\boldsymbol{Z}=\boldsymbol{G}_2^{\mathrm{T}}(\boldsymbol{u},\boldsymbol{w})\boldsymbol{Q}_1^{-1}\boldsymbol{G}_2(\boldsymbol{u},\boldsymbol{w})\in\mathbf{R}^{l\times l}\\
\bar{\boldsymbol{Z}}=\boldsymbol{G}_2^{\mathrm{T}}(\boldsymbol{u},\boldsymbol{w})\boldsymbol{Q}_1^{-1}\boldsymbol{G}_2(\boldsymbol{u},\boldsymbol{w})+\bar{\boldsymbol{G}}^{\mathrm{T}}(\boldsymbol{s},\boldsymbol{w})\boldsymbol{Q}_3^{-1}\bar{\boldsymbol{G}}(\boldsymbol{s},\boldsymbol{w})\in\mathbf{R}^{l\times l}\\
\boldsymbol{W}=\bar{\boldsymbol{J}}^{\mathrm{T}}(\boldsymbol{s},\boldsymbol{w})\boldsymbol{Q}_3^{-1}\bar{\boldsymbol{G}}(\boldsymbol{s},\boldsymbol{w})\in\mathbf{R}^{qd\times l}\\
\boldsymbol{T}=\bar{\boldsymbol{J}}^{\mathrm{T}}(\boldsymbol{s},\boldsymbol{w})\boldsymbol{Q}_3^{-1}\bar{\boldsymbol{J}}(\boldsymbol{s},\boldsymbol{w})\in\mathbf{R}^{qd\times qd}
\end{cases}
\tag{10.29}
$$

根据式(3.14)和式(3.33)以及式(10.16)可知

$$
\begin{cases}
(\overline{\mathbf{CRB}}(\boldsymbol{w}))^{-1}=\boldsymbol{Q}_2^{-1}+\boldsymbol{Z}-\boldsymbol{Y}^{\mathrm{T}}\boldsymbol{X}^{-1}\boldsymbol{Y}\\
(\mathbf{CRB}(\boldsymbol{w}))^{-1}=\boldsymbol{Q}_2^{-1}+\bar{\boldsymbol{Z}}-\boldsymbol{Y}^{\mathrm{T}}\boldsymbol{X}^{-1}\boldsymbol{Y}\\
(\mathbf{CRB}^{(\mathrm{r})}(\boldsymbol{w}))^{-1}=\boldsymbol{Q}_2^{-1}+\bar{\boldsymbol{Z}}-\boldsymbol{Y}^{\mathrm{T}}\boldsymbol{X}^{-1}\boldsymbol{Y}-\boldsymbol{W}^{\mathrm{T}}(\boldsymbol{T}+\boldsymbol{Q}_4^{-1})^{-1}\boldsymbol{W}
\end{cases}
\tag{10.30}
$$

再利用推论 2.1、命题 2.3 和命题 2.5 可得

$$
\begin{aligned}
&(\mathbf{CRB}(\boldsymbol{w}))^{-1}-(\mathbf{CRB}^{(\mathrm{r})}(\boldsymbol{w}))^{-1}=\boldsymbol{W}^{\mathrm{T}}(\boldsymbol{T}+\boldsymbol{Q}_4^{-1})^{-1}\boldsymbol{W}\\
&=\bar{\boldsymbol{G}}^{\mathrm{T}}(\boldsymbol{s},\boldsymbol{w})\boldsymbol{Q}_3^{-1}\bar{\boldsymbol{J}}(\boldsymbol{s},\boldsymbol{w})(\bar{\boldsymbol{J}}^{\mathrm{T}}(\boldsymbol{s},\boldsymbol{w})\boldsymbol{Q}_3^{-1}\bar{\boldsymbol{J}}(\boldsymbol{s},\boldsymbol{w})+\boldsymbol{Q}_4^{-1})^{-1}\bar{\boldsymbol{J}}^{\mathrm{T}}(\boldsymbol{s},\boldsymbol{w})\boldsymbol{Q}_3^{-1}\bar{\boldsymbol{G}}(\boldsymbol{s},\boldsymbol{w})\geqslant\boldsymbol{O}\\
&\Leftrightarrow(\mathbf{CRB}(\boldsymbol{w}))^{-1}\geqslant(\mathbf{CRB}^{(\mathrm{r})}(\boldsymbol{w}))^{-1}\Leftrightarrow\mathbf{CRB}(\boldsymbol{w})\leqslant\mathbf{CRB}^{(\mathrm{r})}(\boldsymbol{w})
\end{aligned}
\tag{10.31}
$$

$$
\begin{aligned}
&(\mathbf{CRB}^{(\mathrm{r})}(\boldsymbol{w}))^{-1}-(\overline{\mathbf{CRB}}(\boldsymbol{w}))^{-1}=\bar{\boldsymbol{Z}}-\boldsymbol{Z}-\boldsymbol{W}^{\mathrm{T}}(\boldsymbol{T}+\boldsymbol{Q}_4^{-1})^{-1}\boldsymbol{W}\\
&=\bar{\boldsymbol{G}}^{\mathrm{T}}(\boldsymbol{s},\boldsymbol{w})\boldsymbol{Q}_3^{-1}\bar{\boldsymbol{G}}(\boldsymbol{s},\boldsymbol{w})-\bar{\boldsymbol{G}}^{\mathrm{T}}(\boldsymbol{s},\boldsymbol{w})\boldsymbol{Q}_3^{-1}\bar{\boldsymbol{J}}(\boldsymbol{s},\boldsymbol{w})(\bar{\boldsymbol{J}}^{\mathrm{T}}(\boldsymbol{s},\boldsymbol{w})\boldsymbol{Q}_3^{-1}\bar{\boldsymbol{J}}(\boldsymbol{s},\boldsymbol{w})+\boldsymbol{Q}_4^{-1})^{-1}\bar{\boldsymbol{J}}^{\mathrm{T}}(\boldsymbol{s},\boldsymbol{w})\boldsymbol{Q}_3^{-1}\bar{\boldsymbol{G}}(\boldsymbol{s},\boldsymbol{w})\\
&=\bar{\boldsymbol{G}}^{\mathrm{T}}(\boldsymbol{s},\boldsymbol{w})(\boldsymbol{Q}_3+\bar{\boldsymbol{J}}(\boldsymbol{s},\boldsymbol{w})\boldsymbol{Q}_4\bar{\boldsymbol{J}}^{\mathrm{T}}(\boldsymbol{s},\boldsymbol{w}))^{-1}\bar{\boldsymbol{G}}(\boldsymbol{s},\boldsymbol{w})\geqslant\boldsymbol{O}\\
&\Leftrightarrow(\mathbf{CRB}^{(\mathrm{r})}(\boldsymbol{w}))^{-1}\geqslant(\overline{\mathbf{CRB}}(\boldsymbol{w}))^{-1}\Leftrightarrow\mathbf{CRB}^{(\mathrm{r})}(\boldsymbol{w})\leqslant\overline{\mathbf{CRB}}(\boldsymbol{w})
\end{aligned}
\tag{10.32}
$$

结合式(10.31)和式(10.32)可知 $\mathbf{CRB}(\boldsymbol{w})\leqslant\mathbf{CRB}^{(\mathrm{r})}(\boldsymbol{w})\leqslant\overline{\mathbf{CRB}}(\boldsymbol{w})$。

另外,若 $\bar{\boldsymbol{G}}(\boldsymbol{s},\boldsymbol{w})$ 是列满秩矩阵,则利用命题 2.4 和命题 2.5 可得

$$(\mathbf{CRB}^{(\mathrm{r})}(\boldsymbol{w}))^{-1}-(\overline{\mathbf{CRB}}(\boldsymbol{w}))^{-1}=\bar{\boldsymbol{G}}^{\mathrm{T}}(\boldsymbol{s},\boldsymbol{w})(\boldsymbol{Q}_3+\bar{\boldsymbol{J}}(\boldsymbol{s},\boldsymbol{w})\boldsymbol{Q}_4\bar{\boldsymbol{J}}^{\mathrm{T}}(\boldsymbol{s},\boldsymbol{w}))^{-1}\bar{\boldsymbol{G}}(\boldsymbol{s},\boldsymbol{w})>\boldsymbol{O}$$
$$\Leftrightarrow(\mathbf{CRB}^{(\mathrm{r})}(\boldsymbol{w}))^{-1}>(\overline{\mathbf{CRB}}(\boldsymbol{w}))^{-1}\Leftrightarrow\mathbf{CRB}^{(\mathrm{r})}(\boldsymbol{w})<\overline{\mathbf{CRB}}(\boldsymbol{w})\tag{10.33}$$

结合式(10.31)和式(10.33)可知 $\mathbf{CRB}(\boldsymbol{w})\leqslant\mathbf{CRB}^{(\mathrm{r})}(\boldsymbol{w})<\overline{\mathbf{CRB}}(\boldsymbol{w})$。证毕。

推论 10.5 表明，校正源位置向量的测量误差会增加系统参量估计方差的理论下界，但相比于没有校正源观测量的情况，通过合理利用校正源观测量仍然会降低系统参量估计方差的理论下界。

推论 10.6　若 $\boldsymbol{G}_1(\boldsymbol{u},\boldsymbol{w})$ 是列满秩矩阵，则有 $\mathbf{CRB}^{(\mathrm{r})}(\boldsymbol{s})\leqslant\boldsymbol{Q}_4$，进一步，若 $\bar{\boldsymbol{J}}(\boldsymbol{s},\boldsymbol{w})$ 是列满秩矩阵，则有 $\mathbf{CRB}^{(\mathrm{r})}(\boldsymbol{s})<\boldsymbol{Q}_4$。

证明　根据式(10.17)可得

$$\begin{aligned}(\mathbf{CRB}^{(\mathrm{r})}(\boldsymbol{s}))^{-1}=&\boldsymbol{Q}_4^{-1}+\bar{\boldsymbol{J}}^{\mathrm{T}}(\boldsymbol{s},\boldsymbol{w})\boldsymbol{Q}_3^{-1}\bar{\boldsymbol{J}}(\boldsymbol{s},\boldsymbol{w})-\bar{\boldsymbol{J}}^{\mathrm{T}}(\boldsymbol{s},\boldsymbol{w})\boldsymbol{Q}_3^{-1}\bar{\boldsymbol{G}}(\boldsymbol{s},\boldsymbol{w})\\&\cdot\begin{bmatrix}\boldsymbol{G}_2^{\mathrm{T}}(\boldsymbol{u},\boldsymbol{w})\boldsymbol{Q}_1^{-1}\boldsymbol{G}_2(\boldsymbol{u},\boldsymbol{w})+\boldsymbol{Q}_2^{-1}+\bar{\boldsymbol{G}}^{\mathrm{T}}(\boldsymbol{s},\boldsymbol{w})\boldsymbol{Q}_3^{-1}\bar{\boldsymbol{G}}(\boldsymbol{s},\boldsymbol{w})\\-\boldsymbol{G}_2^{\mathrm{T}}(\boldsymbol{u},\boldsymbol{w})\boldsymbol{Q}_1^{-1}\boldsymbol{G}_1(\boldsymbol{u},\boldsymbol{w})(\boldsymbol{G}_1^{\mathrm{T}}(\boldsymbol{u},\boldsymbol{w})\boldsymbol{Q}_1^{-1}\boldsymbol{G}_1(\boldsymbol{u},\boldsymbol{w}))^{-1}\boldsymbol{G}_1^{\mathrm{T}}(\boldsymbol{u},\boldsymbol{w})\boldsymbol{Q}_1^{-1}\boldsymbol{G}_2(\boldsymbol{u},\boldsymbol{w})\end{bmatrix}^{-1}\\&\cdot\bar{\boldsymbol{G}}^{\mathrm{T}}(\boldsymbol{s},\boldsymbol{w})\boldsymbol{Q}_3^{-1}\bar{\boldsymbol{J}}(\boldsymbol{s},\boldsymbol{w})\end{aligned}\tag{10.34}$$

利用命题 2.3、推论 2.8 和推论 2.9 可证得

$$\begin{aligned}&\boldsymbol{G}_2^{\mathrm{T}}(\boldsymbol{u},\boldsymbol{w})\boldsymbol{Q}_1^{-1}\boldsymbol{G}_2(\boldsymbol{u},\boldsymbol{w})-\boldsymbol{G}_2^{\mathrm{T}}(\boldsymbol{u},\boldsymbol{w})\boldsymbol{Q}_1^{-1}\boldsymbol{G}_1(\boldsymbol{u},\boldsymbol{w})(\boldsymbol{G}_1^{\mathrm{T}}(\boldsymbol{u},\boldsymbol{w})\boldsymbol{Q}_1^{-1}\boldsymbol{G}_1(\boldsymbol{u},\boldsymbol{w}))^{-1}\boldsymbol{G}_1^{\mathrm{T}}(\boldsymbol{u},\boldsymbol{w})\boldsymbol{Q}_1^{-1}\boldsymbol{G}_2(\boldsymbol{u},\boldsymbol{w})\\=&\boldsymbol{G}_2^{\mathrm{T}}(\boldsymbol{u},\boldsymbol{w})\boldsymbol{Q}_1^{-1/2}\boldsymbol{\Pi}^{\perp}[\boldsymbol{Q}_1^{-\mathrm{T}/2}\boldsymbol{G}_1(\boldsymbol{u},\boldsymbol{w})]\boldsymbol{Q}_1^{-\mathrm{T}/2}\boldsymbol{G}_2(\boldsymbol{u},\boldsymbol{w})\geqslant\boldsymbol{O}\end{aligned}\tag{10.35}$$

将式(10.35)代入式(10.34)可得

$$\begin{aligned}(\mathbf{CRB}^{(\mathrm{r})}(\boldsymbol{s}))^{-1}\geqslant&\boldsymbol{Q}_4^{-1}+\bar{\boldsymbol{J}}^{\mathrm{T}}(\boldsymbol{s},\boldsymbol{w})\boldsymbol{Q}_3^{-1}\bar{\boldsymbol{J}}(\boldsymbol{s},\boldsymbol{w})-\bar{\boldsymbol{J}}^{\mathrm{T}}(\boldsymbol{s},\boldsymbol{w})\boldsymbol{Q}_3^{-1}\bar{\boldsymbol{G}}(\boldsymbol{s},\boldsymbol{w})\\&\cdot(\boldsymbol{Q}_2^{-1}+\bar{\boldsymbol{G}}^{\mathrm{T}}(\boldsymbol{s},\boldsymbol{w})\boldsymbol{Q}_3^{-1}\bar{\boldsymbol{G}}(\boldsymbol{s},\boldsymbol{w}))^{-1}\bar{\boldsymbol{G}}^{\mathrm{T}}(\boldsymbol{s},\boldsymbol{w})\boldsymbol{Q}_3^{-1}\bar{\boldsymbol{J}}(\boldsymbol{s},\boldsymbol{w})\end{aligned}\tag{10.36}$$

再利用推论 2.1 可知

$$\begin{aligned}&(\boldsymbol{Q}_3+\bar{\boldsymbol{G}}(\boldsymbol{s},\boldsymbol{w})\boldsymbol{Q}_2\bar{\boldsymbol{G}}^{\mathrm{T}}(\boldsymbol{s},\boldsymbol{w}))^{-1}\\=&\boldsymbol{Q}_3^{-1}-\boldsymbol{Q}_3^{-1}\bar{\boldsymbol{G}}(\boldsymbol{s},\boldsymbol{w})(\boldsymbol{Q}_2^{-1}+\bar{\boldsymbol{G}}^{\mathrm{T}}(\boldsymbol{s},\boldsymbol{w})\boldsymbol{Q}_3^{-1}\bar{\boldsymbol{G}}(\boldsymbol{s},\boldsymbol{w}))^{-1}\bar{\boldsymbol{G}}^{\mathrm{T}}(\boldsymbol{s},\boldsymbol{w})\boldsymbol{Q}_3^{-1}\end{aligned}\tag{10.37}$$

将式(10.37)代入式(10.36)可证得

$$\begin{aligned}(\mathbf{CRB}^{(\mathrm{r})}(\boldsymbol{s}))^{-1}\geqslant&\boldsymbol{Q}_4^{-1}+\bar{\boldsymbol{J}}^{\mathrm{T}}(\boldsymbol{s},\boldsymbol{w})(\boldsymbol{Q}_3^{-1}-\boldsymbol{Q}_3^{-1}\bar{\boldsymbol{G}}(\boldsymbol{s},\boldsymbol{w})(\boldsymbol{Q}_2^{-1}+\bar{\boldsymbol{G}}^{\mathrm{T}}(\boldsymbol{s},\boldsymbol{w})\boldsymbol{Q}_3^{-1}\bar{\boldsymbol{G}}(\boldsymbol{s},\boldsymbol{w}))^{-1}\bar{\boldsymbol{G}}^{\mathrm{T}}(\boldsymbol{s},\boldsymbol{w})\boldsymbol{Q}_3^{-1})\bar{\boldsymbol{J}}(\boldsymbol{s},\boldsymbol{w})\\=&\boldsymbol{Q}_4^{-1}+\bar{\boldsymbol{J}}^{\mathrm{T}}(\boldsymbol{s},\boldsymbol{w})(\boldsymbol{Q}_3+\bar{\boldsymbol{G}}(\boldsymbol{s},\boldsymbol{w})\boldsymbol{Q}_2\bar{\boldsymbol{G}}^{\mathrm{T}}(\boldsymbol{s},\boldsymbol{w}))^{-1}\bar{\boldsymbol{J}}(\boldsymbol{s},\boldsymbol{w})\geqslant\boldsymbol{Q}_4^{-1}\\\Leftrightarrow&\mathbf{CRB}^{(\mathrm{r})}(\boldsymbol{s})\leqslant\boldsymbol{Q}_4\end{aligned}\tag{10.38}$$

另外，若 $\bar{\boldsymbol{J}}(\boldsymbol{s},\boldsymbol{w})$ 是列满秩矩阵，则根据命题 2.4 可知

$$\bar{\boldsymbol{J}}^{\mathrm{T}}(\boldsymbol{s},\boldsymbol{w})(\boldsymbol{Q}_3+\bar{\boldsymbol{G}}(\boldsymbol{s},\boldsymbol{w})\boldsymbol{Q}_2\bar{\boldsymbol{G}}^{\mathrm{T}}(\boldsymbol{s},\boldsymbol{w}))^{-1}\bar{\boldsymbol{J}}(\boldsymbol{s},\boldsymbol{w})>\boldsymbol{O}\tag{10.39}$$

再利用命题 2.5 可得

$$(\mathbf{CRB}^{(\mathrm{r})}(\boldsymbol{s}))^{-1}\geqslant\boldsymbol{Q}_4^{-1}+\bar{\boldsymbol{J}}^{\mathrm{T}}(\boldsymbol{s},\boldsymbol{w})(\boldsymbol{Q}_3+\bar{\boldsymbol{G}}(\boldsymbol{s},\boldsymbol{w})\boldsymbol{Q}_2\bar{\boldsymbol{G}}^{\mathrm{T}}(\boldsymbol{s},\boldsymbol{w}))^{-1}\bar{\boldsymbol{J}}(\boldsymbol{s},\boldsymbol{w})>\boldsymbol{Q}_4^{-1}\Leftrightarrow\mathbf{CRB}^{(\mathrm{r})}(\boldsymbol{s})<\boldsymbol{Q}_4\tag{10.40}$$

证毕。

推论 10.6 表明，通过合理利用目标源和校正源观测量可以降低校正源位置向量的估计方差(相对于其先验测量值而言)。

2. 仅基于校正源观测量的克拉美罗界

这里将仅基于校正源观测量 $\boldsymbol{r}$、系统参量的先验测量值 $\boldsymbol{v}$ 和校正源位置向量的先验测量值 $\boldsymbol{\tau}$ 推导未知参量 $\boldsymbol{w}$ 和 $\boldsymbol{s}$ 联合估计方差的克拉美罗界。需要指出的是，为了与上面所推导的克拉美罗界矩阵 $\mathbf{CRB}^{(\mathrm{r})}\left(\begin{bmatrix}\boldsymbol{w}\\\boldsymbol{s}\end{bmatrix}\right)$，$\mathbf{CRB}^{(\mathrm{r})}(\boldsymbol{w})$ 和 $\mathbf{CRB}^{(\mathrm{r})}(\boldsymbol{s})$ 区分开，下面将所推导的克拉美罗界矩阵分别记为 $\mathbf{CRB}_{\mathrm{o}}^{(\mathrm{r})}\left(\begin{bmatrix}\boldsymbol{w}\\\boldsymbol{s}\end{bmatrix}\right)$，$\mathbf{CRB}_{\mathrm{o}}^{(\mathrm{r})}(\boldsymbol{w})$ 和 $\mathbf{CRB}_{\mathrm{o}}^{(\mathrm{r})}(\boldsymbol{s})$，结果可见如下命题。

命题 10.2　基于观测模型式(10.2)、式(10.5)和式(10.6)，未知参量 $\boldsymbol{w}$ 和 $\boldsymbol{s}$ 联合估计方差的克拉美罗界矩阵可表示为

$$\mathbf{CRB}_{\mathrm{o}}^{(\mathrm{r})}\left(\begin{bmatrix}\boldsymbol{w}\\\boldsymbol{s}\end{bmatrix}\right)=\left[\begin{array}{c:c}\boldsymbol{Q}_2^{-1}+\bar{\boldsymbol{G}}^{\mathrm{T}}(\boldsymbol{s},\boldsymbol{w})\boldsymbol{Q}_3^{-1}\bar{\boldsymbol{G}}(\boldsymbol{s},\boldsymbol{w}) & \bar{\boldsymbol{G}}^{\mathrm{T}}(\boldsymbol{s},\boldsymbol{w})\boldsymbol{Q}_3^{-1}\bar{\boldsymbol{J}}(\boldsymbol{s},\boldsymbol{w}) \\ \hdashline \bar{\boldsymbol{J}}^{\mathrm{T}}(\boldsymbol{s},\boldsymbol{w})\boldsymbol{Q}_3^{-1}\bar{\boldsymbol{G}}(\boldsymbol{s},\boldsymbol{w}) & \bar{\boldsymbol{J}}^{\mathrm{T}}(\boldsymbol{s},\boldsymbol{w})\boldsymbol{Q}_3^{-1}\bar{\boldsymbol{J}}(\boldsymbol{s},\boldsymbol{w})+\boldsymbol{Q}_4^{-1}\end{array}\right]^{-1} \tag{10.41}$$

证明　首先定义扩维的未知参量 $\boldsymbol{\eta}=[\boldsymbol{w}^{\mathrm{T}}\quad\boldsymbol{s}^{\mathrm{T}}]^{\mathrm{T}}\in\mathbf{R}^{(qd+l)\times 1}$ 和扩维的观测向量 $\boldsymbol{\mu}=[\boldsymbol{v}^{\mathrm{T}}\quad\boldsymbol{r}^{\mathrm{T}}\quad\boldsymbol{\tau}^{\mathrm{T}}]^{\mathrm{T}}\in\mathbf{R}^{((p+q)d+l)\times 1}$。基于观测模型式(10.2)、式(10.5)和式(10.6)及其误差的统计假设可知，对于特定的参数 $\boldsymbol{\eta}$，观测向量 $\boldsymbol{\mu}$ 的最大似然函数可表示为

$$\begin{aligned}f_{\mathrm{ml,o}}^{(\mathrm{r})}(\boldsymbol{\mu}\mid\boldsymbol{\eta})=&(2\pi)^{-((p+q)d+l)/2}\left(\det\begin{bmatrix}\boldsymbol{Q}_2 & \boldsymbol{O}_{l\times pd} & \boldsymbol{O}_{l\times qd}\\ \boldsymbol{O}_{pd\times l} & \boldsymbol{Q}_3 & \boldsymbol{O}_{pd\times qd}\\ \boldsymbol{O}_{qd\times l} & \boldsymbol{O}_{qd\times pd} & \boldsymbol{Q}_4\end{bmatrix}\right)^{-1/2}\\ &\cdot\exp\left\{-\frac{1}{2}\begin{bmatrix}\boldsymbol{v}-\boldsymbol{w}\\ \boldsymbol{r}-\bar{\boldsymbol{g}}(\boldsymbol{s},\boldsymbol{w})\\ \boldsymbol{\tau}-\boldsymbol{s}\end{bmatrix}^{\mathrm{T}}\begin{bmatrix}\boldsymbol{Q}_2^{-1} & \boldsymbol{O}_{l\times pd} & \boldsymbol{O}_{l\times qd}\\ \boldsymbol{O}_{pd\times l} & \boldsymbol{Q}_3^{-1} & \boldsymbol{O}_{pd\times qd}\\ \boldsymbol{O}_{qd\times l} & \boldsymbol{O}_{qd\times pd} & \boldsymbol{Q}_4^{-1}\end{bmatrix}\begin{bmatrix}\boldsymbol{v}-\boldsymbol{w}\\ \boldsymbol{r}-\bar{\boldsymbol{g}}(\boldsymbol{s},\boldsymbol{w})\\ \boldsymbol{\tau}-\boldsymbol{s}\end{bmatrix}\right\}\\ =&(2\pi)^{-((p+q)d+l)/2}(\det[\boldsymbol{Q}_2]\det[\boldsymbol{Q}_3]\det[\boldsymbol{Q}_4])^{-1/2}\exp\left\{-\frac{1}{2}(\boldsymbol{v}-\boldsymbol{w})^{\mathrm{T}}\boldsymbol{Q}_2^{-1}(\boldsymbol{v}-\boldsymbol{w})\right\}\\ &\cdot\exp\left\{-\frac{1}{2}(\boldsymbol{r}-\bar{\boldsymbol{g}}(\boldsymbol{s},\boldsymbol{w}))^{\mathrm{T}}\boldsymbol{Q}_3^{-1}(\boldsymbol{r}-\bar{\boldsymbol{g}}(\boldsymbol{s},\boldsymbol{w}))\right\}\exp\left\{-\frac{1}{2}(\boldsymbol{\tau}-\boldsymbol{s})^{\mathrm{T}}\boldsymbol{Q}_4^{-1}(\boldsymbol{\tau}-\boldsymbol{s})\right\}\end{aligned} \tag{10.42}$$

对式(10.42)两边取对数可得其对数似然函数为

$$\begin{aligned}\ln(f_{\mathrm{ml,o}}^{(\mathrm{r})}(\boldsymbol{\mu}\mid\boldsymbol{\eta}))=&-\frac{(p+q)d+l}{2}\ln(2\pi)-\frac{1}{2}\ln(\det[\boldsymbol{Q}_2])-\frac{1}{2}\ln(\det[\boldsymbol{Q}_3])-\frac{1}{2}\ln(\det[\boldsymbol{Q}_4])\\ &-\frac{1}{2}(\boldsymbol{v}-\boldsymbol{w})^{\mathrm{T}}\boldsymbol{Q}_2^{-1}(\boldsymbol{v}-\boldsymbol{w})-\frac{1}{2}(\boldsymbol{r}-\bar{\boldsymbol{g}}(\boldsymbol{s},\boldsymbol{w}))^{\mathrm{T}}\boldsymbol{Q}_3^{-1}(\boldsymbol{r}-\bar{\boldsymbol{g}}(\boldsymbol{s},\boldsymbol{w}))-\frac{1}{2}(\boldsymbol{\tau}-\boldsymbol{s})^{\mathrm{T}}\boldsymbol{Q}_4^{-1}(\boldsymbol{\tau}-\boldsymbol{s})\end{aligned} \tag{10.43}$$

根据式(10.43)可知，对数似然函数 $\ln(f_{\mathrm{ml,o}}^{(\mathrm{r})}(\boldsymbol{\mu}\mid\boldsymbol{\eta}))$ 关于向量 $\boldsymbol{\eta}$ 的梯度向量为

$$\begin{aligned}\frac{\partial\ln(f_{\mathrm{ml,o}}^{(\mathrm{r})}(\boldsymbol{\mu}\mid\boldsymbol{\eta}))}{\partial\boldsymbol{\eta}}=&\begin{bmatrix}\dfrac{\partial\ln(f_{\mathrm{ml,o}}^{(\mathrm{r})}(\boldsymbol{\mu}\mid\boldsymbol{\eta}))}{\partial\boldsymbol{w}}\\ \dfrac{\partial\ln(f_{\mathrm{ml,o}}^{(\mathrm{r})}(\boldsymbol{\mu}\mid\boldsymbol{\eta}))}{\partial\boldsymbol{s}}\end{bmatrix}=\begin{bmatrix}\boldsymbol{Q}_2^{-1}(\boldsymbol{v}-\boldsymbol{w})+\bar{\boldsymbol{G}}^{\mathrm{T}}(\boldsymbol{s},\boldsymbol{w})\boldsymbol{Q}_3^{-1}(\boldsymbol{r}-\bar{\boldsymbol{g}}(\boldsymbol{s},\boldsymbol{w}))\\ \bar{\boldsymbol{J}}^{\mathrm{T}}(\boldsymbol{s},\boldsymbol{w})\boldsymbol{Q}_3^{-1}(\boldsymbol{r}-\bar{\boldsymbol{g}}(\boldsymbol{s},\boldsymbol{w}))+\boldsymbol{Q}_4^{-1}(\boldsymbol{\tau}-\boldsymbol{s})\end{bmatrix}\\ =&\begin{bmatrix}\boldsymbol{Q}_2^{-1}\boldsymbol{m}+\bar{\boldsymbol{G}}^{\mathrm{T}}(\boldsymbol{s},\boldsymbol{w})\boldsymbol{Q}_3^{-1}\boldsymbol{e}\\ \bar{\boldsymbol{J}}^{\mathrm{T}}(\boldsymbol{s},\boldsymbol{w})\boldsymbol{Q}_3^{-1}\boldsymbol{e}+\boldsymbol{Q}_4^{-1}\boldsymbol{\kappa}\end{bmatrix}\end{aligned} \tag{10.44}$$

于是关于未知参量 $\boldsymbol{\eta}$ 的费希尔信息矩阵可表示为[6]

$$\mathbf{FISH}_{\mathrm{o}}^{(\mathrm{r})}(\boldsymbol{\eta})=E\left[\frac{\partial\ln(f_{\mathrm{ml,o}}^{(\mathrm{r})}(\boldsymbol{\mu}\mid\boldsymbol{\eta}))}{\partial\boldsymbol{\eta}}\left(\frac{\partial\ln(f_{\mathrm{ml,o}}^{(\mathrm{r})}(\boldsymbol{\mu}\mid\boldsymbol{\eta}))}{\partial\boldsymbol{\eta}}\right)^{\mathrm{T}}\right]$$

$$=\left[\begin{array}{c:c}\begin{array}{c}\boldsymbol{Q}_2^{-1}E[\boldsymbol{m}\boldsymbol{m}^{\mathrm{T}}]\boldsymbol{Q}_2^{-1}\\+\bar{\boldsymbol{G}}^{\mathrm{T}}(\boldsymbol{s},\boldsymbol{w})\boldsymbol{Q}_3^{-1}E[\boldsymbol{e}\boldsymbol{e}^{\mathrm{T}}]\boldsymbol{Q}_3^{-1}\bar{\boldsymbol{G}}(\boldsymbol{s},\boldsymbol{w})\end{array} & \bar{\boldsymbol{G}}^{\mathrm{T}}(\boldsymbol{s},\boldsymbol{w})\boldsymbol{Q}_3^{-1}E[\boldsymbol{e}\boldsymbol{e}^{\mathrm{T}}]\boldsymbol{Q}_3^{-1}\bar{\boldsymbol{J}}(\boldsymbol{s},\boldsymbol{w})\\ \hdashline \bar{\boldsymbol{J}}^{\mathrm{T}}(\boldsymbol{s},\boldsymbol{w})\boldsymbol{Q}_3^{-1}E[\boldsymbol{e}\boldsymbol{e}^{\mathrm{T}}]\boldsymbol{Q}_3^{-1}\bar{\boldsymbol{G}}(\boldsymbol{s},\boldsymbol{w}) & \begin{array}{c}\bar{\boldsymbol{J}}^{\mathrm{T}}(\boldsymbol{s},\boldsymbol{w})\boldsymbol{Q}_3^{-1}E[\boldsymbol{e}\boldsymbol{e}^{\mathrm{T}}]\boldsymbol{Q}_3^{-1}\bar{\boldsymbol{J}}(\boldsymbol{s},\boldsymbol{w})\\+\boldsymbol{Q}_4^{-1}E[\boldsymbol{\kappa}\boldsymbol{\kappa}^{\mathrm{T}}]\boldsymbol{Q}_4^{-1}\end{array}\end{array}\right]$$

$$=\left[\begin{array}{c:c}\boldsymbol{Q}_2^{-1}+\bar{\boldsymbol{G}}^{\mathrm{T}}(\boldsymbol{s},\boldsymbol{w})\boldsymbol{Q}_3^{-1}\bar{\boldsymbol{G}}(\boldsymbol{s},\boldsymbol{w}) & \bar{\boldsymbol{G}}^{\mathrm{T}}(\boldsymbol{s},\boldsymbol{w})\boldsymbol{Q}_3^{-1}\bar{\boldsymbol{J}}(\boldsymbol{s},\boldsymbol{w})\\ \hdashline \bar{\boldsymbol{J}}^{\mathrm{T}}(\boldsymbol{s},\boldsymbol{w})\boldsymbol{Q}_3^{-1}\bar{\boldsymbol{G}}(\boldsymbol{s},\boldsymbol{w}) & \bar{\boldsymbol{J}}^{\mathrm{T}}(\boldsymbol{s},\boldsymbol{w})\boldsymbol{Q}_3^{-1}\bar{\boldsymbol{J}}(\boldsymbol{s},\boldsymbol{w})+\boldsymbol{Q}_4^{-1}\end{array}\right] \tag{10.45}$$

根据式(10.45)可知，未知参量 $\boldsymbol{\eta}$ 的估计方差的克拉美罗界矩阵等于

$$\mathbf{CRB}_{\mathrm{o}}^{(\mathrm{r})}(\boldsymbol{\eta})=(\mathbf{FISH}_{\mathrm{o}}^{(\mathrm{r})}(\boldsymbol{\eta}))^{-1}=\mathbf{CRB}_{\mathrm{o}}^{(\mathrm{r})}\left(\begin{bmatrix}\boldsymbol{w}\\ \boldsymbol{s}\end{bmatrix}\right)$$

$$=\left[\begin{array}{c:c}\boldsymbol{Q}_2^{-1}+\bar{\boldsymbol{G}}^{\mathrm{T}}(\boldsymbol{s},\boldsymbol{w})\boldsymbol{Q}_3^{-1}\bar{\boldsymbol{G}}(\boldsymbol{s},\boldsymbol{w}) & \bar{\boldsymbol{G}}^{\mathrm{T}}(\boldsymbol{s},\boldsymbol{w})\boldsymbol{Q}_3^{-1}\bar{\boldsymbol{J}}(\boldsymbol{s},\boldsymbol{w})\\ \hdashline \bar{\boldsymbol{J}}^{\mathrm{T}}(\boldsymbol{s},\boldsymbol{w})\boldsymbol{Q}_3^{-1}\bar{\boldsymbol{G}}(\boldsymbol{s},\boldsymbol{w}) & \bar{\boldsymbol{J}}^{\mathrm{T}}(\boldsymbol{s},\boldsymbol{w})\boldsymbol{Q}_3^{-1}\bar{\boldsymbol{J}}(\boldsymbol{s},\boldsymbol{w})+\boldsymbol{Q}_4^{-1}\end{array}\right]^{-1} \tag{10.46}$$

证毕。

根据命题 10.2 可以得到如下七个推论。

推论 10.7　基于观测模型式(10.2)、式(10.5)和式(10.6)，未知参量 $\boldsymbol{w}$ 和 $\boldsymbol{s}$ 联合估计方差的克拉美罗界矩阵可分别表示为

$$\mathbf{CRB}_{\mathrm{o}}^{(\mathrm{r})}(\boldsymbol{w})=\left(\begin{array}{c}\boldsymbol{Q}_2^{-1}+\bar{\boldsymbol{G}}^{\mathrm{T}}(\boldsymbol{s},\boldsymbol{w})\boldsymbol{Q}_3^{-1}\bar{\boldsymbol{G}}(\boldsymbol{s},\boldsymbol{w})-\bar{\boldsymbol{G}}^{\mathrm{T}}(\boldsymbol{s},\boldsymbol{w})\boldsymbol{Q}_3^{-1}\bar{\boldsymbol{J}}(\boldsymbol{s},\boldsymbol{w})\\ \cdot(\bar{\boldsymbol{J}}^{\mathrm{T}}(\boldsymbol{s},\boldsymbol{w})\boldsymbol{Q}_3^{-1}\bar{\boldsymbol{J}}(\boldsymbol{s},\boldsymbol{w})+\boldsymbol{Q}_4^{-1})^{-1}\bar{\boldsymbol{J}}^{\mathrm{T}}(\boldsymbol{s},\boldsymbol{w})\boldsymbol{Q}_3^{-1}\bar{\boldsymbol{G}}(\boldsymbol{s},\boldsymbol{w})\end{array}\right)^{-1} \tag{10.47}$$

$$\mathbf{CRB}_{\mathrm{o}}^{(\mathrm{r})}(\boldsymbol{s})=\left(\begin{array}{c}\bar{\boldsymbol{J}}^{\mathrm{T}}(\boldsymbol{s},\boldsymbol{w})\boldsymbol{Q}_3^{-1}\bar{\boldsymbol{J}}(\boldsymbol{s},\boldsymbol{w})+\boldsymbol{Q}_4^{-1}-\bar{\boldsymbol{J}}^{\mathrm{T}}(\boldsymbol{s},\boldsymbol{w})\boldsymbol{Q}_3^{-1}\bar{\boldsymbol{G}}(\boldsymbol{s},\boldsymbol{w})\\ \cdot(\boldsymbol{Q}_2^{-1}+\bar{\boldsymbol{G}}^{\mathrm{T}}(\boldsymbol{s},\boldsymbol{w})\boldsymbol{Q}_3^{-1}\bar{\boldsymbol{G}}(\boldsymbol{s},\boldsymbol{w}))^{-1}\bar{\boldsymbol{G}}^{\mathrm{T}}(\boldsymbol{s},\boldsymbol{w})\boldsymbol{Q}_3^{-1}\bar{\boldsymbol{J}}(\boldsymbol{s},\boldsymbol{w})\end{array}\right)^{-1} \tag{10.48}$$

推论 10.7 可以直接由推论 2.2 证得，限于篇幅这里不再阐述。

推论 10.8　克拉美罗界矩阵 $\mathbf{CRB}_{\mathrm{o}}^{(\mathrm{r})}(\boldsymbol{w})$ 和 $\mathbf{CRB}_{\mathrm{o}}^{(\mathrm{r})}(\boldsymbol{s})$ 都还分别存在另一种代数表达式为

$$\mathbf{CRB}_{\mathrm{o}}^{(\mathrm{r})}(\boldsymbol{w})=(\boldsymbol{Q}_2^{-1}+\bar{\boldsymbol{G}}^{\mathrm{T}}(\boldsymbol{s},\boldsymbol{w})(\boldsymbol{Q}_3+\bar{\boldsymbol{J}}(\boldsymbol{s},\boldsymbol{w})\boldsymbol{Q}_4\bar{\boldsymbol{J}}^{\mathrm{T}}(\boldsymbol{s},\boldsymbol{w}))^{-1}\bar{\boldsymbol{G}}(\boldsymbol{s},\boldsymbol{w}))^{-1} \tag{10.49}$$

$$\mathbf{CRB}_{\mathrm{o}}^{(\mathrm{r})}(\boldsymbol{s})=(\boldsymbol{Q}_4^{-1}+\bar{\boldsymbol{J}}^{\mathrm{T}}(\boldsymbol{s},\boldsymbol{w})(\boldsymbol{Q}_3+\bar{\boldsymbol{G}}(\boldsymbol{s},\boldsymbol{w})\boldsymbol{Q}_2\bar{\boldsymbol{G}}^{\mathrm{T}}(\boldsymbol{s},\boldsymbol{w}))^{-1}\bar{\boldsymbol{J}}(\boldsymbol{s},\boldsymbol{w}))^{-1} \tag{10.50}$$

证明　利用推论 2.1 可得如下两个等式：

$$\begin{aligned}&(\boldsymbol{Q}_3+\bar{\boldsymbol{J}}(\boldsymbol{s},\boldsymbol{w})\boldsymbol{Q}_4\bar{\boldsymbol{J}}^{\mathrm{T}}(\boldsymbol{s},\boldsymbol{w}))^{-1}\\&=\boldsymbol{Q}_3^{-1}-\boldsymbol{Q}_3^{-1}\bar{\boldsymbol{J}}(\boldsymbol{s},\boldsymbol{w})(\bar{\boldsymbol{J}}^{\mathrm{T}}(\boldsymbol{s},\boldsymbol{w})\boldsymbol{Q}_3^{-1}\bar{\boldsymbol{J}}(\boldsymbol{s},\boldsymbol{w})+\boldsymbol{Q}_4^{-1})^{-1}\bar{\boldsymbol{J}}^{\mathrm{T}}(\boldsymbol{s},\boldsymbol{w})\boldsymbol{Q}_3^{-1}\end{aligned} \tag{10.51}$$

$$\begin{aligned}&(\boldsymbol{Q}_3+\bar{\boldsymbol{G}}(\boldsymbol{s},\boldsymbol{w})\boldsymbol{Q}_2\bar{\boldsymbol{G}}^{\mathrm{T}}(\boldsymbol{s},\boldsymbol{w}))^{-1}\\&=\boldsymbol{Q}_3^{-1}-\boldsymbol{Q}_3^{-1}\bar{\boldsymbol{G}}(\boldsymbol{s},\boldsymbol{w})(\boldsymbol{Q}_2^{-1}+\bar{\boldsymbol{G}}^{\mathrm{T}}(\boldsymbol{s},\boldsymbol{w})\boldsymbol{Q}_3^{-1}\bar{\boldsymbol{G}}(\boldsymbol{s},\boldsymbol{w}))^{-1}\bar{\boldsymbol{G}}^{\mathrm{T}}(\boldsymbol{s},\boldsymbol{w})\boldsymbol{Q}_3^{-1}\end{aligned} \tag{10.52}$$

将式(10.51)和式(10.52)分别代入式(10.47)和式(10.48)可得

$$\begin{aligned}\mathbf{CRB}_{\mathrm{o}}^{(\mathrm{r})}(\boldsymbol{w})&=(\boldsymbol{Q}_2^{-1}+\bar{\boldsymbol{G}}^{\mathrm{T}}(\boldsymbol{s},\boldsymbol{w})(\boldsymbol{Q}_3^{-1}-\boldsymbol{Q}_3^{-1}\bar{\boldsymbol{J}}(\boldsymbol{s},\boldsymbol{w})(\bar{\boldsymbol{J}}^{\mathrm{T}}(\boldsymbol{s},\boldsymbol{w})\boldsymbol{Q}_3^{-1}\bar{\boldsymbol{J}}(\boldsymbol{s},\boldsymbol{w})+\boldsymbol{Q}_3^{-1})^{-1}\bar{\boldsymbol{J}}^{\mathrm{T}}(\boldsymbol{s},\boldsymbol{w})\boldsymbol{Q}_3^{-1})\bar{\boldsymbol{G}}(\boldsymbol{s},\boldsymbol{w}))^{-1}\\&=(\boldsymbol{Q}_2^{-1}+\bar{\boldsymbol{G}}^{\mathrm{T}}(\boldsymbol{s},\boldsymbol{w})(\boldsymbol{Q}_3+\bar{\boldsymbol{J}}(\boldsymbol{s},\boldsymbol{w})\boldsymbol{Q}_4\bar{\boldsymbol{J}}^{\mathrm{T}}(\boldsymbol{s},\boldsymbol{w}))^{-1}\bar{\boldsymbol{G}}(\boldsymbol{s},\boldsymbol{w}))^{-1}\end{aligned} \tag{10.53}$$

$$\mathbf{CRB}_{\mathrm{o}}^{(\mathrm{r})}(\boldsymbol{s})=(\boldsymbol{Q}_4^{-1}+\bar{\boldsymbol{J}}^{\mathrm{T}}(\boldsymbol{s},\boldsymbol{w})(\boldsymbol{Q}_3^{-1}-\boldsymbol{Q}_3^{-1}\bar{\boldsymbol{G}}(\boldsymbol{s},\boldsymbol{w})(\boldsymbol{Q}_2^{-1}+\bar{\boldsymbol{G}}^{\mathrm{T}}(\boldsymbol{s},\boldsymbol{w})\boldsymbol{Q}_3^{-1}\bar{\boldsymbol{G}}(\boldsymbol{s},\boldsymbol{w}))^{-1}\bar{\boldsymbol{G}}^{\mathrm{T}}(\boldsymbol{s},\boldsymbol{w})\boldsymbol{Q}_3^{-1})\bar{\boldsymbol{J}}(\boldsymbol{s},\boldsymbol{w}))^{-1}$$
$$=(\boldsymbol{Q}_4^{-1}+\bar{\boldsymbol{J}}^{\mathrm{T}}(\boldsymbol{s},\boldsymbol{w})(\boldsymbol{Q}_3+\bar{\boldsymbol{G}}(\boldsymbol{s},\boldsymbol{w})\boldsymbol{Q}_2\bar{\boldsymbol{G}}^{\mathrm{T}}(\boldsymbol{s},\boldsymbol{w}))^{-1}\bar{\boldsymbol{J}}(\boldsymbol{s},\boldsymbol{w}))^{-1} \tag{10.54}$$

证毕。

推论 10.9 若 $\boldsymbol{G}_1(\boldsymbol{u},\boldsymbol{w})$是列满秩矩阵,则有 $\mathbf{CRB}^{(\mathrm{r})}(\boldsymbol{w})\leqslant\mathbf{CRB}_{\mathrm{o}}^{(\mathrm{r})}(\boldsymbol{w})$。

证明 结合命题 2.3、推论 2.8 和推论 2.9 以及式(10.16)和式(10.47)可推得

$$\begin{aligned}(\mathbf{CRB}^{(\mathrm{r})}(\boldsymbol{w}))^{-1}&=\boldsymbol{Q}_2^{-1}+\bar{\boldsymbol{G}}^{\mathrm{T}}(\boldsymbol{s},\boldsymbol{w})\boldsymbol{Q}_3^{-1}\bar{\boldsymbol{G}}(\boldsymbol{s},\boldsymbol{w})-\bar{\boldsymbol{G}}^{\mathrm{T}}(\boldsymbol{s},\boldsymbol{w})\boldsymbol{Q}_3^{-1}\bar{\boldsymbol{J}}(\boldsymbol{s},\boldsymbol{w})(\bar{\boldsymbol{J}}^{\mathrm{T}}(\boldsymbol{s},\boldsymbol{w})\boldsymbol{Q}_3^{-1}\bar{\boldsymbol{J}}(\boldsymbol{s},\boldsymbol{w})+\boldsymbol{Q}_4^{-1})^{-1}\\&\quad\cdot\bar{\boldsymbol{J}}^{\mathrm{T}}(\boldsymbol{s},\boldsymbol{w})\boldsymbol{Q}_3^{-1}\bar{\boldsymbol{G}}(\boldsymbol{s},\boldsymbol{w})+\boldsymbol{G}_2^{\mathrm{T}}(\boldsymbol{u},\boldsymbol{w})\boldsymbol{Q}_1^{-1}\boldsymbol{G}_2(\boldsymbol{u},\boldsymbol{w})-\boldsymbol{G}_2^{\mathrm{T}}(\boldsymbol{u},\boldsymbol{w})\boldsymbol{Q}_1^{-1}\boldsymbol{G}_1(\boldsymbol{u},\boldsymbol{w})\\&\quad\cdot(\boldsymbol{G}_1^{\mathrm{T}}(\boldsymbol{u},\boldsymbol{w})\boldsymbol{Q}_1^{-1}\boldsymbol{G}_1(\boldsymbol{u},\boldsymbol{w}))^{-1}\boldsymbol{G}_1^{\mathrm{T}}(\boldsymbol{u},\boldsymbol{w})\boldsymbol{Q}_1^{-1}\boldsymbol{G}_2(\boldsymbol{u},\boldsymbol{w})\\&=\boldsymbol{Q}_2^{-1}+\bar{\boldsymbol{G}}^{\mathrm{T}}(\boldsymbol{s},\boldsymbol{w})\boldsymbol{Q}_3^{-1}\bar{\boldsymbol{G}}(\boldsymbol{s},\boldsymbol{w})-\bar{\boldsymbol{G}}^{\mathrm{T}}(\boldsymbol{s},\boldsymbol{w})\boldsymbol{Q}_3^{-1}\bar{\boldsymbol{J}}(\boldsymbol{s},\boldsymbol{w})(\bar{\boldsymbol{J}}^{\mathrm{T}}(\boldsymbol{s},\boldsymbol{w})\boldsymbol{Q}_3^{-1}\bar{\boldsymbol{J}}(\boldsymbol{s},\boldsymbol{w})+\boldsymbol{Q}_4^{-1})^{-1}\\&\quad\cdot\bar{\boldsymbol{J}}^{\mathrm{T}}(\boldsymbol{s},\boldsymbol{w})\boldsymbol{Q}_3^{-1}\bar{\boldsymbol{G}}(\boldsymbol{s},\boldsymbol{w})+\boldsymbol{G}_2^{\mathrm{T}}(\boldsymbol{u},\boldsymbol{w})\boldsymbol{Q}_1^{-1/2}\boldsymbol{\Pi}^{\perp}[\boldsymbol{Q}_1^{-\mathrm{T}/2}\boldsymbol{G}_1(\boldsymbol{u},\boldsymbol{w})]\boldsymbol{Q}_1^{-\mathrm{T}/2}\boldsymbol{G}_2(\boldsymbol{u},\boldsymbol{w})\\&\geqslant\boldsymbol{Q}_2^{-1}+\bar{\boldsymbol{G}}^{\mathrm{T}}(\boldsymbol{s},\boldsymbol{w})\boldsymbol{Q}_3^{-1}\bar{\boldsymbol{G}}(\boldsymbol{s},\boldsymbol{w})-\bar{\boldsymbol{G}}^{\mathrm{T}}(\boldsymbol{s},\boldsymbol{w})\boldsymbol{Q}_3^{-1}\bar{\boldsymbol{J}}(\boldsymbol{s},\boldsymbol{w})(\bar{\boldsymbol{J}}^{\mathrm{T}}(\boldsymbol{s},\boldsymbol{w})\boldsymbol{Q}_3^{-1}\bar{\boldsymbol{J}}(\boldsymbol{s},\boldsymbol{w})+\boldsymbol{Q}_4^{-1})^{-1}\\&\quad\cdot\bar{\boldsymbol{J}}^{\mathrm{T}}(\boldsymbol{s},\boldsymbol{w})\boldsymbol{Q}_3^{-1}\bar{\boldsymbol{G}}(\boldsymbol{s},\boldsymbol{w})\\&=(\mathbf{CRB}_{\mathrm{o}}^{(\mathrm{r})}(\boldsymbol{w}))^{-1}\end{aligned} \tag{10.55}$$

再利用命题 2.5 可知 $\mathbf{CRB}^{(\mathrm{r})}(\boldsymbol{w})\leqslant\mathbf{CRB}_{\mathrm{o}}^{(\mathrm{r})}(\boldsymbol{w})$。证毕。

推论 10.10 若 $\boldsymbol{G}_1(\boldsymbol{u},\boldsymbol{w})$是列满秩矩阵,则有 $\mathbf{CRB}^{(\mathrm{r})}(\boldsymbol{s})\leqslant\mathbf{CRB}_{\mathrm{o}}^{(\mathrm{r})}(\boldsymbol{s})$。

证明 结合命题 2.3、命题 2.5、推论 2.8 和推论 2.9 以及式(10.17)和式(10.48)可推得

$$\begin{aligned}(\mathbf{CRB}^{(\mathrm{r})}(\boldsymbol{s}))^{-1}&=\bar{\boldsymbol{J}}^{\mathrm{T}}(\boldsymbol{s},\boldsymbol{w})\boldsymbol{Q}_3^{-1}\bar{\boldsymbol{J}}(\boldsymbol{s},\boldsymbol{w})+\boldsymbol{Q}_4^{-1}-\bar{\boldsymbol{J}}^{\mathrm{T}}(\boldsymbol{s},\boldsymbol{w})\boldsymbol{Q}_3^{-1}\bar{\boldsymbol{G}}(\boldsymbol{s},\boldsymbol{w})\\&\quad\cdot\begin{pmatrix}\boldsymbol{G}_2^{\mathrm{T}}(\boldsymbol{u},\boldsymbol{w})\boldsymbol{Q}_1^{-1}\boldsymbol{G}_2(\boldsymbol{u},\boldsymbol{w})+\boldsymbol{Q}_2^{-1}+\bar{\boldsymbol{G}}^{\mathrm{T}}(\boldsymbol{s},\boldsymbol{w})\boldsymbol{Q}_3^{-1}\bar{\boldsymbol{G}}(\boldsymbol{s},\boldsymbol{w})\\-\boldsymbol{G}_2^{\mathrm{T}}(\boldsymbol{u},\boldsymbol{w})\boldsymbol{Q}_1^{-1}\boldsymbol{G}_1(\boldsymbol{u},\boldsymbol{w})(\boldsymbol{G}_1^{\mathrm{T}}(\boldsymbol{u},\boldsymbol{w})\boldsymbol{Q}_1^{-1}\boldsymbol{G}_1(\boldsymbol{u},\boldsymbol{w}))^{-1}\boldsymbol{G}_1^{\mathrm{T}}(\boldsymbol{u},\boldsymbol{w})\boldsymbol{Q}_1^{-1}\boldsymbol{G}_2(\boldsymbol{u},\boldsymbol{w})\end{pmatrix}^{-1}\bar{\boldsymbol{G}}^{\mathrm{T}}(\boldsymbol{s},\boldsymbol{w})\boldsymbol{Q}_3^{-1}\bar{\boldsymbol{J}}(\boldsymbol{s},\boldsymbol{w})\\&=\bar{\boldsymbol{J}}^{\mathrm{T}}(\boldsymbol{s},\boldsymbol{w})\boldsymbol{Q}_3^{-1}\bar{\boldsymbol{J}}(\boldsymbol{s},\boldsymbol{w})+\boldsymbol{Q}_4^{-1}-\bar{\boldsymbol{J}}^{\mathrm{T}}(\boldsymbol{s},\boldsymbol{w})\boldsymbol{Q}_3^{-1}\bar{\boldsymbol{G}}(\boldsymbol{s},\boldsymbol{w})\\&\quad\cdot\begin{pmatrix}\boldsymbol{Q}_2^{-1}+\bar{\boldsymbol{G}}^{\mathrm{T}}(\boldsymbol{s},\boldsymbol{w})\boldsymbol{Q}_3^{-1}\bar{\boldsymbol{G}}(\boldsymbol{s},\boldsymbol{w})+\boldsymbol{G}_2^{\mathrm{T}}(\boldsymbol{u},\boldsymbol{w})\boldsymbol{Q}_1^{-1/2}\\\cdot\boldsymbol{\Pi}^{\perp}[\boldsymbol{Q}_1^{-\mathrm{T}/2}\boldsymbol{G}_1(\boldsymbol{u},\boldsymbol{w})]\boldsymbol{Q}_1^{-\mathrm{T}/2}\boldsymbol{G}_2(\boldsymbol{u},\boldsymbol{w})\end{pmatrix}^{-1}\bar{\boldsymbol{G}}^{\mathrm{T}}(\boldsymbol{s},\boldsymbol{w})\boldsymbol{Q}_3^{-1}\bar{\boldsymbol{J}}(\boldsymbol{s},\boldsymbol{w})\\&\geqslant\bar{\boldsymbol{J}}^{\mathrm{T}}(\boldsymbol{s},\boldsymbol{w})\boldsymbol{Q}_3^{-1}\bar{\boldsymbol{J}}(\boldsymbol{s},\boldsymbol{w})+\boldsymbol{Q}_4^{-1}-\bar{\boldsymbol{J}}^{\mathrm{T}}(\boldsymbol{s},\boldsymbol{w})\boldsymbol{Q}_3^{-1}\bar{\boldsymbol{G}}(\boldsymbol{s},\boldsymbol{w})(\boldsymbol{Q}_2^{-1}+\bar{\boldsymbol{G}}^{\mathrm{T}}(\boldsymbol{s},\boldsymbol{w})\boldsymbol{Q}_3^{-1}\bar{\boldsymbol{G}}(\boldsymbol{s},\boldsymbol{w}))^{-1}\bar{\boldsymbol{G}}^{\mathrm{T}}(\boldsymbol{s},\boldsymbol{w})\boldsymbol{Q}_3^{-1}\bar{\boldsymbol{J}}(\boldsymbol{s},\boldsymbol{w})\\&=(\mathbf{CRB}_{\mathrm{o}}^{(\mathrm{r})}(\boldsymbol{s}))^{-1}\end{aligned} \tag{10.56}$$

再利用命题 2.5 可知 $\mathbf{CRB}^{(\mathrm{r})}(\boldsymbol{s})\leqslant\mathbf{CRB}_{\mathrm{o}}^{(\mathrm{r})}(\boldsymbol{s})$。证毕。

推论 10.11 若 $\boldsymbol{G}_1(\boldsymbol{u},\boldsymbol{w})$是列满秩矩阵,$\boldsymbol{G}_2(\boldsymbol{u},\boldsymbol{w})$是行满秩矩阵,当且仅当 $p=q$ 时,$\mathbf{CRB}^{(\mathrm{r})}(\boldsymbol{w})=\mathbf{CRB}_{\mathrm{o}}^{(\mathrm{r})}(\boldsymbol{w})$和 $\mathbf{CRB}^{(\mathrm{r})}(\boldsymbol{s})=\mathbf{CRB}_{\mathrm{o}}^{(\mathrm{r})}(\boldsymbol{s})$。

推论 10.11 的证明类似于推论 3.3,限于篇幅这里不再阐述。推论 10.9、推论 10.10 和推论 10.11 联合表明,若关于目标源的观测方程维数 p 等于目标位置向量维数 q,则无法利用目标源观测量进一步降低系统参量和校正源位置向量联合估计方差的理论下界,只有当关于目标源的观测方程维数 p 大于目标位置向量维数 q 时(即观测方程有冗余),才可能利用目标源观测量进一步降低系统参量和校正源位置向量联合估计方差的理论下界。

推论 10.12 $\mathbf{CRB}_{\mathrm{o}}(\boldsymbol{w})\leqslant\mathbf{CRB}_{\mathrm{o}}^{(\mathrm{r})}(\boldsymbol{w})$。

证明 根据命题 2.3 和命题 2.5 可知

$$\boldsymbol{Q}_3\leqslant\boldsymbol{Q}_3+\bar{\boldsymbol{J}}(\boldsymbol{s},\boldsymbol{w})\boldsymbol{Q}_4\bar{\boldsymbol{J}}^{\mathrm{T}}(\boldsymbol{s},\boldsymbol{w})\Leftrightarrow(\boldsymbol{Q}_3+\bar{\boldsymbol{J}}(\boldsymbol{s},\boldsymbol{w})\boldsymbol{Q}_4\bar{\boldsymbol{J}}^{\mathrm{T}}(\boldsymbol{s},\boldsymbol{w}))^{-1}\leqslant\boldsymbol{Q}_3^{-1} \tag{10.57}$$

结合命题 2.5 和推论 2.5、式(3.45)以及式(10.49)和式(10.57)可推得

$$\begin{aligned}&\boldsymbol{Q}_2^{-1}+\bar{\boldsymbol{G}}^{\mathrm{T}}(\boldsymbol{s},\boldsymbol{w})(\boldsymbol{Q}_3+\bar{\boldsymbol{J}}(\boldsymbol{s},\boldsymbol{w})\boldsymbol{Q}_4\bar{\boldsymbol{J}}^{\mathrm{T}}(\boldsymbol{s},\boldsymbol{w}))^{-1}\bar{\boldsymbol{G}}(\boldsymbol{s},\boldsymbol{w})\leqslant\boldsymbol{Q}_2^{-1}+\bar{\boldsymbol{G}}^{\mathrm{T}}(\boldsymbol{s},\boldsymbol{w})\boldsymbol{Q}_3^{-1}\bar{\boldsymbol{G}}(\boldsymbol{s},\boldsymbol{w})\\&\Leftrightarrow\mathbf{CRB}_{\mathrm{o}}(\boldsymbol{w})=(\boldsymbol{Q}_2^{-1}+\bar{\boldsymbol{G}}^{\mathrm{T}}(\boldsymbol{s},\boldsymbol{w})\boldsymbol{Q}_3^{-1}\bar{\boldsymbol{G}}(\boldsymbol{s},\boldsymbol{w}))^{-1}\\&\leqslant(\boldsymbol{Q}_2^{-1}+\bar{\boldsymbol{G}}^{\mathrm{T}}(\boldsymbol{s},\boldsymbol{w})(\boldsymbol{Q}_3+\bar{\boldsymbol{J}}(\boldsymbol{s},\boldsymbol{w})\boldsymbol{Q}_4\bar{\boldsymbol{J}}^{\mathrm{T}}(\boldsymbol{s},\boldsymbol{w}))^{-1}\bar{\boldsymbol{G}}(\boldsymbol{s},\boldsymbol{w}))^{-1}=\mathbf{CRB}_{\mathrm{o}}^{(\mathrm{r})}(\boldsymbol{w})\end{aligned}\tag{10.58}$$

证毕。

推论 10.12 表明，在仅基于校正源观测量的条件下，校正源位置向量的测量误差会增加系统参量估计方差的理论下界。

推论 10.13　$\mathbf{CRB}_{\mathrm{o}}^{(\mathrm{r})}(\boldsymbol{s})\leqslant\boldsymbol{Q}_4$，若 $\bar{\boldsymbol{J}}(\boldsymbol{s},\boldsymbol{w})$ 是列满秩矩阵，则有 $\mathbf{CRB}_{\mathrm{o}}^{(\mathrm{r})}(\boldsymbol{s})<\boldsymbol{Q}_4$。

证明　根据式(10.50)和命题 2.3 可得

$$(\mathbf{CRB}_{\mathrm{o}}^{(\mathrm{r})}(\boldsymbol{s}))^{-1}=\boldsymbol{Q}_4^{-1}+\bar{\boldsymbol{J}}^{\mathrm{T}}(\boldsymbol{s},\boldsymbol{w})(\boldsymbol{Q}_3+\bar{\boldsymbol{G}}(\boldsymbol{s},\boldsymbol{w})\boldsymbol{Q}_2\bar{\boldsymbol{G}}^{\mathrm{T}}(\boldsymbol{s},\boldsymbol{w}))^{-1}\bar{\boldsymbol{J}}(\boldsymbol{s},\boldsymbol{w})\geqslant\boldsymbol{Q}_4^{-1}\tag{10.59}$$

利用命题 2.5 可知 $\mathbf{CRB}_{\mathrm{o}}^{(\mathrm{r})}(\boldsymbol{s})\leqslant\boldsymbol{Q}_4$。若 $\bar{\boldsymbol{J}}(\boldsymbol{s},\boldsymbol{w})$ 是列满秩矩阵，则根据命题 2.4 可知

$$(\mathbf{CRB}_{\mathrm{o}}^{(\mathrm{r})}(\boldsymbol{s}))^{-1}=\boldsymbol{Q}_4^{-1}+\bar{\boldsymbol{J}}^{\mathrm{T}}(\boldsymbol{s},\boldsymbol{w})(\boldsymbol{Q}_3+\bar{\boldsymbol{G}}(\boldsymbol{s},\boldsymbol{w})\boldsymbol{Q}_2\bar{\boldsymbol{G}}^{\mathrm{T}}(\boldsymbol{s},\boldsymbol{w}))^{-1}\bar{\boldsymbol{J}}(\boldsymbol{s},\boldsymbol{w})>\boldsymbol{Q}_4^{-1}\tag{10.60}$$

再次利用命题 2.5 可知 $\mathbf{CRB}_{\mathrm{o}}^{(\mathrm{r})}(\boldsymbol{s})<\boldsymbol{Q}_4$。证毕。

推论 10.13 表明，利用校正源观测量(尽管其位置向量存在测量误差)可以降低校正源位置向量的估计方差(相对于其先验测量值而言)。

下面将在校正源位置向量存在测量误差的条件下给出两类非线性加权最小二乘定位方法，并定量推导两类非线性加权最小二乘定位方法的参数估计性能，证明它们的目标位置估计方差都可以达到相应的克拉美罗界(在门限效应发生以前)。另外，为了便于区分，书中将第一类非线性加权最小二乘定位方法给出的估计值中增加上标“(ra)”，而将第二类非线性加权最小二乘定位方法给出的估计值中增加上标“(rb)”。

10.2　第一类非线性加权最小二乘定位方法及其理论性能分析

第一类非线性加权最小二乘定位方法分为两个步骤：①利用校正源观测量 $\boldsymbol{r}$，系统参量的先验测量值 $\boldsymbol{v}$ 和校正源位置向量的先验测量值 $\boldsymbol{\tau}$ 给出更加精确的系统参量和校正源位置向量估计值；②利用目标源观测量 $\boldsymbol{z}$ 和第一步给出的系统参量解估计目标位置向量 $\boldsymbol{u}$。

10.2.1　联合估计系统参量和校正源位置向量

这里将基于校正源观测量 $\boldsymbol{r}$、系统参量的先验测量值 $\boldsymbol{v}$ 和校正源位置向量的先验测量值 $\boldsymbol{\tau}$ 联合估计系统参量 $\boldsymbol{w}$ 和校正源位置向量 $\boldsymbol{s}$，此时的非线性加权最小二乘优化模型为

$$\min_{\substack{\boldsymbol{w}\in\mathbf{R}^{l\times1}\\\boldsymbol{s}\in\mathbf{R}^{qd\times1}}}\begin{bmatrix}\boldsymbol{r}-\bar{\boldsymbol{g}}(\boldsymbol{s},\boldsymbol{w})\\\boldsymbol{v}-\boldsymbol{w}\\\boldsymbol{\tau}-\boldsymbol{s}\end{bmatrix}^{\mathrm{T}}\begin{bmatrix}\boldsymbol{Q}_3^{-1}&\boldsymbol{O}_{pd\times l}&\boldsymbol{O}_{pd\times qd}\\\boldsymbol{O}_{l\times pd}&\boldsymbol{Q}_2^{-1}&\boldsymbol{O}_{l\times qd}\\\boldsymbol{O}_{qd\times pd}&\boldsymbol{O}_{qd\times l}&\boldsymbol{Q}_4^{-1}\end{bmatrix}\begin{bmatrix}\boldsymbol{r}-\bar{\boldsymbol{g}}(\boldsymbol{s},\boldsymbol{w})\\\boldsymbol{v}-\boldsymbol{w}\\\boldsymbol{\tau}-\boldsymbol{s}\end{bmatrix}\tag{10.61}$$

式中，$\boldsymbol{Q}_2^{-1}$ 的作用是抑制测量误差 $\boldsymbol{m}$ 的影响；$\boldsymbol{Q}_3^{-1}$ 的作用是抑制观测误差 $\boldsymbol{e}$ 的影响；$\boldsymbol{Q}_4^{-1}$ 的作用则是抑制测量误差 $\boldsymbol{\kappa}$ 的影响。由于 $\bar{\boldsymbol{g}}(\cdot,\cdot)$ 通常是非线性函数，因此，求解式(10.61)不可避免地需要数值迭代，与第3章类似的是，这里仍给出基于一阶Taylor级数展开的迭代算法。

假设第 k 次Taylor级数迭代得到系统参量 $\boldsymbol{w}$ 的结果为 $\hat{\boldsymbol{w}}_{\text{nlwls},k}^{(\text{ra})}$，校正源位置向量 $\boldsymbol{s}$ 的结果为 $\hat{\boldsymbol{s}}_{\text{nlwls},k}^{(\text{ra})}$，现利用一阶Taylor级数展开可得

$$\begin{bmatrix}\boldsymbol{r}\\ \boldsymbol{v}\\ \boldsymbol{\tau}\end{bmatrix}=\begin{bmatrix}\bar{\boldsymbol{g}}(\boldsymbol{s},\boldsymbol{w})\\ \boldsymbol{w}\\ \boldsymbol{s}\end{bmatrix}+\begin{bmatrix}\boldsymbol{e}\\ \boldsymbol{m}\\ \boldsymbol{\kappa}\end{bmatrix}\approx\begin{bmatrix}\bar{\boldsymbol{g}}(\hat{\boldsymbol{s}}_{\text{nlwls},k}^{(\text{ra})},\hat{\boldsymbol{w}}_{\text{nlwls},k}^{(\text{ra})})\\ \hat{\boldsymbol{w}}_{\text{nlwls},k}^{(\text{ra})}\\ \hat{\boldsymbol{s}}_{\text{nlwls},k}^{(\text{ra})}\end{bmatrix}+\begin{bmatrix}\bar{\boldsymbol{G}}(\hat{\boldsymbol{s}}_{\text{nlwls},k}^{(\text{ra})},\hat{\boldsymbol{w}}_{\text{nlwls},k}^{(\text{ra})}) & \bar{\boldsymbol{J}}(\hat{\boldsymbol{s}}_{\text{nlwls},k}^{(\text{ra})},\hat{\boldsymbol{w}}_{\text{nlwls},k}^{(\text{ra})})\\ \boldsymbol{I}_l & \boldsymbol{O}_{l\times qd}\\ \boldsymbol{O}_{qd\times l} & \boldsymbol{I}_{qd}\end{bmatrix}\begin{bmatrix}\boldsymbol{w}-\hat{\boldsymbol{w}}_{\text{nlwls},k}^{(\text{ra})}\\ \boldsymbol{s}-\hat{\boldsymbol{s}}_{\text{nlwls},k}^{(\text{ra})}\end{bmatrix}+\begin{bmatrix}\boldsymbol{e}\\ \boldsymbol{m}\\ \boldsymbol{\kappa}\end{bmatrix}\tag{10.62}$$

将式(10.62)代入式(10.61)可以得到求解第 $k+1$ 次迭代结果的线性加权最小二乘优化模型为

$$\min_{\substack{\boldsymbol{w}\in\mathbf{R}^{l\times 1}\\ \boldsymbol{s}\in\mathbf{R}^{qd\times 1}}}\left\{\begin{aligned}&\left(\begin{bmatrix}\bar{\boldsymbol{G}}(\hat{\boldsymbol{s}}_{\text{nlwls},k}^{(\text{ra})},\hat{\boldsymbol{w}}_{\text{nlwls},k}^{(\text{ra})}) & \bar{\boldsymbol{J}}(\hat{\boldsymbol{s}}_{\text{nlwls},k}^{(\text{ra})},\hat{\boldsymbol{w}}_{\text{nlwls},k}^{(\text{ra})})\\ \boldsymbol{I}_l & \boldsymbol{O}_{l\times qd}\\ \boldsymbol{O}_{qd\times l} & \boldsymbol{I}_{qd}\end{bmatrix}\begin{bmatrix}\boldsymbol{w}-\hat{\boldsymbol{w}}_{\text{nlwls},k}^{(\text{ra})}\\ \boldsymbol{s}-\hat{\boldsymbol{s}}_{\text{nlwls},k}^{(\text{ra})}\end{bmatrix}-\begin{bmatrix}\boldsymbol{r}-\bar{\boldsymbol{g}}(\hat{\boldsymbol{s}}_{\text{nlwls},k}^{(\text{ra})},\hat{\boldsymbol{w}}_{\text{nlwls},k}^{(\text{ra})})\\ \boldsymbol{v}-\hat{\boldsymbol{w}}_{\text{nlwls},k}^{(\text{ra})}\\ \boldsymbol{\tau}-\hat{\boldsymbol{s}}_{\text{nlwls},k}^{(\text{ra})}\end{bmatrix}\right)^{\text{T}}\\ &\cdot\begin{bmatrix}\boldsymbol{Q}_3^{-1} & \boldsymbol{O}_{pd\times l} & \boldsymbol{O}_{pd\times qd}\\ \boldsymbol{O}_{l\times pd} & \boldsymbol{Q}_2^{-1} & \boldsymbol{O}_{l\times qd}\\ \boldsymbol{O}_{qd\times pd} & \boldsymbol{O}_{qd\times l} & \boldsymbol{Q}_4^{-1}\end{bmatrix}\\ &\cdot\left(\begin{bmatrix}\bar{\boldsymbol{G}}(\hat{\boldsymbol{s}}_{\text{nlwls},k}^{(\text{ra})},\hat{\boldsymbol{w}}_{\text{nlwls},k}^{(\text{ra})}) & \bar{\boldsymbol{J}}(\hat{\boldsymbol{s}}_{\text{nlwls},k}^{(\text{ra})},\hat{\boldsymbol{w}}_{\text{nlwls},k}^{(\text{ra})})\\ \boldsymbol{I}_l & \boldsymbol{O}_{l\times qd}\\ \boldsymbol{O}_{qd\times l} & \boldsymbol{I}_{qd}\end{bmatrix}\begin{bmatrix}\boldsymbol{w}-\hat{\boldsymbol{w}}_{\text{nlwls},k}^{(\text{ra})}\\ \boldsymbol{s}-\hat{\boldsymbol{s}}_{\text{nlwls},k}^{(\text{ra})}\end{bmatrix}-\begin{bmatrix}\boldsymbol{r}-\bar{\boldsymbol{g}}(\hat{\boldsymbol{s}}_{\text{nlwls},k}^{(\text{ra})},\hat{\boldsymbol{w}}_{\text{nlwls},k}^{(\text{ra})})\\ \boldsymbol{v}-\hat{\boldsymbol{w}}_{\text{nlwls},k}^{(\text{ra})}\\ \boldsymbol{\tau}-\hat{\boldsymbol{s}}_{\text{nlwls},k}^{(\text{ra})}\end{bmatrix}\right)\end{aligned}\right\}\tag{10.63}$$

显然，式(10.63)是关于系统参量 $\boldsymbol{w}$ 和校正源位置向量 $\boldsymbol{s}$ 的二次优化问题，因此其存在最优闭式解，根据式(2.85)可知该闭式解为

$$\begin{aligned}\begin{bmatrix}\hat{\boldsymbol{w}}_{\text{nlwls},k+1}^{(\text{ra})}\\ \hat{\boldsymbol{s}}_{\text{nlwls},k+1}^{(\text{ra})}\end{bmatrix}&=\begin{bmatrix}\hat{\boldsymbol{w}}_{\text{nlwls},k}^{(\text{ra})}\\ \hat{\boldsymbol{s}}_{\text{nlwls},k}^{(\text{ra})}\end{bmatrix}\\ &\quad+\begin{bmatrix}\boldsymbol{Q}_2^{-1}+\bar{\boldsymbol{G}}^{\text{T}}(\hat{\boldsymbol{s}}_{\text{nlwls},k}^{(\text{ra})},\hat{\boldsymbol{w}}_{\text{nlwls},k}^{(\text{ra})})\boldsymbol{Q}_3^{-1}\bar{\boldsymbol{G}}(\hat{\boldsymbol{s}}_{\text{nlwls},k}^{(\text{ra})},\hat{\boldsymbol{w}}_{\text{nlwls},k}^{(\text{ra})}) & \bar{\boldsymbol{G}}^{\text{T}}(\hat{\boldsymbol{s}}_{\text{nlwls},k}^{(\text{ra})},\hat{\boldsymbol{w}}_{\text{nlwls},k}^{(\text{ra})})\boldsymbol{Q}_3^{-1}\bar{\boldsymbol{J}}(\hat{\boldsymbol{s}}_{\text{nlwls},k}^{(\text{ra})},\hat{\boldsymbol{w}}_{\text{nlwls},k}^{(\text{ra})})\\ \bar{\boldsymbol{J}}^{\text{T}}(\hat{\boldsymbol{s}}_{\text{nlwls},k}^{(\text{ra})},\hat{\boldsymbol{w}}_{\text{nlwls},k}^{(\text{ra})})\boldsymbol{Q}_3^{-1}\bar{\boldsymbol{G}}(\hat{\boldsymbol{s}}_{\text{nlwls},k}^{(\text{ra})},\hat{\boldsymbol{w}}_{\text{nlwls},k}^{(\text{ra})}) & \bar{\boldsymbol{J}}^{\text{T}}(\hat{\boldsymbol{s}}_{\text{nlwls},k}^{(\text{ra})},\hat{\boldsymbol{w}}_{\text{nlwls},k}^{(\text{ra})})\boldsymbol{Q}_3^{-1}\bar{\boldsymbol{J}}(\hat{\boldsymbol{s}}_{\text{nlwls},k}^{(\text{ra})},\hat{\boldsymbol{w}}_{\text{nlwls},k}^{(\text{ra})})+\boldsymbol{Q}_4^{-1}\end{bmatrix}^{-1}\\ &\quad\cdot\begin{bmatrix}\bar{\boldsymbol{G}}^{\text{T}}(\hat{\boldsymbol{s}}_{\text{nlwls},k}^{(\text{ra})},\hat{\boldsymbol{w}}_{\text{nlwls},k}^{(\text{ra})})\boldsymbol{Q}_3^{-1} & \boldsymbol{Q}_2^{-1} & \boldsymbol{O}_{l\times qd}\\ \bar{\boldsymbol{J}}^{\text{T}}(\hat{\boldsymbol{s}}_{\text{nlwls},k}^{(\text{ra})},\hat{\boldsymbol{w}}_{\text{nlwls},k}^{(\text{ra})})\boldsymbol{Q}_3^{-1} & \boldsymbol{O}_{qd\times l} & \boldsymbol{Q}_4^{-1}\end{bmatrix}\begin{bmatrix}\boldsymbol{r}-\bar{\boldsymbol{g}}(\hat{\boldsymbol{s}}_{\text{nlwls},k}^{(\text{ra})},\hat{\boldsymbol{w}}_{\text{nlwls},k}^{(\text{ra})})\\ \boldsymbol{v}-\hat{\boldsymbol{w}}_{\text{nlwls},k}^{(\text{ra})}\\ \boldsymbol{\tau}-\hat{\boldsymbol{s}}_{\text{nlwls},k}^{(\text{ra})}\end{bmatrix}\\ &=\begin{bmatrix}\hat{\boldsymbol{w}}_{\text{nlwls},k}^{(\text{ra})}\\ \hat{\boldsymbol{s}}_{\text{nlwls},k}^{(\text{ra})}\end{bmatrix}\\ &\quad+\begin{bmatrix}\boldsymbol{Q}_2^{-1}+\bar{\boldsymbol{G}}^{\text{T}}(\hat{\boldsymbol{s}}_{\text{nlwls},k}^{(\text{ra})},\hat{\boldsymbol{w}}_{\text{nlwls},k}^{(\text{ra})})\boldsymbol{Q}_3^{-1}\bar{\boldsymbol{G}}(\hat{\boldsymbol{s}}_{\text{nlwls},k}^{(\text{ra})},\hat{\boldsymbol{w}}_{\text{nlwls},k}^{(\text{ra})}) & \bar{\boldsymbol{G}}^{\text{T}}(\hat{\boldsymbol{s}}_{\text{nlwls},k}^{(\text{ra})},\hat{\boldsymbol{w}}_{\text{nlwls},k}^{(\text{ra})})\boldsymbol{Q}_3^{-1}\bar{\boldsymbol{J}}(\hat{\boldsymbol{s}}_{\text{nlwls},k}^{(\text{ra})},\hat{\boldsymbol{w}}_{\text{nlwls},k}^{(\text{ra})})\\ \bar{\boldsymbol{J}}^{\text{T}}(\hat{\boldsymbol{s}}_{\text{nlwls},k}^{(\text{ra})},\hat{\boldsymbol{w}}_{\text{nlwls},k}^{(\text{ra})})\boldsymbol{Q}_3^{-1}\bar{\boldsymbol{G}}(\hat{\boldsymbol{s}}_{\text{nlwls},k}^{(\text{ra})},\hat{\boldsymbol{w}}_{\text{nlwls},k}^{(\text{ra})}) & \bar{\boldsymbol{J}}^{\text{T}}(\hat{\boldsymbol{s}}_{\text{nlwls},k}^{(\text{ra})},\hat{\boldsymbol{w}}_{\text{nlwls},k}^{(\text{ra})})\boldsymbol{Q}_3^{-1}\bar{\boldsymbol{J}}(\hat{\boldsymbol{s}}_{\text{nlwls},k}^{(\text{ra})},\hat{\boldsymbol{w}}_{\text{nlwls},k}^{(\text{ra})})+\boldsymbol{Q}_4^{-1}\end{bmatrix}^{-1}\\ &\quad\cdot\begin{bmatrix}\boldsymbol{Q}_2^{-1}(\boldsymbol{v}-\hat{\boldsymbol{w}}_{\text{nlwls},k}^{(\text{ra})})+\bar{\boldsymbol{G}}^{\text{T}}(\hat{\boldsymbol{s}}_{\text{nlwls},k}^{(\text{ra})},\hat{\boldsymbol{w}}_{\text{nlwls},k}^{(\text{ra})})\boldsymbol{Q}_3^{-1}(\boldsymbol{r}-\bar{\boldsymbol{g}}(\hat{\boldsymbol{s}}_{\text{nlwls},k}^{(\text{ra})},\hat{\boldsymbol{w}}_{\text{nlwls},k}^{(\text{ra})}))\\ \bar{\boldsymbol{J}}^{\text{T}}(\hat{\boldsymbol{s}}_{\text{nlwls},k}^{(\text{ra})},\hat{\boldsymbol{w}}_{\text{nlwls},k}^{(\text{ra})})\boldsymbol{Q}_3^{-1}(\boldsymbol{r}-\bar{\boldsymbol{g}}(\hat{\boldsymbol{s}}_{\text{nlwls},k}^{(\text{ra})},\hat{\boldsymbol{w}}_{\text{nlwls},k}^{(\text{ra})}))+\boldsymbol{Q}_4^{-1}(\boldsymbol{\tau}-\hat{\boldsymbol{s}}_{\text{nlwls},k}^{(\text{ra})})\end{bmatrix}\end{aligned}\tag{10.64}$$

将式(10.64)的收敛值记为$\hat{\boldsymbol{w}}_{\text{nlwls}}^{(\text{ra})}$和$\hat{\boldsymbol{s}}_{\text{nlwls}}^{(\text{ra})}$(即$\hat{\boldsymbol{w}}_{\text{nlwls}}^{(\text{ra})}=\lim\limits_{k\to+\infty}\hat{\boldsymbol{w}}_{\text{nlwls},k}^{(\text{ra})}$和$\hat{\boldsymbol{s}}_{\text{nlwls}}^{(\text{ra})}=\lim\limits_{k\to+\infty}\hat{\boldsymbol{s}}_{\text{nlwls},k}^{(\text{ra})}$)，它们分别为第一类非线性加权最小二乘定位方法给出的系统参量解和校正源位置解。

10.2.2　系统参量和校正源位置向量联合估计值的理论性能

这里将推导系统参量解$\hat{\boldsymbol{w}}_{\text{nlwls}}^{(\text{ra})}$和校正源位置解$\hat{\boldsymbol{s}}_{\text{nlwls}}^{(\text{ra})}$的理论性能，重点推导其联合估计方差矩阵。首先对式(10.64)两边取极限可得

$$
\begin{aligned}
&\lim_{k\to+\infty}\begin{bmatrix}\hat{\boldsymbol{w}}_{\text{nlwls},k+1}^{(\text{ra})}\\ \hat{\boldsymbol{s}}_{\text{nlwls},k+1}^{(\text{ra})}\end{bmatrix}=\lim_{k\to+\infty}\begin{bmatrix}\hat{\boldsymbol{w}}_{\text{nlwls},k}^{(\text{ra})}\\ \hat{\boldsymbol{s}}_{\text{nlwls},k}^{(\text{ra})}\end{bmatrix}\\
&+\lim_{k\to+\infty}\left[\begin{array}{c:c}\boldsymbol{Q}_2^{-1}+\bar{\boldsymbol{G}}^{\text{T}}(\hat{\boldsymbol{s}}_{\text{nlwls},k}^{(\text{ra})},\hat{\boldsymbol{w}}_{\text{nlwls},k}^{(\text{ra})})\boldsymbol{Q}_3^{-1}\bar{\boldsymbol{G}}(\hat{\boldsymbol{s}}_{\text{nlwls},k}^{(\text{ra})},\hat{\boldsymbol{w}}_{\text{nlwls},k}^{(\text{ra})}) & \bar{\boldsymbol{G}}^{\text{T}}(\hat{\boldsymbol{s}}_{\text{nlwls},k}^{(\text{ra})},\hat{\boldsymbol{w}}_{\text{nlwls},k}^{(\text{ra})})\boldsymbol{Q}_3^{-1}\bar{\boldsymbol{J}}(\hat{\boldsymbol{s}}_{\text{nlwls},k}^{(\text{ra})},\hat{\boldsymbol{w}}_{\text{nlwls},k}^{(\text{ra})})\\ \hdashline \bar{\boldsymbol{J}}^{\text{T}}(\hat{\boldsymbol{s}}_{\text{nlwls},k}^{(\text{ra})},\hat{\boldsymbol{w}}_{\text{nlwls},k}^{(\text{ra})})\boldsymbol{Q}_3^{-1}\bar{\boldsymbol{G}}(\hat{\boldsymbol{s}}_{\text{nlwls},k}^{(\text{ra})},\hat{\boldsymbol{w}}_{\text{nlwls},k}^{(\text{ra})}) & \bar{\boldsymbol{J}}^{\text{T}}(\hat{\boldsymbol{s}}_{\text{nlwls},k}^{(\text{ra})},\hat{\boldsymbol{w}}_{\text{nlwls},k}^{(\text{ra})})\boldsymbol{Q}_3^{-1}\bar{\boldsymbol{J}}(\hat{\boldsymbol{s}}_{\text{nlwls},k}^{(\text{ra})},\hat{\boldsymbol{w}}_{\text{nlwls},k}^{(\text{ra})})+\boldsymbol{Q}_4^{-1}\end{array}\right]^{-1}\\
&\cdot\left[\begin{array}{c:c:c}\bar{\boldsymbol{G}}^{\text{T}}(\hat{\boldsymbol{s}}_{\text{nlwls},k}^{(\text{ra})},\hat{\boldsymbol{w}}_{\text{nlwls},k}^{(\text{ra})})\boldsymbol{Q}_3^{-1} & \boldsymbol{Q}_2^{-1} & \boldsymbol{O}_{l\times qd}\\ \hdashline \bar{\boldsymbol{J}}^{\text{T}}(\hat{\boldsymbol{s}}_{\text{nlwls},k}^{(\text{ra})},\hat{\boldsymbol{w}}_{\text{nlwls},k}^{(\text{ra})})\boldsymbol{Q}_3^{-1} & \boldsymbol{O}_{qd\times l} & \boldsymbol{Q}_4^{-1}\end{array}\right]\begin{bmatrix}\boldsymbol{r}-\bar{\boldsymbol{g}}(\hat{\boldsymbol{s}}_{\text{nlwls},k}^{(\text{ra})},\hat{\boldsymbol{w}}_{\text{nlwls},k}^{(\text{ra})})\\ \boldsymbol{v}-\hat{\boldsymbol{w}}_{\text{nlwls},k}^{(\text{ra})}\\ \boldsymbol{\tau}-\hat{\boldsymbol{s}}_{\text{nlwls},k}^{(\text{ra})}\end{bmatrix}\\
&\Rightarrow\left[\begin{array}{c:c}\boldsymbol{Q}_2^{-1}+\bar{\boldsymbol{G}}^{\text{T}}(\hat{\boldsymbol{s}}_{\text{nlwls}}^{(\text{ra})},\hat{\boldsymbol{w}}_{\text{nlwls}}^{(\text{ra})})\boldsymbol{Q}_3^{-1}\bar{\boldsymbol{G}}(\hat{\boldsymbol{s}}_{\text{nlwls}}^{(\text{ra})},\hat{\boldsymbol{w}}_{\text{nlwls}}^{(\text{ra})}) & \bar{\boldsymbol{G}}^{\text{T}}(\hat{\boldsymbol{s}}_{\text{nlwls}}^{(\text{ra})},\hat{\boldsymbol{w}}_{\text{nlwls}}^{(\text{ra})})\boldsymbol{Q}_3^{-1}\bar{\boldsymbol{J}}(\hat{\boldsymbol{s}}_{\text{nlwls}}^{(\text{ra})},\hat{\boldsymbol{w}}_{\text{nlwls}}^{(\text{ra})})\\ \hdashline \bar{\boldsymbol{J}}^{\text{T}}(\hat{\boldsymbol{s}}_{\text{nlwls}}^{(\text{ra})},\hat{\boldsymbol{w}}_{\text{nlwls}}^{(\text{ra})})\boldsymbol{Q}_3^{-1}\bar{\boldsymbol{G}}(\hat{\boldsymbol{s}}_{\text{nlwls}}^{(\text{ra})},\hat{\boldsymbol{w}}_{\text{nlwls}}^{(\text{ra})}) & \bar{\boldsymbol{J}}^{\text{T}}(\hat{\boldsymbol{s}}_{\text{nlwls}}^{(\text{ra})},\hat{\boldsymbol{w}}_{\text{nlwls}}^{(\text{ra})})\boldsymbol{Q}_3^{-1}\bar{\boldsymbol{J}}(\hat{\boldsymbol{s}}_{\text{nlwls}}^{(\text{ra})},\hat{\boldsymbol{w}}_{\text{nlwls}}^{(\text{ra})})+\boldsymbol{Q}_4^{-1}\end{array}\right]^{-1}\\
&\cdot\left[\begin{array}{c:c:c}\bar{\boldsymbol{G}}^{\text{T}}(\hat{\boldsymbol{s}}_{\text{nlwls}}^{(\text{ra})},\hat{\boldsymbol{w}}_{\text{nlwls}}^{(\text{ra})})\boldsymbol{Q}_3^{-1} & \boldsymbol{Q}_2^{-1} & \boldsymbol{O}_{l\times qd}\\ \hdashline \bar{\boldsymbol{J}}^{\text{T}}(\hat{\boldsymbol{s}}_{\text{nlwls}}^{(\text{ra})},\hat{\boldsymbol{w}}_{\text{nlwls}}^{(\text{ra})})\boldsymbol{Q}_3^{-1} & \boldsymbol{O}_{qd\times l} & \boldsymbol{Q}_4^{-1}\end{array}\right]\begin{bmatrix}\boldsymbol{r}-\bar{\boldsymbol{g}}(\hat{\boldsymbol{s}}_{\text{nlwls}}^{(\text{ra})},\hat{\boldsymbol{w}}_{\text{nlwls}}^{(\text{ra})})\\ \boldsymbol{v}-\hat{\boldsymbol{w}}_{\text{nlwls}}^{(\text{ra})}\\ \boldsymbol{\tau}-\hat{\boldsymbol{s}}_{\text{nlwls}}^{(\text{ra})}\end{bmatrix}=\boldsymbol{O}_{(qd+l)\times 1}\\
&\Rightarrow\left[\begin{array}{c:c:c}\bar{\boldsymbol{G}}^{\text{T}}(\hat{\boldsymbol{s}}_{\text{nlwls}}^{(\text{ra})},\hat{\boldsymbol{w}}_{\text{nlwls}}^{(\text{ra})})\boldsymbol{Q}_3^{-1} & \boldsymbol{Q}_2^{-1} & \boldsymbol{O}_{l\times qd}\\ \hdashline \bar{\boldsymbol{J}}^{\text{T}}(\hat{\boldsymbol{s}}_{\text{nlwls}}^{(\text{ra})},\hat{\boldsymbol{w}}_{\text{nlwls}}^{(\text{ra})})\boldsymbol{Q}_3^{-1} & \boldsymbol{O}_{qd\times l} & \boldsymbol{Q}_4^{-1}\end{array}\right]\begin{bmatrix}\boldsymbol{r}-\bar{\boldsymbol{g}}(\hat{\boldsymbol{s}}_{\text{nlwls}}^{(\text{ra})},\hat{\boldsymbol{w}}_{\text{nlwls}}^{(\text{ra})})\\ \boldsymbol{v}-\hat{\boldsymbol{w}}_{\text{nlwls}}^{(\text{ra})}\\ \boldsymbol{\tau}-\hat{\boldsymbol{s}}_{\text{nlwls}}^{(\text{ra})}\end{bmatrix}=\boldsymbol{O}_{(qd+l)\times 1}
\end{aligned}
\tag{10.65}
$$

利用一阶误差分析方法可推得

$$
\begin{aligned}
\boldsymbol{O}_{(qd+l)\times 1}&=\left[\begin{array}{c:c:c}\bar{\boldsymbol{G}}^{\text{T}}(\hat{\boldsymbol{s}}_{\text{nlwls}}^{(\text{ra})},\hat{\boldsymbol{w}}_{\text{nlwls}}^{(\text{ra})})\boldsymbol{Q}_3^{-1} & \boldsymbol{Q}_2^{-1} & \boldsymbol{O}_{l\times qd}\\ \hdashline \bar{\boldsymbol{J}}^{\text{T}}(\hat{\boldsymbol{s}}_{\text{nlwls}}^{(\text{ra})},\hat{\boldsymbol{w}}_{\text{nlwls}}^{(\text{ra})})\boldsymbol{Q}_3^{-1} & \boldsymbol{O}_{qd\times l} & \boldsymbol{Q}_4^{-1}\end{array}\right]\begin{bmatrix}\boldsymbol{r}-\bar{\boldsymbol{g}}(\hat{\boldsymbol{s}}_{\text{nlwls}}^{(\text{ra})},\hat{\boldsymbol{w}}_{\text{nlwls}}^{(\text{ra})})\\ \boldsymbol{v}-\hat{\boldsymbol{w}}_{\text{nlwls}}^{(\text{ra})}\\ \boldsymbol{\tau}-\hat{\boldsymbol{s}}_{\text{nlwls}}^{(\text{ra})}\end{bmatrix}\\
&\approx\left[\begin{array}{c:c:c}\bar{\boldsymbol{G}}^{\text{T}}(\boldsymbol{s},\boldsymbol{w})\boldsymbol{Q}_3^{-1} & \boldsymbol{Q}_2^{-1} & \boldsymbol{O}_{l\times qd}\\ \hdashline \bar{\boldsymbol{J}}^{\text{T}}(\boldsymbol{s},\boldsymbol{w})\boldsymbol{Q}_3^{-1} & \boldsymbol{O}_{qd\times l} & \boldsymbol{Q}_4^{-1}\end{array}\right]\begin{bmatrix}\bar{\boldsymbol{G}}(\boldsymbol{s},\boldsymbol{w})(\boldsymbol{w}-\hat{\boldsymbol{w}}_{\text{nlwls}}^{(\text{ra})})+\bar{\boldsymbol{J}}(\boldsymbol{s},\boldsymbol{w})(\boldsymbol{s}-\hat{\boldsymbol{s}}_{\text{nlwls}}^{(\text{ra})})+\boldsymbol{e}\\ \boldsymbol{w}-\hat{\boldsymbol{w}}_{\text{nlwls}}^{(\text{ra})}+\boldsymbol{m}\\ \boldsymbol{s}-\hat{\boldsymbol{s}}_{\text{nlwls}}^{(\text{ra})}+\boldsymbol{\kappa}\end{bmatrix}\\
&=\left[\begin{array}{c:c}\boldsymbol{Q}_2^{-1}+\bar{\boldsymbol{G}}^{\text{T}}(\boldsymbol{s},\boldsymbol{w})\boldsymbol{Q}_3^{-1}\bar{\boldsymbol{G}}(\boldsymbol{s},\boldsymbol{w}) & \bar{\boldsymbol{G}}^{\text{T}}(\boldsymbol{s},\boldsymbol{w})\boldsymbol{Q}_3^{-1}\bar{\boldsymbol{J}}(\boldsymbol{s},\boldsymbol{w})\\ \hdashline \bar{\boldsymbol{J}}^{\text{T}}(\boldsymbol{s},\boldsymbol{w})\boldsymbol{Q}_3^{-1}\bar{\boldsymbol{G}}(\boldsymbol{s},\boldsymbol{w}) & \bar{\boldsymbol{J}}^{\text{T}}(\boldsymbol{s},\boldsymbol{w})\boldsymbol{Q}_3^{-1}\bar{\boldsymbol{J}}(\boldsymbol{s},\boldsymbol{w})+\boldsymbol{Q}_4^{-1}\end{array}\right]\begin{bmatrix}\boldsymbol{w}-\hat{\boldsymbol{w}}_{\text{nlwls}}^{(\text{ra})}\\ \boldsymbol{s}-\hat{\boldsymbol{s}}_{\text{nlwls}}^{(\text{ra})}\end{bmatrix}\\
&\quad+\left[\begin{array}{c:c:c}\bar{\boldsymbol{G}}^{\text{T}}(\boldsymbol{s},\boldsymbol{w})\boldsymbol{Q}_3^{-1} & \boldsymbol{Q}_2^{-1} & \boldsymbol{O}_{l\times qd}\\ \hdashline \bar{\boldsymbol{J}}^{\text{T}}(\boldsymbol{s},\boldsymbol{w})\boldsymbol{Q}_3^{-1} & \boldsymbol{O}_{qd\times l} & \boldsymbol{Q}_4^{-1}\end{array}\right]\begin{bmatrix}\boldsymbol{e}\\ \boldsymbol{m}\\ \boldsymbol{\kappa}\end{bmatrix}
\end{aligned}
\tag{10.66}
$$

式(10.66)忽略了误差的二阶及其以上各项,由该式可以进一步推得系统参量解$\hat{\boldsymbol{w}}_{\text{nlwls}}^{(\text{ra})}$和校正源位置解$\hat{\boldsymbol{s}}_{\text{nlwls}}^{(\text{ra})}$的联合估计误差为

$$\begin{bmatrix}\boldsymbol{\delta w}_{\text{nlwls}}^{(\text{ra})}\\ \boldsymbol{\delta s}_{\text{nlwls}}^{(\text{ra})}\end{bmatrix}=\begin{bmatrix}\hat{\boldsymbol{w}}_{\text{nlwls}}^{(\text{ra})}-\boldsymbol{w}\\ \hat{\boldsymbol{s}}_{\text{nlwls}}^{(\text{ra})}-\boldsymbol{s}\end{bmatrix}\approx\left[\begin{array}{c:c}\boldsymbol{Q}_2^{-1}+\bar{\boldsymbol{G}}^{\text{T}}(\boldsymbol{s},\boldsymbol{w})\boldsymbol{Q}_3^{-1}\bar{\boldsymbol{G}}(\boldsymbol{s},\boldsymbol{w}) & \bar{\boldsymbol{G}}^{\text{T}}(\boldsymbol{s},\boldsymbol{w})\boldsymbol{Q}_3^{-1}\bar{\boldsymbol{J}}(\boldsymbol{s},\boldsymbol{w})\\ \hdashline \bar{\boldsymbol{J}}^{\text{T}}(\boldsymbol{s},\boldsymbol{w})\boldsymbol{Q}_3^{-1}\bar{\boldsymbol{G}}(\boldsymbol{s},\boldsymbol{w}) & \bar{\boldsymbol{J}}^{\text{T}}(\boldsymbol{s},\boldsymbol{w})\boldsymbol{Q}_3^{-1}\bar{\boldsymbol{J}}(\boldsymbol{s},\boldsymbol{w})+\boldsymbol{Q}_4^{-1}\end{array}\right]^{-1}$$

$$\cdot\left[\begin{array}{c:c:c}\bar{\boldsymbol{G}}^{\text{T}}(\boldsymbol{s},\boldsymbol{w})\boldsymbol{Q}_3^{-1} & \boldsymbol{Q}_2^{-1} & \boldsymbol{O}_{l\times qd}\\ \hdashline \bar{\boldsymbol{J}}^{\text{T}}(\boldsymbol{s},\boldsymbol{w})\boldsymbol{Q}_3^{-1} & \boldsymbol{O}_{qd\times l} & \boldsymbol{Q}_4^{-1}\end{array}\right]\begin{bmatrix}\boldsymbol{e}\\ \boldsymbol{m}\\ \boldsymbol{\kappa}\end{bmatrix}\tag{10.67}$$

根据式(10.67)可知,误差向量$\boldsymbol{\delta w}_{\text{nlwls}}^{(\text{ra})}$和$\boldsymbol{\delta s}_{\text{nlwls}}^{(\text{ra})}$近似服从零均值联合高斯分布,并且其联合方差矩阵等于

$$\mathbf{cov}\left(\begin{bmatrix}\hat{\boldsymbol{w}}_{\text{nlwls}}^{(\text{ra})}\\ \hat{\boldsymbol{s}}_{\text{nlwls}}^{(\text{ra})}\end{bmatrix}\right)=E\left[\begin{bmatrix}\boldsymbol{\delta w}_{\text{nlwls}}^{(\text{ra})}\\ \boldsymbol{\delta s}_{\text{nlwls}}^{(\text{ra})}\end{bmatrix}\begin{bmatrix}\boldsymbol{\delta w}_{\text{nlwls}}^{(\text{ra})}\\ \boldsymbol{\delta s}_{\text{nlwls}}^{(\text{ra})}\end{bmatrix}^{\text{T}}\right]=\left[\begin{array}{c:c}\boldsymbol{Q}_2^{-1}+\bar{\boldsymbol{G}}^{\text{T}}(\boldsymbol{s},\boldsymbol{w})\boldsymbol{Q}_3^{-1}\bar{\boldsymbol{G}}(\boldsymbol{s},\boldsymbol{w}) & \bar{\boldsymbol{G}}^{\text{T}}(\boldsymbol{s},\boldsymbol{w})\boldsymbol{Q}_3^{-1}\bar{\boldsymbol{J}}(\boldsymbol{s},\boldsymbol{w})\\ \hdashline \bar{\boldsymbol{J}}^{\text{T}}(\boldsymbol{s},\boldsymbol{w})\boldsymbol{Q}_3^{-1}\bar{\boldsymbol{G}}(\boldsymbol{s},\boldsymbol{w}) & \bar{\boldsymbol{J}}^{\text{T}}(\boldsymbol{s},\boldsymbol{w})\boldsymbol{Q}_3^{-1}\bar{\boldsymbol{J}}(\boldsymbol{s},\boldsymbol{w})+\boldsymbol{Q}_4^{-1}\end{array}\right]^{-1}$$

$$=\mathbf{CRB}_{\text{o}}^{(\text{r})}\left(\begin{bmatrix}\boldsymbol{w}\\ \boldsymbol{s}\end{bmatrix}\right)\tag{10.68}$$

由式(10.68)可进一步推得

$$\begin{aligned}\mathbf{cov}(\hat{\boldsymbol{w}}_{\text{nlwls}}^{(\text{ra})})&=E[\boldsymbol{\delta w}_{\text{nlwls}}^{(\text{ra})}\boldsymbol{\delta w}_{\text{nlwls}}^{(\text{ra})\text{T}}]\\&=(\boldsymbol{Q}_2^{-1}+\bar{\boldsymbol{G}}^{\text{T}}(\boldsymbol{s},\boldsymbol{w})(\boldsymbol{Q}_3+\bar{\boldsymbol{J}}(\boldsymbol{s},\boldsymbol{w})\boldsymbol{Q}_4\bar{\boldsymbol{J}}^{\text{T}}(\boldsymbol{s},\boldsymbol{w}))^{-1}\bar{\boldsymbol{G}}(\boldsymbol{s},\boldsymbol{w}))^{-1}\\&=\mathbf{CRB}_{\text{o}}^{(\text{r})}(\boldsymbol{w})\end{aligned}\tag{10.69}$$

$$\begin{aligned}\mathbf{cov}(\hat{\boldsymbol{s}}_{\text{nlwls}}^{(\text{ra})})&=E[\boldsymbol{\delta s}_{\text{nlwls}}^{(\text{ra})}\boldsymbol{\delta s}_{\text{nlwls}}^{(\text{ra})\text{T}}]\\&=(\boldsymbol{Q}_4^{-1}+\bar{\boldsymbol{J}}^{\text{T}}(\boldsymbol{s},\boldsymbol{w})(\boldsymbol{Q}_3+\bar{\boldsymbol{G}}(\boldsymbol{s},\boldsymbol{w})\boldsymbol{Q}_2\bar{\boldsymbol{G}}^{\text{T}}(\boldsymbol{s},\boldsymbol{w}))^{-1}\bar{\boldsymbol{J}}(\boldsymbol{s},\boldsymbol{w}))^{-1}\\&=\mathbf{CRB}_{\text{o}}^{(\text{r})}(\boldsymbol{s})\end{aligned}\tag{10.70}$$

由式(10.68)可知,系统参量解$\hat{\boldsymbol{w}}_{\text{nlwls}}^{(\text{ra})}$和校正源位置解$\hat{\boldsymbol{s}}_{\text{nlwls}}^{(\text{ra})}$的联合估计方差矩阵等于式(10.41)给出的克拉美罗界矩阵。因此,系统参量解$\hat{\boldsymbol{w}}_{\text{nlwls}}^{(\text{ra})}$和校正源位置解$\hat{\boldsymbol{s}}_{\text{nlwls}}^{(\text{ra})}$在仅基于校正源观测量的条件下具有渐近最优的统计性能(在门限效应发生以前)。

10.2.3 估计目标位置向量

这里将基于系统参量解$\hat{\boldsymbol{w}}_{\text{nlwls}}^{(\text{ra})}$和目标源观测量$\boldsymbol{z}$估计目标位置向量$\boldsymbol{u}$。首先可以建立如下非线性加权最小二乘优化模型:

$$\min_{\substack{\boldsymbol{u}\in\mathbf{R}^{q\times1}\\ \boldsymbol{w}\in\mathbf{R}^{l\times1}}}\begin{bmatrix}\boldsymbol{z}-\boldsymbol{g}(\boldsymbol{u},\boldsymbol{w})\\ \hat{\boldsymbol{w}}_{\text{nlwls}}^{(\text{ra})}-\boldsymbol{w}\end{bmatrix}^{\text{T}}\begin{bmatrix}\boldsymbol{Q}_1^{-1} & \boldsymbol{O}_{p\times l}\\ \boldsymbol{O}_{l\times p} & \mathbf{cov}^{-1}(\hat{\boldsymbol{w}}_{\text{nlwls}}^{(\text{ra})})\end{bmatrix}\begin{bmatrix}\boldsymbol{z}-\boldsymbol{g}(\boldsymbol{u},\boldsymbol{w})\\ \hat{\boldsymbol{w}}_{\text{nlwls}}^{(\text{ra})}-\boldsymbol{w}\end{bmatrix}\tag{10.71}$$

式中,$\boldsymbol{Q}_1^{-1}$的作用是抑制观测误差$\boldsymbol{n}$的影响;$\mathbf{cov}^{-1}(\hat{\boldsymbol{w}}_{\text{nlwls}}^{(\text{ra})})$的作用则是抑制(第一步)估计误差$\boldsymbol{\delta w}_{\text{nlwls}}^{(\text{ra})}$的影响。由于$\boldsymbol{g}(\cdot,\cdot)$通常是非线性函数,因此,求解式(10.71)不可避免地需要数值迭代,下面仍给出基于一阶 Taylor 级数展开的迭代算法。需要指出的是,尽管式(10.71)中的未知参量包含$\boldsymbol{u}$和$\boldsymbol{w}$,但由于系统参量$\boldsymbol{w}$存在先验估计值$\hat{\boldsymbol{w}}_{\text{nlwls}}^{(\text{ra})}$,因此仅需要通过设计合理的加权矩阵以抑制其估计误差的影响即可,而无需再对其进行迭代求解。基于上述讨论,下面仅考虑对目标位置向量$\boldsymbol{u}$进行迭代求解。

假设第 k 次 Taylor 级数迭代得到目标位置向量 $\boldsymbol{u}$ 的结果为$\hat{\boldsymbol{u}}^{(\mathrm{ra})}_{\mathrm{nlwls},k}$，现利用一阶 Taylor 级数展开可得

$$
\begin{aligned}
\boldsymbol{z}=\boldsymbol{g}(\boldsymbol{u},\boldsymbol{w})+\boldsymbol{n}\approx\ &\boldsymbol{g}(\hat{\boldsymbol{u}}^{(\mathrm{ra})}_{\mathrm{nlwls},k},\hat{\boldsymbol{w}}^{(\mathrm{ra})}_{\mathrm{nlwls}})\\
&+\boldsymbol{G}_1(\hat{\boldsymbol{u}}^{(\mathrm{ra})}_{\mathrm{nlwls},k},\hat{\boldsymbol{w}}^{(\mathrm{ra})}_{\mathrm{nlwls}})(\boldsymbol{u}-\hat{\boldsymbol{u}}^{(\mathrm{ra})}_{\mathrm{nlwls},k})+\boldsymbol{G}_2(\hat{\boldsymbol{u}}^{(\mathrm{ra})}_{\mathrm{nlwls},k},\hat{\boldsymbol{w}}^{(\mathrm{ra})}_{\mathrm{nlwls}})(\boldsymbol{w}-\hat{\boldsymbol{w}}^{(\mathrm{ra})}_{\mathrm{nlwls}})+\boldsymbol{n}\\
=\ &\boldsymbol{g}(\hat{\boldsymbol{u}}^{(\mathrm{ra})}_{\mathrm{nlwls},k},\hat{\boldsymbol{w}}^{(\mathrm{ra})}_{\mathrm{nlwls}})+\boldsymbol{G}_1(\hat{\boldsymbol{u}}^{(\mathrm{ra})}_{\mathrm{nlwls},k},\hat{\boldsymbol{w}}^{(\mathrm{ra})}_{\mathrm{nlwls}})(\boldsymbol{u}-\hat{\boldsymbol{u}}^{(\mathrm{ra})}_{\mathrm{nlwls},k})\\
&-\boldsymbol{G}_2(\hat{\boldsymbol{u}}^{(\mathrm{ra})}_{\mathrm{nlwls},k},\hat{\boldsymbol{w}}^{(\mathrm{ra})}_{\mathrm{nlwls}})\boldsymbol{\delta w}^{(\mathrm{ra})}_{\mathrm{nlwls}}+\boldsymbol{n}
\end{aligned}
\tag{10.72}
$$

式(10.72)中最后一个等式右边第三项是关于(第一步)估计误差 $\boldsymbol{\delta w}^{(\mathrm{ra})}_{\mathrm{nlwls}}$ 的线性项，由于误差向量 $\boldsymbol{n}$ 和 $\boldsymbol{\delta w}^{(\mathrm{ra})}_{\mathrm{nlwls}}$ 相互间统计独立，此时的加权矩阵应设为

$$
\begin{aligned}
&\left(\boldsymbol{Q}_1+\boldsymbol{G}_2(\hat{\boldsymbol{u}}^{(\mathrm{ra})}_{\mathrm{nlwls},k},\hat{\boldsymbol{w}}^{(\mathrm{ra})}_{\mathrm{nlwls}})\mathbf{cov}(\hat{\boldsymbol{w}}^{(\mathrm{ra})}_{\mathrm{nlwls}})\Big|_{\substack{\boldsymbol{w}=\hat{\boldsymbol{w}}^{(\mathrm{ra})}_{\mathrm{nlwls}}\\ \boldsymbol{s}=\hat{\boldsymbol{s}}^{(\mathrm{ra})}_{\mathrm{nlwls}}}}\boldsymbol{G}_2^{\mathrm{T}}(\hat{\boldsymbol{u}}^{(\mathrm{ra})}_{\mathrm{nlwls},k},\hat{\boldsymbol{w}}^{(\mathrm{ra})}_{\mathrm{nlwls}})\right)^{-1}\\
=&\left(\boldsymbol{Q}_1+\boldsymbol{G}_2(\hat{\boldsymbol{u}}^{(\mathrm{ra})}_{\mathrm{nlwls},k},\hat{\boldsymbol{w}}^{(\mathrm{ra})}_{\mathrm{nlwls}})\left(\boldsymbol{Q}_2^{-1}+\bar{\boldsymbol{G}}^{\mathrm{T}}(\hat{\boldsymbol{s}}^{(\mathrm{ra})}_{\mathrm{nlwls}},\hat{\boldsymbol{w}}^{(\mathrm{ra})}_{\mathrm{nlwls}})\begin{pmatrix}\boldsymbol{Q}_3+\bar{\boldsymbol{J}}(\hat{\boldsymbol{s}}^{(\mathrm{ra})}_{\mathrm{nlwls}},\hat{\boldsymbol{w}}^{(\mathrm{ra})}_{\mathrm{nlwls}})\\ \cdot\boldsymbol{Q}_4\bar{\boldsymbol{J}}^{\mathrm{T}}(\hat{\boldsymbol{s}}^{(\mathrm{ra})}_{\mathrm{nlwls}},\hat{\boldsymbol{w}}^{(\mathrm{ra})}_{\mathrm{nlwls}})\end{pmatrix}^{-1}\bar{\boldsymbol{G}}(\hat{\boldsymbol{s}}^{(\mathrm{ra})}_{\mathrm{nlwls}},\hat{\boldsymbol{w}}^{(\mathrm{ra})}_{\mathrm{nlwls}})\right)^{-1}\boldsymbol{G}_2^{\mathrm{T}}(\hat{\boldsymbol{u}}^{(\mathrm{ra})}_{\mathrm{nlwls},k},\hat{\boldsymbol{w}}^{(\mathrm{ra})}_{\mathrm{nlwls}})\right)^{-1}
\end{aligned}
\tag{10.73}
$$

于是求解第 $k+1$ 次迭代结果的线性加权最小二乘优化模型为

$$
\min_{\boldsymbol{u}\in\mathbf{R}^{q\times1}}\left\{\begin{array}{c}(\boldsymbol{G}_1(\hat{\boldsymbol{u}}^{(\mathrm{ra})}_{\mathrm{nlwls},k},\hat{\boldsymbol{w}}^{(\mathrm{ra})}_{\mathrm{nlwls}})(\boldsymbol{u}-\hat{\boldsymbol{u}}^{(\mathrm{ra})}_{\mathrm{nlwls},k})-(\boldsymbol{z}-\boldsymbol{g}(\hat{\boldsymbol{u}}^{(\mathrm{ra})}_{\mathrm{nlwls},k},\hat{\boldsymbol{w}}^{(\mathrm{ra})}_{\mathrm{nlwls}})))^{\mathrm{T}}\\
\cdot\left[\begin{array}{l}\boldsymbol{Q}_1+\boldsymbol{G}_2(\hat{\boldsymbol{u}}^{(\mathrm{ra})}_{\mathrm{nlwls},k},\hat{\boldsymbol{w}}^{(\mathrm{ra})}_{\mathrm{nlwls}})\left(\boldsymbol{Q}_2^{-1}+\bar{\boldsymbol{G}}^{\mathrm{T}}(\hat{\boldsymbol{s}}^{(\mathrm{ra})}_{\mathrm{nlwls}},\hat{\boldsymbol{w}}^{(\mathrm{ra})}_{\mathrm{nlwls}})\begin{pmatrix}\boldsymbol{Q}_3+\bar{\boldsymbol{J}}(\hat{\boldsymbol{s}}^{(\mathrm{ra})}_{\mathrm{nlwls}},\hat{\boldsymbol{w}}^{(\mathrm{ra})}_{\mathrm{nlwls}})\\ \cdot\boldsymbol{Q}_4\bar{\boldsymbol{J}}^{\mathrm{T}}(\hat{\boldsymbol{s}}^{(\mathrm{ra})}_{\mathrm{nlwls}},\hat{\boldsymbol{w}}^{(\mathrm{ra})}_{\mathrm{nlwls}})\end{pmatrix}^{-1}\bar{\boldsymbol{G}}(\hat{\boldsymbol{s}}^{(\mathrm{ra})}_{\mathrm{nlwls}},\hat{\boldsymbol{w}}^{(\mathrm{ra})}_{\mathrm{nlwls}})\right)^{-1}\\
\cdot\boldsymbol{G}_2^{\mathrm{T}}(\hat{\boldsymbol{u}}^{(\mathrm{ra})}_{\mathrm{nlwls},k},\hat{\boldsymbol{w}}^{(\mathrm{ra})}_{\mathrm{nlwls}})\end{array}\right]^{-1}\\
\cdot(\boldsymbol{G}_1(\hat{\boldsymbol{u}}^{(\mathrm{ra})}_{\mathrm{nlwls},k},\hat{\boldsymbol{w}}^{(\mathrm{ra})}_{\mathrm{nlwls}})(\boldsymbol{u}-\hat{\boldsymbol{u}}^{(\mathrm{ra})}_{\mathrm{nlwls},k})-(\boldsymbol{z}-\boldsymbol{g}(\hat{\boldsymbol{u}}^{(\mathrm{ra})}_{\mathrm{nlwls},k},\hat{\boldsymbol{w}}^{(\mathrm{ra})}_{\mathrm{nlwls}})))\end{array}\right\}
\tag{10.74}
$$

显然，式(10.74)是关于目标位置向量 $\boldsymbol{u}$ 的二次优化问题，因此其存在最优闭式解，根据式(2.85)可知该闭式解为

$$
\begin{aligned}
\hat{\boldsymbol{u}}^{(\mathrm{ra})}_{\mathrm{nlwls},k+1}=\ &\hat{\boldsymbol{u}}^{(\mathrm{ra})}_{\mathrm{nlwls},k}\\
&+\left(\begin{array}{l}\boldsymbol{G}_1^{\mathrm{T}}(\hat{\boldsymbol{u}}^{(\mathrm{ra})}_{\mathrm{nlwls},k},\hat{\boldsymbol{w}}^{(\mathrm{ra})}_{\mathrm{nlwls}})\left[\begin{array}{l}\boldsymbol{Q}_1+\boldsymbol{G}_2(\hat{\boldsymbol{u}}^{(\mathrm{ra})}_{\mathrm{nlwls},k},\hat{\boldsymbol{w}}^{(\mathrm{ra})}_{\mathrm{nlwls}})\left(\begin{array}{c}\boldsymbol{Q}_2^{-1}+\bar{\boldsymbol{G}}^{\mathrm{T}}(\hat{\boldsymbol{s}}^{(\mathrm{ra})}_{\mathrm{nlwls}},\hat{\boldsymbol{w}}^{(\mathrm{ra})}_{\mathrm{nlwls}})\\ \cdot\begin{pmatrix}\boldsymbol{Q}_3+\bar{\boldsymbol{J}}(\hat{\boldsymbol{s}}^{(\mathrm{ra})}_{\mathrm{nlwls}},\hat{\boldsymbol{w}}^{(\mathrm{ra})}_{\mathrm{nlwls}})\\ \cdot\boldsymbol{Q}_4\bar{\boldsymbol{J}}^{\mathrm{T}}(\hat{\boldsymbol{s}}^{(\mathrm{ra})}_{\mathrm{nlwls}},\hat{\boldsymbol{w}}^{(\mathrm{ra})}_{\mathrm{nlwls}})\end{pmatrix}^{-1}\bar{\boldsymbol{G}}(\hat{\boldsymbol{s}}^{(\mathrm{ra})}_{\mathrm{nlwls}},\hat{\boldsymbol{w}}^{(\mathrm{ra})}_{\mathrm{nlwls}})\end{array}\right)^{-1}\\
\cdot\boldsymbol{G}_2^{\mathrm{T}}(\hat{\boldsymbol{u}}^{(\mathrm{ra})}_{\mathrm{nlwls},k},\hat{\boldsymbol{w}}^{(\mathrm{ra})}_{\mathrm{nlwls}})\end{array}\right]^{-1}\\
\cdot\boldsymbol{G}_1(\hat{\boldsymbol{u}}^{(\mathrm{ra})}_{\mathrm{nlwls},k},\hat{\boldsymbol{w}}^{(\mathrm{ra})}_{\mathrm{nlwls}})\end{array}\right)^{-1}\\
&\cdot\boldsymbol{G}_1^{\mathrm{T}}(\hat{\boldsymbol{u}}^{(\mathrm{ra})}_{\mathrm{nlwls},k},\hat{\boldsymbol{w}}^{(\mathrm{ra})}_{\mathrm{nlwls}})\left[\begin{array}{l}\boldsymbol{Q}_1+\boldsymbol{G}_2(\hat{\boldsymbol{u}}^{(\mathrm{ra})}_{\mathrm{nlwls},k},\hat{\boldsymbol{w}}^{(\mathrm{ra})}_{\mathrm{nlwls}})\left(\begin{array}{c}\boldsymbol{Q}_2^{-1}+\bar{\boldsymbol{G}}^{\mathrm{T}}(\hat{\boldsymbol{s}}^{(\mathrm{ra})}_{\mathrm{nlwls}},\hat{\boldsymbol{w}}^{(\mathrm{ra})}_{\mathrm{nlwls}})\\ \cdot\begin{pmatrix}\boldsymbol{Q}_3+\bar{\boldsymbol{J}}(\hat{\boldsymbol{s}}^{(\mathrm{ra})}_{\mathrm{nlwls}},\hat{\boldsymbol{w}}^{(\mathrm{ra})}_{\mathrm{nlwls}})\\ \cdot\boldsymbol{Q}_4\bar{\boldsymbol{J}}^{\mathrm{T}}(\hat{\boldsymbol{s}}^{(\mathrm{ra})}_{\mathrm{nlwls}},\hat{\boldsymbol{w}}^{(\mathrm{ra})}_{\mathrm{nlwls}})\end{pmatrix}^{-1}\bar{\boldsymbol{G}}(\hat{\boldsymbol{s}}^{(\mathrm{ra})}_{\mathrm{nlwls}},\hat{\boldsymbol{w}}^{(\mathrm{ra})}_{\mathrm{nlwls}})\end{array}\right)^{-1}\\
\cdot\boldsymbol{G}_2^{\mathrm{T}}(\hat{\boldsymbol{u}}^{(\mathrm{ra})}_{\mathrm{nlwls},k},\hat{\boldsymbol{w}}^{(\mathrm{ra})}_{\mathrm{nlwls}})\end{array}\right]^{-1}\\
&\cdot(\boldsymbol{z}-\boldsymbol{g}(\hat{\boldsymbol{u}}^{(\mathrm{ra})}_{\mathrm{nlwls},k},\hat{\boldsymbol{w}}^{(\mathrm{ra})}_{\mathrm{nlwls}}))
\end{aligned}
\tag{10.75}
$$

将式(10.75)的收敛值记为$\hat{\boldsymbol{u}}^{(\mathrm{ra})}_{\mathrm{nlwls}}$(即$\hat{\boldsymbol{u}}^{(\mathrm{ra})}_{\mathrm{nlwls}}=\lim\limits_{k\to+\infty}\hat{\boldsymbol{u}}^{(\mathrm{ra})}_{\mathrm{nlwls},k}$)，该向量即为第一类非线性加权最小二乘定位方法给出的目标位置解。

10.2.4　目标位置向量估计值的理论性能

这里将推导目标位置解$\hat{\boldsymbol{u}}^{(\mathrm{ra})}_{\mathrm{nlwls}}$的理论性能，重点将推导其估计方差矩阵。首先对式(10.75)两边取极限可得

$$\begin{aligned}
&\lim_{k\to+\infty}\hat{\boldsymbol{u}}^{(\mathrm{ra})}_{\mathrm{nlwls},k+1}=\lim_{k\to+\infty}\hat{\boldsymbol{u}}^{(\mathrm{ra})}_{\mathrm{nlwls},k}\\
&+\lim_{k\to+\infty}\left(\boldsymbol{G}_1^{\mathrm{T}}(\hat{\boldsymbol{u}}^{(\mathrm{ra})}_{\mathrm{nlwls},k},\hat{\boldsymbol{w}}^{(\mathrm{ra})}_{\mathrm{nlwls}})\left(\boldsymbol{Q}_1+\boldsymbol{G}_2(\hat{\boldsymbol{u}}^{(\mathrm{ra})}_{\mathrm{nlwls},k},\hat{\boldsymbol{w}}^{(\mathrm{ra})}_{\mathrm{nlwls}})\left(\boldsymbol{Q}_2^{-1}+\bar{\boldsymbol{G}}^{\mathrm{T}}(\hat{\boldsymbol{s}}^{(\mathrm{ra})}_{\mathrm{nlwls}},\hat{\boldsymbol{w}}^{(\mathrm{ra})}_{\mathrm{nlwls}})\cdot\left(\boldsymbol{Q}_3+\bar{\boldsymbol{J}}(\hat{\boldsymbol{s}}^{(\mathrm{ra})}_{\mathrm{nlwls}},\hat{\boldsymbol{w}}^{(\mathrm{ra})}_{\mathrm{nlwls}})\cdot\boldsymbol{Q}_4\bar{\boldsymbol{J}}^{\mathrm{T}}(\hat{\boldsymbol{s}}^{(\mathrm{ra})}_{\mathrm{nlwls}},\hat{\boldsymbol{w}}^{(\mathrm{ra})}_{\mathrm{nlwls}})\right)^{-1}\bar{\boldsymbol{G}}(\hat{\boldsymbol{s}}^{(\mathrm{ra})}_{\mathrm{nlwls}},\hat{\boldsymbol{w}}^{(\mathrm{ra})}_{\mathrm{nlwls}})\right)^{-1}\cdot\boldsymbol{G}_2^{\mathrm{T}}(\hat{\boldsymbol{u}}^{(\mathrm{ra})}_{\mathrm{nlwls},k},\hat{\boldsymbol{w}}^{(\mathrm{ra})}_{\mathrm{nlwls}})\right)^{-1}\cdot\boldsymbol{G}_1(\hat{\boldsymbol{u}}^{(\mathrm{ra})}_{\mathrm{nlwls},k},\hat{\boldsymbol{w}}^{(\mathrm{ra})}_{\mathrm{nlwls}})\right)^{-1}\\
&\cdot\boldsymbol{G}_1^{\mathrm{T}}(\hat{\boldsymbol{u}}^{(\mathrm{ra})}_{\mathrm{nlwls},k},\hat{\boldsymbol{w}}^{(\mathrm{ra})}_{\mathrm{nlwls}})\left(\boldsymbol{Q}_1+\boldsymbol{G}_2(\hat{\boldsymbol{u}}^{(\mathrm{ra})}_{\mathrm{nlwls},k},\hat{\boldsymbol{w}}^{(\mathrm{ra})}_{\mathrm{nlwls}})\left(\boldsymbol{Q}_2^{-1}+\bar{\boldsymbol{G}}^{\mathrm{T}}(\hat{\boldsymbol{s}}^{(\mathrm{ra})}_{\mathrm{nlwls}},\hat{\boldsymbol{w}}^{(\mathrm{ra})}_{\mathrm{nlwls}})\cdot\left(\boldsymbol{Q}_3+\bar{\boldsymbol{J}}(\hat{\boldsymbol{s}}^{(\mathrm{ra})}_{\mathrm{nlwls}},\hat{\boldsymbol{w}}^{(\mathrm{ra})}_{\mathrm{nlwls}})\cdot\boldsymbol{Q}_4\bar{\boldsymbol{J}}^{\mathrm{T}}(\hat{\boldsymbol{s}}^{(\mathrm{ra})}_{\mathrm{nlwls}},\hat{\boldsymbol{w}}^{(\mathrm{ra})}_{\mathrm{nlwls}})\right)^{-1}\bar{\boldsymbol{G}}(\hat{\boldsymbol{s}}^{(\mathrm{ra})}_{\mathrm{nlwls}},\hat{\boldsymbol{w}}^{(\mathrm{ra})}_{\mathrm{nlwls}})\right)^{-1}\cdot\boldsymbol{G}_2^{\mathrm{T}}(\hat{\boldsymbol{u}}^{(\mathrm{ra})}_{\mathrm{nlwls},k},\hat{\boldsymbol{w}}^{(\mathrm{ra})}_{\mathrm{nlwls}})\right)^{-1}\\
&\cdot(\boldsymbol{z}-\boldsymbol{g}(\hat{\boldsymbol{u}}^{(\mathrm{ra})}_{\mathrm{nlwls},k},\hat{\boldsymbol{w}}^{(\mathrm{ra})}_{\mathrm{nlwls}}))\\
&\Rightarrow\boldsymbol{G}_1^{\mathrm{T}}(\hat{\boldsymbol{u}}^{(\mathrm{ra})}_{\mathrm{nlwls}},\hat{\boldsymbol{w}}^{(\mathrm{ra})}_{\mathrm{nlwls}})\left(\boldsymbol{Q}_1+\boldsymbol{G}_2(\hat{\boldsymbol{u}}^{(\mathrm{ra})}_{\mathrm{nlwls}},\hat{\boldsymbol{w}}^{(\mathrm{ra})}_{\mathrm{nlwls}})\left(\boldsymbol{Q}_2^{-1}+\bar{\boldsymbol{G}}^{\mathrm{T}}(\hat{\boldsymbol{s}}^{(\mathrm{ra})}_{\mathrm{nlwls}},\hat{\boldsymbol{w}}^{(\mathrm{ra})}_{\mathrm{nlwls}})\cdot\left(\boldsymbol{Q}_3+\bar{\boldsymbol{J}}(\hat{\boldsymbol{s}}^{(\mathrm{ra})}_{\mathrm{nlwls}},\hat{\boldsymbol{w}}^{(\mathrm{ra})}_{\mathrm{nlwls}})\cdot\boldsymbol{Q}_4\bar{\boldsymbol{J}}^{\mathrm{T}}(\hat{\boldsymbol{s}}^{(\mathrm{ra})}_{\mathrm{nlwls}},\hat{\boldsymbol{w}}^{(\mathrm{ra})}_{\mathrm{nlwls}})\right)^{-1}\bar{\boldsymbol{G}}(\hat{\boldsymbol{s}}^{(\mathrm{ra})}_{\mathrm{nlwls}},\hat{\boldsymbol{w}}^{(\mathrm{ra})}_{\mathrm{nlwls}})\right)^{-1}\cdot\boldsymbol{G}_2^{\mathrm{T}}(\hat{\boldsymbol{u}}^{(\mathrm{ra})}_{\mathrm{nlwls}},\hat{\boldsymbol{w}}^{(\mathrm{ra})}_{\mathrm{nlwls}})\right)^{-1}\\
&\cdot(\boldsymbol{z}-\boldsymbol{g}(\hat{\boldsymbol{u}}^{(\mathrm{ra})}_{\mathrm{nlwls}},\hat{\boldsymbol{w}}^{(\mathrm{ra})}_{\mathrm{nlwls}}))=\boldsymbol{O}_{q\times1}
\end{aligned}\tag{10.76}$$

利用一阶误差分析方法可推得

$$\begin{aligned}
\boldsymbol{O}_{q\times1}&=\boldsymbol{G}_1^{\mathrm{T}}(\hat{\boldsymbol{u}}^{(\mathrm{ra})}_{\mathrm{nlwls}},\hat{\boldsymbol{w}}^{(\mathrm{ra})}_{\mathrm{nlwls}})\left[\boldsymbol{Q}_1+\boldsymbol{G}_2(\hat{\boldsymbol{u}}^{(\mathrm{ra})}_{\mathrm{nlwls}},\hat{\boldsymbol{w}}^{(\mathrm{ra})}_{\mathrm{nlwls}})\left[\boldsymbol{Q}_2^{-1}+\bar{\boldsymbol{G}}^{\mathrm{T}}(\hat{\boldsymbol{s}}^{(\mathrm{ra})}_{\mathrm{nlwls}},\hat{\boldsymbol{w}}^{(\mathrm{ra})}_{\mathrm{nlwls}})\cdot\left[\boldsymbol{Q}_3+\bar{\boldsymbol{J}}(\hat{\boldsymbol{s}}^{(\mathrm{ra})}_{\mathrm{nlwls}},\hat{\boldsymbol{w}}^{(\mathrm{ra})}_{\mathrm{nlwls}})\cdot\boldsymbol{Q}_4\bar{\boldsymbol{J}}^{\mathrm{T}}(\hat{\boldsymbol{s}}^{(\mathrm{ra})}_{\mathrm{nlwls}},\hat{\boldsymbol{w}}^{(\mathrm{ra})}_{\mathrm{nlwls}})\right]^{-1}\bar{\boldsymbol{G}}(\hat{\boldsymbol{s}}^{(\mathrm{ra})}_{\mathrm{nlwls}},\hat{\boldsymbol{w}}^{(\mathrm{ra})}_{\mathrm{nlwls}})\right]^{-1}\boldsymbol{G}_2^{\mathrm{T}}(\hat{\boldsymbol{u}}^{(\mathrm{ra})}_{\mathrm{nlwls}},\hat{\boldsymbol{w}}^{(\mathrm{ra})}_{\mathrm{nlwls}})\right]^{-1}\\
&\quad\cdot(\boldsymbol{z}-\boldsymbol{g}(\hat{\boldsymbol{u}}^{(\mathrm{ra})}_{\mathrm{nlwls}},\hat{\boldsymbol{w}}^{(\mathrm{ra})}_{\mathrm{nlwls}}))\\
&\approx\boldsymbol{G}_1^{\mathrm{T}}(\boldsymbol{u},\boldsymbol{w})(\boldsymbol{Q}_1+\boldsymbol{G}_2(\boldsymbol{u},\boldsymbol{w})(\boldsymbol{Q}_2^{-1}+\bar{\boldsymbol{G}}^{\mathrm{T}}(\boldsymbol{s},\boldsymbol{w})(\boldsymbol{Q}_3+\bar{\boldsymbol{J}}(\boldsymbol{s},\boldsymbol{w})\boldsymbol{Q}_4\bar{\boldsymbol{J}}^{\mathrm{T}}(\boldsymbol{s},\boldsymbol{w}))^{-1}\bar{\boldsymbol{G}}(\boldsymbol{s},\boldsymbol{w}))^{-1}\boldsymbol{G}_2^{\mathrm{T}}(\boldsymbol{u},\boldsymbol{w}))^{-1}\\
&\quad\cdot(\boldsymbol{G}_1(\boldsymbol{u},\boldsymbol{w})(\boldsymbol{u}-\hat{\boldsymbol{u}}^{(\mathrm{ra})}_{\mathrm{nlwls}})+\boldsymbol{G}_2(\boldsymbol{u},\boldsymbol{w})(\boldsymbol{w}-\hat{\boldsymbol{w}}^{(\mathrm{ra})}_{\mathrm{nlwls}})+\boldsymbol{n})\\
&=\boldsymbol{G}_1^{\mathrm{T}}(\boldsymbol{u},\boldsymbol{w})(\boldsymbol{Q}_1+\boldsymbol{G}_2(\boldsymbol{u},\boldsymbol{w})(\boldsymbol{Q}_2^{-1}+\bar{\boldsymbol{G}}^{\mathrm{T}}(\boldsymbol{s},\boldsymbol{w})(\boldsymbol{Q}_3+\bar{\boldsymbol{J}}(\boldsymbol{s},\boldsymbol{w})\boldsymbol{Q}_4\bar{\boldsymbol{J}}^{\mathrm{T}}(\boldsymbol{s},\boldsymbol{w}))^{-1}\bar{\boldsymbol{G}}(\boldsymbol{s},\boldsymbol{w}))^{-1}\boldsymbol{G}_2^{\mathrm{T}}(\boldsymbol{u},\boldsymbol{w}))^{-1}\\
&\quad\cdot(\boldsymbol{G}_1(\boldsymbol{u},\boldsymbol{w})(\boldsymbol{u}-\hat{\boldsymbol{u}}^{(\mathrm{ra})}_{\mathrm{nlwls}})-\boldsymbol{G}_2(\boldsymbol{u},\boldsymbol{w})\boldsymbol{\delta w}^{(\mathrm{ra})}_{\mathrm{nlwls}}+\boldsymbol{n})
\end{aligned}\tag{10.77}$$

式(10.77)忽略了误差的二阶及其以上各项，由该式可进一步推得目标位置解$\hat{\boldsymbol{u}}^{(\mathrm{ra})}_{\mathrm{nlwls}}$的估计误差为

$$\begin{aligned}\boldsymbol{\delta u}_{\text{nlwls}}^{(\text{ra})}&=\hat{\boldsymbol{u}}_{\text{nlwls}}^{(\text{ra})}-\boldsymbol{u}\\&\approx(\boldsymbol{G}_1^{\text{T}}(\boldsymbol{u},\boldsymbol{w})(\boldsymbol{Q}_1+\boldsymbol{G}_2(\boldsymbol{u},\boldsymbol{w})(\boldsymbol{Q}_2^{-1}+\bar{\boldsymbol{G}}^{\text{T}}(\boldsymbol{s},\boldsymbol{w})(\boldsymbol{Q}_3\\&\quad+\bar{\boldsymbol{J}}(\boldsymbol{s},\boldsymbol{w})\boldsymbol{Q}_4\bar{\boldsymbol{J}}^{\text{T}}(\boldsymbol{s},\boldsymbol{w}))^{-1}\bar{\boldsymbol{G}}(\boldsymbol{s},\boldsymbol{w}))^{-1}\boldsymbol{G}_2^{\text{T}}(\boldsymbol{u},\boldsymbol{w}))^{-1}\boldsymbol{G}_1(\boldsymbol{u},\boldsymbol{w}))^{-1}\\&\quad\cdot\boldsymbol{G}_1^{\text{T}}(\boldsymbol{u},\boldsymbol{w})(\boldsymbol{Q}_1+\boldsymbol{G}_2(\boldsymbol{u},\boldsymbol{w})(\boldsymbol{Q}_2^{-1}+\bar{\boldsymbol{G}}^{\text{T}}(\boldsymbol{s},\boldsymbol{w})(\boldsymbol{Q}_3\\&\quad+\bar{\boldsymbol{J}}(\boldsymbol{s},\boldsymbol{w})\boldsymbol{Q}_4\bar{\boldsymbol{J}}^{\text{T}}(\boldsymbol{s},\boldsymbol{w}))^{-1}\bar{\boldsymbol{G}}(\boldsymbol{s},\boldsymbol{w}))^{-1}\boldsymbol{G}_2^{\text{T}}(\boldsymbol{u},\boldsymbol{w}))^{-1}\\&\quad\cdot(\boldsymbol{n}-\boldsymbol{G}_2(\boldsymbol{u},\boldsymbol{w})\boldsymbol{\delta w}_{\text{nlwls}}^{(\text{ra})})\end{aligned}\tag{10.78}$$

根据式(10.78)可知，定位误差 $\boldsymbol{\delta u}_{\text{nlwls}}^{(\text{ra})}$ 近似服从零均值高斯分布，并且其方差矩阵等于

$$\begin{aligned}\mathbf{cov}(\hat{\boldsymbol{u}}_{\text{nlwls}}^{(\text{ra})})&=E[\boldsymbol{\delta u}_{\text{nlwls}}^{(\text{ra})}\boldsymbol{\delta u}_{\text{nlwls}}^{(\text{ra})\text{T}}]\\&=(\boldsymbol{G}_1^{\text{T}}(\boldsymbol{u},\boldsymbol{w})(\boldsymbol{Q}_1+\boldsymbol{G}_2(\boldsymbol{u},\boldsymbol{w})(\boldsymbol{Q}_2^{-1}+\bar{\boldsymbol{G}}^{\text{T}}(\boldsymbol{s},\boldsymbol{w})(\boldsymbol{Q}_3+\bar{\boldsymbol{J}}(\boldsymbol{s},\boldsymbol{w})\boldsymbol{Q}_4\bar{\boldsymbol{J}}^{\text{T}}(\boldsymbol{s},\boldsymbol{w}))^{-1}\\&\quad\cdot\bar{\boldsymbol{G}}(\boldsymbol{s},\boldsymbol{w}))^{-1}\boldsymbol{G}_2^{\text{T}}(\boldsymbol{u},\boldsymbol{w}))^{-1}\boldsymbol{G}_1(\boldsymbol{u},\boldsymbol{w}))^{-1}\\&=\mathbf{CRB}^{(\text{r})}(\boldsymbol{u})\end{aligned}\tag{10.79}$$

由式(10.79)可知，目标位置解 $\hat{\boldsymbol{u}}_{\text{nlwls}}^{(\text{ra})}$ 的估计方差矩阵等于式(10.23)给出的克拉美罗界矩阵，因此，目标位置解 $\hat{\boldsymbol{u}}_{\text{nlwls}}^{(\text{ra})}$ 具有渐近最优的统计性能(在门限效应发生以前)。

10.3　第二类非线性加权最小二乘定位方法及其理论性能分析

与第一类非线性加权最小二乘定位方法不同的是，第二类非线性加权最小二乘定位方法是基于目标源观测量 $\boldsymbol{z}$、校正源观测量 $\boldsymbol{r}$、系统参量的先验测量值 $\boldsymbol{v}$ 和校正源位置向量的先验测量值 $\boldsymbol{\tau}$(直接)联合估计目标位置向量 $\boldsymbol{u}$、系统参量 $\boldsymbol{w}$ 和校正源位置向量 $\boldsymbol{s}$，此时的非线性加权最小二乘优化模型为

$$\min_{\substack{\boldsymbol{u}\in\mathbf{R}^{q\times1}\\ \boldsymbol{w}\in\mathbf{R}^{l\times1}\\ \boldsymbol{s}\in\mathbf{R}^{qd\times1}}}\begin{bmatrix}\boldsymbol{z}-\boldsymbol{g}(\boldsymbol{u},\boldsymbol{w})\\ \boldsymbol{v}-\boldsymbol{w}\\ \boldsymbol{r}-\bar{\boldsymbol{g}}(\boldsymbol{s},\boldsymbol{w})\\ \boldsymbol{\tau}-\boldsymbol{s}\end{bmatrix}^{\text{T}}\begin{bmatrix}\boldsymbol{Q}_1^{-1}&\boldsymbol{O}_{p\times l}&\boldsymbol{O}_{p\times pd}&\boldsymbol{O}_{p\times qd}\\ \boldsymbol{O}_{l\times p}&\boldsymbol{Q}_2^{-1}&\boldsymbol{O}_{l\times pd}&\boldsymbol{O}_{l\times qd}\\ \boldsymbol{O}_{pd\times p}&\boldsymbol{O}_{pd\times l}&\boldsymbol{Q}_3^{-1}&\boldsymbol{O}_{pd\times qd}\\ \boldsymbol{O}_{qd\times p}&\boldsymbol{O}_{qd\times l}&\boldsymbol{O}_{qd\times pd}&\boldsymbol{Q}_4^{-1}\end{bmatrix}\begin{bmatrix}\boldsymbol{z}-\boldsymbol{g}(\boldsymbol{u},\boldsymbol{w})\\ \boldsymbol{v}-\boldsymbol{w}\\ \boldsymbol{r}-\bar{\boldsymbol{g}}(\boldsymbol{s},\boldsymbol{w})\\ \boldsymbol{\tau}-\boldsymbol{s}\end{bmatrix}\tag{10.80}$$

式中，$\boldsymbol{Q}_1^{-1}$ 的作用是抑制观测误差 $\boldsymbol{n}$ 的影响；$\boldsymbol{Q}_2^{-1}$ 的作用是抑制测量误差 $\boldsymbol{m}$ 的影响；$\boldsymbol{Q}_3^{-1}$ 的作用是抑制观测误差 $\boldsymbol{e}$ 的影响；$\boldsymbol{Q}_4^{-1}$ 的作用则是抑制测量误差 $\boldsymbol{\kappa}$ 的影响。由于 $\boldsymbol{g}(\cdot,\cdot)$ 和 $\bar{\boldsymbol{g}}(\cdot,\cdot)$ 通常是非线性函数，因此，求解式(10.80)不可避免地需要数值迭代，下面仍给出基于一阶 Taylor 级数展开的迭代算法。

10.3.1　联合估计目标位置向量、系统参量和校正源位置向量

假设第 k 次 Taylor 级数迭代得到目标位置向量 $\boldsymbol{u}$ 的结果为 $\hat{\boldsymbol{u}}_{\text{nlwls},k}^{(\text{rb})}$，系统参量 $\boldsymbol{w}$ 的结果为 $\hat{\boldsymbol{w}}_{\text{nlwls},k}^{(\text{rb})}$，校正源位置向量 $\boldsymbol{s}$ 的结果为 $\hat{\boldsymbol{s}}_{\text{nlwls},k}^{(\text{rb})}$，现利用一阶 Taylor 级数展开可得

$$\begin{bmatrix} z \\ v \\ r \\ \tau \end{bmatrix} = \begin{bmatrix} g(u,w) \\ w \\ \bar{g}(s,w) \\ s \end{bmatrix} + \begin{bmatrix} n \\ m \\ e \\ \kappa \end{bmatrix}$$

$$\approx \begin{bmatrix} g(\hat{u}_{\mathrm{nlwls},k}^{(\mathrm{rb})},\hat{w}_{\mathrm{nlwls},k}^{(\mathrm{rb})}) \\ \hat{w}_{\mathrm{nlwls},k}^{(\mathrm{rb})} \\ \bar{g}(\hat{s}_{\mathrm{nlwls},k}^{(\mathrm{rb})},\hat{w}_{\mathrm{nlwls},k}^{(\mathrm{rb})}) \\ \hat{s}_{\mathrm{nlwls},k}^{(\mathrm{rb})} \end{bmatrix} + \begin{bmatrix} G_1(\hat{u}_{\mathrm{nlwls},k}^{(\mathrm{rb})},\hat{w}_{\mathrm{nlwls},k}^{(\mathrm{rb})}) & G_2(\hat{u}_{\mathrm{nlwls},k}^{(\mathrm{rb})},\hat{w}_{\mathrm{nlwls},k}^{(\mathrm{rb})}) & O_{p\times qd} \\ O_{l\times q} & I_l & O_{l\times qd} \\ O_{pd\times q} & \bar{G}(\hat{s}_{\mathrm{nlwls},k}^{(\mathrm{rb})},\hat{w}_{\mathrm{nlwls},k}^{(\mathrm{rb})}) & \bar{J}(\hat{s}_{\mathrm{nlwls},k}^{(\mathrm{rb})},\hat{w}_{\mathrm{nlwls},k}^{(\mathrm{rb})}) \\ O_{qd\times q} & O_{qd\times l} & I_{qd} \end{bmatrix}$$

$$\cdot \begin{bmatrix} u-\hat{u}_{\mathrm{nlwls},k}^{(\mathrm{rb})} \\ w-\hat{w}_{\mathrm{nlwls},k}^{(\mathrm{rb})} \\ s-\hat{s}_{\mathrm{nlwls},k}^{(\mathrm{rb})} \end{bmatrix} + \begin{bmatrix} n \\ m \\ e \\ \kappa \end{bmatrix} \tag{10.81}$$

将式(10.81)代入式(10.80)可得到求解第 $k+1$ 次迭代结果的线性加权最小二乘优化模型为

$$\min_{\substack{u\in\mathbf{R}^{q\times 1}\\ w\in\mathbf{R}^{l\times 1}\\ s\in\mathbf{R}^{qd\times 1}}} \left\{ \left(\begin{bmatrix} G_1(\hat{u}_{\mathrm{nlwls},k}^{(\mathrm{rb})},\hat{w}_{\mathrm{nlwls},k}^{(\mathrm{rb})}) & G_2(\hat{u}_{\mathrm{nlwls},k}^{(\mathrm{rb})},\hat{w}_{\mathrm{nlwls},k}^{(\mathrm{rb})}) & O_{p\times qd} \\ O_{l\times q} & I_l & O_{l\times qd} \\ O_{pd\times q} & \bar{G}(\hat{s}_{\mathrm{nlwls},k}^{(\mathrm{rb})},\hat{w}_{\mathrm{nlwls},k}^{(\mathrm{rb})}) & \bar{J}(\hat{s}_{\mathrm{nlwls},k}^{(\mathrm{rb})},\hat{w}_{\mathrm{nlwls},k}^{(\mathrm{rb})}) \\ O_{qd\times q} & O_{qd\times l} & I_{qd} \end{bmatrix} \begin{bmatrix} u-\hat{u}_{\mathrm{nlwls},k}^{(\mathrm{rb})} \\ w-\hat{w}_{\mathrm{nlwls},k}^{(\mathrm{rb})} \\ s-\hat{s}_{\mathrm{nlwls},k}^{(\mathrm{rb})} \end{bmatrix} - \begin{bmatrix} z-g(\hat{u}_{\mathrm{nlwls},k}^{(\mathrm{rb})},\hat{w}_{\mathrm{nlwls},k}^{(\mathrm{rb})}) \\ v-\hat{w}_{\mathrm{nlwls},k}^{(\mathrm{rb})} \\ r-\bar{g}(\hat{s}_{\mathrm{nlwls},k}^{(\mathrm{rb})},\hat{w}_{\mathrm{nlwls},k}^{(\mathrm{rb})}) \\ \tau-s_{\mathrm{nlwls},k}^{(\mathrm{rb})} \end{bmatrix} \right)^{\mathrm{T}} \cdot \mathrm{blkdiag}[Q_1^{-1}\quad Q_2^{-1}\quad Q_3^{-1}\quad Q_4^{-1}] \cdot \left(\begin{bmatrix} G_1(\hat{u}_{\mathrm{nlwls},k}^{(\mathrm{rb})},\hat{w}_{\mathrm{nlwls},k}^{(\mathrm{rb})}) & G_2(\hat{u}_{\mathrm{nlwls},k}^{(\mathrm{rb})},\hat{w}_{\mathrm{nlwls},k}^{(\mathrm{rb})}) & O_{p\times qd} \\ O_{l\times q} & I_l & O_{l\times qd} \\ O_{pd\times q} & \bar{G}(\hat{s}_{\mathrm{nlwls},k}^{(\mathrm{rb})},\hat{w}_{\mathrm{nlwls},k}^{(\mathrm{rb})}) & \bar{J}(\hat{s}_{\mathrm{nlwls},k}^{(\mathrm{rb})},\hat{w}_{\mathrm{nlwls},k}^{(\mathrm{rb})}) \\ O_{qd\times q} & O_{qd\times l} & I_{qd} \end{bmatrix} \begin{bmatrix} u-\hat{u}_{\mathrm{nlwls},k}^{(\mathrm{rb})} \\ w-\hat{w}_{\mathrm{nlwls},k}^{(\mathrm{rb})} \\ s-\hat{s}_{\mathrm{nlwls},k}^{(\mathrm{rb})} \end{bmatrix} - \begin{bmatrix} z-g(\hat{u}_{\mathrm{nlwls},k}^{(\mathrm{rb})},\hat{w}_{\mathrm{nlwls},k}^{(\mathrm{rb})}) \\ v-\hat{w}_{\mathrm{nlwls},k}^{(\mathrm{rb})} \\ r-\bar{g}(\hat{s}_{\mathrm{nlwls},k}^{(\mathrm{rb})},\hat{w}_{\mathrm{nlwls},k}^{(\mathrm{rb})}) \\ \tau-s_{\mathrm{nlwls},k}^{(\mathrm{rb})} \end{bmatrix} \right) \right\} \tag{10.82}$$

显然,式(10.82)是关于目标位置向量 u、系统参量 w 和校正源位置向量 s 的二次优化问题,因此其存在最优闭式解,根据式(2.85)可知该闭式解为

$$
\begin{aligned}
&\begin{bmatrix}\hat{\boldsymbol{u}}_{\mathrm{nlwls},k+1}^{(\mathrm{rb})}\\ \hat{\boldsymbol{w}}_{\mathrm{nlwls},k+1}^{(\mathrm{rb})}\\ \hat{\boldsymbol{s}}_{\mathrm{nlwls},k+1}^{(\mathrm{rb})}\end{bmatrix}=\begin{bmatrix}\hat{\boldsymbol{u}}_{\mathrm{nlwls},k}^{(\mathrm{rb})}\\ \hat{\boldsymbol{w}}_{\mathrm{nlwls},k}^{(\mathrm{rb})}\\ \hat{\boldsymbol{s}}_{\mathrm{nlwls},k}^{(\mathrm{rb})}\end{bmatrix}\\
&+\left[\begin{array}{c:c:c}
\begin{matrix}\boldsymbol{G}_1^{\mathrm{T}}(\hat{\boldsymbol{u}}_{\mathrm{nlwls},k}^{(\mathrm{rb})},\hat{\boldsymbol{w}}_{\mathrm{nlwls},k}^{(\mathrm{rb})})\boldsymbol{Q}_1^{-1}\\ \cdot\boldsymbol{G}_1(\hat{\boldsymbol{u}}_{\mathrm{nlwls},k}^{(\mathrm{rb})},\hat{\boldsymbol{w}}_{\mathrm{nlwls},k}^{(\mathrm{rb})})\end{matrix} & \boldsymbol{G}_1^{\mathrm{T}}(\hat{\boldsymbol{u}}_{\mathrm{nlwls},k}^{(\mathrm{rb})},\hat{\boldsymbol{w}}_{\mathrm{nlwls},k}^{(\mathrm{rb})})\boldsymbol{Q}_1^{-1}\boldsymbol{G}_2(\hat{\boldsymbol{u}}_{\mathrm{nlwls},k}^{(\mathrm{rb})},\hat{\boldsymbol{w}}_{\mathrm{nlwls},k}^{(\mathrm{rb})}) & \boldsymbol{O}_{q\times qd}\\ \hdashline
\begin{matrix}\boldsymbol{G}_2^{\mathrm{T}}(\hat{\boldsymbol{u}}_{\mathrm{nlwls},k}^{(\mathrm{rb})},\hat{\boldsymbol{w}}_{\mathrm{nlwls},k}^{(\mathrm{rb})})\boldsymbol{Q}_1^{-1}\\ \cdot\boldsymbol{G}_1(\hat{\boldsymbol{u}}_{\mathrm{nlwls},k}^{(\mathrm{rb})},\hat{\boldsymbol{w}}_{\mathrm{nlwls},k}^{(\mathrm{rb})})\end{matrix} & \begin{matrix}\boldsymbol{G}_2^{\mathrm{T}}(\hat{\boldsymbol{u}}_{\mathrm{nlwls},k}^{(\mathrm{rb})},\hat{\boldsymbol{w}}_{\mathrm{nlwls},k}^{(\mathrm{rb})})\boldsymbol{Q}_1^{-1}\boldsymbol{G}_2(\hat{\boldsymbol{u}}_{\mathrm{nlwls},k}^{(\mathrm{rb})},\hat{\boldsymbol{w}}_{\mathrm{nlwls},k}^{(\mathrm{rb})})+\boldsymbol{Q}_2^{-1}\\ +\bar{\boldsymbol{G}}^{\mathrm{T}}(\hat{\boldsymbol{s}}_{\mathrm{nlwls},k}^{(\mathrm{rb})},\hat{\boldsymbol{w}}_{\mathrm{nlwls},k}^{(\mathrm{rb})})\boldsymbol{Q}_3^{-1}\bar{\boldsymbol{G}}(\hat{\boldsymbol{s}}_{\mathrm{nlwls},k}^{(\mathrm{rb})},\hat{\boldsymbol{w}}_{\mathrm{nlwls},k}^{(\mathrm{rb})})\end{matrix} & \begin{matrix}\bar{\boldsymbol{G}}^{\mathrm{T}}(\hat{\boldsymbol{s}}_{\mathrm{nlwls},k}^{(\mathrm{rb})},\hat{\boldsymbol{w}}_{\mathrm{nlwls},k}^{(\mathrm{rb})})\boldsymbol{Q}_3^{-1}\\ \cdot\bar{\boldsymbol{J}}(\hat{\boldsymbol{s}}_{\mathrm{nlwls},k}^{(\mathrm{rb})},\hat{\boldsymbol{w}}_{\mathrm{nlwls},k}^{(\mathrm{rb})})\end{matrix}\\ \hdashline
\boldsymbol{O}_{qd\times q} & \bar{\boldsymbol{J}}^{\mathrm{T}}(\hat{\boldsymbol{s}}_{\mathrm{nlwls},k}^{(\mathrm{rb})},\hat{\boldsymbol{w}}_{\mathrm{nlwls},k}^{(\mathrm{rb})})\boldsymbol{Q}_3^{-1}\bar{\boldsymbol{G}}(\hat{\boldsymbol{s}}_{\mathrm{nlwls},k}^{(\mathrm{rb})},\hat{\boldsymbol{w}}_{\mathrm{nlwls},k}^{(\mathrm{rb})}) & \begin{matrix}\bar{\boldsymbol{J}}^{\mathrm{T}}(\hat{\boldsymbol{s}}_{\mathrm{nlwls},k}^{(\mathrm{rb})},\hat{\boldsymbol{w}}_{\mathrm{nlwls},k}^{(\mathrm{rb})})\boldsymbol{Q}_3^{-1}\\ \cdot\bar{\boldsymbol{J}}(\hat{\boldsymbol{s}}_{\mathrm{nlwls},k}^{(\mathrm{rb})},\hat{\boldsymbol{w}}_{\mathrm{nlwls},k}^{(\mathrm{rb})})+\boldsymbol{Q}_4^{-1}\end{matrix}
\end{array}\right]^{-1}\\
&\cdot\left[\begin{array}{c:c:c:c}
\boldsymbol{G}_1^{\mathrm{T}}(\hat{\boldsymbol{u}}_{\mathrm{nlwls},k}^{(\mathrm{rb})},\hat{\boldsymbol{w}}_{\mathrm{nlwls},k}^{(\mathrm{rb})})\boldsymbol{Q}_1^{-1} & \boldsymbol{O}_{q\times l} & \boldsymbol{O}_{q\times pd} & \boldsymbol{O}_{q\times qd}\\ \hdashline
\boldsymbol{G}_2^{\mathrm{T}}(\hat{\boldsymbol{u}}_{\mathrm{nlwls},k}^{(\mathrm{rb})},\hat{\boldsymbol{w}}_{\mathrm{nlwls},k}^{(\mathrm{rb})})\boldsymbol{Q}_1^{-1} & \boldsymbol{Q}_2^{-1} & \bar{\boldsymbol{G}}^{\mathrm{T}}(\hat{\boldsymbol{s}}_{\mathrm{nlwls},k}^{(\mathrm{rb})},\hat{\boldsymbol{w}}_{\mathrm{nlwls},k}^{(\mathrm{rb})})\boldsymbol{Q}_3^{-1} & \boldsymbol{O}_{l\times qd}\\ \hdashline
\boldsymbol{O}_{qd\times p} & \boldsymbol{O}_{qd\times l} & \bar{\boldsymbol{J}}^{\mathrm{T}}(\hat{\boldsymbol{s}}_{\mathrm{nlwls},k}^{(\mathrm{rb})},\hat{\boldsymbol{w}}_{\mathrm{nlwls},k}^{(\mathrm{rb})})\boldsymbol{Q}_3^{-1} & \boldsymbol{Q}_4^{-1}
\end{array}\right]\begin{bmatrix}\boldsymbol{z}-\boldsymbol{g}(\hat{\boldsymbol{u}}_{\mathrm{nlwls},k}^{(\mathrm{rb})},\hat{\boldsymbol{w}}_{\mathrm{nlwls},k}^{(\mathrm{rb})})\\ \boldsymbol{v}-\hat{\boldsymbol{w}}_{\mathrm{nlwls},k}^{(\mathrm{rb})}\\ \boldsymbol{r}-\bar{\boldsymbol{g}}(\hat{\boldsymbol{s}}_{\mathrm{nlwls},k}^{(\mathrm{rb})},\hat{\boldsymbol{w}}_{\mathrm{nlwls},k}^{(\mathrm{rb})})\\ \boldsymbol{\tau}-\boldsymbol{s}_{\mathrm{nlwls},k}^{(\mathrm{rb})}\end{bmatrix}\\
&=\begin{bmatrix}\hat{\boldsymbol{u}}_{\mathrm{nlwls},k}^{(\mathrm{rb})}\\ \hat{\boldsymbol{w}}_{\mathrm{nlwls},k}^{(\mathrm{rb})}\\ \hat{\boldsymbol{s}}_{\mathrm{nlwls},k}^{(\mathrm{rb})}\end{bmatrix}\\
&+\left[\begin{array}{c:c:c}
\begin{matrix}\boldsymbol{G}_1^{\mathrm{T}}(\hat{\boldsymbol{u}}_{\mathrm{nlwls},k}^{(\mathrm{rb})},\hat{\boldsymbol{w}}_{\mathrm{nlwls},k}^{(\mathrm{rb})})\boldsymbol{Q}_1^{-1}\\ \cdot\boldsymbol{G}_1(\hat{\boldsymbol{u}}_{\mathrm{nlwls},k}^{(\mathrm{rb})},\hat{\boldsymbol{w}}_{\mathrm{nlwls},k}^{(\mathrm{rb})})\end{matrix} & \boldsymbol{G}_1^{\mathrm{T}}(\hat{\boldsymbol{u}}_{\mathrm{nlwls},k}^{(\mathrm{rb})},\hat{\boldsymbol{w}}_{\mathrm{nlwls},k}^{(\mathrm{rb})})\boldsymbol{Q}_1^{-1}\boldsymbol{G}_2(\hat{\boldsymbol{u}}_{\mathrm{nlwls},k}^{(\mathrm{rb})},\hat{\boldsymbol{w}}_{\mathrm{nlwls},k}^{(\mathrm{rb})}) & \boldsymbol{O}_{q\times qd}\\ \hdashline
\begin{matrix}\boldsymbol{G}_2^{\mathrm{T}}(\hat{\boldsymbol{u}}_{\mathrm{nlwls},k}^{(\mathrm{rb})},\hat{\boldsymbol{w}}_{\mathrm{nlwls},k}^{(\mathrm{rb})})\boldsymbol{Q}_1^{-1}\\ \cdot\boldsymbol{G}_1(\hat{\boldsymbol{u}}_{\mathrm{nlwls},k}^{(\mathrm{rb})},\hat{\boldsymbol{w}}_{\mathrm{nlwls},k}^{(\mathrm{rb})})\end{matrix} & \begin{matrix}\boldsymbol{G}_2^{\mathrm{T}}(\hat{\boldsymbol{u}}_{\mathrm{nlwls},k}^{(\mathrm{rb})},\hat{\boldsymbol{w}}_{\mathrm{nlwls},k}^{(\mathrm{rb})})\boldsymbol{Q}_1^{-1}\boldsymbol{G}_2(\hat{\boldsymbol{u}}_{\mathrm{nlwls},k}^{(\mathrm{rb})},\hat{\boldsymbol{w}}_{\mathrm{nlwls},k}^{(\mathrm{rb})})+\boldsymbol{Q}_2^{-1}\\ +\bar{\boldsymbol{G}}^{\mathrm{T}}(\hat{\boldsymbol{s}}_{\mathrm{nlwls},k}^{(\mathrm{rb})},\hat{\boldsymbol{w}}_{\mathrm{nlwls},k}^{(\mathrm{rb})})\boldsymbol{Q}_3^{-1}\bar{\boldsymbol{G}}(\hat{\boldsymbol{s}}_{\mathrm{nlwls},k}^{(\mathrm{rb})},\hat{\boldsymbol{w}}_{\mathrm{nlwls},k}^{(\mathrm{rb})})\end{matrix} & \begin{matrix}\bar{\boldsymbol{G}}^{\mathrm{T}}(\hat{\boldsymbol{s}}_{\mathrm{nlwls},k}^{(\mathrm{rb})},\hat{\boldsymbol{w}}_{\mathrm{nlwls},k}^{(\mathrm{rb})})\boldsymbol{Q}_3^{-1}\\ \cdot\bar{\boldsymbol{J}}(\hat{\boldsymbol{s}}_{\mathrm{nlwls},k}^{(\mathrm{rb})},\hat{\boldsymbol{w}}_{\mathrm{nlwls},k}^{(\mathrm{rb})})\end{matrix}\\ \hdashline
\boldsymbol{O}_{qd\times q} & \bar{\boldsymbol{J}}^{\mathrm{T}}(\hat{\boldsymbol{s}}_{\mathrm{nlwls},k}^{(\mathrm{rb})},\hat{\boldsymbol{w}}_{\mathrm{nlwls},k}^{(\mathrm{rb})})\boldsymbol{Q}_3^{-1}\bar{\boldsymbol{G}}(\hat{\boldsymbol{s}}_{\mathrm{nlwls},k}^{(\mathrm{rb})},\hat{\boldsymbol{w}}_{\mathrm{nlwls},k}^{(\mathrm{rb})}) & \begin{matrix}\bar{\boldsymbol{J}}^{\mathrm{T}}(\hat{\boldsymbol{s}}_{\mathrm{nlwls},k}^{(\mathrm{rb})},\hat{\boldsymbol{w}}_{\mathrm{nlwls},k}^{(\mathrm{rb})})\boldsymbol{Q}_3^{-1}\\ \cdot\bar{\boldsymbol{J}}(\hat{\boldsymbol{s}}_{\mathrm{nlwls},k}^{(\mathrm{rb})},\hat{\boldsymbol{w}}_{\mathrm{nlwls},k}^{(\mathrm{rb})})+\boldsymbol{Q}_4^{-1}\end{matrix}
\end{array}\right]^{-1}\\
&\cdot\left[\begin{array}{c}
\boldsymbol{G}_1^{\mathrm{T}}(\hat{\boldsymbol{u}}_{\mathrm{nlwls},k}^{(\mathrm{rb})},\hat{\boldsymbol{w}}_{\mathrm{nlwls},k}^{(\mathrm{rb})})\boldsymbol{Q}_1^{-1}(\boldsymbol{z}-\boldsymbol{g}(\hat{\boldsymbol{u}}_{\mathrm{nlwls},k}^{(\mathrm{rb})},\hat{\boldsymbol{w}}_{\mathrm{nlwls},k}^{(\mathrm{rb})}))\\ \hdashline
\boldsymbol{G}_2^{\mathrm{T}}(\hat{\boldsymbol{u}}_{\mathrm{nlwls},k}^{(\mathrm{rb})},\hat{\boldsymbol{w}}_{\mathrm{nlwls},k}^{(\mathrm{rb})})\boldsymbol{Q}_1^{-1}(\boldsymbol{z}-\boldsymbol{g}(\hat{\boldsymbol{u}}_{\mathrm{nlwls},k}^{(\mathrm{rb})},\hat{\boldsymbol{w}}_{\mathrm{nlwls},k}^{(\mathrm{rb})}))\\
+\boldsymbol{Q}_2^{-1}(\boldsymbol{v}-\hat{\boldsymbol{w}}_{\mathrm{nlwls},k}^{(\mathrm{rb})})+\bar{\boldsymbol{G}}^{\mathrm{T}}(\hat{\boldsymbol{s}}_{\mathrm{nlwls},k}^{(\mathrm{rb})},\hat{\boldsymbol{w}}_{\mathrm{nlwls},k}^{(\mathrm{rb})})\boldsymbol{Q}_3^{-1}(\boldsymbol{r}-\bar{\boldsymbol{g}}(\hat{\boldsymbol{s}}_{\mathrm{nlwls},k}^{(\mathrm{rb})},\hat{\boldsymbol{w}}_{\mathrm{nlwls},k}^{(\mathrm{rb})}))\\ \hdashline
\bar{\boldsymbol{J}}^{\mathrm{T}}(\hat{\boldsymbol{s}}_{\mathrm{nlwls},k}^{(\mathrm{rb})},\hat{\boldsymbol{w}}_{\mathrm{nlwls},k}^{(\mathrm{rb})})\boldsymbol{Q}_3^{-1}(\boldsymbol{r}-\bar{\boldsymbol{g}}(\hat{\boldsymbol{s}}_{\mathrm{nlwls},k}^{(\mathrm{rb})},\hat{\boldsymbol{w}}_{\mathrm{nlwls},k}^{(\mathrm{rb})}))+\boldsymbol{Q}_4^{-1}(\boldsymbol{\tau}-\boldsymbol{s}_{\mathrm{nlwls},k}^{(\mathrm{rb})})
\end{array}\right]
\end{aligned}
\tag{10.83}
$$

将式(10.83)的收敛值记为$\hat{\boldsymbol{u}}_{\mathrm{nlwls}}^{(\mathrm{rb})}$，$\hat{\boldsymbol{w}}_{\mathrm{nlwls}}^{(\mathrm{rb})}$和$\hat{\boldsymbol{s}}_{\mathrm{nlwls}}^{(\mathrm{rb})}$（即$\hat{\boldsymbol{u}}_{\mathrm{nlwls}}^{(\mathrm{rb})}=\lim\limits_{k\to+\infty}\hat{\boldsymbol{u}}_{\mathrm{nlwls},k}^{(\mathrm{rb})}$，$\hat{\boldsymbol{w}}_{\mathrm{nlwls}}^{(\mathrm{rb})}=\lim\limits_{k\to+\infty}\hat{\boldsymbol{w}}_{\mathrm{nlwls},k}^{(\mathrm{rb})}$和$\hat{\boldsymbol{s}}_{\mathrm{nlwls}}^{(\mathrm{rb})}=\lim\limits_{k\to+\infty}\hat{\boldsymbol{s}}_{\mathrm{nlwls},k}^{(\mathrm{rb})}$），它们即为第二类非线性加权最小二乘定位方法给出的目标位置解，系统参量解和校正源位置解。

10.3.2　目标位置向量、系统参量和校正源位置向量联合估计值的理论性能

这里将推导目标位置解$\hat{\boldsymbol{u}}_{\mathrm{nlwls}}^{(\mathrm{rb})}$、系统参量解$\hat{\boldsymbol{w}}_{\mathrm{nlwls}}^{(\mathrm{rb})}$和校正源位置解$\hat{\boldsymbol{s}}_{\mathrm{nlwls}}^{(\mathrm{rb})}$的理论性能，重点推导其联合估计方差矩阵。首先对式(10.83)两边取极限可得

$$
\begin{aligned}
&\lim_{k\to+\infty}\begin{bmatrix}\hat{\boldsymbol{u}}_{\mathrm{nlwls},k+1}^{(\mathrm{rb})}\\ \hat{\boldsymbol{w}}_{\mathrm{nlwls},k+1}^{(\mathrm{rb})}\\ \hat{\boldsymbol{s}}_{\mathrm{nlwls},k+1}^{(\mathrm{rb})}\end{bmatrix}=\lim_{k\to+\infty}\begin{bmatrix}\hat{\boldsymbol{u}}_{\mathrm{nlwls},k}^{(\mathrm{rb})}\\ \hat{\boldsymbol{w}}_{\mathrm{nlwls},k}^{(\mathrm{rb})}\\ \hat{\boldsymbol{s}}_{\mathrm{nlwls},k}^{(\mathrm{rb})}\end{bmatrix}\\
&+\lim_{k\to+\infty}\left[\begin{array}{c:c:c}
\begin{matrix}\boldsymbol{G}_1^{\mathrm{T}}(\hat{\boldsymbol{u}}_{\mathrm{nlwls},k}^{(\mathrm{rb})},\hat{\boldsymbol{w}}_{\mathrm{nlwls},k}^{(\mathrm{rb})})\boldsymbol{Q}_1^{-1}\\ \cdot\boldsymbol{G}_1(\hat{\boldsymbol{u}}_{\mathrm{nlwls},k}^{(\mathrm{rb})},\hat{\boldsymbol{w}}_{\mathrm{nlwls},k}^{(\mathrm{rb})})\end{matrix} & \boldsymbol{G}_1^{\mathrm{T}}(\hat{\boldsymbol{u}}_{\mathrm{nlwls},k}^{(\mathrm{rb})},\hat{\boldsymbol{w}}_{\mathrm{nlwls},k}^{(\mathrm{rb})})\boldsymbol{Q}_1^{-1}\boldsymbol{G}_2(\hat{\boldsymbol{u}}_{\mathrm{nlwls},k}^{(\mathrm{rb})},\hat{\boldsymbol{w}}_{\mathrm{nlwls},k}^{(\mathrm{rb})}) & \boldsymbol{O}_{q\times qd}\\ \hdashline
\begin{matrix}\boldsymbol{G}_2^{\mathrm{T}}(\hat{\boldsymbol{u}}_{\mathrm{nlwls},k}^{(\mathrm{rb})},\hat{\boldsymbol{w}}_{\mathrm{nlwls},k}^{(\mathrm{rb})})\boldsymbol{Q}_1^{-1}\\ \cdot\boldsymbol{G}_1(\hat{\boldsymbol{u}}_{\mathrm{nlwls},k}^{(\mathrm{rb})},\hat{\boldsymbol{w}}_{\mathrm{nlwls},k}^{(\mathrm{rb})})\end{matrix} & \begin{matrix}\boldsymbol{G}_2^{\mathrm{T}}(\hat{\boldsymbol{u}}_{\mathrm{nlwls},k}^{(\mathrm{rb})},\hat{\boldsymbol{w}}_{\mathrm{nlwls},k}^{(\mathrm{rb})})\boldsymbol{Q}_1^{-1}\boldsymbol{G}_2(\hat{\boldsymbol{u}}_{\mathrm{nlwls},k}^{(\mathrm{rb})},\hat{\boldsymbol{w}}_{\mathrm{nlwls},k}^{(\mathrm{rb})})+\boldsymbol{Q}_2^{-1}\\ +\bar{\boldsymbol{G}}^{\mathrm{T}}(\hat{\boldsymbol{s}}_{\mathrm{nlwls},k}^{(\mathrm{rb})},\hat{\boldsymbol{w}}_{\mathrm{nlwls},k}^{(\mathrm{rb})})\boldsymbol{Q}_3^{-1}\bar{\boldsymbol{G}}(\hat{\boldsymbol{s}}_{\mathrm{nlwls},k}^{(\mathrm{rb})},\hat{\boldsymbol{w}}_{\mathrm{nlwls},k}^{(\mathrm{rb})})\end{matrix} & \begin{matrix}\bar{\boldsymbol{G}}^{\mathrm{T}}(\hat{\boldsymbol{s}}_{\mathrm{nlwls},k}^{(\mathrm{rb})},\hat{\boldsymbol{w}}_{\mathrm{nlwls},k}^{(\mathrm{rb})})\boldsymbol{Q}_3^{-1}\\ \cdot\bar{\boldsymbol{J}}(\hat{\boldsymbol{s}}_{\mathrm{nlwls},k}^{(\mathrm{rb})},\hat{\boldsymbol{w}}_{\mathrm{nlwls},k}^{(\mathrm{rb})})\end{matrix}\\ \hdashline
\boldsymbol{O}_{qd\times q} & \bar{\boldsymbol{J}}^{\mathrm{T}}(\hat{\boldsymbol{s}}_{\mathrm{nlwls},k}^{(\mathrm{rb})},\hat{\boldsymbol{w}}_{\mathrm{nlwls},k}^{(\mathrm{rb})})\boldsymbol{Q}_3^{-1}\bar{\boldsymbol{G}}(\hat{\boldsymbol{s}}_{\mathrm{nlwls},k}^{(\mathrm{rb})},\hat{\boldsymbol{w}}_{\mathrm{nlwls},k}^{(\mathrm{rb})}) & \begin{matrix}\bar{\boldsymbol{J}}^{\mathrm{T}}(\hat{\boldsymbol{s}}_{\mathrm{nlwls},k}^{(\mathrm{rb})},\hat{\boldsymbol{w}}_{\mathrm{nlwls},k}^{(\mathrm{rb})})\boldsymbol{Q}_3^{-1}\\ \cdot\bar{\boldsymbol{J}}(\hat{\boldsymbol{s}}_{\mathrm{nlwls},k}^{(\mathrm{rb})},\hat{\boldsymbol{w}}_{\mathrm{nlwls},k}^{(\mathrm{rb})})+\boldsymbol{Q}_4^{-1}\end{matrix}
\end{array}\right]^{-1}\\
&\cdot\left[\begin{array}{c:c:c:c}
\boldsymbol{G}_1^{\mathrm{T}}(\hat{\boldsymbol{u}}_{\mathrm{nlwls},k}^{(\mathrm{rb})},\hat{\boldsymbol{w}}_{\mathrm{nlwls},k}^{(\mathrm{rb})})\boldsymbol{Q}_1^{-1} & \boldsymbol{O}_{q\times l} & \boldsymbol{O}_{q\times pd} & \boldsymbol{O}_{q\times qd}\\ \hdashline
\boldsymbol{G}_2^{\mathrm{T}}(\hat{\boldsymbol{u}}_{\mathrm{nlwls},k}^{(\mathrm{rb})},\hat{\boldsymbol{w}}_{\mathrm{nlwls},k}^{(\mathrm{rb})})\boldsymbol{Q}_1^{-1} & \boldsymbol{Q}_2^{-1} & \bar{\boldsymbol{G}}^{\mathrm{T}}(\hat{\boldsymbol{s}}_{\mathrm{nlwls},k}^{(\mathrm{rb})},\hat{\boldsymbol{w}}_{\mathrm{nlwls},k}^{(\mathrm{rb})})\boldsymbol{Q}_3^{-1} & \boldsymbol{O}_{l\times qd}\\ \hdashline
\boldsymbol{O}_{qd\times p} & \boldsymbol{O}_{qd\times l} & \bar{\boldsymbol{J}}^{\mathrm{T}}(\hat{\boldsymbol{s}}_{\mathrm{nlwls},k}^{(\mathrm{rb})},\hat{\boldsymbol{w}}_{\mathrm{nlwls},k}^{(\mathrm{rb})})\boldsymbol{Q}_3^{-1} & \boldsymbol{Q}_4^{-1}
\end{array}\right]\begin{bmatrix}\boldsymbol{z}-\boldsymbol{g}(\hat{\boldsymbol{u}}_{\mathrm{nlwls},k}^{(\mathrm{rb})},\hat{\boldsymbol{w}}_{\mathrm{nlwls},k}^{(\mathrm{rb})})\\ \boldsymbol{v}-\hat{\boldsymbol{w}}_{\mathrm{nlwls},k}^{(\mathrm{rb})}\\ \boldsymbol{r}-\bar{\boldsymbol{g}}(\hat{\boldsymbol{s}}_{\mathrm{nlwls},k}^{(\mathrm{rb})},\hat{\boldsymbol{w}}_{\mathrm{nlwls},k}^{(\mathrm{rb})})\\ \boldsymbol{\tau}-\boldsymbol{s}_{\mathrm{nlwls},k}^{(\mathrm{rb})}\end{bmatrix}\\
&\Rightarrow\left[\begin{array}{c:c:c:c}
\boldsymbol{G}_1^{\mathrm{T}}(\hat{\boldsymbol{u}}_{\mathrm{nlwls}}^{(\mathrm{rb})},\hat{\boldsymbol{w}}_{\mathrm{nlwls}}^{(\mathrm{rb})})\boldsymbol{Q}_1^{-1} & \boldsymbol{O}_{q\times l} & \boldsymbol{O}_{q\times pd} & \boldsymbol{O}_{q\times qd}\\ \hdashline
\boldsymbol{G}_2^{\mathrm{T}}(\hat{\boldsymbol{u}}_{\mathrm{nlwls}}^{(\mathrm{rb})},\hat{\boldsymbol{w}}_{\mathrm{nlwls}}^{(\mathrm{rb})})\boldsymbol{Q}_1^{-1} & \boldsymbol{Q}_2^{-1} & \bar{\boldsymbol{G}}^{\mathrm{T}}(\hat{\boldsymbol{s}}_{\mathrm{nlwls}}^{(\mathrm{rb})},\hat{\boldsymbol{w}}_{\mathrm{nlwls}}^{(\mathrm{rb})})\boldsymbol{Q}_3^{-1} & \boldsymbol{O}_{l\times qd}\\ \hdashline
\boldsymbol{O}_{qd\times p} & \boldsymbol{O}_{qd\times l} & \bar{\boldsymbol{J}}^{\mathrm{T}}(\hat{\boldsymbol{s}}_{\mathrm{nlwls}}^{(\mathrm{rb})},\hat{\boldsymbol{w}}_{\mathrm{nlwls}}^{(\mathrm{rb})})\boldsymbol{Q}_3^{-1} & \boldsymbol{Q}_4^{-1}
\end{array}\right]\begin{bmatrix}\boldsymbol{z}-\boldsymbol{g}(\hat{\boldsymbol{u}}_{\mathrm{nlwls}}^{(\mathrm{rb})},\hat{\boldsymbol{w}}_{\mathrm{nlwls}}^{(\mathrm{rb})})\\ \boldsymbol{v}-\hat{\boldsymbol{w}}_{\mathrm{nlwls}}^{(\mathrm{rb})}\\ \boldsymbol{r}-\bar{\boldsymbol{g}}(\hat{\boldsymbol{s}}_{\mathrm{nlwls}}^{(\mathrm{rb})},\hat{\boldsymbol{w}}_{\mathrm{nlwls}}^{(\mathrm{rb})})\\ \boldsymbol{\tau}-\boldsymbol{s}_{\mathrm{nlwls}}^{(\mathrm{rb})}\end{bmatrix}=\boldsymbol{O}_{(q(d+1)+l)\times 1}
\end{aligned}
\tag{10.84}
$$

利用一阶误差分析方法可推得

$$
\begin{aligned}
\boldsymbol{O}_{(q(d+1)+l)\times 1}&=\left[\begin{array}{c:c:c:c}
\boldsymbol{G}_1^{\mathrm{T}}(\hat{\boldsymbol{u}}_{\mathrm{nlwls}}^{(\mathrm{rb})},\hat{\boldsymbol{w}}_{\mathrm{nlwls}}^{(\mathrm{rb})})\boldsymbol{Q}_1^{-1} & \boldsymbol{O}_{q\times l} & \boldsymbol{O}_{q\times pd} & \boldsymbol{O}_{q\times qd}\\ \hdashline
\boldsymbol{G}_2^{\mathrm{T}}(\hat{\boldsymbol{u}}_{\mathrm{nlwls}}^{(\mathrm{rb})},\hat{\boldsymbol{w}}_{\mathrm{nlwls}}^{(\mathrm{rb})})\boldsymbol{Q}_1^{-1} & \boldsymbol{Q}_2^{-1} & \bar{\boldsymbol{G}}^{\mathrm{T}}(\hat{\boldsymbol{s}}_{\mathrm{nlwls}}^{(\mathrm{rb})},\hat{\boldsymbol{w}}_{\mathrm{nlwls}}^{(\mathrm{rb})})\boldsymbol{Q}_3^{-1} & \boldsymbol{O}_{l\times qd}\\ \hdashline
\boldsymbol{O}_{qd\times p} & \boldsymbol{O}_{qd\times l} & \bar{\boldsymbol{J}}^{\mathrm{T}}(\hat{\boldsymbol{s}}_{\mathrm{nlwls}}^{(\mathrm{rb})},\hat{\boldsymbol{w}}_{\mathrm{nlwls}}^{(\mathrm{rb})})\boldsymbol{Q}_3^{-1} & \boldsymbol{Q}_4^{-1}
\end{array}\right]\begin{bmatrix}\boldsymbol{z}-\boldsymbol{g}(\hat{\boldsymbol{u}}_{\mathrm{nlwls}}^{(\mathrm{rb})},\hat{\boldsymbol{w}}_{\mathrm{nlwls}}^{(\mathrm{rb})})\\ \boldsymbol{v}-\hat{\boldsymbol{w}}_{\mathrm{nlwls}}^{(\mathrm{rb})}\\ \boldsymbol{r}-\bar{\boldsymbol{g}}(\hat{\boldsymbol{s}}_{\mathrm{nlwls}}^{(\mathrm{rb})},\hat{\boldsymbol{w}}_{\mathrm{nlwls}}^{(\mathrm{rb})})\\ \boldsymbol{\tau}-\boldsymbol{s}_{\mathrm{nlwls}}^{(\mathrm{rb})}\end{bmatrix}\\
&\approx\left[\begin{array}{c:c:c:c}
\boldsymbol{G}_1^{\mathrm{T}}(\boldsymbol{u},\boldsymbol{w})\boldsymbol{Q}_1^{-1} & \boldsymbol{O}_{q\times l} & \boldsymbol{O}_{q\times pd} & \boldsymbol{O}_{q\times qd}\\ \hdashline
\boldsymbol{G}_2^{\mathrm{T}}(\boldsymbol{u},\boldsymbol{w})\boldsymbol{Q}_1^{-1} & \boldsymbol{Q}_2^{-1} & \bar{\boldsymbol{G}}^{\mathrm{T}}(\boldsymbol{s},\boldsymbol{w})\boldsymbol{Q}_3^{-1} & \boldsymbol{O}_{l\times qd}\\ \hdashline
\boldsymbol{O}_{qd\times p} & \boldsymbol{O}_{qd\times l} & \bar{\boldsymbol{J}}^{\mathrm{T}}(\boldsymbol{s},\boldsymbol{w})\boldsymbol{Q}_3^{-1} & \boldsymbol{Q}_4^{-1}
\end{array}\right]\begin{bmatrix}\boldsymbol{G}_1(\boldsymbol{u},\boldsymbol{w})(\boldsymbol{u}-\hat{\boldsymbol{u}}_{\mathrm{nlwls}}^{(\mathrm{rb})})+\boldsymbol{G}_2(\boldsymbol{u},\boldsymbol{w})(\boldsymbol{w}-\hat{\boldsymbol{w}}_{\mathrm{nlwls}}^{(\mathrm{rb})})+\boldsymbol{n}\\ \boldsymbol{w}-\hat{\boldsymbol{w}}_{\mathrm{nlwls}}^{(\mathrm{rb})}+\boldsymbol{m}\\ \bar{\boldsymbol{J}}(\boldsymbol{s},\boldsymbol{w})(\boldsymbol{s}-\hat{\boldsymbol{s}}_{\mathrm{nlwls}}^{(\mathrm{rb})})+\bar{\boldsymbol{G}}(\boldsymbol{s},\boldsymbol{w})(\boldsymbol{w}-\hat{\boldsymbol{w}}_{\mathrm{nlwls}}^{(\mathrm{rb})})+\boldsymbol{e}\\ \boldsymbol{s}-\hat{\boldsymbol{s}}_{\mathrm{nlwls}}^{(\mathrm{rb})}+\boldsymbol{\kappa}\end{bmatrix}\\
&=\left[\begin{array}{c:c:c}
\boldsymbol{G}_1^{\mathrm{T}}(\boldsymbol{u},\boldsymbol{w})\boldsymbol{Q}_1^{-1}\boldsymbol{G}_1(\boldsymbol{u},\boldsymbol{w}) & \boldsymbol{G}_1^{\mathrm{T}}(\boldsymbol{u},\boldsymbol{w})\boldsymbol{Q}_1^{-1}\boldsymbol{G}_2(\boldsymbol{u},\boldsymbol{w}) & \boldsymbol{O}_{q\times qd}\\ \hdashline
\boldsymbol{G}_2^{\mathrm{T}}(\boldsymbol{u},\boldsymbol{w})\boldsymbol{Q}_1^{-1}\boldsymbol{G}_1(\boldsymbol{u},\boldsymbol{w}) & \begin{matrix}\boldsymbol{G}_2^{\mathrm{T}}(\boldsymbol{u},\boldsymbol{w})\boldsymbol{Q}_1^{-1}\boldsymbol{G}_2(\boldsymbol{u},\boldsymbol{w})+\boldsymbol{Q}_2^{-1}\\ +\bar{\boldsymbol{G}}^{\mathrm{T}}(\boldsymbol{s},\boldsymbol{w})\boldsymbol{Q}_3^{-1}\bar{\boldsymbol{G}}(\boldsymbol{s},\boldsymbol{w})\end{matrix} & \bar{\boldsymbol{G}}^{\mathrm{T}}(\boldsymbol{s},\boldsymbol{w})\boldsymbol{Q}_3^{-1}\bar{\boldsymbol{J}}(\boldsymbol{s},\boldsymbol{w})\\ \hdashline
\boldsymbol{O}_{qd\times q} & \bar{\boldsymbol{J}}^{\mathrm{T}}(\boldsymbol{s},\boldsymbol{w})\boldsymbol{Q}_3^{-1}\bar{\boldsymbol{G}}(\boldsymbol{s},\boldsymbol{w}) & \bar{\boldsymbol{J}}^{\mathrm{T}}(\boldsymbol{s},\boldsymbol{w})\boldsymbol{Q}_3^{-1}\bar{\boldsymbol{J}}(\boldsymbol{s},\boldsymbol{w})+\boldsymbol{Q}_4^{-1}
\end{array}\right]\begin{bmatrix}\boldsymbol{u}-\hat{\boldsymbol{u}}_{\mathrm{nlwls}}^{(\mathrm{rb})}\\ \boldsymbol{w}-\hat{\boldsymbol{w}}_{\mathrm{nlwls}}^{(\mathrm{rb})}\\ \boldsymbol{s}-\hat{\boldsymbol{s}}_{\mathrm{nlwls}}^{(\mathrm{rb})}\end{bmatrix}\\
&\quad+\left[\begin{array}{c:c:c:c}
\boldsymbol{G}_1^{\mathrm{T}}(\boldsymbol{u},\boldsymbol{w})\boldsymbol{Q}_1^{-1} & \boldsymbol{O}_{q\times l} & \boldsymbol{O}_{q\times pd} & \boldsymbol{O}_{q\times qd}\\ \hdashline
\boldsymbol{G}_2^{\mathrm{T}}(\boldsymbol{u},\boldsymbol{w})\boldsymbol{Q}_1^{-1} & \boldsymbol{Q}_2^{-1} & \bar{\boldsymbol{G}}^{\mathrm{T}}(\boldsymbol{s},\boldsymbol{w})\boldsymbol{Q}_3^{-1} & \boldsymbol{O}_{l\times qd}\\ \hdashline
\boldsymbol{O}_{qd\times p} & \boldsymbol{O}_{qd\times l} & \bar{\boldsymbol{J}}^{\mathrm{T}}(\boldsymbol{s},\boldsymbol{w})\boldsymbol{Q}_3^{-1} & \boldsymbol{Q}_4^{-1}
\end{array}\right]\begin{bmatrix}\boldsymbol{n}\\ \boldsymbol{m}\\ \boldsymbol{e}\\ \boldsymbol{\kappa}\end{bmatrix}
\end{aligned}
\tag{10.85}
$$

式(10.85)忽略了误差的二阶及其以上各项，由该式可进一步推得目标位置解$\hat{\boldsymbol{u}}_{\mathrm{nlwls}}^{(\mathrm{rb})}$、系统参量解$\hat{\boldsymbol{w}}_{\mathrm{nlwls}}^{(\mathrm{rb})}$和校正源位置解$\hat{\boldsymbol{s}}_{\mathrm{nlwls}}^{(\mathrm{rb})}$的联合估计误差为

$$\begin{bmatrix}\boldsymbol{\delta u}_{\text{nlwls}}^{(\text{rb})}\\\boldsymbol{\delta w}_{\text{nlwls}}^{(\text{rb})}\\\boldsymbol{\delta s}_{\text{nlwls}}^{(\text{rb})}\end{bmatrix}=\begin{bmatrix}\hat{\boldsymbol{u}}_{\text{nlwls}}^{(\text{rb})}-\boldsymbol{u}\\\hat{\boldsymbol{w}}_{\text{nlwls}}^{(\text{rb})}-\boldsymbol{w}\\\hat{\boldsymbol{s}}_{\text{nlwls}}^{(\text{rb})}-\boldsymbol{s}\end{bmatrix}\approx\begin{bmatrix}\boldsymbol{G}_1^{\text{T}}(\boldsymbol{u},\boldsymbol{w})\boldsymbol{Q}_1^{-1}\boldsymbol{G}_1(\boldsymbol{u},\boldsymbol{w}) & \boldsymbol{G}_1^{\text{T}}(\boldsymbol{u},\boldsymbol{w})\boldsymbol{Q}_1^{-1}\boldsymbol{G}_2(\boldsymbol{u},\boldsymbol{w}) & \boldsymbol{O}_{q\times qd}\\\boldsymbol{G}_2^{\text{T}}(\boldsymbol{u},\boldsymbol{w})\boldsymbol{Q}_1^{-1}\boldsymbol{G}_1(\boldsymbol{u},\boldsymbol{w}) & \begin{matrix}\boldsymbol{G}_2^{\text{T}}(\boldsymbol{u},\boldsymbol{w})\boldsymbol{Q}_1^{-1}\boldsymbol{G}_2(\boldsymbol{u},\boldsymbol{w})+\boldsymbol{Q}_2^{-1}\\+\bar{\boldsymbol{G}}^{\text{T}}(\boldsymbol{s},\boldsymbol{w})\boldsymbol{Q}_3^{-1}\bar{\boldsymbol{G}}(\boldsymbol{s},\boldsymbol{w})\end{matrix} & \bar{\boldsymbol{G}}^{\text{T}}(\boldsymbol{s},\boldsymbol{w})\boldsymbol{Q}_3^{-1}\bar{\boldsymbol{J}}(\boldsymbol{s},\boldsymbol{w})\\\boldsymbol{O}_{qd\times q} & \bar{\boldsymbol{J}}^{\text{T}}(\boldsymbol{s},\boldsymbol{w})\boldsymbol{Q}_3^{-1}\bar{\boldsymbol{G}}(\boldsymbol{s},\boldsymbol{w}) & \bar{\boldsymbol{J}}^{\text{T}}(\boldsymbol{s},\boldsymbol{w})\boldsymbol{Q}_3^{-1}\bar{\boldsymbol{J}}(\boldsymbol{s},\boldsymbol{w})+\boldsymbol{Q}_4^{-1}\end{bmatrix}^{-1}$$

$$\cdot\begin{bmatrix}\boldsymbol{G}_1^{\text{T}}(\boldsymbol{u},\boldsymbol{w})\boldsymbol{Q}_1^{-1} & \boldsymbol{O}_{q\times l} & \boldsymbol{O}_{q\times pd} & \boldsymbol{O}_{q\times qd}\\\boldsymbol{G}_2^{\text{T}}(\boldsymbol{u},\boldsymbol{w})\boldsymbol{Q}_1^{-1} & \boldsymbol{Q}_2^{-1} & \bar{\boldsymbol{G}}^{\text{T}}(\boldsymbol{s},\boldsymbol{w})\boldsymbol{Q}_3^{-1} & \boldsymbol{O}_{l\times qd}\\\boldsymbol{O}_{qd\times p} & \boldsymbol{O}_{qd\times l} & \bar{\boldsymbol{J}}^{\text{T}}(\boldsymbol{s},\boldsymbol{w})\boldsymbol{Q}_3^{-1} & \boldsymbol{Q}_4^{-1}\end{bmatrix}\begin{bmatrix}\boldsymbol{n}\\\boldsymbol{m}\\\boldsymbol{e}\\\boldsymbol{\kappa}\end{bmatrix}\tag{10.86}$$

根据式(10.86)可知，误差向量 $\boldsymbol{\delta u}_{\text{nlwls}}^{(\text{rb})}$，$\boldsymbol{\delta w}_{\text{nlwls}}^{(\text{rb})}$ 和 $\boldsymbol{\delta s}_{\text{nlwls}}^{(\text{rb})}$ 近似服从零均值联合高斯分布，并且其联合估计方差矩阵等于

$$\mathbf{cov}\left(\begin{bmatrix}\hat{\boldsymbol{u}}_{\text{nlwls}}^{(\text{rb})}\\\hat{\boldsymbol{w}}_{\text{nlwls}}^{(\text{rb})}\\\hat{\boldsymbol{s}}_{\text{nlwls}}^{(\text{rb})}\end{bmatrix}\right)=\begin{bmatrix}\boldsymbol{G}_1^{\text{T}}(\boldsymbol{u},\boldsymbol{w})\boldsymbol{Q}_1^{-1}\boldsymbol{G}_1(\boldsymbol{u},\boldsymbol{w}) & \boldsymbol{G}_1^{\text{T}}(\boldsymbol{u},\boldsymbol{w})\boldsymbol{Q}_1^{-1}\boldsymbol{G}_2(\boldsymbol{u},\boldsymbol{w}) & \boldsymbol{O}_{q\times qd}\\\boldsymbol{G}_2^{\text{T}}(\boldsymbol{u},\boldsymbol{w})\boldsymbol{Q}_1^{-1}\boldsymbol{G}_1(\boldsymbol{u},\boldsymbol{w}) & \begin{matrix}\boldsymbol{G}_2^{\text{T}}(\boldsymbol{u},\boldsymbol{w})\boldsymbol{Q}_1^{-1}\boldsymbol{G}_2(\boldsymbol{u},\boldsymbol{w})+\boldsymbol{Q}_2^{-1}\\+\bar{\boldsymbol{G}}^{\text{T}}(\boldsymbol{s},\boldsymbol{w})\boldsymbol{Q}_3^{-1}\bar{\boldsymbol{G}}(\boldsymbol{s},\boldsymbol{w})\end{matrix} & \bar{\boldsymbol{G}}^{\text{T}}(\boldsymbol{s},\boldsymbol{w})\boldsymbol{Q}_3^{-1}\bar{\boldsymbol{J}}(\boldsymbol{s},\boldsymbol{w})\\\boldsymbol{O}_{qd\times q} & \bar{\boldsymbol{J}}^{\text{T}}(\boldsymbol{s},\boldsymbol{w})\boldsymbol{Q}_3^{-1}\bar{\boldsymbol{G}}(\boldsymbol{s},\boldsymbol{w}) & \bar{\boldsymbol{J}}^{\text{T}}(\boldsymbol{s},\boldsymbol{w})\boldsymbol{Q}_3^{-1}\bar{\boldsymbol{J}}(\boldsymbol{s},\boldsymbol{w})+\boldsymbol{Q}_4^{-1}\end{bmatrix}^{-1}$$

$$=\mathbf{CRB}^{(\text{r})}\left(\begin{bmatrix}\boldsymbol{u}\\\boldsymbol{w}\\\boldsymbol{s}\end{bmatrix}\right)\tag{10.87}$$

由式(10.87)可知，目标位置解 $\hat{\boldsymbol{u}}_{\text{nlwls}}^{(\text{rb})}$、系统参量解 $\hat{\boldsymbol{w}}_{\text{nlwls}}^{(\text{rb})}$ 和校正源位置解 $\hat{\boldsymbol{s}}_{\text{nlwls}}^{(\text{rb})}$ 的联合估计方差矩阵等于式(10.8)给出的克拉美罗界矩阵。因此，目标位置解 $\hat{\boldsymbol{u}}_{\text{nlwls}}^{(\text{rb})}$，系统参量解 $\hat{\boldsymbol{w}}_{\text{nlwls}}^{(\text{rb})}$ 和校正源位置解 $\hat{\boldsymbol{s}}_{\text{nlwls}}^{(\text{rb})}$ 具有渐近最优的统计性能(在门限效应发生以前)。

10.4　定位算例与数值实验

本节将以联合辐射源信号 TDOA/FDOA 参数的无源定位问题为算例进行数值实验。

10.4.1　定位算例的模型描述

假设某目标源的位置向量为 $\boldsymbol{u}$，现有 M 个运动观测站可以接收到该目标源信号，并利用该信号的 TDOA/FDOA 参数对目标进行定位。第 1 个观测站为主站，其余观测站均为辅站，并且第 m 个观测站的位置和速度向量分别为 $\boldsymbol{w}_{\text{p},m}=[x_{\text{o},m}\quad y_{\text{o},m}\quad z_{\text{o},m}]^{\text{T}}$ 和 $\boldsymbol{w}_{\text{v},m}=[\dot{x}_{\text{o},m}\quad \dot{y}_{\text{o},m}\quad \dot{z}_{\text{o},m}]^{\text{T}}$，若令 $\boldsymbol{w}_m=[\boldsymbol{w}_{\text{p},m}^{\text{T}}\quad \boldsymbol{w}_{\text{v},m}^{\text{T}}]^{\text{T}}$，则系统参量可以表示为 $\boldsymbol{w}=[\boldsymbol{w}_1^{\text{T}}\quad \boldsymbol{w}_2^{\text{T}}\quad \cdots\quad \boldsymbol{w}_M^{\text{T}}]^{\text{T}}$。

根据第 1 章的讨论可知，TDOA 参数和 FDOA 参数可以分别等效为距离差和距离差变化率，于是进行目标定位的全部观测方程可表示为

$$\begin{cases}\delta_n=\|\boldsymbol{u}-\boldsymbol{w}_{\text{p},n}\|_2-\|\boldsymbol{u}-\boldsymbol{w}_{\text{p},1}\|_2\\\dot{\delta}_n=\dfrac{(\boldsymbol{w}_{\text{p},n}-\boldsymbol{u})^{\text{T}}\boldsymbol{w}_{\text{v},n}}{\|\boldsymbol{u}-\boldsymbol{w}_{\text{p},n}\|_2}-\dfrac{(\boldsymbol{w}_{\text{p},1}-\boldsymbol{u})^{\text{T}}\boldsymbol{w}_{\text{v},1}}{\|\boldsymbol{u}-\boldsymbol{w}_{\text{p},1}\|_2}\end{cases},\quad 2\leqslant n\leqslant M\tag{10.88}$$

式中，δ_n 和 $\dot{\delta}_n$ 分别表示目标源信号到达第 n 个观测站与到达第 1 个观测站的距离差和距离差变化率。再分别定义如下观测向量：

$$\boldsymbol{\delta}=[\delta_2 \quad \delta_3 \quad \cdots \quad \delta_M]^{\mathrm{T}}, \quad \dot{\boldsymbol{\delta}}=[\dot{\delta}_2 \quad \dot{\delta}_3 \quad \cdots \quad \dot{\delta}_M]^{\mathrm{T}} \tag{10.89}$$

则用于目标定位的观测向量和观测方程可表示为

$$\boldsymbol{z}_0=[\boldsymbol{\delta}^{\mathrm{T}} \quad \dot{\boldsymbol{\delta}}^{\mathrm{T}}]^{\mathrm{T}}=\boldsymbol{g}(\boldsymbol{u},\boldsymbol{w}) \tag{10.90}$$

为了更好地消除系统误差的影响,需要在目标源附近放置 d 个位置精确已知的校正源,并且观测站同样能够获得关于校正源信号的 TDOA/FDOA 参数。假设第 k 个校正源的位置向量为 $\boldsymbol{s}_k$,则关于该校正源的全部观测方程可表示为

$$\begin{cases}\delta_{\mathrm{c},k,n}=\|\boldsymbol{s}_k-\boldsymbol{w}_{\mathrm{p},n}\|_2-\|\boldsymbol{s}_k-\boldsymbol{w}_{\mathrm{p},1}\|_2 \\ \dot{\delta}_{\mathrm{c},k,n}=\dfrac{(\boldsymbol{w}_{\mathrm{p},n}-\boldsymbol{s}_k)^{\mathrm{T}}\boldsymbol{w}_{\mathrm{v},n}}{\|\boldsymbol{s}_k-\boldsymbol{w}_{\mathrm{p},n}\|_2}-\dfrac{(\boldsymbol{w}_{\mathrm{p},1}-\boldsymbol{s}_k)^{\mathrm{T}}\boldsymbol{w}_{\mathrm{v},1}}{\|\boldsymbol{s}_k-\boldsymbol{w}_{\mathrm{p},1}\|_2},\end{cases} \quad \begin{matrix}2\leqslant n\leqslant M \\ 1\leqslant k\leqslant d\end{matrix} \tag{10.91}$$

式中,$\delta_{\mathrm{c},k,n}$和$\dot{\delta}_{\mathrm{c},k,n}$分别表示第 k 个校正源信号到达第 n 个观测站与到达第 1 个观测站的距离差和距离差变化率。再分别定义如下观测向量:

$$\boldsymbol{\delta}_{\mathrm{c},k}=[\delta_{\mathrm{c},k,2} \quad \delta_{\mathrm{c},k,3} \quad \cdots \quad \delta_{\mathrm{c},k,M}]^{\mathrm{T}}, \quad \dot{\boldsymbol{\delta}}_{\mathrm{c},k}=[\dot{\delta}_{\mathrm{c},k,2} \quad \dot{\delta}_{\mathrm{c},k,3} \quad \cdots \quad \dot{\delta}_{\mathrm{c},k,M}]^{\mathrm{T}} \tag{10.92}$$

则关于第 k 个校正源的观测向量和观测方程可表示为

$$\boldsymbol{r}_{k0}=[\boldsymbol{\delta}_{\mathrm{c},k}^{\mathrm{T}} \quad \dot{\boldsymbol{\delta}}_{\mathrm{c},k}^{\mathrm{T}}]^{\mathrm{T}}=\boldsymbol{g}(\boldsymbol{s}_k,\boldsymbol{w}) \tag{10.93}$$

而关于全部校正源的观测向量和观测方程可表示为

$$\boldsymbol{r}_0=[\boldsymbol{r}_{10}^{\mathrm{T}} \quad \boldsymbol{r}_{20}^{\mathrm{T}} \quad \cdots \quad \boldsymbol{r}_{d0}^{\mathrm{T}}]^{\mathrm{T}}=[\boldsymbol{g}^{\mathrm{T}}(\boldsymbol{s}_1,\boldsymbol{w}) \quad \boldsymbol{g}^{\mathrm{T}}(\boldsymbol{s}_2,\boldsymbol{w}) \quad \cdots \quad \boldsymbol{g}^{\mathrm{T}}(\boldsymbol{s}_d,\boldsymbol{w})]^{\mathrm{T}}=\bar{\boldsymbol{g}}(\boldsymbol{s},\boldsymbol{w}) \tag{10.94}$$

式中,$\boldsymbol{s}=[\boldsymbol{s}_1^{\mathrm{T}} \quad \boldsymbol{s}_2^{\mathrm{T}} \quad \cdots \quad \boldsymbol{s}_d^{\mathrm{T}}]^{\mathrm{T}}$ 表示由全部校正源位置所构成的列向量。

根据前面的讨论可知,为了利用本章的方法进行目标定位,需要明确观测方程 $\boldsymbol{g}(\boldsymbol{u},\boldsymbol{w})$ 关于向量 $\boldsymbol{u}$ 和 $\boldsymbol{w}$ 的 Jacobi 矩阵 $\boldsymbol{G}_1(\boldsymbol{u},\boldsymbol{w})$和 $\boldsymbol{G}_2(\boldsymbol{u},\boldsymbol{w})$的代数表达式,此外还需要明确观测方程 $\bar{\boldsymbol{g}}(\boldsymbol{s},\boldsymbol{w})$关于向量 $\boldsymbol{w}$ 和 $\boldsymbol{s}$ 的 Jacobi 矩阵 $\bar{\boldsymbol{G}}(\boldsymbol{s},\boldsymbol{w})$和 $\bar{\boldsymbol{J}}(\boldsymbol{s},\boldsymbol{w})$的代数表达式。

首先,根据式(10.88)～式(10.90)可推得

$$\boldsymbol{G}_1(\boldsymbol{u},\boldsymbol{w})=[\boldsymbol{G}_{\delta 1}^{\mathrm{T}}(\boldsymbol{u},\boldsymbol{w}) \quad \boldsymbol{G}_{\dot{\delta} 1}^{\mathrm{T}}(\boldsymbol{u},\boldsymbol{w})]^{\mathrm{T}} \tag{10.95}$$

式中

$$\boldsymbol{G}_{\delta 1}(\boldsymbol{u},\boldsymbol{w})=\frac{\partial \boldsymbol{\delta}}{\partial \boldsymbol{u}^{\mathrm{T}}}=\begin{bmatrix}\dfrac{(\boldsymbol{u}-\boldsymbol{w}_{\mathrm{p},2})^{\mathrm{T}}}{\|\boldsymbol{u}-\boldsymbol{w}_{\mathrm{p},2}\|_2}-\dfrac{(\boldsymbol{u}-\boldsymbol{w}_{\mathrm{p},1})^{\mathrm{T}}}{\|\boldsymbol{u}-\boldsymbol{w}_{\mathrm{p},1}\|_2} \\ \dfrac{(\boldsymbol{u}-\boldsymbol{w}_{\mathrm{p},3})^{\mathrm{T}}}{\|\boldsymbol{u}-\boldsymbol{w}_{\mathrm{p},3}\|_2}-\dfrac{(\boldsymbol{u}-\boldsymbol{w}_{\mathrm{p},1})^{\mathrm{T}}}{\|\boldsymbol{u}-\boldsymbol{w}_{\mathrm{p},1}\|_2} \\ \vdots \\ \dfrac{(\boldsymbol{u}-\boldsymbol{w}_{\mathrm{p},M})^{\mathrm{T}}}{\|\boldsymbol{u}-\boldsymbol{w}_{\mathrm{p},M}\|_2}-\dfrac{(\boldsymbol{u}-\boldsymbol{w}_{\mathrm{p},1})^{\mathrm{T}}}{\|\boldsymbol{u}-\boldsymbol{w}_{\mathrm{p},1}\|_2}\end{bmatrix} \tag{10.96}$$

$$\boldsymbol{G}_{\dot{\delta} 1}(\boldsymbol{u},\boldsymbol{w})=\frac{\partial \dot{\boldsymbol{\delta}}}{\partial \boldsymbol{u}^{\mathrm{T}}}=\begin{bmatrix}\dfrac{\boldsymbol{w}_{\mathrm{v},2}^{\mathrm{T}}}{\|\boldsymbol{u}-\boldsymbol{w}_{\mathrm{p},2}\|_2}\left(\dfrac{(\boldsymbol{u}-\boldsymbol{w}_{\mathrm{p},2})(\boldsymbol{u}-\boldsymbol{w}_{\mathrm{p},2})^{\mathrm{T}}}{\|\boldsymbol{u}-\boldsymbol{w}_{\mathrm{p},2}\|_2^2}-\boldsymbol{I}_3\right)-\dfrac{\boldsymbol{w}_{\mathrm{v},1}^{\mathrm{T}}}{\|\boldsymbol{u}-\boldsymbol{w}_{\mathrm{p},1}\|_2}\left(\dfrac{(\boldsymbol{u}-\boldsymbol{w}_{\mathrm{p},1})(\boldsymbol{u}-\boldsymbol{w}_{\mathrm{p},1})^{\mathrm{T}}}{\|\boldsymbol{u}-\boldsymbol{w}_{\mathrm{p},1}\|_2^2}-\boldsymbol{I}_3\right) \\ \dfrac{\boldsymbol{w}_{\mathrm{v},3}^{\mathrm{T}}}{\|\boldsymbol{u}-\boldsymbol{w}_{\mathrm{p},3}\|_2}\left(\dfrac{(\boldsymbol{u}-\boldsymbol{w}_{\mathrm{p},3})(\boldsymbol{u}-\boldsymbol{w}_{\mathrm{p},3})^{\mathrm{T}}}{\|\boldsymbol{u}-\boldsymbol{w}_{\mathrm{p},3}\|_2^2}-\boldsymbol{I}_3\right)-\dfrac{\boldsymbol{w}_{\mathrm{v},1}^{\mathrm{T}}}{\|\boldsymbol{u}-\boldsymbol{w}_{\mathrm{p},1}\|_2}\left(\dfrac{(\boldsymbol{u}-\boldsymbol{w}_{\mathrm{p},1})(\boldsymbol{u}-\boldsymbol{w}_{\mathrm{p},1})^{\mathrm{T}}}{\|\boldsymbol{u}-\boldsymbol{w}_{\mathrm{p},1}\|_2^2}-I_3\right) \\ \vdots \\ \dfrac{\boldsymbol{w}_{\mathrm{v},M}^{\mathrm{T}}}{\|\boldsymbol{u}-\boldsymbol{w}_{\mathrm{p},M}\|_2}\left(\dfrac{(\boldsymbol{u}-\boldsymbol{w}_{\mathrm{p},M})(\boldsymbol{u}-\boldsymbol{w}_{\mathrm{p},M})^{\mathrm{T}}}{\|\boldsymbol{u}-\boldsymbol{w}_{\mathrm{p},M}\|_2^2}-\boldsymbol{I}_3\right)-\dfrac{\boldsymbol{w}_{\mathrm{v},1}^{\mathrm{T}}}{\|\boldsymbol{u}-\boldsymbol{w}_{\mathrm{p},1}\|_2}\left(\dfrac{(\boldsymbol{u}-\boldsymbol{w}_{\mathrm{p},1})(\boldsymbol{u}-\boldsymbol{w}_{\mathrm{p},1})^{\mathrm{T}}}{\|\boldsymbol{u}-\boldsymbol{w}_{\mathrm{p},1}\|_2^2}-\boldsymbol{I}_3\right)\end{bmatrix} \tag{10.97}$$

然后,根据式(10.88)～式(10.90)还可进一步推得

$$\boldsymbol{G}_2(\boldsymbol{u},\boldsymbol{w})=[\boldsymbol{G}_{\delta 2}^{\mathrm{T}}(\boldsymbol{u},\boldsymbol{w})\quad \boldsymbol{G}_{\dot{\delta} 2}^{\mathrm{T}}(\boldsymbol{u},\boldsymbol{w})]^{\mathrm{T}} \tag{10.98}$$

式中

$$\boldsymbol{G}_{\delta 2}(\boldsymbol{u},\boldsymbol{w})=\left[\frac{\partial \boldsymbol{\delta}}{\partial \boldsymbol{w}_1^{\mathrm{T}}}\quad \frac{\partial \boldsymbol{\delta}}{\partial \boldsymbol{w}_2^{\mathrm{T}}}\quad \cdots\quad \frac{\partial \boldsymbol{\delta}}{\partial \boldsymbol{w}_M^{\mathrm{T}}}\right],\quad \boldsymbol{G}_{\dot{\delta} 2}(\boldsymbol{u},\boldsymbol{w})=\left[\frac{\partial \dot{\boldsymbol{\delta}}}{\partial \boldsymbol{w}_1^{\mathrm{T}}}\quad \frac{\partial \dot{\boldsymbol{\delta}}}{\partial \boldsymbol{w}_2^{\mathrm{T}}}\quad \cdots\quad \frac{\partial \dot{\boldsymbol{\delta}}}{\partial \boldsymbol{w}_M^{\mathrm{T}}}\right] \tag{10.99}$$

其中

$$\frac{\partial \boldsymbol{\delta}}{\partial \boldsymbol{w}_1^{\mathrm{T}}}=\boldsymbol{1}_{(M-1)\times 1}\left[\frac{(\boldsymbol{u}-\boldsymbol{w}_{\mathrm{p},1})^{\mathrm{T}}}{\|\boldsymbol{u}-\boldsymbol{w}_{\mathrm{p},1}\|_2}\quad \boldsymbol{O}_{1\times 3}\right],\quad \frac{\partial \boldsymbol{\delta}}{\partial \boldsymbol{w}_n^{\mathrm{T}}}=\boldsymbol{i}_{M-1}^{(n-1)}\left[\frac{(\boldsymbol{w}_{\mathrm{p},n}-\boldsymbol{u})^{\mathrm{T}}}{\|\boldsymbol{u}-\boldsymbol{w}_{\mathrm{p},n}\|_2}\ \vdots\ \boldsymbol{O}_{1\times 3}\right],\quad 2\leqslant n\leqslant M \tag{10.100}$$

$$\begin{cases}\dfrac{\partial \dot{\boldsymbol{\delta}}}{\partial \boldsymbol{w}_1^{\mathrm{T}}}=\boldsymbol{1}_{(M-1)\times 1}\left[\dfrac{\boldsymbol{w}_{\mathrm{v},1}^{\mathrm{T}}}{\|\boldsymbol{u}-\boldsymbol{w}_{\mathrm{p},1}\|_2}\left(\dfrac{(\boldsymbol{u}-\boldsymbol{w}_{\mathrm{p},1})(\boldsymbol{u}-\boldsymbol{w}_{\mathrm{p},1})^{\mathrm{T}}}{\|\boldsymbol{u}-\boldsymbol{w}_{\mathrm{p},1}\|_2^2}-\boldsymbol{I}_3\right)\ \vdots\ \dfrac{(\boldsymbol{u}-\boldsymbol{w}_{\mathrm{p},1})^{\mathrm{T}}}{\|\boldsymbol{u}-\boldsymbol{w}_{\mathrm{p},1}\|_2}\right] \\ \dfrac{\partial \dot{\boldsymbol{\delta}}}{\partial \boldsymbol{w}_n^{\mathrm{T}}}=\boldsymbol{i}_{M-1}^{(n-1)}\left[\dfrac{\boldsymbol{w}_{\mathrm{v},n}^{\mathrm{T}}}{\|\boldsymbol{u}-\boldsymbol{w}_{\mathrm{p},n}\|_2}\left(\boldsymbol{I}_3-\dfrac{(\boldsymbol{u}-\boldsymbol{w}_{\mathrm{p},n})(\boldsymbol{u}-\boldsymbol{w}_{\mathrm{p},n})^{\mathrm{T}}}{\|\boldsymbol{u}-\boldsymbol{w}_{\mathrm{p},n}\|_2^2}\right)\ \vdots\ \dfrac{(\boldsymbol{w}_{\mathrm{p},n}-\boldsymbol{u})^{\mathrm{T}}}{\|\boldsymbol{u}-\boldsymbol{w}_{\mathrm{p},n}\|_2}\right],\quad 2\leqslant n\leqslant M\end{cases} \tag{10.101}$$

最后，根据式(10.91)～式(10.94)还可推得

$$\begin{cases}\bar{\boldsymbol{G}}(\boldsymbol{s},\boldsymbol{w})=[\boldsymbol{G}_2^{\mathrm{T}}(\boldsymbol{s}_1,\boldsymbol{w})\quad \boldsymbol{G}_2^{\mathrm{T}}(\boldsymbol{s}_2,\boldsymbol{w})\quad \cdots\quad \boldsymbol{G}_2^{\mathrm{T}}(\boldsymbol{s}_d,\boldsymbol{w})]^{\mathrm{T}} \\ \bar{\boldsymbol{J}}(\boldsymbol{s},\boldsymbol{w})=\mathrm{blkdiag}[\boldsymbol{G}_1(\boldsymbol{s}_1,\boldsymbol{w})\quad \boldsymbol{G}_1(\boldsymbol{s}_2,\boldsymbol{w})\quad \cdots\quad \boldsymbol{G}_1(\boldsymbol{s}_d,\boldsymbol{w})]\end{cases} \tag{10.102}$$

式中，$\boldsymbol{G}_1(\boldsymbol{s}_k,\boldsymbol{w})$ 和 $\boldsymbol{G}_2(\boldsymbol{s}_k,\boldsymbol{w})$ 利用校正源位置向量 $\boldsymbol{s}_k$ 替换式(10.95)和式(10.98)中的目标位置向量 $\boldsymbol{u}$。

下面将针对具体的参数给出相应的数值实验结果。

10.4.2　定位算例的数值实验

为了与第 3 章的非线性加权最小二乘定位方法及其克拉美罗界区分开，在下面的数值实验图中将校正源位置误差条件下的非线性加权最小二乘定位方法及其克拉美罗界分别记为“R-Nlwls”和“R-CRB”，而将第 3 章的非线性加权最小二乘定位方法及其克拉美罗界分别记为“Nlwls”和“CRB”。

1. 数值实验 1

假设共有五个运动观测站可以接收到目标源信号并对目标进行定位，第一个观测站为主站，其余观测站均为辅站，相应的三维位置坐标和瞬时速度的数值见表 10.1，其中的测量误差服从独立的零均值高斯分布。目标的三维位置坐标为(7500m，8500m，4500m)，目标源信号 TDOA/FDOA 参数的观测误差服从零均值高斯分布。此外，在目标源附近放置两个校正源，校正源的三维位置坐标分别为(8000m，8200m，4600m)和(7200m，9000m，5000m)，校正源三维位置坐标的测量误差服从独立的零均值高斯分布，校正源信号 TDOA/FDOA 参数的观测误差与目标源信号 TDOA/FDOA 参数的观测误差服从相同的概率分布。下面的数值实验将给出本章的两类校正源位置误差条件下的非线性加权最小二乘定位方法(图中用 R-Nlwls 表示)的参数估计均方根误差，并将其与校正源位置误差条件下的各种克拉美罗界(图中用 R-CRB 表示)进行比较，其目的在于说明这两类定

位方法的参数估计性能。

首先，将观测站位置和速度测量误差标准差分别固定为 $\sigma_{位置}=10\text{m}$ 和 $\sigma_{速度}=0.05\text{m/s}$，将校正源位置测量误差标准差固定为 $\sigma_{校正源位置}=20\text{m}$，而将 TDOA/FDOA 参数的观测误差标准差分别设置为 $\sigma_{距离差}=2\delta_1\text{m}$ 和 $\sigma_{距离差变化率}=0.0002\delta_1\text{m/s}$，这里将 δ_1 称为观测量扰动参数(其数值会从 1 到 20 发生变化)。图 10.1 给出了两类非线性加权最小二乘定位方法的目标位置估计均方根误差随着观测量扰动参数 δ_1 的变化曲线，图 10.2 和图 10.3 分别给出了两类非线性加权最小二乘定位方法的观测站位置和速度估计均方根误差随着观测量扰动参数 δ_1 的变化曲线，图中的观测站位置和速度先验估计均方根误差根据方差矩阵 $\boldsymbol{Q}_2$ 计算获得，图 10.4 给出了两类非线性加权最小二乘定位方法的校正源位置估计均方根误差随着观测量扰动参数 δ_1 的变化曲线，图中的校正源位置先验估计均方根误差根据方差矩阵 $\boldsymbol{Q}_4$ 计算获得(即 $\sqrt{\text{tr}(\boldsymbol{Q}_4)}$)。

然后，将 TDOA/FDOA 参数的观测误差标准差分别固定为 $\sigma_{距离差}=0.1\text{m}$ 和 $\sigma_{距离差变化率}=0.0001\text{m/s}$，将校正源位置测量误差标准差固定为 $\sigma_{校正源位置}=20\text{m}$，而将观测站位置和速度测量误差标准差分别设置为 $\sigma_{位置}=\delta_2\text{m}$ 和 $\sigma_{速度}=0.001\delta_2\text{m/s}$，这里将 δ_2 称为系统参量扰动参数(其数值会从 1 到 20 发生变化)。图 10.5 给出了两类非线性加权最小二乘定位方法的目标位置估计均方根误差随着系统参量扰动参数 δ_2 的变化曲线，图 10.6 和图 10.7 分别给出了两类非线性加权最小二乘定位方法的观测站位置和速度估计均方根误差随着系统参量扰动参数 δ_2 的变化曲线，图中的观测站位置和速度先验估计均方根误差根据方差矩阵 $\boldsymbol{Q}_2$ 计算获得，图 10.8 给出了两类非线性加权最小二乘定位方法的校正源位置估计均方根误差随着系统参量扰动参数 δ_2 的变化曲线，图中的校正源位置先验估计均方根误差根据方差矩阵 $\boldsymbol{Q}_4$ 计算获得(即 $\sqrt{\text{tr}(\boldsymbol{Q}_4)}$)。

最后，将 TDOA/FDOA 参数的观测误差标准差分别固定为 $\sigma_{距离差}=0.1\text{m}$ 和 $\sigma_{距离差变化率}=0.0001\text{m/s}$，将观测站位置和速度测量误差标准差分别固定为 $\sigma_{位置}=10\text{m}$ 和 $\sigma_{速度}=0.01\text{m/s}$，而将校正源位置测量误差标准差设置为 $\sigma_{校正源位置}=2\delta_3\text{m}$，这里将 δ_3 称为校正源位置扰动参数(其数值会从 1 到 20 发生变化)。图 10.9 给出了两类非线性加权最小二乘定位方法的目标位置估计均方根误差随着校正源位置扰动参数 δ_3 的变化曲线，图 10.10 和图 10.11 分别给出了两类非线性加权最小二乘定位方法的观测站位置和速度估计均方根误差随着校正源位置扰动参数 δ_3 的变化曲线，图中的观测站位置和速度先验估计均方根误差根据方差矩阵 $\boldsymbol{Q}_2$ 计算获得，图 10.12 给出了两类非线性加权最小二乘定位方法的校正源位置估计均方根误差随着校正源位置扰动参数 δ_3 的变化曲线，图中的校正源位置先验估计均方根误差根据方差矩阵 $\boldsymbol{Q}_4$ 计算获得(即 $\sqrt{\text{tr}(\boldsymbol{Q}_4)}$)。

表 10.1　观测站三维位置坐标和瞬时速度的数值列表

观测站序号	1	2	3	4	5
$x_{o,m}$/m	2800	−1500	1600	−2200	−2000
$y_{o,m}$/m	2200	−2800	−1600	1800	−2800
$z_{o,m}$/m	800	−650	1180	−850	1450
$\dot{x}_{o,m}$/(m/s)	−20	20	−10	10	−20
$\dot{y}_{o,m}$/(m/s)	30	−30	−30	−30	10
$\dot{z}_{o,m}$/(m/s)	−30	10	20	20	30

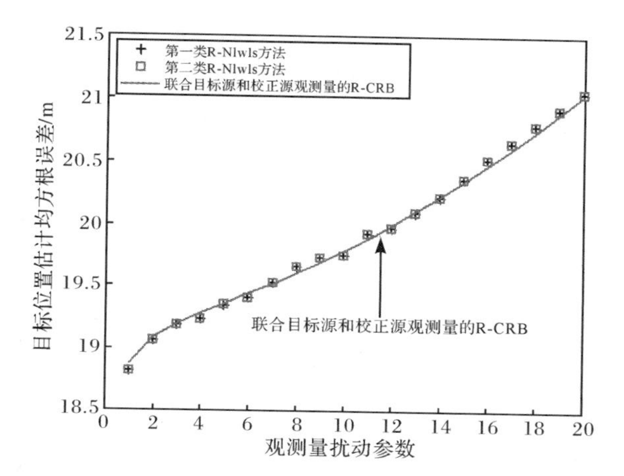

图 10.1　目标位置估计均方根误差随着观测量扰动参数 δ_1 的变化曲线

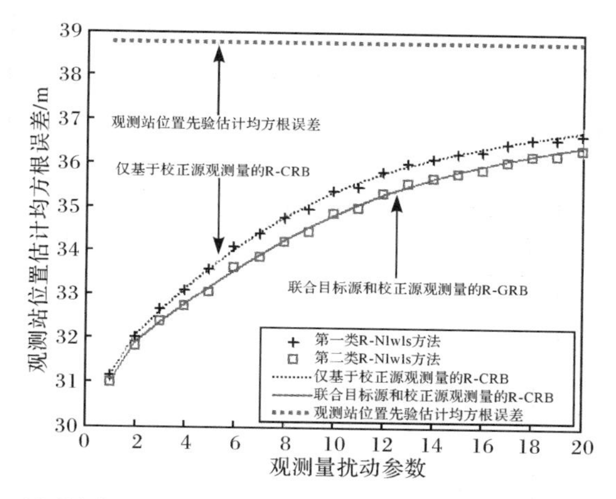

图 10.2　观测站位置估计均方根误差随着观测量扰动参数 δ_1 的变化曲线

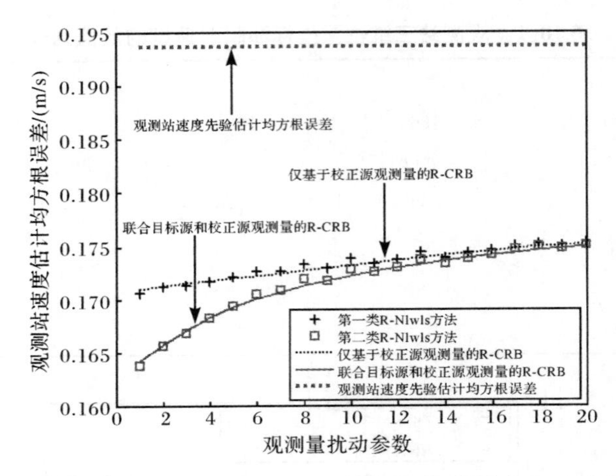

图 10.3　观测站速度估计均方根误差随着观测量扰动参数 δ_1 的变化曲线

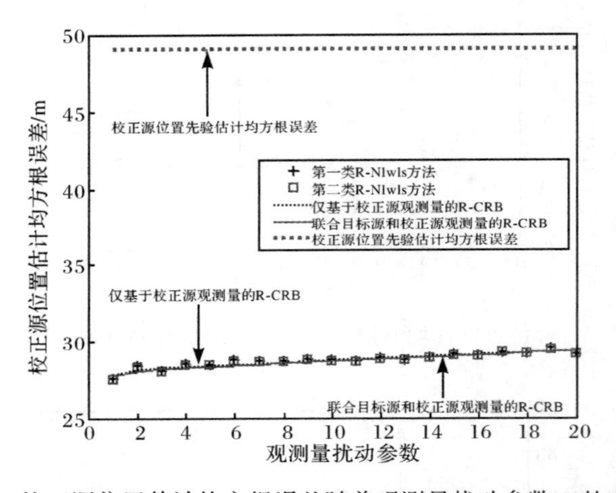

图 10.4　校正源位置估计均方根误差随着观测量扰动参数 δ_1 的变化曲线

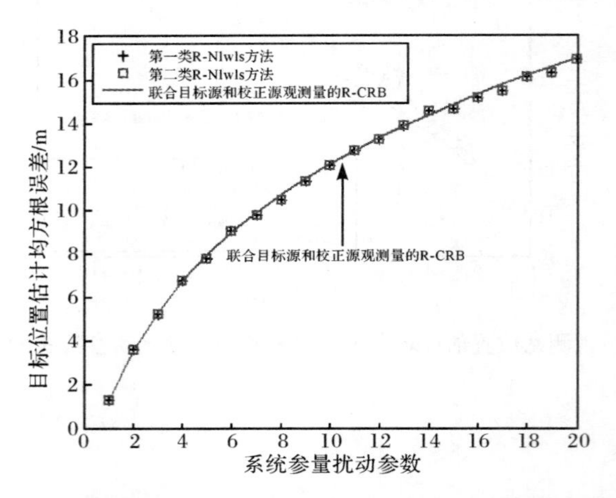

图 10.5　目标位置估计均方根误差随着系统参量扰动参数 δ_2 的变化曲线

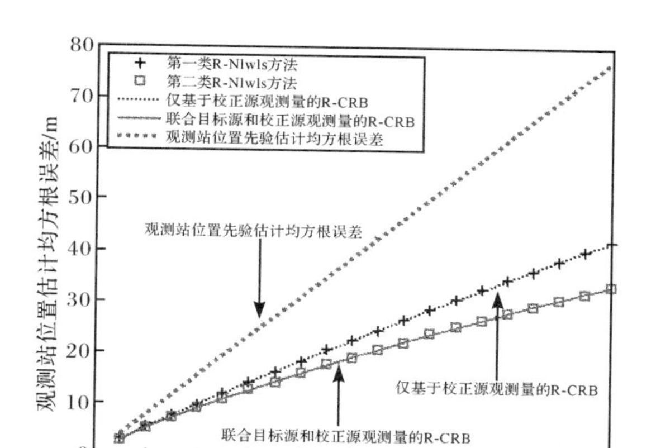

图 10.6　观测站位置估计均方根误差随着系统参量扰动参数 δ_2 的变化曲线

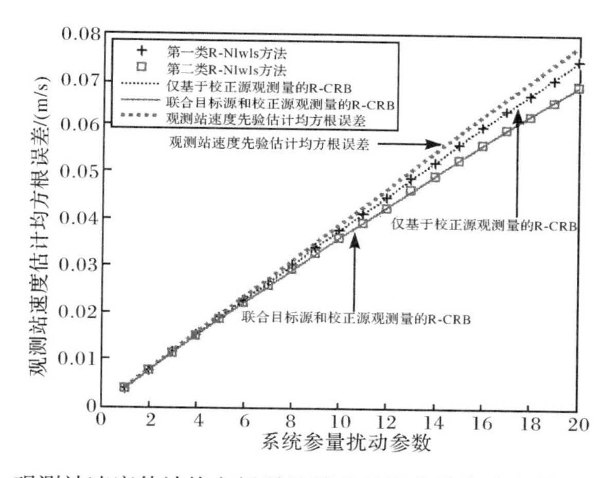

图 10.7　观测站速度估计均方根误差随着系统参量扰动参数 δ_2 的变化曲线

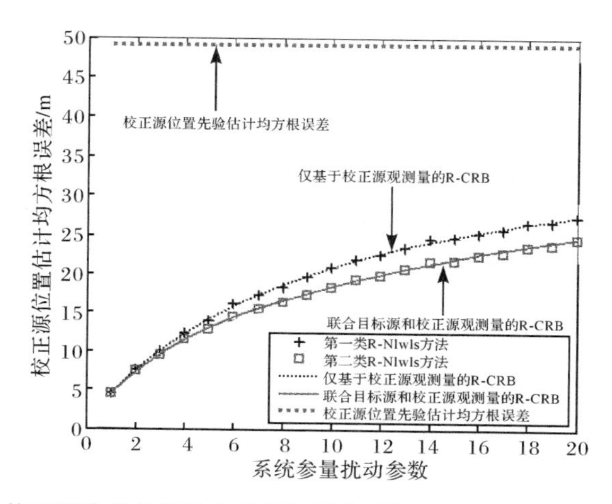

图 10.8　校正源位置估计均方根误差随着系统参量扰动参数 δ_2 的变化曲线

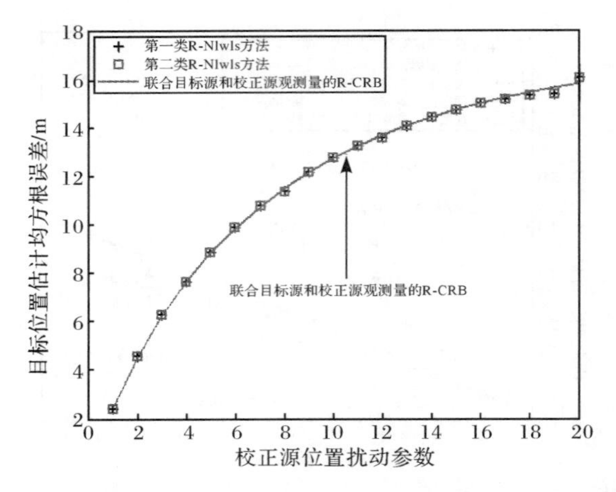

图 10.9 目标位置估计均方根误差随着校正源位置扰动参数 δ_3 的变化曲线

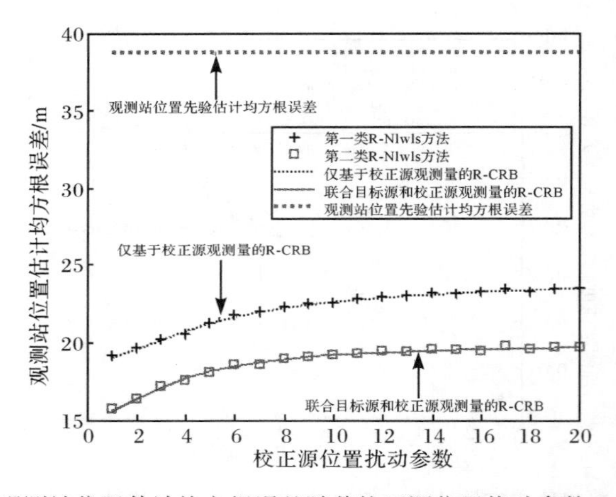

图 10.10 观测站位置估计均方根误差随着校正源位置扰动参数 δ_3 的变化曲线

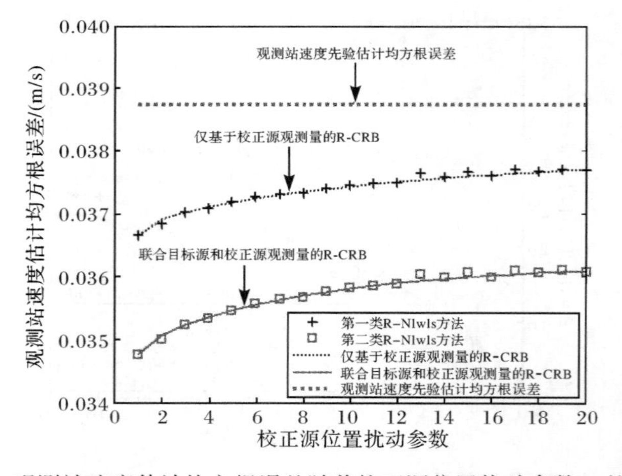

图 10.11 观测站速度估计均方根误差随着校正源位置扰动参数 δ_3 的变化曲线

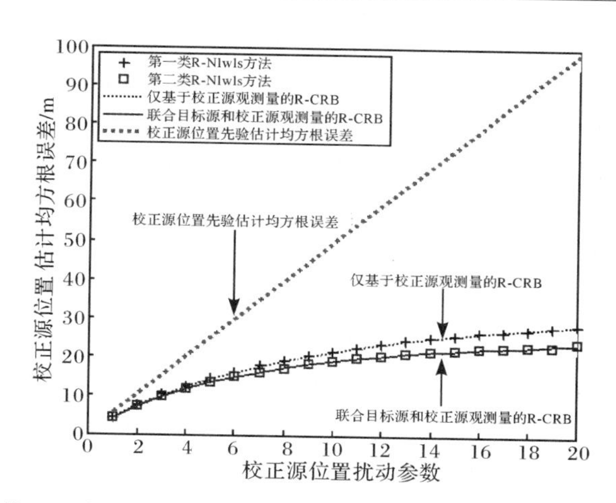

图 10.12　校正源位置估计均方根误差随着校正源位置扰动参数 δ_3 的变化曲线

从图 10.1～图 10.12 可以看出：

(1) 两类非线性加权最小二乘定位方法的目标位置估计均方根误差都可以达到"联合目标源和校正源观测量的克拉美罗界"(由式(10.23)给出)，这说明了本章的两类非线性加权最小二乘定位方法的渐近最优性。

(2) 第一类非线性加权最小二乘定位方法的观测站位置和速度以及校正源位置估计均方根误差可以达到"仅基于校正源观测量的克拉美罗界"(分别由式(10.49)和式(10.50)给出)，这是因为该方法仅在第一步给出观测站位置和速度以及校正源位置的估计值，而第一步中仅仅利用了校正源观测量；第二类非线性加权最小二乘定位方法的观测站位置和速度以及校正源位置估计均方根误差可以达到"联合目标源和校正源观测量的克拉美罗界"(分别由式(10.16)和式(10.17)给出)，因此其估计精度要高于第一类非线性加权最小二乘定位方法。

(3)相比于观测站位置和速度先验测量方差(由方差矩阵 $\boldsymbol{Q}_2$ 计算获得)，两类非线性加权最小二乘定位方法给出的观测站位置和速度估计值均具有更小的方差。

(4)相比于校正源位置先验测量方差(由方差矩阵 $\boldsymbol{Q}_4$ 计算获得)，两类非线性加权最小二乘定位方法给出的校正源位置估计值均具有更小的方差。

2. 数值实验 2

数值实验条件基本不变，仅改变各种误差标准差的数值。下面将给出本章的第二类非线性加权最小二乘定位方法在校正源位置误差条件下的参数估计性能，以及第 3 章的第二类非线性加权最小二乘定位方法在校正源位置无误差条件下的参数估计性能，其目的在于说明校正源位置测量误差的影响。

首先，将观测站位置和速度测量误差标准差分别固定为 $\sigma_{位置}=5\text{m}$ 和 $\sigma_{速度}=0.01\text{m/s}$，将校正源位置测量误差标准差固定为 $\sigma_{校正源位置}=20\text{m}$，而将 TDOA/FDOA 参数的观测误差标准差分别设置为 $\sigma_{距离差}=2\delta_1\text{m}$ 和 $\sigma_{距离差变化率}=0.0002\delta_1\text{m/s}$，这里将 δ_1 称为观测量扰动参数(其数值会从 1 到 20 发生变化)。图 10.13 给出了本章和第 3 章的第二类非线性加权最小二乘定位方法的目标位置估计均方根误差随着观测量扰动参数 δ_1 的变化曲线，图 10.14 和图 10.15 分别给出了本章和第 3 章的第二类非线性加权最小二乘定位方法的观测站位置和速度估计均方根误差随着观测量扰动参数 δ_1 的变化曲线。

然后，将 TDOA/FDOA 参数的观测误差标准差分别固定为 $\sigma_{距离差}=5\text{m}$ 和 $\sigma_{距离差变化率}=0.01\text{m/s}$，将校正源位置测量误差标准差固定为 $\sigma_{校正源位置}=20\text{m}$，而将观测站位置和速度测量误差标准差分别设置为 $\sigma_{位置}=0.4\delta_2\text{m}$ 和 $\sigma_{速度}=0.002\delta_2\text{m/s}$，这里将 δ_2 称为系统参量扰动参数(其数值会从 1 到 20 发生变化)。图 10.16 给出了本章和第 3 章的第二类非线性加权最小二乘定位方法的目标位置估计均方根误差随着系统参量扰动参数 δ_2 的变化曲线，图 10.17 和图 10.18 分别给出了本章和第 3 章的第二类非线性加权最小二乘定位方法的观测站位置和速度估计均方根误差随着系统参量扰动参数 δ_2 的变化曲线。

最后，将 TDOA/FDOA 参数的观测误差标准差分别固定为 $\sigma_{距离差}=0.5\text{m}$ 和 $\sigma_{距离差变化率}=0.01\text{m/s}$，将观测站位置和速度测量误差标准差分别固定为 $\sigma_{位置}=3\text{m}$ 和 $\sigma_{速度}=0.03\text{m/s}$，而将校正源位置测量误差标准差设置为 $\sigma_{校正源位置}=2\delta_3\text{m}$，这里将 δ_3 称为校正源位置扰动参数(其数值会从 1 到 20 发生变化)。图 10.19 给出了本章和第 3 章的第二类非线性加权最小二乘定位方法的目标位置估计均方根误差随着校正源位置扰动参数 δ_3 的变化曲线，图 10.20 和图 10.21 分别给出了本章和第 3 章的第二类非线性加权最小二乘定位方法的观测站位置和速度估计均方根误差随着校正源位置扰动参数 δ_3 的变化曲线。

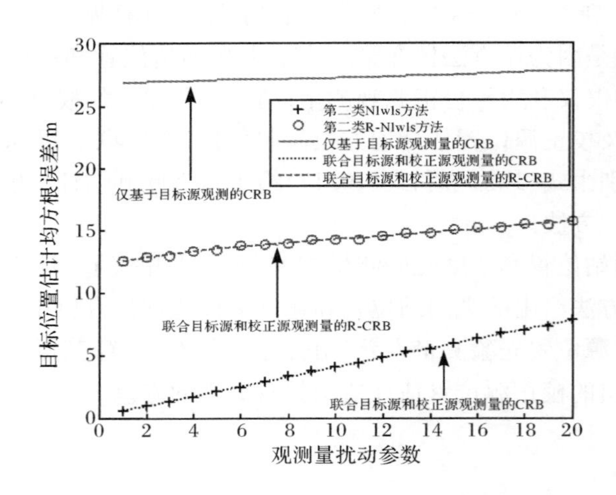

图 10.13 目标位置估计均方根误差随着观测量扰动参数 δ_1 的变化曲线

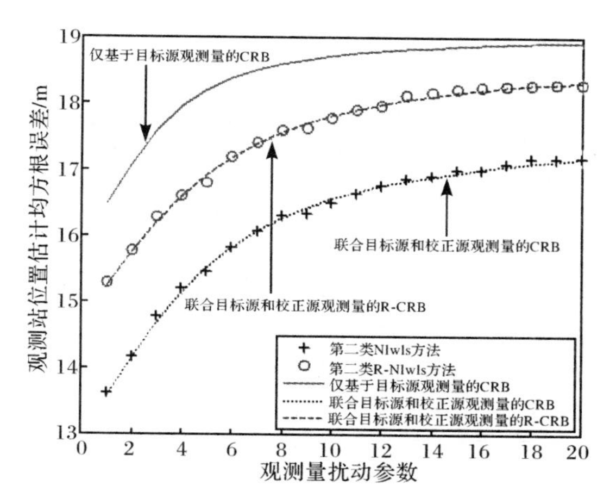

图 10.14　观测站位置估计均方根误差随着观测量扰动参数 δ_1 的变化曲线

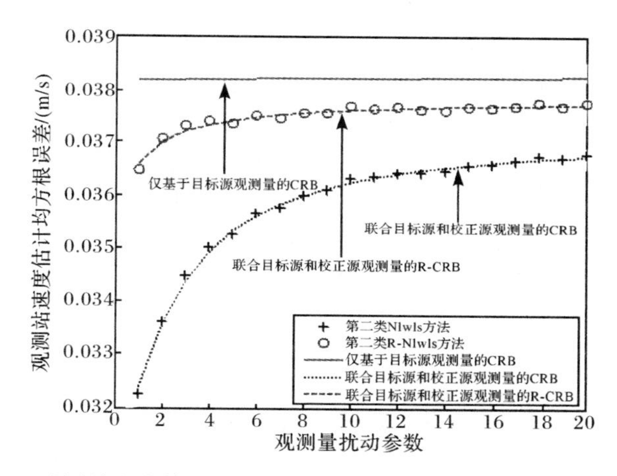

图 10.15　观测站速度估计均方根误差随着观测量扰动参数 δ_1 的变化曲线

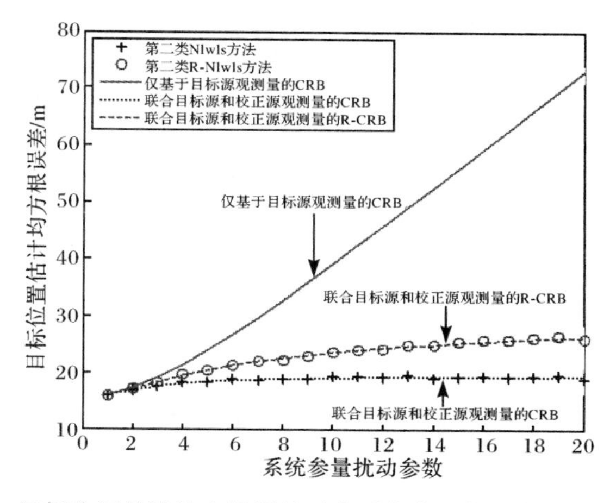

图 10.16　目标位置估计均方根误差随着系统参量扰动参数 δ_2 的变化曲线

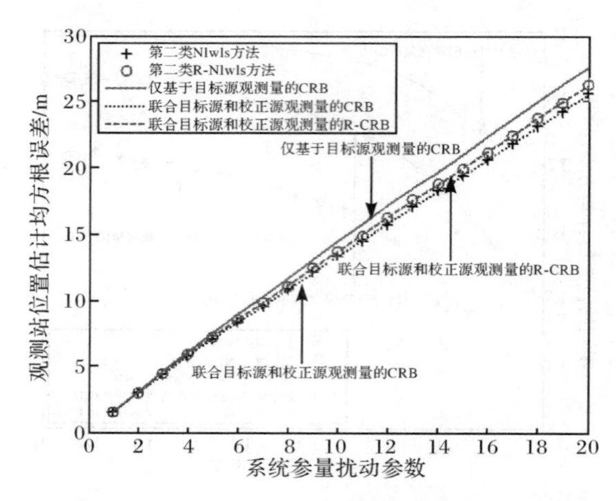

图 10.17　观测站位置估计均方根误差随着系统参量扰动参数 δ_2 的变化曲线

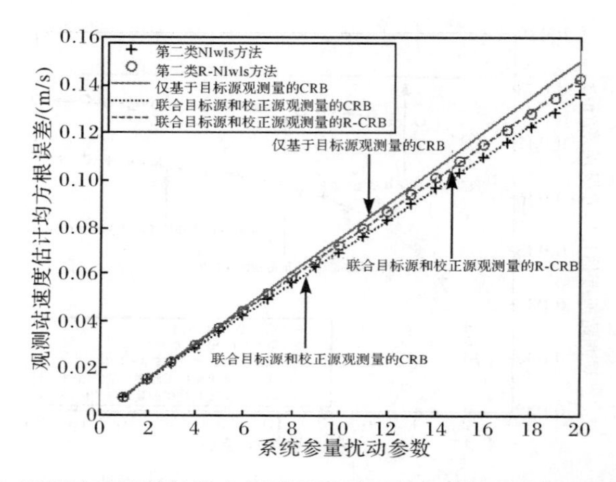

图 10.18　观测站速度估计均方根误差随着系统参量扰动参数 δ_2 的变化曲线

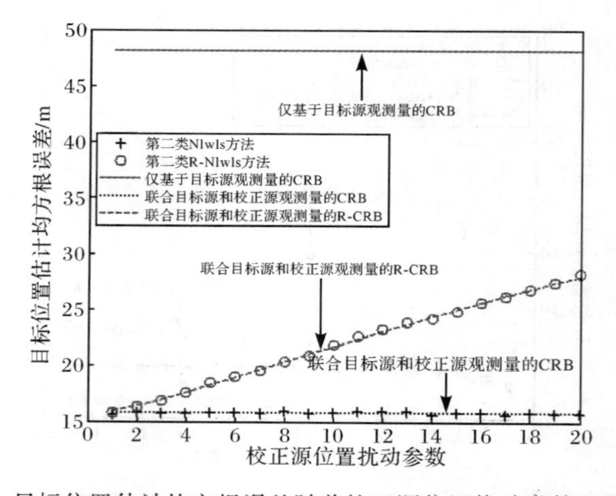

图 10.19　目标位置估计均方根误差随着校正源位置扰动参数 δ_3 的变化曲线

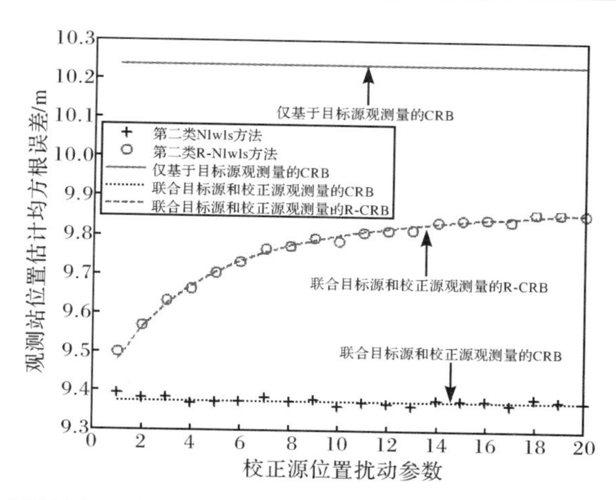

图10.20 观测站位置估计均方根误差随着校正源位置扰动参数 δ_3 的变化曲线

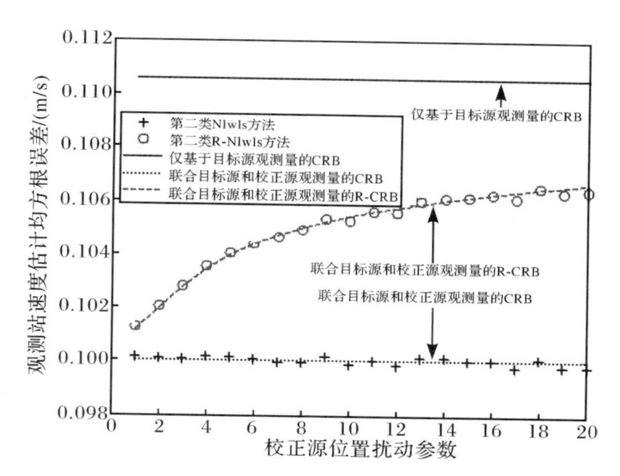

图10.21 观测站速度估计均方根误差随着校正源位置扰动参数 δ_3 的变化曲线

从图10.13～图10.21可以看出：

(1) 校正源位置测量误差会影响参数估计性能，相比于校正源位置精确已知条件下的结果，无论目标位置估计误差还是观测站位置和速度估计误差都会有所增加。

(2) 相比于仅基于目标源观测量条件下的结果(图中给出了其所对应的克拉美罗界)，即便是校正源位置存在测量误差，但只要合理利用校正源观测量仍然可以提高参数估计精度。

(3) 无论校正源位置是否存在测量误差，两种第二类非线性加权最小二乘定位方法的参数估计均方根误差都可以达到其所对应的克拉美罗界(分别由式(3.34)和式(10.23)给出)，从而再次说明了其渐近最优性。

3. 数值实验3

数值实验条件基本不变，仅改变校正源的个数及其三维位置坐标，并且考虑以下三种情形：①设置三个校正源，每个校正源的三维位置坐标分别为(8000m，8200m，4600m)，

(7200m,9000m,5000m)和(8500m,9500m,5500m);②设置两个校正源,每个校正源的三维位置坐标分别为(8000m,8200m,4600m)和(7200m,9000m,5000m);③仅设置一个校正源,该校正源的三维位置坐标为(8000m,8200m,4600m)。下面的实验将在上述三种情形下给出第二类非线性加权最小二乘定位方法的参数估计性能,其目的在于说明校正源个数对于参数估计精度的影响。

首先,将观测站位置和速度测量误差标准差分别固定为$\sigma_{位置}=10$m 和$\sigma_{速度}=0.02$m/s,将校正源位置测量误差标准差固定为$\sigma_{校正源位置}=20$m,而将 TDOA/FDOA 参数的观测误差标准差分别设置为$\sigma_{距离差}=\delta_1$m 和$\sigma_{距离差变化率}=0.0001\delta_1$m/s,这里将$\delta_1$称为观测量扰动参数(其数值会从 1 到 20 发生变化)。图 10.22 给出了第二类非线性加权最小二乘定位方法的目标位置估计均方根误差随着观测量扰动参数δ_1的变化曲线,图 10.23 和图 10.24 分别给出了第二类非线性加权最小二乘定位方法的观测站位置和速度估计均方根误差随着观测量扰动参数δ_1的变化曲线。

然后,将 TDOA/FDOA 参数的观测误差标准差分别固定为$\sigma_{距离差}=1$m 和$\sigma_{距离差变化率}=0.001$m/s,将校正源位置测量误差标准差固定为$\sigma_{校正源位置}=20$m,而将观测站位置和速度测量误差标准差分别设置为$\sigma_{位置}=\delta_2$m 和$\sigma_{速度}=0.02\delta_2$m/s,这里将δ_2称为系统参量扰动参数(其数值会从 1 到 20 发生变化)。图 10.25 给出了第二类非线性加权最小二乘定位方法的目标位置估计均方根误差随着系统参量扰动参数δ_2的变化曲线,图 10.26 和图 10.27 分别给出了第二类非线性加权最小二乘定位方法的观测站位置和速度估计均方根误差随着系统参量扰动参数δ_2的变化曲线。

最后,将 TDOA/FDOA 参数的观测误差标准差分别固定为$\sigma_{距离差}=1$m 和$\sigma_{距离差变化率}=0.001$m/s,将观测站位置和速度测量误差标准差分别固定为$\sigma_{位置}=5$m 和$\sigma_{速度}=0.05$m/s,而将校正源位置测量误差标准差设置为$\sigma_{校正源位置}=\delta_3$m,这里将δ_3称为校正源位置扰动参数(其数值会从 1 到 20 发生变化)。图 10.28 给出了第二类非线性加权最小二乘定位方法的目标位置估计均方根误差随着校正源位置扰动参数δ_3的变化曲线,图 10.29和图 10.30 分别给出了第二类非线性加权最小二乘定位方法的观测站位置和速度估计均方根误差随着校正源位置扰动参数δ_3的变化曲线。

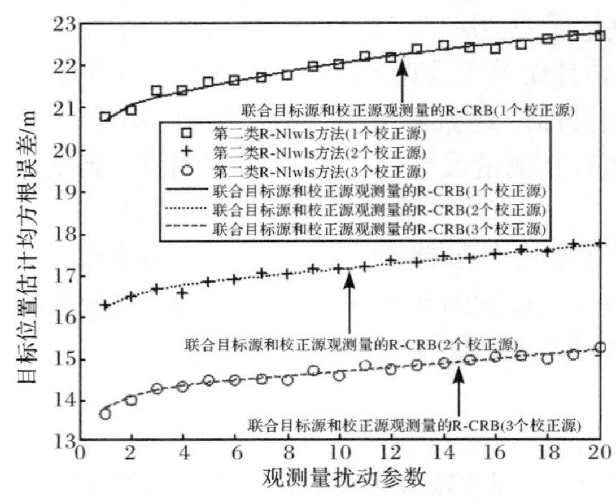

图 10.22 目标位置估计均方根误差随着观测量扰动参数δ_1的变化曲线

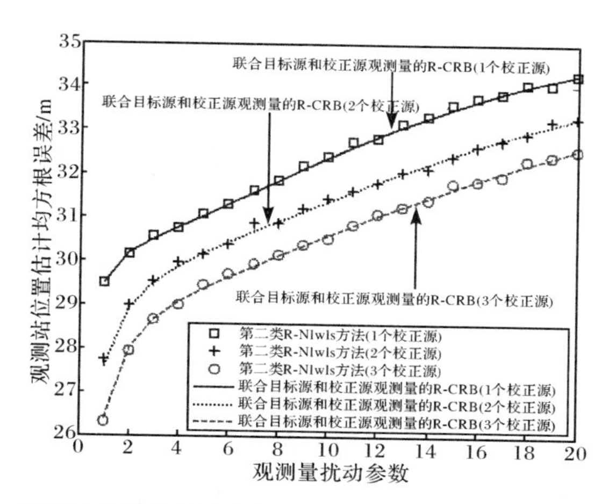

图 10.23　观测站位置估计均方根误差随着观测量扰动参数 δ_1 的变化曲线

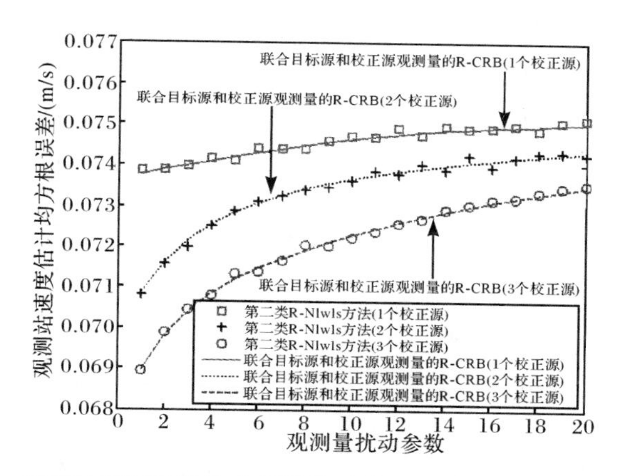

图 10.24　观测站速度估计均方根误差随着观测量扰动参数 δ_1 的变化曲线

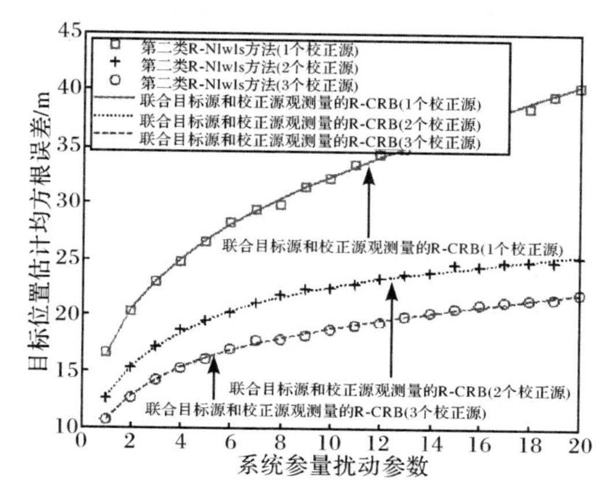

图 10.25　目标位置估计均方根误差随着系统参量扰动参数 δ_2 的变化曲线

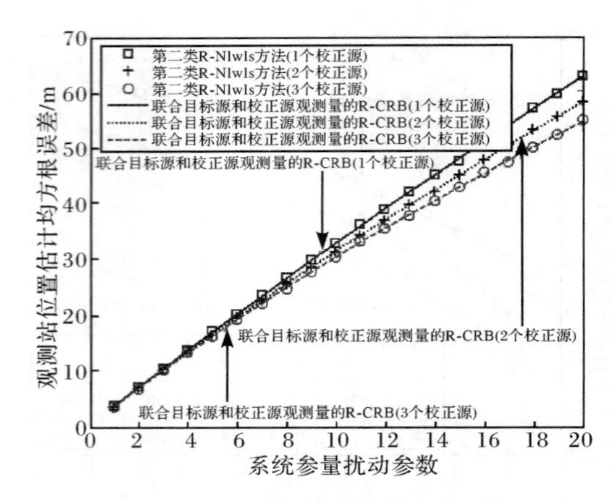

图 10.26　观测站位置估计均方根误差随着系统参量扰动参数 δ_2 的变化曲线

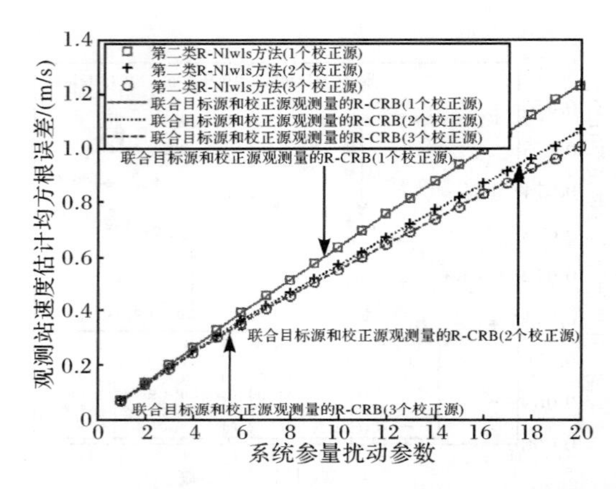

图 10.27　观测站速度估计均方根误差随着系统参量扰动参数 δ_2 的变化曲线

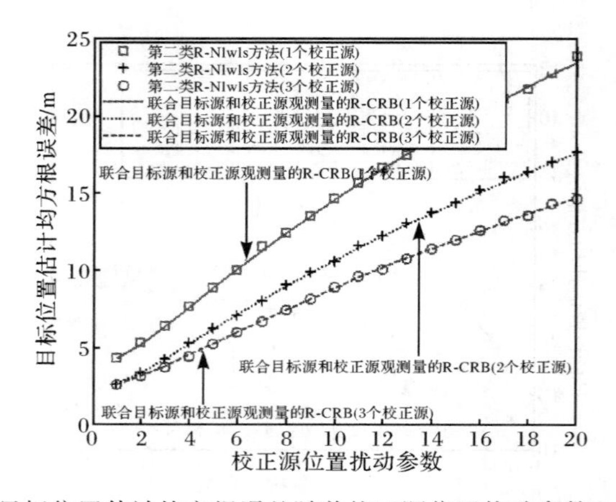

图 10.28　目标位置估计均方根误差随着校正源位置扰动参数 δ_3 的变化曲线

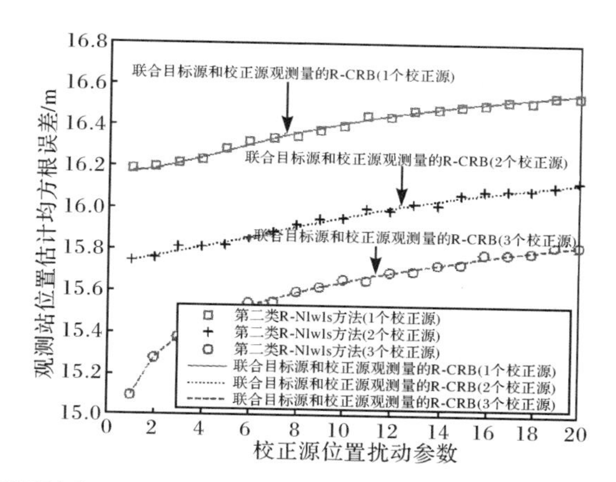

图 10.29　观测站位置估计均方根误差随着校正源位置扰动参数 δ_3 的变化曲线

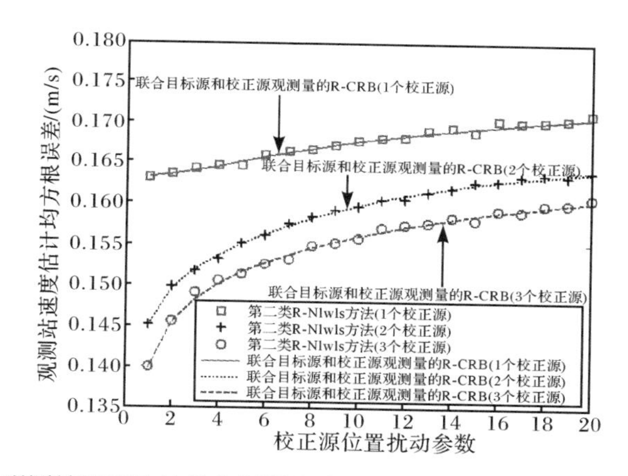

图 10.30　观测站速度估计均方根误差随着校正源位置扰动参数 δ_3 的变化曲线

从图 10.22～图 10.30 可以看出：

(1) 随着校正源个数的增加，无论目标位置还是观测站位置的估计精度都能够得到一定程度的提高。

(2) 第二类非线性加权最小二乘定位方法的目标位置以及观测站位置和速度估计均方根误差都可以达到“联合目标源和校正源观测量的克拉美罗界”(分别由式(10.16)和式(10.23)给出)，从而再次说明了其渐近最优性。

参考文献

[1] Yang L, Ho K C. On using multiple calibration emitters and their geometric effects for removing sensor position errors in TDOA localization[C]//Proceedings of the IEEE International Conference on Acoustics, Speech and Signal Processing, 2010: 14-19.

[2] Yang L, Ho K C. Alleviating sensor position error in source localization using calibration emitters at inaccurate locations[J]. IEEE Transactions on Signal Processing, 2010, 58(1): 67-83.

[3] Wang D, Ke K, Zhang X Y, et al. Robust calibration algorithm for multiplicative modeling errors against location deviations of auxiliary sources[J]. Circuits Systems and Signal Processing, 2014, 33(8): 2495-2519.
[4] 张杰,蒋建中,郭军利. 校正源状态扰动下 Taylor 级数迭代定位方法[J]. 应用科学学报,2015, 33(3):274-289.
[5] Zhang L, Wang D, Yu H Y. A ML method for TDOA and FDOA localization in the presence of receiver and calibration source location errors[C]//Proceedings of the IEEE International Conference on Information and Communications Technologies, 2014: 1-5.
[6] Kay S M. 统计信号处理基础——估计与检测理论[M]. 罗鹏飞,张文明,刘忠,译. 北京:电子工业出版社,2006.

第 11 章 校正源条件下广义最小二乘定位方法之推广 IV：多目标同时存在且校正源位置向量存在测量误差

第 8 章讨论了多目标同时存在条件下的(广义)最小二乘定位方法，其中的结论表明，当系统参量存在测量误差时，将多目标联合定位能够比多目标独立定位获得更高的定位精度。第 10 章讨论了校正源位置向量存在测量误差条件下的(广义)最小二乘定位方法，其中的结论表明，校正源位置向量的测量误差会降低定位精度，但相比于没有校正源的情形，合理利用校正源观测量仍然能够提高定位精度。

本章则在多目标同时存在并且校正源位置向量存在测量误差的条件下研究(广义)最小二乘定位方法。需要指出的是，本书前面几章所介绍的各类(广义)最小二乘定位方法都可以推广应用于该场景中，但限于篇幅，本章仅以第 7 章结构总体最小二乘(structured total least square，Stls)定位方法为例进行讨论。本章首先在多目标同时存在并且校正源位置向量存在测量误差的条件下，推导了目标位置向量，系统参量和校正源位置向量联合估计方差的克拉美罗界；然后设计出两类考虑校正源位置误差，并且能够有效利用校正源观测量的结构总体最小二乘(多)目标联合定位方法，并定量推导这两类定位方法的参数估计性能，从数学上证明它们的(多)目标位置估计方差都可以达到相应的克拉美罗界(在门限效应发生前)；最后还设计出一种无源定位算例，用以验证本章定位方法及其理论分析的有效性。

11.1 多目标同时存在且校正源位置向量存在测量误差时的非线性观测模型及其参数估计方差的克拉美罗界

11.1.1 非线性观测模型

考虑无源定位中的数学模型，现有 h 个目标需要定位，其中第 k 个待定位目标的真实位置向量为 $\boldsymbol{u}_k$，假设通过某些观测方式可以获得关于目标位置向量的空域、时域、频域或者能量域观测量(如第 1 章描述的各类定位观测量)，则不妨建立如下统一的(非线性)代数观测模型：

$$\boldsymbol{z}_k=\boldsymbol{z}_{k0}+\boldsymbol{n}_k=\boldsymbol{g}(\boldsymbol{u}_k,\boldsymbol{w})+\boldsymbol{n}_k,\quad 1\leqslant k\leqslant h \tag{11.1}$$

式中，

(1) $\boldsymbol{z}_k\in\mathbf{R}^{p\times 1}$ 表示实际中获得的关于第 k 个目标源的观测向量；

(2) $\boldsymbol{u}_k\in\mathbf{R}^{q\times 1}$($q\leqslant p$)表示待估计的第 k 个目标的位置向量($q\leqslant p$ 是为了保证问题的可解性)；

(3) $\boldsymbol{w}\in\mathbf{R}^{l\times 1}$表示观测方程中的系统参量，本书主要指观测站的位置和速度参数；

(4) $\boldsymbol{z}_{k0}=\boldsymbol{g}(\boldsymbol{u}_k,\boldsymbol{w})$表示没有误差条件下（即理想条件下）关于第$k$个目标源的观测向量，其中$\boldsymbol{g}(\cdot,\cdot)$泛指连续可导的非线性观测函数，同时它是关于目标位置向量$\boldsymbol{u}_k$和系统参量$\boldsymbol{w}$的函数，由于这里并不限制特定的定位观测量，因此用统一的函数形式来表征；

(5) $\boldsymbol{n}_k\in\mathbf{R}^{p\times 1}$表示关于第$k$个目标源的观测误差，本书假设它服从零均值高斯分布，并且其方差矩阵等于$\boldsymbol{Q}_{1k}=E[\boldsymbol{n}_k\boldsymbol{n}_k^{\mathrm{T}}]$。

为了便于后续定位方法的推导和理论分析，这里需要将关于每个目标源的向量合并成更高维度的向量，如式(11.2)所示：

$$\begin{cases}\tilde{\boldsymbol{z}}=[\boldsymbol{z}_1^{\mathrm{T}}\quad\boldsymbol{z}_2^{\mathrm{T}}\quad\cdots\quad\boldsymbol{z}_h^{\mathrm{T}}]^{\mathrm{T}}\in\mathbf{R}^{ph\times 1},\quad\tilde{\boldsymbol{z}}_0=[\boldsymbol{z}_{10}^{\mathrm{T}}\quad\boldsymbol{z}_{20}^{\mathrm{T}}\quad\cdots\quad\boldsymbol{z}_{h0}^{\mathrm{T}}]^{\mathrm{T}}\in\mathbf{R}^{ph\times 1}\\ \tilde{\boldsymbol{n}}=[\boldsymbol{n}_1^{\mathrm{T}}\quad\boldsymbol{n}_2^{\mathrm{T}}\quad\cdots\quad\boldsymbol{n}_h^{\mathrm{T}}]^{\mathrm{T}}\in\mathbf{R}^{ph\times 1},\quad\tilde{\boldsymbol{u}}=[\boldsymbol{u}_1^{\mathrm{T}}\quad\boldsymbol{u}_2^{\mathrm{T}}\quad\cdots\quad\boldsymbol{u}_h^{\mathrm{T}}]^{\mathrm{T}}\in\mathbf{R}^{qh\times 1}\\ \tilde{\boldsymbol{g}}(\tilde{\boldsymbol{u}},\boldsymbol{w})=[\boldsymbol{g}^{\mathrm{T}}(\boldsymbol{u}_1,\boldsymbol{w})\quad\boldsymbol{g}^{\mathrm{T}}(\boldsymbol{u}_2,\boldsymbol{w})\quad\cdots\quad\boldsymbol{g}^{\mathrm{T}}(\boldsymbol{u}_h,\boldsymbol{w})]^{\mathrm{T}}\in\mathbf{R}^{ph\times 1}\end{cases}\tag{11.2}$$

结合式(11.1)和式(11.2)可得如下等式：

$$\tilde{\boldsymbol{z}}=\tilde{\boldsymbol{z}}_0+\tilde{\boldsymbol{n}}=\tilde{\boldsymbol{g}}(\tilde{\boldsymbol{u}},\boldsymbol{w})+\tilde{\boldsymbol{n}}\tag{11.3}$$

式中，误差向量$\tilde{\boldsymbol{n}}$服从零均值高斯分布，并且其方差矩阵等于$\tilde{\boldsymbol{Q}}_1=E[\tilde{\boldsymbol{n}}\tilde{\boldsymbol{n}}^{\mathrm{T}}]$，若假设$h$个误差向量$\{\boldsymbol{n}_k\}_{1\leqslant k\leqslant h}$相互间统计独立，则有$\tilde{\boldsymbol{Q}}_1=\mathrm{blkdiag}[\boldsymbol{Q}_{11}\quad\boldsymbol{Q}_{12}\quad\cdots\quad\boldsymbol{Q}_{1h}]$。

在很多情况下，系统参量$\boldsymbol{w}$也通过测量获得，其中难免会受到测量误差的影响，本书称其为系统误差，并特指因观测站位置和速度扰动所产生的误差。若假设其测量向量为$\boldsymbol{v}$，并且该测量值在目标定位之前已经事先获得，则有

$$\boldsymbol{v}=\boldsymbol{w}+\boldsymbol{m}\tag{11.4}$$

式中，$\boldsymbol{m}\in\mathbf{R}^{l\times 1}$表示系统参量的测量误差，本书假设它服从零均值高斯分布，其方差矩阵等于$\boldsymbol{Q}_2=E[\boldsymbol{m}\boldsymbol{m}^{\mathrm{T}}]$，并且与误差向量$\tilde{\boldsymbol{n}}$相互间统计独立。

在实际目标定位过程中，系统参量的测量误差对于定位精度的影响是较大的，为了消除系统误差的影响，可以在目标源周边放置若干校正源，并且校正源的位置能够精确获得。假设校正源的个数为d，其中第k个校正源的真实位置向量为$\boldsymbol{s}_k(1\leqslant k\leqslant d)$。与针对目标源的处理方式类似，实际中同样可以获得关于校正源的空域、时域、频域或者能量域观测量（如第1章描述的各类定位观测量），从而建立反映校正源位置向量和系统参量之间的代数观测方程。类似于式(11.1)，关于第k个校正源的统一（非线性）代数观测模型可表示为

$$\boldsymbol{r}_k=\boldsymbol{r}_{k0}+\boldsymbol{e}_k=\boldsymbol{g}(\boldsymbol{s}_k,\boldsymbol{w})+\boldsymbol{e}_k,\quad 1\leqslant k\leqslant d\tag{11.5}$$

式中，

(1) $\boldsymbol{r}_k\in\mathbf{R}^{p\times 1}$表示实际中获得的关于第$k$个校正源的观测向量；

(2) $\boldsymbol{s}_k\in\mathbf{R}^{q\times 1}(q\leqslant p)$表示第$k$个校正源的目标位置向量（这里假设其精确已知）；

(3) $\boldsymbol{r}_{k0}=\boldsymbol{g}(\boldsymbol{s}_k,\boldsymbol{w})$表示没有误差条件下（即理想条件下）的观测向量，其中$\boldsymbol{g}(\cdot,\cdot)$泛指连续可导的非线性观测函数，同时它是关于校正源位置向量$\boldsymbol{s}_k$和系统参量$\boldsymbol{w}$的函数，由于这里并不限制特定的定位观测量，因此用统一的函数形式来表征；

(4) $\boldsymbol{e}_k\in\mathbf{R}^{p\times 1}$表示关于第$k$个校正源的观测误差。

为了便于后续定位方法的推导和理论分析，这里需要将关于每个校正源的向量合并

成更高维度的向量，如式(11.6)所示：

$$\begin{cases} \boldsymbol{r}=[\boldsymbol{r}_1^{\mathrm{T}} \quad \boldsymbol{r}_2^{\mathrm{T}} \quad \cdots \quad \boldsymbol{r}_d^{\mathrm{T}}]^{\mathrm{T}} \in \mathbf{R}^{pd \times 1}, \quad \boldsymbol{r}_0=[\boldsymbol{r}_{10}^{\mathrm{T}} \quad \boldsymbol{r}_{20}^{\mathrm{T}} \quad \cdots \quad \boldsymbol{r}_{d0}^{\mathrm{T}}]^{\mathrm{T}} \in \mathbf{R}^{pd \times 1} \\ \boldsymbol{e}=[\boldsymbol{e}_1^{\mathrm{T}} \quad \boldsymbol{e}_2^{\mathrm{T}} \quad \cdots \quad \boldsymbol{e}_d^{\mathrm{T}}]^{\mathrm{T}} \in \mathbf{R}^{pd \times 1}, \quad \boldsymbol{s}=[\boldsymbol{s}_1^{\mathrm{T}} \quad \boldsymbol{s}_2^{\mathrm{T}} \quad \cdots \quad \boldsymbol{s}_d^{\mathrm{T}}]^{\mathrm{T}} \in \mathbf{R}^{qd \times 1} \\ \bar{\boldsymbol{g}}(\boldsymbol{s},\boldsymbol{w})=[\boldsymbol{g}^{\mathrm{T}}(\boldsymbol{s}_1,\boldsymbol{w}) \quad \boldsymbol{g}^{\mathrm{T}}(\boldsymbol{s}_2,\boldsymbol{w}) \quad \cdots \quad \boldsymbol{g}^{\mathrm{T}}(\boldsymbol{s}_d,\boldsymbol{w})]^{\mathrm{T}} \in \mathbf{R}^{pd \times 1} \end{cases} \tag{11.6}$$

结合式(11.5)和式(11.6)可得如下等式：

$$\boldsymbol{r}=\boldsymbol{r}_0+\boldsymbol{e}=\bar{\boldsymbol{g}}(\boldsymbol{s},\boldsymbol{w})+\boldsymbol{e} \tag{11.7}$$

式中，误差向量 $\boldsymbol{e}$ 服从零均值高斯分布，其方差矩阵等于 $\boldsymbol{Q}_3=E[\boldsymbol{e}\boldsymbol{e}^{\mathrm{T}}]$，并且与误差向量 $\tilde{\boldsymbol{n}}$ 和 $\boldsymbol{m}$ 相互间统计独立。

在很多情况下，校正源位置向量 $\boldsymbol{s}$ 也通过测量获得，其中难免会受到测量误差的影响。若假设其测量向量为 $\boldsymbol{\tau}$，并且该测量值在目标定位之前已经事先获得，则有

$$\boldsymbol{\tau}=\boldsymbol{s}+\boldsymbol{\kappa} \tag{11.8}$$

式中，$\boldsymbol{\kappa} \in \mathbf{R}^{qd \times 1}$ 表示校正源位置向量测量误差，本书假设它服从零均值高斯分布，其方差矩阵等于 $\boldsymbol{Q}_4=E[\boldsymbol{\kappa}\boldsymbol{\kappa}^{\mathrm{T}}]$，并且与误差向量 $\tilde{\boldsymbol{n}}$，$\boldsymbol{m}$ 和 $\boldsymbol{e}$ 相互间统计独立。

综合上述分析可知，在校正源存在条件下，当多目标同时存在并且校正源位置向量存在测量误差时，用于目标定位的观测模型可联立表示为

$$\begin{cases} \tilde{\boldsymbol{z}}=\tilde{\boldsymbol{g}}(\tilde{\boldsymbol{u}},\boldsymbol{w})+\tilde{\boldsymbol{n}} \\ \boldsymbol{v}=\boldsymbol{w}+\boldsymbol{m} \\ \boldsymbol{r}=\bar{\boldsymbol{g}}(\boldsymbol{s},\boldsymbol{w})+\boldsymbol{e} \\ \boldsymbol{\tau}=\boldsymbol{s}+\boldsymbol{\kappa} \end{cases} \tag{11.9}$$

下面将基于上述观测模型和统计假设推导未知参数估计方差的克拉美罗界。

11.1.2　参数估计方差的克拉美罗界

这里将联合目标源和校正源观测量推导(多)目标位置向量 $\tilde{\boldsymbol{u}}$，系统参量 $\boldsymbol{w}$ 和校正源位置向量 $\boldsymbol{s}$ 联合估计方差的克拉美罗界。

另外，为了说明将多目标联合定位能够带来性能增益，下面分别给出多目标独立定位和多目标联合定位的参数估计方差的克拉美罗界，并将两者进行定量比较。为了便于区分，多目标独立定位的克拉美罗界符号中增加上标“(ri)”，而多目标联合定位的克拉美罗界符号中增加上标“(rj)”。

当多目标独立定位时，根据命题 10.1 可以直接得到如下命题。

命题 11.1　若多目标独立定位，基于观测模型式(11.1)、式(11.4)、式(11.7)和式(11.8)，未知参量 $\boldsymbol{u}_k$，$\boldsymbol{w}$ 和 $\boldsymbol{s}$ 联合估计方差的克拉美罗界矩阵可表示为

$$\mathbf{CRB}^{(\mathrm{ri})}\left(\begin{bmatrix}\boldsymbol{u}_k \\ \boldsymbol{w} \\ \boldsymbol{s}\end{bmatrix}\right)=\begin{bmatrix} \boldsymbol{G}_1^{\mathrm{T}}(\boldsymbol{u}_k,\boldsymbol{w})\boldsymbol{Q}_{1k}^{-1}\boldsymbol{G}_1(\boldsymbol{u}_k,\boldsymbol{w}) & \boldsymbol{G}_1^{\mathrm{T}}(\boldsymbol{u}_k,\boldsymbol{w})\boldsymbol{Q}_{1k}^{-1}\boldsymbol{G}_2(\boldsymbol{u}_k,\boldsymbol{w}) & \boldsymbol{O}_{q \times qd} \\ \boldsymbol{G}_2^{\mathrm{T}}(\boldsymbol{u}_k,\boldsymbol{w})\boldsymbol{Q}_{1k}^{-1}\boldsymbol{G}_1(\boldsymbol{u}_k,\boldsymbol{w}) & \begin{matrix}\boldsymbol{G}_2^{\mathrm{T}}(\boldsymbol{u}_k,\boldsymbol{w})\boldsymbol{Q}_{1k}^{-1}\boldsymbol{G}_2(\boldsymbol{u}_k,\boldsymbol{w})+\boldsymbol{Q}_2^{-1} \\ +\bar{\boldsymbol{G}}^{\mathrm{T}}(\boldsymbol{s},\boldsymbol{w})\boldsymbol{Q}_3^{-1}\bar{\boldsymbol{G}}(\boldsymbol{s},\boldsymbol{w})\end{matrix} & \bar{\boldsymbol{G}}^{\mathrm{T}}(\boldsymbol{s},\boldsymbol{w})\boldsymbol{Q}_3^{-1}\bar{\boldsymbol{J}}(\boldsymbol{s},\boldsymbol{w}) \\ \boldsymbol{O}_{qd \times q} & \bar{\boldsymbol{J}}^{\mathrm{T}}(\boldsymbol{s},\boldsymbol{w})\boldsymbol{Q}_3^{-1}\bar{\boldsymbol{G}}(\boldsymbol{s},\boldsymbol{w}) & \bar{\boldsymbol{J}}^{\mathrm{T}}(\boldsymbol{s},\boldsymbol{w})\boldsymbol{Q}_3^{-1}\bar{\boldsymbol{J}}(\boldsymbol{s},\boldsymbol{w})+\boldsymbol{Q}_4^{-1} \end{bmatrix}^{-1}, \quad 1 \leqslant k \leqslant h \tag{11.10}$$

式中，$\boldsymbol{G}_1(\boldsymbol{u}_k,\boldsymbol{w})=\dfrac{\partial \boldsymbol{g}(\boldsymbol{u}_k,\boldsymbol{w})}{\partial \boldsymbol{u}_k^{\mathrm{T}}} \in \mathbf{R}^{p \times q}$ 表示函数 $\boldsymbol{g}(\boldsymbol{u}_k,\boldsymbol{w})$ 关于向量 $\boldsymbol{u}_k$ 的 Jacobi 矩阵，它是列

满秩矩阵；$\boldsymbol{G}_2(\boldsymbol{u}_k,\boldsymbol{w})=\dfrac{\partial \boldsymbol{g}(\boldsymbol{u}_k,\boldsymbol{w})}{\partial \boldsymbol{w}^{\mathrm{T}}}\in\mathbf{R}^{p\times l}$ 表示函数 $\boldsymbol{g}(\boldsymbol{u}_k,\boldsymbol{w})$ 关于向量 $\boldsymbol{w}$ 的 Jacobi 矩阵；$\bar{\boldsymbol{G}}(\boldsymbol{s},\boldsymbol{w})=\dfrac{\partial \bar{\boldsymbol{g}}(\boldsymbol{s},\boldsymbol{w})}{\partial \boldsymbol{w}^{\mathrm{T}}}\in\boldsymbol{R}^{pd\times l}$ 表示函数 $\bar{\boldsymbol{g}}(\boldsymbol{s},\boldsymbol{w})$ 关于向量 $\boldsymbol{w}$ 的 Jacobi 矩阵；$\bar{\boldsymbol{J}}(\boldsymbol{s},\boldsymbol{w})=\dfrac{\partial \bar{\boldsymbol{g}}(\boldsymbol{s},\boldsymbol{w})}{\partial \boldsymbol{s}^{\mathrm{T}}}\in\boldsymbol{R}^{pd\times qd}$ 表示函数 $\bar{\boldsymbol{g}}(\boldsymbol{s},\boldsymbol{w})$ 关于向量 $\boldsymbol{s}$ 的 Jacobi 矩阵。

利用推论 2.2 可以将未知参量 $\boldsymbol{u}_k$ 估计方差的克拉美罗界矩阵表示为

$$\mathbf{CRB}^{(\mathrm{ri})}(\boldsymbol{u}_k)=\begin{pmatrix}\boldsymbol{G}_1^{\mathrm{T}}(\boldsymbol{u}_k,\boldsymbol{w})\boldsymbol{Q}_{1k}^{-1}\boldsymbol{G}_1(\boldsymbol{u}_k,\boldsymbol{w})-\boldsymbol{G}_1^{\mathrm{T}}(\boldsymbol{u}_k,\boldsymbol{w})\boldsymbol{Q}_{1k}^{-1}\boldsymbol{G}_2(\boldsymbol{u}_k,\boldsymbol{w})\\ \cdot\begin{pmatrix}\boldsymbol{G}_2^{\mathrm{T}}(\boldsymbol{u}_k,\boldsymbol{w})\boldsymbol{Q}_{1k}^{-1}\boldsymbol{G}_2(\boldsymbol{u}_k,\boldsymbol{w})+\boldsymbol{Q}_2^{-1}+\bar{\boldsymbol{G}}^{\mathrm{T}}(\boldsymbol{s},\boldsymbol{w})\boldsymbol{Q}_3^{-1}\bar{\boldsymbol{G}}(\boldsymbol{s},\boldsymbol{w})\\ -\bar{\boldsymbol{G}}^{\mathrm{T}}(\boldsymbol{s},\boldsymbol{w})\boldsymbol{Q}_3^{-1}\bar{\boldsymbol{J}}(\boldsymbol{s},\boldsymbol{w})(\bar{\boldsymbol{J}}^{\mathrm{T}}(\boldsymbol{s},\boldsymbol{w})\boldsymbol{Q}_3^{-1}\bar{\boldsymbol{J}}(\boldsymbol{s},\boldsymbol{w})+\boldsymbol{Q}_4^{-1})^{-1}\bar{\boldsymbol{J}}^{\mathrm{T}}(\boldsymbol{s},\boldsymbol{w})\boldsymbol{Q}_3^{-1}\bar{\boldsymbol{G}}(\boldsymbol{s},\boldsymbol{w})\end{pmatrix}^{-1}\\ \cdot\boldsymbol{G}_2^{\mathrm{T}}(\boldsymbol{u}_k,\boldsymbol{w})\boldsymbol{Q}_{1k}^{-1}\boldsymbol{G}_1(\boldsymbol{u}_k,\boldsymbol{w})\end{pmatrix}^{-1},\quad 1\leqslant k\leqslant h \tag{11.11}$$

此外，根据推论 2.1 可以将未知参量 $\boldsymbol{u}_k$ 的估计方差克拉美罗界表示为

$$\mathbf{CRB}^{(\mathrm{ri})}(\boldsymbol{u}_k)=\begin{pmatrix}\boldsymbol{G}_1^{\mathrm{T}}(\boldsymbol{u}_k,\boldsymbol{w})\boldsymbol{Q}_{1k}^{-1}\boldsymbol{G}_1(\boldsymbol{u}_k,\boldsymbol{w})-\boldsymbol{G}_1^{\mathrm{T}}(\boldsymbol{u}_k,\boldsymbol{w})\boldsymbol{Q}_{1k}^{-1}\boldsymbol{G}_2(\boldsymbol{u}_k,\boldsymbol{w})\\ \cdot(\boldsymbol{G}_2^{\mathrm{T}}(\boldsymbol{u}_k,\boldsymbol{w})\boldsymbol{Q}_{1k}^{-1}\boldsymbol{G}_2(\boldsymbol{u}_k,\boldsymbol{w})+\boldsymbol{Q}_2^{-1}\\ +\bar{\boldsymbol{G}}^{\mathrm{T}}(\boldsymbol{s},\boldsymbol{w})(\boldsymbol{Q}_3+\bar{\boldsymbol{J}}(\boldsymbol{s},\boldsymbol{w})\boldsymbol{Q}_4\bar{\boldsymbol{J}}^{\mathrm{T}}(\boldsymbol{s},\boldsymbol{w}))^{-1}\bar{\boldsymbol{G}}(\boldsymbol{s},\boldsymbol{w}))^{-1}\\ \cdot\boldsymbol{G}_2^{\mathrm{T}}(\boldsymbol{u}_k,\boldsymbol{w})\boldsymbol{Q}_{1k}^{-1}\boldsymbol{G}_1(\boldsymbol{u}_k,\boldsymbol{w})\end{pmatrix}^{-1},\quad 1\leqslant k\leqslant h \tag{11.12}$$

另外，再次利用推论 2.1 可以将未知参量 $\boldsymbol{u}_k$ 的估计方差克拉美罗界进一步表示为

$$\begin{aligned}&\mathbf{CRB}^{(\mathrm{ri})}(\boldsymbol{u}_k)\\ &=\left(\boldsymbol{G}_1^{\mathrm{T}}(\boldsymbol{u}_k,\boldsymbol{w})\left(\boldsymbol{Q}_{1k}+\boldsymbol{G}_2(\boldsymbol{u}_k,\boldsymbol{w})\left(\boldsymbol{Q}_2^{-1}+\bar{\boldsymbol{G}}^{\mathrm{T}}(\boldsymbol{s},\boldsymbol{w})\begin{pmatrix}\boldsymbol{Q}_3+\bar{\boldsymbol{J}}(\boldsymbol{s},\boldsymbol{w})\\ \cdot\boldsymbol{Q}_4\bar{\boldsymbol{J}}^{\mathrm{T}}(\boldsymbol{s},\boldsymbol{w})\end{pmatrix}^{-1}\bar{\boldsymbol{G}}(\boldsymbol{s},\boldsymbol{w})\right)^{-1}\boldsymbol{G}_2^{\mathrm{T}}(\boldsymbol{u}_k,\boldsymbol{w})\right)^{-1}\boldsymbol{G}_1(\boldsymbol{u}_k,\boldsymbol{w})\right)^{-1},\quad 1\leqslant k\leqslant h\end{aligned} \tag{11.13}$$

当多目标联合定位时，同样利用命题 10.1 可以直接得到如下命题。

命题 11.2　若多目标联合定位，基于观测模型式(11.9)，未知参量 $\tilde{\boldsymbol{u}}$，$\boldsymbol{w}$ 和 $\boldsymbol{s}$ 联合估计方差的克拉美罗界矩阵可表示为

$$\mathbf{CRB}^{(\mathrm{rj})}\left(\begin{bmatrix}\tilde{\boldsymbol{u}}\\ \boldsymbol{w}\\ \boldsymbol{s}\end{bmatrix}\right)=\left[\begin{array}{c:c:c}\tilde{\boldsymbol{G}}_1^{\mathrm{T}}(\tilde{\boldsymbol{u}},\boldsymbol{w})\tilde{\boldsymbol{Q}}_1^{-1}\tilde{\boldsymbol{G}}_1(\tilde{\boldsymbol{u}},\boldsymbol{w}) & \tilde{\boldsymbol{G}}_1^{\mathrm{T}}(\tilde{\boldsymbol{u}},\boldsymbol{w})\tilde{\boldsymbol{Q}}_1^{-1}\tilde{\boldsymbol{G}}_2(\tilde{\boldsymbol{u}},\boldsymbol{w}) & \boldsymbol{O}_{qh\times qd}\\ \hdashline \tilde{\boldsymbol{G}}_2^{\mathrm{T}}(\tilde{\boldsymbol{u}},\boldsymbol{w})\tilde{\boldsymbol{Q}}_1^{-1}\tilde{\boldsymbol{G}}_1(\tilde{\boldsymbol{u}},\boldsymbol{w}) & \begin{array}{c}\tilde{\boldsymbol{G}}_2^{\mathrm{T}}(\tilde{\boldsymbol{u}},\boldsymbol{w})\tilde{\boldsymbol{Q}}_1^{-1}\tilde{\boldsymbol{G}}_2(\tilde{\boldsymbol{u}},\boldsymbol{w})+\boldsymbol{Q}_2^{-1}\\ +\bar{\boldsymbol{G}}^{\mathrm{T}}(\boldsymbol{s},\boldsymbol{w})\boldsymbol{Q}_3^{-1}\bar{\boldsymbol{G}}(\boldsymbol{s},\boldsymbol{w})\end{array} & \bar{\boldsymbol{G}}^{\mathrm{T}}(\boldsymbol{s},\boldsymbol{w})\boldsymbol{Q}_3^{-1}\bar{\boldsymbol{J}}(\boldsymbol{s},\boldsymbol{w})\\ \hdashline \boldsymbol{O}_{qd\times qh} & \bar{\boldsymbol{J}}^{\mathrm{T}}(\boldsymbol{s},\boldsymbol{w})\boldsymbol{Q}_3^{-1}\bar{\boldsymbol{G}}(\boldsymbol{s},\boldsymbol{w}) & \bar{\boldsymbol{J}}^{\mathrm{T}}(\boldsymbol{s},\boldsymbol{w})\boldsymbol{Q}_3^{-1}\bar{\boldsymbol{J}}(\boldsymbol{s},\boldsymbol{w})+\boldsymbol{Q}_4^{-1}\end{array}\right]^{-1} \tag{11.14}$$

式中，$\tilde{\boldsymbol{G}}_1(\tilde{\boldsymbol{u}},\boldsymbol{w})=\dfrac{\partial \tilde{\boldsymbol{g}}(\tilde{\boldsymbol{u}},\boldsymbol{w})}{\partial \tilde{\boldsymbol{u}}^{\mathrm{T}}}\in\mathbf{R}^{ph\times qh}$ 表示函数 $\tilde{\boldsymbol{g}}(\tilde{\boldsymbol{u}},\boldsymbol{w})$ 关于向量 $\tilde{\boldsymbol{u}}$ 的 Jacobi 矩阵，它是列满秩矩阵；$\tilde{\boldsymbol{G}}_2(\tilde{\boldsymbol{u}},\boldsymbol{w})=\dfrac{\partial \tilde{\boldsymbol{g}}(\tilde{\boldsymbol{u}},\boldsymbol{w})}{\partial \boldsymbol{w}^{\mathrm{T}}}\in\mathbf{R}^{ph\times l}$ 表示函数 $\tilde{\boldsymbol{g}}(\tilde{\boldsymbol{u}},\boldsymbol{w})$ 关于向量 $\boldsymbol{w}$ 的 Jacobi 矩阵；$\bar{\boldsymbol{G}}(\boldsymbol{s},\boldsymbol{w})=\dfrac{\partial \bar{\boldsymbol{g}}(\boldsymbol{s},\boldsymbol{w})}{\partial \boldsymbol{w}^{\mathrm{T}}}\in\mathbf{R}^{pd\times l}$ 表示函数 $\bar{\boldsymbol{g}}(\boldsymbol{s},\boldsymbol{w})$ 关于向量 $\boldsymbol{w}$ 的 Jacobi 矩阵；$\bar{\boldsymbol{J}}(\boldsymbol{s},\boldsymbol{w})=\dfrac{\partial \bar{\boldsymbol{g}}(\boldsymbol{s},\boldsymbol{w})}{\partial \boldsymbol{s}^{\mathrm{T}}}\in\mathbf{R}^{pd\times qd}$ 表示函数 $\bar{\boldsymbol{g}}(\boldsymbol{s},\boldsymbol{w})$ 关于向量 $\boldsymbol{s}$ 的 Jacobi 矩阵。

利用推论 2.2 可以将未知参量 $\tilde{\boldsymbol{u}}$ 估计方差的克拉美罗界矩阵表示为

$$\mathbf{CRB}^{(\mathrm{rj})}(\tilde{\boldsymbol{u}})=\left[\begin{array}{c}\tilde{\boldsymbol{G}}_1^{\mathrm{T}}(\tilde{\boldsymbol{u}},\boldsymbol{w})\tilde{\boldsymbol{Q}}_1^{-1}\tilde{\boldsymbol{G}}_1(\tilde{\boldsymbol{u}},\boldsymbol{w})-\tilde{\boldsymbol{G}}_1^{\mathrm{T}}(\tilde{\boldsymbol{u}},\boldsymbol{w})\tilde{\boldsymbol{Q}}_1^{-1}\tilde{\boldsymbol{G}}_2(\tilde{\boldsymbol{u}},\boldsymbol{w})\\ \cdot\left[\begin{array}{c}\tilde{\boldsymbol{G}}_2^{\mathrm{T}}(\tilde{\boldsymbol{u}},\boldsymbol{w})\tilde{\boldsymbol{Q}}_1^{-1}\tilde{\boldsymbol{G}}_2(\tilde{\boldsymbol{u}},\boldsymbol{w})+\boldsymbol{Q}_2^{-1}+\bar{\boldsymbol{G}}^{\mathrm{T}}(\boldsymbol{s},\boldsymbol{w})\boldsymbol{Q}_3^{-1}\bar{\boldsymbol{G}}(\boldsymbol{s},\boldsymbol{w})\\ -\bar{\boldsymbol{G}}^{\mathrm{T}}(\boldsymbol{s},\boldsymbol{w})\boldsymbol{Q}_3^{-1}\bar{\boldsymbol{J}}(\boldsymbol{s},\boldsymbol{w})(\bar{\boldsymbol{J}}^{\mathrm{T}}(\boldsymbol{s},\boldsymbol{w})\boldsymbol{Q}_3^{-1}\bar{\boldsymbol{J}}(\boldsymbol{s},\boldsymbol{w})+\boldsymbol{Q}_4^{-1})^{-1}\bar{\boldsymbol{J}}^{\mathrm{T}}(\boldsymbol{s},\boldsymbol{w})\boldsymbol{Q}_3^{-1}\bar{\boldsymbol{G}}(\boldsymbol{s},\boldsymbol{w})\end{array}\right]^{-1}\\ \cdot\tilde{\boldsymbol{G}}_2^{\mathrm{T}}(\tilde{\boldsymbol{u}},\boldsymbol{w})\tilde{\boldsymbol{Q}}_1^{-1}\tilde{\boldsymbol{G}}_1(\tilde{\boldsymbol{u}},\boldsymbol{w})\end{array}\right]^{-1} \tag{11.15}$$

此外，根据推论 2.1 可以将未知参量 $\tilde{\boldsymbol{u}}$ 的估计方差克拉美罗界表示为

$$\mathbf{CRB}^{(\mathrm{rj})}(\tilde{\boldsymbol{u}})=\left[\begin{array}{c}\tilde{\boldsymbol{G}}_1^{\mathrm{T}}(\tilde{\boldsymbol{u}},\boldsymbol{w})\tilde{\boldsymbol{Q}}_1^{-1}\tilde{\boldsymbol{G}}_1(\tilde{\boldsymbol{u}},\boldsymbol{w})-\tilde{\boldsymbol{G}}_1^{\mathrm{T}}(\tilde{\boldsymbol{u}},\boldsymbol{w})\tilde{\boldsymbol{Q}}_1^{-1}\tilde{\boldsymbol{G}}_2(\tilde{\boldsymbol{u}},\boldsymbol{w})\\ \cdot(\tilde{\boldsymbol{G}}_2^{\mathrm{T}}(\tilde{\boldsymbol{u}},\boldsymbol{w})\tilde{\boldsymbol{Q}}_1^{-1}\tilde{\boldsymbol{G}}_2(\tilde{\boldsymbol{u}},\boldsymbol{w})+\boldsymbol{Q}_2^{-1}+\bar{\boldsymbol{G}}^{\mathrm{T}}(\boldsymbol{s},\boldsymbol{w})(\boldsymbol{Q}_3+\bar{\boldsymbol{J}}(\boldsymbol{s},\boldsymbol{w})\boldsymbol{Q}_4\bar{\boldsymbol{J}}^{\mathrm{T}}(\boldsymbol{s},\boldsymbol{w}))^{-1}\bar{\boldsymbol{G}}(\boldsymbol{s},\boldsymbol{w}))^{-1}\\ \cdot\tilde{\boldsymbol{G}}_2^{\mathrm{T}}(\tilde{\boldsymbol{u}},\boldsymbol{w})\tilde{\boldsymbol{Q}}_1^{-1}\tilde{\boldsymbol{G}}_1(\tilde{\boldsymbol{u}},\boldsymbol{w})\end{array}\right]^{-1} \tag{11.16}$$

另外，再次利用推论 2.1 可以将未知参量 $\tilde{\boldsymbol{u}}$ 的估计方差克拉美罗界进一步表示为

$$\begin{aligned}&\mathbf{CRB}^{(\mathrm{rj})}(\tilde{\boldsymbol{u}})\\&=(\tilde{\boldsymbol{G}}_1^{\mathrm{T}}(\tilde{\boldsymbol{u}},\boldsymbol{w})(\tilde{\boldsymbol{Q}}_1+\tilde{\boldsymbol{G}}_2(\tilde{\boldsymbol{u}},\boldsymbol{w})(\boldsymbol{Q}_2^{-1}+\bar{\boldsymbol{G}}^{\mathrm{T}}(\boldsymbol{s},\boldsymbol{w})(\boldsymbol{Q}_3+\bar{\boldsymbol{J}}(\boldsymbol{s},\boldsymbol{w})\boldsymbol{Q}_4\bar{\boldsymbol{J}}^{\mathrm{T}}(\boldsymbol{s},\boldsymbol{w}))^{-1}\bar{\boldsymbol{G}}(\boldsymbol{s},\boldsymbol{w}))^{-1}\tilde{\boldsymbol{G}}_2^{\mathrm{T}}(\tilde{\boldsymbol{u}},\boldsymbol{w}))^{-1}\tilde{\boldsymbol{G}}_1(\tilde{\boldsymbol{u}},\boldsymbol{w}))^{-1}\end{aligned} \tag{11.17}$$

下面的命题将比较多目标独立定位和多目标联合定位这两种情况下，目标位置估计方差的克拉美罗界。

命题 11.3　当 $\boldsymbol{Q}_2\rightarrow\infty$ 且 $\boldsymbol{Q}_3\rightarrow\infty$ 时（即对系统参量 $\boldsymbol{w}$ 没有先验知识时），有如下关系式：

$$\mathrm{tr}[\mathbf{CRB}^{(\mathrm{rj})}(\tilde{\boldsymbol{u}})]\leqslant\sum_{k=1}^{h}\mathrm{tr}[\mathbf{CRB}^{(\mathrm{ri})}(\boldsymbol{u}_k)] \tag{11.18}$$

而当 $\boldsymbol{Q}_2\rightarrow\boldsymbol{O}$ 或者 $\boldsymbol{Q}_3,\boldsymbol{Q}_4\rightarrow\boldsymbol{O}$ 且 $\bar{\boldsymbol{G}}(\boldsymbol{s},\boldsymbol{w})$ 是列满秩矩阵时（即当系统参量 $\boldsymbol{w}$ 精确已知时），则有如下关系式：

$$\mathrm{tr}[\mathbf{CRB}^{(\mathrm{rj})}(\tilde{\boldsymbol{u}})]=\sum_{k=1}^{h}\mathrm{tr}[\mathbf{CRB}^{(\mathrm{ri})}(\boldsymbol{u}_k)] \tag{11.19}$$

命题 11.3 的证明类似于命题 8.6，限于篇幅这里不再阐述。命题 11.3 表明，当系统参量精确已知时，将多目标联合定位无法带来整体定位性能的提升，但是当系统参量存在测量误差时，将多目标联合定位就有可能带来整体定位性能的提升，即产生了协同增益。

11.2　非线性观测方程的伪线性观测模型

本章讨论的伪线性观测方程与第 4 章一致，都不需要通过引入辅助变量的方式获得。

首先，关于第 k 个目标源的非线性观测方程 $\boldsymbol{z}_{k0}=\boldsymbol{g}(\boldsymbol{u}_k,\boldsymbol{w})$ 可以转化为如下伪线性观测方程：

$$\boldsymbol{a}(\boldsymbol{z}_{k0},\boldsymbol{w})=\boldsymbol{B}(\boldsymbol{z}_{k0},\boldsymbol{w})\boldsymbol{u}_k,\quad 1\leqslant k\leqslant h \tag{11.20}$$

式中，

（1）$\boldsymbol{a}(\boldsymbol{z}_{k0},\boldsymbol{w})\in\mathbf{R}^{p\times 1}$ 表示关于第 k 个目标源的伪线性观测向量，同时它是 $\boldsymbol{z}_{k0}$ 和 $\boldsymbol{w}$ 的向量函数（连续可导），其具体的代数形式随着定位观测量的不同而改变；

(2) $\boldsymbol{B}(\boldsymbol{z}_{k0},\boldsymbol{w})\in\mathbf{R}^{p\times q}$表示关于第$k$个目标源的伪线性系数矩阵，同时它是$\boldsymbol{z}_{k0}$和$\boldsymbol{w}$的矩阵函数（连续可导），其具体的代数形式也随着定位观测量的不同而改变。

为了进行多目标联合定位，需要将式(11.20)给出的h个伪线性观测方程进行合并，从而得到如下具有更高维数的伪线性观测方程：

$$\widetilde{\boldsymbol{a}}(\widetilde{\boldsymbol{z}}_0,\boldsymbol{w})=\widetilde{\boldsymbol{B}}(\widetilde{\boldsymbol{z}}_0,\boldsymbol{w})\widetilde{\boldsymbol{u}} \tag{11.21}$$

式中

$$\begin{cases}\widetilde{\boldsymbol{a}}(\widetilde{\boldsymbol{z}}_0,\boldsymbol{w})=[\boldsymbol{a}^{\mathrm{T}}(\boldsymbol{z}_{10},\boldsymbol{w}) \quad \boldsymbol{a}^{\mathrm{T}}(\boldsymbol{z}_{20},\boldsymbol{w}) \quad \cdots \quad \boldsymbol{a}^{\mathrm{T}}(\boldsymbol{z}_{h0},\boldsymbol{w})]^{\mathrm{T}}\in\mathbf{R}^{ph\times 1}\\ \widetilde{\boldsymbol{B}}(\widetilde{\boldsymbol{z}}_0,\boldsymbol{w})=\mathrm{blkdiag}[\boldsymbol{B}(\boldsymbol{z}_{10},\boldsymbol{w}) \quad \boldsymbol{B}(\boldsymbol{z}_{20},\boldsymbol{w}) \quad \cdots \quad \boldsymbol{B}(\boldsymbol{z}_{h0},\boldsymbol{w})]\in\mathbf{R}^{ph\times qh}\end{cases} \tag{11.22}$$

然后，关于第k个校正源的非线性观测方程$\boldsymbol{r}_{k0}=\boldsymbol{g}(\boldsymbol{s}_k,\boldsymbol{w})$可以转化为如下伪线性观测方程：

$$\boldsymbol{c}(\boldsymbol{r}_{k0},\boldsymbol{s}_k)=\boldsymbol{D}(\boldsymbol{r}_{k0},\boldsymbol{s}_k)\boldsymbol{w}, \quad 1\leqslant k\leqslant d \tag{11.23}$$

式中，

(1) $\boldsymbol{c}(\boldsymbol{r}_{k0},\boldsymbol{s}_k)\in\mathbf{R}^{p\times 1}$表示关于第$k$个校正源的伪线性观测向量，同时它是$\boldsymbol{r}_{k0}$和$\boldsymbol{s}_k$的向量函数（连续可导），其具体的代数形式随着定位观测量的不同而改变；

(2) $\boldsymbol{D}(\boldsymbol{r}_{k0},\boldsymbol{s}_k)\in\mathbf{R}^{p\times l}$表示关于第$k$个校正源的伪线性系数矩阵，同时它是$\boldsymbol{r}_{k0}$和$\boldsymbol{s}_k$的矩阵函数（连续可导），其具体的代数形式也随着定位观测量的不同而改变。

若将上述d个伪线性观测方程进行合并，则可得到如下具有更高维数的伪线性观测方程：

$$\bar{\boldsymbol{c}}(\boldsymbol{r}_0,\boldsymbol{s})=\bar{\boldsymbol{D}}(\boldsymbol{r}_0,\boldsymbol{s})\boldsymbol{w} \tag{11.24}$$

式中

$$\begin{cases}\bar{\boldsymbol{c}}(\boldsymbol{r}_0,\boldsymbol{s})=[\boldsymbol{c}^{\mathrm{T}}(\boldsymbol{r}_{10},\boldsymbol{s}_1) \quad \boldsymbol{c}^{\mathrm{T}}(\boldsymbol{r}_{20},\boldsymbol{s}_2) \quad \cdots \quad \boldsymbol{c}^{\mathrm{T}}(\boldsymbol{r}_{d0},\boldsymbol{s}_d)]^{\mathrm{T}}\in\mathbf{R}^{pd\times 1}\\ \bar{\boldsymbol{D}}(\boldsymbol{r}_0,\boldsymbol{s})=[\boldsymbol{D}^{\mathrm{T}}(\boldsymbol{r}_{10},\boldsymbol{s}_1) \quad \boldsymbol{D}^{\mathrm{T}}(\boldsymbol{r}_{20},\boldsymbol{s}_2) \quad \cdots \quad \boldsymbol{D}^{\mathrm{T}}(\boldsymbol{r}_{d0},\boldsymbol{s}_d)]^{\mathrm{T}}\in\mathbf{R}^{pd\times l}\\ \boldsymbol{r}_0=[\boldsymbol{r}_{10}^{\mathrm{T}} \quad \boldsymbol{r}_{20}^{\mathrm{T}} \quad \cdots \quad \boldsymbol{r}_{d0}^{\mathrm{T}}]^{\mathrm{T}}\in\mathbf{R}^{pd\times 1}, \quad \boldsymbol{s}=[\boldsymbol{s}_1^{\mathrm{T}} \quad \boldsymbol{s}_2^{\mathrm{T}} \quad \cdots \quad \boldsymbol{s}_d^{\mathrm{T}}]^{\mathrm{T}}\in\mathbf{R}^{qd\times 1}\end{cases} \tag{11.25}$$

下面将基于上面描述的伪线性观测方程给出两类结构总体最小二乘(多)目标联合定位方法，并定量推导两类结构总体最小二乘(多)目标联合定位方法的参数估计性能，证明它们的(多)目标位置估计方差都可以达到相应的克拉美罗界（在门限效应发生以前）。另外，为了便于区分，书中将第一类结构总体最小二乘(多)目标联合定位方法给出的估计值中增加上标"(rja)"，而将第二类结构总体最小二乘(多)目标联合定位方法给出的估计值中增加上标"(rjb)"。

11.3 第一类结构总体最小二乘(多)目标联合定位方法及其理论性能分析

第一类结构总体最小二乘(多)目标联合定位方法分为两个步骤：①利用校正源观测量$\boldsymbol{r}$，系统参量的先验测量值$\boldsymbol{v}$和校正源位置向量的先验测量值$\boldsymbol{\tau}$给出更加精确的系统参量和校正源位置向量估计值；②利用(多)目标源观测量$\widetilde{\boldsymbol{z}}$和第一步给出的系统参量解估计(多)目标位置向量 $\tilde{\boldsymbol{u}}$。

11.3.1 联合估计系统参量和校正源位置向量

1. 定位优化模型

这里将在伪线性观测方程式(11.24)的基础上，基于校正源观测量 $\boldsymbol{r}$、系统参量的先验测量值 $\boldsymbol{v}$ 和校正源位置向量的先验测量值 $\boldsymbol{\tau}$ 联合估计系统参量 $\boldsymbol{w}$ 和校正源位置向量 $\boldsymbol{s}$。在实际计算中，函数 $\bar{\boldsymbol{c}}(\cdot,\cdot)$ 和 $\bar{\boldsymbol{D}}(\cdot,\cdot)$ 的闭式形式是可知的，但 $\boldsymbol{r}_0$ 和 $\boldsymbol{s}$ 却不可获知，只能用带误差的观测向量 $\boldsymbol{r}$ 和 $\boldsymbol{\tau}$ 来代替。显然，若用 $\boldsymbol{r}$ 和 $\boldsymbol{\tau}$ 直接代替 $\boldsymbol{r}_0$ 和 $\boldsymbol{s}$，式(11.24)已经无法成立。为了建立结构总体最小二乘优化模型，需要将向量函数 $\bar{\boldsymbol{c}}(\boldsymbol{r}_0,\boldsymbol{s})$ 和矩阵函数 $\bar{\boldsymbol{D}}(\boldsymbol{r}_0,\boldsymbol{s})$ 分别在点 $\boldsymbol{r}$ 和 $\boldsymbol{\tau}$ 处进行一阶 Taylor 级数展开可得

$$\begin{cases}\bar{\boldsymbol{c}}(\boldsymbol{r}_0,\boldsymbol{s})\approx\bar{\boldsymbol{c}}(\boldsymbol{r},\boldsymbol{\tau})+\bar{\boldsymbol{C}}(\boldsymbol{r},\boldsymbol{\tau})(\boldsymbol{r}_0-\boldsymbol{r})+\bar{\boldsymbol{E}}(\boldsymbol{r},\boldsymbol{\tau})(\boldsymbol{s}-\boldsymbol{\tau})\\ \qquad\qquad=\bar{\boldsymbol{c}}(\boldsymbol{r},\boldsymbol{\tau})-\bar{\boldsymbol{C}}(\boldsymbol{r},\boldsymbol{\tau})\boldsymbol{e}-\bar{\boldsymbol{E}}(\boldsymbol{r},\boldsymbol{\tau})\boldsymbol{\kappa}\\ \bar{\boldsymbol{D}}(\boldsymbol{r}_0,\boldsymbol{s})\approx\bar{\boldsymbol{D}}(\boldsymbol{r},\boldsymbol{\tau})+\dot{\bar{\boldsymbol{D}}}_1(\boldsymbol{r},\boldsymbol{\tau})\langle\boldsymbol{r}_0-\boldsymbol{r}\rangle_1+\dot{\bar{\boldsymbol{D}}}_2(\boldsymbol{r},\boldsymbol{\tau})\langle\boldsymbol{r}_0-\boldsymbol{r}\rangle_2+\cdots\\ \qquad\qquad+\dot{\bar{\boldsymbol{D}}}_{pd}(\boldsymbol{r},\boldsymbol{\tau})\langle\boldsymbol{r}_0-\boldsymbol{r}\rangle_{pd}\\ \qquad\qquad+\dot{\bar{\boldsymbol{F}}}_1(\boldsymbol{r},\boldsymbol{\tau})\langle\boldsymbol{s}-\boldsymbol{\tau}\rangle_1+\dot{\bar{\boldsymbol{F}}}_2(\boldsymbol{r},\boldsymbol{\tau})\langle\boldsymbol{s}-\boldsymbol{\tau}\rangle_2+\cdots+\dot{\bar{\boldsymbol{F}}}_{qd}(\boldsymbol{r},\boldsymbol{\tau})\langle\boldsymbol{s}-\boldsymbol{\tau}\rangle_{qd}\\ \qquad\qquad=\bar{\boldsymbol{D}}(\boldsymbol{r},\boldsymbol{\tau})-\sum_{j=1}^{pd}\langle\boldsymbol{e}\rangle_j\dot{\bar{\boldsymbol{D}}}_j(\boldsymbol{r},\boldsymbol{\tau})-\sum_{j=1}^{qd}\langle\boldsymbol{\kappa}\rangle_j\dot{\bar{\boldsymbol{F}}}_j(\boldsymbol{r},\boldsymbol{\tau})\end{cases}\tag{11.26}$$

式中

$$\begin{cases}\bar{\boldsymbol{C}}(\boldsymbol{r},\boldsymbol{\tau})=\dfrac{\partial\bar{\boldsymbol{c}}(\boldsymbol{r},\boldsymbol{\tau})}{\partial\boldsymbol{r}^{\mathrm{T}}}\in\mathbf{R}^{pd\times pd},\quad\dot{\bar{\boldsymbol{D}}}_j(\boldsymbol{r},\boldsymbol{\tau})=\dfrac{\partial\bar{\boldsymbol{D}}(\boldsymbol{r},\boldsymbol{\tau})}{\partial\langle\boldsymbol{r}\rangle_j}\in\mathbf{R}^{pd\times l},\quad 1\leqslant j\leqslant pd\\ \bar{\boldsymbol{E}}(\boldsymbol{r},\boldsymbol{\tau})=\dfrac{\partial\bar{\boldsymbol{c}}(\boldsymbol{r},\boldsymbol{\tau})}{\partial\boldsymbol{\tau}^{\mathrm{T}}}\in\mathbf{R}^{pd\times qd},\quad\dot{\bar{\boldsymbol{F}}}_j(\boldsymbol{r},\boldsymbol{\tau})=\dfrac{\partial\bar{\boldsymbol{D}}(\boldsymbol{r},\boldsymbol{\tau})}{\partial\langle\boldsymbol{\tau}\rangle_j}\in\mathbf{R}^{pd\times l},\quad 1\leqslant j\leqslant qd\end{cases}\tag{11.27}$$

将式(11.26)代入式(11.24)可得如下(近似)等式：

$$\left(\begin{array}{l}[-\bar{\boldsymbol{c}}(\boldsymbol{r},\boldsymbol{\tau})\ \vdots\ \bar{\boldsymbol{D}}(\boldsymbol{r},\boldsymbol{\tau})]+\displaystyle\sum_{j=1}^{pd}\langle\boldsymbol{e}\rangle_j[\bar{\boldsymbol{C}}(\boldsymbol{r},\boldsymbol{\tau})\boldsymbol{i}_{pd}^{(j)}\ \vdots\ -\dot{\bar{\boldsymbol{D}}}_j(\boldsymbol{r},\boldsymbol{\tau})]\\ \qquad+\displaystyle\sum_{j=1}^{qd}\langle\boldsymbol{\kappa}\rangle_j[\bar{\boldsymbol{E}}(\boldsymbol{r},\boldsymbol{\tau})\boldsymbol{i}_{qd}^{(j)}\ \vdots\ -\dot{\bar{\boldsymbol{F}}}_j(\boldsymbol{r},\boldsymbol{\tau})]\end{array}\right)\begin{bmatrix}1\\ \boldsymbol{w}\end{bmatrix}\approx\boldsymbol{O}_{pd\times 1}\tag{11.28}$$

另外，式(3.2)和式(10.6)可分别表示成如下形式：

$$\left([-\boldsymbol{v}\ \vdots\ \boldsymbol{I}_l]+\sum_{j=1}^{l}\langle\boldsymbol{m}\rangle_j[\boldsymbol{i}_l^{(j)}\ \vdots\ \boldsymbol{O}_{l\times l}]\right)\begin{bmatrix}1\\ \boldsymbol{w}\end{bmatrix}=\boldsymbol{O}_{l\times 1}\tag{11.29}$$

$$\left([-\boldsymbol{\tau}\ \vdots\ \boldsymbol{I}_{qd}]+\sum_{j=1}^{qd}\langle\boldsymbol{\kappa}\rangle_j[\boldsymbol{i}_{qd}^{(j)}\ \vdots\ \boldsymbol{O}_{qd\times qd}]\right)\begin{bmatrix}1\\ \boldsymbol{s}\end{bmatrix}=\boldsymbol{O}_{qd\times 1}\tag{11.30}$$

若记 $\boldsymbol{x}=[1\quad\boldsymbol{w}^{\mathrm{T}}\quad\boldsymbol{s}^{\mathrm{T}}]^{\mathrm{T}}\in\mathbf{R}^{(qd+l+1)\times 1}$，则基于式(11.28)～式(11.30)可建立如下结构

总体最小二乘优化模型：

$$
\begin{cases}
\min\limits_{\substack{\boldsymbol{x}\in\mathbf{R}^{(qd+l+1)\times 1}\\ \boldsymbol{e}\in\mathbf{R}^{pd\times 1}\\ \boldsymbol{m}\in\mathbf{R}^{l\times 1}\\ \boldsymbol{\kappa}\in\mathbf{R}^{qd\times 1}}} \begin{bmatrix}\boldsymbol{e}\\ \boldsymbol{m}\\ \boldsymbol{\kappa}\end{bmatrix}^{\mathrm{T}} \begin{bmatrix}\boldsymbol{Q}_3^{-1} & \boldsymbol{O}_{pd\times l} & \boldsymbol{O}_{pd\times qd}\\ \boldsymbol{O}_{l\times pd} & \boldsymbol{Q}_2^{-1} & \boldsymbol{O}_{l\times qd}\\ \boldsymbol{O}_{qd\times pd} & \boldsymbol{O}_{qd\times l} & \boldsymbol{Q}_4^{-1}\end{bmatrix} \begin{bmatrix}\boldsymbol{e}\\ \boldsymbol{m}\\ \boldsymbol{\kappa}\end{bmatrix}\\
\text{s. t.} \left(\begin{array}{l}[-\bar{\boldsymbol{c}}(\boldsymbol{r},\boldsymbol{\tau}) \;\vdots\; \bar{\boldsymbol{D}}(\boldsymbol{r},\boldsymbol{\tau}) \;\vdots\; \boldsymbol{O}_{pd\times qd}] + \sum\limits_{j=1}^{pd}\langle \boldsymbol{e}\rangle_j [\bar{\boldsymbol{C}}(\boldsymbol{r},\boldsymbol{\tau})\boldsymbol{i}_{pd}^{(j)} \;\vdots\; -\dot{\boldsymbol{D}}_j(\boldsymbol{r},\boldsymbol{\tau}) \;\vdots\; \boldsymbol{O}_{pd\times qd}]\\ \qquad + \sum\limits_{j=1}^{qd}\langle \boldsymbol{\kappa}\rangle_j [\bar{\boldsymbol{E}}(\boldsymbol{r},\boldsymbol{\tau})\boldsymbol{i}_{qd}^{(j)} \;\vdots\; -\dot{\boldsymbol{F}}_j(\boldsymbol{r},\boldsymbol{\tau}) \;\vdots\; \boldsymbol{O}_{pd\times qd}]\end{array}\right)\boldsymbol{x} = \boldsymbol{O}_{pd\times 1}\\
\qquad \left([-\boldsymbol{v} \;\vdots\; \boldsymbol{I}_l \;\vdots\; \boldsymbol{O}_{l\times qd}] + \sum\limits_{j=1}^{l}\langle \boldsymbol{m}\rangle_j [\boldsymbol{i}_l^{(j)} \;\vdots\; \boldsymbol{O}_{l\times l} \;\vdots\; \boldsymbol{O}_{l\times qd}]\right)\boldsymbol{x} = \boldsymbol{O}_{l\times 1}\\
\qquad \left([-\boldsymbol{\tau} \;\vdots\; \boldsymbol{O}_{qd\times l} \;\vdots\; \boldsymbol{I}_{qd}] + \sum\limits_{j=1}^{qd}\langle \boldsymbol{\kappa}\rangle_j [\boldsymbol{i}_{qd}^{(j)} \;\vdots\; \boldsymbol{O}_{qd\times l} \;\vdots\; \boldsymbol{O}_{qd\times qd}]\right)\boldsymbol{x} = \boldsymbol{O}_{qd\times 1}\\
\qquad \boldsymbol{i}_{qd+l+1}^{(1)\mathrm{T}}\boldsymbol{x} = 1
\end{cases}
\tag{11.31}
$$

再令

$$
\begin{cases}\boldsymbol{\xi}_1 = [\boldsymbol{e}^{\mathrm{T}} \quad \boldsymbol{m}^{\mathrm{T}} \quad \boldsymbol{\kappa}^{\mathrm{T}}]^{\mathrm{T}}\\ \boldsymbol{\Gamma}_1 = \mathrm{blkdiag}[\boldsymbol{Q}_3 \quad \boldsymbol{Q}_2 \quad \boldsymbol{Q}_4]\end{cases}
\tag{11.32}
$$

则式(11.31)可改写为

$$
\begin{cases}
\min\limits_{\substack{\boldsymbol{x}\in\mathbf{R}^{(qd+l+1)\times 1}\\ \boldsymbol{\xi}_1\in\mathbf{R}^{((p+q)d+l)\times 1}}} \boldsymbol{\xi}_1^{\mathrm{T}}\boldsymbol{\Gamma}_1^{-1}\boldsymbol{\xi}_1\\
\text{s. t.} \left(\begin{array}{l}
\left[\begin{array}{c:c:c}-\bar{\boldsymbol{c}}(\boldsymbol{r},\boldsymbol{\tau}) & \bar{\boldsymbol{D}}(\boldsymbol{r},\boldsymbol{\tau}) & \boldsymbol{O}_{pd\times qd}\\ \hdashline -\boldsymbol{v} & \boldsymbol{I}_l & \boldsymbol{O}_{l\times qd}\\ \hdashline -\boldsymbol{\tau} & \boldsymbol{O}_{qd\times l} & \boldsymbol{I}_{qd}\end{array}\right]\\
+ \sum\limits_{j=1}^{pd}\langle \boldsymbol{\xi}_1\rangle_j \left[\begin{array}{c:c:c}\bar{\boldsymbol{C}}(\boldsymbol{r},\boldsymbol{\tau})\boldsymbol{i}_{pd}^{(j)} & -\dot{\boldsymbol{D}}_j(\boldsymbol{r},\boldsymbol{\tau}) & \boldsymbol{O}_{pd\times qd}\\ \hdashline \boldsymbol{O}_{l\times 1} & \boldsymbol{O}_{l\times l} & \boldsymbol{O}_{l\times qd}\\ \hdashline \boldsymbol{O}_{qd\times 1} & \boldsymbol{O}_{qd\times l} & \boldsymbol{O}_{qd\times qd}\end{array}\right]\\
+ \sum\limits_{j=1}^{l}\langle \boldsymbol{\xi}_1\rangle_{pd+j} \left[\begin{array}{c:c:c}\boldsymbol{O}_{pd\times 1} & \boldsymbol{O}_{pd\times l} & \boldsymbol{O}_{pd\times qd}\\ \hdashline \boldsymbol{i}_l^{(j)} & \boldsymbol{O}_{l\times l} & \boldsymbol{O}_{l\times qd}\\ \hdashline \boldsymbol{O}_{qd\times 1} & \boldsymbol{O}_{qd\times l} & \boldsymbol{O}_{qd\times qd}\end{array}\right]\\
+ \sum\limits_{j=1}^{qd}\langle \boldsymbol{\xi}_1\rangle_{pd+l+j} \left[\begin{array}{c:c:c}\bar{\boldsymbol{E}}(\boldsymbol{r},\boldsymbol{\tau})\boldsymbol{i}_{qd}^{(j)} & -\dot{\boldsymbol{F}}_j(\boldsymbol{r},\boldsymbol{\tau}) & \boldsymbol{O}_{pd\times qd}\\ \hdashline \boldsymbol{O}_{l\times 1} & \boldsymbol{O}_{l\times l} & \boldsymbol{O}_{l\times qd}\\ \hdashline \boldsymbol{i}_{qd}^{(j)} & \boldsymbol{O}_{qd\times l} & \boldsymbol{O}_{qd\times qd}\end{array}\right]
\end{array}\right)\boldsymbol{x} = \boldsymbol{O}_{((p+q)d+l)\times 1}\\
\qquad \boldsymbol{i}_{qd+l+1}^{(1)\mathrm{T}}\boldsymbol{x} = 1
\end{cases}
\tag{11.33}
$$

若令

$$
\begin{cases}
\boldsymbol{X}_0=\begin{bmatrix} -\bar{\boldsymbol{c}}(\boldsymbol{r},\boldsymbol{\tau}) & \bar{\boldsymbol{D}}(\boldsymbol{r},\boldsymbol{\tau}) & \boldsymbol{O}_{pd\times qd} \\ -\boldsymbol{v} & \boldsymbol{I}_l & \boldsymbol{O}_{l\times qd} \\ -\boldsymbol{\tau} & \boldsymbol{O}_{qd\times l} & \boldsymbol{I}_{qd} \end{bmatrix}\in\mathbf{R}^{((p+q)d+l)\times(qd+l+1)} \\
\boldsymbol{X}_j=\begin{bmatrix} \bar{\boldsymbol{C}}(\boldsymbol{r},\boldsymbol{\tau})\boldsymbol{i}_{pd}^{(j)} & -\dot{\bar{\boldsymbol{D}}}_j(\boldsymbol{r},\boldsymbol{\tau}) & \boldsymbol{O}_{pd\times qd} \\ \boldsymbol{O}_{l\times 1} & \boldsymbol{O}_{l\times l} & \boldsymbol{O}_{l\times qd} \\ \boldsymbol{O}_{qd\times 1} & \boldsymbol{O}_{qd\times l} & \boldsymbol{O}_{qd\times qd} \end{bmatrix}\in\mathbf{R}^{((p+q)d+l)\times(qd+l+1)},\quad 1\leqslant j\leqslant pd \\
\boldsymbol{X}_{pd+j}=\begin{bmatrix} \boldsymbol{O}_{pd\times 1} & \boldsymbol{O}_{pd\times l} & \boldsymbol{O}_{pd\times qd} \\ \boldsymbol{i}_l^{(j)} & \boldsymbol{O}_{l\times l} & \boldsymbol{O}_{l\times qd} \\ \boldsymbol{O}_{qd\times 1} & \boldsymbol{O}_{qd\times l} & \boldsymbol{O}_{qd\times qd} \end{bmatrix}\in\mathbf{R}^{((p+q)d+l)\times(qd+l+1)},\quad 1\leqslant j\leqslant l \\
\boldsymbol{X}_{pd+l+j}=\begin{bmatrix} \bar{\boldsymbol{E}}(\boldsymbol{r},\boldsymbol{\tau})\boldsymbol{i}_{qd}^{(j)} & -\dot{\bar{\boldsymbol{F}}}_j(\boldsymbol{r},\boldsymbol{\tau}) & \boldsymbol{O}_{pd\times qd} \\ \boldsymbol{O}_{l\times 1} & \boldsymbol{O}_{l\times l} & \boldsymbol{O}_{l\times qd} \\ \boldsymbol{i}_{qd}^{(j)} & \boldsymbol{O}_{qd\times l} & \boldsymbol{O}_{qd\times qd} \end{bmatrix}\in\mathbf{R}^{((p+q)d+l)\times(qd+l+1)},\quad 1\leqslant j\leqslant qd
\end{cases}
\tag{11.34}
$$

则可将式(11.33)表示为

$$
\begin{cases}
\min\limits_{\substack{\boldsymbol{x}\in\mathbf{R}^{(qd+l+1)\times 1} \\ \boldsymbol{\xi}_1\in\mathbf{R}^{((p+q)d+l)\times 1}}} \boldsymbol{\xi}_1^{\mathrm{T}}\boldsymbol{\Gamma}_1^{-1}\boldsymbol{\xi}_1 \\
\text{s.t.}\ \left(\boldsymbol{X}_0+\sum\limits_{j=1}^{(p+q)d+l}\langle\boldsymbol{\xi}_1\rangle_j\boldsymbol{X}_j\right)\boldsymbol{x}=\boldsymbol{O}_{((p+q)d+l)\times 1} \\
\boldsymbol{i}_{qd+l+1}^{(1)\mathrm{T}}\boldsymbol{x}=1
\end{cases}
\tag{11.35}
$$

为了得到标准形式的结构总体最小二乘优化模型[1, 2]，需要令$\bar{\boldsymbol{\xi}}_1=\boldsymbol{\Gamma}_1^{-1/2}\boldsymbol{\xi}_1$，于是有

$$
\langle\boldsymbol{\xi}_1\rangle_j=\langle\boldsymbol{\Gamma}_1^{1/2}\bar{\boldsymbol{\xi}}_1\rangle_j=\sum_{i=1}^{(p+q)d+l}\langle\boldsymbol{\Gamma}_1^{1/2}\rangle_{ji}\langle\bar{\boldsymbol{\xi}}_1\rangle_i,\quad 1\leqslant j\leqslant(p+q)d+l \tag{11.36}
$$

将式(11.36)代入式(11.35)可得

$$
\begin{cases}
\min\limits_{\substack{\boldsymbol{x}\in\mathbf{R}^{(qd+l+1)\times 1} \\ \bar{\boldsymbol{\xi}}_1\in\mathbf{R}^{((p+q)d+l)\times 1}}} \|\bar{\boldsymbol{\xi}}_1\|_2^2 \\
\text{s.t.}\ \left(\boldsymbol{X}_0+\sum\limits_{j=1}^{(p+q)d+l}\langle\bar{\boldsymbol{\xi}}_1\rangle_j\sum\limits_{i=1}^{(p+q)d+l}\langle\boldsymbol{\Gamma}_1^{1/2}\rangle_{ij}\boldsymbol{X}_i\right)\boldsymbol{x}=\boldsymbol{O}_{((p+q)d+l)\times 1} \\
\boldsymbol{i}_{qd+l+1}^{(1)\mathrm{T}}\boldsymbol{x}=1
\end{cases}
\tag{11.37}
$$

再令

$$
\bar{\boldsymbol{X}}_j=\sum_{i=1}^{(p+q)d+l}\langle\boldsymbol{\Gamma}_1^{1/2}\rangle_{ij}\boldsymbol{X}_i \tag{11.38}
$$

并将式(11.38)代入式(11.37)可得

$$\begin{cases} \min\limits_{\substack{\boldsymbol{x}\in\mathbf{R}^{(qd+l+1)\times 1}\\ \bar{\boldsymbol{\xi}}_1\in\mathbf{R}^{((p+q)d+l)\times 1}}} \|\bar{\boldsymbol{\xi}}_1\|_2^2 \\ \text{s. t.}\ \left(\boldsymbol{X}_0+\sum\limits_{j=1}^{(p+q)d+l}\langle\bar{\boldsymbol{\xi}}_1\rangle_j\bar{\boldsymbol{X}}_j\right)\boldsymbol{x}=\boldsymbol{O}_{((p+q)d+l)\times 1} \\ \boldsymbol{i}_{qd+l+1}^{(1)\mathrm{T}}\boldsymbol{x}=1 \end{cases} \tag{11.39}$$

为了得到标准形式的结构总体最小二乘优化模型[1, 2]，还需要将式(11.39)中的线性约束 $\boldsymbol{i}_{qd+l+1}^{(1)\mathrm{T}}\boldsymbol{x}=1$ 转化为二次型约束 $\|\boldsymbol{x}\|_2=1$，从而得到如下优化模型：

$$\begin{cases} \min\limits_{\substack{\boldsymbol{x}\in\mathbf{R}^{(qd+l+1)\times 1}\\ \bar{\boldsymbol{\xi}}_1\in\mathbf{R}^{((p+q)d+l)\times 1}}} \|\bar{\boldsymbol{\xi}}_1\|_2^2 \\ \text{s. t.}\ \left(\boldsymbol{X}_0+\sum\limits_{j=1}^{(p+q)d+l}\langle\bar{\boldsymbol{\xi}}_1\rangle_j\bar{\boldsymbol{X}}_j\right)\boldsymbol{x}=\boldsymbol{O}_{((p+q)d+l)\times 1} \\ \|\boldsymbol{x}\|_2=1 \end{cases} \tag{11.40}$$

类似于命题 7.1 的分析，对式(11.39)的求解可以直接转化为对式(11.40)的求解，而式(11.40)是标准形式的结构总体最小二乘优化模型[1, 2]，其存在标准的数值迭代算法。

2. 数值迭代算法

类似于 7.2.1 节的讨论，为了求解式(11.40)需要寻找使得$|\tau|$最小化的三元组($\boldsymbol{\alpha}$，τ，$\boldsymbol{\beta}$)，其中 $\boldsymbol{\alpha}\in\mathbf{R}^{((p+q)d+l)\times 1}$，$\boldsymbol{\beta}\in\mathbf{R}^{(qd+l+1)\times 1}$ 和 $\tau\in\mathbf{R}$ 满足

$$\begin{cases} \boldsymbol{X}_0\boldsymbol{\beta}=\tau\boldsymbol{S}_1^{(1)}(\boldsymbol{\beta})\boldsymbol{\alpha},\quad \boldsymbol{\alpha}^{\mathrm{T}}\boldsymbol{S}_1^{(1)}(\boldsymbol{\beta})\boldsymbol{\alpha}=1 \\ \boldsymbol{X}_0^{\mathrm{T}}\boldsymbol{\alpha}=\tau\boldsymbol{S}_1^{(2)}(\boldsymbol{\alpha})\boldsymbol{\beta},\quad \boldsymbol{\beta}^{\mathrm{T}}\boldsymbol{S}_1^{(2)}(\boldsymbol{\alpha})\boldsymbol{\beta}=1 \end{cases} \tag{11.41}$$

式中，$\boldsymbol{S}_1^{(1)}(\boldsymbol{\beta})$和 $\boldsymbol{S}_1^{(2)}(\boldsymbol{\alpha})$分别是关于向量 $\boldsymbol{\beta}$ 和 $\boldsymbol{\alpha}$ 的二次函数，相应的表达式为

$$\begin{cases} \boldsymbol{S}_1^{(1)}(\boldsymbol{\beta})=\sum\limits_{j=1}^{(p+q)d+l}\bar{\boldsymbol{X}}_j\boldsymbol{\beta}\boldsymbol{\beta}^{\mathrm{T}}\bar{\boldsymbol{X}}_j^{\mathrm{T}}\in\mathbf{R}^{((p+q)d+l)\times((p+q)d+l)} \\ \boldsymbol{S}_1^{(2)}(\boldsymbol{\alpha})=\sum\limits_{j=1}^{(p+q)d+l}\bar{\boldsymbol{X}}_j^{\mathrm{T}}\boldsymbol{\alpha}\boldsymbol{\alpha}^{\mathrm{T}}\bar{\boldsymbol{X}}_j\in\mathbf{R}^{(qd+l+1)\times(qd+l+1)} \end{cases} \tag{11.42}$$

显然，7.2.1 节给出的逆迭代算法可以直接应用于此，其基本思想是在每步迭代中，先利用当前最新的迭代值 $\boldsymbol{\alpha}$ 和 $\boldsymbol{\beta}$ 计算矩阵 $\boldsymbol{S}_1^{(2)}(\boldsymbol{\alpha})$和 $\boldsymbol{S}_1^{(1)}(\boldsymbol{\beta})$，并把它们作为常量矩阵代入式(11.41)确定 $\boldsymbol{\alpha}$ 和 $\boldsymbol{\beta}$ 的迭代更新值，从而进入下一轮迭代，重复此过程直至迭代收敛为止。与之类似的是，$\boldsymbol{\alpha}$ 和 $\boldsymbol{\beta}$ 的迭代更新值可以通过矩阵 $\boldsymbol{X}_0$ 的 $\boldsymbol{QR}$ 分解获得，其 $\boldsymbol{QR}$ 分解可表示为

$$\boldsymbol{X}_0=\Big[\underbrace{\boldsymbol{P}_1}_{((p+q)d+l)\times(qd+l+1)}\ \vdots\ \underbrace{\boldsymbol{P}_2}_{((p+q)d+l)\times(pd-1)}\Big]\begin{bmatrix}\underbrace{\boldsymbol{R}}_{(qd+l+1)\times(qd+l+1)} \\ \cdots \\ \underbrace{\boldsymbol{O}}_{(pd-1)\times(qd+l+1)}\end{bmatrix}=\boldsymbol{P}_1\mathbf{R} \tag{11.43}$$

式中，$\boldsymbol{P}=[\boldsymbol{P}_1\quad\boldsymbol{P}_2]$为正交矩阵(即满足 $\boldsymbol{P}^{\mathrm{T}}\boldsymbol{P}=\boldsymbol{I}_{(p+q)d+l}$)；$\boldsymbol{R}$ 为上三角矩阵。不妨将向量 $\boldsymbol{\alpha}$

分解为

$$\boldsymbol{\alpha}=\boldsymbol{P}_1\boldsymbol{\alpha}_1+\boldsymbol{P}_2\boldsymbol{\alpha}_2 \tag{11.44}$$

式中，$\boldsymbol{\alpha}_1\in\mathbf{R}^{(qd+l+1)\times 1}$ 和 $\boldsymbol{\alpha}_2\in\mathbf{R}^{(pd-1)\times 1}$，则由式(11.41)可推得如下线性方程组：

$$\begin{bmatrix} \boldsymbol{R}^{\mathrm{T}} & \boldsymbol{O}_{(qd+l+1)\times(pd-1)} & \boldsymbol{O}_{(qd+l+1)\times(qd+l+1)} \\ \boldsymbol{P}_2^{\mathrm{T}}\boldsymbol{S}_1^{(1)}(\boldsymbol{\beta})\boldsymbol{P}_1 & \boldsymbol{P}_2^{\mathrm{T}}\boldsymbol{S}_1^{(1)}(\boldsymbol{\beta})\boldsymbol{P}_2 & \boldsymbol{O}_{(pd-1)\times(qd+l+1)} \\ \tau\boldsymbol{P}_1^{\mathrm{T}}\boldsymbol{S}_1^{(1)}(\boldsymbol{\beta})\boldsymbol{P}_1 & \tau\boldsymbol{P}_1^{\mathrm{T}}\boldsymbol{S}_1^{(1)}(\boldsymbol{\beta})\boldsymbol{P}_2 & -\boldsymbol{R} \end{bmatrix}\begin{bmatrix}\boldsymbol{\alpha}_1\\ \boldsymbol{\alpha}_2\\ \boldsymbol{\beta}\end{bmatrix}=\begin{bmatrix}\tau\boldsymbol{S}_1^{(2)}(\boldsymbol{\alpha})\boldsymbol{\beta}\\ \boldsymbol{O}_{(pd-1)\times 1}\\ \boldsymbol{O}_{(qd+l+1)\times 1}\end{bmatrix} \tag{11.45}$$

需要指出的是，在迭代求解过程中式(11.45)中矩阵 $\boldsymbol{S}_1^{(1)}(\boldsymbol{\beta})$ 和 $\boldsymbol{S}_1^{(2)}(\boldsymbol{\alpha})$ 均认为是已知量，并且是将上一轮 $\boldsymbol{\alpha}$ 和 $\boldsymbol{\beta}$ 的迭代值代入进行计算。因此不难发现，线性方程(11.45)中包含的未知量个数为 $(p+2q)d+2l+1$，方程个数也是 $(p+2q)d+2l+1$，因此可以得到其唯一解。另外，由于左边的系数矩阵具有分块下三角结构，因此其中未知量的解可以通过递推的形式给出，相应的计算公式为

$$\begin{cases}\boldsymbol{\alpha}_1=\tau\boldsymbol{R}^{-\mathrm{T}}\boldsymbol{S}_1^{(2)}(\boldsymbol{\alpha})\boldsymbol{\beta}\\ \boldsymbol{\alpha}_2=-(\boldsymbol{P}_2^{\mathrm{T}}\boldsymbol{S}_1^{(1)}(\boldsymbol{\beta})\boldsymbol{P}_2)^{-1}\boldsymbol{P}_2^{\mathrm{T}}\boldsymbol{S}_1^{(1)}(\boldsymbol{\beta})\boldsymbol{P}_1\boldsymbol{\alpha}_1\\ \boldsymbol{\alpha}=\boldsymbol{P}_1\boldsymbol{\alpha}_1+\boldsymbol{P}_2\boldsymbol{\alpha}_2\\ \boldsymbol{\beta}=\tau\boldsymbol{R}^{-1}\boldsymbol{P}_1^{\mathrm{T}}\boldsymbol{S}_1^{(1)}(\boldsymbol{\beta})\boldsymbol{\alpha}\end{cases} \tag{11.46}$$

结合上述讨论和 7.2.1 节给出的算法，下面可以归纳总结出求解式(11.40)的逆迭代算法的具体步骤：

步骤 1：初始化，选择 $\boldsymbol{\alpha}_0$，$\boldsymbol{\beta}_0$ 和 τ_0，利用式(11.42)构造矩阵 $\boldsymbol{S}_1^{(1)}(\boldsymbol{\beta}_0)$ 和 $\boldsymbol{S}_1^{(2)}(\boldsymbol{\alpha}_0)$，并进行归一化处理，使得

$$\boldsymbol{\alpha}_0^{\mathrm{T}}\boldsymbol{S}_1^{(1)}(\boldsymbol{\beta}_0)\boldsymbol{\alpha}_0=\boldsymbol{\beta}_0^{\mathrm{T}}\boldsymbol{S}_1^{(2)}(\boldsymbol{\alpha}_0)\boldsymbol{\beta}_0=1 \tag{11.47}$$

步骤 2：根据式(11.43)对矩阵 $\boldsymbol{X}_0$ 进行 $\boldsymbol{QR}$ 分解，并得到矩阵 $\boldsymbol{P}_1$，$\boldsymbol{P}_2$ 和 $\boldsymbol{R}$。

步骤 3：令 $k:=1$，并依次计算：

(1) $\boldsymbol{\alpha}_{1k}:=\tau_{k-1}\boldsymbol{R}^{-\mathrm{T}}\boldsymbol{S}_1^{(2)}(\boldsymbol{\alpha}_{k-1})\boldsymbol{\beta}_{k-1}$；

(2) $\boldsymbol{\alpha}_{2k}:=-(\boldsymbol{P}_2^{\mathrm{T}}\boldsymbol{S}_1^{(1)}(\boldsymbol{\beta}_{k-1})\boldsymbol{P}_2)^{-1}\boldsymbol{P}_2^{\mathrm{T}}\boldsymbol{S}_1^{(1)}(\boldsymbol{\beta}_{k-1})\boldsymbol{P}_1\boldsymbol{\alpha}_{1k}$；

(3) $\boldsymbol{\alpha}_k:=\boldsymbol{P}_1\boldsymbol{\alpha}_{1k}+\boldsymbol{P}_2\boldsymbol{\alpha}_{2k}$，并利用式(11.42)构造矩阵 $\boldsymbol{S}_1^{(2)}(\boldsymbol{\alpha}_k)$；

(4) $\boldsymbol{\beta}_k:=\boldsymbol{R}^{-1}\boldsymbol{P}_1^{\mathrm{T}}\boldsymbol{S}_1^{(1)}(\boldsymbol{\beta}_{k-1})\boldsymbol{\alpha}_k$；

(5) $\boldsymbol{\beta}_k:=\boldsymbol{\beta}_k/\|\boldsymbol{\beta}_k\|_2$，并利用式(11.42)构造矩阵 $\boldsymbol{S}_1^{(1)}(\boldsymbol{\beta}_k)$；

(6) $c_k:=(\boldsymbol{\alpha}_k^{\mathrm{T}}\boldsymbol{S}_1^{(1)}(\boldsymbol{\beta}_k)\boldsymbol{\alpha}_k)^{1/4}$；

(7) $\boldsymbol{\alpha}_k:=\boldsymbol{\alpha}_k/c_k$ 和 $\boldsymbol{\beta}_k:=\boldsymbol{\beta}_k/c_k$；

(8) $\boldsymbol{S}_1^{(1)}(\boldsymbol{\beta}_k):=\boldsymbol{S}_1^{(1)}(\boldsymbol{\beta}_k)/c_k^2$ 和 $\boldsymbol{S}_1^{(2)}(\boldsymbol{\alpha}_k):=\boldsymbol{S}_1^{(2)}(\boldsymbol{\alpha}_k)/c_k^2$；

(9) $\tau_k:=\boldsymbol{\alpha}_k^{\mathrm{T}}\boldsymbol{X}_0\boldsymbol{\beta}_k$；

(10) $\langle\bar{\boldsymbol{\xi}}_1\rangle_j:=-\tau_k\boldsymbol{\alpha}_k^{\mathrm{T}}\bar{\boldsymbol{X}}_j\boldsymbol{\beta}_k$，$1\leqslant j\leqslant(p+q)d+l$；

(11) $\boldsymbol{M}_k:=\boldsymbol{X}_0+\sum\limits_{j=1}^{(p+q)d+l}\langle\bar{\boldsymbol{\xi}}_1\rangle_j\bar{\boldsymbol{X}}_j$。

步骤 4：计算矩阵 $\boldsymbol{M}_k$ 的最大奇异值 $\sigma_{k,\max}$ 和最小奇异值 $\sigma_{k,\min}$，若 $\sigma_{k,\min}/\sigma_{k,\max}\geqslant\varepsilon$，则令 $k:=k+1$，并且转至步骤 3，否则停止迭代。

需要指出的是，7.2.1 节的六点注释同样可以推广于此，限于篇幅这里不再阐述。若将上述逆迭代算法中向量 $\boldsymbol{\beta}_k$ 的收敛值记为$\hat{\boldsymbol{\beta}}_{\text{stls}}^{(\text{rja})}$（即有$\hat{\boldsymbol{\beta}}_{\text{stls}}^{(\text{rja})}=\lim\limits_{k\to+\infty}\boldsymbol{\beta}_k$），则根据命题 7.1 可知，式(11.39)中向量 $\boldsymbol{x}$ 的最优解为

$$\hat{\boldsymbol{x}}_{\text{stls}}^{(\text{rja})}=\hat{\boldsymbol{\beta}}_{\text{stls}}^{(\text{rja})}/\langle\hat{\boldsymbol{\beta}}_{\text{stls}}^{(\text{rja})}\rangle_1 \tag{11.48}$$

因此系统参量解和校正源位置解分别为$\hat{\boldsymbol{w}}_{\text{stls}}^{(\text{rja})}=[\boldsymbol{O}_{l\times 1}\quad \boldsymbol{I}_l\quad \boldsymbol{O}_{l\times qd}]\hat{\boldsymbol{x}}_{\text{stls}}^{(\text{rja})}$和$\hat{\boldsymbol{s}}_{\text{stls}}^{(\text{rja})}=[\boldsymbol{O}_{qd\times(l+1)}\quad \boldsymbol{I}_{qd}]\hat{\boldsymbol{x}}_{\text{stls}}^{(\text{rja})}$，它们即为第一类结构总体最小二乘(多)目标联合定位方法给出的系统参量解和校正源位置解。

11.3.2　系统参量和校正源位置向量联合估计值的理论性能

这里将推导系统参量解$\hat{\boldsymbol{w}}_{\text{stls}}^{(\text{rja})}$和校正源位置解$\hat{\boldsymbol{s}}_{\text{stls}}^{(\text{rja})}$的理论性能，重点推导其联合估计方差矩阵。首先可以得到如下命题。

命题 11.4　式(11.39)的最优解$\hat{\boldsymbol{x}}_{\text{stls}}^{(\text{rja})}$是如下优化问题的最优解：

$$\begin{cases}\min\limits_{\boldsymbol{x}\in\mathbf{R}^{(qd+l+1)\times 1}} \boldsymbol{x}^{\text{T}}\boldsymbol{X}_0^{\text{T}}(\boldsymbol{S}_1^{(1)}(\boldsymbol{x}))^{-1}\boldsymbol{X}_0\boldsymbol{x}\\ \text{s.t. } \boldsymbol{i}_{qd+l+1}^{(1)\text{T}}\boldsymbol{x}=1\end{cases} \tag{11.49}$$

证明　由于式(11.39)是含有等式约束的优化问题，因此它可以采用拉格朗日乘子法进行优化求解[3]，相应的拉格朗日函数可构造为

$$\bar{J}_1(\bar{\boldsymbol{\xi}}_1,\boldsymbol{x},\boldsymbol{\eta},\lambda)=\bar{\boldsymbol{\xi}}_1^{\text{T}}\bar{\boldsymbol{\xi}}_1+2\boldsymbol{\eta}^{\text{T}}\Big(\boldsymbol{X}_0+\sum_{j=1}^{(p+q)d+l}\langle\bar{\boldsymbol{\xi}}_1\rangle_j\bar{\boldsymbol{X}}_j\Big)\boldsymbol{x}+\lambda(1-\boldsymbol{i}_{qd+l+1}^{(1)\text{T}}\boldsymbol{x}) \tag{11.50}$$

式中，$\boldsymbol{\eta}$ 和 λ 分别表示拉格朗日乘子向量和标量。分别对式(11.50)中的各个变量求偏导，并令其等于零可推得

$$\begin{cases}\langle\bar{\boldsymbol{\xi}}_1\rangle_j=-\boldsymbol{\eta}^{\text{T}}\bar{\boldsymbol{X}}_j\boldsymbol{x},\quad 1\leqslant j\leqslant(p+q)d+l & (11.51\text{a})\\ \Big(\boldsymbol{X}_0+\sum\limits_{j=1}^{(p+q)d+l}\langle\bar{\boldsymbol{\xi}}_1\rangle_j\bar{\boldsymbol{X}}_j\Big)\boldsymbol{x}=\boldsymbol{O}_{((p+q)d+l)\times 1} & (11.51\text{b})\\ \Big(\boldsymbol{X}_0^{\text{T}}+\sum\limits_{j=1}^{(p+q)d+l}\langle\bar{\boldsymbol{\xi}}_1\rangle_j\bar{\boldsymbol{X}}_j^{\text{T}}\Big)\boldsymbol{\eta}=\lambda\boldsymbol{i}_{qd+l+1}^{(1)}/2 & (11.51\text{c})\\ \boldsymbol{i}_{qd+l+1}^{(1)\text{T}}\boldsymbol{x}=1 & (11.51\text{d})\end{cases}$$

首先根据式(11.51b)和式(11.51c)可以得到 $\lambda=0$，再将式(11.51a)分别代入式(11.51b)和式(11.51c)可得

$$\begin{cases}\boldsymbol{X}_0\boldsymbol{x}=\Big(\sum\limits_{j=1}^{(p+q)d+l}(\boldsymbol{\eta}^{\text{T}}\bar{\boldsymbol{X}}_j\boldsymbol{x})\bar{\boldsymbol{X}}_j\Big)\boldsymbol{x}=\Big(\sum\limits_{j=1}^{(p+q)d+l}\bar{\boldsymbol{X}}_j\boldsymbol{x}\boldsymbol{x}^{\text{T}}\bar{\boldsymbol{X}}_j^{\text{T}}\Big)\boldsymbol{\eta}=\boldsymbol{S}_1^{(1)}(\boldsymbol{x})\boldsymbol{\eta} & (11.52\text{a})\\ \boldsymbol{X}_0^{\text{T}}\boldsymbol{\eta}=\Big(\sum\limits_{j=1}^{(p+q)d+l}(\boldsymbol{\eta}^{\text{T}}\bar{\boldsymbol{X}}_j\boldsymbol{x})\bar{\boldsymbol{X}}_j^{\text{T}}\Big)\boldsymbol{\eta}=\Big(\sum\limits_{j=1}^{(p+q)d+l}\bar{\boldsymbol{X}}_j^{\text{T}}\boldsymbol{\eta}\boldsymbol{\eta}^{\text{T}}\bar{\boldsymbol{X}}_j\Big)\boldsymbol{x}=\boldsymbol{S}_1^{(2)}(\boldsymbol{\eta})\boldsymbol{x} & (11.52\text{b})\end{cases}$$

基于式(11.51a)可知，式(11.39)中的目标函数可表示为

$$\|\bar{\boldsymbol{\xi}}_1\|_2^2=\bar{\boldsymbol{\xi}}_1^{\text{T}}\bar{\boldsymbol{\xi}}_1=\boldsymbol{\eta}^{\text{T}}\Big(\sum_{j=1}^{(p+q)d+l}\bar{\boldsymbol{X}}_j\boldsymbol{x}\boldsymbol{x}^{\text{T}}\bar{\boldsymbol{X}}_j^{\text{T}}\Big)\boldsymbol{\eta}=\boldsymbol{\eta}^{\text{T}}\boldsymbol{S}_1^{(1)}(\boldsymbol{x})\boldsymbol{\eta} \tag{11.53}$$

再利用式(11.52a)可得

$$\boldsymbol{\eta}=(\boldsymbol{S}_1^{(1)}(\boldsymbol{x}))^{-1}\boldsymbol{X}_0\boldsymbol{x} \tag{11.54}$$

将式(11.54)代入式(11.53)可将目标函数进一步表示为

$$\|\bar{\boldsymbol{\xi}}_1\|_2^2=\boldsymbol{\eta}^{\mathrm{T}}\boldsymbol{S}_1^{(1)}(\boldsymbol{x})\boldsymbol{\eta}=\boldsymbol{x}^{\mathrm{T}}\boldsymbol{X}_0^{\mathrm{T}}(\boldsymbol{S}_1^{(1)}(\boldsymbol{x}))^{-1}\boldsymbol{X}_0\boldsymbol{x} \tag{11.55}$$

根据式(11.55a)可知结论成立。证毕。

根据命题 11.4 还可以进一步得到如下推论。

推论 11.1　系统参量解$\hat{\boldsymbol{w}}_{\mathrm{stls}}^{(\mathrm{rja})}$和校正源位置解$\hat{\boldsymbol{s}}_{\mathrm{stls}}^{(\mathrm{rja})}$是如下优化问题的最优解：

$$\min_{\substack{\boldsymbol{w}\in\mathbf{R}^{l\times 1}\\ \boldsymbol{s}\in\mathbf{R}^{qd\times 1}}}\left(\begin{bmatrix}\bar{\boldsymbol{D}}(\boldsymbol{r},\boldsymbol{\tau}) & \boldsymbol{O}_{pd\times qd}\\ \boldsymbol{I}_l & \boldsymbol{O}_{l\times qd}\\ \boldsymbol{O}_{qd\times l} & \boldsymbol{I}_{qd}\end{bmatrix}\begin{bmatrix}\boldsymbol{w}\\ \boldsymbol{s}\end{bmatrix}-\begin{bmatrix}\bar{\boldsymbol{c}}(\boldsymbol{r},\boldsymbol{\tau})\\ \boldsymbol{v}\\ \boldsymbol{\tau}\end{bmatrix}\right)^{\mathrm{T}}\boldsymbol{\Omega}^{-1}\left(\begin{bmatrix}\bar{\boldsymbol{D}}(\boldsymbol{r},\boldsymbol{\tau}) & \boldsymbol{O}_{pd\times qd}\\ \boldsymbol{I}_l & \boldsymbol{O}_{l\times qd}\\ \boldsymbol{O}_{qd\times l} & \boldsymbol{I}_{qd}\end{bmatrix}\begin{bmatrix}\boldsymbol{w}\\ \boldsymbol{s}\end{bmatrix}-\begin{bmatrix}\bar{\boldsymbol{c}}(\boldsymbol{r},\boldsymbol{\tau})\\ \boldsymbol{v}\\ \boldsymbol{\tau}\end{bmatrix}\right) \tag{11.56}$$

式中

$$\boldsymbol{\Omega}=\begin{bmatrix}\bar{\boldsymbol{H}}(\boldsymbol{r},\boldsymbol{\tau},\boldsymbol{w})\boldsymbol{Q}_3\bar{\boldsymbol{H}}^{\mathrm{T}}(\boldsymbol{r},\boldsymbol{\tau},\boldsymbol{w})+\bar{\boldsymbol{U}}(\boldsymbol{r},\boldsymbol{\tau},\boldsymbol{w})\boldsymbol{Q}_4\bar{\boldsymbol{U}}^{\mathrm{T}}(\boldsymbol{r},\boldsymbol{\tau},\boldsymbol{w}) & \boldsymbol{O}_{pd\times l} & \bar{\boldsymbol{U}}(\boldsymbol{r},\boldsymbol{\tau},\boldsymbol{w})\boldsymbol{Q}_4\\ \boldsymbol{O}_{l\times pd} & \boldsymbol{Q}_2 & \boldsymbol{O}_{l\times qd}\\ \boldsymbol{Q}_4\bar{\boldsymbol{U}}^{\mathrm{T}}(\boldsymbol{r},\boldsymbol{\tau},\boldsymbol{w}) & \boldsymbol{O}_{qd\times l} & \boldsymbol{Q}_4\end{bmatrix} \tag{11.57}$$

其中

$$\begin{cases}\bar{\boldsymbol{H}}(\boldsymbol{r},\boldsymbol{\tau},\boldsymbol{w})=\bar{\boldsymbol{C}}(\boldsymbol{r},\boldsymbol{\tau})-[\dot{\bar{\boldsymbol{D}}}_1(\boldsymbol{r},\boldsymbol{\tau})\boldsymbol{w}\quad \dot{\bar{\boldsymbol{D}}}_2(\boldsymbol{r},\boldsymbol{\tau})\boldsymbol{w}\quad\cdots\quad \dot{\bar{\boldsymbol{D}}}_{pd}(\boldsymbol{r},\boldsymbol{\tau})\boldsymbol{w}]\in\mathbf{R}^{pd\times pd}\\ \bar{\boldsymbol{U}}(\boldsymbol{r},\boldsymbol{\tau},\boldsymbol{w})=\bar{\boldsymbol{E}}(\boldsymbol{r},\boldsymbol{\tau})-[\dot{\bar{\boldsymbol{F}}}_1(\boldsymbol{r},\boldsymbol{\tau})\boldsymbol{w}\quad \dot{\bar{\boldsymbol{F}}}_2(\boldsymbol{r},\boldsymbol{\tau})\boldsymbol{w}\quad\cdots\quad \dot{\bar{\boldsymbol{F}}}_{qd}(\boldsymbol{r},\boldsymbol{\tau})\boldsymbol{w}]\in\mathbf{R}^{pd\times qd}\end{cases} \tag{11.58}$$

证明　由于$\boldsymbol{x}=[1\quad \boldsymbol{w}^{\mathrm{T}}\quad \boldsymbol{s}^{\mathrm{T}}]^{\mathrm{T}}$，因此根据式(11.34)中的第一式可得

$$\boldsymbol{X}_0\boldsymbol{x}=\begin{bmatrix}-\bar{\boldsymbol{c}}(\boldsymbol{r},\boldsymbol{\tau}) & \bar{\boldsymbol{D}}(\boldsymbol{r},\boldsymbol{\tau}) & \boldsymbol{O}_{pd\times qd}\\ -\boldsymbol{v} & \boldsymbol{I}_l & \boldsymbol{O}_{l\times qd}\\ -\boldsymbol{\tau} & \boldsymbol{O}_{qd\times l} & \boldsymbol{I}_{qd}\end{bmatrix}\begin{bmatrix}1\\ \boldsymbol{w}\\ \boldsymbol{s}\end{bmatrix}=\begin{bmatrix}\bar{\boldsymbol{D}}(\boldsymbol{r},\boldsymbol{\tau}) & \boldsymbol{O}_{pd\times qd}\\ \boldsymbol{I}_l & \boldsymbol{O}_{l\times qd}\\ \boldsymbol{O}_{qd\times l} & \boldsymbol{I}_{qd}\end{bmatrix}\begin{bmatrix}\boldsymbol{w}\\ \boldsymbol{s}\end{bmatrix}-\begin{bmatrix}\bar{\boldsymbol{c}}(\boldsymbol{r},\boldsymbol{\tau})\\ \boldsymbol{v}\\ \boldsymbol{\tau}\end{bmatrix} \tag{11.59}$$

另外，根据式(11.34)中的第二式至第四式和式(11.38)可得

$$\begin{aligned}\boldsymbol{X}_j\boldsymbol{x}=&\sum_{i=1}^{(p+q)d+l}\langle\boldsymbol{\Gamma}_1^{1/2}\rangle_{ij}\boldsymbol{X}_i\boldsymbol{x}=\sum_{i=1}^{pd}\langle\boldsymbol{\Gamma}_1^{1/2}\rangle_{ij}\begin{bmatrix}\bar{\boldsymbol{C}}(\boldsymbol{r},\boldsymbol{\tau})\boldsymbol{i}_{pd}^{(i)} & -\dot{\bar{\boldsymbol{D}}}_i(\boldsymbol{r},\boldsymbol{\tau}) & \boldsymbol{O}_{pd\times qd}\\ \boldsymbol{O}_{l\times 1} & \boldsymbol{O}_{l\times l} & \boldsymbol{O}_{l\times qd}\\ \boldsymbol{O}_{qd\times 1} & \boldsymbol{O}_{qd\times l} & \boldsymbol{O}_{qd\times qd}\end{bmatrix}\begin{bmatrix}1\\ \boldsymbol{w}\\ \boldsymbol{s}\end{bmatrix}\\ &+\sum_{i=1}^{l}\langle\boldsymbol{\Gamma}_1^{1/2}\rangle_{pd+i,j}\begin{bmatrix}\boldsymbol{O}_{pd\times 1} & \boldsymbol{O}_{pd\times l} & \boldsymbol{O}_{pd\times qd}\\ \boldsymbol{i}_l^{(i)} & \boldsymbol{O}_{l\times l} & \boldsymbol{O}_{l\times qd}\\ \boldsymbol{O}_{qd\times 1} & \boldsymbol{O}_{qd\times l} & \boldsymbol{O}_{qd\times qd}\end{bmatrix}\begin{bmatrix}1\\ \boldsymbol{w}\\ \boldsymbol{s}\end{bmatrix}+\sum_{i=1}^{qd}\langle\boldsymbol{\Gamma}_1^{1/2}\rangle_{pd+l+i,j}\begin{bmatrix}\bar{\boldsymbol{E}}(\boldsymbol{r},\boldsymbol{\tau})\boldsymbol{i}_{qd}^{(i)} & -\dot{\bar{\boldsymbol{F}}}_i(\boldsymbol{r},\boldsymbol{\tau}) & \boldsymbol{O}_{pd\times qd}\\ \boldsymbol{O}_{l\times 1} & \boldsymbol{O}_{l\times l} & \boldsymbol{O}_{l\times qd}\\ \boldsymbol{i}_{qd}^{(i)} & \boldsymbol{O}_{qd\times l} & \boldsymbol{O}_{qd\times qd}\end{bmatrix}\begin{bmatrix}1\\ \boldsymbol{w}\\ \boldsymbol{s}\end{bmatrix}\\ =&\sum_{i=1}^{pd}\langle\boldsymbol{\Gamma}_1^{1/2}\rangle_{ij}\begin{bmatrix}\bar{\boldsymbol{C}}(\boldsymbol{r},\boldsymbol{\tau})\boldsymbol{i}_{pd}^{(i)}-\dot{\bar{\boldsymbol{D}}}_i(\boldsymbol{r},\boldsymbol{\tau})\boldsymbol{w}\\ \boldsymbol{O}_{l\times 1}\\ \boldsymbol{O}_{qd\times 1}\end{bmatrix}+\sum_{i=1}^{l}\langle\boldsymbol{\Gamma}_1^{1/2}\rangle_{pd+i,j}\begin{bmatrix}\boldsymbol{O}_{pd\times 1}\\ \boldsymbol{i}_l^{(i)}\\ \boldsymbol{O}_{qd\times 1}\end{bmatrix}+\sum_{i=1}^{qd}\langle\boldsymbol{\Gamma}_1^{1/2}\rangle_{pd+l+i,j}\begin{bmatrix}\bar{\boldsymbol{E}}(\boldsymbol{r},\boldsymbol{\tau})\boldsymbol{i}_{qd}^{(i)}-\dot{\bar{\boldsymbol{F}}}_i(\boldsymbol{r},\boldsymbol{\tau})\boldsymbol{w}\\ \boldsymbol{O}_{l\times 1}\\ \boldsymbol{i}_{qd}^{(i)}\end{bmatrix}\end{aligned} \tag{11.60}$$

根据式(11.32)中的第二式、式(11.58)和式(11.60)可进一步推得

$$\begin{cases} \boldsymbol{X}_j\boldsymbol{x}=\sum\limits_{i=1}^{pd}\langle \boldsymbol{Q}_3^{1/2}\rangle_{ij}\begin{bmatrix}\bar{\boldsymbol{C}}(\boldsymbol{r},\boldsymbol{\tau})\boldsymbol{i}_{pd}^{(i)}-\dot{\bar{\boldsymbol{D}}}_i(\boldsymbol{r},\boldsymbol{\tau})\boldsymbol{w}\\ \boldsymbol{O}_{l\times 1}\\ \boldsymbol{O}_{qd\times 1}\end{bmatrix}=\sum\limits_{i=1}^{pd}\langle \boldsymbol{Q}_3^{1/2}\rangle_{ij}\begin{bmatrix}\bar{\boldsymbol{H}}(\boldsymbol{r},\boldsymbol{\tau},\boldsymbol{w})\boldsymbol{i}_{pd}^{(i)}\\ \boldsymbol{O}_{l\times 1}\\ \boldsymbol{O}_{qd\times 1}\end{bmatrix}=\begin{bmatrix}\bar{\boldsymbol{H}}(\boldsymbol{r},\boldsymbol{\tau},\boldsymbol{w})\boldsymbol{Q}_3^{1/2}\boldsymbol{i}_{pd}^{(j)}\\ \boldsymbol{O}_{l\times 1}\\ \boldsymbol{O}_{qd\times 1}\end{bmatrix},\quad 1\leqslant j\leqslant pd \\ \boldsymbol{X}_{pd+j}\boldsymbol{x}=\sum\limits_{i=1}^{l}\langle \boldsymbol{Q}_2^{1/2}\rangle_{ij}\begin{bmatrix}\boldsymbol{O}_{pd\times 1}\\ \boldsymbol{i}_l^{(i)}\\ \boldsymbol{O}_{qd\times 1}\end{bmatrix}=\begin{bmatrix}\boldsymbol{O}_{pd\times 1}\\ \boldsymbol{Q}_2^{1/2}\boldsymbol{i}_l^{(j)}\\ \boldsymbol{O}_{qd\times 1}\end{bmatrix},\quad 1\leqslant j\leqslant l \\ \boldsymbol{X}_{pd+l+j}\boldsymbol{x}=\sum\limits_{i=1}^{qd}\langle \boldsymbol{Q}_4^{1/2}\rangle_{ij}\begin{bmatrix}\bar{\boldsymbol{E}}(\boldsymbol{r},\boldsymbol{\tau})\boldsymbol{i}_{qd}^{(i)}-\dot{\bar{\boldsymbol{F}}}_i(\boldsymbol{r},\boldsymbol{\tau})\boldsymbol{w}\\ \boldsymbol{O}_{l\times 1}\\ \boldsymbol{i}_{qd}^{(i)}\end{bmatrix}=\sum\limits_{i=1}^{qd}\langle \boldsymbol{Q}_4^{1/2}\rangle_{ij}\begin{bmatrix}\bar{\boldsymbol{U}}(\boldsymbol{r},\boldsymbol{\tau},\boldsymbol{w})\boldsymbol{i}_{qd}^{(i)}\\ \boldsymbol{O}_{l\times 1}\\ \boldsymbol{i}_{qd}^{(i)}\end{bmatrix}=\begin{bmatrix}\bar{\boldsymbol{U}}(\boldsymbol{r},\boldsymbol{\tau},\boldsymbol{w})\boldsymbol{Q}_4^{1/2}\boldsymbol{i}_{qd}^{(j)}\\ \boldsymbol{O}_{l\times 1}\\ \boldsymbol{Q}_4^{1/2}\boldsymbol{i}_{qd}^{(j)}\end{bmatrix},\quad 1\leqslant j\leqslant qd \end{cases} \tag{11.61}$$

基于式(11.61)可知

$$\boldsymbol{S}_1^{(1)}(\boldsymbol{x})=\sum_{j=1}^{(p+q)d+l}\bar{\boldsymbol{X}}_j\boldsymbol{x}\boldsymbol{x}^{\mathrm{T}}\bar{\boldsymbol{X}}_j^{\mathrm{T}}=\boldsymbol{\Omega}$$

$$=\left[\begin{array}{c:c:c}\bar{\boldsymbol{H}}(\boldsymbol{r},\boldsymbol{\tau},\boldsymbol{w})\boldsymbol{Q}_3\bar{\boldsymbol{H}}^{\mathrm{T}}(\boldsymbol{r},\boldsymbol{\tau},\boldsymbol{w})+\bar{\boldsymbol{U}}(\boldsymbol{r},\boldsymbol{\tau},\boldsymbol{w})\boldsymbol{Q}_4\bar{\boldsymbol{U}}^{\mathrm{T}}(\boldsymbol{r},\boldsymbol{\tau},\boldsymbol{w}) & \boldsymbol{O}_{pd\times l} & \bar{\boldsymbol{U}}(\boldsymbol{r},\boldsymbol{\tau},\boldsymbol{w})\boldsymbol{Q}_4 \\ \hdashline \boldsymbol{O}_{l\times pd} & \boldsymbol{Q}_2 & \boldsymbol{O}_{l\times qd} \\ \hdashline \boldsymbol{Q}_4\bar{\boldsymbol{U}}^{\mathrm{T}}(\boldsymbol{r},\boldsymbol{\tau},\boldsymbol{w}) & \boldsymbol{O}_{qd\times l} & \boldsymbol{Q}_4\end{array}\right] \tag{11.62}$$

联合式(11.59)和式(11.62)可推得

$$\boldsymbol{x}^{\mathrm{T}}\boldsymbol{X}_0^{\mathrm{T}}(\boldsymbol{S}_1^{(1)}(\boldsymbol{x}))^{-1}\boldsymbol{X}_0\boldsymbol{x}=\left(\begin{bmatrix}\bar{\boldsymbol{D}}(\boldsymbol{r},\boldsymbol{\tau}) & \boldsymbol{O}_{pd\times qd}\\ \boldsymbol{I}_l & \boldsymbol{O}_{l\times qd}\\ \boldsymbol{O}_{qd\times l} & \boldsymbol{I}_{qd}\end{bmatrix}\begin{bmatrix}\boldsymbol{w}\\ \boldsymbol{s}\end{bmatrix}-\begin{bmatrix}\bar{\boldsymbol{c}}(\boldsymbol{r},\boldsymbol{\tau})\\ \boldsymbol{v}\\ \boldsymbol{\tau}\end{bmatrix}\right)^{\mathrm{T}}\boldsymbol{\Omega}^{-1}\left(\begin{bmatrix}\bar{\boldsymbol{D}}(\boldsymbol{r},\boldsymbol{\tau}) & \boldsymbol{O}_{pd\times qd}\\ \boldsymbol{I}_l & \boldsymbol{O}_{l\times qd}\\ \boldsymbol{O}_{qd\times l} & \boldsymbol{I}_{qd}\end{bmatrix}\begin{bmatrix}\boldsymbol{w}\\ \boldsymbol{s}\end{bmatrix}-\begin{bmatrix}\bar{\boldsymbol{c}}(\boldsymbol{r},\boldsymbol{\tau})\\ \boldsymbol{v}\\ \boldsymbol{\tau}\end{bmatrix}\right) \tag{11.63}$$

根据式(11.63)可知结论成立。证毕。

根据推论 11.1 可知,系统参量解$\hat{\boldsymbol{w}}_{\mathrm{stls}}^{(\mathrm{rja})}$和校正源位置解$\hat{\boldsymbol{s}}_{\mathrm{stls}}^{(\mathrm{rja})}$的二阶统计特性可以基于式(11.56)推得。类似于 6.2.2 节中的性能分析,系统参量解$\hat{\boldsymbol{w}}_{\mathrm{stls}}^{(\mathrm{rja})}$和校正源位置解$\hat{\boldsymbol{s}}_{\mathrm{stls}}^{(\mathrm{rja})}$的估计方差矩阵等于

$$\mathbf{cov}\left(\begin{bmatrix}\hat{\boldsymbol{w}}_{\mathrm{stls}}^{(\mathrm{rja})}\\ \hat{\boldsymbol{s}}_{\mathrm{stls}}^{(\mathrm{rja})}\end{bmatrix}\right)=\left(\begin{bmatrix}\bar{\boldsymbol{D}}(\boldsymbol{r}_0,\boldsymbol{s}) & \boldsymbol{O}_{pd\times qd}\\ \boldsymbol{I}_l & \boldsymbol{O}_{l\times qd}\\ \boldsymbol{O}_{qd\times l} & \boldsymbol{I}_{qd}\end{bmatrix}^{\mathrm{T}}\boldsymbol{\Omega}^{-1}\Big|_{\substack{\boldsymbol{r}=\boldsymbol{r}_0\\ \boldsymbol{\tau}=\boldsymbol{s}}}\begin{bmatrix}\bar{\boldsymbol{D}}(\boldsymbol{r}_0,\boldsymbol{s}) & \boldsymbol{O}_{pd\times qd}\\ \boldsymbol{I}_l & \boldsymbol{O}_{l\times qd}\\ \boldsymbol{O}_{qd\times l} & \boldsymbol{I}_{qd}\end{bmatrix}\right)^{-1} \tag{11.64}$$

通过进一步的数学分析可以证明,系统参量解$\hat{\boldsymbol{w}}_{\mathrm{stls}}^{(\mathrm{rja})}$和校正源位置解$\hat{\boldsymbol{s}}_{\mathrm{stls}}^{(\mathrm{rja})}$的联合估计方差矩阵等于式(10.41)给出的克拉美罗界矩阵,结果可见如下命题。

命题 11.5 $\mathbf{cov}\left(\begin{bmatrix}\hat{\boldsymbol{w}}_{\mathrm{stls}}^{(\mathrm{rja})}\\ \hat{\boldsymbol{s}}_{\mathrm{stls}}^{(\mathrm{rja})}\end{bmatrix}\right)=\mathbf{CRB}_{\mathrm{o}}^{(\mathrm{r})}\left(\begin{bmatrix}\boldsymbol{w}\\ \boldsymbol{s}\end{bmatrix}\right)$

$$=\left[\begin{array}{c:c}\boldsymbol{Q}_2^{-1}+\bar{\boldsymbol{G}}^{\mathrm{T}}(\boldsymbol{s},\boldsymbol{w})\boldsymbol{Q}_3^{-1}\bar{\boldsymbol{G}}(\boldsymbol{s},\boldsymbol{w}) & \bar{\boldsymbol{G}}^{\mathrm{T}}(\boldsymbol{s},\boldsymbol{w})\boldsymbol{Q}_3^{-1}\bar{\boldsymbol{J}}(\boldsymbol{s},\boldsymbol{w}) \\ \hdashline \bar{\boldsymbol{J}}^{\mathrm{T}}(\boldsymbol{s},\boldsymbol{w})\boldsymbol{Q}_3^{-1}\bar{\boldsymbol{G}}(\boldsymbol{s},\boldsymbol{w}) & \bar{\boldsymbol{J}}^{\mathrm{T}}(\boldsymbol{s},\boldsymbol{w})\boldsymbol{Q}_3^{-1}\bar{\boldsymbol{J}}(\boldsymbol{s},\boldsymbol{w})+\boldsymbol{Q}_4^{-1}\end{array}\right]^{-1}。$$

证明 首先利用式(11.57)和推论 2.3 可得

$$\boldsymbol{\Omega}^{-1}\Big|_{\substack{r=r_0\\ \tau=s}}=\begin{bmatrix}(\bar{\boldsymbol{H}}(\boldsymbol{r}_0,\boldsymbol{s},\boldsymbol{w})\boldsymbol{Q}_3\bar{\boldsymbol{H}}^{\mathrm{T}}(\boldsymbol{r}_0,\boldsymbol{s},\boldsymbol{w}))^{-1} & \boldsymbol{O}_{pd\times l} & -(\bar{\boldsymbol{H}}(\boldsymbol{r}_0,\boldsymbol{s},\boldsymbol{w})\boldsymbol{Q}_3\bar{\boldsymbol{H}}^{\mathrm{T}}(\boldsymbol{r}_0,\boldsymbol{s},\boldsymbol{w}))^{-1}\bar{\boldsymbol{U}}(\boldsymbol{r}_0,\boldsymbol{s},\boldsymbol{w})\\ \boldsymbol{O}_{l\times pd} & \boldsymbol{Q}_2^{-1} & \boldsymbol{O}_{l\times qd}\\ -\bar{\boldsymbol{U}}^{\mathrm{T}}(\boldsymbol{r}_0,\boldsymbol{s},\boldsymbol{w})(\bar{\boldsymbol{H}}(\boldsymbol{r}_0,\boldsymbol{s},\boldsymbol{w})\boldsymbol{Q}_3\bar{\boldsymbol{H}}^{\mathrm{T}}(\boldsymbol{r}_0,\boldsymbol{s},\boldsymbol{w}))^{-1} & \boldsymbol{O}_{qd\times l} & \left(\boldsymbol{Q}_4-\boldsymbol{Q}_4\bar{\boldsymbol{U}}^{\mathrm{T}}(\boldsymbol{r}_0,\boldsymbol{s},\boldsymbol{w})\begin{pmatrix}\bar{\boldsymbol{H}}(\boldsymbol{r}_0,\boldsymbol{s},\boldsymbol{w})\boldsymbol{Q}_3\bar{\boldsymbol{H}}^{\mathrm{T}}(\boldsymbol{r}_0,\boldsymbol{s},\boldsymbol{w})\\+\bar{\boldsymbol{U}}(\boldsymbol{r}_0,\boldsymbol{s},\boldsymbol{w})\boldsymbol{Q}_4\bar{\boldsymbol{U}}^{\mathrm{T}}(\boldsymbol{r}_0,\boldsymbol{s},\boldsymbol{w})\end{pmatrix}^{-1}\cdot\bar{\boldsymbol{U}}(\boldsymbol{r}_0,\boldsymbol{s},\boldsymbol{w})\boldsymbol{Q}_4\right)^{-1}\end{bmatrix}\tag{11.65}$$

将式(11.65)代入式(11.64)可得

$$\begin{aligned}&\mathbf{cov}\left(\begin{bmatrix}\hat{\boldsymbol{w}}_{\mathrm{stls}}^{(\mathrm{rja})}\\ \hat{\boldsymbol{s}}_{\mathrm{stls}}^{(\mathrm{rja})}\end{bmatrix}\right)\\ &=\left(\begin{bmatrix}\bar{\boldsymbol{D}}^{\mathrm{T}}(\boldsymbol{r}_0,\boldsymbol{s})\begin{pmatrix}\bar{\boldsymbol{H}}(\boldsymbol{r}_0,\boldsymbol{s},\boldsymbol{w})\boldsymbol{Q}_3\\ \cdot\bar{\boldsymbol{H}}^{\mathrm{T}}(\boldsymbol{r}_0,\boldsymbol{s},\boldsymbol{w})\end{pmatrix}^{-1} & \boldsymbol{Q}_2^{-1} & -\bar{\boldsymbol{D}}^{\mathrm{T}}(\boldsymbol{r}_0,\boldsymbol{s})\begin{pmatrix}\bar{\boldsymbol{H}}(\boldsymbol{r}_0,\boldsymbol{s},\boldsymbol{w})\boldsymbol{Q}_3\\ \cdot\bar{\boldsymbol{H}}^{\mathrm{T}}(\boldsymbol{r}_0,\boldsymbol{s},\boldsymbol{w})\end{pmatrix}^{-1}\bar{\boldsymbol{U}}(\boldsymbol{r}_0,\boldsymbol{s},\boldsymbol{w})\\ -\bar{\boldsymbol{U}}^{\mathrm{T}}(\boldsymbol{r}_0,\boldsymbol{s},\boldsymbol{w})\begin{pmatrix}\bar{\boldsymbol{H}}(\boldsymbol{r}_0,\boldsymbol{s},\boldsymbol{w})\boldsymbol{Q}_3\\ \cdot\bar{\boldsymbol{H}}^{\mathrm{T}}(\boldsymbol{r}_0,\boldsymbol{s},\boldsymbol{w})\end{pmatrix}^{-1} & \boldsymbol{O}_{qd\times l} & \left(\begin{matrix}\boldsymbol{Q}_4-\boldsymbol{Q}_4\bar{\boldsymbol{U}}^{\mathrm{T}}(\boldsymbol{r}_0,\boldsymbol{s},\boldsymbol{w})\\ \cdot\begin{pmatrix}\bar{\boldsymbol{H}}(\boldsymbol{r}_0,\boldsymbol{s},\boldsymbol{w})\boldsymbol{Q}_3\bar{\boldsymbol{H}}^{\mathrm{T}}(\boldsymbol{r}_0,\boldsymbol{s},\boldsymbol{w})\\+\bar{\boldsymbol{U}}(\boldsymbol{r}_0,\boldsymbol{s},\boldsymbol{w})\boldsymbol{Q}_4\bar{\boldsymbol{U}}^{\mathrm{T}}(\boldsymbol{r}_0,\boldsymbol{s},\boldsymbol{w})\end{pmatrix}^{-1}\\ \cdot\bar{\boldsymbol{U}}(\boldsymbol{r}_0,\boldsymbol{s},\boldsymbol{w})\boldsymbol{Q}_4\end{matrix}\right)^{-1}\end{bmatrix}\begin{bmatrix}\bar{\boldsymbol{D}}(\boldsymbol{r}_0,\boldsymbol{s}) & \boldsymbol{O}_{pd\times ql}\\ \boldsymbol{I}_l & \boldsymbol{O}_{l\times ql}\\ \boldsymbol{O}_{ql\times l} & \boldsymbol{I}_{ql}\end{bmatrix}\right)^{-1}\\ &=\left(\begin{bmatrix}\boldsymbol{Q}_2^{-1}+\bar{\boldsymbol{D}}^{\mathrm{T}}(\boldsymbol{r}_0,\boldsymbol{s})(\bar{\boldsymbol{H}}(\boldsymbol{r}_0,\boldsymbol{s},\boldsymbol{w})\boldsymbol{Q}_3\bar{\boldsymbol{H}}^{\mathrm{T}}(\boldsymbol{r}_0,\boldsymbol{s},\boldsymbol{w}))^{-1}\bar{\boldsymbol{D}}(\boldsymbol{r}_0,\boldsymbol{s}) & -\bar{\boldsymbol{D}}^{\mathrm{T}}(\boldsymbol{r}_0,\boldsymbol{s})(\bar{\boldsymbol{H}}(\boldsymbol{r}_0,\boldsymbol{s},\boldsymbol{w})\boldsymbol{Q}_3\bar{\boldsymbol{H}}^{\mathrm{T}}(\boldsymbol{r}_0,\boldsymbol{s},\boldsymbol{w}))^{-1}\bar{\boldsymbol{U}}(\boldsymbol{r}_0,\boldsymbol{s},\boldsymbol{w})\\ -\bar{\boldsymbol{U}}^{\mathrm{T}}(\boldsymbol{r}_0,\boldsymbol{s},\boldsymbol{w})(\bar{\boldsymbol{H}}(\boldsymbol{r}_0,\boldsymbol{s},\boldsymbol{w})\boldsymbol{Q}_3\bar{\boldsymbol{H}}^{\mathrm{T}}(\boldsymbol{r}_0,\boldsymbol{s},\boldsymbol{w}))^{-1}\bar{\boldsymbol{D}}(\boldsymbol{r}_0,\boldsymbol{s}) & \left(\boldsymbol{Q}_4-\boldsymbol{Q}_4\bar{\boldsymbol{U}}^{\mathrm{T}}(\boldsymbol{r}_0,\boldsymbol{s},\boldsymbol{w})\begin{pmatrix}\bar{\boldsymbol{H}}(\boldsymbol{r}_0,\boldsymbol{s},\boldsymbol{w})\boldsymbol{Q}_3\bar{\boldsymbol{H}}^{\mathrm{T}}(\boldsymbol{r}_0,\boldsymbol{s},\boldsymbol{w})\\+\bar{\boldsymbol{U}}(\boldsymbol{r}_0,\boldsymbol{s},\boldsymbol{w})\boldsymbol{Q}_4\bar{\boldsymbol{U}}^{\mathrm{T}}(\boldsymbol{r}_0,\boldsymbol{s},\boldsymbol{w})\end{pmatrix}^{-1}\cdot\bar{\boldsymbol{U}}(\boldsymbol{r}_0,\boldsymbol{s},\boldsymbol{w})\boldsymbol{Q}_4\right)^{-1}\end{bmatrix}\right)^{-1}\end{aligned}\tag{11.66}$$

另外，将关于第 k 个校正源的非线性观测方程 $\boldsymbol{r}_{k0}=\boldsymbol{g}(\boldsymbol{s}_k,\boldsymbol{w})$ 代入伪线性观测方程(11.23)可得

$$\boldsymbol{c}(\boldsymbol{g}(\boldsymbol{s}_k,\boldsymbol{w}),\boldsymbol{s}_k)=\boldsymbol{D}(\boldsymbol{g}(\boldsymbol{s}_k,\boldsymbol{w}),\boldsymbol{s}_k)\boldsymbol{w},\quad 1\leqslant k\leqslant d\tag{11.67}$$

根据命题 4.1 可知，若计算式(11.67)两边关于向量 $\boldsymbol{w}$ 的 Jacobi 矩阵可证得

$$\bar{\boldsymbol{H}}(\boldsymbol{r}_0,\boldsymbol{s},\boldsymbol{w})\bar{\boldsymbol{G}}(\boldsymbol{s},\boldsymbol{w})=\bar{\boldsymbol{D}}(\boldsymbol{r}_0,\boldsymbol{s})\tag{11.68}$$

此外，若计算式(11.67)两边关于向量 $\boldsymbol{s}_k$ 的 Jacobi 矩阵，并根据推论 2.13 可知

$$\begin{aligned}&\boldsymbol{C}(\boldsymbol{r}_{k0},\boldsymbol{s}_k)\boldsymbol{G}_1(\boldsymbol{s}_k,\boldsymbol{w})+\boldsymbol{E}(\boldsymbol{r}_{k0},\boldsymbol{s}_k)=[\dot{\boldsymbol{D}}_1(\boldsymbol{r}_{k0},\boldsymbol{s}_k)\boldsymbol{w}\quad \dot{\boldsymbol{D}}_2(\boldsymbol{r}_{k0},\boldsymbol{s}_k)\boldsymbol{w}\quad\cdots\quad \dot{\boldsymbol{D}}_p(\boldsymbol{r}_{k0},\boldsymbol{s}_k)\boldsymbol{w}]\boldsymbol{G}_1(\boldsymbol{s}_k,\boldsymbol{w})\\ &\quad+[\dot{\boldsymbol{F}}_1(\boldsymbol{r}_{k0},\boldsymbol{s}_k)\boldsymbol{w}\quad \dot{\boldsymbol{F}}_2(\boldsymbol{r}_{k0},\boldsymbol{s}_k)\boldsymbol{w}\quad\cdots\quad \dot{\boldsymbol{F}}_q(\boldsymbol{r}_{k0},\boldsymbol{s}_k)\boldsymbol{w}]\Rightarrow\boldsymbol{H}(\boldsymbol{r}_{k0},\boldsymbol{s}_k,\boldsymbol{w})\boldsymbol{G}_1(\boldsymbol{s}_k,\boldsymbol{w})+\boldsymbol{U}(\boldsymbol{r}_{k0},\boldsymbol{s}_k,\boldsymbol{w})=\boldsymbol{O}_{p\times q}\\ &\Rightarrow\boldsymbol{G}_1(\boldsymbol{s}_k,\boldsymbol{w})=-\boldsymbol{H}^{-1}(\boldsymbol{r}_{k0},\boldsymbol{s}_k,\boldsymbol{w})\boldsymbol{U}(\boldsymbol{r}_{k0},\boldsymbol{s}_k,\boldsymbol{w}),\quad 1\leqslant k\leqslant d\end{aligned}\tag{11.69}$$

式中

$$\begin{cases}\boldsymbol{H}(\boldsymbol{r}_{k0},\boldsymbol{s}_k,\boldsymbol{w})=\boldsymbol{C}(\boldsymbol{r}_{k0},\boldsymbol{s}_k)-[\dot{\boldsymbol{D}}_1(\boldsymbol{r}_{k0},\boldsymbol{s}_k)\boldsymbol{w}\quad \dot{\boldsymbol{D}}_2(\boldsymbol{r}_{k0},\boldsymbol{s}_k)\boldsymbol{w}\quad\cdots\quad \dot{\boldsymbol{D}}_p(\boldsymbol{r}_{k0},\boldsymbol{s}_k)\boldsymbol{w}]\in\mathbf{R}^{p\times p},\quad 1\leqslant k\leqslant d\\ \boldsymbol{U}(\boldsymbol{r}_{k0},\boldsymbol{s}_k,\boldsymbol{w})=\boldsymbol{E}(\boldsymbol{r}_{k0},\boldsymbol{s}_k)-[\dot{\boldsymbol{F}}_1(\boldsymbol{r}_{k0},\boldsymbol{s}_k)\boldsymbol{w}\quad \dot{\boldsymbol{F}}_2(\boldsymbol{r}_{k0},\boldsymbol{s}_k)\boldsymbol{w}\quad\cdots\quad \dot{\boldsymbol{F}}_q(\boldsymbol{r}_{k0},\boldsymbol{s}_k)\boldsymbol{w}]\in\mathbf{R}^{p\times q},\quad 1\leqslant k\leqslant d\\ \boldsymbol{C}(\boldsymbol{r}_{k0},\boldsymbol{s}_k)=\dfrac{\partial\boldsymbol{c}(\boldsymbol{r}_{k0},\boldsymbol{s}_k)}{\partial\boldsymbol{r}_{k0}^{\mathrm{T}}}\in\mathbf{R}^{p\times p},\quad \dot{\boldsymbol{D}}_j(\boldsymbol{r}_{k0},\boldsymbol{s}_k)=\dfrac{\partial\boldsymbol{D}(\boldsymbol{r}_{k0},\boldsymbol{s}_k)}{\partial\langle\boldsymbol{r}_{k0}\rangle_j}\in\mathbf{R}^{p\times l},\quad 1\leqslant j\leqslant p\\ \boldsymbol{E}(\boldsymbol{r}_{k0},\boldsymbol{s}_k)=\dfrac{\partial\boldsymbol{c}(\boldsymbol{r}_{k0},\boldsymbol{s}_k)}{\partial\boldsymbol{s}_k^{\mathrm{T}}}\in\mathbf{R}^{p\times q},\quad \dot{\boldsymbol{F}}_j(\boldsymbol{r}_{k0},\boldsymbol{s}_k)=\dfrac{\partial\boldsymbol{D}(\boldsymbol{r}_{k0},\boldsymbol{s}_k)}{\partial\langle\boldsymbol{s}_k\rangle_j}\in\mathbf{R}^{p\times l},\quad 1\leqslant j\leqslant q\end{cases}\tag{11.70}$$

将式(11.69)中的 d 个方程进行合并可推得

$$\begin{aligned}&\mathrm{blkdiag}[\boldsymbol{G}_1(\boldsymbol{s}_1,\boldsymbol{w})\quad \boldsymbol{G}_1(\boldsymbol{s}_2,\boldsymbol{w})\quad\cdots\quad \boldsymbol{G}_1(\boldsymbol{s}_d,\boldsymbol{w})]\\ &=-\mathrm{blkdiag}[\boldsymbol{H}^{-1}(\boldsymbol{r}_{10},\boldsymbol{s}_1,\boldsymbol{w})\quad \boldsymbol{H}^{-1}(\boldsymbol{r}_{20},\boldsymbol{s}_2,\boldsymbol{w})\quad\cdots\quad \boldsymbol{H}^{-1}(\boldsymbol{r}_{d0},\boldsymbol{s}_d,\boldsymbol{w})]\\ &\quad\cdot\mathrm{blkdiag}[\boldsymbol{U}(\boldsymbol{r}_{10},\boldsymbol{s}_1,\boldsymbol{w})\quad \boldsymbol{U}(\boldsymbol{r}_{20},\boldsymbol{s}_2,\boldsymbol{w})\quad\cdots\quad \boldsymbol{U}(\boldsymbol{r}_{d0},\boldsymbol{s}_d,\boldsymbol{w})]\\ &\Rightarrow\bar{\boldsymbol{J}}(\boldsymbol{s},\boldsymbol{w})=-\bar{\boldsymbol{H}}^{-1}(\boldsymbol{r}_0,\boldsymbol{s},\boldsymbol{w})\bar{\boldsymbol{U}}(\boldsymbol{r}_0,\boldsymbol{s},\boldsymbol{w})\end{aligned}\tag{11.71}$$

式中,矩阵 $\bar{\boldsymbol{H}}(\boldsymbol{r}_0,\boldsymbol{s},\boldsymbol{w})$ 和 $\bar{\boldsymbol{U}}(\boldsymbol{r}_0,\boldsymbol{s},\boldsymbol{w})$ 的表达式见式(11.58),附录 A 和附录 M 中分别证明:

$$\begin{cases}\bar{\boldsymbol{H}}(\boldsymbol{r}_0,\boldsymbol{s},\boldsymbol{w})=\mathrm{blkdiag}[\boldsymbol{H}(\boldsymbol{r}_{10},\boldsymbol{s}_1,\boldsymbol{w})\quad \boldsymbol{H}(\boldsymbol{r}_{20},\boldsymbol{s}_2,\boldsymbol{w})\quad\cdots\quad \boldsymbol{H}(\boldsymbol{r}_{d0},\boldsymbol{s}_d,\boldsymbol{w})]\\ \bar{\boldsymbol{U}}(\boldsymbol{r}_0,\boldsymbol{s},\boldsymbol{w})=\mathrm{blkdiag}[\boldsymbol{U}(\boldsymbol{r}_{10},\boldsymbol{s}_1,\boldsymbol{w})\quad \boldsymbol{U}(\boldsymbol{r}_{20},\boldsymbol{s}_2,\boldsymbol{w})\quad\cdots\quad \boldsymbol{U}(\boldsymbol{r}_{d0},\boldsymbol{s}_d,\boldsymbol{w})]\end{cases}\tag{11.72}$$

将式(11.68)和式(11.71)代入式(11.66)可得

$$\mathbf{cov}\left(\begin{bmatrix}\hat{\boldsymbol{w}}_{\mathrm{stls}}^{(\mathrm{rja})}\\ \hat{\boldsymbol{s}}_{\mathrm{stls}}^{(\mathrm{rja})}\end{bmatrix}\right)=\left(\begin{bmatrix}\boldsymbol{Q}_2^{-1}+\bar{\boldsymbol{G}}^{\mathrm{T}}(\boldsymbol{s},\boldsymbol{w})\boldsymbol{Q}_3^{-1}\bar{\boldsymbol{G}}(\boldsymbol{s},\boldsymbol{w}) & \bar{\boldsymbol{G}}^{\mathrm{T}}(\boldsymbol{s},\boldsymbol{w})\boldsymbol{Q}_3^{-1}\bar{\boldsymbol{J}}(\boldsymbol{s},\boldsymbol{w})\\ \bar{\boldsymbol{J}}^{\mathrm{T}}(\boldsymbol{s},\boldsymbol{w})\boldsymbol{Q}_3^{-1}\bar{\boldsymbol{G}}(\boldsymbol{s},\boldsymbol{w}) & \left(\boldsymbol{Q}_4-\boldsymbol{Q}_4\bar{\boldsymbol{J}}^{\mathrm{T}}(\boldsymbol{s},\boldsymbol{w})\begin{pmatrix}\boldsymbol{Q}_3+\bar{\boldsymbol{J}}(\boldsymbol{s},\boldsymbol{w})\\ \cdot\boldsymbol{Q}_4\bar{\boldsymbol{J}}^{\mathrm{T}}(\boldsymbol{s},\boldsymbol{w})\end{pmatrix}^{-1}\bar{\boldsymbol{J}}(\boldsymbol{s},\boldsymbol{w})\boldsymbol{Q}_4\right)^{-1}\end{bmatrix}\right)^{-1}\tag{11.73}$$

利用推论 2.1 可知

$$\begin{aligned}&(\bar{\boldsymbol{J}}^{\mathrm{T}}(\boldsymbol{s},\boldsymbol{w})\boldsymbol{Q}_3^{-1}\bar{\boldsymbol{J}}(\boldsymbol{s},\boldsymbol{w})+\boldsymbol{Q}_4^{-1})^{-1}=\boldsymbol{Q}_4-\boldsymbol{Q}_4\bar{\boldsymbol{J}}^{\mathrm{T}}(\boldsymbol{s},\boldsymbol{w})(\boldsymbol{Q}_3+\bar{\boldsymbol{J}}(\boldsymbol{s},\boldsymbol{w})\boldsymbol{Q}_4\bar{\boldsymbol{J}}^{\mathrm{T}}(\boldsymbol{s},\boldsymbol{w}))^{-1}\bar{\boldsymbol{J}}(\boldsymbol{s},\boldsymbol{w})\boldsymbol{Q}_4\\ &\Leftrightarrow(\boldsymbol{Q}_4-\boldsymbol{Q}_4\bar{\boldsymbol{J}}^{\mathrm{T}}(\boldsymbol{s},\boldsymbol{w})(\boldsymbol{Q}_3+\bar{\boldsymbol{J}}(\boldsymbol{s},\boldsymbol{w})\boldsymbol{Q}_4\bar{\boldsymbol{J}}^{\mathrm{T}}(\boldsymbol{s},\boldsymbol{w}))^{-1}\bar{\boldsymbol{J}}(\boldsymbol{s},\boldsymbol{w})\boldsymbol{Q}_4)^{-1}=\bar{\boldsymbol{J}}^{\mathrm{T}}(\boldsymbol{s},\boldsymbol{w})\boldsymbol{Q}_3^{-1}\bar{\boldsymbol{J}}(\boldsymbol{s},\boldsymbol{w})+\boldsymbol{Q}_4^{-1}\end{aligned}\tag{11.74}$$

再将式(11.74)代入式(11.73)可知

$$\mathbf{cov}\left(\begin{bmatrix}\hat{\boldsymbol{w}}_{\mathrm{stls}}^{(\mathrm{rja})}\\ \hat{\boldsymbol{s}}_{\mathrm{stls}}^{(\mathrm{rja})}\end{bmatrix}\right)=\begin{bmatrix}\boldsymbol{Q}_2^{-1}+\bar{\boldsymbol{G}}^{\mathrm{T}}(\boldsymbol{s},\boldsymbol{w})\boldsymbol{Q}_3^{-1}\bar{\boldsymbol{G}}(\boldsymbol{s},\boldsymbol{w}) & \bar{\boldsymbol{G}}^{\mathrm{T}}(\boldsymbol{s},\boldsymbol{w})\boldsymbol{Q}_3^{-1}\bar{\boldsymbol{J}}(\boldsymbol{s},\boldsymbol{w})\\ \bar{\boldsymbol{J}}^{\mathrm{T}}(\boldsymbol{s},\boldsymbol{w})\boldsymbol{Q}_3^{-1}\bar{\boldsymbol{G}}(\boldsymbol{s},\boldsymbol{w}) & \bar{\boldsymbol{J}}^{\mathrm{T}}(\boldsymbol{s},\boldsymbol{w})\boldsymbol{Q}_3^{-1}\bar{\boldsymbol{J}}(\boldsymbol{s},\boldsymbol{w})+\boldsymbol{Q}_4^{-1}\end{bmatrix}^{-1}=\mathbf{CRB}_{\mathrm{o}}^{(\mathrm{r})}\left(\begin{bmatrix}\boldsymbol{w}\\ \boldsymbol{s}\end{bmatrix}\right)\tag{11.75}$$

证毕。

命题 11.5 表明,系统参量解 $\hat{\boldsymbol{w}}_{\mathrm{stls}}^{(\mathrm{rja})}$ 和校正源位置解 $\hat{\boldsymbol{s}}_{\mathrm{stls}}^{(\mathrm{rja})}$ 在仅基于校正源观测量的条件下具有渐近最优的统计性能(在门限效应发生以前)。

11.3.3 估计(多)目标位置向量

1. 定位优化模型

这里将在伪线性观测方程式(11.20)和式(11.21)的基础上,基于系统参量解 $\hat{\boldsymbol{w}}_{\mathrm{stls}}^{(\mathrm{rja})}$ 和目标源观测量 $\{\boldsymbol{z}_k\}_{1\leqslant k\leqslant h}$(或者 $\tilde{\boldsymbol{z}}$)估计(多)目标位置向量 $\tilde{\boldsymbol{u}}$。在实际计算中,函数 $\boldsymbol{a}(\cdot,\cdot)$ 和 $\boldsymbol{B}(\cdot,\cdot)$ 以及函数 $\tilde{\boldsymbol{a}}(\cdot,\cdot)$ 和 $\tilde{\boldsymbol{B}}(\cdot,\cdot)$ 的闭式形式是可知的,但 $\{\boldsymbol{z}_{k0}\}_{1\leqslant k\leqslant h}$(或者 $\tilde{\boldsymbol{z}}_0$)和 $\boldsymbol{w}$ 却不可获知,只能用带误差的观测向量 $\{\boldsymbol{z}_k\}_{1\leqslant k\leqslant h}$(或者 $\tilde{\boldsymbol{z}}$)和估计向量 $\hat{\boldsymbol{w}}_{\mathrm{stls}}^{(\mathrm{rja})}$ 来代替。显然,若用 $\{\boldsymbol{z}_k\}_{1\leqslant k\leqslant h}$(或者 $\tilde{\boldsymbol{z}}$)和 $\hat{\boldsymbol{w}}_{\mathrm{stls}}^{(\mathrm{rja})}$ 直接代替 $\{\boldsymbol{z}_{k0}\}_{1\leqslant k\leqslant h}$(或者 $\tilde{\boldsymbol{z}}_0$)和 $\boldsymbol{w}$,式(11.20)和式(11.21)已经无法成立。为了建立结构总体最小二乘优化模型,需要将向量函数 $\boldsymbol{a}(\boldsymbol{z}_{k0},\boldsymbol{w})$ 和矩阵函数 $\boldsymbol{B}(\boldsymbol{z}_{k0},\boldsymbol{w})$ 分别在点 $\boldsymbol{z}_k$ 和 $\hat{\boldsymbol{w}}_{\mathrm{stls}}^{(\mathrm{rja})}$ 处进行一阶 Taylor 级数展开可得

$$
\begin{cases}
\boldsymbol{a}(\boldsymbol{z}_{k0},\boldsymbol{w}) \approx \boldsymbol{a}(\boldsymbol{z}_k,\hat{\boldsymbol{w}}_{\mathrm{stls}}^{(\mathrm{rja})}) + \boldsymbol{A}_1(\boldsymbol{z}_k,\hat{\boldsymbol{w}}_{\mathrm{stls}}^{(\mathrm{rja})})(\boldsymbol{z}_{k0}-\boldsymbol{z}_k) + \boldsymbol{A}_2(\boldsymbol{z}_k,\hat{\boldsymbol{w}}_{\mathrm{stls}}^{(\mathrm{rja})})(\boldsymbol{w}-\hat{\boldsymbol{w}}_{\mathrm{stls}}^{(\mathrm{rja})}) \\
\qquad = \boldsymbol{a}(\boldsymbol{z}_k,\hat{\boldsymbol{w}}_{\mathrm{stls}}^{(\mathrm{rja})}) - \boldsymbol{A}_1(\boldsymbol{z}_k,\hat{\boldsymbol{w}}_{\mathrm{stls}}^{(\mathrm{rja})})\boldsymbol{n}_k - \boldsymbol{A}_2(\boldsymbol{z}_k,\hat{\boldsymbol{w}}_{\mathrm{stls}}^{(\mathrm{rja})})\boldsymbol{\delta w}_{\mathrm{stls}}^{(\mathrm{rja})} \\
\boldsymbol{B}(\boldsymbol{z}_{k0},\boldsymbol{w}) \approx \boldsymbol{B}(\boldsymbol{z}_k,\hat{\boldsymbol{w}}_{\mathrm{stls}}^{(\mathrm{rja})}) + \dot{\boldsymbol{B}}_{11}(\boldsymbol{z}_k,\hat{\boldsymbol{w}}_{\mathrm{stls}}^{(\mathrm{rja})})\langle \boldsymbol{z}_{k0}-\boldsymbol{z}_k\rangle_1 + \dot{\boldsymbol{B}}_{12}(\boldsymbol{z}_k,\hat{\boldsymbol{w}}_{\mathrm{stls}}^{(\mathrm{rja})})\langle \boldsymbol{z}_{k0}-\boldsymbol{z}_k\rangle_2 + \cdots \\
\qquad + \dot{\boldsymbol{B}}_{1p}(\boldsymbol{z}_k,\hat{\boldsymbol{w}}_{\mathrm{stls}}^{(\mathrm{rja})})\langle \boldsymbol{z}_{k0}-\boldsymbol{z}_k\rangle_p \\
\qquad + \dot{\boldsymbol{B}}_{21}(\boldsymbol{z}_k,\hat{\boldsymbol{w}}_{\mathrm{stls}}^{(\mathrm{rja})})\langle \boldsymbol{w}-\hat{\boldsymbol{w}}_{\mathrm{stls}}^{(\mathrm{rja})}\rangle_1 + \dot{\boldsymbol{B}}_{22}(\boldsymbol{z}_k,\hat{\boldsymbol{w}}_{\mathrm{stls}}^{(\mathrm{rja})})\langle \boldsymbol{w}-\hat{\boldsymbol{w}}_{\mathrm{stls}}^{(\mathrm{rja})}\rangle_2 + \cdots \\
\qquad + \dot{\boldsymbol{B}}_{2l}(\boldsymbol{z}_k,\hat{\boldsymbol{w}}_{\mathrm{stls}}^{(\mathrm{rja})})\langle \boldsymbol{w}-\hat{\boldsymbol{w}}_{\mathrm{stls}}^{(\mathrm{rja})}\rangle_l \\
\qquad = \boldsymbol{B}(\boldsymbol{z}_k,\hat{\boldsymbol{w}}_{\mathrm{stls}}^{(\mathrm{rja})}) - \sum_{j=1}^{p}\langle \boldsymbol{n}_k\rangle_j \dot{\boldsymbol{B}}_{1j}(\boldsymbol{z}_k,\hat{\boldsymbol{w}}_{\mathrm{stls}}^{(\mathrm{rja})}) - \sum_{j=1}^{l}\langle \boldsymbol{\delta w}_{\mathrm{stls}}^{(\mathrm{rja})}\rangle_j \dot{\boldsymbol{B}}_{2j}(\boldsymbol{z}_k,\hat{\boldsymbol{w}}_{\mathrm{stls}}^{(\mathrm{rja})})
\end{cases}
\tag{11.76}
$$

式中

$$
\begin{cases}
\boldsymbol{A}_1(\boldsymbol{z}_k,\hat{\boldsymbol{w}}_{\mathrm{stls}}^{(\mathrm{rja})}) = \dfrac{\partial \boldsymbol{a}(\boldsymbol{z}_k,\hat{\boldsymbol{w}}_{\mathrm{stls}}^{(\mathrm{rja})})}{\partial \boldsymbol{z}_k^{\mathrm{T}}} \in \mathbf{R}^{p\times p}, \quad \boldsymbol{A}_2(\boldsymbol{z}_k,\hat{\boldsymbol{w}}_{\mathrm{stls}}^{(\mathrm{rja})}) = \dfrac{\partial \boldsymbol{a}(\boldsymbol{z}_k,\hat{\boldsymbol{w}}_{\mathrm{stls}}^{(\mathrm{rja})})}{\partial \hat{\boldsymbol{w}}_{\mathrm{stls}}^{(\mathrm{rja})\mathrm{T}}} \in \mathbf{R}^{p\times l} \\
\dot{\boldsymbol{B}}_{1j}(\boldsymbol{z}_k,\hat{\boldsymbol{w}}_{\mathrm{stls}}^{(\mathrm{rja})}) = \dfrac{\partial \boldsymbol{B}(\boldsymbol{z}_k,\hat{\boldsymbol{w}}_{\mathrm{stls}}^{(\mathrm{rja})})}{\partial \langle \boldsymbol{z}_k\rangle_j} \in \mathbf{R}^{p\times q}, \quad 1\leqslant j\leqslant p \\
\dot{\boldsymbol{B}}_{2j}(\boldsymbol{z}_k,\hat{\boldsymbol{w}}_{\mathrm{stls}}^{(\mathrm{rja})}) = \dfrac{\partial \boldsymbol{B}(\boldsymbol{z}_k,\hat{\boldsymbol{w}}_{\mathrm{stls}}^{(\mathrm{rja})})}{\partial \langle \hat{\boldsymbol{w}}_{\mathrm{stls}}^{(\mathrm{rja})}\rangle_j} \in \mathbf{R}^{p\times q}, \quad 1\leqslant j\leqslant l
\end{cases}
\tag{11.77}
$$

将式(11.76)代入式(11.20)可得如下(近似)等式：

$$
\left(\left[-\boldsymbol{a}(\boldsymbol{z}_k,\hat{\boldsymbol{w}}_{\mathrm{stls}}^{(\mathrm{rja})}) \;\vdots\; \boldsymbol{B}(\boldsymbol{z}_k,\hat{\boldsymbol{w}}_{\mathrm{stls}}^{(\mathrm{rja})})\right] + \left(\begin{aligned} &\sum_{j=1}^{p}\langle \boldsymbol{n}_k\rangle_j\left[\boldsymbol{A}_1(\boldsymbol{z}_k,\hat{\boldsymbol{w}}_{\mathrm{stls}}^{(\mathrm{rja})})\boldsymbol{i}_p^{(j)} \;\vdots\; -\dot{\boldsymbol{B}}_{1j}(\boldsymbol{z}_k,\hat{\boldsymbol{w}}_{\mathrm{stls}}^{(\mathrm{rja})})\right] \\ &+\sum_{j=1}^{l}\langle \boldsymbol{\delta w}_{\mathrm{stls}}^{(\mathrm{rja})}\rangle_j\left[\boldsymbol{A}_2(\boldsymbol{z}_k,\hat{\boldsymbol{w}}_{\mathrm{stls}}^{(\mathrm{rja})})\boldsymbol{i}_l^{(j)} \;\vdots\; -\dot{\boldsymbol{B}}_{2j}(\boldsymbol{z}_k,\hat{\boldsymbol{w}}_{\mathrm{stls}}^{(\mathrm{rja})})\right]\end{aligned}\right)\right)\begin{bmatrix}1\\ \boldsymbol{u}_k\end{bmatrix} \approx \boldsymbol{O}_{p\times 1}, \quad 1\leqslant k\leqslant h
\tag{11.78}
$$

将式(11.78)中的 h 个方程进行合并可得

$$
\left(\left[-\tilde{\boldsymbol{a}}(\tilde{\boldsymbol{z}},\hat{\boldsymbol{w}}_{\mathrm{stls}}^{(\mathrm{rja})}) \;\vdots\; \tilde{\boldsymbol{B}}(\tilde{\boldsymbol{z}},\hat{\boldsymbol{w}}_{\mathrm{stls}}^{(\mathrm{rja})})\right] + \left(\begin{aligned} &\sum_{j=1}^{ph}\langle \tilde{\boldsymbol{n}}\rangle_j\left[\tilde{\boldsymbol{A}}_1(\tilde{\boldsymbol{z}},\hat{\boldsymbol{w}}_{\mathrm{stls}}^{(\mathrm{rja})})\boldsymbol{i}_{ph}^{(j)} \;\vdots\; -\dot{\tilde{\boldsymbol{B}}}_{1j}(\tilde{\boldsymbol{z}},\hat{\boldsymbol{w}}_{\mathrm{stls}}^{(\mathrm{rja})})\right] \\ &+\sum_{j=1}^{l}\langle \boldsymbol{\delta w}_{\mathrm{stls}}^{(\mathrm{rja})}\rangle_j\left[\tilde{\boldsymbol{A}}_2(\tilde{\boldsymbol{z}},\hat{\boldsymbol{w}}_{\mathrm{stls}}^{(\mathrm{rja})})\boldsymbol{i}_l^{(j)} \;\vdots\; -\dot{\tilde{\boldsymbol{B}}}_{2j}(\tilde{\boldsymbol{z}},\hat{\boldsymbol{w}}_{\mathrm{stls}}^{(\mathrm{rja})})\right]\end{aligned}\right)\right)\begin{bmatrix}1\\ \tilde{\boldsymbol{u}}\end{bmatrix} \approx \boldsymbol{O}_{ph\times 1}
\tag{11.79}
$$

式中

$$
\begin{cases}
\tilde{\boldsymbol{A}}_1(\tilde{\boldsymbol{z}},\hat{\boldsymbol{w}}_{\mathrm{stls}}^{(\mathrm{rja})}) = \dfrac{\partial \tilde{\boldsymbol{a}}(\tilde{\boldsymbol{z}},\hat{\boldsymbol{w}}_{\mathrm{stls}}^{(\mathrm{rja})})}{\partial \tilde{\boldsymbol{z}}^{\mathrm{T}}} \in \mathbf{R}^{ph\times ph}, \quad \tilde{\boldsymbol{A}}_2(\tilde{\boldsymbol{z}},\hat{\boldsymbol{w}}_{\mathrm{stls}}^{(\mathrm{rja})}) = \dfrac{\partial \tilde{\boldsymbol{a}}(\tilde{\boldsymbol{z}},\hat{\boldsymbol{w}}_{\mathrm{stls}}^{(\mathrm{rja})})}{\partial \hat{\boldsymbol{w}}_{\mathrm{stls}}^{(\mathrm{rja})\mathrm{T}}} \in \mathbf{R}^{ph\times l} \\
\dot{\tilde{\boldsymbol{B}}}_{1j}(\tilde{\boldsymbol{z}},\hat{\boldsymbol{w}}_{\mathrm{stls}}^{(\mathrm{rja})}) = \dfrac{\partial \tilde{\boldsymbol{B}}(\tilde{\boldsymbol{z}},\hat{\boldsymbol{w}}_{\mathrm{stls}}^{(\mathrm{rja})})}{\partial \langle \tilde{\boldsymbol{z}}\rangle_j} \in \mathbf{R}^{ph\times qh}, \quad 1\leqslant j\leqslant ph \\
\dot{\tilde{\boldsymbol{B}}}_{2j}(\tilde{\boldsymbol{z}},\hat{\boldsymbol{w}}_{\mathrm{stls}}^{(\mathrm{rja})}) = \dfrac{\partial \tilde{\boldsymbol{B}}(\tilde{\boldsymbol{z}},\hat{\boldsymbol{w}}_{\mathrm{stls}}^{(\mathrm{rja})})}{\partial \langle \hat{\boldsymbol{w}}_{\mathrm{stls}}^{(\mathrm{rja})}\rangle_j} \in \mathbf{R}^{ph\times qh}, \quad 1\leqslant j\leqslant l
\end{cases}
\tag{11.80}
$$

根据式(11.22)、式(11.77)和式(11.80)可证得

$$\begin{cases}\widetilde{\boldsymbol{A}}_1(\widetilde{\boldsymbol{z}},\hat{\boldsymbol{w}}_{\text{stls}}^{(\text{rja})})=\text{blkdiag}[\boldsymbol{A}_1(\boldsymbol{z}_1,\hat{\boldsymbol{w}}_{\text{stls}}^{(\text{rja})})\quad \boldsymbol{A}_1(\boldsymbol{z}_2,\hat{\boldsymbol{w}}_{\text{stls}}^{(\text{rja})})\quad \cdots \quad \boldsymbol{A}_1(\boldsymbol{z}_h,\hat{\boldsymbol{w}}_{\text{stls}}^{(\text{rja})})]\\ \widetilde{\boldsymbol{A}}_2(\widetilde{\boldsymbol{z}},\hat{\boldsymbol{w}}_{\text{stls}}^{(\text{rja})})=[\boldsymbol{A}_2^{\text{T}}(\boldsymbol{z}_1,\hat{\boldsymbol{w}}_{\text{stls}}^{(\text{rja})})\quad \boldsymbol{A}_2^{\text{T}}(\boldsymbol{z}_2,\hat{\boldsymbol{w}}_{\text{stls}}^{(\text{rja})})\quad \cdots \quad \boldsymbol{A}_2^{\text{T}}(\boldsymbol{z}_h,\hat{\boldsymbol{w}}_{\text{stls}}^{(\text{rja})})]^{\text{T}}\\ \dot{\widetilde{\boldsymbol{B}}}_{1j}(\widetilde{\boldsymbol{z}},\hat{\boldsymbol{w}}_{\text{stls}}^{(\text{rja})})=(\boldsymbol{i}_h^{(k_1)}\boldsymbol{i}_h^{(k_1)\text{T}})\otimes\dfrac{\partial \boldsymbol{B}(\boldsymbol{z}_{k_1},\hat{\boldsymbol{w}}_{\text{stls}}^{(\text{rja})})}{\partial\langle \boldsymbol{z}_{k_1}\rangle_{k_2}},\quad j=(k_1-1)p+k_2;1\leqslant k_1\leqslant h;1\leqslant k_2\leqslant p\\ \dot{\widetilde{\boldsymbol{B}}}_{2j}(\widetilde{\boldsymbol{z}},\hat{\boldsymbol{w}}_{\text{stls}}^{(\text{rja})})=\text{blkdiag}\left[\dfrac{\partial \boldsymbol{B}(\boldsymbol{z}_1,\hat{\boldsymbol{w}}_{\text{stls}}^{(\text{rja})})}{\partial\langle\hat{\boldsymbol{w}}_{\text{stls}}^{(\text{rja})}\rangle_j}\quad \dfrac{\partial \boldsymbol{B}(\boldsymbol{z}_2,\hat{\boldsymbol{w}}_{\text{stls}}^{(\text{rja})})}{\partial\langle\hat{\boldsymbol{w}}_{\text{stls}}^{(\text{rja})}\rangle_j}\quad \cdots \quad \dfrac{\partial \boldsymbol{B}(\boldsymbol{z}_h,\hat{\boldsymbol{w}}_{\text{stls}}^{(\text{rja})})}{\partial\langle\hat{\boldsymbol{w}}_{\text{stls}}^{(\text{rja})}\rangle_j}\right],\quad 1\leqslant j\leqslant l\end{cases}\tag{11.81}$$

若记 $\boldsymbol{t}=[1\quad \widetilde{\boldsymbol{u}}^{\text{T}}]^{\text{T}}$,则基于式(11.79)可建立如下结构总体最小二乘优化模型:

$$\begin{cases}\min\limits_{\substack{\boldsymbol{t}\in\mathbf{R}^{(qh+1)\times 1}\\ \widetilde{\boldsymbol{n}}\in\mathbf{R}^{ph\times 1}\\ \boldsymbol{\delta w}_{\text{stls}}^{(\text{rja})}\in\mathbf{R}^{l\times 1}}} \begin{bmatrix}\widetilde{\boldsymbol{n}}\\ \boldsymbol{\delta w}_{\text{stls}}^{(\text{rja})}\end{bmatrix}^{\text{T}}\begin{bmatrix}\widetilde{\boldsymbol{Q}}_1^{-1} & \boldsymbol{O}_{ph\times l}\\ \boldsymbol{O}_{l\times ph} & \textbf{cov}^{-1}(\hat{\boldsymbol{w}}_{\text{stls}}^{(\text{rja})})\end{bmatrix}\begin{bmatrix}\widetilde{\boldsymbol{n}}\\ \boldsymbol{\delta w}_{\text{stls}}^{(\text{rja})}\end{bmatrix}\\ \text{s. t.}\ \left([-\widetilde{\boldsymbol{a}}(\widetilde{\boldsymbol{z}},\hat{\boldsymbol{w}}_{\text{stls}}^{(\text{rja})})\quad \widetilde{\boldsymbol{B}}(\widetilde{\boldsymbol{z}},\hat{\boldsymbol{w}}_{\text{stls}}^{(\text{rja})})]+\left(\begin{array}{l}\sum\limits_{j=1}^{ph}\langle\widetilde{\boldsymbol{n}}\rangle_j[\widetilde{\boldsymbol{A}}_1(\widetilde{\boldsymbol{z}},\hat{\boldsymbol{w}}_{\text{stls}}^{(\text{rja})})\boldsymbol{i}_{ph}^{(j)}\ \vdots\ -\dot{\widetilde{\boldsymbol{B}}}_{1j}(\widetilde{\boldsymbol{z}},\hat{\boldsymbol{w}}_{\text{stls}}^{(\text{rja})})]\\ +\sum\limits_{j=1}^{l}\langle\boldsymbol{\delta w}_{\text{stls}}^{(\text{rja})}\rangle_j[\widetilde{\boldsymbol{A}}_2(\widetilde{\boldsymbol{z}},\hat{\boldsymbol{w}}_{\text{stls}}^{(\text{rja})})\boldsymbol{i}_l^{(j)}\ \vdots\ -\dot{\widetilde{\boldsymbol{B}}}_{2j}(\widetilde{\boldsymbol{z}},\hat{\boldsymbol{w}}_{\text{stls}}^{(\text{rja})})]\end{array}\right)\right)\boldsymbol{t}=\boldsymbol{O}_{ph\times 1}\\ \qquad \boldsymbol{i}_{qh+1}^{(1)\text{T}}\boldsymbol{t}=1\end{cases}\tag{11.82}$$

再令

$$\begin{cases}\boldsymbol{\xi}_2=[\widetilde{\boldsymbol{n}}^{\text{T}}\quad \boldsymbol{\delta w}_{\text{stls}}^{(\text{rja})\text{T}}]^{\text{T}}\\ \boldsymbol{\Gamma}_2=\text{blkdiag}[\widetilde{\boldsymbol{Q}}_1\quad \textbf{cov}(\hat{\boldsymbol{w}}_{\text{stls}}^{(\text{rja})})]\end{cases}\tag{11.83}$$

则式(11.82)可改写为

$$\begin{cases}\min\limits_{\substack{\boldsymbol{t}\in\mathbf{R}^{(qh+1)\times 1}\\ \boldsymbol{\xi}_2\in\mathbf{R}^{(ph+l)\times 1}}} \boldsymbol{\xi}_2^{\text{T}}\boldsymbol{\Gamma}_2^{-1}\boldsymbol{\xi}_2\\ \text{s. t.}\ \left([-\widetilde{\boldsymbol{a}}(\widetilde{\boldsymbol{z}},\hat{\boldsymbol{w}}_{\text{stls}}^{(\text{rja})})\ \vdots\ \widetilde{\boldsymbol{B}}(\widetilde{\boldsymbol{z}},\hat{\boldsymbol{w}}_{\text{stls}}^{(\text{rja})})]+\left(\begin{array}{l}\sum\limits_{j=1}^{ph}\langle\boldsymbol{\xi}_2\rangle_j[\widetilde{\boldsymbol{A}}_1(\widetilde{\boldsymbol{z}},\hat{\boldsymbol{w}}_{\text{stls}}^{(\text{rja})})\boldsymbol{i}_{ph}^{(j)}\ \vdots\ -\dot{\widetilde{\boldsymbol{B}}}_{1j}(\widetilde{\boldsymbol{z}},\hat{\boldsymbol{w}}_{\text{stls}}^{(\text{rja})})]\\ +\sum\limits_{j=1}^{l}\langle\boldsymbol{\xi}_2\rangle_{ph+j}[\widetilde{\boldsymbol{A}}_2(\widetilde{\boldsymbol{z}},\hat{\boldsymbol{w}}_{\text{stls}}^{(\text{rja})})\boldsymbol{i}_l^{(j)}\ \vdots\ -\dot{\widetilde{\boldsymbol{B}}}_{2j}(\widetilde{\boldsymbol{z}},\hat{\boldsymbol{w}}_{\text{stls}}^{(\text{rja})})]\end{array}\right)\right)\boldsymbol{t}=\boldsymbol{O}_{ph\times 1}\\ \qquad \boldsymbol{i}_{qh+1}^{(1)\text{T}}\boldsymbol{t}=1\end{cases}\tag{11.84}$$

若令

$$\begin{cases}\boldsymbol{Y}_0=[-\widetilde{\boldsymbol{a}}(\widetilde{\boldsymbol{z}},\hat{\boldsymbol{w}}_{\text{stls}}^{(\text{rja})})\ \vdots\ \widetilde{\boldsymbol{B}}(\widetilde{\boldsymbol{z}},\hat{\boldsymbol{w}}_{\text{stls}}^{(\text{rja})})]\in\mathbf{R}^{ph\times(qh+1)}\\ \boldsymbol{Y}_j=[\widetilde{\boldsymbol{A}}_1(\widetilde{\boldsymbol{z}},\hat{\boldsymbol{w}}_{\text{stls}}^{(\text{rja})})\boldsymbol{i}_{ph}^{(j)}\ \vdots\ -\dot{\widetilde{\boldsymbol{B}}}_{1j}(\widetilde{\boldsymbol{z}},\hat{\boldsymbol{w}}_{\text{stls}}^{(\text{rja})})]\in\mathbf{R}^{ph\times(qh+1)},\quad 1\leqslant j\leqslant ph\\ \boldsymbol{Y}_{ph+j}=[\widetilde{\boldsymbol{A}}_2(\widetilde{\boldsymbol{z}},\hat{\boldsymbol{w}}_{\text{stls}}^{(\text{rja})})\boldsymbol{i}_l^{(j)}\ \vdots\ -\dot{\widetilde{\boldsymbol{B}}}_{2j}(\widetilde{\boldsymbol{z}},\hat{\boldsymbol{w}}_{\text{stls}}^{(\text{rja})})]\in\mathbf{R}^{ph\times(qh+1)},\quad 1\leqslant j\leqslant l\end{cases}\tag{11.85}$$

则可将式(11.84)表示为

$$\begin{cases} \min\limits_{\substack{t \in \mathbf{R}^{(qh+1)\times 1} \\ \boldsymbol{\xi}_2 \in \mathbf{R}^{(ph+l)\times 1}}} \boldsymbol{\xi}_2^{\mathrm{T}} \boldsymbol{\Gamma}_2^{-1} \boldsymbol{\xi}_2 \\ \text{s. t. } (\boldsymbol{Y}_0 + \sum\limits_{j=1}^{ph+l} \langle \boldsymbol{\xi}_2 \rangle_j \boldsymbol{Y}_j) \boldsymbol{t} = \boldsymbol{O}_{ph\times 1} \\ \quad \boldsymbol{i}_{qh+1}^{(1)\mathrm{T}} \boldsymbol{t} = 1 \end{cases} \tag{11.86}$$

为了得到标准形式的结构总体最小二乘优化模型[1, 2]，需要令$\bar{\boldsymbol{\xi}}_2 = \boldsymbol{\Gamma}_2^{-1/2} \boldsymbol{\xi}_2$，于是有

$$\langle \boldsymbol{\xi}_2 \rangle_j = \langle \boldsymbol{\Gamma}_2^{1/2} \bar{\boldsymbol{\xi}}_2 \rangle_j = \sum_{i=1}^{ph+l} \langle \boldsymbol{\Gamma}_2^{1/2} \rangle_{ji} \langle \bar{\boldsymbol{\xi}}_2 \rangle_i, \quad 1 \leqslant j \leqslant ph+l \tag{11.87}$$

将式(11.87)代入式(11.86)可得

$$\begin{cases} \min\limits_{\substack{t \in \mathbf{R}^{(qh+1)\times 1} \\ \bar{\boldsymbol{\xi}}_2 \in \mathbf{R}^{(ph+l)\times 1}}} \| \bar{\boldsymbol{\xi}}_2 \|_2^2 \\ \text{s. t. } (\boldsymbol{Y}_0 + \sum\limits_{j=1}^{ph+l} \langle \bar{\boldsymbol{\xi}}_2 \rangle_j \sum\limits_{i=1}^{ph+l} \langle \boldsymbol{\Gamma}_2^{1/2} \rangle_{ij} \boldsymbol{Y}_i) \boldsymbol{t} = \boldsymbol{O}_{ph\times 1} \\ \quad \boldsymbol{i}_{qh+1}^{(1)\mathrm{T}} \boldsymbol{t} = 1 \end{cases} \tag{11.88}$$

再令

$$\bar{\boldsymbol{Y}}_j = \sum_{i=1}^{ph+l} \langle \boldsymbol{\Gamma}_2^{1/2} \rangle_{ij} \boldsymbol{Y}_i \tag{11.89}$$

并将式(11.89)代入式(11.88)可得

$$\begin{cases} \min\limits_{\substack{t \in \mathbf{R}^{(qh+1)\times 1} \\ \bar{\boldsymbol{\xi}}_2 \in \mathbf{R}^{(ph+l)\times 1}}} \| \bar{\boldsymbol{\xi}}_2 \|_2^2 \\ \text{s. t. } (\boldsymbol{Y}_0 + \sum\limits_{j=1}^{ph+l} \langle \bar{\boldsymbol{\xi}}_2 \rangle_j \bar{\boldsymbol{Y}}_j) \boldsymbol{t} = \boldsymbol{O}_{ph\times 1} \\ \quad \boldsymbol{i}_{qh+1}^{(1)\mathrm{T}} \boldsymbol{t} = 1 \end{cases} \tag{11.90}$$

为了得到标准形式的结构总体最小二乘优化模型[1, 2]，这里还需要将式(11.90)中的线性约束$\boldsymbol{i}_{qh+1}^{(1)\mathrm{T}} \boldsymbol{t} = 1$转化为二次型约束$\| \boldsymbol{t} \|_2 = 1$，从而得到如下优化模型：

$$\begin{cases} \min\limits_{\substack{t \in \mathbf{R}^{(qh+1)\times 1} \\ \bar{\boldsymbol{\xi}}_2 \in \mathbf{R}^{(ph+l)\times 1}}} \| \bar{\boldsymbol{\xi}}_2 \|_2^2 \\ \text{s. t. } (\boldsymbol{Y}_0 + \sum\limits_{j=1}^{ph+l} \langle \bar{\boldsymbol{\xi}}_2 \rangle_j \bar{\boldsymbol{Y}}_j) \boldsymbol{t} = \boldsymbol{O}_{ph\times 1} \\ \quad \| \boldsymbol{t} \|_2 = 1 \end{cases} \tag{11.91}$$

类似于命题 7.1 的分析，对式(11.90)的求解可以直接转化为对式(11.91)的求解，而式(11.91)是标准形式的结构总体最小二乘优化模型[1, 2]，其存在标准的数值迭代算法。

2. 数值迭代算法

类似于 7.2.1 节的讨论，为了求解式(11.91)需要寻找使得$|\tau|$最小化的三元组($\boldsymbol{\alpha}$,

$\tau,\boldsymbol{\beta})$，其中 $\boldsymbol{\alpha}\in\mathbf{R}^{ph\times 1}$，$\boldsymbol{\beta}\in\mathbf{R}^{(qh+1)\times 1}$ 和 $\tau\in\mathbf{R}$ 满足

$$\begin{cases}\boldsymbol{Y}_0\boldsymbol{\beta}=\tau\boldsymbol{S}_2^{(1)}(\boldsymbol{\beta})\boldsymbol{\alpha}, & \boldsymbol{\alpha}^{\mathrm{T}}\boldsymbol{S}_2^{(1)}(\boldsymbol{\beta})\boldsymbol{\alpha}=1\\ \boldsymbol{Y}_0^{\mathrm{T}}\boldsymbol{\alpha}=\tau\boldsymbol{S}_2^{(2)}(\boldsymbol{\alpha})\boldsymbol{\beta}, & \boldsymbol{\beta}^{\mathrm{T}}\boldsymbol{S}_2^{(2)}(\boldsymbol{\alpha})\boldsymbol{\beta}=1\end{cases} \tag{11.92}$$

式中，$\boldsymbol{S}_2^{(1)}(\boldsymbol{\beta})$ 和 $\boldsymbol{S}_2^{(2)}(\boldsymbol{\alpha})$ 分别是关于向量 $\boldsymbol{\beta}$ 和 $\boldsymbol{\alpha}$ 的二次函数，相应的表达式为

$$\begin{cases}\boldsymbol{S}_2^{(1)}(\boldsymbol{\beta})=\sum\limits_{j=1}^{ph+l}\bar{\boldsymbol{Y}}_j\boldsymbol{\beta}\boldsymbol{\beta}^{\mathrm{T}}\bar{\boldsymbol{Y}}_j^{\mathrm{T}}\in\mathbf{R}^{ph\times ph}\\ \boldsymbol{S}_2^{(2)}(\boldsymbol{\alpha})=\sum\limits_{j=1}^{ph+l}\bar{\boldsymbol{Y}}_j^{\mathrm{T}}\boldsymbol{\alpha}\boldsymbol{\alpha}^{\mathrm{T}}\bar{\boldsymbol{Y}}_j\in\mathbf{R}^{(qh+1)\times(qh+1)}\end{cases} \tag{11.93}$$

显然，7.2.1 节给出的逆迭代算法可以直接应用于此，其基本思想是在每步迭代中，先利用当前最新的迭代值 $\boldsymbol{\alpha}$ 和 $\boldsymbol{\beta}$ 计算矩阵 $\boldsymbol{S}_2^{(2)}(\boldsymbol{\alpha})$ 和 $\boldsymbol{S}_2^{(1)}(\boldsymbol{\beta})$，并把它们作为常量矩阵代入式(11.92)确定 $\boldsymbol{\alpha}$ 和 $\boldsymbol{\beta}$ 的迭代更新值，从而进入下一轮迭代，重复此过程直至迭代收敛为止。与之类似的是，$\boldsymbol{\alpha}$ 和 $\boldsymbol{\beta}$ 的迭代更新值可以通过矩阵 $\boldsymbol{Y}_0$ 的 $\boldsymbol{QR}$ 分解获得，其 $\boldsymbol{QR}$ 分解可表示为

$$\boldsymbol{Y}_0=\left[\underbrace{\boldsymbol{P}_1}_{ph\times(qh+1)}\ \vdots\ \underbrace{\boldsymbol{P}_2}_{ph\times((p-q)h-1)}\right]\left[\begin{array}{c}\underbrace{\boldsymbol{R}}_{(qh+1)\times(qh+1)}\\ \hdashline \underbrace{\boldsymbol{O}}_{((p-q)h-1)\times(qh+1)}\end{array}\right]=\boldsymbol{P}_1\boldsymbol{R} \tag{11.94}$$

式中，$\boldsymbol{P}=[\boldsymbol{P}_1\quad \boldsymbol{P}_2]$ 为正交矩阵（即满足 $\boldsymbol{P}^{\mathrm{T}}\boldsymbol{P}=\boldsymbol{I}_{ph}$）；$\boldsymbol{R}$ 为上三角矩阵。不妨将向量 $\boldsymbol{\alpha}$ 分解为

$$\boldsymbol{\alpha}=\boldsymbol{P}_1\boldsymbol{\alpha}_1+\boldsymbol{P}_2\boldsymbol{\alpha}_2 \tag{11.95}$$

式中，$\boldsymbol{\alpha}_1\in\mathbf{R}^{(qh+1)\times 1}$ 和 $\boldsymbol{\alpha}_2\in\mathbf{R}^{((p-q)h-1)\times 1}$，则由式(11.92)可推得如下线性方程组：

$$\left[\begin{array}{c:c:c}\boldsymbol{R}^{\mathrm{T}} & \boldsymbol{O}_{(qh+1)\times((p-q)h-1)} & \boldsymbol{O}_{(qh+1)\times(qh+1)}\\ \hdashline \boldsymbol{P}_2^{\mathrm{T}}\boldsymbol{S}_2^{(1)}(\boldsymbol{\beta})\boldsymbol{P}_1 & \boldsymbol{P}_2^{\mathrm{T}}\boldsymbol{S}_2^{(1)}(\boldsymbol{\beta})\boldsymbol{P}_2 & \boldsymbol{O}_{((p-q)h-1)\times(qh+1)}\\ \hdashline \tau\boldsymbol{P}_1^{\mathrm{T}}\boldsymbol{S}_2^{(1)}(\boldsymbol{\beta})\boldsymbol{P}_1 & \tau\boldsymbol{P}_1^{\mathrm{T}}\boldsymbol{S}_2^{(1)}(\boldsymbol{\beta})\boldsymbol{P}_2 & -\boldsymbol{R}\end{array}\right]\begin{bmatrix}\boldsymbol{\alpha}_1\\ \boldsymbol{\alpha}_2\\ \boldsymbol{\beta}\end{bmatrix}=\left[\begin{array}{c}\tau\boldsymbol{S}_2^{(2)}(\boldsymbol{\alpha})\boldsymbol{\beta}\\ \hdashline \boldsymbol{O}_{((p-q)h-1)\times 1}\\ \hdashline \boldsymbol{O}_{(qh+1)\times 1}\end{array}\right] \tag{11.96}$$

需要指出的是，在迭代求解过程中式(11.96)中矩阵 $\boldsymbol{S}_2^{(1)}(\boldsymbol{\beta})$ 和 $\boldsymbol{S}_2^{(2)}(\boldsymbol{\alpha})$ 均认为是已知量，并且是将上一轮 $\boldsymbol{\alpha}$ 和 $\boldsymbol{\beta}$ 的迭代值代入进行计算。因此不难发现，线性方程组式(11.96)中包含的未知量个数为 $(p+q)h+1$，方程个数也是 $(p+q)h+1$，因此可以得到其唯一解。另外，由于左边的系数矩阵具有分块下三角结构，因此其中未知量的解可以通过递推的形式给出，相应的计算公式为

$$\begin{cases}\boldsymbol{\alpha}_1=\tau\boldsymbol{R}^{-\mathrm{T}}\boldsymbol{S}_2^{(2)}(\boldsymbol{\alpha})\boldsymbol{\beta}\\ \boldsymbol{\alpha}_2=-(\boldsymbol{P}_2^{\mathrm{T}}\boldsymbol{S}_2^{(1)}(\boldsymbol{\beta})\boldsymbol{P}_2)^{-1}\boldsymbol{P}_2^{\mathrm{T}}\boldsymbol{S}_2^{(1)}(\boldsymbol{\beta})\boldsymbol{P}_1\boldsymbol{\alpha}_1\\ \boldsymbol{\alpha}=\boldsymbol{P}_1\boldsymbol{\alpha}_1+\boldsymbol{P}_2\boldsymbol{\alpha}_2\\ \boldsymbol{\beta}=\tau\boldsymbol{R}^{-1}\boldsymbol{P}_1^{\mathrm{T}}\boldsymbol{S}_2^{(1)}(\boldsymbol{\beta})\boldsymbol{\alpha}\end{cases} \tag{11.97}$$

结合上述讨论和 7.2.1 节给出的算法，下面可以归纳总结出求解式(11.91)的逆迭代算法的具体步骤：

步骤 1：初始化，选择 $\boldsymbol{\alpha}_0$，$\boldsymbol{\beta}_0$ 和 τ_0，利用式(11.93)构造矩阵 $\boldsymbol{S}_2^{(1)}(\boldsymbol{\beta}_0)$ 和 $\boldsymbol{S}_2^{(2)}(\boldsymbol{\alpha}_0)$，并进

行归一化处理，使得

$$\boldsymbol{\alpha}_0^{\mathrm{T}}\boldsymbol{S}_2^{(1)}(\boldsymbol{\beta}_0)\boldsymbol{\alpha}_0=\boldsymbol{\beta}_0^{\mathrm{T}}\boldsymbol{S}_2^{(2)}(\boldsymbol{\alpha}_0)\boldsymbol{\beta}_0=1 \tag{11.98}$$

步骤 2：根据式(11.94)对矩阵 $\boldsymbol{Y}_0$ 进行 $\boldsymbol{QR}$ 分解，并得到矩阵 $\boldsymbol{P}_1$，$\boldsymbol{P}_2$ 和 $\boldsymbol{R}$。

步骤 3：令 $k:=1$，并依次计算：

(1) $\boldsymbol{\alpha}_{1k}:=\tau_{k-1}\boldsymbol{R}^{-\mathrm{T}}\boldsymbol{S}_2^{(2)}(\boldsymbol{\alpha}_{k-1})\boldsymbol{\beta}_{k-1}$；

(2) $\boldsymbol{\alpha}_{2k}:=-(\boldsymbol{P}_2^{\mathrm{T}}\boldsymbol{S}_2^{(1)}(\boldsymbol{\beta}_{k-1})\boldsymbol{P}_2)^{-1}\boldsymbol{P}_2^{\mathrm{T}}\boldsymbol{S}_2^{(1)}(\boldsymbol{\beta}_{k-1})\boldsymbol{P}_1\boldsymbol{\alpha}_{1k}$；

(3) $\boldsymbol{\alpha}_k:=\boldsymbol{P}_1\boldsymbol{\alpha}_{1k}+\boldsymbol{P}_2\boldsymbol{\alpha}_{2k}$，并利用式(11.93)构造矩阵 $\boldsymbol{S}_2^{(2)}(\boldsymbol{\alpha}_k)$；

(4) $\boldsymbol{\beta}_k:=\boldsymbol{R}^{-1}\boldsymbol{P}_1^{\mathrm{T}}\boldsymbol{S}_2^{(1)}(\boldsymbol{\beta}_{k-1})\boldsymbol{\alpha}_k$；

(5) $\boldsymbol{\beta}_k:=\boldsymbol{\beta}_k/\|\boldsymbol{\beta}_k\|_2$，并利用式(11.93)构造矩阵 $\boldsymbol{S}_2^{(1)}(\boldsymbol{\beta}_k)$；

(6) $c_k:=(\boldsymbol{\alpha}_k^{\mathrm{T}}\boldsymbol{S}_2^{(1)}(\boldsymbol{\beta}_k)\boldsymbol{\alpha}_k)^{1/4}$；

(7) $\boldsymbol{\alpha}_k:=\boldsymbol{\alpha}_k/c_k$ 和 $\boldsymbol{\beta}_k:=\boldsymbol{\beta}_k/c_k$；

(8) $\boldsymbol{S}_2^{(1)}(\boldsymbol{\beta}_k):=\boldsymbol{S}_2^{(1)}(\boldsymbol{\beta}_k)/c_k^2$ 和 $\boldsymbol{S}_2^{(2)}(\boldsymbol{\alpha}_k):=\boldsymbol{S}_2^{(2)}(\boldsymbol{\alpha}_k)/c_k^2$；

(9) $\tau_k:=\boldsymbol{\alpha}_k^{\mathrm{T}}\boldsymbol{Y}_0\boldsymbol{\beta}_k$；

(10) $\langle\bar{\boldsymbol{\xi}}_2\rangle_j:=-\tau_k\boldsymbol{\alpha}_k^{\mathrm{T}}\bar{\boldsymbol{Y}}_j\boldsymbol{\beta}_k,\quad 1\leqslant j\leqslant ph+l$；

(11) $\boldsymbol{M}_k:=\boldsymbol{Y}_0+\sum\limits_{j=1}^{ph+l}\langle\bar{\boldsymbol{\xi}}_2\rangle_j\bar{\boldsymbol{Y}}_j$。

步骤 4：计算矩阵 $\boldsymbol{M}_k$ 的最大奇异值 $\sigma_{k,\max}$ 和最小奇异值 $\sigma_{k,\min}$，若 $\sigma_{k,\min}/\sigma_{k,\max}\geqslant\varepsilon$，则令 $k:=k+1$，并且转至步骤 3，否则停止迭代。

需要指出的是，7.2.1 节的六点注释同样可以推广于此，限于篇幅这里不再阐述。若将上述逆迭代算法中向量 $\boldsymbol{\beta}_k$ 的收敛值记为 $\hat{\boldsymbol{\beta}}_{\mathrm{stls}}^{(\mathrm{rja})}$（即有 $\hat{\boldsymbol{\beta}}_{\mathrm{stls}}^{(\mathrm{rja})}=\lim\limits_{k\to+\infty}\boldsymbol{\beta}_k$），则根据命题 7.1 可知，式(11.90)中向量 $\boldsymbol{t}$ 的最优解为

$$\hat{\boldsymbol{t}}_{\mathrm{stls}}^{(\mathrm{rja})}=\hat{\boldsymbol{\beta}}_{\mathrm{stls}}^{(\mathrm{rja})}/\langle\hat{\boldsymbol{\beta}}_{\mathrm{stls}}^{(\mathrm{rja})}\rangle_1 \tag{11.99}$$

因此(多)目标位置解为 $\hat{\tilde{\boldsymbol{u}}}_{\mathrm{stls}}^{(\mathrm{rja})}=[\boldsymbol{O}_{qh\times 1}\quad \boldsymbol{I}_{qh}]\hat{\boldsymbol{t}}_{\mathrm{stls}}^{(\mathrm{rja})}$，该向量即为第一类结构总体最小二乘(多)目标联合定位方法给出的(多)目标位置解。

11.3.4 (多)目标位置向量估计值的理论性能

这里将推导(多)目标位置解 $\hat{\tilde{\boldsymbol{u}}}_{\mathrm{stls}}^{(\mathrm{rja})}$ 的理论性能，重点推导其估计方差矩阵。首先可以得到如下命题。

命题 11.6 式(11.90)的最优解 $\hat{\boldsymbol{t}}_{\mathrm{stls}}^{(\mathrm{rja})}$ 是如下优化问题的最优解：

$$\begin{cases}\min\limits_{\boldsymbol{t}\in\mathbf{R}^{(qh+1)\times 1}} \boldsymbol{t}^{\mathrm{T}}\boldsymbol{Y}_0^{\mathrm{T}}(\boldsymbol{S}_2^{(1)}(\boldsymbol{t}))^{-1}\boldsymbol{Y}_0\boldsymbol{t}\\ \text{s. t. } \boldsymbol{i}_{qh+1}^{(1)\mathrm{T}}\boldsymbol{t}=1\end{cases} \tag{11.100}$$

证明 由于式(11.90)是含有等式约束的优化问题，因此它可以采用拉格朗日乘子法进行优化求解[3]，相应的拉格朗日函数可构造为

$$\bar{J}_2(\bar{\boldsymbol{\xi}}_2,\boldsymbol{t},\boldsymbol{\eta},\lambda)=\bar{\boldsymbol{\xi}}_2^{\mathrm{T}}\bar{\boldsymbol{\xi}}_2+2\boldsymbol{\eta}^{\mathrm{T}}\left(\boldsymbol{Y}_0+\sum_{j=1}^{ph+l}\langle\bar{\boldsymbol{\xi}}_2\rangle_j\bar{\boldsymbol{Y}}_j\right)\boldsymbol{t}+\lambda(1-\boldsymbol{i}_{qh+1}^{(1)\mathrm{T}}\boldsymbol{t}) \tag{11.101}$$

式中，$\boldsymbol{\eta}$ 和 λ 分别表示拉格朗日乘子向量和标量。分别对式(11.101)中的各个变量求偏

导,并令其等于零可推得

$$\begin{cases}\langle\bar{\boldsymbol{\xi}}_2\rangle_j=-\boldsymbol{\eta}^{\mathrm{T}}\bar{\boldsymbol{Y}}_j\boldsymbol{t}, \quad 1\leqslant j\leqslant ph+l & (11.102\mathrm{a})\\ (\boldsymbol{Y}_0+\sum\limits_{j=1}^{ph+l}\langle\bar{\boldsymbol{\xi}}_2\rangle_j\bar{\boldsymbol{Y}}_j)\boldsymbol{t}=\boldsymbol{O}_{ph\times1} & (11.102\mathrm{b})\\ (\boldsymbol{Y}_0^{\mathrm{T}}+\sum\limits_{j=1}^{ph+l}\langle\bar{\boldsymbol{\xi}}_2\rangle_j\bar{\boldsymbol{Y}}_j^{\mathrm{T}})\boldsymbol{\eta}=\lambda\boldsymbol{i}_{qh+1}^{(1)}/2 & (11.102\mathrm{c})\\ \boldsymbol{i}_{qh+1}^{(1)\mathrm{T}}\boldsymbol{t}=1 & (11.102\mathrm{d})\end{cases}$$

首先根据式(11.102b)和式(11.102c)可以得到 $\lambda=0$,再将式(11.102a)分别代入式(11.102b)和式(11.102c)中可得

$$\begin{cases}\boldsymbol{Y}_0\boldsymbol{t}=(\sum\limits_{j=1}^{ph+l}(\boldsymbol{\eta}^{\mathrm{T}}\bar{\boldsymbol{Y}}_j\boldsymbol{t})\bar{\boldsymbol{Y}}_j)\boldsymbol{t}=(\sum\limits_{j=1}^{ph+l}\bar{\boldsymbol{Y}}_j\boldsymbol{t}\boldsymbol{t}^{\mathrm{T}}\bar{\boldsymbol{Y}}_j^{\mathrm{T}})\boldsymbol{\eta}=\boldsymbol{S}_2^{(1)}(\boldsymbol{t})\boldsymbol{\eta} & (11.103\mathrm{a})\\ \boldsymbol{Y}_0^{\mathrm{T}}\boldsymbol{\eta}=(\sum\limits_{j=1}^{ph+l}(\boldsymbol{\eta}^{\mathrm{T}}\bar{\boldsymbol{Y}}_j\boldsymbol{t})\bar{\boldsymbol{Y}}_j^{\mathrm{T}})\boldsymbol{\eta}=(\sum\limits_{j=1}^{ph+l}\bar{\boldsymbol{Y}}_j^{\mathrm{T}}\boldsymbol{\eta}\boldsymbol{\eta}^{\mathrm{T}}\bar{\boldsymbol{Y}}_j)\boldsymbol{t}=\boldsymbol{S}_2^{(2)}(\boldsymbol{\eta})\boldsymbol{t} & (11.103\mathrm{b})\end{cases}$$

基于式(11.102a)可知,式(11.90)中的目标函数可表示为

$$\|\bar{\boldsymbol{\xi}}_2\|_2^2=\bar{\boldsymbol{\xi}}_2^{\mathrm{T}}\bar{\boldsymbol{\xi}}_2=\boldsymbol{\eta}^{\mathrm{T}}(\sum_{j=1}^{ph+l}\bar{\boldsymbol{Y}}_j\boldsymbol{t}\boldsymbol{t}^{\mathrm{T}}\bar{\boldsymbol{Y}}_j^{\mathrm{T}})\boldsymbol{\eta}=\boldsymbol{\eta}^{\mathrm{T}}\boldsymbol{S}_2^{(1)}(\boldsymbol{t})\boldsymbol{\eta} \tag{11.104}$$

再利用式(11.103a)可得

$$\boldsymbol{\eta}=(\boldsymbol{S}_2^{(1)}(\boldsymbol{t}))^{-1}\boldsymbol{Y}_0\boldsymbol{t} \tag{11.105}$$

将式(11.105)代入式(11.104)可将目标函数进一步表示为

$$\|\bar{\boldsymbol{\xi}}_2\|_2^2=\boldsymbol{\eta}^{\mathrm{T}}\boldsymbol{S}_2^{(1)}(\boldsymbol{t})\boldsymbol{\eta}=\boldsymbol{t}^{\mathrm{T}}\boldsymbol{Y}_0^{\mathrm{T}}(\boldsymbol{S}_2^{(1)}(\boldsymbol{t}))^{-1}\boldsymbol{Y}_0\boldsymbol{t} \tag{11.106}$$

根据式(11.106)可知结论成立。证毕。

根据命题 11.6 还可以进一步得到如下推论。

推论 11.2 (多)目标位置解 $\hat{\boldsymbol{u}}_{\mathrm{stls}}^{(\mathrm{rja})}$ 是如下优化问题的最优解:

$$\begin{aligned}&\min_{\tilde{\boldsymbol{u}}\in\mathbf{R}^{q\times1}}(\tilde{\boldsymbol{B}}(\tilde{\boldsymbol{z}},\hat{\boldsymbol{w}}_{\mathrm{stls}}^{(\mathrm{rja})})\tilde{\boldsymbol{u}}-\tilde{\boldsymbol{a}}(\tilde{\boldsymbol{z}},\hat{\boldsymbol{w}}_{\mathrm{stls}}^{(\mathrm{rja})}))^{\mathrm{T}}(\tilde{\boldsymbol{T}}(\tilde{\boldsymbol{z}},\hat{\boldsymbol{w}}_{\mathrm{stls}}^{(\mathrm{rja})},\tilde{\boldsymbol{u}})\boldsymbol{\Gamma}_2\tilde{\boldsymbol{T}}^{\mathrm{T}}(\tilde{\boldsymbol{z}},\hat{\boldsymbol{w}}_{\mathrm{stls}}^{(\mathrm{rja})},\tilde{\boldsymbol{u}}))^{-1}(\tilde{\boldsymbol{B}}(\tilde{\boldsymbol{z}},\hat{\boldsymbol{w}}_{\mathrm{stls}}^{(\mathrm{rja})})\tilde{\boldsymbol{u}}-\tilde{\boldsymbol{a}}(\tilde{\boldsymbol{z}},\hat{\boldsymbol{w}}_{\mathrm{stls}}^{(\mathrm{rja})}))\\&=\min_{\tilde{\boldsymbol{u}}\in\mathbf{R}^{q\times1}}(\tilde{\boldsymbol{B}}(\tilde{\boldsymbol{z}},\hat{\boldsymbol{w}}_{\mathrm{stls}}^{(\mathrm{rja})})\tilde{\boldsymbol{u}}-\tilde{\boldsymbol{a}}(\tilde{\boldsymbol{z}},\hat{\boldsymbol{w}}_{\mathrm{stls}}^{(\mathrm{rja})}))^{\mathrm{T}}\begin{pmatrix}\tilde{\boldsymbol{T}}_1(\tilde{\boldsymbol{z}},\hat{\boldsymbol{w}}_{\mathrm{stls}}^{(\mathrm{rja})},\tilde{\boldsymbol{u}})\tilde{\boldsymbol{Q}}_1\tilde{\boldsymbol{T}}_1^{\mathrm{T}}(\tilde{\boldsymbol{z}},\hat{\boldsymbol{w}}_{\mathrm{stls}}^{(\mathrm{rja})},\tilde{\boldsymbol{u}})\\+\tilde{\boldsymbol{T}}_2(\tilde{\boldsymbol{z}},\hat{\boldsymbol{w}}_{\mathrm{stls}}^{(\mathrm{rja})},\tilde{\boldsymbol{u}})\mathbf{cov}(\hat{\boldsymbol{w}}_{\mathrm{stls}}^{(\mathrm{rja})})\tilde{\boldsymbol{T}}_2^{\mathrm{T}}(\tilde{\boldsymbol{z}},\hat{\boldsymbol{w}}_{\mathrm{stls}}^{(\mathrm{rja})},\tilde{\boldsymbol{u}})\end{pmatrix}^{-1}(\tilde{\boldsymbol{B}}(\tilde{\boldsymbol{z}},\hat{\boldsymbol{w}}_{\mathrm{stls}}^{(\mathrm{rja})})\tilde{\boldsymbol{u}}-\tilde{\boldsymbol{a}}(\tilde{\boldsymbol{z}},\hat{\boldsymbol{w}}_{\mathrm{stls}}^{(\mathrm{rja})}))\end{aligned} \tag{11.107}$$

式中

$$\begin{cases}\tilde{\boldsymbol{T}}(\tilde{\boldsymbol{z}},\hat{\boldsymbol{w}}_{\mathrm{stls}}^{(\mathrm{rja})},\tilde{\boldsymbol{u}})=[\tilde{\boldsymbol{T}}_1(\tilde{\boldsymbol{z}},\hat{\boldsymbol{w}}_{\mathrm{stls}}^{(\mathrm{rja})},\tilde{\boldsymbol{u}})\quad\tilde{\boldsymbol{T}}_2(\tilde{\boldsymbol{z}},\hat{\boldsymbol{w}}_{\mathrm{stls}}^{(\mathrm{rja})},\tilde{\boldsymbol{u}})]\in\mathbf{R}^{ph\times(ph+l)}\\ \tilde{\boldsymbol{T}}_1(\tilde{\boldsymbol{z}},\hat{\boldsymbol{w}}_{\mathrm{stls}}^{(\mathrm{rja})},\tilde{\boldsymbol{u}})=\dot{\tilde{\boldsymbol{A}}}_1(\tilde{\boldsymbol{z}},\hat{\boldsymbol{w}}_{\mathrm{stls}}^{(\mathrm{rja})})-[\dot{\tilde{\boldsymbol{B}}}_{11}(\tilde{\boldsymbol{z}},\hat{\boldsymbol{w}}_{\mathrm{stls}}^{(\mathrm{rja})})\tilde{\boldsymbol{u}}\quad\dot{\tilde{\boldsymbol{B}}}_{12}(\tilde{\boldsymbol{z}},\hat{\boldsymbol{w}}_{\mathrm{stls}}^{(\mathrm{rja})})\tilde{\boldsymbol{u}}\quad\cdots\quad\dot{\tilde{\boldsymbol{B}}}_{1,ph}(\tilde{\boldsymbol{z}},\hat{\boldsymbol{w}}_{\mathrm{stls}}^{(\mathrm{rja})})\tilde{\boldsymbol{u}}]\in\mathbf{R}^{ph\times ph}\\ \tilde{\boldsymbol{T}}_2(\tilde{\boldsymbol{z}},\hat{\boldsymbol{w}}_{\mathrm{stls}}^{(\mathrm{rja})},\tilde{\boldsymbol{u}})=\dot{\tilde{\boldsymbol{A}}}_2(\tilde{\boldsymbol{z}},\hat{\boldsymbol{w}}_{\mathrm{stls}}^{(\mathrm{rja})})-[\dot{\tilde{\boldsymbol{B}}}_{21}(\tilde{\boldsymbol{z}},\hat{\boldsymbol{w}}_{\mathrm{stls}}^{(\mathrm{rja})})\tilde{\boldsymbol{u}}\quad\dot{\tilde{\boldsymbol{B}}}_{22}(\tilde{\boldsymbol{z}},\hat{\boldsymbol{w}}_{\mathrm{stls}}^{(\mathrm{rja})})\tilde{\boldsymbol{u}}\quad\cdots\quad\dot{\tilde{\boldsymbol{B}}}_{2l}(\tilde{\boldsymbol{z}},\hat{\boldsymbol{w}}_{\mathrm{stls}}^{(\mathrm{rja})})\tilde{\boldsymbol{u}}]\in\mathbf{R}^{ph\times l}\end{cases} \tag{11.108}$$

证明 由于 $\boldsymbol{t}=[1\quad\tilde{\boldsymbol{u}}^{\mathrm{T}}]^{\mathrm{T}}$,因此根据式(11.85)中的第一式可得

$$\boldsymbol{Y}_0\boldsymbol{t}=[-\tilde{\boldsymbol{a}}(\tilde{\boldsymbol{z}},\hat{\boldsymbol{w}}_{\mathrm{stls}}^{(\mathrm{rja})})\ \vdots\ \tilde{\boldsymbol{B}}(\tilde{\boldsymbol{z}},\hat{\boldsymbol{w}}_{\mathrm{stls}}^{(\mathrm{rja})})]\begin{bmatrix}1\\ \tilde{\boldsymbol{u}}\end{bmatrix}=\tilde{\boldsymbol{B}}(\tilde{\boldsymbol{z}},\hat{\boldsymbol{w}}_{\mathrm{stls}}^{(\mathrm{rja})})\tilde{\boldsymbol{u}}-\tilde{\boldsymbol{a}}(\tilde{\boldsymbol{z}},\hat{\boldsymbol{w}}_{\mathrm{stls}}^{(\mathrm{rja})}) \tag{11.109}$$

另外,根据式(11.85)中的第二式和第三式和式(11.89)可得

$$\bar{\boldsymbol{Y}}_j\boldsymbol{t}=\sum_{i=1}^{ph+l}\langle\boldsymbol{\Gamma}_2^{1/2}\rangle_{ij}\boldsymbol{Y}_i\boldsymbol{t}=\sum_{i=1}^{ph}\langle\boldsymbol{\Gamma}_2^{1/2}\rangle_{ij}[\tilde{\boldsymbol{A}}_1(\tilde{\boldsymbol{z}},\hat{\boldsymbol{w}}_{\text{stls}}^{(\text{rja})})\boldsymbol{i}_{ph}^{(i)}\ \vdots\ -\dot{\tilde{\boldsymbol{B}}}_{1i}(\tilde{\boldsymbol{z}},\hat{\boldsymbol{w}}_{\text{stls}}^{(\text{rja})})]\boldsymbol{t}$$
$$+\sum_{i=1}^{l}\langle\boldsymbol{\Gamma}_2^{1/2}\rangle_{ph+i,j}[\tilde{\boldsymbol{A}}_2(\tilde{\boldsymbol{z}},\hat{\boldsymbol{w}}_{\text{stls}}^{(\text{rja})})\boldsymbol{i}_l^{(i)}\ \vdots\ -\dot{\tilde{\boldsymbol{B}}}_{2i}(\tilde{\boldsymbol{z}},\hat{\boldsymbol{w}}_{\text{stls}}^{(\text{rja})})]\boldsymbol{t}$$
$$=\sum_{i=1}^{ph}\langle\boldsymbol{\Gamma}_2^{1/2}\rangle_{ij}(\tilde{\boldsymbol{A}}_1(\tilde{\boldsymbol{z}},\hat{\boldsymbol{w}}_{\text{stls}}^{(\text{rja})})\boldsymbol{i}_{ph}^{(i)}-\dot{\tilde{\boldsymbol{B}}}_{1i}(\tilde{\boldsymbol{z}},\hat{\boldsymbol{w}}_{\text{stls}}^{(\text{rja})})\tilde{\boldsymbol{u}})$$
$$+\sum_{i=1}^{l}\langle\boldsymbol{\Gamma}_2^{1/2}\rangle_{ph+i,j}(\tilde{\boldsymbol{A}}_2(\tilde{\boldsymbol{z}},\hat{\boldsymbol{w}}_{\text{stls}}^{(\text{rja})})\boldsymbol{i}_l^{(i)}-\dot{\tilde{\boldsymbol{B}}}_{2i}(\tilde{\boldsymbol{z}},\hat{\boldsymbol{w}}_{\text{stls}}^{(\text{rja})})\tilde{\boldsymbol{u}}) \tag{11.110}$$

根据式(11.83)中的第二式、式(11.108)和式(11.110)可进一步推得

$$\begin{cases}\bar{\boldsymbol{Y}}_j\boldsymbol{t}=\sum_{i=1}^{ph}\langle\tilde{\boldsymbol{Q}}_1^{1/2}\rangle_{ij}(\tilde{\boldsymbol{A}}_1(\tilde{\boldsymbol{z}},\hat{\boldsymbol{w}}_{\text{stls}}^{(\text{rja})})\boldsymbol{i}_{ph}^{(i)}-\dot{\tilde{\boldsymbol{B}}}_{1i}(\tilde{\boldsymbol{z}},\hat{\boldsymbol{w}}_{\text{stls}}^{(\text{rja})})\tilde{\boldsymbol{u}})=\sum_{i=1}^{ph}\langle\tilde{\boldsymbol{Q}}_1^{1/2}\rangle_{ij}\tilde{\boldsymbol{T}}_1(\tilde{\boldsymbol{z}},\hat{\boldsymbol{w}}_{\text{stls}}^{(\text{rja})},\tilde{\boldsymbol{u}})\boldsymbol{i}_{ph}^{(i)}\\ \quad=\tilde{\boldsymbol{T}}_1(\tilde{\boldsymbol{z}},\hat{\boldsymbol{w}}_{\text{stls}}^{(\text{rja})},\tilde{\boldsymbol{u}})\tilde{\boldsymbol{Q}}_1^{1/2}\boldsymbol{i}_{ph}^{(j)},\quad 1\leqslant j\leqslant ph\\ \bar{\boldsymbol{Y}}_{ph+j}\boldsymbol{t}=\sum_{i=1}^{l}\langle\mathbf{cov}^{1/2}(\hat{\boldsymbol{w}}_{\text{stls}}^{(\text{rja})})\rangle_{ij}(\tilde{\boldsymbol{A}}_2(\tilde{\boldsymbol{z}},\hat{\boldsymbol{w}}_{\text{stls}}^{(\text{rja})})\boldsymbol{i}_l^{(i)}-\dot{\tilde{\boldsymbol{B}}}_{2i}(\tilde{\boldsymbol{z}},\hat{\boldsymbol{w}}_{\text{stls}}^{(\text{rja})})\tilde{\boldsymbol{u}})=\sum_{i=1}^{l}\langle\mathbf{cov}^{1/2}(\hat{\boldsymbol{w}}_{\text{stls}}^{(\text{rja})})\rangle_{ij}\tilde{\boldsymbol{T}}_2(\tilde{\boldsymbol{z}},\hat{\boldsymbol{w}}_{\text{stls}}^{(\text{rja})},\tilde{\boldsymbol{u}})\boldsymbol{i}_l^{(i)}\\ \quad=\tilde{\boldsymbol{T}}_2(\tilde{\boldsymbol{z}},\hat{\boldsymbol{w}}_{\text{stls}}^{(\text{rja})},\tilde{\boldsymbol{u}})\mathbf{cov}^{1/2}(\hat{\boldsymbol{w}}_{\text{stls}}^{(\text{rja})})\boldsymbol{i}_l^{(j)},\quad 1\leqslant j\leqslant l\end{cases} \tag{11.111}$$

基于式(11.111)可知

$$\boldsymbol{S}_2^{(1)}(\boldsymbol{t})=\sum_{j=1}^{ph+l}\bar{\boldsymbol{Y}}_j\boldsymbol{t}\boldsymbol{t}^{\mathrm{T}}\bar{\boldsymbol{Y}}_j^{\mathrm{T}}=\tilde{\boldsymbol{T}}_1(\tilde{\boldsymbol{z}},\hat{\boldsymbol{w}}_{\text{stls}}^{(\text{rja})},\tilde{\boldsymbol{u}})\boldsymbol{Q}_1\tilde{\boldsymbol{T}}_1^{\mathrm{T}}(\tilde{\boldsymbol{z}},\hat{\boldsymbol{w}}_{\text{stls}}^{(\text{rja})},\tilde{\boldsymbol{u}})$$
$$+\tilde{\boldsymbol{T}}_2(\tilde{\boldsymbol{z}},\hat{\boldsymbol{w}}_{\text{stls}}^{(\text{rja})},\tilde{\boldsymbol{u}})\mathbf{cov}(\hat{\boldsymbol{w}}_{\text{stls}}^{(\text{rja})})\tilde{\boldsymbol{T}}_2^{\mathrm{T}}(\tilde{\boldsymbol{z}},\hat{\boldsymbol{w}}_{\text{stls}}^{(\text{rja})},\tilde{\boldsymbol{u}})$$
$$=\tilde{\boldsymbol{T}}(\tilde{\boldsymbol{z}},\hat{\boldsymbol{w}}_{\text{stls}}^{(\text{rja})},\tilde{\boldsymbol{u}})\boldsymbol{\Gamma}_2\tilde{\boldsymbol{T}}^{\mathrm{T}}(\tilde{\boldsymbol{z}},\hat{\boldsymbol{w}}_{\text{stls}}^{(\text{rja})},\tilde{\boldsymbol{u}}) \tag{11.112}$$

联合式(11.109)和式(11.112)可推得

$$\boldsymbol{t}^{\mathrm{T}}\boldsymbol{Y}_0^{\mathrm{T}}(\boldsymbol{S}_2^{(1)}(\boldsymbol{t}))^{-1}\boldsymbol{Y}_0\boldsymbol{t}=(\tilde{\boldsymbol{B}}(\tilde{\boldsymbol{z}},\hat{\boldsymbol{w}}_{\text{stls}}^{(\text{rja})})\tilde{\boldsymbol{u}}-\tilde{\boldsymbol{a}}(\tilde{\boldsymbol{z}},\hat{\boldsymbol{w}}_{\text{stls}}^{(\text{rja})}))^{\mathrm{T}}(\tilde{\boldsymbol{T}}(\tilde{\boldsymbol{z}},\hat{\boldsymbol{w}}_{\text{stls}}^{(\text{rja})},\tilde{\boldsymbol{u}})\boldsymbol{\Gamma}_2\tilde{\boldsymbol{T}}^{\mathrm{T}}(\tilde{\boldsymbol{z}},\hat{\boldsymbol{w}}_{\text{stls}}^{(\text{rja})},\tilde{\boldsymbol{u}}))^{-1}(\tilde{\boldsymbol{B}}(\tilde{\boldsymbol{z}},\hat{\boldsymbol{w}}_{\text{stls}}^{(\text{rja})})\tilde{\boldsymbol{u}}-\tilde{\boldsymbol{a}}(\tilde{\boldsymbol{z}},\hat{\boldsymbol{w}}_{\text{stls}}^{(\text{rja})})) \tag{11.113}$$

根据式(11.113)可知结论成立。证毕。

根据推论11.2可知，(多)目标位置解 $\hat{\tilde{\boldsymbol{u}}}_{\text{stls}}^{(\text{rja})}$ 的二阶统计特性可以基于式(11.107)推得。类似于6.2.4节中的性能分析，(多)目标位置解 $\hat{\tilde{\boldsymbol{u}}}_{\text{stls}}^{(\text{rja})}$ 的估计方差矩阵为

$$\mathbf{cov}(\hat{\tilde{\boldsymbol{u}}}_{\text{stls}}^{(\text{rja})})=(\tilde{\boldsymbol{B}}^{\mathrm{T}}(\tilde{\boldsymbol{z}}_0,\boldsymbol{w})(\tilde{\boldsymbol{T}}(\tilde{\boldsymbol{z}}_0,\boldsymbol{w},\tilde{\boldsymbol{u}})\boldsymbol{\Gamma}_2\tilde{\boldsymbol{T}}^{\mathrm{T}}(\tilde{\boldsymbol{z}}_0,\boldsymbol{w},\tilde{\boldsymbol{u}}))^{-1}\tilde{\boldsymbol{B}}(\tilde{\boldsymbol{z}}_0,\boldsymbol{w}))^{-1} \tag{11.114}$$

通过进一步的数学分析可以证明，(多)目标位置解 $\hat{\tilde{\boldsymbol{u}}}_{\text{stls}}^{(\text{rja})}$ 的估计方差矩阵等于式(11.17)给出的克拉美罗界矩阵，结果可见如下命题。

命题11.7 $\mathbf{cov}(\hat{\tilde{\boldsymbol{u}}}_{\text{stls}}^{(\text{rja})})=\mathbf{CRB}^{(\text{rj})}(\tilde{\boldsymbol{u}})$

$$=\left(\tilde{\boldsymbol{G}}_1^{\mathrm{T}}(\tilde{\boldsymbol{u}},\boldsymbol{w})\left(\tilde{\boldsymbol{Q}}_1+\tilde{\boldsymbol{G}}_2(\tilde{\boldsymbol{u}},\boldsymbol{w})\begin{pmatrix}\boldsymbol{Q}_2^{-1}+\bar{\boldsymbol{G}}^{\mathrm{T}}(\boldsymbol{s},\boldsymbol{w})\\ \cdot\begin{pmatrix}\boldsymbol{Q}_3+\bar{\boldsymbol{J}}(\boldsymbol{s},\boldsymbol{w})\\ \cdot\boldsymbol{Q}_4\bar{\boldsymbol{J}}^{\mathrm{T}}(\boldsymbol{s},\boldsymbol{w})\end{pmatrix}^{-1}\bar{\boldsymbol{G}}(\boldsymbol{s},\boldsymbol{w})\end{pmatrix}^{-1}\tilde{\boldsymbol{G}}_2^{\mathrm{T}}(\tilde{\boldsymbol{u}},\boldsymbol{w})\right)^{-1}\tilde{\boldsymbol{G}}_1(\tilde{\boldsymbol{u}},\boldsymbol{w})\right)^{-1}。$$

证明 将式(11.83)中的第二式和式(11.108)中的第一式代入式(11.114)可得

$$\begin{aligned}\mathbf{cov}(\hat{\tilde{\boldsymbol{u}}}_{\text{stls}}^{(\text{rja})})&=(\tilde{\boldsymbol{B}}^{\text{T}}(\boldsymbol{z}_0,\boldsymbol{w})(\tilde{\boldsymbol{T}}_1(\boldsymbol{z}_0,\boldsymbol{w},\tilde{\boldsymbol{u}})\tilde{\boldsymbol{Q}}_1\tilde{\boldsymbol{T}}_1^{\text{T}}(\boldsymbol{z}_0,\boldsymbol{w},\tilde{\boldsymbol{u}})+\tilde{\boldsymbol{T}}_2(\boldsymbol{z}_0,\boldsymbol{w},\bar{\boldsymbol{u}})\mathbf{cov}(\hat{\boldsymbol{w}}_{\text{stls}}^{(\text{rja})})\tilde{\boldsymbol{T}}_1^{\text{T}}(\boldsymbol{z}_0,\boldsymbol{w},\bar{\boldsymbol{u}}))^{-1}\tilde{\boldsymbol{B}}(\boldsymbol{z}_0,\boldsymbol{w}))^{-1}\\&=\left(\tilde{\boldsymbol{B}}^{\text{T}}(\boldsymbol{z}_0,\boldsymbol{w})\tilde{\boldsymbol{T}}_1^{-\text{T}}(\boldsymbol{z}_0,\boldsymbol{w},\bar{\boldsymbol{u}})\begin{pmatrix}\tilde{\boldsymbol{Q}}_1+\tilde{\boldsymbol{T}}_1^{-1}(\tilde{\boldsymbol{z}}_0,\boldsymbol{w},\bar{\boldsymbol{u}})\tilde{\boldsymbol{T}}_2(\boldsymbol{z}_0,\boldsymbol{w},\bar{\boldsymbol{u}})\mathbf{cov}(\hat{\boldsymbol{w}}_{\text{stls}}^{(\text{rja})})\\ \cdot\tilde{\boldsymbol{T}}_2^{\text{T}}(\boldsymbol{z}_0,\boldsymbol{w},\bar{\boldsymbol{u}})\tilde{\boldsymbol{T}}_1^{-\text{T}}(\boldsymbol{z}_0,\boldsymbol{w},\bar{\boldsymbol{u}})\end{pmatrix}^{-1}\tilde{\boldsymbol{T}}_1^{-1}(\boldsymbol{z}_0,\boldsymbol{w},\bar{\boldsymbol{u}})\tilde{\boldsymbol{B}}(\boldsymbol{z}_0,\boldsymbol{w})\right)^{-1}\end{aligned}\tag{11.115}$$

将式(8.70)和式(8.72)代入式(11.115)可得

$$\mathbf{cov}(\hat{\tilde{\boldsymbol{u}}}_{\text{stls}}^{(\text{rja})})=(\tilde{\boldsymbol{G}}_1^{\text{T}}(\tilde{\boldsymbol{u}},\boldsymbol{w})(\tilde{\boldsymbol{Q}}_1+\tilde{\boldsymbol{G}}_2(\tilde{\boldsymbol{u}},\boldsymbol{w})\mathbf{cov}(\hat{\boldsymbol{w}}_{\text{stls}}^{(\text{rja})})\tilde{\boldsymbol{G}}_2^{\text{T}}(\tilde{\boldsymbol{u}},\boldsymbol{w}))^{-1}\tilde{\boldsymbol{G}}_1(\tilde{\boldsymbol{u}},\boldsymbol{w}))^{-1}\tag{11.116}$$

结合式(10.49)和式(11.75)可知

$$\mathbf{cov}(\hat{\boldsymbol{w}}_{\text{stls}}^{(\text{rja})})=(\boldsymbol{Q}_2^{-1}+\bar{\boldsymbol{G}}^{\text{T}}(\boldsymbol{s},\boldsymbol{w})(\boldsymbol{Q}_3+\bar{\boldsymbol{J}}(\boldsymbol{s},\boldsymbol{w})\boldsymbol{Q}_4\bar{\boldsymbol{J}}^{\text{T}}(\boldsymbol{s},\boldsymbol{w}))^{-1}\bar{\boldsymbol{G}}(\boldsymbol{s},\boldsymbol{w}))^{-1}\tag{11.117}$$

将式(11.117)代入式(11.116)可知结论成立。证毕。

命题 11.7 表明,(多)目标位置解 $\hat{\tilde{\boldsymbol{u}}}_{\text{stls}}^{(\text{rja})}$ 具有渐近最优的统计性能(在门限效应发生以前)。

11.4 第二类结构总体最小二乘(多)目标联合定位方法及其理论性能分析

与第一类结构总体最小二乘定位方法不同的是,第二类结构总体最小二乘定位方法是基于目标源观测量 $\tilde{\boldsymbol{z}}$、校正源观测量 $\boldsymbol{r}$、系统参量的先验测量值 $\boldsymbol{v}$ 和校正源位置向量的先验测量值 $\boldsymbol{\tau}$(直接)联合估计(多)目标位置向量 $\tilde{\boldsymbol{u}}$、系统参量 $\boldsymbol{w}$ 和校正源位置向量 $\boldsymbol{s}$。

11.4.1 联合估计(多)目标位置向量、系统参量和校正源位置向量

1. 定位优化模型

在实际计算中,函数 $\tilde{\boldsymbol{a}}(\cdot,\cdot)$ 和 $\tilde{\boldsymbol{B}}(\cdot,\cdot)$ 以及函数 $\bar{\boldsymbol{c}}(\cdot,\cdot)$ 和 $\bar{\boldsymbol{D}}(\cdot,\cdot)$ 的闭式形式是可知的,但 $\tilde{\boldsymbol{z}}_0,\boldsymbol{w},\boldsymbol{r}_0$ 和 $\boldsymbol{s}$ 却不可获知,只能用带误差的观测向量 $\tilde{\boldsymbol{z}},\boldsymbol{v},\boldsymbol{r}$ 和 $\boldsymbol{\tau}$ 来代替。显然,若用 $\tilde{\boldsymbol{z}},\boldsymbol{v},\boldsymbol{r}$ 和 $\boldsymbol{\tau}$ 直接代替 $\tilde{\boldsymbol{z}}_0,\boldsymbol{w},\boldsymbol{r}_0$ 和 $\boldsymbol{s}$,式(11.21)和式(11.24)已经无法成立。为了建立结构总体最小二乘优化模型,需要将向量函数 $\tilde{\boldsymbol{a}}(\boldsymbol{z}_0,\boldsymbol{w})$ 和矩阵函数 $\tilde{\boldsymbol{B}}(\boldsymbol{z}_0,\boldsymbol{w})$ 以及向量函数 $\bar{\boldsymbol{c}}(\boldsymbol{r}_0,\boldsymbol{s})$ 和矩阵函数 $\bar{\boldsymbol{D}}(\boldsymbol{r}_0,\boldsymbol{s})$ 在点 $\tilde{\boldsymbol{z}},\boldsymbol{v},\boldsymbol{r}$ 和 $\boldsymbol{\tau}$ 处进行一阶 Taylor 级数展开可得

$$\begin{cases}\tilde{\boldsymbol{a}}(\tilde{\boldsymbol{z}}_0,\boldsymbol{w})\approx\tilde{\boldsymbol{a}}(\tilde{\boldsymbol{z}},\boldsymbol{v})+\tilde{\boldsymbol{A}}_1(\tilde{\boldsymbol{z}},\boldsymbol{v})(\tilde{\boldsymbol{z}}_0-\tilde{\boldsymbol{z}})+\tilde{\boldsymbol{A}}_2(\tilde{\boldsymbol{z}},\boldsymbol{v})(\boldsymbol{w}-\boldsymbol{v})=\tilde{\boldsymbol{a}}(\tilde{\boldsymbol{z}},\boldsymbol{v})-\tilde{\boldsymbol{A}}_1(\tilde{\boldsymbol{z}},\boldsymbol{v})\tilde{\boldsymbol{n}}-\tilde{\boldsymbol{A}}_2(\tilde{\boldsymbol{z}},\boldsymbol{v})\boldsymbol{m}\\ \tilde{\boldsymbol{B}}(\tilde{\boldsymbol{z}}_0,\boldsymbol{w})\approx\tilde{\boldsymbol{B}}(\tilde{\boldsymbol{z}},\boldsymbol{v})+\dot{\tilde{\boldsymbol{B}}}_{11}(\tilde{\boldsymbol{z}},\boldsymbol{v})\langle\tilde{\boldsymbol{z}}_0-\tilde{\boldsymbol{z}}\rangle_1+\dot{\tilde{\boldsymbol{B}}}_{12}(\tilde{\boldsymbol{z}},\boldsymbol{v})\langle\tilde{\boldsymbol{z}}_0-\tilde{\boldsymbol{z}}\rangle_2+\cdots+\dot{\tilde{\boldsymbol{B}}}_{1,ph}(\tilde{\boldsymbol{z}},\boldsymbol{v})\langle\tilde{\boldsymbol{z}}_0-\tilde{\boldsymbol{z}}\rangle_{ph}\\ \qquad+\dot{\tilde{\boldsymbol{B}}}_{21}(\boldsymbol{z},\boldsymbol{v})\langle\boldsymbol{w}-\boldsymbol{v}\rangle_1+\dot{\tilde{\boldsymbol{B}}}_{22}(\boldsymbol{z},\boldsymbol{v})\langle\boldsymbol{w}-\boldsymbol{v}\rangle_2+\cdots+\dot{\tilde{\boldsymbol{B}}}_{2l}(\boldsymbol{z},\boldsymbol{v})\langle\boldsymbol{w}-\boldsymbol{v}\rangle_l\\ \qquad=\tilde{\boldsymbol{B}}(\tilde{\boldsymbol{z}},\boldsymbol{v})-\sum_{j=1}^{ph}\langle\tilde{\boldsymbol{n}}\rangle_j\dot{\tilde{\boldsymbol{B}}}_{1j}(\tilde{\boldsymbol{z}},\boldsymbol{v})-\sum_{j=1}^{l}\langle\boldsymbol{m}\rangle_j\dot{\tilde{\boldsymbol{B}}}_{2j}(\tilde{\boldsymbol{z}},\boldsymbol{v})\end{cases}\tag{11.118}$$

$$\begin{cases}\bar{c}(r_0,s)\approx\bar{c}(r,\tau)+\bar{C}(r,\tau)(r_0-r)+\bar{E}(r,\tau)(s-\tau)\\ \quad\quad=\bar{c}(r,\tau)-\bar{C}(r,\tau)e-\bar{E}(r,\tau)\kappa\\ \bar{D}(r_0,s)\approx\bar{D}(r,\tau)+\dot{\bar{D}}_1(r,\tau)\langle r_0-r\rangle_1+\dot{\bar{D}}_2(r,\tau)\langle r_0-r\rangle_2+\cdots\\ \quad\quad+\dot{\bar{D}}_{pd}(r,\tau)\langle r_0-r\rangle_{pd}+\dot{\bar{F}}_1(r,\tau)\langle s-\tau\rangle_1+\dot{\bar{F}}_2(r,\tau)\langle s-\tau\rangle_2+\cdots\\ \quad\quad+\dot{\bar{F}}_{qd}(r,\tau)\langle s-\tau\rangle_{qd}\\ \quad\quad=\bar{D}(r,\tau)-\sum_{j=1}^{pd}\langle e\rangle_j\dot{\bar{D}}_j(r,\tau)-\sum_{j=1}^{qd}\langle \kappa\rangle_j\dot{\bar{F}}_j(r,\tau)\end{cases}$$

(11.119)

将式(11.118)和式(11.119)分别代入式(11.21)和式(11.24)可得如下(近似)等式：

$$\left([-\tilde{a}(\tilde{z},v)\ \vdots\ \tilde{B}(\tilde{z},v)]+\begin{pmatrix}\sum_{j=1}^{ph}\langle\tilde{n}\rangle_j[\tilde{A}_1(\tilde{z},v)i_{ph}^{(j)}\ \vdots\ -\dot{\tilde{B}}_{1j}(\tilde{z},v)]\\ +\sum_{j=1}^{l}\langle m\rangle_j[\tilde{A}_2(\tilde{z},v)i_l^{(j)}\ \vdots\ -\dot{\tilde{B}}_{2j}(\tilde{z},v)]\end{pmatrix}\right)\begin{bmatrix}1\\ \tilde{u}\end{bmatrix}\approx O_{ph\times1}$$

(11.120)

$$\left(\begin{array}{l}[-\bar{c}(r,\tau)\ \vdots\ \bar{D}(r,\tau)]+\sum_{j=1}^{pd}\langle e\rangle_j[\bar{C}(r,\tau)i_{pd}^{(j)}\ \vdots\ -\dot{\bar{D}}_j(r,\tau)]\\ \quad+\sum_{j=1}^{qd}\langle\kappa\rangle_j[\bar{E}(r,\tau)i_{qd}^{(j)}\ \vdots\ -\dot{\bar{F}}_j(r,\tau)]\end{array}\right)\begin{bmatrix}1\\ w\end{bmatrix}\approx O_{pd\times1}$$

(11.121)

另外,式(3.2)和式(10.6)可分别表示成如下形式：

$$\left([-v\ \vdots\ I_l]+\sum_{j=1}^{l}\langle m\rangle_j[i_l^{(j)}\ \vdots\ O_{l\times l}]\right)\begin{bmatrix}1\\ w\end{bmatrix}=O_{l\times1}\quad(11.122)$$

$$\left([-\tau\ \vdots\ I_{qd}]+\sum_{j=1}^{qd}\langle\kappa\rangle_j[i_{qd}^{(j)}\ \vdots\ O_{qd\times qd}]\right)\begin{bmatrix}1\\ s\end{bmatrix}=O_{qd\times1}\quad(11.123)$$

若记 $y=[1\quad \tilde{u}^T\quad w^T\quad s^T]^T$,则基于式(11.120)～式(11.123)可建立如下结构总体最小二乘优化模型：

$$
\left\{
\begin{aligned}
&\min_{\substack{\boldsymbol{y}\in\mathbf{R}^{(q(h+d)+l+1)\times 1}\\ \tilde{\boldsymbol{n}}\in\mathbf{R}^{ph\times 1}\\ \boldsymbol{m}\in\mathbf{R}^{l\times 1}\\ \boldsymbol{e}\in\mathbf{R}^{pd\times 1}\\ \boldsymbol{\kappa}\in\mathbf{R}^{qd\times 1}}} \begin{bmatrix} \tilde{\boldsymbol{n}} \\ \boldsymbol{m} \\ \boldsymbol{e} \\ \boldsymbol{\kappa} \end{bmatrix}^{\mathrm{T}} \begin{bmatrix} \tilde{\boldsymbol{Q}}_1^{-1} & \boldsymbol{O}_{ph\times l} & \boldsymbol{O}_{ph\times pd} & \boldsymbol{O}_{ph\times qd} \\ \boldsymbol{O}_{l\times ph} & \boldsymbol{Q}_2^{-1} & \boldsymbol{O}_{l\times pd} & \boldsymbol{O}_{l\times qd} \\ \boldsymbol{O}_{pd\times ph} & \boldsymbol{O}_{pd\times l} & \boldsymbol{Q}_3^{-1} & \boldsymbol{O}_{pd\times qd} \\ \boldsymbol{O}_{qd\times ph} & \boldsymbol{O}_{qd\times l} & \boldsymbol{O}_{qd\times pd} & \boldsymbol{Q}_4^{-1} \end{bmatrix} \begin{bmatrix} \tilde{\boldsymbol{n}} \\ \boldsymbol{m} \\ \boldsymbol{e} \\ \boldsymbol{\kappa} \end{bmatrix} \\
&\text{s. t.} \left(\begin{bmatrix} -\tilde{\boldsymbol{a}}(\boldsymbol{z},\boldsymbol{v}) & \boldsymbol{B}(\boldsymbol{z},\boldsymbol{v}) & \boldsymbol{O}_{ph\times l} & \boldsymbol{O}_{ph\times qd} \\ -\boldsymbol{v} & \boldsymbol{O}_{l\times qh} & \boldsymbol{I}_l & \boldsymbol{O}_{l\times qd} \\ -\bar{\boldsymbol{c}}(\boldsymbol{r},\boldsymbol{\tau}) & \boldsymbol{O}_{pd\times qh} & \bar{\boldsymbol{D}}(\boldsymbol{r},\boldsymbol{\tau}) & \boldsymbol{O}_{pd\times qd} \\ -\boldsymbol{\tau} & \boldsymbol{O}_{qd\times qh} & \boldsymbol{O}_{qd\times l} & \boldsymbol{I}_{qd} \end{bmatrix} + \left(\begin{aligned} &\sum_{j=1}^{ph} \langle \tilde{\boldsymbol{n}} \rangle_j \begin{bmatrix} \tilde{\boldsymbol{A}}_1(\boldsymbol{z},\boldsymbol{v})\boldsymbol{i}_{ph}^{(j)} & -\dot{\tilde{\boldsymbol{B}}}_{1j}(\tilde{\boldsymbol{z}},\boldsymbol{v}) & \boldsymbol{O}_{ph\times l} & \boldsymbol{O}_{ph\times qd} \\ \boldsymbol{O}_{l\times 1} & \boldsymbol{O}_{l\times qh} & \boldsymbol{O}_{l\times l} & \boldsymbol{O}_{l\times qd} \\ \boldsymbol{O}_{pd\times 1} & \boldsymbol{O}_{pd\times qh} & \boldsymbol{O}_{pd\times l} & \boldsymbol{O}_{pd\times qd} \\ \boldsymbol{O}_{qd\times 1} & \boldsymbol{O}_{qd\times qh} & \boldsymbol{O}_{qd\times l} & \boldsymbol{O}_{qd\times qd} \end{bmatrix} \\ &+ \sum_{j=1}^{l} \langle \boldsymbol{m} \rangle_j \begin{bmatrix} \tilde{\boldsymbol{A}}_2(\boldsymbol{z},\boldsymbol{v})\boldsymbol{i}_l^{(j)} & -\dot{\boldsymbol{B}}_{2j}(\boldsymbol{z},\boldsymbol{v}) & \boldsymbol{O}_{ph\times l} & \boldsymbol{O}_{ph\times qd} \\ \boldsymbol{i}_l^{(j)} & \boldsymbol{O}_{l\times qh} & \boldsymbol{O}_{l\times l} & \boldsymbol{O}_{l\times qd} \\ \boldsymbol{O}_{pd\times 1} & \boldsymbol{O}_{pd\times qh} & \boldsymbol{O}_{pd\times l} & \boldsymbol{O}_{pd\times qd} \\ \boldsymbol{O}_{qd\times 1} & \boldsymbol{O}_{qd\times qh} & \boldsymbol{O}_{qd\times l} & \boldsymbol{O}_{qd\times qd} \end{bmatrix} \\ &+ \sum_{j=1}^{pd} \langle \boldsymbol{e} \rangle_j \begin{bmatrix} \boldsymbol{O}_{ph\times 1} & \boldsymbol{O}_{ph\times qh} & \boldsymbol{O}_{ph\times l} & \boldsymbol{O}_{ph\times qd} \\ \boldsymbol{O}_{l\times 1} & \boldsymbol{O}_{l\times qh} & \boldsymbol{O}_{l\times l} & \boldsymbol{O}_{l\times qd} \\ \bar{\boldsymbol{C}}(\boldsymbol{r},\boldsymbol{\tau})\boldsymbol{i}_{pd}^{(j)} & \boldsymbol{O}_{pd\times qh} & -\dot{\bar{\boldsymbol{D}}}_j(\boldsymbol{r},\boldsymbol{\tau}) & \boldsymbol{O}_{pd\times qd} \\ \boldsymbol{O}_{qd\times 1} & \boldsymbol{O}_{qd\times qh} & \boldsymbol{O}_{qd\times l} & \boldsymbol{O}_{qd\times qd} \end{bmatrix} \\ &+ \sum_{j=1}^{qd} \langle \boldsymbol{\kappa} \rangle_j \begin{bmatrix} \boldsymbol{O}_{ph\times 1} & \boldsymbol{O}_{ph\times qh} & \boldsymbol{O}_{ph\times l} & \boldsymbol{O}_{ph\times qd} \\ \boldsymbol{O}_{l\times 1} & \boldsymbol{O}_{l\times qh} & \boldsymbol{O}_{l\times l} & \boldsymbol{O}_{l\times qd} \\ \bar{\boldsymbol{E}}(\boldsymbol{r},\boldsymbol{\tau})\boldsymbol{i}_{qd}^{(j)} & \boldsymbol{O}_{pd\times qh} & -\dot{\bar{\boldsymbol{F}}}_j(\boldsymbol{r},\boldsymbol{\tau}) & \boldsymbol{O}_{pd\times qd} \\ \boldsymbol{i}_{qd}^{(j)} & \boldsymbol{O}_{qd\times qh} & \boldsymbol{O}_{qd\times l} & \boldsymbol{O}_{qd\times qd} \end{bmatrix} \end{aligned} \right) \right) \boldsymbol{y} = \boldsymbol{O}_{(p(h+d)+qd+l)\times 1} \\
&\boldsymbol{i}_{q(h+d)+l+1}^{(1)\mathrm{T}} \boldsymbol{y} = 1
\end{aligned}
\right.
\tag{11.124}
$$

再令

$$
\left\{
\begin{aligned}
\boldsymbol{\xi}_3 &= [\tilde{\boldsymbol{n}}^{\mathrm{T}} \quad \boldsymbol{m}^{\mathrm{T}} \quad \boldsymbol{e}^{\mathrm{T}} \quad \boldsymbol{\kappa}^{\mathrm{T}}]^{\mathrm{T}} \\
\boldsymbol{\Gamma}_3 &= \mathrm{blkdiag}[\tilde{\boldsymbol{Q}}_1 \quad \boldsymbol{Q}_2 \quad \boldsymbol{Q}_3 \quad \boldsymbol{Q}_4]
\end{aligned}
\right.
\tag{11.125}
$$

则式(11.124)可改写为

$$
\left\{
\begin{aligned}
&\min_{\substack{\boldsymbol{y}\in\mathbf{R}^{(q(h+d)+l+1)\times 1}\\ \boldsymbol{\xi}_3\in\mathbf{R}^{(p(h+d)+qd+l)\times 1}}} \boldsymbol{\xi}_3^{\mathrm{T}} \boldsymbol{\Gamma}_3^{-1} \boldsymbol{\xi}_3 \\
&\text{s. t.} \left(\begin{bmatrix} -\tilde{\boldsymbol{a}}(\boldsymbol{z},\boldsymbol{v}) & \tilde{\boldsymbol{B}}(\tilde{\boldsymbol{z}},\boldsymbol{v}) & \boldsymbol{O}_{ph\times l} & \boldsymbol{O}_{ph\times qd} \\ -\boldsymbol{v} & \boldsymbol{O}_{l\times qh} & \boldsymbol{I}_l & \boldsymbol{O}_{l\times qd} \\ -\bar{\boldsymbol{c}}(\boldsymbol{r},\boldsymbol{\tau}) & \boldsymbol{O}_{pd\times qh} & \bar{\boldsymbol{D}}(\boldsymbol{r},\boldsymbol{\tau}) & \boldsymbol{O}_{pd\times qd} \\ -\boldsymbol{\tau} & \boldsymbol{O}_{qd\times qh} & \boldsymbol{O}_{qd\times l} & \boldsymbol{I}_{qd} \end{bmatrix} + \left(\begin{aligned} &\sum_{j=1}^{ph} \langle \boldsymbol{\xi}_3 \rangle_j \begin{bmatrix} \tilde{\boldsymbol{A}}_1(\boldsymbol{z},\boldsymbol{v})\boldsymbol{i}_{ph}^{(j)} & -\dot{\tilde{\boldsymbol{B}}}_{1j}(\tilde{\boldsymbol{z}},\boldsymbol{v}) & \boldsymbol{O}_{ph\times l} & \boldsymbol{O}_{ph\times qd} \\ \boldsymbol{O}_{l\times 1} & \boldsymbol{O}_{l\times qh} & \boldsymbol{O}_{l\times l} & \boldsymbol{O}_{l\times qd} \\ \boldsymbol{O}_{pd\times 1} & \boldsymbol{O}_{pd\times qh} & \boldsymbol{O}_{pd\times l} & \boldsymbol{O}_{pd\times qd} \\ \boldsymbol{O}_{qd\times 1} & \boldsymbol{O}_{qd\times qh} & \boldsymbol{O}_{qd\times l} & \boldsymbol{O}_{qd\times qd} \end{bmatrix} \\ &+ \sum_{j=1}^{l} \langle \boldsymbol{\xi}_3 \rangle_{ph+j} \begin{bmatrix} \tilde{\boldsymbol{A}}_2(\boldsymbol{z},\boldsymbol{v})\boldsymbol{i}_l^{(j)} & -\dot{\tilde{\boldsymbol{B}}}_{2j}(\tilde{\boldsymbol{z}},\boldsymbol{v}) & \boldsymbol{O}_{ph\times l} & \boldsymbol{O}_{ph\times qd} \\ \boldsymbol{i}_l^{(j)} & \boldsymbol{O}_{l\times qh} & \boldsymbol{O}_{l\times l} & \boldsymbol{O}_{l\times qd} \\ \boldsymbol{O}_{pd\times 1} & \boldsymbol{O}_{pd\times qh} & \boldsymbol{O}_{pd\times l} & \boldsymbol{O}_{pd\times qd} \\ \boldsymbol{O}_{qd\times 1} & \boldsymbol{O}_{qd\times qh} & \boldsymbol{O}_{qd\times l} & \boldsymbol{O}_{qd\times qd} \end{bmatrix} \\ &+ \sum_{j=1}^{pd} \langle \boldsymbol{\xi}_3 \rangle_{ph+l+j} \begin{bmatrix} \boldsymbol{O}_{ph\times 1} & \boldsymbol{O}_{ph\times qh} & \boldsymbol{O}_{ph\times l} & \boldsymbol{O}_{ph\times qd} \\ \boldsymbol{O}_{l\times 1} & \boldsymbol{O}_{l\times qh} & \boldsymbol{O}_{l\times l} & \boldsymbol{O}_{l\times qd} \\ \bar{\boldsymbol{C}}(\boldsymbol{r},\boldsymbol{\tau})\boldsymbol{i}_{pd}^{(j)} & \boldsymbol{O}_{pd\times qh} & -\dot{\bar{\boldsymbol{D}}}_j(\boldsymbol{r},\boldsymbol{\tau}) & \boldsymbol{O}_{pd\times qd} \\ \boldsymbol{O}_{qd\times 1} & \boldsymbol{O}_{qd\times qh} & \boldsymbol{O}_{qd\times l} & \boldsymbol{O}_{qd\times qd} \end{bmatrix} \\ &+ \sum_{j=1}^{qd} \langle \boldsymbol{\xi}_3 \rangle_{p(h+d)+l+j} \begin{bmatrix} \boldsymbol{O}_{ph\times 1} & \boldsymbol{O}_{ph\times qh} & \boldsymbol{O}_{ph\times l} & \boldsymbol{O}_{ph\times qd} \\ \boldsymbol{O}_{l\times 1} & \boldsymbol{O}_{l\times qh} & \boldsymbol{O}_{l\times l} & \boldsymbol{O}_{l\times qd} \\ \bar{\boldsymbol{E}}(\boldsymbol{r},\boldsymbol{\tau})\boldsymbol{i}_{qd}^{(j)} & \boldsymbol{O}_{pd\times qh} & -\dot{\bar{\boldsymbol{F}}}_j(\boldsymbol{r},\boldsymbol{\tau}) & \boldsymbol{O}_{pd\times qd} \\ \boldsymbol{i}_{qd}^{(j)} & \boldsymbol{O}_{qd\times qh} & \boldsymbol{O}_{qd\times l} & \boldsymbol{O}_{qd\times qd} \end{bmatrix} \end{aligned} \right) \right) \boldsymbol{y} = \boldsymbol{O}_{(p(h+d)+qd+l)\times 1} \\
&\boldsymbol{i}_{q(h+d)+l+1}^{(1)\mathrm{T}} \boldsymbol{y} = 1
\end{aligned}
\right.
\tag{11.126}
$$

若令

$$
\begin{cases}
\boldsymbol{Z}_0=\begin{bmatrix} -\tilde{\boldsymbol{a}}(\tilde{\boldsymbol{z}},\boldsymbol{v}) & \tilde{\boldsymbol{B}}(\tilde{\boldsymbol{z}},\boldsymbol{v}) & \boldsymbol{O}_{ph\times l} & \boldsymbol{O}_{ph\times qd} \\ -\boldsymbol{v} & \boldsymbol{O}_{l\times qh} & \boldsymbol{I}_l & \boldsymbol{O}_{l\times qd} \\ -\bar{\boldsymbol{c}}(\boldsymbol{r},\boldsymbol{\tau}) & \boldsymbol{O}_{pd\times qh} & \bar{\boldsymbol{D}}(\boldsymbol{r},\boldsymbol{\tau}) & \boldsymbol{O}_{pd\times qd} \\ -\boldsymbol{\tau} & \boldsymbol{O}_{qd\times qh} & \boldsymbol{O}_{qd\times l} & \boldsymbol{I}_{qd} \end{bmatrix}\in\mathbf{R}^{(p(h+d)+qd+l)\times(q(h+d)+l+1)} \\
\boldsymbol{Z}_j=\begin{bmatrix} \tilde{\boldsymbol{A}}_1(\tilde{\boldsymbol{z}},\boldsymbol{v})\boldsymbol{i}_{ph}^{(j)} & -\dot{\tilde{\boldsymbol{B}}}_{1j}(\tilde{\boldsymbol{z}},\boldsymbol{v}) & \boldsymbol{O}_{ph\times l} & \boldsymbol{O}_{ph\times qd} \\ \boldsymbol{O}_{l\times 1} & \boldsymbol{O}_{l\times qh} & \boldsymbol{O}_{l\times l} & \boldsymbol{O}_{l\times qd} \\ \boldsymbol{O}_{pd\times 1} & \boldsymbol{O}_{pd\times qh} & \boldsymbol{O}_{pd\times l} & \boldsymbol{O}_{pd\times qd} \\ \boldsymbol{O}_{qd\times 1} & \boldsymbol{O}_{qd\times qh} & \boldsymbol{O}_{qd\times l} & \boldsymbol{O}_{qd\times qd} \end{bmatrix}\in\mathbf{R}^{(p(h+d)+qd+l)\times(q(h+d)+l+1)},\quad 1\leqslant j\leqslant ph \\
\boldsymbol{Z}_{ph+j}=\begin{bmatrix} \tilde{\boldsymbol{A}}_2(\tilde{\boldsymbol{z}},\boldsymbol{v})\boldsymbol{i}_{l}^{(j)} & -\dot{\tilde{\boldsymbol{B}}}_{2j}(\tilde{\boldsymbol{z}},\boldsymbol{v}) & \boldsymbol{O}_{ph\times l} & \boldsymbol{O}_{ph\times qd} \\ \boldsymbol{i}_{l}^{(j)} & \boldsymbol{O}_{l\times qh} & \boldsymbol{O}_{l\times l} & \boldsymbol{O}_{l\times qd} \\ \boldsymbol{O}_{pd\times 1} & \boldsymbol{O}_{pd\times qh} & \boldsymbol{O}_{pd\times l} & \boldsymbol{O}_{pd\times qd} \\ \boldsymbol{O}_{qd\times 1} & \boldsymbol{O}_{qd\times qh} & \boldsymbol{O}_{qd\times l} & \boldsymbol{O}_{qd\times qd} \end{bmatrix}\in\mathbf{R}^{(p(h+d)+qd+l)\times(q(h+d)+l+1)},\quad 1\leqslant j\leqslant l \\
\boldsymbol{Z}_{ph+l+j}=\begin{bmatrix} \boldsymbol{O}_{ph\times 1} & \boldsymbol{O}_{ph\times qh} & \boldsymbol{O}_{ph\times l} & \boldsymbol{O}_{ph\times qd} \\ \boldsymbol{O}_{l\times 1} & \boldsymbol{O}_{l\times qh} & \boldsymbol{O}_{l\times l} & \boldsymbol{O}_{l\times qd} \\ \bar{\boldsymbol{C}}(\boldsymbol{r},\boldsymbol{\tau})\boldsymbol{i}_{pd}^{(j)} & \boldsymbol{O}_{pd\times qh} & -\dot{\bar{\boldsymbol{D}}}_j(\boldsymbol{r},\boldsymbol{\tau}) & \boldsymbol{O}_{pd\times qd} \\ \boldsymbol{O}_{qd\times 1} & \boldsymbol{O}_{qd\times qh} & \boldsymbol{O}_{qd\times l} & \boldsymbol{O}_{qd\times qd} \end{bmatrix}\in\mathbf{R}^{(p(h+d)+qd+l)\times(q(h+d)+l+1)},\quad 1\leqslant j\leqslant pd \\
\boldsymbol{Z}_{p(h+d)+l+j}=\begin{bmatrix} \boldsymbol{O}_{ph\times 1} & \boldsymbol{O}_{ph\times qh} & \boldsymbol{O}_{ph\times l} & \boldsymbol{O}_{ph\times qd} \\ \boldsymbol{O}_{l\times 1} & \boldsymbol{O}_{l\times qh} & \boldsymbol{O}_{l\times l} & \boldsymbol{O}_{l\times qd} \\ \bar{\boldsymbol{E}}(\boldsymbol{r},\boldsymbol{\tau})\boldsymbol{i}_{qd}^{(j)} & \boldsymbol{O}_{pd\times qh} & -\dot{\bar{\boldsymbol{F}}}_j(\boldsymbol{r},\boldsymbol{\tau}) & \boldsymbol{O}_{pd\times qd} \\ \boldsymbol{i}_{qd}^{(j)} & \boldsymbol{O}_{qd\times qh} & \boldsymbol{O}_{qd\times l} & \boldsymbol{O}_{qd\times qd} \end{bmatrix}\in\mathbf{R}^{(p(h+d)+qd+l)\times(q(h+d)+l+1)},\quad 1\leqslant j\leqslant qd
\end{cases}
\tag{11.127}
$$

则可将式(11.126)表示为

$$
\begin{cases}
\min\limits_{\substack{\boldsymbol{y}\in\mathbf{R}^{(q(h+d)+l+1)\times 1}\\ \boldsymbol{\xi}_3\in\mathbf{R}^{(p(h+d)+qd+l)\times 1}}} \boldsymbol{\xi}_3^{\mathrm{T}}\boldsymbol{\Gamma}_3^{-1}\boldsymbol{\xi}_3 \\
\text{s. t. } \left(\boldsymbol{Z}_0+\sum\limits_{j=1}^{p(h+d)+qd+l}\langle\boldsymbol{\xi}_3\rangle_j\boldsymbol{Z}_j\right)\boldsymbol{y}=\boldsymbol{O}_{(p(h+d)+qd+l)\times 1} \\
\boldsymbol{i}_{q(h+d)+l+1}^{(1)\mathrm{T}}\boldsymbol{y}=1
\end{cases}
\tag{11.128}
$$

为了得到标准形式的结构总体最小二乘优化模型[1, 2]，需要令$\bar{\boldsymbol{\xi}}_3=\boldsymbol{\Gamma}_3^{-1/2}\boldsymbol{\xi}_3$，于是有

$$
\langle\boldsymbol{\xi}_3\rangle_j=\langle\boldsymbol{\Gamma}_3^{1/2}\,\bar{\boldsymbol{\xi}}_3\rangle_j=\sum_{i=1}^{p(h+d)+qd+l}\langle\boldsymbol{\Gamma}_3^{1/2}\rangle_{ji}\langle\bar{\boldsymbol{\xi}}_3\rangle_i,\quad 1\leqslant j\leqslant p(h+d)+qd+l
\tag{11.129}
$$

将式(11.129)代入式(11.128)可得

$$
\begin{cases}
\min\limits_{\substack{\boldsymbol{y}\in\mathbf{R}^{(q(h+d)+l+1)\times 1}\\ \bar{\boldsymbol{\xi}}_3\in\mathbf{R}^{(p(h+d)+qd+l)\times 1}}} \boldsymbol{\xi}_3^{\mathrm{T}}\boldsymbol{\Gamma}_3^{-1}\boldsymbol{\xi}_3 \\
\text{s. t. } \left(\boldsymbol{Z}_0+\sum\limits_{j=1}^{p(h+d)+qd+l}\langle\bar{\boldsymbol{\xi}}_3\rangle_j\sum\limits_{i=1}^{p(h+d)+qd+l}\langle\boldsymbol{\Gamma}_3^{1/2}\rangle_{ij}\boldsymbol{Z}_i\right)\boldsymbol{y}=\boldsymbol{O}_{(p(h+d)+qd+l)\times 1} \\
\boldsymbol{i}_{q(h+d)+l+1}^{(1)\mathrm{T}}\boldsymbol{y}=1
\end{cases}
\tag{11.130}
$$

再令

$$
\bar{\boldsymbol{Z}}_j=\sum_{i=1}^{p(h+d)+qd+l}\langle\boldsymbol{\Gamma}_3^{1/2}\rangle_{ij}\boldsymbol{Z}_i
\tag{11.131}
$$

并将式(11.131)代入式(11.130)可得

$$\begin{cases} \min\limits_{\substack{\boldsymbol{y}\in\mathbf{R}^{(q(h+d)+l+1)\times 1}\\ \bar{\boldsymbol{\xi}}_3\in\mathbf{R}^{(p(h+d)+qd+l)\times 1}}} \|\bar{\boldsymbol{\xi}}_3\|_2^2 \\ \text{s. t.}\left(\boldsymbol{Z}_0+\sum\limits_{j=1}^{p(h+d)+qd+l}\langle\bar{\boldsymbol{\xi}}_3\rangle_j\bar{\boldsymbol{Z}}_j\right)\boldsymbol{y}=\boldsymbol{O}_{(p(h+d)+qd+l)\times 1} \\ \boldsymbol{i}_{q(h+d)+l+1}^{(1)\mathrm{T}}\boldsymbol{y}=1 \end{cases} \tag{11.132}$$

为了得到标准形式的结构总体最小二乘优化模型[1, 2]，这里还需要将式(11.132)中的线性约束 $\boldsymbol{i}_{q(h+d)+l+1}^{(1)\mathrm{T}}\boldsymbol{y}=1$ 转化为二次型约束 $\|\boldsymbol{y}\|_2=1$，从而得到如下优化模型：

$$\begin{cases} \min\limits_{\substack{\boldsymbol{y}\in\mathbf{R}^{(q(h+d)+l+1)\times 1}\\ \bar{\boldsymbol{\xi}}_3\in\mathbf{R}^{(p(h+d)+qd+l)\times 1}}} \|\bar{\boldsymbol{\xi}}_3\|_2^2 \\ \text{s. t.}\left(\boldsymbol{Z}_0+\sum\limits_{j=1}^{p(h+d)+qd+l}\langle\bar{\boldsymbol{\xi}}_3\rangle_j\bar{\boldsymbol{Z}}_j\right)\boldsymbol{y}=\boldsymbol{O}_{(p(h+d)+qd+l)\times 1} \\ \|\boldsymbol{y}\|_2=1 \end{cases} \tag{11.133}$$

类似于命题 7.1 的分析，对式(11.132)的求解可以直接转化为对式(11.133)的求解，而式(11.133)是标准形式的结构总体最小二乘优化模型[1, 2]，其存在标准的数值迭代算法。

2. 数值迭代算法

类似于 7.2.1 节的讨论，为了求解式(11.133)需要寻找使得 $|\tau|$ 最小化的三元组 $(\boldsymbol{\alpha},\tau,\boldsymbol{\beta})$，其中 $\boldsymbol{\alpha}\in\mathbf{R}^{(p(h+d)+qd+l)\times 1}$，$\boldsymbol{\beta}\in\mathbf{R}^{(q(h+d)+l+1)\times 1}$ 和 $\tau\in\mathbf{R}$ 满足

$$\begin{cases} \boldsymbol{Z}_0\boldsymbol{\beta}=\tau\boldsymbol{S}_3^{(1)}(\boldsymbol{\beta})\boldsymbol{\alpha}, & \boldsymbol{\alpha}^{\mathrm{T}}\boldsymbol{S}_3^{(1)}(\boldsymbol{\beta})\boldsymbol{\alpha}=1 \\ \boldsymbol{Z}_0^{\mathrm{T}}\boldsymbol{\alpha}=\tau\boldsymbol{S}_3^{(2)}(\boldsymbol{\alpha})\boldsymbol{\beta}, & \boldsymbol{\beta}^{\mathrm{T}}\boldsymbol{S}_3^{(2)}(\boldsymbol{\alpha})\boldsymbol{\beta}=1 \end{cases} \tag{11.134}$$

式中，$\boldsymbol{S}_3^{(1)}(\boldsymbol{\beta})$ 和 $\boldsymbol{S}_3^{(2)}(\boldsymbol{\alpha})$ 分别是关于向量 $\boldsymbol{\beta}$ 和 $\boldsymbol{\alpha}$ 的二次函数，相应的表达式为

$$\begin{cases} \boldsymbol{S}_3^{(1)}(\boldsymbol{\beta})=\sum\limits_{j=1}^{p(h+d)+qd+l}\bar{\boldsymbol{Z}}_j\boldsymbol{\beta}\boldsymbol{\beta}^{\mathrm{T}}\bar{\boldsymbol{Z}}_j^{\mathrm{T}}\in\mathbf{R}^{(p(h+d)+qd+l)\times(p(h+d)+qd+l)} \\ \boldsymbol{S}_3^{(2)}(\boldsymbol{\alpha})=\sum\limits_{j=1}^{p(h+d)+qd+l}\bar{\boldsymbol{Z}}_j^{\mathrm{T}}\boldsymbol{\alpha}\boldsymbol{\alpha}^{\mathrm{T}}\bar{\boldsymbol{Z}}_j\in\mathbf{R}^{(q(h+d)+l+1)\times(q(h+d)+l+1)} \end{cases} \tag{11.135}$$

显然，7.2.1 节给出的逆迭代算法可以直接应用于此，其基本思想是在每步迭代中，先利用当前最新的迭代值 $\boldsymbol{\alpha}$ 和 $\boldsymbol{\beta}$ 计算矩阵 $\boldsymbol{S}_3^{(2)}(\boldsymbol{\alpha})$ 和 $\boldsymbol{S}_3^{(1)}(\boldsymbol{\beta})$，并把它们作为常量矩阵代入式(11.134)确定 $\boldsymbol{\alpha}$ 和 $\boldsymbol{\beta}$ 的迭代更新值，从而进入下一轮迭代，重复此过程直至迭代收敛为止。与之类似的是，$\boldsymbol{\alpha}$ 和 $\boldsymbol{\beta}$ 的迭代更新值可以通过矩阵 $\boldsymbol{Z}_0$ 的 $\boldsymbol{QR}$ 分解获得，其 $\boldsymbol{QR}$ 分解可表示为

$$\boldsymbol{Z}_0=\left[\underbrace{\boldsymbol{P}_1}_{(p(h+d)+qd+l)\times(q(h+d)+l+1)}\ \vdots\ \underbrace{\boldsymbol{P}_2}_{(p(h+d)+qd+l)\times((p-q)h+pd-1)}\right]\begin{bmatrix}\underbrace{\boldsymbol{R}}_{(q(h+d)+l+1)\times(q(h+d)+l+1)}\\ \hdashline \underbrace{\boldsymbol{O}}_{((p-q)h+pd-1)\times(q(h+d)+l+1)}\end{bmatrix}=\boldsymbol{P}_1\boldsymbol{R} \tag{11.136}$$

式中，$\boldsymbol{P}=[\boldsymbol{P}_1\quad \boldsymbol{P}_2]$为正交矩阵(即满足$\boldsymbol{P}^{\mathrm{T}}\boldsymbol{P}=\boldsymbol{I}_{p(h+d)+qd+l}$)；$\boldsymbol{R}$为上三角矩阵。不妨将向量$\boldsymbol{\alpha}$分解为

$$\boldsymbol{\alpha}=\boldsymbol{P}_1\boldsymbol{\alpha}_1+\boldsymbol{P}_2\boldsymbol{\alpha}_2 \tag{11.137}$$

式中，$\boldsymbol{\alpha}_1\in\mathbf{R}^{(q(h+d)+l+1)\times1}$和$\boldsymbol{\alpha}_2\in\mathbf{R}^{((p-q)h+pd-1)\times1}$，则由式(11.134)可推得如下线性方程组：

$$\begin{bmatrix}\boldsymbol{R}^{\mathrm{T}} & \boldsymbol{O}_{(q(h+d)+l+1)\times((p-q)h+pd-1)} & \boldsymbol{O}_{(q(h+d)+l+1)\times(q(h+d)+l+1)}\\ \boldsymbol{P}_2^{\mathrm{T}}\boldsymbol{S}_3^{(1)}(\boldsymbol{\beta})\boldsymbol{P}_1 & \boldsymbol{P}_2^{\mathrm{T}}\boldsymbol{S}_3^{(1)}(\boldsymbol{\beta})\boldsymbol{P}_2 & \boldsymbol{O}_{((p-q)h+pd-1)\times(q(h+d)+l+1)}\\ \tau\boldsymbol{P}_1^{\mathrm{T}}\boldsymbol{S}_3^{(1)}(\boldsymbol{\beta})\boldsymbol{P}_1 & \tau\boldsymbol{P}_1^{\mathrm{T}}\boldsymbol{S}_3^{(1)}(\boldsymbol{\beta})\boldsymbol{P}_2 & -\boldsymbol{R}\end{bmatrix}\begin{bmatrix}\boldsymbol{\alpha}_1\\ \boldsymbol{\alpha}_2\\ \boldsymbol{\beta}\end{bmatrix}=\begin{bmatrix}\tau\boldsymbol{S}_3^{(2)}(\boldsymbol{\alpha})\boldsymbol{\beta}\\ \boldsymbol{O}_{((p-q)h+pd-1)\times1}\\ \boldsymbol{O}_{(q(h+d)+l+1)\times1}\end{bmatrix} \tag{11.138}$$

需要指出的是，在迭代求解过程中式(11.138)中矩阵$\boldsymbol{S}_3^{(1)}(\boldsymbol{\beta})$和$\boldsymbol{S}_3^{(2)}(\boldsymbol{\alpha})$均认为是已知量，并且是将上一轮$\boldsymbol{\alpha}$和$\boldsymbol{\beta}$的迭代值代入进行计算。因此不难发现，线性方程组式(11.138)中包含的未知量个数为$(p+q)(h+d)+qd+2l+1$，方程个数也是$(p+q)(h+d)+qd+2l+1$，因此可以得到其唯一解。另外，由于左边的系数矩阵具有分块下三角结构，因此其中未知量的解可以通过递推的形式给出，相应的计算公式为

$$\begin{cases}\boldsymbol{\alpha}_1=\tau\boldsymbol{R}^{-\mathrm{T}}\boldsymbol{S}_3^{(2)}(\boldsymbol{\alpha})\boldsymbol{\beta}\\ \boldsymbol{\alpha}_2=-(\boldsymbol{P}_2^{\mathrm{T}}\boldsymbol{S}_3^{(1)}(\boldsymbol{\beta})\boldsymbol{P}_2)^{-1}\boldsymbol{P}_2^{\mathrm{T}}\boldsymbol{S}_3^{(1)}(\boldsymbol{\beta})\boldsymbol{P}_1\boldsymbol{\alpha}_1\\ \boldsymbol{\alpha}=\boldsymbol{P}_1\boldsymbol{\alpha}_1+\boldsymbol{P}_2\boldsymbol{\alpha}_2\\ \boldsymbol{\beta}=\tau\boldsymbol{R}^{-1}\boldsymbol{P}_1^{\mathrm{T}}\boldsymbol{S}_3^{(1)}(\boldsymbol{\beta})\boldsymbol{\alpha}\end{cases} \tag{11.139}$$

结合上述讨论和7.2.1节给出的算法，下面可以归纳总结出求解式(11.133)的逆迭代算法的具体步骤：

步骤1：初始化，选择$\boldsymbol{\alpha}_0$，$\boldsymbol{\beta}_0$和τ_0，利用式(11.135)构造矩阵$\boldsymbol{S}_3^{(1)}(\boldsymbol{\beta}_0)$和$\boldsymbol{S}_3^{(2)}(\boldsymbol{\alpha}_0)$，并进行归一化处理，使得

$$\boldsymbol{\alpha}_0^{\mathrm{T}}\boldsymbol{S}_3^{(1)}(\boldsymbol{\beta}_0)\boldsymbol{\alpha}_0=\boldsymbol{\beta}_0^{\mathrm{T}}\boldsymbol{S}_3^{(2)}(\boldsymbol{\alpha}_0)\boldsymbol{\beta}_0=1 \tag{11.140}$$

步骤2：根据式(11.136)对矩阵$\boldsymbol{Z}_0$进行$\boldsymbol{QR}$分解，并得到矩阵$\boldsymbol{P}_1$，$\boldsymbol{P}_2$和$\boldsymbol{R}$。

步骤3：令$k:=1$，并依次计算：

(1) $\boldsymbol{\alpha}_{1k}:=\tau_{k-1}\boldsymbol{R}^{-\mathrm{T}}\boldsymbol{S}_3^{(2)}(\boldsymbol{\alpha}_{k-1})\boldsymbol{\beta}_{k-1}$；

(2) $\boldsymbol{\alpha}_{2k}:=-(\boldsymbol{P}_2^{\mathrm{T}}\boldsymbol{S}_3^{(1)}(\boldsymbol{\beta}_{k-1})\boldsymbol{P}_2)^{-1}\boldsymbol{P}_2^{\mathrm{T}}\boldsymbol{S}_3^{(1)}(\boldsymbol{\beta}_{k-1})\boldsymbol{P}_1\boldsymbol{\alpha}_{1k}$；

(3) $\boldsymbol{\alpha}_k:=\boldsymbol{P}_1\boldsymbol{\alpha}_{1k}+\boldsymbol{P}_2\boldsymbol{\alpha}_{2k}$，并利用式(11.135)构造矩阵$\boldsymbol{S}_3^{(2)}(\boldsymbol{\alpha}_k)$；

(4) $\boldsymbol{\beta}_k:=\boldsymbol{R}^{-1}\boldsymbol{P}_1^{\mathrm{T}}\boldsymbol{S}_3^{(1)}(\boldsymbol{\beta}_{k-1})\boldsymbol{\alpha}_k$；

(5) $\boldsymbol{\beta}_k:=\boldsymbol{\beta}_k/\|\boldsymbol{\beta}_k\|_2$，并利用式(11.135)构造矩阵$\boldsymbol{S}_3^{(1)}(\boldsymbol{\beta}_k)$；

(6) $c_k:=(\boldsymbol{\alpha}_k^{\mathrm{T}}\boldsymbol{S}_3^{(1)}(\boldsymbol{\beta}_k)\boldsymbol{\alpha}_k)^{1/4}$；

(7) $\boldsymbol{\alpha}_k:=\boldsymbol{\alpha}_k/c_k$和$\boldsymbol{\beta}_k:=\boldsymbol{\beta}_k/c_k$；

(8) $\boldsymbol{S}_3^{(1)}(\boldsymbol{\beta}_k):=\boldsymbol{S}_3^{(1)}(\boldsymbol{\beta}_k)/c_k^2$和$\boldsymbol{S}_3^{(2)}(\boldsymbol{\alpha}_k):=\boldsymbol{S}_3^{(2)}(\boldsymbol{\alpha}_k)/c_k^2$；

(9) $\tau_k := \boldsymbol{\alpha}_k^{\mathrm{T}} \boldsymbol{Z}_0 \boldsymbol{\beta}_k$;

(10) $\langle \bar{\boldsymbol{\xi}}_3 \rangle_j := -\tau_k \boldsymbol{\alpha}_k^{\mathrm{T}} \bar{\boldsymbol{Z}}_j \boldsymbol{\beta}_k$, $1 \leqslant j \leqslant p(h+d)+qd+l$;

(11) $\boldsymbol{M}_k := \boldsymbol{Z}_0 + \sum\limits_{j=1}^{p(h+d)+qd+l} \langle \bar{\boldsymbol{\xi}}_3 \rangle_j \bar{\boldsymbol{Z}}_j$。

步骤 4:计算矩阵 $\boldsymbol{M}_k$ 的最大奇异值 $\sigma_{k,\max}$ 和最小奇异值 $\sigma_{k,\min}$,若 $\sigma_{k,\min}/\sigma_{k,\max} \geqslant \varepsilon$,则令 $k := k+1$,并且转至步骤 3,否则停止迭代。

需要指出的是,7.2.1 节的六点注释同样适用于此,限于篇幅这里不再阐述。若将上述逆迭代算法中向量 $\boldsymbol{\beta}_k$ 的收敛值记为 $\hat{\boldsymbol{\beta}}_{\mathrm{stls}}^{(\mathrm{rjb})}$(即有 $\hat{\boldsymbol{\beta}}_{\mathrm{stls}}^{(\mathrm{rjb})} = \lim\limits_{k \to +\infty} \boldsymbol{\beta}_k$),则根据命题 7.1 可知,式(11.132)中向量 $\boldsymbol{y}$ 的最优解为

$$\hat{\boldsymbol{y}}_{\mathrm{stls}}^{(\mathrm{rjb})} = \hat{\boldsymbol{\beta}}_{\mathrm{stls}}^{(\mathrm{rjb})} / \langle \hat{\boldsymbol{\beta}}_{\mathrm{stls}}^{(\mathrm{rjb})} \rangle_1 \tag{11.141}$$

因此(多)目标位置解、系统参量解和校正源位置解分别为 $\hat{\boldsymbol{u}}_{\mathrm{stls}}^{(\mathrm{rjb})} = [\boldsymbol{O}_{qh \times 1} \quad \boldsymbol{I}_{qh} \quad \boldsymbol{O}_{qh \times l} \quad \boldsymbol{O}_{qh \times qd}] \hat{\boldsymbol{y}}_{\mathrm{stls}}^{(\mathrm{rjb})}$,$\hat{\boldsymbol{w}}_{\mathrm{stls}}^{(\mathrm{rjb})} = [\boldsymbol{O}_{l \times (qh+1)} \quad \boldsymbol{I}_l \quad \boldsymbol{O}_{l \times qd}] \hat{\boldsymbol{y}}_{\mathrm{stls}}^{(\mathrm{rjb})}$ 和 $\hat{\boldsymbol{s}}_{\mathrm{stls}}^{(\mathrm{rjb})} = [\boldsymbol{O}_{qd \times (qh+l+1)} \quad \boldsymbol{I}_{qd}] \hat{\boldsymbol{y}}_{\mathrm{stls}}^{(\mathrm{rjb})}$,它们即为第二类结构总体最小二乘(多)目标联合定位方法给出的(多)目标位置解、系统参量解和校正源位置解。

11.4.2 (多)目标位置向量、系统参量和校正源位置向量联合估计值的理论性能

这里将推导(多)目标位置解 $\hat{\boldsymbol{u}}_{\mathrm{stls}}^{(\mathrm{rjb})}$、系统参量解 $\hat{\boldsymbol{w}}_{\mathrm{stls}}^{(\mathrm{rjb})}$ 和校正源位置解 $\hat{\boldsymbol{s}}_{\mathrm{stls}}^{(\mathrm{rjb})}$ 的理论性能,重点推导其联合估计方差矩阵。首先可以得到如下命题。

命题 11.8 式(11.132)的最优解 $\hat{\boldsymbol{y}}_{\mathrm{stls}}^{(\mathrm{rjb})}$ 是如下优化问题的最优解:

$$\begin{cases} \min\limits_{\boldsymbol{y} \in \mathbf{R}^{(q(h+d)+l+1) \times 1}} \boldsymbol{y}^{\mathrm{T}} \boldsymbol{Z}_0^{\mathrm{T}} (\boldsymbol{S}_3^{(1)}(\boldsymbol{y}))^{-1} \boldsymbol{Z}_0 \boldsymbol{y} \\ \text{s. t. } \boldsymbol{i}_{q(h+d)+l+1}^{(1)\mathrm{T}} \boldsymbol{y} = 1 \end{cases} \tag{11.142}$$

证明 由于式(11.132)是含有等式约束的优化问题,因此它可以采用拉格朗日乘子法进行优化求解[3],相应的拉格朗日函数可构造为

$$\bar{J}_3(\bar{\boldsymbol{\xi}}_3, \boldsymbol{y}, \boldsymbol{\eta}, \lambda) = \bar{\boldsymbol{\xi}}_3^{\mathrm{T}} \bar{\boldsymbol{\xi}}_3 + 2\boldsymbol{\eta}^{\mathrm{T}} \Big(\boldsymbol{Z}_0 + \sum_{j=1}^{p(h+d)+qd+l} \langle \bar{\boldsymbol{\xi}}_3 \rangle_j \bar{\boldsymbol{Z}}_j \Big) \boldsymbol{y} + \lambda (1 - \boldsymbol{i}_{q(h+d)+l+1}^{(1)\mathrm{T}} \boldsymbol{y}) \tag{11.143}$$

式中,$\boldsymbol{\eta}$ 和 λ 分别表示拉格朗日乘子向量和标量。分别对式(11.143)中的各个变量求偏导,并令其等于零可推得

$$\begin{cases} \langle \bar{\boldsymbol{\xi}}_3 \rangle_j = -\boldsymbol{\eta}^{\mathrm{T}} \bar{\boldsymbol{Z}}_j \boldsymbol{y}, \quad 1 \leqslant j \leqslant p(h+d)+qd+l & (11.144\text{a}) \\ \Big(\boldsymbol{Z}_0 + \sum\limits_{j=1}^{p(h+d)+qd+l} \langle \bar{\boldsymbol{\xi}}_3 \rangle_j \bar{\boldsymbol{Z}}_j \Big) \boldsymbol{y} = \boldsymbol{O}_{(p(h+d)+qd+l) \times 1} & (11.144\text{b}) \\ \Big(\boldsymbol{Z}_0^{\mathrm{T}} + \sum\limits_{j=1}^{p(h+d)+qd+l} \langle \bar{\boldsymbol{\xi}}_3 \rangle_j \bar{\boldsymbol{Z}}_j^{\mathrm{T}} \Big) \boldsymbol{\eta} = \lambda \boldsymbol{i}_{q(h+d)+l+1}^{(1)} / 2 & (11.144\text{c}) \\ \boldsymbol{i}_{q(h+d)+l+1}^{(1)\mathrm{T}} \boldsymbol{y} = 1 & (11.144\text{d}) \end{cases}$$

首先根据式(11.144b)和式(11.144c)可以得到 $\lambda = 0$,再将式(11.144a)分别代入

式(11.144b)和式(11.144c)可得

$$\begin{cases} \boldsymbol{Z}_0\boldsymbol{y}=\left(\sum\limits_{j=1}^{p(h+d)+qd+l}(\boldsymbol{\eta}^{\mathrm{T}}\bar{\boldsymbol{Z}}_j\boldsymbol{y})\bar{\boldsymbol{Z}}_j\right)\boldsymbol{y}=\left(\sum\limits_{j=1}^{p(h+d)+qd+l}\bar{\boldsymbol{Z}}_j\boldsymbol{y}\boldsymbol{y}^{\mathrm{T}}\bar{\boldsymbol{Z}}_j^{\mathrm{T}}\right)\boldsymbol{\eta}=\boldsymbol{S}_3^{(1)}(\boldsymbol{y})\boldsymbol{\eta} & (11.145\mathrm{a}) \\ \boldsymbol{Z}_0^{\mathrm{T}}\boldsymbol{\eta}=\left(\sum\limits_{j=1}^{p(h+d)+qd+l}(\boldsymbol{\eta}^{\mathrm{T}}\bar{\boldsymbol{Z}}_j\boldsymbol{y})\bar{\boldsymbol{Z}}_j^{\mathrm{T}}\right)\boldsymbol{\eta}=\left(\sum\limits_{j=1}^{p(h+d)+qd+l}\bar{\boldsymbol{Z}}_j^{\mathrm{T}}\boldsymbol{\eta}\boldsymbol{\eta}^{\mathrm{T}}\bar{\boldsymbol{Z}}_j\right)\boldsymbol{y}=\boldsymbol{S}_3^{(2)}(\boldsymbol{\eta})\boldsymbol{y} & (11.145\mathrm{b}) \end{cases}$$

基于式(11.144a)可知，式(11.132)中的目标函数可表示为

$$\|\bar{\boldsymbol{\xi}}_3\|_2^2=\bar{\boldsymbol{\xi}}_3^{\mathrm{T}}\bar{\boldsymbol{\xi}}_3=\boldsymbol{\eta}^{\mathrm{T}}\left(\sum_{j=1}^{p(h+d)+qd+l}\bar{\boldsymbol{Z}}_j\boldsymbol{y}\boldsymbol{y}^{\mathrm{T}}\bar{\boldsymbol{Z}}_j^{\mathrm{T}}\right)\boldsymbol{\eta}=\boldsymbol{\eta}^{\mathrm{T}}\boldsymbol{S}_3^{(1)}(\boldsymbol{y})\boldsymbol{\eta} \tag{11.146}$$

再利用式(11.145a)可得

$$\boldsymbol{\eta}=(\boldsymbol{S}_3^{(1)}(\boldsymbol{y}))^{-1}\boldsymbol{Z}_0\boldsymbol{y} \tag{11.147}$$

将式(11.147)代入式(11.146)可将目标函数进一步表示为

$$\|\bar{\boldsymbol{\xi}}_3\|_2^2=\boldsymbol{\eta}^{\mathrm{T}}\boldsymbol{S}_3^{(1)}(\boldsymbol{y})\boldsymbol{\eta}=\boldsymbol{y}^{\mathrm{T}}\boldsymbol{Z}_0^{\mathrm{T}}(\boldsymbol{S}_3^{(1)}(\boldsymbol{y}))^{-1}\boldsymbol{Z}_0\boldsymbol{y} \tag{11.148}$$

根据式(11.148)可知结论成立。证毕。

根据命题 11.8 还可以进一步得到如下推论。

推论 11.3　(多)目标位置解 $\hat{\tilde{\boldsymbol{u}}}_{\mathrm{stls}}^{(\mathrm{rjb})}$、系统参量解 $\hat{\boldsymbol{w}}_{\mathrm{stls}}^{(\mathrm{rjb})}$ 和校正源位置解 $\hat{\boldsymbol{s}}_{\mathrm{stls}}^{(\mathrm{rjb})}$ 是如下优化问题的最优解：

$$\min_{\substack{\tilde{\boldsymbol{u}}\in\mathbf{R}^{qh\times 1}\\ \boldsymbol{w}\in\mathbf{R}^{l\times 1}\\ \boldsymbol{s}\in\mathbf{R}^{qd\times 1}}}\left(\begin{bmatrix}\tilde{\boldsymbol{B}}(\tilde{\boldsymbol{z}},\boldsymbol{v}) & \boldsymbol{O}_{ph\times l} & \boldsymbol{O}_{ph\times qd}\\ \boldsymbol{O}_{l\times qh} & \boldsymbol{I}_l & \boldsymbol{O}_{l\times qd}\\ \boldsymbol{O}_{pd\times qh} & \bar{\boldsymbol{D}}(\boldsymbol{r},\boldsymbol{\tau}) & \boldsymbol{O}_{pd\times qd}\\ \boldsymbol{O}_{qd\times qh} & \boldsymbol{O}_{qd\times l} & \boldsymbol{I}_{qd}\end{bmatrix}\begin{bmatrix}\tilde{\boldsymbol{u}}\\ \boldsymbol{w}\\ \boldsymbol{s}\end{bmatrix}-\begin{bmatrix}\tilde{\boldsymbol{a}}(\tilde{\boldsymbol{z}},\boldsymbol{v})\\ \boldsymbol{v}\\ \bar{\boldsymbol{c}}(\boldsymbol{r},\boldsymbol{\tau})\\ \boldsymbol{\tau}\end{bmatrix}\right)^{\mathrm{T}}\boldsymbol{\Sigma}^{-1}\left(\begin{bmatrix}\tilde{\boldsymbol{B}}(\tilde{\boldsymbol{z}},\boldsymbol{v}) & \boldsymbol{O}_{ph\times l} & \boldsymbol{O}_{ph\times qd}\\ \boldsymbol{O}_{l\times qh} & \boldsymbol{I}_l & \boldsymbol{O}_{l\times qd}\\ \boldsymbol{O}_{pd\times qh} & \bar{\boldsymbol{D}}(\boldsymbol{r},\boldsymbol{\tau}) & \boldsymbol{O}_{pd\times qd}\\ \boldsymbol{O}_{qd\times qh} & \boldsymbol{O}_{qd\times l} & \boldsymbol{I}_{qd}\end{bmatrix}\begin{bmatrix}\tilde{\boldsymbol{u}}\\ \boldsymbol{w}\\ \boldsymbol{s}\end{bmatrix}-\begin{bmatrix}\tilde{\boldsymbol{a}}(\tilde{\boldsymbol{z}},\boldsymbol{v})\\ \boldsymbol{v}\\ \bar{\boldsymbol{c}}(\boldsymbol{r},\boldsymbol{\tau})\\ \boldsymbol{\tau}\end{bmatrix}\right) \tag{11.149}$$

式中

$$\boldsymbol{\Sigma}=\left[\begin{array}{c:c:c:c}\begin{matrix}\tilde{\boldsymbol{T}}_1(\tilde{\boldsymbol{z}},\boldsymbol{v},\tilde{\boldsymbol{u}})\boldsymbol{Q}_1\tilde{\boldsymbol{T}}_1^{\mathrm{T}}(\tilde{\boldsymbol{z}},\boldsymbol{v},\tilde{\boldsymbol{u}})\\ +\tilde{\boldsymbol{T}}_2(\tilde{\boldsymbol{z}},\boldsymbol{v},\tilde{\boldsymbol{u}})\boldsymbol{Q}_2\tilde{\boldsymbol{T}}_2^{\mathrm{T}}(\tilde{\boldsymbol{z}},\boldsymbol{v},\tilde{\boldsymbol{u}})\end{matrix} & \tilde{\boldsymbol{T}}_2(\tilde{\boldsymbol{z}},\boldsymbol{v},\tilde{\boldsymbol{u}})\boldsymbol{Q}_2 & \boldsymbol{O}_{ph\times pd} & \boldsymbol{O}_{ph\times qd}\\ \hdashline \boldsymbol{Q}_2\tilde{\boldsymbol{T}}_2^{\mathrm{T}}(\tilde{\boldsymbol{z}},\boldsymbol{v},\tilde{\boldsymbol{u}}) & \boldsymbol{Q}_2 & \boldsymbol{O}_{l\times pd} & \boldsymbol{O}_{l\times qd}\\ \hdashline \boldsymbol{O}_{pd\times ph} & \boldsymbol{O}_{pd\times l} & \begin{matrix}\bar{\boldsymbol{H}}(\boldsymbol{r},\boldsymbol{\tau},\boldsymbol{w})\boldsymbol{Q}_3\bar{\boldsymbol{H}}^{\mathrm{T}}(\boldsymbol{r},\boldsymbol{\tau},\boldsymbol{w})\\ +\bar{\boldsymbol{U}}(\boldsymbol{r},\boldsymbol{\tau},\boldsymbol{w})\boldsymbol{Q}_4\bar{\boldsymbol{U}}^{\mathrm{T}}(\boldsymbol{r},\boldsymbol{\tau},\boldsymbol{w})\end{matrix} & \bar{\boldsymbol{U}}(\boldsymbol{r},\boldsymbol{\tau},\boldsymbol{w})\boldsymbol{Q}_4\\ \hdashline \boldsymbol{O}_{qd\times ph} & \boldsymbol{O}_{qd\times l} & \boldsymbol{Q}_4\bar{\boldsymbol{U}}^{\mathrm{T}}(\boldsymbol{r},\boldsymbol{\tau},\boldsymbol{w}) & \boldsymbol{Q}_4\end{array}\right] \tag{11.150}$$

证明　由于 $\boldsymbol{y}=[1\quad\tilde{\boldsymbol{u}}^{\mathrm{T}}\quad\boldsymbol{w}^{\mathrm{T}}\quad\boldsymbol{s}^{\mathrm{T}}]^{\mathrm{T}}$，因此根据式(11.127)中的第一式可得

$$\boldsymbol{Z}_0\boldsymbol{y}=\left[\begin{array}{c:c:c:c}-\tilde{\boldsymbol{a}}(\tilde{\boldsymbol{z}},\boldsymbol{v}) & \tilde{\boldsymbol{B}}(\tilde{\boldsymbol{z}},\boldsymbol{v}) & \boldsymbol{O}_{ph\times l} & \boldsymbol{O}_{ph\times qd}\\ \hdashline -\boldsymbol{v} & \boldsymbol{O}_{l\times qh} & \boldsymbol{I}_l & \boldsymbol{O}_{l\times qd}\\ \hdashline -\bar{\boldsymbol{c}}(\boldsymbol{r},\boldsymbol{\tau}) & \boldsymbol{O}_{pd\times qh} & \bar{\boldsymbol{D}}(\boldsymbol{r},\boldsymbol{\tau}) & \boldsymbol{O}_{pd\times qd}\\ \hdashline -\boldsymbol{\tau} & \boldsymbol{O}_{qd\times qh} & \boldsymbol{O}_{qd\times l} & \boldsymbol{I}_{qd}\end{array}\right]\begin{bmatrix}1\\ \tilde{\boldsymbol{u}}\\ \boldsymbol{w}\\ \boldsymbol{s}\end{bmatrix}$$

$$=\begin{bmatrix}\widetilde{\boldsymbol{B}}(\widetilde{\boldsymbol{z}},\boldsymbol{v}) & \boldsymbol{O}_{ph\times l} & \boldsymbol{O}_{ph\times qd} \\ \boldsymbol{O}_{l\times qh} & \boldsymbol{I}_l & \boldsymbol{O}_{l\times qd} \\ \boldsymbol{O}_{pd\times qh} & \bar{\boldsymbol{D}}(\boldsymbol{r},\boldsymbol{\tau}) & \boldsymbol{O}_{pd\times qd} \\ \boldsymbol{O}_{qd\times qh} & \boldsymbol{O}_{qd\times l} & \boldsymbol{I}_{qd}\end{bmatrix}\begin{bmatrix}\widetilde{\boldsymbol{u}} \\ \boldsymbol{w} \\ \boldsymbol{s}\end{bmatrix}-\begin{bmatrix}\widetilde{\boldsymbol{a}}(\widetilde{\boldsymbol{z}},\boldsymbol{v}) \\ \boldsymbol{v} \\ \bar{\boldsymbol{c}}(\boldsymbol{r},\boldsymbol{\tau}) \\ \boldsymbol{\tau}\end{bmatrix} \tag{11.151}$$

另外,根据式(11.127)中的第二式至第五式和式(11.131)可得

$$\begin{aligned}\bar{\boldsymbol{Z}}_j\boldsymbol{y}=&\sum_{i=1}^{p(h+d)+qd+l}\langle\boldsymbol{\Gamma}_3^{1/2}\rangle_{ij}\boldsymbol{Z}_i\boldsymbol{y}=\sum_{i=1}^{ph}\langle\boldsymbol{\Gamma}_3^{1/2}\rangle_{ij}\begin{bmatrix}\widetilde{\boldsymbol{A}}_1(\widetilde{\boldsymbol{z}},\boldsymbol{v})\boldsymbol{i}_{ph}^{(i)} & -\dot{\boldsymbol{B}}_{1i}(\widetilde{\boldsymbol{z}},\boldsymbol{v}) & \boldsymbol{O}_{ph\times l} & \boldsymbol{O}_{ph\times qd} \\ \boldsymbol{O}_{l\times 1} & \boldsymbol{O}_{l\times qh} & \boldsymbol{O}_{l\times l} & \boldsymbol{O}_{l\times qd} \\ \boldsymbol{O}_{pd\times 1} & \boldsymbol{O}_{pd\times qh} & \boldsymbol{O}_{pd\times l} & \boldsymbol{O}_{pd\times qd} \\ \boldsymbol{O}_{qd\times 1} & \boldsymbol{O}_{qd\times qh} & \boldsymbol{O}_{qd\times l} & \boldsymbol{O}_{qd\times qd}\end{bmatrix}\boldsymbol{y} \\ &+\sum_{i=1}^{l}\langle\boldsymbol{\Gamma}_3^{1/2}\rangle_{ph+i,j}\begin{bmatrix}\widetilde{\boldsymbol{A}}_2(\widetilde{\boldsymbol{z}},\boldsymbol{v})\boldsymbol{i}_{l}^{(i)} & -\dot{\boldsymbol{B}}_{2i}(\widetilde{\boldsymbol{z}},\boldsymbol{v}) & \boldsymbol{O}_{ph\times l} & \boldsymbol{O}_{ph\times qd} \\ \boldsymbol{i}_l^{(i)} & \boldsymbol{O}_{l\times qh} & \boldsymbol{O}_{l\times l} & \boldsymbol{O}_{l\times qd} \\ \boldsymbol{O}_{pd\times 1} & \boldsymbol{O}_{pd\times qh} & \boldsymbol{O}_{pd\times l} & \boldsymbol{O}_{pd\times qd} \\ \boldsymbol{O}_{qd\times 1} & \boldsymbol{O}_{qd\times qh} & \boldsymbol{O}_{qd\times l} & \boldsymbol{O}_{qd\times qd}\end{bmatrix}\boldsymbol{y} \\ &+\sum_{i=1}^{pd}\langle\boldsymbol{\Gamma}_3^{1/2}\rangle_{ph+l+i,j}\begin{bmatrix}\boldsymbol{O}_{ph\times 1} & \boldsymbol{O}_{ph\times qh} & \boldsymbol{O}_{ph\times l} & \boldsymbol{O}_{ph\times qd} \\ \boldsymbol{O}_{l\times 1} & \boldsymbol{O}_{l\times qh} & \boldsymbol{O}_{l\times l} & \boldsymbol{O}_{l\times qd} \\ \bar{\boldsymbol{C}}(\boldsymbol{r},\boldsymbol{\tau})\boldsymbol{i}_{pd}^{(i)} & \boldsymbol{O}_{pd\times qh} & -\dot{\boldsymbol{D}}_i(\boldsymbol{r},\boldsymbol{\tau}) & \boldsymbol{O}_{pd\times qd} \\ \boldsymbol{O}_{qd\times 1} & \boldsymbol{O}_{qd\times qh} & \boldsymbol{O}_{qd\times l} & \boldsymbol{O}_{qd\times qd}\end{bmatrix}\boldsymbol{y} \\ &+\sum_{i=1}^{qd}\langle\boldsymbol{\Gamma}_3^{1/2}\rangle_{p(h+d)+l+i,j}\begin{bmatrix}\boldsymbol{O}_{ph\times 1} & \boldsymbol{O}_{ph\times qh} & \boldsymbol{O}_{ph\times l} & \boldsymbol{O}_{ph\times qd} \\ \boldsymbol{O}_{l\times 1} & \boldsymbol{O}_{l\times qh} & \boldsymbol{O}_{l\times l} & \boldsymbol{O}_{l\times qd} \\ \bar{\boldsymbol{E}}(\boldsymbol{r},\boldsymbol{\tau})\boldsymbol{i}_{qd}^{(i)} & \boldsymbol{O}_{pd\times qh} & -\dot{\boldsymbol{F}}_i(\boldsymbol{r},\boldsymbol{\tau}) & \boldsymbol{O}_{pd\times qd} \\ \boldsymbol{i}_{qd}^{(i)} & \boldsymbol{O}_{qd\times qh} & \boldsymbol{O}_{qd\times l} & \boldsymbol{O}_{qd\times qd}\end{bmatrix}\boldsymbol{y} \\ =&\sum_{i=1}^{ph}\langle\boldsymbol{\Gamma}_3^{1/2}\rangle_{ij}\begin{bmatrix}\widetilde{\boldsymbol{A}}_1(\widetilde{\boldsymbol{z}},\boldsymbol{v})\boldsymbol{i}_{ph}^{(i)}-\dot{\boldsymbol{B}}_{1i}(\widetilde{\boldsymbol{z}},\boldsymbol{v})\widetilde{\boldsymbol{u}} \\ \boldsymbol{O}_{l\times 1} \\ \boldsymbol{O}_{pd\times 1} \\ \boldsymbol{O}_{qd\times 1}\end{bmatrix}+\sum_{i=1}^{l}\langle\boldsymbol{\Gamma}_3^{1/2}\rangle_{ph+i,j}\begin{bmatrix}\widetilde{\boldsymbol{A}}_2(\widetilde{\boldsymbol{z}},\boldsymbol{v})\boldsymbol{i}_{l}^{(i)}-\dot{\boldsymbol{B}}_{2i}(\widetilde{\boldsymbol{z}},\boldsymbol{v})\widetilde{\boldsymbol{u}} \\ \boldsymbol{i}_l^{(i)} \\ \boldsymbol{O}_{pd\times 1} \\ \boldsymbol{O}_{qd\times 1}\end{bmatrix} \\ &+\sum_{i=1}^{pd}\langle\boldsymbol{\Gamma}_3^{1/2}\rangle_{ph+l+i,j}\begin{bmatrix}\boldsymbol{O}_{ph\times 1} \\ \boldsymbol{O}_{l\times 1} \\ \bar{\boldsymbol{C}}(\boldsymbol{r},\boldsymbol{\tau})\boldsymbol{i}_{pd}^{(i)}-\dot{\boldsymbol{D}}_i(\boldsymbol{r},\boldsymbol{\tau})\boldsymbol{w} \\ \boldsymbol{O}_{qd\times 1}\end{bmatrix}+\sum_{i=1}^{qd}\langle\boldsymbol{\Gamma}_3^{1/2}\rangle_{p(h+d)+l+i,j}\begin{bmatrix}\boldsymbol{O}_{ph\times 1} \\ \boldsymbol{O}_{l\times 1} \\ \bar{\boldsymbol{E}}(\boldsymbol{r},\boldsymbol{\tau})\boldsymbol{i}_{qd}^{(i)}-\dot{\boldsymbol{F}}_i(\boldsymbol{r},\boldsymbol{\tau})\boldsymbol{w} \\ \boldsymbol{i}_{qd}^{(i)}\end{bmatrix}\end{aligned} \tag{11.152}$$

根据式(11.58)、式(11.108)、式(11.125)中的第二式和式(11.152)可进一步推得

$$
\begin{cases}
\bar{\boldsymbol{Z}}_j\boldsymbol{y}=\sum\limits_{i=1}^{ph}\langle\tilde{\boldsymbol{Q}}_1^{1/2}\rangle_{ij}\begin{bmatrix}\bar{\boldsymbol{A}}_1(\boldsymbol{z},\boldsymbol{v})\boldsymbol{i}_{ph}^{(i)}-\dot{\bar{\boldsymbol{B}}}_{1i}(\boldsymbol{z},\boldsymbol{v})\boldsymbol{u}\\ \boldsymbol{O}_{l\times 1}\\ \boldsymbol{O}_{pd\times 1}\\ \boldsymbol{O}_{qd\times 1}\end{bmatrix}=\sum\limits_{i=1}^{ph}\langle\tilde{\boldsymbol{Q}}_1^{1/2}\rangle_{ij}\begin{bmatrix}\tilde{\boldsymbol{T}}_1(\boldsymbol{z},\boldsymbol{v},\boldsymbol{u})\boldsymbol{i}_{ph}^{(i)}\\ \boldsymbol{O}_{l\times 1}\\ \boldsymbol{O}_{pd\times 1}\\ \boldsymbol{O}_{qd\times 1}\end{bmatrix}=\begin{bmatrix}\tilde{\boldsymbol{T}}_1(\boldsymbol{z},\boldsymbol{v},\boldsymbol{u})\tilde{\boldsymbol{Q}}_1^{1/2}\boldsymbol{i}_{ph}^{(j)}\\ \boldsymbol{O}_{l\times 1}\\ \boldsymbol{O}_{pd\times 1}\\ \boldsymbol{O}_{qd\times 1}\end{bmatrix},\quad 1\leqslant j\leqslant ph\\
\bar{\boldsymbol{Z}}_{ph+j}\boldsymbol{y}=\sum\limits_{i=1}^{l}\langle\boldsymbol{Q}_2^{1/2}\rangle_{ij}\begin{bmatrix}\bar{\boldsymbol{A}}_2(\boldsymbol{z},\boldsymbol{v})\boldsymbol{i}_{l}^{(i)}-\dot{\bar{\boldsymbol{B}}}_{2i}(\boldsymbol{z},\boldsymbol{v})\tilde{\boldsymbol{u}}\\ \boldsymbol{i}_{l}^{(i)}\\ \boldsymbol{O}_{pd\times 1}\\ \boldsymbol{O}_{qd\times 1}\end{bmatrix}=\sum\limits_{i=1}^{l}\langle\boldsymbol{Q}_2^{1/2}\rangle_{ij}\begin{bmatrix}\tilde{\boldsymbol{T}}_2(\boldsymbol{z},\boldsymbol{v},\tilde{\boldsymbol{u}})\boldsymbol{i}_{l}^{(i)}\\ \boldsymbol{i}_{l}^{(i)}\\ \boldsymbol{O}_{pd\times 1}\\ \boldsymbol{O}_{qd\times 1}\end{bmatrix}=\begin{bmatrix}\tilde{\boldsymbol{T}}_2(\boldsymbol{z},\boldsymbol{v},\tilde{\boldsymbol{u}})\boldsymbol{Q}_2^{1/2}\boldsymbol{i}_{l}^{(j)}\\ \boldsymbol{Q}_2^{1/2}\boldsymbol{i}_{l}^{(j)}\\ \boldsymbol{O}_{pd\times 1}\\ \boldsymbol{O}_{qd\times 1}\end{bmatrix},\quad 1\leqslant j\leqslant l\\
\bar{\boldsymbol{Z}}_{ph+l+j}\boldsymbol{y}=\sum\limits_{i=1}^{pd}\langle\boldsymbol{Q}_3^{1/2}\rangle_{ij}\begin{bmatrix}\boldsymbol{O}_{ph\times 1}\\ \boldsymbol{O}_{l\times 1}\\ \bar{\boldsymbol{C}}(\boldsymbol{r},\boldsymbol{\tau})\boldsymbol{i}_{pd}^{(i)}-\dot{\bar{\boldsymbol{D}}}_i(\boldsymbol{r},\boldsymbol{\tau})\boldsymbol{w}\\ \boldsymbol{O}_{qd\times 1}\end{bmatrix}=\sum\limits_{i=1}^{pd}\langle\boldsymbol{Q}_3^{1/2}\rangle_{ij}\begin{bmatrix}\boldsymbol{O}_{ph\times 1}\\ \boldsymbol{O}_{l\times 1}\\ \bar{\boldsymbol{H}}(\boldsymbol{r},\boldsymbol{\tau},\boldsymbol{w})\boldsymbol{i}_{pd}^{(i)}\\ \boldsymbol{O}_{qd\times 1}\end{bmatrix}=\begin{bmatrix}\boldsymbol{O}_{ph\times 1}\\ \boldsymbol{O}_{l\times 1}\\ \bar{\boldsymbol{H}}(\boldsymbol{r},\boldsymbol{\tau},\boldsymbol{w})\boldsymbol{Q}_3^{1/2}\boldsymbol{i}_{pd}^{(j)}\\ \boldsymbol{O}_{qd\times 1}\end{bmatrix},\quad 1\leqslant j\leqslant pd\\
\bar{\boldsymbol{Z}}_{p(h+d)+l+j}\boldsymbol{y}=\sum\limits_{i=1}^{qd}\langle\boldsymbol{Q}_4^{1/2}\rangle_{ij}\begin{bmatrix}\boldsymbol{O}_{ph\times 1}\\ \boldsymbol{O}_{l\times 1}\\ \bar{\boldsymbol{E}}(\boldsymbol{r},\boldsymbol{\tau})\boldsymbol{i}_{qd}^{(i)}-\dot{\bar{\boldsymbol{F}}}_i(\boldsymbol{r},\boldsymbol{\tau})\boldsymbol{w}\\ \boldsymbol{i}_{qd}^{(i)}\end{bmatrix}=\sum\limits_{i=1}^{qd}\langle\boldsymbol{Q}_4^{1/2}\rangle_{ij}\begin{bmatrix}\boldsymbol{O}_{ph\times 1}\\ \boldsymbol{O}_{l\times 1}\\ \bar{\boldsymbol{U}}(\boldsymbol{r},\boldsymbol{\tau},\boldsymbol{w})\boldsymbol{i}_{qd}^{(i)}\\ \boldsymbol{i}_{qd}^{(i)}\end{bmatrix}=\begin{bmatrix}\boldsymbol{O}_{ph\times 1}\\ \boldsymbol{O}_{l\times 1}\\ \bar{\boldsymbol{U}}(\boldsymbol{r},\boldsymbol{\tau},\boldsymbol{w})\boldsymbol{Q}_4^{1/2}\boldsymbol{i}_{qd}^{(j)}\\ \boldsymbol{Q}_4^{1/2}\boldsymbol{i}_{qd}^{(j)}\end{bmatrix},\quad 1\leqslant j\leqslant qd
\end{cases}
\tag{11.153}
$$

基于式(11.153)可知

$$
\boldsymbol{S}_3^{(1)}(\boldsymbol{y})=\sum_{j=1}^{p(h+d)+qd+l}\bar{\boldsymbol{Z}}_j\boldsymbol{y}\boldsymbol{y}^{\mathrm{T}}\bar{\boldsymbol{Z}}_j^{\mathrm{T}}=\boldsymbol{\Sigma}
$$

$$
=\left[\begin{array}{c:c:c:c}
\begin{matrix}\tilde{\boldsymbol{T}}_1(\tilde{\boldsymbol{z}},\boldsymbol{v},\tilde{\boldsymbol{u}})\tilde{\boldsymbol{Q}}_1\tilde{\boldsymbol{T}}_1^{\mathrm{T}}(\tilde{\boldsymbol{z}},\boldsymbol{v},\tilde{\boldsymbol{u}})\\+\tilde{\boldsymbol{T}}_2(\tilde{\boldsymbol{z}},\boldsymbol{v},\tilde{\boldsymbol{u}})\boldsymbol{Q}_2\tilde{\boldsymbol{T}}_2^{\mathrm{T}}(\tilde{\boldsymbol{z}},\boldsymbol{v},\tilde{\boldsymbol{u}})\end{matrix} & \tilde{\boldsymbol{T}}_2(\tilde{\boldsymbol{z}},\boldsymbol{v},\tilde{\boldsymbol{u}})\boldsymbol{Q}_2 & \boldsymbol{O}_{ph\times pd} & \boldsymbol{O}_{ph\times qd}\\ \hdashline
\boldsymbol{Q}_2\tilde{\boldsymbol{T}}_2^{\mathrm{T}}(\tilde{\boldsymbol{z}},\boldsymbol{v},\tilde{\boldsymbol{u}}) & \boldsymbol{Q}_2 & \boldsymbol{O}_{l\times pd} & \boldsymbol{O}_{l\times qd}\\ \hdashline
\boldsymbol{O}_{pd\times ph} & \boldsymbol{O}_{pd\times l} & \begin{matrix}\bar{\boldsymbol{H}}(\boldsymbol{r},\boldsymbol{\tau},\boldsymbol{w})\boldsymbol{Q}_3\bar{\boldsymbol{H}}^{\mathrm{T}}(\boldsymbol{r},\boldsymbol{\tau},\boldsymbol{w})\\+\bar{\boldsymbol{U}}(\boldsymbol{r},\boldsymbol{\tau},\boldsymbol{w})\boldsymbol{Q}_4\bar{\boldsymbol{U}}^{\mathrm{T}}(\boldsymbol{r},\boldsymbol{\tau},\boldsymbol{w})\end{matrix} & \bar{\boldsymbol{U}}(\boldsymbol{r},\boldsymbol{\tau},\boldsymbol{w})\boldsymbol{Q}_4\\ \hdashline
\boldsymbol{O}_{qd\times ph} & \boldsymbol{O}_{qd\times l} & \boldsymbol{Q}_4\bar{\boldsymbol{U}}^{\mathrm{T}}(\boldsymbol{r},\boldsymbol{\tau},\boldsymbol{w}) & \boldsymbol{Q}_4
\end{array}\right]
\tag{11.154}
$$

联合式(11.151)和式(11.154)可推得

$$
\begin{aligned}
&\boldsymbol{y}^{\mathrm{T}}\boldsymbol{Z}_0^{\mathrm{T}}(\boldsymbol{S}_3^{(1)}(\boldsymbol{y}))^{-1}\boldsymbol{Z}_0\boldsymbol{y}\\
&=\left(\begin{bmatrix}\tilde{\boldsymbol{B}}(\tilde{\boldsymbol{z}},\boldsymbol{v}) & \boldsymbol{O}_{ph\times l} & \boldsymbol{O}_{ph\times qd}\\ \boldsymbol{O}_{l\times qh} & \boldsymbol{I}_l & \boldsymbol{O}_{l\times qd}\\ \boldsymbol{O}_{pd\times qh} & \bar{\boldsymbol{D}}(\boldsymbol{r},\boldsymbol{\tau}) & \boldsymbol{O}_{pd\times qd}\\ \boldsymbol{O}_{qd\times qh} & \boldsymbol{O}_{qd\times l} & \boldsymbol{I}_{qd}\end{bmatrix}\begin{bmatrix}\tilde{\boldsymbol{u}}\\ \boldsymbol{w}\\ \boldsymbol{s}\end{bmatrix}-\begin{bmatrix}\tilde{\boldsymbol{a}}(\tilde{\boldsymbol{z}},\boldsymbol{v})\\ \boldsymbol{v}\\ \bar{\boldsymbol{c}}(\boldsymbol{r},\boldsymbol{\tau})\\ \boldsymbol{\tau}\end{bmatrix}\right)^{\mathrm{T}}\boldsymbol{\Sigma}^{-1}\\
&\quad\left(\begin{bmatrix}\tilde{\boldsymbol{B}}(\tilde{\boldsymbol{z}},\boldsymbol{v}) & \boldsymbol{O}_{ph\times l} & \boldsymbol{O}_{ph\times qd}\\ \boldsymbol{O}_{l\times qh} & \boldsymbol{I}_l & \boldsymbol{O}_{l\times qd}\\ \boldsymbol{O}_{pd\times qh} & \bar{\boldsymbol{D}}(\boldsymbol{r},\boldsymbol{\tau}) & \boldsymbol{O}_{pd\times qd}\\ \boldsymbol{O}_{qd\times qh} & \boldsymbol{O}_{qd\times l} & \boldsymbol{I}_{qd}\end{bmatrix}\begin{bmatrix}\tilde{\boldsymbol{u}}\\ \boldsymbol{w}\\ \boldsymbol{s}\end{bmatrix}-\begin{bmatrix}\tilde{\boldsymbol{a}}(\tilde{\boldsymbol{z}},\boldsymbol{v})\\ \boldsymbol{v}\\ \bar{\boldsymbol{c}}(\boldsymbol{r},\boldsymbol{\tau})\\ \boldsymbol{\tau}\end{bmatrix}\right)
\end{aligned}
\tag{11.155}
$$

根据式(11.155)可知结论成立。证毕。

根据推论 11.3 可知，(多)目标位置解 $\hat{\tilde{\boldsymbol{u}}}_{\mathrm{stls}}^{(\mathrm{rjb})}$、系统参量解 $\hat{\boldsymbol{w}}_{\mathrm{stls}}^{(\mathrm{rjb})}$ 和校正源位置解 $\hat{\boldsymbol{s}}_{\mathrm{stls}}^{(\mathrm{rjb})}$ 的二阶统计特性可以基于式(11.149)推得。类似于 6.3.2 节中的性能分析，(多)目标位置解 $\hat{\tilde{\boldsymbol{u}}}_{\mathrm{stls}}^{(\mathrm{rjb})}$、系统参量解 $\hat{\boldsymbol{w}}_{\mathrm{stls}}^{(\mathrm{rjb})}$ 和校正源位置解 $\hat{\boldsymbol{s}}_{\mathrm{stls}}^{(\mathrm{rjb})}$ 的联合估计方差矩阵为

$$\mathrm{cov}\left(\begin{bmatrix}\hat{\tilde{\boldsymbol{u}}}_{\mathrm{stls}}^{(\mathrm{rjb})}\\ \hat{\boldsymbol{w}}_{\mathrm{stls}}^{(\mathrm{rjb})}\\ \hat{\boldsymbol{s}}_{\mathrm{stls}}^{(\mathrm{rjb})}\end{bmatrix}\right)=\left(\begin{bmatrix}\tilde{\boldsymbol{B}}^{\mathrm{T}}(\tilde{\boldsymbol{z}}_0,\boldsymbol{w}) & \boldsymbol{O}_{qh\times l} & \boldsymbol{O}_{qh\times pd} & \boldsymbol{O}_{qh\times qd}\\ \boldsymbol{O}_{l\times ph} & \boldsymbol{I}_l & \bar{\boldsymbol{D}}^{\mathrm{T}}(\boldsymbol{r}_0,\boldsymbol{s}) & \boldsymbol{O}_{l\times qd}\\ \boldsymbol{O}_{qd\times ph} & \boldsymbol{O}_{qd\times l} & \boldsymbol{O}_{qd\times pd} & \boldsymbol{I}_{qd}\end{bmatrix}\left(\boldsymbol{\Sigma}^{-1}\Big|_{\substack{\boldsymbol{z}=\boldsymbol{z}_0\\ \boldsymbol{v}=\boldsymbol{w}\\ \boldsymbol{r}=\boldsymbol{r}_0\\ \boldsymbol{\tau}=\boldsymbol{s}}}\right)\cdot\begin{bmatrix}\tilde{\boldsymbol{B}}(\tilde{\boldsymbol{z}}_0,\boldsymbol{w}) & \boldsymbol{O}_{ph\times l} & \boldsymbol{O}_{ph\times qd}\\ \boldsymbol{O}_{l\times qh} & \boldsymbol{I}_l & \boldsymbol{O}_{l\times qd}\\ \boldsymbol{O}_{pd\times qh} & \bar{\boldsymbol{D}}(\boldsymbol{r}_0,\boldsymbol{s}) & \boldsymbol{O}_{pd\times qd}\\ \boldsymbol{O}_{qd\times qh} & \boldsymbol{O}_{qd\times l} & \boldsymbol{I}_{qd}\end{bmatrix}\right)^{-1} \tag{11.156}$$

通过进一步的数学分析可以证明,(多)目标位置解 $\hat{\tilde{\boldsymbol{u}}}_{\mathrm{stls}}^{(\mathrm{rjb})}$、系统参量解 $\hat{\boldsymbol{w}}_{\mathrm{stls}}^{(\mathrm{rjb})}$ 和校正源位置解 $\hat{\boldsymbol{s}}_{\mathrm{stls}}^{(\mathrm{rjb})}$ 的联合估计方差矩阵等于式(11.14)给出的克拉美罗界矩阵,结果可见如下命题。

命题 11.9 $\mathrm{cov}\left(\begin{bmatrix}\hat{\tilde{\boldsymbol{u}}}_{\mathrm{stls}}^{(\mathrm{rjb})}\\ \hat{\boldsymbol{w}}_{\mathrm{stls}}^{(\mathrm{rjb})}\\ \hat{\boldsymbol{s}}_{\mathrm{stls}}^{(\mathrm{rjb})}\end{bmatrix}\right)=\mathbf{CRB}^{(\mathrm{rj})}\left(\begin{bmatrix}\tilde{\boldsymbol{u}}\\ \boldsymbol{w}\\ \boldsymbol{s}\end{bmatrix}\right)$

$$=\begin{bmatrix}\tilde{\boldsymbol{G}}_1^{\mathrm{T}}(\tilde{\boldsymbol{u}},\boldsymbol{w})\tilde{\boldsymbol{Q}}_1^{-1}\tilde{\boldsymbol{G}}_1(\tilde{\boldsymbol{u}},\boldsymbol{w}) & \tilde{\boldsymbol{G}}_1^{\mathrm{T}}(\tilde{\boldsymbol{u}},\boldsymbol{w})\tilde{\boldsymbol{Q}}_1^{-1}\tilde{\boldsymbol{G}}_2(\tilde{\boldsymbol{u}},\boldsymbol{w}) & \boldsymbol{O}_{qh\times qd}\\ \tilde{\boldsymbol{G}}_2^{\mathrm{T}}(\tilde{\boldsymbol{u}},\boldsymbol{w})\tilde{\boldsymbol{Q}}_1^{-1}\tilde{\boldsymbol{G}}_1(\tilde{\boldsymbol{u}},\boldsymbol{w}) & \begin{matrix}\tilde{\boldsymbol{G}}_2^{\mathrm{T}}(\tilde{\boldsymbol{u}},\boldsymbol{w})\tilde{\boldsymbol{Q}}_1^{-1}\tilde{\boldsymbol{G}}_2(\tilde{\boldsymbol{u}},\boldsymbol{w})+\boldsymbol{Q}_2^{-1}\\ +\bar{\boldsymbol{G}}^{\mathrm{T}}(\boldsymbol{s},\boldsymbol{w})\boldsymbol{Q}_3^{-1}\bar{\boldsymbol{G}}(\boldsymbol{s},\boldsymbol{w})\end{matrix} & \bar{\boldsymbol{G}}^{\mathrm{T}}(\boldsymbol{s},\boldsymbol{w})\boldsymbol{Q}_3^{-1}\bar{\boldsymbol{J}}(\boldsymbol{s},\boldsymbol{w})\\ \boldsymbol{O}_{qd\times qh} & \bar{\boldsymbol{J}}^{\mathrm{T}}(\boldsymbol{s},\boldsymbol{w})\boldsymbol{Q}_3^{-1}\bar{\boldsymbol{G}}(\boldsymbol{s},\boldsymbol{w}) & \bar{\boldsymbol{J}}^{\mathrm{T}}(\boldsymbol{s},\boldsymbol{w})\boldsymbol{Q}_3^{-1}\bar{\boldsymbol{J}}(\boldsymbol{s},\boldsymbol{w})+\boldsymbol{Q}_4^{-1}\end{bmatrix}^{-1}。$$

证明 首先利用式(11.154)、推论 2.2 和推论 2.3 可得

$$\boldsymbol{\Sigma}^{-1}\Big|_{\substack{\boldsymbol{z}=\boldsymbol{z}_0\\ \boldsymbol{v}=\boldsymbol{w}\\ \boldsymbol{r}=\boldsymbol{r}_0\\ \boldsymbol{\tau}=\boldsymbol{s}}}=\begin{bmatrix}\boldsymbol{X}_1 & \boldsymbol{Y}_1 & \boldsymbol{O}_{ph\times pd} & \boldsymbol{O}_{ph\times qd}\\ \boldsymbol{Y}_1^{\mathrm{T}} & \boldsymbol{Z}_1 & \boldsymbol{O}_{l\times pd} & \boldsymbol{O}_{l\times qd}\\ \boldsymbol{O}_{pd\times ph} & \boldsymbol{O}_{pd\times l} & \boldsymbol{X}_2 & \boldsymbol{Y}_2\\ \boldsymbol{O}_{qd\times ph} & \boldsymbol{O}_{qd\times l} & \boldsymbol{Y}_2^{\mathrm{T}} & \boldsymbol{Z}_2\end{bmatrix} \tag{11.157}$$

式中

$$\begin{cases}\boldsymbol{X}_1=(\tilde{\boldsymbol{T}}_1(\tilde{\boldsymbol{z}}_0,\boldsymbol{w},\tilde{\boldsymbol{u}})\tilde{\boldsymbol{Q}}_1\tilde{\boldsymbol{T}}_1^{\mathrm{T}}(\tilde{\boldsymbol{z}}_0,\boldsymbol{w},\tilde{\boldsymbol{u}}))^{-1}\\ \boldsymbol{Y}_1=-(\tilde{\boldsymbol{T}}_1(\tilde{\boldsymbol{z}}_0,\boldsymbol{w},\tilde{\boldsymbol{u}})\tilde{\boldsymbol{Q}}_1\tilde{\boldsymbol{T}}_1^{\mathrm{T}}(\tilde{\boldsymbol{z}}_0,\boldsymbol{w},\tilde{\boldsymbol{u}}))^{-1}\tilde{\boldsymbol{T}}_2(\tilde{\boldsymbol{z}}_0,\boldsymbol{w},\tilde{\boldsymbol{u}})\\ \boldsymbol{Z}_1=(\boldsymbol{Q}_2-\boldsymbol{Q}_2\tilde{\boldsymbol{T}}_2^{\mathrm{T}}(\tilde{\boldsymbol{z}}_0,\boldsymbol{w},\tilde{\boldsymbol{u}})(\tilde{\boldsymbol{T}}_1(\tilde{\boldsymbol{z}}_0,\boldsymbol{w},\tilde{\boldsymbol{u}})\tilde{\boldsymbol{Q}}_1\tilde{\boldsymbol{T}}_1^{\mathrm{T}}(\tilde{\boldsymbol{z}}_0,\boldsymbol{w},\tilde{\boldsymbol{u}})\\ \qquad +\tilde{\boldsymbol{T}}_2(\tilde{\boldsymbol{z}}_0,\boldsymbol{w},\tilde{\boldsymbol{u}})\boldsymbol{Q}_2\tilde{\boldsymbol{T}}_2^{\mathrm{T}}(\tilde{\boldsymbol{z}}_0,\boldsymbol{w},\tilde{\boldsymbol{u}}))^{-1}\tilde{\boldsymbol{T}}_2(\tilde{\boldsymbol{z}}_0,\boldsymbol{w},\tilde{\boldsymbol{u}})\boldsymbol{Q}_2)^{-1}\end{cases} \tag{11.158}$$

$$\begin{cases}\boldsymbol{X}_2=(\bar{\boldsymbol{H}}(\boldsymbol{r}_0,\boldsymbol{s},\boldsymbol{w})\boldsymbol{Q}_3\bar{\boldsymbol{H}}^{\mathrm{T}}(\boldsymbol{r}_0,\boldsymbol{s},\boldsymbol{w}))^{-1}\\ \boldsymbol{Y}_2=-(\bar{\boldsymbol{H}}(\boldsymbol{r}_0,\boldsymbol{s},\boldsymbol{w})\boldsymbol{Q}_3\bar{\boldsymbol{H}}^{\mathrm{T}}(\boldsymbol{r}_0,\boldsymbol{s},\boldsymbol{w}))^{-1}\bar{\boldsymbol{U}}(\boldsymbol{r}_0,\boldsymbol{s},\boldsymbol{w})\\ \boldsymbol{Z}_2=(\boldsymbol{Q}_4-\boldsymbol{Q}_4\bar{\boldsymbol{U}}^{\mathrm{T}}(\boldsymbol{r}_0,\boldsymbol{s},\boldsymbol{w})(\bar{\boldsymbol{H}}(\boldsymbol{r}_0,\boldsymbol{s},\boldsymbol{w})\boldsymbol{Q}_3\bar{\boldsymbol{H}}^{\mathrm{T}}(\boldsymbol{r}_0,\boldsymbol{s},\boldsymbol{w})\\ \qquad +\bar{\boldsymbol{U}}(\boldsymbol{r}_0,\boldsymbol{s},\boldsymbol{w})\boldsymbol{Q}_4\bar{\boldsymbol{U}}^{\mathrm{T}}(\boldsymbol{r}_0,\boldsymbol{s},\boldsymbol{w}))^{-1}\bar{\boldsymbol{U}}(\boldsymbol{r}_0,\boldsymbol{s},\boldsymbol{w})\boldsymbol{Q}_4)^{-1}\end{cases} \tag{11.159}$$

将式(11.157)代入式(11.156)可得

$$\mathbf{cov}\left(\begin{bmatrix}\hat{\boldsymbol{u}}_{\text{stls}}^{(\text{rjb})}\\ \hat{\boldsymbol{w}}_{\text{stls}}^{(\text{rjb})}\\ \hat{\boldsymbol{s}}_{\text{stls}}^{(\text{rjb})}\end{bmatrix}\right)=\left(\begin{bmatrix}\tilde{\boldsymbol{B}}^{\mathrm{T}}(\tilde{\boldsymbol{z}}_0,\boldsymbol{w}) & \boldsymbol{O}_{qh\times l} & \boldsymbol{O}_{qh\times pd} & \boldsymbol{O}_{qh\times qd}\\ \boldsymbol{O}_{l\times ph} & \boldsymbol{I}_l & \bar{\boldsymbol{D}}^{\mathrm{T}}(\boldsymbol{r}_0,\boldsymbol{s}) & \boldsymbol{O}_{l\times qd}\\ \boldsymbol{O}_{qd\times ph} & \boldsymbol{O}_{qd\times l} & \boldsymbol{O}_{qd\times pd} & \boldsymbol{I}_{qd}\end{bmatrix}\left[\begin{array}{c:c:c:c}\boldsymbol{X}_1 & \boldsymbol{Y}_1 & \boldsymbol{O}_{ph\times pd} & \boldsymbol{O}_{ph\times qd}\\ \hdashline \boldsymbol{Y}_1^{\mathrm{T}} & \boldsymbol{Z}_1 & \boldsymbol{O}_{l\times pd} & \boldsymbol{O}_{l\times qd}\\ \hdashline \boldsymbol{O}_{pd\times ph} & \boldsymbol{O}_{pd\times l} & \boldsymbol{X}_2 & \boldsymbol{Y}_2\\ \hdashline \boldsymbol{O}_{qd\times ph} & \boldsymbol{O}_{qd\times l} & \boldsymbol{Y}_2^{\mathrm{T}} & \boldsymbol{Z}_2\end{array}\right]\right.$$
$$\left.\cdot\begin{bmatrix}\tilde{\boldsymbol{B}}(\tilde{\boldsymbol{z}}_0,\boldsymbol{w}) & \boldsymbol{O}_{ph\times l} & \boldsymbol{O}_{ph\times qd}\\ \boldsymbol{O}_{l\times qh} & \boldsymbol{I}_l & \boldsymbol{O}_{l\times qd}\\ \boldsymbol{O}_{pd\times qh} & \bar{\boldsymbol{D}}(\boldsymbol{r}_0,\boldsymbol{s}) & \boldsymbol{O}_{pd\times qd}\\ \boldsymbol{O}_{qd\times qh} & \boldsymbol{O}_{qd\times l} & \boldsymbol{I}_{qd}\end{bmatrix}\right)^{-1}$$
$$=\left(\begin{bmatrix}\tilde{\boldsymbol{B}}^{\mathrm{T}}(\tilde{\boldsymbol{z}}_0,\boldsymbol{w})\boldsymbol{X}_1 & \tilde{\boldsymbol{B}}^{\mathrm{T}}(\tilde{\boldsymbol{z}}_0,\boldsymbol{w})\boldsymbol{Y}_1 & \boldsymbol{O}_{qh\times pd} & \boldsymbol{O}_{qh\times qd}\\ \boldsymbol{Y}_1^{\mathrm{T}} & \boldsymbol{Z}_1 & \bar{\boldsymbol{D}}^{\mathrm{T}}(\boldsymbol{r}_0,\boldsymbol{s})\boldsymbol{X}_2 & \bar{\boldsymbol{D}}^{\mathrm{T}}(\boldsymbol{r}_0,\boldsymbol{s})\boldsymbol{Y}_2\\ \boldsymbol{O}_{qd\times ph} & \boldsymbol{O}_{qd\times l} & \boldsymbol{Y}_2^{\mathrm{T}} & \boldsymbol{Z}_2\end{bmatrix}\begin{bmatrix}\tilde{\boldsymbol{B}}(\tilde{\boldsymbol{z}}_0,\boldsymbol{w}) & \boldsymbol{O}_{ph\times l} & \boldsymbol{O}_{ph\times qd}\\ \boldsymbol{O}_{l\times qh} & \boldsymbol{I}_l & \boldsymbol{O}_{l\times qd}\\ \boldsymbol{O}_{pd\times qh} & \bar{\boldsymbol{D}}(\boldsymbol{r}_0,\boldsymbol{s}) & \boldsymbol{O}_{pd\times qd}\\ \boldsymbol{O}_{qd\times qh} & \boldsymbol{O}_{qd\times l} & \boldsymbol{I}_{qd}\end{bmatrix}\right)^{-1}$$
$$=\left[\begin{array}{c:c:c}\tilde{\boldsymbol{B}}^{\mathrm{T}}(\tilde{\boldsymbol{z}}_0,\boldsymbol{w})\boldsymbol{X}_1\tilde{\boldsymbol{B}}(\tilde{\boldsymbol{z}}_0,\boldsymbol{w}) & \tilde{\boldsymbol{B}}^{\mathrm{T}}(\tilde{\boldsymbol{z}}_0,\boldsymbol{w})\boldsymbol{Y}_1 & \boldsymbol{O}_{qh\times qd}\\ \hdashline \boldsymbol{Y}_1^{\mathrm{T}}\tilde{\boldsymbol{B}}(\tilde{\boldsymbol{z}}_0,\boldsymbol{w}) & \boldsymbol{Z}_1+\bar{\boldsymbol{D}}^{\mathrm{T}}(\boldsymbol{r}_0,\boldsymbol{s})\boldsymbol{X}_2\bar{\boldsymbol{D}}(\boldsymbol{r}_0,\boldsymbol{s}) & \bar{\boldsymbol{D}}^{\mathrm{T}}(\boldsymbol{r}_0,\boldsymbol{s})\boldsymbol{Y}_2\\ \hdashline \boldsymbol{O}_{qd\times qh} & \boldsymbol{Y}_2^{\mathrm{T}}\bar{\boldsymbol{D}}(\boldsymbol{r}_0,\boldsymbol{s}) & \boldsymbol{Z}_2\end{array}\right]^{-1}\tag{11.160}$$

利用式(11.158)和式(11.159)可分别推得

$$\tilde{\boldsymbol{B}}^{\mathrm{T}}(\tilde{\boldsymbol{z}}_0,\boldsymbol{w})\boldsymbol{X}_1\tilde{\boldsymbol{B}}(\tilde{\boldsymbol{z}}_0,\boldsymbol{w})=\tilde{\boldsymbol{B}}^{\mathrm{T}}(\tilde{\boldsymbol{z}}_0,\boldsymbol{w})\tilde{\boldsymbol{T}}_1^{-\mathrm{T}}(\tilde{\boldsymbol{z}}_0,\boldsymbol{w},\tilde{\boldsymbol{u}})\tilde{\boldsymbol{Q}}_1^{-1}\,\tilde{\boldsymbol{T}}_1^{-1}(\tilde{\boldsymbol{z}}_0,\boldsymbol{w},\tilde{\boldsymbol{u}})\tilde{\boldsymbol{B}}(\tilde{\boldsymbol{z}}_0,\boldsymbol{w})\tag{11.161}$$

$$\tilde{\boldsymbol{B}}^{\mathrm{T}}(\tilde{\boldsymbol{z}}_0,\boldsymbol{w})\boldsymbol{Y}_1=-\tilde{\boldsymbol{B}}^{\mathrm{T}}(\tilde{\boldsymbol{z}}_0,\boldsymbol{w})\tilde{\boldsymbol{T}}_1^{-\mathrm{T}}(\tilde{\boldsymbol{z}}_0,\boldsymbol{w},\tilde{\boldsymbol{u}})\tilde{\boldsymbol{Q}}_1^{-1}\,\tilde{\boldsymbol{T}}_1^{-1}(\tilde{\boldsymbol{z}}_0,\boldsymbol{w},\tilde{\boldsymbol{u}})\tilde{\boldsymbol{T}}_2(\tilde{\boldsymbol{z}}_0,\boldsymbol{w},\tilde{\boldsymbol{u}})\tag{11.162}$$

$$\begin{aligned}&\boldsymbol{Z}_1+\bar{\boldsymbol{D}}^{\mathrm{T}}(\boldsymbol{r}_0,\boldsymbol{s})\boldsymbol{X}_2\bar{\boldsymbol{D}}(\boldsymbol{r}_0,\boldsymbol{s})\\&=\left(\boldsymbol{Q}_2-\boldsymbol{Q}_2\,\tilde{\boldsymbol{T}}_2^{\mathrm{T}}(\tilde{\boldsymbol{z}}_0,\boldsymbol{w},\tilde{\boldsymbol{u}})\tilde{\boldsymbol{T}}_1^{-\mathrm{T}}(\tilde{\boldsymbol{z}}_0,\boldsymbol{w},\tilde{\boldsymbol{u}})\begin{pmatrix}\tilde{\boldsymbol{Q}}_1+\tilde{\boldsymbol{T}}_1^{-1}(\tilde{\boldsymbol{z}}_0,\boldsymbol{w},\tilde{\boldsymbol{u}})\tilde{\boldsymbol{T}}_2(\tilde{\boldsymbol{z}}_0,\boldsymbol{w},\tilde{\boldsymbol{u}})\\ \cdot\,\boldsymbol{Q}_2\,\tilde{\boldsymbol{T}}_2^{\mathrm{T}}(\tilde{\boldsymbol{z}}_0,\boldsymbol{w},\tilde{\boldsymbol{u}})\tilde{\boldsymbol{T}}_1^{-\mathrm{T}}(\tilde{\boldsymbol{z}}_0,\boldsymbol{w},\tilde{\boldsymbol{u}})\end{pmatrix}^{-1}\tilde{\boldsymbol{T}}_1^{-1}(\tilde{\boldsymbol{z}}_0,\boldsymbol{w},\tilde{\boldsymbol{u}})\tilde{\boldsymbol{T}}_2(\tilde{\boldsymbol{z}}_0,\boldsymbol{w},\tilde{\boldsymbol{u}})\boldsymbol{Q}_2\right)^{-1}\\&\quad+\bar{\boldsymbol{D}}^{\mathrm{T}}(\boldsymbol{r}_0,\boldsymbol{s})\bar{\boldsymbol{H}}^{-\mathrm{T}}(\boldsymbol{r}_0,\boldsymbol{s},\boldsymbol{w})\boldsymbol{Q}_3^{-1}\,\bar{\boldsymbol{H}}^{-1}(\boldsymbol{r}_0,\boldsymbol{s},\boldsymbol{w})\bar{\boldsymbol{D}}(\boldsymbol{r}_0,\boldsymbol{s})\end{aligned}\tag{11.163}$$

$$\bar{\boldsymbol{D}}^{\mathrm{T}}(\boldsymbol{r}_0,\boldsymbol{s})\boldsymbol{Y}_2=-\bar{\boldsymbol{D}}^{\mathrm{T}}(\boldsymbol{r}_0,\boldsymbol{s})\bar{\boldsymbol{H}}^{-\mathrm{T}}(\boldsymbol{r}_0,\boldsymbol{s},\boldsymbol{w})\boldsymbol{Q}_3^{-1}\,\bar{\boldsymbol{H}}^{-1}(\boldsymbol{r}_0,\boldsymbol{s},\boldsymbol{w})\bar{\boldsymbol{U}}(\boldsymbol{r}_0,\boldsymbol{s},\boldsymbol{w})\tag{11.164}$$

$$\boldsymbol{Z}_2=\begin{pmatrix}\boldsymbol{Q}_4-\boldsymbol{Q}_4\,\bar{\boldsymbol{U}}^{\mathrm{T}}(\boldsymbol{r}_0,\boldsymbol{s},\boldsymbol{w})\bar{\boldsymbol{H}}^{-\mathrm{T}}(\boldsymbol{r}_0,\boldsymbol{s},\boldsymbol{w})\begin{pmatrix}\boldsymbol{Q}_3+\bar{\boldsymbol{H}}^{-1}(\boldsymbol{r}_0,\boldsymbol{s},\boldsymbol{w})\bar{\boldsymbol{U}}(\boldsymbol{r}_0,\boldsymbol{s},\boldsymbol{w})\\ \cdot\,\boldsymbol{Q}_4\,\bar{\boldsymbol{U}}^{\mathrm{T}}(\boldsymbol{r}_0,\boldsymbol{s},\boldsymbol{w})\bar{\boldsymbol{H}}^{-\mathrm{T}}(\boldsymbol{r}_0,\boldsymbol{s},\boldsymbol{w})\end{pmatrix}^{-1}\\ \cdot\,\bar{\boldsymbol{H}}^{-1}(\boldsymbol{r}_0,\boldsymbol{s},\boldsymbol{w})\bar{\boldsymbol{U}}(\boldsymbol{r}_0,\boldsymbol{s},\boldsymbol{w})\boldsymbol{Q}_4\end{pmatrix}^{-1}\tag{11.165}$$

将式(8.70)代入式(11.161)可得

$$\tilde{\boldsymbol{B}}^{\mathrm{T}}(\tilde{\boldsymbol{z}}_0,\boldsymbol{w})\boldsymbol{X}_1\tilde{\boldsymbol{B}}(\tilde{\boldsymbol{z}}_0,\boldsymbol{w})=\tilde{\boldsymbol{G}}_1^{\mathrm{T}}(\tilde{\boldsymbol{u}},\boldsymbol{w})\tilde{\boldsymbol{Q}}_1^{-1}\,\tilde{\boldsymbol{G}}_1(\tilde{\boldsymbol{u}},\boldsymbol{w})\tag{11.166}$$

将式(8.70)和式(8.72)代入式(11.162)可得

$$\tilde{\boldsymbol{B}}^{\mathrm{T}}(\tilde{\boldsymbol{z}}_0,\boldsymbol{w})\boldsymbol{Y}_1=\tilde{\boldsymbol{G}}_1^{\mathrm{T}}(\tilde{\boldsymbol{u}},\boldsymbol{w})\tilde{\boldsymbol{Q}}_1^{-1}\,\tilde{\boldsymbol{G}}_2(\tilde{\boldsymbol{u}},\boldsymbol{w})\tag{11.167}$$

将式(8.70)和式(8.72)以及式(11.68)代入式(11.163)，并利用推论 2.1 可得

$$\begin{aligned}&\boldsymbol{Z}_1+\bar{\boldsymbol{D}}^{\mathrm{T}}(\boldsymbol{r}_0,\boldsymbol{s})\boldsymbol{X}_2\bar{\boldsymbol{D}}(\boldsymbol{r}_0,\boldsymbol{s})\\&=(\boldsymbol{Q}_2-\boldsymbol{Q}_2\tilde{\boldsymbol{G}}_2^{\mathrm{T}}(\tilde{\boldsymbol{u}},\boldsymbol{w})(\tilde{\boldsymbol{Q}}_1+\tilde{\boldsymbol{G}}_2(\tilde{\boldsymbol{u}},\boldsymbol{w})\boldsymbol{Q}_2\tilde{\boldsymbol{G}}_2^{\mathrm{T}}(\tilde{\boldsymbol{u}},\boldsymbol{w}))^{-1}\tilde{\boldsymbol{G}}_2(\tilde{\boldsymbol{u}},\boldsymbol{w})\boldsymbol{Q}_2)^{-1}+\bar{\boldsymbol{G}}^{\mathrm{T}}(\boldsymbol{s},\boldsymbol{w})\boldsymbol{Q}_3^{-1}\bar{\boldsymbol{G}}(\boldsymbol{s},\boldsymbol{w})\\&=\tilde{\boldsymbol{G}}_2^{\mathrm{T}}(\tilde{\boldsymbol{u}},\boldsymbol{w})\tilde{\boldsymbol{Q}}_1^{-1}\,\tilde{\boldsymbol{G}}_2(\tilde{\boldsymbol{u}},\boldsymbol{w})+\boldsymbol{Q}_2^{-1}+\bar{\boldsymbol{G}}^{\mathrm{T}}(\boldsymbol{s},\boldsymbol{w})\boldsymbol{Q}_3^{-1}\bar{\boldsymbol{G}}(\boldsymbol{s},\boldsymbol{w})\end{aligned}\tag{11.168}$$

将式(11.68)和式(11.71)代入式(11.164)可得

$$\bar{\boldsymbol{D}}^{\mathrm{T}}(\boldsymbol{r}_0,\boldsymbol{s})\boldsymbol{Y}_2=\bar{\boldsymbol{G}}^{\mathrm{T}}(\boldsymbol{s},\boldsymbol{w})\boldsymbol{Q}_3^{-1}\bar{\boldsymbol{J}}(\boldsymbol{s},\boldsymbol{w})\tag{11.169}$$

将式(11.68)和式(11.71)代入式(11.165),并利用推论 2.1 可得

$$\begin{aligned}\boldsymbol{Z}_2&=(\boldsymbol{Q}_4-\boldsymbol{Q}_4\bar{\boldsymbol{J}}^{\mathrm{T}}(\boldsymbol{s},\boldsymbol{w})(\boldsymbol{Q}_3+\bar{\boldsymbol{J}}(\boldsymbol{s},\boldsymbol{w})\boldsymbol{Q}_4\bar{\boldsymbol{J}}^{\mathrm{T}}(\boldsymbol{s},\boldsymbol{w}))^{-1}\bar{\boldsymbol{J}}(\boldsymbol{s},\boldsymbol{w})\boldsymbol{Q}_4)^{-1}\\&=\bar{\boldsymbol{J}}^{\mathrm{T}}(\boldsymbol{s},\boldsymbol{w})\boldsymbol{Q}_3^{-1}\bar{\boldsymbol{J}}(\boldsymbol{s},\boldsymbol{w})+\boldsymbol{Q}_4^{-1}\end{aligned}\tag{11.170}$$

将式(11.166)~式(11.170)代入式(11.160)可得

$$\mathbf{cov}\left(\begin{bmatrix}\hat{\boldsymbol{u}}_{\mathrm{stls}}^{(\mathrm{rjb})}\\\hat{\boldsymbol{w}}_{\mathrm{stls}}^{(\mathrm{rjb})}\\\hat{\boldsymbol{s}}_{\mathrm{stls}}^{(\mathrm{rjb})}\end{bmatrix}\right)=\left[\begin{array}{c:c:c}\tilde{\boldsymbol{G}}_1^{\mathrm{T}}(\tilde{\boldsymbol{u}},\boldsymbol{w})\boldsymbol{Q}_1^{-1}\tilde{\boldsymbol{G}}_1(\tilde{\boldsymbol{u}},\boldsymbol{w}) & \tilde{\boldsymbol{G}}_1^{\mathrm{T}}(\tilde{\boldsymbol{u}},\boldsymbol{w})\boldsymbol{Q}_1^{-1}\tilde{\boldsymbol{G}}_2(\tilde{\boldsymbol{u}},\boldsymbol{w}) & \boldsymbol{O}_{q_h\times q_d}\\\hdashline\tilde{\boldsymbol{G}}_2^{\mathrm{T}}(\tilde{\boldsymbol{u}},\boldsymbol{w})\boldsymbol{Q}_1^{-1}\tilde{\boldsymbol{G}}_1(\tilde{\boldsymbol{u}},\boldsymbol{w}) & \begin{array}{c}\tilde{\boldsymbol{G}}_2^{\mathrm{T}}(\tilde{\boldsymbol{u}},\boldsymbol{w})\boldsymbol{Q}_1^{-1}\tilde{\boldsymbol{G}}_2(\tilde{\boldsymbol{u}},\boldsymbol{w})+\boldsymbol{Q}_2^{-1}\\+\bar{\boldsymbol{G}}^{\mathrm{T}}(\boldsymbol{s},\boldsymbol{w})\boldsymbol{Q}_3^{-1}\bar{\boldsymbol{G}}(\boldsymbol{s},\boldsymbol{w})\end{array} & \bar{\boldsymbol{G}}^{\mathrm{T}}(\boldsymbol{s},\boldsymbol{w})\boldsymbol{Q}_3^{-1}\bar{\boldsymbol{J}}(\boldsymbol{s},\boldsymbol{w})\\\hdashline\boldsymbol{O}_{q_d\times q_h} & \bar{\boldsymbol{J}}^{\mathrm{T}}(\boldsymbol{s},\boldsymbol{w})\boldsymbol{Q}_3^{-1}\bar{\boldsymbol{G}}(\boldsymbol{s},\boldsymbol{w}) & \bar{\boldsymbol{J}}^{\mathrm{T}}(\boldsymbol{s},\boldsymbol{w})\boldsymbol{Q}_3^{-1}\bar{\boldsymbol{J}}(\boldsymbol{s},\boldsymbol{w})+\boldsymbol{Q}_4^{-1}\end{array}\right]^{-1}\tag{11.171}$$

证毕。

命题 11.9 表明,(多)目标位置解 $\hat{\boldsymbol{u}}_{\mathrm{stls}}^{(\mathrm{rjb})}$、系统参量解 $\hat{\boldsymbol{w}}_{\mathrm{stls}}^{(\mathrm{rjb})}$ 和校正源位置解 $\hat{\boldsymbol{s}}_{\mathrm{stls}}^{(\mathrm{rjb})}$ 具有渐近最优的统计性能(在门限效应发生以前)。

11.5 定位算例与数值实验

本节将以联合辐射源信号 AOA/FOA 参数的无源定位问题为算例进行数值实验。

11.5.1 定位算例的观测模型

假设有 h 个待定位的目标源,其中第 k 个目标源的位置向量为 $\boldsymbol{u}_k=[x_{\mathrm{t},k}\ \ y_{\mathrm{t},k}\ \ z_{\mathrm{t},k}]^{\mathrm{T}}$,现有 M 个观测站可以接收到 h 个目标源信号,并利用信号的 AOA/FOA 参数对目标进行定位。第 m 个观测站的位置和速度向量分别为 $\boldsymbol{w}_{\mathrm{p},m}=[x_{\mathrm{o},m}\ \ y_{\mathrm{o},m}\ \ z_{\mathrm{o},m}]^{\mathrm{T}}$ 和 $\boldsymbol{w}_{\mathrm{v},m}=[\dot{x}_{\mathrm{o},m}\ \ \dot{y}_{\mathrm{o},m}\ \ \dot{z}_{\mathrm{o},m}]^{\mathrm{T}}$,若令 $\boldsymbol{w}_m=[\boldsymbol{w}_{\mathrm{p},m}^{\mathrm{T}}\ \ \boldsymbol{w}_{\mathrm{v},m}^{\mathrm{T}}]^{\mathrm{T}}$,则系统参量可以表示为 $\boldsymbol{w}=[\boldsymbol{w}_1^{\mathrm{T}}\ \ \boldsymbol{w}_2^{\mathrm{T}}\ \ \cdots\ \ \boldsymbol{w}_M^{\mathrm{T}}]^{\mathrm{T}}$。

根据第 1 章的讨论可知,FOA 参数可以等效为距离变化率,因此进行目标定位的全部观测方程可表示为

$$\begin{cases}\theta_{k,m}=\arctan\dfrac{y_{\mathrm{t},k}-y_{\mathrm{o},m}}{x_{\mathrm{t},k}-x_{\mathrm{o},m}}\\\beta_{k,m}=\arctan\dfrac{z_{\mathrm{t},k}-z_{\mathrm{o},m}}{\|\bar{\boldsymbol{I}}_3(\boldsymbol{u}_k-\boldsymbol{w}_{\mathrm{p},m})\|_2}\\\qquad=\arctan\dfrac{z_{\mathrm{t},k}-z_{\mathrm{o},m}}{(x_{\mathrm{t},k}-x_{\mathrm{o},m})\cos\theta_{k,m}+(y_{\mathrm{t},k}-y_{\mathrm{o},m})\sin\theta_{k,m}}\\\dot{\delta}_{k,m}=\dfrac{(\boldsymbol{w}_{\mathrm{p},m}-\boldsymbol{u}_k)^{\mathrm{T}}\boldsymbol{w}_{\mathrm{v},m}}{\|\boldsymbol{u}_k-\boldsymbol{w}_{\mathrm{p},m}\|_2}\end{cases},\quad\begin{array}{c}1\leqslant m\leqslant M\\1\leqslant k\leqslant h\end{array}\tag{11.172}$$

式中,$\theta_{k,m}$ 和 $\beta_{k,m}$ 分别表示第 k 个目标源信号到达第 m 个观测站的方位角和仰角;$\dot{\delta}_{k,n}$ 表示第 k 个目标源信号到达第 m 个观测站的距离变化率;$\bar{\boldsymbol{I}}_3=[\boldsymbol{I}_2\ \ \boldsymbol{O}_{2\times1}]$。再分别定义如下观测向量:

$$\begin{gathered}\boldsymbol{\theta}_k=[\theta_{k,1}\ \ \theta_{k,2}\ \ \cdots\ \ \theta_{k,M}]^{\mathrm{T}},\quad\boldsymbol{\beta}_k=[\beta_{k,1}\ \ \beta_{k,2}\ \ \cdots\ \ \beta_{k,M}]^{\mathrm{T}}\\\dot{\boldsymbol{\delta}}_k=[\dot{\delta}_{k,1}\ \ \dot{\delta}_{k,2}\ \ \cdots\ \ \dot{\delta}_{k,M}]^{\mathrm{T}}\end{gathered}\tag{11.173}$$

则用于第 k 个目标定位的观测向量和观测方程可表示为

$$\boldsymbol{z}_{k0}=[\boldsymbol{\theta}_k^{\mathrm{T}} \quad \boldsymbol{\beta}_k^{\mathrm{T}} \quad \dot{\boldsymbol{\delta}}_k^{\mathrm{T}}]^{\mathrm{T}}=\boldsymbol{g}(\boldsymbol{u}_k,\boldsymbol{w}) \tag{11.174}$$

而关于全部目标的观测向量和观测方程可表示为

$$\widetilde{\boldsymbol{z}}_0=[\boldsymbol{z}_{10}^{\mathrm{T}} \quad \boldsymbol{z}_{20}^{\mathrm{T}} \quad \cdots \quad \boldsymbol{z}_{h0}^{\mathrm{T}}]^{\mathrm{T}}=[\boldsymbol{g}^{\mathrm{T}}(\boldsymbol{u}_1,\boldsymbol{w}) \quad \boldsymbol{g}^{\mathrm{T}}(\boldsymbol{u}_2,\boldsymbol{w}) \quad \cdots \quad \boldsymbol{g}^{\mathrm{T}}(\boldsymbol{u}_h,\boldsymbol{w})]^{\mathrm{T}}=\widetilde{\boldsymbol{g}}(\widetilde{\boldsymbol{u}},\boldsymbol{w}) \tag{11.175}$$

式中，$\widetilde{\boldsymbol{u}}=[\boldsymbol{u}_1^{\mathrm{T}} \quad \boldsymbol{u}_2^{\mathrm{T}} \quad \cdots \quad \boldsymbol{u}_h^{\mathrm{T}}]^{\mathrm{T}}$ 表示由全部目标源位置所构成的列向量。

为了更好地消除系统误差的影响，需要在目标源附近放置 d 个位置精确已知的校正源，并且观测站同样能够获得关于校正源信号的AOA/FOA参数。假设第 k 个校正源的位置向量为 $\boldsymbol{s}_k=[x_{\mathrm{c},k} \quad y_{\mathrm{c},k} \quad z_{\mathrm{c},k}]^{\mathrm{T}}$，则关于该校正源的全部观测方程可表示为

$$\begin{cases}\theta_{\mathrm{c},k,m}=\arctan\dfrac{y_{\mathrm{c},k}-y_{\mathrm{o},m}}{x_{\mathrm{c},k}-x_{\mathrm{o},m}} \\ \beta_{\mathrm{c},k,m}=\arctan\dfrac{z_{\mathrm{c},k}-z_{\mathrm{o},m}}{\|\bar{\boldsymbol{I}}_3(\boldsymbol{s}_k-\boldsymbol{w}_m)\|_2} \\ \qquad\quad=\arctan\dfrac{z_{\mathrm{c},k}-z_{\mathrm{o},m}}{(x_{\mathrm{c},k}-x_{\mathrm{o},m})\cos\theta_{\mathrm{c},k,m}+(y_{\mathrm{c},k}-y_{\mathrm{o},m})\sin\theta_{\mathrm{c},k,m}} \\ \dot{\delta}_{\mathrm{c},k,m}=\dfrac{(\boldsymbol{w}_{\mathrm{p},m}-\boldsymbol{s}_k)^{\mathrm{T}}\boldsymbol{w}_{\mathrm{v},m}}{\|\boldsymbol{s}_k-\boldsymbol{w}_{\mathrm{p},m}\|_2}\end{cases},\quad \begin{matrix}1\leqslant m\leqslant M \\ 1\leqslant k\leqslant d\end{matrix} \tag{11.176}$$

式中，$\theta_{\mathrm{c},k,m}$ 和 $\beta_{\mathrm{c},k,m}$ 分别表示第 k 个校正源信号到达第 m 个观测站的方位角和仰角；$\dot{\delta}_{\mathrm{c},k,m}$ 表示第 k 个校正源信号到达第 m 个观测站的距离变化率。再分别定义如下观测向量：

$$\boldsymbol{\theta}_{\mathrm{c},k}=[\theta_{\mathrm{c},k,1} \quad \theta_{\mathrm{c},k,2} \quad \cdots \quad \theta_{\mathrm{c},k,M}]^{\mathrm{T}},\quad \boldsymbol{\beta}_{\mathrm{c},k}=[\beta_{\mathrm{c},k,1} \quad \beta_{\mathrm{c},k,2} \quad \cdots \quad \beta_{\mathrm{c},k,M}]^{\mathrm{T}}$$
$$\dot{\boldsymbol{\delta}}_{\mathrm{c},k}=[\dot{\delta}_{\mathrm{c},k,1} \quad \dot{\delta}_{\mathrm{c},k,2} \quad \cdots \quad \dot{\delta}_{\mathrm{c},k,M}]^{\mathrm{T}} \tag{11.177}$$

则关于第 k 个校正源的观测向量和观测方程可表示为

$$\boldsymbol{r}_{k0}=[\boldsymbol{\theta}_{\mathrm{c},k}^{\mathrm{T}} \quad \boldsymbol{\beta}_{\mathrm{c},k}^{\mathrm{T}} \quad \dot{\boldsymbol{\delta}}_{\mathrm{c},k}^{\mathrm{T}}]^{\mathrm{T}}=\boldsymbol{g}(\boldsymbol{s}_k,\boldsymbol{w}) \tag{11.178}$$

而关于全部校正源的观测向量和观测方程可表示为

$$\boldsymbol{r}_0=[\boldsymbol{r}_{10}^{\mathrm{T}} \quad \boldsymbol{r}_{20}^{\mathrm{T}} \quad \cdots \quad \boldsymbol{r}_{d0}^{\mathrm{T}}]^{\mathrm{T}}=[\boldsymbol{g}^{\mathrm{T}}(\boldsymbol{s}_1,\boldsymbol{w}) \quad \boldsymbol{g}^{\mathrm{T}}(\boldsymbol{s}_2,\boldsymbol{w}) \quad \cdots \quad \boldsymbol{g}^{\mathrm{T}}(\boldsymbol{s}_d,\boldsymbol{w})]^{\mathrm{T}}=\bar{\boldsymbol{g}}(\boldsymbol{s},\boldsymbol{w}) \tag{11.179}$$

式中，$\boldsymbol{s}=[\boldsymbol{s}_1^{\mathrm{T}} \quad \boldsymbol{s}_2^{\mathrm{T}} \quad \cdots \quad \boldsymbol{s}_d^{\mathrm{T}}]^{\mathrm{T}}$ 表示由全部校正源位置所构成的列向量。

根据前面的讨论可知，为了利用本章的方法进行目标定位，需要将式(11.172)中的每个非线性观测方程转化为伪线性观测方程。首先，式(11.172)中第一个观测方程的伪线性化过程如下：

$$\begin{aligned}\theta_{k,m}=\arctan\frac{y_{\mathrm{t},k}-y_{\mathrm{o},m}}{x_{\mathrm{t},k}-x_{\mathrm{o},m}} &\Rightarrow \frac{\sin\theta_{k,m}}{\cos\theta_{k,m}}=\frac{y_{\mathrm{t},k}-y_{\mathrm{o},m}}{x_{\mathrm{t},k}-x_{\mathrm{o},m}} \\ &\Rightarrow \sin\theta_{k,m}x_{\mathrm{t},k}-\cos\theta_{k,m}y_{\mathrm{t},k}=x_{\mathrm{o},m}\sin\theta_{k,m}-y_{\mathrm{o},m}\cos\theta_{k,m} \\ &\Rightarrow \boldsymbol{b}_{1m}^{\mathrm{T}}(\boldsymbol{z}_{k0},\boldsymbol{w})\boldsymbol{u}_k=a_{1m}(\boldsymbol{z}_{k0},\boldsymbol{w}),\quad 1\leqslant m\leqslant M;1\leqslant k\leqslant h\end{aligned} \tag{11.180}$$

式中

$$\begin{cases}\boldsymbol{b}_{1m}(\boldsymbol{z}_{k0},\boldsymbol{w})=[\sin\theta_{k,m} \;\vdots\; -\cos\theta_{k,m} \;\vdots\; 0]^{\mathrm{T}} \\ a_{1m}(\boldsymbol{z}_{k0},\boldsymbol{w})=x_{\mathrm{o},m}\sin\theta_{k,m}-y_{\mathrm{o},m}\cos\theta_{k,m}\end{cases} \tag{11.181}$$

然后，式(11.172)中第二个观测方程的伪线性化过程如下：

$$\begin{aligned}&\beta_{k,m}=\arctan\frac{z_{\mathrm{t},k}-z_{\mathrm{o},m}}{(x_{\mathrm{t},k}-x_{\mathrm{o},m})\cos\theta_{k,m}+(y_{\mathrm{t},k}-y_{\mathrm{o},m})\sin\theta_{k,m}}\\&\Rightarrow\frac{\sin\beta_{k,m}}{\cos\beta_{k,m}}=\frac{z_{\mathrm{t},k}-z_{\mathrm{o},m}}{(x_{\mathrm{t},k}-x_{\mathrm{o},m})\cos\theta_{k,m}+(y_{\mathrm{t},k}-y_{\mathrm{o},m})\sin\theta_{k,m}}\\&\Rightarrow\cos\theta_{k,m}\sin\beta_{k,m}x_{\mathrm{t},k}+\sin\theta_{k,m}\sin\beta_{k,m}y_{\mathrm{t},k}-\cos\beta_{k,m}z_{\mathrm{t},k}\\&=x_{\mathrm{o},m}\cos\theta_{k,m}\sin\beta_{k,m}+y_{\mathrm{o},m}\sin\theta_{k,m}\sin\beta_{k,m}-z_{\mathrm{o},m}\cos\beta_{k,m}\\&\Rightarrow\boldsymbol{b}_{2m}^{\mathrm{T}}(\boldsymbol{z}_{k0},\boldsymbol{w})\boldsymbol{u}_k=a_{2m}(\boldsymbol{z}_{k0},\boldsymbol{w}),\quad 1\leqslant m\leqslant M;1\leqslant k\leqslant h\end{aligned}\tag{11.182}$$

式中

$$\begin{cases}\boldsymbol{b}_{2m}(\boldsymbol{z}_{k0},\boldsymbol{w})=[\cos\theta_{k,m}\sin\beta_{k,m}\ \vdots\ \sin\theta_{k,m}\sin\beta_{k,m}\ \vdots\ -\cos\beta_{k,m}]^{\mathrm{T}}\\a_{2m}(\boldsymbol{z}_{k0},\boldsymbol{w})=x_{\mathrm{o},m}\cos\theta_{k,m}\sin\beta_{k,m}+y_{\mathrm{o},m}\sin\theta_{k,m}\sin\beta_{k,m}-z_{\mathrm{o},m}\cos\beta_{k,m}\end{cases}\tag{11.183}$$

最后，式(11.172)中第三个观测方程的伪线性化过程如下：

$$\begin{aligned}&\dot{\delta}_{k,m}=\frac{(\boldsymbol{w}_{\mathrm{p},m}-\boldsymbol{u}_k)^{\mathrm{T}}\boldsymbol{w}_{\mathrm{v},m}}{\|\boldsymbol{u}_k-\boldsymbol{w}_{\mathrm{p},m}\|_2}\Rightarrow\boldsymbol{w}_{\mathrm{v},m}^{\mathrm{T}}\boldsymbol{u}_k+\dot{\delta}_{k,m}\|\boldsymbol{u}_k-\boldsymbol{w}_{\mathrm{p},m}\|_2=\boldsymbol{w}_{\mathrm{p},m}^{\mathrm{T}}\boldsymbol{w}_{\mathrm{v},m}\\&\Rightarrow\boldsymbol{w}_{\mathrm{v},m}^{\mathrm{T}}\boldsymbol{u}_k+\dot{\delta}_{k,m}((x_{\mathrm{t},k}-x_{\mathrm{o},m})\cos\theta_{k,m}\cos\beta_{k,m}+(y_{\mathrm{t},k}-y_{\mathrm{o},m})\sin\theta_{k,m}\cos\beta_{k,m}\\&\quad+(z_{\mathrm{t},k}-z_{\mathrm{o},m})\sin\beta_{k,m})=\boldsymbol{w}_{\mathrm{p},m}^{\mathrm{T}}\boldsymbol{w}_{\mathrm{v},m}\\&\Rightarrow\boldsymbol{w}_{\mathrm{v},m}^{\mathrm{T}}\boldsymbol{u}_k+\dot{\delta}_{k,m}\cos\theta_{k,m}\cos\beta_{k,m}x_{\mathrm{t},k}+\dot{\delta}_{k,m}\sin\theta_{k,m}\cos\beta_{k,m}y_{\mathrm{t},k}+\dot{\delta}_{k,m}\sin\beta_{k,m}z_{\mathrm{t},k}\\&=\boldsymbol{w}_{\mathrm{p},m}^{\mathrm{T}}\boldsymbol{w}_{\mathrm{v},m}+x_{\mathrm{o},m}\dot{\delta}_{k,m}\cos\theta_{k,m}\cos\beta_{k,m}+y_{\mathrm{o},m}\dot{\delta}_{k,m}\sin\theta_{k,m}\cos\beta_{k,m}+z_{\mathrm{o},m}\dot{\delta}_{k,m}\sin\beta_{k,m}\\&\Rightarrow\boldsymbol{b}_{3m}^{\mathrm{T}}(\boldsymbol{z}_{k0},\boldsymbol{w})\boldsymbol{u}_k=a_{3m}(\boldsymbol{z}_{k0},\boldsymbol{w}),\quad 1\leqslant m\leqslant M;1\leqslant k\leqslant h\end{aligned}\tag{11.184}$$

式中

$$\begin{cases}\boldsymbol{b}_{3m}(\boldsymbol{z}_{k0},\boldsymbol{w})=\boldsymbol{w}_{\mathrm{v},m}+\dot{\delta}_{k,m}[\cos\theta_{k,m}\cos\beta_{k,m}\ \vdots\ \sin\theta_{k,m}\cos\beta_{k,m}\ \vdots\ \sin\beta_{k,m}]^{\mathrm{T}}\\a_{3m}(\boldsymbol{z}_{k0},\boldsymbol{w})=\boldsymbol{w}_{\mathrm{p},m}^{\mathrm{T}}\boldsymbol{w}_{\mathrm{v},m}+x_{\mathrm{o},m}\dot{\delta}_{k,m}\cos\theta_{k,m}\cos\beta_{k,m}\\\qquad\qquad+y_{\mathrm{o},m}\dot{\delta}_{k,m}\sin\theta_{k,m}\cos\beta_{k,m}+z_{\mathrm{o},m}\dot{\delta}_{k,m}\sin\beta_{k,m}\end{cases}\tag{11.185}$$

结合式(11.180)～式(11.185)可建立关于第 k 个目标源的伪线性观测方程：

$$\boldsymbol{a}(\boldsymbol{z}_{k0},\boldsymbol{w})=\boldsymbol{B}(\boldsymbol{z}_{k0},\boldsymbol{w})\boldsymbol{u}_k,\quad 1\leqslant k\leqslant h\tag{11.186}$$

式中

$$\begin{cases}\boldsymbol{a}(\boldsymbol{z}_{k0},\boldsymbol{w})=[\boldsymbol{a}_1^{\mathrm{T}}(\boldsymbol{z}_{k0},\boldsymbol{w})\quad\boldsymbol{a}_2^{\mathrm{T}}(\boldsymbol{z}_{k0},\boldsymbol{w})\quad\boldsymbol{a}_3^{\mathrm{T}}(\boldsymbol{z}_{k0},\boldsymbol{w})]^{\mathrm{T}}\\\boldsymbol{B}(\boldsymbol{z}_{k0},\boldsymbol{w})=[\boldsymbol{B}_1^{\mathrm{T}}(\boldsymbol{z}_{k0},\boldsymbol{w})\quad\boldsymbol{B}_2^{\mathrm{T}}(\boldsymbol{z}_{k0},\boldsymbol{w})\quad\boldsymbol{B}_3^{\mathrm{T}}(\boldsymbol{z}_{k0},\boldsymbol{w})]^{\mathrm{T}}\end{cases}\tag{11.187}$$

其中

$$\boldsymbol{B}_j(\boldsymbol{z}_{k0},\boldsymbol{w})=\begin{bmatrix}\boldsymbol{b}_{j1}^{\mathrm{T}}(\boldsymbol{z}_{k0},\boldsymbol{w})\\\boldsymbol{b}_{j2}^{\mathrm{T}}(\boldsymbol{z}_{k0},\boldsymbol{w})\\\vdots\\\boldsymbol{b}_{jM}^{\mathrm{T}}(\boldsymbol{z}_{k0},\boldsymbol{w})\end{bmatrix},\quad\boldsymbol{a}_j(\boldsymbol{z}_{k0},\boldsymbol{w})=\begin{bmatrix}a_{j1}(\boldsymbol{z}_{k0},\boldsymbol{w})\\a_{j2}(\boldsymbol{z}_{k0},\boldsymbol{w})\\\vdots\\a_{jM}(\boldsymbol{z}_{k0},\boldsymbol{w})\end{bmatrix},\quad 1\leqslant j\leqslant 3\tag{11.188}$$

为了进行多目标联合定位，需要将式(11.186)中给出的 h 个伪线性观测方程进行合并，从而得到如下具有更高维数的伪线性观测方程：

$$\tilde{\boldsymbol{a}}(\tilde{\boldsymbol{z}}_0,\boldsymbol{w})=\tilde{\boldsymbol{B}}(\tilde{\boldsymbol{z}}_0,\boldsymbol{w})\tilde{\boldsymbol{u}} \tag{11.189}$$

式中

$$\begin{cases}\tilde{\boldsymbol{a}}(\tilde{\boldsymbol{z}}_0,\boldsymbol{w})=[\boldsymbol{a}^{\mathrm{T}}(\boldsymbol{z}_{10},\boldsymbol{w}) \quad \boldsymbol{a}^{\mathrm{T}}(\boldsymbol{z}_{20},\boldsymbol{w}) \quad \cdots \quad \boldsymbol{a}^{\mathrm{T}}(\boldsymbol{z}_{h0},\boldsymbol{w})]^{\mathrm{T}} \\ \tilde{\boldsymbol{B}}(\tilde{\boldsymbol{z}}_0,\boldsymbol{w})=\mathrm{blkdiag}[\boldsymbol{B}(\boldsymbol{z}_{10},\boldsymbol{w}) \quad \boldsymbol{B}(\boldsymbol{z}_{20},\boldsymbol{w}) \quad \cdots \quad \boldsymbol{B}(\boldsymbol{z}_{h0},\boldsymbol{w})]\end{cases} \tag{11.190}$$

此外，这里还需要将式(11.176)中的每个非线性观测方程转化为伪线性观测方程。首先，式(11.176)中第一个观测方程的伪线性化过程如下：

$$\begin{aligned}&\theta_{\mathrm{c},k,m}=\arctan\frac{y_{\mathrm{c},k}-y_{\mathrm{o},m}}{x_{\mathrm{c},k}-x_{\mathrm{o},m}}\Rightarrow\frac{\sin\theta_{\mathrm{c},k,m}}{\cos\theta_{\mathrm{c},k,m}}=\frac{y_{\mathrm{c},k}-y_{\mathrm{o},m}}{x_{\mathrm{c},k}-x_{\mathrm{o},m}}\\&\Rightarrow\sin\theta_{\mathrm{c},k,m}x_{\mathrm{o},m}-\cos\theta_{\mathrm{c},k,m}y_{\mathrm{o},m}=x_{\mathrm{c},k}\sin\theta_{\mathrm{c},k,m}-y_{\mathrm{c},k}\cos\theta_{\mathrm{c},k,m}\\&\Rightarrow\boldsymbol{d}_{1m}^{\mathrm{T}}(\boldsymbol{r}_{k0},\boldsymbol{s}_k)\boldsymbol{w}_m=c_{1m}(\boldsymbol{r}_{k0},\boldsymbol{s}_k),\quad 1\leqslant m\leqslant M;1\leqslant k\leqslant d\end{aligned} \tag{11.191}$$

式中

$$\begin{cases}\boldsymbol{d}_{1m}(\boldsymbol{r}_{k0},\boldsymbol{s}_k)=[\sin\theta_{\mathrm{c},k,m} \ \vdots \ -\cos\theta_{\mathrm{c},k,m} \ \vdots \ \boldsymbol{O}_{1\times 4}]^{\mathrm{T}}\\ c_{1m}(\boldsymbol{r}_{k0},\boldsymbol{s}_k)=x_{\mathrm{c},k}\sin\theta_{\mathrm{c},k,m}-y_{\mathrm{c},k}\cos\theta_{\mathrm{c},k,m}\end{cases} \tag{11.192}$$

然后，式(11.176)中第二个观测方程的伪线性化过程如下：

$$\begin{aligned}&\beta_{\mathrm{c},k,m}=\arctan\frac{z_{\mathrm{c},k}-z_{\mathrm{o},m}}{(x_{\mathrm{c},k}-x_{\mathrm{o},m})\cos\theta_{\mathrm{c},k,m}+(y_{\mathrm{c},k}-y_{\mathrm{o},m})\sin\theta_{\mathrm{c},k,m}}\\&\Rightarrow\frac{\sin\beta_{\mathrm{c},k,m}}{\cos\beta_{\mathrm{c},k,m}}=\frac{z_{\mathrm{c},k}-z_{\mathrm{o},m}}{(x_{\mathrm{c},k}-x_{\mathrm{o},m})\cos\theta_{\mathrm{c},k,m}+(y_{\mathrm{c},k}-y_{\mathrm{o},m})\sin\theta_{\mathrm{c},k,m}}\\&\Rightarrow\cos\theta_{\mathrm{c},k,m}\sin\beta_{\mathrm{c},k,m}x_{\mathrm{o},m}+\sin\theta_{\mathrm{c},k,m}\sin\beta_{\mathrm{c},k,m}y_{\mathrm{o},m}-\cos\beta_{\mathrm{c},k,m}z_{\mathrm{o},m}\\&=x_{\mathrm{c},k}\cos\theta_{\mathrm{c},k,m}\sin\beta_{\mathrm{c},k,m}+y_{\mathrm{c},k}\sin\theta_{\mathrm{c},k,m}\sin\beta_{\mathrm{c},k,m}-z_{\mathrm{c},k}\cos\beta_{\mathrm{c},k,m}\\&\Rightarrow\boldsymbol{d}_{2m}^{\mathrm{T}}(\boldsymbol{r}_{k0},\boldsymbol{s}_k)\boldsymbol{w}_m=c_{2m}(\boldsymbol{r}_{k0},\boldsymbol{s}_k),\quad 1\leqslant m\leqslant M;1\leqslant k\leqslant d\end{aligned} \tag{11.193}$$

式中

$$\begin{cases}\boldsymbol{d}_{2m}(\boldsymbol{r}_{k0},\boldsymbol{s}_k)=[\cos\theta_{\mathrm{c},k,m}\sin\beta_{\mathrm{c},k,m} \ \vdots \ \sin\theta_{\mathrm{c},k,m}\sin\beta_{\mathrm{c},k,m} \ \vdots \ -\cos\beta_{\mathrm{c},k,m} \ \vdots \ \boldsymbol{O}_{1\times 3}]^{\mathrm{T}}\\ c_{2m}(\boldsymbol{r}_{k0},\boldsymbol{s}_k)=x_{\mathrm{c},k}\cos\theta_{\mathrm{c},k,m}\sin\beta_{\mathrm{c},k,m}+y_{\mathrm{c},k}\sin\theta_{\mathrm{c},k,m}\sin\beta_{\mathrm{c},k,m}-z_{\mathrm{c},k}\cos\beta_{\mathrm{c},k,m}\end{cases} \tag{11.194}$$

最后，式(11.176)中第三个观测方程的伪线性化过程如下：

$$\begin{aligned}&\dot{\delta}_{\mathrm{c},k,m}=\frac{(\boldsymbol{w}_{\mathrm{p},m}-\boldsymbol{s}_k)^{\mathrm{T}}\boldsymbol{w}_{\mathrm{v},m}}{\|\boldsymbol{s}_k-\boldsymbol{w}_{\mathrm{p},m}\|_2}\\&\Rightarrow\cos\theta_{\mathrm{c},k,m}\cos\beta_{\mathrm{c},k,m}\dot{x}_{\mathrm{o},m}+\sin\theta_{\mathrm{c},k,m}\cos\beta_{\mathrm{c},k,m}\dot{y}_{\mathrm{o},m}+\sin\beta_{\mathrm{c},k,m}\dot{z}_{\mathrm{o},m}=-\dot{\delta}_{\mathrm{c},k,m}\\&\Rightarrow\boldsymbol{d}_{3m}^{\mathrm{T}}(\boldsymbol{r}_{k0},\boldsymbol{s}_k)\boldsymbol{w}_m=c_{3m}(\boldsymbol{r}_{k0},\boldsymbol{s}_k),\quad 1\leqslant m\leqslant M;1\leqslant k\leqslant d\end{aligned} \tag{11.195}$$

式中

$$\begin{cases}\boldsymbol{d}_{3m}(\boldsymbol{r}_{k0},\boldsymbol{s}_k)=[\boldsymbol{O}_{1\times 3} \ \vdots \ \cos\theta_{\mathrm{c},k,m}\cos\beta_{\mathrm{c},k,m} \ \vdots \ \sin\theta_{\mathrm{c},k,m}\cos\beta_{\mathrm{c},k,m} \ \vdots \ \sin\beta_{\mathrm{c},k,m}]^{\mathrm{T}}\\ c_{3m}(\boldsymbol{r}_{k0},\boldsymbol{s}_k)=-\dot{\delta}_{\mathrm{c},k,m}\end{cases} \tag{11.196}$$

结合式(11.191)～式(11.196)可建立如下伪线性观测方程：

$$\boldsymbol{c}(\boldsymbol{r}_{k0},\boldsymbol{s}_k)=\boldsymbol{D}(\boldsymbol{r}_{k0},\boldsymbol{s}_k)\boldsymbol{w},\quad 1\leqslant k\leqslant d \tag{11.197}$$

式中

$$\begin{cases}\boldsymbol{c}(\boldsymbol{r}_{k0},\boldsymbol{s}_k)=[\boldsymbol{c}_1^{\mathrm{T}}(\boldsymbol{r}_{k0},\boldsymbol{s}_k) \quad \boldsymbol{c}_2^{\mathrm{T}}(\boldsymbol{r}_{k0},\boldsymbol{s}_k) \quad \boldsymbol{c}_3^{\mathrm{T}}(\boldsymbol{r}_{k0},\boldsymbol{s}_k)]^{\mathrm{T}}\\ \boldsymbol{D}(\boldsymbol{r}_{k0},\boldsymbol{s}_k)=[\boldsymbol{D}_1^{\mathrm{T}}(\boldsymbol{r}_{k0},\boldsymbol{s}_k) \quad \boldsymbol{D}_2^{\mathrm{T}}(\boldsymbol{r}_{k0},\boldsymbol{s}_k) \quad \boldsymbol{D}_3^{\mathrm{T}}(\boldsymbol{r}_{k0},\boldsymbol{s}_k)]^{\mathrm{T}}\end{cases} \tag{11.198}$$

其中

$$\begin{cases}\boldsymbol{D}_j(\boldsymbol{r}_{k0},\boldsymbol{s}_k)=\mathrm{blkdiag}[\boldsymbol{d}_{j1}^{\mathrm{T}}(\boldsymbol{r}_{k0},\boldsymbol{s}_k)\quad \boldsymbol{d}_{j2}^{\mathrm{T}}(\boldsymbol{r}_{k0},\boldsymbol{s}_k)\quad \cdots \quad \boldsymbol{d}_{jM}^{\mathrm{T}}(\boldsymbol{r}_{k0},\boldsymbol{s}_k)] \\ \boldsymbol{c}_j(\boldsymbol{r}_{k0},\boldsymbol{s}_k)=[c_{j1}(\boldsymbol{r}_{k0},\boldsymbol{s}_k)\quad c_{j2}(\boldsymbol{r}_{k0},\boldsymbol{s}_k)\quad \cdots \quad c_{jM}(\boldsymbol{r}_{k0},\boldsymbol{s}_k)]^{\mathrm{T}}\end{cases},\quad 1\leqslant j\leqslant 3 \tag{11.199}$$

若将上述 d 个伪线性观测方程进行合并,则可建立如下具有更高维数的伪线性观测方程:

$$\bar{\boldsymbol{c}}(\boldsymbol{r}_0,\boldsymbol{s})=\bar{\boldsymbol{D}}(\boldsymbol{r}_0,\boldsymbol{s})\boldsymbol{w} \tag{11.200}$$

式中

$$\begin{cases}\bar{\boldsymbol{c}}(\boldsymbol{r}_0,\boldsymbol{s})=[\boldsymbol{c}^{\mathrm{T}}(\boldsymbol{r}_{10},\boldsymbol{s}_1)\quad \boldsymbol{c}^{\mathrm{T}}(\boldsymbol{r}_{20},\boldsymbol{s}_2)\quad \cdots \quad \boldsymbol{c}^{\mathrm{T}}(\boldsymbol{r}_{d0},\boldsymbol{s}_d)]^{\mathrm{T}} \\ \bar{\boldsymbol{D}}(\boldsymbol{r}_0,\boldsymbol{s})=[\boldsymbol{D}^{\mathrm{T}}(\boldsymbol{r}_{10},\boldsymbol{s}_1)\quad \boldsymbol{D}^{\mathrm{T}}(\boldsymbol{r}_{20},\boldsymbol{s}_2)\quad \cdots \quad \boldsymbol{D}^{\mathrm{T}}(\boldsymbol{r}_{d0},\boldsymbol{s}_d)]^{\mathrm{T}} \\ \boldsymbol{r}_0=[\boldsymbol{r}_{10}^{\mathrm{T}}\quad \boldsymbol{r}_{20}^{\mathrm{T}}\quad \cdots \quad \boldsymbol{r}_{d0}^{\mathrm{T}}]^{\mathrm{T}},\quad \boldsymbol{s}=[\boldsymbol{s}_1^{\mathrm{T}}\quad \boldsymbol{s}_2^{\mathrm{T}}\quad \cdots \quad \boldsymbol{s}_d^{\mathrm{T}}]^{\mathrm{T}}\end{cases} \tag{11.201}$$

另外,为了利用本章的方法进行目标定位,还需要推导矩阵 $\{\boldsymbol{X}_j\}_{0\leqslant j\leqslant 3Md+6M+3d}$,$\{\boldsymbol{Y}_j\}_{0\leqslant j\leqslant 3Mh+6M}$ 和 $\{\boldsymbol{Z}_j\}_{0\leqslant j\leqslant 3M(d+h)+6M+3d}$ 的表达式,而它们中的元素也可以从矩阵 $\boldsymbol{T}_1(\boldsymbol{z}_{k0},\boldsymbol{w},\boldsymbol{u}_k)$,$\boldsymbol{T}_2(\boldsymbol{z}_{k0},\boldsymbol{w},\boldsymbol{u}_k)$,$\boldsymbol{H}(\boldsymbol{r}_{k0},\boldsymbol{s}_k,\boldsymbol{w})$ 和 $\boldsymbol{U}(\boldsymbol{r}_{k0},\boldsymbol{s}_k,\boldsymbol{w})$ 中获得。根据前面的讨论可推得

$$\begin{cases}\boldsymbol{T}_1(\boldsymbol{z}_{k0},\boldsymbol{w},\boldsymbol{u}_k)=\boldsymbol{A}_1(\boldsymbol{z}_{k0},\boldsymbol{w})-[\boldsymbol{B}_{\theta_{k,1}}(\boldsymbol{z}_{k0},\boldsymbol{w})\boldsymbol{u}_k\quad \cdots \quad \boldsymbol{B}_{\theta_{k,M}}(\boldsymbol{z}_{k0},\boldsymbol{w})\boldsymbol{u}_k \mid \boldsymbol{B}_{\beta_{k,1}}(\boldsymbol{z}_{k0},\boldsymbol{w})\boldsymbol{u}_k\quad \cdots \quad \boldsymbol{B}_{\beta_{k,M}}(\boldsymbol{z}_{k0},\boldsymbol{w})\boldsymbol{u}_k \mid \\ \qquad \mid \boldsymbol{B}_{\dot{\delta}_{k,1}}(\boldsymbol{z}_{k0},\boldsymbol{w})\boldsymbol{u}_k\quad \cdots \quad \boldsymbol{B}_{\dot{\delta}_{k,M}}(\boldsymbol{z}_{k0},\boldsymbol{w})\boldsymbol{u}_k] \\ \boldsymbol{T}_2(\boldsymbol{z}_{k0},\boldsymbol{w},\boldsymbol{u}_k)=\boldsymbol{A}_2(\boldsymbol{z}_{k0},\boldsymbol{w}) \\ \qquad -[\boldsymbol{B}_{x_{o,1}}(\boldsymbol{z}_{k0},\boldsymbol{w})\boldsymbol{u}_k\quad \boldsymbol{B}_{y_{o,1}}(\boldsymbol{z}_{k0},\boldsymbol{w})\boldsymbol{u}_k\quad \boldsymbol{B}_{z_{o,1}}(\boldsymbol{z}_{k0},\boldsymbol{w})\boldsymbol{u}_k\quad \boldsymbol{B}_{x_{o,1}}(\boldsymbol{z}_{k0},\boldsymbol{w})\boldsymbol{u}_k\quad \boldsymbol{B}_{y_{o,1}}(\boldsymbol{z}_{k0},\boldsymbol{w})\boldsymbol{u}_k\quad \boldsymbol{B}_{\dot{z}_{o,1}}(\boldsymbol{z}_{k0},\boldsymbol{w})\boldsymbol{u}_k \mid \cdots \\ \qquad \mid \boldsymbol{B}_{x_{o,M}}(\boldsymbol{z}_{k0},\boldsymbol{w})\boldsymbol{u}_k\ \boldsymbol{B}_{y_{o,M}}(\boldsymbol{z}_{k0},\boldsymbol{w})\boldsymbol{u}_k\quad \boldsymbol{B}_{z_{o,M}}(\boldsymbol{z}_{k0},\boldsymbol{w})\boldsymbol{u}_k\quad \boldsymbol{B}_{x_{o,M}}(\boldsymbol{z}_{k0},\boldsymbol{w})\boldsymbol{u}_k\quad \boldsymbol{B}_{y_{o,M}}(\boldsymbol{z}_{k0},\boldsymbol{w})\boldsymbol{u}_k\quad \boldsymbol{B}_{z_{o,M}}(\boldsymbol{z}_{k0},\boldsymbol{w})\boldsymbol{u}_k] \\ \boldsymbol{H}(\boldsymbol{r}_{k0},\boldsymbol{s}_k,\boldsymbol{w})=\boldsymbol{C}(\boldsymbol{r}_{k0},\boldsymbol{s}_k)-[\boldsymbol{D}_{\theta_{c,k,1}}(\boldsymbol{r}_{k0},\boldsymbol{s}_k)\boldsymbol{w}\quad \cdots \quad \boldsymbol{D}_{\theta_{c,k,M}}(\boldsymbol{r}_{k0},\boldsymbol{s}_k)\boldsymbol{w} \mid \boldsymbol{D}_{\beta_{c,k,1}}(\boldsymbol{r}_{k0},\boldsymbol{s}_k)\boldsymbol{w}\quad \cdots \quad \boldsymbol{D}_{\beta_{c,k,M}}(\boldsymbol{r}_{k0},\boldsymbol{s}_k)\boldsymbol{w} \mid \\ \qquad \mid \boldsymbol{D}_{\dot{\delta}_{c,k,1}}(\boldsymbol{r}_{k0},\boldsymbol{s}_k)\boldsymbol{w}\quad \cdots \quad \boldsymbol{D}_{\dot{\delta}_{c,k,M}}(\boldsymbol{r}_{k0},\boldsymbol{s}_k)\boldsymbol{w}] \\ \boldsymbol{U}(\boldsymbol{r}_{k0},\boldsymbol{s}_k,\boldsymbol{w})=\boldsymbol{E}(\boldsymbol{r}_{k0},\boldsymbol{s}_k)-[\boldsymbol{D}_{x_{c,k}}(\boldsymbol{r}_{k0},\boldsymbol{s}_k)\boldsymbol{w}\quad \boldsymbol{D}_{y_{c,k}}(\boldsymbol{r}_{k0},\boldsymbol{s}_k)\boldsymbol{w}\quad \boldsymbol{D}_{z_{c,k}}(\boldsymbol{r}_{k0},\boldsymbol{s}_k)\boldsymbol{w}]\end{cases} \tag{11.202}$$

式中

$$\begin{cases}\boldsymbol{A}_1(\boldsymbol{z}_{k0},\boldsymbol{w})=\dfrac{\partial \boldsymbol{a}(\boldsymbol{z}_{k0},\boldsymbol{w})}{\partial \boldsymbol{z}_{k0}^{\mathrm{T}}}=\left[\left(\dfrac{\partial \boldsymbol{a}_1(\boldsymbol{z}_{k0},\boldsymbol{w})}{\partial \boldsymbol{z}_{k0}^{\mathrm{T}}}\right)^{\mathrm{T}}\quad \left(\dfrac{\partial \boldsymbol{a}_2(\boldsymbol{z}_{k0},\boldsymbol{w})}{\partial \boldsymbol{z}_{k0}^{\mathrm{T}}}\right)^{\mathrm{T}}\quad \left(\dfrac{\partial \boldsymbol{a}_3(\boldsymbol{z}_{k0},\boldsymbol{w})}{\partial \boldsymbol{z}_{k0}^{\mathrm{T}}}\right)^{\mathrm{T}}\right]^{\mathrm{T}} \\ \boldsymbol{A}_2(\boldsymbol{z}_{k0},\boldsymbol{w})=\dfrac{\partial \boldsymbol{a}(\boldsymbol{z}_{k0},\boldsymbol{w})}{\partial \boldsymbol{w}^{\mathrm{T}}}=\left[\left(\dfrac{\partial \boldsymbol{a}_1(\boldsymbol{z}_{k0},\boldsymbol{w})}{\partial \boldsymbol{w}^{\mathrm{T}}}\right)^{\mathrm{T}}\quad \left(\dfrac{\partial \boldsymbol{a}_2(\boldsymbol{z}_{k0},\boldsymbol{w})}{\partial \boldsymbol{w}^{\mathrm{T}}}\right)^{\mathrm{T}}\quad \left(\dfrac{\partial \boldsymbol{a}_3(\boldsymbol{z}_{k0},\boldsymbol{w})}{\partial \boldsymbol{w}^{\mathrm{T}}}\right)^{\mathrm{T}}\right]^{\mathrm{T}}\end{cases} \tag{11.203}$$

$$\begin{cases}\dot{\boldsymbol{B}}_{\theta_{k,m}}(\boldsymbol{z}_{k0},\boldsymbol{w})=\dfrac{\partial \boldsymbol{B}(\boldsymbol{z}_{k0},\boldsymbol{w})}{\partial \theta_{k,m}}=\left[\left(\dfrac{\partial \boldsymbol{B}_1(\boldsymbol{z}_{k0},\boldsymbol{w})}{\partial \theta_{k,m}}\right)^{\mathrm{T}}\quad \left(\dfrac{\partial \boldsymbol{B}_2(\boldsymbol{z}_{k0},\boldsymbol{w})}{\partial \theta_{k,m}}\right)^{\mathrm{T}}\quad \left(\dfrac{\partial \boldsymbol{B}_3(\boldsymbol{z}_{k0},\boldsymbol{w})}{\partial \theta_{k,m}}\right)^{\mathrm{T}}\right]^{\mathrm{T}} \\ \dot{\boldsymbol{B}}_{\beta_{k,m}}(\boldsymbol{z}_{k0},\boldsymbol{w})=\dfrac{\partial \boldsymbol{B}(\boldsymbol{z}_{k0},\boldsymbol{w})}{\partial \beta_{k,m}}=\left[\left(\dfrac{\partial \boldsymbol{B}_1(\boldsymbol{z}_{k0},\boldsymbol{w})}{\partial \beta_{k,m}}\right)^{\mathrm{T}}\quad \left(\dfrac{\partial \boldsymbol{B}_2(\boldsymbol{z}_{k0},\boldsymbol{w})}{\partial \beta_{k,m}}\right)^{\mathrm{T}}\quad \left(\dfrac{\partial \boldsymbol{B}_3(\boldsymbol{z}_{k0},\boldsymbol{w})}{\partial \beta_{k,m}}\right)^{\mathrm{T}}\right]^{\mathrm{T}} \\ \dot{\boldsymbol{B}}_{\dot{\delta}_{k,m}}(\boldsymbol{z}_{k0},\boldsymbol{w})=\dfrac{\partial \boldsymbol{B}(\boldsymbol{z}_{k0},\boldsymbol{w})}{\partial \dot{\delta}_{k,m}}=\left[\left(\dfrac{\partial \boldsymbol{B}_1(\boldsymbol{z}_{k0},\boldsymbol{w})}{\partial \dot{\delta}_{k,m}}\right)^{\mathrm{T}}\quad \left(\dfrac{\partial \boldsymbol{B}_2(\boldsymbol{z}_{k0},\boldsymbol{w})}{\partial \dot{\delta}_{k,m}}\right)^{\mathrm{T}}\quad \left(\dfrac{\partial \boldsymbol{B}_3(\boldsymbol{z}_{k0},\boldsymbol{w})}{\partial \dot{\delta}_{k,m}}\right)^{\mathrm{T}}\right]^{\mathrm{T}}\end{cases} \tag{11.204}$$

$$\begin{cases}\dot{\boldsymbol{B}}_{x_{o,m}}(\boldsymbol{z}_{k0},\boldsymbol{w})=\dfrac{\partial\boldsymbol{B}(\boldsymbol{z}_{k0},\boldsymbol{w})}{\partial x_{o,m}}=\left[\left(\dfrac{\partial\boldsymbol{B}_1(\boldsymbol{z}_{k0},\boldsymbol{w})}{\partial x_{o,m}}\right)^{\mathrm{T}}\quad\left(\dfrac{\partial\boldsymbol{B}_2(\boldsymbol{z}_{k0},\boldsymbol{w})}{\partial x_{o,m}}\right)^{\mathrm{T}}\quad\left(\dfrac{\partial\boldsymbol{B}_3(\boldsymbol{z}_{k0},\boldsymbol{w})}{\partial x_{o,m}}\right)^{\mathrm{T}}\right]^{\mathrm{T}}\\ \dot{\boldsymbol{B}}_{y_{o,m}}(\boldsymbol{z}_{k0},\boldsymbol{w})=\dfrac{\partial\boldsymbol{B}(\boldsymbol{z}_{k0},\boldsymbol{w})}{\partial y_{o,m}}=\left[\left(\dfrac{\partial\boldsymbol{B}_1(\boldsymbol{z}_{k0},\boldsymbol{w})}{\partial y_{o,m}}\right)^{\mathrm{T}}\quad\left(\dfrac{\partial\boldsymbol{B}_2(\boldsymbol{z}_{k0},\boldsymbol{w})}{\partial y_{o,m}}\right)^{\mathrm{T}}\quad\left(\dfrac{\partial\boldsymbol{B}_3(\boldsymbol{z}_{k0},\boldsymbol{w})}{\partial y_{o,m}}\right)^{\mathrm{T}}\right]^{\mathrm{T}}\\ \dot{\boldsymbol{B}}_{z_{o,m}}(\boldsymbol{z}_{k0},\boldsymbol{w})=\dfrac{\partial\boldsymbol{B}(\boldsymbol{z}_{k0},\boldsymbol{w})}{\partial z_{o,m}}=\left[\left(\dfrac{\partial\boldsymbol{B}_1(\boldsymbol{z}_{k0},\boldsymbol{w})}{\partial z_{o,m}}\right)^{\mathrm{T}}\quad\left(\dfrac{\partial\boldsymbol{B}_2(\boldsymbol{z}_{k0},\boldsymbol{w})}{\partial z_{o,m}}\right)^{\mathrm{T}}\quad\left(\dfrac{\partial\boldsymbol{B}_3(\boldsymbol{z}_{k0},\boldsymbol{w})}{\partial z_{o,m}}\right)^{\mathrm{T}}\right]^{\mathrm{T}}\\ \dot{\boldsymbol{B}}_{\dot{x}_{o,m}}(\boldsymbol{z}_{k0},\boldsymbol{w})=\dfrac{\partial\boldsymbol{B}(\boldsymbol{z}_{k0},\boldsymbol{w})}{\partial\dot{x}_{o,m}}=\left[\left(\dfrac{\partial\boldsymbol{B}_1(\boldsymbol{z}_{k0},\boldsymbol{w})}{\partial\dot{x}_{o,m}}\right)^{\mathrm{T}}\quad\left(\dfrac{\partial\boldsymbol{B}_2(\boldsymbol{z}_{k0},\boldsymbol{w})}{\partial\dot{x}_{o,m}}\right)^{\mathrm{T}}\quad\left(\dfrac{\partial\boldsymbol{B}_3(\boldsymbol{z}_{k0},\boldsymbol{w})}{\partial\dot{x}_{o,m}}\right)^{\mathrm{T}}\right]^{\mathrm{T}}\\ \dot{\boldsymbol{B}}_{\dot{y}_{o,m}}(\boldsymbol{z}_{k0},\boldsymbol{w})=\dfrac{\partial\boldsymbol{B}(\boldsymbol{z}_{k0},\boldsymbol{w})}{\partial\dot{y}_{o,m}}=\left[\left(\dfrac{\partial\boldsymbol{B}_1(\boldsymbol{z}_{k0},\boldsymbol{w})}{\partial\dot{y}_{o,m}}\right)^{\mathrm{T}}\quad\left(\dfrac{\partial\boldsymbol{B}_2(\boldsymbol{z}_{k0},\boldsymbol{w})}{\partial\dot{y}_{o,m}}\right)^{\mathrm{T}}\quad\left(\dfrac{\partial\boldsymbol{B}_3(\boldsymbol{z}_{k0},\boldsymbol{w})}{\partial\dot{y}_{o,m}}\right)^{\mathrm{T}}\right]^{\mathrm{T}}\\ \dot{\boldsymbol{B}}_{\dot{z}_{o,m}}(\boldsymbol{z}_{k0},\boldsymbol{w})=\dfrac{\partial\boldsymbol{B}(\boldsymbol{z}_{k0},\boldsymbol{w})}{\partial\dot{z}_{o,m}}=\left[\left(\dfrac{\partial\boldsymbol{B}_1(\boldsymbol{z}_{k0},\boldsymbol{w})}{\partial\dot{z}_{o,m}}\right)^{\mathrm{T}}\quad\left(\dfrac{\partial\boldsymbol{B}_2(\boldsymbol{z}_{k0},\boldsymbol{w})}{\partial\dot{z}_{o,m}}\right)^{\mathrm{T}}\quad\left(\dfrac{\partial\boldsymbol{B}_3(\boldsymbol{z}_{k0},\boldsymbol{w})}{\partial\dot{z}_{o,m}}\right)^{\mathrm{T}}\right]^{\mathrm{T}}\end{cases}\tag{11.205}$$

$$\begin{cases}\boldsymbol{C}(\boldsymbol{r}_{k0},\boldsymbol{s}_k)=\left[\left(\dfrac{\partial\boldsymbol{c}_1(\boldsymbol{r}_{k0},\boldsymbol{s}_k)}{\partial\boldsymbol{r}_{k0}^{\mathrm{T}}}\right)^{\mathrm{T}}\quad\left(\dfrac{\partial\boldsymbol{c}_2(\boldsymbol{r}_{k0},\boldsymbol{s}_k)}{\partial\boldsymbol{r}_{k0}^{\mathrm{T}}}\right)^{\mathrm{T}}\quad\left(\dfrac{\partial\boldsymbol{c}_3(\boldsymbol{r}_{k0},\boldsymbol{s}_k)}{\partial\boldsymbol{r}_{k0}^{\mathrm{T}}}\right)^{\mathrm{T}}\right]^{\mathrm{T}}\\ \boldsymbol{E}(\boldsymbol{r}_{k0},\boldsymbol{s}_k)=\left[\left(\dfrac{\partial\boldsymbol{c}_1(\boldsymbol{r}_{k0},\boldsymbol{s}_k)}{\partial\boldsymbol{s}_k^{\mathrm{T}}}\right)^{\mathrm{T}}\quad\left(\dfrac{\partial\boldsymbol{c}_2(\boldsymbol{r}_{k0},\boldsymbol{s}_k)}{\partial\boldsymbol{s}_k^{\mathrm{T}}}\right)^{\mathrm{T}}\quad\left(\dfrac{\partial\boldsymbol{c}_3(\boldsymbol{r}_{k0},\boldsymbol{s}_k)}{\partial\boldsymbol{s}_k^{\mathrm{T}}}\right)^{\mathrm{T}}\right]^{\mathrm{T}}\end{cases}\tag{11.206}$$

$$\begin{cases}\dot{\boldsymbol{D}}_{\theta_{c,k,m}}(\boldsymbol{r}_{k0},\boldsymbol{s}_k)=\dfrac{\partial\boldsymbol{D}(\boldsymbol{r}_{k0},\boldsymbol{s}_k)}{\partial\theta_{c,k,m}}=\left[\left(\dfrac{\partial\boldsymbol{D}_1(\boldsymbol{r}_{k0},\boldsymbol{s}_k)}{\partial\theta_{c,k,m}}\right)^{\mathrm{T}}\quad\left(\dfrac{\partial\boldsymbol{D}_2(\boldsymbol{r}_{k0},\boldsymbol{s}_k)}{\partial\theta_{c,k,m}}\right)^{\mathrm{T}}\quad\left(\dfrac{\partial\boldsymbol{D}_3(\boldsymbol{r}_{k0},\boldsymbol{s}_k)}{\partial\theta_{c,k,m}}\right)^{\mathrm{T}}\right]^{\mathrm{T}}\\ \dot{\boldsymbol{D}}_{\beta_{c,k,m}}(\boldsymbol{r}_{k0},\boldsymbol{s}_k)=\dfrac{\partial\boldsymbol{D}(\boldsymbol{r}_{k0},\boldsymbol{s}_k)}{\partial\beta_{c,k,m}}=\left[\left(\dfrac{\partial\boldsymbol{D}_1(\boldsymbol{r}_{k0},\boldsymbol{s}_k)}{\partial\beta_{c,k,m}}\right)^{\mathrm{T}}\quad\left(\dfrac{\partial\boldsymbol{D}_2(\boldsymbol{r}_{k0},\boldsymbol{s}_k)}{\partial\beta_{c,k,m}}\right)^{\mathrm{T}}\quad\left(\dfrac{\partial\boldsymbol{D}_3(\boldsymbol{r}_{k0},\boldsymbol{s}_k)}{\partial\beta_{c,k,m}}\right)^{\mathrm{T}}\right]^{\mathrm{T}}\\ \dot{\boldsymbol{D}}_{\dot{\delta}_{c,k,m}}(\boldsymbol{r}_{k0},\boldsymbol{s}_k)=\dfrac{\partial\boldsymbol{D}(\boldsymbol{r}_{k0},\boldsymbol{s}_k)}{\partial\dot{\delta}_{c,k,m}}=\left[\left(\dfrac{\partial\boldsymbol{D}_1(\boldsymbol{r}_{k0},\boldsymbol{s}_k)}{\partial\dot{\delta}_{c,k,m}}\right)^{\mathrm{T}}\quad\left(\dfrac{\partial\boldsymbol{D}_2(\boldsymbol{r}_{k0},\boldsymbol{s}_k)}{\partial\dot{\delta}_{c,k,m}}\right)^{\mathrm{T}}\quad\left(\dfrac{\partial\boldsymbol{D}_3(\boldsymbol{r}_{k0},\boldsymbol{s}_k)}{\partial\dot{\delta}_{c,k,m}}\right)^{\mathrm{T}}\right]^{\mathrm{T}}\end{cases}\tag{11.207}$$

$$\begin{cases}\dot{\boldsymbol{D}}_{x_{c,k}}(\boldsymbol{r}_{k0},\boldsymbol{s}_k)=\dfrac{\partial\boldsymbol{D}(\boldsymbol{r}_{k0},\boldsymbol{s}_k)}{\partial x_{c,k}}=\left[\left(\dfrac{\partial\boldsymbol{D}_1(\boldsymbol{r}_{k0},\boldsymbol{s}_k)}{\partial x_{c,k}}\right)^{\mathrm{T}}\quad\left(\dfrac{\partial\boldsymbol{D}_2(\boldsymbol{r}_{k0},\boldsymbol{s}_k)}{\partial x_{c,k}}\right)^{\mathrm{T}}\quad\left(\dfrac{\partial\boldsymbol{D}_3(\boldsymbol{r}_{k0},\boldsymbol{s}_k)}{\partial x_{c,k}}\right)^{\mathrm{T}}\right]^{\mathrm{T}}\\ \dot{\boldsymbol{D}}_{y_{c,k}}(\boldsymbol{r}_{k0},\boldsymbol{s}_k)=\dfrac{\partial\boldsymbol{D}(\boldsymbol{r}_{k0},\boldsymbol{s}_k)}{\partial y_{c,k}}=\left[\left(\dfrac{\partial\boldsymbol{D}_1(\boldsymbol{r}_{k0},\boldsymbol{s}_k)}{\partial y_{c,k}}\right)^{\mathrm{T}}\quad\left(\dfrac{\partial\boldsymbol{D}_2(\boldsymbol{r}_{k0},\boldsymbol{s}_k)}{\partial y_{c,k}}\right)^{\mathrm{T}}\quad\left(\dfrac{\partial\boldsymbol{D}_3(\boldsymbol{r}_{k0},\boldsymbol{s}_k)}{\partial y_{c,k}}\right)^{\mathrm{T}}\right]^{\mathrm{T}}\\ \dot{\boldsymbol{D}}_{z_{c,k}}(\boldsymbol{r}_{k0},\boldsymbol{s}_k)=\dfrac{\partial\boldsymbol{D}(\boldsymbol{r}_{k0},\boldsymbol{s}_k)}{\partial z_{c,k}}=\left[\left(\dfrac{\partial\boldsymbol{D}_1(\boldsymbol{r}_{k0},\boldsymbol{s}_k)}{\partial z_{c,k}}\right)^{\mathrm{T}}\quad\left(\dfrac{\partial\boldsymbol{D}_2(\boldsymbol{r}_{k0},\boldsymbol{s}_k)}{\partial z_{c,k}}\right)^{\mathrm{T}}\quad\left(\dfrac{\partial\boldsymbol{D}_3(\boldsymbol{r}_{k0},\boldsymbol{s}_k)}{\partial z_{c,k}}\right)^{\mathrm{T}}\right]^{\mathrm{T}}\end{cases}\tag{11.208}$$

式(11.203)～式(11.208)中各个子矩阵的表达式可见附录 I。

下面将针对具体的参数给出相应的数值实验结果。

11.5.2 定位算例的数值实验

1. 数值实验 1

假设共有五个观测站可以接收到三个目标源信号并对目标进行定位，相应的三维位置坐标和瞬时速度的数值见表 11.1，其中的测量误差服从独立的零均值高斯分布。三个目标的三维位置坐标分别设置为(6600m，5500m，3000m)(目标 1)，(7800m，6700m，3500m)(目标 2)和(9500m，7200m，4000m)(目标 3)，目标源信号 AOA/FOA 参数的观测误差服从零均值高斯分布。此外,在目标源附近放置两个校正源,校正源的三维位置坐标分别为(7000m,5000m,3200m)和(8000m,6000m,3800m),校正源三维位置坐标的测量误差服从独立的零均值高斯分布,校正源信号 AOA/FOA 参数的观测误差与目标源信号 AOA/FOA 参数的观测误差服从相同的概率分布。下面的数值实验将给出本章的两类校正源位置误差条件下的结构总体最小二乘(多)目标联合定位方法(图中用 RJ-Stls 表示)的参数估计均方根误差,并将其与校正源位置误差条件下多目标联合定位的各种克拉美罗界(图中用 RJ-CRB 表示)进行比较,其目的在于说明这两类定位方法的参数估计性能。

首先,将观测站位置和速度测量误差标准差分别固定为 $\sigma_{\text{位置}}=10\text{m}$ 和 $\sigma_{\text{速度}}=0.1\text{m/s}$,将校正源位置测量误差标准差固定为 $\sigma_{\text{校正源位置}}=15\text{m}$,而将 AOA/FOA 参数的观测误差标准差分别设置为 $\sigma_{\text{角度}}=0.0001\delta_1\text{rad}$ 和 $\sigma_{\text{距离变化率}}=0.001\delta_1\text{m/s}$,这里将 δ_1 称为观测量扰动参数(其数值会从 1 到 20 发生变化)。图 11.1 给出了两类结构总体最小二乘(多)目标联合定位方法的(多)目标位置估计均方根误差随着观测量扰动参数 δ_1 的变化曲线,图 11.2和图 11.3 分别给出了两类结构总体最小二乘(多)目标联合定位方法的观测站位置和速度估计均方根误差随着观测量扰动参数 δ_1 的变化曲线,图中的观测站位置和速度先验估计均方根误差是根据方差矩阵 $\boldsymbol{Q}_2$ 计算获得,图 11.4 给出了两类结构总体最小二乘(多)目标联合定位方法的校正源位置估计均方根误差随着观测量扰动参数 δ_1 的变化曲线,图中的校正源位置先验估计均方根误差是根据方差矩阵 $\boldsymbol{Q}_4$ 计算获得(即 $\sqrt{\text{tr}(\boldsymbol{Q}_4)}$)。

然后,将 AOA/FOA 参数的观测误差标准差分别固定为 $\sigma_{\text{角度}}=0.0005\text{rad}$ 和 $\sigma_{\text{距离变化率}}=0.005\text{m/s}$,将校正源位置测量误差标准差固定为 $\sigma_{\text{校正源位置}}=15\text{m}$,而将观测站位置和速度测量误差标准差分别设置为 $\sigma_{\text{位置}}=0.5\delta_2\text{m}$ 和 $\sigma_{\text{速度}}=0.005\delta_2\text{m/s}$,这里将 δ_2 称为系统参量扰动参数(其数值会从 1 到 20 发生变化)。图 11.5 给出了两类结构总体最小二乘(多)目标联合定位方法的(多)目标位置估计均方根误差随着系统参量扰动参数 δ_2 的变化曲线,图 11.6 和图 11.7 分别给出了两类结构总体最小二乘(多)目标联合定位方法的观测站位置和速度估计均方根误差随着系统参量扰动参数 δ_2 的变化曲线,图中的观测站位置和速度先验估计均方根误差根据方差矩阵 $\boldsymbol{Q}_2$ 计算获得,图 11.8 给出了两类结构总体最小二乘(多)目标联合定位方法的校正源位置估计均方根误差随着系统参量扰动参数 δ_2 的变化曲线,图中的校正源位置先验估计均方根误差根据方差矩阵 $\boldsymbol{Q}_4$ 计算获得(即 $\sqrt{\text{tr}(\boldsymbol{Q}_4)}$)。

最后,将 AOA/FOA 参数的观测误差标准差分别固定为 $\sigma_{\text{角度}}=0.0003\text{rad}$ 和 $\sigma_{\text{距离变化率}}=0.003\text{m/s}$,将观测站位置和速度测量误差标准差分别固定为 $\sigma_{\text{位置}}=10\text{m}$ 和 $\sigma_{\text{速度}}=0.1\text{m/s}$,而将校正源位置测量误差标准差设置为 $\sigma_{\text{校正源位置}}=0.5\delta_3\text{m}$,这里将 δ_3 称为校正源位置扰动参数(其数值会从 1 到 20 发生变化)。图 11.9 给出了两类结构总体最小二乘(多)目标联合定位方法的(多)目标位置估计均方根误差随着校正源位置扰动参数 δ_3 的变化曲线,图 11.10 和图 11.11 分别给出了两类结构总体最小二乘(多)目标联合定位方法的观测站位置和速度估计均方根误差随着校正源位置扰动参数 δ_3 的变化曲线,图中的观测站位置和速度先验估计均方根误差根据方差矩阵 $\boldsymbol{Q}_2$ 计算获得，图 11.12 给出了两类结构总体最小二乘(多)目标联合定位方法的校正源位置估计均方根误差随着校正源位置扰动参数 δ_3 的变化曲线，图中的校正源位置先验估计均方根误差根据方差矩阵 $\boldsymbol{Q}_4$ 计算获得(即 $\sqrt{\mathrm{tr}(\boldsymbol{Q}_4)}$)。

表 11.1　观测站三维位置坐标和瞬时速度的数值列表

观测站序号	1	2	3	4	5
$x_{o,m}$/m	1800	−3500	2400	−2200	−2500
$y_{o,m}$/m	2800	−2500	−1600	2800	−2200
$z_{o,m}$/m	980	1250	−1080	−850	1680
$\dot{x}_{o,m}$/(m/s)	30	−30	30	−20	20
$\dot{y}_{o,m}$/(m/s)	−20	10	20	10	−10
$\dot{z}_{o,m}$/(m/s)	10	10	30	20	10

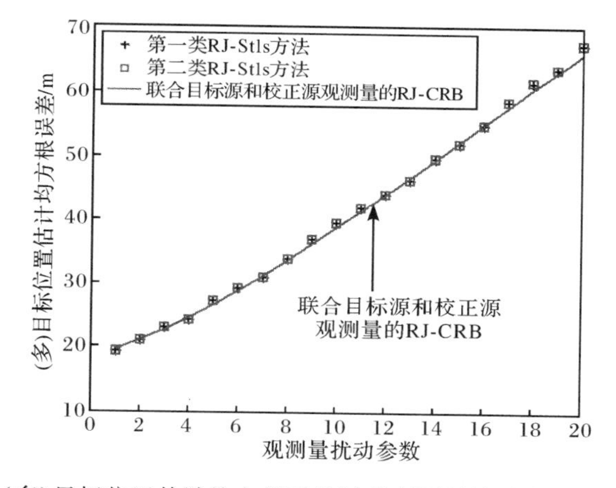

图 11.1　(多)目标位置估计均方根误差随着观测量扰动参数 δ_1 的变化曲线

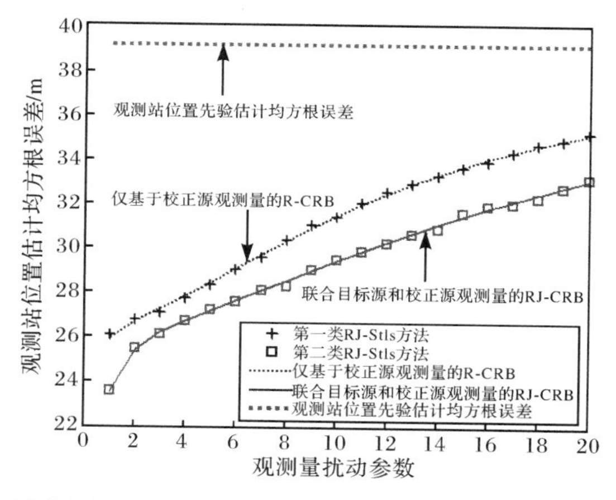

图 11.2　观测站位置估计均方根误差随着观测量扰动参数 δ_1 的变化曲线

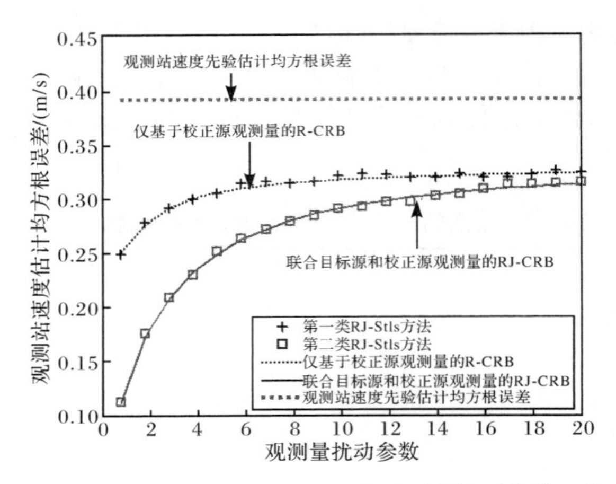

图 11.3　观测站速度估计均方根误差随着观测量扰动参数 δ_1 的变化曲线

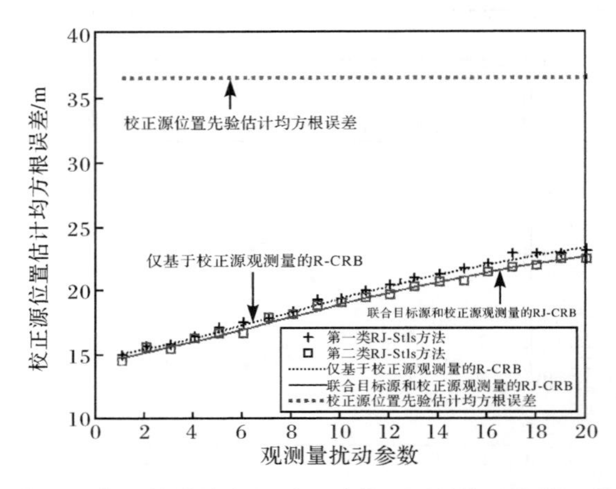

图 11.4　校正源位置估计均方根误差随着观测量扰动参数 δ_1 的变化曲线

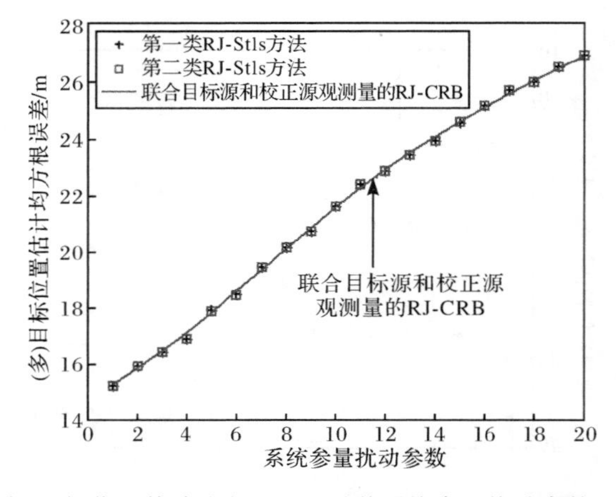

图 11.5　(多)目标位置估计均方根误差随着系统参量扰动参数 δ_2 的变化曲线

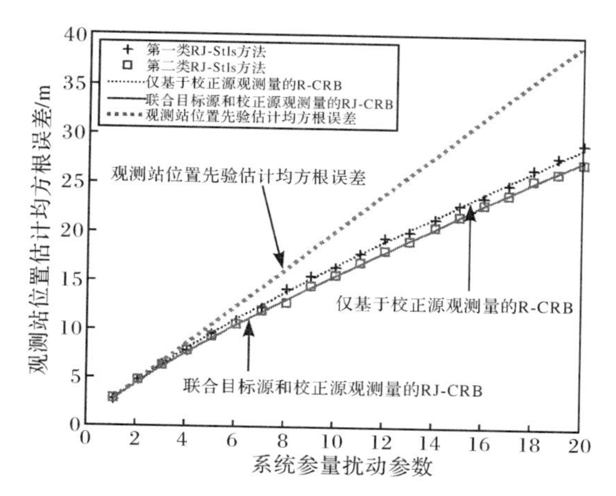

图 11.6　观测站位置估计均方根误差随着系统参量扰动参数 δ_2 的变化曲线

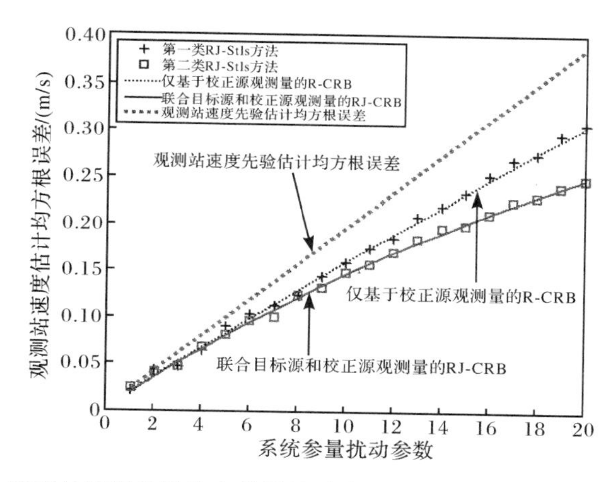

图 11.7　观测站速度估计均方根误差随着系统参量扰动参数 δ_2 的变化曲线

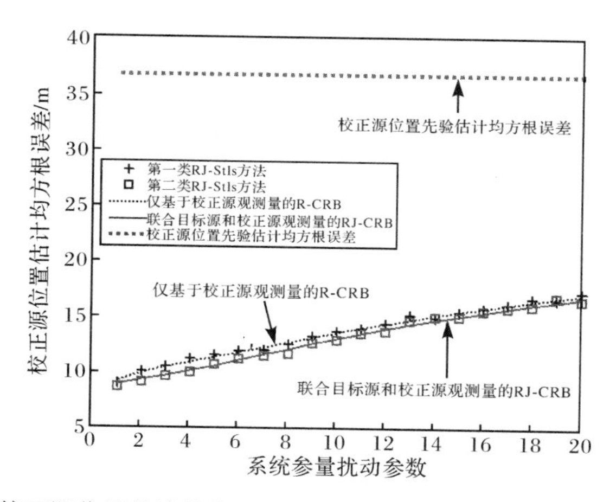

图 11.8　校正源位置估计均方根误差随着系统参量扰动参数 δ_2 的变化曲线

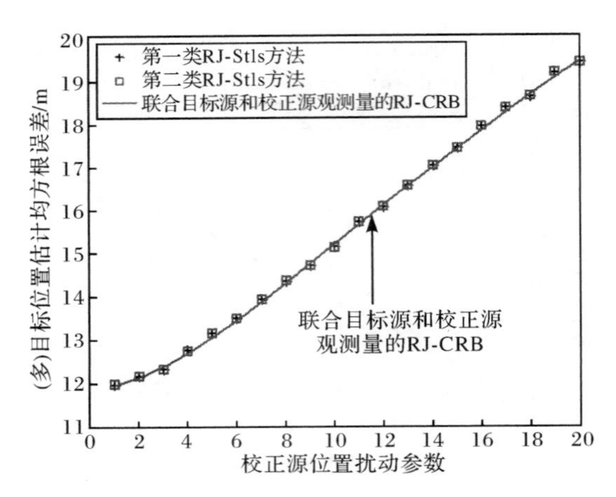

图 11.9　(多)目标位置估计均方根误差随着校正源位置扰动参数 δ_3 的变化曲线

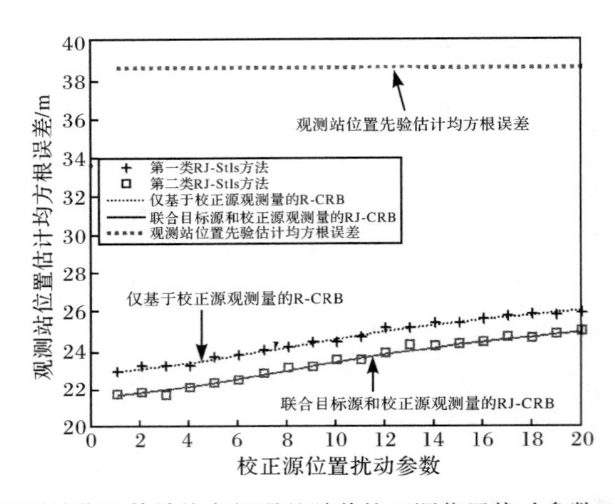

图 11.10　观测站位置估计均方根误差随着校正源位置扰动参数 δ_3 的变化曲线

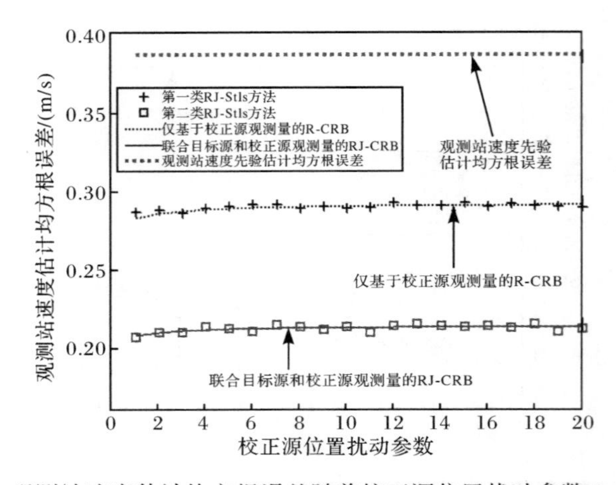

图 11.11　观测站速度估计均方根误差随着校正源位置扰动参数 δ_3 的变化曲线

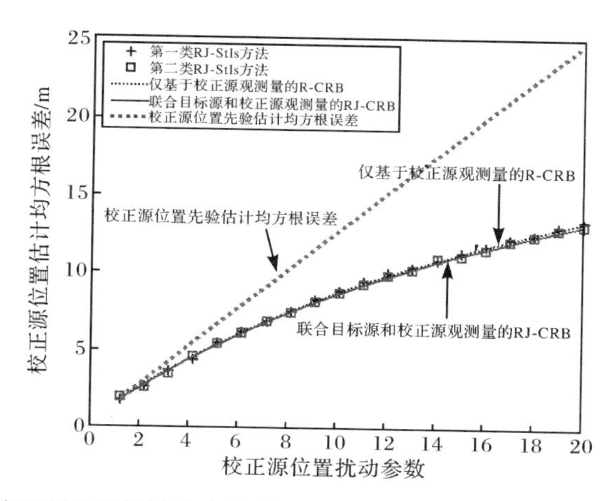

图 11.12　校正源位置估计均方根误差随着校正源位置扰动参数 δ_3 的变化曲线

从图 11.1～图 11.12 可以看出：

(1) 两类结构总体最小二乘(多)目标联合定位方法的(多)目标位置估计均方根误差都可以达到"联合目标源和校正源观测量的克拉美罗界"(由式(11.17)给出)，这说明了本章的两类结构总体最小二乘(多)目标联合定位方法的渐近最优性。

(2) 第一类结构总体最小二乘(多)目标联合定位方法的观测站位置和速度以及校正源位置估计均方根误差可以达到"仅基于校正源观测量的克拉美罗界"(分别由式(10.49)和式(10.50)给出)，这是因为该方法仅在第一步给出观测站位置和速度以及校正源位置的估计值，而第一步中仅仅利用了校正源观测量；第二类结构总体最小二乘(多)目标联合定位方法的观测站位置和速度以及校正源位置估计均方根误差可以达到"联合目标源和校正源观测量的克拉美罗界"(可由式(11.14)计算所得)，因此其估计精度要高于第一类结构总体最小二乘(多)目标联合定位方法。

(3) 相比于观测站位置和速度先验测量方差(由方差矩阵 $\boldsymbol{Q}_2$ 计算获得)，两类结构总体最小二乘(多)目标联合定位方法给出的观测站位置和速度估计值均具有更小的方差。

(4) 相比于校正源位置先验测量方差(由方差矩阵 $\boldsymbol{Q}_4$ 计算获得)，两类结构总体最小二乘(多)目标联合定位方法给出的校正源位置估计值均具有更小的方差。

2. 数值实验 2

数值实验条件基本不变，仅改变各种误差标准差的数值。下面的实验将给出本章的第二类结构总体最小二乘(多)目标联合定位方法在校正源位置误差条件下的参数估计性能，以及第 7 章的第二类结构总体最小二乘(多)目标联合定位方法在校正源位置无误差条件下的参数估计性能，其目的在于说明校正源位置测量误差的影响。需要说明的是，虽然第 7 章的结构总体最小二乘定位方法是针对单目标所提出的，但是不难将其推广至多目标联合定位的场景中，图中用 J-Stls 表示该方法，相应的克拉美罗界用 J-CRB 来表示，该克拉美罗界可由第 8 章给出。

首先，将观测站位置和速度测量误差标准差分别固定为 $\sigma_{位置}=10\text{m}$ 和 $\sigma_{速度}=0.2$

m/s，将校正源位置测量误差标准差固定为 $\sigma_{校正源位置}=15\mathrm{m}$，而将 AOA/FOA 参数的观测误差标准差分别设置为 $\sigma_{角度}=0.0001\delta_1\,\mathrm{rad}$ 和 $\sigma_{距离变化率}=0.0005\delta_1\,\mathrm{m/s}$，这里将 δ_1 称为观测量扰动参数(其数值会从 1 到 20 发生变化)。图 11.13 给出了本章和第 7 章的第二类结构总体最小二乘(多)目标联合定位方法的(多)目标位置估计均方根误差随着观测量扰动参数 δ_1 的变化曲线，图 11.14 和图 11.15 分别给出了本章和第 7 章的第二类结构总体最小二乘(多)目标联合定位方法的观测站位置和速度估计均方根误差随着观测量扰动参数 δ_1 的变化曲线。

然后，将 AOA/FOA 参数的观测误差标准差分别固定为 $\sigma_{角度}=0.0003\mathrm{rad}$ 和 $\sigma_{距离变化率}=0.002\mathrm{m/s}$，将校正源位置测量误差标准差固定为 $\sigma_{校正源位置}=15\mathrm{m}$，而将观测站位置和速度测量误差标准差分别设置为 $\sigma_{位置}=0.5\delta_2\,\mathrm{m}$ 和 $\sigma_{速度}=0.005\delta_2\,\mathrm{m/s}$，这里将 δ_2 称为系统参量扰动参数(其数值会从 1 到 20 发生变化)。图 11.16 给出了本章和第 7 章的第二类结构总体最小二乘(多)目标联合定位方法的(多)目标位置估计均方根误差随着系统参量扰动参数 δ_2 的变化曲线，图 11.17 和图 11.18 分别给出了本章和第 7 章的第二类结构总体最小二乘(多)目标联合定位方法的观测站位置和速度估计均方根误差随着系统参量扰动参数 δ_2 的变化曲线。

最后，将 AOA/FOA 参数的观测误差标准差分别固定为 $\sigma_{角度}=0.0003\mathrm{rad}$ 和 $\sigma_{距离变化率}=0.002\mathrm{m/s}$，将观测站位置和速度测量误差标准差分别固定为 $\sigma_{位置}=5\mathrm{m}$ 和 $\sigma_{速度}=0.05\mathrm{m/s}$，而将校正源位置测量误差标准差设置为 $\sigma_{校正源位置}=0.5\delta_3\,\mathrm{m}$，这里将 δ_3 称为校正源位置扰动参数(其数值会从 1 到 20 发生变化)。图 11.19 给出了本章和第 7 章的第二类结构总体最小二乘(多)目标联合定位方法的(多)目标位置估计均方根误差随着校正源位置扰动参数 δ_3 的变化曲线，图 11.20 和图 11.21 分别给出了本章和第 7 章的第二类结构总体最小二乘(多)目标联合定位方法的观测站位置和速度估计均方根误差随着校正源位置扰动参数 δ_3 的变化曲线。

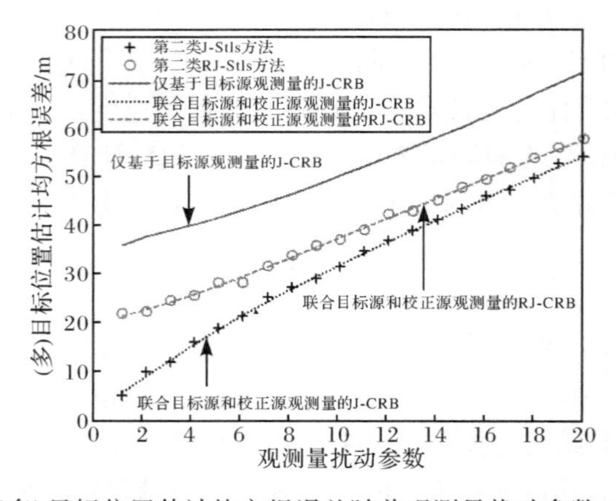

图 11.13　(多)目标位置估计均方根误差随着观测量扰动参数 δ_1 的变化曲线

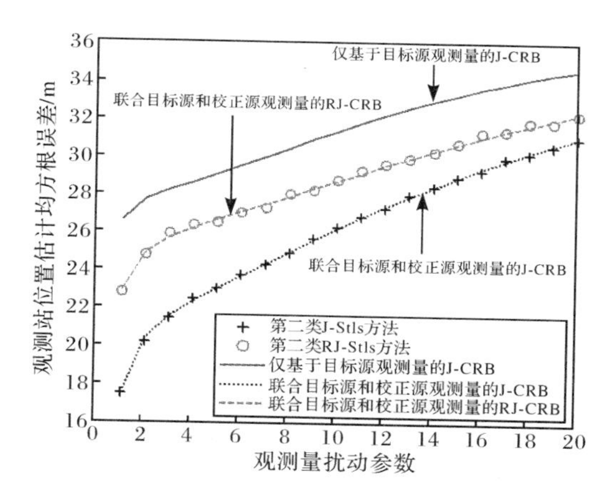

图 11.14　观测站位置估计均方根误差随着观测量扰动参数 δ_1 的变化曲线

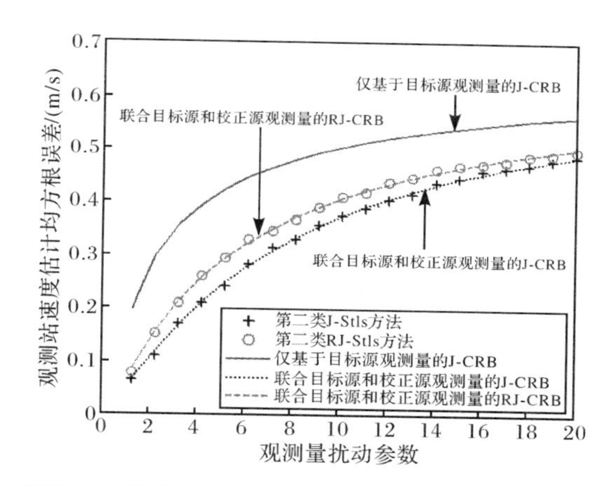

图 11.15　观测站速度估计均方根误差随着观测量扰动参数 δ_1 的变化曲线

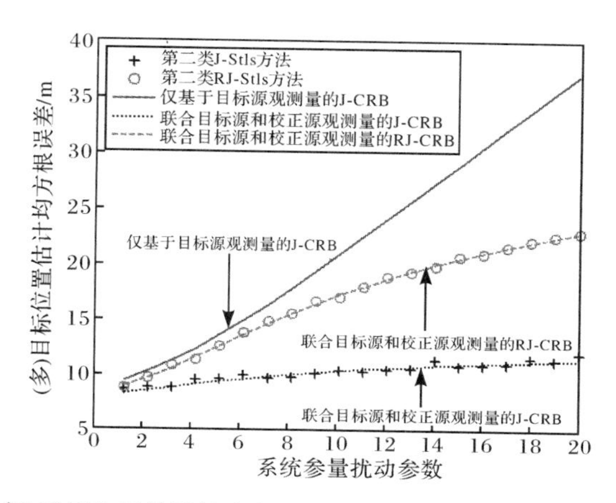

图 11.16　(多)目标位置估计均方根误差随着系统参量扰动参数 δ_2 的变化曲线

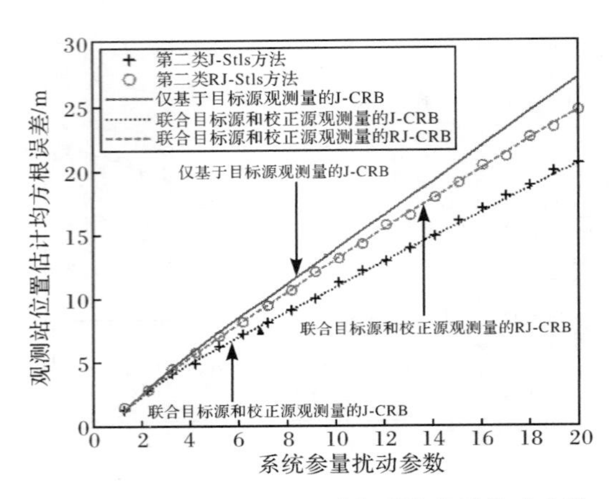

图 11.17　观测站位置估计均方根误差随着系统参量扰动参数 δ_2 的变化曲线

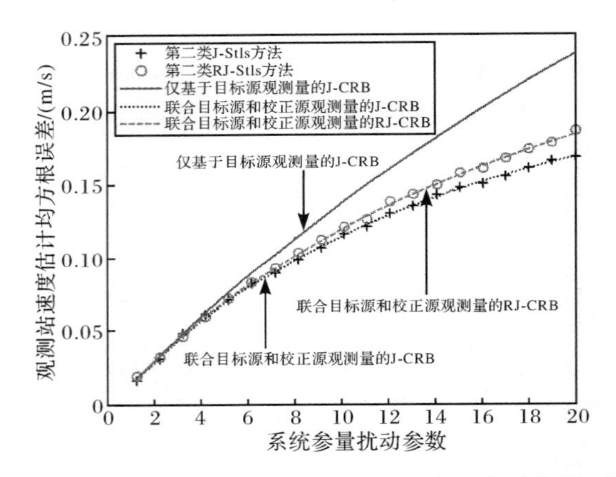

图 11.18　观测站速度估计均方根误差随着系统参量扰动参数 δ_2 的变化曲线

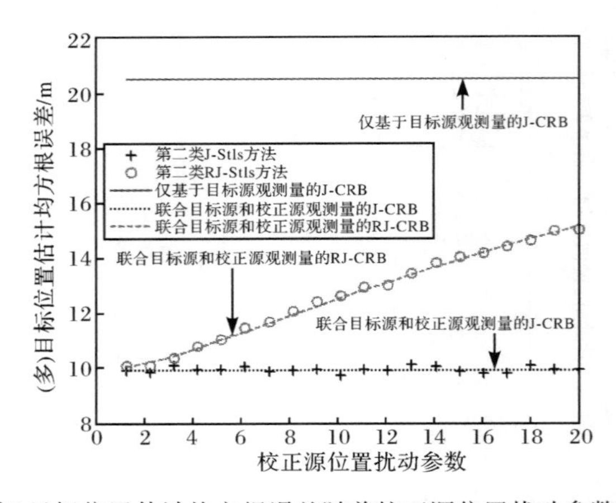

图 11.19　(多)目标位置估计均方根误差随着校正源位置扰动参数 δ_3 的变化曲线

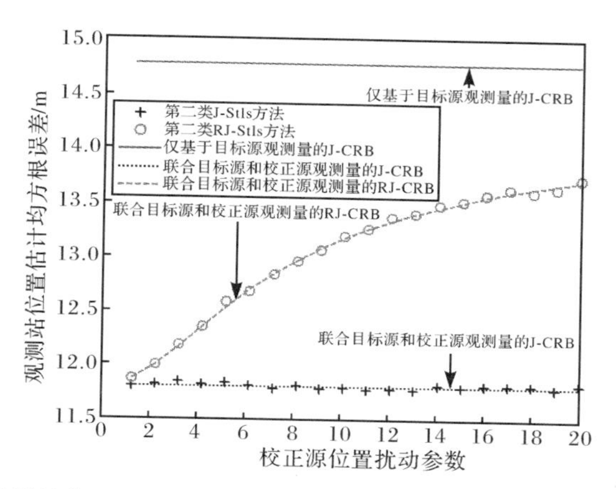

图 11.20　观测站位置估计均方根误差随着校正源位置扰动参数 δ_3 的变化曲线

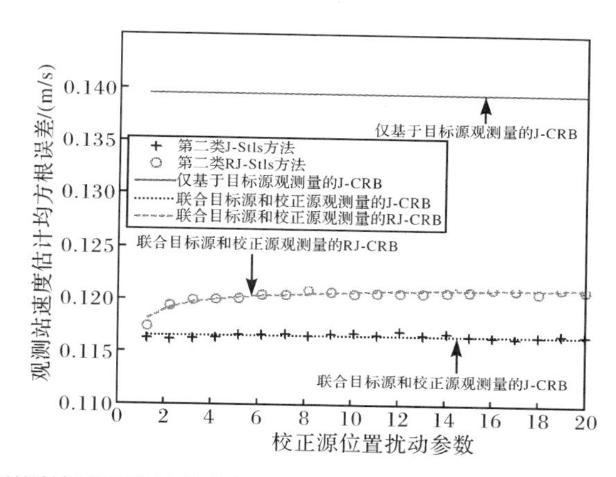

图 11.21　观测站速度估计均方根误差随着校正源位置扰动参数 δ_3 的变化曲线

从图 11.13～图 11.21 可以看出：

(1) 校正源位置测量误差会影响参数估计性能，相比于校正源位置精确已知条件下的结果，无论(多)目标位置估计误差还是观测站位置和速度估计误差都会有所增加。

(2) 相比于仅基于目标源观测量条件下的结果(图中给出了其所对应的克拉美罗界)，即便是校正源位置存在测量误差，但只要合理利用校正源观测量仍然可以提高参数估计精度。

(3) 无论校正源位置是否存在测量误差，两种第二类结构总体最小二乘(多)目标联合定位方法的参数估计均方根误差都可以达到其所对应的克拉美罗界(分别由式(8.32)和式(11.17)给出)，从而再次说明了其渐近最优性。

3. 数值实验 3

数值实验条件基本不变，但仅设置一个校正源，并且其三维位置坐标为(10000m，9000m，6000m)。下面将比较第一类结构总体最小二乘定位方法在多目标联合定位和多目标独立定位这两种情形下的目标位置估计性能，其目的在于说明多目标联合定位能够产生协同增益。值得注意的是，为了便于性能比较，这里需要单独统计每一个目标的位置估计均方根误差。此外，为了便于区分，在下面的数值实验图中将多目标联合定位的结构总体最小二乘定位方法及其克拉美罗界分别记为“RJ-Stls”和“RJ-CRB”，而将多目标独立定位的结构总体最小二乘定位方法及其克拉美罗界分别记为“RI-Stls”和“RI-CRB”。

首先，将观测站位置和速度测量误差标准差分别固定为 $\sigma_{位置}=10\mathrm{m}$ 和 $\sigma_{速度}=0.2\mathrm{m/s}$，将校正源位置测量误差标准差固定为 $\sigma_{校正源位置}=20\mathrm{m}$，而将 AOA/FOA 参数的观测误差标准差分别设置为 $\sigma_{角度}=0.00005\delta_1\,\mathrm{rad}$ 和 $\sigma_{距离变化率}=0.0005\delta_1\,\mathrm{m/s}$，这里将 δ_1 称为观测量扰动参数(其数值会从 1 到 20 发生变化)。图 11.22～图 11.24 给出了第一类结构总体最小二乘定位方法所给出的三个目标的位置估计均方根误差随着观测量扰动参数 δ_1 的变化曲线。

然后，将 AOA/FOA 参数的观测误差标准差分别固定为 $\sigma_{角度}=0.001\mathrm{rad}$ 和 $\sigma_{距离变化率}=0.01\mathrm{m/s}$，将校正源位置测量误差标准差固定为 $\sigma_{校正源位置}=15\mathrm{m}$，而将观测站位置和速度测量误差标准差分别设置为 $\sigma_{位置}=\delta_2\,\mathrm{m}$ 和 $\sigma_{速度}=0.01\delta_2\,\mathrm{m/s}$，这里将 δ_2 称为系统参量扰动参数(其数值会从 1 到 20 发生变化)。图 11.25～图 11.27 给出了第一类结构总体最小二乘定位方法所给出的三个目标的位置估计均方根误差随着系统参量扰动参数 δ_2 的变化曲线。

最后，将 AOA/FOA 参数的观测误差标准差分别固定为 $\sigma_{角度}=0.0008\mathrm{rad}$ 和 $\sigma_{距离变化率}=0.008\mathrm{m/s}$，将观测站位置和速度测量误差标准差分别固定为 $\sigma_{位置}=10\mathrm{m}$ 和 $\sigma_{速度}=0.1\mathrm{m/s}$，而将校正源位置测量误差标准差设置为 $\sigma_{校正源位置}=\delta_3\,\mathrm{m}$，这里将 δ_3 称为校正源位置扰动参数(其数值会从 1 到 20 发生变化)。图 11.28～图 11.30 给出了第一类结构总体最小二乘定位方法所给出的三个目标的位置估计均方根误差随着校正源位置扰动参数 δ_3 的变化曲线。

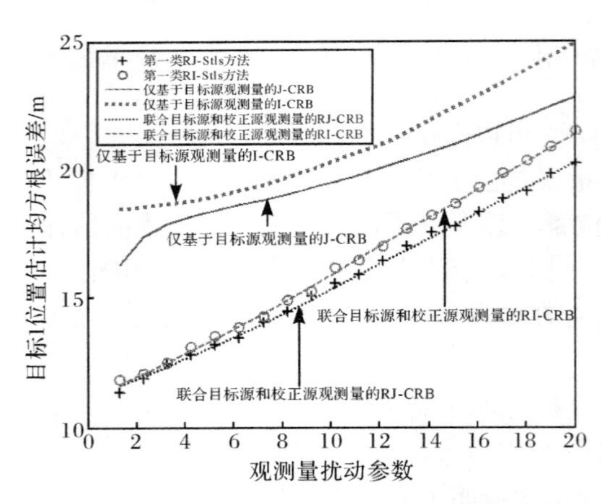

图 11.22　目标 1 位置估计均方根误差随着观测量扰动参数 δ_1 的变化曲线

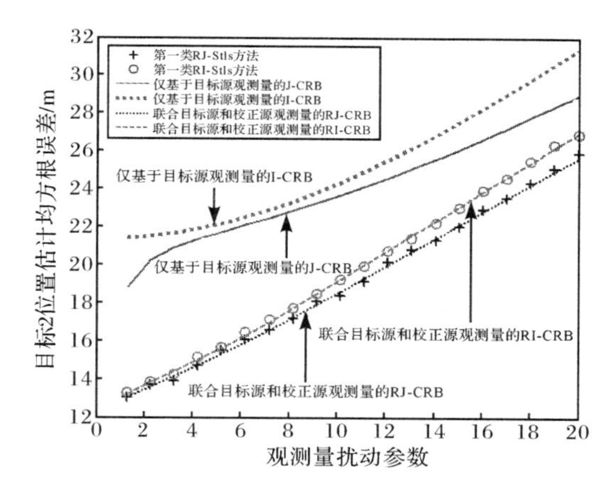

图 11.23　目标 2 位置估计均方根误差随着观测量扰动参数 δ_1 的变化曲线

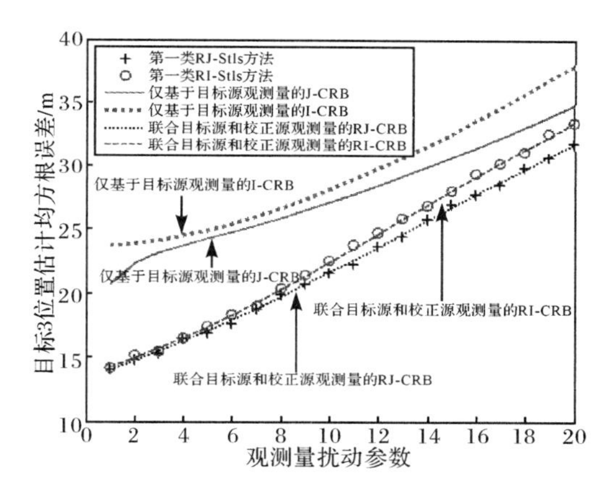

图 11.24　目标 3 位置估计均方根误差随着观测量扰动参数 δ_1 的变化曲线

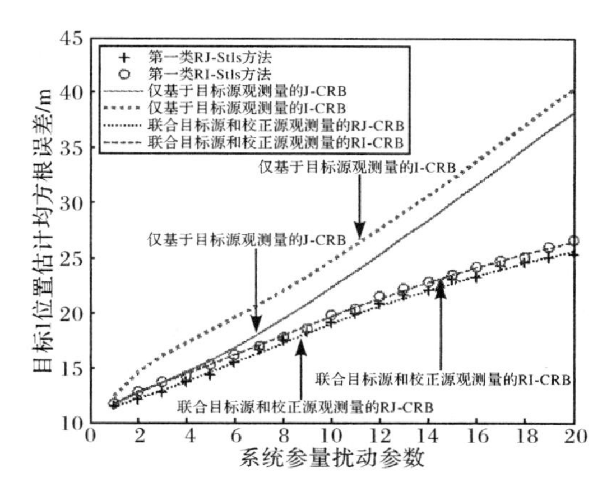

图 11.25　目标 1 位置估计均方根误差随着系统参量扰动参数 δ_2 的变化曲线

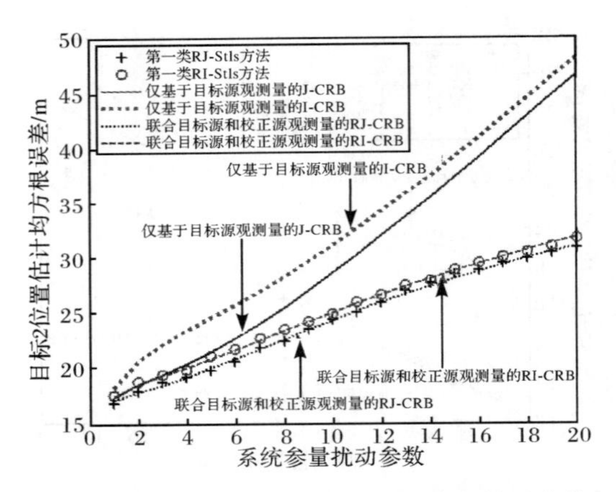

图 11.26　目标 2 位置估计均方根误差随着系统参量扰动参数 δ_2 的变化曲线

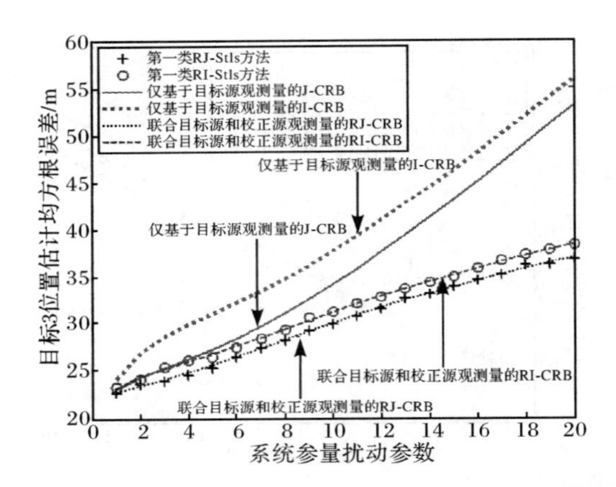

图 11.27　目标 3 位置估计均方根误差随着系统参量扰动参数 δ_2 的变化曲线

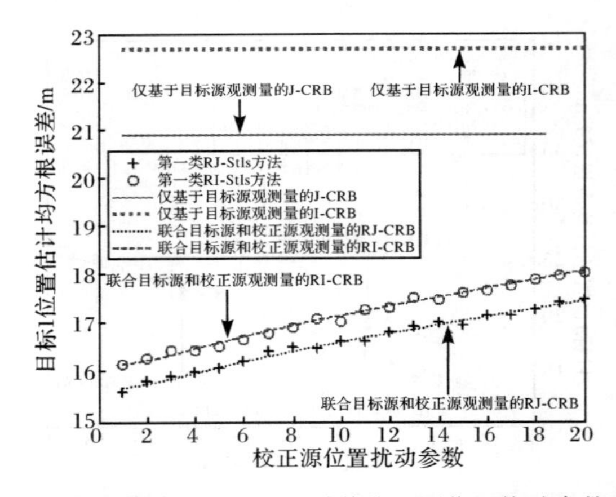

图 11.28　目标 1 位置估计均方根误差随着校正源位置扰动参数 δ_3 的变化曲线

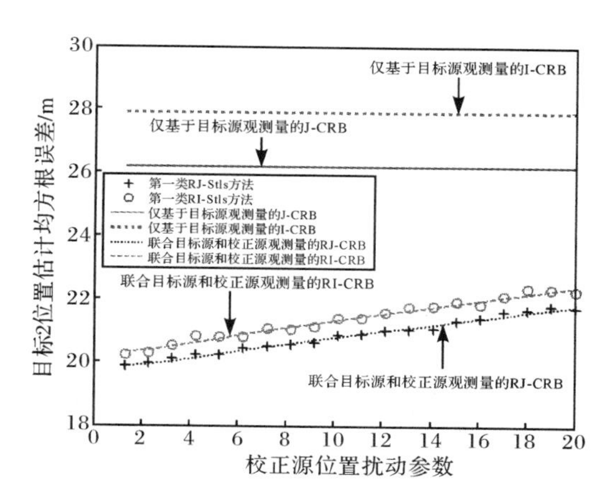

图 11.29　目标 2 位置估计均方根误差随着校正源位置扰动参数 δ_3 的变化曲线

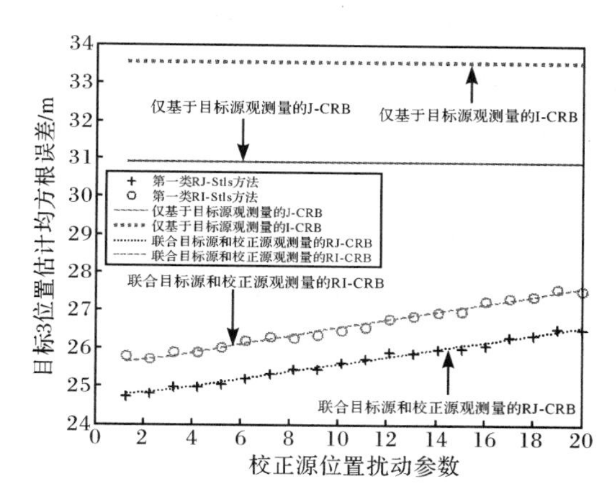

图 11.30　目标 3 位置估计均方根误差随着校正源位置扰动参数 δ_3 的变化曲线

从图 11.22～图 11.30 可以看出：无论是否利用校正源观测量，只要存在系统误差，多目标联合定位就能够比多目标独立定位获得更高的定位精度，即产生了协同增益，并且在没有校正源观测量的条件下，这种协同增益会更高，这是因为在这种情形下系统误差的影响会更为显著。另外，上述结论对于第二类结构总体最小二乘定位方法同样适用，但限于篇幅这里不再给出其估计结果。

参 考 文 献

[1] 张贤达. 矩阵分析与应用[M]. 北京：清华大学出版社，2004.
[2] de M B. Total least squares for affine structured matrices and the noisy realization problem[J]. IEEE Transactions on Signal Processing，1994，42(11)：3104-3113.
[3] 赖炎连，贺国平. 最优化方法[M]. 北京：清华大学出版社，2008.

附　　录

附录 A

这里将证明式(4.21)。首先根据式(4.6)中的第一式可知

$$\bar{\boldsymbol{C}}(\boldsymbol{r}_0,\boldsymbol{s})=\frac{\partial\bar{\boldsymbol{c}}(\boldsymbol{r}_0,\boldsymbol{s})}{\partial\boldsymbol{r}_0^{\mathrm{T}}}=\mathrm{blkdiag}\left[\frac{\partial\boldsymbol{c}(\boldsymbol{r}_{10},\boldsymbol{s}_1)}{\partial\boldsymbol{r}_{10}^{\mathrm{T}}}\quad\frac{\partial\boldsymbol{c}(\boldsymbol{r}_{20},\boldsymbol{s}_2)}{\partial\boldsymbol{r}_{20}^{\mathrm{T}}}\quad\cdots\quad\frac{\partial\boldsymbol{c}(\boldsymbol{r}_{d0},\boldsymbol{s}_d)}{\partial\boldsymbol{r}_{d0}^{\mathrm{T}}}\right]$$
$$=\mathrm{blkdiag}[\boldsymbol{C}(\boldsymbol{r}_{10},\boldsymbol{s}_1)\quad\boldsymbol{C}(\boldsymbol{r}_{20},\boldsymbol{s}_2)\quad\cdots\quad\boldsymbol{C}(\boldsymbol{r}_{d0},\boldsymbol{s}_d)]\tag{A.1}$$

然后根据式(4.6)中的第二式可推得

$$[\dot{\boldsymbol{D}}_1(\boldsymbol{r}_0,\boldsymbol{s})\boldsymbol{w}\quad\dot{\boldsymbol{D}}_2(\boldsymbol{r}_0,\boldsymbol{s})\boldsymbol{w}\quad\cdots\quad\dot{\boldsymbol{D}}_{pd}(\boldsymbol{r}_0,\boldsymbol{s})\boldsymbol{w}]$$
$$=\begin{bmatrix}\begin{matrix}[\dot{\boldsymbol{D}}_1(\boldsymbol{r}_{10},\boldsymbol{s}_1)\boldsymbol{w}\quad\dot{\boldsymbol{D}}_2(\boldsymbol{r}_{10},\boldsymbol{s}_1)\boldsymbol{w}\\ \cdots\quad\dot{\boldsymbol{D}}_p(\boldsymbol{r}_{10},\boldsymbol{s}_1)\boldsymbol{w}]\end{matrix} & & & \\ & \begin{matrix}[\dot{\boldsymbol{D}}_1(\boldsymbol{r}_{20},\boldsymbol{s}_2)\boldsymbol{w}\quad\dot{\boldsymbol{D}}_2(\boldsymbol{r}_{20},\boldsymbol{s}_2)\boldsymbol{w}\\ \cdots\quad\dot{\boldsymbol{D}}_p(\boldsymbol{r}_{20},\boldsymbol{s}_2)\boldsymbol{w}]\end{matrix} & & \\ & & \ddots & \\ & & & \begin{matrix}[\dot{\boldsymbol{D}}_1(\boldsymbol{r}_{d0},\boldsymbol{s}_d)\boldsymbol{w}\quad\dot{\boldsymbol{D}}_2(\boldsymbol{r}_{d0},\boldsymbol{s}_d)\boldsymbol{w}\\ \cdots\quad\dot{\boldsymbol{D}}_p(\boldsymbol{r}_{d0},\boldsymbol{s}_d)\boldsymbol{w}]\end{matrix}\end{bmatrix}\tag{A.2}$$

结合式(A.1)和式(A.2)可知式(4.21)成立。

附录 B

这里将推导式(4.87)～式(4.91)中各个子矩阵的表达式。

首先推导式(4.87)中各个子矩阵的表达式，根据式(4.57)、式(4.63)、式(4.65)、式(4.67)和式(4.69)可得

$$\begin{cases}\dfrac{\partial \boldsymbol{a}_1(\boldsymbol{z}_0,\boldsymbol{w})}{\partial \boldsymbol{z}_0^{\mathrm{T}}}=\begin{bmatrix}\dfrac{\partial \boldsymbol{a}_1(\boldsymbol{z}_0,\boldsymbol{w})}{\partial \boldsymbol{\theta}^{\mathrm{T}}} & \dfrac{\partial \boldsymbol{a}_1(\boldsymbol{z}_0,\boldsymbol{w})}{\partial \boldsymbol{\beta}^{\mathrm{T}}} & \dfrac{\partial \boldsymbol{a}_1(\boldsymbol{z}_0,\boldsymbol{w})}{\partial \dot{\boldsymbol{\theta}}^{\mathrm{T}}} & \dfrac{\partial \boldsymbol{a}_1(\boldsymbol{z}_0,\boldsymbol{w})}{\partial \dot{\boldsymbol{\beta}}^{\mathrm{T}}}\end{bmatrix}\\ \dfrac{\partial \boldsymbol{a}_2(\boldsymbol{z}_0,\boldsymbol{w})}{\partial \boldsymbol{z}_0^{\mathrm{T}}}=\begin{bmatrix}\dfrac{\partial \boldsymbol{a}_2(\boldsymbol{z}_0,\boldsymbol{w})}{\partial \boldsymbol{\theta}^{\mathrm{T}}} & \dfrac{\partial \boldsymbol{a}_2(\boldsymbol{z}_0,\boldsymbol{w})}{\partial \boldsymbol{\beta}^{\mathrm{T}}} & \dfrac{\partial \boldsymbol{a}_2(\boldsymbol{z}_0,\boldsymbol{w})}{\partial \dot{\boldsymbol{\theta}}^{\mathrm{T}}} & \dfrac{\partial \boldsymbol{a}_2(\boldsymbol{z}_0,\boldsymbol{w})}{\partial \dot{\boldsymbol{\beta}}^{\mathrm{T}}}\end{bmatrix}\\ \dfrac{\partial \boldsymbol{a}_3(\boldsymbol{z}_0,\boldsymbol{w})}{\partial \boldsymbol{z}_0^{\mathrm{T}}}=\begin{bmatrix}\dfrac{\partial \boldsymbol{a}_3(\boldsymbol{z}_0,\boldsymbol{w})}{\partial \boldsymbol{\theta}^{\mathrm{T}}} & \dfrac{\partial \boldsymbol{a}_3(\boldsymbol{z}_0,\boldsymbol{w})}{\partial \boldsymbol{\beta}^{\mathrm{T}}} & \dfrac{\partial \boldsymbol{a}_3(\boldsymbol{z}_0,\boldsymbol{w})}{\partial \dot{\boldsymbol{\theta}}^{\mathrm{T}}} & \dfrac{\partial \boldsymbol{a}_3(\boldsymbol{z}_0,\boldsymbol{w})}{\partial \dot{\boldsymbol{\beta}}^{\mathrm{T}}}\end{bmatrix}\\ \dfrac{\partial \boldsymbol{a}_4(\boldsymbol{z}_0,\boldsymbol{w})}{\partial \boldsymbol{z}_0^{\mathrm{T}}}=\begin{bmatrix}\dfrac{\partial \boldsymbol{a}_4(\boldsymbol{z}_0,\boldsymbol{w})}{\partial \boldsymbol{\theta}^{\mathrm{T}}} & \dfrac{\partial \boldsymbol{a}_4(\boldsymbol{z}_0,\boldsymbol{w})}{\partial \boldsymbol{\beta}^{\mathrm{T}}} & \dfrac{\partial \boldsymbol{a}_4(\boldsymbol{z}_0,\boldsymbol{w})}{\partial \dot{\boldsymbol{\theta}}^{\mathrm{T}}} & \dfrac{\partial \boldsymbol{a}_4(\boldsymbol{z}_0,\boldsymbol{w})}{\partial \dot{\boldsymbol{\beta}}^{\mathrm{T}}}\end{bmatrix}\end{cases}\tag{B.1}$$

式中

$$\begin{cases}\dfrac{\partial \boldsymbol{a}_1(\boldsymbol{z}_0,\boldsymbol{w})}{\partial \boldsymbol{\theta}^{\mathrm{T}}}=\mathrm{diag}[\boldsymbol{\gamma}_1^{\mathrm{T}}(\theta_1)\boldsymbol{w}_1 \quad \boldsymbol{\gamma}_1^{\mathrm{T}}(\theta_2)\boldsymbol{w}_2 \quad \cdots \quad \boldsymbol{\gamma}_1^{\mathrm{T}}(\theta_M)\boldsymbol{w}_M]\\ \dfrac{\partial \boldsymbol{a}_1(\boldsymbol{z}_0,\boldsymbol{w})}{\partial \boldsymbol{\beta}^{\mathrm{T}}}=\dfrac{\partial \boldsymbol{a}_1(\boldsymbol{z}_0,\boldsymbol{w})}{\partial \dot{\boldsymbol{\theta}}^{\mathrm{T}}}=\dfrac{\partial \boldsymbol{a}_1(\boldsymbol{z}_0,\boldsymbol{w})}{\partial \dot{\boldsymbol{\beta}}^{\mathrm{T}}}=\boldsymbol{O}_{M\times M}\end{cases}\tag{B.2}$$

$$\begin{cases}\dfrac{\partial \boldsymbol{a}_2(\boldsymbol{z}_0,\boldsymbol{w})}{\partial \boldsymbol{\theta}^{\mathrm{T}}}=\mathrm{diag}[\boldsymbol{\gamma}_2^{\mathrm{T}}(\theta_1,\beta_1)\boldsymbol{w}_1 \quad \boldsymbol{\gamma}_2^{\mathrm{T}}(\theta_2,\beta_2)\boldsymbol{w}_2 \quad \cdots \quad \boldsymbol{\gamma}_2^{\mathrm{T}}(\theta_M,\beta_M)\boldsymbol{w}_M]\\ \dfrac{\partial \boldsymbol{a}_2(\boldsymbol{z}_0,\boldsymbol{w})}{\partial \boldsymbol{\beta}^{\mathrm{T}}}=\mathrm{diag}[\boldsymbol{\gamma}_3^{\mathrm{T}}(\theta_1,\beta_1)\boldsymbol{w}_1 \quad \boldsymbol{\gamma}_3^{\mathrm{T}}(\theta_2,\beta_2)\boldsymbol{w}_2 \quad \cdots \quad \boldsymbol{\gamma}_3^{\mathrm{T}}(\theta_M,\beta_M)\boldsymbol{w}_M]\\ \dfrac{\partial \boldsymbol{a}_2(\boldsymbol{z}_0,\boldsymbol{w})}{\partial \dot{\boldsymbol{\theta}}^{\mathrm{T}}}=\dfrac{\partial \boldsymbol{a}_2(\boldsymbol{z}_0,\boldsymbol{w})}{\partial \dot{\boldsymbol{\beta}}^{\mathrm{T}}}=\boldsymbol{O}_{M\times M}\end{cases}\tag{B.3}$$

$$\begin{cases}\dfrac{\partial \boldsymbol{a}_3(\boldsymbol{z}_0,\boldsymbol{w})}{\partial \boldsymbol{\theta}^{\mathrm{T}}}=\mathrm{diag}[\boldsymbol{\gamma}_4^{\mathrm{T}}(\theta_1,\dot{\theta}_1)\boldsymbol{w}_1 \quad \boldsymbol{\gamma}_4^{\mathrm{T}}(\theta_2,\dot{\theta}_2)\boldsymbol{w}_2 \quad \cdots \quad \boldsymbol{\gamma}_4^{\mathrm{T}}(\theta_M,\dot{\theta}_M)\boldsymbol{w}_M]\\ \dfrac{\partial \boldsymbol{a}_3(\boldsymbol{z}_0,\boldsymbol{w})}{\partial \dot{\boldsymbol{\theta}}^{\mathrm{T}}}=\mathrm{diag}[\boldsymbol{\gamma}_1^{\mathrm{T}}(\theta_1)\boldsymbol{w}_1 \quad \boldsymbol{\gamma}_1^{\mathrm{T}}(\theta_2)\boldsymbol{w}_2 \quad \cdots \quad \boldsymbol{\gamma}_1^{\mathrm{T}}(\theta_M)\boldsymbol{w}_M]\\ \dfrac{\partial \boldsymbol{a}_3(\boldsymbol{z}_0,\boldsymbol{w})}{\partial \boldsymbol{\beta}^{\mathrm{T}}}=\dfrac{\partial \boldsymbol{a}_2(\boldsymbol{z}_0,\boldsymbol{w})}{\partial \dot{\boldsymbol{\beta}}^{\mathrm{T}}}=\boldsymbol{O}_{M\times M}\end{cases}\tag{B.4}$$

$$\begin{cases}\dfrac{\partial \boldsymbol{a}_4(\boldsymbol{z}_0,\boldsymbol{w})}{\partial \boldsymbol{\theta}^{\mathrm{T}}}=\mathrm{diag}[\boldsymbol{\gamma}_5^{\mathrm{T}}(\theta_1,\beta_1,\dot{\beta}_1)\boldsymbol{w}_1 \quad \boldsymbol{\gamma}_5^{\mathrm{T}}(\theta_2,\beta_2,\dot{\beta}_2)\boldsymbol{w}_2 \quad \cdots \quad \boldsymbol{\gamma}_5^{\mathrm{T}}(\theta_M,\beta_M,\dot{\beta}_M)\boldsymbol{w}_M]\\ \dfrac{\partial \boldsymbol{a}_4(\boldsymbol{z}_0,\boldsymbol{w})}{\partial \boldsymbol{\beta}^{\mathrm{T}}}=\mathrm{diag}[\boldsymbol{\gamma}_6^{\mathrm{T}}(\theta_1,\beta_1,\dot{\beta}_1)\boldsymbol{w}_1 \quad \boldsymbol{\gamma}_6^{\mathrm{T}}(\theta_2,\beta_2,\dot{\beta}_2)\boldsymbol{w}_2 \quad \cdots \quad \boldsymbol{\gamma}_6^{\mathrm{T}}(\theta_M,\beta_M,\dot{\beta}_M)\boldsymbol{w}_M]\\ \dfrac{\partial \boldsymbol{a}_4(\boldsymbol{z}_0,\boldsymbol{w})}{\partial \dot{\boldsymbol{\beta}}^{\mathrm{T}}}=\mathrm{diag}[\boldsymbol{\gamma}_3^{\mathrm{T}}(\theta_1,\beta_1)\boldsymbol{w}_1 \quad \boldsymbol{\gamma}_3^{\mathrm{T}}(\theta_2,\beta_2)\boldsymbol{w}_2 \quad \cdots \quad \boldsymbol{\gamma}_3^{\mathrm{T}}(\theta_M,\beta_M)\boldsymbol{w}_M]\\ \dfrac{\partial \boldsymbol{a}_4(\boldsymbol{z}_0,\boldsymbol{w})}{\partial \dot{\boldsymbol{\theta}}^{\mathrm{T}}}=\boldsymbol{O}_{M\times M}\end{cases}\tag{B.5}$$

其中

$$\begin{cases}\boldsymbol{\gamma}_1(\theta)=[\cos\theta \mid \sin\theta \mid 0 \mid 0 \mid 0 \mid 0]^{\mathrm{T}} \\ \boldsymbol{\gamma}_2(\theta,\beta)=[-\sin\theta\sin\beta \mid \cos\theta\sin\beta \mid 0 \mid 0 \mid 0 \mid 0]^{\mathrm{T}} \\ \boldsymbol{\gamma}_3\theta,\beta=[\cos\theta\cos\beta \mid \sin\theta\cos\beta \mid \sin\beta \mid 0 \mid 0 \mid 0]^{\mathrm{T}} \\ \boldsymbol{\gamma}_4(\theta,\dot{\theta})=[-\dot{\theta}\sin\theta \mid \dot{\theta}\cos\theta \mid 0 \mid \cos\theta \mid \sin\theta \mid 0]^{\mathrm{T}} \\ \boldsymbol{\gamma}_5(\theta,\beta,\dot{\beta})=[-\dot{\beta}\sin\theta\cos\beta \mid \dot{\beta}\cos\theta\cos\beta \mid 0 \mid -\sin\theta\sin\beta \mid \cos\theta\sin\beta \mid 0]^{\mathrm{T}} \\ \boldsymbol{\gamma}_6(\theta,\beta,\dot{\beta}) \\ =[-\dot{\beta}\cos\theta\sin\beta \mid -\dot{\beta}\sin\theta\sin\beta \mid \dot{\beta}\cos\beta \mid \cos\theta\cos\beta \mid \sin\theta\cos\beta \mid \sin\beta]^{\mathrm{T}}\end{cases} \tag{B.6}$$

利用式(4.63)、式(4.65)、式(4.67)和式(4.69)还可进一步推得

$$\begin{cases}\dfrac{\partial \boldsymbol{a}_1(\boldsymbol{z}_0,\boldsymbol{w})}{\partial \boldsymbol{w}^{\mathrm{T}}}=\mathrm{blkdiag}[\boldsymbol{\gamma}_7^{\mathrm{T}}(\theta_1) \quad \boldsymbol{\gamma}_7^{\mathrm{T}}(\theta_2) \quad \cdots \quad \boldsymbol{\gamma}_7^{\mathrm{T}}(\theta_M)] \\ \dfrac{\partial \boldsymbol{a}_2(\boldsymbol{z}_0,\boldsymbol{w})}{\partial \boldsymbol{w}^{\mathrm{T}}}=\mathrm{blkdiag}[\boldsymbol{\gamma}_8^{\mathrm{T}}(\theta_1,\beta_1) \quad \boldsymbol{\gamma}_8^{\mathrm{T}}(\theta_2,\beta_2) \quad \cdots \quad \boldsymbol{\gamma}_8^{\mathrm{T}}(\theta_M,\beta_M)] \\ \dfrac{\partial \boldsymbol{a}_3(\boldsymbol{z}_0,\boldsymbol{w})}{\partial \boldsymbol{w}^{\mathrm{T}}}=\mathrm{blkdiag}[\boldsymbol{\gamma}_9^{\mathrm{T}}(\theta_1,\dot{\theta}_1) \quad \boldsymbol{\gamma}_9^{\mathrm{T}}(\theta_2,\dot{\theta}_2) \quad \cdots \quad \boldsymbol{\gamma}_9^{\mathrm{T}}(\theta_M,\dot{\theta}_M)] \\ \dfrac{\partial \boldsymbol{a}_4(\boldsymbol{z}_0,\boldsymbol{w})}{\partial \boldsymbol{w}^{\mathrm{T}}}=\mathrm{blkdiag}[\boldsymbol{\gamma}_{10}^{\mathrm{T}}(\theta_1,\beta_1,\dot{\beta}_1) \quad \boldsymbol{\gamma}_{10}^{\mathrm{T}}(\theta_2,\beta_2,\dot{\beta}_2) \quad \cdots \quad \boldsymbol{\gamma}_{10}^{\mathrm{T}}(\theta_M,\beta_M,\dot{\beta}_M)]\end{cases} \tag{B.7}$$

式中

$$\begin{cases}\boldsymbol{\gamma}_7(\theta)=[\sin\theta \mid -\cos\theta \mid 0 \mid 0 \mid 0 \mid 0]^{\mathrm{T}} \\ \boldsymbol{\gamma}_8(\theta,\beta)=[\cos\theta\sin\beta \mid \sin\theta\sin\beta \mid -\cos\beta \mid 0 \mid 0 \mid 0]^{\mathrm{T}} \\ \boldsymbol{\gamma}_9(\theta,\dot{\theta})=[\dot{\theta}\cos\theta \mid \dot{\theta}\sin\theta \mid 0 \mid \sin\theta \mid -\cos\theta \mid 0]^{\mathrm{T}} \\ \boldsymbol{\gamma}_{10}(\theta,\beta,\dot{\beta}) \\ =[\dot{\beta}\cos\theta\cos\beta \mid \dot{\beta}\sin\theta\cos\beta \mid \dot{\beta}\sin\beta \mid \cos\theta\sin\beta \mid \sin\theta\sin\beta \mid -\cos\beta]^{\mathrm{T}}\end{cases} \tag{B.8}$$

然后推导式(4.88)中各个子矩阵的表达式，根据式(4.63)、式(4.65)、式(4.67)和式(4.69)可推得

$$\dot{\boldsymbol{B}}_{\theta_m}(\boldsymbol{z}_0,\boldsymbol{w})=\begin{bmatrix}\cos\theta_m\,\boldsymbol{i}_M^{(m)} & \sin\theta_m\,\boldsymbol{i}_M^{(m)} & \boldsymbol{O}_{M\times 1} \\ -\sin\theta_m\sin\beta_m\,\boldsymbol{i}_M^{(m)} & \cos\theta_m\sin\beta_m\,\boldsymbol{i}_M^{(m)} & \boldsymbol{O}_{M\times 1} \\ -\dot{\theta}_m\sin\theta_m\,\boldsymbol{i}_M^{(m)} & \dot{\theta}_m\cos\theta_m\,\boldsymbol{i}_M^{(m)} & \boldsymbol{O}_{M\times 1} \\ -\dot{\beta}_m\sin\theta_m\cos\beta_m\,\boldsymbol{i}_M^{(m)} & \dot{\beta}_m\cos\theta_m\cos\beta_m\,\boldsymbol{i}_M^{(m)} & \boldsymbol{O}_{M\times 1}\end{bmatrix} \tag{B.9}$$

$$\dot{\boldsymbol{B}}_{\beta_m}(\boldsymbol{z}_0,\boldsymbol{w})=\begin{bmatrix}\boldsymbol{O}_{M\times 1} & \boldsymbol{O}_{M\times 1} & \boldsymbol{O}_{M\times 1} \\ \cos\theta_m\cos\beta_m\boldsymbol{i}_M^{(m)} & \sin\theta_m\cos\beta_m\boldsymbol{i}_M^{(m)} & \sin\beta_m\boldsymbol{i}_M^{(m)} \\ \boldsymbol{O}_{M\times 1} & \boldsymbol{O}_{M\times 1} & \boldsymbol{O}_{M\times 1} \\ -\dot{\beta}_m\cos\theta_m\sin\beta_m\boldsymbol{i}_M^{(m)} & -\dot{\beta}_m\sin\theta_m\sin\beta_m\boldsymbol{i}_M^{(m)} & \dot{\beta}_m\cos\beta_m\boldsymbol{i}_M^{(m)}\end{bmatrix} \tag{B.10}$$

$$\dot{\boldsymbol{B}}_{\dot{\theta}_m}(\boldsymbol{z}_0,\boldsymbol{w})=\left[\begin{array}{c:c:c}\boldsymbol{O}_{M\times 1} & \boldsymbol{O}_{M\times 1} & \boldsymbol{O}_{M\times 1}\\ \boldsymbol{O}_{M\times 1} & \boldsymbol{O}_{M\times 1} & \boldsymbol{O}_{M\times 1}\\ \cos(\theta_m)\,\boldsymbol{i}_M^{(m)} & \sin(\theta_m)\,\boldsymbol{i}_M^{(m)} & \boldsymbol{O}_{M\times 1}\\ \boldsymbol{O}_{M\times 1} & \boldsymbol{O}_{M\times 1} & \boldsymbol{O}_{M\times 1}\end{array}\right] \tag{B.11}$$

$$\dot{\boldsymbol{B}}_{\dot{\beta}_m}(\boldsymbol{z}_0,\boldsymbol{w})=\left[\begin{array}{c:c:c}\boldsymbol{O}_{M\times 1} & \boldsymbol{O}_{M\times 1} & \boldsymbol{O}_{M\times 1}\\ \boldsymbol{O}_{M\times 1} & \boldsymbol{O}_{M\times 1} & \boldsymbol{O}_{M\times 1}\\ \boldsymbol{O}_{M\times 1} & \boldsymbol{O}_{M\times 1} & \boldsymbol{O}_{M\times 1}\\ \cos\theta_m\cos\beta_m\,\boldsymbol{i}_M^{(m)} & \sin\theta_m\cos\beta_m\,\boldsymbol{i}_M^{(m)} & \sin\beta_m\,\boldsymbol{i}_M^{(m)}\end{array}\right] \tag{B.12}$$

接着推导式(4.89)中各个子矩阵的表达式,根据式(4.63)、式(4.65)、式(4.67)和式(4.69)可知

$$\begin{aligned}\dot{\boldsymbol{B}}_{x_{o,m}}(\boldsymbol{z}_0,\boldsymbol{w})&=\dot{\boldsymbol{B}}_{y_{o,m}}(\boldsymbol{z}_0,\boldsymbol{w})=\dot{\boldsymbol{B}}_{z_{o,m}}(\boldsymbol{z}_0,\boldsymbol{w})=\dot{\boldsymbol{B}}_{\dot{x}_{o,m}}(\boldsymbol{z}_0,\boldsymbol{w})=\dot{\boldsymbol{B}}_{\dot{y}_{o,m}}(\boldsymbol{z}_0,\boldsymbol{w})\\&=\dot{\boldsymbol{B}}_{\dot{z}_{o,m}}(\boldsymbol{z}_0,\boldsymbol{w})=\boldsymbol{O}_{4M\times 3}\end{aligned} \tag{B.13}$$

再然后推导式(4.90)中各个子矩阵的表达式,根据式(4.60)、式(4.74)、式(4.76)、式(4.78)和式(4.80)可得

$$\begin{cases}\dfrac{\partial\boldsymbol{c}_1(\boldsymbol{r}_{k0},\boldsymbol{s}_k)}{\partial\boldsymbol{r}_{k0}^{\mathrm{T}}}=\left[\dfrac{\partial\boldsymbol{c}_1(\boldsymbol{r}_{k0},\boldsymbol{s}_k)}{\partial\boldsymbol{\theta}_{c,k}^{\mathrm{T}}}\quad\dfrac{\partial\boldsymbol{c}_1(\boldsymbol{r}_{k0},\boldsymbol{s}_k)}{\partial\boldsymbol{\beta}_{c,k}^{\mathrm{T}}}\quad\dfrac{\partial\boldsymbol{c}_1(\boldsymbol{r}_{k0},\boldsymbol{s}_k)}{\partial\dot{\boldsymbol{\theta}}_{c,k}^{\mathrm{T}}}\quad\dfrac{\partial\boldsymbol{c}_1(\boldsymbol{r}_{k0},\boldsymbol{s}_k)}{\partial\dot{\boldsymbol{\beta}}_{c,k}^{\mathrm{T}}}\right]\\[2ex]\dfrac{\partial\boldsymbol{c}_2(\boldsymbol{r}_{k0},\boldsymbol{s}_k)}{\partial\boldsymbol{r}_{k0}^{\mathrm{T}}}=\left[\dfrac{\partial\boldsymbol{c}_2(\boldsymbol{r}_{k0},\boldsymbol{s}_k)}{\partial\boldsymbol{\theta}_{c,k}^{\mathrm{T}}}\quad\dfrac{\partial\boldsymbol{c}_2(\boldsymbol{r}_{k0},\boldsymbol{s}_k)}{\partial\boldsymbol{\beta}_{c,k}^{\mathrm{T}}}\quad\dfrac{\partial\boldsymbol{c}_2(\boldsymbol{r}_{k0},\boldsymbol{s}_k)}{\partial\dot{\boldsymbol{\theta}}_{c,k}^{\mathrm{T}}}\quad\dfrac{\partial\boldsymbol{c}_2(\boldsymbol{r}_{k0},\boldsymbol{s}_k)}{\partial\dot{\boldsymbol{\beta}}_{c,k}^{\mathrm{T}}}\right]\\[2ex]\dfrac{\partial\boldsymbol{c}_3(\boldsymbol{r}_{k0},\boldsymbol{s}_k)}{\partial\boldsymbol{r}_{k0}^{\mathrm{T}}}=\left[\dfrac{\partial\boldsymbol{c}_3(\boldsymbol{r}_{k0},\boldsymbol{s}_k)}{\partial\boldsymbol{\theta}_{c,k}^{\mathrm{T}}}\quad\dfrac{\partial\boldsymbol{c}_3(\boldsymbol{r}_{k0},\boldsymbol{s}_k)}{\partial\boldsymbol{\beta}_{c,k}^{\mathrm{T}}}\quad\dfrac{\partial\boldsymbol{c}_3(\boldsymbol{r}_{k0},\boldsymbol{s}_k)}{\partial\dot{\boldsymbol{\theta}}_{c,k}^{\mathrm{T}}}\quad\dfrac{\partial\boldsymbol{c}_3(\boldsymbol{r}_{k0},\boldsymbol{s}_k)}{\partial\dot{\boldsymbol{\beta}}_{c,k}^{\mathrm{T}}}\right]\\[2ex]\dfrac{\partial\boldsymbol{c}_4(\boldsymbol{r}_{k0},\boldsymbol{s}_k)}{\partial\boldsymbol{r}_{k0}^{\mathrm{T}}}=\left[\dfrac{\partial\boldsymbol{c}_4(\boldsymbol{r}_{k0},\boldsymbol{s}_k)}{\partial\boldsymbol{\theta}_{c,k}^{\mathrm{T}}}\quad\dfrac{\partial\boldsymbol{c}_4(\boldsymbol{r}_{k0},\boldsymbol{s}_k)}{\partial\boldsymbol{\beta}_{c,k}^{\mathrm{T}}}\quad\dfrac{\partial\boldsymbol{c}_4(\boldsymbol{r}_{k0},\boldsymbol{s}_k)}{\partial\dot{\boldsymbol{\theta}}_{c,k}^{\mathrm{T}}}\quad\dfrac{\partial\boldsymbol{c}_4(\boldsymbol{r}_{k0},\boldsymbol{s}_k)}{\partial\dot{\boldsymbol{\beta}}_{c,k}^{\mathrm{T}}}\right]\end{cases} \tag{B.14}$$

式中

$$\begin{cases}\dfrac{\partial\boldsymbol{c}_1(\boldsymbol{r}_{k0},\boldsymbol{s}_k)}{\partial\boldsymbol{\theta}_{c,k}^{\mathrm{T}}}=\mathrm{diag}[\boldsymbol{\lambda}_1^{\mathrm{T}}(\theta_{c,k,1})\boldsymbol{s}_k\quad\boldsymbol{\lambda}_1^{\mathrm{T}}(\theta_{c,k,2})\boldsymbol{s}_k\quad\cdots\quad\boldsymbol{\lambda}_1^{\mathrm{T}}(\theta_{c,k,M})\boldsymbol{s}_k]\\[2ex]\dfrac{\partial\boldsymbol{c}_1(\boldsymbol{r}_{k0},\boldsymbol{s}_k)}{\partial\boldsymbol{\beta}_{c,k}^{\mathrm{T}}}=\dfrac{\partial\boldsymbol{c}_1(\boldsymbol{r}_{k0},\boldsymbol{s}_k)}{\partial\dot{\boldsymbol{\theta}}_{c,k}^{\mathrm{T}}}=\dfrac{\partial\boldsymbol{c}_1(\boldsymbol{r}_{k0},\boldsymbol{s}_k)}{\partial\dot{\boldsymbol{\beta}}_{c,k}^{\mathrm{T}}}=\boldsymbol{O}_{M\times M}\end{cases} \tag{B.15}$$

$$\begin{cases}\dfrac{\partial\boldsymbol{c}_2(\boldsymbol{r}_{k0},\boldsymbol{s}_k)}{\partial\boldsymbol{\theta}_{c,k}^{\mathrm{T}}}=\mathrm{diag}[\boldsymbol{\lambda}_2^{\mathrm{T}}(\theta_{c,k,1},\beta_{c,k,1})\boldsymbol{s}_k\quad\boldsymbol{\lambda}_2^{\mathrm{T}}(\theta_{c,k,2},\beta_{c,k,2})\boldsymbol{s}_k\quad\cdots\quad\boldsymbol{\lambda}_2^{\mathrm{T}}(\theta_{c,k,M},\beta_{c,k,M})\boldsymbol{s}_k]\\[2ex]\dfrac{\partial\boldsymbol{c}_2(\boldsymbol{r}_{k0},\boldsymbol{s}_k)}{\partial\boldsymbol{\beta}_{c,k}^{\mathrm{T}}}=\mathrm{diag}[\boldsymbol{\lambda}_3^{\mathrm{T}}(\theta_{c,k,1},\beta_{c,k,1})\boldsymbol{s}_k\quad\boldsymbol{\lambda}_3^{\mathrm{T}}(\theta_{c,k,2},\beta_{c,k,2})\boldsymbol{s}_k\quad\cdots\quad\boldsymbol{\lambda}_3^{\mathrm{T}}(\theta_{c,k,M},\beta_{c,k,M})\boldsymbol{s}_k]\\[2ex]\dfrac{\partial\boldsymbol{c}_2(\boldsymbol{r}_{k0},\boldsymbol{s}_k)}{\partial\dot{\boldsymbol{\theta}}_{c,k}^{\mathrm{T}}}=\dfrac{\partial\boldsymbol{c}_2(\boldsymbol{r}_{k0},\boldsymbol{s}_k)}{\partial\dot{\boldsymbol{\beta}}_{c,k}^{\mathrm{T}}}=\boldsymbol{O}_{M\times M}\end{cases} \tag{B.16}$$

$$\begin{cases}\dfrac{\partial \boldsymbol{c}_3(\boldsymbol{r}_{k0},\boldsymbol{s}_k)}{\partial \boldsymbol{\theta}_{\mathrm{c},k}^{\mathrm{T}}}=\mathrm{diag}[\boldsymbol{\lambda}_4^{\mathrm{T}}(\theta_{\mathrm{c},k,1},\dot{\theta}_{\mathrm{c},k,1})\boldsymbol{s}_k \quad \boldsymbol{\lambda}_4^{\mathrm{T}}(\theta_{\mathrm{c},k,2},\dot{\theta}_{\mathrm{c},k,2})\boldsymbol{s}_k \quad \cdots \quad \boldsymbol{\lambda}_4^{\mathrm{T}}(\theta_{\mathrm{c},k,M},\dot{\theta}_{\mathrm{c},k,M})\boldsymbol{s}_k] \\ \dfrac{\partial \boldsymbol{c}_3(\boldsymbol{r}_{k0},\boldsymbol{s}_k)}{\partial \dot{\boldsymbol{\theta}}_{\mathrm{c},k}^{\mathrm{T}}}=\mathrm{diag}[\boldsymbol{\lambda}_1^{\mathrm{T}}(\theta_{\mathrm{c},k,1})\boldsymbol{s}_k \quad \boldsymbol{\lambda}_1^{\mathrm{T}}(\theta_{\mathrm{c},k,2})\boldsymbol{s}_k \quad \cdots \quad \boldsymbol{\lambda}_1^{\mathrm{T}}(\theta_{\mathrm{c},k,M})\boldsymbol{s}_k] \\ \dfrac{\partial \boldsymbol{c}_3(\boldsymbol{r}_{k0},\boldsymbol{s}_k)}{\partial \boldsymbol{\beta}_{\mathrm{c},k}^{\mathrm{T}}}=\dfrac{\partial \boldsymbol{c}_3(\boldsymbol{r}_{k0},\boldsymbol{s}_k)}{\partial \dot{\boldsymbol{\beta}}_{\mathrm{c},k}^{\mathrm{T}}}=\boldsymbol{O}_{M\times M}\end{cases} \tag{B.17}$$

$$\begin{cases}\dfrac{\partial \boldsymbol{c}_4(\boldsymbol{r}_{k0},\boldsymbol{s}_k)}{\partial \boldsymbol{\theta}_{\mathrm{c},k}^{\mathrm{T}}}=\mathrm{diag}[\boldsymbol{\lambda}_5^{\mathrm{T}}(\theta_{\mathrm{c},k,1},\beta_{\mathrm{c},k,1},\dot{\beta}_{\mathrm{c},k,1})\boldsymbol{s}_k \quad \boldsymbol{\lambda}_5^{\mathrm{T}}(\theta_{\mathrm{c},k,2},\beta_{\mathrm{c},k,2},\dot{\beta}_{\mathrm{c},k,2})\boldsymbol{s}_k \\ \qquad \cdots \quad \boldsymbol{\lambda}_5^{\mathrm{T}}(\theta_{\mathrm{c},k,M},\beta_{\mathrm{c},k,M},\dot{\beta}_{\mathrm{c},k,M})\boldsymbol{s}_k] \\ \dfrac{\partial \boldsymbol{c}_4(\boldsymbol{r}_{k0},\boldsymbol{s}_k)}{\partial \boldsymbol{\beta}_{\mathrm{c},k}^{\mathrm{T}}}=\mathrm{diag}[\boldsymbol{\lambda}_6^{\mathrm{T}}(\theta_{\mathrm{c},k,1},\beta_{\mathrm{c},k,1},\dot{\beta}_{\mathrm{c},k,1})\boldsymbol{s}_k \quad \boldsymbol{\lambda}_6^{\mathrm{T}}(\theta_{\mathrm{c},k,2},\beta_{\mathrm{c},k,2},\dot{\beta}_{\mathrm{c},k,2})\boldsymbol{s}_k \\ \qquad \cdots \quad \boldsymbol{\lambda}_6^{\mathrm{T}}(\theta_{\mathrm{c},k,M},\beta_{\mathrm{c},k,M},\dot{\beta}_{\mathrm{c},k,M})\boldsymbol{s}_k] \\ \dfrac{\partial \boldsymbol{c}_4(\boldsymbol{r}_{k0},\boldsymbol{s}_k)}{\partial \dot{\boldsymbol{\beta}}_{\mathrm{c},k}^{\mathrm{T}}}=\mathrm{diag}[\boldsymbol{\lambda}_3^{\mathrm{T}}(\theta_{\mathrm{c},k,1},\beta_{\mathrm{c},k,1})\boldsymbol{s}_k \quad \boldsymbol{\lambda}_3^{\mathrm{T}}(\theta_{\mathrm{c},k,2},\beta_{\mathrm{c},k,2})\boldsymbol{s}_k \quad \cdots \quad \boldsymbol{\lambda}_3^{\mathrm{T}}(\theta_{\mathrm{c},k,M},\beta_{\mathrm{c},k,M})\boldsymbol{s}_k] \\ \dfrac{\partial \boldsymbol{c}_4(\boldsymbol{r}_{k0},\boldsymbol{s}_k)}{\partial \dot{\boldsymbol{\theta}}_{\mathrm{c},k}^{\mathrm{T}}}=\boldsymbol{O}_{M\times M}\end{cases} \tag{B.18}$$

其中

$$\begin{cases}\boldsymbol{\lambda}_1(\theta)=[\cos\theta \;\vdots\; \sin\theta \;\vdots\; 0]^{\mathrm{T}} \\ \boldsymbol{\lambda}_2(\theta,\beta)=[-\sin\theta\sin\beta \;\vdots\; \cos\theta\sin\beta \;\vdots\; 0]^{\mathrm{T}} \\ \boldsymbol{\lambda}_3(\theta,\beta)=[\cos\theta\cos\beta \;\vdots\; \sin\theta\cos\beta \;\vdots\; \sin\beta]^{\mathrm{T}} \\ \boldsymbol{\lambda}_4(\theta,\dot{\theta})=[-\dot{\theta}\sin\theta \;\vdots\; \dot{\theta}\cos\theta \;\vdots\; 0]^{\mathrm{T}} \\ \boldsymbol{\lambda}_5(\theta,\beta,\dot{\beta})=[-\dot{\beta}\sin\theta\cos\beta \;\vdots\; \dot{\beta}\cos\theta\cos\beta \;\vdots\; 0]^{\mathrm{T}} \\ \boldsymbol{\lambda}_6(\theta,\beta,\dot{\beta})=[-\dot{\beta}\cos\theta\sin\beta \;\vdots\; -\dot{\beta}\sin\theta\sin\beta \;\vdots\; \dot{\beta}\cos\beta]^{\mathrm{T}}\end{cases} \tag{B.19}$$

最后推导式(4.91)中各个子矩阵的表达式，根据式(4.74)、式(4.76)、式(4.78)和式(4.80)可得

$$\dot{\boldsymbol{D}}_{\theta_{\mathrm{c},k,m}}(\boldsymbol{r}_{k0},\boldsymbol{s}_k)=\begin{bmatrix}(\boldsymbol{i}_M^{(m)}\boldsymbol{i}_M^{(m)\mathrm{T}})\otimes\boldsymbol{\gamma}_1^{\mathrm{T}}(\theta_{\mathrm{c},k,m}) \\ \hdashline (\boldsymbol{i}_M^{(m)}\boldsymbol{i}_M^{(m)\mathrm{T}})\otimes\boldsymbol{\gamma}_2^{\mathrm{T}}(\theta_{\mathrm{c},k,m},\beta_{\mathrm{c},k,m}) \\ \hdashline (\boldsymbol{i}_M^{(m)}\boldsymbol{i}_M^{(m)\mathrm{T}})\otimes\boldsymbol{\gamma}_4^{\mathrm{T}}(\theta_{\mathrm{c},k,m},\dot{\theta}_{\mathrm{c},k,m}) \\ \hdashline (\boldsymbol{i}_M^{(m)}\boldsymbol{i}_M^{(m)\mathrm{T}})\otimes\boldsymbol{\gamma}_5^{\mathrm{T}}(\theta_{\mathrm{c},k,m},\beta_{\mathrm{c},k,m},\dot{\beta}_{\mathrm{c},k,m})\end{bmatrix} \tag{B.20}$$

$$\dot{\boldsymbol{D}}_{\beta_{\mathrm{c},k,m}}(\boldsymbol{r}_{k0},\boldsymbol{s}_k)=\begin{bmatrix}\boldsymbol{O}_{M\times 6M} \\ \hdashline (\boldsymbol{i}_M^{(m)}\boldsymbol{i}_M^{(m)\mathrm{T}})\otimes\boldsymbol{\gamma}_3^{\mathrm{T}}(\theta_{\mathrm{c},k,m},\beta_{\mathrm{c},k,m}) \\ \hdashline \boldsymbol{O}_{M\times 6M} \\ \hdashline (\boldsymbol{i}_M^{(m)}\boldsymbol{i}_M^{(m)\mathrm{T}})\otimes\boldsymbol{\gamma}_6^{\mathrm{T}}(\theta_{\mathrm{c},k,m},\beta_{\mathrm{c},k,m},\dot{\beta}_{\mathrm{c},k,m})\end{bmatrix} \tag{B.21}$$

$$\dot{\boldsymbol{D}}_{\dot{\theta}_{\mathrm{c},k,m}}(\boldsymbol{r}_{k0},\boldsymbol{s}_k)=\begin{bmatrix}\boldsymbol{O}_{M\times 6M}\\ \boldsymbol{O}_{M\times 6M}\\ (\boldsymbol{i}_M^{(m)}\boldsymbol{i}_M^{(m)\mathrm{T}})\otimes\boldsymbol{\gamma}_1^{\mathrm{T}}(\theta_{\mathrm{c},k,m})\\ \boldsymbol{O}_{M\times 6M}\end{bmatrix} \tag{B.22}$$

$$\dot{\boldsymbol{D}}_{\dot{\beta}_{\mathrm{c},k,m}}(\boldsymbol{r}_{k0},\boldsymbol{s}_k)=\begin{bmatrix}\boldsymbol{O}_{M\times 6M}\\ \boldsymbol{O}_{M\times 6M}\\ \boldsymbol{O}_{M\times 6M}\\ (\boldsymbol{i}_M^{(m)}\boldsymbol{i}_M^{(m)\mathrm{T}})\otimes\boldsymbol{\gamma}_3^{\mathrm{T}}(\theta_{\mathrm{c},k,m},\beta_{\mathrm{c},k,m})\end{bmatrix} \tag{B.23}$$

附录 C

这里将推导式(5.123)～式(5.128)中各个子矩阵的表达式。

首先推导式(5.123)中各个子矩阵的表达式，根据式(5.92)、式(5.98)、式(5.100)和式(5.102)可得

$$\begin{cases}\dfrac{\partial\boldsymbol{a}_{\mathrm{f},1}(\boldsymbol{z}_0,\boldsymbol{w})}{\partial\boldsymbol{z}_0^{\mathrm{T}}}=\left[\dfrac{\partial\boldsymbol{a}_{\mathrm{f},1}(\boldsymbol{z}_0,\boldsymbol{w})}{\partial\boldsymbol{\delta}^{\mathrm{T}}}\quad\dfrac{\partial\boldsymbol{a}_{\mathrm{f},1}(\boldsymbol{z}_0,\boldsymbol{w})}{\partial\boldsymbol{\theta}^{\mathrm{T}}}\quad\dfrac{\partial\boldsymbol{a}_{\mathrm{f},1}(\boldsymbol{z}_0,\boldsymbol{w})}{\partial\boldsymbol{\beta}^{\mathrm{T}}}\right]\\ \dfrac{\partial\boldsymbol{a}_{\mathrm{f},2}(\boldsymbol{z}_0,\boldsymbol{w})}{\partial\boldsymbol{z}_0^{\mathrm{T}}}=\left[\dfrac{\partial\boldsymbol{a}_{\mathrm{f},2}(\boldsymbol{z}_0,\boldsymbol{w})}{\partial\boldsymbol{\delta}^{\mathrm{T}}}\quad\dfrac{\partial\boldsymbol{a}_{\mathrm{f},2}(\boldsymbol{z}_0,\boldsymbol{w})}{\partial\boldsymbol{\theta}^{\mathrm{T}}}\quad\dfrac{\partial\boldsymbol{a}_{\mathrm{f},2}(\boldsymbol{z}_0,\boldsymbol{w})}{\partial\boldsymbol{\beta}^{\mathrm{T}}}\right]\\ \dfrac{\partial\boldsymbol{a}_{\mathrm{f},3}(\boldsymbol{z}_0,\boldsymbol{w})}{\partial\boldsymbol{z}_0^{\mathrm{T}}}=\left[\dfrac{\partial\boldsymbol{a}_{\mathrm{f},3}(\boldsymbol{z}_0,\boldsymbol{w})}{\partial\boldsymbol{\delta}^{\mathrm{T}}}\quad\dfrac{\partial\boldsymbol{a}_{\mathrm{f},3}(\boldsymbol{z}_0,\boldsymbol{w})}{\partial\boldsymbol{\theta}^{\mathrm{T}}}\quad\dfrac{\partial\boldsymbol{a}_{\mathrm{f},3}(\boldsymbol{z}_0,\boldsymbol{w})}{\partial\boldsymbol{\beta}^{\mathrm{T}}}\right]\end{cases} \tag{C.1}$$

式中

$$\begin{cases}\dfrac{\partial\boldsymbol{a}_{\mathrm{f},1}(\boldsymbol{z}_0,\boldsymbol{w})}{\partial\boldsymbol{\delta}^{\mathrm{T}}}=2\mathrm{diag}[\boldsymbol{\delta}],\quad\dfrac{\partial\boldsymbol{a}_{\mathrm{f},1}(\boldsymbol{z}_0,\boldsymbol{w})}{\partial\boldsymbol{\theta}^{\mathrm{T}}}=\dfrac{\partial\boldsymbol{a}_{\mathrm{f},1}(\boldsymbol{z}_0,\boldsymbol{w})}{\partial\boldsymbol{\beta}^{\mathrm{T}}}=\boldsymbol{O}_{M\times M}\\ \dfrac{\partial\boldsymbol{a}_{\mathrm{f},2}(\boldsymbol{z}_0,\boldsymbol{w})}{\partial\boldsymbol{\delta}^{\mathrm{T}}}=\dfrac{\partial\boldsymbol{a}_{\mathrm{f},2}(\boldsymbol{z}_0,\boldsymbol{w})}{\partial\boldsymbol{\beta}^{\mathrm{T}}}=\boldsymbol{O}_{M\times M}\\ \dfrac{\partial\boldsymbol{a}_{\mathrm{f},2}(\boldsymbol{z}_0,\boldsymbol{w})}{\partial\boldsymbol{\theta}^{\mathrm{T}}}=\mathrm{diag}[\boldsymbol{\gamma}_1^{\mathrm{T}}(\theta_1)\boldsymbol{w}_1\quad\boldsymbol{\gamma}_1^{\mathrm{T}}(\theta_2)\boldsymbol{w}_2\quad\cdots\quad\boldsymbol{\gamma}_1^{\mathrm{T}}(\theta_M)\boldsymbol{w}_M]\\ \dfrac{\partial\boldsymbol{a}_{\mathrm{f},3}(\boldsymbol{z}_0,\boldsymbol{w})}{\partial\boldsymbol{\delta}^{\mathrm{T}}}=\boldsymbol{O}_{M\times M},\quad\dfrac{\partial\boldsymbol{a}_{\mathrm{f},3}(\boldsymbol{z}_0,\boldsymbol{w})}{\partial\boldsymbol{\theta}^{\mathrm{T}}}=\mathrm{diag}[\boldsymbol{\gamma}_2^{\mathrm{T}}(\theta_1,\beta_1)\boldsymbol{w}_1\quad\boldsymbol{\gamma}_2^{\mathrm{T}}(\theta_2,\beta_2)\boldsymbol{w}_2\quad\cdots\quad\boldsymbol{\gamma}_2^{\mathrm{T}}(\theta_M,\beta_M)\boldsymbol{w}_M]\\ \dfrac{\partial\boldsymbol{a}_{\mathrm{f},3}(\boldsymbol{z}_0,\boldsymbol{w})}{\partial\boldsymbol{\beta}^{\mathrm{T}}}=\mathrm{diag}[\boldsymbol{\gamma}_3^{\mathrm{T}}(\theta_1,\beta_1)\boldsymbol{w}_1\quad\boldsymbol{\gamma}_3^{\mathrm{T}}(\theta_2,\beta_2)\boldsymbol{w}_2\quad\cdots\quad\boldsymbol{\gamma}_3^{\mathrm{T}}(\theta_M,\beta_M)\boldsymbol{w}_M]\end{cases} \tag{C.2}$$

其中

$$\begin{cases}\boldsymbol{\gamma}_1(\theta)=[\cos\theta\ \vdots\ \sin\theta\ \vdots\ 0]^{\mathrm{T}}\\ \boldsymbol{\gamma}_2(\theta,\beta)=[-\sin\theta\sin\beta\ \vdots\ \cos\theta\sin\beta\ \vdots\ 0]^{\mathrm{T}}\\ \boldsymbol{\gamma}_3(\theta,\beta)=[\cos\theta\cos\beta\ \vdots\ \sin\theta\cos\beta\ \vdots\ \sin\beta]^{\mathrm{T}}\end{cases} \tag{C.3}$$

利用式(5.98)、式(5.100)和式(5.102)还可进一步推得

$$\begin{cases}\dfrac{\partial \boldsymbol{a}_{\mathrm{f},1}(\boldsymbol{z}_0,\boldsymbol{w})}{\partial \boldsymbol{w}^{\mathrm{T}}}=-2\mathrm{blkdiag}[\boldsymbol{w}_1^{\mathrm{T}} \quad \boldsymbol{w}_2^{\mathrm{T}} \quad \cdots \quad \boldsymbol{w}_M^{\mathrm{T}}] \\ \dfrac{\partial \boldsymbol{a}_{\mathrm{f},2}(\boldsymbol{z}_0,\boldsymbol{w})}{\partial \boldsymbol{w}^{\mathrm{T}}}=\mathrm{blkdiag}[\boldsymbol{\gamma}_4^{\mathrm{T}}(\theta_1) \quad \boldsymbol{\gamma}_4^{\mathrm{T}}(\theta_2) \quad \cdots \quad \boldsymbol{\gamma}_4^{\mathrm{T}}(\theta_M)] \\ \dfrac{\partial \boldsymbol{a}_{\mathrm{f},3}(\boldsymbol{z}_0,\boldsymbol{w})}{\partial \boldsymbol{w}^{\mathrm{T}}}=\mathrm{blkdiag}[\boldsymbol{\gamma}_5^{\mathrm{T}}(\theta_1,\beta_1) \quad \boldsymbol{\gamma}_5^{\mathrm{T}}(\theta_2,\beta_2) \quad \cdots \quad \boldsymbol{\gamma}_5^{\mathrm{T}}(\theta_M,\beta_M)]\end{cases} \tag{C.4}$$

式中

$$\begin{cases}\boldsymbol{\gamma}_4(\theta)=[\sin\theta \;\vdots\; -\cos\theta \;\vdots\; 0]^{\mathrm{T}} \\ \boldsymbol{\gamma}_5(\theta,\beta)=[\cos\theta\sin\beta \;\vdots\; \sin\theta\sin\beta \;\vdots\; -\cos\beta]^{\mathrm{T}}\end{cases} \tag{C.5}$$

然后推导式(5.124)中各个子矩阵的表达式，根据式(5.98)，式(5.100)和式(5.102)可得

$$\begin{cases}\dfrac{\partial \boldsymbol{B}_{\mathrm{f},1}(\boldsymbol{z}_0,\boldsymbol{w})}{\partial \delta_m}=\dfrac{\partial \boldsymbol{B}_{\mathrm{f},2}(\boldsymbol{z}_0,\boldsymbol{w})}{\partial \delta_m}=\dfrac{\partial \boldsymbol{B}_{\mathrm{f},3}(\boldsymbol{z}_0,\boldsymbol{w})}{\partial \delta_m}=\boldsymbol{O}_{M\times 4} \\ \dfrac{\partial \boldsymbol{B}_{\mathrm{f},1}(\boldsymbol{z}_0,\boldsymbol{w})}{\partial \theta_m}=\boldsymbol{O}_{M\times 4}, \quad \dfrac{\partial \boldsymbol{B}_{\mathrm{f},2}(\boldsymbol{z}_0,\boldsymbol{w})}{\partial \theta_m}=[\cos\theta_m \boldsymbol{i}_M^{(m)} \;\vdots\; \sin\theta_m \boldsymbol{i}_M^{(m)} \;\vdots\; \boldsymbol{O}_{M\times 1} \;\vdots\; \boldsymbol{O}_{M\times 1}] \\ \dfrac{\partial \boldsymbol{B}_{\mathrm{f},3}(\boldsymbol{z}_0,\boldsymbol{w})}{\partial \theta_m}=[-\sin\theta_m\sin\beta_m \boldsymbol{i}_M^{(m)} \;\vdots\; \cos\theta_m\sin\beta_m \boldsymbol{i}_M^{(m)} \;\vdots\; \boldsymbol{O}_{M\times 1} \;\vdots\; \boldsymbol{O}_{M\times 1}] \\ \dfrac{\partial \boldsymbol{B}_{\mathrm{f},1}(\boldsymbol{z}_0,\boldsymbol{w})}{\partial \beta_m}=\dfrac{\partial \boldsymbol{B}_{\mathrm{f},2}(\boldsymbol{z}_0,\boldsymbol{w})}{\partial \beta_m}=\boldsymbol{O}_{M\times 4} \\ \dfrac{\partial \boldsymbol{B}_{\mathrm{f},3}(\boldsymbol{z}_0,\boldsymbol{w})}{\partial \beta_m}=[\cos\theta_m\cos\beta_m \boldsymbol{i}_M^{(m)} \;\vdots\; \sin\theta_m\cos\beta_m \boldsymbol{i}_M^{(m)} \;\vdots\; \sin\beta_m \boldsymbol{i}_M^{(m)} \;\vdots\; \boldsymbol{O}_{M\times 1}]\end{cases} \tag{C.6}$$

接着推导式(5.125)中各个子矩阵的表达式，根据式(5.98)、式(5.100)和式(5.102)可得

$$\begin{cases}\dfrac{\partial \boldsymbol{B}_{\mathrm{f},1}(\boldsymbol{z}_0,\boldsymbol{w})}{\partial x_{\mathrm{o},m}}=-2\boldsymbol{i}_M^{(m)}\boldsymbol{i}_4^{(1)\mathrm{T}}, \quad \dfrac{\partial \boldsymbol{B}_{\mathrm{f},1}(\boldsymbol{z}_0,\boldsymbol{w})}{\partial y_{\mathrm{o},m}}=-2\boldsymbol{i}_M^{(m)}\boldsymbol{i}_4^{(2)\mathrm{T}}, \quad \dfrac{\partial \boldsymbol{B}_{\mathrm{f},1}(\boldsymbol{z}_0,\boldsymbol{w})}{\partial z_{\mathrm{o},m}}=-2\boldsymbol{i}_M^{(m)}\boldsymbol{i}_4^{(3)\mathrm{T}} \\ \dfrac{\partial \boldsymbol{B}_{\mathrm{f},2}(\boldsymbol{z}_0,\boldsymbol{w})}{\partial x_{\mathrm{o},m}}=\dfrac{\partial \boldsymbol{B}_{\mathrm{f},2}(\boldsymbol{z}_0,\boldsymbol{w})}{\partial y_{\mathrm{o},m}}=\dfrac{\partial \boldsymbol{B}_{\mathrm{f},2}(\boldsymbol{z}_0,\boldsymbol{w})}{\partial z_{\mathrm{o},m}}=\boldsymbol{O}_{M\times 4} \\ \dfrac{\partial \boldsymbol{B}_{\mathrm{f},3}(\boldsymbol{z}_0,\boldsymbol{w})}{\partial x_{\mathrm{o},m}}=\dfrac{\partial \boldsymbol{B}_{\mathrm{f},3}(\boldsymbol{z}_0,\boldsymbol{w})}{\partial y_{\mathrm{o},m}}=\dfrac{\partial \boldsymbol{B}_{\mathrm{f},3}(\boldsymbol{z}_0,\boldsymbol{w})}{\partial z_{\mathrm{o},m}}=\boldsymbol{O}_{M\times 4}\end{cases} \tag{C.7}$$

再然后推导式(5.126)中各个子矩阵的表达式，根据式(5.95)、式(5.109)、式(5.111)和式(5.113)可得

$$\begin{cases}\dfrac{\partial \boldsymbol{c}_{\mathrm{f},1}(\boldsymbol{r}_{k0},\boldsymbol{s}_k)}{\partial \boldsymbol{r}_{k0}^{\mathrm{T}}}=\left[\dfrac{\partial \boldsymbol{c}_{\mathrm{f},1}(\boldsymbol{r}_{k0},\boldsymbol{s}_k)}{\partial \boldsymbol{\delta}_{\mathrm{c},k}^{\mathrm{T}}} \quad \dfrac{\partial \boldsymbol{c}_{\mathrm{f},1}(\boldsymbol{r}_{k0},\boldsymbol{s}_k)}{\partial \boldsymbol{\theta}_{\mathrm{c},k}^{\mathrm{T}}} \quad \dfrac{\partial \boldsymbol{c}_{\mathrm{f},1}(\boldsymbol{r}_{k0},\boldsymbol{s}_k)}{\partial \boldsymbol{\beta}_{\mathrm{c},k}^{\mathrm{T}}}\right] \\ \dfrac{\partial \boldsymbol{c}_{\mathrm{f},2}(\boldsymbol{r}_{k0},\boldsymbol{s}_k)}{\partial \boldsymbol{r}_{k0}^{\mathrm{T}}}=\left[\dfrac{\partial \boldsymbol{c}_{\mathrm{f},2}(\boldsymbol{r}_{k0},\boldsymbol{s}_k)}{\partial \boldsymbol{\delta}_{\mathrm{c},k}^{\mathrm{T}}} \quad \dfrac{\partial \boldsymbol{c}_{\mathrm{f},2}(\boldsymbol{r}_{k0},\boldsymbol{s}_k)}{\partial \boldsymbol{\theta}_{\mathrm{c},k}^{\mathrm{T}}} \quad \dfrac{\partial \boldsymbol{c}_{\mathrm{f},2}(\boldsymbol{r}_{k0},\boldsymbol{s}_k)}{\partial \boldsymbol{\beta}_{\mathrm{c},k}^{\mathrm{T}}}\right] \\ \dfrac{\partial \boldsymbol{c}_{\mathrm{f},3}(\boldsymbol{r}_{k0},\boldsymbol{s}_k)}{\partial \boldsymbol{r}_{k0}^{\mathrm{T}}}=\left[\dfrac{\partial \boldsymbol{c}_{\mathrm{f},3}(\boldsymbol{r}_{k0},\boldsymbol{s}_k)}{\partial \boldsymbol{\delta}_{\mathrm{c},k}^{\mathrm{T}}} \quad \dfrac{\partial \boldsymbol{c}_{\mathrm{f},3}(\boldsymbol{r}_{k0},\boldsymbol{s}_k)}{\partial \boldsymbol{\theta}_{\mathrm{c},k}^{\mathrm{T}}} \quad \dfrac{\partial \boldsymbol{c}_{\mathrm{f},3}(\boldsymbol{r}_{k0},\boldsymbol{s}_k)}{\partial \boldsymbol{\beta}_{\mathrm{c},k}^{\mathrm{T}}}\right]\end{cases} \tag{C.8}$$

式中

$$\begin{cases}\dfrac{\partial \boldsymbol{c}_{\mathrm{f},1}(\boldsymbol{r}_{k0},\boldsymbol{s}_k)}{\partial \boldsymbol{\delta}_{\mathrm{c},k}^{\mathrm{T}}}=2\mathrm{diag}[\boldsymbol{\delta}_{\mathrm{c},k}], \quad \dfrac{\partial \boldsymbol{c}_{\mathrm{f},1}(\boldsymbol{r}_{k0},\boldsymbol{s}_k)}{\partial \boldsymbol{\theta}_{\mathrm{c},k}^{\mathrm{T}}}=\dfrac{\partial \boldsymbol{c}_{\mathrm{f},1}(\boldsymbol{r}_{k0},\boldsymbol{s}_k)}{\partial \boldsymbol{\beta}_{\mathrm{c},k}^{\mathrm{T}}}=\boldsymbol{O}_{M\times M} \\ \dfrac{\partial \boldsymbol{c}_{\mathrm{f},2}(\boldsymbol{r}_{k0},\boldsymbol{s}_k)}{\partial \boldsymbol{\delta}_{\mathrm{c},k}^{\mathrm{T}}}=\dfrac{\partial \boldsymbol{c}_{\mathrm{f},2}(\boldsymbol{r}_{k0},\boldsymbol{s}_k)}{\partial \boldsymbol{\beta}_{\mathrm{c},k}^{\mathrm{T}}}=\boldsymbol{O}_{M\times M} \\ \dfrac{\partial \boldsymbol{c}_{\mathrm{f},2}(\boldsymbol{r}_{k0},\boldsymbol{s}_k)}{\partial \boldsymbol{\theta}_{\mathrm{c},k}^{\mathrm{T}}}=\mathrm{diag}[\boldsymbol{\gamma}_1^{\mathrm{T}}(\theta_{\mathrm{c},k,1})\boldsymbol{s}_k \quad \boldsymbol{\gamma}_1^{\mathrm{T}}(\theta_{\mathrm{c},k,2})\boldsymbol{s}_k \quad \cdots \quad \boldsymbol{\gamma}_1^{\mathrm{T}}(\theta_{\mathrm{c},k,M})\boldsymbol{s}_k] \\ \dfrac{\partial \boldsymbol{c}_{\mathrm{f},3}(\boldsymbol{r}_{k0},\boldsymbol{s}_k)}{\partial \boldsymbol{\delta}_{\mathrm{c},k}^{\mathrm{T}}}=\boldsymbol{O}_{M\times M} \\ \dfrac{\partial \boldsymbol{c}_{\mathrm{f},3}(\boldsymbol{r}_{k0},\boldsymbol{s}_k)}{\partial \boldsymbol{\theta}_{\mathrm{c},k}^{\mathrm{T}}}=\mathrm{diag}[\boldsymbol{\gamma}_2^{\mathrm{T}}(\theta_{\mathrm{c},k,1},\beta_{\mathrm{c},k,1})\boldsymbol{s}_k \quad \boldsymbol{\gamma}_2^{\mathrm{T}}(\theta_{\mathrm{c},k,2},\beta_{\mathrm{c},k,2})\boldsymbol{s}_k \quad \cdots \quad \boldsymbol{\gamma}_2^{\mathrm{T}}(\theta_{\mathrm{c},k,M},\beta_{\mathrm{c},k,M})\boldsymbol{s}_k] \\ \dfrac{\partial \boldsymbol{c}_{\mathrm{f},3}(\boldsymbol{r}_{k0},\boldsymbol{s}_k)}{\partial \boldsymbol{\beta}_{\mathrm{c},k}^{\mathrm{T}}}=\mathrm{diag}[\boldsymbol{\gamma}_3^{\mathrm{T}}(\theta_{\mathrm{c},k,1},\beta_{\mathrm{c},k,1})\boldsymbol{s}_k \quad \boldsymbol{\gamma}_3^{\mathrm{T}}(\theta_{\mathrm{c},k,2},\beta_{\mathrm{c},k,2})\boldsymbol{s}_k \quad \cdots \quad \boldsymbol{\gamma}_3^{\mathrm{T}}(\theta_{\mathrm{c},k,M},\beta_{\mathrm{c},k,M})\boldsymbol{s}_k]\end{cases} \tag{C.9}$$

再接着推导式(5.127)中各个子矩阵的表达式，根据式(5.109)、式(5.111)和式(5.113)可得

$$\begin{cases}\dfrac{\partial \boldsymbol{D}_{\mathrm{f},1}(\boldsymbol{r}_{k0},\boldsymbol{s}_k)}{\partial \delta_{\mathrm{c},k,m}}=\dfrac{\partial \boldsymbol{D}_{\mathrm{f},2}(\boldsymbol{r}_{k0},\boldsymbol{s}_k)}{\partial \delta_{\mathrm{c},k,m}}=\dfrac{\partial \boldsymbol{D}_{\mathrm{f},3}(\boldsymbol{r}_{k0},\boldsymbol{s}_k)}{\partial \delta_{\mathrm{c},k,m}}=\boldsymbol{O}_{M\times 4M} \\ \dfrac{\partial \boldsymbol{D}_{\mathrm{f},1}(\boldsymbol{r}_{k0},\boldsymbol{s}_k)}{\partial \theta_{\mathrm{c},k,m}}=\boldsymbol{O}_{M\times 4M}, \quad \dfrac{\partial \boldsymbol{D}_{\mathrm{f},2}(\boldsymbol{r}_{k0},\boldsymbol{s}_k)}{\partial \theta_{\mathrm{c},k,m}}=(\boldsymbol{i}_M^{(m)}\boldsymbol{i}_M^{(m)\mathrm{T}})\otimes[\cos\theta_{\mathrm{c},k,m} \ \vdots \ \sin\theta_{\mathrm{c},k,m} \ \vdots \ 0 \ \vdots \ 0] \\ \dfrac{\partial \boldsymbol{D}_{\mathrm{f},3}(\boldsymbol{r}_{k0},\boldsymbol{s}_k)}{\partial \theta_{\mathrm{c},k,m}}=(\boldsymbol{i}_M^{(m)}\boldsymbol{i}_M^{(m)\mathrm{T}})\otimes[-\sin\theta_{\mathrm{c},k,m}\sin\beta_{\mathrm{c},k,m} \ \vdots \ \cos\theta_{\mathrm{c},k,m}\sin\beta_{\mathrm{c},k,m} \ \vdots \ 0 \ \vdots \ 0] \\ \dfrac{\partial \boldsymbol{D}_{\mathrm{f},1}(\boldsymbol{r}_{k0},\boldsymbol{s}_k)}{\partial \beta_{\mathrm{c},k,m}}=\dfrac{\partial \boldsymbol{D}_{\mathrm{f},2}(\boldsymbol{r}_{k0},\boldsymbol{s}_k)}{\partial \beta_{\mathrm{c},k,m}}=\boldsymbol{O}_{M\times 4M} \\ \dfrac{\partial \boldsymbol{D}_{\mathrm{f},3}(\boldsymbol{r}_{k0},\boldsymbol{s}_k)}{\partial \beta_{\mathrm{c},k,m}}=(\boldsymbol{i}_M^{(m)}\boldsymbol{i}_M^{(m)\mathrm{T}})\otimes[\cos\theta_{\mathrm{c},k,m}\cos\beta_{\mathrm{c},k,m} \ \vdots \ \sin\theta_{\mathrm{c},k,m}\cos\beta_{\mathrm{c},k,m} \ \vdots \ \sin\beta_{\mathrm{c},k,m} \ \vdots \ 0]\end{cases} \tag{C.10}$$

最后推导式(5.128)中各个子矩阵的表达式，根据式(5.106)、式(5.107)和式(5.119)～式(5.121)可得

$$\begin{cases}\boldsymbol{A}_{\mathrm{s}}(\boldsymbol{t}_{\mathrm{f}})=\dfrac{\partial \boldsymbol{a}_{\mathrm{s}}(\boldsymbol{t}_{\mathrm{f}})}{\partial \boldsymbol{t}_{\mathrm{f}}^{\mathrm{T}}}=\mathrm{diag}[2\boldsymbol{t}_{\mathrm{f}}^{\mathrm{T}}(1:3) \ \vdots \ 1], \quad \dot{\boldsymbol{B}}_{\mathrm{s},j}(\boldsymbol{t}_{\mathrm{f}})=\boldsymbol{O}_{4\times 3}, \quad \dot{\boldsymbol{D}}_{\mathrm{s},j}(\boldsymbol{x}_{\mathrm{f}})=\boldsymbol{O}_{4M\times 3M} \\ \boldsymbol{C}_{\mathrm{s}}(\boldsymbol{x}_{\mathrm{f}})=\dfrac{\partial \boldsymbol{c}_{\mathrm{s}}(\boldsymbol{x}_{\mathrm{f}})}{\partial \boldsymbol{x}_{\mathrm{f}}^{\mathrm{T}}}=\mathrm{blkdiag}[\boldsymbol{C}_{\mathrm{s},1}(\boldsymbol{x}_{\mathrm{f}}) \quad \boldsymbol{C}_{\mathrm{s},2}(\boldsymbol{x}_{\mathrm{f}}) \quad \cdots \quad \boldsymbol{C}_{\mathrm{s},M}(\boldsymbol{x}_{\mathrm{f}})]\end{cases} \tag{C.11}$$

式中

$$\boldsymbol{C}_{\mathrm{s},m}(\boldsymbol{x}_{\mathrm{f}})=\mathrm{diag}[2\boldsymbol{x}_{\mathrm{f}}^{\mathrm{T}}(4m-3:4m-1) \ \vdots \ 1], \quad 1\leqslant m\leqslant M \tag{C.12}$$

附录 D

这里将推导矩阵 $\dfrac{\partial \mathrm{vec}(\boldsymbol{F}(\boldsymbol{z},\boldsymbol{v},\boldsymbol{r},\boldsymbol{s},\boldsymbol{\rho}(\boldsymbol{u}),\boldsymbol{\varphi}(\boldsymbol{w})))}{\partial \boldsymbol{u}^{\mathrm{T}}}$ 和 $\dfrac{\partial \mathrm{vec}(\boldsymbol{F}(\boldsymbol{z},\boldsymbol{v},\boldsymbol{r},\boldsymbol{s},\boldsymbol{\rho}(\boldsymbol{u}),\boldsymbol{\varphi}(\boldsymbol{w})))}{\partial \boldsymbol{w}^{\mathrm{T}}}$ 的

表达式。

根据式(6.84)可将矩阵 $\boldsymbol{F}(\boldsymbol{z},\boldsymbol{v},\boldsymbol{r},\boldsymbol{s},\boldsymbol{\rho}(\boldsymbol{u}),\boldsymbol{\varphi}(\boldsymbol{w}))$ 表示为

$$\begin{aligned}\boldsymbol{F}(\boldsymbol{z},\boldsymbol{v},\boldsymbol{r},\boldsymbol{s},\boldsymbol{\rho}(\boldsymbol{u}),\boldsymbol{\varphi}(\boldsymbol{w}))=&\begin{bmatrix}\boldsymbol{O}_{p\times l}\\\boldsymbol{I}_l\\\boldsymbol{O}_{pd\times l}\end{bmatrix}\boldsymbol{I}_l[\boldsymbol{O}_{l\times p}\quad\boldsymbol{I}_l\quad\boldsymbol{O}_{l\times pd}]\\&+\begin{bmatrix}\boldsymbol{I}_p\\\boldsymbol{O}_{l\times p}\\\boldsymbol{O}_{pd\times p}\end{bmatrix}\boldsymbol{T}_1(\boldsymbol{z},\boldsymbol{v},\boldsymbol{\rho}(\boldsymbol{u}))[\boldsymbol{I}_p\quad\boldsymbol{O}_{p\times l}\quad\boldsymbol{O}_{p\times pd}]\\&+\begin{bmatrix}\boldsymbol{I}_p\\\boldsymbol{O}_{l\times p}\\\boldsymbol{O}_{pd\times p}\end{bmatrix}\boldsymbol{T}_2(\boldsymbol{z},\boldsymbol{v},\boldsymbol{\rho}(\boldsymbol{u}))[\boldsymbol{O}_{l\times p}\quad\boldsymbol{I}_l\quad\boldsymbol{O}_{l\times pd}]\\&+\begin{bmatrix}\boldsymbol{O}_{p\times pd}\\\boldsymbol{O}_{l\times pd}\\\boldsymbol{I}_{pd}\end{bmatrix}\bar{\boldsymbol{H}}(\boldsymbol{r},\boldsymbol{s},\boldsymbol{\varphi}(\boldsymbol{w}))[\boldsymbol{O}_{pd\times p}\quad\boldsymbol{O}_{pd\times l}\quad\boldsymbol{I}_{pd}]\end{aligned}\tag{D.1}$$

于是有

$$\begin{aligned}\frac{\partial\mathrm{vec}(\boldsymbol{F}(\boldsymbol{z},\boldsymbol{v},\boldsymbol{r},\boldsymbol{s},\boldsymbol{\rho}(\boldsymbol{u}),\boldsymbol{\varphi}(\boldsymbol{w})))}{\partial\boldsymbol{u}^{\mathrm{T}}}=&\left(\begin{bmatrix}\boldsymbol{I}_p\\\boldsymbol{O}_{l\times p}\\\boldsymbol{O}_{pd\times p}\end{bmatrix}\otimes\begin{bmatrix}\boldsymbol{I}_p\\\boldsymbol{O}_{l\times p}\\\boldsymbol{O}_{pd\times p}\end{bmatrix}\right)\frac{\partial\mathrm{vec}(\boldsymbol{T}_1(\boldsymbol{z},\boldsymbol{v},\boldsymbol{\rho}(\boldsymbol{u})))}{\partial\boldsymbol{u}^{\mathrm{T}}}\\&+\left(\begin{bmatrix}\boldsymbol{O}_{p\times l}\\\boldsymbol{I}_l\\\boldsymbol{O}_{pd\times l}\end{bmatrix}\otimes\begin{bmatrix}\boldsymbol{I}_p\\\boldsymbol{O}_{l\times p}\\\boldsymbol{O}_{pd\times p}\end{bmatrix}\right)\frac{\partial\mathrm{vec}(\boldsymbol{T}_2(\boldsymbol{z},\boldsymbol{v},\boldsymbol{\rho}(\boldsymbol{u})))}{\partial\boldsymbol{u}^{\mathrm{T}}}\\=&-\left(\begin{bmatrix}\boldsymbol{I}_p\\\boldsymbol{O}_{l\times p}\\\boldsymbol{O}_{pd\times p}\end{bmatrix}\otimes\begin{bmatrix}\boldsymbol{I}_p\\\boldsymbol{O}_{l\times p}\\\boldsymbol{O}_{pd\times p}\end{bmatrix}\right)\dot{\boldsymbol{B}}_1(\boldsymbol{z},\boldsymbol{v})\boldsymbol{P}(\boldsymbol{u})\\&-\left(\begin{bmatrix}\boldsymbol{O}_{p\times l}\\\boldsymbol{I}_l\\\boldsymbol{O}_{pd\times l}\end{bmatrix}\otimes\begin{bmatrix}\boldsymbol{I}_p\\\boldsymbol{O}_{l\times p}\\\boldsymbol{O}_{pd\times p}\end{bmatrix}\right)\dot{\boldsymbol{B}}_2(\boldsymbol{z},\boldsymbol{v})\boldsymbol{P}(\boldsymbol{u})\end{aligned}\tag{D.2}$$

$$\begin{aligned}\frac{\partial\mathrm{vec}(\boldsymbol{F}(\boldsymbol{z},\boldsymbol{v},\boldsymbol{r},\boldsymbol{s},\boldsymbol{\rho}(\boldsymbol{u}),\boldsymbol{\varphi}(\boldsymbol{w})))}{\partial\boldsymbol{w}^{\mathrm{T}}}=&\left(\begin{bmatrix}\boldsymbol{O}_{p\times pd}\\\boldsymbol{O}_{l\times pd}\\\boldsymbol{I}_{pd}\end{bmatrix}\otimes\begin{bmatrix}\boldsymbol{O}_{p\times pd}\\\boldsymbol{O}_{l\times pd}\\\boldsymbol{I}_{pd}\end{bmatrix}\right)\frac{\partial\mathrm{vec}(\bar{\boldsymbol{H}}(\boldsymbol{r},\boldsymbol{s},\boldsymbol{\varphi}(\boldsymbol{w})))}{\partial\boldsymbol{w}^{\mathrm{T}}}\\=&-\left(\begin{bmatrix}\boldsymbol{O}_{p\times pd}\\\boldsymbol{O}_{l\times pd}\\\boldsymbol{I}_{pd}\end{bmatrix}\otimes\begin{bmatrix}\boldsymbol{O}_{p\times pd}\\\boldsymbol{O}_{l\times pd}\\\boldsymbol{I}_{pd}\end{bmatrix}\right)\dot{\bar{\boldsymbol{D}}}(\boldsymbol{r},\boldsymbol{s})\boldsymbol{\Psi}(\boldsymbol{w})\end{aligned}\tag{D.3}$$

式中

$$\begin{cases}\dot{\boldsymbol{B}}_1(\boldsymbol{z},\boldsymbol{v})=[\dot{\boldsymbol{B}}_{11}^{\mathrm{T}}(\boldsymbol{z},\boldsymbol{v})\quad\dot{\boldsymbol{B}}_{12}^{\mathrm{T}}(\boldsymbol{z},\boldsymbol{v})\quad\cdots\quad\dot{\boldsymbol{B}}_{1p}^{\mathrm{T}}(\boldsymbol{z},\boldsymbol{v})]^{\mathrm{T}}\in\mathbf{R}^{p^2\times\bar{q}}\\\dot{\boldsymbol{B}}_2(\boldsymbol{z},\boldsymbol{v})=[\dot{\boldsymbol{B}}_{21}^{\mathrm{T}}(\boldsymbol{z},\boldsymbol{v})\quad\dot{\boldsymbol{B}}_{22}^{\mathrm{T}}(\boldsymbol{z},\boldsymbol{v})\quad\cdots\quad\dot{\boldsymbol{B}}_{2l}^{\mathrm{T}}(\boldsymbol{z},\boldsymbol{v})]^{\mathrm{T}}\in\mathbf{R}^{pl\times\bar{q}}\end{cases}\tag{D.4}$$

附录 E

这里将推导矩阵$\frac{\partial \mathrm{vec}(\boldsymbol{\Psi}^{\mathrm{T}}(\boldsymbol{w}))}{\partial \boldsymbol{w}^{\mathrm{T}}}$的表达式。首先根据式(6.144)可以将矩阵$\boldsymbol{\Psi}(\boldsymbol{w})$表示为

$$\boldsymbol{\Psi}(\boldsymbol{w})=\frac{\partial \boldsymbol{\varphi}(\boldsymbol{w})}{\partial \boldsymbol{w}^{\mathrm{T}}}=\sum_{m=1}^{M}(\boldsymbol{i}_M^{(m)}\otimes \boldsymbol{I}_8)\frac{\partial \boldsymbol{\varphi}_0(\boldsymbol{w}_m)}{\partial \boldsymbol{w}_m^{\mathrm{T}}}(\boldsymbol{i}_M^{(m)\mathrm{T}}\otimes \boldsymbol{I}_6) \tag{E.1}$$

于是有

$$\boldsymbol{\Psi}^{\mathrm{T}}(\boldsymbol{w})=\sum_{m=1}^{M}(\boldsymbol{i}_M^{(m)}\otimes \boldsymbol{I}_6)\left(\frac{\partial \boldsymbol{\varphi}_0(\boldsymbol{w}_m)}{\partial \boldsymbol{w}_m^{\mathrm{T}}}\right)^{\mathrm{T}}(\boldsymbol{i}_M^{(m)\mathrm{T}}\otimes \boldsymbol{I}_8) \tag{E.2}$$

进一步可推得

$$\mathrm{vec}(\boldsymbol{\Psi}^{\mathrm{T}}(\boldsymbol{w}))=\sum_{m=1}^{M}\left((\boldsymbol{i}_M^{(m)}\otimes \boldsymbol{I}_8)\otimes(\boldsymbol{i}_M^{(m)}\otimes \boldsymbol{I}_6)\right)\mathrm{vec}\left(\left(\frac{\partial \boldsymbol{\varphi}_0(\boldsymbol{w}_m)}{\partial \boldsymbol{w}_m^{\mathrm{T}}}\right)^{\mathrm{T}}\right) \tag{E.3}$$

另外，根据式(6.145)可知

$$\frac{\partial}{\partial \boldsymbol{w}_m^{\mathrm{T}}}\mathrm{vec}\left(\left(\frac{\partial \boldsymbol{\varphi}_0(\boldsymbol{w}_m)}{\partial \boldsymbol{w}_m^{\mathrm{T}}}\right)^{\mathrm{T}}\right)=\begin{bmatrix}\boldsymbol{O}_{18\times 3} & \boldsymbol{O}_{18\times 3}\\ 2\boldsymbol{I}_3 & \boldsymbol{O}_{3\times 3}\\ \boldsymbol{O}_{21\times 3} & \boldsymbol{O}_{21\times 3}\\ \boldsymbol{O}_{3\times 3} & \boldsymbol{I}_3\\ \boldsymbol{I}_3 & \boldsymbol{O}_{3\times 3}\end{bmatrix} \tag{E.4}$$

结合式(E.3)和式(E.4)可推得

$$\begin{aligned}\frac{\partial \mathrm{vec}(\boldsymbol{\Psi}^{\mathrm{T}}(\boldsymbol{w}))}{\partial \boldsymbol{w}^{\mathrm{T}}}=&[(\boldsymbol{i}_M^{(1)}\otimes \boldsymbol{I}_8)\otimes(\boldsymbol{i}_M^{(1)}\otimes \boldsymbol{I}_6)\ \vdots\ (\boldsymbol{i}_M^{(2)}\otimes \boldsymbol{I}_8)\otimes(\boldsymbol{i}_M^{(2)}\otimes \boldsymbol{I}_6)\\ &\vdots\ \cdots\ \vdots\ (\boldsymbol{i}_M^{(M)}\otimes \boldsymbol{I}_8)\otimes(\boldsymbol{i}_M^{(M)}\otimes \boldsymbol{I}_6)]\\ &\cdot\left(\boldsymbol{I}_M\otimes\begin{bmatrix}\boldsymbol{O}_{18\times 3} & \boldsymbol{O}_{18\times 3}\\ 2\boldsymbol{I}_3 & \boldsymbol{O}_{3\times 3}\\ \boldsymbol{O}_{21\times 3} & \boldsymbol{O}_{21\times 3}\\ \boldsymbol{O}_{3\times 3} & \boldsymbol{I}_3\\ \boldsymbol{I}_3 & \boldsymbol{O}_{3\times 3}\end{bmatrix}\right)\end{aligned} \tag{E.5}$$

附录 F

这里将推导式(6.147)～式(6.151)中各个子矩阵的表达式。

首先推导式(6.147)中各个子矩阵的表达式，根据式(6.121)、式(6.127)和式(6.129)可得

$$\begin{cases}\dfrac{\partial \boldsymbol{a}_1(\boldsymbol{z}_0,\boldsymbol{w})}{\partial \boldsymbol{z}_0^{\mathrm{T}}}=\left[\dfrac{\partial \boldsymbol{a}_1(\boldsymbol{z}_0,\boldsymbol{w})}{\partial \boldsymbol{\delta}^{\mathrm{T}}}\quad \dfrac{\partial \boldsymbol{a}_1(\boldsymbol{z}_0,\boldsymbol{w})}{\partial \dot{\boldsymbol{\delta}}^{\mathrm{T}}}\right]\\ \dfrac{\partial \boldsymbol{a}_2(\boldsymbol{z}_0,\boldsymbol{w})}{\partial \boldsymbol{z}_0^{\mathrm{T}}}=\left[\dfrac{\partial \boldsymbol{a}_2(\boldsymbol{z}_0,\boldsymbol{w})}{\partial \boldsymbol{\delta}^{\mathrm{T}}}\quad \dfrac{\partial \boldsymbol{a}_2(\boldsymbol{z}_0,\boldsymbol{w})}{\partial \dot{\boldsymbol{\delta}}^{\mathrm{T}}}\right]\end{cases} \tag{F. 1}$$

式中

$$\begin{cases}\dfrac{\partial \boldsymbol{a}_1(\boldsymbol{z}_0,\boldsymbol{w})}{\partial \boldsymbol{\delta}^{\mathrm{T}}}=2\mathrm{diag}[\boldsymbol{\delta}],\quad \dfrac{\partial \boldsymbol{a}_1(\boldsymbol{z}_0,\boldsymbol{w})}{\partial \dot{\boldsymbol{\delta}}^{\mathrm{T}}}=\boldsymbol{O}_{M\times M}\\ \dfrac{\partial \boldsymbol{a}_2(\boldsymbol{z}_0,\boldsymbol{w})}{\partial \boldsymbol{\delta}^{\mathrm{T}}}=-\mathrm{diag}[\dot{\boldsymbol{\delta}}],\quad \dfrac{\partial \boldsymbol{a}_2(\boldsymbol{z}_0,\boldsymbol{w})}{\partial \dot{\boldsymbol{\delta}}^{\mathrm{T}}}=-\mathrm{diag}[\boldsymbol{\delta}]\end{cases} \tag{F. 2}$$

利用式(6.127)和式(6.129)还可进一步推得

$$\begin{cases}\dfrac{\partial \boldsymbol{a}_1(\boldsymbol{z}_0,\boldsymbol{w})}{\partial \boldsymbol{w}^{\mathrm{T}}}=\mathrm{blkdiag}[[-2\boldsymbol{w}_{\mathrm{p},1}^{\mathrm{T}}\quad \boldsymbol{O}_{1\times 3}]\quad[-2\boldsymbol{w}_{\mathrm{p},2}^{\mathrm{T}}\quad \boldsymbol{O}_{1\times 3}]\quad\cdots\quad[-2\boldsymbol{w}_{\mathrm{p},M}^{\mathrm{T}}\quad \boldsymbol{O}_{1\times 3}]]\\ \dfrac{\partial \boldsymbol{a}_2(\boldsymbol{z}_0,\boldsymbol{w})}{\partial \boldsymbol{w}^{\mathrm{T}}}=\mathrm{blkdiag}[[\boldsymbol{w}_{\mathrm{v},1}^{\mathrm{T}}\quad \boldsymbol{w}_{\mathrm{p},1}^{\mathrm{T}}]\quad[\boldsymbol{w}_{\mathrm{v},2}^{\mathrm{T}}\quad \boldsymbol{w}_{\mathrm{p},2}^{\mathrm{T}}]\quad\cdots\quad[\boldsymbol{w}_{\mathrm{v},M}^{\mathrm{T}}\quad \boldsymbol{w}_{\mathrm{p},M}^{\mathrm{T}}]]\end{cases} \tag{F. 3}$$

然后推导式(6.148)中各个子矩阵的表达式,根据式(6.127)和式(6.129)可得

$$\frac{\partial \boldsymbol{B}_1(\boldsymbol{z}_0,\boldsymbol{w})}{\partial \delta_m}=\frac{\partial \boldsymbol{B}_1(\boldsymbol{z}_0,\boldsymbol{w})}{\partial \dot{\delta}_m}=\frac{\partial \boldsymbol{B}_2(\boldsymbol{z}_0,\boldsymbol{w})}{\partial \delta_m}=\frac{\partial \boldsymbol{B}_2(\boldsymbol{z}_0,\boldsymbol{w})}{\partial \dot{\delta}_m}=\boldsymbol{O}_{M\times 4} \tag{F. 4}$$

接着推导式(6.149)中各个子矩阵的表达式,根据式(6.127)和式(6.129)可得

$$\begin{cases}\dfrac{\partial \boldsymbol{B}_1(\boldsymbol{z}_0,\boldsymbol{w})}{\partial x_{\mathrm{o},m}}=[-2\boldsymbol{i}_M^{(m)}\boldsymbol{i}_3^{(1)\mathrm{T}}\ \vdots\ \boldsymbol{O}_{M\times 1}]\\ \dfrac{\partial \boldsymbol{B}_1(\boldsymbol{z}_0,\boldsymbol{w})}{\partial y_{\mathrm{o},m}}=[-2\boldsymbol{i}_M^{(m)}\boldsymbol{i}_3^{(2)\mathrm{T}}\ \vdots\ \boldsymbol{O}_{M\times 1}]\\ \dfrac{\partial \boldsymbol{B}_1(\boldsymbol{z}_0,\boldsymbol{w})}{\partial z_{\mathrm{o},m}}=[-2\boldsymbol{i}_M^{(m)}\boldsymbol{i}_3^{(3)\mathrm{T}}\ \vdots\ \boldsymbol{O}_{M\times 1}]\\ \dfrac{\partial \boldsymbol{B}_1(\boldsymbol{z}_0,\boldsymbol{w})}{\partial \dot{x}_{\mathrm{o},m}}=\dfrac{\partial \boldsymbol{B}_1(\boldsymbol{z}_0,\boldsymbol{w})}{\partial \dot{y}_{\mathrm{o},m}}=\dfrac{\partial \boldsymbol{B}_1(\boldsymbol{z}_0,\boldsymbol{w})}{\partial \dot{z}_{\mathrm{o},m}}=\boldsymbol{O}_{M\times 4}\end{cases} \tag{F. 5}$$

$$\begin{cases}\dfrac{\partial \boldsymbol{B}_2(\boldsymbol{z}_0,\boldsymbol{w})}{\partial x_{\mathrm{o},m}}=\dfrac{\partial \boldsymbol{B}_2(\boldsymbol{z}_0,\boldsymbol{w})}{\partial y_{\mathrm{o},m}}=\dfrac{\partial \boldsymbol{B}_2(\boldsymbol{z}_0,\boldsymbol{w})}{\partial z_{\mathrm{o},m}}=\boldsymbol{O}_{M\times 4}\\ \dfrac{\partial \boldsymbol{B}_2(\boldsymbol{z}_0,\boldsymbol{w})}{\partial \dot{x}_{\mathrm{o},m}}=[\boldsymbol{i}_M^{(m)}\boldsymbol{i}_3^{(1)\mathrm{T}}\ \vdots\ \boldsymbol{O}_{M\times 1}],\quad \dfrac{\partial \boldsymbol{B}_2(\boldsymbol{z}_0,\boldsymbol{w})}{\partial \dot{y}_{\mathrm{o},m}}=[\boldsymbol{i}_M^{(m)}\boldsymbol{i}_3^{(2)\mathrm{T}}\ \vdots\ \boldsymbol{O}_{M\times 1}]\\ \dfrac{\partial \boldsymbol{B}_2(\boldsymbol{z}_0,\boldsymbol{w})}{\partial \dot{z}_{\mathrm{o},m}}=[\boldsymbol{i}_M^{(m)}\boldsymbol{i}_3^{(3)\mathrm{T}}\ \vdots\ \boldsymbol{O}_{M\times 1}]\end{cases} \tag{F. 6}$$

再然后推导式(6.150)中各个子矩阵的表达式,根据式(6.124)、式(6.134)和式(6.136)可得

$$\begin{cases}\dfrac{\partial \boldsymbol{c}_1(\boldsymbol{r}_{k0},\boldsymbol{s}_k)}{\partial \boldsymbol{r}_{k0}^{\mathrm{T}}}=\left[\dfrac{\partial \boldsymbol{c}_1(\boldsymbol{r}_{k0},\boldsymbol{s}_k)}{\partial \boldsymbol{\delta}_{\mathrm{c},k}^{\mathrm{T}}}\quad \dfrac{\partial \boldsymbol{c}_1(\boldsymbol{r}_{k0},\boldsymbol{s}_k)}{\partial \dot{\boldsymbol{\delta}}_{\mathrm{c},k}^{\mathrm{T}}}\right]\\ \dfrac{\partial \boldsymbol{c}_2(\boldsymbol{r}_{k0},\boldsymbol{s}_k)}{\partial \boldsymbol{r}_{k0}^{\mathrm{T}}}=\left[\dfrac{\partial \boldsymbol{c}_2(\boldsymbol{r}_{k0},\boldsymbol{s}_k)}{\partial \boldsymbol{\delta}_{\mathrm{c},k}^{\mathrm{T}}}\quad \dfrac{\partial \boldsymbol{c}_2(\boldsymbol{r}_{k0},\boldsymbol{s}_k)}{\partial \dot{\boldsymbol{\delta}}_{\mathrm{c},k}^{\mathrm{T}}}\right]\end{cases} \tag{F. 7}$$

式中

$$\begin{cases}\dfrac{\partial \boldsymbol{c}_1(\boldsymbol{r}_{k0},\boldsymbol{s}_k)}{\partial \boldsymbol{\delta}_{\mathrm{c},k}^{\mathrm{T}}}=2\mathrm{diag}[\boldsymbol{\delta}_{\mathrm{c},k}], & \dfrac{\partial \boldsymbol{c}_1(\boldsymbol{r}_{k0},\boldsymbol{s}_k)}{\partial \dot{\boldsymbol{\delta}}_{\mathrm{c},k}^{\mathrm{T}}}=\boldsymbol{O}_{M\times M} \\ \dfrac{\partial \boldsymbol{c}_2(\boldsymbol{r}_{k0},\boldsymbol{s}_k)}{\partial \boldsymbol{\delta}_{\mathrm{c},k}^{\mathrm{T}}}=\mathrm{diag}[\dot{\boldsymbol{\delta}}_{\mathrm{c},k}], & \dfrac{\partial \boldsymbol{c}_2(\boldsymbol{r}_{k0},\boldsymbol{s}_k)}{\partial \dot{\boldsymbol{\delta}}_{\mathrm{c},k}^{\mathrm{T}}}=\mathrm{diag}[\boldsymbol{\delta}_{\mathrm{c},k}]\end{cases} \tag{F.8}$$

最后推导式(6.151)中各个子矩阵的表达式，根据式(6.134)和式(6.136)可得

$$\frac{\partial \boldsymbol{D}_1(\boldsymbol{r}_{k0},\boldsymbol{s}_k)}{\partial \delta_{\mathrm{c},k,m}}=\frac{\partial \boldsymbol{D}_2(\boldsymbol{r}_{k0},\boldsymbol{s}_k)}{\partial \delta_{\mathrm{c},k,m}}=\frac{\partial \boldsymbol{D}_1(\boldsymbol{r}_{k0},\boldsymbol{s}_k)}{\partial \dot{\delta}_{\mathrm{c},k,m}}=\frac{\partial \boldsymbol{D}_2(\boldsymbol{r}_{k0},\boldsymbol{s}_k)}{\partial \dot{\delta}_{\mathrm{c},k,m}}=\boldsymbol{O}_{M\times 8M} \tag{F.9}$$

附录 G

这里将推导式(7.166)～式(7.170)中各个子矩阵的表达式。

首先推导式(7.166)中各个子矩阵的表达式，根据式(7.130)、式(7.136)、式(7.138)和式(7.140)可得

$$\begin{cases}\dfrac{\partial \boldsymbol{a}_1(\boldsymbol{z}_0,\boldsymbol{w})}{\partial \boldsymbol{z}_0^{\mathrm{T}}}=\left[\dfrac{\partial \boldsymbol{a}_1(\boldsymbol{z}_0,\boldsymbol{w})}{\partial \boldsymbol{\theta}^{\mathrm{T}}}\quad \dfrac{\partial \boldsymbol{a}_1(\boldsymbol{z}_0,\boldsymbol{w})}{\partial \boldsymbol{\beta}^{\mathrm{T}}}\quad \dfrac{\partial \boldsymbol{a}_1(\boldsymbol{z}_0,\boldsymbol{w})}{\partial \boldsymbol{\rho}^{\mathrm{T}}}\right] \\ \dfrac{\partial \boldsymbol{a}_2(\boldsymbol{z}_0,\boldsymbol{w})}{\partial \boldsymbol{z}_0^{\mathrm{T}}}=\left[\dfrac{\partial \boldsymbol{a}_2(\boldsymbol{z}_0,\boldsymbol{w})}{\partial \boldsymbol{\theta}^{\mathrm{T}}}\quad \dfrac{\partial \boldsymbol{a}_2(\boldsymbol{z}_0,\boldsymbol{w})}{\partial \boldsymbol{\beta}^{\mathrm{T}}}\quad \dfrac{\partial \boldsymbol{a}_2(\boldsymbol{z}_0,\boldsymbol{w})}{\partial \boldsymbol{\rho}^{\mathrm{T}}}\right] \\ \dfrac{\partial \boldsymbol{a}_3(\boldsymbol{z}_0,\boldsymbol{w})}{\partial \boldsymbol{z}_0^{\mathrm{T}}}=\left[\dfrac{\partial \boldsymbol{a}_3(\boldsymbol{z}_0,\boldsymbol{w})}{\partial \boldsymbol{\theta}^{\mathrm{T}}}\quad \dfrac{\partial \boldsymbol{a}_3(\boldsymbol{z}_0,\boldsymbol{w})}{\partial \boldsymbol{\beta}^{\mathrm{T}}}\quad \dfrac{\partial \boldsymbol{a}_3(\boldsymbol{z}_0,\boldsymbol{w})}{\partial \boldsymbol{\rho}^{\mathrm{T}}}\right]\end{cases} \tag{G.1}$$

式中

$$\begin{cases}\dfrac{\partial \boldsymbol{a}_1(\boldsymbol{z}_0,\boldsymbol{w})}{\partial \boldsymbol{\theta}^{\mathrm{T}}}=\mathrm{diag}[\boldsymbol{\gamma}_1^{\mathrm{T}}(\theta_1)\boldsymbol{w}_1\quad \boldsymbol{\gamma}_1^{\mathrm{T}}(\theta_2)\boldsymbol{w}_2\quad \cdots\quad \boldsymbol{\gamma}_1^{\mathrm{T}}(\theta_M)\boldsymbol{w}_M] \\ \dfrac{\partial \boldsymbol{a}_1(\boldsymbol{z}_0,\boldsymbol{w})}{\partial \boldsymbol{\beta}^{\mathrm{T}}}=\boldsymbol{O}_{M\times M}, \quad \dfrac{\partial \boldsymbol{a}_1(\boldsymbol{z}_0,\boldsymbol{w})}{\partial \boldsymbol{\rho}^{\mathrm{T}}}=\boldsymbol{O}_{M\times (M-1)}\end{cases} \tag{G.2}$$

$$\begin{cases}\dfrac{\partial \boldsymbol{a}_2(\boldsymbol{z}_0,\boldsymbol{w})}{\partial \boldsymbol{\theta}^{\mathrm{T}}}=\mathrm{diag}[\boldsymbol{\gamma}_2^{\mathrm{T}}(\theta_1,\beta_1)\boldsymbol{w}_1\quad \boldsymbol{\gamma}_2^{\mathrm{T}}(\theta_2,\beta_2)\boldsymbol{w}_2\quad \cdots\quad \boldsymbol{\gamma}_2^{\mathrm{T}}(\theta_M,\beta_M)\boldsymbol{w}_M] \\ \dfrac{\partial \boldsymbol{a}_2(\boldsymbol{z}_0,\boldsymbol{w})}{\partial \boldsymbol{\beta}^{\mathrm{T}}}=\mathrm{diag}[\boldsymbol{\gamma}_3^{\mathrm{T}}(\theta_1,\beta_1)\boldsymbol{w}_1\quad \boldsymbol{\gamma}_3^{\mathrm{T}}(\theta_2,\beta_2)\boldsymbol{w}_2\quad \cdots\quad \boldsymbol{\gamma}_3^{\mathrm{T}}(\theta_M,\beta_M)\boldsymbol{w}_M] \\ \dfrac{\partial \boldsymbol{a}_2(\boldsymbol{z}_0,\boldsymbol{w})}{\partial \boldsymbol{\rho}^{\mathrm{T}}}=\boldsymbol{O}_{M\times (M-1)}\end{cases} \tag{G.3}$$

$$\begin{cases}\dfrac{\partial \boldsymbol{a}_3(\boldsymbol{z}_0,\boldsymbol{w})}{\partial \boldsymbol{\theta}^{\mathrm{T}}}=[-(\boldsymbol{\gamma}_4^{\mathrm{T}}(\theta_1,\beta_1)\boldsymbol{w}_1)\boldsymbol{\rho}\ \vdots\ \mathrm{diag}[\boldsymbol{\gamma}_4^{\mathrm{T}}(\theta_2,\beta_2)\boldsymbol{w}_2\quad \boldsymbol{\gamma}_4^{\mathrm{T}}(\theta_3,\beta_3)\boldsymbol{w}_3\quad \cdots\quad \boldsymbol{\gamma}_4^{\mathrm{T}}(\theta_M,\beta_M)\boldsymbol{w}_M]] \\ \dfrac{\partial \boldsymbol{a}_3(\boldsymbol{z}_0,\boldsymbol{w})}{\partial \boldsymbol{\beta}^{\mathrm{T}}}=[-(\boldsymbol{\gamma}_5^{\mathrm{T}}(\theta_1,\beta_1)\boldsymbol{w}_1)\boldsymbol{\rho}\ \vdots\ \mathrm{diag}[\boldsymbol{\gamma}_5^{\mathrm{T}}(\theta_2,\beta_2)\boldsymbol{w}_2\quad \boldsymbol{\gamma}_5^{\mathrm{T}}(\theta_3,\beta_3)\boldsymbol{w}_3\quad \cdots\quad \boldsymbol{\gamma}_5^{\mathrm{T}}(\theta_M,\beta_M)\boldsymbol{w}_M]] \\ \dfrac{\partial \boldsymbol{a}_3(\boldsymbol{z}_0,\boldsymbol{w})}{\partial \boldsymbol{\rho}^{\mathrm{T}}}=-(\boldsymbol{\gamma}_3^{\mathrm{T}}(\theta_1,\beta_1)\boldsymbol{w}_1)\boldsymbol{I}_{M-1}\end{cases} \tag{G.4}$$

其中

$$\begin{cases}\boldsymbol{\gamma}_1(\theta)=[\cos\theta \ \vdots \ \sin\theta \ \vdots \ 0]^{\mathrm{T}} \\ \boldsymbol{\gamma}_2(\theta,\beta)=[-\sin\theta\sin\beta \ \vdots \ \cos\theta\sin\beta \ \vdots \ 0]^{\mathrm{T}} \\ \boldsymbol{\gamma}_3(\theta,\beta)=[\cos\theta\cos\beta \ \vdots \ \sin\theta\cos\beta \ \vdots \ \sin\beta]^{\mathrm{T}} \\ \boldsymbol{\gamma}_4(\theta,\beta)=[-\sin\theta\cos\beta \ \vdots \ \cos\theta\cos\beta \ \vdots \ 0]^{\mathrm{T}} \\ \boldsymbol{\gamma}_5(\theta,\beta)=[-\cos\theta\sin\beta \ \vdots \ -\sin\theta\sin\beta \ \vdots \ \cos\beta]^{\mathrm{T}}\end{cases} \tag{G.5}$$

利用式(7.136)、式(7.138)和式(7.140)还可进一步推得

$$\begin{cases}\dfrac{\partial \boldsymbol{a}_1(\boldsymbol{z}_0,\boldsymbol{w})}{\partial \boldsymbol{w}^{\mathrm{T}}}=\mathrm{blkdiag}[\boldsymbol{\gamma}_6^{\mathrm{T}}(\theta_1) \quad \boldsymbol{\gamma}_6^{\mathrm{T}}(\theta_2) \quad \cdots \quad \boldsymbol{\gamma}_6^{\mathrm{T}}(\theta_M)] \\ \dfrac{\partial \boldsymbol{a}_2(\boldsymbol{z}_0,\boldsymbol{w})}{\partial \boldsymbol{w}^{\mathrm{T}}}=\mathrm{blkdiag}[-\boldsymbol{\gamma}_5^{\mathrm{T}}(\theta_1,\beta_1) \quad -\boldsymbol{\gamma}_5^{\mathrm{T}}(\theta_2,\beta_2) \quad \cdots \quad -\boldsymbol{\gamma}_5^{\mathrm{T}}(\theta_M,\beta_M)] \\ \dfrac{\partial \boldsymbol{a}_3(\boldsymbol{z}_0,\boldsymbol{w})}{\partial \boldsymbol{w}^{\mathrm{T}}}=[-\boldsymbol{\rho}\boldsymbol{\gamma}_3^{\mathrm{T}}(\theta_1,\beta_1) \ \vdots \ \mathrm{blkdiag}[\boldsymbol{\gamma}_3^{\mathrm{T}}(\theta_2,\beta_2) \quad \boldsymbol{\gamma}_3^{\mathrm{T}}(\theta_3,\beta_3) \quad \cdots \quad \boldsymbol{\gamma}_3^{\mathrm{T}}(\theta_M,\beta_M)]]\end{cases} \tag{G.6}$$

式中

$$\boldsymbol{\gamma}_6(\theta)=[\sin\theta \ \vdots \ -\cos\theta \ \vdots \ 0]^{\mathrm{T}} \tag{G.7}$$

然后推导式(7.167)中各个子矩阵的表达式，根据式(7.136)、式(7.138)和式(7.140)可推得

$$\begin{cases}\dot{\boldsymbol{B}}_{\theta_1}(\boldsymbol{z}_0,\boldsymbol{w})=\begin{bmatrix}\cos\theta_1\boldsymbol{i}_M^{(1)} & \sin\theta_1\boldsymbol{i}_M^{(1)} & \boldsymbol{O}_{M\times 1} \\ -\sin\theta_1\sin\beta_1\boldsymbol{i}_M^{(1)} & \cos\theta_1\sin\beta_1\boldsymbol{i}_M^{(1)} & \boldsymbol{O}_{M\times 1} \\ \sin\theta_1\cos\beta_1\boldsymbol{\rho} & -\cos\theta_1\cos\beta_1\boldsymbol{\rho} & \boldsymbol{O}_{(M-1)\times 1}\end{bmatrix} \\ \dot{\boldsymbol{B}}_{\theta_n}(\boldsymbol{z}_0,\boldsymbol{w})=\begin{bmatrix}\cos\theta_n\boldsymbol{i}_M^{(n)} & \sin\theta_n\boldsymbol{i}_M^{(n)} & \boldsymbol{O}_{M\times 1} \\ -\sin\theta_n\sin\beta_n\boldsymbol{i}_M^{(n)} & \cos\theta_n\sin\beta_n\boldsymbol{i}_M^{(n)} & \boldsymbol{O}_{M\times 1} \\ -\sin\theta_n\cos\beta_n\boldsymbol{i}_{M-1}^{(n-1)} & \cos\theta_n\cos\beta_n\boldsymbol{i}_{M-1}^{(n-1)} & \boldsymbol{O}_{(M-1)\times 1}\end{bmatrix}, \quad 2\leqslant n\leqslant M\end{cases} \tag{G.8}$$

$$\begin{cases}\dot{\boldsymbol{B}}_{\beta_1}(\boldsymbol{z}_0,\boldsymbol{w})=\begin{bmatrix}\boldsymbol{O}_{M\times 1} & \boldsymbol{O}_{M\times 1} & \boldsymbol{O}_{M\times 1} \\ \cos\theta_1\cos\beta_1\boldsymbol{i}_M^{(1)} & \sin\theta_1\cos\beta_1\boldsymbol{i}_M^{(1)} & \sin\beta_1\boldsymbol{i}_M^{(1)} \\ \cos\theta_1\sin\beta_1\boldsymbol{\rho} & \sin\theta_1\sin\beta_1\boldsymbol{\rho} & -\cos\beta_1\boldsymbol{\rho}\end{bmatrix} \\ \dot{\boldsymbol{B}}_{\beta_n}(\boldsymbol{z}_0,\boldsymbol{w})=\begin{bmatrix}\boldsymbol{O}_{M\times 1} & \boldsymbol{O}_{M\times 1} & \boldsymbol{O}_{M\times 1} \\ \cos\theta_n\cos\beta_n\boldsymbol{i}_M^{(n)} & \sin\theta_n\cos\beta_n\boldsymbol{i}_M^{(n)} & \sin\beta_n\boldsymbol{i}_M^{(n)} \\ -\cos\theta_n\sin\beta_n\boldsymbol{i}_{M-1}^{(n-1)} & -\sin\theta_n\sin\beta_n\boldsymbol{i}_{M-1}^{(n-1)} & \cos\beta_n\boldsymbol{i}_{M-1}^{(n-1)}\end{bmatrix} \\ 2\leqslant n\leqslant M\end{cases} \tag{G.9}$$

$$\dot{\boldsymbol{B}}_{\rho_n}(\boldsymbol{z}_0,\boldsymbol{w})=\begin{bmatrix}\boldsymbol{O}_{M\times 1} & \boldsymbol{O}_{M\times 1} & \boldsymbol{O}_{M\times 1} \\ \boldsymbol{O}_{M\times 1} & \boldsymbol{O}_{M\times 1} & \boldsymbol{O}_{M\times 1} \\ -\cos\theta_1\cos\beta_1\boldsymbol{i}_{M-1}^{(n-1)} & -\sin\theta_1\cos\beta_1\boldsymbol{i}_{M-1}^{(n-1)} & -\sin\beta_1\boldsymbol{i}_{M-1}^{(n-1)}\end{bmatrix}$$

$$2\leqslant n\leqslant M \tag{G.10}$$

接着推导式(7.168)中各个子矩阵的表达式，根据式(7.136)、式(7.138)和式(7.140)可知

$$\dot{\boldsymbol{B}}_{x_{\mathrm{o},m}}(\boldsymbol{z}_0,\boldsymbol{w})=\dot{\boldsymbol{B}}_{y_{\mathrm{o},m}}(\boldsymbol{z}_0,\boldsymbol{w})=\dot{\boldsymbol{B}}_{z_{\mathrm{o},m}}(\boldsymbol{z}_0,\boldsymbol{w})=\boldsymbol{O}_{(3M-1)\times 3},\quad 1\leqslant m\leqslant M \tag{G.11}$$

再然后推导式(7.169)中各个子矩阵的表达式，根据式(7.133)、式(7.145)、式(7.147)和式(7.149)可得

$$\begin{cases}\dfrac{\partial \boldsymbol{c}_1(\boldsymbol{r}_{k0},\boldsymbol{s}_k)}{\partial \boldsymbol{r}_{k0}^{\mathrm{T}}}=\left[\dfrac{\partial \boldsymbol{c}_1(\boldsymbol{r}_{k0},\boldsymbol{s}_k)}{\partial \boldsymbol{\theta}_{\mathrm{c},k}^{\mathrm{T}}}\quad \dfrac{\partial \boldsymbol{c}_1(\boldsymbol{r}_{k0},\boldsymbol{s}_k)}{\partial \boldsymbol{\beta}_{\mathrm{c},k}^{\mathrm{T}}}\quad \dfrac{\partial \boldsymbol{c}_1(\boldsymbol{r}_{k0},\boldsymbol{s}_k)}{\partial \boldsymbol{\rho}_{\mathrm{c},k}^{\mathrm{T}}}\right]\\ \dfrac{\partial \boldsymbol{c}_2(\boldsymbol{r}_{k0},\boldsymbol{s}_k)}{\partial \boldsymbol{r}_{k0}^{\mathrm{T}}}=\left[\dfrac{\partial \boldsymbol{c}_2(\boldsymbol{r}_{k0},\boldsymbol{s}_k)}{\partial \boldsymbol{\theta}_{\mathrm{c},k}^{\mathrm{T}}}\quad \dfrac{\partial \boldsymbol{c}_2(\boldsymbol{r}_{k0},\boldsymbol{s}_k)}{\partial \boldsymbol{\beta}_{\mathrm{c},k}^{\mathrm{T}}}\quad \dfrac{\partial \boldsymbol{c}_2(\boldsymbol{r}_{k0},\boldsymbol{s}_k)}{\partial \boldsymbol{\rho}_{\mathrm{c},k}^{\mathrm{T}}}\right]\\ \dfrac{\partial \boldsymbol{c}_3(\boldsymbol{r}_{k0},\boldsymbol{s}_k)}{\partial \boldsymbol{r}_{k0}^{\mathrm{T}}}=\left[\dfrac{\partial \boldsymbol{c}_3(\boldsymbol{r}_{k0},\boldsymbol{s}_k)}{\partial \boldsymbol{\theta}_{\mathrm{c},k}^{\mathrm{T}}}\quad \dfrac{\partial \boldsymbol{c}_3(\boldsymbol{r}_{k0},\boldsymbol{s}_k)}{\partial \boldsymbol{\beta}_{\mathrm{c},k}^{\mathrm{T}}}\quad \dfrac{\partial \boldsymbol{c}_3(\boldsymbol{r}_{k0},\boldsymbol{s}_k)}{\partial \boldsymbol{\rho}_{\mathrm{c},k}^{\mathrm{T}}}\right]\end{cases} \tag{G.12}$$

式中

$$\begin{cases}\dfrac{\partial \boldsymbol{c}_1(\boldsymbol{r}_{k0},\boldsymbol{s}_k)}{\partial \boldsymbol{\theta}_{\mathrm{c},k}^{\mathrm{T}}}=\mathrm{diag}[\boldsymbol{\gamma}_1^{\mathrm{T}}(\theta_{\mathrm{c},k,1})\boldsymbol{s}_k\quad \boldsymbol{\gamma}_1^{\mathrm{T}}(\theta_{\mathrm{c},k,2})\boldsymbol{s}_k\quad \cdots\quad \boldsymbol{\gamma}_1^{\mathrm{T}}(\theta_{\mathrm{c},k,M})\boldsymbol{s}_k]\\ \dfrac{\partial \boldsymbol{c}_1(\boldsymbol{r}_{k0},\boldsymbol{s}_k)}{\partial \boldsymbol{\beta}_{\mathrm{c},k}^{\mathrm{T}}}=\boldsymbol{O}_{M\times M},\quad \dfrac{\partial \boldsymbol{c}_1(\boldsymbol{r}_{k0},\boldsymbol{s}_k)}{\partial \boldsymbol{\rho}_{\mathrm{c},k}^{\mathrm{T}}}=\boldsymbol{O}_{M\times(M-1)}\end{cases} \tag{G.13}$$

$$\begin{cases}\dfrac{\partial \boldsymbol{c}_2(\boldsymbol{r}_{k0},\boldsymbol{s}_k)}{\partial \boldsymbol{\theta}_{\mathrm{c},k}^{\mathrm{T}}}=\mathrm{diag}[\boldsymbol{\gamma}_2^{\mathrm{T}}(\theta_{\mathrm{c},k,1},\beta_{\mathrm{c},k,1})\boldsymbol{s}_k\quad \boldsymbol{\gamma}_2^{\mathrm{T}}(\theta_{\mathrm{c},k,2},\beta_{\mathrm{c},k,2})\boldsymbol{s}_k\quad \cdots\quad \boldsymbol{\gamma}_2^{\mathrm{T}}(\theta_{\mathrm{c},k,M},\beta_{\mathrm{c},k,M})\boldsymbol{s}_k]\\ \dfrac{\partial \boldsymbol{c}_2(\boldsymbol{r}_{k0},\boldsymbol{s}_k)}{\partial \boldsymbol{\beta}_{\mathrm{c},k}^{\mathrm{T}}}=\mathrm{diag}[\boldsymbol{\gamma}_3^{\mathrm{T}}(\theta_{\mathrm{c},k,1},\beta_{\mathrm{c},k,1})\boldsymbol{s}_k\quad \boldsymbol{\gamma}_3^{\mathrm{T}}(\theta_{\mathrm{c},k,2},\beta_{\mathrm{c},k,2})\boldsymbol{s}_k\quad \cdots\quad \boldsymbol{\gamma}_3^{\mathrm{T}}(\theta_{\mathrm{c},k,M},\beta_{\mathrm{c},k,M})\boldsymbol{s}_k]\\ \dfrac{\partial \boldsymbol{c}_2(\boldsymbol{r}_{k0},\boldsymbol{s}_k)}{\partial \boldsymbol{\rho}_{\mathrm{c},k}^{\mathrm{T}}}=\boldsymbol{O}_{M\times(M-1)}\end{cases} \tag{G.14}$$

$$\begin{cases}\dfrac{\partial \boldsymbol{c}_3(\boldsymbol{r}_{k0},\boldsymbol{s}_k)}{\partial \boldsymbol{\theta}_{\mathrm{c},k}^{\mathrm{T}}}=\left[-(\boldsymbol{\gamma}_4^{\mathrm{T}}(\theta_{\mathrm{c},k,1},\beta_{\mathrm{c},k,1})\boldsymbol{s}_k)\boldsymbol{\rho}_{\mathrm{c},k}\ \vdots\ \begin{matrix}\mathrm{diag}[\boldsymbol{\gamma}_4^{\mathrm{T}}(\theta_{\mathrm{c},k,2},\beta_{\mathrm{c},k,2})\boldsymbol{s}_k\quad \boldsymbol{\gamma}_4^{\mathrm{T}}(\theta_{\mathrm{c},k,3},\beta_{\mathrm{c},k,3})\boldsymbol{s}_k\\ \cdots\quad \boldsymbol{\gamma}_4^{\mathrm{T}}(\theta_{\mathrm{c},k,M},\beta_{\mathrm{c},k,M})\boldsymbol{s}_k]\end{matrix}\right]\\ \dfrac{\partial \boldsymbol{c}_3(\boldsymbol{r}_{k0},\boldsymbol{s}_k)}{\partial \boldsymbol{\beta}_{\mathrm{c},k}^{\mathrm{T}}}=\left[-(\boldsymbol{\gamma}_5^{\mathrm{T}}(\theta_{\mathrm{c},k,1},\beta_{\mathrm{c},k,1})\boldsymbol{s}_k)\boldsymbol{\rho}_{\mathrm{c},k}\ \vdots\ \begin{matrix}\mathrm{diag}[\boldsymbol{\gamma}_5^{\mathrm{T}}(\theta_{\mathrm{c},k,2},\beta_{\mathrm{c},k,2})\boldsymbol{s}_k\quad \boldsymbol{\gamma}_5^{\mathrm{T}}(\theta_{\mathrm{c},k,3},\beta_{\mathrm{c},k,3})\boldsymbol{s}_k\\ \cdots\quad \boldsymbol{\gamma}_5^{\mathrm{T}}(\theta_{\mathrm{c},k,M},\beta_{\mathrm{c},k,M})\boldsymbol{s}_k]\end{matrix}\right]\\ \dfrac{\partial \boldsymbol{c}_3(\boldsymbol{r}_{k0},\boldsymbol{s}_k)}{\partial \boldsymbol{\rho}_{\mathrm{c},k}^{\mathrm{T}}}=-(\boldsymbol{\gamma}_3^{\mathrm{T}}(\theta_{\mathrm{c},k,1},\beta_{\mathrm{c},k,1})\boldsymbol{s}_k)\boldsymbol{I}_{M-1}\end{cases} \tag{G.15}$$

最后推导式(7.170)中各个子矩阵的表达式，根据式(7.145)、式(7.147)和式(7.149)可得

$$\begin{cases}\dot{\boldsymbol{D}}_{\theta_{\mathrm{c},k,1}}(\boldsymbol{r}_{k0},\boldsymbol{s}_k)=\begin{bmatrix}(\boldsymbol{i}_M^{(1)}\boldsymbol{i}_M^{(1)\mathrm{T}})\otimes\boldsymbol{\gamma}_1^{\mathrm{T}}(\theta_{\mathrm{c},k,1})\\ \hdashline (\boldsymbol{i}_M^{(1)}\boldsymbol{i}_M^{(1)\mathrm{T}})\otimes\boldsymbol{\gamma}_2^{\mathrm{T}}(\theta_{\mathrm{c},k,1},\beta_{\mathrm{c},k,1})\\ \hdashline -\boldsymbol{\rho}_{\mathrm{c},k}\boldsymbol{\gamma}_4^{\mathrm{T}}(\theta_{\mathrm{c},k,1},\beta_{\mathrm{c},k,1})\ \vdots\ \boldsymbol{O}_{(M-1)\times 3(M-1)}\end{bmatrix}\\ \dot{\boldsymbol{D}}_{\theta_{\mathrm{c},k,n}}(\boldsymbol{r}_{k0},\boldsymbol{s}_k)=\begin{bmatrix}(\boldsymbol{i}_M^{(n)}\boldsymbol{i}_M^{(n)\mathrm{T}})\otimes\boldsymbol{\gamma}_1^{\mathrm{T}}(\theta_{\mathrm{c},k,n})\\ \hdashline (\boldsymbol{i}_M^{(n)}\boldsymbol{i}_M^{(n)\mathrm{T}})\otimes\boldsymbol{\gamma}_2^{\mathrm{T}}(\theta_{\mathrm{c},k,n},\beta_{\mathrm{c},k,n})\\ \hdashline \boldsymbol{O}_{(M-1)\times 3}\ \vdots\ (\boldsymbol{i}_{M-1}^{(n-1)}\boldsymbol{i}_{M-1}^{(n-1)\mathrm{T}})\otimes\boldsymbol{\gamma}_4^{\mathrm{T}}(\theta_{\mathrm{c},k,n},\beta_{\mathrm{c},k,n})\end{bmatrix},\quad 2\leqslant n\leqslant M\end{cases} \tag{G.16}$$

$$\begin{cases}\dot{\boldsymbol{D}}_{\beta_{\mathrm{c},k,1}}(\boldsymbol{r}_{k0},\boldsymbol{s}_k)=\begin{bmatrix}\boldsymbol{O}_{M\times 3M}\\ \hdashline (\boldsymbol{i}_M^{(1)}\boldsymbol{i}_M^{(1)\mathrm{T}})\otimes\boldsymbol{\gamma}_3^{\mathrm{T}}(\theta_{\mathrm{c},k,1},\beta_{\mathrm{c},k,1})\\ \hdashline -\boldsymbol{\rho}_{\mathrm{c},k}\boldsymbol{\gamma}_5^{\mathrm{T}}(\theta_{\mathrm{c},k,1},\beta_{\mathrm{c},k,1}) \;\vdots\; \boldsymbol{O}_{(M-1)\times 3(M-1)}\end{bmatrix}\\ \dot{\boldsymbol{D}}_{\beta_{\mathrm{c},k,n}}(\boldsymbol{r}_{k0},\boldsymbol{s}_k)=\begin{bmatrix}\boldsymbol{O}_{M\times 3M}\\ \hdashline (\boldsymbol{i}_M^{(n)}\boldsymbol{i}_M^{(n)\mathrm{T}})\otimes\boldsymbol{\gamma}_3^{\mathrm{T}}(\theta_{\mathrm{c},k,n},\beta_{\mathrm{c},k,n})\\ \hdashline \boldsymbol{O}_{(M-1)\times 3} \;\vdots\; (\boldsymbol{i}_{M-1}^{(n-1)}\boldsymbol{i}_{M-1}^{(n-1)\mathrm{T}})\otimes\boldsymbol{\gamma}_5^{\mathrm{T}}(\theta_{\mathrm{c},k,n},\beta_{\mathrm{c},k,n})\end{bmatrix},\quad 2\leqslant n\leqslant M\end{cases}\tag{G. 17}$$

$$\dot{\boldsymbol{D}}_{\rho_{\mathrm{c},k,n}}(\boldsymbol{r}_{k0},\boldsymbol{s}_k)=\begin{bmatrix}\boldsymbol{O}_{M\times 3M}\\ \hdashline \boldsymbol{O}_{M\times 3M}\\ \hdashline -\boldsymbol{i}_{M-1}^{(n-1)}\boldsymbol{\gamma}_3^{\mathrm{T}}(\theta_{\mathrm{c},k,1},\beta_{\mathrm{c},k,1}) \;\vdots\; \boldsymbol{O}_{(M-1)\times 3(M-1)}\end{bmatrix},\quad 2\leqslant n\leqslant M \tag{G. 18}$$

附录 H

这里将证明式(8.59)。首先根据式(8.47)中的第一式可知

$$\begin{aligned}\widetilde{\boldsymbol{A}}_1(\widetilde{\boldsymbol{z}}_0,\boldsymbol{w})&=\frac{\partial\widetilde{\boldsymbol{a}}(\widetilde{\boldsymbol{z}}_0,\boldsymbol{w})}{\partial\widetilde{\boldsymbol{z}}_0^{\mathrm{T}}}=\mathrm{blkdiag}\left[\frac{\partial\boldsymbol{a}(\boldsymbol{z}_{10},\boldsymbol{w})}{\partial\boldsymbol{z}_{10}^{\mathrm{T}}}\quad\frac{\partial\boldsymbol{a}(\boldsymbol{z}_{20},\boldsymbol{w})}{\partial\boldsymbol{z}_{20}^{\mathrm{T}}}\quad\cdots\quad\frac{\partial\boldsymbol{a}(\boldsymbol{z}_{h0},\boldsymbol{w})}{\partial\boldsymbol{z}_{h0}^{\mathrm{T}}}\right]\\&=\mathrm{blkdiag}[\boldsymbol{A}_1(\boldsymbol{z}_{10},\boldsymbol{w})\quad\boldsymbol{A}_1(\boldsymbol{z}_{20},\boldsymbol{w})\quad\cdots\quad\boldsymbol{A}_1(\boldsymbol{z}_{h0},\boldsymbol{w})]\end{aligned}\tag{H. 1}$$

$$\begin{aligned}\widetilde{\boldsymbol{A}}_2(\widetilde{\boldsymbol{z}}_0,\boldsymbol{w})&=\frac{\partial\widetilde{\boldsymbol{a}}(\widetilde{\boldsymbol{z}}_0,\boldsymbol{w})}{\partial\boldsymbol{w}^{\mathrm{T}}}=\left[\left(\frac{\partial\boldsymbol{a}(\boldsymbol{z}_{10},\boldsymbol{w})}{\partial\boldsymbol{w}^{\mathrm{T}}}\right)^{\mathrm{T}}\quad\left(\frac{\partial\boldsymbol{a}(\boldsymbol{z}_{20},\boldsymbol{w})}{\partial\boldsymbol{w}^{\mathrm{T}}}\right)^{\mathrm{T}}\quad\cdots\quad\left(\frac{\partial\boldsymbol{a}(\boldsymbol{z}_{h0},\boldsymbol{w})}{\partial\boldsymbol{w}^{\mathrm{T}}}\right)^{\mathrm{T}}\right]^{\mathrm{T}}\\&=[\boldsymbol{A}_2^{\mathrm{T}}(\boldsymbol{z}_{10},\boldsymbol{w})\quad\boldsymbol{A}_2^{\mathrm{T}}(\boldsymbol{z}_{20},\boldsymbol{w})\quad\cdots\quad\boldsymbol{A}_2^{\mathrm{T}}(\boldsymbol{z}_{h0},\boldsymbol{w})]^{\mathrm{T}}\end{aligned}\tag{H. 2}$$

然后根据式(8.47)中的第二式可推得

$$\begin{aligned}&[\dot{\widetilde{\boldsymbol{B}}}_{11}(\widetilde{\boldsymbol{z}}_0,\boldsymbol{w})\widetilde{\boldsymbol{u}}\quad\dot{\widetilde{\boldsymbol{B}}}_{12}(\widetilde{\boldsymbol{z}}_0,\boldsymbol{w})\widetilde{\boldsymbol{u}}\quad\cdots\quad\dot{\widetilde{\boldsymbol{B}}}_{1,ph}(\widetilde{\boldsymbol{z}}_0,\boldsymbol{w})\widetilde{\boldsymbol{u}}]\\&=\begin{bmatrix}\begin{matrix}[\dot{\boldsymbol{B}}_{11}(\boldsymbol{z}_{10},\boldsymbol{w})\boldsymbol{u}_1\quad\dot{\boldsymbol{B}}_{12}(\boldsymbol{z}_{10},\boldsymbol{w})\boldsymbol{u}_1\\ \cdots\quad\dot{\boldsymbol{B}}_{1p}(\boldsymbol{z}_{10},\boldsymbol{w})\boldsymbol{u}_1]\end{matrix}&&&\\&\begin{matrix}[\dot{\boldsymbol{B}}_{11}(\boldsymbol{z}_{20},\boldsymbol{w})\boldsymbol{u}_2\quad\dot{\boldsymbol{B}}_{12}(\boldsymbol{z}_{20},\boldsymbol{w})\boldsymbol{u}_2\\ \cdots\quad\dot{\boldsymbol{B}}_{1p}(\boldsymbol{z}_{20},\boldsymbol{w})\boldsymbol{u}_2]\end{matrix}&&\\&&\ddots&\\&&&\begin{matrix}[\dot{\boldsymbol{B}}_{11}(\boldsymbol{z}_{h0},\boldsymbol{w})\boldsymbol{u}_h\quad\dot{\boldsymbol{B}}_{12}(\boldsymbol{z}_{h0},\boldsymbol{w})\boldsymbol{u}_h\\ \cdots\quad\dot{\boldsymbol{B}}_{1p}(\boldsymbol{z}_{h0},\boldsymbol{w})\boldsymbol{u}_h]\end{matrix}\end{bmatrix}\end{aligned}\tag{H. 3}$$

$$\begin{aligned}&[\dot{\widetilde{\boldsymbol{B}}}_{21}(\widetilde{\boldsymbol{z}}_0,\boldsymbol{w})\widetilde{\boldsymbol{u}}\quad\dot{\widetilde{\boldsymbol{B}}}_{22}(\widetilde{\boldsymbol{z}}_0,\boldsymbol{w})\widetilde{\boldsymbol{u}}\quad\cdots\quad\dot{\widetilde{\boldsymbol{B}}}_{2l}(\widetilde{\boldsymbol{z}}_0,\boldsymbol{w})\widetilde{\boldsymbol{u}}]\\&=\begin{bmatrix}\dot{\boldsymbol{B}}_{21}(\boldsymbol{z}_{10},\boldsymbol{w})\boldsymbol{u}_1&\dot{\boldsymbol{B}}_{22}(\boldsymbol{z}_{10},\boldsymbol{w})\boldsymbol{u}_1&\cdots&\dot{\boldsymbol{B}}_{2l}(\boldsymbol{z}_{10},\boldsymbol{w})\boldsymbol{u}_1\\\dot{\boldsymbol{B}}_{21}(\boldsymbol{z}_{20},\boldsymbol{w})\boldsymbol{u}_2&\dot{\boldsymbol{B}}_{22}(\boldsymbol{z}_{20},\boldsymbol{w})\boldsymbol{u}_2&\cdots&\dot{\boldsymbol{B}}_{2l}(\boldsymbol{z}_{20},\boldsymbol{w})\boldsymbol{u}_2\\\vdots&\vdots&&\vdots\\\dot{\boldsymbol{B}}_{21}(\boldsymbol{z}_{h0},\boldsymbol{w})\boldsymbol{u}_h&\dot{\boldsymbol{B}}_{22}(\boldsymbol{z}_{h0},\boldsymbol{w})\boldsymbol{u}_h&\cdots&\dot{\boldsymbol{B}}_{2l}(\boldsymbol{z}_{h0},\boldsymbol{w})\boldsymbol{u}_h\end{bmatrix}\end{aligned}\tag{H. 4}$$

结合式(H. 1)～式(H. 4)可知式(8. 59)成立。

附录 I

这里将推导式(8. 122)～式(8. 126)中各个子矩阵的表达式。

首先推导式(8. 122)中各个子矩阵的表达式，根据式(8. 92)、式(8. 99)、式(8. 101)和式(8. 103)可得

$$\begin{cases} \dfrac{\partial \boldsymbol{a}_1(\boldsymbol{z}_{k0},\boldsymbol{w})}{\partial \boldsymbol{z}_{k0}^{\mathrm{T}}} = \left[\dfrac{\partial \boldsymbol{a}_1(\boldsymbol{z}_{k0},\boldsymbol{w})}{\partial \boldsymbol{\theta}_k^{\mathrm{T}}} \quad \dfrac{\partial \boldsymbol{a}_1(\boldsymbol{z}_{k0},\boldsymbol{w})}{\partial \boldsymbol{\beta}_k^{\mathrm{T}}} \quad \dfrac{\partial \boldsymbol{a}_1(\boldsymbol{z}_{k0},\boldsymbol{w})}{\partial \boldsymbol{\delta}_k^{\mathrm{T}}}\right] \\ \dfrac{\partial \boldsymbol{a}_2(\boldsymbol{z}_{k0},\boldsymbol{w})}{\partial \boldsymbol{z}_{k0}^{\mathrm{T}}} = \left[\dfrac{\partial \boldsymbol{a}_2(\boldsymbol{z}_{k0},\boldsymbol{w})}{\partial \boldsymbol{\theta}_k^{\mathrm{T}}} \quad \dfrac{\partial \boldsymbol{a}_2(\boldsymbol{z}_{k0},\boldsymbol{w})}{\partial \boldsymbol{\beta}_k^{\mathrm{T}}} \quad \dfrac{\partial \boldsymbol{a}_2(\boldsymbol{z}_{k0},\boldsymbol{w})}{\partial \boldsymbol{\delta}_k^{\mathrm{T}}}\right] \\ \dfrac{\partial \boldsymbol{a}_3(\boldsymbol{z}_{k0},\boldsymbol{w})}{\partial \boldsymbol{z}_{k0}^{\mathrm{T}}} = \left[\dfrac{\partial \boldsymbol{a}_3(\boldsymbol{z}_{k0},\boldsymbol{w})}{\partial \boldsymbol{\theta}_k^{\mathrm{T}}} \quad \dfrac{\partial \boldsymbol{a}_3(\boldsymbol{z}_{k0},\boldsymbol{w})}{\partial \boldsymbol{\beta}_k^{\mathrm{T}}} \quad \dfrac{\partial \boldsymbol{a}_3(\boldsymbol{z}_{k0},\boldsymbol{w})}{\partial \boldsymbol{\delta}_k^{\mathrm{T}}}\right] \end{cases} \tag{I. 1}$$

式中

$$\begin{cases} \dfrac{\partial \boldsymbol{a}_1(\boldsymbol{z}_{k0},\boldsymbol{w})}{\partial \boldsymbol{\theta}_k^{\mathrm{T}}} = \mathrm{diag}[\boldsymbol{\gamma}_1^{\mathrm{T}}(\theta_{k,1})\boldsymbol{w}_1 \quad \boldsymbol{\gamma}_1^{\mathrm{T}}(\theta_{k,2})\boldsymbol{w}_2 \quad \cdots \quad \boldsymbol{\gamma}_1^{\mathrm{T}}(\theta_{k,M})\boldsymbol{w}_M] \\ \dfrac{\partial \boldsymbol{a}_1(\boldsymbol{z}_{k0},\boldsymbol{w})}{\partial \boldsymbol{\beta}_k^{\mathrm{T}}} = \boldsymbol{O}_{M\times M}, \quad \dfrac{\partial \boldsymbol{a}_1(\boldsymbol{z}_{k0},\boldsymbol{w})}{\partial \boldsymbol{\delta}_k^{\mathrm{T}}} = \boldsymbol{O}_{M\times (M-1)} \end{cases} \tag{I. 2}$$

$$\begin{cases} \dfrac{\partial \boldsymbol{a}_2(\boldsymbol{z}_{k0},\boldsymbol{w})}{\partial \boldsymbol{\theta}_k^{\mathrm{T}}} = \mathrm{diag}[\boldsymbol{\gamma}_2^{\mathrm{T}}(\theta_{k,1},\beta_{k,1})\boldsymbol{w}_1 \quad \boldsymbol{\gamma}_2^{\mathrm{T}}(\theta_{k,2},\beta_{k,2})\boldsymbol{w}_2 \quad \cdots \quad \boldsymbol{\gamma}_2^{\mathrm{T}}(\theta_{k,M},\beta_{k,M})\boldsymbol{w}_M] \\ \dfrac{\partial \boldsymbol{a}_2(\boldsymbol{z}_{k0},\boldsymbol{w})}{\partial \boldsymbol{\beta}_k^{\mathrm{T}}} = \mathrm{diag}[\boldsymbol{\gamma}_3^{\mathrm{T}}(\theta_{k,1},\beta_{k,1})\boldsymbol{w}_1 \quad \boldsymbol{\gamma}_3^{\mathrm{T}}(\theta_{k,2},\beta_{k,2})\boldsymbol{w}_2 \quad \cdots \quad \boldsymbol{\gamma}_3^{\mathrm{T}}(\theta_{k,M},\beta_{k,M})\boldsymbol{w}_M] \\ \dfrac{\partial \boldsymbol{a}_2(\boldsymbol{z}_{k0},\boldsymbol{w})}{\partial \boldsymbol{\delta}_k^{\mathrm{T}}} = \boldsymbol{O}_{M\times (M-1)} \end{cases} \tag{I. 3}$$

$$\begin{cases} \dfrac{\partial \boldsymbol{a}_3(\boldsymbol{z}_{k0},\boldsymbol{w})}{\partial \boldsymbol{\theta}_k^{\mathrm{T}}} = \left[\boldsymbol{O}_{(M-1)\times 1} \;\vdots\; \begin{matrix} 2\mathrm{diag}[\boldsymbol{\gamma}_4^{\mathrm{T}}(\theta_{k,2},\beta_{k,2},\delta_{k,2})\boldsymbol{w}_2 \quad \boldsymbol{\gamma}_4^{\mathrm{T}}(\theta_{k,3},\beta_{k,3},\delta_{k,3})\boldsymbol{w}_3 \\ \cdots \quad \boldsymbol{\gamma}_4^{\mathrm{T}}(\theta_{k,M},\beta_{k,M},\delta_{k,M})\boldsymbol{w}_M] \end{matrix}\right] \\ \dfrac{\partial \boldsymbol{a}_3(\boldsymbol{z}_{k0},\boldsymbol{w})}{\partial \boldsymbol{\beta}_k^{\mathrm{T}}} = \left[\boldsymbol{O}_{(M-1)\times 1} \;\vdots\; \begin{matrix} 2\mathrm{diag}[\boldsymbol{\gamma}_5^{\mathrm{T}}(\theta_{k,2},\beta_{k,2},\delta_{k,2})\boldsymbol{w}_2 \quad \boldsymbol{\gamma}_5^{\mathrm{T}}(\theta_{k,3},\beta_{k,3},\delta_{k,3})\boldsymbol{w}_3 \\ \cdots \quad \boldsymbol{\gamma}_5^{\mathrm{T}}(\theta_{k,M},\beta_{k,M},\delta_{k,M})\boldsymbol{w}_M] \end{matrix}\right] \\ \dfrac{\partial \boldsymbol{a}_3(\boldsymbol{z}_{k0},\boldsymbol{w})}{\partial \boldsymbol{\delta}_k^{\mathrm{T}}} = 2\mathrm{diag}[\boldsymbol{\gamma}_3^{\mathrm{T}}(\theta_{k,2},\beta_{k,2})\boldsymbol{w}_2 \quad \boldsymbol{\gamma}_3^{\mathrm{T}}(\theta_{k,3},\beta_{k,3})\boldsymbol{w}_3 \quad \cdots \quad \boldsymbol{\gamma}_3^{\mathrm{T}}(\theta_{k,M},\beta_{k,M})\boldsymbol{w}_M] + 2\mathrm{diag}[\boldsymbol{\delta}_k] \end{cases} \tag{I. 4}$$

其中

$$\begin{cases} \boldsymbol{\gamma}_1(\theta) = [\cos\theta \;\vdots\; \sin\theta \;\vdots\; 0]^{\mathrm{T}} \\ \boldsymbol{\gamma}_2(\theta,\beta) = [-\sin\theta\sin\beta \;\vdots\; \cos\theta\sin\beta \;\vdots\; 0]^{\mathrm{T}} \\ \boldsymbol{\gamma}_3(\theta,\beta) = [\cos\theta\cos\beta \;\vdots\; \sin\theta\cos\beta \;\vdots\; \sin\beta]^{\mathrm{T}} \\ \boldsymbol{\gamma}_4(\theta,\beta,\delta) = [-\delta\sin\theta\cos\beta \;\vdots\; \delta\cos\theta\cos\beta \;\vdots\; 0]^{\mathrm{T}} \\ \boldsymbol{\gamma}_5(\theta,\beta,\delta) = [-\delta\cos\theta\sin\beta \;\vdots\; -\delta\sin\theta\sin\beta \;\vdots\; \delta\cos\beta]^{\mathrm{T}} \end{cases} \tag{I. 5}$$

利用式(8. 99)、式(8. 101)和式(8. 103)还可进一步推得

$$\begin{cases}\dfrac{\partial \boldsymbol{a}_1(\boldsymbol{z}_{k0},\boldsymbol{w})}{\partial \boldsymbol{w}^{\mathrm{T}}}=\mathrm{blkdiag}[\boldsymbol{\gamma}_6^{\mathrm{T}}(\theta_{k,1})\quad \boldsymbol{\gamma}_6^{\mathrm{T}}(\theta_{k,2})\quad \cdots\quad \boldsymbol{\gamma}_6^{\mathrm{T}}(\theta_{k,M})]\\ \dfrac{\partial \boldsymbol{a}_2(\boldsymbol{z}_{k0},\boldsymbol{w})}{\partial \boldsymbol{w}^{\mathrm{T}}}=\mathrm{blkdiag}[\boldsymbol{\gamma}_7^{\mathrm{T}}(\theta_{k,1},\beta_{k,1})\quad \boldsymbol{\gamma}_7^{\mathrm{T}}(\theta_{k,2},\beta_{k,2})\quad \cdots\quad \boldsymbol{\gamma}_7^{\mathrm{T}}(\theta_{k,M},\beta_{k,M})]\\ \dfrac{\partial \boldsymbol{a}_3(\boldsymbol{z}_{k0},\boldsymbol{w})}{\partial \boldsymbol{w}^{\mathrm{T}}}=2\left[-\boldsymbol{1}_{(M-1)\times 1}\boldsymbol{w}_1^{\mathrm{T}}\;\vdots\; \begin{matrix}\mathrm{blkdiag}[(\boldsymbol{\gamma}_8(\theta_{k,2},\beta_{k,2},\delta_{k,2})+\boldsymbol{w}_2)^{\mathrm{T}}\quad (\boldsymbol{\gamma}_8(\theta_{k,3},\beta_{k,3},\delta_{k,3})+\boldsymbol{w}_3)^{\mathrm{T}}\\ \cdots\quad (\boldsymbol{\gamma}_8(\theta_{k,M},\beta_{k,M},\delta_{k,M})+\boldsymbol{w}_M)^{\mathrm{T}}]\end{matrix}\right]\end{cases} \tag{I. 6}$$

式中

$$\begin{cases}\boldsymbol{\gamma}_6(\theta)=[\sin\theta\;\vdots\; -\cos\theta\;\vdots\; 0]^{\mathrm{T}}\\ \boldsymbol{\gamma}_7(\theta,\beta)=[\cos\theta\sin\beta\;\vdots\;\sin\theta\sin\beta\;\vdots\; -\cos\beta]^{\mathrm{T}}\\ \boldsymbol{\gamma}_8(\theta,\beta,\delta)=[\delta\cos\theta\cos\beta\;\vdots\;\delta\sin\theta\cos\beta\;\vdots\;\delta\sin\beta]^{\mathrm{T}}\end{cases} \tag{I. 7}$$

然后推导式(8. 123)中各个子矩阵的表达式，根据式(8. 99)、式(8. 101)和式(8. 103)可得

$$\begin{cases}\dot{\boldsymbol{B}}_{\theta_{k,n}}(\boldsymbol{z}_{k0},\boldsymbol{w})\\ =\begin{bmatrix}\cos\theta_{k,n}\boldsymbol{i}_M^{(n)} & \sin\theta_{k,n}\boldsymbol{i}_M^{(n)} & \boldsymbol{O}_{M\times 1}\\ -\sin\theta_{k,n}\sin\beta_{k,n}\boldsymbol{i}_M^{(n)} & \cos\theta_{k,n}\sin\beta_{k,n}\boldsymbol{i}_M^{(n)} & \boldsymbol{O}_{M\times 1}\\ -2\delta_{k,n}\sin\theta_{k,n}\cos\beta_{k,n}\boldsymbol{i}_{M-1}^{(n-1)} & 2\delta_{k,n}\cos\theta_{k,n}\cos\beta_{k,n}\boldsymbol{i}_{M-1}^{(n-1)} & \boldsymbol{O}_{(M-1)\times 1}\end{bmatrix}\\ 2\leqslant n\leqslant M\\ \dot{\boldsymbol{B}}_{\theta_{k,1}}(\boldsymbol{z}_{k0},\boldsymbol{w})=\begin{bmatrix}\cos\theta_{k,1}\boldsymbol{i}_M^{(1)} & \sin\theta_{k,1}\boldsymbol{i}_M^{(1)} & \boldsymbol{O}_{M\times 1}\\ -\sin\theta_{k,1}\sin\beta_{k,1}\boldsymbol{i}_M^{(1)} & \cos\theta_{k,1}\sin\beta_{k,1}\boldsymbol{i}_M^{(1)} & \boldsymbol{O}_{M\times 1}\\ \boldsymbol{O}_{(M-1)\times 1} & \boldsymbol{O}_{(M-1)\times 1} & \boldsymbol{O}_{(M-1)\times 1}\end{bmatrix}\end{cases} \tag{I. 8}$$

$$\begin{cases}\dot{\boldsymbol{B}}_{\beta_{k,n}}(\boldsymbol{z}_{k0},\boldsymbol{w})\\ =\begin{bmatrix}\boldsymbol{O}_{M\times 1} & \boldsymbol{O}_{M\times 1} & \boldsymbol{O}_{M\times 1}\\ \cos\theta_{k,n}\cos\beta_{k,n}\boldsymbol{i}_M^{(n)} & \sin\theta_{k,n}\cos\beta_{k,n}\boldsymbol{i}_M^{(n)} & \sin\beta_{k,n}\boldsymbol{i}_M^{(n)}\\ -2\delta_{k,n}\cos\theta_{k,n}\cdot\sin\beta_{k,n}\boldsymbol{i}_{M-1}^{(n-1)} & -2\delta_{k,n}\sin\theta_{k,n}\cdot\sin\beta_{k,n}\boldsymbol{i}_{M-1}^{(n-1)} & 2\delta_{k,n}\cos\beta_{k,n}\boldsymbol{i}_{M-1}^{(n-1)}\end{bmatrix}\\ 2\leqslant n\leqslant M\\ \dot{\boldsymbol{B}}_{\beta_{k,1}}(\boldsymbol{z}_{k0},\boldsymbol{w})=\begin{bmatrix}\boldsymbol{O}_{M\times 1} & \boldsymbol{O}_{M\times 1} & \boldsymbol{O}_{M\times 1}\\ \cos\theta_{k,1}\cos\beta_{k,1}\boldsymbol{i}_M^{(1)} & \sin\theta_{k,1}\cos\beta_{k,1}\boldsymbol{i}_M^{(1)} & \sin\beta_{k,1}\boldsymbol{i}_M^{(1)}\\ \boldsymbol{O}_{(M-1)\times 1} & \boldsymbol{O}_{(M-1)\times 1} & \boldsymbol{O}_{(M-1)\times 1}\end{bmatrix}\end{cases} \tag{I. 9}$$

$$\dot{\boldsymbol{B}}_{\delta_{k,n}}(\boldsymbol{z}_{k0},\boldsymbol{w})=\left[\begin{array}{c:c:c}\boldsymbol{O}_{M\times1} & \boldsymbol{O}_{M\times1} & \boldsymbol{O}_{M\times1}\\ \boldsymbol{O}_{M\times1} & \boldsymbol{O}_{M\times1} & \boldsymbol{O}_{M\times1}\\ 2\cos\theta_{k,n}\cos\beta_{k,n}\,\boldsymbol{i}_{M-1}^{(n-1)} & 2\sin\theta_{k,n}\cos\beta_{k,n}\,\boldsymbol{i}_{M-1}^{(n-1)} & 2\sin\beta_{k,n}\,\boldsymbol{i}_{M-1}^{(n-1)}\end{array}\right]$$

$$2\leqslant n\leqslant M \tag{I. 10}$$

接着推导式(8. 124)中各个子矩阵的表达式，根据式(8. 99)、式(8. 101)和式(8. 103)可得

$$\begin{cases}\dot{\boldsymbol{B}}_{x_{\mathrm{o},n}}(\boldsymbol{z}_{k0},\boldsymbol{w})=\left[\begin{array}{c:c:c}\boldsymbol{O}_{M\times1} & \boldsymbol{O}_{M\times1} & \boldsymbol{O}_{M\times1}\\ \boldsymbol{O}_{M\times1} & \boldsymbol{O}_{M\times1} & \boldsymbol{O}_{M\times1}\\ 2\boldsymbol{i}_{M-1}^{(n-1)} & \boldsymbol{O}_{(M-1)\times1} & \boldsymbol{O}_{(M-1)\times1}\end{array}\right], \quad 2\leqslant n\leqslant M\\ \dot{\boldsymbol{B}}_{x_{\mathrm{o},1}}(\boldsymbol{z}_{k0},\boldsymbol{w})=\left[\begin{array}{c:c:c}\boldsymbol{O}_{M\times1} & \boldsymbol{O}_{M\times1} & \boldsymbol{O}_{M\times1}\\ \boldsymbol{O}_{M\times1} & \boldsymbol{O}_{M\times1} & \boldsymbol{O}_{M\times1}\\ -2\boldsymbol{1}_{(M-1)\times1} & \boldsymbol{O}_{(M-1)\times1} & \boldsymbol{O}_{(M-1)\times1}\end{array}\right]\end{cases} \tag{I. 11}$$

$$\begin{cases}\dot{\boldsymbol{B}}_{y_{\mathrm{o},n}}(\boldsymbol{z}_{k0},\boldsymbol{w})=\left[\begin{array}{c:c:c}\boldsymbol{O}_{M\times1} & \boldsymbol{O}_{M\times1} & \boldsymbol{O}_{M\times1}\\ \boldsymbol{O}_{M\times1} & \boldsymbol{O}_{M\times1} & \boldsymbol{O}_{M\times1}\\ \boldsymbol{O}_{(M-1)\times1} & 2\boldsymbol{i}_{M-1}^{(n-1)} & \boldsymbol{O}_{(M-1)\times1}\end{array}\right], \quad 2\leqslant n\leqslant M\\ \dot{\boldsymbol{B}}_{y_{\mathrm{o},1}}(\boldsymbol{z}_{k0},\boldsymbol{w})=\left[\begin{array}{c:c:c}\boldsymbol{O}_{M\times1} & \boldsymbol{O}_{M\times1} & \boldsymbol{O}_{M\times1}\\ \boldsymbol{O}_{M\times1} & \boldsymbol{O}_{M\times1} & \boldsymbol{O}_{M\times1}\\ \boldsymbol{O}_{(M-1)\times1} & -2\boldsymbol{1}_{(M-1)\times1} & \boldsymbol{O}_{(M-1)\times1}\end{array}\right]\end{cases} \tag{I. 12}$$

$$\begin{cases}\dot{\boldsymbol{B}}_{z_{\mathrm{o},n}}(\boldsymbol{z}_{k0},\boldsymbol{w})=\left[\begin{array}{c:c:c}\boldsymbol{O}_{M\times1} & \boldsymbol{O}_{M\times1} & \boldsymbol{O}_{M\times1}\\ \boldsymbol{O}_{M\times1} & \boldsymbol{O}_{M\times1} & \boldsymbol{O}_{M\times1}\\ \boldsymbol{O}_{(M-1)\times1} & \boldsymbol{O}_{(M-1)\times1} & 2\boldsymbol{i}_{M-1}^{(n-1)}\end{array}\right], \quad 2\leqslant n\leqslant M\\ \dot{\boldsymbol{B}}_{z_{\mathrm{o},1}}(\boldsymbol{z}_{k0},\boldsymbol{w})=\left[\begin{array}{c:c:c}\boldsymbol{O}_{M\times1} & \boldsymbol{O}_{M\times1} & \boldsymbol{O}_{M\times1}\\ \boldsymbol{O}_{M\times1} & \boldsymbol{O}_{M\times1} & \boldsymbol{O}_{M\times1}\\ \boldsymbol{O}_{(M-1)\times1} & \boldsymbol{O}_{(M-1)\times1} & -2\boldsymbol{1}_{(M-1)\times1}\end{array}\right]\end{cases} \tag{I. 13}$$

再然后推导式(8. 125)中各个子矩阵的表达式，根据式(8. 96)、式(8. 110)、式(8. 112)和式(8. 114)可得

$$\begin{cases}\dfrac{\partial c_1(\boldsymbol{r}_{k0},\boldsymbol{s}_k)}{\partial \boldsymbol{r}_{k0}^{\mathrm{T}}}=\left[\dfrac{\partial c_1(\boldsymbol{r}_{k0},\boldsymbol{s}_k)}{\partial \boldsymbol{\theta}_{\mathrm{c},k}^{\mathrm{T}}} \quad \dfrac{\partial c_1(\boldsymbol{r}_{k0},\boldsymbol{s}_k)}{\partial \boldsymbol{\beta}_{\mathrm{c},k}^{\mathrm{T}}} \quad \dfrac{\partial c_1(\boldsymbol{r}_{k0},\boldsymbol{s}_k)}{\partial \boldsymbol{\delta}_{\mathrm{c},k}^{\mathrm{T}}}\right]\\ \dfrac{\partial c_2(\boldsymbol{r}_{k0},\boldsymbol{s}_k)}{\partial \boldsymbol{r}_{k0}^{\mathrm{T}}}=\left[\dfrac{\partial c_2(\boldsymbol{r}_{k0},\boldsymbol{s}_k)}{\partial \boldsymbol{\theta}_{\mathrm{c},k}^{\mathrm{T}}} \quad \dfrac{\partial c_2(\boldsymbol{r}_{k0},\boldsymbol{s}_k)}{\partial \boldsymbol{\beta}_{\mathrm{c},k}^{\mathrm{T}}} \quad \dfrac{\partial c_2(\boldsymbol{r}_{k0},\boldsymbol{s}_k)}{\partial \boldsymbol{\delta}_{\mathrm{c},k}^{\mathrm{T}}}\right]\\ \dfrac{\partial c_3(\boldsymbol{r}_{k0},\boldsymbol{s}_k)}{\partial \boldsymbol{r}_{k0}^{\mathrm{T}}}=\left[\dfrac{\partial c_3(\boldsymbol{r}_{k0},\boldsymbol{s}_k)}{\partial \boldsymbol{\theta}_{\mathrm{c},k}^{\mathrm{T}}} \quad \dfrac{\partial c_3(\boldsymbol{r}_{k0},\boldsymbol{s}_k)}{\partial \boldsymbol{\beta}_{\mathrm{c},k}^{\mathrm{T}}} \quad \dfrac{\partial c_3(\boldsymbol{r}_{k0},\boldsymbol{s}_k)}{\partial \boldsymbol{\delta}_{\mathrm{c},k}^{\mathrm{T}}}\right]\end{cases} \tag{I. 14}$$

式中

$$\begin{cases}\dfrac{\partial \boldsymbol{c}_1(\boldsymbol{r}_{k0},\boldsymbol{s}_k)}{\partial \boldsymbol{\theta}_{c,k}^{\mathrm{T}}}=\mathrm{diag}[\boldsymbol{\lambda}_1^{\mathrm{T}}(\theta_{c,k,1})\boldsymbol{s}_k \quad \boldsymbol{\lambda}_1^{\mathrm{T}}(\theta_{c,k,2})\boldsymbol{s}_k \quad \cdots \quad \boldsymbol{\lambda}_1^{\mathrm{T}}(\theta_{c,k,M})\boldsymbol{s}_k] \\ \dfrac{\partial \boldsymbol{c}_1(\boldsymbol{r}_{k0},\boldsymbol{s}_k)}{\partial \boldsymbol{\beta}_{c,k}^{\mathrm{T}}}=\boldsymbol{O}_{M\times M}, \quad \dfrac{\partial \boldsymbol{c}_1(\boldsymbol{r}_{k0},\boldsymbol{s}_k)}{\partial \boldsymbol{\delta}_{c,k}^{\mathrm{T}}}=\boldsymbol{O}_{M\times(M-1)}\end{cases} \tag{I.15}$$

$$\begin{cases}\dfrac{\partial \boldsymbol{c}_2(\boldsymbol{r}_{k0},\boldsymbol{s}_k)}{\partial \boldsymbol{\theta}_{c,k}^{\mathrm{T}}}=\mathrm{diag}[\boldsymbol{\lambda}_2^{\mathrm{T}}(\theta_{c,k,1},\beta_{c,k,1})\boldsymbol{s}_k \quad \boldsymbol{\lambda}_2^{\mathrm{T}}(\theta_{c,k,2},\beta_{c,k,2})\boldsymbol{s}_k \quad \cdots \quad \boldsymbol{\lambda}_2^{\mathrm{T}}(\theta_{c,k,M},\beta_{c,k,M})\boldsymbol{s}_k] \\ \dfrac{\partial \boldsymbol{c}_2(\boldsymbol{r}_{k0},\boldsymbol{s}_k)}{\partial \boldsymbol{\beta}_{c,k}^{\mathrm{T}}}=\mathrm{diag}[\boldsymbol{\lambda}_3^{\mathrm{T}}(\theta_{c,k,1},\beta_{c,k,1})\boldsymbol{s}_k \quad \boldsymbol{\lambda}_3^{\mathrm{T}}(\theta_{c,k,2},\beta_{c,k,2})\boldsymbol{s}_k \quad \cdots \quad \boldsymbol{\lambda}_3^{\mathrm{T}}(\theta_{c,k,M},\beta_{c,k,M})\boldsymbol{s}_k] \\ \dfrac{\partial \boldsymbol{c}_2(\boldsymbol{r}_{k0},\boldsymbol{s}_k)}{\partial \boldsymbol{\delta}_{c,k}^{\mathrm{T}}}=\boldsymbol{O}_{M\times(M-1)}\end{cases} \tag{I.16}$$

$$\begin{cases}\dfrac{\partial \boldsymbol{c}_3(\boldsymbol{r}_{k0},\boldsymbol{s}_k)}{\partial \boldsymbol{\theta}_{c,k}^{\mathrm{T}}}=\left[-\boldsymbol{1}_{(M-1)\times 1}(\boldsymbol{\lambda}_4^{\mathrm{T}}(\theta_{c,k,1},\beta_{c,k,1})\boldsymbol{s}_k) \;\vdots\; \begin{matrix}\mathrm{diag}[\boldsymbol{\lambda}_4^{\mathrm{T}}(\theta_{c,k,2},\beta_{c,k,2})\boldsymbol{s}_k \quad \boldsymbol{\lambda}_4^{\mathrm{T}}(\theta_{c,k,3},\beta_{c,k,3})\boldsymbol{s}_k \\ \cdots \quad \boldsymbol{\lambda}_4^{\mathrm{T}}(\theta_{c,k,M},\beta_{c,k,M})\boldsymbol{s}_k]\end{matrix}\right] \\ \dfrac{\partial \boldsymbol{c}_3(\boldsymbol{r}_{k0},\boldsymbol{s}_k)}{\partial \boldsymbol{\beta}_{c,k}^{\mathrm{T}}}=\left[-\boldsymbol{1}_{(M-1)\times 1}(\boldsymbol{\lambda}_5^{\mathrm{T}}(\theta_{c,k,1},\beta_{c,k,1})\boldsymbol{s}_k) \;\vdots\; \begin{matrix}\mathrm{diag}[\boldsymbol{\lambda}_5^{\mathrm{T}}(\theta_{c,k,2},\beta_{c,k,2})\boldsymbol{s}_k \quad \boldsymbol{\lambda}_5^{\mathrm{T}}(\theta_{c,k,3},\beta_{c,k,3})\boldsymbol{s}_k \\ \cdots \quad \boldsymbol{\lambda}_5^{\mathrm{T}}(\theta_{c,k,M},\beta_{c,k,M})\boldsymbol{s}_k]\end{matrix}\right] \\ \dfrac{\partial \boldsymbol{c}_3(\boldsymbol{r}_{k0},\boldsymbol{s}_k)}{\partial \boldsymbol{\delta}_{c,k}^{\mathrm{T}}}=-\boldsymbol{I}_{M-1}\end{cases} \tag{I.17}$$

其中

$$\begin{cases}\boldsymbol{\lambda}_1(\theta)=[\cos\theta \;\vdots\; \sin\theta \;\vdots\; 0]^{\mathrm{T}} \\ \boldsymbol{\lambda}_2(\theta,\beta)=[-\sin\theta\sin\beta \;\vdots\; \cos\theta\sin\beta \;\vdots\; 0]^{\mathrm{T}} \\ \boldsymbol{\lambda}_3(\theta,\beta)=[\cos\theta\cos\beta \;\vdots\; \sin\theta\cos\beta \;\vdots\; \sin\beta]^{\mathrm{T}} \\ \boldsymbol{\lambda}_4(\theta,\beta)=[-\sin\theta\cos\beta \;\vdots\; \cos\theta\cos\beta \;\vdots\; 0]^{\mathrm{T}} \\ \boldsymbol{\lambda}_5(\theta,\beta)=[-\cos\theta\sin\beta \;\vdots\; -\sin\theta\sin\beta \;\vdots\; \cos\beta]^{\mathrm{T}}\end{cases} \tag{I.18}$$

最后推导式(8.126)中各个子矩阵的表达式，根据式(8.110)、式(8.112)和式(8.114)可得

$$\begin{cases}\dot{\boldsymbol{D}}_{\theta_{c,k,n}}(\boldsymbol{r}_{k0},\boldsymbol{s}_k)=\begin{bmatrix}(\boldsymbol{i}_M^{(n)}\boldsymbol{i}_M^{(n)\mathrm{T}})\otimes\boldsymbol{\lambda}_1^{\mathrm{T}}(\theta_{c,k,n}) \\ \hdashline (\boldsymbol{i}_M^{(n)}\boldsymbol{i}_M^{(n)\mathrm{T}})\otimes\boldsymbol{\lambda}_2^{\mathrm{T}}(\theta_{c,k,n},\beta_{c,k,n}) \\ \hdashline \boldsymbol{O}_{(M-1)\times 3} \;\vdots\; (\boldsymbol{i}_{M-1}^{(n-1)}\boldsymbol{i}_{M-1}^{(n-1)\mathrm{T}})\otimes\boldsymbol{\lambda}_4^{\mathrm{T}}(\theta_{c,k,n},\beta_{c,k,n})\end{bmatrix}, \quad 2\leqslant n\leqslant M \\ \dot{\boldsymbol{D}}_{\theta_{c,k,1}}(\boldsymbol{r}_{k0},\boldsymbol{s}_k)=\begin{bmatrix}(\boldsymbol{i}_M^{(1)}\boldsymbol{i}_M^{(1)\mathrm{T}})\otimes\boldsymbol{\lambda}_1^{\mathrm{T}}(\theta_{c,k,1}) \\ \hdashline (\boldsymbol{i}_M^{(1)}\boldsymbol{i}_M^{(1)\mathrm{T}})\otimes\boldsymbol{\lambda}_2^{\mathrm{T}}(\theta_{c,k,1},\beta_{c,k,1}) \\ \hdashline -\boldsymbol{1}_{(M-1)\times 1}\boldsymbol{\lambda}_4^{\mathrm{T}}(\theta_{c,k,1},\beta_{c,k,1}) \;\vdots\; \boldsymbol{O}_{(M-1)\times 3(M-1)}\end{bmatrix}\end{cases} \tag{I.19}$$

$$\begin{cases}\dot{\boldsymbol{D}}_{\beta_{\mathrm{c},k,n}}(\boldsymbol{r}_{k0},\boldsymbol{s}_k)=\begin{bmatrix}\boldsymbol{O}_{M\times 3M}\\ \hdashline (\boldsymbol{i}_M^{(n)}\boldsymbol{i}_M^{(n)\mathrm{T}})\otimes\boldsymbol{\lambda}_3^{\mathrm{T}}(\theta_{\mathrm{c},k,n},\beta_{\mathrm{c},k,n})\\ \hdashline \boldsymbol{O}_{(M-1)\times 3}\ \vdots\ (\boldsymbol{i}_{M-1}^{(n-1)}\boldsymbol{i}_{M-1}^{(n-1)\mathrm{T}})\otimes\boldsymbol{\lambda}_5^{\mathrm{T}}(\theta_{\mathrm{c},k,n},\beta_{\mathrm{c},k,n})\end{bmatrix},\quad 2\leqslant n\leqslant M\\ \dot{\boldsymbol{D}}_{\beta_{\mathrm{c},k,1}}(\boldsymbol{r}_{k0},\boldsymbol{s}_k)=\begin{bmatrix}\boldsymbol{O}_{M\times 3M}\\ \hdashline (\boldsymbol{i}_M^{(1)}\boldsymbol{i}_M^{(1)\mathrm{T}})\otimes\boldsymbol{\lambda}_3^{\mathrm{T}}(\theta_{\mathrm{c},k,1},\beta_{\mathrm{c},k,1})\\ \hdashline -\boldsymbol{1}_{(M-1)\times 1}\boldsymbol{\lambda}_5^{\mathrm{T}}(\theta_{\mathrm{c},k,1},\beta_{\mathrm{c},k,1})\ \vdots\ \boldsymbol{O}_{(M-1)\times 3(M-1)}\end{bmatrix}\end{cases}\tag{I.20}$$

$$\dot{\boldsymbol{D}}_{\delta_{\mathrm{c},k,n}}(\boldsymbol{r}_{k0},\boldsymbol{s}_k)=\boldsymbol{O}_{(3M-1)\times 3M},\quad 2\leqslant n\leqslant M\tag{I.21}$$

附录 J

这里将推导矩阵$\dfrac{\partial\mathrm{vec}(\boldsymbol{F}(\boldsymbol{z},\boldsymbol{v},\boldsymbol{r},\boldsymbol{s},\boldsymbol{\rho}_{\mathrm{c}}(\boldsymbol{u}_{\mathrm{c}}),\boldsymbol{\varphi}(\boldsymbol{w})))}{\partial\boldsymbol{u}_{\mathrm{c}}^{\mathrm{T}}}$和$\dfrac{\partial\mathrm{vec}(\boldsymbol{F}(\boldsymbol{z},\boldsymbol{v},\boldsymbol{r},\boldsymbol{s},\boldsymbol{\rho}_{\mathrm{c}}(\boldsymbol{u}_{\mathrm{c}}),\boldsymbol{\varphi}(\boldsymbol{w})))}{\partial\boldsymbol{w}^{\mathrm{T}}}$的表达式。

根据式(9.87)可将矩阵$\boldsymbol{F}(\boldsymbol{z},\boldsymbol{v},\boldsymbol{r},\boldsymbol{s},\boldsymbol{\rho}_{\mathrm{c}}(\boldsymbol{u}_{\mathrm{c}}),\boldsymbol{\varphi}(\boldsymbol{w}))$表示为

$$\begin{aligned}\boldsymbol{F}(\boldsymbol{z},\boldsymbol{v},\boldsymbol{r},\boldsymbol{s},\boldsymbol{\rho}_{\mathrm{c}}(\boldsymbol{u}_{\mathrm{c}}),\boldsymbol{\varphi}(\boldsymbol{w}))=&\begin{bmatrix}\boldsymbol{O}_{p\times l}\\ \boldsymbol{I}_l\\ \boldsymbol{O}_{pd\times l}\end{bmatrix}\boldsymbol{I}_l[\boldsymbol{O}_{l\times p}\quad \boldsymbol{I}_l\quad \boldsymbol{O}_{l\times pd}]\\ &+\begin{bmatrix}\boldsymbol{I}_p\\ \boldsymbol{O}_{l\times p}\\ \boldsymbol{O}_{pd\times p}\end{bmatrix}\boldsymbol{T}_1(\boldsymbol{z},\boldsymbol{v},\boldsymbol{\rho}_{\mathrm{c}}(\boldsymbol{u}_{\mathrm{c}}))[\boldsymbol{I}_p\quad \boldsymbol{O}_{p\times l}\quad \boldsymbol{O}_{p\times pd}]\\ &+\begin{bmatrix}\boldsymbol{I}_p\\ \boldsymbol{O}_{l\times p}\\ \boldsymbol{O}_{pd\times p}\end{bmatrix}\boldsymbol{T}_2(\boldsymbol{z},\boldsymbol{v},\boldsymbol{\rho}_{\mathrm{c}}(\boldsymbol{u}_{\mathrm{c}}))[\boldsymbol{O}_{l\times p}\quad \boldsymbol{I}_l\quad \boldsymbol{O}_{l\times pd}]\\ &+\begin{bmatrix}\boldsymbol{O}_{p\times pd}\\ \boldsymbol{O}_{l\times pd}\\ \boldsymbol{I}_{pd}\end{bmatrix}\bar{\boldsymbol{H}}(\boldsymbol{r},\boldsymbol{s},\boldsymbol{\varphi}(\boldsymbol{w}))[\boldsymbol{O}_{pd\times p}\quad \boldsymbol{O}_{pd\times l}\quad \boldsymbol{I}_{pd}]\end{aligned}\tag{J.1}$$

于是有

$$\begin{aligned}\frac{\partial\mathrm{vec}(\boldsymbol{F}(\boldsymbol{z},\boldsymbol{v},\boldsymbol{r},\boldsymbol{s},\boldsymbol{\rho}_{\mathrm{c}}(\boldsymbol{u}_{\mathrm{c}}),\boldsymbol{\varphi}(\boldsymbol{w})))}{\partial\boldsymbol{u}_{\mathrm{c}}^{\mathrm{T}}}=&\left(\begin{bmatrix}\boldsymbol{I}_p\\ \boldsymbol{O}_{l\times p}\\ \boldsymbol{O}_{pd\times p}\end{bmatrix}\otimes\begin{bmatrix}\boldsymbol{I}_p\\ \boldsymbol{O}_{l\times p}\\ \boldsymbol{O}_{pd\times p}\end{bmatrix}\right)\frac{\partial\mathrm{vec}(\boldsymbol{T}_1(\boldsymbol{z},\boldsymbol{v},\boldsymbol{\rho}_{\mathrm{c}}(\boldsymbol{u}_{\mathrm{c}})))}{\partial\boldsymbol{u}_{\mathrm{c}}^{\mathrm{T}}}\\ &+\left(\begin{bmatrix}\boldsymbol{O}_{p\times l}\\ \boldsymbol{I}_l\\ \boldsymbol{O}_{pd\times l}\end{bmatrix}\otimes\begin{bmatrix}\boldsymbol{I}_p\\ \boldsymbol{O}_{l\times p}\\ \boldsymbol{O}_{pd\times p}\end{bmatrix}\right)\frac{\partial\mathrm{vec}(\boldsymbol{T}_2(\boldsymbol{z},\boldsymbol{v},\boldsymbol{\rho}_{\mathrm{c}}(\boldsymbol{u}_{\mathrm{c}})))}{\partial\boldsymbol{u}_{\mathrm{c}}^{\mathrm{T}}}\\ =&-\left(\begin{bmatrix}\boldsymbol{I}_p\\ \boldsymbol{O}_{l\times p}\\ \boldsymbol{O}_{pd\times p}\end{bmatrix}\otimes\begin{bmatrix}\boldsymbol{I}_p\\ \boldsymbol{O}_{l\times p}\\ \boldsymbol{O}_{pd\times p}\end{bmatrix}\right)\dot{\boldsymbol{B}}_1(\boldsymbol{z},\boldsymbol{v})\boldsymbol{P}_{\mathrm{c}}(\boldsymbol{u}_{\mathrm{c}})\end{aligned}$$

$$-\left(\begin{bmatrix}\boldsymbol{O}_{p\times l}\\ \boldsymbol{I}_l\\ \boldsymbol{O}_{pd\times l}\end{bmatrix}\otimes\begin{bmatrix}\boldsymbol{I}_p\\ \boldsymbol{O}_{l\times p}\\ \boldsymbol{O}_{pd\times p}\end{bmatrix}\right)\dot{\boldsymbol{B}}_2(\boldsymbol{z},\boldsymbol{v})\boldsymbol{P}_{\mathrm{c}}(\boldsymbol{u}_{\mathrm{c}})$$

$$=-\left(\begin{bmatrix}\boldsymbol{I}_p\\ \boldsymbol{O}_{l\times p}\\ \boldsymbol{O}_{pd\times p}\end{bmatrix}\otimes\begin{bmatrix}\boldsymbol{I}_p\\ \boldsymbol{O}_{l\times p}\\ \boldsymbol{O}_{pd\times p}\end{bmatrix}\right)\dot{\boldsymbol{B}}_1(\boldsymbol{z},\boldsymbol{v})\boldsymbol{P}(\boldsymbol{u})\boldsymbol{H}_{\mathrm{c}}(\boldsymbol{u}_{\mathrm{c}})$$

$$-\left(\begin{bmatrix}\boldsymbol{O}_{p\times l}\\ \boldsymbol{I}_l\\ \boldsymbol{O}_{pd\times l}\end{bmatrix}\otimes\begin{bmatrix}\boldsymbol{I}_p\\ \boldsymbol{O}_{l\times p}\\ \boldsymbol{O}_{pd\times p}\end{bmatrix}\right)\dot{\boldsymbol{B}}_2(\boldsymbol{z},\boldsymbol{v})\boldsymbol{P}(\boldsymbol{u})\boldsymbol{H}_{\mathrm{c}}(\boldsymbol{u}_{\mathrm{c}}) \tag{J. 2}$$

$$\frac{\partial\mathrm{vec}(\boldsymbol{F}(\boldsymbol{z},\boldsymbol{v},\boldsymbol{r},\boldsymbol{s},\boldsymbol{\rho}_{\mathrm{c}}(\boldsymbol{u}_{\mathrm{c}}),\boldsymbol{\varphi}(\boldsymbol{w})))}{\partial\boldsymbol{w}^{\mathrm{T}}}=\left(\begin{bmatrix}\boldsymbol{O}_{p\times pd}\\ \boldsymbol{O}_{l\times pd}\\ \boldsymbol{I}_{pd}\end{bmatrix}\otimes\begin{bmatrix}\boldsymbol{O}_{p\times pd}\\ \boldsymbol{O}_{l\times pd}\\ \boldsymbol{I}_{pd}\end{bmatrix}\right)\frac{\partial\mathrm{vec}(\bar{\boldsymbol{H}}(\boldsymbol{r},\boldsymbol{s},\boldsymbol{\varphi}(\boldsymbol{w})))}{\partial\boldsymbol{w}^{\mathrm{T}}}$$

$$=-\left(\begin{bmatrix}\boldsymbol{O}_{p\times pd}\\ \boldsymbol{O}_{l\times pd}\\ \boldsymbol{I}_{pd}\end{bmatrix}\otimes\begin{bmatrix}\boldsymbol{O}_{p\times pd}\\ \boldsymbol{O}_{l\times pd}\\ \boldsymbol{I}_{pd}\end{bmatrix}\right)\dot{\bar{\boldsymbol{D}}}(\boldsymbol{r},\boldsymbol{s})\boldsymbol{\Psi}(\boldsymbol{w}) \tag{J. 3}$$

式中

$$\begin{cases}\dot{\boldsymbol{B}}_1(\boldsymbol{z},\boldsymbol{v})=[\dot{\boldsymbol{B}}_{11}^{\mathrm{T}}(\boldsymbol{z},\boldsymbol{v})\quad\dot{\boldsymbol{B}}_{12}^{\mathrm{T}}(\boldsymbol{z},\boldsymbol{v})\quad\cdots\quad\dot{\boldsymbol{B}}_{1p}^{\mathrm{T}}(\boldsymbol{z},\boldsymbol{v})]^{\mathrm{T}}\in\mathbf{R}^{p^2\times\bar{q}}\\ \dot{\boldsymbol{B}}_2(\boldsymbol{z},\boldsymbol{v})=[\dot{\boldsymbol{B}}_{21}^{\mathrm{T}}(\boldsymbol{z},\boldsymbol{v})\quad\dot{\boldsymbol{B}}_{22}^{\mathrm{T}}(\boldsymbol{z},\boldsymbol{v})\quad\cdots\quad\dot{\boldsymbol{B}}_{2l}^{\mathrm{T}}(\boldsymbol{z},\boldsymbol{v})]^{\mathrm{T}}\in\mathbf{R}^{pl\times\bar{q}}\end{cases} \tag{J. 4}$$

附录 K

这里将推导矩阵$\dfrac{\partial\mathrm{vec}(\boldsymbol{\Psi}^{\mathrm{T}}(\boldsymbol{w}))}{\partial\boldsymbol{w}^{\mathrm{T}}}$的表达式。首先根据式(9.146)可将矩阵 $\boldsymbol{\Psi}(\boldsymbol{w})$表示为

$$\boldsymbol{\Psi}(\boldsymbol{w})=\frac{\partial\boldsymbol{\varphi}(\boldsymbol{w})}{\partial\boldsymbol{w}^{\mathrm{T}}}=\sum_{m=2}^{M}(\boldsymbol{i}_{M-1}^{(m-1)}\otimes\boldsymbol{I}_4)\frac{\partial\boldsymbol{\varphi}_0(\boldsymbol{w}_m)}{\partial\boldsymbol{w}_m^{\mathrm{T}}}(\boldsymbol{i}_{M-1}^{(m-1)\mathrm{T}}\otimes\boldsymbol{I}_3) \tag{K. 1}$$

于是有

$$\boldsymbol{\Psi}^{\mathrm{T}}(\boldsymbol{w})=\sum_{m=2}^{M}(\boldsymbol{i}_{M-1}^{(m-1)}\otimes\boldsymbol{I}_3)\left(\frac{\partial\boldsymbol{\varphi}_0(\boldsymbol{w}_m)}{\partial\boldsymbol{w}_m^{\mathrm{T}}}\right)^{\mathrm{T}}(\boldsymbol{i}_{M-1}^{(m-1)\mathrm{T}}\otimes\boldsymbol{I}_4) \tag{K. 2}$$

进一步可得

$$\mathrm{vec}(\boldsymbol{\Psi}^{\mathrm{T}}(\boldsymbol{w}))=\sum_{m=2}^{M}\left((\boldsymbol{i}_{M-1}^{(m-1)}\otimes\boldsymbol{I}_4)\otimes(\boldsymbol{i}_{M-1}^{(m-1)}\otimes\boldsymbol{I}_3)\right)\mathrm{vec}\left(\left(\frac{\partial\boldsymbol{\varphi}_0(\boldsymbol{w}_m)}{\partial\boldsymbol{w}_m^{\mathrm{T}}}\right)^{\mathrm{T}}\right) \tag{K. 3}$$

另外,根据式(9.146)可知

$$\frac{\partial}{\partial\boldsymbol{w}_m^{\mathrm{T}}}\mathrm{vec}\left(\left(\frac{\partial\boldsymbol{\varphi}_0(\boldsymbol{w}_m)}{\partial\boldsymbol{w}_m^{\mathrm{T}}}\right)^{\mathrm{T}}\right)=\frac{\partial}{\partial\boldsymbol{w}_m^{\mathrm{T}}}\mathrm{vec}\left(\left[\boldsymbol{I}_3\ \vdots\ \frac{\boldsymbol{w}_m-\boldsymbol{\alpha}}{\|\boldsymbol{w}_m-\boldsymbol{\alpha}\|_2}\right]\right)$$

$$=\begin{bmatrix}\boldsymbol{O}_{9\times3}\\ \hdashline \dfrac{\|\boldsymbol{w}_m-\boldsymbol{\alpha}\|_2^2\boldsymbol{I}_3-(\boldsymbol{w}_m-\boldsymbol{\alpha})(\boldsymbol{w}_m-\boldsymbol{\alpha})^{\mathrm{T}}}{\|\boldsymbol{w}_m-\boldsymbol{\alpha}\|_2^3}\end{bmatrix} \tag{K. 4}$$

结合式(K.3)和式(K.4)可推得

$$\frac{\partial \mathrm{vec}(\boldsymbol{\Psi}^{\mathrm{T}}(\boldsymbol{w}))}{\partial \boldsymbol{w}^{\mathrm{T}}}=[(\boldsymbol{i}_{M-1}^{(1)}\otimes \boldsymbol{I}_4)\otimes(\boldsymbol{i}_{M-1}^{(1)}\otimes \boldsymbol{I}_3)\ \vdots\ (\boldsymbol{i}_{M-1}^{(2)}\otimes \boldsymbol{I}_4)\otimes(\boldsymbol{i}_{M-1}^{(2)}\otimes \boldsymbol{I}_3)\ \vdots\ \cdots\ \vdots\ (\boldsymbol{i}_{M-1}^{(M-1)}\otimes \boldsymbol{I}_4)\otimes(\boldsymbol{i}_{M-1}^{(M-1)}\otimes \boldsymbol{I}_3)]$$
$$\cdot\,\mathrm{blkdiag}\left[\begin{bmatrix}\boldsymbol{O}_{9\times 3}\\ \hdashline \dfrac{\begin{pmatrix}\|\boldsymbol{w}_2-\boldsymbol{\alpha}\|_2^2\boldsymbol{I}_3\\ -(\boldsymbol{w}_2-\boldsymbol{\alpha})(\boldsymbol{w}_2-\boldsymbol{\alpha})^{\mathrm{T}}\end{pmatrix}}{\|\boldsymbol{w}_2-\boldsymbol{\alpha}\|_2^3}\end{bmatrix}\quad \begin{bmatrix}\boldsymbol{O}_{9\times 3}\\ \hdashline \dfrac{\begin{pmatrix}\|\boldsymbol{w}_3-\boldsymbol{\alpha}\|_2^2\boldsymbol{I}_3\\ -(\boldsymbol{w}_3-\boldsymbol{\alpha})(\boldsymbol{w}_3-\boldsymbol{\alpha})^{\mathrm{T}}\end{pmatrix}}{\|\boldsymbol{w}_3-\boldsymbol{\alpha}\|_2^3}\end{bmatrix}\quad \cdots\quad \begin{bmatrix}\boldsymbol{O}_{9\times 3}\\ \hdashline \dfrac{\begin{pmatrix}\|\boldsymbol{w}_M-\boldsymbol{\alpha}\|_2^2\boldsymbol{I}_3\\ -(\boldsymbol{w}_M-\boldsymbol{\alpha})(\boldsymbol{w}_M-\boldsymbol{\alpha})^{\mathrm{T}}\end{pmatrix}}{\|\boldsymbol{w}_M-\boldsymbol{\alpha}\|_2^3}\end{bmatrix}\right] \tag{K.5}$$

附录 L

这里将推导式(9.147)中各个子矩阵的表达式。

首先,根据式(9.132)中的第二式和第四式可推得

$$\begin{cases}\boldsymbol{A}_1(\boldsymbol{z}_0,\boldsymbol{w})=\dfrac{\partial \boldsymbol{a}(\boldsymbol{z}_0,\boldsymbol{w})}{\partial \boldsymbol{z}_0^{\mathrm{T}}}=-2\mathrm{diag}[\bar{\boldsymbol{\delta}}]\\ \boldsymbol{A}_2(\boldsymbol{z}_0,\boldsymbol{w})=\dfrac{\partial \boldsymbol{a}(\boldsymbol{z}_0,\boldsymbol{w})}{\partial \boldsymbol{w}^{\mathrm{T}}}=2\mathrm{blkdiag}[\boldsymbol{w}_2^{\mathrm{T}}\quad \boldsymbol{w}_3^{\mathrm{T}}\quad \cdots\quad \boldsymbol{w}_M^{\mathrm{T}}]\\ \qquad -2\mathrm{diag}[\bar{\boldsymbol{\delta}}]\mathrm{blkdiag}\left[\dfrac{(\boldsymbol{\alpha}-\boldsymbol{w}_2)^{\mathrm{T}}}{\|\boldsymbol{\alpha}-\boldsymbol{w}_2\|_2}\quad \dfrac{(\boldsymbol{\alpha}-\boldsymbol{w}_3)^{\mathrm{T}}}{\|\boldsymbol{\alpha}-\boldsymbol{w}_3\|_2}\quad \cdots\quad \dfrac{(\boldsymbol{\alpha}-\boldsymbol{w}_M)^{\mathrm{T}}}{\|\boldsymbol{\alpha}-\boldsymbol{w}_M\|_2}\right]\end{cases} \tag{L.1}$$

式中,$\bar{\boldsymbol{\delta}}=[\bar{\delta}_2\quad \bar{\delta}_3\quad \cdots\quad \bar{\delta}_M]^{\mathrm{T}}$。

然后,根据式(9.132)中的第一式和第四式可推得

$$\begin{cases}\dot{\boldsymbol{B}}_{\delta_n}(\boldsymbol{z}_0,\boldsymbol{w})=\dfrac{\partial \boldsymbol{B}(\boldsymbol{z}_0,\boldsymbol{w})}{\partial \delta_n}=[\boldsymbol{O}_{(M-1)\times 3}\ \vdots\ 2\boldsymbol{i}_{M-1}^{(n-1)}]\\ \dot{\boldsymbol{B}}_{x_{\mathrm{o},n}}(\boldsymbol{z}_0,\boldsymbol{w})=\dfrac{\partial \boldsymbol{B}(\boldsymbol{z}_0,\boldsymbol{w})}{\partial x_{\mathrm{o},n}}=\left[2\boldsymbol{i}_{M-1}^{(n-1)}\boldsymbol{i}_3^{(1)\mathrm{T}}\ \vdots\ \dfrac{2\boldsymbol{i}_{M-1}^{(n-1)}((\boldsymbol{\alpha}-\boldsymbol{w}_n)^{\mathrm{T}}\boldsymbol{i}_3^{(1)})}{\|\boldsymbol{\alpha}-\boldsymbol{w}_n\|_2}\right]\\ \dot{\boldsymbol{B}}_{y_{\mathrm{o},n}}(\boldsymbol{z}_0,\boldsymbol{w})=\dfrac{\partial \boldsymbol{B}(\boldsymbol{z}_0,\boldsymbol{w})}{\partial y_{\mathrm{o},n}}=\left[2\boldsymbol{i}_{M-1}^{(n-1)}\boldsymbol{i}_3^{(2)\mathrm{T}}\ \vdots\ \dfrac{2\boldsymbol{i}_{M-1}^{(n-1)}((\boldsymbol{\alpha}-\boldsymbol{w}_n)^{\mathrm{T}}\boldsymbol{i}_3^{(2)})}{\|\boldsymbol{\alpha}-\boldsymbol{w}_n\|_2}\right]\\ \dot{\boldsymbol{B}}_{z_{\mathrm{o},n}}(\boldsymbol{z}_0,\boldsymbol{w})=\dfrac{\partial \boldsymbol{B}(\boldsymbol{z}_0,\boldsymbol{w})}{\partial z_{\mathrm{o},n}}=\left[2\boldsymbol{i}_{M-1}^{(n-1)}\boldsymbol{i}_3^{(3)\mathrm{T}}\ \vdots\ \dfrac{2\boldsymbol{i}_{M-1}^{(n-1)}((\boldsymbol{\alpha}-\boldsymbol{w}_n)^{\mathrm{T}}\boldsymbol{i}_3^{(3)})}{\|\boldsymbol{\alpha}-\boldsymbol{w}_n\|_2}\right]\end{cases} \tag{L.2}$$

接着,根据式(9.136)中的第二式和第四式可推得

$$\boldsymbol{C}(\boldsymbol{r}_{k0},\boldsymbol{s}_k)=\frac{\partial \boldsymbol{c}(\boldsymbol{r}_{k0},\boldsymbol{s}_k)}{\partial \boldsymbol{r}_{k0}^{\mathrm{T}}}=-2\mathrm{diag}[\boldsymbol{\delta}_{\mathrm{c},k}] \tag{L.3}$$

最后,根据式(9.136)中的第一式和第四式可推得

$$\frac{\partial \boldsymbol{D}(\boldsymbol{r}_{k0},\boldsymbol{s}_k)}{\partial \delta_{\mathrm{c},k,n}}=\left(\boldsymbol{i}_{M-1}^{(n-1)}\boldsymbol{i}_{M-1}^{(n-1)\mathrm{T}}\right)\otimes[\boldsymbol{O}_{1\times 3}\ \vdots\ -2] \tag{L.4}$$

附录 M

这里将证明式(11.72)中的第二式。根据式(11.25)中的第一式可知

$$\begin{aligned}\bar{\boldsymbol{E}}(\boldsymbol{r}_0,\boldsymbol{s})&=\frac{\partial\bar{\boldsymbol{c}}(\boldsymbol{r}_0,\boldsymbol{s})}{\partial\boldsymbol{s}^{\mathrm{T}}}=\mathrm{blkdiag}\left[\frac{\partial\boldsymbol{c}(\boldsymbol{r}_{10},\boldsymbol{s}_1)}{\partial\boldsymbol{s}_1^{\mathrm{T}}}\quad\frac{\partial\boldsymbol{c}(\boldsymbol{r}_{20},\boldsymbol{s}_2)}{\partial\boldsymbol{s}_2^{\mathrm{T}}}\quad\cdots\quad\frac{\partial\boldsymbol{c}(\boldsymbol{r}_{d0},\boldsymbol{s}_d)}{\partial\boldsymbol{s}_d^{\mathrm{T}}}\right]\\&=\mathrm{blkdiag}[\boldsymbol{E}(\boldsymbol{r}_{10},\boldsymbol{s}_1)\quad\boldsymbol{E}(\boldsymbol{r}_{20},\boldsymbol{s}_2)\quad\cdots\quad\boldsymbol{E}(\boldsymbol{r}_{d0},\boldsymbol{s}_d)]\end{aligned}\tag{M.1}$$

根据式(11.25)中的第二式可推得

$$\begin{aligned}&[\dot{\bar{\boldsymbol{F}}}_1(\boldsymbol{r}_0,\boldsymbol{s})\boldsymbol{w}\quad\dot{\bar{\boldsymbol{F}}}_2(\boldsymbol{r}_0,\boldsymbol{s})\boldsymbol{w}\quad\cdots\quad\dot{\bar{\boldsymbol{F}}}_{qd}(\boldsymbol{r}_0,\boldsymbol{s})\boldsymbol{w}]\\&=\begin{bmatrix}\begin{matrix}[\dot{\boldsymbol{F}}_1(\boldsymbol{r}_{10},\boldsymbol{s}_1)\boldsymbol{w}\quad\dot{\boldsymbol{F}}_2(\boldsymbol{r}_{10},\boldsymbol{s}_1)\boldsymbol{w}\\\cdots\quad\dot{\boldsymbol{F}}_q(\boldsymbol{r}_{10},\boldsymbol{s}_1)\boldsymbol{w}]\end{matrix}&&&\\&\begin{matrix}[\dot{\boldsymbol{F}}_1(\boldsymbol{r}_{20},\boldsymbol{s}_2)\boldsymbol{w}\quad\dot{\boldsymbol{F}}_2(\boldsymbol{r}_{20},\boldsymbol{s}_2)\boldsymbol{w}\\\cdots\quad\dot{\boldsymbol{F}}_q(\boldsymbol{r}_{20},\boldsymbol{s}_2)\boldsymbol{w}]\end{matrix}&&\\&&\ddots&\\&&&\begin{matrix}[\dot{\boldsymbol{F}}_1(\boldsymbol{r}_{d0},\boldsymbol{s}_d)\boldsymbol{w}\quad\dot{\boldsymbol{F}}_2(\boldsymbol{r}_{d0},\boldsymbol{s}_d)\boldsymbol{w}\\\cdots\quad\dot{\boldsymbol{F}}_q(\boldsymbol{r}_{d0},\boldsymbol{s}_d)\boldsymbol{w}]\end{matrix}\end{bmatrix}\end{aligned}\tag{M.2}$$

结合式(M.1)和式(M.2)可知式(11.72)中的第二式成立。

附录 N

这里将推导式(11.203)～式(11.208)中各个子矩阵的表达式。

首先推导式(11.203)中各个子矩阵的表达式，根据式(11.174)、式(11.181)、式(11.183)和式(11.185)可得

$$\begin{cases}\dfrac{\partial\boldsymbol{a}_1(\boldsymbol{z}_{k0},\boldsymbol{w})}{\partial\boldsymbol{z}_{k0}^{\mathrm{T}}}=\left[\dfrac{\partial\boldsymbol{a}_1(\boldsymbol{z}_{k0},\boldsymbol{w})}{\partial\boldsymbol{\theta}_k^{\mathrm{T}}}\quad\dfrac{\partial\boldsymbol{a}_1(\boldsymbol{z}_{k0},\boldsymbol{w})}{\partial\boldsymbol{\beta}_k^{\mathrm{T}}}\quad\dfrac{\partial\boldsymbol{a}_1(\boldsymbol{z}_{k0},\boldsymbol{w})}{\partial\dot{\boldsymbol{\delta}}_k^{\mathrm{T}}}\right]\\\dfrac{\partial\boldsymbol{a}_2(\boldsymbol{z}_{k0},\boldsymbol{w})}{\partial\boldsymbol{z}_{k0}^{\mathrm{T}}}=\left[\dfrac{\partial\boldsymbol{a}_2(\boldsymbol{z}_{k0},\boldsymbol{w})}{\partial\boldsymbol{\theta}_k^{\mathrm{T}}}\quad\dfrac{\partial\boldsymbol{a}_2(\boldsymbol{z}_{k0},\boldsymbol{w})}{\partial\boldsymbol{\beta}_k^{\mathrm{T}}}\quad\dfrac{\partial\boldsymbol{a}_2(\boldsymbol{z}_{k0},\boldsymbol{w})}{\partial\dot{\boldsymbol{\delta}}_k^{\mathrm{T}}}\right]\\\dfrac{\partial\boldsymbol{a}_3(\boldsymbol{z}_{k0},\boldsymbol{w})}{\partial\boldsymbol{z}_{k0}^{\mathrm{T}}}=\left[\dfrac{\partial\boldsymbol{a}_3(\boldsymbol{z}_{k0},\boldsymbol{w})}{\partial\boldsymbol{\theta}_k^{\mathrm{T}}}\quad\dfrac{\partial\boldsymbol{a}_3(\boldsymbol{z}_{k0},\boldsymbol{w})}{\partial\boldsymbol{\beta}_k^{\mathrm{T}}}\quad\dfrac{\partial\boldsymbol{a}_3(\boldsymbol{z}_{k0},\boldsymbol{w})}{\partial\dot{\boldsymbol{\delta}}_k^{\mathrm{T}}}\right]\end{cases}\tag{N.1}$$

式中

$$\begin{cases}\dfrac{\partial\boldsymbol{a}_1(\boldsymbol{z}_{k0},\boldsymbol{w})}{\partial\boldsymbol{\theta}_k^{\mathrm{T}}}=\mathrm{diag}[\boldsymbol{\gamma}_1^{\mathrm{T}}(\theta_{k,1})\boldsymbol{w}_1\quad\boldsymbol{\gamma}_1^{\mathrm{T}}(\theta_{k,2})\boldsymbol{w}_2\quad\cdots\quad\boldsymbol{\gamma}_1^{\mathrm{T}}(\theta_{k,M})\boldsymbol{w}_M]\\\dfrac{\partial\boldsymbol{a}_1(\boldsymbol{z}_{k0},\boldsymbol{w})}{\partial\boldsymbol{\beta}_k^{\mathrm{T}}}=\dfrac{\partial\boldsymbol{a}_1(\boldsymbol{z}_{k0},\boldsymbol{w})}{\partial\dot{\boldsymbol{\delta}}_k^{\mathrm{T}}}=\boldsymbol{O}_{M\times M}\end{cases}\tag{N.2}$$

$$\begin{cases}\dfrac{\partial \boldsymbol{a}_2(\boldsymbol{z}_{k0},\boldsymbol{w})}{\partial \boldsymbol{\theta}_k^{\mathrm{T}}}=\mathrm{diag}[\boldsymbol{\gamma}_2^{\mathrm{T}}(\theta_{k,1},\beta_{k,1})\boldsymbol{w}_1 \quad \boldsymbol{\gamma}_2^{\mathrm{T}}(\theta_{k,2},\beta_{k,2})\boldsymbol{w}_2 \quad \cdots \quad \boldsymbol{\gamma}_2^{\mathrm{T}}(\theta_{k,M},\beta_{k,M})\boldsymbol{w}_M] \\ \dfrac{\partial \boldsymbol{a}_2(\boldsymbol{z}_{k0},\boldsymbol{w})}{\partial \boldsymbol{\beta}_k^{\mathrm{T}}}=\mathrm{diag}[\boldsymbol{\gamma}_3^{\mathrm{T}}(\theta_{k,1},\beta_{k,1})\boldsymbol{w}_1 \quad \boldsymbol{\gamma}_3^{\mathrm{T}}(\theta_{k,2},\beta_{k,2})\boldsymbol{w}_2 \quad \cdots \quad \boldsymbol{\gamma}_3^{\mathrm{T}}(\theta_{k,M},\beta_{k,M})\boldsymbol{w}_M] \\ \dfrac{\partial \boldsymbol{a}_2(\boldsymbol{z}_{k0},\boldsymbol{w})}{\partial \dot{\boldsymbol{\delta}}_k^{\mathrm{T}}}=\boldsymbol{O}_{M\times M}\end{cases} \tag{N.3}$$

$$\begin{cases}\dfrac{\partial \boldsymbol{a}_3(\boldsymbol{z}_{k0},\boldsymbol{w})}{\partial \boldsymbol{\theta}_k^{\mathrm{T}}}=\mathrm{diag}[\boldsymbol{\gamma}_4^{\mathrm{T}}(\theta_{k,1},\beta_{k,1},\dot{\delta}_{k,1})\boldsymbol{w}_1 \quad \boldsymbol{\gamma}_4^{\mathrm{T}}(\theta_{k,2},\beta_{k,2},\dot{\delta}_{k,2})\boldsymbol{w}_2 \quad \cdots \quad \boldsymbol{\gamma}_4^{\mathrm{T}}(\theta_{k,M},\beta_{k,M},\dot{\delta}_{k,M})\boldsymbol{w}_M] \\ \dfrac{\partial \boldsymbol{a}_3(\boldsymbol{z}_{k0},\boldsymbol{w})}{\partial \boldsymbol{\beta}_k^{\mathrm{T}}}=\mathrm{diag}[\boldsymbol{\gamma}_5^{\mathrm{T}}(\theta_{k,1},\beta_{k,1},\dot{\delta}_{k,1})\boldsymbol{w}_1 \quad \boldsymbol{\gamma}_5^{\mathrm{T}}(\theta_{k,2},\beta_{k,2},\dot{\delta}_{k,2})\boldsymbol{w}_2 \quad \cdots \quad \boldsymbol{\gamma}_5^{\mathrm{T}}(\theta_{k,M},\beta_{k,M},\dot{\delta}_{k,M})\boldsymbol{w}_M] \\ \dfrac{\partial \boldsymbol{a}_3(\boldsymbol{z}_{k0},\boldsymbol{w})}{\partial \dot{\boldsymbol{\delta}}_k^{\mathrm{T}}}=\mathrm{diag}[\boldsymbol{\gamma}_3^{\mathrm{T}}(\theta_{k,1},\beta_{k,1})\boldsymbol{w}_1 \quad \boldsymbol{\gamma}_3^{\mathrm{T}}(\theta_{k,2},\beta_{k,2})\boldsymbol{w}_2 \quad \cdots \quad \boldsymbol{\gamma}_3^{\mathrm{T}}(\theta_{k,M},\beta_{k,M})\boldsymbol{w}_M]\end{cases} \tag{N.4}$$

其中

$$\begin{cases}\boldsymbol{\gamma}_1(\theta)=[\cos\theta \;\vdots\; \sin\theta \;\vdots\; 0 \;\vdots\; 0 \;\vdots\; 0 \;\vdots\; 0]^{\mathrm{T}} \\ \boldsymbol{\gamma}_2(\theta,\beta)=[-\sin\theta\sin\beta \;\vdots\; \cos\theta\sin\beta \;\vdots\; 0 \;\vdots\; 0 \;\vdots\; 0 \;\vdots\; 0]^{\mathrm{T}} \\ \boldsymbol{\gamma}_3(\theta,\beta)=[\cos\theta\cos\beta \;\vdots\; \sin\theta\cos\beta \;\vdots\; \sin\beta \;\vdots\; 0 \;\vdots\; 0 \;\vdots\; 0]^{\mathrm{T}} \\ \boldsymbol{\gamma}_4(\theta,\beta,\dot{\delta})=[-\dot{\delta}\sin\theta\cos\beta \;\vdots\; \dot{\delta}\cos\theta\cos\beta \;\vdots\; 0 \;\vdots\; 0 \;\vdots\; 0 \;\vdots\; 0]^{\mathrm{T}} \\ \boldsymbol{\gamma}_5(\theta,\beta,\dot{\delta})=[-\dot{\delta}\cos\theta\sin\beta \;\vdots\; -\dot{\delta}\sin\theta\sin\beta \;\vdots\; \dot{\delta}\cos\beta \;\vdots\; 0 \;\vdots\; 0 \;\vdots\; 0]^{\mathrm{T}}\end{cases} \tag{N.5}$$

利用式(11.181)、式(11.183)和式(11.185)还可进一步推得

$$\begin{cases}\dfrac{\partial \boldsymbol{a}_1(\boldsymbol{z}_{k0},\boldsymbol{w})}{\partial \boldsymbol{w}^{\mathrm{T}}}=\mathrm{blkdiag}[\boldsymbol{\gamma}_6^{\mathrm{T}}(\theta_{k,1}) \quad \boldsymbol{\gamma}_6^{\mathrm{T}}(\theta_{k,2}) \quad \cdots \quad \boldsymbol{\gamma}_6^{\mathrm{T}}(\theta_{k,M})] \\ \dfrac{\partial \boldsymbol{a}_2(\boldsymbol{z}_{k0},\boldsymbol{w})}{\partial \boldsymbol{w}^{\mathrm{T}}}=\mathrm{blkdiag}[\boldsymbol{\gamma}_7^{\mathrm{T}}(\theta_{k,1},\beta_{k,1}) \quad \boldsymbol{\gamma}_7^{\mathrm{T}}(\theta_{k,2},\beta_{k,2}) \quad \cdots \quad \boldsymbol{\gamma}_7^{\mathrm{T}}(\theta_{k,M},\beta_{k,M})] \\ \dfrac{\partial \boldsymbol{a}_3(\boldsymbol{z}_{k0},\boldsymbol{w})}{\partial \boldsymbol{w}^{\mathrm{T}}}=\mathrm{blkdiag}\left[\left(\boldsymbol{\gamma}_8(\theta_{k,1},\beta_{k,1},\dot{\delta}_{k,1})+\begin{bmatrix}\boldsymbol{w}_{\mathrm{v},1}\\ \boldsymbol{w}_{\mathrm{p},1}\end{bmatrix}\right)^{\mathrm{T}} \quad \left(\boldsymbol{\gamma}_8(\theta_{k,2},\beta_{k,2},\dot{\delta}_{k,2})+\begin{bmatrix}\boldsymbol{w}_{\mathrm{v},2}\\ \boldsymbol{w}_{\mathrm{p},2}\end{bmatrix}\right)^{\mathrm{T}}\right. \\ \qquad\qquad \left.\cdots \quad \left(\boldsymbol{\gamma}_8(\theta_{k,M},\beta_{k,M},\dot{\delta}_{k,M})+\begin{bmatrix}\boldsymbol{w}_{\mathrm{v},M}\\ \boldsymbol{w}_{\mathrm{p},M}\end{bmatrix}\right)^{\mathrm{T}}\right]\end{cases} \tag{N.6}$$

式中

$$\begin{cases}\boldsymbol{\gamma}_6(\theta)=[\sin\theta \;\vdots\; -\cos\theta \;\vdots\; 0 \;\vdots\; 0 \;\vdots\; 0 \;\vdots\; 0]^{\mathrm{T}} \\ \boldsymbol{\gamma}_7(\theta,\beta)=[\cos\theta\sin\beta \;\vdots\; \sin\theta\sin\beta \;\vdots\; -\cos\beta \;\vdots\; 0 \;\vdots\; 0 \;\vdots\; 0]^{\mathrm{T}} \\ \boldsymbol{\gamma}_8(\theta,\beta,\dot{\delta})=[\dot{\delta}\cos\theta\cos\beta \;\vdots\; \dot{\delta}\sin\theta\cos\beta \;\vdots\; \dot{\delta}\sin\beta \;\vdots\; 0 \;\vdots\; 0 \;\vdots\; 0]^{\mathrm{T}}\end{cases} \tag{N.7}$$

然后推导式(11.204)中各个子矩阵的表达式,根据式(11.181)、式(11.183)和式(11.185)可得

$$\dot{\boldsymbol{B}}_{\theta_{k,m}}(\boldsymbol{z}_{k0},\boldsymbol{w})$$

$$=\begin{bmatrix}\cos\theta_{k,m}\boldsymbol{i}_M^{(m)} & \sin\theta_{k,m}\boldsymbol{i}_M^{(m)} & \boldsymbol{O}_{M\times 1}\\ -\sin\theta_{k,m}\sin\beta_{k,m}\boldsymbol{i}_M^{(m)} & \cos\theta_{k,m}\sin\beta_{k,m}\boldsymbol{i}_M^{(m)} & \boldsymbol{O}_{M\times 1}\\ -\dot{\delta}_{k,m}\sin\theta_{k,m}\cos\beta_{k,m}\boldsymbol{i}_M^{(m)} & \dot{\delta}_{k,m}\cos\theta_{k,m}\cos\beta_{k,m}\boldsymbol{i}_M^{(m)} & \boldsymbol{O}_{M\times 1}\end{bmatrix}$$

$$1\leqslant m\leqslant M \tag{N. 8}$$

$$\dot{\boldsymbol{B}}_{\beta_{k,m}}(\boldsymbol{z}_{k0},\boldsymbol{w})$$

$$=\begin{bmatrix}\boldsymbol{O}_{M\times 1} & \boldsymbol{O}_{M\times 1} & \boldsymbol{O}_{M\times 1}\\ \cos\theta_{k,m}\cos\beta_{k,m}\boldsymbol{i}_M^{(m)} & \sin\theta_{k,m}\cos\beta_{k,m}\boldsymbol{i}_M^{(m)} & \sin\beta_{k,m}\boldsymbol{i}_M^{(m)}\\ -\dot{\delta}_{k,m}\cos\theta_{k,m}\sin\beta_{k,m}\boldsymbol{i}_M^{(m)} & -\dot{\delta}_{k,m}\sin\theta_{k,m}\sin\beta_{k,m}\boldsymbol{i}_M^{(m)} & \dot{\delta}_{k,m}\cos\beta_{k,m}\boldsymbol{i}_M^{(m)}\end{bmatrix}$$

$$1\leqslant m\leqslant M \tag{N. 9}$$

$$\dot{\boldsymbol{B}}_{\dot{\delta}_{k,m}}(\boldsymbol{z}_{k0},\boldsymbol{w})$$

$$=\begin{bmatrix}\boldsymbol{O}_{M\times 1} & \boldsymbol{O}_{M\times 1} & \boldsymbol{O}_{M\times 1}\\ \boldsymbol{O}_{M\times 1} & \boldsymbol{O}_{M\times 1} & \boldsymbol{O}_{M\times 1}\\ \cos\theta_{k,m}\cos\beta_{k,m}\boldsymbol{i}_M^{(m)} & \sin\theta_{k,m}\cos\beta_{k,m}\boldsymbol{i}_M^{(m)} & \sin\beta_{k,m}\boldsymbol{i}_M^{(m)}\end{bmatrix}$$

$$1\leqslant m\leqslant M \tag{N. 10}$$

接着推导式(11.205)中各个子矩阵的表达式，根据式(11.181)、式(11.183)和式(11.185)可得

$$\dot{\boldsymbol{B}}_{x_{\mathrm{o},m}}(\boldsymbol{z}_{k0},\boldsymbol{w})=\dot{\boldsymbol{B}}_{y_{\mathrm{o},m}}(\boldsymbol{z}_{k0},\boldsymbol{w})=\dot{\boldsymbol{B}}_{z_{\mathrm{o},m}}(\boldsymbol{z}_{k0},\boldsymbol{w})=\boldsymbol{O}_{3M\times 3},\quad 1\leqslant m\leqslant M \tag{N. 11}$$

$$\dot{\boldsymbol{B}}_{\dot{x}_{\mathrm{o},m}}(\boldsymbol{z}_{k0},\boldsymbol{w})=\begin{bmatrix}\boldsymbol{O}_{M\times 1} & \boldsymbol{O}_{M\times 1} & \boldsymbol{O}_{M\times 1}\\ \boldsymbol{O}_{M\times 1} & \boldsymbol{O}_{M\times 1} & \boldsymbol{O}_{M\times 1}\\ \boldsymbol{i}_M^{(m)} & \boldsymbol{O}_{M\times 1} & \boldsymbol{O}_{M\times 1}\end{bmatrix},\quad 1\leqslant m\leqslant M \tag{N. 12}$$

$$\dot{\boldsymbol{B}}_{\dot{y}_{\mathrm{o},m}}(\boldsymbol{z}_{k0},\boldsymbol{w})=\begin{bmatrix}\boldsymbol{O}_{M\times 1} & \boldsymbol{O}_{M\times 1} & \boldsymbol{O}_{M\times 1}\\ \boldsymbol{O}_{M\times 1} & \boldsymbol{O}_{M\times 1} & \boldsymbol{O}_{M\times 1}\\ \boldsymbol{O}_{M\times 1} & \boldsymbol{i}_M^{(m)} & \boldsymbol{O}_{M\times 1}\end{bmatrix},\quad 1\leqslant m\leqslant M \tag{N. 13}$$

$$\dot{\boldsymbol{B}}_{\dot{z}_{\mathrm{o},m}}(\boldsymbol{z}_{k0},\boldsymbol{w})=\begin{bmatrix}\boldsymbol{O}_{M\times 1} & \boldsymbol{O}_{M\times 1} & \boldsymbol{O}_{M\times 1}\\ \boldsymbol{O}_{M\times 1} & \boldsymbol{O}_{M\times 1} & \boldsymbol{O}_{M\times 1}\\ \boldsymbol{O}_{M\times 1} & \boldsymbol{O}_{M\times 1} & \boldsymbol{i}_M^{(m)}\end{bmatrix},\quad 1\leqslant m\leqslant M \tag{N. 14}$$

再然后推导式(11.206)中各个子矩阵的表达式，根据式(11.178)、式(11.192)、式(11.194)和式(11.196)可得

$$\begin{cases}\dfrac{\partial \boldsymbol{c}_1(\boldsymbol{r}_{k0},\boldsymbol{s}_k)}{\partial \boldsymbol{r}_{k0}^{\mathrm{T}}}=\left[\dfrac{\partial \boldsymbol{c}_1(\boldsymbol{r}_{k0},\boldsymbol{s}_k)}{\partial \boldsymbol{\theta}_{\mathrm{c},k}^{\mathrm{T}}}\quad \dfrac{\partial \boldsymbol{c}_1(\boldsymbol{r}_{k0},\boldsymbol{s}_k)}{\partial \boldsymbol{\beta}_{\mathrm{c},k}^{\mathrm{T}}}\quad \dfrac{\partial \boldsymbol{c}_1(\boldsymbol{r}_{k0},\boldsymbol{s}_k)}{\partial \dot{\boldsymbol{\delta}}_{\mathrm{c},k}^{\mathrm{T}}}\right]\\ \dfrac{\partial \boldsymbol{c}_2(\boldsymbol{r}_{k0},\boldsymbol{s}_k)}{\partial \boldsymbol{r}_{k0}^{\mathrm{T}}}=\left[\dfrac{\partial \boldsymbol{c}_2(\boldsymbol{r}_{k0},\boldsymbol{s}_k)}{\partial \boldsymbol{\theta}_{\mathrm{c},k}^{\mathrm{T}}}\quad \dfrac{\partial \boldsymbol{c}_2(\boldsymbol{r}_{k0},\boldsymbol{s}_k)}{\partial \boldsymbol{\beta}_{\mathrm{c},k}^{\mathrm{T}}}\quad \dfrac{\partial \boldsymbol{c}_2(\boldsymbol{r}_{k0},\boldsymbol{s}_k)}{\partial \dot{\boldsymbol{\delta}}_{\mathrm{c},k}^{\mathrm{T}}}\right]\\ \dfrac{\partial \boldsymbol{c}_3(\boldsymbol{r}_{k0},\boldsymbol{s}_k)}{\partial \boldsymbol{r}_{k0}^{\mathrm{T}}}=\left[\dfrac{\partial \boldsymbol{c}_3(\boldsymbol{r}_{k0},\boldsymbol{s}_k)}{\partial \boldsymbol{\theta}_{\mathrm{c},k}^{\mathrm{T}}}\quad \dfrac{\partial \boldsymbol{c}_3(\boldsymbol{r}_{k0},\boldsymbol{s}_k)}{\partial \boldsymbol{\beta}_{\mathrm{c},k}^{\mathrm{T}}}\quad \dfrac{\partial \boldsymbol{c}_3(\boldsymbol{r}_{k0},\boldsymbol{s}_k)}{\partial \dot{\boldsymbol{\delta}}_{\mathrm{c},k}^{\mathrm{T}}}\right]\end{cases} \tag{N. 15}$$

式中

$$\begin{cases}\dfrac{\partial \boldsymbol{c}_1(\boldsymbol{r}_{k0},\boldsymbol{s}_k)}{\partial \boldsymbol{\theta}_{\mathrm{c},k}^{\mathrm{T}}}=\mathrm{diag}[\boldsymbol{\lambda}_1^{\mathrm{T}}(\theta_{\mathrm{c},k,1})\boldsymbol{s}_k \quad \boldsymbol{\lambda}_1^{\mathrm{T}}(\theta_{\mathrm{c},k,2})\boldsymbol{s}_k \quad \cdots \quad \boldsymbol{\lambda}_1^{\mathrm{T}}(\theta_{\mathrm{c},k,M})\boldsymbol{s}_k] \\ \dfrac{\partial \boldsymbol{c}_1(\boldsymbol{r}_{k0},\boldsymbol{s}_k)}{\partial \boldsymbol{\beta}_{\mathrm{c},k}^{\mathrm{T}}}=\dfrac{\partial \boldsymbol{c}_1(\boldsymbol{r}_{k0},\boldsymbol{s}_k)}{\partial \dot{\boldsymbol{\delta}}_{\mathrm{c},k}^{\mathrm{T}}}=\boldsymbol{O}_{M\times M}\end{cases} \tag{N. 16}$$

$$\begin{cases}\dfrac{\partial \boldsymbol{c}_2(\boldsymbol{r}_{k0},\boldsymbol{s}_k)}{\partial \boldsymbol{\theta}_{\mathrm{c},k}^{\mathrm{T}}}=\mathrm{diag}[\boldsymbol{\lambda}_2^{\mathrm{T}}(\theta_{\mathrm{c},k,1},\beta_{\mathrm{c},k,1})\boldsymbol{s}_k \quad \boldsymbol{\lambda}_2^{\mathrm{T}}(\theta_{\mathrm{c},k,2},\beta_{\mathrm{c},k,2})\boldsymbol{s}_k \quad \cdots \quad \boldsymbol{\lambda}_2^{\mathrm{T}}(\theta_{\mathrm{c},k,M},\beta_{\mathrm{c},k,M})\boldsymbol{s}_k] \\ \dfrac{\partial \boldsymbol{c}_2(\boldsymbol{r}_{k0},\boldsymbol{s}_k)}{\partial \boldsymbol{\beta}_{\mathrm{c},k}^{\mathrm{T}}}=\mathrm{diag}[\boldsymbol{\lambda}_3^{\mathrm{T}}(\theta_{\mathrm{c},k,1},\beta_{\mathrm{c},k,1})\boldsymbol{s}_k \quad \boldsymbol{\lambda}_3^{\mathrm{T}}(\theta_{\mathrm{c},k,2},\beta_{\mathrm{c},k,2})\boldsymbol{s}_k \quad \cdots \quad \boldsymbol{\lambda}_3^{\mathrm{T}}(\theta_{\mathrm{c},k,M},\beta_{\mathrm{c},k,M})\boldsymbol{s}_k] \\ \dfrac{\partial \boldsymbol{c}_2(\boldsymbol{r}_{k0},\boldsymbol{s}_k)}{\partial \dot{\boldsymbol{\delta}}_{\mathrm{c},k}^{\mathrm{T}}}=\boldsymbol{O}_{M\times M}\end{cases} \tag{N. 17}$$

$$\frac{\partial \boldsymbol{c}_3(\boldsymbol{r}_{k0},\boldsymbol{s}_k)}{\partial \boldsymbol{\theta}_{\mathrm{c},k}^{\mathrm{T}}}=\frac{\partial \boldsymbol{c}_3(\boldsymbol{r}_{k0},\boldsymbol{s}_k)}{\partial \boldsymbol{\beta}_{\mathrm{c},k}^{\mathrm{T}}}=\boldsymbol{O}_{M\times M},\quad \frac{\partial \boldsymbol{c}_3(\boldsymbol{r}_{k0},\boldsymbol{s}_k)}{\partial \dot{\boldsymbol{\delta}}_{\mathrm{c},k}^{\mathrm{T}}}=-\boldsymbol{I}_M \tag{N. 18}$$

其中

$$\begin{cases}\boldsymbol{\lambda}_1(\theta)=[\cos\theta \;\vdots\; \sin\theta \;\vdots\; 0]^{\mathrm{T}} \\ \boldsymbol{\lambda}_2(\theta,\beta)=[-\sin\theta\sin\beta \;\vdots\; \cos\theta\sin\beta \;\vdots\; 0]^{\mathrm{T}} \\ \boldsymbol{\lambda}_3(\theta,\beta)=[\cos\theta\cos\beta \;\vdots\; \sin\theta\cos\beta \;\vdots\; \sin\beta]^{\mathrm{T}}\end{cases} \tag{N. 19}$$

利用式(11.192)、式(11.194)和式(11.196)还可进一步推得

$$\frac{\partial \boldsymbol{c}_1(\boldsymbol{r}_{k0},\boldsymbol{s}_k)}{\partial \boldsymbol{s}_k^{\mathrm{T}}}=\begin{bmatrix}\boldsymbol{\lambda}_4^{\mathrm{T}}(\theta_{\mathrm{c},k,1}) \\ \boldsymbol{\lambda}_4^{\mathrm{T}}(\theta_{\mathrm{c},k,2}) \\ \vdots \\ \boldsymbol{\lambda}_4^{\mathrm{T}}(\theta_{\mathrm{c},k,M})\end{bmatrix},\quad \frac{\partial \boldsymbol{c}_2(\boldsymbol{r}_{k0},\boldsymbol{s}_k)}{\partial \boldsymbol{s}_k^{\mathrm{T}}}=\begin{bmatrix}\boldsymbol{\lambda}_5^{\mathrm{T}}(\theta_{\mathrm{c},k,1},\beta_{\mathrm{c},k,1}) \\ \boldsymbol{\lambda}_5^{\mathrm{T}}(\theta_{\mathrm{c},k,2},\beta_{\mathrm{c},k,2}) \\ \vdots \\ \boldsymbol{\lambda}_5^{\mathrm{T}}(\theta_{\mathrm{c},k,M},\beta_{\mathrm{c},k,M})\end{bmatrix},\quad \frac{\partial \boldsymbol{c}_3(\boldsymbol{r}_{k0},\boldsymbol{s}_k)}{\partial \boldsymbol{s}_k^{\mathrm{T}}}=\boldsymbol{O}_{M\times 3} \tag{N. 20}$$

其中

$$\begin{cases}\boldsymbol{\lambda}_4(\theta)=[\sin\theta \;\vdots\; -\cos\theta \;\vdots\; 0]^{\mathrm{T}} \\ \boldsymbol{\lambda}_5(\theta,\beta)=[\cos\theta\sin\beta \;\vdots\; \sin\theta\sin\beta \;\vdots\; -\cos\beta]^{\mathrm{T}}\end{cases} \tag{N. 21}$$

再接着推导式(11.207)中各个子矩阵的表达式，根据式(11.192)、式(11.194)和式(11.196)可得

$$\dot{\boldsymbol{D}}_{\theta_{\mathrm{c},k,m}}(\boldsymbol{r}_{k0},\boldsymbol{s}_k)=\begin{bmatrix}(\boldsymbol{i}_M^{(m)}\boldsymbol{i}_M^{(m)\mathrm{T}})\otimes\boldsymbol{\gamma}_1^{\mathrm{T}}(\theta_{\mathrm{c},k,m}) \\ \hdashline (\boldsymbol{i}_M^{(m)}\boldsymbol{i}_M^{(m)\mathrm{T}})\otimes\boldsymbol{\gamma}_2^{\mathrm{T}}(\theta_{\mathrm{c},k,m},\beta_{\mathrm{c},k,m}) \\ \hdashline (\boldsymbol{i}_M^{(m)}\boldsymbol{i}_M^{(m)\mathrm{T}})\otimes\boldsymbol{\gamma}_9^{\mathrm{T}}(\theta_{\mathrm{c},k,m},\beta_{\mathrm{c},k,m})\end{bmatrix},\quad 1\leqslant m\leqslant M \tag{N. 22}$$

$$\dot{\boldsymbol{D}}_{\beta_{\mathrm{c},k,m}}(\boldsymbol{r}_{k0},\boldsymbol{s}_k)=\begin{bmatrix}\boldsymbol{O}_{M\times 6M} \\ \hdashline (\boldsymbol{i}_M^{(m)}\boldsymbol{i}_M^{(m)\mathrm{T}})\otimes\boldsymbol{\gamma}_3^{\mathrm{T}}(\theta_{\mathrm{c},k,m},\beta_{\mathrm{c},k,m}) \\ \hdashline (\boldsymbol{i}_M^{(m)}\boldsymbol{i}_M^{(m)\mathrm{T}})\otimes\boldsymbol{\gamma}_{10}^{\mathrm{T}}(\theta_{\mathrm{c},k,m},\beta_{\mathrm{c},k,m})\end{bmatrix},\quad 1\leqslant m\leqslant M \tag{N. 23}$$

$$\dot{\boldsymbol{D}}_{\delta_{\mathrm{c},k,m}}(\boldsymbol{r}_{k0},\boldsymbol{s}_k)=\boldsymbol{O}_{3M\times 6M},\quad 1\leqslant m\leqslant M \tag{N. 24}$$

式中

$$\begin{cases}\boldsymbol{\gamma}_9(\theta,\beta)=[0 \vdots 0 \vdots 0 \vdots -\sin\theta\cos\beta \vdots \cos\theta\cos\beta \vdots 0]^{\mathrm{T}} \\ \boldsymbol{\gamma}_{10}(\theta,\beta)=[0 \vdots 0 \vdots 0 \vdots -\cos\theta\sin\beta \vdots -\sin\theta\sin\beta \vdots \cos\beta]^{\mathrm{T}}\end{cases} \tag{N.25}$$

最后推导式(11.208)中各个子矩阵的表达式，根据式(11.192)、式(11.194)和式(11.196)可得

$$\dot{\boldsymbol{D}}_{x_{\mathrm{c},k}}(\boldsymbol{r}_{k0},\boldsymbol{s}_k)=\dot{\boldsymbol{D}}_{y_{\mathrm{c},k}}(\boldsymbol{r}_{k0},\boldsymbol{s}_k)=\dot{\boldsymbol{D}}_{z_{\mathrm{c},k}}(\boldsymbol{r}_{k0},\boldsymbol{s}_k)=\boldsymbol{O}_{3M\times 6M} \tag{N.26}$$